现代光谱学

——生物物理学与生物化学例析

（原书第二版）

Modern Optical Spectroscopy

With Exercises and Examples from Biophysics and Biochemistry

(Second Edition)

〔美〕威廉 · W. 帕森(William W. Parson) 著

王建平 译

科 学 出 版 社

北 京

图字：01-2021-3646 号

内 容 简 介

本书从量子力学的基本概念出发，以光与物质的作用所导致的量子态的跃迁为主线，从电子态、振动态的吸收光谱、荧光光谱等方面着手，特别是利用激子理论，对现代光谱学进行了详细介绍，并展示了现代光谱技术在分子、生物物理学和生物化学中的应用。全书共 12 章，包括：导论，量子力学的基本概念，光，电子吸收，荧光，振动吸收，共振能量转移，激子相互作用，圆二色性，相干与退相，泵浦探测光谱、光子回波与振动波包，拉曼散射与其他多光子过程。书末有附录和索引。

本书可作为高等学校现代光谱学等课程的教材，或者作为结构化学等课程的参考书，也可供化学、物理、材料、生物物理化学等相关领域的科技工作者参考阅读。

图书在版编目（CIP）数据

现代光谱学：生物物理学与生物化学例析：原书第二版 /（美）威廉 · W. 帕森(William W. Parson)著；王建平译. —北京：科学出版社，2022.10

书名原文：Modern Optical Spectroscopy: With Exercises and Examples from Biophysics and Biochemistry (Second Edition)

ISBN 978-7-03-073487-7

Ⅰ. ①现… Ⅱ. ①威… ②王 Ⅲ. ①光谱学 Ⅳ. ①O433

中国版本图书馆 CIP 数据核字（2022）第 190263 号

责任编辑：丁 里 / 责任校对：杨 赛
责任印制：赵 博 / 封面设计：陈 敬

科学出版社 出版
北京东黄城根北街 16 号
邮政编码：100717
http://www.sciencep.com
北京中石油彩色印刷有限责任公司印刷
科学出版社发行 各地新华书店经销
*
2022 年 10 月第 一 版 开本：787×1092 1/16
2024 年 7 月第三次印刷 印张：25 1/2
字数：669 000

定价：168.00 元

（如有印装质量问题，我社负责调换）

序

光谱学是一门关于物理和化学的重要交叉学科。近年来，我国大科学装置与谱学设备的建设得到了快速发展，迫切需要加快光谱学人才的培养和与之配套的光谱学领域相关书籍的建设。由美国华盛顿大学威廉·W·帕森（William W. Parson）教授撰写、中国科学院大学王建平教授翻译的《现代光谱学》一书，以量子力学原理为主线，从第一性原理出发，分别从现代光谱学的理论和应用两方面进行深入浅出的阐述，涵盖了光谱学的传统内容和近年新发展起来的前沿技术，如二维振动光谱与二维电子光谱等，并在相关章节中展示了现代光谱技术在分子、生物物理学和生物化学中的应用。综观全书，这是一本非常有特点且很难得的现代光谱学书籍。

相信这本《现代光谱学》中译本的出版，将为光谱学及相关领域的教学、科研工作者和企业工程技术人员提供有益的参考，帮助更多青年学生了解和加入与光谱学有关的研究工作中，并进一步促进光谱学在化学、物理、材料和生物等领域中的应用。

孙世刚

中国科学院院士

厦门大学化学化工学院教授

2022年10月28日

中 文 版 序

在本书从英文版到中文版的翻译过程中，很高兴与王教授进行了愉快的讨论和互动。在澄清本书第二版中一些令人困惑的地方时，他提出了有见地的建议，使本书得到了进一步完善。

在此，作者诚挚地希望此翻译本的出版，能为对光谱学感兴趣的读者提供便利的阅读，使读者加深对光谱学的思考，并勇于面对本领域中令人兴奋的挑战。

威廉 · W. 帕森(William W. Parson)

西雅图，2021 年 5 月 18 日

译 者 的 话

威廉 · W. 帕森(William W. Parson)所著《现代光谱学：生物物理学与生物化学例析》是由一门研究生课程的讲义拓展而来的。

光与物质的作用是人们了解物质世界的重要手段之一。现代光谱一般可分为稳态光谱和瞬态光谱两类。利用光谱学手段，在不损伤被研究对象的情况下就可以获取物质的结构信息。而兼具飞秒时间分辨的超快光谱则是了解光激发之后的原初过程、获得物质的动态结构信息的重要途径之一。目前，光谱学本身及其在化学、物理学、材料学、生物化学和生物物理学等学科中的应用仍在蓬勃发展。

本书从量子力学的基本概念出发，以光与物质的作用所导致的量子态的跃迁为主线，对现代光谱学的主要内容给出了较为清晰的介绍。本书的一个特点，也是原作者撰写本书的目标之一，是使读者无须事先掌握很多量子力学知识就可以读懂本书。其另一个特点是，书中提供了很多插图，以便将一些光谱特性与分子结构、动力学以及电子波函数和振动波函数关联起来。此外，原作者也力图使每个主题都足够深入，为读者了解相关领域在当前的理论与实验工作提供了坚实的基础。为此，本书论述了大多数光谱学同类书籍所较少关注的主题，如激子相互作用、共振能量转移、单分子光谱、高分辨荧光显微镜、飞秒泵浦探测光谱以及光子回波、超快二维光谱等，其中的部分内容在第二版中得到进一步扩展。此外，每章后都附有一定量的练习题，有利于读者学习、思考并掌握本章所介绍的主题内容。关于原书中的错误，经与原作者讨论核实，已在译著中修改，不再一一指明。

本书的翻译过程断断续续历时近一年，译者系中国科学院化学研究所研究员、中国科学院大学岗位教师。本书的出版得到了中国科学院大学教材/教学辅导书出版项目的支持。译者也非常感谢科学出版社丁里编辑的支持与协助。

由于译者水平所限，译文难免有疏漏或不当之处，恳请读者指正。

王建平

2021 年 3 月

第二版前言

光谱学在化学、生物化学和生物物理学中的应用一直在蓬勃发展。本次《现代光谱学》修订版包含了对一些主题的扩展讨论，如量子光学、金属-配体电荷转移跃迁、光激发过程中的熵变、受激分子的电子转移、简正模式的计算、振动斯塔克效应、单分子共振能量转移的快过程研究，以及二维电子光谱和二维振动光谱。笔者在认为必要和有益的地方增加了一些新插图，也修改了一些上一版中的插图以使其更加明晰。参考文献也做了更新，并从书末移至引用它们的各章之后。每章还为学生各提供一套练习题。

笔者非常感谢一些读者提出的建设性建议，这些建议使笔者关注到了第一版中需要澄清的一些瑕疵或要点。与 Bill Hazelton，Bob Knox，Ross McKenzie，Nagarajan 和 Steve Boxer 等的讨论是非常有益的。笔者在此也要感谢 Springer 出版社编辑 Jutta Lindenborn 和 Sabine Schwarz 的极好建议，还有我妻子 Polly 的持续耐心与鼓励。

威廉 W. 帕森

华盛顿州西雅图市

2015 年 4 月

第一版前言

本书基于笔者为研究生讲授的一门光谱学课程中所采用的课程讲义。选课研究生来自生物化学专业、化学专业以及我们的分子生物物理学和生物分子结构与设计跨学科专业。讲义的最早扩展，部分是为了阐述有关光合作用天线和反应中心的大量最新实验结果，但主要也是为了增加本书的趣味性。希望读者也像笔者一样，认识到这些结果不仅是可利用的，而且也是令人振奋的。

笔者写本书的目标之一，是使读者无须事先掌握很多量子力学就可以接受本书。然而，任何关于光与分子相互作用的现代论题，都不可避免地要从量子力学开始着手，正如黑体辐射、干涉现象与光电效应这些实验观测构成了几乎是任何通往量子力学殿堂的起点那样。为使本书中的推理论证尽可能地清晰易懂，笔者尝试采用了一致的理论方法，减少了太过专业的术语，并解释了一些或许不熟悉的概念或数学处理。笔者在本书中提供了很多插图，以便将一些光谱特性与分子结构、动力学以及电子波函数和振动波函数关联起来。在许多情况下，笔者也会描述一些经典图像，并说明这些图像或者依然具有价值，或者已被一些量子力学的处理取代。具有量子力学基础的读者应该能够快速跳过诸多此类解释，但是也会发现本书中涵盖的一些主题讨论，如密度矩阵和波包等，有着远高于典型的量子力学一年课程所能达到的水平。笔者力图使每个主题都足够深入，以便为了解相关领域在当前的理论与实验工作提供坚实的基础。

尽管本书的大部分内容都集中于物理理论，但笔者也强调了一些与分子生物物理学特别相关的光谱学内容，并且大多数示例也源自这一领域。本书因而涵盖了大多数分子光谱学书籍较少关注的主题，包括激子相互作用、共振能量转移、单分子光谱、高分辨荧光显微镜、飞秒泵浦探测光谱以及光子回波。关于原子光谱以及小分子转动与振动光谱的介绍则较少。这些选择一则反映了笔者的个人兴趣，再则也由于笔者意识到总要不得不做一些选择、取舍一些内容。为此，笔者只能向那些有着不同偏好的读者致歉了。此外，尽管文献中必定有其他更为出色的插图，但是为了方便起见，本书中的许多插图依然采用了笔者自己实验室的工作。笔者为此也表示歉意。

倘若没有笔者的妻子 Polly 的耐心鼓励，完成本书是不可能的。笔者还同 Arieh Warshel，Nagarajan，Martin Gouterman 和许多其他同事和学生进行了许多发人深省的讨论，这些人中特别包括 Rhett Alden，Edouard Alphandéry，Hiro Arata，Donner Babcock，Mike Becker，Bob Blankenship，Steve Boxer，Jacques Breton, Jim Callis, Patrik Callis, Rod Clayton, Richard Cogdell, Tom Ebrey, Tom Engel, Graham Fleming, Eric Heller, Dewey Holten, Ethan Johnson, Amanda Jonsson, Chris Kirmaier, David Klug, Bob Knox, Rich Mathies, Eric Merkley, Don Middendorf, Tom Moore, Jim Norris, Oleg Prezhdo, Phil Reid, Bruce Robinson, Karen Rutherford, Ken Sauer, Dustin Schaefer, Craig Schenck, Peter Schellenberg, Avigdor Scherz, Mickey Schurr, Gerry Small, Rienk van Grondelle, Maurice Windsor 和 Neal Woodbury。Patrik Callis 提供了第 4 章和第 5 章

中 3-甲基吲哚的分子轨道的原子系数。然而，由于笔者能力有限，错误之处在所难免。因此，对于任何更正或改进建议，笔者都将不胜感激。

威廉 W. 帕森
华盛顿州西雅图市
2006 年 10 月

目　　录

第1章 导　论

1.1 概　述

光谱方法具有非凡的灵敏度和速度，非常适合研究分子与细胞生物物理学中的诸多问题。光电倍增管很灵敏，可检测单光子，这使其可以测量单个分子的荧光；而脉宽小于 10^{-14} s 的激光脉冲可用于在核运动的时间尺度上探测分子的行为。一些光谱特性，如吸收、荧光以及线二色性和圆二色性，可以指示分子的特征、浓度、能量、构象或分子动力学，并且对分子结构或其周围环境的细微变化具有敏感性。共振能量转移则提供了一种探测分子间距离的方法。分光光谱法通常不具有破坏性，因而能用于研究在实验后需要回收的样品。分光光谱法作为分析方法还可避免放射性同位素或毒性试剂的使用。若结合基因工程和显微成像技术，分光光谱法提供的探测窗口还可用于研究活细胞中特定分子的位置及其转移动力学。

除了描述光谱在生物物理学和生物化学中的应用之外，本书还涉及光及其与物质的作用。这些问题已使人们困惑和惊奇了很多年，并且一直持续到今天。为了认识分子如何响应光的作用，首先必须探究为什么分子会按照有明确定义的一些态而存在，并如何从一个态转变到另一个态。随着量子力学的发展，对这些问题的思考经历了一系列变化，而在当前，量子力学已经能为几乎所有的分子性质研究提供支撑。尽管生物物理学家感兴趣的大多数分子很大且结构很复杂，以至于无法精确地用量子力学方法处理，但其性质通常可以利用被简单体系检验过的一些量子力学原理给予合理的解释。在第 2 章中将讨论这些原理。就目前而言，最突出的几个要点是，按照电子在分子轨道上的分布方式，一个分子可具有多个量子态，并且这些量子态中的每一个都有其特定的能量。对于一个拥有 $2n$ 个电子的分子，当 n 个能量较低的轨道中的每个轨道都有两个自旋反平行的电子，且所有能量较高的轨道均为空轨道时，通常得到的是总能量最低的电子态。这就是电子基态。在没有外部干扰的情况下，一个处于基态的分子将永久地待在基态。

在第 3 章中我们将从振荡电磁场的经典描述开始讨论光的性质。将分子暴露在这样的电场中会导致电子的势能随时间涨落，此时原始的分子轨道不再限制其可能性。其结果可能是一个电子从一个占据的分子轨道移动到一个能量较高的未占轨道。这一跃迁的发生必须满足两个要求。首先，电磁场必须以合适的频率振荡。所需的频率(ν)为

$$\nu = \Delta E / h \tag{1.1}$$

其中 ΔE 是基态和激发态的能量差，h 是普朗克常量(6.63×10^{-34} J · s、4.12×10^{-15} eV · s 或 3.34×10^{-11} cm^{-1} · s)。这个表达式与我们的经验是一致的，即给定类型的分子，或特定环境中的分子，只吸收某些颜色的光而不吸收其他颜色的光。在第 4 章中我们将看到，只要对吸收分子进行量子力学处理，这个频率规则就会从光的经典电磁理论中直接体现出来。在这一点上没有必要使用光的量子力学图像。

第二个要求可能没有第一个常见，它与两个分子轨道的形状有关，也与这些轨道在相对于振荡电场偏振方向的空间排布有关。两个轨道必须具有不同的几何对称性，并且必须相对这个电场以合适的方式取向。这个要求合理地解释了各种分子的吸收带强度变化很大这一观测结果，也解释了为什么各向异性样品的吸光度依赖于光束的偏振条件。

分子的跃迁偶极子是一个矢量，是分子的性质之一，决定了其吸收带强度和激发光的最佳偏振条件。跃迁偶极子可以由基态和激发态的分子轨道计算得到。跃迁偶极子大小的平方称为偶极强度，其正比于吸收强度。在第 4 章中将更全面地展开这些概念，并考察它们如何起源于量子力学原理。这就为电子吸收带的波长、强度或极化等的测量，以及这些测量如何提供分子结构和动力学信息的讨论提供了理论基础。在第 10 章和第 11 章中，我们将光吸收的量子力学处理扩展到分子的大系综，其中的分子以各种方式与周围环境进行相互作用。第 6、11 和 12 章则讨论了各种类型的振动光谱。

被光激发的分子可以通过几种可能的路径衰减回到基态。一种可能性是以荧光发射的方式重新释放出能量。自发荧光尽管不是吸收的简单逆转，但其对能量匹配性和轨道对称性的要求与光吸收是相同的。同样，发射出的光的频率正比于激发态和基态之间的能量差，并且辐射的极化方向取决于受激分子的取向，尽管受激分子的取向和能量通常都在吸收与发射的间隔内有所变化。正如我们将在第 7 章中看到的那样，同样的一些要求也是另一种衰减机制的基础；一个受激分子可以通过这一机制而衰减，并将能量转移到相邻分子。在第 5 章中要建立荧光和吸收之间的关系，届时将看到对光的量子理论的需求。

1.2 比尔-朗伯定律

穿过吸收分子溶液的一束光，在其传播过程中将能量转移到分子上，光强因此而逐渐降低。在一个小体积单元中的光强度或辐照度(I)的降低正比于进入该单元的光的辐照度、吸收物质的浓度(C)和穿过该单元的路径长度($\mathrm{d}x$)：

$$\frac{\mathrm{d}I}{\mathrm{d}x} = -\varepsilon' IC \tag{1.2}$$

比例常数(ε')取决于光的波长以及吸收物质的结构、取向与所处的环境。积分式(1.2)表明，如果辐照度为 I_o 的光入射到厚度为 l 的单元上，则透射光的辐照度为

$$I = I_\mathrm{o}\exp(-\varepsilon' Cl) = I_\mathrm{o}10^{-\varepsilon Cl} \equiv I_\mathrm{o}10^{-A} \tag{1.3}$$

其中 A 是样品的吸光度或光密度($A = \varepsilon Cl$)，ε 称为摩尔消光系数或摩尔吸光系数($\varepsilon = \varepsilon'/\ln 10 = \varepsilon'/2.303$)。吸光度是一个无量纲的量，因此如果 C 以摩尔浓度($\mathrm{mol \cdot L^{-1}}$)为单位给出，而 l 以 cm 为单位给出，则ε的量纲必定是 $\mathrm{L \cdot mol^{-1} \cdot cm^{-1}}$。

式(1.2)和式(1.3)即比尔定律，或更准确地讲，是比尔-朗伯定律的表述。朗伯(Lambert)出生于 1728 年，是一位物理学家、数学家和天文学家，他观察到透射光的份额(I/I_o)与 I_o 无关。比尔(Beer)是一位银行家和天文学家(1797—1850)，他发现了此定律中对 C 的指数依赖性。

在光的经典电磁理论中，振荡频率ν通过以下表达式与波长(λ)、真空中的光速(c)和介质的折射率(n)相关联：

$$\nu = c / n\lambda \tag{1.4}$$

具有单波长的，或更切合实际地说，具有一个窄带波长的光称为单色光。

式(1.2)和式(1.3)中的光强度或辐照度(I)表示光束在单位横截面积的辐射能通量[每秒每平方厘米的能量(J)，或每平方厘米的功率(W)]。我们通常关心的是特定频率间隔($\Delta\nu$)中的辐射，因此 I 的单位是每频率间隔每秒每平方厘米的能量(J)。对于横截面积为 1 cm^2 的光束，由光电倍增管或其他检测器记录的信号幅度正比于 $I(\nu)\Delta\nu$。在 1.6 节作简要讨论而在第 3 章作更深入讨论的光的量子理论中，强度通常用光子的通量而不是能量(每频率间隔每秒每平方厘米的光子数)来表示。辐照度为 1 $W \cdot cm^{-2}$ 的光束，其光子通量为 $5.05 \times (\lambda/nm) \times 10^{15}$ 光子 · cm^{-2}。

将 A 或ε绘制为频率(ν)、波长(λ)或波数 ($\bar{\nu}$) 的函数，可表示吸光度对光频率的依赖性。波数只是真空中波长的倒数：$\bar{\nu} = 1/\lambda = \nu/c$，其单位为 cm^{-1}。有时可绘制入射光的吸收或透射的百分比。吸收百分比为 $100 \times (I_o - I)/I_o = 100 \times (1 - 10^{-A})$，其正比于 A(如果 $A \ll 1$)。

1.3　电磁波谱区域

与我们的讨论最相关的电磁波谱区域，其波长为 10^{-9}～10^{-2} cm。可见光仅占这一范围的一小部分，即 3×10^{-5}～8×10^{-5} cm(图 1.1)。成键电子的跃迁主要发生在这一区域及邻近的紫外(UV)区域；振动跃迁发生在红外(IR)区域。小分子的转动跃迁带在远红外区域，是可测量

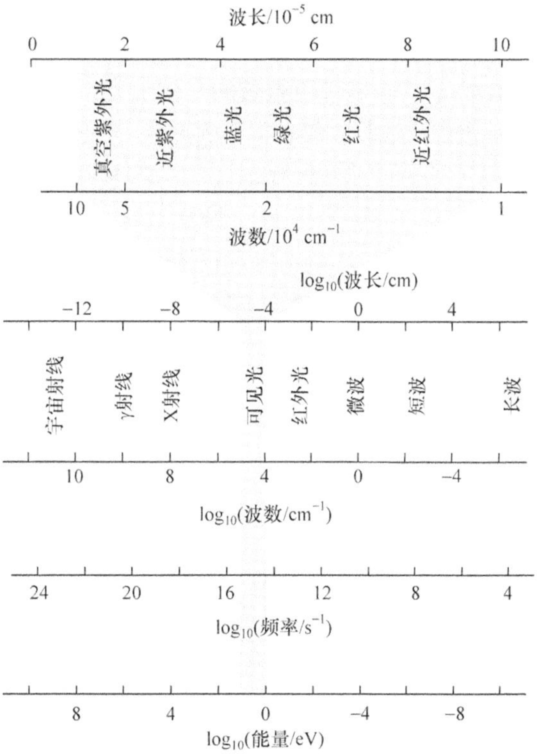

图 1.1　电磁波谱区域。上部波谱显示了线性波长尺度上的可见光区、紫外区和近红外区。在波长、波数、频率和能量的对数尺度上则显示了更多延伸的波谱

的，但在大分子中，这些跃迁带则太过拥挤以致难以分辨。X 射线区域中的辐射可能导致的跃迁是 1s 或其他核心电子被激发到原子的 3d 或 4f 层或完全从分子中逸出。这些跃迁可以反映金属蛋白质中金属原子的氧化态和配位态。

电磁波谱在不同区域中的吸收测量方法，其内在灵敏度随着波长的增加而降低，这是因为在一个分子以单频率吸收或发射的理想情况下，此灵敏度取决于基态和激发态分子布居数之差。如果两个布居数相同，则共振频率下的辐射将以相同的速率进行向上和向下的跃迁，从而使净吸收为零。在热平衡下，布居数之差的分数为

$$\frac{N_g - N_e}{N_g + N_e} = \frac{1-(S_e/S_g)\exp(-\Delta E/k_BT)}{1+(S_e/S_g)\exp(-\Delta E/k_BT)} \approx \frac{1-\exp(-h\nu/k_BT)}{1+\exp(-h\nu/k_BT)} \tag{1.5}$$

其中 S_e/S_g 是熵(简并性)因子(对于只有两个状态的体系为 1)，k_B 是玻尔兹曼常量 ($0.695\,02\ \text{cm}^{-1}\cdot\text{K}^{-1}$)，$T$ 是温度。在室温下($k_BT \approx 200\ \text{cm}^{-1}$)，对于 $\lambda = 500$ nm 的电子跃迁，$(N_g - N_e)/(N_g + N_e)$接近 1[$h\nu = \bar{\nu} = 2\times10^4\ \text{cm}^{-1}$，$\exp(-h\nu/k_BT)\approx\exp(-100)\ 10^{-43}$]，相比之下，在 600 MHz 核磁共振谱仪中，对于质子磁跃迁，该比值只有 $1/10^4$[$\lambda = 50$ cm，$\bar{\nu} = 0.02\ \text{cm}^{-1}$，$\exp(-h\nu/k_BT)\approx e^{-0.000\,10}\approx 0.999\,90$]。NMR 的较高特异性通常可以弥补其较低灵敏性。

1.4 蛋白质和核酸的吸收光谱

在 250～300 nm 的近紫外区域中，蛋白质的大部分吸收是源于芳香性氨基酸，特别是酪氨酸[1,2]。图 1.2 显示了溶液中酪氨酸、苯丙氨酸和色氨酸的吸收光谱，表 1.1 则给出了吸收最大值(λ_{max})和峰值摩尔吸光系数(ε_{max})。尽管色氨酸的摩尔吸光系数比苯丙氨酸或酪氨酸大，但由于其丰度较低，它对大多数蛋白质的吸收仅有很小的贡献。半胱氨酸二硫基团在 260 nm 处有一个弱吸收带，当 C—S—S—C 二面角偏离 90°时，它会偏移到更长的波长[3]。在更短的波长下，蛋白质的大部分吸收来自肽的骨架。—C(O)—N(H)—基团在 190 nm 和 215 nm 附近有吸收带，其峰值摩尔吸光系数分别约为 7000 $\text{L}\cdot\text{mol}^{-1}\cdot\text{cm}^{-1}$ 和 100 $\text{L}\cdot\text{mol}^{-1}\cdot\text{cm}^{-1}$。较强的谱带表示 $\pi\to\pi^*$跃迁，其中电子从一个 π(成键)分子轨道被激发到一个 π^*(反键)轨道；而较弱的谱带来自 $n\to\pi^*$跃迁，其中氧原子的非成键电子被激发到一个 π^*轨道。

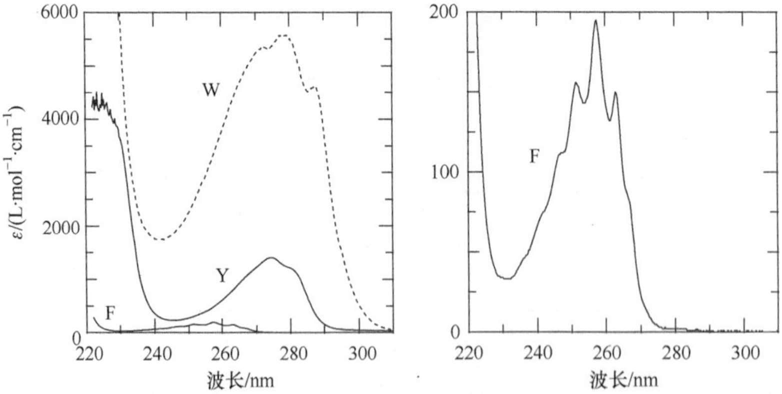

图 1.2 在 pH 7 的 0.1 $\text{mol}\cdot\text{L}^{-1}$ 磷酸盐缓冲液中苯丙氨酸(F)、酪氨酸(Y)和色氨酸(W)的吸收光谱。苯丙氨酸的光谱以放大的比例在右侧给出(数据来自 Lindsey 及其同事测量的光谱库[34,35])

表 1.1 水溶液中氨基酸、嘌呤和嘧啶的最大吸收值与峰值摩尔吸光系数

吸收物	λ_{max}/nm[a]	ε_{max}/(L · mol^{-1} · cm^{-1})[a]	ε_{280}/(L · mol^{-1} · cm^{-1})[b]
色氨酸	278	5 580	5 500
酪氨酸	274	1 405	1 490
半胱氨酸	—	—	125
苯丙氨酸	258	195	
腺嘌呤	261	13 400	
鸟嘌呤	273	13 150	
尿嘧啶	258	8 200	
胸腺嘧啶	264	7 900	
胞嘧啶	265	4 480	

a. 0.1 mol · L^{-1} 磷酸盐缓冲液，pH 7.0。来自 Fasman[33]

b. 水中 80 种折叠蛋白的最佳拟合值。来自 Pace 等[2]

除包含苯丙氨酸、酪氨酸和色氨酸外，许多蛋白质还结合了在紫外或可见光区域有吸收的小分子。例如，还原型烟酰胺腺嘌呤二核苷酸(NADH)在 340 nm 处吸收；黄素在 400 nm 左右吸收。血红素在 410～450 nm 有强吸收带，在 550～600 nm 则有弱吸收带。

通常的嘌呤和嘧啶碱基都在 260 nm 附近有吸收，而核苷和核苷酸的吸收光谱则与游离碱基相似[图 1.3(A)和表 1.1]。但在 260 nm 附近，双链 DNA 的吸光度比各碱基的吸光度之和小 30%～40%[图 1.3(B)]。单链 DNA 产生中等强度吸收。我们将在第 8 章中讨论，这种减色作用来源于核酸中各核苷酸的电子耦合。低聚物的激发态包括多个核苷酸的贡献，其结果是一些吸收峰从近紫外区域向更短的波长方向偏移。多肽显示出相似的效果：在 200 nm 附近的α螺旋的吸光度低于无规卷曲或β 折叠的吸光度。

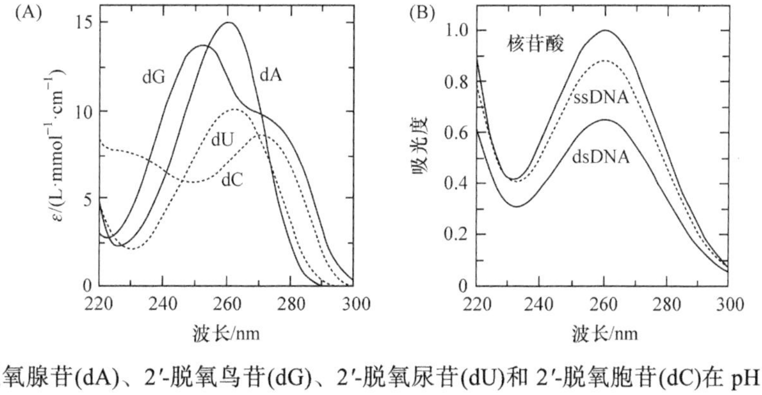

图 1.3 (A)2′-脱氧腺苷(dA)、2′-脱氧鸟苷(dG)、2′-脱氧尿苷(dU)和 2′-脱氧胞苷(dC)在 pH = 7.1 时的吸收光谱。(B)大肠杆菌的 DNA 在 25℃(双链 DNA，dsDNA)和 82℃(单链 DNA，ssDNA)及其酶解后(核苷酸)在 25℃的吸收光谱。大肠杆菌 DNA 在 25℃时为双链，在 82℃时为单链；酶解产生组分核苷酸[(B)中的数据来自 Voet 等[36]]

1.5 混合物的吸收光谱

比尔-朗伯定律[式(1.3)]的一个重要推论是，非相互作用分子混合物的吸光度只是各组分吸光度的总和。这意味着由一种组分的浓度变化引起的吸光度变化与其他组分的吸光度无关。原则上，可以通过测量溶液在一组波长处的吸光度，利用各组分的摩尔吸光系数在这些波长处的不同来确定所有组分的浓度。一般需要求解以下的联立方程获得浓度(C_i)：

$$\begin{aligned}\varepsilon_{1(\lambda_1)}C_1 + \varepsilon_{2(\lambda_1)}C_2 + \varepsilon_{3(\lambda_1)}C_3 + \cdots &= A_{\lambda_1} / l \\ \varepsilon_{1(\lambda_2)}C_1 + \varepsilon_{2(\lambda_2)}C_2 + \varepsilon_{3(\lambda_2)}C_3 + \cdots &= A_{\lambda_2} / l \\ \varepsilon_{1(\lambda_3)}C_1 + \varepsilon_{2(\lambda_3)}C_2 + \varepsilon_{3(\lambda_3)}C_3 + \cdots &= A_{\lambda_3} / l \\ &\cdots\end{aligned} \tag{1.6}$$

其中 $\varepsilon_{i(\lambda_a)}$ 和 A_{λ_a} 分别是在波长 λ_a 处组分 i 的摩尔吸光系数和溶液的吸光度，l 还是光程(专栏 8.1 中给出了求解此类方程组的方法)。当测量波长的数目与组分数目相同时，只要各组分的摩尔吸光系数在每一波长处有明显不同，就可完全确定各组分的浓度。在额外波长下的测量则可用于提高结果的可靠性。计算浓度的最佳方法之一可能是利用奇异值分解[4]。

尽管两个化学性质不同的分子通常具有其特征吸收光谱，但它们的摩尔吸光系数在一个或多个波长处可能会相同。在上面使用的符号中，$\varepsilon_{i(\lambda_a)}$ 和 $\varepsilon_{j(\lambda_a)}$(组分 i 和 j 在波长 a 处的摩尔吸光系数)可能相同[图 1.4(A)]。这样的波长称为等吸收点(isobestic point)。如果改变溶液中浓度 C_i 和 C_j 之比，则等吸收点的吸光度将保持恒定[图 1.4(B)]。如果溶液中包含第三个组分(k)，则在其他两个波长(b 和 c)处可能会有 $\varepsilon_{i(\lambda_b)} = \varepsilon_{k(\lambda_b)}$ 和 $\varepsilon_{j(\lambda_c)} = \varepsilon_{k(\lambda_c)}$，但是这三个组分都不太可能在任何波长下都有相同的摩尔吸光系数。因此，如果溶液中含有未知数量的组分，并且溶液的吸收光谱随 pH、温度或时间等参数的变化而变化，那么，若观察到等吸收点，则表明这个吸光度的变化可能反映了只有两个组分的比例的变化。如果存在两个等吸收点，则该结论的可靠性将提高。

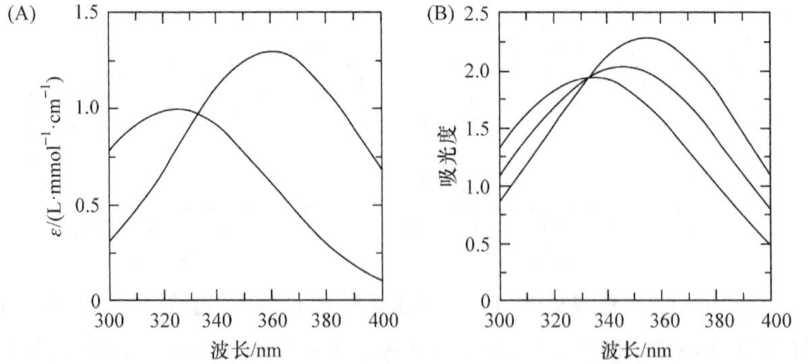

图1.4 在333 nm处具有相同摩尔吸光系数的两个物种的吸收光谱(A)和同样的两个组分在物质的量比为1∶3、1∶1和3∶1时混合物的吸收光谱(B)。等吸收点(333 nm)处的总吸光度是恒定的

通常根据 280 nm 处的吸光度计算蛋白质浓度，此处具有显著吸收的氨基酸是色氨酸、酪

氨酸和半胱氨酸(表 1.1)。蛋白质在此波长处的摩尔吸光系数为$\varepsilon_{280} \approx 5500 \times W + 1490 \times Y + 125 \times CC$($L \cdot mol^{-1} \cdot cm^{-1}$)，其中 W、Y 和 CC 分别是蛋白质中色氨酸、酪氨酸和半胱氨酸残基的数目[2]。

1.6 光电效应

电子从暴露在辐射下的固体表面逸出称为光电效应。被释放的电子称为光电子。在一篇具有里程碑意义的论文中，爱因斯坦[5]指出了此效应的三个关键特征：①仅在辐射频率(ν)超过某个特定的最小值(功函数ν_0)时才释放光电子，且这个频率最小值是固体材料所特有的(图 1.5)；②所释放的光电子的动能与($\nu - \nu_0$)成正比；③即使在低光强下，此过程也表现为瞬间发生。这些观测结果表明，电磁辐射具有粒子性，并且每个粒子都具有正比于ν的确定能量[式(1.1)]。路易斯(G.N. Lewis)[6]利用意为“光”的希腊语“phos”创造了名词“光子(photon)”来表示这样的粒子。如果注意到从固体中释放电子需要一定的最小能量，且该能量依赖于固体的组成并类似于分子的电离能，那么上面提到的前两个观测结果可以得到解释。如果光子的能量超过此阈值，则光子被吸收，且其所有的能量都将转移到固体和离开的电子中。光逸出的瞬时性质(观测结果 3)表明，该过程涉及单个光子的全吸收或全无吸收，而不是一段时间内的能量逐渐积累。光的经典电磁理论很难解释光电效应的全吸收或全无吸收的特性；在经典理论中，能量依赖于电磁场的平方，并随着与光源的距离而连续变化。而在爱因斯坦提出的光的量子图像中，电磁场强度的平方是单位体积内光子数的度量。光子密度在较高光强度下看起来像连续变量，但在极低强度下并非如此。

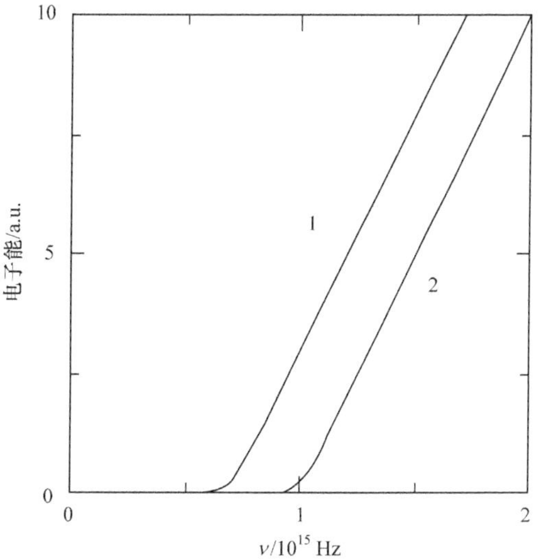

图 1.5 一些材料在被电磁辐射撞击时释放电子，其辐射频率(ν)大于一个取决于材料的阈值，如此处两种不同材料(曲线 1 和 2)所示。高于其阈值时，光电子的动能随ν线性增加。材料的不均匀性会导致曲线在阈值附近略有弯曲

时年只有 25 岁的爱因斯坦，在同一年内提出了狭义相对论和布朗运动理论。他由于对光电效应的解释而获得了诺贝尔物理学奖，但后来对光子的存在表示出严重怀疑。此处的核心问题是，由于光电效应涉及光与固体材料的相互作用，因此这仅仅表明材料的能级是量子化

的。关于光遵守量子力学定律的令人信服的证据是在约 80 年之后通过光的短脉冲中两个光子相互作用的实验得到的[7-9]。在 3.5 节中将讨论这些实验。

1.7 吸光度测量技术

光强度的测量可以使用光电倍增管，这是一个具有负电荷的基板或表面(阴极或光电阴极)的真空管，当其吸收光子时会释放光电子(图 1.6)。阴极的涂敷材料可在很宽的频率范围内对光有响应，并且如 1.6 节所述，逸出的光电子所获得的动能等于特定频率(ν)处的光子能量($h\nu$)与释放电子所需的最小能量($h\nu_0$)之间的差值。光电管中的电场使光电子加速，并被吸引到第二个涂层板[倍增极(dynode)，又称打拿极]。在这里，撞击后释放的动能激发出几个新的电子。这些电子被加速流向第二个倍增极，在该处又激发出更多的电子。在一系列(6～14 个)阶段中重复进行的放大步骤可以使总电流放大 10^6～10^8 倍，这取决于真空管的设计和倍增极链上所施加的电压。在最后的倍增极(阳极)，电流经过一个放大器而被记录为数字化的连续或脉冲信号。

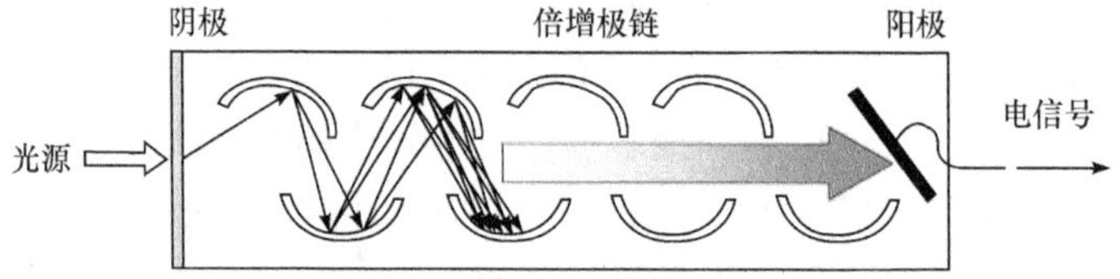

图 1.6 光电倍增管示意图。倍增管底部的管针为阴极提供相对于阳极的负电势，为倍增极链提供中间电势

光电倍增管在许多数量级的光强度上具有明显的线性响应。但是，它们最适合光强度很低的情况。它们的量子效率通常约为 0.25，这意味着撞击阴极的光子中约有 25%将在阳极产生电流脉冲。由于电子的损耗将增加阴极电势，因此光电倍增管的响应在高光强度下会饱和。涂有 GaAs 和相关材料的阴极具有更高的量子效率并可覆盖更宽的光谱范围，但不如大多数其他常用材料那样坚固耐用。

光电倍增管的时间分辨率主要受电子到达阳极的路径变化的限制。由于传播时间的扩展，单个光子吸收产生的阳极脉冲宽度通常为 10^{-9}～10^{-8} s。在微通道基板光电倍增管中，传播时间的扩展较小，其工作原理与普通光电倍增管相同；不同之处在于电子放大步骤是沿着小毛细管壁进行的。在微通道基板检测器中的阳极脉冲宽度可以短至 2×10^{-11} s。

光强度还可以使用由硅、锗或其他半导体制成的光电二极管来测量。这些器件在区域(N 和 P)之间具有结，两个区域内掺杂有其他元素以分别产生过量的电子或空穴。在黑暗中，电子从 N 区扩散到 P 区，空穴则沿相反方向扩散，从而在结处产生电场。光的吸收会产生更多的电子-空穴对，它们在由电场决定的方向上扩散并在器件上产生电流。硅光电二极管的量子效率约为 80%，并且在较高的光强度下也能很好地工作。它们的时间分辨率通常在 10^{-9}～10^{-8} s 数量级，而对于活性区域很小的二极管，其时间分辨率约为 10^{-11} s。

用于测量吸收光谱的分光光谱仪通常包括一个连续光源、一个用于分散白光并选择窄波段的单色仪和一个用于将光束一分为二的斩波器(图 1.7)。一束光穿过被研究的样品，另一束光则穿过参比(空白)吸收池。两束光的强度用光电倍增管或其他检测器测量，并以波长变量来计算样品的吸光度[$\Delta A=\log_{10}(I_o/I_s)-\log_{10}(I_o/I_r)=\log_{10}(I_r/I_s)$，其中 I_o、I_s 和 I_r 分别为入射光强度、透射穿过样品的光强度和穿过参比的光强度]。参比信号的测量使仪器可以消除由溶剂和吸收池壁引起的吸光度。适当地选择参比还可以最大程度地减少浑浊样品的散射造成的光损失而引起的测量误差。

图 1.7 中描述的传统分光光谱仪有若干局限性。首先，在任何给定时间到达检测器的光只覆盖一个窄波带。由于单色仪中的光栅、棱镜或反射镜必须旋转以使此波带窗口扫过感兴趣的光谱区域，所以吸收光谱的采集通常需要几分钟，而在此期间样品可能会发生变化。另外，为提高光谱分辨率而使单色仪的入口狭缝和出口狭缝变窄，这减少了到达光电倍增管的光量，从而使信号的噪声更大。尽管长时间的信号平均可以提高信噪比，但却进一步减慢了光谱的采集速率。使用光电二极管阵列进行多波长同时检测的仪器则可以在某种程度上克服上述局限性。

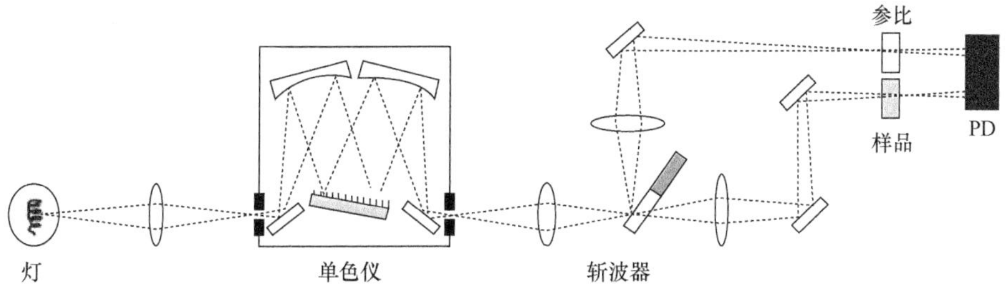

图 1.7　分光光谱仪的元件。斩波器通常是具有扇形区以交替地透射和反射光束的旋转镜，光检测器因而交替地记录通过样品或参比吸收池的光强度。此处描绘的单色仪由一个可旋转的衍射光栅(阴影部分)、两个曲面镜、两个平面镜以及用于调节光谱分辨率的入口和出口狭缝组成。PD 为光检测器(光电倍增管或光电二极管)

上面提到的局限性也可以通过傅里叶变换技术克服，此方法对于红外光谱特别有用。在傅里叶变换红外(FTIR)光谱仪中，来自红外光源的辐射被分为两束，最终重新组合并聚焦在检测器上(图 1.8)。检测器可检测覆盖很宽波段的光。如果两条光束的光程不同，则它们对检测器的辐射场的贡献将依赖于波长和光程差 ΔL 而进行相长或相消干涉。光谱仪中路径之一的光程由一个动镜调制，此动镜可以前后移动几厘米的距离，从而使检测器记录的信号发生振荡。如果辐射是单色的，则信号强度与 ΔL 的关系图(干涉图)将是一个正弦函数，其周期由光的波长确定；对于宽带辐射，干涉图则包含许多周期不同的叠加振荡。辐射光谱可以通过对干涉图进行傅里叶变换而计算得到(有关傅里叶变换的介绍请参阅附录 A.3)。当把吸收特定波长辐射的样品放置在光束中时，相应的振荡组分在干涉图中就被减弱。吸收光谱的计算公式为 $A(\bar{\nu}) = \log_{10}[S_r(\bar{\nu})/S_s(\bar{\nu})]$，其中 $S_s(\bar{\nu})$ 和 $S_r(\bar{\nu})$ 分别是在光束中放置和没有放置样品时获得的干涉图的傅里叶变换。

除了更快的数据采集速度和改善的信噪比外，FTIR 光谱仪还拥有另一个优势：可以通过用具有尖锐发射线的激光器代替红外光源，从而非常精确地校准波长标度。为此，通常使用在 6328 Å(1 Å = 10^{-10} m)波长处发射的 He-Ne 激光器。精确的校准使得测量不同样品的微小光谱变化成为可能，这些样品包括富含 ^{13}C、^{15}N 或 ^{18}O 的材料。另外，任何未通过干涉仪而到达检测器的杂散光在 FTIR 光谱仪中只引起相对较小的误差，因为此杂散光产生的信号与 ΔL 无关。此功能使 FTIR 光谱仪非常适合测量那些仅部分透射的样品的吸收光谱。

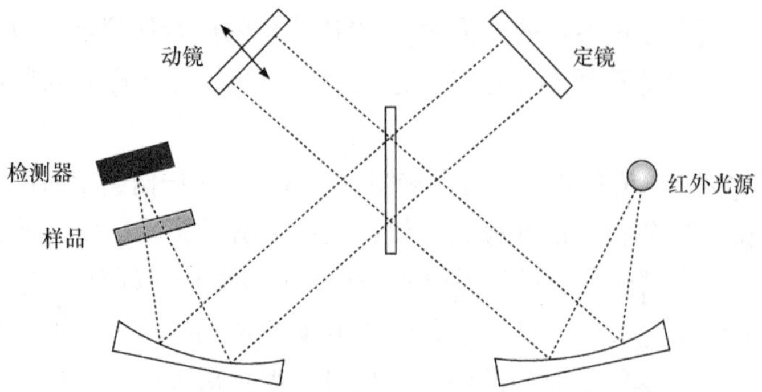

图 1.8 FTIR 光谱仪的元件。来自红外光源的辐射被球面镜准直然后被部分镀银的分光镜(图中部)分成两束。两光束被平面镜反射，并在穿过样品后重新汇合。如双箭头所示，前后移动一个平面镜会改变其中一个光路的长度

当更常规的方法不合适时，1.8 节、1.10 节和 11.5 节分别介绍了其他几种测量吸收光谱的方法。吸收光谱也可以通过测量荧光(1.11 节和第 5 章)或测量激发所产生的其他过程而间接获得。在这些方法的一个经典示例中，通过利用一氧化碳抑制呼吸作用，并利用各种波长的光测量该抑制作用的光化学逆转，沃伯格(Warburg)发现细胞色素 c 氧化酶是一种血红素蛋白。所得的“作用谱”给出了与蛋白质结合的血红素的吸收光谱。

1.8 泵浦探测与光子回波实验

光学延迟技术能以非常高的时间分辨率探测那些被光激发时会发生化学反应或结构弛豫的体系中吸光度的变化。生物物理实例包括当结合的 CO 被光解离后肌红蛋白或细胞色素 c 氧化酶发生的结构变化，视紫红质、细菌视紫红质或植物色素被光照射所引起的异构化及随之而来的结构变迁，以及光合作用中的光驱动电子转移反应。在一个短“泵浦”脉冲激发反应性体系之后，可以通过测量第二个(“探测”)脉冲的透射强度来考察其吸光度随时间的变化关系。为了控制两个脉冲的定时，其中一个脉冲被发送到一条光路上，其光程可通过在平移台上移动反射镜来调整(图 1.9)。因为光以 $3 \times 10^{10}\ \mathrm{cm \cdot s^{-1}}$ 的速度在空气中传播，所以将光路长度更改 1 cm 会使延迟时间改变 0.33×10^{-10} s。这一技术中的时间分辨率主要取决于激发脉冲和探测脉冲的宽度，其宽度可以小于 10^{-14} s。如果探测脉冲包括了频率范围很宽的光，并使用单色仪将透射的探测脉冲分散到光电二极管阵列上，则每次激发后都可以捕获整个光谱范围内的吸光度变化。然而，此类测量通常需要利用许多泵浦和探测脉冲对进行平均，以提高信噪比。

类似的实验技术使研究分子系综各个组分的时间相干(或称为同步)成为可能。如果许多分子在相同的短时间间隔内与光脉冲相互作用，则该系综在最初可形成对这一事件的某种“记忆”；但是，由于分子与其周围环境的随机热相互作用，此记忆将随着时间的流逝而消退。例如，这些分子有可能在这个脉冲之后的短时间内一致地进行一些特定的振动运动，而在以后的时间里则以随机相位振动。系综失去这种相干的速率可以提供与周围环境相互作用的动力学信息和强度信息。在第 11 章将讨论光子回波实验，其中利用一系列短脉冲来产生相干，并在一定时间后部分地再生此相干。

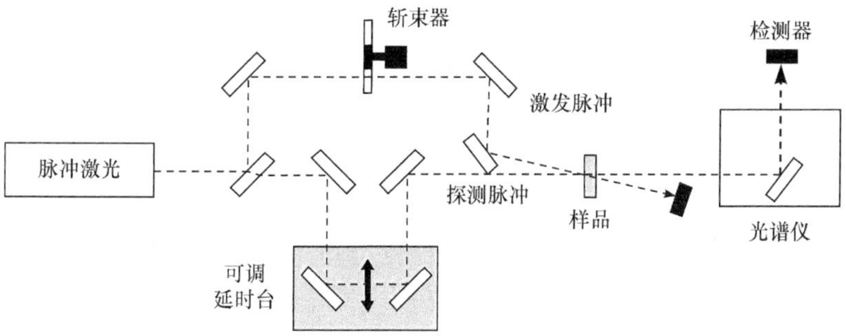

图 1.9　吸光度变化能以高时间分辨率来测量：利用激光器的短“泵浦”脉冲激发样品，随后测量延迟可调、通过样品的“探测”脉冲的透过率。将泵浦光束用斩波器进行周期性阻隔，则可以在有和没有泵浦光的情况下测量透射过样品的探测光束的强度之差，并进行多脉冲平均。这样的设备通常需要配备激光器及相应光学设备，用于产生具有不同波长或偏振的探测光束

1.9　线二色性与圆二色性

上面提到，为了分子吸收光，需要将振荡电磁场以特定方式相对于分子轴取向。吸光度与 $\cos^2\theta$ 成正比，其中 θ 是电场与分子跃迁偶极子之间的夹角。线二色性是吸收强度对光束(相对于宏观的“实验室”轴的)线性偏振的依赖性。溶液中的分子通常不表现出线二色性，因为单个分子相对于实验室轴的取向是随机的。然而，蛋白质和其他大分子通常可以通过流经细管，或者压缩或拉伸嵌入聚丙烯酰胺或聚乙烯醇凝胶中的大分子样品取向。膜的取向可以通过加磁场或在载玻片上进行多层干燥来实现。这些样品的线二色性可以用配备偏振滤光片的常规分光光谱仪来测量，该偏振滤光片的偏振方向需要交替地平行或垂直于样品的取向轴。

各向同性(无序的)样品通常可以通过偏振脉冲光激发而表现出瞬态的线二色性(诱导二色性)，因为这个脉冲光会选择性地激发那些在被激发时刻具有特定取向的分子。诱导二色性的衰减动力学提供了有关分子转动动力学的信息。这些测量对于探索与大分子结合或嵌入膜中的小生色团(吸光分子或基团)的排布和转动迁移率，以及剖析包含多种相互作用的生色团的复杂体系的吸收光谱，都是有用的。在第 4 章中将进一步讨论线二色性。

一束光也可以是圆偏振的，这意味着沿着光束在给定位置的电场方向随时间而旋转。旋转频率与场的经典振荡频率(ν)相同，但是从观测者的角度来看，迎面而来的入射光束，其旋转方向可以是顺时针或逆时针。这些方向分别对应于左手和右手螺旋，分别称为“左”圆偏振和“右”圆偏振。许多天然材料的左、右圆偏振光的吸光度之间有差异。这就是圆二色性(circular dichroism，CD)。这一效应通常很小(约 $1/10^4$)，但是可以利用电光调制器在左、右圆偏振之间来回快速切换探测光束来测量。相位敏感和频率敏感的放大器可用于提取样品的透射光束的微小振荡组分。

因为 CD 代表两个吸收强度之间的差异，所以它可以是正值或负值。在这方面，它与通常总为正值的样品的普通吸光度是不同的。它的大小可以最直接地通过左、右圆偏振光的摩尔吸光系数之差来表示($\Delta\varepsilon = \varepsilon_{左} - \varepsilon_{右}$，以 $L \cdot mol^{-1} \cdot cm^{-1}$ 为单位)。但是，由于历史原因，圆二色性通常以角度单位(椭圆度或摩尔椭圆度)表示，这与线性偏振光束被部分吸收时所产生的椭圆极化有关。

为了表现出 CD，吸收光的分子必须与其镜像区别开来。蛋白质和核酸通常符合此标准。

如以上关于减色作用所提到的，它们的 UV 吸收带代表多个生色团(肽键或嘌呤和嘧啶碱基)的耦合跃迁，它们彼此立体定向地排列。例如，右手α 螺旋中肽键的排列与左手α 螺旋中肽键的排列是可区分的。这种低聚物也可以具有相对较强的 CD 信号，即使单个单元有很小或没有信号[10]。因此，圆二色性为探测蛋白质二级结构、核酸和其他多分子复合物提供了一种方便而灵敏的方法[11-13]。图 1.10 给出了α 螺旋和β 折叠构象多肽的典型 CD 光谱。α 螺旋在 195 nm 附近有一个正峰，在 210 nm 和 220 nm 附近有一对特征型的负峰。β 折叠在 200 nm 附近具有较弱的正峰，在 215 nm 附近具有单一负峰。在第 9 章，我们将看到 CD 产生于吸收体与入射辐射的磁场和电场的相互作用，并将讨论其大小如何取决于体系的几何形状。

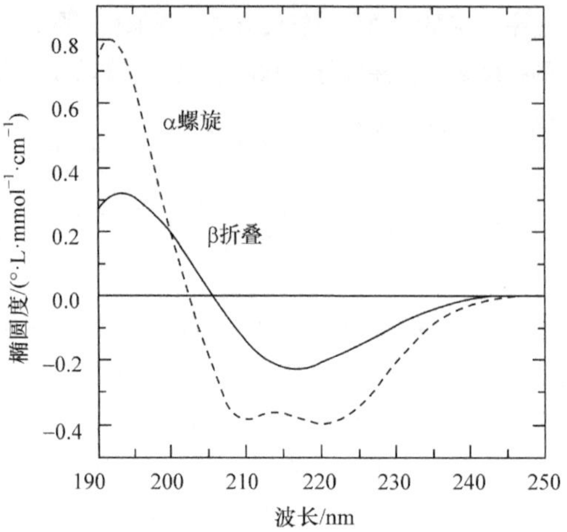

图 1.10 以α 螺旋和反平行β 折叠为构象的多肽的典型圆二色光谱

1.10 光散射或吸收分子的不均匀分布导致的吸收光谱畸变

细胞、细胞器或大分子复合体的悬浮液的吸收光谱会因光散射而严重畸变。散射是由穿过或掠过悬浮粒子的光线之间的干涉引起的，并且当粒子的物理尺寸趋近光的波长时，散射就变得越来越重要。散射的标志是基线：基线在材料的真实吸收带之外偏离零线，并且其偏离幅度随着波长的变短而增加。当散射光与入射光之间的角度大于一个特定值时，散射光不能进入检测器却被表观地记录为吸光度。如果分光光谱仪的样品与检测器的间距越大，则此问题就越严重。有几种方法可以减小这种失真。其中一种方法是使用积分球，此装置的设计使到达检测器的概率与光离开样品的角度基本无关。这可以通过以下方式实现：将样品放置在带有白色内壁的球腔中，而将检测器放置在一个挡板后面，这样光子只有从内壁反弹多次后才能到达检测器(图 1.11)。

积分球也可以通过在内壁上衬以大量的光电二极管制成。针对某些情况，光散射的减少可以通过破碎那些有问题的颗粒或提高溶剂的折射率(如通过添加白蛋白)而实现。如果在距检测器的若干不同距离处测量吸收光谱，则还可以对散射进行数学校正[14, 15]。

浑浊材料甚至像完整的树叶或龙虾壳等稠密样本，其吸收光谱可以通过光声光谱法来测量。光声光谱仪测量的是样品在被光激发后以非辐射方式衰减回到基态而产生的热量。在典型的设计中，热量的释放会导致样品周围的气体或液体发生膨胀，并用传声器来检测这个膨胀。这种测量还可以用来研究在光吸收之后、除光吸收本身之外的分子间的能量转移和体积变化[16-20]。

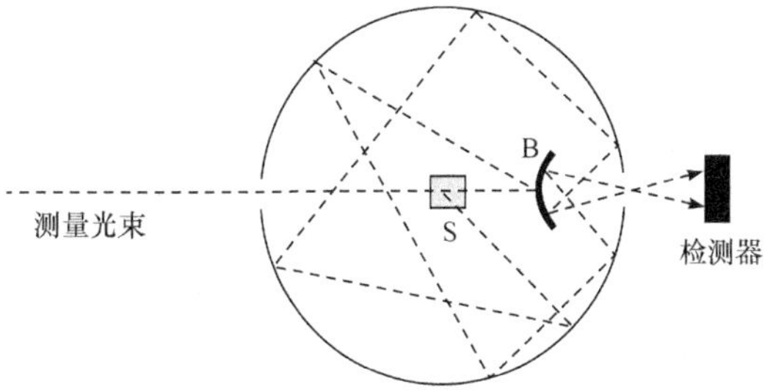

图 1.11 积分球示意图。中间的正方形表示包含浑浊样品(S)的吸收池。在腔室的白色壁上反弹许多次之后，透射的散射光到达检测器。挡板(B)阻挡了通往检测器的直接路径。在有些设计中[37]，光在样品前后都可经过单独的积分球

如果吸收分子不是均匀分散在溶液中，而是被隔离在微观区域(如细胞或细胞器)中，则会发生不同类型的光谱畸变。图 1.12 说明了这个问题。随着光束穿过包含吸收体的区域，其强度会降低，因此处于区域后部的分子会被前部的分子所屏蔽，从而降低其对总吸光度的贡献。如果穿过样品不同区域的光束遇到数量明显不同的吸收剂，则与在均匀溶液中观察到的吸收带相比，此时所测得的吸收峰将被展平。如果已知微观区域的大小和形状，则可以对此效应进行数学校正[14, 15, 21, 22]。另外，比较吸收分子被活性剂分散之前和之后的光谱，可以估计这些微观区域的尺寸。但是，后一种操作假定将分子分散不会影响其固有吸光度。在第 8 章中将证明分子相互作用可以使低聚物的光谱性质与各个亚单元的性质在本质上产生很大差异。

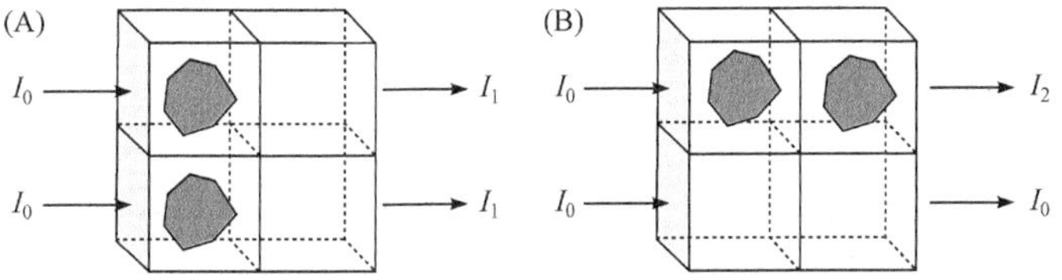

图 1.12 宏观样品的吸光度取决于吸收材料的分布方式。图中的立方体代表小体积元；阴影物体则代表吸收分子。两个分图中吸收物的总浓度均为每单位体积 0.5。如果入射到一个体积元上的光强度为 I_0，则该单元透射光强度可以记为 $I_1 = \kappa I_0$；若单元包含吸收体，则 $0 < \kappa < 1$；若不包含，则 $\kappa = 1$。在(A)所示的情形中，穿过样品的不同位置的光束遇到同等数量的吸收体。每单位面积的透射光强度为 $I_1 = \kappa I_0$。在(B)中，两光束遇到不同数量的吸收体。这里每单位面积的透射光强度为 $(I_2 + I_0)/2 = (\kappa^2 I_0 + I_0)/2$。差值 $(B - A)$ 为 $(\kappa^2 I_0 + I_0 - 2\kappa I_0)/2 = I_0(\kappa - 1)^2/2$ 大于零

顺便值得一提的是，青蛙、章鱼和其他一些动物能利用光谱展平效应来改变它们的外观。当皮肤中的色素细胞或多或少均匀地铺开覆盖表面时，它们看起来会显黑；而当这些细胞聚集在一起时，它们看起来会显白。

偏离比尔定律的原因还可能是不同化学物质之间的平衡具有浓度依赖性，或者是溶液的折射率随浓度会发生变化。如果吸收体的浓度过高或过低，则仪器的非线性或噪声可能会很大。

1.11 荧 光

当在近紫外区被激发时，许多蛋白质的色氨酸残基在 340 nm 附近发出荧光。发射峰与蛋白质中的环境有关，在 308～355 nm 变化。水溶液中色氨酸、酪氨酸和苯丙氨酸的荧光发射

光谱如图 1.13 所示。尽管酪氨酸在溶液中强烈发射荧光，但是蛋白质中酪氨酸和苯丙氨酸发出的荧光通常很弱，部分原因是激发能可以传递给色氨酸。大多数嘌呤和嘧啶也不能强烈发射荧光，但是酵母 t-RNA^{PHE} 中发现的异常核苷酸 Y 碱基具有很高的荧光性。黄素和吡啶核苷酸具有特征性的荧光，可提供对其氧化态的灵敏测定：还原型烟酰胺腺嘌呤二核苷酸(NADH 和 NADPH)在 450 nm 附近发荧光，而其氧化形式则是非荧光性的；氧化的黄素辅酶(FMN 和 FAD)发荧光，而其还原形式则不发。各种各样的荧光染料已用于标记蛋白质或核酸，包括荧光素、罗丹明、丹磺酰氯、萘胺和亚乙烯基 ATP(ethenoATP)。蛋白质也可以通过将其与绿色荧光蛋白进行遗传融接而被标记，而绿色荧光蛋白是具有卓越内源生色团的蛋白质，其生色团是通过自发环化和氧化 Ser-Tyr-Gly 序列形成的。

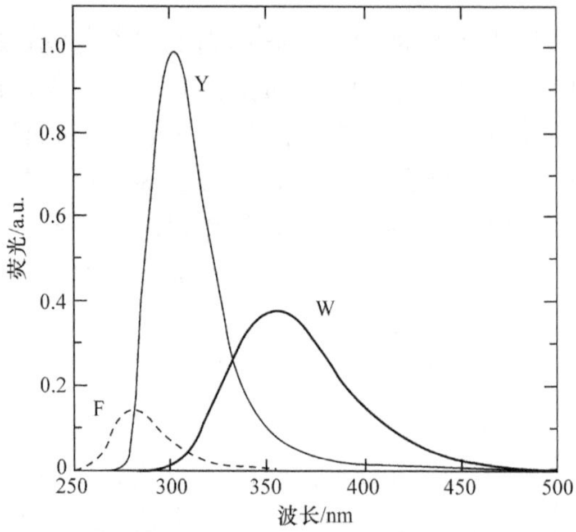

图 1.13 水溶液中色氨酸(W)、酪氨酸(Y)和苯丙氨酸(F)的荧光发射光谱。色氨酸在 270 nm 处被激发，酪氨酸在 260 nm 处被激发，而苯丙氨酸在 240 nm 处被激发。光谱来自 Du 等[34]和 Dixon 等[35]，纵坐标尺度有所缩放，以使曲线下的面积与荧光量子产率成正比。测量的色氨酸的量子产率为 0.12，酪氨酸为 0.13，苯丙氨酸为 0.022[23, 38]

如图 1.13 所示的荧光激发光谱和发射光谱的测量通常可利用两个单色仪来进行，一个单色仪放置在激发光源和样品之间，另一个则在样品和光检测器之间(图 1.14)。对于单生色团分子，激发光谱通常类似于(1–T)的光谱，其中 T 是入射光的透射率($T = I/I_0 = 10^{-A}$)。发射光谱偏移向更长的波长，因为被激发的分子在发荧光之前将其一部分能量作为热量传递到了周围环境中。在第 5 章和第 10 章中将讨论这种能量弛豫。荧光激发光谱或发射光谱的准确测量需要稀释充分的样品，这

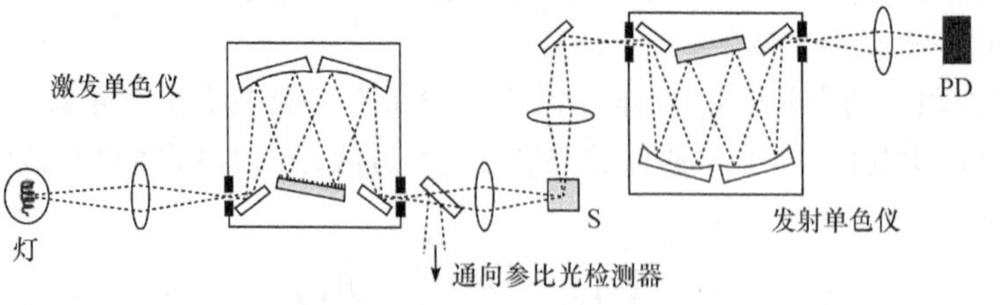

图 1.14 荧光光谱仪的组件。通常以与激发成 90°收集发射，这使来自透射或散射激发光的伪信号变得最小化。激发光束的一部分被分束并由参比光检测器进行测量，这使得波长改变时激发强度维持恒定。S 为样品，PD 为光检测器

样入射光或发射光的样品吸收就可以被忽略。发射光谱还需要校正光电倍增管和荧光计的灵敏度以及其他组件的波长依赖性；可通过测量温度已知的光源的表观发射光谱进行校正(第 3 章)。

荧光产率是通过发射荧光而衰减的受激分子的分数。将所得的发射光谱的积分强度与荧光产率已知的样品的发射光谱积分强度进行比较，可以容易地测量荧光产率。已有产率接近 100%的标准样可用于此类测量[23]。荧光产率也可以通过将荧光与浑浊样品的散射光强度进行比较来确定[24, 25]。

荧光产率通常远小于 1，因为与 O_2 或其他猝灭剂的碰撞可使受激分子通过非辐射路径迅速返回基态。因此，荧光产率的测量可以提供关于附着在大分子上的生色团是否可以接触到溶解在周围溶液中的猝灭剂或附着在该分子不同位置的猝灭剂等信息。荧光也可以因分子内电子转移而被猝灭，以及因受激分子从单重态到三重态的系间窜越而被猝灭。系间窜越一般涉及部分被占据分子轨道中的电子自旋变化。

如果样品被短的光脉冲激发，则荧光强度随时间的变化通常可以用指数函数来描述：

$$F(t) = k_{\mathrm{r}}[M^*(t)] = k_{\mathrm{r}}[M^*(0)]\exp(-t/\tau) = F(0)\exp(-t/\tau) \tag{1.7}$$

其中 $F(t)$是样品在激发后的 t 和 $t + \mathrm{d}t$ 之间的短时间间隔内发射光子的相对概率，$[M^*(t)]$是在时间 t 保留在激发态的分子浓度，k_{r} 是光发射的一级速率常数。时间常数 τ 称为荧光寿命，是分子保持激发态的平均时间长度。例如，色氨酸通常具有约 5×10^{-9} s 的荧光寿命。荧光寿命的倒数($1/\tau$)是被激发的分子通过任何机制衰减回到基态的总速率常数，包括前面提到的荧光之外的猝灭过程。图 1.15 给出了一个荧光寿命为 20 ns 的样品的荧光时间进程。

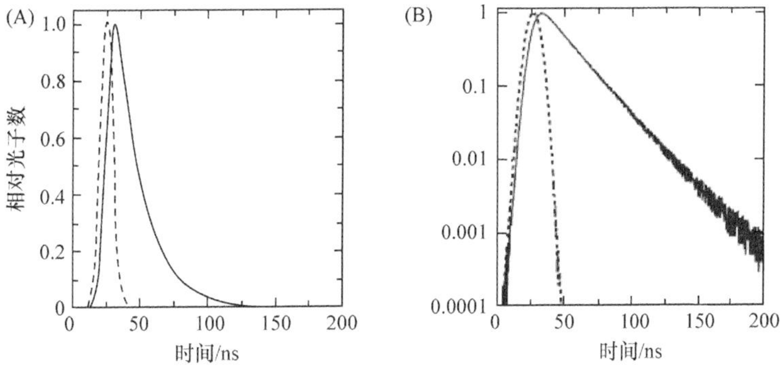

图 1.15　荧光寿命为 20 ns 的一个样品的荧光时间进程(实线)，以任意的线性(A)和对数(B)标尺绘制。虚线是激发脉冲。荧光信号是激发脉冲与指数衰减函数的卷积(在任何给定时刻的荧光信号都包含那些在较早的时间被激发的分子所发出的荧光)。信号中的噪声与振幅的平方根成正比

一般而言，不均匀样品中的激发分子以不同方式与其周围环境相互作用，因而所测荧光可以更准确地以一个指数函数和给出：

$$F(t) = \sum_i F_i(0)\exp(-t/\tau_i) \tag{1.8}$$

其中 $F_i(0)$和 τ_i 分别是组分 i 的初始幅度和衰减时间常数。考虑到激发脉冲的宽度和检测仪器的有限响应时间，可以使用多种方法用这一表达式来拟合实验数据[26-28]。

在均匀样品中，荧光寿命正比于荧光产率：猝灭过程可导致激发分子迅速衰减至基态，既缩短寿命，又降低产率。荧光寿命的测量因而可以提供与荧光产率类似的信息，也可以用于探测更复杂的非均匀体系的动态学。

有几种方法可用于测量荧光寿命。一种方法是用短脉冲重复激发样品，并记录在激发脉冲后检测到单个发射光子的时间。这就是单光子计数或时间相关光子计数。发射的光是衰减的，因此平均而言，在任何给定的脉冲光之后检测到光子的概率相对较小，并且检测到两个光子的可能性可忽略不计。10^5 次或更多次激发的结果可用于构建在激发后的各个时间下检测到的光子数的直方图。此图能反映受激分子的发射概率对时间的依赖性。直方图在给定时间通道中的信噪比与该通道中计数的光子总数成正比(图 1.15)。如果计数到足够多的光子，则时间分辨率会受到光电倍增管和相关电子设备的限制，可以是 5×10^{-11} s 数量级。

荧光衰减动力学也可以利用连续光激发样品来测量，该连续光的强度以在 $1/\tau$ 量级上的频率(ω)进行正弦调制，这里 τ 还是荧光寿命。荧光则以相同的频率进行正弦振荡，但是其振荡振幅和相位，相对于激发光振荡而言，却依赖于 ω 和 τ 的乘积(图 1.16 和附录 A.4)。如果 $\omega\tau$ 远小于 1，则荧光振幅与激发强度密切相关；如果 $\omega\tau$ 较大，则相对于激发，荧光振荡有相位延迟与阻尼(解调制)[28-30]。具有多指数衰减动力学的荧光可以利用几种不同的激发调制频率测量荧光的调制幅度或相位偏移来进行分析。

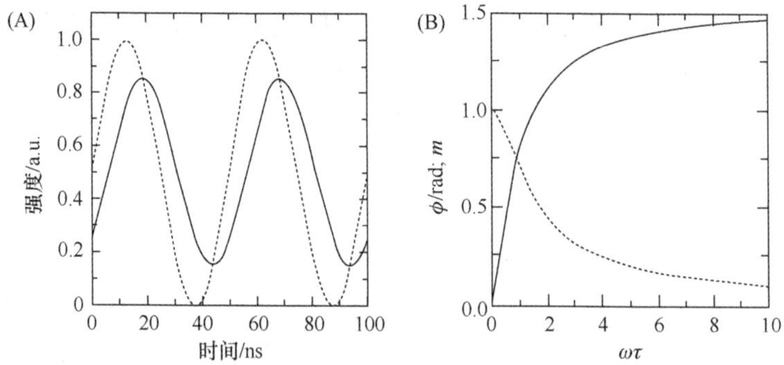

图 1.16 (A)由正弦调制光(虚线)激发的分子的荧光(实线)。如果荧光以单个时间常数 τ 的指数衰减，则相移(ϕ)和荧光振幅的相对调制(m)与 τ 和调制角频率(ω)有关：$\phi = \arctan(\omega\tau)$和 $m = (1 + \omega^2\tau^2)^{-1/2}$ (附录 A.4)。此处显示的曲线是针对 $\tau = 8$ ns, $\omega = 1.257 \times 10^8$ rad · s^{-1}(20 MHz)和激发光的 100%调制($\phi = 0.788$ rad, $m = 0.705$)计算的。(B)以乘积 $\omega\tau$ 为变量绘制的、以单指数时间常数衰减的分子荧光的相移(ϕ，实线)和相对调制(m，虚线)。如果荧光以多指数动力学衰减，则 ϕ、m、τ 和 ω 之间的关系变得更加复杂(附录 A.4)

第三种技术，荧光上转换，是将发出的光聚焦到具有非线性光学特性的材料中，如 KH_2PO_4 晶体。如果将另一束短脉冲光聚焦到同一晶体中，并使两束光在时间和空间上重叠，则晶体将以新频率发射光，该新频率是荧光与探测脉冲的频率之和。通过改变探测脉冲相对于荧光的激发脉冲之间的延时，按照上面描述的泵浦探测吸收测量的方式进行测量，则可以获得荧光强度的时间依赖性。与吸光度测量一样，荧光上转换的时间分辨率约为 10^{-14} s 数量级。这一技术非常适合研究能够引起受激分子的发射光谱随时间发生快速演化的一些弛豫过程。

为了测量荧光极化或各向异性，可用偏振光激发样品，并利用平行或垂直于激发偏振方向放置的偏振器来测量荧光发射(图 1.17)。如果发射来自激发所产生的那个能态，且受激分子在这两个事件之间不发生转动，那么平行于激发偏振的荧光将比垂直于激发偏振的荧光强约三倍。随着分子的转动，这种差异将消失。

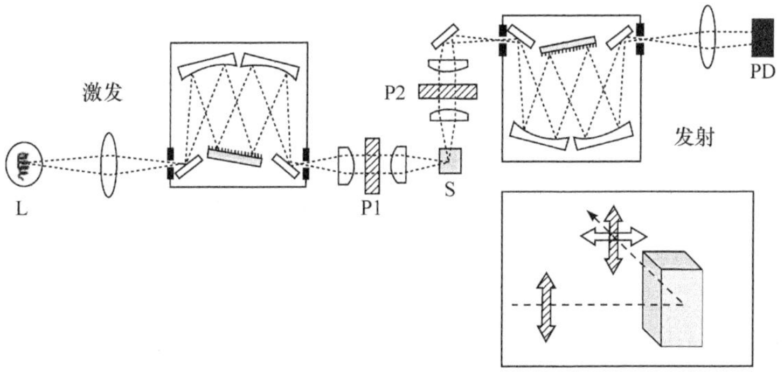

图 1.17 用于测量荧光各向异性的设备。在主图(顶部)中，一个偏振滤光片或棱镜(P1)使激发光偏振，从而使其电场矢量垂直于纸平面。荧光强度通过第二个偏振器(P2)进行测量，该偏振器的方向平行或垂直于 P1。右下图显示了样品和偏振器的透视图。为了检查检测单色仪对特定偏振的偏向性，可以将偏振器 P1 旋转 90°后进行测量。这样，荧光信号在 P2 的两个方向上都相同，因为两个方向都垂直于 P1。L 为光源，S 为样品，PD 为光检测器

荧光各向异性可以提供关于在 10^{-9}～10^{-7} s 的时间尺度上发生的分子运动的动力学和程度的信息。较慢的运动则可以通过测量磷光的各向异性来研究；磷光是处于激发三重态的分子发出的寿命更长的光。在某些情况下，近场或共聚焦荧光显微镜可以用来追踪单个荧光分子随时间的位置变化。上面所提及的技术还可以与共振能量转移的测量结合起来，以考察在单个能量供体-受体复合体中的能量供体与受体之间的距离。

1.12 红外与拉曼光谱

在半经典图像中，异核双原子分子(如 CO)中的化学键以特征频率振动，此频率随键级的增加而增加，随两个原子折合质量的增加而降低。在量子力学图像中，分子拥有一系列允许的核波函数，具有大约等距分布的能量阶梯。电磁辐射在 IR 区域中拥有适当的频率，可以将分子从这些量子态之一激发到另一个态。在多原子分子中，情况则更复杂。正如将在第 6 章中讨论的那样，分子仍然具有一组离散的振动模式，但这些模式通常涉及两个以上的原子，因而不能唯一地指认到单个键。这时的 IR 吸收光谱包括多个带，提供了该分子结构的复合指纹图谱。然而，利用特定的化学修饰或同位素取代，通常可以将各个吸收带都主要地指认到一个特定的原子组。现在测量 IR 吸收光谱一般使用 FTIR 光谱仪(图 1.8)。

蛋白质的红外光谱一般包括肽基的三个特征吸收带：在 3280～3300 cm^{-1} 区域的主要来自肽的 N—H 键的伸缩的“N—H 伸缩”带；来自 C＝O 键的伸缩的“酰胺Ⅰ”带(1620～1660 cm^{-1})；以及来自 C—N—H 键角的平面内弯曲振动的“酰胺Ⅱ”带(1520～1550 cm^{-1})。这些谱带的频率和线二色性对于α 螺旋和β 折叠是不同的，因此提供了对蛋白质构象有价值的度量。另外，氨基酸侧链具有 IR 谱带，可用于探测诸如质子在特定位点的摄取或释放事件。被结合的配体(如 CO)的 IR 吸收带可以提供有关配体的位置和取向信息，并且可以通过泵浦探测技术以高时间分辨率进行测量。

与红外光谱一样，拉曼光谱反映了分子的不同振动态之间的跃迁。但是，拉曼散射并非由光子的吸收驱动的简单向上跃迁，而是一种双光子过程，其中一个光子被吸收，另一个具有不同能量的光子几乎同时被发射，从而使分子到达不同的振动态。它类似于瑞利(Rayleigh)

光散射，但瑞利散射涉及的是具有相同能量的光子的吸收和发射。拉曼光谱仪与荧光光谱仪(图 1.14)类似，但通常使用激光产生明确尖锐的激发频率。通常在仪器的发射分支中串联使用两个单色仪。拉曼发射光谱与荧光光谱的区别是在与激发频率(ν_{ex})相差$+\nu_i$ 的频率处具有尖锐谱线，这里ν_i即分子的振动频率。$\nu_{ex}-\nu_i$处的谱线表示分子对一个量子振动能量($h\nu_i$)的净保留[斯托克斯(Stokes)散射]，而$\nu_{ex}+\nu_i$处的谱线表示振动能量的净释放[反斯托克斯(anti-Stokes)散射]。反斯托克斯散射通常要弱得多，因为它仅由激光激发之前已处于振动激发态的分子产生。

在分子生物物理学中，拉曼光谱最有用的形式可能是共振拉曼光谱，在这里，激发光的频率被调谐落在一个电子吸收带内。电子共振有两个好处：它可大大提高拉曼散射强度，并且可以对具有特定电子吸收光谱的生色团进行针对测量。因此，共振拉曼散射有助于探测与蛋白质结合的配体(如视黄醛或血红素)所处的态，而几乎不受蛋白质原子的干扰。在第 12 章中将阐述拉曼散射与其他双光子过程。

1.13 激　　光

现代光谱技术在很大程度上依赖激光作为光源。激光能提供短光脉冲以覆盖很宽的频带，也可以提供连续光束以实现非常窄的频带，并且都可以汇聚到非常小的焦点上。图 1.18 给出了可以提供超短脉冲的激光器的主要组件。在此系统中，来自另一个光源(如 Ar^+ 气体激光器)的连续绿光被聚焦在掺杂有 Ti^{3+}的蓝宝石(Al_2O_3)薄晶体上。泵浦光将此晶体中的钛原子激发到一个激发态，然后迅速弛豫到能量较低的亚稳态(在某些激光器中，其亚稳态就是泵浦光产生的电子激发态的振动弛豫能级；在另一些激光器中，亚稳态可以是不同的电子态。主要的要求是：处于亚稳态的原子或分子不能强烈地吸收泵浦频率光；它们要在更长的波长发出荧光，并且要有相对较慢的无辐射衰减过程)。在不断的泵浦激发下，亚稳态的布居数不断增加，直至其超过基态的布居数。但是，可以用频率为ν ($\nu=\Delta E/h$)的光来促成从这个亚稳态到基态的跃迁，其中 ΔE 是这两个态的能量差。这种受激发射其实就是吸收的逆过程。被激发的原子或分子所发射的光具有与受激辐射相同的频率、方向、偏振性和相位。在激光中，沿着特定轴向发射的光子被一系列镜面反射并返回晶体，在晶体中它们激发其他原子使其以相同的方式衰减。因此，起初的自发发射会导致亚稳态布居的爆炸性崩发，并释放出光脉冲。脉冲在光学腔的一端通过反射镜(图 1.18 中的 M1)射出，该反射镜具有镀膜层，可以透射约 10%的光并反射其余部分。

这种激光器发出的脉冲宽度取决于光谱带宽：为了提供超短脉冲，激光介质必须能够在很宽的频带上发光。在这方面，钛：蓝宝石与罗丹明家族有机染料都是理想之选，因为它们的荧光发射光谱覆盖数百纳米[钛：蓝宝石在 800 nm 附近内发射荧光，罗丹明(依据分子结构)则在 500～700 nm 发射荧光]。但是，不同波长的光子通过激光介质时会经历不同的光学延迟，因为折射率依赖波长。在如图 1.18 所示的钛：蓝宝石激光器中，一对棱镜通过扩展长波光的光学腔长度可以校正这种色散。适当选择棱镜材料、调整棱镜间距和光路中棱镜材料的量[31,32]，可以获得脉宽小于 10 fs 的脉冲。为了获得连续激光束，可以采用一个可旋转棱镜或选择特定光波长的其他光学元件来代替这对棱镜。

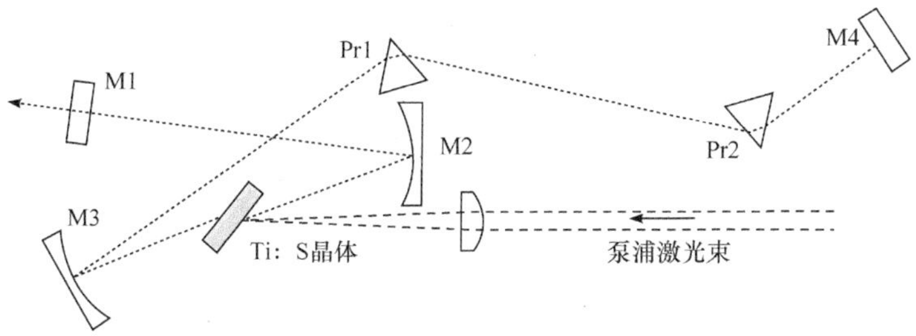

图 1.18 脉冲型钛：蓝宝石(Ti：S)激光器的主要组件。来自连续“泵浦”激光(通常为 532 nm)的光聚焦在钛：蓝宝石晶体上。晶体在 800 nm 附近发出荧光。沿特定轴(点虚线)发射的光被曲面镜 M2 和 M3 准直，并被反射镜 M1 和 M4 反射回到晶体。棱镜 Pr1 和 Pr2 用于补偿晶体折射率的波长依赖性。泵浦光束一般通过 M2 进入激光；为了清楚起见，M2 的位置在这里被偏置

1.14 命 名 法

在接下来的章节中，我们的目标通常是给出数学表达式，用于表示一个光谱特性如何依赖于分子结构或环境变量。通常可以用矢量和矩阵最简洁地表述此类表达式。关于这些数学工具的说明在附录 A1 和 A2 中给出。本书将用粗体字母的斜体($\boldsymbol{R}$)表示一个矢量，对于三维物理空间中的矢量，有时则用(R_x, R_y, R_z)表示，其中 R_x, R_y 和 R_z 是与笛卡儿直角坐标系的 x 轴，y 轴和 z 轴分别平行的矢量分量。平行于坐标轴之一的单位长度矢量用顶部带有尖号(^)的字母表示。特别地，$\hat{x}$，$\hat{y}$ 和 $\hat{z}$ 分别表示平行于笛卡儿坐标系的 x 轴，y 轴和 z 轴的单位矢量。矩阵将以粗体的非斜体字母表示。

本书还将频繁地使用算符。算符只是将给定变量或函数作为输入的数学操作的配方。我们将使用一个顶部带有波浪号(~)的字母表示一个算符，并在该算符之后立即使用字母或其他符号表示输入内容。例如，如果算符 $\tilde{\mathrm{A}}$ 为“加 3，取平方再除以 2”，则 $\tilde{\mathrm{A}}x = (x+3)^2/2$。输入和输出可以是标量、矢量或矩阵，这取决于算符的性质。附录 A.2 中定义了一些处理矩阵的算符。

练 习 题

1. 完成下表，列出波长为 300 nm 和 700 nm 的单色光的振荡频率、波数和光子能量，以及在这些波长下吸收的分子的摩尔激发能。

波长/nm	频率/s^{-1}	波数/cm^{-1}	光子能量/(J · 光子$^{-1}$)	激发能/(kJ · mol^{-1})
300				
700				

2. 在给定波长下，被吸光度为(a)0.1，(b)0.5 和(c)2.0 的样品吸收的入射光分数各是多少？

3. 分子 A 的摩尔吸光系数在 300 nm 处为 10 000 L · mol^{-1} · cm^{-1}，在 400 nm 处为 20 000 L · mol^{-1} · cm^{-1}。在这些波长下，分子 B 的摩尔吸光系数分别为 15 000 L · mol^{-1} · cm^{-1} 和 12 000 L · mol^{-1} · cm^{-1}。如果仅包含 A 和 B 的混合物的溶液在 300 nm 处的吸光度为 0.5，在 400 nm 处的吸光度为 0.8，那么 A 和 B 的浓度各是多少？

4. 为了使电子从特定金属的表面释放出来，光子必须传递给电子的最小能量称为“光电功函数”。Cs

的功函数约为 2.1 eV。将电子从 Cs 表面释放出来的光的最大波长是多少?

5. 一个样品的荧光以具有跨越多个时段的多相型动力学衰减。通过(a)时间相关光子计数,(b)荧光相移和振幅调制,以及(c)荧光上转换来测量这些动力学的相对优缺点各是什么?

6. 水溶性试剂如 I^- 对蛋白质荧光的猝灭可用于探测色氨酸残基对溶剂的暴露。如果这种猝灭剂使均匀样品的荧光产率降低 90%,荧光寿命将如何变化?

7. 与传统的分光光谱仪相比,傅里叶变换光谱仪的技术优势和局限性分别是什么?

参 考 文 献

[1] Wetlaufer, D.B.: Ultraviolet spectra of proteins and amino acids. Adv. Prot. Chem. **17**, 303-391 (1962)

[2] Pace, C.N., Vajdos, F., Lee, L., Grimsley, G., Gray, T.: How to measure and predict the molar absorption coefficient of a protein. Protein Sci. **4**, 2411-2423 (1995)

[3] Boyd, D.B.: Conformational dependence of electronic energy levels in disulfides. J. Am. Chem. Soc. **94**, 8799-8804 (1972)

[4] Press,W.H., Flannery, B.P., Teukolsky, S.A., Vetterling, W.T.:Numerical Recipes in Fortran 77: The Art of Scientific Computing. Cambridge University Press, Cambridge (1989)

[5] Einstein, A.: Uber einen die Erzeugung und Verwandlung des Lichtes betreffenden heuristischen Gesichtspunkt. Ann. der Phys. **17**, 132-146 (1905)

[6] Lewis, G.N.: The conservation of photons. Nature **118**, 874-875 (1926)

[7] Hong, C.K., Ou, Z.Y., Mandel, L.: Measurement of subpicosecond time intervals between two photons by interference. Phys. Rev. Lett. **59**, 2044-2046 (1987)

[8] Kwiat, P.G., Steinberg, A.M., Chiao, R.Y.: Observation of a "quantum eraser": a revival of coherence in a two-photon interference experiment. Phys. Rev. A **45**, 7729-7739 (1992)

[9] Pittman, T.B., Strekalov, D.V., Migdall, A., Rubin, M.H., Sergienko, A.V., et al.: Can two-photon interference be considered the interference of two photons? Phys. Rev. Lett. **77**, 1917-1920 (1996)

[10] Tinoco Jr., I.: Hypochromism in polynucleotides. J. Am. Chem. Soc. **4784**, 5047 (1961). Erratum J. Am. Chem. Soc. **4784**: 5047 (1961)

[11] Greenfield, N., Fasman, G.D.: Computed circular dichroism spectra for the evaluation of protein conformation. Biochemistry **8**, 4108-4116 (1969)

[12] Johnson, W.C., Tinoco, I.: Circular dichroism of polypeptide solutions in vacuum ultraviolet. J. Am. Chem. Soc. **94**, 4389-4390 (1972)

[13] Brahms, S., Spach, G., Brack, A.: Identification of β, β-turns and unordered conformations in polypeptide chains by vacuum UV circular dichroism. Proc. Natl. Acad. Sci. **74**, 3208-3212 (1977)

[14] Latimer, P., Eubanks, C.A.H.: Absorption spectrophotometry of turbid suspensions: a method of correcting for large systematic distortions. Arch. Biochem. Biophys. **98**, 274-285 (1962)

[15] Naqvi, K.R., Melo, T.B., Raju, B.B., Javorfi, T., Garab, G.: Comparison of the absorption spectra of trimers and aggregates of chlorophyll a/b light-harvesting complex LHC II. Spectrochim. Acta A **53**, 1925-1936 (1997)

[16] Ort, D.R., Parson, W.W.: Flash-induced volume changes of bacteriorhodopsin-containing membrane fragments and their relationship to proton movements and absorbance transients. J. Biol. Chem. **253**, 6158-6164 (1978)

[17] Arata, H., Parson, W.W.: Enthalpy and volume changes accompanying electron transfer from P-870 to quinones in Rhodopseudomonas sphaeroides reaction centers. Biochim. Biophys. Acta **636**, 70-81(1981)

[18] Braslavsky, S.E., Heibel, G.E.: Time-resolved photothermal and photoacoustic methods applied to photoinduced processes in solution. Chem. Rev. **92**, 1381-1410 (1992)

[19] Feitelson, J., Mauzerall, D.: Photoacoustic evaluation of volume and entropy changes in energy and electron transfer. Triplet state porphyrin with oxygen and naphthoquinone-2-sulfonate. J. Phys. Chem. **100**, 7698-7703 (1996)

[20] Sun, K., Mauzerall, D.: Fast photoinduced electron transfer from polyalkyl- to polyfluorometalloporphyrins in lipid bilayer membranes. J. Phys. Chem. B **102**, 6440-6447 (1998)
[21] Duysens, L.N.M.: The flattening of the absorption spectrum of suspensions, as compared to that of solutions. Biochim. Biophys. Acta **19**, 1-12 (1956)
[22] Pulles, M.P.J., Van Gorkom, H.J., Verschoor, G.A.M.: Primary reactions of photosystem II at low pH. 2. Light-induced changes of absorbance and electron spin resonance in spinach chloroplasts. Biochim. Biophys. Acta **440**, 98-106 (1976)
[23] Chen, R.F.: Measurements of absolute values in biochemical fluorescence spectroscopy. J. Res. Natl. Bur. Stand. **76A**, 593-606 (1972)
[24] Weber, G., Teale, F.W.J.: Determination of the absolute quantum yield of fluorescent solutions. Trans. Farad. Soc. **53**, 646-655 (1957)
[25] Wang, R.T., Clayton, R.K.: Absolute yield of bacteriochlorophyll fluorescence in vivo. Photochem. Photobiol. **13**, 215-224 (1971)
[26] Beechem, J.M.: Global analysis of biochemical and biophysical data. Meth. Enzymol. **210**, 37-54 (1992)
[27] Brochon, J.C.: Maximum entropy method of data analysis in time-resolved spectroscopy. Meth. Enzymol. **240**, 262-311 (1994)
[28] Lakowicz, J.R.: Principles of Fluorescence Spectroscopy, 3rd edn. Springer, New York (2006)
[29] Birks, J.B., Dyson, D.J.: The relationship between absorption intensity and fluorescence lifetime of a molecule. Proc. R. Soc. Lond. Ser. A **275**, 135-148 (1963)
[30] Gratton, E., Jameson, D.M., Hall, R.D.: Multifrequency phase and modulation fluorometry. Annu. Rev. Biophys. Bioeng. **13**, 105-124 (1984)
[31] Christov, I.P., Stoev, V.D., Murnane, M.M., Kapteyn, H.C.: Sub-10-fs operation of Kerr-lens mode-locked lasers. Opt. Lett. **21**, 1493-1495 (1996)
[32] Rundquist, A., Durfee, C., Chang, Z., Taft, G., Zeek, E., et al.: Ultrafast laser and amplifier sources. Appl. Phys. B. Lasers and Optics **65**, 161-174 (1997)
[33] Fasman, G.D.: Handbook of Biochemistry and Molecular Biology. Proteins I, 3rd edn. CRC Press, Cleveland (1976)
[34] Du, H., Fuh, R.A., Li, J., Corkan, A., Lindsey, J.S.: PhotochemCAD: A computer-aided design and research tool in photochemistry. Photochem. Photobiol. **68**, 141-142 (1998)
[35] Dixon, J.M., Taniguchi, M., Lindsey, J.S.: PhotochemCAD 2: a refined program with accompanying spectral databases for photochemical calculations. Photochem. Photobiol. **81**, 212-213 (2005)
[36] Voet, D., Gratzer, W.B., Cox, R.A., Doty, P.: Absorption spectra of nucleotides, polynucleotides, and nucleic acids in the far ultraviolet. Biopolymers **1**, 193-205 (1963)
[37] Kramer, D.M., Sacksteder, C.A.: A diffused-optics flash kinetic spectrophotometer (DOFS) for measurements of absorbance changes in intact plants in the steady-state. Photosynth. Res. **56**, 103-112 (1998)
[38] Chen, R.F.: Fluorescence quantum yields of tryptophan and tyrosine. Anal. Lett. **1**, 35-42 (1967)

第 2 章　量子力学的基本概念

2.1　波函数、算符与期望值

2.1.1　波函数

本章讨论构成光谱学基础的量子力学基本原理。更全面的处理方法在狄拉克(Dirac)[1]、鲍林(Pauling)和威尔逊(Wilson)[2]的经典著作中，在范德瓦尔登(van der Waerden)[3]编辑的早期论文集中，以及在更多近期的著作[4-9]中，都可以找到，而阿特金斯(Atkins)的工作[10]则包含关于主要概念的简明讨论和重要的参考文献。

量子力学最基本的概念就是，一个体系的依赖于位置和时间的所有性质都维系于一个数学函数，即体系的波函数。例如，电子的波函数包含了确定一个电子在特定时间处于给定空间区域中的概率所需的所有信息。如果这里用矢量 $\boldsymbol{r}$ 代表位置，则在时间 t、具有波函数 $\Psi(\boldsymbol{r},t)$ 的体系处于 $\boldsymbol{r}$ 附近的小体积元 $\mathrm{d}\sigma$ 中的概率 P 为

$$P(\boldsymbol{r},t)\mathrm{d}\sigma = \Psi^*(\boldsymbol{r},t)\Psi(\boldsymbol{r},t)\mathrm{d}\sigma = \left|\Psi(\boldsymbol{r},t)\right|^2 \mathrm{d}\sigma \tag{2.1}$$

其中 $\Psi^*(\boldsymbol{r},t)$ 是 $\Psi(\boldsymbol{r},t)$ 的复共轭，这意味着如果此波函数包含任何虚数(通常如此)，则其中的 i 都被 $-i$ 所取代。乘积 $\Psi^*\Psi$ 始终都是实数，因为我们希望得到一个可测量的性质，如在特定位置发现电子的概率。

将 $\Psi^*\Psi$ 作为每单位体积的概率或概率密度的解释是由玻恩(Born)提出的[11]。尽管在今天已被普遍接受，但玻恩的解释在当时还是颇有争议的。该领域的一些主要贡献者认为，一个体系的波函数代表更具有直接意义的体系，而另一些人则对概率不得不代替经典物理学的因果律而提出异议。莱兴巴赫(Reichenbach)[12]、佩斯(Pais)[13]和贾默尔(Jammer)[14]有趣地介绍了随着量子力学的深奥内涵逐渐变得清晰时，上述这些观点是如何演变的。

如果我们接受玻恩的解释，则体系存在于某处的总概率就可由式(2.1)在整个空间中的积分得到。在狄拉克[1]提出的广泛使用的左矢-右矢(bra-ket)表示法中，这个积分用 $\langle\Psi|\Psi\rangle$ 表示：

$$\langle\Psi|\Psi\rangle \equiv \int \Psi^*\Psi\mathrm{d}\sigma = \int P(\boldsymbol{r},t)\mathrm{d}\sigma \tag{2.2}$$

如果一个体系存在，则其 $\langle\Psi|\Psi\rangle$ 必须为 1；如果不存在，则 $\langle\Psi|\Psi\rangle = 0$。注意到在左侧表示波函数的复共轭的星号在 $\langle\Psi|$ 中被省略以简化表示，但依然是隐含存在的。

在笛卡儿坐标系中，式(2.1)和式(2.2)中的体积元可以写成 $\mathrm{d}\sigma = \mathrm{d}x\mathrm{d}y\mathrm{d}z$。对于一维体系，位置矢量 $\boldsymbol{r}$ 简化为一个坐标(x)，则式(2.2)变为

$$\int P(x,t)\mathrm{d}\sigma = \langle\Psi(x,t)|\Psi(x,t)\rangle = \int_{-\infty}^{\infty} \Psi^*(x,t)\Psi(x,t)\mathrm{d}x \tag{2.3}$$

如果体系包含多个粒子，则必须对所有粒子的坐标进行积分。

玻恩对波函数的解释，对成为具有物理意义的波函数的那些数学函数施加了一些限制。首

先，Ψ必须是位置的单值函数。在任何给定空间点上找到体系的概率应该只有一个值。其次，$\Psi^*\Psi\mathrm{d}\sigma$ 的积分在任何空间区域必须是有限的；在任何特定体积元中找到体系的概率都不应该是无穷大。第三，积分$\langle\Psi|\Psi\rangle$必须存在并且必须是有限的。另外，Ψ必须是空间坐标的连续函数，并且Ψ对坐标的一阶导数也是连续的(在体系的边界处除外)。后面这些限制条件保证了波函数对空间坐标的二阶导数也是存在的。

2.1.2　算符与期望值

量子力学的第二个基本思想是，对于体系的任何可测量的物理性质 A，都有一个特定的数学算符 $\tilde{\mathrm{A}}$，可以将其作用于波函数，以获得 A 随时间变化的函数表达式，或者至少可以获得此性质的最可能测量结果。算符只是做某事的指令，如将Ψ的振幅乘以一个常数。A 的表达式可通过以下方式获得：①在特定位置和时间对波函数Ψ实施操作 $\tilde{\mathrm{A}}$；②在相同位置和时间乘以Ψ^*的值；③在所有可能位置上将前两个步骤所得的结果进行积分。用左矢-右矢表示法，此三步过程由$\langle\Psi|\tilde{\mathrm{A}}|\Psi\rangle$表示：

$$A=\langle\Psi|\tilde{\mathrm{A}}|\Psi\rangle\equiv\int\Psi^*\tilde{\mathrm{A}}\Psi\mathrm{d}\sigma \tag{2.4}$$

性质(A)的计算值称为期望值。如果波函数取决于多个粒子的位置，则由$\langle\Psi|\tilde{\mathrm{A}}|\Psi\rangle$表示的空间积分表示所有粒子在所有可能位置上的多重积分。

式(2.4)是一个非常笼统的断言，这是考虑到其对任意体系的任意可测性质都适用。但是注意到，现在讨论的是单个体系。如果在许多体系的一个系综内测量性质 A，而每个体系都有各自的波函数，则结果不一定是各个体系的期望值的简单平均。第 10 章将回到这一点。

除了如何处理许多体系的系综这一问题之外，试图使用式(2.4)时还存在两个明显的问题，即我们必须知道波函数Ψ，也必须知道所研究性质的相应算符。下面首先考虑如何选择算符。

在这里将使用的描述中，位置的算符($\tilde{\mathrm{r}}$)就是用位置矢量 $\boldsymbol{r}$ 来乘。因此，要找到具有波函数Ψ的电子的 x，y 和 z 期望坐标，只需要求积分$\langle\Psi|x|\Psi\rangle$，$\langle\Psi|y|\Psi\rangle$和$\langle\Psi|z|\Psi\rangle$。这相当于对可以找到电子的所有位置进行积分，并用概率函数$\Psi^*\Psi$加权每个位置的贡献。

动量的算符更复杂。在经典力学中，沿 x 轴传播的粒子的线性动量的大小为 $p = mw$，其中 m 和 w 是粒子的质量和速度。x 方向上动量的量子力学算符为 $\tilde{\mathrm{p}}_x=(\hbar/i)\partial/\partial x$，其中$\hbar$(“$h$-横线”)是普朗克常量($h$)除以 2π。根据式(2.4)找到动量的方法就是将Ψ相对于 x 进行微分，乘以$\hbar/i$，再乘以Ψ^*，并将所得结果在所有空间上积分：$p_x=\langle\Psi|\tilde{\mathrm{p}}_x|\Psi\rangle=\langle\Psi|(\hbar/i)\partial\Psi|\partial x\rangle$。由于$\hbar/i$仅仅是一个常数，尽管这是一个虚数，所以上式可写为 $p_x=(\hbar/i)\langle\Psi|\partial\Psi/\partial x\rangle$。

在三维空间中，动量是一个矢量($\boldsymbol{p}$)，具有 x，y 和 z 分量 p_x，p_y 和 p_z。可以通过将 $\tilde{\mathrm{p}}$ 写为 $(\hbar/i)\tilde{\nabla}$ 来表明这一点，其中 $\tilde{\nabla}$ 是梯度算符。梯度算符作用于诸如Ψ的标量函数上以生成一个矢量，其 x，y 和 z 分量分别为Ψ相对于 x，y 和 z 的导数(见附录 A.2)：

$$\tilde{\mathrm{p}}\Psi=(\hbar/i)\tilde{\nabla}\Psi=(\hbar/i)(\partial\Psi/\partial x,\partial\Psi/\partial y,\partial\Psi/\partial z) \tag{2.5}$$

动量算符 $(\hbar/i)\tilde{\nabla}$ 也可以写成 $-i\hbar\tilde{\nabla}$，因为 $i^{-1}=-i$。

$\tilde{\mathrm{p}}$ 包含虚数看起来似乎有些奇怪，因为自由粒子的动量是实的、可测量的量。但是，由$\langle\Psi|\tilde{\mathrm{p}}|\Psi\rangle$给出的量子力学动量也被证明是实数(专栏 2.1)。$\tilde{\mathrm{p}}$ 的表达式的出现，是由于玻恩、海森伯(Heisenberg)、狄拉克和其他人在 1925～1927 年间认识到，一个束缚粒子(如原子中的电

子)的动量不能被精确地描述为该粒子的位置的函数。

专栏 2.1 可观测性质的算符必须为厄密的

对于可测量的物理量，算符 $\tilde{A}$ 必须具有以下性质：

$$\langle \Psi_b|\tilde{A}|\Psi_a\rangle = \langle \Psi_a|\tilde{A}|\Psi_b\rangle^* \quad \text{(B2.1.1)}$$

对于作为算符本征函数的任何一对波函数 Ψ_a 和 Ψ_b 都成立。具有此性质的算符以法国数学家厄密(Hermite)命名，称为厄密(Hermitian)算符。如果 $\tilde{A}$ 是厄密的，则

$$\langle \Psi_a|\tilde{A}|\Psi_a\rangle = \langle \Psi_a|\tilde{A}|\Psi_a\rangle^* \quad \text{(B2.1.2)}$$

对于 $\tilde{A}$ 的任何本征函数 Ψ_a 都成立。这意味着 $\langle \Psi_a|\tilde{A}|\Psi_a\rangle$ 是实数，因为只有当一个数没有虚部时，它的复共轭才等于其自身。位置、动量和能量的算符都是厄密的(其证明参见文献[4])。但是，如果 $\Psi_a \neq \Psi_b$，则积分 $\langle \Psi_b|\tilde{A}|\Psi_a\rangle$ 可能是实数，也可能不是实数，这取决于算符的本质。在第 9 章中考虑圆二色性时将遇到此类虚数积分。

经典物理学对于确定粒子的位置和动量的精度没有任何理论上的限制。对于沿已知路径以给定速度运动的粒子，似乎可以将其动量精确地表示为位置和时间的函数。但是，在针对单个电子的非常小的距离和能量尺度上，可以看到其动量和位置却是相互依赖的，因此指定其中一个的值会自动在另一个的值中引入不确定性。这是因为将位置和动量算符组合在一起的结果取决于执行这两个操作的顺序，即$(\tilde{r}\tilde{p}\psi - \tilde{p}\tilde{r}\psi)$不像$(\boldsymbol{rp}-\boldsymbol{pr})$那样在经典力学中等于零，而是等于$i\hbar\psi$。位置算符和动量算符不服从纯数学乘法交换律这一事实，可以表示为两个算符不对易(见专栏 2.2)。正是由于对经典力学的这种基础性坍塌的认识，海森伯才提出，不应将位置和动量简单地视作数字，而应将其视作算符或矩阵。

专栏 2.2 位置、动量和哈密顿算符的对易子与表述

位置算符和动量算符的海森伯对易关系

$$\tilde{r}\tilde{p} - \tilde{p}\tilde{r} = i\hbar \quad \text{(B2.2.1)}$$

可以简洁地给出，如果将两个算符 $\tilde{A}$ 和 $\tilde{B}$ 的对易子定义如下：

$$[\tilde{A},\tilde{B}] = \tilde{A}\tilde{B} - \tilde{B}\tilde{A} \quad \text{(B2.2.2)}$$

按此表示法，则海森伯表达式为

$$[\tilde{r},\tilde{p}] = i\hbar \quad \text{(B2.2.3)}$$

通常认为式(B2.2.3)是量子力学的最基本的方程。如果这里将位置算符的 x 分量看作乘以 x，则动量算符的实施，即式(2.5)，就是上述方程的解。为了看到这一点，只需将 $\tilde{r}_x = x$ 和 $\tilde{p}_x = (\hbar/i)\partial/\partial x$ 代入式(B2.2.3)，并使对易子对任意函数进行操作，结果如下：

$$\begin{aligned}[x,\tilde{p}_x]\psi &= x\tilde{p}_x\psi - \tilde{p}_x(x\psi) = x\frac{\hbar}{i}\frac{\partial\psi}{\partial x} - \frac{\hbar}{i}\frac{\partial(x\psi)}{\partial x} \\ &= x\frac{\hbar}{i}\frac{\partial\psi}{\partial x} - \frac{\hbar}{i}\left(\frac{x\partial\psi}{\partial x} + \psi\right) = -\frac{\hbar}{i}\psi = i\hbar\psi\end{aligned} \quad \text{(B2.2.4)}$$

为了使两个算符 $\tilde{A}$ 和 $\tilde{B}$ 对应的可观测量同时具有精确定义的值，两个算符具有对易关系，即 $[\tilde{A},\tilde{B}]=0$，是充分必要条件。例如，位置算符的 x、y 和 z 分量的彼此对易，因此可以同时以任意精度确定位置矢量的三个分量。位置的 x 分量也可以与动量的 y 或 z 分量(p_y 或 p_z)同时确定，但不能与 p_x 同时确定。

关于对易子要注意的另一基本要点是

$$[\tilde{B},\tilde{A}] = -[\tilde{A},\tilde{B}] \tag{B2.2.5}$$

尽管无法同时确定一个粒子的能量和精确位置，但可以任意精度测定这两个性质的期望值。这是因为即使对易子本身不为零，哈密顿算符和位置算符的对易子的期望值也为零。如果一个体系处于波函数为 ψ_n 的态，则对易子 $[\tilde{H},\tilde{r}]$ 的期望值为

$$\langle\psi_n|[\tilde{H},\tilde{r}]|\psi_n\rangle = \langle\psi_n|\tilde{H}\tilde{r}|\psi_n\rangle - \langle\psi_n|\tilde{r}\tilde{H}|\psi_n\rangle \tag{B2.2.6}$$

为求出此表达式右侧的积分，需首先根据体系的 $\tilde{H}$ 的一组正交归一的本征函数从形式上将 ψ_n 展开：

$$\psi_n = \sum_i C_i\psi_i \tag{B2.2.7}$$

当 $i=n$ 时 $C_i=1$，否则 C_i 为零。这里我们期待 2.2 节的一些结果。若说 ψ_i 是 $\tilde{H}$ 的本征函数，则有 $\tilde{H}\psi_i = E_i\psi_i$，其中 E_i 是波函数 ψ_i 的能量，并且是恒量，与位置和时间无关。规定本征函数为正交归一的，这意味着 $\langle\psi_i|\psi_i\rangle=1$，如果 $j\neq i$，则 $\langle\psi_i|\psi_j\rangle=0$。

现在使用矩阵表示

$$\langle\psi_i|\tilde{A}|\psi_j\rangle = A_{ij} \tag{B2.2.8}$$

以及矩阵乘法操作

$$\langle\psi_i|\tilde{A}\tilde{B}|\psi_j\rangle = \sum_k A_{ik}B_{ki} \tag{B2.2.9}$$

(见附录 A.2)。结果是式(B2.2.6)右边的积分只是能量和位置的期望值之积：

$$\begin{aligned}\langle\psi_n|\tilde{r}\tilde{H}|\psi_n\rangle &= \sum_k \langle\psi_n|\tilde{r}|\psi_k\rangle\langle\psi_k|\tilde{H}|\psi_n\rangle \\ &= \sum_k \{(r_k\langle\psi_n|\psi_k\rangle)(E_n\langle\psi_k|\psi_n\rangle)\} = r_nE_n\end{aligned} \tag{B2.2.10a}$$

以及

$$\begin{aligned}\langle\psi_n|\tilde{H}\tilde{r}|\psi_n\rangle &= \sum_k \langle\psi_n|\tilde{H}|\psi_k\rangle\langle\psi_k|\tilde{r}|\psi_n\rangle \\ &= \sum_k \{(E_n\langle\psi_k|\psi_n\rangle)(r_k\langle\psi_n|\psi_k\rangle)\} = E_nr_n\end{aligned} \tag{B2.2.10b}$$

由于本征函数是正交的，因此所有包括 $k\neq n$ 的项都将消失。因为 $r_nE_n=E_nr_n$，所以 $\langle\psi_n|[\tilde{H},\tilde{r}]|\psi_n\rangle$ 一定为零。

在另一种被称为“动量表象”的表述中，动量算符被当作是简单地乘以经典动量，而位置算符则是 $i\hbar$ 乘以对动量的导数。上述的“坐标表象”得到了更广泛的使用，但是两个表象关于可观察量的所有预测都是相同的。

给定了位置算符和动量算符，对体系的任何其他动态性性质，即取决于位置和时间的任何性质，找到其合适的算符就变得相对简单。从一个性质的经典方程开始，并将位置和动量的经典变量替换为相应的量子力学算符，就可以得到其算符。

一个体系的总能量算符以 19 世纪的英裔爱尔兰物理学家和数学家哈密顿(Hamilton)而命名为哈密顿算符($\tilde{H}$)，由于他提出了一个通用的方案，即利用坐标和动量表示一个动力学体系的运动方程。哈密顿将体系的经典能量写为动能(T)与势能(V)之和，因而 $\tilde{H}$ 被类似地表示为动能算符($\tilde{T}$)与势能算符($\tilde{V}$)之和：

$$\tilde{\mathrm{H}} = \tilde{\mathrm{T}} + \tilde{\mathrm{V}} \tag{2.6a}$$

因此，一个体系的 $\tilde{\mathrm{H}}$ 期望值就是其总能量(E)：

$$E = \langle \Psi | \tilde{\mathrm{H}} | \Psi \rangle \tag{2.6b}$$

与上面给出的实施方法一致，通过用 $\tilde{\mathrm{p}}$ 代替 $\boldsymbol{p}$，从动能的经典表达式 ($T = |\boldsymbol{p}|^2/2m$) 就可以获得动能算符。对应 $|\boldsymbol{p}|^2$ 的量子力学算符需要第二次实施 $\tilde{\mathrm{p}}$ 所指定的运算，而不是简单地对单次运算的结果求平方。在一维空间，实施两次 $\tilde{\mathrm{p}}$ 就得到对位置的二阶导数的$(\hbar/i)^2$倍。在三维空间，其结果可以写成$(\hbar/i)^2\tilde{\nabla}^2$或$-\hbar^2\tilde{\nabla}^2$，其中

$$\tilde{\nabla}^2\Psi = (\partial^2\Psi/\partial x^2 + \partial^2\Psi/\partial y^2 + \partial^2\Psi/\partial z^2) \tag{2.7}$$

动能算符因而就是

$$\tilde{\mathrm{T}} = \tilde{\mathrm{p}}^2/2m = -(\hbar^2/2m)\tilde{\nabla}^2 \tag{2.8a}$$

$$= -(\hbar^2/2m)(\partial^2/\partial x^2 + \partial^2/\partial y^2 + \partial^2/\partial z^2) \tag{2.8b}$$

算符 $\tilde{\nabla}^2$ 称为拉普拉斯算符，读作“德尔方”(del-squared，即“用德尔塔表示的偏导平方”之意)。

类似地，在所有必要之处用量子力学算符取代位置和动量，由体系势能的经典表达式就可获得势能算符 $\tilde{\mathrm{V}}$。初始的经典表达式取决于体系。在原子或分子中，电子的势能主要取决于与原子核和其他电子的相互作用。如果将分子置于电场或磁场中，则其势能还取决于电子和原子核与这个场的相互作用。

2.2 含时与不含时薛定谔方程

下一个问题是找到波函数 $\Psi(\boldsymbol{r}, t)$。1926 年，薛定谔(Schrödinger)提出波函数服从微分方程

$$\tilde{\mathrm{H}}\Psi = i\hbar\partial\Psi/\partial t \tag{2.9}$$

这是含时薛定谔方程。薛定谔(1887–1961)受过很好的数学训练，他通过考虑从几何光学到波动光学的转换、并寻求在力学中的类似转换，提出了这个优雅而简单的表达方式。他受到德布罗意(de Broglie)的提议的启发，即电子等粒子具有一个伴随着的波长，与该粒子的动量成反比(专栏 2.3)。但是，导出薛定谔方程的这个洞见并不能作为其的第一性原理证明，今天大多数理论家都将式(2.9)作为以式(2.1)和式(2.3)为宗旨的基本假设。薛定谔方程的最终论据是基于以下事实，即它能解释范围极为广泛的实验观察结果，并且给出了一些迄今一直不断地被证明正确的预测。

专栏 2.3 含时薛定谔方程的起源

爱因斯坦[15]在他关于光电效应的开创性论文(1.6 节)中指出，如果光由离散的粒子(现在称为“光子”)组成，则每个这样的粒子应有与波长(λ)成反比的动量。这个关系是基于相对论的，而相对论要求能量为 E 且速度为 w 的粒子的动量为 Ew/c^2。因此，能量为 $h\nu$ 且速度为 c 的光子应具有动量

$$p = h\nu c/c^2 = h\nu/c = h/\lambda = h\bar{\nu} \tag{B2.3.1}$$

其中 $\bar{\nu}$ 是波数($1/\lambda$)。这一预测在 1923 年获得了令人信服的实验支持，即康普顿(Compton)测量的晶体材料对 X 射线光子的散射。

德布罗意[16]偶然发现相反的推理也同样可行。如果波长为 λ 的光的动量为 p，那么动量为 p 的粒子具有相关的波，其波长为

$$\lambda = p / h \tag{B2.3.2}$$

4 年后，戴维孙(Davisson)和革末(Germer)对晶体的电子衍射测量，以及汤姆孙(G. P. Thomson)对金箔的衍射测量，都证实了电子的波动性。

考虑质量为 m 的一维非相对论粒子在势能场 V 中运动。进一步假设 V 与位置无关，这个假设对于此处讨论是至关重要的。那么，粒子的能量与动量之间的关系为

$$E = \frac{1}{2m}p^2 + V \tag{B2.3.3}$$

将关系式 $E = h\nu$ 和 $p = h\bar{\nu}$ 代入此表达式，可以得到

$$h\nu = \frac{h^2}{2m}\bar{\nu}^2 + V \tag{B2.3.4}$$

粒子的能量与动量之间的关系[式(B2.3.3)]因而就可以转换为波的频率与波数之间的关系[式(B2.3.4)]。

现在假设将波函数写为

$$\Psi = A\exp[2\pi i(\bar{\nu}x - \nu t)] \tag{B2.3.5}$$

其中 A 是一个常数。这就是单色平面波在 x 方向上以速度 $\nu/\bar{\nu}$ 传播的一般表达式。Ψ 关于位置和时间的导数是

$$\frac{1}{2\pi i}\frac{\partial \Psi}{\partial x} = \bar{\nu}\Psi, \quad \frac{1}{(2\pi i)^2}\frac{\partial^2 \Psi}{\partial x^2} = \bar{\nu}^2\Psi \quad \text{和} \quad -\frac{1}{2\pi i}\frac{\partial \Psi}{\partial x} = \nu\Psi \tag{B2.3.6}$$

这些表达式可用于将式(B2.3.4)转变为一个微分方程。将式(B2.3.4)的每一项乘以 Ψ，然后代入这些导数中，得

$$-\frac{h}{2\pi i}\frac{\partial \Psi}{\partial t} = \frac{h^2}{2m(2\pi i)^2}\frac{\partial^2 \Psi}{\partial x^2} + V\Psi$$

或

$$i\hbar\frac{\partial \Psi}{\partial t} = -\frac{\hbar^2}{2m}\frac{\partial^2 \Psi}{\partial t^2} + V\Psi \tag{B2.3.7}$$

对于势能恒定的一维体系，这就是含时薛定谔方程。

将这些讨论扩展到三维空间是很简单的。但是，没有先验的理由将式(B2.3.7)扩展到势能随位置发生变化的更一般的情形，这是因为在此一般情形下，简单的波动表达式[式(B2.3.5)]不再成立。但是，薛定谔发现，方程

$$i\hbar\frac{\partial \Psi}{\partial t} = -\frac{\hbar^2}{2m}\frac{\partial^2 \Psi}{\partial x^2} + V(x,y,z)\Psi \tag{B2.3.8}$$

有以下形式的解：

$$\Psi = \psi(x,y,z)\exp(-2\pi iEt/\hbar) \tag{B2.3.9}$$

并且这些解恰好含有解释氢原子的量子化能级所需的性质[17,18]。

关于薛定谔方程的起源与量子力学的哲学解释的进一步讨论可以在文献[12,14,19]中找到。

要了解如何利用薛定谔方程找到Ψ，首先假设$\tilde{\mathrm{H}}$取决于粒子的位置，但与时间无关：$\tilde{\mathrm{H}}=\tilde{\mathrm{H}}_0(\boldsymbol{r})$。然后可以将波函数写成两个函数的乘积，一个($\psi$)仅取决于位置，而另一个($\phi$)仅取决于时间：

$$\Psi(r,t)=\psi(r)\phi(t) \tag{2.10}$$

为了证明这一结论，只需要证明：只要$\tilde{\mathrm{H}}$保持与时间无关，式(2.10)给出的所有波函数就都满足薛定谔方程。在式(2.9)左边用$\tilde{\mathrm{H}}_0$替换$\tilde{\mathrm{H}}$，用$\psi(\boldsymbol{r})\phi(t)$替换$\Psi$，得

$$\tilde{\mathrm{H}}\Psi\to\tilde{\mathrm{H}}_0[\psi(\boldsymbol{r})\phi(t)]=\phi(t)\tilde{\mathrm{H}}_0\psi(\boldsymbol{r}) \tag{2.11}$$

[在$\tilde{\mathrm{H}}_0$对$\psi(\boldsymbol{r})$进行操作之后，可以乘以$\phi(t)$，因为对不含时算符$\tilde{\mathrm{H}}_0$而言，$\phi(t)$只是一个常数。]在右边对Ψ作相同的替换，得

$$i\hbar\partial\Psi/\partial t\to i\hbar\psi(\vec{r})\partial\phi(t)/\partial t \tag{2.12}$$

式(2.10)给出的波函数因此将满足薛定谔方程

$$\phi(t)\tilde{\mathrm{H}}_0\psi(\boldsymbol{r})=i\hbar\psi(\boldsymbol{r})\partial\phi(t)/\partial t \tag{2.13a}$$

或

$$\frac{1}{\psi(\boldsymbol{r})}\tilde{\mathrm{H}}_0\psi(\boldsymbol{r})=i\hbar\frac{1}{\phi(t)}\partial\phi(t)/\partial t \tag{2.13b}$$

注意到式(2.13b)的左边仅是位置的函数，而右边则仅是时间的函数。仅当两边都等于不依赖于时间或位置的常数时，两边才可以等同。这使得我们能够独立求解方程的两边。首先考虑左边。如果令此常数为E，则有$[1/\psi(\boldsymbol{r})]\tilde{\mathrm{H}}_0\psi(\boldsymbol{r})=E$。乘以$\psi(\boldsymbol{r})$则得出不含时薛定谔方程：

$$\tilde{\mathrm{H}}_0\psi(\boldsymbol{r})=E\psi(\boldsymbol{r}) \tag{2.14}$$

式(2.14)表明，当算符$\tilde{\mathrm{H}}_0$作用于函数ψ时，结果只是原始函数乘以常量(E)。这种类型的方程称为本征函数方程或本征值方程。通常它有一组解，称为本征函数$\psi_k(\boldsymbol{r})$。如果这些解满足波函数要具有物理意义的玻恩限制，那么可以将它们解释为代表体系的各种可能的态，各自对应体系在空间中的一个特定分布。对于原子或分子中的电子，可接受的本征函数是原子或分子轨道的集合。每个本征函数代表体系的一个本征态，并有一个与常量E相关的特定值(E_k)，这就是本征值。

现在考虑式(2.13b)的右边，它也必须等于E，即$i\hbar[1/\phi(t)]\partial\phi(t)/\partial t=E$。对于$E$的每个允许值($E_k$)，这个方程都有一个解($\phi_k$)：

$$\phi_k(t)=\exp[-i(E_kt/\hbar)+\zeta] \tag{2.15}$$

其中ζ是一个任意常数。因为$\exp(i\alpha)=\cos\alpha+i\sin\alpha$，所以式(2.15)表示一个具有实部和虚部的函数，它们均以$E_k/2\pi\hbar$或E_k/h的频率随时间振荡。指数中的常数项ζ是相位差，取决于零时刻的选择。只要仅考虑单个粒子，ζ就不会影响体系的任何可测量性质，那么就可将其设为零。(在第10章中讨论多粒子体系时将回到这一点。)

结合式(2.10)和式(2.15)并令$\zeta=0$，可得出k态的完整波函数：

$$\Psi_k(\boldsymbol{r},t)=\psi(\boldsymbol{r})\exp(-iE_kt/\hbar) \tag{2.16}$$

Ψ_k的复共轭为$\psi_k^*\exp(iE_kt/\hbar)$，因此概率函数$P$[式(2.1)和式(2.2)]为$\psi_k^*\exp(iE_kt/\hbar)\psi_k\exp(-iE_kt/\hbar)=\psi_k^*\psi_k=|\psi_k|^2$。因此，$\Psi$的含时性没有体现在概率密度中。但是，当体系的能量不同的波

函数进行组合时，以及考虑从一个态到另一个态的跃迁时，含时性可能会变得至关重要。

如果利用式(2.4)求出特定态 $\varPsi_k$ 的能量期望值，那么薛定谔方程的本征值的含义就会显现：

$$\left\langle \varPsi_k \middle| \tilde{\mathrm{H}} \middle| \varPsi_k \right\rangle = \left\langle \psi_k \middle| E_k \psi_k \right\rangle [\exp(iE_k t/\hbar)\exp(-iE_k t/\hbar)] = E_k \left\langle \psi_k \middle| \psi_k \right\rangle = E_k \tag{2.17}$$

可见，哈密顿算符的本征值 E_k 是体系在 k 态的能量。注意能量与时间无关；这是一定的，因为已假设 $\tilde{\mathrm{H}}$ 与时间无关。

关于可观测性质的期望值[式(2.4)]的基本假设，式(2.17)提供了一些启示。如果知道一个体系具有波函数 $\varPsi_k$，并且它是本征值为 A_k 的算符 $\tilde{\mathrm{A}}$ 的本征函数(有 $\left\langle \varPsi_k \middle| \varPsi_k \right\rangle = 1$ 及 $\tilde{\mathrm{A}}\varPsi_k = A_k \varPsi_k$)，那么，除非存在实验误差，否则该性质的每次测量都必须给出值 A_k。这种情况就是式(2.4)所表明的：

$$\left\langle \varPsi_k \middle| \tilde{\mathrm{A}} \middle| \varPsi_k \right\rangle = \left\langle \varPsi_k \middle| A_k \varPsi_k \right\rangle = A_k \left\langle \varPsi_k \middle| \varPsi_k \right\rangle = A_k \tag{2.18}$$

另外，如果 $\varPsi_k$ 不是算符 $\tilde{\mathrm{A}}$ 的本征函数(如对于任何 A_k 值，$\tilde{\mathrm{A}}\varPsi_k \neq A_k \varPsi_k$)，那么将无法预测对这一性质进行单独测量的结果。但是，这里仍然可以预测多次测量的平均结果，并且式(2.4)断言这个统计平均值为 $\left\langle \varPsi_k \middle| \tilde{\mathrm{A}} \middle| \varPsi_k \right\rangle$。

不含时薛定谔方程对 E 的任何有限值将具有至少一个解。但是，如果势能函数 $V(\boldsymbol{r})$ 将粒子限制在空间的确定区域内，则只有 E 的某些值才能满足波函数具有物理意义的玻恩限制。E 的所有其他值或者在某处使 ψ 变为无穷大，或者具有其他一些不可接受的性质，如对位置的一阶导数不连续。这意味着受限粒子可能具有的能量是量子化的，如图 2.1 所示。对于自由粒子，薛定谔方程的解则不会以这种方式量子化。在使粒子自由的阈值之上，粒子可以具有任何能量(图 2.1)。

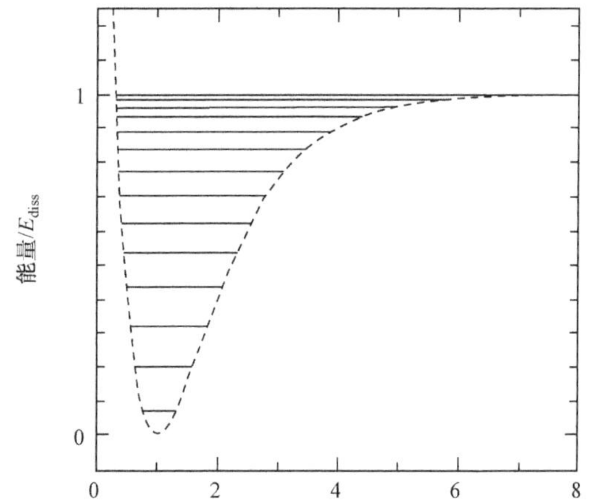

图 2.1　受限粒子的能量是量子化的。水平线表示体系的总能量的本征值，其势能取决于虚曲线所示的位置(r)。此处所示的势函数为莫尔斯势 $V = E_{\mathrm{diss}}\{1.0 - \exp[-a(r - r_0)]\}^2$，其中 r_0 是坐标的平衡值，a 是决定势能的不对称性(非谐性)的因子。在这里 $a = 0.035/r_0$。对于小于或等于 E_{diss} 的能量，在一个很好的近似下，本征值为 $E_n = h\nu_0[(n + 1/2) - (h\nu_0/4E_{\mathrm{diss}})(n + 1/2)^2]$，其中 n 是整数，ν_0 取决于 a、E_{diss} 及折合质量[35,36]。若总能量超过 E_{diss}，则能量将不再是量子化的。此时，来自动能的多余能量将使粒子从势阱的右侧逸出。这一势能的一些本征函数在图 6.5 给出

可证明，哈密顿算符的本征函数可形成一个正交完备集合。“正交”是指对该集合的任意两个不同成员(Ψ_i和Ψ_k)而言，其乘积在整个空间上的积分为零：

$$\langle \Psi_i | \Psi_k \rangle = 0 \tag{2.19}$$

例如，函数 sin(x)和 sin($2x$)是正交的。

本征方程，如不含时薛定谔方程，其一般特性是，如果ψ_i是其一个解，那么ψ_i与任何常数的乘积也是其一个解。这意味着可以将任何非零本征函数乘以合适的因子，以使

$$\langle \Psi_i | \Psi_i \rangle = 1 \tag{2.20}$$

这样的本征函数就称为是归一化的，因而同时满足式(2.19)和式(2.20)的本征函数就称为是正交归一的。

一个给定变量的完备函数集具有以下特性：其组成元素的线性组合可以用来构造该变量的任何品优函数，即使目标函数不是该函数集的元素。在这种情况下，“品优”是指一个函数在定义的区间内各处有限、并且在该区域中各处都具有有限的一阶和二阶导数。傅里叶分析就利用了正弦和余弦函数集的这个性质(附录 A.3)。在量子力学中，复杂体系的波函数通常通过较简单的或理想化的波函数的组合来近似。通过将定态(stationary state)体系波函数按随时间变化的比例进行组合，就可以类似地对含时体系的波函数进行描述。在 2.3.6 和 2.5 节中将回到这一点。

如果Ψ_i和Ψ_j均为一个算符的本征函数，则任何线性组合$C_i\Psi_i + C_j\Psi_j$也为该算符的本征函数。这种组合波函数所表示的态称为叠加态。量子力学的基本原则之一是，若不知道体系处于哪个本征态，则应当使用这种线性组合来描述该体系。

叠加态的概念已成为经典力学与量子力学二者差异的核心。假设在已知处于态 1 的体系上进行特定实验时，总是得到结果x_1，而对于处于态 2 的体系则得到不同的结果，如x_2，则有$\langle \Psi_1 | \tilde{\mathrm{x}} | \Psi_1 \rangle = x_1$和$\langle \Psi_2 | \tilde{\mathrm{x}} | \Psi_2 \rangle = x_2$，其中$\Psi_1$和$\Psi_2$是两个态的波函数，而$\tilde{\mathrm{x}}$是实验所考察的性质的算符。现在进一步假设一个给定体系以概率$|C_1|^2$处于态 1、以概率$|C_2|^2$处于态 2，则根据经典力学，对体系进行多次测量的平均结果将是一个加权和$|C_1|^2x_1 + |C_2|^2x_2$。然而，对于处于量子力学叠加态的体系，单独的概率不会以这种方式相加。相反，期望值是$\langle C_1\Psi_1 + C_2\Psi_2 | \tilde{\mathrm{x}} | C_1\Psi_1 + C_2\Psi_2 \rangle$。因此，经典力学和量子力学的预测可以大不相同，因为除了$|C_1|^2x_1 + |C_2|^2x_2$之外，后者还包含一个“干涉”项，即$C_1^*C_2 \langle \Psi_1 | \tilde{\mathrm{x}} | \Psi_2 \rangle + C_2^*C_1 \langle \Psi_2 | \tilde{\mathrm{x}} | \Psi_1 \rangle$。

量子干涉的一个众所周知的例子是光通过一对狭缝发生衍射并在屏幕上投射出亮带与暗带相间的图案。当杨(Young)在 1804 年首次描述这些干涉“条纹”时，它们似乎与光的波动理论是一致的，而与光由粒子组成的概念是不相容的。然而，如果我们接受这样的思想，即穿过狭缝的光子依旧以包含两个狭缝的叠加态而存在，直至其撞击屏幕被检测，则它们与粒子图像是一致的。实验发现，当光强度降低到在任何给定时刻只有不超过一个光子通过设备时，依然能看到相同的条纹图案。这说明该干涉所反映的是单个光子的波函数特性，而不是光子之间的相互作用。对于电子、中子、He 原子甚至 $^9Be^+$离子，已经发现了类似的干涉表现[20-22]。关于光子的更多此类观察结果将在 3.5 节中讨论。

在大多数实验中，我们不处理单光子或其他单粒子，而是处理包含大量粒子的系综。这样的系综通常不能用单个波函数来描述，因为系综内各个体系的波函数通常彼此具有随机相位。对于由体系组成的一个系综，若其单个波函数具有随机、不相关的相位，则称该

系综处于混合态。杨氏实验还观察到，如果穿过两个狭缝的光来自不同的光源，则不会看到衍射条纹。现在可以将此观察结果进行概括，即对于一个可观测值的期望值，如果将其在许多不相关的体系中进行平均，则其干涉项将消失。第 10 章将更详细地讨论混合态的量子力学。

2.3　空间波函数

对于氢原子和其他一些相对简单的体系的电子波函数，薛定谔方程可精确求解。现在讨论一些主要结果。在 2.1 节引用的有关量子力学的文献中有更详细的推导。

2.3.1　自由粒子

对于一个自由粒子，其势能是恒定的，可以将其设为零。一维不含时薛定谔方程就变成

$$-(\hbar^2 / 2m)\partial^2\psi / \partial x^2 = E\psi \tag{2.21}$$

其中 m 和 E 是粒子的质量和总能量，x 是维度坐标[式(2.8a)、式(2.8b)和式(2.14)]。式(2.21)对于 E 的任何正值都有一个解：

$$\psi(x) = A\exp(i\sqrt{2mE}x / \hbar) \tag{2.22}$$

其中 A 是任意振幅，其单位为 $cm^{-1/2}$。因此，自由粒子的能量不是量子化的。

2.3.2　箱中粒子

现在考虑被限制在墙壁无限高的一维矩形箱中的粒子。让箱从 $x=0$ 延伸到 $x=l$，并仍然假定箱内势能[$V(x)$]为零。哈密顿算符为

$$\tilde{\mathrm{H}} = -(\hbar^2 / 2m)\partial^2 / \partial x^2 + V(x) \tag{2.23}$$

其中，对于介于 0 和 l 之间的 x，$V(x)=0$，在此区域之外则 $V(x)=\infty$；m 是粒子质量。该哈密顿的不含时薛定谔方程在箱内区域有一组解：

$$\psi_n(x) = (2 / l)^{1/2}\sin(n\pi x / l) \tag{2.24}$$

其中 n 是任何整数。与这些波函数相对应的能量为

$$E_n = n^2h^2 / 8ml^2 \tag{2.25}$$

因此，每个本征函数 (ψ_n) 由一个整数量子数(n)的特定值所确定，并且能量(E_n)随此量子数平方而增加。图 2.2 给出了前五个本征函数、它们的能量及相应的概率密度函数 ($|\psi_n|^2$)。在箱外，波函数必须为零，因为不可能在势垒无限高的区域中找到粒子。为避免不连续性，波函数必须在箱的两端都为零，正是这种边界条件迫使 n 成为整数。

这里有几个需注意的要点。首先，能量是量子化的。其次，要去掉 $n=0$ 的通俗解，这对应着一个空箱，最低能量不能如同在箱中静止的经典粒子那样为零，而是等于 $h^2/8ml^2$。箱越小，能量越高。最后，节点(波函数为零的表面，或在一维空间中波函数为零的点)的数目随着 n 线性增加，因此概率分布随着 n 的增加而变得更加均匀(图 2.2)。在专栏 2.4 中讨论了粒子的动量。

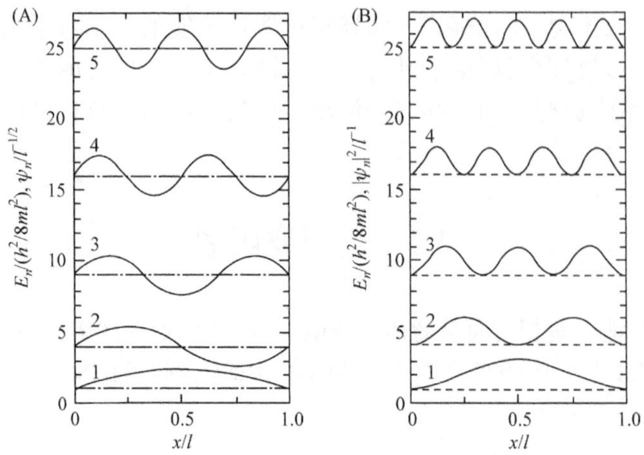

图 2.2 在长度为 l 且墙壁无限高的一维矩形箱中的粒子的本征函数(A)和概率密度(B)。虚线表示前五个本征态的能量($n = 1, 2, \cdots, 5$)，而本征函数和概率密度(实线)垂直移动，以使它们都与各自能量相对应

专栏 2.4 线性动量

因为图 2.2 中箱内的势能设为零，所以由式(2.22)给出的能量全部为动能。根据经典物理学，动能为 E_n 且质量为 m 的粒子应具有线性动量 p，其大小为

$$p = |\boldsymbol{p}| = \sqrt{2mE_n} = nh/2l \tag{B2.4.1}$$

参照图 2.2(A)，可看到波函数 ψ_n 等同于波长 λ_n 为 $2l/n$ 的驻波。因此，这里也可以将动量($nh/2l$)写为 $h/\lambda n$ 或 $h\overline{\nu}$，其中 $\overline{\nu}$ 是波数($1/\lambda$)。这与德布罗意将自由粒子的动量与相关波的波数加以关联的表达式[式(B2.3.1)]是一致的。但是在墙壁无限高的箱中，粒子动量的期望值不是 $h\overline{\nu}$，而是零。可以通过使用式(2.4)和式(2.5)看到这一点：

$$\begin{aligned}\langle\psi_n|\tilde{\mathrm{p}}|\psi_n\rangle &= \langle\psi_n|(\hbar/i)\partial\psi_n/\partial x\rangle = (\hbar/i)\left\langle(2/l)^{1/2}\sin(n\pi x/l)|(2/l)^{1/2}\partial\sin(n\pi x/l)/\partial x\right\rangle \\ &= (\hbar/i)(2/l)(n\pi/l)\int_0^l \sin(n\pi x/l)\cos(n\pi x/l)\mathrm{d}x = 0\end{aligned} \tag{B2.4.2}$$

如果将式(2.22)所描述的每个驻波视为两个沿相反方向移动的波的叠加，则此结果是合理的。这样，对动量的单独测量可能会给出正值或负值，但平均为零。

从更适当的角度来看，我们一般无法预测动量的单次测量结果，因为式(2.22)给出的波函数不是动量算符的本征函数。这是显而易见的，因为动量算符对波函数 ψ_n 的作用给出

$$\tilde{\mathrm{p}}\psi_n = (\hbar/i)\partial\psi_n/\partial x = (\hbar/i)(2^{1/2}n\pi/l^{3/2})\cos(n\pi x/l) \tag{B2.4.3}$$

它不等于一个常数乘以 ψ_n。然而，由式(B2.4.2)获得的期望值，对于驻波的动量仍然给出正确的结果(零)。

对于穿过势能恒定的无边界区域的电子，薛定谔方程确实有解，其解可作为其动量算符的本征函数。这些解可以写为

$$\psi_\pm = A\exp[2\pi i(\overline{\nu}x \pm \nu t)] \tag{B2.4.4}$$

其中 A 是一个常数，正号和负号对应在两个方向上移动的粒子。将动量算符作用于这些波函数，可得

$$\tilde{\mathrm{p}}\psi_\pm = (\hbar/i)\partial\psi_\pm/\partial x = (\hbar/i)A(2\pi i\overline{\nu})\exp[2\pi i(\overline{\nu}x \pm \nu t)] = h\overline{\nu}\psi_\pm \tag{B2.4.5}$$

这就给出了自由粒子动量的正确期望值($h\overline{\nu}$)。

尽管在给定位置找到粒子的概率随位置而变化，但式(2.24)给出的本征函数可延伸到箱的整个长度。可以根据这些本征函数的线性组合构造空间中更为局域化的粒子的波函数。以这种方式由振动波函数形成的叠加态称为波包(wave packet)。例如，组合 $\psi_1-\psi_3+\psi_5-\psi_7$ 给出一个波包，其振幅在箱中心位置($x=l/2$)有强峰，其中各个空间波函数产生相长干涉。在远离中心的位置，波函数则发生相消干涉，并且相加的振幅很小。由于完整波函数中随时间变化的因子[$\exp(-iE_nt/\hbar)$]会以不同的频率振荡，因此波包将不会保持固定的位置，而是随时间移动并改变形状。波包提供了一种表示原子或宏观粒子的方法，其能量本征值相对于本征值之间的距离具有不确定性。一维箱中粒子能量之间的间距与粒子的质量和 l^2 均成反比[式(2.25)]，而且对于任何具有较大质量或较大尺寸的宏观粒子而言，这个间距是非常小的。

如果前文所描述的矩形箱外的势能不是无限大，那么，即使其势能大于体系的总能量，也有可能在此处找到粒子。对于具有高度为 V 的无限厚壁的一维方箱，区域 $x>l$ 中的波函数由下式给出：

$$\psi_n=A_n\exp[-(x-l)\zeta] \tag{2.26}$$

其中 $\zeta=[2m(V-E_n)]^{1/2}\hbar^{-1}$，而 A_n 是由边界条件所决定的常数。在箱内，ψ_n 具有正弦形式，类似于具有无限高墙壁的箱内波函数的形式[式(2.24)]，但其振幅在边界($x=l$)处变为 A_n 而不是零。波函数的幅度和斜率在边界上都是连续的。

一个量子力学粒子因而可以隧穿到势能壁中，尽管在这里找到它的概率随着进入壁的距离呈指数下降。经典粒子无法穿透墙壁，因为条件 $V>E_n$ 要求动能为负，这在经典物理学中是不可能的。

2.3.3　谐振子

利用二次函数可以很好地描述将一个化学键约束在其平均长度附近所需要的势阱

$$V(x)=\frac{1}{2}kx^2 \tag{2.27}$$

其中 x 是化学键的长度与其平均长度之间的差，k 是力常数。如果键被拉伸或压缩，则与变形成比例的恢复力($F=-kx$)可以使键恢复到其平均长度，前提是变形不太大。这样的抛物线势阱被描述为是谐性的。在远离平衡长度时，势能变得越来越非谐性，且在压缩时比在拉伸时更为陡峭地上升，如图 2.1 所示。

谐性势阱中质量为 m 的经典粒子以如下的给定频率在其平衡位置振荡：

$$\nu=\frac{1}{2\pi}\left(\frac{k}{m}\right)^{1/2} \tag{2.28}$$

这样的体系称为谐振子。式(2.28)也适用于一对键合原子的经典振动频率，只是需要用其折合质量[$m_\mathrm{r}=m_1m_2/(m_1+m_2)$，其中 m_1 和 m_2 是各个原子的质量]代替 m。角频率 $\omega=2\pi\nu=(k/m)^{1/2}$。

经典谐振子的动能与势能之和为

$$E_{经典}=\frac{1}{2m_\mathrm{r}}|\boldsymbol{p}|^2+\frac{1}{2}kx^2 \tag{2.29}$$

其可以取包括零在内的任何非负值。而量子力学图像则大为不同。一维谐振子的哈密顿算符的本征值是等间隔分布的能量梯，它不是从零开始而是从(1/2)$h\nu$ 开始：

$$E_n = (n + 1/2)h\nu \tag{2.30}$$

其中 $n = 0, 1, 2, \cdots$。相应的波函数是

$$\chi_n(x) = N_n H_n(u)\exp(-u^2/2) \tag{2.31}$$

其中 N_n 是归一化因子，$H_n(u)$是厄密多项式，u 是通过将笛卡儿坐标 x 除以$(\hbar/2\pi m_r \nu)^{1/2}$而获得的无量纲位置坐标：

$$u = x / (\hbar / 2\pi m_r \nu)^{1/2} \tag{2.32}$$

专栏 2.5 给出了厄密多项式和归一化因子 N_n，而图 2.3 则给出了前 6 个波函数。

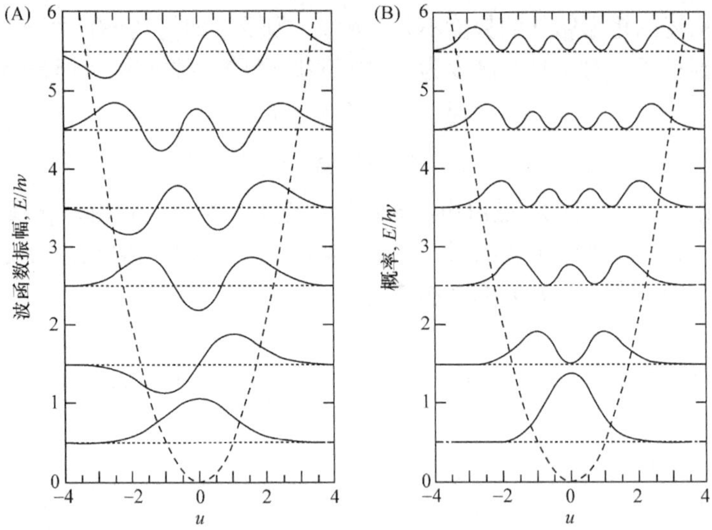

图 2.3　谐振子的波函数(A)和概率密度(B)。横坐标的无量纲量(u)是粒子离开其平衡位置的距离除以$(\hbar/2\pi m_r \nu)^{1/2}$，其中 m_r 是折合质量，ν 是经典振荡频率。折线表示势能，而点线表示总能量 E_n 的前 6 个本征值，单位为 $h\nu$。波函数纵向有所偏移以使其与能量对齐

专栏 2.5　厄密多项式

厄密多项式由下式定义：

$$H_n(u) = (-1)^n \exp(u^2)\frac{\mathrm{d}^n}{\mathrm{d}u^n}\exp(-u^2) \tag{B2.5.1}$$

可以从式(B2.5.1)开始，得到 $H_0 = 1$ 和 $H_1 = 2u$，然后使用下述递归公式生成其余的厄密多项式：

$$H_{n+1}(u) = 2uH_n(u) - 2nH_{n-1}(u) \tag{B2.5.2}$$

前 6 个厄密多项式为

$$\begin{aligned} &H_0 = 1, && H_3 = 8u^3 - 12u, \\ &H_1 = 2u, && H_4 = 16u^4 - 48u^2 + 12, \\ &H_2 = 4u^2 - 2, && H_5 = 32u^5 - 160u^3 + 120u \end{aligned} \tag{B2.5.3}$$

式(2.31)中的归一化因子 N_n 为

$$N_n = [(2\pi\nu/\hbar)^{1/2} / (2^n n!)]^{1/2} \tag{B2.5.4}$$

谐振子哈密顿的本征值通常以 cm^{-1} 为单位的波数($\omega = \nu/c$)来表示。其最小能量为$(1/2)h\nu$ 或 $(1/2)\hbar\omega$，称为零点能。

尽管谐振子的本征值随着 n 呈线性而不是呈二次方增加，并且其波函数的形式比方阱中粒子的波函数更复杂，但是这两个势能的薛定谔方程的解具有颇多的共同特征。例如，每个本征值对应于一个特定整数量子数 n，它决定了波函数中的节点数，并且随着 n 的增加，波函数的空间分布变得更加均匀。与有限壁箱的情况一样，量子力学谐振子能以一定的概率处于势能曲线所限制的区域之外[图 2.3(B)]。最后，如上所述，可以通过谐振子波函数的线性组合构造特定位置的粒子波包，这将在第 11 章中进行更详细的讨论。这样的波包的位置以经典的振荡频率 ν 在势阱中振荡。

2.3.4 原子轨道

对于氢原子中的电子，或更普遍地，对于电荷为 $+Ze$ 的原子核所束缚的带电荷 $-e$ 的单电子，其空间波函数可以写为 $R_{n,l}(r)$ 与 $Y_{l,m}(\theta,\phi)$ 两个函数的乘积，其中变量 r、θ 和 ϕ 在相对于原子核及任意 z 轴的极坐标中用于定义位置：

$$\Psi_{nlm} = R_{n,l}(r)Y_{l,m}(\theta,\phi) \tag{2.33}$$

(有关极坐标的说明参见图 4.4。)上述函数中的下标 n，l 和 m 代表具有以下可能值的整数量子数：

主量子数：$n = 1, 2, 3, \cdots$,

角动量(方位角)量子数：$l = 0, 1, 2, \cdots, n-1$,

磁量子数：$m = -l, \cdots, 0, \cdots, l$。

轨道的能量主要取决于主量子数(n)，并由下式给出：

$$E_n = -16\pi^2 Z^2 m_r e^4 / n^2 h^2 \tag{2.34}$$

其中 m_r 是电子和原子核的折合质量。(此式用 cgs 单位制，将在 3.1.1 节中讨论。)角动量或方位角量子数(l)决定电子的角动量，而磁量子数(m)决定电子沿指定轴的角动量组分并与磁场中能级的分裂有关(9.5 节)。

表 2.1 给出了前几个氢原子轨道的波函数，图 2.4～图 2.6 显示了其形状。通常将 l = 0、1、2 和 3 的原子轨道标记为 s、p、d 和 f。s 波函数在原子核处为峰值并呈球形对称(图 2.4 和图 2.5)。1s 波函数在任何地方都具有相同的符号，而 2s 则在 $r = 2\hbar^2/m_r e^2 Z$ 或 $2a_0/Z$ 处改变符号，其中 a_0(玻尔半径)为 $\hbar^2/m_r e^2$(0.529 Å)。因为半径为 r 与 $r + dr$ 的球壳之间的体积元($d\sigma$)为 $4\pi r^2 dr$(对于较小的 dr 而言)，所以在距离原子核 r 处找到 s 电子的概率(径向分布函数)取决于 $4\pi r^2 \psi(r)^2 dr$。1s 波函数的径向分布函数在 $r = a_0$ 处达到峰值[图 2.4(E)、(F)]。

表 2.1　氢原子波函数

轨道	n	l	m	$R_{n,l}(r)$[a]	$Y_{l,m}(\theta,\phi)$[b]
1s	1	0	0	$(Z/a_0)^{3/2}2\exp(-\rho)$	$(2\sqrt{\pi})^{-1}$
2s	2	0	0	$\frac{(Z/a_0)^{3/2}}{2\sqrt{2}}(2-\rho)\exp(-\rho/2)$	$(2\sqrt{\pi})^{-1}$
$2p_z$	2	1	0	$\frac{(Z/a_0)^{3/2}}{2\sqrt{6}}\rho\exp(-\rho/2)$	$(3/4\pi)^{1/2}\cos\theta$

续表

轨道	n	l	m	$R_{n,l}(r)$[a]	$Y_{l,m}(\theta,\phi)$[b]
$2p_-$	2	1	−1	$\frac{(Z/a_0)^{3/2}}{2\sqrt{6}}\rho\exp(-\rho/2)$	$(3/8\pi)^{1/2}\sin\theta(\cos\phi - i\sin\phi) = (3/8\pi)^{1/2}\sin\theta\exp(-i\phi)$
$2p_+$	2	1	1	$\frac{(Z/a_0)^{3/2}}{2\sqrt{6}}\rho\exp(-\rho/2)$	$(3/8\pi)^{1/2}\sin\theta(\cos\phi + i\sin\phi) = (3/8\pi)^{1/2}\sin\theta\exp(i\phi)$

a. $\rho = Zr/a_0$，其中 Z 是核电荷，r 是距核的距离，a_0 是玻尔半径(0.529 Å)

b. θ 和 ϕ 是极坐标中相对于 z 轴和 x 轴的角度(图 4.4)

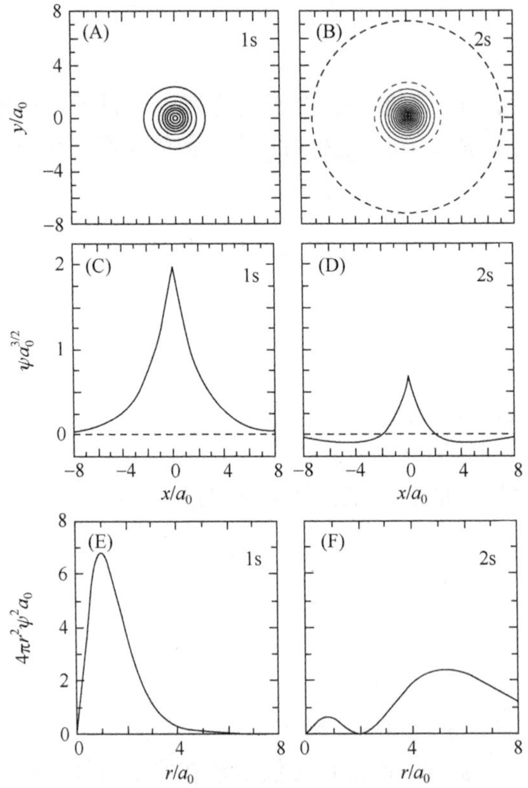

图 2.4 氢原子的 1s 和 2s 轨道。(A)、(B)为波函数在原子核平面中的等高线(振幅恒定的线)图，实线表示正振幅，虚线表示负振幅。笛卡儿坐标 x 和 y 表示为玻尔半径(a_0 = 0.529 Å)的无量纲倍数。振幅的轮廓间隔在(A)中为 $0.2a_0^{3/2}$，在(B)中为 $0.05a_0^{3/2}$。(C)、(D)为波函数的振幅作为 x 坐标的函数。(E)、(F)为径向分布函数

p 轨道具有穿过原子核的节点平面(图 2.5 和图 2.6)。用于描述轨道取向的坐标系的选择是任意的，除非原子处于磁场中；在这种情况下，z 轴取为磁场方向。$m=0$ 的 2p 轨道沿该轴取向，称为 $2p_z$。而 $m=\pm1$ 的 2p 轨道($2p_+$和 $2p_-$)都是复函数，在垂直于 z 轴的平面中最大，并且随着时间沿 z 轴以相反的方向旋转。但是，可以将它们组合起来以给出两个沿确定的 x 轴和 y 轴取向的实函数，并且没有净旋转运动($2p_x$ 和 $2p_y$)。$2p_x$ 和 $2p_y$ 波函数则与 $2p_z$ 等同，只是它们的空间取向不同。这与从相反方向移动的电子波函数出发构造驻波是基本相同的，如专栏 2.4 所述。如果使用标度坐标 $z=\rho\cos\theta$，$x=\rho\sin\theta\cos\phi$ 和 $y=\rho\sin\theta\sin\phi$，且 $\rho=Zr/a_0$，则可以写出三个 2p 波函数：

$$2p_z = (Z/a_0)^{5/2}(32\pi)^{-1/2}z\exp(-\rho/2) \tag{2.35a}$$

$$2p_x = \frac{1}{\sqrt{2}}(2p_- + 2p_+) = (Z/a_0)^{5/2}(32\pi)^{-1/2} x\exp(-\rho/2) \tag{2.35b}$$

和

$$2p_y = \frac{i}{\sqrt{2}}(2p_- - 2p_+) = (Z/a_0)^{5/2}(32\pi)^{-1/2} y\exp(-\rho/2) \tag{2.35c}$$

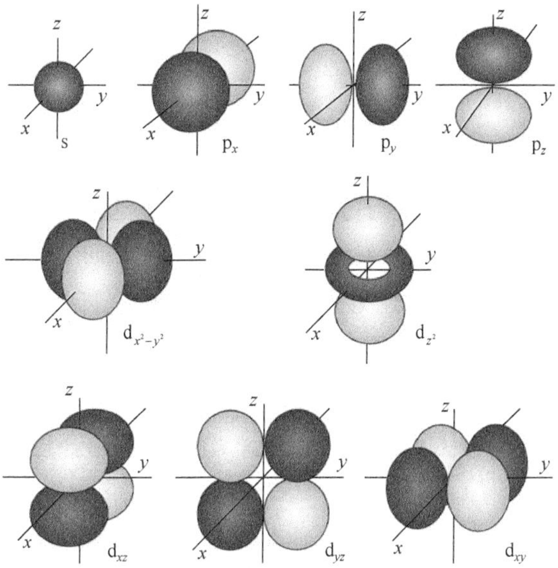

图 2.5　氢原子的 1s、2p 和 3d 波函数的“边界面”(最可能找到电子的那些区域)图示。在深色阴影区域中的波函数具有恒定符号，而在浅色阴影区域中的波函数则具有相反符号。这些图仅按大致比例绘制。图 4.30 给出了 4d 波函数的类似图

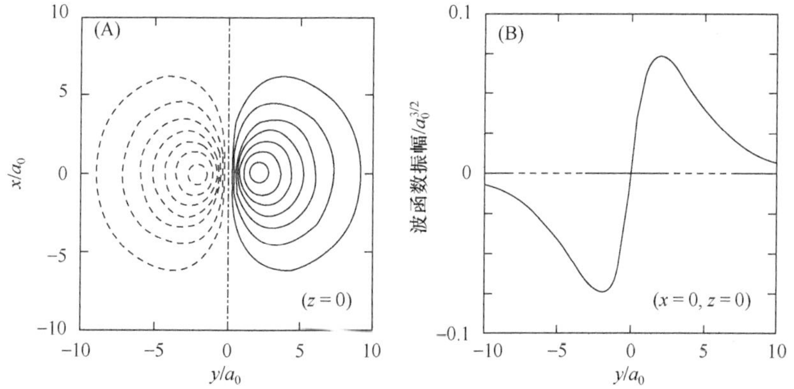

图 2.6　(A)氢原子在 xy 平面中的 $2p_y$ 波函数振幅的等高线图，其中实线表示正振幅，虚线表示负振幅，而点虚线表示零振幅。距离以玻尔半径的倍数给出。振幅的轮廓间隔为 $0.01a_0^{3/2}$。(B)$2p_y$ 波函数在 xy 平面中的振幅与沿 y 轴的位置关系

$m = \pm 1$ 或± 2 的 3d 轨道也是复函数，也可以组合为一组实波函数。这些实波函数的边界面如图 2.5 所示。

2.3.5 分子轨道

对于超越 H_2^+的分子中的电子，尚无法精确求解其薛定谔方程；因为多个电子的相互作用变得太复杂而无法处理。但是，哈密顿算符的本征函数提供了一个完备的函数集，且如 2.2 节所述，可以使用此类函数的线性组合构造在同一坐标系内的任何品优函数。这表明了以核位置为中心的氢原子轨道的线性组合表示分子电子波函数的可能性。原则上，应该为每个原子核考虑完备的原子轨道集，但是较小的集合通常可以提供很好的近似。例如，具有 N 个共轭原子的分子的π 轨道可以写为

$$\psi_k \approx \sum_{n=1}^{N} C_n^k \psi_{2z(n)} \tag{2.36}$$

其中 $\psi_{2z(n)}$是一个以原子 n 为中心的原子 $2p_z$ 轨道，系数 C_n^k 表示 $\psi_{2z(n)}$对分子轨道 k 的贡献。如果原子波函数是正交归一的[对于所有 n 有 $\langle \psi_{2z(n)} | \psi_{2z(n)} \rangle = 1$，而对于 $m \neq n$ 有 $\langle \psi_{2z(n)} | \psi_{2z(m)} \rangle = 0$]，则可以通过调整系数对分子波函数进行归一化，使得

$$\sum_{n=1}^{N} \left| C_n^k \right|^2 = 1 \tag{2.37}$$

乙烯的最高占据分子轨道(HOMO)是一个成键π轨道，可以合理地近似为以碳原子 1 和 2 为中心并使其 z 轴平行的碳 $2p_z$ 轨道的对称组合：

$$\begin{aligned}\psi_\pi(\boldsymbol{r}) &\approx 2^{-1/2}\psi_{2p_z(1)} + 2^{-1/2}\psi_{2p_z(2)} \\ &= 2^{-1/2}\psi_{2p_z}(\boldsymbol{r}-\boldsymbol{r}_1) + 2^{-1/2}\psi_{2p_z}(\boldsymbol{r}-\boldsymbol{r}_2)\end{aligned} \tag{2.38}$$

其中 $\boldsymbol{r}_1$ 和 $\boldsymbol{r}_2$ 表示两个碳原子的位置(图 2.7)。$\psi_{2p_z(1)}$ 和 $\psi_{2p_z(2)}$ 的贡献在两个原子之间的区域中进行相长组合，从而导致该区域中电子密度增加。分子轨道类似于 $2p_z$ 原子轨道，在 xy 平面上有一个节点。

乙烯的最低未占分子轨道(LUMO)，即反键(π^*)轨道，可以表示为一个类似的线性组合，但符号相反：

$$\begin{aligned}\psi_\pi(\boldsymbol{r}) &\approx 2^{-1/2}\psi_{2p_z(1)} - 2^{-1/2}\psi_{2p_z(2)} \\ &= 2^{-1/2}\psi_{2p_z}(\boldsymbol{r}-\boldsymbol{r}_1) - 2^{-1/2}\psi_{2p_z}(\boldsymbol{r}-\boldsymbol{r}_2)\end{aligned} \tag{2.39}$$

在这种情况下，$\psi_{2p_z(1)}$ 和 $\psi_{2p_z(2)}$ 在两个碳之间的区域发生相消干涉，并且分子波函数在 xz 平面和 xy 平面中都有一个节点[图 2.7(C)]。由式(2.38)和式(2.39)所描述的组合分别是对称和反对称的。

通过将计算出的分子能量、偶极矩和其他性质与实验测量值进行比较，人们已经优化了寻找更复杂分子的最佳系数 C_i^k 的方法，并且有各种软件包可以进行此类计算[6, 23-30]。这些描述中使用的基元波函数通常不是通过求解氢原子的薛定谔方程所得的原子轨道，而是具有更易于操作的数学形式的理想化波函数。它们包含一些可以半经验性地调整的参数，用于模拟特定类型的原子并调整与相邻原子的重叠。标准形式是斯莱特(Slater)型轨道，即

$$\psi_{nlm} = N r^{n^*-1} \exp(-\zeta r) Y_{l,m} \tag{2.40}$$

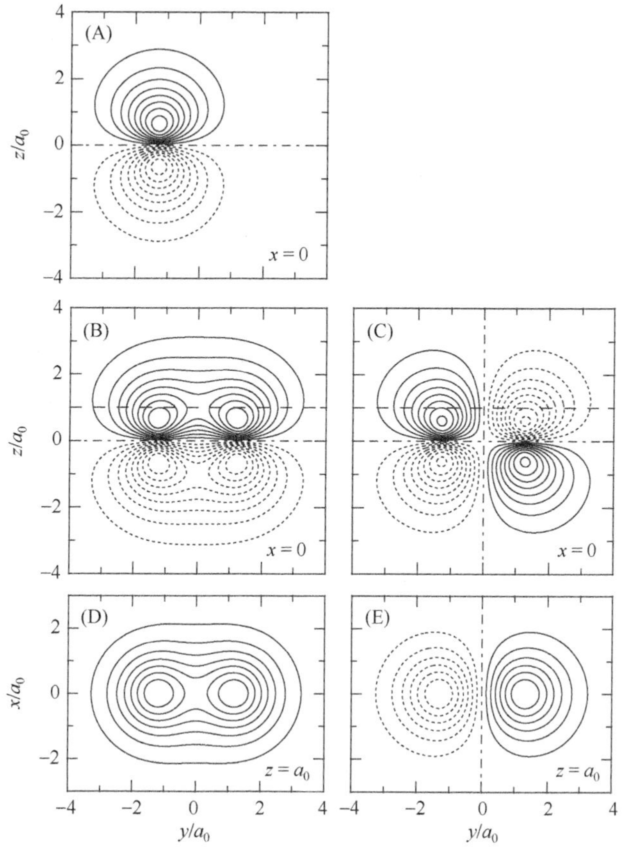

图 2.7　将原子的 2p 波函数进行组合形成的π和 π*分子轨道。(A)单个碳原子 $2p_z$ 波函数的等高线图。坐标以玻尔半径(a_0)的倍数给出，而碳 $2p_z$ 波函数表示为 $\zeta = 3.071$ Å^{-1}($1.625/a_0$)的斯莱特型 $2p_z$ 轨道[式(2.40)]。该图显示了 yz 平面中振幅恒定的线，实线表示正振幅，虚线表示负振幅，点虚线表示零。(B)由两个碳原子在 y 方向上相距 $2.51a_0$(1.33 Å)的 $2p_z$ 波函数进行对称组合而得到成键分子轨道(π)，在图中给出的是其在 yz 平面中振幅的等高线。(C)与(B)相同，但给出的是将原子波函数进行反对称组合而产生的反键分子轨道(π*)。(D)、(E)分别与(B)、(C)相同，但显示了平行于 xy 平面且在 xy 平面[(B)、(C)中 $z = a_0$ 处的水平虚线]之上 a_0 处的波函数振幅。而在环平面之下 a_0 处的振幅图是相同的，但正、负号需要互换。在所有五个分图中，振幅的轮廓间隔均为 $0.1a_0^{3/2}$

其中 N 是归一化因子，n^*和 ζ 分别是与主量子数(n)和有效核电荷有关的参数，而 $Y_{l,m}$ 是极坐标 θ 和 ϕ 的球谐函数。例如，碳、氮和氧的斯莱特 $2p_z$ 轨道具有$(\zeta^5/\pi)^{1/2}r \cdot \cos(\theta)\exp(-\zeta r)$的形式，其中分别取 $\zeta = 3.071$ Å^{-1}、3.685 Å^{-1} 和 4.299 Å^{-1}。高斯函数也是常用的，因为尽管其形状与氢原子波函数有本质不同，但却具有特别方便的数学特性。例如，两个以位置 r_1 和 r_2 为中心的高斯函数的乘积是另一个以这两个中点为中心的高斯函数。现在的一些程序使用三个或多个高斯函数的线性组合代替每个斯莱特型轨道。有关这些和其他半经验轨道的更多信息可参见文献[31]。

图 2.8 显示了计算所得的 3-甲基吲哚的 HOMO 和 LUMO 的波函数振幅的等高线图。这个分子是色氨酸侧链的很好模型。注意到 HOMO 在图形平面中有两个节点曲线，而 LUMO 有三个，因此 LUMO 具有较少的成键特性。

由几个独立组分组成的体系，其波函数通常可以近似为这些组分波函数的乘积。因此，可以将分子波函数在一级近似下写成电子波函数和核波函数的乘积：

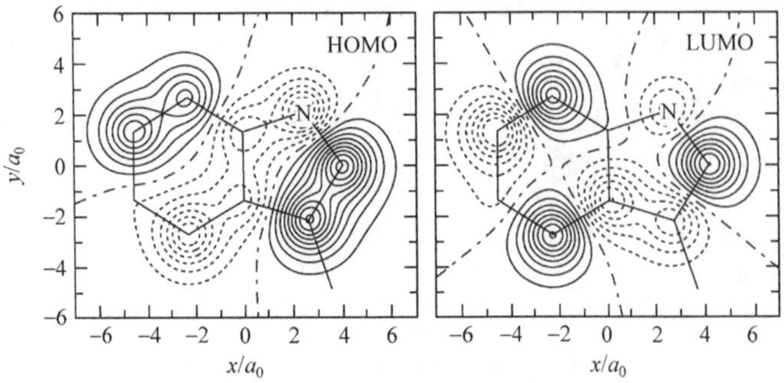

图 2.8 3-甲基吲哚的最高占据分子轨道(HOMO)和最低未占分子轨道(LUMO)的波函数振幅的等高线图。实线表示正振幅，虚线表示负振幅，点虚线表示零。图平面与吲哚环平面平行，并且在环上方 a_0 处，如图 2.7 中的(D)和(E)所示。振幅的轮廓间隔为 $0.05a_0^{3/2}$。来自甲基的碳和氢原子的较小贡献被忽略。黑色线段表示分子的碳和氮骨架。分子轨道的原子系数的获得如 Callis 所述[37-39]。利用 $\zeta = 3.071$ Å^{-1}($1.625/a_0$)和 3.685 Å^{-1}($1.949/a_0$)的斯莱特型原子轨道[式(2.40)]分别表示 C 和 N 的原子轨道

$$\Psi(\boldsymbol{r},\boldsymbol{R}) \approx \psi(\boldsymbol{r})\chi(\boldsymbol{R}) \tag{2.41}$$

其中 $\boldsymbol{r}$ 和 $\boldsymbol{R}$ 分别是电子坐标和核坐标。在此近似下，体系的总能量即电子波函数和核波函数的能量之和。类似地，具有 N 个电子的分子波函数可以近似为 N 个单电子波函数的乘积。

2.3.6 大体系的波函数

拓展前一节中所描述的理念，则分子波函数的线性组合可用于生成多分子体系的近似波函数。例如，代表寡核苷酸的激发态波函数可以描述为各个核苷酸的激发态波函数的线性组合。

在这种构造中使用的基元波函数被称为是非绝热的，这意味着它们不是完整哈密顿的本征函数；它们没有考虑对实际体系能量的所有分子间相互作用的贡献。对能量的一次测量，必定给出与完整哈密顿的绝热波函数相关联的本征值之一，它通常将不会是其中任何一个基函数对此哈密顿的本征值。但是，整个体系的能量大约由下式给出：

$$E_k \approx \sum_{n=1}^{N} \left| C_n^k \right|^2 E_n \tag{2.42}$$

其中 E_n 是基函数 ψ_n 的能量，C_n^k 是较大体系的态 k 的相应系数[式(2.36)]。这种近似处理的准确性取决于基函数的选择、总和中包含的项数及系数的可靠性。

尽管各个基元波函数不是完整的哈密顿的本征函数，但原则上可以找到这些波函数的线性组合，使其确实给出上述所需的本征函数，至少在基函数是一个完备正交集合的程度上这样做是可行的。式(2.42)因而变为精确表达式。通过求解如下联立线性方程可以获得系数和本征值：

$$\begin{aligned}
C_1^k H_{11} + C_2^k H_{12} + C_3^k H_{13} + \cdots + C_n^k H_{1n} &= C_1^k E_k \\
C_1^k H_{21} + C_2^k H_{22} + C_3^k H_{23} + \cdots + C_n^k H_{2n} &= C_2^k E_k \\
C_1^k H_{31} + C_2^k H_{32} + C_3^k H_{33} + \cdots + C_n^k H_{3n} &= C_3^k E_k \\
&\vdots \\
C_1^k H_{n1} + C_2^k H_{n2} + C_3^k H_{n3} + \cdots + C_n^k H_{nn} &= C_n^k E_k
\end{aligned} \tag{2.43}$$

其中 $H_{jk} = \langle \psi_j | \tilde{\mathrm{H}} | \psi_k \rangle$，而 $\tilde{\mathrm{H}}$ 是体系的完整哈密顿，包括作用于单个分子的基函数的哈密顿项

($\tilde{\mathrm{H}}_{kk}$)，以及“耦合”或“混合”两个基函数的哈密顿项($\tilde{\mathrm{H}}_{jk}$，$j \neq k$)。在第 8 章中将对两个分子的体系给出式(2.43)的推导。

通过使用矩阵乘法规则(附录 A.2)，可以将式(2.43)简洁地写为一个矩阵方程：

$$\mathbf{H} \cdot C_k = E_k C_k \tag{2.44}$$

其中 **H** 表示哈密顿积分的矩阵(H_{jk})

$$\mathbf{H} = \begin{bmatrix} H_{11} & H_{12} & \cdots & H_{1n} \\ H_{21} & H_{22} & \cdots & H_{2n} \\ & \vdots & & \\ H_{n1} & H_{n2} & \cdots & H_{nn} \end{bmatrix} \tag{2.45a}$$

而 $\boldsymbol{C}_k$ 是系数的列矢量

$$C_k = \begin{bmatrix} C_1^k \\ C_2^k \\ \vdots \\ C_n^k \end{bmatrix} \tag{2.45b}$$

通常，将有 n 个满足式(2.44)的能量本征值(E_k)，每个本征值都有各自的本征矢量 $\boldsymbol{C}_k$。本征矢量可以安置在一个方阵 **C** 中，其中每一列对应一个特定的本征值：

$$\mathbf{C} = \begin{bmatrix} C_1^1 & C_1^2 & \cdots & C_1^n \\ C_2^1 & C_2^2 & \cdots & C_2^n \\ & \vdots & & \\ C_n^1 & C_n^2 & \cdots & C_n^n \end{bmatrix} \tag{2.46a}$$

如果我们接下来找到 $\mathbf{C}^{-1}$(**C** 的逆矩阵)，则乘积 $\mathbf{C}^{-1} \cdot \mathbf{H} \cdot \mathbf{C}$ 的结果是一个对角矩阵，本征值位于对角线上(参阅附录 A.2)：

$$\mathbf{C}^{-1} \cdot \mathbf{H} \cdot \mathbf{C} = \begin{bmatrix} E_1 & 0 & \cdots & 0 \\ 0 & E_2 & \cdots & 0 \\ & \vdots & & \\ 0 & 0 & \cdots & E_n \end{bmatrix} \tag{2.46b}$$

因此，求本征值和本征函数的问题就成了寻找另一个矩阵 **C** 及其逆矩阵以使哈密顿矩阵 **H** 对角化，使得乘积 $\mathbf{C}^{-1} \cdot \mathbf{H} \cdot \mathbf{C}$ 成为对角矩阵。$\mathbf{C}^{-1} \cdot \mathbf{H} \cdot \mathbf{C}$ 的对角元是绝热态的本征值，**C** 的列 k 是与本征值 E_k 相对应的系数集。

哈密顿矩阵始终是厄米矩阵，且对于所有我们关注的情形都是对称矩阵(附录 A.2)。因此，其本征矢量($\boldsymbol{C}_k$)总为实数。此外，总存在一个正交的本征矢量集(对于 $i \neq j$ 有 $\boldsymbol{C}_i \cdot \boldsymbol{C}_j = 0$，且 $\boldsymbol{C}_i \cdot \boldsymbol{C}_i = 1$[32])。

2.4　自旋波函数与单重态和三重态

电子、质子和其他原子内粒子具有内禀角动量或“自旋”，由两个自旋量子数 s 和 m_s 表征。

自旋角动量的大小为$[s(s+1)]^{1/2}\hbar$。对于单个电子，$s=1/2$，因此角动量的大小为$(3^{1/2}/2)\hbar$。平行于单个指定轴(z)的角动量分量也是量子化的，并由$m_s\hbar$给出，其中$m_s=s$、$s-1$、…、$-s$。对于$s=1/2$，m_s的限制为 $\pm 1/2$，因而沿z轴的动量为$\pm\hbar/2$。自旋的大小和该方向上的自旋分量均不与正交方向上的动量分量有对易关系，因此这些分量是不确定的。电子的角动量矢量因此可以位于圆锥体上的任意位置，该圆锥体半角(θ)，相对于z轴而言，由$\cos(\theta)=m_s/[s(s+1)]^{1/2}$给出($\theta\approx 54.7°$，图 2.9)。

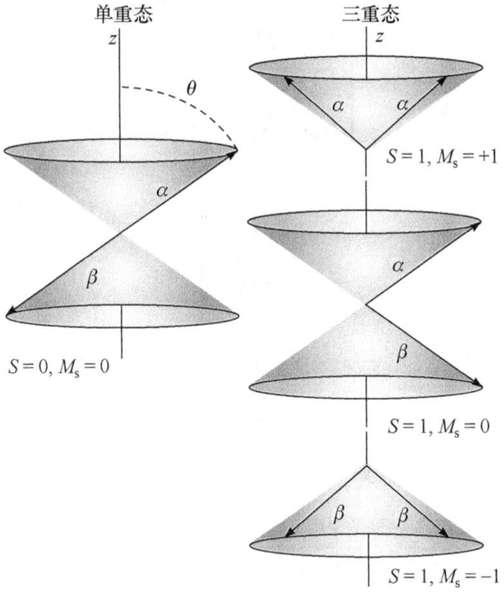

图 2.9 具有两个耦合电子的体系在四种可能的自旋态下的电子自旋的矢量表示。每个箭头代表一个大小为$3^{1/2}\hbar/2$的自旋，该自旋被约束在与z轴呈半角$\theta=\cos^{-1}(\pm 3^{-1/2})$的圆锥体的表面上(自旋$\alpha$为54.7°，$\beta$为125.3°)。在单重态(左)上，两个矢量是反平行的，因此总自旋量子数(S)为零。在三重态(右)上，$S=1$且$M_s=1$、0或−1。这要求安置两个单独的自旋矢量，以使其合成结果(未显示)的大小为$2^{1/2}\hbar$，并对$M_s=1$、0或−1分别位于与z轴呈半角为45°、90°或135°的圆锥上

电子的两个可能的m_s值可以从形式上由两个自旋波函数α和β来描述，可以将它们分别视为“上旋”($m_s=+1/2$)和“下旋”($m_s=-1/2$)。这些函数是正交归一的，即有$\langle\alpha|\alpha\rangle=\langle\beta|\beta\rangle=1$和$\langle\alpha|\beta\rangle=\langle\beta|\alpha\rangle=0$。这里的积分变量不是空间坐标，而是代表角动量方向的自旋变量。

电子自旋的概念最早由乌伦贝克(Uhlenbeck)和古德斯米特(Goudsmit)于 1925 年提出，以解释原子光谱中某些谱线的分裂。他们以及其他人的工作表明，电子自旋还可解释磁场对许多原子光谱所表现出的反常效应[塞曼(Zeeman)效应]。但是，有必要假设与电子自旋相关的磁矩，不是如同对轨道磁矩那样仅仅是角动量与$e/2mc$的乘积，而是这一乘积的两倍。这个额外的因子 2 称为朗德(Landé)g 因子。当狄拉克[33]重新表述量子力学使其与狭义相对论一致时，内禀角动量和反常因子 2 都将自动出现，而无需任何特殊假设。狄拉克与薛定谔分享了 1933 年诺贝尔物理学奖。

在两个相互作用的电子的体系中，总自旋(S)是量子化的，可为 1 或 0，取决于单个自旋是相同的(如两个β)还是不同的(一个α、一个β)。沿着指定轴的总自旋分量为$M_s\hbar$，其中$M_s=S$、$S-1$、…、$-S$，即如果$S=0$则取 0，如果$S=1$则取 1、0 或−1。对于大多数处于基态的有机

分子，HOMO 有两个不同的、反平行自旋的电子，从而使 S 和 M_s 均为零。但是，由于无法确定哪个电子的自旋为 α、哪个为 β，所以基态的电子波函数必须写成兼具两种可能性的组合表达式：

$$\Psi_a = \psi_h(1)\psi_h(2)[2^{-1/2}\alpha(1)\beta(2) - 2^{-1/2}\alpha(2)\beta(1)] \tag{2.47}$$

在此，ψ_h 表示与自旋无关的空间波函数，其括号内的数字是两个电子的标记；$\alpha(j)\beta(k)$表示电子 j 的自旋波函数为 α，电子 k 则为 β。

注意，如果电子(1 和 2)的标记互换，则式(2.47)中的完整波函数 Ψ_a 会改变符号。泡利(Pauli)指出，所有多电子体系的波函数都具有这一特性。对于任何两个电子的坐标(位置和自旋)的互换，总波函数总是反对称的。这一论断得到了原子和分子吸收光谱实验测量的支持：实验观察到了基于反对称电子波函数所预测的吸收带，而未观察到基于对称电子波函数所预测的吸收带。这些结果的一个最重要的内涵即泡利不相容原理，该原理说明一个给定的空间波函数最多可容纳两个电子。如果可以指定电子的空间和自旋波函数来完整地描述一个电子，并且电子仅具有两个可能的自旋波函数(α和β)，那么必然是如此情形。

现在考虑一个激发态，其中电子 1 或电子 2 从 HOMO 激发至 LUMO(ψ_1)。除了将电子分配给两个轨道的两种可能方式之外，激发态的完整波函数还必须包含对电子自旋α或β的各种可能分配。并且，如果交换电子坐标，那么必须改变波函数的符号。如果在激发过程中体系的净自旋如通常那样没有变化，则波函数的自旋部分与基态保持相同，因此 S 和 M_s 都保持为零。而空间部分较为复杂：

$$^1\Psi_b = [2^{-1/2}\psi_h(1)\psi_1(2) + 2^{-1/2}\psi_h(2)\psi_1(1)][2^{-1/2}\alpha(1)\beta(2) - 2^{-1/2}\alpha(2)\beta(1)] \tag{2.48}$$

若为第一个括号中的空间波函数的组合选择 + 号，就满足了两个电子交换时整个波函数必须反对称的要求。若在两个括号中都使用反对称组合，则空间和自旋波函数的整体乘积将会是对称的，这将与实验冲突。上面的波函数所描述的态称为单重态，因为当空间波函数对称时，自旋波函数只有一种可能的组合[式(2.48)所示]。基态[式(2.47)]也是单重态。此外，如式(2.48)所示，单重态通常用上标“1”表示。

相反，如果为激发态的波函数的空间部分选择反对称组合，那么自旋波函数有三种可能的对称组合，使得整个波函数成为反对称的：

$$^3\Psi_b^{+1} = [2^{-1/2}\psi_h(1)\psi_1(2) - 2^{-1/2}\psi_h(2)\psi_1(1)][\alpha(1)\alpha(2)] \tag{2.49a}$$

$$^3\Psi_b^{0} = [2^{-1/2}\psi_h(1)\psi_1(2) - 2^{-1/2}\psi_h(2)\psi_1(1)][2^{-1/2}\alpha(1)\beta(2) + 2^{-1/2}\alpha(2)\beta(1)] \tag{2.49b}$$

$$^3\Psi_b^{-1} = [2^{-1/2}\psi_h(1)\psi_1(2) - 2^{-1/2}\psi_h(2)\psi_1(1)][\beta(1)\beta(2)] \tag{2.49c}$$

它们是三个激发三重态，所对应的 $S=1$，M_s 分别等于 1、0 和−1。

图 2.9 显示了当垂直轴(z 轴)由磁场所定义时，处于单重态和三重态的两个电子的角动量的矢量表示。图中的矢量同时满足单个电子和组合体系的自旋的量子化要求以及自旋的 z 分量的量子化要求。尽管各个自旋的 x 和 y 分量仍然不确定，但这两个自旋之间的角度是固定的。代表总自旋的合成矢量，在 $M_s = 0$ 的三重态中处于 xy 平面上；而对于 $M_s = \pm 1$ 的态，处于与 z 轴成 45°或 135°半角的圆锥上。

三重态 $^3\Psi_b^0$ 始终具有比相应的单重态 $^1\Psi_b$ 低的能量。这一断言，即通常所称的洪德(Hund)规则，是不同空间波函数的结果，而不是自旋波函数的结果。两个电子的运动彼此相关，并倾向于使电子在三重态波函数中保持远距离，从而减少彼此的排斥作用。两种能量之差称为单重态-三重态分裂，由 $2K_{\mathrm{hl}}$ 给出，其中 K_{hl} 是交换积分：

$$K_{\mathrm{hl}} = \left\langle \psi_1(1)\psi_{\mathrm{h}}(2) \left| \frac{e^2}{r_{12}} \right| \psi_{\mathrm{h}}(1)\psi_1(2) \right\rangle \tag{2.50}$$

K_{hl} 总为正[34]。

当两个轨道具有相同的能量并且可以通过旋转之类的对称操作相互转换时，就会出现一种特殊情况。此时的三重态的能量可能比两个电子都处于同一个轨道中的单重态还要低。O_2 就是这种情况，其基态为三重态，最低激发态为单重态。

定义了电子旋转方向的 z 轴通常由外部磁场唯一地确定。由于磁矩的不同，三个三重态在磁场存在的情况下发生能级分裂，其中 ${}^3\Psi_b^{+1}$ 的能量向上移动，${}^3\Psi_b^{-1}$ 的能量向下移动，而 ${}^3\Psi_b^{0}$ 则不受影响。尽管在没有磁场的情况下三重态是简并的，但电子的轨道运动会产生局域磁场，从而破坏这种简并性。通过施加一个振荡微波场诱导三重态之间的跃迁，可以测量这种零场分裂。三个零场三重态的磁偶极子通常可以与分子的 x，y 和 z 结构轴关联起来。

两个以上电子的波函数可以近似为各个电子的电子和自旋波函数的所有允许乘积的线性组合。一个满足泡利不相容原理的组合可以方便地写成下述行列式：

$$\Psi = (1/N!)^{1/2} \begin{vmatrix} \psi_a(1)\alpha(1) & \psi_a(2)\alpha(2) & \psi_a(3)\alpha(3) & \cdots & \psi_a(N)\alpha(N) \\ \psi_a(1)\beta(1) & \psi_a(2)\beta(2) & \psi_a(3)\beta(3) & \cdots & \psi_a(N)\beta(N) \\ \psi_b(1)\alpha(1) & \psi_b(2)\alpha(2) & \psi_b(3)\alpha(3) & \cdots & \psi_b(N)\alpha(N) \\ \psi_b(1)\beta(1) & \psi_b(2)\beta(2) & \psi_b(3)\beta(3) & \cdots & \psi_b(N)\beta(N) \\ \vdots & \vdots & \vdots & & \vdots \\ \psi_N(1)\beta(1) & \psi_N(2)\beta(2) & \psi_N(3)\beta(3) & \cdots & \psi_N(N)\beta(N) \end{vmatrix} \tag{2.51}$$

其中 ψ_i 是单个单电子空间波函数，而 N 是电子的总数。对于两个电子和一个空间波函数，式(2.47)由式(2.51)左上角的 2×2 的方块组成。此表述保证了对于任意两个电子的交换，整个波函数将是反对称的，因为如果任意两列或两行互换，行列式的值总是改变符号。这个方法是由斯莱特提出的，因此该行列式称为斯莱特行列式。通常可以省略归一化因子$(1/N!)^{1/2}$，仅列出行列式的对角线项，将 $\psi_j(k)\alpha(k)$和 $\psi_j(k)\beta(k)$的组合用 $\psi_j(k)$和 $\overline{\psi}_j(k)$ 表示，并省略电子的指标，得到其紧凑形式：

$$\Psi = \left|\psi_a \overline{\psi_a} \psi_b \overline{\psi_b} \cdots \overline{\psi_N}\right| \tag{2.52}$$

根据式(2.48)中的定义，可写出基态、激发单重态和激发三重态的 HOMO 和 LUMO “自旋-轨道”波函数[式(2.47)～式(2.49)]的斯莱特行列式：

$$\Psi_a = \left|\psi_{\mathrm{h}} \overline{\psi_{\mathrm{h}}}\right| \tag{2.53a}$$

$${}^1\Psi_b = 2^{-1/2}\left(\left|\psi_{\mathrm{h}} \overline{\psi_1}\right| + \left|\psi_1 \overline{\psi_{\mathrm{h}}}\right|\right) \tag{2.53b}$$

$${}^3\Psi_b^{+1} = 2^{-1/2}\left(\left|\psi_{\mathrm{h}} \psi_1\right| - \left|\psi_1 \psi_{\mathrm{h}}\right|\right) \tag{2.53c}$$

$${}^3\Psi_b^{0} = 2^{-1/2}\left(\left|\psi_{\mathrm{h}} \overline{\psi_1}\right| - \left|\psi_1 \overline{\psi_{\mathrm{h}}}\right|\right) \tag{2.53d}$$

和

$$^{3}\Psi_{b}^{-1}=2^{-1/2}\left(\left|\overline{\psi_{\mathrm{h}}}\,\overline{\psi_{\mathrm{l}}}\right|-\left|\overline{\psi_{\mathrm{l}}}\,\overline{\psi_{\mathrm{h}}}\right|\right) \tag{2.53e}$$

单重态和三重态之间的跃迁将在 4.9 节讨论。

与电子类似，质子具有自旋量子数 $s = 1/2$ 和 $m_s = \pm 1/2$。包含多个质子的体系，或具有半整数自旋的任何其他粒子(费米子)的体系，其波函数也类似于电子波函数，在互换任意两个相同的粒子时是反对称的。相比之下，包含多个具有整数或零自旋的粒子(玻色子)的体系，其波函数在交换两个相同的粒子必须是对称的。氘子具有自旋量子数 $s = 1$ 和 $m_s = -1$、0 和 1，属于后者。由于交换的玻色子使其组合波函数保持不变，因此任何数量的玻色子都可以同时具有相同的波函数。费米子和玻色子遵循不同的统计规律，并在低温下变得越来越不同(专栏 2.6)。

专栏 2.6　玻尔兹曼统计、费米-狄拉克统计和玻色-爱因斯坦统计

如式(2.47)～式(2.52)所示，包含多个无相互作用组分的体系，其波函数可以写为乘积的线性组合，该乘积形式如下：

$$\Psi=\Psi_{a}(1)\Psi_{b}(2)\Psi_{c}(3)\cdots \tag{B2.6.1}$$

玻尔兹曼分布定律认为，如果各个组分是可区分的，并且组分的数量很大，则在温度 T 下找到一个态的波函数为 Ψ_m 的特定组分的概率为

$$P_{m}=Z^{-1}g_{m}\exp(-E_{m}/k_{\mathrm{B}}T) \tag{B2.6.2}$$

其中 E_m 是态 m 的能量，g_m 是态的简并度或多重度(具有相同能量的子态的数量)，k_B 是玻尔兹曼常量($1.3807\times10^{-23}\ \mathrm{J\cdot K^{-1}}$)，而 Z(配分函数)是一个与温度有关的因子，用于归一化所有态的概率之和：

$$Z=\sum_{m}g_{m}\exp(-E_{m}/k_{\mathrm{B}}T) \tag{B2.6.3}$$

如果两个自旋子能级之间的能量差可忽略不计，则可认为具有相同空间波函数但具有不同自旋(α或β)的电子态的多重度(g_m)为 2。或者，可以分别列举自旋态，则每个态均有 $g_m = 1$。

如果体系的各个组分无法区分，则按式(B2.6.1)形式写成的组合波函数是有问题的。正如我们已经讨论过的，在两个相同粒子交换时呈对称的波函数不适用于费米子，而在这种交换时呈反对称的波函数不适用于玻色子。其结果之一是费米子或玻色子体系遵循不同的分布规律。费米子服从费米-狄拉克分布：

$$P_{m}=[A_{\mathrm{F}}g_{m}\exp(E_{m}/k_{\mathrm{B}}T)+N]^{-1} \tag{B2.6.4}$$

其中 N 是粒子数，定义 A_F 的目的是使总概率为 1。玻色子遵循玻色-爱因斯坦分布：

$$P_{m}=[A_{\mathrm{B}}g_{m}\exp(E_{m}/k_{\mathrm{B}}T)-N]^{-1} \tag{B2.6.5}$$

类似地定义 A_B 使总概率为 1。将一个分布的熵定义为 $S=k_B\ln\Omega$，其中 Ω 是粒子通过不同方式分配到各个态的数目，然后将此熵最大化，同时保持体系的总能量恒定，则可以推导出玻尔兹曼、费米-狄拉克和玻色-爱因斯坦分布定律。Ω 的公式取决于粒子是否可区分，也取决于是否可以有一个以上的粒子占据相同的态(4.15 节和图 4.31)。

图 2.10 展示了在五个等间距能级态上四个粒子的玻尔兹曼分布、费米-狄拉克分布和玻色-爱因斯坦分布。假定每个态的多重度为 2。五个态的布居数对 $k_B T/E$ 作图，其中 E 是相邻态之间的能量差。所有的布居数在高温下收敛于 0.2，届时给定粒子处于五个态中的任何一个态的概率几乎相等。但是，三种分布在低温下有明显不同。在这里，费米-狄拉克分布将两个粒子置于具有两个最低能量的每个态中，使得在这些态中给定的一个态中找到给定粒子的概率为 0.5[图 2.10(B)]。这符合泡利不相容原理，即一个空间波函数最多

可容纳两个电子，这些电子必须具有不同的自旋。与之相反的是，玻尔兹曼分布和玻色-爱因斯坦分布都将所有四个粒子置于能量最低的态[图 2.10(A)、(C)]。此外，玻色-爱因斯坦分布不同于玻尔兹曼分布，其随着温度更逐渐地变化。

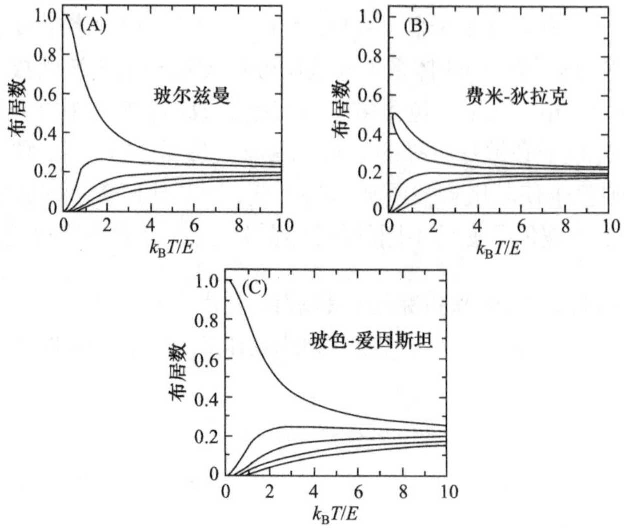

图 2.10 四个粒子在分别具有 0、E、$2E$、$3E$ 和 $4E$ 能量(以任意能量单位)的五个态上的玻尔兹曼分布(A)、费米-狄拉克分布(B)和玻色-爱因斯坦分布(C)。假定每个态的多重度为 2。五个态的布居数绘制为 k_BT/E 的函数。在每个分图中，最上面的曲线是在能量最低态上的布居数，最下面的曲线则是在能量最高态上的布居数

玻色-爱因斯坦分布定律是由玻色(Bose)在 1924 年描述光子气体时导出。爱因斯坦将其扩展到物质气体。费米(Fermi)在 1926 年通过研究泡利不相容原理提出了费米-狄拉克分布定律，而狄拉克在同年通过考虑反对称波函数独立地得到此定律。

2.5 态之间的跃迁：含时微扰理论

求解不含时的薛定谔方程[式(2.14)]所得的波函数描述的是定态。显然，只要 $\tilde{\mathrm{H}}=\tilde{\mathrm{H}}_0$，处于一个这样的态上的体系就会一直停留在该态，因为体系的能量与时间无关。但是，假设 $\tilde{\mathrm{H}}$ 随时间变化。例如，可以开启电场或将两个分子靠近使它们相互作用。这将扰动体系，其薛定谔方程的原始解将不再完全成立。

如果 $\tilde{\mathrm{H}}$ 的变化相对较小，那么可以将被微扰体系的总哈密顿写为与时间无关的 $\tilde{\mathrm{H}}_0$ 和一个较小的与时间有关的项 $\tilde{\mathrm{H}}'(t)$ 之和：

$$\tilde{\mathrm{H}}=\tilde{\mathrm{H}}_0+\tilde{\mathrm{H}}'(t) \tag{2.54}$$

为了得到微扰体系的波函数，可将其表示为无微扰体系的本征函数的线性组合：

$$\varPsi=C_a\varPsi_a+C_b\varPsi_b+\cdots \tag{2.55}$$

其中系数 C_k 是时间的函数。在给定时刻的 $|C_k|^2$ 的值表示 $\varPsi$ 与基态 k 的波函数($\varPsi_k$)相似的程度。这种方法利用了一个事实，即原始的本征函数形成了完备的函数集，如 2.2 节所述。

假设已知该分子在引入微扰 $\tilde{\mathrm{H}}'$ 之前处于态 Ψ_a。那么要过多久波函数就开始类似于其他的基态波函数，例如 Ψ_b? 答案应该在含时薛定谔方程[式(2.9)]之中。利用式(2.54)和式(2.55)，可以将薛定谔方程的左边扩展为

$$[\tilde{\mathrm{H}}_0+\tilde{\mathrm{H}}'(t)][C_a(t)\Psi_a+C_b(t)\Psi_b+\cdots]=\tilde{\mathrm{H}}_0(C_a\Psi_a+C_b\Psi_b+\cdots)+\tilde{\mathrm{H}}'(C_a\Psi_a+C_b\Psi_b+\cdots)$$
$$=C_a\tilde{\mathrm{H}}_0\Psi_a+C_b\tilde{\mathrm{H}}_0\Psi_b+\cdots+C_a\tilde{\mathrm{H}}'\Psi_a+C_b\tilde{\mathrm{H}}'\Psi_b+\cdots \tag{2.56}$$

薛定谔方程的右边可以类似地展开为

$$i\hbar(\Psi_a\partial C_a/\partial t+\Psi_b\partial C_b/\partial t+\cdots+C_a\partial\Psi_a/\partial t+C_b\partial\Psi_b/\partial t+\cdots) \tag{2.57}$$

已假设 $\tilde{\mathrm{H}}C_k\Psi=C_k\tilde{\mathrm{H}}\Psi$，这表示算符 $\tilde{\mathrm{H}}$ 与乘以 C_k 是对易的，即实施这两个操作的结果与实施顺序无关。如专栏 2.2 所述，如果可以同时知道体系的能量和这些系数值，那么上述假设一定成立。

对于无微扰的体系，已知 $\tilde{\mathrm{H}}_0\Psi_a=i\hbar\,\partial\Psi_a/\partial t$ 和 $\tilde{\mathrm{H}}_0\Psi_b=i\hbar\,\partial\Psi_b/\partial t$，因为在更改 $\tilde{\mathrm{H}}$ 之前，每个本征函数都满足薛定谔方程。消去薛定谔方程两边的相应项[例如，从式(2.56)中减去 $C_a\tilde{\mathrm{H}}_0\Psi_a$ 并从式(2.57)中减去 $C_a i\hbar\,\partial\Psi_a/\partial t$]，将得到

$$C_a\tilde{\mathrm{H}}'\Psi_a+C_b\tilde{\mathrm{H}}'\Psi_b+\cdots=i\hbar(\Psi_a\partial C_a/\partial t+\Psi_b\partial C_b/\partial t+\cdots) \tag{2.58}$$

可以将每项乘以 Ψ_b^*并在所有空间上积分来简化此方程，因为这样可以利用正交关系[式(2.19)～式(2.20)]使许多积分成为 0 或 1：

$$\begin{aligned}C_a\langle\Psi_b|\tilde{\mathrm{H}}'|\Psi_a\rangle+C_b\langle\Psi_b|\tilde{\mathrm{H}}'|\Psi_b\rangle+\cdots&=i\hbar[\langle\Psi_b|\Psi_a\rangle\partial C_a/\partial t+\langle\Psi_b|\Psi_b\rangle\partial C_b/\partial t+\cdots]\\&=i\hbar\partial C_b/\partial t\end{aligned} \tag{2.59}$$

如果知道体系在特定时刻处在态 a，则 C_a 必须为 1，而 C_b 和所有其他系数必须为零。因此，式(2.59)左边除第一项以外，其他所有项均消失。这就得到 $\langle\Psi_b|\tilde{\mathrm{H}}'|\Psi_a\rangle=i\hbar\partial C_b/\partial t$，或者

$$\partial C_b/\partial t=(1/i\hbar)\langle\Psi_b|\tilde{\mathrm{H}}'|\Psi_a\rangle=(-i/\hbar)\langle\Psi_b|\tilde{\mathrm{H}}'|\Psi_a\rangle \tag{2.60}$$

式(2.60)告诉我们，在早期当体系仍以很大可能性处于态 a 时，系数 C_b 如何随时间增加。但是此方程中的波函数 Ψ_a 和 Ψ_b^*本身就是时间的函数。从含时薛定谔方程[式(2.16)]的一般解中，可以按如下方式分离这些波函数的空间和时间相关部分：

$$\Psi_a=\psi_a(\boldsymbol{r})\exp(-iE_at/\hbar) \tag{2.61a}$$

和

$$\Psi_b^*=\psi_b^*(\boldsymbol{r})\exp(iE_bt/\hbar) \tag{2.61b}$$

将这些关系代入式(2.60)，得出 C_b 随时间增长的结果如下：

$$\begin{aligned}\partial C_b/\partial t&=-(i/\hbar)\exp(iE_bt/\hbar)\exp(-iE_at/\hbar)\langle\psi_b|\tilde{\mathrm{H}}'|\psi_a\rangle\\&=-(i/\hbar)\exp[i(E_b-E_a)t/\hbar]\langle\psi_b|\tilde{\mathrm{H}}'|\psi_a\rangle=-(i/\hbar)\exp[i(E_b-E_a)t/\hbar]H'_{ba}\end{aligned} \tag{2.62}$$

在式(2.62)中，$\partial C_b/\partial t$ 含有一个振荡组分，该组分取决于态 a 和 b 的能量差($\exp[-i(E_b-E_a)t/\hbar]$)，也取决于一个含时微扰 ($\tilde{\mathrm{H}}'$) 与空间波函数 ψ_a 和 ψ_b 的积分。这个积分 $\langle\psi_b|\tilde{\mathrm{H}}'|\psi_a\rangle$ 或 $\tilde{H}'_{ba}$ 称

为 $\tilde{\mathrm{H}}'$ 矩阵元。此处的术语与在式(2.45a)中是相同的，不同之处在于，此处 $\tilde{\mathrm{H}}'$ 只是哈密顿中的微扰项，而不是完整哈密顿。可以写出一个类似的矩阵元 $\tilde{\mathrm{H}}'_{kj} = \langle \psi_k | \tilde{\mathrm{H}}' | \psi_j \rangle$ 来描述体系的任何其他态的系数 C_k 的积累。

为了在短时间间隔 τ 之后获得 C_b 的值，需要对式(2.62)从 0 到 τ 进行积分：

$$C_b(\tau) = \int_0^\tau (\partial C_b / \partial t) \mathrm{d}t \tag{2.63}$$

在施加微扰的时间内，不能说体系处于态 a 或态 b，因为它们不再是哈密顿的本征态。那么，对于式(2.56)中的这些态，应该对系数 C_a 和 C_b 进行什么样的物理解释呢？假设在时刻 τ 实施的测量，对无微扰体系中的态 a 和 b 得到不同的期望值。如果与测量相对应的算符为 $\tilde{\mathrm{A}}$，则观测被微扰体系的期望值将为

$$\begin{aligned} A &= \langle \Psi | \tilde{\mathrm{A}} | \Psi \rangle = \left\langle \sum_j C_j \psi_j | \tilde{\mathrm{A}} | \sum_k C_k \psi_k \right\rangle = \sum_j \sum_k C_j C_k \langle \psi_j | \tilde{\mathrm{A}} | \psi_k \rangle \\ &= \sum_j \sum_k C_j C_k \langle \psi_j | A_k \psi_k \rangle = \sum_j \sum_k C_j C_k A_k \langle \psi_j | \psi_k \rangle = \sum_k |C_k|^2 A_k \end{aligned} \tag{2.64}$$

其中 A_k 是在态 k 中对无微扰体系进行观测的期望值。式(2.64)是式(2.42)的概括，后者给出了能量的期望值。因此，$|C_b(\tau)|^2$ 的大小告诉我们在时刻 τ 对微扰体系进行的任意测量结果在多大程度上类似 A_b，而 A_b 是对已知处于态 b 的体系进行同样测量的结果。

现在假设在对被微扰体系进行测量之后突然将微扰关闭。当微扰关闭之后，基态又成为体系的本征态，系数 C_a 和 C_b 的演化将停止。因此，将 $|C_b(\tau)|^2$ 视为体系在时刻 τ 演化为态 b 的统计概率似乎是合理的。如果对于较小的 τ 值该概率随时间线性增加，使得 $|C_b(\tau)|^2 = \kappa\tau$，其中 κ 为常数，那么可以将 κ 指认为这一演化的速率常数。

为了计算任何给定情况下的 $\partial C_b/\partial t$，需要更明确地给出 $\tilde{\mathrm{H}}'$ 的时间依赖性。在第 4 章中将针对振荡电磁场对此进行介绍。第 5～8 章将考虑将两个分子放在一起使其相互作用而引入的几种类型的微扰；在第 10 章和第 11 章中，将考虑体系与周围环境之间随机涨落的相互作用的影响。但是，即使不涉及 $\tilde{\mathrm{H}}'$ 的性质，我们也可以看到，如果反应物态和产物态的能量(E_a 和 E_b)非常不同，那么式(2.62)中的因子 $\exp[i(E_b - E_a)t/\hbar]$将随时间快速振荡，且其均值为零。另一方面，若这两个态能量相同，则指数的变量为零；若此时 $\tilde{H}'_{ba}$ 为常数，则 C_b 将随时间线性增加。因此，仅当 E_a 和 E_b 相同或接近时，从态 a 到态 b 的转换才以显著速率进行。这是两个态共振的条件，并且是该转换必须保持能量守恒的经典原理的量子力学表达。对于涉及光吸收或光发射的态转换(届时将称为“跃迁”；译者注)，其中一个态的能量将包括被吸收或发射的光子能量。

从态 a 到态 b 的转换取决于矩阵元 $\langle \psi_a | \tilde{\mathrm{H}}' | \psi_b \rangle$ 的普遍结论值得再费点笔墨。注意到 $\tilde{H}'_{ba}$ 是含时微扰哈密顿的非对角矩阵元。在 2.3.6 节中，我们讨论了基元波函数的线性组合如何用于构筑更复杂体系的波函数。要找到能够给出完整哈密顿的本征函数并使体系处于定态的系数集，需要将此哈密顿对角化。因此，含时微扰可以驱动非绝热态 a 和态 b(这两个态在有微扰时都是非定态)之间的转换，但不能驱动使此哈密顿对角化的这两个态的线性组合态之间的转换。

2.6　态的寿命与不确定性原理

如 2.1.2 节所述，位置算符和动量算符不对易；这两个算符的组合操作会产生不同的结果，具体取决于首先使用哪个算符：

$$[\tilde{\mathrm{r}},\tilde{\mathrm{p}}]\psi = \tilde{\mathrm{r}}\tilde{\mathrm{p}}\psi - \tilde{\mathrm{p}}\tilde{\mathrm{r}}\psi = i\hbar\psi \tag{2.65}$$

利用代数推导，从式(2.65)可以得出，位置和动量期望值中的不确定性(均方根偏差)的乘积必须$\geqslant \hbar/2$[4]。这就是海森伯不确定性原理的陈述。

可以将粒子的势能精确地表示为位置的函数。但是，哈密顿算符 $\tilde{\mathrm{H}}$ 中还包括一个动能项。由于动能取决于动量，$\tilde{\mathrm{H}}$ 与 $\tilde{\mathrm{r}}$ 不对易。因此，不能以任意精度同时确定粒子的能量和位置。同样，由于分子的偶极矩取决于所有电子和原子核的位置，因此无法以任意精度将偶极矩与能量同时确定。如果知道某个体系处于具有特定能量的态，那么偶极矩的测量将给出真实的结果，但是无法确定在任何给定的测量中将获得什么样的结果。但是，许多此类测量的平均结果由期望值给出，该期望值是所有可能位置的积分。因此，至少从原理上可以精确地表示能量和偶极矩的期望值(专栏 2.2)。

没有任何一个不确定性原理可以与将一个态的能量与此态的寿命联系在一起的动量和位置的不确定性原理相媲美。实际上，态的寿命没有量子力学算符。但是，一个态的寿命与我们为该态赋予一个确定能量的能力之间存在联系。审视这一联系的一个方法是回想到能量为 E_a 的体系的完整波函数是时间的振荡函数，并且振荡频率与能量成正比[式(2.16)]：

$$\Psi(\boldsymbol{r},t) = \psi(\boldsymbol{r})\exp(-iE_a t/\hbar) \tag{2.66}$$

根据此表达式，如果 E_a 恒定，则找到体系处于此态的概率与时间无关($P = \Psi^*\Psi = \psi^*\psi$)。反之，如果体系无限期地停留在一个态，则可以任意高精度确定其振荡频率(E_a/h)及能量。但是，若粒子可以跃迁到其他态，则初始态的概率密度显然会随着时间而降低。

假设找到体系处于初始态的概率以时间常数为 T 的一级动力学衰减到零：

$$P(t) = \langle\Psi(\boldsymbol{r},t)|\Psi(\boldsymbol{r},t)\rangle = \langle\Psi(\boldsymbol{r},0)|\Psi(\boldsymbol{r},0)\rangle\exp(-t/T) \tag{2.67}$$

其中 $\Psi(\boldsymbol{r},0)$是在零时刻的波函数振幅。式(2.66)和式(2.67)因而要求波函数是一个振荡函数，其振幅以时间常数 $2T$ 减小：

$$\begin{aligned}\Psi(\boldsymbol{r},t) &= \psi(\boldsymbol{r})\exp(-iE_a t/\hbar)\exp(-t/2T)\\ &= \psi(\boldsymbol{r})\exp\{-[(iE_a/\hbar)+(1/2T)]t\}\end{aligned} \tag{2.68}$$

图 2.11 说明了这一函数的时间依赖性。

可以将式(2.68)中与时间相关的函数等同于许多振荡函数的叠加，它们的形式均为 $\exp(-Et/\hbar)$，但有一定范围的能量：

$$\exp\{-[(iE_a/\hbar)+(1/2T)]t\} = \int_{-\infty}^{\infty} G(E)\exp(-iEt/\hbar)\mathrm{d}E \tag{2.69}$$

考察式(2.69)可知，分布函数 $G(E)$是Ψ 的含时部分的傅里叶变换(附录 A.3)。通常，为使此等式成立，$G(E)$必须是一个复参量。$G(E)\mathrm{d}E$ 的实部，即 $\mathrm{Re}[G(E)]\mathrm{d}E$，可以解释为体系能量处于 $E-\mathrm{d}E/2$ 与 $E+\mathrm{d}E/2$ 之间的概率，这是可以归一化的，得到

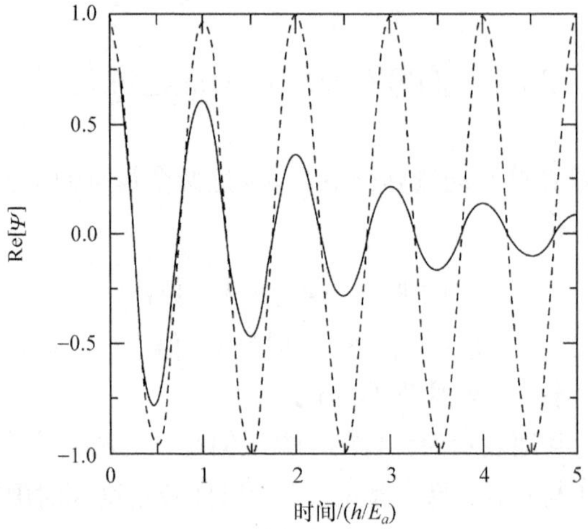

图 2.11 不同寿命的粒子的波函数。虚线是无阻尼波函数$\psi_0\exp(-E_at/\hbar)$的实部，其中 $\psi_0=1$；这表示寿命无限长的粒子。能量(E_a)有明确定义。实线是波函数$\psi_0\exp(-E_at/\hbar)\exp(-t/2T)$的实部，其阻尼时间常数 $2T$ 在这里被设为 $2h/E_a$。这表示能量为 E_a、有限寿命为 $T=h/E_a$ 的一个粒子

$$\int_{-\infty}^{\infty}\mathrm{Re}[G(E)]\mathrm{d}E=1 \tag{2.70}$$

傅里叶变换的虚部，$\mathrm{Im}[G(E)]$，与不同振荡频率的相位有关。相位的选择必须使振荡在 $t=0$ 处相长干涉，此时$|\Psi|$为最大。随着时间的增加，干涉必须以相消为主，从而使$|\Psi|$衰减到零。

式(2.69)的解，即 $\mathrm{Re}[G(E)]$，是洛伦兹函数：

$$\mathrm{Re}[G(E)]=\left(\frac{1}{\pi}\right)\frac{\hbar/2T}{(E-E_a)^2-(\hbar/2T)^2} \tag{2.71}$$

此函数在 $E=E_a$ 达到峰值，但在每一侧都有延伸的宽翼峰(图 2.12)。当 $E=E_a\pm\hbar/2T$ 时，它下降到最大振幅的一半，并且其半峰宽(FWHM)为$\hbar/T$($\hbar$ 为 $5.308\times10^{-12}\ \mathrm{cm^{-1}\cdot s}$，其中 $1\ \mathrm{cm^{-1}}=1.240\times10^{-4}\ \mathrm{eV}=2.844\ \mathrm{cal\cdot mol^{-1}}$)。对于相同的积分面积和相同的 FWHM，洛伦兹峰型的翼峰比高斯宽[图 2.12(B)]。

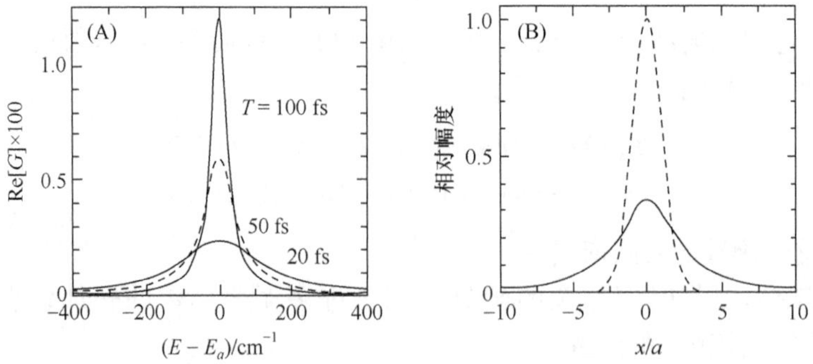

图 2.12 (A)在一个体系的平均能量(E_a)周围的能量分布函数，该体系以 100 fs、50 fs 或 20 fs 的时间常数(T)呈指数衰减。图中的洛伦兹分布函数[式(2.71)]被归一化以保持曲线积分面积不变。(B)具有相同积分面积和相同半峰宽(FWHM)的洛伦兹函数(实线)和高斯函数(虚线)的比较。高斯函数 $a^{-1}(2\pi)^{-1/2}\exp(-x^2/2a^2)$具有 $a^{-1}(2\pi)^{-1/2}$的峰高和$(8\cdot\ln2)^{1/2}a$ 的 FWHM。洛伦兹函数 $\pi^{-1}a/(x^2+a^2)$的峰高为 $a^{-1}\pi^{-1}$，其 FWHM 为 a

如果将洛伦兹峰的 FWHM 解释为态的有限寿命所引起的能量不确定性δE 的表达，则可以看到

$$\delta E \approx \hbar / T \tag{2.72}$$

这种不确定性或寿命展宽是分子被激发至瞬态时的吸收线宽的下限。

式(2.71)可用于以“横向”弛豫时间常数(T_2)描述磁共振吸收线的线型。在第 4 章和第 10 章中将类似地使用它来描述光吸收带的线型。

练 习 题

1. (a)令 ψ_1 为一个酶的完备归一的波函数，而 ψ_2 为底物的完备归一的波函数。在一阶近似下，你能为酶与底物的复合物写出什么形式的波函数？所给出的波函数应该符合以下事实，即酶和底物既可以同时存在也可以单独存在，并且波函数应该归一化。(b)为什么你给出的组合体系的上述波函数只是一个近似？

2. 给定哈密顿算符的正交归一的本征函数完备集 ψ_1，ψ_2，…，ψ_n，你可以将任意一个波函数描述成 $\Psi = \sum_i C_i \psi_i$ 形式的线性组合。(a)证明如果 $\sum_i C_i^* C_i = 1$，则 Ψ 是归一化的。(b)在什么时候用这种线性组合描述一个体系可能是较为合适的？(c)对于练习题 1 中所考虑的酶与底物的复合物，为什么这不是一个好的选择？

3. 使用练习题 2 中所述的处理法，你发现只有两个本征函数(ψ_1 和 ψ_2)对 Ψ 有显著贡献。假设体系处于态 ψ_1 的可能性是处于态 ψ_2 的可能性的两倍。(a)求 C_1 和 C_2 的值，假定两者都是实数。(b)如果 ψ_1 和 ψ_2 的能量分别为 E_1 和 E_2，Ψ 的能量为多少？

4. (a)考虑质量为 m 的自由一维粒子的两个空间波函数，分别为 $\psi_1 = A\exp(i\sqrt{2mE_1}x/\hbar)$ 和 $\psi_2 = A\exp(i\sqrt{2mE_2}x/\hbar)$。对于这些波函数，证明动量算符 $(\tilde{\mathrm{p}} = -i\hbar\partial/\partial x)$ 符合关系 $\langle\psi_1|\tilde{\mathrm{p}}|\psi_2\rangle = \langle\psi_1|\tilde{\mathrm{p}}|\psi_2\rangle^*$。(b)对任意两个算符 $\tilde{\mathrm{A}}$ 和 $\tilde{\mathrm{B}}$，关系式 $[\tilde{\mathrm{B}}, \tilde{\mathrm{A}}] = -[\tilde{\mathrm{A}}, \tilde{\mathrm{B}}]$ 是仅仅根据对易子 $[\tilde{\mathrm{A}}, \tilde{\mathrm{B}}]$ 的定义(专栏 2.2)得出的。通过明确地对任意波函数进行 $[\tilde{\mathrm{x}}, \tilde{\mathrm{p}}]$ 和 $[\tilde{\mathrm{p}}, \tilde{\mathrm{x}}]$ 操作，证明上述关系式特别适用于一维空间的位置和动量算符。

5. 假设碳原子轨道的能量以与氢相同的顺序增加，并且遵循洪德规则，那么(a)原子碳的基态和(b)第一激发态的电子构型是什么？

6. 对于在无限高墙壁的一维矩形箱中粒子，求处于前两个非通俗本征态($n = 1$ 和 2)上的电子的位置期望值。

7. (a)对四个电子体系的单重态波函数写出其斯莱特行列式。(b)将行列式加以扩展，写出其所表示的空间波函数和自旋波函数的组合。(c)使用两种表示方式中的任一种，证明对于两个电子的交换，波函数是反对称的。

8. 考虑一维体系的两个本征态，其单重态波函数为 $\psi_a(x,t)$和 $\psi_b(x,t)$。证明，根据一阶微扰理论，仅当哈密顿的微扰 $\tilde{\mathrm{H}}'$ 是位置(x)的函数时，$\tilde{\mathrm{H}}'$ 才会导致两个态之间的跃迁。

参 考 文 献

[1] Dirac, P.M.: The Principles of Quantum Mechanics. Oxford University Press, Oxford (1930)
[2] Pauling, L., Wilson, E.B.: Introduction to Quantum Mechanics. McGraw-Hill, New York (1935)
[3] van der Waerden, B.L. (ed.): Sources of Quantum Mechanics. Dover, New York (1968)
[4] Atkins, P.W.: Molecular Quantum Mechanics, 2nd edn. Oxford Univ. Press, Oxford (1983)
[5] Levine, I.N.: Quantum Chemistry. Prentice-Hall, Englewood Cliffs, NJ (2000)
[6] Szabo, A., Ostlund, N.S.: Modern Quantum Chemistry: Introduction to Advanced Electronic Structure Theory. Macmillan, New York (1982)
[7] Jensen, F.: Introduction to Computational Chemistry. Wiley, New York (1999)

[8] Simons, J., Nichols, J.: Quantum Mechanics in Chemistry. Oxford University Press, New York (1997)

[9] Engel, T.: Quantum Chemistry and Spectroscopy. Benjamin Cummings, San Francisco (2006)

[10] Atkins, P.W.: Quanta: A Handbook of Concepts, p. 434. Oxford University Press, Oxford (1991)

[11] Born, M.: The quantum mechanics of the impact process. Z. Phys. **37**, 863-867 (1926)

[12] Reichenbach, H.: Philosophic Foundations of Quantum Mechanics, p. 182. University of California Press, Berkeley & Los Angeles (1944)

[13] Pais, A.: Max Born's statistical interpretation of quantum mechanics. Science **218**, 1193-1198 (1982)

[14] Jammer, M.: The Philosophy of Quantum Mechanics: The Interpretation of Quantum Mechanics in Historical Perspective. Wiley, New York (1974)

[15] Einstein, A.: Uber einen die Erzeugung und Verwandlung des Lichtes betreffenden heuristischen Gesichtspunkt. Ann. der Phys. **17**, 132-146 (1905)

[16] de Broglie, L.: Radiations—ondes et quanta. Comptes rendus **177**, 507-510 (1923)

[17] Schrödinger, E.: Quantisierung als eigenwertproblem. Ann. der Phys. **79**, 489-527 (1926)

[18] Schrödinger, E.: Collected Papers on Wave Mechanics. Blackie & Son, London (1928)

[19] Jammer, M.: The Conceptual Development of Quantum Mechanics. McGraw-Hill, New York (1966)

[20] Marton, L., Simpson, J.A., Suddeth, J.A.: Electron beam interferometer. Phys. Rev. **90**, 490-491 (1953)

[21] Carnal, O., Mlynek, J.: Young's double-slit experiment with atoms: a simple atom interferometer. Phys. Rev. Lett. **66**, 2689-2692 (1991)

[22] Monroe, C., Meekhof, D.M., King, B.E., Wineland, D.J.: A "Schrödinger cat" superposition state of an atom. Science **272**, 1131-1136 (1996)

[23] Pople, J.A.: Nobel lecture: quantum chemical models. Rev. Mod. Phys. **71**, 1267-1274 (1999)

[24] Pople, J.A., Beveridge, D.L.: Approximate Molecular Orbital Theory. McGraw-Hill, New York (1970)

[25] Angeli, C.: DALTON, a molecular electronic structure program, Release 2.0 (2005). See http://www.kjemi.uio.no/software/dalton/dalton.html. (2005)

[26] Parr, R.G.: Density-functional theory of atoms and molecules. Clarendon, Oxford (1989)

[27] Ayscough, P.B.: Library of physical chemistry software, vol. 2. Oxford University Press & W. H. Freeman, New York (1990)

[28] Kong, J., White, C.A., Krylov, A., Sherrill, D., Adamson, R.D., et al.: Q-chem 2.0: a high performance ab initio electronic structure program package. J. Comp. Chem. **21**, 1532-1548 (2000)

[29] Becke, A.D.: Perspective: fifty years of density-functional theory in chemical physics. J. Chem. Phys. **140**, 18A301 (2014)

[30] Burke, K., Werschnik, J., Gross, E.K.U.: Time-dependent density functional theory: past, present, and future. J. Chem. Phys. **123**, 62206-62209 (2005)

[31] McGlynn, S.P., Vanquickenborne, L.C., Kinoshita, M., Carroll, D.G.: Introduction to Applied Quantum Chemistry. Holt, Reinhardt & Winston, New York (1972)

[32] Press, W.H., Flannery, B.P., Teukolsky, S.A., Vetterling, W.T.: Numerical Recipes in Fortran 77: The Art of Scientific Computing. Cambridge University Press, Cambridge (1989)

[33] Dirac, P.M.: The quantum theory of the electron. Part II. Proc. Roy. Soc. **A118**, 351-361 (1928)

[34] Roothaan, C.C.J.: New developments in molecular orbital theory. Rev. Mod. Phys. **23**, 69-89 (1951)

[35] Morse, P.M.: Diatomic molecules according to the wave mechanics. II. Vibrational levels. Phys. Rev. **34**, 57-64 (1929)

[36] ter Haar, D.: The vibrational levels of an anharmonic oscillator. Phys. Rev. **70**, 222-223 (1946)

[37] Callis, P.R.: Molecular orbital theory of the ^1L_a and ^1L_b states of indole. J. Chem. Phys. **95**, 4230-4240 (1991)

[38] Slater, L.S., Callis, P.R.: Molecular orbital theory of the ^1L_a and ^1L_b states of indole. 2. An ab initio study. J. Phys. Chem. **99**, 4230-4240 (1995)

[39] Callis, P.R.: ^1L_a and ^1L_b transitions of tryptophan: applications of theory and experimental observations to fluorescence of proteins. Meth. Enzymol. **278**, 113-150 (1997)

第3章 光

3.1 电 磁 场

在本章中，我们考虑电磁辐射的经典描述和量子力学描述。给出光穿过一个均匀介质的能量密度和辐照度的表达式，并讨论普朗克黑体辐射定律，以及光的线偏振和圆偏振。迫切希望了解光与物质相互作用的读者可以先跳至第 4 章，必要时再返回本章。

3.1.1 静电力与静电场

若考虑到物质的量子力学性质，那么将光作为振荡电磁场的经典图像为讨论分子的光谱性质提供了一个相当令人满意的基础。为了获得这个图像，先回顾一下经典静电学原理。

带电粒子施加的力通常按照电场和磁场来描述。考虑在真空中位于位置 $\boldsymbol{r}_1$ 和 $\boldsymbol{r}_2$ 的两个粒子分别带电荷 q_1 和 q_2。根据库仑定律，作用在粒子 1 上的静电力为

$$\boldsymbol{F} = \frac{q_1 q_2}{\left|\boldsymbol{r}_{12}\right|^2}\hat{r}_{12} \tag{3.1}$$

其中 $\boldsymbol{r}_{12} = \boldsymbol{r}_1 - \boldsymbol{r}_2$，$\hat{r}_{12}$ 是平行于 $\boldsymbol{r}_{12}$ 的单位矢量。如果两个电荷的符号相同，则 $\boldsymbol{F}$ 沿 $\boldsymbol{r}_{12}$ 方向；如果符号不同，则 $\boldsymbol{F}$ 沿相反方向。在任何给定位置上的电场 $\boldsymbol{E}$ 都定义为施加在这个位置上无限小的正“检验”电荷上的静电力。对于真空中的两个粒子，$\boldsymbol{r}_1$ 处的电场只是 $\boldsymbol{F}$ 相对于 q_1 的导数：

$$\boldsymbol{E}(\boldsymbol{r}_1) = \lim_{q_1 \to 0}\frac{\partial \boldsymbol{F}(\boldsymbol{r}_1)}{\partial q_1} = \frac{q_1}{\left|\boldsymbol{r}_{12}\right|^2}\hat{r}_{12} \tag{3.2}$$

电场是可加和的：如果体系包含其他带电粒子，则 $\boldsymbol{r}_1$ 处的电场是所有其他粒子的电场之和。

位置 $\boldsymbol{r}_1$ 处的磁场($\boldsymbol{B}$)可类似地定义为施加在无限小的磁极 m_1 上的磁力。磁场是通过移动电荷产生的，反过来，变化的磁场会产生电场，使电荷移动。

式(3.1)和式(3.2)用静电单位制或 cgs 单位制书写，其中电荷以静电单位(esu)给出，距离以 cm 为单位，力以达因(dyn)表示。电子电荷 e 为-4.803×10^{-10} esu。电荷的静电单位也称为静电库仑(statcoulomb)或弗兰克林(franklin)。在国际制采用的 MKS 单位中，距离以米表示，电荷以库仑($1\ \mathrm{C} = 3 \times 10^9$ esu；$e = -1.602 \times 10^{-19}$ C)表示，力以牛顿($1\ \mathrm{N} = 10^5$ dyn)表示。在 MKS 单位中，两个带电粒子之间的力为

$$\boldsymbol{F} = \frac{1}{4\pi\varepsilon_o}\frac{q_1 q_2}{\left|\boldsymbol{r}_{12}\right|^2}\hat{r}_{12} \tag{3.3}$$

其中 ε_o 是一个常数，称为自由空间的介电常数($8.854 \times 10^{-12}\ \mathrm{C}^2 \cdot \mathrm{N}^{-1} \cdot \mathrm{m}^{-2}$)。在 cgs 制中，$\varepsilon_o$ 等于 $1/4\pi$，因此式(3.1)和式(3.2)中的比例常数为单位 1。因为这样能简化电磁学方程，所以 cgs 体系得以继续广泛使用。附录 A.5 列出了两个体系的等效单位表。

3.1.2 静电势

真空中两个电荷的静电相互作用的能量是多少呢？假设将粒子 2 放置在坐标系的原点并维持不动，同时将粒子 1 从无穷远处引入。以恒定速度移动粒子 1(不使用任何额外的力使其加速)，必须给其施加一个力 $\boldsymbol{F}_{\text{app}}$，该力 $\boldsymbol{F}_{\text{app}}$ 始终等于粒子上的静电力且与其方向相反。通过积分点积 $\boldsymbol{F}_{\text{app}}(r)\cdot \mathrm{d}\boldsymbol{r}$，可获得静电能($E_{\text{elec}}$)，其中 $\boldsymbol{r}$ 表示粒子 1 的位置变量，$\mathrm{d}\boldsymbol{r}$ 是其行进过程中的位置变化。由于最终能量必须与路径无关，为简单起见，可以假设粒子 1 沿直线直接向 2 移动，因此 $\mathrm{d}\boldsymbol{r}$ 和 $\boldsymbol{F}_{app}$ 始终与 $\boldsymbol{r}$ 平行。因此得到(采用 cgs 单位)：

$$E_{\text{elec}} = \int_{\infty}^{r_{12}} \boldsymbol{F}_{\text{app}} \cdot \mathrm{d}\boldsymbol{r} = -\int_{\infty}^{r_{12}} \boldsymbol{F}(\boldsymbol{r}) \cdot \mathrm{d}\boldsymbol{r} = -\int_{\infty}^{r_{12}} \frac{q_1 q_2}{|\boldsymbol{r}|^2} \hat{r} \cdot \mathrm{d}\boldsymbol{r} = \frac{q_1 q_2}{|\boldsymbol{r}_{12}|} \tag{3.4}$$

在 $\boldsymbol{r}_1$ 处的标量静电势 V_{elec} 定义为该位置上一个正检验电荷的静电能。这只是 E_{elec} 在 $\boldsymbol{r}_1$ 处对电荷的导数。在真空中，由位于 $\boldsymbol{r}_2$ 处的电荷所产生的在 $\boldsymbol{r}_1$ 处的电势为

$$V_{\text{elec}}(\boldsymbol{r}_1) = \frac{\partial E_{\text{elec}}(\boldsymbol{r}_1)}{\partial q_1} = \frac{q_2}{|\boldsymbol{r}_{12}|} \tag{3.5}$$

真空中一对电荷的静电能就是电荷 q_1 与 $\boldsymbol{r}_1$ 处的电势之积：

$$E_{\text{elec}} = q_1 V_{\text{elec}}(\boldsymbol{r}_1) \tag{3.6}$$

在具有两个以上电荷的体系中，总静电能由下式给出：

$$E_{\text{elec}} = \frac{1}{2}\sum_i q_i V_{\text{elec}}(\boldsymbol{r}_i) = \frac{1}{2}\sum_i q_i \sum_{j\neq i} \frac{q_j}{|\boldsymbol{r}_{ij}|} \tag{3.7}$$

其中 $V_{\text{elec}}(\boldsymbol{r}_i)$是在 $\boldsymbol{r}_i$ 处所有其他电荷的电场产生的静电势；引入因子 1/2 可避免重复计算成对的相互作用。图 3.1 显示了一对正、负电荷产生的静电势的等高线图。

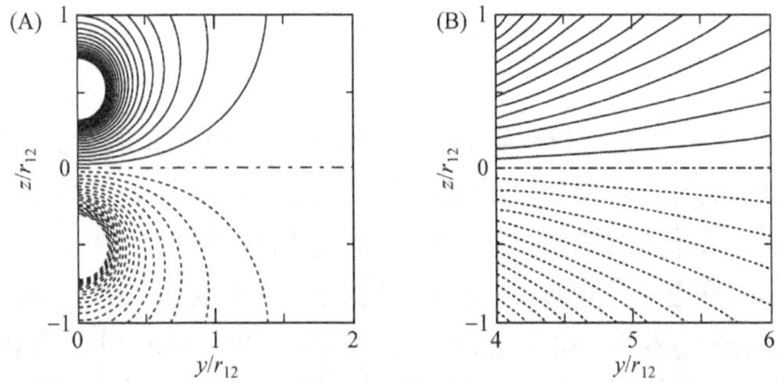

图 3.1 电势(V_{elec})的等高线图，由沿 z 轴定向的电偶极子产生，作为在 yz 平面中位置的函数作图。偶极子由(y，z) = (0，$r_{12}/2$)处的单位正电荷与(0，$-r_{12}/2$)处的单位负电荷组成。实线代表正电势；虚线为负电势。轮廓间隔在(A)中为 0.2 e/r_{12}，在(B)中为 0.001 e/r_{12}；为了清晰起见，$|V_{\text{elec}}| > 4e/r_{12}$ 的线被省略。电场矢量的方向(未示出)垂直于电势的轮廓线，指向正电势方向。它们的大小与等高线之间的距离成反比

注意到式(3.7)指的仍然是一组定态电荷。如果来自新电荷的电场导致了其他带电粒子的移动，那么在 $\boldsymbol{r}_i$ 处引入电荷将改变该处的电势。

在 cgs 体系中，电势的单位为静电伏特(每 esu 单位电量的尔格数)。在 MKS 体系中，如果需要一焦耳的功才能在两点之间移动一库仑的电荷，则该两点之间的电势差为一伏。1 V =

$1\ J\cdot C^{-1}=(10^7\ erg)/(3\times10^9\ esu)=3\times10^{-2}\ erg\cdot esu^{-1}=3\times10^{-2}\ dyn\cdot cm\cdot esu^{-1}$。

上面根据力而定义的在给定点的电场[式(3.2)]也可以定义为

$$\boldsymbol{E}(\boldsymbol{r})=-\tilde{\nabla}V_{\text{elec}}(\boldsymbol{r}) \tag{3.8}$$

其中 $\tilde{\nabla}V_{\text{elec}}$ 是该点的静电势梯度。标量函数 V 的梯度是一个矢量，其分量是 V 相对于坐标的导数[式(2.5)]：

$$\tilde{\nabla}V=(\partial V/\partial x,\partial V/\partial y,\partial V/\partial z)=\hat{x}\partial V/\partial x+\hat{y}\partial V/\partial y+\hat{z}\partial V/\partial z \tag{3.9}$$

因此，在 $\boldsymbol{r}_2$ 处的带电粒子在 $\boldsymbol{r}_1$ 处所产生的电场为

$$\begin{aligned}\boldsymbol{E}(\boldsymbol{r})&=-\tilde{\nabla}V_{\text{elec}}(\boldsymbol{r})=\tilde{\nabla}\left(\frac{q_2}{|\boldsymbol{r}_{12}|}\right)=-q_2\left[\frac{\partial(|\boldsymbol{r}_{12}|^{-1})}{\partial x_1},\frac{\partial(|\boldsymbol{r}_{12}|^{-1})}{\partial y_1},\frac{\partial(|\boldsymbol{r}_{12}|^{-1})}{\partial z_1}\right]\\&=q_2\frac{(x_1-x_2,y_1-y_2,z_1-z_2)}{[(x_1-x_2)^2+(y_1-y_2)^2+(z_1-z_2)^2]^{3/2}}=\frac{q_2}{|\boldsymbol{r}_{12}|^2}\hat{r}_{12}\end{aligned} \tag{3.10}$$

其中$|\boldsymbol{r}_{12}|=[(x_1-x_2)^2+(y_1-y_2)^2+(z_1-z_2)^2]^{1/2}$，而 $\hat{r}_{12}=(x_1-x_2,\ y_1-y_2,\ z_1-z_2)/|\boldsymbol{r}_{12}|$。这与式(3.2)相同。

式(3.8)意味着在 $\boldsymbol{r}_1$ 和 $\boldsymbol{r}_2$ 两点之间沿任何路径的场的曲线积分就是两点电势之差：

$$\int_{r_1}^{r_2}\boldsymbol{E}\cdot\mathrm{d}\boldsymbol{r}=-\left[V(\boldsymbol{r}_2)-V(\boldsymbol{r}_1)\right]=V(\boldsymbol{r}_1)-V(\boldsymbol{r}_2) \tag{3.11}$$

该表达式类似式(3.4)，即当另一个粒子从远处走近时，将作用在带电粒子上的静电力进行积分。在这里，在沿路径的每个点上，对平行于场分量的路径元 d$\boldsymbol{r}$ 进行积分。同样，结果与路径无关。将式(3.11)再进一步，可看到在任意闭合路径上的场的曲线积分必须为零：

$$\oint\boldsymbol{E}\cdot\mathrm{d}\boldsymbol{r}=0 \tag{3.12}$$

我们将在本章后面的部分利用这一结果来考察当光进入折射介质时其电场发生了怎样的变化。

3.1.3 电磁辐射

由一对正电荷和负电荷(一个电偶极子)产生的电场和磁场(**E** 和 **B**)就是来自各个电荷的这些场之和。如果偶极子的方向随时间振荡，则附近的电磁场将以相同的频率振荡。然而，实验发现，在各个位置的场并不是全部同相位地发生变化：距偶极子较远距离的振荡滞后于距偶极子距离较近的振荡，且振荡场呈波状扩展。**E** 和 **B** 在给定位置的振动分量彼此垂直，并且，在与偶极子相距较远处，它们也垂直于相对于偶极子中心的位置矢量(**r**)(图 3.1)。它们的大小以 $1/r$ 且以 **r** 与偶极轴之间的夹角(θ)为正弦而减小。这样的一组耦合的振荡电场和磁场一起构成电磁辐射场。

电磁辐射的强度通常表示为辐照度，它是在单位面积和单位时间内流经指定平面的能量的量度。给定位置的辐照度与电场强度大小的平方($|\boldsymbol{E}|^2$)成正比(3.1.4 节)。因此，在较远距离处，来自振荡偶极子的辐照度以与源偶极子的距离的平方而减少，并与 $\sin^2(\theta)$成正比，如图 3.2 所示。辐照度围绕振荡轴是对称分布的。

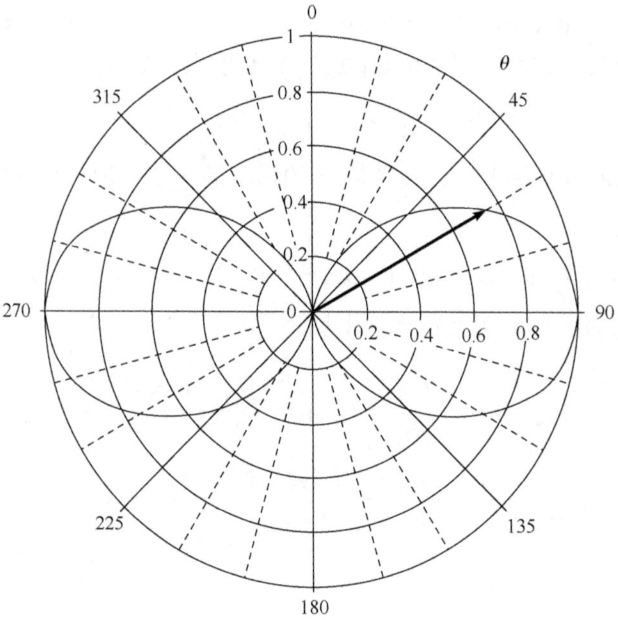

图 3.2 沿垂直轴在适当位置振荡的电荷所产生的电磁辐射的辐照度。在此极坐标图中，角坐标是相对于振荡轴的辐射角(θ)，以度为单位。曲线距原点的径向距离给出了沿相应方向传播的波的相对辐照度，该辐照度与$\sin^2(\theta)$成正比。例如，在 60°(箭头)处传播的波的辐照度是在 90°处传播的波的辐照度的 75%

如图 3.1 和 3.2 所示的扩展的辐射场可以通过透镜或反射镜准直并产生平面波，该平面波以恒定的辐照度沿单一方向传播。这种波中的电场和磁场沿传播轴呈正弦振荡，如图 3.3 所示，但与垂直于该轴的位置无关。利用偏振器可以将电场和磁场的方向限制在该平面中的特定轴上。由于电场矢量始终平行于固定轴，因此称图 3.3 中的平面波是线偏振的。由于 $\boldsymbol{E}$ 被限制在垂直于传播轴的平面内，因此该波也可以描述为面偏振的。沿 y 方向传播的非偏振光束由在 xz 平面中与 z 轴成各种角度的振荡电场和磁场组成。

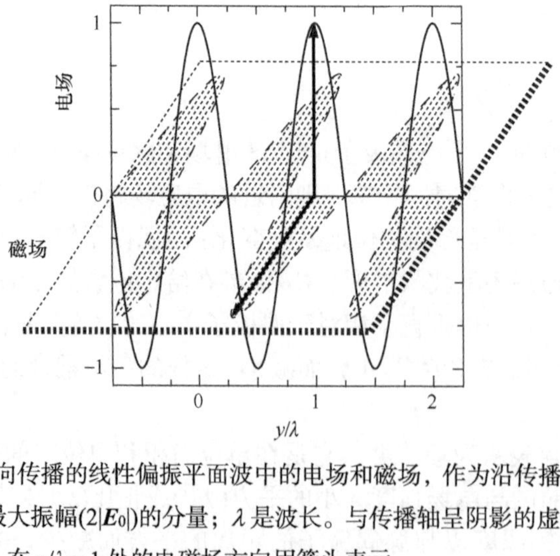

图 3.3 给定时刻下在 y 方向传播的线性偏振平面波中的电场和磁场，作为沿传播轴的位置的函数。实线是平行于偏振轴的电场相对于最大振幅($2|\boldsymbol{E}_0|$)的分量；λ 是波长。与传播轴呈阴影的虚线是磁场的透视图，该磁场同时垂直于传播轴和电场。在 $y/\lambda = 1$ 处的电磁场方向用箭头表示

电磁场的性质由麦克斯韦(Maxwell)在 1865 年提出的四个耦合方程进行了描述(专栏 3.1)。这些通用方程适用于静态场和振荡场，并且涵盖了电磁辐射的重要特征。以文字描述如下：

(1) $\boldsymbol{E}$ 和 $\boldsymbol{B}$ 总是垂直于辐射的传播方向(波是横向的)。

(2) $\boldsymbol{E}$ 和 $\boldsymbol{B}$ 相互垂直。

(3) $\boldsymbol{E}$ 和 $\boldsymbol{B}$ 同相位振荡。

(4) 如果沿传播方向看，则从 $\boldsymbol{E}$ 方向到 $\boldsymbol{B}$ 方向的旋转沿顺时针方向。

专栏 3.1　麦克斯韦方程和矢量电势

麦克斯韦方程描述了实验观察到的电场和磁场($\boldsymbol{E}$ 和 $\boldsymbol{B}$)与介质中电荷密度和电流密度之间的关系。在给定点定义电荷密度(ρ_q)，使得包含该点的小体积元 $d\sigma$ 中的总电荷为 $q = \rho_q d\sigma$。如果电荷以速度 $\boldsymbol{v}$ 移动，则该点的电流密度($\boldsymbol{J}$)为 $\boldsymbol{J} = q\boldsymbol{v}$。在 cgs 单位制中，麦克斯韦方程为

$$\mathrm{div}\boldsymbol{E} = \frac{4\pi\rho_q}{\varepsilon} \tag{B3.1.1}$$

$$\mathrm{div}\boldsymbol{B} = 0 \tag{B3.1.2}$$

$$\mathrm{curl}\boldsymbol{E} = -\frac{1}{c}\frac{\partial \boldsymbol{B}}{\partial t} \tag{B3.1.3}$$

和

$$\mathrm{curl}\boldsymbol{B} = \frac{4\pi}{c}\boldsymbol{J} + \frac{\varepsilon}{c}\frac{\partial \boldsymbol{E}}{\partial t} \tag{B3.1.4}$$

其中 c 和 ε 是常数，矢量算符 div 和 curl 定义如下：

$$\mathrm{div}\boldsymbol{A} = \tilde{\nabla}\cdot\boldsymbol{A} = \frac{\partial A_x}{\partial x} + \frac{\partial A_y}{\partial y} + \frac{\partial A_z}{\partial z} \tag{B3.1.5}$$

及

$$\begin{aligned}\mathrm{curl}\boldsymbol{A} = \tilde{\nabla}\times\boldsymbol{A} &= \left(\frac{\partial A_z}{\partial y} - \frac{\partial A_y}{\partial z}\right)\hat{x} + \left(\frac{\partial A_x}{\partial z} - \frac{\partial A_z}{\partial x}\right)\hat{y} + \left(\frac{\partial A_y}{\partial x} - \frac{\partial A_x}{\partial y}\right)\hat{z} \\ &= \begin{vmatrix} \hat{x} & \hat{y} & \hat{z} \\ \partial/\partial x & \partial/\partial y & \partial/\partial z \\ A_x & A_y & A_z \end{vmatrix}\end{aligned} \tag{B3.1.6}$$

(见附录 A.1。)

式(B3.1.1)和式(B3.1.4)中的常数ε是介质的介电常数，定义为在介质和真空中与同一个电场相关的能量密度(单位体积能量)之比。正如稍后将在本章讨论的那样，凝聚介质与真空中的能量密度之差反映了介质被电场极化的程度。

在自由空间中，或在更普遍的情况，即没有自由电荷的均匀、各向同性的非导电介质中，ρ_q 和 $\boldsymbol{J}$ 均为零，ε 与位置和方向无关，式(B3.1.1)和式(B3.1.4)简化为 $\mathrm{div}\boldsymbol{E} = 0$ 和 $\mathrm{curl}\boldsymbol{B} = (\varepsilon/c)\partial\boldsymbol{E}/\partial t$。从麦克斯韦的两个方程中消除 $\boldsymbol{E}$ 和 $\boldsymbol{B}$，得到

$$\tilde{\nabla}^2\boldsymbol{E} = \frac{\varepsilon}{c^2}\frac{\partial^2\boldsymbol{E}}{\partial t^2} \tag{B3.1.7}$$

和

$$\tilde{\nabla}^2\boldsymbol{B} = \frac{\varepsilon}{c^2}\frac{\partial^2\boldsymbol{B}}{\partial t^2} \tag{B3.1.8}$$

其中拉普拉斯算符 $\tilde{\nabla}^2$ 对矢量 $\boldsymbol{A}$ 的作用定义为

$$\tilde{\nabla}^2 \boldsymbol{A} = \left(\frac{\partial^2 A_x}{\partial x^2} + \frac{\partial^2 A_x}{\partial y^2} + \frac{\partial^2 A_x}{\partial z^2}\right)\hat{x} + \left(\frac{\partial^2 A_y}{\partial x^2} + \frac{\partial^2 A_y}{\partial y^2} + \frac{\partial^2 A_y}{\partial z^2}\right)\hat{y} + \left(\frac{\partial^2 A_z}{\partial x^2} + \frac{\partial^2 A_z}{\partial y^2} + \frac{\partial^2 A_z}{\partial z^2}\right)\hat{z} \tag{B3.1.9}$$

式(B3.1.7)和式(B3.1.8)是经典的三维波动方程，适用于在空间中行进的波，其速度为

$$u = c / \sqrt{\varepsilon} \tag{B3.1.10}$$

由于在真空中 $\varepsilon = 1$，所以出现在式(B3.1.7)和式(B3.1.8)中的常数 c 必定是真空中电磁波传播的速率。麦克斯韦发现的这个结果是出乎其意料的。从稳定电流产生的磁场的实验数据中，他获得了这个常数的值，但在当时没有理由认为它与光有关。在很小的实验误差内，c 的实测值与已测得的光的速率是相同的，这一发现使麦克斯韦[1]提出光是由电磁波组成的。

对于在 y 方向上传播且其 $\boldsymbol{E}$ 偏振平行于 z 轴的平面波，式(B3.1.7)约简为

$$\frac{\partial^2 E_z}{\partial y^2} = \frac{\varepsilon}{c^2}\frac{\partial^2 E_z}{\partial t^2} \tag{B3.1.11}$$

还可以根据矢量电势 $\boldsymbol{V}$ 和标量电势 ϕ 获得麦克斯韦方程的解，这两个量由以下表达式与电场和磁场关联：

$$\boldsymbol{E} = -\frac{1}{c}\frac{\partial \boldsymbol{V}}{\partial t} - \tilde{\nabla}\phi \tag{B3.1.12}$$

及

$$\boldsymbol{B} = \mathrm{curl}\boldsymbol{V} \tag{B3.1.13}$$

这个描述的优点在于仅需四个参数确定电磁场(ϕ 的大小和 $\boldsymbol{V}$ 的三个分量)，而不是 $\boldsymbol{E}$ 和 $\boldsymbol{B}$ 的六个分量。这个描述不是唯一的，因为给 ϕ 添加了任意时间函数不影响物理观察量 $\boldsymbol{E}$ 和 $\boldsymbol{B}$ 的值，这个描述可以进一步简化。如果选择 ϕ 以使得

$$\mathrm{div}\boldsymbol{V} + \frac{1}{c}\frac{\partial \phi}{\partial t} = 0 \tag{B3.1.14}$$

则标量电势消失，因而电磁辐射场可以仅用矢量电势表示[2]。ϕ 的这种选择称为洛伦兹规范。而对于静态体系，另一个选择是库仑规范。

使用洛伦兹规范，对于没有自由电荷的均匀、各向同性且不导电的介质，$\boldsymbol{V}$ 由下述两式确定：

$$\tilde{\nabla}^2 \boldsymbol{V} = \frac{\varepsilon}{c^2}\frac{\partial^2 \boldsymbol{V}}{\partial t^2} \tag{B3.1.15}$$

和

$$\mathrm{div}\boldsymbol{V} = 0 \tag{B3.1.16}$$

而 $\boldsymbol{E}$ 平行于 $\boldsymbol{V}$，并有

$$\boldsymbol{E} = -\frac{1}{c}\frac{\partial \boldsymbol{V}}{\partial t} \tag{B3.1.17}$$

式(B3.1.13)对于 $\boldsymbol{B}$ 仍然成立。

有关麦克斯韦对电磁的描述参见文献[1, 3]；有关进一步讨论参见文献[2, 4-6]。

就我们的目的而言，不需要使用麦克斯韦方程本身；可以针对特定情况，如图 3.3 所示的单色偏振光的平面波，只关注这些方程的解。在不含电荷、均匀一致的不导电介质中，一维平面波中的 $\boldsymbol{E}$ 的麦克斯韦方程简化为

$$\frac{\partial^2 \boldsymbol{E}}{\partial y^2}=\frac{\varepsilon}{c^2}\frac{\partial^2 \boldsymbol{E}}{\partial t^2} \tag{3.13}$$

其中 c 是真空中的光速，ε 是介质的介电常数(专栏 3.1)。磁场也具有相同的表达式。式(3.13)是经典波动方程，波的传播速度为

$$u=c/\sqrt{\varepsilon} \tag{3.14}$$

式(3.13)的解可以用指数表示，写成

$$\boldsymbol{E}=\boldsymbol{E}_0\{\exp[2\pi i(\nu t-y/\lambda+\delta)]+\exp[-2\pi i(\nu t-y/\lambda+\delta)]\} \tag{3.15a}$$

或者通过使用恒等式 $\exp(i\theta)=\cos\theta+i\sin\theta$ 以及 $\cos(-\theta)=\cos\theta$ 和 $\sin(-\theta)=-\sin\theta$ 的关系，写成

$$\boldsymbol{E}=2\boldsymbol{E}_0\cos[2\pi(\nu t-y/\lambda+\delta)] \tag{3.15b}$$

在式(3.15a)和式(3.15b)中，$\boldsymbol{E}_0$ 是一个常数矢量，表示场的大小和偏振(与图 3.3 所示的波的 z 轴平行)，ν 是振荡频率，λ 是波长，δ 是相移(取决于零时间的任意选择)。频率和波长有下述关系：

$$\lambda=u/\nu \tag{3.16}$$

更一般地，可以将单色线偏振光在任意方向($\hat{k}$)上传播的平面波在点 $\boldsymbol{r}$ 处的电场描述为

$$\boldsymbol{E}(\boldsymbol{r},t)=\boldsymbol{E}_0\{\exp[2\pi i(\nu t-\boldsymbol{k}\cdot\boldsymbol{r}+\delta)]+\exp[-2\pi i(\nu t-\boldsymbol{k}\cdot\boldsymbol{r}+\delta)]\} \tag{3.17}$$

其中 $\boldsymbol{k}$ 是波矢，是指向为 $\hat{k}$ 、振幅为 $1/\lambda$ 的矢量。注意式(3.17)中的每个指数项可以写成第一个仅取决于时间的因子、第二个仅取决于位置的因子以及第三个仅取决于相移的因子这三者的乘积。3.4 节将回到这一点。

如专栏 3.1 所述，也可以根据矢量电势 $\boldsymbol{V}$ 代替电场和磁场获得麦克斯韦方程的简单解。使用与式(3.17)相同的形式但为简单起见省略相移，可以写出单色线偏振光的平面波的矢量电势

$$\boldsymbol{V}(\boldsymbol{r},t)=\boldsymbol{V}_0\{\exp[2\pi i(\nu t-\boldsymbol{k}\cdot\boldsymbol{r})]+\exp[-2\pi i(\nu t-\boldsymbol{k}\cdot\boldsymbol{r})]\} \tag{3.18}$$

当考虑电磁辐射的量子力学理论时，将在 3.4 节中使用这一表达式。

真空中的光速为 $2.9979\times10^{10}\ \text{cm}\cdot\text{s}^{-1}$，自 20 世纪初起普遍用 c 表示，其意义可能来自 *celeritas*，这是拉丁语，其意为“速度”。第一次准确测量空气中的光速是斐索(Fizeau)在 1849 年和傅科(Foucault)在 1850 年进行的。斐索使光束穿过旋转圆盘边缘的齿之间的间隙，用一个远处的镜子将光反射回圆盘，并提高盘速，直到返回的光线穿过下一个间隙。傅科则使用了一个旋转镜装置。现在 c 被认为是一个精确定义的数，而不是一个测得量，并用来定义米的长度。

如果单色光从真空中传播到折射率为 n 的非吸收介质中，则频率 ν 保持不变，但速度和波长减小为 c/n 和 λ/n。式(3.14)表明，定义为 c/u 的折射率等于 $\varepsilon^{1/2}$：

$$n \equiv c / u = \sqrt{\varepsilon} \tag{3.19}$$

对于可见光，大多数溶剂的 n 值为 1.2～1.6。大多数材料的折射率随 ν 的增加而增加，这类介质称为具有正色散。正如 3.1.4 节和 3.5 节中将要讨论的那样，式(3.14)和式(3.19)在 n 随波长显著变化的光谱区域中不一定成立。在介质吸收光的那些频率，折射率可能会随着 ν 明显变化，则能量通过介质的速度不一定简单地由 c/n 给出，特别是当光具有较宽的频率范围时。

我们主要对在固定的小空间区域中的电场和磁场的时间依赖的振荡感兴趣。由于分子的尺寸通常比可见光的波长小得多，所以在特定时刻电场的振幅在分子各处几乎相同。我们还将首先讨论那些与电场的多振荡周期均值有关的现象，而不讨论那些与固定相位关系的光束的相干叠加有关的现象。在这些限制下，可以忽略 $\boldsymbol{E}$ 对位置和相移的依赖性，并写出

$$\boldsymbol{E}(t) = \boldsymbol{E}_0[\exp(2\pi i\nu t) + \exp(-2\pi i\nu t)] = 2\boldsymbol{E}_0\cos(2\pi\nu t) \tag{3.20}$$

当讨论圆二色性时，我们将使用更完整的表达式，其中包含电磁场依据分子中的位置而变化。当我们考虑由许多分子所组成的系综所发出的光时，需要考虑相移。

3.1.4 能量密度与辐照度

电磁辐射场能引起带电粒子运动，显然也就可以传输能量。为了考察吸光分子从一束光中吸收能量的速率，需要知道辐射场包含多少能量以及该能量从一处流到另一处有多快。通常对频率在 ν 和 $\nu+\mathrm{d}\nu$ 之间的指定谱区中的场能量感兴趣。在这样的频率间隔中，单位体积的能量可以表示为 $\rho(\nu)\mathrm{d}\nu$，其中 $\rho(\nu)$ 是场的能量密度(energy density)。辐照度(irradiance)，即 $I(\nu)\mathrm{d}\nu$，是单位面积和单位时间内穿过给定平面的指定频率间隔内的能量。在均匀、非吸收介质中，辐照度为

$$I(\nu)\mathrm{d}\nu = u(\nu)\rho(\nu)\mathrm{d}\nu \tag{3.21}$$

其中的 u，如上所述，是介质中的光速。

可使用几种不同方法描述光源的强度。辐射强度(radiant intensity)是单位时间内在给定方向上的单位立体角内光源辐射的能量。通常以瓦 · 球面度$^{-1}$ 表示。

亮度(luminance)是对离开或通过单位面积表面的可见光量的一种度量，需要校正人眼感光谱的辐照度的灵敏度，在 555 nm 附近达峰值。亮度的单位以每平方米坎德拉(candela，cd)或尼特(nit)给出。出于与热铂金棒的表观亮度有关的某种历史原因，一坎德拉定义为发射 540 nm 单色光光源所产生的 1/683(0.001 464)瓦 · 球面度$^{-1}$ 的发光强度。从光源到给定立体角的总光通量(luminous flux)，即亮度与立体角的乘积，以流明(lm)表示。一勒克斯(lx)等于每平方米一流明。明亮的太阳光的照度(illuminance)为 5×10^4～1×10^5 lx，亮度为 3×10^3～6×10^3 cd · m^{-2}。

根据麦克斯韦方程，可以看出电磁辐射的能量密度取决于电场强度的平方和磁场强度的平方[4-6]。对于真空中的辐射，其关系为

$$\rho(\nu) = [\overline{|E(\nu)|^2 + |B(\nu)|^2}]\rho_\nu(\nu) / 8\pi \tag{3.22}$$

其中方括号中的参量的上划线表示在所关注空间区域的平均，则 $\rho_\nu(\nu)\mathrm{d}\nu$ 是在 ν 与 $\nu+\mathrm{d}\nu$ 之间的小间隔内的振荡模式数(频率)。电磁辐射的振荡模式类似于箱内电子的驻波[式(2.22)]。但在图 3.3 中的曲线代表了这种单模式(单色光)的电场，是一种理想情况。在实践中，电磁辐射从来都不是严格单色的：它总是包括在一定频率范围内振荡的场。在 3.6 节中将讨论这种分

布的性质。

式(3.22)用cgs单位表示在这里是方便的，因为真空中的电场和磁场具有相同的大小：

$$|\boldsymbol{B}| = |\boldsymbol{E}| \tag{3.23}$$

(若以MKS为单位，则$|\boldsymbol{B}| = |\boldsymbol{E}|/c$。)因此，真空中辐射场的能量密度为

$$\rho(\nu) = \overline{|E(\nu)|^2}\rho_\nu(\nu)/4\pi \tag{3.24}$$

如果现在利用式(3.15b)表达$\boldsymbol{E}$与时间和位置的关系，则有

$$\overline{|\boldsymbol{E}|^2} = \overline{\{2\boldsymbol{E}_0\cos[2\pi(\nu t - y/\lambda + \delta)]\}^2} = 4|\boldsymbol{E}_0|^2\,\overline{\cos^2[2\pi(\nu t - y/\lambda + \delta)]} \tag{3.25}$$

根据定义，由于平面波中的场与垂直于传播轴(y)的位置无关，因此式(3.25)中的上划线所表示的均值只需要在y方向上平均一定距离。如果此距离比λ长得多(或为λ的整数倍)，则$\cos^2[2\pi(\nu t - y/\lambda + \delta)]$的平均值为1/2，式(3.25)简化为

$$\overline{|\boldsymbol{E}|^2} = 2|\boldsymbol{E}_0|^2 \tag{3.26}$$

因此，对于真空中的光的平面波：

$$\rho(\nu) = |\boldsymbol{E}_0|^2\,\rho_\nu(\nu)/2\pi \tag{3.27}$$

及

$$I(\nu) = c|\boldsymbol{E}_0|^2\,\rho_\nu(\nu)/2\pi \tag{3.28}$$

如果真空中的光束撞击折射介质的表面，则光束的一部分会反射，而另一部分将进入介质。可以用式(3.28)将入射光和反射光的辐照度与相应的场振幅相关联，因为界面这一侧的场处于真空中。但是，需要一个类似的表达式将透射的辐照度与介质中的场振幅相关联，为此必须考虑场对介质的影响。

当光穿过介质时，电场使材料中的电子移动，从而形成电偶极子，并产生振荡的极化场(polarization field，$\boldsymbol{P}$)。在各向同性、非吸收和非导电介质中，$\boldsymbol{P}$与$\boldsymbol{E}$成正比，可以写成

$$\boldsymbol{P} = \chi_e \boldsymbol{E} \tag{3.29}$$

比例常数χ_e称为介质的电极化率(electric susceptibility)，以这种方式将$\boldsymbol{P}$和$\boldsymbol{E}$线性相关的材料称为线性光学材料。在介质中任何给定时间和位置的场($\boldsymbol{E}$)可看作极化场与电位移(electric displacement，$\boldsymbol{D}$)的结果，而电位移则是在没有极化的情况下假设存在的场。在真空中，$\boldsymbol{P}$为零，$\boldsymbol{E} = \boldsymbol{D}$。以cgs为单位，线性介质中的场为

$$\begin{aligned}\boldsymbol{E} &= \boldsymbol{D} - 4\pi\boldsymbol{P} = \boldsymbol{D} - 4\pi\chi_e\boldsymbol{E} \\ &= \boldsymbol{D}/(1+4\pi\chi_e) = \boldsymbol{D}/\varepsilon\end{aligned} \tag{3.30}$$

其中，如麦克斯韦方程(专栏3.1)所示，ε是介质的介电常数。整理上述关系得到$\varepsilon = 1 + 4\pi\chi_e$。

我们主要对以10^{15} Hz数量级的频率振荡的电磁场感兴趣，这对于核运动而言显得太快而难以跟随。因此，用$\boldsymbol{P}$描述的极化仅反映由电子运动产生的快速振荡的诱导偶极子，相应地，式(3.30)中的介电常数称为高频或光介电常数。对于非吸收介质，电极化率与振荡频率无关，

而高频介电常数等于折射率的平方。穿过折射介质的光的磁场类似地受到诱导磁偶极子的影响，但是在非导电材料中，这是一个小得多的效应，通常被忽略。

在线性非吸收介质中，以 cgs 为单位，磁场振幅和电场振幅之间的关系变为[4-6]

$$|\boldsymbol{B}| = \sqrt{\varepsilon}|\boldsymbol{E}| \tag{3.31}$$

电磁辐射的能量密度为

$$\begin{aligned}\rho(\nu) &= \overline{[\boldsymbol{E}(\nu)\cdot\boldsymbol{D}(\nu)+|\boldsymbol{B}(\nu)|^2]}\rho_\nu(\nu)/8\pi \\ &= \overline{[\boldsymbol{E}(\nu)\cdot\varepsilon\boldsymbol{E}(\nu)+|\sqrt{\varepsilon}\boldsymbol{E}(\nu)|^2]}\rho_\nu(\nu)/8\pi \\ &= \varepsilon\overline{|\boldsymbol{E}(\nu)|^2}\rho_\nu(\nu)/4\pi = \varepsilon|\boldsymbol{E}_0|^2\rho_\nu(\nu)/2\pi\end{aligned} \tag{3.32}$$

这里依然假设我们感兴趣的是在比辐射波长大的区域内的平均能量。

式(3.32)表明，对于相等的场强，折射介质中的能量密度是真空中的能量密度的ε倍。多余的能量存在于介质的极化中。但我们还需要了解更多。为了找到介质中的辐照度，还需要知道能量通过介质的速度。这一能量速度或群速度(group velocity，u)不一定就是 c/n，因为如果 n 随ν变化，则不同频率的波将以不同的速率传播。群速度描述了频率相似的波包整体传播的速度(3.5 节)。它通常与 c、n 和 ε 有关[7, 8]：

$$u = cn/\varepsilon \tag{3.33}$$

此式可简化为 $u = c/n$[式(3.19)]，如果$\varepsilon = n^2$；如果 n 与ν无关，则确实如此。

结合式(3.33)与式(3.21)和式(3.32)，可给出介质中的辐照度：

$$I(\nu) = \frac{c}{n}\rho(\nu) = cn|\boldsymbol{E}_0|^2\rho_\nu(\nu)/2\pi \tag{3.34}$$

这对我们的目的而言是一个重要结果，因为它将凝聚介质中光束的辐照度与折射率和电场振幅关联了起来。第 4 章将需要这一关系，以便将电子吸收带的强度与分子的电子结构联系起来。如专栏 3.2 所述，式(3.34)也可以用来找到在一个表面的反射光束与透射光束之比。

专栏 3.2　反射、透射、隐失辐射与表面等离激元

当光束从真空传播到有折射而无吸收的介质中时，电场和辐照度会发生什么变化呢？令入射光束的辐照度为 I_{inc}。在界面处，一些辐射被透射，从而产生辐照度 I_{trans}，并在介质中继续向前传播，还有一部分被反射，具有辐照度 I_{refl}。I_{trans} 必须等于 $I_{\text{inc}} - I_{\text{refl}}$，以使穿过界面的能量通量处于平衡[图 3.4(A)]：

$$I_{\text{trans}} = I_{\text{inc}} - I_{\text{refl}} \tag{B3.2.1}$$

入射辐照度的透射部分取决于入射角和介质的折射率(n)。假设入射光束垂直于表面，则电场和磁场位于表面的平面内。对于界面平面中的场，在界面的介质一侧的瞬时电场($\boldsymbol{E}_{\text{trans}}$)必须等于真空一侧的场，即入射光束和反射光束的场之和($\boldsymbol{E}_{\text{inc}}$ 和 $\boldsymbol{E}_{\text{refl}}$)：

$$\boldsymbol{E}_{\text{trans}} = \boldsymbol{E}_{\text{inc}} + \boldsymbol{E}_{\text{refl}} \tag{B3.2.2}$$

这是由于以下事实，即围绕任意闭合路径的场的路径积分为零[式(3.12)和图 3.4(A)]。

利用式(3.32)，可以用场之间的第二种关系替换式(B3.2.1)：

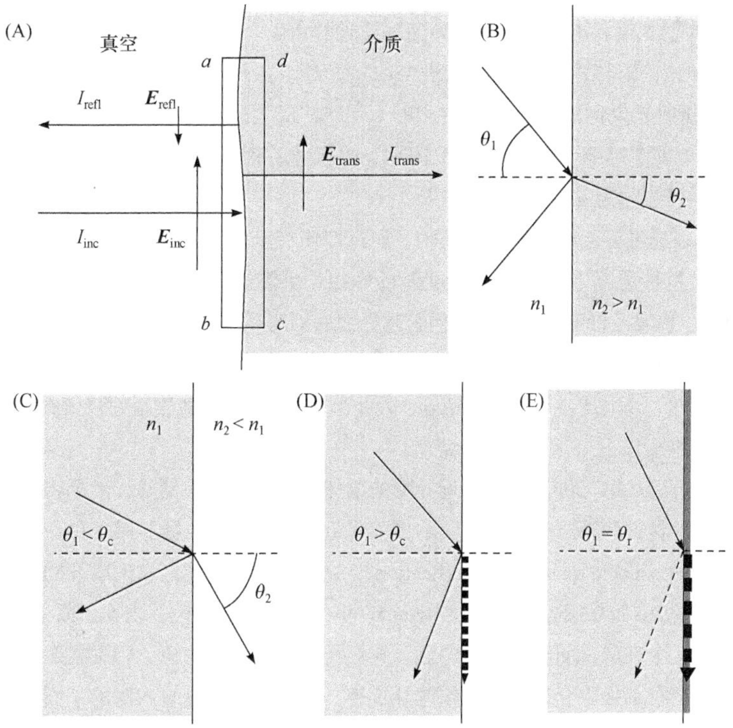

图 3.4　(A)当在真空中传播的光束进入折射介质时，入射辐照度(I_{inc})必须等于透射和反射辐照度(I_{trans}和 I_{refl})之和。此外，在界面平面的透射(折射)光束的电场($\boldsymbol{E}_{trans}$)必须等于入射光束和反射光束的电场之和($\boldsymbol{E}_{inc}+\boldsymbol{E}_{refl}$)，因为场在任意闭合路径内的积分必为零[式(3.12)]。在这里，入射角垂直于表面，并且光是线性偏振的，因此电场平行于矩形 *abcd* 的边缘 *ab* 和 *cd*(矢量 $\boldsymbol{b}-\boldsymbol{a}$ 和 $\boldsymbol{d}-\boldsymbol{c}$)，并且垂直于边缘 *bc* 和 *ad*。循环 $a \to b \to c \to d \to a$ 上的场的路径积分为$(\boldsymbol{E}_{inc}+\boldsymbol{E}_{refl})\cdot(\boldsymbol{b}-\boldsymbol{a})+\boldsymbol{E}_{trans}\cdot(\boldsymbol{d}-\boldsymbol{c})=(\boldsymbol{E}_{inc}+\boldsymbol{E}_{refl}-\boldsymbol{E}_{trans})\cdot(\boldsymbol{b}-\boldsymbol{a})$。(B)～(D)如果在折射率为 n_1 的介质中传播的光束遇到折射率为 n_2 的介质的界面，则折射光束相对于法线的角度(θ_2)与入射角(θ_1)有关：$n_2\sin(\theta_2)=n_1\sin(\theta_1)$，如果 $n_2>n_1$(B)，则折射光束折向法线；如果 $n_2<n_1$(C)，则折射光束偏离法线。如果 $n_2<n_1$ 且 $\theta_1>\theta_c$，则发生全内反射，其中 $\theta_c=\arcsin(n_2/n_1)$(D)。在这种情况下，隐失波(evanescent wave，虚线箭头)沿界面传播，并以短距离透入第二种介质中。(E)如果具有较高折射率的介质表面覆盖有半透明的银层(灰线)，并且在第二介质的界面处的入射角等于约为 60°的一个共振角 θ_r，则全内反射在金属涂层中产生的表面等离激元将大大增强这个隐失场

$$n\left|\boldsymbol{E}_{trans}\right|^2=\left|\boldsymbol{E}_{inc}\right|^2-\left|\boldsymbol{E}_{refl}\right|^2 \tag{B3.2.3}$$

从式(B3.2.2)和式(B3.2.3)中消去 $\boldsymbol{E}_{refl}$，则给出

$$\boldsymbol{E}_{trans}=\frac{2}{n+1}\boldsymbol{E}_{inc} \tag{B3.2.4}$$

最后，再次利用式(3.32)得到

$$I_{trans}=cn\left|\boldsymbol{E}_{trans}\right|^2\rho_\nu(\nu)/2\pi=\frac{4n}{(n+1)^2}I_{inc} \tag{B3.2.5}$$

对于 1.5 的典型折射率，式(B3.2.4)和式(B3.2.5)给出$|\boldsymbol{E}_{trans}|=0.8|\boldsymbol{E}_{vac}|$和 $I_{trans}=0.96I_{vac}$。

同样方法可以用于其他入射角，从而得到斯涅耳(Snell)定律，该定律将折射光束的角度与折射率关联起来[6]。通常，当光从折射率为 n_1 的非吸收介质传输到折射率为 n_2 的第二种非吸收介质时

$$n_2\sin\theta_2 = n_1\sin\theta_1 \quad \text{(B3.2.6)}$$

其中 θ_1 和 θ_2 分别是入射光束和折射光束相对表面法线轴的角度。如果 $n_2 > n_1$，则折射光束向法线方向弯曲[图 3.4(B)]；如果 $n_2 < n_1$，则其背离法线弯曲[图 3.4(C)]。对于 $n_2 < n_1$，当入射角达到由 $\sin\theta_c = n_2/n_1$ 所定义的“临界角” θ_c 时，折射光束将平行于界面($\theta_2 = 90°$)。$\theta_1 > \theta_c$ 时表现为全内反射：所有入射辐射都在界面处反射，没有光束继续向前穿过第二种介质[图 3.4(D)]。玻璃/水界面($n_1 = 1.52$，$n_2 = 1.33$)的临界角约为 61.1°，而玻璃/空气界面的临界角约为 41.1°。

因为电场和磁场在通过界面时必须是连续的，所以即使在全内反射的情况下，辐射也必须以有限距离穿进第二种介质。在这种情况下，入射场和反射场的相长干涉会产生一个隐失[evanescent，即“消失”(vanishing)]的辐射波，该波平行于界面传播，但跨越界面后幅度迅速下降。在第二种介质中，这个场的衰减距离(z)由 $\boldsymbol{E} = \boldsymbol{E}_0\exp(-z/d)$给出，其中 $d = (n_1^2\sin^2\theta_1 - n_2^2)^{-1/2}\lambda_1/4\pi$，通常给出的透入深度为 500～1000 nm[9, 10]。对于略大于 θ_c 的入射角，$\boldsymbol{E}_0 \approx \boldsymbol{E}_{\text{inc}} + \boldsymbol{E}_{\text{refl}} \approx 2\boldsymbol{E}_{\text{inc}}$。因此，在 $z = 0$ 处的隐失辐射强度约为入射辐射强度的 4 倍。随着入射角增大到 θ_c 以上，该强度逐渐降低。

隐失辐射的存在可以从第二种介质中靠近界面的物体效应来证明。例如，如果将具有较高折射率的第三种介质放置在第一种材料和第二种材料之间的界面附近，则辐射可以隧穿第二种介质施加的势垒。这一过程称为衰减全反射(attenuated total internal reflection)，这与被较高势能区域所隔开的两个势阱之间的电子隧穿在本质上是相同的(2.3.2 节)。据说牛顿(Newton)在将凸透镜放在棱镜的内反射面上时发现了这一现象：进入透镜的光点大于两个玻璃表面实际接触的点。我们将在第 5 章中讨论，隐失辐射还可以激发位于界面附近的分子的荧光。但是，吸收介质不遵循斯涅耳定律，因为对于非垂直入射的平面波，横跨相位恒定的波前的残余光的振幅不是恒定的。

一个令人惊奇的现象称为表面等离激元共振(surface plasmon resonance)，发生在玻璃与水的界面，如果玻璃涂有部分透射的金层或银层[图 3.4(E)]。当入射角大于 θ_c 时，入射光的全内反射首先会像在未镀膜的表面那样发生。但是在大约 56°(具体准确值取决于波长、金属涂层和两种介质的折射率)时，反射光束的强度几乎下降到零，而隐失辐射可以在界面的水一方检测到，强度高达入射辐射强度的 50 倍[11-14]。较强的隐失辐射反映了金属导带中电子云(“等离激元表面极化子”或简称“表面等离激元”)的运动，而在共振角时反射光束的损耗是由反射波与表面波的相消干涉造成的。隐失场与水溶液中靠近界面的分子之间的相互作用可以通过其荧光或有强烈增强的拉曼散射或它们对共振角的影响等来检测。利用那些比辐射波长小的胶体金或银、金属包覆的粒子，以及在光刻法制成的微观图案化表面上，也可以产生较强的表面等离激元场[15,16]。

3.1.5 复电极化率与折射率

在吸收介质中，电极化率χ_e有虚组分，并使得折射率对频率有强依赖性。专栏 3.3 描述了这种对频率(色散)依赖性的经典理论。在此理论中，寻常的折射率(n)与复折射率(n_c)的实部有关，而吸收则与复折射率的虚部有关。图 3.5 显示了预测的弱吸收带区域中 n_c 的实部和虚部，此处的弱吸收带不受其他吸收带的影响。理论预测与实验定性地一致，即除了在最大吸收附近的区域之外，n 会随频率增加。吸收峰附近的斜率反转称为反常色散(anomalous dispersion)。经典理论还再现了均匀吸收线的洛伦兹峰型。

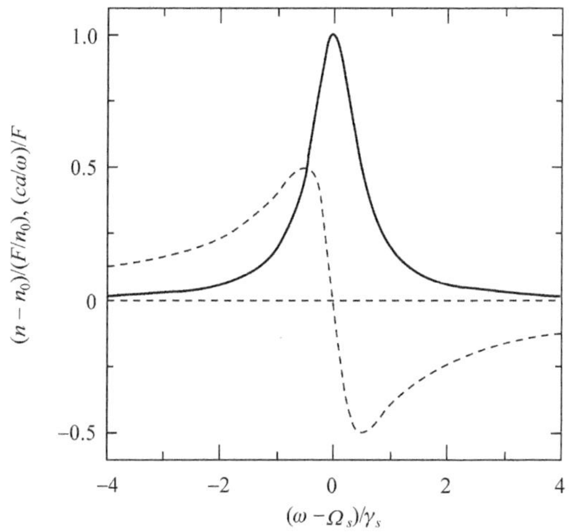

图 3.5　吸收($c\alpha/\omega$，实线)和折射率($n-n_0$，虚线)在位于中心频率 Ω_s 附近的吸收带区域中随角频率(ω)的函数关系图，由介电色散的经典理论[式(B3.3.16)和式(B3.3.17)]预测。频率相对于阻尼常数γ_s的值而给出；$c\alpha/\omega$ 相对于因子 $F=2\pi Ne2f_s/m_e\Omega_s$ 而给出；$(n-n_0)$则相对于因子 F/n_0 而给出

专栏 3.3　介电色散的经典理论

在经典物理学的电介质模型中，需要考虑电子被一个力(k)固定在一个平均位置，而这个力随着离开此位置的位移(x)线性增加。这个电子的经典运动方程为

$$m_e\frac{d^2x}{dt^2}+g\frac{dx}{dt}+kx=0 \tag{B3.3.1}$$

其中 m_e是电子质量，而 g 是阻尼常数。此处包含阻尼因子是为了解释能量的热损耗，这在经典理论中假定为取决于电子的速度。式(B3.3.1)的解是 $x=\exp(i\omega_0t-\gamma t/2)$，其中$\gamma=g/m_e$，$\omega_0=(k/m_e-\gamma^2/4)^{1/2}$。如果$\gamma$小，则 $\omega_0\approx(k/m_e)^{1/2}$。因此，这个位移在频率 ω_0 处进行阻尼振荡，并在长时间后衰减至零。

以角频率 ω 振荡的外部电磁场 $\boldsymbol{E}(t)$可扰动电子的位置，从而建立对整个场有贡献的振荡极化 $\boldsymbol{P}(t)$。在这些条件下，电子的运动方程变为

$$m_e\frac{d^2x}{dt^2}+g\frac{dx}{dt}+kx=e\boldsymbol{E}(t)+\frac{4\pi}{3}e\boldsymbol{P}(t) \tag{B3.3.2}$$

其中 e 是电子电荷。极化在任何给定时间都与电子的位移和电荷成正比，也与单位体积内的电子数(N)成正比：

$$\boldsymbol{P}(t)=x(t)eN \tag{B3.3.3}$$

结合式(B3.3.2)和式(B3.2.3)得到 $\boldsymbol{P}(t)$的微分方程，当γ很小时，具有以下解[4]：

$$\boldsymbol{P}(t)=\left(\frac{Ne^2}{3m_e}\right)\frac{\boldsymbol{E}(t)}{(\omega_0)^2-\omega^2-(4\pi Ne^2/3m_e)^2+i\gamma\omega} \tag{B3.3.4}$$

据此表达式，$\boldsymbol{P}$ 以与 $\boldsymbol{E}$ 相同的频率振荡，但振幅是此频率的复函数。复电极化率(χ_e)的定义是极化与电场的比值：

$$\chi_e(\omega)=\boldsymbol{P}(t)/\boldsymbol{E}(t)=\left(\frac{Ne^2}{3m_e}\right)\frac{1}{(\omega_0)^2-\omega^2-(4\pi Ne^2/3m_e)^2+i\gamma\omega} \tag{B3.3.5}$$

上述振荡电子的振荡强度被认为是单位一。经典理论假设，介电介质中的每个分子都可以有一组 S 电子，它们具有可变的振荡频率(ω_s)和阻尼系数(γ_s)，以及在 0 和 1 之间的振子强度(O_s)[4]。如果定义

$$(\Omega_s)^2 = (\omega_s)^2 - \left(\frac{4\pi N_{\mathrm{m}} e^2}{3m_{\mathrm{e}}}\right) O_s \tag{B3.3.6}$$

其中 N_{m} 是单位体积的分子数，那么复电极化率变为

$$\chi_{\mathrm{e}} = \left(\frac{N_{\mathrm{m}} e^2}{m_{\mathrm{e}}}\right) \sum_{s=1}^{S} \frac{O_s}{(\Omega_s)^2 - \omega^2 + i\gamma_s \omega} \tag{B3.3.7}$$

式(B3.3.7)是经典色散理论的基本方程[4]。因为 χ_{e} 借着式(3.30)与高频介电常数相关联，而高频介电常数是折射率的平方[式(3.30)]，所以介电常数和折射率也应视为复数。为了说明这一点，我们将重新写出式(3.19)和式(3.30)，使用复介电常数和复折射率 ε_{c} 和 n_{c}，以区分 ε 和 n 这两个适用于非吸收介质的、更为熟知的实参量：

$$(n_{\mathrm{c}})^2 = \varepsilon_{\mathrm{c}} = 1 + 4\pi\chi_{\mathrm{e}} \tag{B3.3.8}$$

如果考虑单色光的平面波从真空进入吸收型但非散射型介电介质时会发生什么，那么复折射率的意义将变得更加清晰。如果传播轴(y)垂直于表面，则界面处的电场可以表示为

$$\boldsymbol{E} = \boldsymbol{E}_0 \exp[i(\omega t - \kappa y)] + \boldsymbol{E}_0 \exp[-i(\omega t - \kappa y)] \tag{B3.3.9}$$

其中 ω 是角频率，$\kappa = n\omega/c$，n 是普通折射率。根据朗伯定律[式(1.3)]，当光穿过介质时，光的强度将随位置呈指数下降。如果吸光度为 A，则电场的幅度以 $\exp(-ay)$降低，其中 $a = A\ln 10/2$。因此，介质中的场为

$$\begin{aligned} \boldsymbol{E} &= \boldsymbol{E}_0 \exp[i(\omega t - \kappa y) - ay] + \boldsymbol{E}_0 \exp[-i(\omega t - \kappa y) - ay] \\ &= \boldsymbol{E}_0 \exp\left\{ i\omega \left[t - \frac{n}{c}\left(1 - i\frac{a}{\kappa}\right) y \right] \right\} + \boldsymbol{E}_0 \exp\left\{ -i\omega \left[t - \frac{n}{c}\left(1 - i\frac{a}{\kappa}\right) y \right] \right\} \\ &= \boldsymbol{E}_0 \exp\left[i\omega \left(t - \frac{n_{\mathrm{c}}}{c} y \right) \right] + \boldsymbol{E}_0 \exp\left[-i\omega \left(t - \frac{n_{\mathrm{c}}^*}{c} y \right) \right] \end{aligned} \tag{B3.3.10}$$

其中

$$n_{\mathrm{c}} = n - i(n/\kappa)a = n - i(c/\omega)a \tag{B3.3.11}$$

式(B3.3.11)表明 n_{c} 的虚部与 a 成正比，因此与吸光度成正比，而 n_{c} 的实部与折射有关。但是，在斯涅耳定律中不能使用 n_{c} 的实部计算光进入吸收介质时的折射角，因为有吸收时斯涅耳定律不成立(专栏 3.2)。

考察复折射率在固有振动频率为 ω_s、阻尼常数为 γ_s 的单振子的吸收带区域中的表现。如果 ω_s 与介质中其他振子的频率有很好的分离，那么可以重写式(B3.3.7)和式(B3.3.8)，得到

$$(n_{\mathrm{c}})^2 = (n_0)^2 + 4\pi\left(\frac{Ne^2}{m_{\mathrm{e}}}\right) \frac{\boldsymbol{O}_s}{(\Omega_s)^2 - \omega^2 + i\gamma_s \omega} \tag{B3.3.12}$$

其中 n_0 是其他所有振子对 n_{c} 实部的贡献。假定由这些其他振子引起的吸收在感兴趣的频率范围内可忽略不计。利用近似 $\omega \approx \Omega_s$ 和 $\Omega_s^2 - \omega^2 = (\Omega_s + \omega)(\Omega_s - \omega) \approx 2\Omega_s(\Omega_s - \omega)$，得到

$$\begin{aligned} (n_{\mathrm{c}})^2 &= (n_0)^2 + \left(\frac{4\pi N e^2 \boldsymbol{O}_s}{m_{\mathrm{e}} \Omega_s}\right) \frac{1}{2(\Omega_s - \omega) + i\gamma_s \omega} \\ &= (n_0)^2 + \left(\frac{4\pi N e^2 \boldsymbol{O}_s}{m_{\mathrm{e}} \Omega_s}\right) \left[\frac{2(\Omega_s - \omega)}{4(\Omega_s - \omega)^2 + (\gamma_s)^2} - i\frac{\gamma_s}{4(\Omega_s - \omega)^2 + (\gamma_s)^2} \right] \end{aligned} \tag{B3.3.13}$$

由式(B3.3.11)还得到

$$(n_c)^2 = n^2 - (ca/\omega)^2 - 2i(ca/\omega) \tag{B3.3.14}$$

式(B3.3.13)和式(B3.3.14)的实部和虚部分别相等，给出

$$n^2 - (ca/\omega)^2 - (n_0)^2 = \left(\frac{8\pi Ne^2 \boldsymbol{O}_s}{m_e \Omega_s}\right)\left[\frac{\Omega_s - \omega}{4(\Omega_s - \omega)^2 + (\gamma_s)^2}\right] \tag{B3.3.15}$$

和

$$ca/\omega = \left(\frac{2\pi Ne^2 \boldsymbol{O}_s}{m_e \Omega_s}\right)\left[\frac{\gamma_s}{4(\Omega_s - \omega)^2 + (\gamma_s)^2}\right] \tag{B3.3.16}$$

如果$(n - n_0)$和 ca/ω 都比 n_0 小，则式(B3.3.15)的左边约等于 $2n_0(n - n_0)$，则

$$n \approx n_0 + \left(\frac{4\pi Ne^2 \boldsymbol{O}_s}{n_0 m_e \Omega_s}\right)\left[\frac{\Omega_s - \omega}{4(\Omega_s - \omega)^2 + (\gamma_s)^2}\right] \tag{B3.3.17}$$

图 3.5 给出由式(B3.3.16)和式(B3.3.17)得到的 ca/ω 和 $n - n_0$ 的结果。振子对折射率的贡献在 $\omega = \Omega_s$ 处改变符号，而在此处吸收达到峰值。

在远离任意吸收带的光谱区域中，式(3.27)中的 $i\gamma_s\omega_s$ 项消失，并且折射率变为纯实数。预测的折射率的频率依赖性则成为

$$n^2 - 1 = \left(\frac{4\pi N_m e^2}{m_e}\right)\sum_{s=1}^{S}\frac{\boldsymbol{O}_s}{(\Omega_s)^2 - \omega^2} \tag{B3.3.18}$$

电极化率的量子理论在专栏 12.1 中进行讨论。

这里概述的理论考虑了线性电介质，其中介质的极化($\boldsymbol{P}$)与辐射场($\boldsymbol{E}$)成正比。这一线性关系在高场强下将不再适用，而展示出那些取决于 $\boldsymbol{E}$ 的平方或更高次幂的 $\boldsymbol{P}$ 组分。由于 $\cos^2\omega = [1 + \cos(2\omega)]/2$，$\cos^3\omega = [3\cos\omega + \cos(3\omega)]/4$，这些组分会导致吸收或发射基频的各种倍数的光。随着可提供非常强的电磁场的脉冲激光器的发展，反映二阶、三阶甚至五阶极化的光谱现象的研究也得到了蓬勃发展。我们将在第 11 章中借助量子力学方法讨论其中一些实验。专栏 12.1 中给出极化率的量子力学描述。

3.1.6 局域场校正因子

现在考虑一个吸收分子，将其溶解在已经讨论过的线性介质中。如果分子的极化率不同于介质的极化率，则分子“内部”的局域电场($\boldsymbol{E}_{loc}$)将不同于介质中的电场($\boldsymbol{E}_{med}$)。两个场之比($|\boldsymbol{E}_{loc}|/|\boldsymbol{E}_{med}|$)称为局域场校正因子(local-field correction factor，f)，取决于分子的形状和极化率以及介质的折射率。为这种效应提出了一个模型，它是一个嵌入介电常数为 ε 的均匀介质中的空球形腔。对于高频场($\varepsilon = n^2$)，在这样的空腔中的电场由下式给出[17]：

$$\boldsymbol{E}_{cav} = \left(\frac{3n^2}{2n^2 + 1}\right)\boldsymbol{E}_{med} = f_{cav}\boldsymbol{E}_{med} \tag{3.35}$$

尽管球形腔是一个非常简单的分子模型，但是这一类模型在量子力学理论中，包括对分子电子结构的明确处理中，都是很有价值的。宏观介电常数 ε 或 n^2 可以用于描述周围介质的电子极化，而分子内的电子则可进行微观处理。

式(3.35)忽略了分子本身使介质发生极化而引起的反应场(reaction field)。反应场部分来自介质与振荡偶极子的相互作用，这些偶极子由电磁辐射在分子中诱导而产生(图 3.6)。(同样，

我们仅关注那些与电磁辐射的高频振荡有关的电子诱导偶极子。如果介质中含有一些分子，它们可以旋转或弯曲以使其永久偶极矩进行重新取向，那么反应场还包含一个静态组分。)作用于球形分子上的高频场可以看作是反应场与式(3.35)所描述的腔场之和。洛伦兹[18]提出的总场的一个近似表达式为

$$\boldsymbol{E}_{\mathrm{L}} = \left(\frac{n^2+2}{3}\right)\boldsymbol{E}_{\mathrm{med}} = f_{\mathrm{L}}\boldsymbol{E}_{\mathrm{med}} \tag{3.36}$$

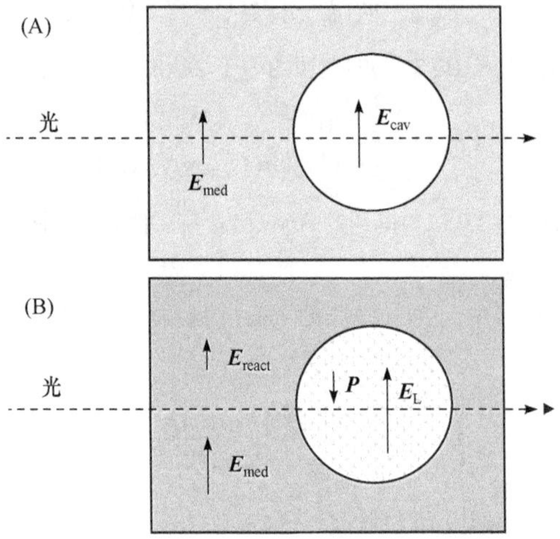

图 3.6 作用在可极化介质(灰底矩形)中的分子上的有效电场为 $\boldsymbol{E}_{\mathrm{loc}} = f\boldsymbol{E}_{\mathrm{med}}$，其中 $\boldsymbol{E}_{\mathrm{med}}$ 是介质中的电场，f 是局域场校正因子。在腔场模型(A)中，$\boldsymbol{E}_{\mathrm{loc}}$ 是分子被空腔($\boldsymbol{E}_{\mathrm{cav}}$)取代后将会存在的场；在洛伦兹模型(B)中，$\boldsymbol{E}_{\mathrm{loc}}$ 是 $\boldsymbol{E}_{\mathrm{cav}}$ 与反应场($\boldsymbol{E}_{\mathrm{react}}$)之和，该反应场是由分子内的诱导偶极子对介质的极化产生的($\boldsymbol{P}$)

其因子$(n^2+2)/3$ 称为洛伦兹校正项。利普陶伊(Liptay)[19]给出的表达式明确包括了分子半径、偶极矩和极化率。对于更接近实际分子形状的圆柱形或椭球形空腔，也得出了更详尽的 f 的表达式[20, 21]。

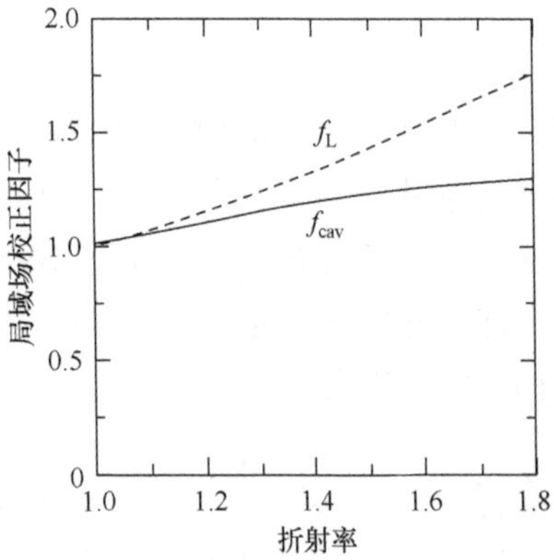

图 3.7 在均匀介质中作用于球形分子上的局域电场的腔场校正因子(f_{cav}，实曲线)和洛伦兹校正因子(f_{L}，虚曲线)随介质折射率的变化

图 3.7 显示了由式(3.35)和式(3.36)给出的局域场校正因子。洛伦兹校正因子一般稍大一些，故可能会高估反应场的贡献，而在某些情况下空腔场的表达式与实验更为一致(图 4.5)。

利用局域场校正因子，介质中的能量密度和辐照度[$\rho(\nu)$和 $I(\nu)$]与局域场的振幅($|\boldsymbol{E}_{\mathrm{loc}(0)}|$)之间的关系变为

$$\rho(\nu) = n^2\left|\boldsymbol{E}_{\mathrm{loc}(0)}\right|^2 \rho_\nu(\nu)/2\pi f^2 \tag{3.37}$$

和

$$I(\nu) = cn\left|\boldsymbol{E}_{\mathrm{loc}(0)}\right|^2 \rho_\nu(\nu)/2\pi f^2 \tag{3.38}$$

局域场校正应谨慎使用，需要记住它们依赖于简化的理论模型，并且不能直接测量。

3.2 黑体辐射定律

众所周知，被加热物体发出的辐射会随着温度的升高而向高频率方向偏移。当在第 5 章中讨论荧光时，需要考虑在给定温度下的密闭盒内的电磁辐射场。瑞利考虑在体积为 V 的立方体中、频率介于ν和$\nu+\mathrm{d}\nu$之间的可能振荡模式(驻波)的数量，于 1900 年得到了黑体辐射的能量分布表达式。对于两个可能的辐射极化(3.3 节)，取立方体内部介质的折射率(n)，并考虑一个由琼斯(Jeans)提出的校正，则频率间隔 $\mathrm{d}\nu$ 中的振荡模式数为[22]

$$\rho_\nu(\nu)V\mathrm{d}\nu=(8\pi n^3\nu^2V/c^3)\mathrm{d}\nu \tag{3.39}$$

按照经典统计力学，瑞利假设每个模式的平均能量为 $k_\mathrm{B}T$，与频率无关。由于ρ_ν以ν的二次方增加[式(3.39)]，此分析得出了一个令人惊奇的结论，即能量密度(ρ_ν与每个模式平均能量之积)在高频处变得无穷大。在实验中，发现能量密度在低频处与瑞利预测是一致的，随着频率的增加，能量密度达到一个最大值然后减小到零。

普朗克(Planck)发现，实验观察到的能量密度对频率的依赖性是可以重现的，只需要引入一个临时的假设，即箱壁中的材料仅以 $h\nu$ 的整数倍发射或吸收能量，其中 h 为常数。他进一步假设，如果材料在温度 T 处于热平衡，则发射能量 E_j 的概率与 $\exp(-E_j/k_\mathrm{B}T)$成正比，其中 k_B 是玻尔兹曼常量(专栏 2.6)。根据这些假设，频率为ν的振荡模式的平均能量为

$$\bar{E}=\left[\sum_j E_j\exp(-E_j/k_\mathrm{B}T)\right]\Big/\left[\sum_j\exp(-E_j/k_\mathrm{B}T)\right] \tag{3.40a}$$

$$=\left[\sum_j jh\nu\exp(-jh\nu/k_\mathrm{B}T)\right]\Big/\left[\sum_j\exp(-jh\nu/k_\mathrm{B}T)\right] \tag{3.40b}$$

令 $x=\exp(-h\nu/k_\mathrm{B}T)$，利用展开式$(1-x)^{-1}=1+x+x^2+\cdots=\sum_j x^j$，并注意到 $\sum_j jx^j=x\mathrm{d}\left(\sum_j x^j\right)/\mathrm{d}x$，可得到加和。这就给出

$$\bar{E}=\frac{h\nu}{\exp(h\nu/k_\mathrm{B}T)-1} \tag{3.40c}$$

(注意 $\bar{E}$ 表示能量的热平均值，是一个标量，而不是电场矢量 $\boldsymbol{E}$。)最后，将普朗克的 $\bar{E}$ 表达式[式(3.40c)]乘以ρ_ν[式(3.39)]，可得出

$$\rho(\nu)=\bar{E}(\nu)\rho_\nu=(8\pi hn^3\nu^3/c^3)/[\exp(h\nu/k_\mathrm{B}T)-1] \tag{3.41a}$$

或以辐照度表示

$$I(\nu)=\rho(\nu)c/n=(8\pi hn^2\nu^3/c^2)/[\exp(h\nu/k_\mathrm{B}T)-1] \tag{3.41b}$$

图 3.8 显示了$\rho(\nu)$与辐射波长和波数的函数关系。这些预测与在所有可及的频率和温度下测得的黑体辐射能量密度是一致的。特别是式(3.41a)解释了一个重要的观测结果，即黑体辐射的能量密度随 T 的四次方而增加[斯特藩-玻尔兹曼(Stefan-Boltzmann)定律]，并且峰值能量密度的波长与 T 成反比[维恩(Wien)位移定律]。尽管在上面概括性给出的推导利用了玻尔兹曼分布，但利用在热平衡下光子气体的玻色-爱因斯坦分布也可以得到相同的结果[23]。

普朗克的理论并不要求辐射场本身量子化，而且普朗克也没有得出这样的结论[24]。由于

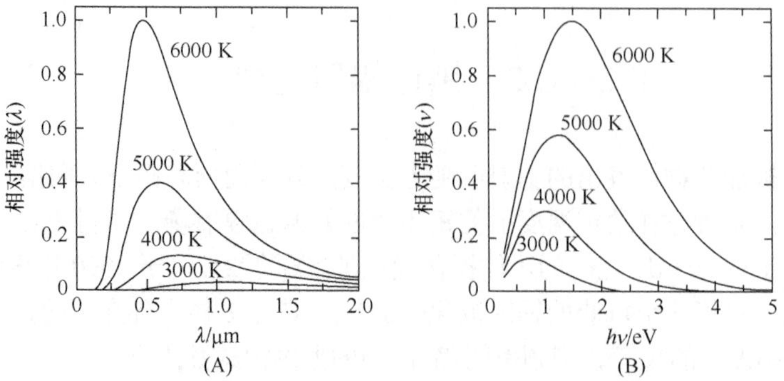

图 3.8 在 3000 K、4000 K、5000 K 或 6000 K 温度下，物体所发射的黑体辐射强度(I)与波长λ(A)和光子能量$h\nu$(B)的关系图。太阳的表面温度约为 6600 K，钨灯丝的有效温度通常约为 3000 K

黑体箱内部的辐射是由箱壁发射和吸收的，因此仅需要构成壁的材料的能级是量子化的。但是这个理论与辐射场的量子化也是一致的，虽然这里并不要求如此。

除了在量子理论的发展中起了关键作用之外，黑体辐射定律在光谱学中也有实际应用。因为它描述了在已知温度下白炽灯灯丝发射光的光谱，所以式(3.41)可用于校准光电探测器或单色仪的频率依赖性。但是，灯源的实际发射光谱可能会偏离式(3.41)，这取决于用作灯丝[25]的材料。

3.3 线偏振与圆偏振

在以下章节介绍的量子理论中，辐射场的薛定谔方程的本征函数具有角动量量子数 $s = 1$ 和 $m_s = \pm 1$。m_s 的两个可能值分别对应于左($m_s = +1$)和右($m_s = -1$)圆偏振光。图 3.9 说明了此性质。在此图中，电场矢量 $\boldsymbol{E}$ 具有恒定的大小，但其方向以频率 ν 随时间进行旋转。在垂直

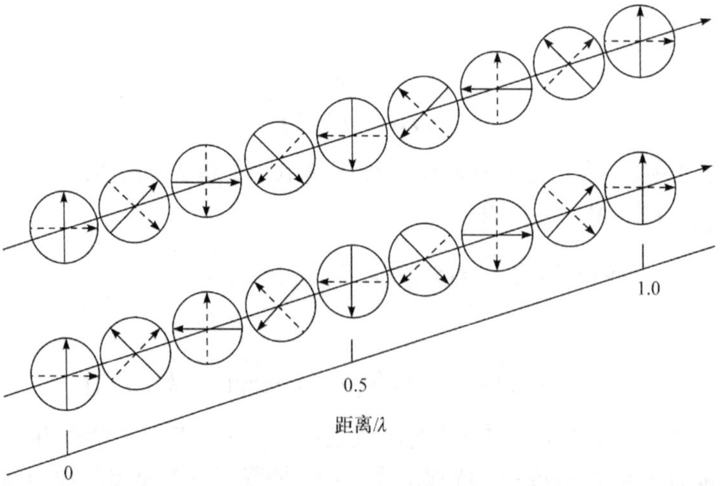

图 3.9 右圆偏振光(上)和左圆偏振光(下)中的电场和磁场。在图中，两个光束从图的左下至右上沿对角线传播。圆盘中的实线箭头表示在给定时间的电场($\boldsymbol{E}$)方向与沿着传播轴的位置的关系，而虚线箭头则表示磁场($\boldsymbol{B}$)方向。场矢量都在旋转，以箭头表示右手或左手螺旋，并在相应于光波长(λ)的距离内完成一整圈旋转

于传播轴的任何给定轴方向上，与此轴平行的 $\boldsymbol{E}$ 分量都以同样频率进行振荡，并沿着传播轴以波长 λ 进行振荡。

对于沿 y 方向传播的辐射，可以写出其旋转场的时间依赖性(任意相移可忽略)：

$$\boldsymbol{E}_{\pm} = 2\boldsymbol{E}_0[\cos(2\pi\nu t)\hat{z} \pm \sin(2\pi\nu t)\hat{x}][\cos(2\pi y/\lambda)\hat{z} \pm \sin(2\pi y/\lambda)\hat{x}] \tag{3.42a}$$

$$\boldsymbol{B}_{\pm} = 2\boldsymbol{E}_0[\cos(2\pi\nu t)\hat{x} \mp \sin(2\pi\nu t)\hat{z}][\cos(2\pi y/\lambda)\hat{x} \mp \sin(2\pi y/\lambda)\hat{z}] \tag{3.42b}$$

其中 E_0 是标量振幅，下标+、–分别指左、右圆偏振。这些表达式是一般波动方程的解，可满足非导电介质的自由电荷的麦克斯韦方程[专栏 3.1 中的式(B3.1.7)和式(B3.1.8)]。式(3.42a)和式(3.42b)中 z 和 x 分量的不同代数组合可使得在两个偏振下的磁场与电场相互垂直。

线偏振光束可以看成左、右圆偏振光的相干叠加，如图 3.10 所示。改变一个圆偏振分量与另一个的相对相位，将旋转线偏振的平面。非偏振光由左、右圆偏振的光子的混合体组成，其电场以所有可能的相位角旋转；或者等效地，非偏振光由具有所有可能的取向角的线性偏振光的混合体组成。

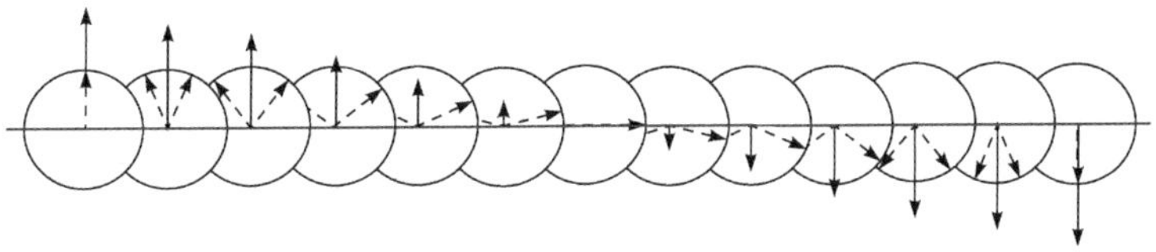

图 3.10　线偏振光作为左圆偏振光和右圆偏振光的叠加的示意图。虚线箭头表示向右传播的左、右圆偏振光束的电场矢量。图中显示了大约一半振荡周期。两个圆偏振场的矢量和(实线箭头)在固定轴向进行幅度振荡

如果线偏振光穿过一个主要吸收圆偏振分量的样品，则其透射光束将以椭圆偏振射出。椭圆度(ellipticity)定义为比值 $I_{\text{minor}}/I_{\text{major}}$ 的反正切，其中 I_{minor} 和 I_{major} 分别是通过平行于椭圆的短轴和长轴的偏振器所测得的光强。椭圆度的测量可以利用四分之一波片将椭圆偏振光转换回线性偏振光束(其取向相对于原始光束有所旋转)，然后测定其旋转角度。这也是测量 CD 的一种方法。但是，CD 通常利用 1.9 节中介绍的偏振调制技术进行测量，从而使 CD 信号受到较少的伪影影响。

3.4　电磁辐射的量子理论

薛定谔方程最早由狄拉克[26]在 1927 年将其应用于电磁辐射。在这项工作中出现的量子化辐射场的概念，使早期的光的波动理论与粒子理论之间的一些表观矛盾得以协调，正如在第 5 章中将要看到的那样，这导致了受激分子“自发”荧光的一致解释。

为了展示电磁辐射的量子理论，可以方便地用专栏 3.1 中介绍的矢量电势 $\boldsymbol{V}$ 来描述辐射场。对于沿 y 方向传播并在 z 方向偏振的光的平面波，考虑与其相关的矢量电势，并假设辐射被限制在边长为 L 的立方体内。在 3.2 节中讨论过，在特定间隔内的频率辐射被限制成有限数量的振荡模式，各自有其波长 $\lambda_j = L/2\pi n_j$，其中 n_j 是一个正整数。辐射的总能量是这些单模式能量之和，而总矢量电势显然也类似地是各矢量电势的总和：

$$\boldsymbol{V} = \sum_j \boldsymbol{V}_j \tag{3.43}$$

根据式(3.18)，可以写出模式 j 对 $\boldsymbol{V}$ 的贡献

$$V_j = \left(\frac{4\pi c^2}{L^3}\right)^{1/2} \hat{z}[\exp(-i\omega_j t)\exp(iy/\lambda_j) + \exp(i\omega_j t)\exp(-iy/\lambda_j)] \tag{3.44a}$$

$$= q_j(t)A_j(y) + q_j^*(t)A_j^*(y) \tag{3.44b}$$

其中

$$q_j = \exp(-i\omega_j t) \tag{3.45a}$$

及

$$A_j = \left(\frac{4\pi c^2}{L^3}\right)^{1/2} \hat{z}\exp(iy/\lambda_j) \tag{3.45b}$$

且有 $\omega_j = 2\pi\nu_j = c/\lambda_j$。在此，根据两个复数函数及其复共轭的乘积而给出的矢量场 V_j 是实参量。第一个函数(q_j)是仅取决于时间的标量；第二个(A_j)是位置的矢量函数。位置依赖的因子被归一化以使 $\langle A_i|A_j\rangle = 4\pi c^2$，而不同模式的因子彼此正交，即对于 $i \neq j$，有 $\langle A_i|A_j\rangle = 0$。式(3.43)～式(3.45b)适用于行波和驻波，而对可能模式数量的限制仅适用于驻波。

为了将辐射场的能量以哈密顿形式表示，现在定义两个实变量

$$Q_j(t) = q_j(t) + q_j^*(t) \tag{3.46}$$

和

$$P_j(t) = \frac{\partial Q_j}{\partial t} = -i\omega_j\left[q_j(t) - q_j^*(t)\right] \tag{3.47}$$

从式(B3.1.17)、式(3.24)、式(3.44a，b)和式(3.45a，b)可知，在对立方体积进行积分后，模式 j 对场能量的贡献有以下形式[2, 4]：

$$E_j = \frac{1}{2}\left(P_j^2 + \omega_j^2 Q_j^2\right) \tag{3.48}$$

经过代数运算会发现 Q_j 遵循与式(3.13)和式(B3.1.7)相似的经典波动方程，并且 Q_j 和 P_j 具有哈密顿经典运动方程中随时间变化的位置(Q_j)及其共轭动量(P_j)的形式特性：

$$\frac{\partial E_j}{\partial P_j} = \frac{\partial Q_j}{\partial t} \tag{3.49a}$$

及

$$\frac{\partial E_j}{\partial Q_j} = \frac{\partial P_j}{\partial t} \tag{3.49b}$$

此外，狄拉克注意到式(3.48)与单位质量的谐振子能量的经典表达式相同[式(2.29)]。括号中的第一项在形式上对应振子的动能；第二项则对应其势能。因此，如果分别用动量和位置算符 $\tilde{\mathrm{P}}_j$ 和 $\tilde{\mathrm{Q}}_j$ 代替 P_j 和 Q_j，则电磁辐射的薛定谔方程的本征态将与谐振子的本征态相同。特别是，每个振荡模式将有一个具有波函数 $\chi_{j(n_j)}$ 和如下能量的态阶梯：

$$E_{j(n_j)} = (n_j + 1/2)h\nu_j \tag{3.50}$$

其中 $n_j = 0, 1, 2, \cdots$。

将时间依赖的函数 P_j 转换为动量算符，这与爱因斯坦关于光的粒子(光子)描述是一致的，每个粒子都具有动量 $h\bar{\nu}$ (1.6 节和专栏 2.3)。可以将式(3.50)中的量子数 n_j 解释为或是振子 j 所占据的特定激发态，或是频率为 ν_j 的光子数。如果将振幅因子 E_0 进行适当标度，与光子相关的振荡电场和磁场仍然可以用式(3.42a)和式(3.42b)描述。但是，与位置算符 $\tilde{Q}$ 的矩阵元相比，我们将不再关注光子波函数本身的空间特性。这些矩阵元在吸收和发射的量子理论中起着核心作用，将在第 5 章中进行讨论。

辐射场的总能量是其各个模式的能量之和，并且根据式(3.50)，每个模式的能量随模式中光子数的增加而增加。但是，就像谐振子，当每个振子处于其最低能级($n_j = 0$)时，电磁辐射场具有零点能或真空能。由于自由空间中的辐射波可能具有无限数目的不同振荡频率，因此宇宙的总零点能看起来是无限的，这似乎是一个荒谬的结果。解决这一矛盾的一种方法是假定宇宙是有界的，因而不存在完全自由的空间。在这一图像中，宇宙的零点能变成一个未知却有限的常数。但是，可以简单地从式(3.50)的哈密顿量中减去一个常数($h\nu_j/2$)，将每个振荡模式的零点能任意地设置为零，使每个模式能量为

$$E_{j(n_j)} = n_j h\nu_j \tag{3.51}$$

这对于其他类型的能量是常规做法，能量可以用任意方便的参考来表示。例如，相对论的静止能量 mc^2 通常在讨论粒子的非相对论能量时被省略。有关这一点的进一步讨论参见文献[2, 4, 27]。

零点本征态是量子理论的关键特征。令人惊奇的是，零点本征态的存在表明，即使场中的光子数目为零，辐射场也可能与分子进行作用！在第 5 章中将讨论这一作用如何产生荧光。届时我们还将看到辐射场的不同态之间的大多数跃迁以 $\pm h\nu_j$ 来改变场的能量，并导致单个光子的产生或消失。辐射场的量子态与谐振子的量子态的指认使得这类跃迁矩阵元的计算成为可能。

真空辐射场存在的实验证据来自对卡西米尔效应(Casimir effect)的观察。这是荷兰物理学家卡西米尔(Casimir)在 1948 年首次预测的，是真空中反射物体之间的吸引力。考虑两个抛光后的正方形平板，它们的平行面之间的距离为 L。两个平板之间的间隙中的驻波必须具有 $L/2n$ 的波长，其中 n 是一个正整数。因为这种辐射模式的数量与 L 成正比，所以当两个平板靠近时，真空场的总能量会减少。人们已测量了各种形状物体的吸引力，并发现它们与预测结果非常相符[28-30]。

光子具有整数自旋($m_s = \pm 1$)，这意味着它们服从玻色-爱因斯坦统计(专栏 2.6)。这表明任意数量的光子可以具有相同的能量($h\nu$)和空间性质，而且反过来，单个辐射模式可以包含任意数量的光子。在单个辐射模式中可以积累许多光子，这使激光器发出的相干辐射成为可能。

除了解释辐射的量子化之外，狄拉克还引入了电子的相对论。但是即使有了这些发展，量子理论在现阶段仍未解决一些基本问题，包括带电粒子在真空中以一定距离相互作用的机制。说电子会产生电磁场是什么意思呢？这个问题的答案来自费曼(Feynman)、施温格(Schwinger)和朝永振一郎(Tomonaga)在 1950 年的工作。他们的研究提出了量子电动力学理论，认为带电粒子通过交换光子进行相互作用，粒子的电荷是其吸收或发射光子的趋势的量度。但是，从一个粒子移动到另一个粒子的光子称为“虚拟”光子，因为它们无法被直接拦截和测量。

与经典光学原理相反，量子电动力学理论认为光子不一定沿直线传播。为了找到光子从 A 点移动到 B 点的可能性，必须对两点之间所有可能路径的波函数振幅进行加和，包括通过遥远星系的偶数回转路径以及光子瞬间分裂成电子-正电子对的路径。尽管任意两点之间都有无

限多的路径，但是相消干涉会抵消所有间接路径的大部分影响，仅留下对经典光学定律和静电学定律的较小的(但有时是有显著的)校正。这是因为间接路径之间的细微差异会对路径的整个长度产生较大影响，从而导致振荡的相移，这些振荡是通过这些路径传播的光子在目的地所产生的。费曼[31]提供了量子电动力学理论的入门介绍。更完整的处理方法请参见文献[32-34]。

3.5 量子光学中的叠加态与干涉效应

2.2 节和 2.3.2 节介绍了叠加态的概念，其波函数是两个或多个具有固定相位的本征函数的线性组合。可以断言，如果一个体系不能被唯一地指认为单个本征态，则它必须用这种线性组合来描述。叠加态的期望值中的干涉项导致了量子光学中一些最令人感兴趣的结果，包括杨氏经典双缝实验中的条纹。图 3.11(A)给出了一个实验，能很好地说明这一点[35-41]。这个装置称为马赫-泽德(March-Zender)干涉仪。光子从左上方进入干涉仪，并被一对光子计数器 D1 和 D2 所检测。光强度足够低，使得在任何给定时刻下，装置中最多只能有一个光子。BS1 是一个分束器，平均可透射 50%的光子、反射 50%的光子。反射镜 M1 和 M2 将到达它们的光子全部反射到第二分束器(BS2)，后者再次透射 50%并反射 50%光子。正如所期望的，如果拿掉

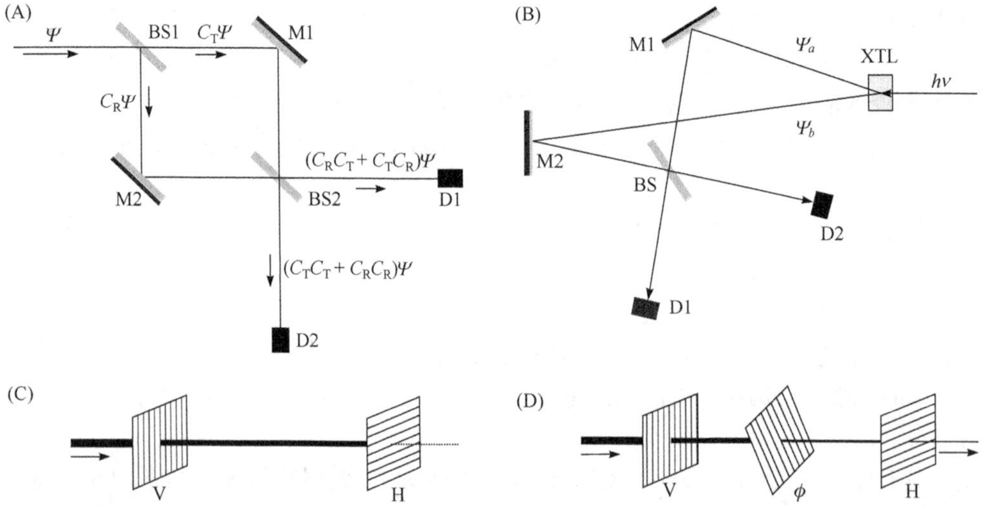

图 3.11 (A)马赫-泽德干涉仪中的等臂单光子干涉。BS1 和 BS2 是分束器，透射和反射系数分别为 C_T 和 C_R ($|C_T|^2+|C_R|^2=1/2$)；M1 和 M2 是反射镜(100%反射)；D1 和 D2 是光子计数检测器。光子波函数 Ψ 对时间和沿光路距离的依赖性没有明确注明。如果拿掉 BS2，或者在 BS2 之前任一条路径被阻断，则在 D1 和 D2 处检测到光子的概率相等；但是当 BS2 存在并且两条路径都打开时，仅在 D1 处检测到光子。(B)两光子量子干涉。频率为 ν 的短脉冲光聚焦到具有非线性光学特性的晶体(XTL)中。这会生成频率为 $\nu/2$ 的光子对(波函数为 Ψ_a 和 Ψ_b)，它们被反射镜(M1，M2)反射到 50∶50 的分束器(BS)和两个光子计数检测器(D1，D2)。从晶体到 D1 和 D2 的路径的相对长度可以利用图 1.9 所示的平移台进行控制(此处未显示)。如果分束器既反射又透射给定光子对中的两个光子，则 D1 和 D2 应分别获得一个光子；但是，量子干涉禁止此种情况，除非光子可以通过其到达时间或偏振性来区分。(C)、(D)非偏振光束通过垂直偏振器(V)后，将不会通过水平偏振器(H)。但是，如果将一个中间方向(ϕ)的偏振器放在 V 和 H 之间，则某些光会同时通过此偏振器和 H 偏振器

分束器 BS2，一个光子将有一半时间被检测器 D1 检测到，而另一半时间被 D2 检测到。如果 BS1 和 BS2 之间的两条路径中的任何一条被阻挡，那么一半的光子将通过，并且其中一半的光子将在 D1 处被检测到，而另一半则在 D2 处被检测到。这似乎也是意料之中的。但是，如果两条路径都打开，则所有光子都在 D1 处被检测到，而在 D2 处却检测不到！

为了解释这个令人惊奇的结果，注意到当 BS1 和 BS2 之间有两条长度相等的可能路径时，我们无法知道给定光子遵循的路径。因此，根据量子电动力学的规定(3.4 节)，必须以这两种可能性之和写出到达 D1 或 D2 的光子的波函数。假设每个分束器以概率$|C_T|^2$透射光子、以概率$|C_R|^2$反射光子。那么，到达 D1 的光子的波函数就是加权和：

$$\Psi_{D1} = C_R C_T \Psi + C_T C_R \Psi = (C_R C_T + C_T C_R)\Psi \tag{3.52a}$$

其中 $\Psi(r, t)$是单个光子的波函数[图 3.11(A)]。同样，到达 D2 的光子的波函数为

$$\Psi_{D2} = C_T C_T \Psi + C_R C_R \Psi = (C_T C_T + C_R C_R)\Psi \tag{3.52b}$$

这里忽略了反射镜 M1 和 M2 的反射系数，因为已设其幅值为 1.0，并且每个路径中都有一个反射镜。根据式(3.52a)和式(3.52b)，在 D1 处检测到一个给定光子的概率为

$$P_{D1} = \langle (C_R C_T + C_T C_R)\Psi | (C_R C_T + C_T C_R)\Psi \rangle = 4|C_R|^2|C_T|^2 \tag{3.53a}$$

而在 D2 处检测到光子的概率为

$$\begin{aligned} P_{D2} &= \langle (C_T C_T + C_R C_R)\Psi | (C_T C_T + C_R C_R)\Psi \rangle \\ &= |C_T|^2|C_T|^2 + |C_R|^2|C_R|^2 + (C_T^* C_R)^2 + (C_R^* C_T)^2 \end{aligned} \tag{3.53b}$$

现在考虑系数 C_T 和 C_R。因为在 50∶50 的分束器处反射和透射的概率相同，所以有$|C_T|^2 = |C_R|^2 = 1/2$。但是，这使得其中一个系数可能为虚数，而事实上这被证明是必要的。如果两个系数都是实数，将得到 $C_T = \pm C_R = \pm 2^{-1/2}$，将其代入式(3.53a)和式(3.53b)则给出 $P_{D1} = P_{D2} = 1$。这是不正确的，因为这意味着在 D1 和 D2 处都以 100%的确定性检测到单个光子，这违反了能量守恒。尝试 $C_T = \pm C_R = \pm i2^{-1/2}$(令两个系数都为虚数)，也给出同样不可接受的结果。因此，C_T 或 C_R 之一，而非两者，必须是虚数。如果选择 C_R 为虚数，则有 $C_T = \pm 2^{-1/2}$ 和 $C_R = \pm i2^{-1/2}$。将这些值代入式(3.53a)和式(3.53b)，给出 $P_{D1} = 1$ 和 $P_{D2} = 0$，与实验一致。

刚刚讨论的实验说明了单个光子波函数中的相消性量子力学干涉。类似的干涉能发生在不同光子之间吗？为了考察这个问题，Hong 等[42]将来自激光器的短脉冲光聚焦到具有非线性光学特性的晶体中，产生光子对。当入射光和透射光满足某些相位匹配条件时，这种晶体可以将入射频率为ν的光子“分裂”为两个频率为$\nu/2$ 的光子。Hong 等将这两个光子沿着分开的路径送到一个 50∶50 的分束器，并到达一对检测器(D1 和 D2)，如图 3.11(B)所示。在分束器处，有四种可能性：两个光子都可能透射；两者都可能反射；光子 a 可能透射而光子 b 反射；或光子 a 反射而 b 透射。在前两种情况下，检测器 D1 和 D2 将各自接收一个光子。在第三和第四种情况下，一个探测器将获得两个光子，而另一个则不会。如果从晶体到 D1 和 D2 的路径长度不同，则上述四个可能的结果具有相同概率。但是，当将路径调整为相同时，会发生一件令人惊奇的事情，即每对光子总是进入同一探测器。要了解这是如何发生的，需要注意到，在情形 3 和 4(一个光子透射而另一个光子反射)，作用在检测器上的总波函数可以写为各个波形(Ψ_a 和 Ψ_b)之积，并对透射和反射($C_R\Psi_a \cdot C_T\Psi_b$ 或 $C_T\Psi_a \cdot C_R\Psi_b$)取适当系数。代入 C_T 和 C_R 的值将得到一个非零的振幅。另一方面，如果检测器无法通过其到达时间、频率或偏振来区分两个光

子，则我们无法区分情形 1 和情形 2(两个透射光子或两个反射光子)。因此，对于这些情形，我们必须将总波函数写为 $C_T\Psi_a \cdot C_T\Psi_b$ 和 $C_R\Psi_a \cdot C_R\Psi_b$ 之和。该总和的振幅应为零：

$$\begin{aligned}\Psi &= 2^{-1/2}(C_T\Psi_a C_T\Psi_b + C_R\Psi_a C_R\Psi_b) \\ &= 2^{-1/2}(2^{-1/2}2^{-1/2} + i2^{-1/2}2^{-1/2})\Psi_a\Psi_b\end{aligned} \tag{3.54}$$

有时将双光子的量子干涉归因于分光器处的光子局部干涉。但是，Kwiat 等[43]和 Pittman 等[44]通过实验证明，关键因素是波函数在检测器上是否可区分。光子并不需要同时到达分束器。

线偏振光为量子光学中的叠加态提供了另一种易于理解的说明。如 3.3 节所述，非偏振光可以看成所有可能的线偏振的光子的混合体。相对于任意“垂直”轴以角度 θ 偏振的光可以看成垂直和水平偏振光以系数 $C_V = \cos\theta$ 和 $C_H = \sin\theta$ 的相干叠加：

$$\Psi_\theta = C_V\Psi_V + C_H\Psi_H = \cos\theta\Psi_V + \sin\theta\Psi_H \tag{3.55}$$

具有这种偏振的光子通过一个垂直偏振器的概率为 $\cos^2\theta$。通过这种偏振器后，光完全在垂直方向上偏振，则其穿过水平偏振器的可能性为零[图 3.11(C)]。但是，如果在垂直和水平偏振器之间放置一个偏振器，其具有不同的方向(ϕ)，则光子将以概率 $\cos^2\phi$ 通过第二个偏振器，并且(假设 $0 < \cos^2\phi < 1$)部分光子将通过最后的水平偏振器[图 3.11(D)]。其解释是，垂直偏振光由平行和垂直于第二偏振器的偏振光的相干叠加组成，两者在水平轴上的投影都不为零。穿过水平偏振器的光强度在 $\phi = 45°$ 处达到峰值，该峰值是到达第二个偏振器的强度的 1/8。

3.6 短脉冲光的频率分布

由式(3.15a)或式(3.15b)描述的理想波在所有时间和所有 y 值无限地延续。而任何真实的光束都必须在某个点开始和停止，因此无法用此表达式完整地描述。但是，光束可以通过将频率有一定分布的理想波进行线性组合来描述。这种波的组合称为波群(wave group)或波包。分布函数的细节取决于脉冲的宽度和形状。这种描述与箱中的局域化粒子(2.3.2 节)或谐波势阱(2.2 节和第 11 章)所用波函数的线性组合在本质上是相同的。

锁模的钛：蓝宝石或染料激光器所产生的短脉冲通常具有高斯或 $\text{sech}^2 t$(双曲正割)峰型。如果所有振荡在 $t = 0$ 同相，则当光的电场达到峰值时，高斯型脉冲中的场强对时间的依赖性可以写成

$$\boldsymbol{E}(t) = (2\pi\tau^2)^{-1/2}\exp(-t^2/2\tau^2)\cos(\omega_0 t) \tag{3.56}$$

其中 τ 是时间常数，而 ω_0 是光的中心角频率(弧度每秒，或以赫兹为单位的中心频率的 2π 倍)。高斯函数 $\exp(-t^2/2\tau^2)$ 的半高宽(FWHM)为 $(8\cdot\ln 2)^{1/2}\tau$ 或 2.355τ。利用因子 $(2\pi\tau^2)^{-1/2}$ 可将曲线下的面积归一化为 1。与 $|\boldsymbol{E}(t)|^2$ 或 $\exp(-t^2/2\tau^2)$ 成正比的脉冲测量强度会有 $2^{1/2}$ 倍的窄化。其半高宽就是 $2(\ln 2)^{1/2}\tau$ 或 1.665τ。

可以使式(3.56)右边的时间依赖函数与一个如下的频率依赖函数相等：

$$|\boldsymbol{E}(t)| = \frac{1}{\sqrt{2\pi}}\int_{-\infty}^{\infty} G(\omega)\exp(i\omega t)\mathrm{d}\omega \tag{3.57}$$

其中 $G(\omega)$ 是脉冲的角频率分布。这意味着场脉冲的时间形状 $|\boldsymbol{E}(t)|$ 是频率分布 $G(\omega)$ 的傅里

叶变换，反之，$G(\omega)$则是$|\boldsymbol{E}(t)|$的傅里叶变换(附录 A.3)。对于高斯型函数 $\exp(-t^2/2\tau^2)$，$G(\omega)$ 的解为

$$G(\omega)=\left(\frac{\tau}{\sqrt{2\pi}}\right)\exp[-(\omega-\omega_0)^2\tau^2/2] \tag{3.58}$$

因此，这个场包含一个角频率在 ω_0 附近的高斯分布，其 FWHM 为$(8\cdot\ln 2)^{1/2}/\tau$ 或 $2.35/\tau\ \text{rad}\cdot\text{s}^{-1}$。用频率单位，则其 FWHM 为$(8\cdot\ln 2)^{1/2}/2\pi\tau$ 或 $0.375/\tau$ Hz。脉冲越短，频率跨度越宽。所测得的强度谱同样被窄化 $2^{1/2}$ 倍，且其 FWHM 为 $0.265/\tau$ Hz。

一个 $\tau = 6$ fs 的高斯脉冲(测得的 FWHM 为 10 fs，是当前钛：蓝宝石激光器可以产生的最短的脉冲量级)包含大约 6.25×10^{13} Hz 的带宽，对应于 $2.0\times10^3\ \text{cm}^{-1}$ 的能量($h\nu$)带。如果光谱以 800 nm(12 500 cm^{-1})为中心，则其 FWHM 为 274 nm。图 3.12 显示了这个脉冲以及当 FWHM 为 20 fs 和 50 fs 时的脉冲能量分布函数。

对于高斯脉冲，测得的时间宽度(1.665τ)与频带宽度($0.265/\tau$)的乘积恒为 0.441。弗莱明(Fleming)[45]给出了具有其他形状脉冲的时间带宽积的相应表达式。对于方脉冲，测得的时间带宽积为 0.886；对于强度与 $\text{sech}^2 t$ 成正比的脉冲，时间带宽积为 0.315。这些表达式假定频率分布仅由脉冲的有限持续时间所引起。这样的脉冲被称为是变换限制的。来自非相干光源(如氙闪光灯)的光包含的频率分布与脉冲的长度无关，因为许多不同能量的原子或离子都参与光辐射。

图 3.13 表明在给定时刻下的电场在三种不同波长分布的波群中随位置的变化。相对于平均波长(λ_0)而言，如果这个分布很窄，则该波群类似一个具有许多振荡周期的纯正弦波。对于较宽的分布，振荡的包络变得较为束化，且包络以群速 u 在空间传播[4]

$$u=\frac{c}{n}\left(1+\frac{\lambda}{n}\frac{\mathrm{d}n}{\mathrm{d}\lambda}\right) \tag{3.59}$$

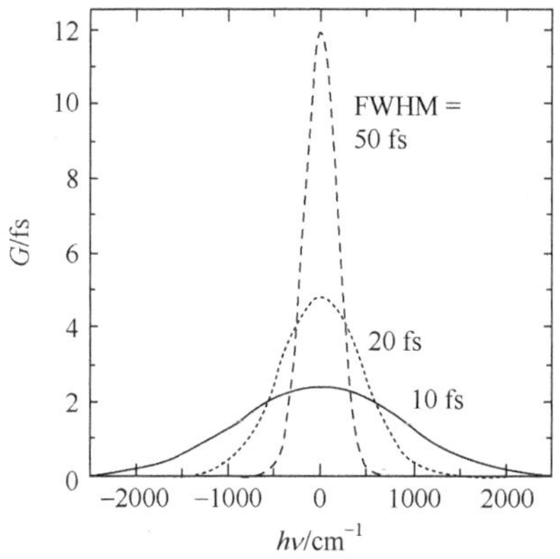

图 3.12 宽度(FWHM)为 10 fs、20 fs 和 50 fs($\tau = 6$fs、12 fs 和 30 fs)的均匀展宽的高斯脉冲的电场光谱

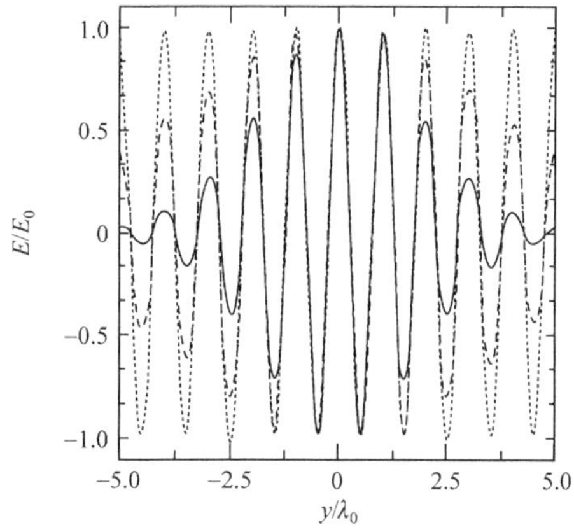

图 3.13 在波长高斯分布的波群中，电场的振幅与沿传播轴(y)的位置的函数关系。分布的宽度(FWHM)为平均波长(λ_0)的 0.1%(短虚线)、2%(长虚线)或 5%(实线)。振幅均在 $y = 0$ 处归一化

对于可见光，在大多数液体中，这将落在 c/n 的 5%以内。随着各振荡越来越异相，包络将随时间而消失。

练 习 题

1. 考虑三个具有以下电荷(esu)和坐标(cm)的粒子：$q_1 = 0.5$，$\boldsymbol{r}_1 = (1.0, 0.0, 0.5)$；$q_2 = -0.6$，$\boldsymbol{r}_2 = (-0.5, 0.5, 0.0)$；$q_3 = -0.4$，$\boldsymbol{r}_3 = (1.5, 1.0, -0.5)$。计算以下静电参量，并以 cgs 和 MKS 单位制给出结果：(a)粒子 2 和 3 在粒子 1 处的静电场；(b)在粒子 1 处的电势；(c)粒子 1 与上述所得场的静电相互作用能；(d)作用于粒子上的静电力；(e)体系的总静电能。

2. (a)假设光子采取最直接的路径(平均距离为 1.496×10^{11} m)并且忽略地球大气层的影响，则光子从太阳到地球要花多长时间？(b)假设一个 500 nm 光子同时沿两条长度不同的路径传播。什么长度差会使两个辐射到达时异相 180°，从而使总场强为零？

3. 考虑光的平面波穿过折射率为 1.2 的介质。(a)忽略局域场校正，如果辐照度 $I(\nu)\mathrm{d}\nu$ 为 1 W · cm^{-2}，在频率 ν 处的振荡电场的大小($|\boldsymbol{E}_0|$)是多少？(b)频率间隔 $\mathrm{d}\nu$ 中的总能量密度[$\rho(\nu)\mathrm{d}\nu$]是多少？(c)考虑腔场校正后，计算作用在嵌入介质的球形腔中的分子上的场的大小。(d)利用洛伦兹校正计算作用在分子上的场的大小。(e)洛伦兹校正中包括了(大约)场的什么分量，而腔场校正中则没有包括？

4. 在太阳表面温度(6600 K)的黑体源，其发射的 500 nm 辐射的能量密度是多少？

5. (a)在尺寸为 $1000 \times 1500 \times 2000$ Å^3 的长方体箱中，辐射场的前六个模式的频率(s^{-1})是多少(这里的“前”是指能量最低的那些模式)？(b)如果任何一个模式中都没有光子，那么这六个模式的总能量是多少(说明你所用的零点能的约定)？(c)对于零点能使用相同的约定，如果在第一个模式中有一个光子，在第二个模式中有两个光子，而在更高的模式中没有光子，则这六个模式的总能量是多少？

6. 沿笛卡儿坐标系的 x 轴传播的一光束，通过在 y 或 z 方向上定向的一个偏振器。在偏振器的 y 方向上测得的光强度是 z 方向上的 1.3 倍。(a)光的椭圆度是多少？(b)什么椭圆度对应于完全的圆偏振？

7. 若光脉冲具有高斯时间峰形，宽度为(a)1 fs 和(b)1 ps，则其光谱带宽(频率分布的 FWHM)各是多少？

参 考 文 献

[1] Maxwell, J.C.: A dynamical theory of the electromagnetic field. Philos. Trans. R. Soc. **155**, 459-512 (1865)

[2] Hameka, H.: Advanced Quantum Chemistry. Addison-Wesley, Reading, MA (1965)

[3] Maxwell, J.C.: A Treatise on Electricity and Magnetism. Clarendon, Oxford (1873)

[4] Ditchburn, R.W.: Light, 3rd edn. Academic, New York (1976)

[5] Schatz, G.C., Ratner, M.A.: Quantum Mechanics in Chemistry, p. 325. Prentice-Hall, Englewood Cliffs, NJ (1993)

[6] Griffiths, D.J.: Introduction to Electrodynamics, 3rd edn. Prentice-Hall, Upper Saddle River, NJ (1999)

[7] Brillouin, L.: Wave Propagation and Group Velocity. Academic, New York (1960)

[8] Knox, R.S.: Refractive index dependence of the Förster resonance excitation transfer rate. J. Phys. Chem. B **106**, 5289-5293 (2002)

[9] de Fornel, F.: Evanescent Waves: From Newtonian Optics to Atomic Optics. Springer, Berlin (2001)

[10] Bekefi, G., Barrett, A.H.: Electromagnetic Vibrations, Waves, and Radiation. MIT Press, Cambridge, MA (1987)

[11] Liebermann, T., Knoll, W.: Surface-plasmon field-enhanced fluorescence spectroscopy. Colloids Surf. A Physiochem. Eng. Asp **10**, 115-130 (2000)

[12] Moscovits, M.: Surface-enhanced spectroscopy. Rev. Mod. Phys. **57**, 783-826 (1985)

[13] Knoll, W.: Interfaces and thin films as seen by bound electromagnetic waves. Annu. Rev. Phys. Chem. 49, 565-634 (1998)

[14] Aslan, K., Lakowicz, J.R., Geddes, C.D.: Plasmon light scattering in biology and medicine: new sensing approaches, visions and perspectives. Curr. Opin. Chem. Biol. **9**, 538-544 (2005)
[15] Haynes, C.L., Van Duyne, R.P.: Plasmon-sampled surface-enhanced Raman excitation spectroscopy. J. Phys. Chem. B **107**, 7426-7433 (2003)
[16] Wang, Z.J., Pan, S.L., Krauss, T.D., Du, H., Rothberg, L.J.: The structural basis for giant enhancement enabling single-molecule Raman scattering. Proc. Natl. Acad. Sci. U.S.A. **100**, 8638-8643 (2003)
[17] Böttcher, C.J.F.: Theory of Electric Polarization, 2nd edn. Elsevier, Amsterdam (1973)
[18] Lorentz, H.A.: The Theory of Electrons. Dover, New York (1952)
[19] Liptay, W.: Dipole moments of molecules in excited states and the effect of external electric fields on the optical absorption of molecules in solution. In: Sinanoglu, O. (ed.) Modern Quantum Chemistry Part III: Action of Light and Organic Crystals. Academic, New York (1965)
[20] Chen, F.P., Hansom, D.M., Fox, D.: Origin of Stark shifts and splittings in molecular crystal spectra. 1. Effective molecular polarizability and local electric field. Durene and Naphthalene. J. Chem. Phys. **63**, 3878-3885 (1975)
[21] Myers, A.B., Birge, R.R.: The effect of solvent environment on molecular electronic oscillator strengths. J. Chem. Phys. **73**, 5314-5321(1980)
[22] Atkins, P.W.: Molecular Quantum Mechanics, 2nd edn. Oxford Univ. Press, Oxford (1983)
[23] Landau, L.D., Lifshitz, E.M.: Statistical Physics. Addison-Wesley, Reading, MA (1958)
[24] Planck, M.: The Theory of Heat Radiation, 2nd edn. (Engl transl by M. Masius). Dover, New York (1959).
[25] Touloukian, Y.S., DeWitt, D.P.: Thermophysical Properties of Matter. Vol. 7. Thermal Radiative Properties: Metallic Elements and Alloys. IFI/Plenum, New York (1970)
[26] Dirac, P.M.: The Principles of Quantum Mechanics. Oxford University Press, Oxford (1930)
[27] Heitler, W.: Quantum Theory of Radiation. Oxford University Press, Oxford (1954)
[28] Bordag, M., Mohideen, U., Mostepanenko, V.M.: New developments in the Casimir effect. Phys. Rep. **353**, 1-205 (2001)
[29] Bressi, G., Carugno, G., Onofrio, R., Ruoso, G.: Measurement of the Casimir force between parallel metallic surfaces. Phys. Rev. Lett. **88**: Art. No. 041804 (2002).
[30] Lamoreaux, S.K.: Demonstration of the Casimir force in the 0.6 to 6 μm range. Phys. Rev. Lett. **78**, 5-8 (1997)
[31] Feynman, R.P.: QED: The Strange Theory of Light and Matter. Princeton University Press, Princeton, NJ (1985)
[32] Feynman, R.P., Hibbs, A.R.: Quantum Mechanics and Path Integrals. McGraw-Hill, New York (1965)
[33] Craig, D.P., Thirunamachandran, T.: Molecular Quantum Electrodynamics: An Introduction to Radiation-Molecule Interactions. Academic, London (1984)
[34] Peskin, M.E., Schroeder, D.V.: An Introduction to Quantum Field Theory. Perseus Press, Reading, MA (1995)
[35] Rioux, F.: Illustrating the superposition principle with single-photon interference. Chem. Educator **10**, 424-426 (2005)
[36] Scarani, V., Suarez, A.: Introducing quantum mechanics: one-particle interferences. Am. J. Phys. **66**, 718-721(1998)
[37] Zeilinger, A.: General properties of lossless beam splitters in interferometry. Am. J. Phys. **49**, 882-883 (1981)
[38] Glauber, R.J.: Dirac's famous dictum on interference: one photon or two? Am. J. Phys. **63**, 12 (1995)
[39] Monroe, C., Meekhof, D.M., King, B.E., Wineland, D.J.: A "Schrödinger cat" superposition state of an atom. Science 272, 1131-1136 (1996)
[40] Marton, L., Simpson, J.A., Suddeth, J.A.: Electron beam interferometer. Phys. Rev. **90**, 490-491(1953)
[41] Carnal, O., Mlynek, J.: Young's double-slit experiment with atoms: a simple atom interferometer. Phys. Rev. Lett. **66**, 2689-2692 (1991)
[42] Hong, C.K., Ou, Z.Y., Mandel, L.: Measurement of subpicosecond time intervals between two photons by interference. Phys. Rev. Lett. **59**, 2044-2046 (1987)

[43] Kwiat, P.G., Steinberg, A.M., Chiao, R.Y.: Observation of a "quantum eraser": a revival of coherence in a two-photon interference experiment. Phys. Rev. A **45**, 7729-7739 (1992)
[44] Pittman, T.B., Strekalov, D.V., Migdall, A., Rubin, M.H., Sergienko, A.V., et al.: Can two-photon interference be considered the interference of two photons? Phys. Rev. Lett. **77**, 1917-1920 (1996)
[45] Fleming, G.R.: Chemical Applications of Ultrafast Spectroscopy. Oxford University Press, New York (1986)

第 4 章　电 子 吸 收

4.1　电子与振荡电场的相互作用

本章首先讨论光的振荡电场如何将一个分子激发到电子激发态，随后探索波长、强度、线二色性和分子吸收带峰型等的决定因素。将采用的方法是利用含时微扰理论(第 2 章)对分子进行量子力学处理，但将光(微扰)视为纯粹的经典振荡电场。由于与光吸收有关的许多现象都可以利用这种半经典方法进行很好的解释，所以光的量子性质将推迟到第 5 章再考虑。而与光磁场的相互作用则在第 9 章中讨论。

首先考虑电子与式(3.15a)所示的线偏振光的振荡电场($\boldsymbol{E}$)的相互作用：

$$\boldsymbol{E}(t)=\boldsymbol{E}_0(t)[\exp(2\pi i\nu t)+\exp(-2\pi i\nu t)] \tag{4.1}$$

这个振荡场为电子的哈密顿算符增加了一个含时项。在一个已被证明通常可以接受的近似下，可将微扰写为 $\boldsymbol{E}$ 与偶极算符 $\tilde{\mu}$ 的点积：

$$\tilde{\mathrm{H}}'(t)=-\boldsymbol{E}(t)\cdot\tilde{\mu} \tag{4.2}$$

而电子的偶极算符可简单地写为

$$\tilde{\mu}=e\tilde{\mathrm{r}}=e\boldsymbol{r} \tag{4.3}$$

其中 e 是电子电荷(在 cgs 单位制中为-4.803×10^{-10} esu 或在 MKS 单位制中为-1.602×10^{-19} C)，$\tilde{\mathrm{r}}$ 是位置算符，$\boldsymbol{r}$ 是电子的位置。因此，式(4.2)也可以写成

$$\tilde{\mathrm{H}}'(t)=-e\boldsymbol{E}(t)\cdot\boldsymbol{r}=-e\left|\boldsymbol{E}_0\right|[\exp(2\pi i\nu t)+\exp(-2\pi i\nu t)]\left|\boldsymbol{r}\right|\cos\theta \tag{4.4}$$

其中 θ 是 $\boldsymbol{E}_0$ 和 $\boldsymbol{r}$ 之间的夹角。

在电场中，带电荷 e 的经典粒子移动一小距离 d$\boldsymbol{r}$，其势能改变为 $\mathrm{d}V=-e\boldsymbol{E}(r)\cdot\mathrm{d}\boldsymbol{r}$(专栏 4.1)。因此，如果场与位置无关，则将粒子从坐标系的原点移动到位置 $\boldsymbol{r}$，经典能改变$-e\boldsymbol{E}\cdot\boldsymbol{r}$。在量子力学中，如果用波函数 Ψ 描述电子，假设电场不改变波函数本身，则与均匀场的作用使电子的势能改变为 $-\langle\Psi|\boldsymbol{E}\cdot\boldsymbol{r}|\Psi\rangle$。

专栏 4.1　偶极子在外电场中的能量

3.1 节讨论了带电粒子在源自另一电荷的电场中的能量。同样的考虑也适用于在外电场(如电容器极板之间的电场)中的一组带电粒子。考虑一对平行、带相反电荷并以一个小间隙相隔的极板。极板之间的区域中的场($\boldsymbol{E}$)垂直于极板，从正极板指向负极板，并且(如果距离极板的边缘足够远)与位置无关。静电势(V_{elec})因而从负极板到正极板线性增加。将坐标系的原点放在负极板的中心，相对于此处的电势表示为 $V_{\mathrm{elec}}(r)$。粒子 i 的静电能在平板电场中的改变为

$$\boldsymbol{E}_{q_i,\text{场}}=q_iV_{\mathrm{elec}}(\boldsymbol{r}_i)=-q_i\int_0^{r_i}\boldsymbol{E}\cdot\mathrm{d}\boldsymbol{r}=-q_i\boldsymbol{E}\cdot\boldsymbol{r}_i \tag{B4.1.1}$$

其中 q_i 和 $\boldsymbol{r}_i$ 分别是粒子的电荷和位置。

将极板之间的所有带电粒子相加，得出粒子与外电场相互作用的总能量：

$$\boldsymbol{E}_{Q,场} = -\sum_i q_i \boldsymbol{E}\cdot \boldsymbol{r}_i = -\boldsymbol{E}\cdot(\boldsymbol{R}Q + \sum_i q_i \boldsymbol{r}_i^0)$$
$$= -\boldsymbol{E}\cdot(\boldsymbol{R}Q + \boldsymbol{\mu}) \tag{B4.1.2}$$

其中 Q 是体系的净电荷($\sum q_i$)；$\boldsymbol{R}$ 是电荷中心，定义为

$$\boldsymbol{R} = \frac{1}{Q}\sum_i \boldsymbol{r}_i q_i \tag{B4.1.3}$$

$\boldsymbol{r}_i^0$ 是电荷 i 与电荷中心的相对位置($\boldsymbol{r}_i^0 = \boldsymbol{r}_\mathrm{i} - \boldsymbol{R}$)；$\boldsymbol{\mu}$ 是电荷体系的电偶极子或电偶极矩：

$$\boldsymbol{\mu} = \sum_i q_i \boldsymbol{r}_i^0 \tag{B4.1.4}$$

在此处使用的约定中，具有相反符号的一对电荷的偶极子从负电荷指向正电荷。

在本章后面部分将表明，式(B4.1.2)中的 $\boldsymbol{R}Q$ 项不出现在分子与光的振荡场的相互作用中，因此坐标系的选择对于这些相互作用无关紧要。如果令电荷中心为坐标系原点，或者如果净电荷(Q)为零，则对于静态场而言，$\boldsymbol{R}Q$ 项也会消失。在这些情况下，可以简单地将 $\boldsymbol{\mu}$ 写成

$$\boldsymbol{\mu} = \sum_i q_i \boldsymbol{r}_i \tag{B4.1.5}$$

在式(4.4)中有几个近似。除了以经典方法处理光之外，还忽略了辐射场的磁组分。这个近似通常都是可以接受的，因为电场效应通常远大于磁场效应。在第 5 章讨论吸收和发射的量子理论时将回到这一点，而在第 9 章讨论圆二色性时将再回到这一点。这里还假设 $\boldsymbol{E}_0$ 与分子轨道内电子的位置无关。对于大多数分子生色团来说，这也是一个合理的近似，因为典型的分子生色团相较可见光的波长(～5000 Å)是很小的。但是，在坐标系原点将场强用泰勒级数展开，就可以考虑场随位置的变化。对于在 z 方向上偏振的光，给出

$$\tilde{\mathrm{H}}'(x,y,z,t) = -ez\left\{\left|\boldsymbol{E}(t)\right|_{x,y=0} + \left[x\left(\frac{\partial\left|\boldsymbol{E}(t)\right|}{\partial x}\right)_{x,y=0} + y\left(\frac{\partial\left|\boldsymbol{E}(t)\right|}{\partial y}\right)_{x,y=0}\right] + \cdots\right\} - \cdots \tag{4.5}$$

这个展开式中的首项表示偶极子相互作用；随后的项表示量级通常较小的四极子、八极子和更高阶的相互作用(专栏 4.2 和图 4.1)。

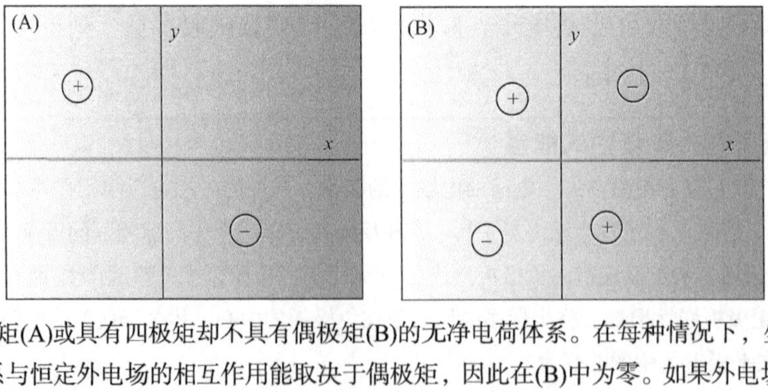

图 4.1 具有偶极矩(A)或具有四极矩却不具有偶极矩(B)的无净电荷体系。在每种情况下，坐标系的原点都在电荷的中心。体系与恒定外电场的相互作用能取决于偶极矩，因此在(B)中为零。如果外电场 ($|\boldsymbol{E}|$) 的大小随位置变化，则四极矩变得很重要。此处带阴影背景表示一个强度随着 x 方向的位置而增加的外电场

专栏 4.2　可变外场中一组电荷能量的多极展开

图 4.1(A)和(B)显示了电场($\boldsymbol{E}$)中的两组电荷，这个电场指向 y 方向，并且强度随 x 方向的位置而增加。为简单起见，假设所有电荷都在 xy 平面中，并且场强与 y 坐标无关。可以写出粒子与场相互作用的能量如下：

$$\boldsymbol{E}_{Q,场} = -\sum_i q_i \int_0^{y_i} \boldsymbol{E}(x_i)\cdot \mathrm{d}y \tag{B4.2.1}$$

其中 q_i 和(x_i，y_i)分别是粒子 i 的电荷和位置。求此总和的一个方法是选择电荷中心作为坐标系的原点，并围绕此点将 $\boldsymbol{E}$ 用泰勒级数展开。对于图 4.1 所示的体系，给出：

$$\boldsymbol{E}_{Q,场} = -(\hat{E}\cdot\hat{y})\left[|\boldsymbol{E}|\sum_i y_i q_i + \left(\frac{\partial|\boldsymbol{E}|}{\partial x}\right)\sum_i x_i y_i q_i + \cdots\right] \tag{B4.2.2}$$

其中 $\hat{E}$ 和 $\hat{y}$ 是平行于场和 y 轴的单位矢量，$\boldsymbol{E}$ 及其导数在电荷中心求得。在此图中因子 $\hat{E}\cdot\hat{y}$ 等于+ 1。对于图 4.1(A)所示的一组电荷，式(B4.2.2)括号中的第一项不为零，这些电荷形成一个电偶极子，并在 y 方向上有分量。这一项在图 4.1(B)中的一组电荷中消失，其中一对正、负电荷的贡献抵消了另一对电荷的贡献。如果场是恒定的，则括号中的第二项消失，但如果场强度随 x 改变，则该项不消失。

可以使用矩阵和矩阵运算以更普遍地写出式(B4.2.2)：

$$\begin{aligned}\boldsymbol{E}_{Q,场} &= -\sum_i q_i \boldsymbol{E}(\boldsymbol{r}_i)\cdot \boldsymbol{r}_i = -\boldsymbol{E}\cdot\boldsymbol{R}Q - \boldsymbol{E}\cdot\boldsymbol{\mu} - \mathrm{tr}[\tilde{\nabla}\boldsymbol{E}\cdot\boldsymbol{\Theta}] + \cdots \\ &= V_{\mathrm{elec}}(\boldsymbol{R})Q - \boldsymbol{E}\cdot\boldsymbol{\mu} - \mathrm{tr}[\tilde{\nabla}\boldsymbol{E}\cdot\boldsymbol{\Theta}] + \cdots\end{aligned} \tag{B4.2.3}$$

其中 $\boldsymbol{R}$ 仍是电荷中心，$\boldsymbol{E}$ 及其导数在此处求得；Q 是体系的总电荷；$V_{\mathrm{elec}}(\boldsymbol{R})$是 $\boldsymbol{R}$ 处的静电势；μ 是相对 $\boldsymbol{R}$ 计算得到的电偶极子，如式(B4.1.4)所示(或以任何坐标系，如果 Q 为零)；$\boldsymbol{\Theta}$ 是一个称为电荷体系的电四极矩的矩阵(见下文)；$\tilde{\nabla}\boldsymbol{E}$ 是 $\boldsymbol{E}$ 的梯度，tr[$\tilde{\nabla}\boldsymbol{E}\cdot\boldsymbol{\Theta}$]表示矩阵乘积 $\tilde{\nabla}\boldsymbol{E}\cdot\boldsymbol{\Theta}$ 的迹。(有关矢量的梯度、两个矩阵的乘积以及矩阵的迹等定义参见附录 A.2。)

式(B4.2.3)是一组电荷与外场相互作用的多极子展开式。右边第一项[$V_{\mathrm{elec}}(\boldsymbol{R})Q$]是体系的净电荷与电荷中心电势的相互作用。第二项($-\boldsymbol{E}\cdot\boldsymbol{\mu}$)描述了偶极矩与外场的相互作用，而第三项($-\mathrm{tr}[\tilde{\nabla}\boldsymbol{E}\cdot\boldsymbol{\Theta}]$)则描述了四极矩与外场梯度的相互作用。省略号表示电子八极矩和高阶项与 $\boldsymbol{E}$ 的逐步高阶导数的相互作用。在光谱学中见到的大多数情况中，这些高阶项相对于式(B4.2.3)中的已给出项是非常小的，甚至与偶极项相比，四极项通常也可以忽略不计。

一个电荷体系的四极矩的矩阵元定义为

$$\boldsymbol{\Theta}_{\alpha,\beta} = \sum_i q_i r_{\alpha(i)} r_{\beta(i)} \tag{B4.2.4}$$

其中 $r_{\alpha(i)}$和 $r_{\beta(i)}$表示电荷 i 关于电荷中心的 x，y 或 z 坐标。例如，令 α 和 β 分别为 x 和 y 或 z 的 1、2 或 3，则 $\Theta_{1,2}=\sum q_i x_i y_i$ ，$\Theta_{3,1}=\sum q_i z_i x_i$ 。注意 $\Theta_{\alpha,\beta}=\Theta_{\beta,\alpha}$，所以 Θ 是对称的。

用附录 A.2 中给出的矩阵运算方法，式(B4.2.3)中的四极项可变成

$$\begin{aligned}\mathrm{tr}[\tilde{\nabla}\boldsymbol{E}\cdot\boldsymbol{\Theta}] &= \sum_{\boldsymbol{i}}\sum_{\boldsymbol{\alpha}}\sum_{\boldsymbol{\beta}} r_{\alpha(i)} r_{\beta(i)} \partial E_\alpha / \partial r_\beta \\ &= \sum_i \left(x_i x_i \frac{\partial E_x}{\partial x} + y_i x_i \frac{\partial E_y}{\partial x} + z_i x_i \frac{\partial E_z}{\partial x} + x_i y_i \frac{\partial E_x}{\partial y} + y_i y_i \frac{\partial E_y}{\partial y} \right. \\ &\quad \left. + z_i y_i \frac{\partial E_z}{\partial y} + x_i z_i \frac{\partial E_x}{\partial z} + y_i z_i \frac{\partial E_y}{\partial z} + z_i z_i \frac{\partial E_z}{\partial z} \right)\end{aligned} \tag{B4.2.5}$$

如果外场沿 y 轴取向且其大小仅取决于 x，如图 4.1 所示，则该表达式可简化为

$$\text{tr}[\tilde{\nabla}\boldsymbol{E}\cdot\boldsymbol{\Theta}]=\sum_i q_i y_i x_i \partial|\boldsymbol{E}|/\partial x \tag{B4.2.6}$$

这与式(B4.2.2)右边方括号中的第二项相同。

4.2 吸收速率与受激发射速率

假设在光照之前电子处于由波函数 Ψ_a 所描述的态。有振荡辐射场存在时，无微扰体系的薛定谔方程的这一解以及其他解都变得不令人满意；它们不再代表定态。但是可以将电场存在时的电子波函数表示为原始波函数的线性组合，即 $C_a\Psi_a + C_b\Psi_b + \cdots$，其中系数 C_k 是时间的函数[式(2.55)]。只要体系仍处在 Ψ_a，则 $C_a = 1$，所有其他系数都为零；但是，如果微扰足够强，则 C_a 会随时间而减小，而 C_b 或其他一个或多个系数会增大。将式(4.1)和式(4.2)代入式(2.62)中，可以找到 C_b 的预期增长速率：

$$\partial C_b/\partial t=(i/\hbar)\exp[i(E_b-E_a)t/\hbar][\exp(2\pi i\nu t)+\exp(-2\pi i\nu t)]\boldsymbol{E}_0\cdot\langle\psi_b|\tilde{\mu}|\psi_a\rangle \tag{4.6a}$$

$$=(i/\hbar)\{\exp[i(E_b-E_a+h\nu)t/\hbar]+\exp[i(E_b-E_a-h\nu)t/\hbar]\}\boldsymbol{E}_0\cdot\langle\psi_b|\tilde{\mu}|\psi_a\rangle \tag{4.6b}$$

其中 E_a 和 E_b 分别是态 a 和 b 的能量。

对式(4.6b)从时间 $t=0$ 到 τ 进行积分[式(2.63)]，再求得 $|C_b(\tau)|^2$，则可以得出电子在 τ 时刻从 Ψ_a 跃迁到 Ψ_b 的概率。式(4.6b)的积分很简单，并给出以下结果：

$$C_b(\tau)=\left\{\frac{\exp[i(E_b-E_a+h\nu)\tau/\hbar]-1}{E_b-E_a+h\nu}+\frac{\exp[i(E_b-E_a-h\nu)\tau/\hbar]-1}{E_b-E_a-h\nu}\right\}\boldsymbol{E}_0\cdot\langle\psi_b|\tilde{\mu}|\psi_a\rangle \tag{4.7}$$

注意到式(4.7)花括号中的两个分数仅在 $h\nu$ 项的符号上有所不同。假设 $E_b>E_a$，这意味着 Ψ_b 在能量上高于 Ψ_a。当 $E_b-E_a=h\nu$ 时，花括号中第二项的分母变为零。该项的分子是一个复数，但是当 $E_b-E_a=h\nu$ 时，其大小也变为零，并且分子与分母之比变为 $i\tau/\hbar$(专栏 4.3)。另一方面，如果 $E_b<E_a$(如果 Ψ_b 在能量上低于 Ψ_a)，则当 $E_a-E_b=h\nu$ 时，花括号中第一项的分子与分母之比变为 $i\tau/\hbar$。如果 $|E_b-E_a|$ 与 $h\nu$ 非常不同，则两个项都将很小。(对于 E_a、E_b 或 $h\nu$ 的任何值，分子的大小都不会超过 2，而分母通常很大。)因此，如果 $h\nu$ 接近两态之间的能量差，则会发生某些特殊情况。我们很快就会看到，式(4.7)花括号中的第二项当 $E_b-E_a=h\nu$ 时代表光吸收，而第一项当 $E_a-E_b=h\nu$ 时代表诱导或受激光发射。受激发射是一种向下的电子跃迁，发出光，与吸收正好相反。

专栏 4.3 当 y 趋于 0 时函数[exp(iy) − 1]/y 的表现

为了考察 $h\nu\approx|E_b-E_a|$ 时式(4.7)的表现，设 $y=(E_b-E_a-h\nu)\tau/\hbar$。则吸收项为

$$\frac{\exp[i(E_b-E_a-h\nu)\tau/\hbar]-1}{E_b-E_a-h\nu}=\left[\frac{\exp(iy)-1}{y}\right]\frac{\tau}{\hbar}=\left(\frac{1+iy-y^2/2!+\cdots-1}{y}\right)\frac{\tau}{\hbar} \tag{B4.3.1}$$

当 y 接近零时，它变为 $i\tau/\hbar$。或者可以写为

$$\left[\frac{\exp(iy)-1}{y}\right]\frac{\tau}{\hbar}=\left[\frac{\cos(y)+i\sin(y)-1}{y}\right]\frac{\tau}{\hbar} \tag{B4.3.2}$$

当 y 变为零时，该式也变为 $i\tau/\hbar$。$i\tau/\hbar$ 是虚数这一事实在这里没有特别的意义，因为这里关注的是 $|C_b(\tau)|^2$。

式(4.7)描述了单一频率(ν)的光效应。正如第 3 章所讨论的那样，光总是包含具有一定频率范围的多个振荡模式。这些单独模式引起的激发速率是可累加的。因此，为了获得总的激发速率，必须在所有辐射频率上对$|C_b(\tau)|^2$进行积分。除非积分区域包括了 $h\nu=|E_b-E_a|$的频率，否则积分值将非常小。这意味着可以稳妥地从$\nu=0$ 到∞取积分，这样做是很方便的，因为其结果在标准积分表中已有(专栏 4.4)。同样，如上所述，按照 E_b 大于还是小于 E_a，只需要考虑吸收项或受激发射项。将吸收项进行积分，得

$$\int_0^{\infty} C_b^*(\tau,\nu)C_b(\tau,\nu)\rho(\tau,\nu)\rho_\nu \mathrm{d}\nu$$

$$=\int_0^{\infty}\left[(\boldsymbol{E}_0\cdot\langle\psi_b|\tilde{\mu}|\psi_a\rangle)^2\left(\frac{\{\exp[-i(E_b-E_a-h\nu)\tau/\hbar]-1\}\{\exp[i(E_b-E_a-h\nu)\tau/\hbar]-1\}}{(E_b-E_a-h\nu)^2}\right)\rho_\nu(\nu)\right]\mathrm{d}\nu \tag{4.8a}$$

$$=(\boldsymbol{E}_0\cdot\langle\psi_b|\tilde{\mu}|\psi_a\rangle)^2\rho_\nu(\nu_0)\tau/\hbar^2 \tag{4.8b}$$

$$=(\boldsymbol{E}_0\cdot\boldsymbol{\mu}_{ba})^2\rho_\nu(\nu_0)\tau/\hbar^2 \tag{4.8c}$$

其中 $\rho_\nu(\nu)\mathrm{d}\nu$是在频率间隔$\nu$和$\nu+\mathrm{d}\nu$之间的振荡模式数，$\nu_0=(E_b-E_a)/h$，$\boldsymbol{\mu}_{ba}=\langle\psi_b|\tilde{\mu}|\psi_a\rangle$。假设外场在 $h\nu$接近 E_b-E_a 的小频率间隔内基本与ν无关，就可从式(4.8a)的积分中提取因子$(\boldsymbol{E}_0\cdot\boldsymbol{\mu}_{ba})^2\rho_\nu(\nu)$。因此，最终表达式中的因子$\rho_\nu(\nu_0)$与此间隔有关。这个推导的其他详细信息见专栏 4.4。式(4.8c)是一般表达式的一个特例，这个一般表达式通常称为量子力学的黄金定则，在第 2 章中遇到过，并且会在一些情况中再次遇到。

专栏 4.4 函数 $\sin^2x/x^2$ 及其积分

为了求式(4.8a)的值，首先将$(\boldsymbol{E}_0\cdot\boldsymbol{\mu}_{ba})^2\rho_\nu(\nu)$ 项从积分中提出，并如专栏 4.3 所示，令 $s=(E_b-E_a-h\nu)\tau/\hbar$，利用此代换，得到 $\mathrm{d}s=-2\pi\tau\mathrm{d}\nu$ 且积分极限变成从 $s=\infty$到 $s=-\infty$。然后可以求积分如下：

$$\int_{\infty}^{-\infty}\left\{\frac{[\exp(-is)-1][\exp(is)-1]}{s^2(\hbar/\tau)^2(-2\pi\tau)}\right\}\mathrm{d}s=\left(\frac{-\tau}{\pi\hbar^2}\right)\int_{\infty}^{-\infty}\left[\frac{1-\cos(s)}{s^2}\right]\mathrm{d}s$$

$$=\left(\frac{\tau}{\pi\hbar^2}\right)\int_{-\infty}^{\infty}\frac{2\sin(s/2)}{s^2}\mathrm{d}s=\left(\frac{\tau}{\pi\hbar^2}\right)\int_{-\infty}^{\infty}\left[\frac{\sin(s/2)}{(s/2)}\right]^2\mathrm{d}(s/2) \tag{B4.4.1}$$

$$=(\tau/\pi\hbar^2)\pi=\tau/\hbar^2 \tag{B4.4.2}$$

图 4.2 显示了式(B4.4.1)中出现的函数 $\sin^2x/x^2$。此函数有时称为 sinc^2x，在 $x=0$ 处的值为 1，并在 $x=0$ 的两侧迅速下降。但是，光谱是否会如此尖锐，以致仅覆盖 $\sin^2(s/2)/(s/2)^2$ 显著不为零的一小部分区域呢？注意 s 包括能量差($E_b-E_a-h\nu$)和时间(τ)的乘积，并回忆从第 2 章和第 3 章起，此类乘积必须覆盖大约 h 的最小范围。因此，$s/2$ 的延伸必须至少在 $h/2\hbar$ 或 π 的量级上，这将包括积分的相当大一部分。

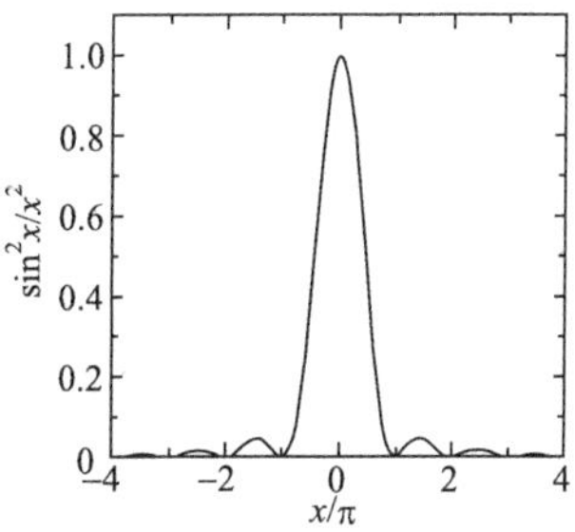

图 4.2 函数 $\sin^2x/x^2$。在式(B4.4.1)中，$x=s/2=(E_b-E_a-h\nu)\tau/2\hbar$

此分析得出了吸收光的共振条件：$h\nu=E_b-E_a$。我们还获得了一个非常通用的表达式，表

示当满足共振条件时，分子从态 a 激发到态 b 的速率[式(4.8c)]。对式(4.7)中的受激发射项进行积分可获得完全相同的结果，只是$\rho_\nu(\nu_0)$指的是 $h\nu = E_b - E_a$ 的频率。我们可能会惊奇地发现，为了获得共振条件，并不必引入具有量子化能量($h\nu$)的光子的概念。这里对光的描述完全是经典的。尽管 $h\nu$与$|E_b - E_a|$匹配的要求是量子力学结果，但由于吸收体的态的量子化而不是光的量子化，这个结果还是在此处的处理中出现了。但是，在第 5 章中将要看到，通过考虑量子化辐射场的全量子力学处理，可以获得相同的结果。

式(4.7)具有一个奇怪的特征，当$|E_b - E_a| \approx h\nu$时，$C_b(\tau)$与$-i\tau/\hbar$成正比(专栏 4.3)。这意味着概率密度$|C_b(\tau)|^2$与τ^2成比例，至少在体系仍最有可能处于态 Ψ_a 的短时间内是如此。换句话说，体系跃迁到态 Ψ_b 的概率随时间呈二次方增加！相比之下，式(4.8b)和式(4.8c)表示体系进行跃迁的概率随时间线性增长，这似乎与通常的观测更为一致。式(4.7)预测的二次时间相关性是由于考虑了单频光，或者等效地，考虑了 $E_b - E_a$ 值单一而明确的体系。在频率分布上积分得到式(4.8)。考虑大量能隙分布靠近 $h\nu$ 的分子，或者考虑 $E_b - E_a$ 随时间快速涨落的单个分子，就可以获得相同的对 τ 的线性依赖。在第 11 章中将要看到，期望的吸收动力学实际上在很短的时间尺度上是非线性的，尽管其非线性程度取决于体系与周围环境的涨落相互作用。

4.3 跃迁偶极子与跃迁偶极强度

在式(4.8c)中表示为 $\boldsymbol{\mu}_{ba}$ 的矩阵元$\langle\psi_b|\tilde{\mu}|\psi_a\rangle$称为跃迁偶极子。跃迁偶极子是矢量，其量值的单位是电荷乘以距离。注意，$\boldsymbol{\mu}_{ba}$与$\langle\psi_a|\tilde{\mu}|\psi_a\rangle$或$\boldsymbol{\mu}_{aa}$不同，后者是轨道$\psi_a$中的电子对分子的永久偶极子的贡献。分子的总电偶极子由一系列对应分子中所有带电粒子(包括电子和原子核)的所有波函数的$\boldsymbol{\mu}_{aa}$的项之和给出。正如在 4.10 节中将要讨论的那样，当体系从ψ_a激发到ψ_b时，永久偶极子的变化($\boldsymbol{\mu}_{bb} - \boldsymbol{\mu}_{aa}$)关系到与周围环境的作用如何影响激发态与基态之间的能量差。另一方面，跃迁偶极子决定与激发相关的吸收带的强度。在基态和激发态的叠加中，跃迁偶极子可以与偶极子的振荡分量关联起来(专栏 4.5)。

专栏 4.5 叠加态的振荡电偶极子

传统上，只有当分子的电偶极子或磁偶极子随时间振荡的频率与外场的振荡频率接近时，能量才可以在分子和振荡的电磁场之间转移；否则，分子与电场的相互作用将平均为零。一个可被其基态和激发态(Ψ_a和 Ψ_b)的叠加态所描述的分子可以具有这样的振荡偶极子，虽然其单态并不具有。图 4.3 以一维箱中电子的前两个本征函数说明了这一点。图 4.3(A)中的点线和虚线显示了在时间 $t = 0$ 时 Ψ_a和 Ψ_b的振幅[式(2.24)和图(2.2)]。实线表示总和($\Psi_a + \Psi_b$)乘以归一化因子 $2^{-1/2}$。因为 Ψ_a和 Ψ_b的含时部分[$\exp(-iE_a t/\hbar)$和 $\exp(-iE_b t/\hbar)$，其中 E_a和 E_b都是纯态的能量]在零时刻都为单位 1，所以此时的叠加态只是波函数的空间部分的和($\psi_a + \psi_b$)。相应的概率函数如图 4.3(C)所示。纯态没有偶极矩，因为在 $x > 0$ 的任何点处的电子密度$(e|\psi(x)|^2)$与 $x < 0$ 的对应点处的电子密度保持平衡，从而使积分$\int e|\psi(x)|^2 x\mathrm{d}x$为零。这种对称性在叠加态中被破坏，对于 x 的负值，叠加态具有更高的电子密度[图 4.3(C)，实线]。

为表明叠加态的偶极矩随时间振荡，考虑在时刻 $t = (1/2)h/(E_b - E_a)$的这些态。对于箱中粒子，第二个本征态的能量是第一个本征态的能量的四倍，$E_b = 4E_a$[式(2.25)]，所以$(1/2)h/(E_b - E_a) = (1/6)h/E_a$。此时的各个波函数同时具有实部和虚部。对于较低能量态，通过关系式 $\exp(-i\theta) = \cos\theta - i\sin\theta$ 发现

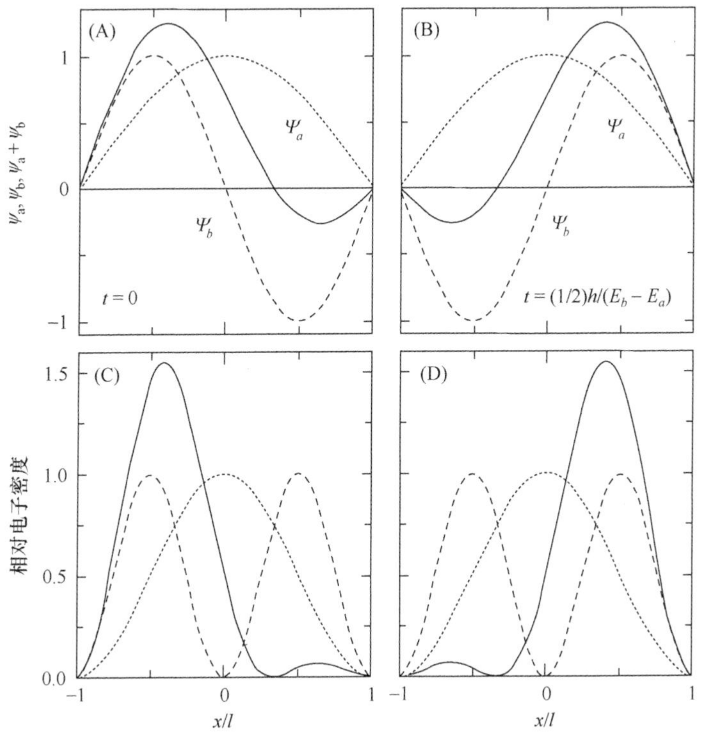

图 4.3　两个纯态和一个叠加态的波函数振幅(A)、(B)和概率密度(C)、(D)。点线和虚线是单位长度的一维箱中电子的前两个本征态，如式(2.24)所示，其中 $n = 1$ 或 2(分别为 Ψ_a 和 Ψ_b)。实线是其叠加 $2^{-1/2}(\Psi_a + \Psi_b)$。(A)、(C)当所有波函数都是实数时，在时间 $t = 0$ 时，波函数的正、负振幅和概率密度。(B)、(D)在时间 $t = (1/2)h/(E_b - E_a)$时的相应函数，其中 E_a 和 E_b 是纯态的能量

$$\begin{aligned}\Psi_a(x,t) &= \psi_a(x)\exp(-iE_a t/\hbar) = \psi_a(x)\exp(-iE_a h/6E_a\hbar) = \psi_a(x)\exp(-i\pi/3) \\ &= \psi_a(x)\left[\cos(\pi/3) - i\sin(\pi/3)\right]\end{aligned} \tag{B4.5.1}$$

对于较高能量态，其振荡速度比低能态快四倍，则

$$\begin{aligned}\Psi_b(x,t) &= \psi_b(x)\exp(-iE_b t/\hbar) = \psi_b(x)\exp(-i4\pi/3) \\ &= \psi_b(x)[\cos(4\pi/3) - i\sin(4\pi/3)] = -\psi_b(x)[\cos(\pi/3) - i\sin(\pi/3)]\end{aligned} \tag{B4.5.2}$$

因为 $\cos(4\pi/3) = -\cos(\pi/3)$，$\sin(4\pi/3) = -\sin(\pi/3)$，所以 ψ_b 相对于 ψ_a 改变了符号。因此，在 $t = (1/2)h/(E_b - E_a)$ 处的叠加态的波函数为

$$2^{-1/2}[\Psi_a(x,t) + \Psi_b(x,t)] = 2^{-1/2}[\psi_a(x) - \psi_b(x)][\cos(\pi/3) - i\sin(\pi/3)] \tag{B4.5.3}$$

这与零时刻的叠加态不同，因为它取决于 $\psi_a(x)$和 $\psi_b(x)$之差，而不是它们之和[图 4.3(B)]。考察图 4.3(D)中的电子密度函数可知，叠加态的电偶极子与其在 $t = 0$ 时的取向方向相反。

当 Ψ_a 和 Ψ_b 的含时部分的相位分别为 $2\pi/3$ 和 $8\pi/3$ 时，叠加态的波函数在 $t = h/(E_b - E_a)$时返回其初始形状。因此，$\Psi_a + \Psi_b$ 的空间部分在 ψ_a 和 ψ_b 的对称和反对称组合($\psi_a + \psi_b$ 和 $\psi_a - \psi_b$)之间振荡，周期为 $h/(E_b - E_a)$，并且电偶极子也一致地振荡。

可以将叠加态的振荡偶极子的振幅与跃迁偶极子($\boldsymbol{\mu}_{ba}$)进行如下关联。对于 $\Psi_k = \psi_k \exp(-iE_k t/\hbar)$的叠加态 $C_a\Psi_a + C_b\Psi_b$，偶极子的期望值为

$$\langle C_a\Psi_a + C_b\Psi_b|\tilde{\mu}|C_a\Psi_a + C_b\Psi_b\rangle$$
$$= |C_a|^2\langle\Psi_a|\tilde{\mu}|\Psi_a\rangle + |C_b|^2\langle\Psi_b|\tilde{\mu}|\Psi_b\rangle + C_a^*C_b\langle\Psi_a|\tilde{\mu}|\Psi_b\rangle + C_b^*C_a\langle\Psi_b|\tilde{\mu}|\Psi_a\rangle$$
$$= |C_a|^2\boldsymbol{\mu}_{aa} + |C_b|^2\boldsymbol{\mu}_{bb} + C_a^*C_b\boldsymbol{\mu}_{ab}\exp[i(E_a - E_b)t/\hbar] + C_b^*C_a\boldsymbol{\mu}_{ba}\exp[i(E_b - E_a)t/\hbar] \tag{B4.5.4a}$$
$$= |C_a|^2\boldsymbol{\mu}_{aa} + |C_b|^2\boldsymbol{\mu}_{bb} + 2\mathrm{Re}\{C_bC_a\boldsymbol{\mu}_{ab}\exp[i(E_a - E_b)t/\hbar]\} \tag{B4.5.4b}$$

这里使用了等式 $\theta + \theta^* = 2\mathrm{Re}(\theta)$，其中 $\mathrm{Re}(\theta)$是复数 θ 的实部。式(B4.5.4b)表明，叠加态的偶极矩包含一个以 $h/|E_b - E_a|$为周期进行正弦振荡的分量，并且该分量的振幅与 $\boldsymbol{\mu}_{ba}$成比例。

现在假设处于叠加态的分子暴露于光的振荡电场($\boldsymbol{E}$)。如果光的频率与振荡分子偶极子的频率($|E_b - E_a|/h$) 完全不同，则分子与辐射场的相互作用平均为零。另一方面，如果这两个频率匹配并且相位相同，则相互作用能正比于 $\boldsymbol{\mu}_{ba}\cdot\boldsymbol{E}$，并且通常不为零。因此，叠加态的振荡偶极子似乎使光的吸收对共振条件和对 $\boldsymbol{\mu}_{ba}$的依赖关系都得到了合理化。但是，这一论点有点问题，即除了与 $\boldsymbol{\mu}_{ba}$成比例之外，叠加态的振荡偶极子还取决于系数 C_a和 C_b的乘积[式(B4.5.4b)]。如果已知体系处于基态，则 $C_b = 0$，且振荡偶极子的振幅为零。在 4.2 节中介绍的微扰处理则不会遇到这个难题，并且确实预测当 $C_a = 1$ 和 $C_b = 0$ 时吸收速率将达到最大。在第 10 章中讨论电磁辐射场对介质的极化时将解决这一明显的矛盾。

永久偶极矩和跃迁偶极矩的大小通常以德拜(deb)为单位表示，德拜(Debye)因提出偶极矩如何测量及如何与分子结构关联而获得 1936 年诺贝尔化学奖。1 deb 在 cgs 单位制中为 10^{-18} esu · cm，在 MKS 单位制中为 3.336×10^{-30} C · m。因为电子的电荷为-4.803×10^{-10} esu，且 1 Å = 10^{-8} cm，所以一对相距 1 Å 的正、负基本电荷的偶极矩为 4.803 deb。

根据式(4.8c)，吸收强度正比于 $\boldsymbol{\mu}_{ba}$大小的平方，后者称为偶极强度(D_{ba})：

$$D_{ba} = |\boldsymbol{\mu}_{ba}|^2 = |\langle\psi_b|\tilde{\mu}|\psi_a\rangle|^2 \tag{4.9}$$

偶极强度是一个单位为 deb^2 的标量。

假设样品被辐照度为 I 的光束激发，而 I 的定义如第 3 章所述，则 $I\Delta\nu$ 是在频率区间$\Delta\nu$中穿过一个面积为 1 cm^2 的平面的能量通量(如单位为 $\mathrm{J\cdot s^{-1}}$)。根据式(1.1)和式(1.2)，光强度将降低 $IC\varepsilon l\ln(10)$，其中 C 是吸收分子的浓度($\mathrm{mol\cdot L^{-1}}$)，l 是样品的厚度(cm)，ε 是在频率间隔$\Delta\nu$内的摩尔吸光系数($\mathrm{L\cdot mol^{-1}\cdot cm^{-1}}$)。因此，面积 1 cm^2 的样品在频率间隔$\Delta\nu$的吸收能量速率为

$$\mathrm{d}E/\mathrm{d}t = I\Delta\nu C\varepsilon l\ln(10) \tag{4.10}$$

现在假设 ε 在整个频率间隔$\Delta\nu$中具有恒定值，而在其他所有位置均为零，则式(4.10)必须考虑样品对光的所有吸收。另一方面，式(4.8c)表示分子被激发的速率为每秒$(\boldsymbol{E}_0\cdot\boldsymbol{\mu}_{ba})^2N_g\rho_\nu(\nu)/\hbar^2$个分子，其中 N_g 是被照射区域中处于基态的分子数。通过结合这两个表达式，可以将摩尔吸光系数(实验可测量的量)与跃迁偶极子($\boldsymbol{\mu}_{ba}$)和偶极强度 ($|\boldsymbol{\mu}_{ba}|^2$) 相关联。

令光束的横截面积为 1 cm^2，则目标照明区域的体积为 $l\,\mathrm{cm}^3$，并且在此体积内的分子总数为 $N = 10^{-3}lCN_\mathrm{A}$，其中 N_A 为阿伏伽德罗常量。通常可以用 N 代替基态的分子数(N_g)，因为在大多数使用连续光源的测量中，光强度足够低，激发态的衰减足够快，所以基态的损耗可忽略不计。因此，式(4.10)可以重写为 $\mathrm{d}E/\mathrm{d}t = I\Delta\nu 10^3\ln(10)\varepsilon N/N_\mathrm{A}$。

式(4.8c)中的点积 $\boldsymbol{E}_0\cdot\boldsymbol{\mu}_{ba}$ 取决于光的电场矢量($\boldsymbol{E}_0$)与分子跃迁偶极矢量($\boldsymbol{\mu}_{ba}$)之间的夹角的余弦，而这个夹角通常随样品分子的变化而变化。要找到$(\boldsymbol{E}_0\cdot\boldsymbol{\mu}_{ba})^2$的平均值，想象一个直角坐标系，其中 z 轴平行于 $\boldsymbol{E}_0$。x 轴和 y 轴可任意选择，只要它们垂直于 z 轴且彼此垂直。在

此坐标系中，单个分子的矢量 $\boldsymbol{\mu}_{ba}$ 可以写成(μ_x，μ_y，μ_z)，其中 $\mu_z = \boldsymbol{E}_0 \cdot \boldsymbol{\mu}_{ba} / |\boldsymbol{E}_0|$，$\mu_x^2 + \mu_y^2 + \mu_z^2 = |\boldsymbol{\mu}_{ba}|^2$。如果样品是各向同性的(如吸收分子没有优先的取向选择)，则 μ_x^2、μ_y^2 和 μ_z^2 的平均值必然都相同，而且必然是 $|\boldsymbol{\mu}_{ba}|^2/3$。因此，各向同性样品的 $(\boldsymbol{E}_0 \cdot \boldsymbol{\mu}_{ba})^2$ 平均值为

$$\overline{(\boldsymbol{E}_0 \cdot \boldsymbol{\mu}_{ba})^2} = (1/3)|\boldsymbol{E}_0|^2 |\boldsymbol{\mu}_{ba}|^2 \tag{4.11}$$

此结果也可以通过专栏 4.6 中描述的更通用的方法获得。

专栏 4.6 各向同性体系的偶极子与外场相互作用的均方能

$(\boldsymbol{E}_0 \cdot \boldsymbol{\mu}_{ba})^2$ 的平均值为 $|\boldsymbol{E}_0|^2 |\boldsymbol{\mu}_{ba}|^2 \overline{\cos^2\theta}$，其中 θ 是单个吸收分子的 $\boldsymbol{E}_0$ 和 $\boldsymbol{\mu}_{ba}$ 之间的夹角，而 $\overline{\cos^2\theta}$ 表示体系中所有分子的 $\cos^2\theta$ 平均值。各向同性体系中 $\cos^2\theta$ 的平均值可以将 θ 表示为矢量 $\boldsymbol{r}$ 在极坐标中相对 z 轴的角度并将 $\cos^2\theta$ 在球表面进行积分而得到(图 4.4)。

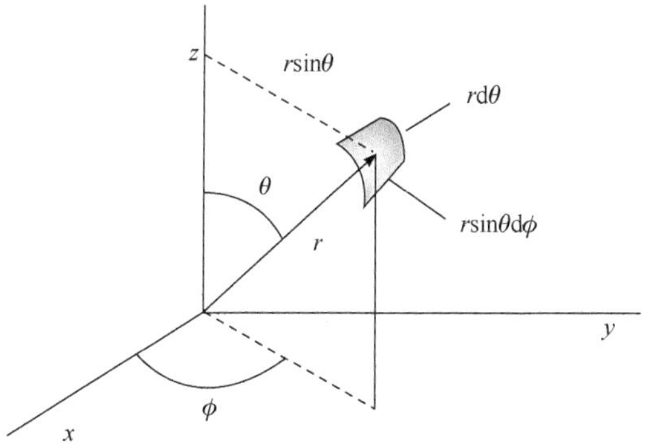

图 4.4 对球表面进行积分可获得 $\cos^2\theta$ 的平均值。箭头表示长度为 r、与特定分子的跃迁偶极子平行的矢量；z 轴是光的偏振轴。球面上的小面积元的面积为 $r^2\sin\theta \mathrm{d}\phi \mathrm{d}\theta$。此处使用的极坐标通过变换 $z = r\cos\theta$，$x = r\sin\theta\cos\phi$ 和 $y = r\sin\theta\sin\phi$，可以转换为笛卡儿坐标

如果令 r 为 $\boldsymbol{r}$ 的长度，那么这个积分结果为

$$\begin{aligned}\overline{\cos^2\theta} &= \left(r^2 \int_0^{2\pi} \mathrm{d}\phi \int_0^{\pi} \cos^2\theta \sin\theta \mathrm{d}\theta\right) \Big/ \left(r^2 \int_0^{2\pi} \mathrm{d}\phi \int_0^{\pi} \sin\theta \mathrm{d}\theta\right) \\ &= (4\pi/3)/4\pi = 1/3\end{aligned} \tag{B4.6.1}$$

这个表达式中的分母只是相应表面积的积分，而没有用 $\cos^2\theta$ 加权被积式。尽管看起来比文中给出的式(4.11)的论证更麻烦，但此分析展示了一种更通用的方法，可用于处理与荧光偏振相关的问题(第 5 章和第 10 章)。

如果现在利用式(3.34)将 $|\boldsymbol{E}_0|^2$ 与辐照度(I)关联，但仍然考虑各向同性样品，式(4.11)将变为

$$\overline{(\boldsymbol{E}_0 \cdot \boldsymbol{\mu}_{ba})^2} \rho_\nu(\nu) = (2\pi f^2 / 3cn)|\mu_{ba}|^2 I = (2\pi f^2 / 3cn) D_{ba} I \tag{4.12}$$

其中 c 是真空中的光速，n 是溶液的折射率，f 是局域场校正因子。因此，激发速率为

$$-\mathrm{d}N_\mathrm{g} / \mathrm{d}t = 10^{-3} lCN_\mathrm{A} (2\pi f^2 / 3cn\hbar^2) D_{ba} I \text{ 分子} \cdot \mathrm{s}^{-1} \cdot \mathrm{cm}^{-2} \tag{4.13}$$

因为每次激发都使一个分子的能量增加 $E_b - E_a$ 或 $h\nu$，所以能量从辐射场转移到样品的速率必定是

$$\mathrm{d}E / \mathrm{d}t = 10^{-3} h\nu lCN_\mathrm{A} (2\pi f^2 / 3cn\hbar^2) D_{ba} I \tag{4.14}$$

最后，将 dE/dt 的两个表达式[式(4.10)和式(4.14)]等同起来，可得

$$D_{ba}=\left[\frac{3000\ln(10)nhc}{8\pi^3 f^2 N_A}\right]\frac{\varepsilon}{\nu}\Delta\nu \tag{4.15}$$

在推导式(4.15)时假设所有基于偶极强度 D_{ba} 的跃迁均发生在较小的频率间隔 $\Delta\nu$ 中，且其中的 ε 恒定。这对原子跃迁是成立的，但对分子却不成立。正如 4.10 节中将要讨论的那样，因为各种核跃迁可以伴随电子激发进行，分子吸收带会变宽。为了将所有这些跃迁考虑在内，必须将 D_{ba} 与吸收带的积分关联起来：

$$D_{ba}=\left[\frac{3000\ln(10)hc}{8\pi^2 N_A}\right]\int\frac{n\varepsilon}{f^2\nu}d\nu\approx 9.186\times10^{-3}\left(\frac{n}{f^2}\right)\int\frac{\varepsilon}{\nu}d\nu\quad\frac{\text{deb}^2}{\text{L}\cdot\text{mol}^{-1}\cdot\text{cm}^{-1}} \tag{4.16a}$$

或

$$\int\frac{\varepsilon}{\nu}d\nu\approx\left(\frac{f^2}{n}\right)\left[\frac{4\pi^2 N_A}{3000\ln(10)\hbar c}\right]|\boldsymbol{\mu}_{ba}|^2=108.86\left(\frac{f^2}{n}\right)|\boldsymbol{\mu}_{ba}|^2\quad\frac{\text{L}\cdot\text{mol}^{-1}\cdot\text{cm}^{-1}}{\text{deb}^2} \tag{4.16b}$$

式(4.16a)和式(4.16b)中的物理常数和转换因子的值在专栏 4.7 中给出。积分 $\int(\varepsilon/\nu)d\nu$ 与 $\int(\varepsilon/\lambda)d\lambda$ 或 $\int\varepsilon d\ln\lambda$ 相同，其中 λ 是波长；ν 或 λ 的单位无关紧要，因为它们在积分中抵消。

专栏 4.7　光吸收的物理常数和转换因子

式(4.16a)和式(4.16b)中的物理常数值为：

$N_A = 6.0222\times10^{23}$ 分子 · mol^{-1}

$\hbar = 1.0546\times10^{-27}\,\text{erg}\cdot\text{s} = 6.5821\times10^{-27}\,\text{eV}\cdot\text{s}$

$c = 2.9979\times10^{10}\,\text{cm}\cdot\text{s}^{-1}$

$\ln10 = 2.302\,59$

$1\,\text{deb} = 10^{-18}\,\text{esu}\cdot\text{cm}$

$1\,\text{dyn} = 1\,\text{esu}^2\cdot\text{cm}^{-2}$

$4\pi^2 = 39.4784$

$1\,\text{erg} = 1\,\text{dyn}\cdot\text{cm} = 1\,\text{esu}^2\cdot\text{cm}^{-1}$

如果 $\boldsymbol{\mu}_{ba}$ 以 deb 给出，则

$$\left[\frac{4\pi^2 N_A}{3000\ln(10)\hbar c}\right]|\boldsymbol{\mu}_{ba}|^2$$

$$=\frac{39.4784\times\left(6.0222\times10^{23}\,\frac{\text{分子}}{\text{mol}}\right)\times\left(|\boldsymbol{\mu}_{ba}|^2\,\frac{\text{deb}^2}{\text{分子}}\right)\times\left(10^{-36}\,\frac{\text{esu}^2\cdot\text{cm}^2}{\text{deb}^2}\right)}{3\times\left(10^3\,\frac{\text{cm}^3}{1}\right)\times2.302\,59\times(1.0546\times10^{-27}\,\text{erg}\cdot\text{s})\times\left(2.9979\times10^{10}\,\frac{\text{cm}}{\text{s}}\right)\times\left(1\,\frac{\text{esu}^2}{\text{erg}\cdot\text{cm}}\right)}$$

$$=108.86\,\text{mol}^{-1}\cdot\text{cm}^{-1}\cdot\text{L}=108.86\,\text{L}\cdot\text{mol}^{-1}\cdot\text{cm}^{-1}$$

如果利用 f[式(3.35)]和 $n = 1.33$(水的折射率)的空腔场表达式，则因子 (f^2/n) 变成 $9n^3/(2n^2+1)^2 = 1.028$。

假设折射率(n)和局域场校正因子(f)在吸收带的光谱区域内基本恒定，因此可以从式(4.16a)的积分中提取比值 n/f^2。如第 3 章所述，f 取决于分子的形状和极化，且通常无法独立测量。如果将洛伦兹表达式[式(3.36)]用于 f，如某些学者所建议的那样[1, 2]，则式(4.16a)变为

$$D_{ba}=9.186\times10^{-3}\frac{9n}{(n^2+2)^2}\int\frac{\varepsilon}{\nu}\mathrm{d}\nu\ \ \mathrm{deb}^2 \tag{4.17a}$$

使用空腔场表达式[式(3.35)]得到

$$D_{ba}=9.186\times10^{-3}\frac{(2n^2+1)^2}{9n^3}\int\frac{\varepsilon}{\nu}\mathrm{d}\nu\ \ \mathrm{deb}^2 \tag{4.17b}$$

Myers 和 Birge[3]给出了依赖于生色团形状的 n/f^2 的其他表达式。

图 4.5 说明了式(4.16a)中的局域场校正因子的处理如何影响利用所测吸收光谱而计算得到的细菌叶绿素 a 的偶极强度[4]。对于此分子，使用洛伦兹校正或仅令 $f=1$ 则导致 D_{ba} 值随 n 系统地变化，而空腔场表达式给出的值几乎与 n 无关。排除可能影响分子轨道的特定溶剂-溶质相互作用(如氢键)后，D_{ba} 应该是对溶剂不敏感的分子内禀性质。因此，尽管该分子的实际形状几乎不是球形，但空腔场表达式对细菌叶绿素还是相当合理的。叶绿素 a 的 D_{ba} 对 n 的依赖性与细菌叶绿素 a 的情形基本相同[5]。

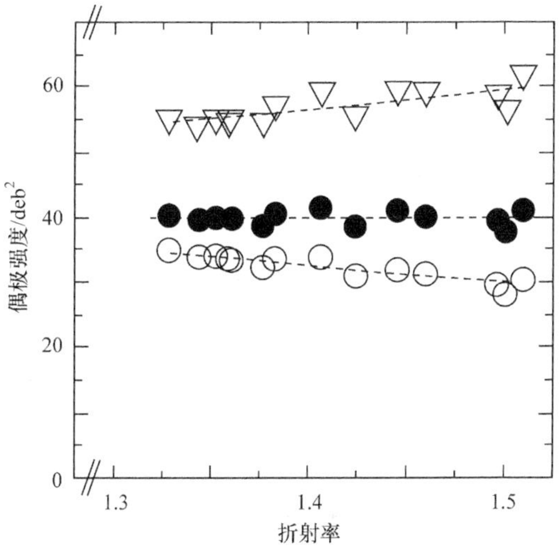

图 4.5　细菌叶绿素 a 的长波吸收带的偶极强度，根据在各种折射率的溶剂中测得的吸收光谱，由式(4.16a)计算得出。对局域场校正因子(f)进行了三种处理：下三角，$f=1.0$(无校正)；实心圆，f 为空腔场因子；空心圆，f 为洛伦兹因子。虚线是数据的最小二乘法拟合。从 Connolly 等测量的光谱[148]转换为偶极强度，如 Alden 等[4]及 Knox 和 Spring[5]所述

吸收带的强度有时用振子强度表示，这个无量纲的量定义为

$$\begin{aligned}\boldsymbol{O}_{ba}&=\frac{8\pi^2 m_{\mathrm{e}}\nu}{3e^2h}D_{ba}\frac{2.303\times10^3 m_{\mathrm{e}}c}{\pi e^2 N_{\mathrm{A}}}\int\left(\frac{n}{f^2}\right)\varepsilon\mathrm{d}\nu\\&\approx1.44\times10^{-19}\int\left(\frac{n}{f^2}\right)\varepsilon\mathrm{d}\nu\end{aligned} \tag{4.18}$$

其中 m_{e} 是电子质量(专栏 3.3)。这里 ν 的单位很重要；式(4.18)中的数值因子针对 ν 以 s^{-1} 为单位。振子强度将能量吸收速率与以同频率(ν)振荡的经典电偶极子的预测速率进行了关联。对于单生色团，最强的电子吸收带的振子强度约为 1。根据库恩-托马斯(Kuhn-Thomas)加和规则，一个分子所有吸收带的振子强度之和等于该分子中电子的总数；但是这个规则通常没有什么

实用价值，因为许多高能吸收带是无法测量的。

吸收带的强度也可以表示为吸收截面(σ)。若 ε 以 $L \cdot mol^{-1} \cdot cm^{-1}$ 为单位，则吸收截面由 $10^{-3}\ln(10)\varepsilon/N_A$ 或 $3.82 \times 10^{-21}\varepsilon$ 给出，其单位为 cm^2。如果入射光强度 I 为光子 $\cdot cm^{-2} \cdot s^{-1}$，且被激发分子可迅速(与激发速率相比)返回基态，则具有吸收截面 σ 的一个分子每秒将被激发 $I\sigma$ 次。该结果与样品中吸收分子的浓度无关，尽管如果浓度增加，则 I 随样品深度而下降得更快。

4.4 计算π分子轨道的跃迁偶极子

分子跃迁的理论偶极强度可以利用原子轨道的线性组合表示激发和未激发体系的分子波函数来计算。讨论关于此计算的例子将有助于认识跃迁偶极子的矢量本质。考虑一个分子，其通常的最高占据分子轨道(HOMO)和最低空轨道(LUMO)均为π轨道。这里可以如同式(2.36)那样来描述这些轨道，即

$$\psi_{\mathrm{h}} \approx \sum_t C_t^{\mathrm{h}} \mathrm{p}_t \quad 和 \quad \psi_{\mathrm{l}} \approx \sum_t C_t^{\mathrm{l}} \mathrm{p}_t \tag{4.19}$$

其中上标 h 和 l 分别代表 HOMO 和 LUMO，在π体系的共轭原子上实施加和，而 p_t 表示原子 t 上的 $2\mathrm{p}_z$ 原子轨道。在基态，ψ_{h} 通常包含两个电子。如果用符号 $\psi_k(j)$ 表示电子 j 在轨道 ψ_k 中，则可以将基态的波函数表示为乘积：

$$\Psi_a = \psi_{\mathrm{h}}(1)\psi_{\mathrm{h}}(2) \tag{4.20}$$

已经剔除了低于 HOMO 的所有填充轨道，并在式(4.20)中省略了这些填充轨道，这是基于一个简化的假设，即这些轨道中的电子不受那些外围电子之一从 HOMO 向 LUMO 移动的影响。显然，这仅代表伴随着激发的电子实际重排的一级近似。

在激发态，电子 1 或电子 2 均可从 HOMO 激发到 LUMO。由于无法区分单个电子，因此激发态的波函数必须以将电子分配给两个轨道的各种可能方式进行组合：

$$\Psi_b = 2^{-1/2}\psi_{\mathrm{h}}(1)\psi_{\mathrm{l}}(2) + 2^{-1/2}\psi_{\mathrm{h}}(2)\psi_{\mathrm{l}}(1) \tag{4.21}$$

同样，已经剔除了低于 HOMO 的所有轨道。现在也忽略两个电子的自旋，并假设在激发期间自旋不发生变化。为基态和激发态写出的波函数都属于单重态，其中电子 1 和 2 的自旋是反平行的(2.4 节)。在 4.9 节中将回到这一点。

利用 Ψ_a 和 Ψ_b 的式(4.20)和式(4.21)，可以将跃迁偶极子简化为包含 HOMO 和 LUMO 的原子坐标以及分子轨道系数 C_t^{h} 和 C_t^{l} 的项之和：

$$\boldsymbol{\mu}_{ba} \equiv \langle \Psi_b|\tilde{\mu}|\Psi_a\rangle = \langle \Psi_b|\tilde{\mu}(1)+\tilde{\mu}(2)|\Psi_a\rangle \tag{4.22a}$$

$$= \langle 2^{-1/2}[\psi_{\mathrm{h}}(1)\psi_{\mathrm{l}}(2)+\psi_{\mathrm{h}}(2)\psi_{\mathrm{l}}(1)]|\tilde{\mu}(1)+\tilde{\mu}(2)|\psi_{\mathrm{h}}(1)\psi_{\mathrm{h}}(2)\rangle \tag{4.22b}$$

$$\begin{aligned} &= 2^{-1/2}\langle \psi_{\mathrm{l}}(1)|\tilde{\mu}(1)|\psi_{\mathrm{h}}(1)\rangle\langle \psi_{\mathrm{h}}(2)|\psi_{\mathrm{h}}(2)\rangle \\ &\quad + 2^{-1/2}\langle \psi_{\mathrm{l}}(2)|\tilde{\mu}(2)|\psi_{\mathrm{h}}(2)\rangle\langle \psi_{\mathrm{h}}(1)|\psi_{\mathrm{h}}(1)\rangle \end{aligned} \tag{4.22c}$$

$$= \sqrt{2}\langle \psi_{\mathrm{l}}(k)|\tilde{\mu}(k)|\psi_{\mathrm{h}}(k)\rangle \approx \sqrt{2}\left\langle \sum_s C_s^l \mathrm{p}_s \middle| \tilde{\mu} \middle| \sum_t C_t^{\mathrm{h}} \mathrm{p}_t \right\rangle \tag{4.22d}$$

$$= \sqrt{2}e\sum_s\sum_t C_s^{\mathrm{l}} C_t^{\mathrm{h}} \langle \mathrm{p}_s|\tilde{\mathrm{r}}|\mathrm{p}_t\rangle \approx \sqrt{2}e\sum_t C_s^{\mathrm{l}} C_t^{\mathrm{h}} \boldsymbol{r}_t \tag{4.22e}$$

其中 $\boldsymbol{r}_i$ 是原子 i 的位置。在此推导中，将偶极算符 $\tilde{\mu}$ 分为两个部分，它们对整体跃迁偶极子具有相同的贡献。一部分，即 $\tilde{\mu}(1)$，仅作用于电子 1，而 $\tilde{\mu}(2)$ 仅作用于电子 2；$\langle\psi_1(2)|\tilde{\mu}(1)|\psi_{\mathrm{h}}(2)\rangle$ 和 $\langle\psi_1(1)|\tilde{\mu}(2)|\psi_{\mathrm{h}}(1)\rangle$ 均为零。推导的最后一步使用了 $\langle\mathrm{p}_t|\tilde{\mathrm{r}}|\mathrm{p}_t\rangle = \boldsymbol{r}_t$ 及对 $s \neq t$ 时的近似 $|\langle\mathrm{p}_s|\tilde{\mathrm{r}}|\mathrm{p}_t\rangle| \approx 0$。

作为一个例子，考虑乙烯，其 HOMO 和 LUMO 可以分别近似地描述为碳 2p 轨道的对称和反对称组合：$\Psi_a = 2^{-1/2}(\mathrm{p}_1 + \mathrm{p}_2)$ 和 $\Psi_b = 2^{-1/2}(\mathrm{p}_1 - \mathrm{p}_2)$ (图 2.7)。相应的吸收带出现在 175 nm 处。式(4.22e)给出了 $(2^{1/2}/2)e(r_1 - r_2) = (2^{1/2}/2)e\boldsymbol{r}_{12}$ 的跃迁偶极子，其中 $\boldsymbol{r}_{12}$ 是从碳 2 到碳 1 的矢量。跃迁偶极子矢量沿 C═C 键取向。如果 $\boldsymbol{r}_{12}$ 以 Å 给出，则计算出的偶极强度为 $D_{ba} = |\boldsymbol{\mu}_{ba}|^2 = (e^2/2)|\boldsymbol{r}_{12}|^2$ 或 $11.53|\boldsymbol{r}_{12}|^2\,\mathrm{deb}^2$。由此结果可以看出，偶极强度或将随着 C═C 键键长的平方而无限增加。但是，如果该键的伸展距离超出了典型的 C═C 键的长度，则此处 HOMO 和 LUMO 的描述，即两个原子 p_z 轨道的对称和反对称组合，就失效了。在较大的原子间距离的极限情形，轨道不再由两个碳原子共享，而是完全局域化在一个或另一个位点。则式(4.22e)给出的偶极强度为零，因为在求和的每个乘积中 C_i^{h} 或 C_i^{l} 为零。

注意到由式(4.22e)计算出的跃迁偶极子尽管具有确定的方向，但将其翻转 180°不会影响吸收光谱，因为吸光系数取决于偶极强度 ($|\boldsymbol{\mu}_{ba}|^2$) 而不是 $\boldsymbol{\mu}_{ba}$ 本身。考虑到光的电场符号在快速振荡，这是合理的。但是，稍后将考虑最好用激发的线性组合来描述跃迁，在这种线性组合中，电子在几个不同的分子轨道对之间移动，而不是简单地从 HOMO 到 LUMO(4.7 节和第 8 章)。因为在这种情况下整个跃迁偶极子是单个激发的加权跃迁偶极子的矢量组合，所以单个贡献的符号就变得重要起来。

4.5　分子对称性与禁阻跃迁和允许跃迁

已经看到乙烯的跃迁偶极子沿着两个碳原子之间的键取向。由于吸收强度取决于 $\boldsymbol{\mu}_{ba}$ 和光电场的点积[式(4.8c)]，因此平行于 C═C 键偏振的光吸收是允许的，而垂直于此键偏振的光吸收是禁阻的。通过考察与跃迁有关的分子轨道的对称性，通常很容易确定一个吸收带是否是允许的，以及如果允许，那么对什么偏振光是允许的。

首先注意到跃迁偶极子取决于位置矢量和两个波函数的振幅这三个量的乘积在整个空间上的积分：

$$\boldsymbol{\mu}_{ba} = \langle\Psi_b|\tilde{\mu}|\Psi_a\rangle = e\langle\Psi_b|\boldsymbol{r}|\Psi_a\rangle \equiv e\int \Psi_b^* \boldsymbol{r}\Psi_a \mathrm{d}\sigma \tag{4.23}$$

在给定的点 $\boldsymbol{r}$ 上，上述三个参量中的每个量都可以有正号或负号，这取决于坐标系原点的选择。但是，分子跃迁偶极子的大小不取决于坐标系的任何特别选择。这在乙烯的情形中应该是很清楚的，因为式(4.22)显示 $|\boldsymbol{\mu}_{ba}|$ 仅取决于碳-碳键的长度 ($|\boldsymbol{r}_{12}|$)，且沿该键取向。更一般地，如果将任何常矢量 $\boldsymbol{R}$ 加 $\boldsymbol{r}$ 来移动原点，则式(4.23)变为

$$\boldsymbol{\mu}_{ba} = e\langle\Psi_b|\boldsymbol{r}+\boldsymbol{R}|\Psi_a\rangle = e\langle\Psi_b|\boldsymbol{r}|\Psi_a\rangle + e\langle\Psi_b|\boldsymbol{R}|\Psi_a\rangle \tag{4.24a}$$

$$= e\langle\Psi_b|\boldsymbol{r}|\Psi_a\rangle + e\boldsymbol{R}\langle\Psi_b|\Psi_a\rangle = e\langle\Psi_b|\boldsymbol{r}|\Psi_a\rangle \tag{4.24b}$$

所得结果和前面是一样的。只要 Ψ_a 和 Ψ_b 正交，则 $e\boldsymbol{R}\langle\Psi_b|\Psi_a\rangle$ 项为零。同样，旋转坐标系会改变 μ_{ba} 的 x、y 和 z 分量，但不会改变矢量的大小或方向。

再来看乙烯，将坐标系原点放在两个碳的中间位置，并使 C═C 键沿 y 轴取向，使单个原子的 z 轴垂直于键，如图 4.6 所示(也参见图 2.7)。与原子的 p_z 轨道[图 2.7(B)]一样，HOMO(Ψ_a) 在 xy 平面的两侧具有相同的大小但符号相反；称之为关于 z 坐标的奇函数或反对称函数[图 4.6(A)]。换句话说，对于 x 和 y 的任何给定值，有 $\Psi_a(x, y, z) = -\Psi_a(x, y, -z)$。对 LUMO 也是如此：$\Psi_b(x, y, z) = -\Psi_b(x, y, -z)$[图 4.6(B)]。另一方面，HOMO 和 LUMO 的乘积在 xy 平面的两侧具有相同的符号，因此是 z 的偶函数或对称函数：$\Psi_b(x, y, z)\Psi_a(x, y, z) = \Psi_b(x, y, -z)\Psi_a(x, y, -z)$[图 4.6(C)]。乘积 $\Psi_b\Psi_a$ 也是 x 的偶函数，但却是 y 的奇函数[图 4.6(D)]。

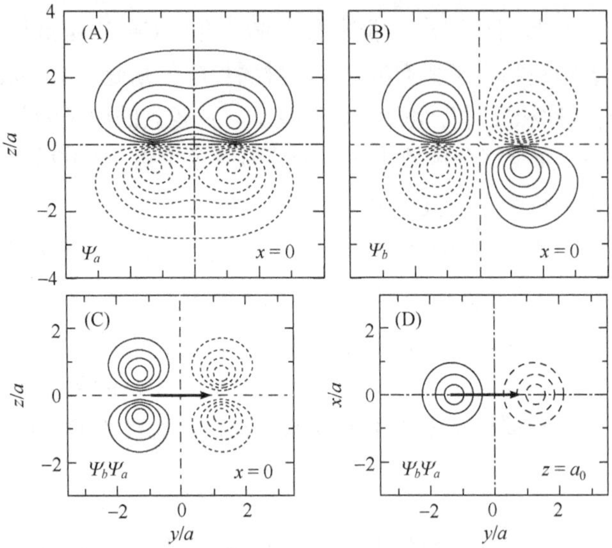

图 4.6　乙烯的第一个 $\pi\rightarrow\pi^*$ 电子跃迁的轨道对称性。(A)、(B)：HOMO(π，A)和 LUMO(π*，B)的波函数振幅的等高线图。(C)、(D)：两个波函数乘积的等高线图。C═C 键沿 y 轴取向，原子 z 轴与分子 z 轴平行。在(A)～(C)中，图平面与 yz 平面重合。在(D)中，图平面平行于分子 xy 平面，且比该平面高出玻尔半径($a_0 = 0.529$ Å)。波函数的构造如图 2.7 所示。实线代表正振幅；点线代表负振幅。距离以 a_0 的无量纲倍数给出，轮廓间隔在(A)和(B)中为 $0.05a_0^{3/2}$，在(C)和(D)中为 $0.02a_0^{3/2}$。(C)和(D)中的箭头表示由式(4.22e)计算所得的以 eÅ/a_0 为单位的跃迁偶极子

为了得到跃迁偶极子的 x、y 或 z 分量，必须将 $\Psi_b\Psi_a$ 分别乘以 x、y 或 z 并将结果在所有空间上进行积分。由于 z 在 xy 平面的两侧具有相反的符号，而 $\Psi_b\Psi_a$ 具有相同的符号，因此 $z\Psi_b\Psi_a$ 是关于 z 的奇函数，如果沿与 z 轴平行的任何线对其积分，结果为零：

$$\int_{-\infty}^{\infty} z\Psi_b(x,y,z)\Psi_a(x,y,z)\mathrm{d}z = 0 \tag{4.25}$$

因此 $\boldsymbol{\mu}_{ba}$ 的 z 分量为零。x 分量也是如此。相反，$y\Psi_b\Psi_a$ 是关于 y 的偶函数，如果沿着与 y 平行的任何线积分，则 $y\Psi_b\Psi_a$ 将给出正结果或零[图 4.6(C)、(D)]。$y\Psi_b\Psi_a$ 也是 x 的偶函数及 z 的偶函数，因此它在所有空间上的积分必定非零。跃迁偶极子 $\langle\Psi_b|\tilde{\mu}|\Psi_a\rangle$ 因而具有非零的 y 分量。

一维箱中粒子为这些原理提供了另一个简单说明。考察图 2.2(A)可见，$n = 1$、3、5、…的波函数都是到箱中心的距离(Δx)的对称函数，而对于偶数 $n = 2$、4、…的波函数则都是反对称

的。因此，$n=1(\psi_1)$和$n=2(\psi_2)$的波函数的乘积具有与Δx相同的对称性。如果对Δx的所有值进行$\Delta x\psi_1\psi_2$的积分，将得出非零的结果，这意味着从ψ_1到ψ_2的激发具有沿x取向的非零跃迁偶极子。从ψ_1到偶数n的任何较高态的激发情况也是如此，但向奇数n态的跃迁则不是这样。在这个体系中，吸收的选择定则就是n必须从奇数变为偶数或从偶数变为奇数。

概括上述结果，如果乘积$j\Psi_b\Psi_a$相对于任何平面(xy，xz或yz)具有奇反射对称性，则可以说跃迁偶极子$\langle\Psi_b|\tilde{\mu}|\Psi_a\rangle$的$j$分量($j=x$，$y$或$z$)为零。从$\Psi_a$到$\Psi_b$被$j$方向偏振光的激发称为是对称性禁阻的。因此，简单地考虑分子对称性通常就可以确定一个跃迁是禁阻的还是允许的。

由初始和最终分子轨道的对称性所强加的选择定则还可以更普适地利用群论语言来表达。为使$\langle\Psi_b|\tilde{\mu}|\Psi_a\rangle$不为零，乘积$\Psi_b\boldsymbol{r}\Psi_a$必须，对一个分子的所有对称操作而言，有一个全对称的分量。对一个分子可实施的对称操作取决于该分子的几何形状，但是一般包括对一个平面的反映，绕一个轴的旋转，过一个点的反演，以及一个旋转和反映的组合，称为非真旋转(专栏 4.8)。说一个参量相对于一个对称操作(如围绕给定轴旋转 180°)是全对称的，指的是当分子以这种方式旋转时，此参量不改变。如果一个操作导致该参量改变符号，但绝对值大小保持不变，则该参量在整个空间的积分将为零。例如，对于乙烯的$\pi\rightarrow\pi^*$跃迁，乘积$\Psi_bz\Psi_a$以xy平面反映时会改变符号，相对xy平面的反映是在其x、y和z轴如在图 2.7 中所定义时分子可实施的对称操作之一。因此，跃迁偶极子的z分量为零。$\Psi_bx\Psi_a$以yz平面进行反映时也是同样的情况，因此跃迁偶极子的x分量也为零。但是，$\Psi_by\Psi_a$不会被这样的反映或任何其他适用的对称操作(以xz或yz平面反映，绕x、y或z轴旋转 180°，或通过原点反演结构)改变，因此跃迁偶极子的y分量不为零。但是，基于分子的对称性能便捷地判断以上这些内容。为了找到$\boldsymbol{\mu}_{ba}$的y分量的实际大小，必须求积分。

专栏 4.8 利用群论确定跃迁是否对称禁阻

根据所包含的对称元素，分子结构和轨道可以分为各种点群。对称元素是线、平面或点，能以其实施各种对称操作，如旋转，而不改变分子结构。在这里给出我们所关心的对称操作如下：

旋转($\tilde{C}_n$)。如果绕特定轴旋转 $2\pi/n$ 弧度(完整旋转的 $1/n$)得到一个结构(同位素标记除外)与原始结构无法区分，则该分子称为具有C_n旋转对称轴。

反映($\tilde{\sigma}$)。如果将每个原子从其原始位置(x，y，z)移动到(x，y，$-z$)给出等同的结构，则xy平面称为反映对称面或镜面(σ)。如果一镜面垂直于主旋转轴，则通常被指定为σ_h；如果其包含该主轴，则被指定为σ_v。

反演($\tilde{i}$)。如果将每个原子沿直线移动通过一特定点到分子另一侧的相等距离得到的结构相同，则该分子具有反演对称中心(i)。如果将反演对称中心作为坐标系的原点，则此反演操作会将每个原子从其原始位置(x，y，z)移动到($-x$，$-y$，$-z$)。

反常旋转($\tilde{S}_n$)。反常旋转是指旋转 $2\pi/n$，然后通过垂直于旋转轴的平面进行反映。反常旋转轴(S_n)就是在此操作之后分子结构保持不变的轴。

恒等($\tilde{E}$)。恒等算子将所有原子留在分子中原来的各自位置，也就是说此算子没有效果。但是，恒等算子对于群论理论至关重要。所有分子都具有恒等对称元素(E)。

平移虽然是晶体学中重要的对称操作，却没有包括在此，因为在这里仅关注单个分子的对称性。质心有移动的分子原则上可与原来的分子区分开。

点群是与对称算子相对应的一组对称元素，它们遵循群论的四个一般规则：

(1) 每个群必须包含恒等算子 $\tilde{\mathrm{E}}$ 。

(2) 对于群中的每个算子 $\tilde{\mathrm{A}}$ ，群必须包含一个逆算子 $\tilde{\mathrm{A}}^{-1}$ ，具有 $\tilde{\mathrm{A}}^{-1}\cdot\tilde{\mathrm{A}}=\tilde{\mathrm{A}}\cdot\tilde{\mathrm{A}}^{-1}=\tilde{\mathrm{E}}$ 的性质。

(3) 如果算子 $\tilde{\mathrm{A}}$ 和 $\tilde{\mathrm{B}}$ 是一个群的群元，则乘积 $\tilde{\mathrm{A}}\cdot\tilde{\mathrm{B}}$ 和 $\tilde{\mathrm{B}}\cdot\tilde{\mathrm{A}}$ 也一定在该群内。(如第 2 章所述，在乘积中右边的算子先执行，左边的算子后执行。根据算子和点群的不同，其顺序或许重要或许无关紧要。一个对称算子必须与其逆操作子以及 $\tilde{\mathrm{E}}$ 都是对易的，但与其他算子则不一定对易。)

(4) 对称算子的乘法必须满足结合律。这意味着对群中任意三个算子，有 $\tilde{\mathrm{A}}\cdot(\tilde{\mathrm{B}}\cdot\tilde{\mathrm{C}})=(\tilde{\mathrm{A}}\cdot\tilde{\mathrm{B}})\cdot\tilde{\mathrm{C}}$ 。

这里举几个例子。乙烯有三个二重旋转对称的垂直轴[$C_2(x)$，$C_2(y)$和 $C_2(z)$]、三个反映对称面[$\sigma(xz)$，$\sigma(yz)$ 和$\sigma(xy)$]和一个反演中心(i)[图 4.7(A)]。当与恒等元素 E 相结合时，这些对称元素将遵循群的一般规则。它们称为 D_{2h} 点群。

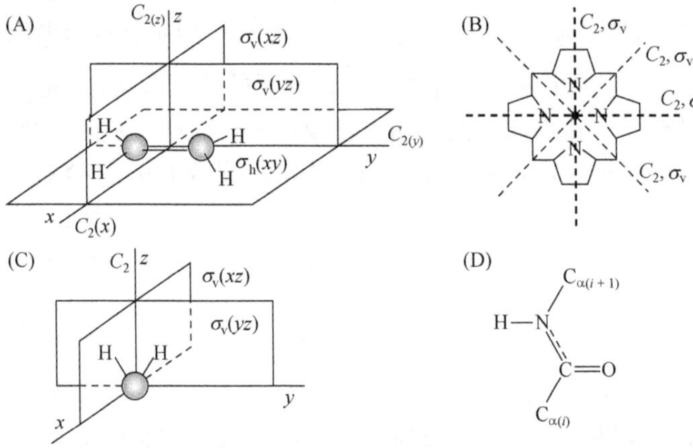

图 4.7 乙烯(A)、卟吩(B)、水(C)和肽(D)的对称元素。在(A)中，乙烯在 xy 平面中绘制，x、y 和 z 轴均为二重旋转对称轴(C_2)，xy、xz 和 yz 均为镜面对称平面。如果将 z 设为旋转对称的“主”轴，则包含该轴的镜面(xz 和 yz)称为“垂直”镜面(σ_v)，垂直于 z 的镜面(xy)称为镜面对称的“水平”平面(σ_h)。在(B)中，沿垂直于大环平面的轴(z，实心圆)俯视卟吩。z 轴是四重旋转对称轴(C_4)，并且是主对称轴。有四个 xy 平面内的 C_2 轴(虚线)，四个镜面对称的垂直平面(σ_v)，一个镜面对称的水平平面(xy)，在中心有一个反演对称点。在(C)的 yz 平面中绘制的水有一个 C_2 轴(z)和两个镜面对称的垂直平面(xz 和 yz)。肽键(D)有一个镜面对称平面(图面)，没有其他对称元素

卟吩(porphin)的共轭原子有一个 C_4 轴(z)，四个在 xy 平面中的 C_2 轴，四个包含 z 轴的反映对称面(σ_v)，一个反演中心和恒等元素[图 4.7(B)]。这些元素形成 D_{4h} 点群。

水有一个穿过氧原子并平分 H—O—H 角的 C_2 轴，两个包含 C_2 轴的垂直反映对称面，以及恒等元素[图 4.7(C)]。水属于 C_{2v} 点群。

肽的骨架除恒等元素外仅有一个对称元素，即包括中心 N、C、O 原子和 C_α 原子的镜面[图 4.7(D)]。这使其归属 C_s 点群。

关于判断分子点群的一般步骤参见文献[6]或[7]。

如表 4.1 中的 D_{2h} 点群所示，可以将点群操作的乘积收集在一个乘法表中。表中的各项是先对第 1 行中给出的对称元素执行对称操作、再对第 1 列中给出的元素进行操作的结果。在 D_{2h} 点群中，所有算子均彼此对易且各自为自身的逆算子。例如，围绕 C_2 轴旋转 $2\pi/2$，然后围绕同一轴再旋转 $2\pi/2$，会使所有原子返回其原始位置，因此 $\tilde{\mathrm{C}}_2\cdot\tilde{\mathrm{C}}_2=\tilde{\mathrm{E}}$ 。更一般而言，任何点群中 $\tilde{\mathrm{C}}_n$ 的逆是 $(\tilde{\mathrm{C}}_n)^{n-1}$ 。要得到其他的乘积结果，制作如图 4.8 所示类型的投影图将是很有帮助的，其中小实心圆表示 xy 平面上方的点，而小空心圆表示此平面下方的点。

表 4.1　D_{2h} 点群对称操作的乘积

	E	$C_2(z)$	$C_2(y)$	$C_2(x)$	i	$\sigma_h(xy)$	$\sigma_v(xz)$	$\sigma_v(yz)$
E	E	$C_2(z)$	$C_2(y)$	$C_2(x)$	i	$\sigma_h(xy)$	$\sigma_v(xz)$	$\sigma_v(yz)$
$C_2(z)$	$C_2(z)$	E	$C_2(x)$	$C_2(y)$	$\sigma_h(xy)$	i	$\sigma_v(yz)$	$\sigma_v(xz)$
$C_2(y)$	$C_2(y)$	$C_2(x)$	E	$C_2(z)$	$\sigma_v(xz)$	$\sigma_v(yz)$	i	$\sigma_h(xy)$
$C_2(x)$	$C_2(x)$	$C_2(y)$	$C_2(z)$	E	$\sigma_v(yz)$	$\sigma_v(xz)$	$\sigma_h(xy)$	i
i	i	$\sigma_h(xy)$	$\sigma_v(xz)$	$\sigma_v(yz)$	E	$C_2(z)$	$C_2(y)$	$C_2(x)$
$\sigma_h(xy)$	$\sigma_h(xy)$	i	$\sigma_v(yz)$	$\sigma_v(xz)$	$C_2(z)$	E	$C_2(x)$	$C_2(y)$
$\sigma_v(xz)$	$\sigma_v(xz)$	$\sigma_v(yz)$	i	$\sigma_h(xy)$	$C_2(y)$	$C_2(x)$	E	$C_2(z)$
$\sigma_v(yz)$	$\sigma_v(yz)$	$\sigma_v(xz)$	$\sigma_h(xy)$	i	$C_2(x)$	$C_2(y)$	$C_2(z)$	E

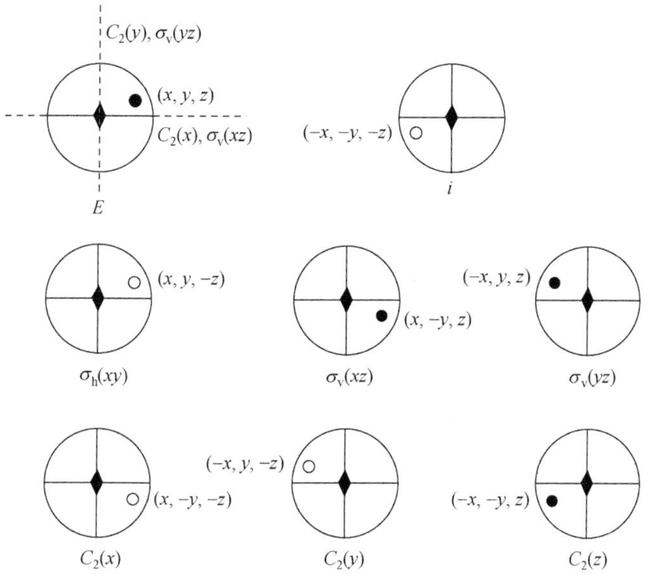

图 4.8　D_{2h} 点群对称操作效果的投影图。大圆表示包含群中原子的空间区域；水平和垂直线表示 x 和 y 轴；z 轴垂直于纸平面。小实心圆表示 xy 平面上方的点；小空心圆则表示 xy 平面下方的点。D_{2h} 点群中的各个对称操作将原子从其初始位置(x，y，z)移动到标明的位置

对称算子及其乘积可以方便地用矩阵表示。假设 D_{2h} 点群中的原子相对于分子的质心坐标为 $\boldsymbol{r}=(x,y,z)$。如果用列矢量表示坐标，并利用矢量乘法的矩阵表达式[附录 A.2 中的式(A2.5)]，则对称算子对原子位置的作用可以写成

$$\tilde{\mathrm{E}}\cdot\boldsymbol{r}=\begin{bmatrix}1&0&0\\0&1&0\\0&0&1\end{bmatrix}\begin{pmatrix}x\\y\\z\end{pmatrix}=\begin{pmatrix}x\\y\\z\end{pmatrix}\tag{B4.8.1a}$$

$$\tilde{\mathrm{i}}\cdot\boldsymbol{r}=\begin{bmatrix}-1&0&0\\0&-1&0\\0&0&-1\end{bmatrix}\begin{pmatrix}x\\y\\z\end{pmatrix}=\begin{pmatrix}-x\\-y\\-z\end{pmatrix}\tag{B4.8.1b}$$

$$\tilde{C}_2(z)\cdot\boldsymbol{r}=\begin{bmatrix}\cos(2\pi/2) & \sin(2\pi/2) & 0\\ -\sin(2\pi/2) & \cos(2\pi/2) & 0\\ 0 & 0 & 1\end{bmatrix}\begin{pmatrix}x\\ y\\ z\end{pmatrix}$$

$$=\begin{bmatrix}-1 & 0 & 0\\ 0 & -1 & 0\\ 0 & 0 & 1\end{bmatrix}\begin{pmatrix}x\\ y\\ z\end{pmatrix}=\begin{pmatrix}-x\\ -y\\ z\end{pmatrix} \tag{B4.8.1c}$$

$$\tilde{C}_2(x)\cdot\boldsymbol{r}=\begin{bmatrix}1 & 0 & 0\\ \cos(2\pi/2) & 0 & \sin(2\pi/2)\\ -\sin(2\pi/2) & 0 & \cos(2\pi/2)\end{bmatrix}\begin{pmatrix}x\\ y\\ z\end{pmatrix}$$

$$=\begin{bmatrix}1 & 0 & 0\\ -1 & 0 & 0\\ 0 & 0 & -1\end{bmatrix}\begin{pmatrix}x\\ y\\ z\end{pmatrix}=\begin{pmatrix}x\\ -y\\ -z\end{pmatrix} \tag{B4.8.1d}$$

$$\tilde{C}_2(y)\cdot\boldsymbol{r}=\begin{bmatrix}\cos(2\pi/2) & 0 & \sin(2\pi/2)\\ 0 & 1 & 0\\ -\sin(2\pi/2) & 0 & \cos(2\pi/2)\end{bmatrix}\begin{pmatrix}x\\ y\\ z\end{pmatrix}$$

$$=\begin{bmatrix}-1 & 0 & 0\\ 0 & 1 & 0\\ 0 & 0 & -1\end{bmatrix}\begin{pmatrix}x\\ y\\ z\end{pmatrix}=\begin{pmatrix}-x\\ y\\ -z\end{pmatrix} \tag{B4.8.1e}$$

$$\tilde{\sigma}(xy)\cdot\boldsymbol{r}=\begin{bmatrix}1 & 0 & 0\\ 0 & 1 & 0\\ 0 & 0 & -1\end{bmatrix}\begin{pmatrix}x\\ y\\ z\end{pmatrix}=\begin{pmatrix}x\\ y\\ -z\end{pmatrix} \tag{B4.8.1f}$$

$$\tilde{\sigma}(xz)\cdot\boldsymbol{r}=\begin{bmatrix}1 & 0 & 0\\ 0 & -1 & 0\\ 0 & 0 & 1\end{bmatrix}\begin{pmatrix}x\\ y\\ z\end{pmatrix}=\begin{pmatrix}x\\ -y\\ z\end{pmatrix} \tag{B4.8.1g}$$

和

$$\tilde{\sigma}(yz)\cdot\boldsymbol{r}=\begin{bmatrix}-1 & 0 & 0\\ 0 & 1 & 0\\ 0 & 0 & 1\end{bmatrix}\begin{pmatrix}x\\ y\\ z\end{pmatrix}=\begin{pmatrix}-x\\ y\\ z\end{pmatrix} \tag{B4.8.1h}$$

利用两个矩阵乘积的表达式[式(A2.5)]，且已知矩阵乘法满足结合律，可以很容易地证明这些矩阵具有与算子相同的乘法表。例如，乘积 $\tilde{C}_2(z)\cdot\tilde{C}_2(z)$ 和 $\tilde{i}\cdot\tilde{C}_2(z)$ 分别为

$$\tilde{C}_2(z)\cdot\tilde{C}_2(z)\cdot\boldsymbol{r}=\begin{bmatrix}-1 & 0 & 0\\ 0 & -1 & 0\\ 0 & 0 & 1\end{bmatrix}\begin{bmatrix}-1 & 0 & 0\\ 0 & -1 & 0\\ 0 & 0 & 1\end{bmatrix}\begin{pmatrix}x\\ y\\ z\end{pmatrix}$$

$$=\begin{bmatrix}1 & 0 & 0\\ 0 & 1 & 0\\ 0 & 0 & 1\end{bmatrix}\begin{pmatrix}x\\ y\\ z\end{pmatrix}=\begin{pmatrix}x\\ y\\ z\end{pmatrix} \tag{B4.8.2a}$$

和

$$\tilde{i}\cdot\tilde{C}_2(z)\cdot\boldsymbol{r}=\begin{bmatrix}-1 & 0 & 0\\ 0 & -1 & 0\\ 0 & 0 & -1\end{bmatrix}\begin{bmatrix}-1 & 0 & 0\\ 0 & -1 & 0\\ 0 & 0 & 1\end{bmatrix}\begin{pmatrix}x\\ y\\ z\end{pmatrix}=\begin{bmatrix}1 & 0 & 0\\ 0 & 1 & 0\\ 0 & 0 & -1\end{bmatrix}\begin{pmatrix}x\\ y\\ z\end{pmatrix}=\begin{pmatrix}x\\ y\\ -z\end{pmatrix} \tag{B4.8.2b}$$

可以参考图 4.8 验证这些结果。将任意一个矩阵乘以代表 $\tilde{E}$ 的矩阵(单位矩阵)，这个矩阵将保持不变，如

$$\tilde{\mathrm{E}}\cdot\tilde{\mathrm{C}}_2(z)\cdot\boldsymbol{r}=\begin{bmatrix}1&0&0\\0&1&0\\0&0&1\end{bmatrix}\begin{bmatrix}-1&0&0\\0&-1&0\\0&0&1\end{bmatrix}\begin{pmatrix}x\\y\\z\end{pmatrix}$$

$$=\begin{bmatrix}-1&0&0\\0&-1&0\\0&0&1\end{bmatrix}\begin{pmatrix}x\\y\\z\end{pmatrix}=\begin{pmatrix}-x\\-y\\z\end{pmatrix} \tag{B4.8.3}$$

由于(a)点群中矩阵的乘积与算子的乘积有相同的乘法表，(b)矩阵乘法满足结合律，(c)每个乘积结果与原始矩阵之一相同，而且(d)每个有非零行列式的矩阵都有一个逆(附录 A.2)，所以表示点群中的对称算子的矩阵集合[式(B4.8.1a)～式(B4.8.1h)]满足了前述群的条件。因此，这样的矩阵集提供了点群的表示，就像各个矩阵提供了各个对称算子的表示一样。

在此示例中使用的矢量(*x*, *y*, *z*)称为构成 D_{2h} 点群表示的基。这样的基有无数种可能的选择，而且对称算子的表示矩阵也取决于我们的选择。例如，可以使用乙烯的六个原子的坐标，在这种情况下，需要一个 18×18 的矩阵来表示每个算子。其他可能性是一组键长和键角，乙烯的分子轨道或坐标的其他函数。但是，可以将这些选择进行系统地约化，得到在数学上彼此正交的表示的一个小集合。这些不可约表示的数量取决于该点群由多少不同类的对称操作构成。我们不在这里详细介绍，仅指出两个算子 $\tilde{\mathrm{X}}$ 和 $\tilde{\mathrm{Y}}$ 在同一个类中，并且称为共轭算子，当且仅当 $\tilde{\mathrm{Y}}=\tilde{\mathrm{Z}}^{-1}\tilde{\mathrm{X}}\tilde{\mathrm{Z}}$ 成立时；这里 $\tilde{\mathrm{Z}}$ 是其他某一个算子。通过形成乘积 $\tilde{\mathrm{Z}}^{-1}\tilde{\mathrm{X}}\tilde{\mathrm{Z}}$ 而将 $\tilde{\mathrm{X}}$ 转换为 $\tilde{\mathrm{Y}}$ 的过程称为相似变换。在 D_{2h} 点群中，八个对称算子的每一个属于不同的类，因此有八个不同的不可约表示。而且，这个点群算子的每个不可约表示都是单参量(如一维表示或 1×1 矩阵)。任何更复杂的(可约的)表示都可以写成这八个不可约表示的线性组合，就像一个矢量可以用笛卡儿 *x*、*y* 和 *z* 分量来构造那样。

有关各个点群的不可约表示的信息通常在称为特征标表的表中给出，因为特征标表给出了点群中每个对称操作的不可约表示的特征标。一个表示的特征标是表示该操作的矩阵的迹(对角元素的总和)。表 4.2、表 4.3 和表 4.4 分别是 D_{2h}、C_{2v} 和 C_{4v} 点群的特征标表。点群的对称元素出现在表的首行中，第一列则给出了不可约表示的惯用名称，即马利肯(Mulliken)符号。字母 *A* 和 *B* 是如 D_{2h} 和 C_{2v} 点群中那些一维表示的马利肯符号。*E* 表示二维矩阵(只是与恒等对称元素符号的混淆令人遗憾)，*T* 表示三维矩阵。*A* 型和 *B* 型表示的区别是它们对一个 C_n 轴而言分别为对称的和反对称的。下标 g 和 u 代表德文术语 gerade 和 ungerade，表示对于反演中心而言这些表示是偶对称(g)还是奇(u)对称。下标中的数字 1、2 和 3 用于区分同一个总型中的不同表示。在特征标表右侧的三列中给出了一些一维、二维和三维函数，这些函数与相应的各个不可约表示有相同的对称性。它们称为不可约表示的基函数。

表 4.2 D_{2h} 点群的特征标表

D_{2h}	E	$C_2(z)$	$C_2(y)$	$C_2(x)$	i	$\sigma_h(xy)$	$\sigma_v(xz)$	$\sigma_v(yz)$	函数
A_g	1	1	1	1	1	1	1	1	x^2, y^2, z^2
B_{1g}	1	1	−1	−1	1	1	−1	−1	xy
B_{2g}	1	−1	1	−1	1	−1	1	−1	xz
B_{3g}	1	−1	−1	1	1	−1	−1	1	yz
A_u	1	1	1	1	−1	−1	−1	−1	xyz
B_{1u}	1	1	−1	−1	−1	−1	1	1	z
B_{2u}	1	−1	1	−1	−1	1	−1	1	y
B_{3u}	1	−1	−1	1	−1	1	1	−1	x

表 4.3 C_{2v}点群的特征标表

C_{2v}	E	C_2	$\sigma_v(xz)$	$\sigma_v'(yz)$	函数
A_1	1	1	1	1	z, x^2, y^2, z^2
A_2	1	1	−1	−1	xy, xyz
B_1	1	−1	1	−1	x, xz
B_2	1	−1	−1	1	y, yz

表 4.4 C_{4v}点群的特征标表

C_{4v}	E	$2C_4$	C_2	$2\sigma_v$	$2\sigma_d$	函数
A_1	1	1	1	1	1	z, x^2+y^2, z^2
A_2	1	1	1	−1	−1	
B_1	1	−1	1	1	−1	x^2-y^2
B_2	1	−1	1	−1	1	xy, xyz
E	2	0	−2	0	0	x, y, xz, yz

观察D_{2h}点群的特征标表(表 4.2)可以发现，因为这个点群的所有不可约表示都是一维的，所以它们的特征标或者是+1 或者是–1。因此，每个对称操作或者使表示保持不变(在这种情况下，特征标为+1)，或者改变表示的符号，使特征标为–1。A_g是全对称表示。像二次函数x^2、y^2和z^2一样，它不受D_{2h}点群的任何对称操作的影响。A_u也不受绕x、y或z轴的旋转的影响，但会在反演或以xy、xz或yz平面反映时改变符号。因而在此点群中它与乘积xyz具有相同的对称性。B_{1u}、B_{2u}和B_{3u}与坐标z、y和x具有相同的对称性，当它们围绕三个C_2轴中的两个旋转时，进行反演或以一个平面反映时，都会改变符号。

D_{2h}点群的特征标表右侧的基函数的表现可以这样描述：在该点群中x^2、y^2和z^2与A_g同样变换，xy与B_{1g}同样变换，z与B_{1u}同样变换，等等。转过来看C_{2v}和C_{4v}点群(表 4.3 和表 4.4)，注意此时z与全对称的不可约表示A_1同样变换。围绕C_2轴旋转不会改变这些点群中的z坐标，因为单个C_2轴与z轴重合[图 4.7(C)]。跨xz或yz平面的反映也使z坐标保持不变。C_{2v}或C_{4v}点群中没有反演中心，因此没有一个马利肯符号带 g 或 u 下标。

对于C_{4v}点群，特征标表首行中的条目$2C_4$、$2\sigma_v$和$2\sigma_d$表示此点群在C_4、σ_v和σ_d每类中都有两个独立的对称操作。C_4类既包括C_4操作本身，又包括该操作的逆操作C_4^{-1}，这个逆操作与C_4^3等同。最后一行中的二维不可约表示(E)的基函数是一对坐标值(x, y)或包含它们之一的乘积对。此处的特征标 2 表示恒等对称性应保留两个值，这也是应该的，而特征标–2 表示C_2操作会改变这两个值的符号。

在化学中遇到的所有点群的特征标表几乎都已建立[6, 7]。完整的特征标表还包括有关对称操作如何影响围绕x、y或z轴的分子旋转方向的信息，这与小分子的旋转光谱学有关。

因为分子轨道必须识别分子的对称性，所以一个对称操作必须保留波函数的值或简单地改变波函数的符号。因此，波函数为分子点群的表示提供了基。查看乙烯的 HOMO 和 LUMO 分子轨道(图 4.6)发现，HOMO 与D_{2h}点群中的不可约表示B_{1u}和z同样变换(表 4.2)，而 LUMO 则与B_{3g}和yz同样变换。

或许，对于我们的用途而言，特征标表的最重要特征就是，通过查看同一点群中一些表示的特征标乘积，可以简单地确定相应的两个不可约表示的乘积的对称性。例如，乙烯的 HOMO 和 LUMO 的乘积依据D_{2h}中的B_{2u}而变换，将B_{3g}和B_{1u}特征标的乘积与B_{2u}的对应特征标进行比较就可以看到这一点。另外还注意到，B_{3g}和B_{1u}的乘积依据z与yz的乘积(或yz^2)而变换，这等同于y。此外，这两个波函数与y的乘积按B_{2u}的平方，或y^2，进行变换，这与完全对称表示A_g是相同的。因此，在沿y轴偏振的辐射激发后，允许从 HOMO 到 LUMO 的电子跃迁。

> 通常，如果初始轨道和最终轨道都具有相同的反演对称性(都为 g 或都为 u)，则中心对称体系的激发是禁阻的。这称为拉波特(Laporte)规则。

为了说明较大分子的跃迁偶极子的矢量性质，图 4.9 显示了细菌叶绿素 a 的两个最高占据和两个最低未占分子轨道。这四个波函数按能量增加的顺序标记为$\psi_1 \sim \psi_4$。图 4.10 显示了四种可能的激发($\psi_1 \to \psi_3$、$\psi_1 \to \psi_4$、$\psi_2 \to \psi_3$和$\psi_2 \to \psi_4$)的波函数乘积。叶绿素 a 中共轭的原子形成一个近似平面的 π 体系，并且这些波函数及其乘积都具有反映对称面，与大环平面重合。由于波函数在该平面的两侧(z)有相反的符号，因此它们的乘积是 z 的偶函数。因此，从ψ_1或ψ_2到ψ_3或ψ_4激发的跃迁偶极子的 z 分量为零：所有跃迁偶极子都位于π 体系的平面内。观察图 4.10 进一步揭示，乘积$\psi_1\psi_4$和$\psi_2\psi_3$两者都近似是图中 y(垂直)坐标的奇函数，并且近似是 x(水平)坐标的偶函数。因而$\psi_1 \to \psi_4$和$\psi_2 \to \psi_3$的跃迁偶极子的取向大致平行于 y 轴。另外两个乘积，$\psi_1\psi_3$和$\psi_2\psi_4$，大致是 x 的奇函数、y 的偶函数，因此$\psi_1 \to \psi_3$和$\psi_2 \to \psi_4$的跃迁偶极子必定大致平行于 x 轴。计算得出的跃迁偶极子证实了这些定性预测(图 4.10)。$\psi_1 \to \psi_3$和$\psi_2 \to \psi_4$的跃迁偶极子指向相反方向，这仅仅反映了波函数符号的任意选择而无其他特别意义。

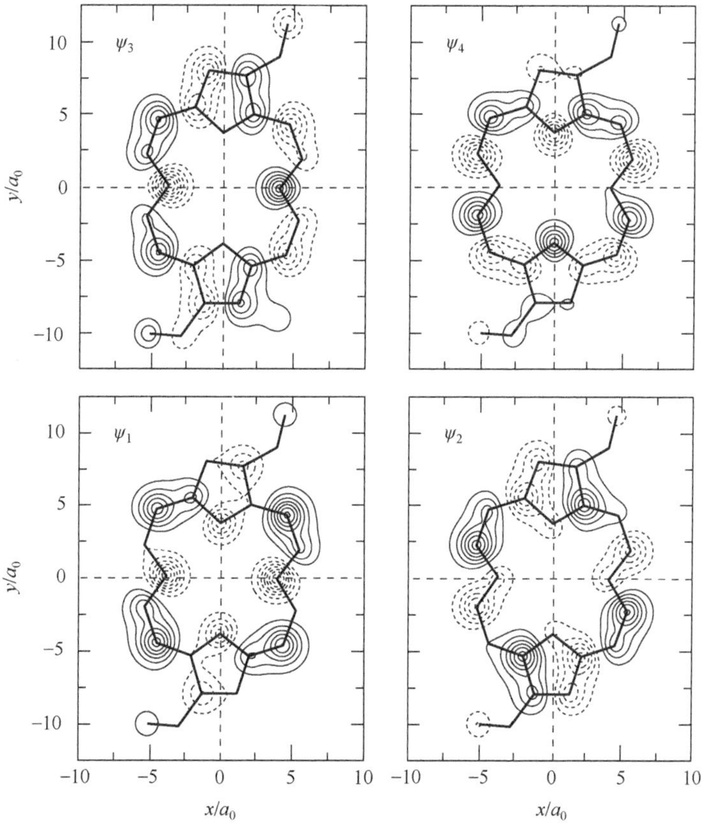

图 4.9 细菌叶绿素 a 的两个最高占据轨道(ψ_1和ψ_2)和两个最低未占分子轨道(ψ_3和ψ_4)的等高线图。每个图的平面都与大环平面平行且比大环高出一个玻尔半径 a_0[图 2.7(D)、(E)]。实线表示正振幅；虚线表示负振幅。为了清楚起见，省略了零振幅的轮廓。距离以 a_0 的倍数给出，轮廓间隔为 $0.02a_0^{3/2}$。π 体系的骨架用粗线显示。p_z原子轨道系数由程序 QCFF/PI[25, 149]获得

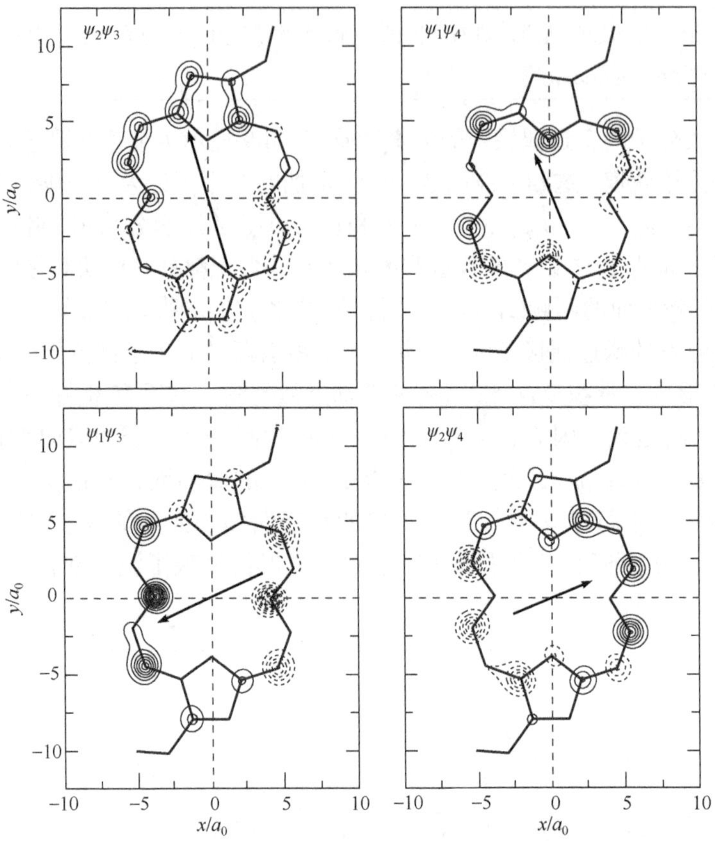

图 4.10 细菌叶绿素 a 的四个分子波函数乘积的等高线图。波函数如图 4.9 所示。图的平面和正、负振幅线的类型也如图 4.9 所示。轮廓间隔为 $0.002a_0^3$。箭头表示由式(4.22e)计算的跃迁偶极子，其长度以 eÅ/$5a_0$ 为单位

图 4.11 显示了色氨酸侧链模型 3-甲基吲哚的两个最高占据和最低空分子轨道的跃迁偶极的类似计算。同样，从这些轨道之一到另一个的激发跃迁偶极必须位于π体系的平面内。在图中，计算得到的$\psi_2 \to \psi_3$和$\psi_1 \to \psi_4$激发的跃迁偶极的取向大约与 x 轴呈 30°[图 4.11(E)、(F)]，而计算所得的$\psi_1 \to \psi_3$和$\psi_2 \to \psi_4$激发的跃迁偶极与 x 轴大约呈 120°[图 4.11(G)、(H)]。

考虑偶极算符时由于对称性而被禁阻的一些跃迁可以被式(4.5)中的四极子或八极子项微弱允许。振动运动也会给对称性施加微扰，或改变激发态中电子构型的混合，从而促进一些被禁阻的跃迁。这称为电子振动耦合。最后，电跃迁偶极子较小的某些跃迁可以被光的磁场所驱动。在第 9 章中将回到这一点。该章的图 9.4 还说明了反式-丁二烯的前四个激发的电跃迁偶极子如何依赖于分子轨道的对称性。

光子的自旋对吸收施加了一个额外的轨道选择定则。吸收光子时，为了使角动量守恒，电子轨道角动量的改变必须与光子提供的角动量平衡。在原子吸收中，这意味着角量子数 l 必须改变−1 或+1，取决于光子是左旋($m_s = +1$)还是右旋($m_s = 1$)圆偏振(3.3 节)。这就禁阻了从 s 轨道到 f 轨道的激发，但允许从 s 到 p 轨道的激发。线偏振光的吸收不会将角动量传给吸收的电子，因为线偏振光子处于左、右圆偏振的叠加态。选择定则取决于基态和激发态轨道的电子自旋，将在 4.9 节中讨论。

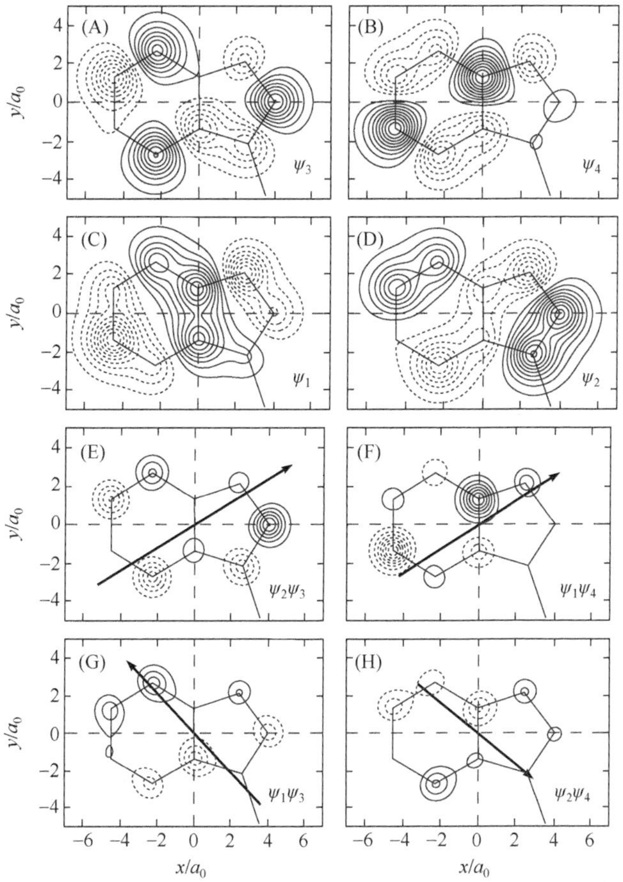

图 4.11 3-甲基吲哚的两个最低未占分子轨道[ψ_3 和 ψ_4，(A)、(B)]和两个最高占据轨道[ψ_1 和 ψ_2，(C)、(D)]的等高线图，以及这些波函数的乘积[$\psi_2\psi_3$、$\psi_1\psi_4$、$\psi_1\psi_3$ 和 $\psi_2\psi_4$，(E)～(H)]。实线表示正振幅，虚线表示负振幅。甲基的贡献量少可忽略。轮廓间隔在(A)～(D)中为 0.02 $a_0^{3/2}$，在(E)～(H)中为 0.005a_0^3。(E)～(H)中的箭头表示由式(4.22e)计算的跃迁偶极子，其长度以 eÅ/2.5a_0 为单位。这些轨道的原子系数的获得如 Callis[36, 37, 150]所述

4.6 线 二 色 性

如上所述，式(4.8c)中的参量 $(\boldsymbol{E}_0\cdot\boldsymbol{\mu}_{ba})^2$ 等于 $|\boldsymbol{E}_0|^2|\boldsymbol{\mu}_{ba}|^2\cos^2\theta$，其中 θ 是分子跃迁偶极子($\boldsymbol{\mu}_{ba}$)与光的偏振轴($\boldsymbol{E}_0$)之间的夹角。因为吸收强度取决于 $\cos^2\theta$，所以将分子旋转 180°对吸收没有影响。但是，如果样品中的分子具有固定的取向，则吸收强度很大程度上取决于其取向轴与入射光的偏振轴之间的夹角。吸光度对偏振轴的这种依赖性称为线二色性。如果样品是各向同性的，即由随机取向的分子组成，则 θ 呈现所有可能的值，那么就看不到线二色性。在这种情况下，吸光度正比于 $(1/3)|\boldsymbol{E}_0|^2|\boldsymbol{\mu}_{ba}|^2$(专栏 4.6)。但是各向异性材料在生物学中很常见，纯化的大分子通常可以利用它们的分子不对称性在实验上进行取向。核酸可以通过使其流过狭窄的毛细管来定向。蛋白质通常可以将其嵌入聚合物(如聚乙烯醇或聚丙烯酰胺)中，然后拉伸或挤压样品以定向高度不对称的聚合物分子来进行取向。磷脂膜可以通过磁场或在平面上成层来实现定向。

线二色性测量的应用之一是探索多生色团复合物的结构。一个例子是紫色光合作用细菌的“反应中心”，其中含有四个叶绿素分子、两个细菌脱镁叶绿素(bacteriopheophytin)分子和一些与蛋白质

结合的生色团。(细菌脱镁叶绿素与细菌叶绿素相同，只是它在大环体系的中心有两个氢原子而不是Mg。)如果反应中心在拉伸的膜或挤压的聚丙烯酰胺凝胶中定向，则各种生色团的吸收带会表现出相对于取向轴的线二色性[8-13]。图 4.12(B)给出了这个样品的线二色光谱，表示为 $A_{\perp}-A_{\parallel}$，其中 $A_{\perp}$和 $A_{\parallel}$分别是用垂直和平行于取向轴的偏振光测量的吸光度。用非偏振光测得的吸收光谱如图 4.12(A)所示。830～1000 nm 的谱带代表细菌叶绿素的跃迁，而 790～805 nm 的谱带则属于细菌脱镁叶绿素。注意，细菌脱镁叶绿素谱带的线二色性为负，而细菌叶绿素谱带的线二色性为正，表明这两种生色团是有取向的，且它们的跃迁偶极子近似垂直。在 4.7 节和第 8 章中将回到反应中心的吸收光谱。

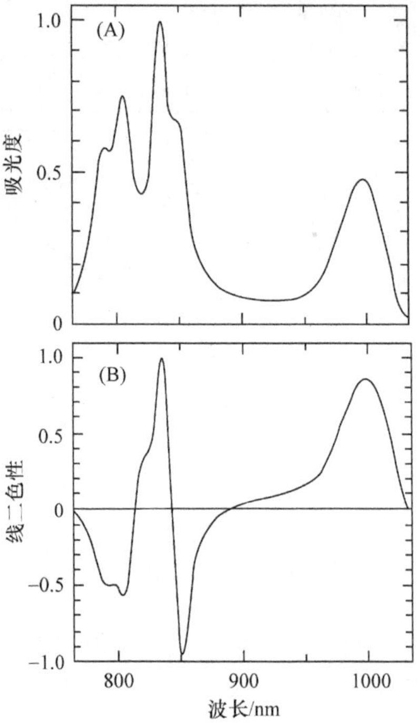

图 4.12 绿色绿芽菌[*Blastochloris viridis*，以前称为绿色红假单胞菌(*Rhodopseudomonas viridis*)]的光合作用反应中心在 10 K 时的吸收光谱(A)和线二色光谱(B)[12,13]。色素-蛋白质复合体的聚集体掺入聚丙烯酰胺凝胶中，并通过单轴挤压实现取向。相对于 830 nm 附近的正峰对光谱进行归一化。线二色性表示为 $A_{\perp}-A_{\parallel}$，其中 $A_{\perp}$和 $A_{\parallel}$分别是用垂直和平行于挤压轴的偏振光测量的吸光度。位于聚集体最大横截面平面约 35°内的跃迁偶极子产生正的线二色性，而更接近此平面法线的跃迁偶极子则产生负的线二色性。此处显示的光谱中的吸收带表示反应中心的四个叶绿素 b 分子和两个细菌脱镁叶绿素 b 分子的混合 Q_y 跃迁(4.7 节和第 8 章)。向较短波长的光谱扩展请参见文献[12, 13]

线二色性在复杂生物体系中研究分子取向和运动的经典应用是 Cone 对视网膜杆外部片段的诱导二色性的研究[14]。视紫红质是视网膜的感光色素-蛋白质的复合体，含有 11-顺式视黄醛，通过希夫碱基以共价键连接到蛋白质(视蛋白)上[图 4.13(A)、(B)]。它的跃迁偶极子大约沿视黄碱生色团的长轴取向。视紫红质是一个完整的膜蛋白，位于扁平的膜泡(“盘”)中，膜泡堆叠在杆状细胞的外部片段中。前期研究人员已发现，当从侧面照射杆状细胞时，平行于圆盘膜平面的偏振光比垂直于膜的偏振光吸收得多。但是，如果用光照细胞末端，则在膜平面上不再具有任何特定的光偏振倾向。这些测量表明视紫红质分子是整齐排列的，使得每个分子生色团的跃迁偶极子近似平行于膜平面，但是这些跃迁偶极子在平面内具有随机取向[图 4.13(C)]。

当视紫红质被光激发时，11-顺式-视黄碱生色团异构化为全反式，从而引发蛋白质的构象变化，最终产生视觉[图 4.13(B)]。如果用微弱的偏振光照亮杆状细胞的末端，则光将被跃迁偶极子与光偏振轴平行的视紫红质分子选择性地吸收[图 4.13(C)、(D)]。跃迁偶极子与偏振轴的夹角为 θ 的分子被激发的概率随 $\cos^2\theta$ 而减少。大约 2/3 的受激分子经历异构化到全反式结构，然后通过一系列亚稳态演化，这些亚稳态可以通过其光吸收光谱的变化来区分。Cone[14]也使用穿过杆状细胞末端的偏振光测量了与这些转变相关的吸光度变化。在没有激发光的情况下，如上所述，用探测脉冲测得的吸光度与探测光的偏振无关。但是，由激发光引起的吸光度变化非常不同，这取决于探测光的偏振方向是平行还是垂直于激发光[图 4.13(E)]。偏振激发光通过优先激发具有特定方向的分子而产生线二色性，可以在随后的延时被探测到。用平行和垂直于偏振的探测光束所测量的信号差以约 20 μs 的时间常数衰减。Cone 认为诱导二色性的衰减反映了视紫红质在膜平面内的旋转。这些实验提供了关于生物膜流动性的首次定量测量。然而，转动动力学仍然具有重要性，因为原子力显微镜的测量表明，视紫红质在某些条件下可能以二聚体和准晶体阵列等形式存在[15]。

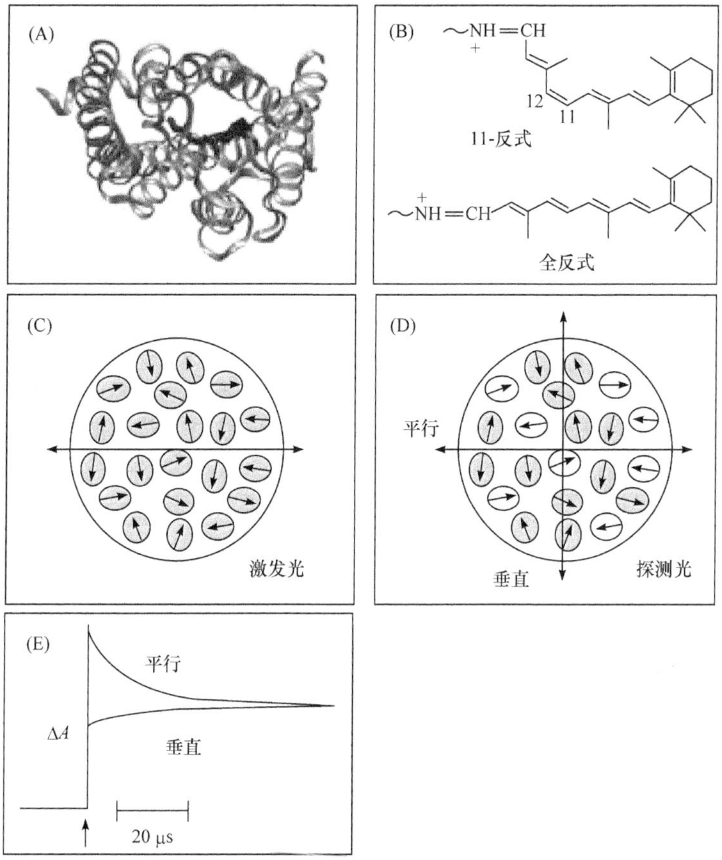

图 4.13　(A)从大致垂直于膜的角度观察的牛视紫红质的晶体结构。多肽主链用飘带模型(灰色)表示，视黄碱(retinylidine)生色团用甘草模型(黑色)表示。坐标来自蛋白质数据库文件 1f88.pdb[69]。为了清楚起见，省略了从膜的磷脂双分子层突出的蛋白质的某些部分。(B)11-顺式-视黄碱生色团通过质子化的席夫碱连接到赖氨酸残基上。激发导致围绕 11—12 键的异构化，形成全反式结构。(C)、(D)杆状细胞盘状膜中视紫红质分子区域在垂直于膜方向的俯视图。阴影椭圆中的短箭头表示单个视紫红质分子的跃迁偶极子。(人视网膜中的每个圆盘含有大约 1000 个视紫红质。)跃迁偶极子大约位于膜平面内但无优选取向。偏振激发脉冲[(C)中的水平双向箭头]有选择地激发跃迁偶极子与偏振轴平行的分子，从而使其中一些发生异构化并改变其吸收光谱[(D)中的空心椭圆]。(E)在 580 nm 处吸光度随时间变化的平滑曲线，用平行或垂直于激发偏振方向的“探测”光测得[14]。垂直箭头表示脉冲出现时间。吸光度变化最初依赖于偏振，但是随着视紫红质分子在膜中旋转，这种依赖性消失了

在另一个应用中，Junge 等[16,17]测量了叶绿体 ATP 合成酶在酶水解 ATP 时其γ亚基的转动速率。γ亚基相对于α和β亚基的旋转似乎将质子的跨膜运动与 ATP 的合成或分解耦合在一起。

另一个例子是利用线二色性考察结合到肌红蛋白上的 CO 的取向。与游离血红素相比，肌红蛋白对 CO 与 O_2 的结合有很强的鉴别度。最初这种鉴别度归因于空间因素，这个因素阻止了双原子分子沿着垂直于血红素的轴定位；有人认为 O_2 的分子轨道比 CO 的分子轨道更适合偏离法线的方向。Lim 等[18]以偏振激光脉冲激发羧基肌红蛋白，在血红素吸收的波长考察了结合 CO 的取向。激发血红素引起了结合 CO 的光解离，在靠近血红素的口袋中，CO 仍与蛋白质有所缔合。这导致红外峰的吸收减少，反映了结合在 Fe 上的 CO；并导致一个新吸收带的出现，反映的是在较宽松的口袋中的 CO。因此，激发脉冲之后的偏振红外探测脉冲可用于测定两个位点的 CO 分子与血红素跃迁偶极子的相对取向。Lim 等发现，与 Fe 相连的 CO 的 C—O 键大致垂直于血红素平面，这表明其他因素应该导致肌红蛋白对 O_2 的偏爱。

4.7 组态相互作用

尽管许多分子的吸收带主要归因于 HOMO 和 LUMO 之间的跃迁，但通常还有必要考虑其他跃迁。其原因之一是 HOMO 和 LUMO 波函数与未激发的分子有关，该分子在每个较低的轨道(包括 HOMO 本身)中都有两个电子。如果每个 HOMO 和 LUMO 中都存在一个不成对的电子，则电子之间的相互作用会有所不同。另外，波函数本身属于近似，其可靠性是不确定的。将激发视为从几个占据轨道到几个未占轨道的跃迁的线性组合，可以更好地描述激发态。每个这样的轨道跃迁都称为一个组态，在一个激发中的几种组态的混合称为组态相互作用。通常，如果两个跃迁具有相似的能量并且在分子轨道的对称性中涉及相似的变化，则它们将混合得最强烈。

式(4.22e)可以直接拓展，把对激发有贡献的各种组态之和包括进来：

$$\boldsymbol{\mu}_{ba} \approx \sqrt{2}e\sum_{j,k} A_{j,k}^{a,b} \sum_{t} C_t^j C_t^k \boldsymbol{r}_t \tag{4.26}$$

其中 $A_{j,k}^{a,b}$ 是从态 a 到态 b 的整体激发中，组态$\psi_j \to \psi_k$的系数。专栏 4.9 描述了找到这些系数的步骤。

专栏 4.9　估算组态相互作用系数

寻找组态相互作用(configuration-interaction，CI)系数 $A_{j,k}^{a,b}$ 的过程涉及一个矩阵的构建，其中对角元是各个跃迁能[19-24]。对于π分子轨道的激发单重态，耦合两个组态$\psi_{j1} \to \psi_{k1}$和$\psi_{j2} \to \psi_{k2}$ (其中 $j1 \neq j2$，$k1 \neq k2$)的非对角矩阵元采用以下形式：

$$\begin{aligned}\left\langle \psi_{j1\to k1} \middle| \tilde{\mathrm{H}} \middle| \psi_{j2\to k2} \right\rangle &= \left\langle \psi_{j1\to k1} \middle| \sum_s \sum_t e^2 / r_{s,t} \middle| \psi_{j2\to k2} \right\rangle \\ &\approx \sum_s \sum_t (2C_s^{j1} C_s^{k1} C_t^{j2} C_t^{k2} - C_s^{j1} C_s^{j2} C_t^{k1} C_t^{k2})\gamma_{s,t}\end{aligned} \tag{B4.8.1}$$

其中 C_t^j 代表原子 t 对波函数ψ_j 的贡献，如式(4.19)～式(4.22e)和式(2.42)所示，$r_{s,t}$是原子 s 与 t 之间的距离，而$\gamma_{s,t}$则是该距离的一个半经验函数。将计算和观察到的大量分子的光谱性质之间的一致性最大化，获得$\gamma_{s,t}$的一个典型表达式为

$$\gamma_{s,t} = A\exp(-Br_{s,t}) + C/(D + r_{s,t}) \tag{B4.8.2}$$

其中 $A = 3.77 \times 10^4$，$B = 0.232$ Å^{-1}，$C = 1.17 \times 10^5$ Å，$D = 2.82$[25]。正如 2.3.6 节中所述，通过矩阵对角化可以获得 CI 系数。

轨道对称性对组态相互作用的限制可以像单个跃迁偶极子的选择定则那样进行分析。如式(B4.8.1)所示，两个跃迁 $\psi_{j1} \to \psi_{k1}$ 和 $\psi_{j2} \to \psi_{k2}$ 的耦合取决于四个波函数(ψ_{j1}，ψ_{k1}，ψ_{j2} 和 ψ_{k2})的乘积。用群论的语言(专栏 4.8)，我们可以说，如果 ψ_{j1} 和 ψ_{k1} 的乘积以及 ψ_{j2} 和 ψ_{k2} 的乘积都随 x 而变换，则所有四个波函数的乘积将随 x^2 变换并全对称。两个跃迁的混合则将是对称性允许的。另一方面，如果 ψ_{j1} 和 ψ_{k1} 的乘积随 x 变换，而 ψ_{j2} 和 ψ_{k2} 的乘积随 y 变换，则总乘积将随 xy 变换且积分为零。观察图 4.10 和图 4.11 可知，如果按能量递增的顺序将细菌叶绿素或 3-甲基吲哚的上部两个占据分子轨道及前两个空轨道表示为 $\psi_1 \sim \psi_4$，则乘积 $\psi_1\psi_3$ 具有与 $\psi_2\psi_4$ 相同的对称性，而 $\psi_2\psi_3$ 具有与 $\psi_1\psi_4$ 相同的对称性。$\psi_1 \to \psi_3$ 跃迁应与 $\psi_2 \to \psi_4$ 混合，而 $\psi_2 \to \psi_3$ 跃迁应与 $\psi_1 \to \psi_4$ 混合。

卟吩、二氢卟吩(chlorin)和细菌氯素(bacteriochlorin)衍生物为组态相互作用的重要性提供了许多例证[26]。在高度对称的母体卟吩(图 4.14，左)中，两个最高占据分子轨道(按能量增加的顺序依次为 ψ_1 和 ψ_2)几乎是等能量的，两个最低未占轨道(ψ_3 和 ψ_4)也如此。$\psi_1 \to \psi_4$ 和 $\psi_2 \to \psi_3$ 跃迁具有相同的对称性和能量，因此能强烈混合，如专栏 4.9 所述；$\psi_1 \to \psi_3$ 跃迁与 $\psi_2 \to \psi_4$ 也有类似混合。由于跃迁能量几乎简并，两个 CI 系数($A_{j,k}^{a,b}$)在每种情况下都为±$2^{-1/2}$，但系数的符号可以相同或相反。四个轨道因而产生四个不同的激发态，通常称为 B_y、B_x、Q_x 和 Q_y 态。B_y 和 Q_y 中包含组态 $2^{-1/2}(\psi_1 \to \psi_4) \pm 2^{-1/2}(\psi_2 \to \psi_3)$；而 B_x 和 Q_x 中包含组态 $2^{-1/2}(\psi_1 \to \psi_3) \pm 2^{-1/2}(\psi_2 \to \psi_4)$。但是，跃迁偶极子在两个组合中几乎彼此抵消，而在另外两个组合中彼此增强。结果是两个最低能量吸收带(Q_x 和 Q_y)以基本相同的能量出现，并且比两个较高能带(B_x 和 B_y)弱很多。

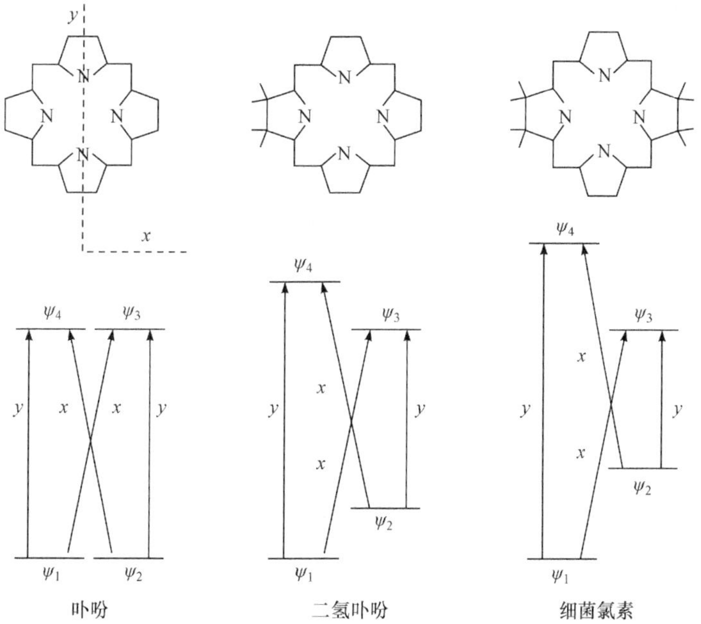

图 4.14 卟吩、二氢卟吩和细菌氯素的结构、能级图和激发。水平线是以每个分子中 ψ_1 的能级为参考给出的两个最高占据分子轨道(ψ_1 和 ψ_2)和前两个未占轨道(ψ_3 和 ψ_4)的能级示意图。箭头表示从一个占据轨道到一个空轨道的激发。x 和 y 对应分子轴，在卟吩结构中以虚线表示，并表达了每种组态(如 $\psi_1 \to \psi_4$)的初始和最终波函数乘积的对称性。对称性相同的组态在激发态混合，并且混合激发的跃迁偶极子大致沿 x 或 y 分子轴取向。二氢卟吩和细菌氯素中一个或两个四吡咯环的还原将最低能量的激发态逐渐往低能方向偏移，并使其偶极强度增加

在二氢卟吩中(图 4.14，中)，四个吡咯环之一被部分还原，从π体系中除去了两个碳。这会破坏分子的对称性，并使ψ_2和ψ_4的能量相对于ψ_1和ψ_3向上移动。结果，最低的能量吸收带移至更低的能级并增强了偶极强度，而最高的能量带移至更高的能级并减弱了偶极强度。这种趋势在细菌氯素中得以继续，其中的两个吡咯环被还原(图 4.14，右)。血红素是对称的铁卟啉，因此会强烈吸收蓝光，而仅微弱吸收黄光或红光[图 4.15(A)]，而细菌叶绿素在红光或近红外光中吸收很强[图 4.15(B)]。这个四轨道模型合理地解释了关于金属卟啉、叶绿素、细菌叶绿素和相关分子的光谱性质的大量实验观察[26-28]，并已用于分析光合细菌反应中心和天线复合体的光谱性质[4, 29, 30]。在图 4.12(A)中所示的绿色绿芽菌(*Bl. viridis*)反应中心的光谱中，750～1050 nm 的吸收带反映了细菌脱镁叶绿素和细菌叶绿素的Q_y跃迁，它们通过第 8 章所述的激子相互作用混合在一起。其相应的Q_x带(图中未显示)在 530～545 nm 和 600 nm 范围内。

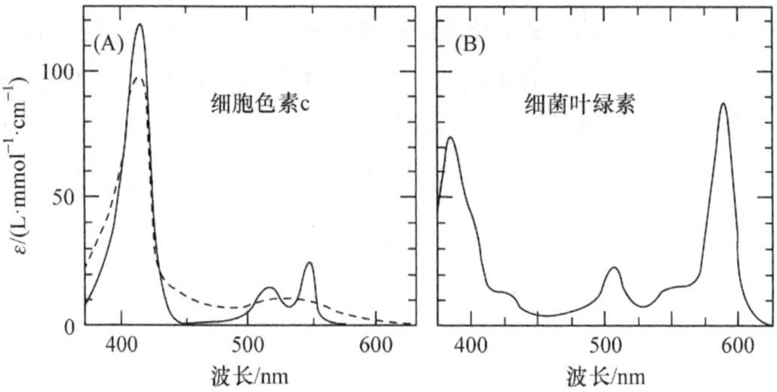

图 4.15 结合血红素并呈还原形式(实线)和氧化形式(虚线)的细胞色素 c 的吸收光谱(A)，以及甲醇中的细菌叶绿素 a 的吸收光谱(B)

色氨酸的吲哚侧链提供了另一个例子。除 HOMO 和 LUMO 本身(ψ_2和ψ_3)外，它的吸收光谱还涉及恰好位于 HOMO 之下和 LUMO 之上(ψ_1和ψ_4)的轨道的重要贡献。四个轨道之间的跃迁在 280 nm 区域产生两个重叠的吸收带，通常称为 ^1L_a和 ^1L_b带，并在 195 nm 和 221 nm 附近产生两个高能带(^1B_a和 ^1B_b)[31-37]。^1L_a的激发具有比 ^1L_b更高的能量和更高的偶极强度，并且，如在 4.12 节中将要看到的，这导致了永久偶极矩的较大变化。忽略较高能量组态的微小贡献，与 ^1L_a和 ^1L_b激发相关的激发单重态可以由下述组合得到很好描述：$^1L_a \approx 0.917(\psi_2 \rightarrow \psi_3) - 0.340(\psi_1 \rightarrow \psi_4)$和 $^1L_b \approx 0.732(\psi_1 \rightarrow \psi_3) + 0.634(\psi_2 \rightarrow \psi_4)$。图 4.16 显示了用式(4.26)计算的两个跃迁偶极子。

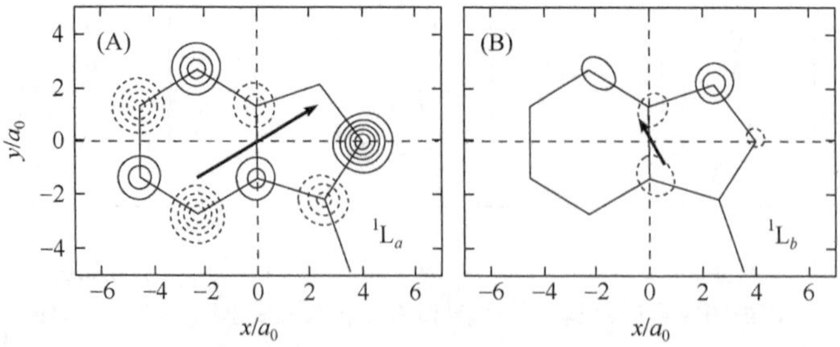

图 4.16 3-甲基吲哚的 ^1L_a(A)和 ^1L_b(B)激发的跃迁偶极子，根据图 4.11 所示的分子轨道乘积的线性组合计算得出。在函数 $0.917\,\psi_2\psi_3 - 0.340\,\psi_1\psi_4$ (A)和 $0.732\,\psi_1\psi_3 + 0.634\,\psi_2\psi_4$ (B)的等高线图中，实线表示正振幅，虚线表示负振幅，轮廓间隔为 $0.005a_0^3$。箭头表示由式(4.26)计算的跃迁偶极子，其长度以 eÅ/$5a_0$ 为单位

如果为了其他目的(如激子相互作用的计算，第 8 章)需要对激发态进行更好的描述，可以经验地调整 CI 系数，以最大程度地提高计算与观测跃迁能(或偶极强度)之间的一致性。在这一设想的一个应用中[30]，对细菌叶绿素和细菌脱镁叶绿素的 Q_x 和 Q_y 吸收带的 CI 系数进行了调整，使得用跃迁梯度算符(4.8 节)计算出的偶极强度与测得的偶极强度相一致。因此，这些测得的偶极强度与用偶极算符计算出的值之间的差异用于校正光合作用反应中心中细菌叶绿素和细菌脱镁叶绿素的偶极-偶极相互作用的计算能量。

4.8 用梯度算符计算电跃迁偶极子

当考虑前两个或三个占据轨道和前几个未占轨道之间的跃迁贡献时，利用式(4.26)计算得出的偶极强度与实验测得的偶极强度通常在一个 2 或 3 倍的因子内符合，这意味着所得跃迁偶极子大小的准确度在±50%以内。有时可以通过使用梯度算符 $\tilde{\nabla} = (\partial/\partial x, \partial/\partial y, \partial/\partial z)$ 代替 $\tilde{\mu}$ 而获得更好的一致性。梯度算符和偶极算符的矩阵元通过以下表达式关联：

$$\left\langle \Psi_b \middle| \tilde{\nabla} \middle| \Psi_a \right\rangle = \frac{-(E_b - E_a)m_e}{\hbar^2 e} \left\langle \Psi_b \middle| \tilde{\mu} \middle| \Psi_a \right\rangle \tag{4.27}$$

其中 m_e 是电子质量(专栏 4.10)。因此，如果已知能量差 $E_b - E_a$，则可以由 $\langle \Psi_b|\tilde{\nabla}|\Psi_a \rangle$ 获得 $\langle \Psi_b|\tilde{\mu}|\Psi_a \rangle$，反之亦然。如果分子轨道是精确的，则用 $\tilde{\mu}$ 和 $\tilde{\nabla}$ 计算的跃迁偶极子应该相同。但是，若使用近似轨道，则这两种方法通常给出不同的结果。用偶极算符计算出的偶极强度通常太大，而用梯度算符获得的偶极强度与实验结果则符合较好[28, 30, 38]。

专栏 4.10 电偶极算符与梯度算符的矩阵元之间的关系

将梯度算符 $\tilde{\nabla}$ 与哈密顿算符和偶极算符的对易子 ($[\tilde{\mathrm{H}}, \tilde{\mu}]$) 相关联，可以得到式(4.27)。(有关对易子的介绍请参见专栏 2.2。)哈密顿算符 $\tilde{\mathrm{H}}$ 包括势能项($\tilde{\mathrm{V}}$)和动能项($\tilde{\mathrm{T}}$)；但仅需考虑 $\tilde{\mathrm{T}}$，因为 $\tilde{\mathrm{V}}$ 与位置算符对易($[\tilde{\mathrm{V}}, \tilde{\mathrm{r}}] = 0$)且 $\tilde{\mu}$ 就是 $e\tilde{\mathrm{r}}$。对于一维体系，其中 $\tilde{\nabla}$ 只是 $\partial/\partial x$，$\tilde{\mathrm{H}}'$ 和 $\tilde{\mu}$ 的对易子为

$$[\tilde{\mathrm{H}}, \tilde{\mu}] = [\tilde{\mathrm{T}}, e\tilde{x}] = -(\hbar^2 e/2m)[\partial^2/\partial x^2, x] \tag{B4.10.1a}$$

$$= -(\hbar^2 e/2m)[(\mathrm{d}^2/\mathrm{d}x^2)x - x(\mathrm{d}^2/\mathrm{d}x^2)] \tag{B4.10.1b}$$

$$= -(\hbar^2 e/2m)[2(\mathrm{d}/\mathrm{d}x) + x(\mathrm{d}^2/\mathrm{d}x^2) - x(\mathrm{d}^2/\mathrm{d}x^2)] \tag{B4.10.1c}$$

$$= -(\hbar^2 e/m)(\mathrm{d}/\mathrm{d}x) = -(\hbar^2 e/m)\tilde{\nabla} \tag{B4.10.1d}$$

推广到三维，并将对易子视作算符，得到

$$\left\langle \Psi_b \middle| [\tilde{\mathrm{H}}, \tilde{\mu}] \middle| \Psi_a \right\rangle = -(\hbar^2 e/m) \left\langle \Psi_b \middle| \tilde{\nabla} \middle| \Psi_a \right\rangle \tag{B4.10.2}$$

在 $\tilde{\mathrm{H}}(\Psi_k)$ 的所有本征函数的基础上形式地展开 Ψ_b 和 Ψ_a，并利用矩阵乘法步骤(附录 A.2)，可以将式(B4.10.2)左边的矩阵元与跃迁偶极子($\boldsymbol{\mu}_{ba}$)关联起来。这给出

$$\left\langle \Psi_b \middle| [\tilde{\mathrm{H}}, \tilde{\mu}] \middle| \Psi_a \right\rangle \equiv \left\langle \Psi_b \middle| [\tilde{\mathrm{H}}\tilde{\mu}] \middle| \Psi_a \right\rangle - \left\langle \Psi_b \middle| [\tilde{\mu}\, \tilde{\mathrm{H}}] \middle| \Psi_a \right\rangle \tag{B4.10.3a}$$

$$= \sum_k \left\langle \Psi_b \middle| \tilde{\mathrm{H}} \middle| \Psi_k \right\rangle \left\langle \Psi_k \middle| \tilde{\mu} \middle| \Psi_a \right\rangle - \sum_k \left\langle \Psi_b \middle| \tilde{\mu} \middle| \Psi_k \right\rangle \left\langle \Psi_k \middle| \tilde{\mathrm{H}} \middle| \Psi_a \right\rangle \tag{B4.10.3b}$$

$$= E_b \left\langle \Psi_b \middle| \tilde{\mu} \middle| \Psi_a \right\rangle - \left\langle \Psi_b \middle| \tilde{\mu} \middle| \Psi_a \right\rangle E_a = (E_b - E_a)\boldsymbol{\mu}_{ba} \tag{B4.10.3c}$$

其中 E_b 和 E_a 是态 b 和 a 的能量。式(B4.10.3b)简化为式(B4.10.3c)，因为在没有附加微扰的情况下，包含 Ψ_b 或 Ψ_a 的非零哈密顿矩阵元是 $\langle\Psi_b|\tilde{\mathrm{H}}|\Psi_b\rangle$ 和 $\langle\Psi_a|\tilde{\mathrm{H}}|\Psi_a\rangle$。将式(B4.10.2)和式(B4.10.3c)二者的右边相等，就得出式(4.27)。

在第 5 章中讨论的吸收的量子理论中，跃迁梯度矩阵元($\langle\Psi_b|\tilde{\nabla}|\Psi_a\rangle$)是直接出现的，而不仅仅是作为计算 $\langle\Psi_b|\tilde{\mu}|\Psi_a\rangle$ 的一种替代方法。$\tilde{\nabla}$ 的矩阵元在圆二色理论中也起着重要作用(第 9 章)。

图 4.17 说明了在乙烯的 HOMO→LUMO 激发的跃迁梯度矩阵元中的函数。HOMO 和 LUMO(ψ_a 和 ψ_b)的等高线图取自图 4.6 中的(A)和(B)作为参考。如前所述，C═C 键沿 y 轴排列，而 ψ_a 和 ψ_b 由 $2p_z$ 原子轨道构成。图 4.17(C)显示了导数 $\partial\psi_a/\partial y$ 的等高线图，而图 4.17(D)显示了将该导数乘以 ψ_b 的结果。在所有空间上对乘积 $\psi_b\partial\psi_a/\partial y$ 进行积分得到 $\langle\psi_b|\tilde{\nabla}|\psi_a\rangle$ 的 y

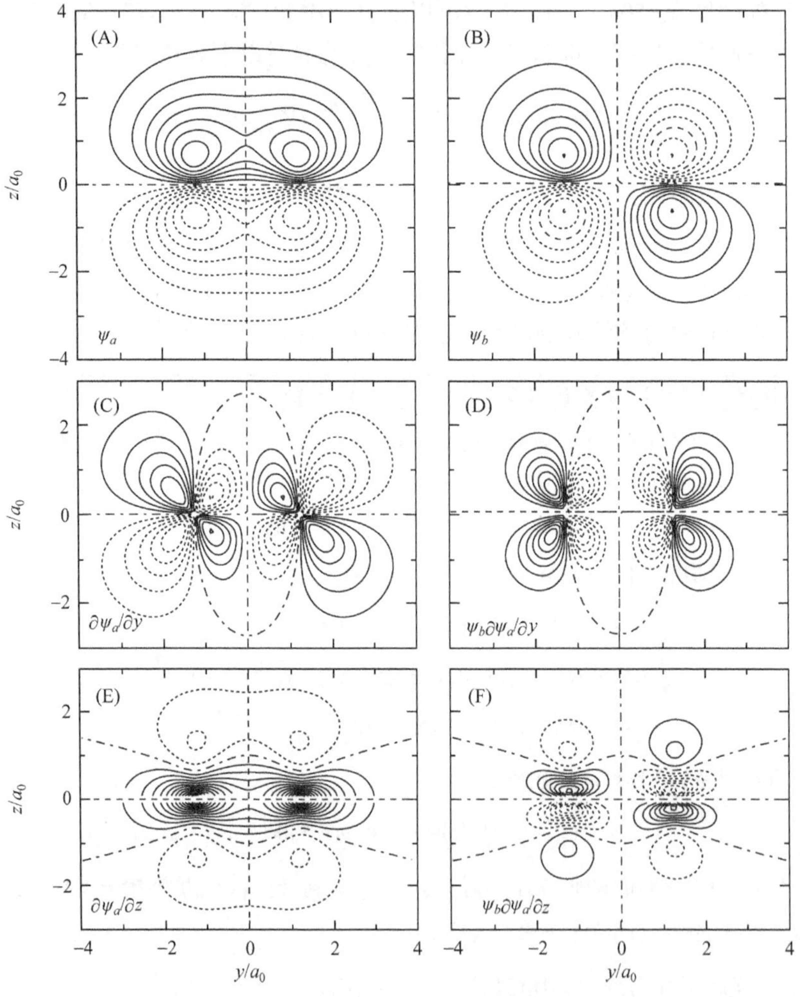

图 4.17 乙烯激发的梯度算符的跃迁矩阵元组分。(A)、(B)yz 平面中 HOMO(ψ_a)和 LUMO(ψ_b)分子轨道振幅的等高线图。C═C 键位于 y 轴上。(C)、(E)ψ_a 对 y 和 z 的导数。(D)、(F)这些导数与 ψ_b 的乘积。在所有空间上分别积分 $\psi_b\partial\psi_a/\partial y$ 和 $\psi_b\partial\psi_a/\partial z$，可得到 $\langle\psi_b|\tilde{\nabla}|\psi_a\rangle$ 的 y 和 z 分量。由于波函数的对称性，$\psi_b\partial\psi_a/\partial z$ 和 $\psi_b\partial\psi_a/\partial x$(未示出)的积分均为零，而 $\psi_b\partial\psi_a/\partial y$ 的积分不为零

分量。考察图 4.17(D)，可以看到$\psi_b \partial\psi_a/\partial y$是 y 的偶函数。因此，除 xy 平面中的点(此处ψ_a和ψ_b都经过零)外，沿与 y 轴平行的任何线的积分都会给出非零的结果。(尽管图中的等高线图仅显示了 yz 平面中的振幅，但其他平行于 yz 的平面的相应图都与此类似，因为ψ_a和ψ_b都是 x 的偶函数。)相反，函数$\psi_b \partial\psi_a/\partial z$[图 4.17(F)]是 y 和 z 的奇函数，这意味着在所有空间上对此乘积的积分为零。$\psi_b \partial\psi_a/\partial x$(未示出)也是如此。故矢量$\left\langle \psi_b \middle| \tilde{\nabla} \middle| \psi_a \right\rangle$沿着 C═C 键取向，这也就是在前面的$\left\langle \Psi_b \middle| \tilde{\mu} \middle| \Psi_a \right\rangle$中看到的结果。

计算两个π 分子轨道之间的跃迁矩阵元$\left\langle \psi_b \middle| \tilde{\nabla} \middle| \psi_a \right\rangle$比计算$\left\langle \Psi_b \middle| \tilde{\mu} \middle| \Psi_a \right\rangle$更麻烦，但是如果分子轨道是由斯莱特型原子轨道线性组合构成的，则计算仍然相对简单。激发到激发单重态的跃迁矩阵元因而可以采用与式(4.22e)相同的形式：

$$\left\langle \Psi_b \middle| \tilde{\nabla} \middle| \Psi_a \right\rangle = \sqrt{2} \sum_s \sum_t C_s^b C_t^a \left\langle \mathrm{p}_s \middle| \tilde{\nabla} \middle| \mathrm{p}_t \right\rangle \tag{4.28}$$

其中C_s^b和C_t^a分别是分子轨道Ψ_b和Ψ_a中位于原子 s 和 t 中心的 $2p_z$ 原子轨道(p_s和p_t)的展开系数，而$\left\langle \mathrm{p}_s \middle| \tilde{\nabla} \middle| \mathrm{p}_t \right\rangle$是两个原子轨道的$\tilde{\nabla}$算符的矩阵元。专栏 4.11 概述了计算$\left\langle \mathrm{p}_s \middle| \tilde{\nabla} \middle| \mathrm{p}_t \right\rangle$的一般步骤，其中允许原子轨道彼此具有任意取向。注意到$\left\langle \mathrm{p}_t \middle| \tilde{\nabla} \middle| \mathrm{p}_t \right\rangle$为零而$\left\langle \mathrm{p}_t \middle| \tilde{\nabla} \middle| \mathrm{p}_s \right\rangle = \left\langle -\mathrm{p}_s \middle| \tilde{\nabla} \middle| \mathrm{p}_t \right\rangle$；这可以通过考察图 4.17 进行验证，因此式(4.28)可以稍加简化。利用这些替换，在原子 s 和 t 上的总和变为

$$\left\langle \Psi_b \middle| \tilde{\nabla} \middle| \Psi_a \right\rangle = \sqrt{2} \sum_{s>t} \sum_t 2(C_s^a C_t^b - C_s^b C_t^a) \left\langle \mathrm{p}_s \middle| \tilde{\nabla} \middle| \mathrm{p}_t \right\rangle \tag{4.29}$$

有时仅在成对的键合原子进行加和就可以得到此总和的很好近似[28, 30, 38-40]。

专栏 4.11　2p 原子轨道梯度算符的矩阵元

式(4.28)和式(4.29)中的$\left\langle \mathrm{p}_s \middle| \tilde{\nabla} \middle| \mathrm{p}_t \right\rangle$积分是 2p 原子轨道在原子 s 和 t 上的梯度算符$\tilde{\nabla}$的矩阵元。为了使原子 s 的局域 z 轴相对于原子 t 具有任意取向，可以写出原子的矩阵元如下：

$$\begin{aligned}\left\langle \mathrm{p}_s \middle| \tilde{\nabla} \middle| \mathrm{p}_t \right\rangle \approx\ & (\eta_{x',s}\eta_{y',t} + \eta_{y',s}\eta_{x',t})\nabla_{xy}\hat{i} \\ & + [\eta_{y',s}\eta_{y',t}\nabla_\sigma + (\eta_{x',s}\eta_{x',t} + \eta_{z',s}\eta_{z',t})\nabla_\pi]\hat{j} + (\eta_{z',s}\eta_{y',t} + \eta_{y',s}\eta_{z',t})\nabla_{zy}\hat{k}\end{aligned} \tag{B4.11.1}$$

其中$\eta_{x',t}$、$\eta_{y',t}$和$\eta_{z',t}$是在笛卡儿坐标系(x', y', z')中原子轨道 t 的 z 轴的方向余弦，定义这个坐标系使原子 t 位于原点而 y' 轴由原子 t 指向原子 s(如$\eta_{y',t}$是 y' 与轨道 t 的局域 z 轴之间的夹角余弦)；$\hat{i}$、$\hat{j}$和$\hat{k}$是平行于 x'、y' 和 z' 轴的单位矢量；而∇_σ、∇_π和∇_{zy}是在三个正则取向中成对的斯莱特 2p 轨道的$\tilde{\nabla}$算符的矩阵元。∇_σ是图 4.18(A)所示的头-尾取向；∇_π是沿 z' 或 x' 并平行于 z 轴的并排取向[图 4.18(B)]；而∇_{zy}则是一个轨道沿 y' 位移并围绕一个平行于 x' 的轴旋转 90°的取向[图 4.18(C)]。∇_{xz}为 0，而∇_{xy}与∇_{zy}相同。考察式(B4.11.1)和图 4.18 可知，如果原子 t 和 s 的 z 轴彼此平行且垂直于 y'，这与π 电子体系的情况大致相同，则$\left\langle \mathrm{p}_s \middle| \tilde{\nabla} \middle| \mathrm{p}_t \right\rangle$指向原子 t 到原子 s 并具有∇_π的量级。

在以原子 s 为中心的极坐标(r_s, θ_s, ϕ_s)中，斯莱特 $2p_z$ 轨道为

$$\mathrm{p}_s = (\zeta_s^5/\pi)^{1/2} r_s \cos\theta_s \exp(-\zeta_s r_s/2) \tag{B4.11.2}$$

其中θ_s是相对于 z 轴的角度，对于 C、N 和 O，ζ_s分别为 3.071 Å^{-1}、3.685 Å^{-1}和 4.299 Å^{-1}。∇_σ、∇_π和∇_{zy}对两个原子(ζ_s和ζ_t)的原子间距离(R)和斯莱特轨道参数的依赖性的计算可利用 Mulliken 等[41]和 Král[42](参阅[4]和[43])最初提出的表达式进行：

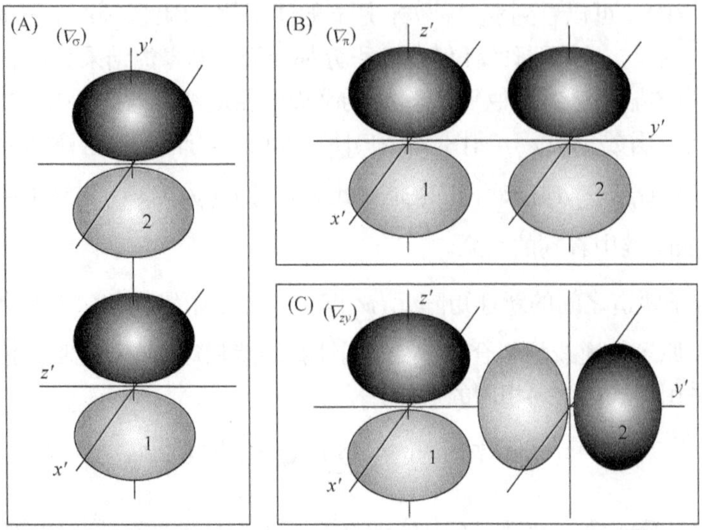

图 4.18 两个碳原子的 $2p_z$ 轨道的正则取向。阴影区域表示波函数的边界表面，如图 2.5 所示。$x'y'z'$ 笛卡儿坐标系以原子 1 为中心，y' 轴沿着原子间矢量。跃迁梯度矩阵元 ∇_σ 、∇_π 和 ∇_{zy} 分别用于(A)、(B)和(C)中所示的取向。可以将任意方向的矩阵元表示为这些正则矩阵元的线性组合

首先定义两个函数

$$A_k = \int_1^\infty w^k \exp(-Pw)\mathrm{d}w \quad 和 \quad B_k = \int_{-1}^1 w^k \exp(-Qw)\mathrm{d}w \tag{B4.11.3}$$

其中 $P = (\zeta_s + \zeta_t)R/2$，$Q = (\zeta_s - \zeta_t)R/2$，则

$$\begin{aligned}\nabla_\sigma = &(\zeta_s\zeta_t)^{5/2}(R^4/8)\{A_0B_2 - A_2B_0 + A_1B_3 - A_3B_1 \\ &+ (\zeta_t R/2)[A_1(B_0 - B_2) + B_1(A_0 - A_2) + A_3(B_4 - B_2) + B_3(A_4 - A_2)]\}\end{aligned} \tag{B4.11.4}$$

$$\nabla_\pi = (\zeta_s\zeta_t)^{5/2}(\zeta_t R^5/32)[(B_1 - B_3)(A_0 - 2A_2 + A_4) + (A_1 - A_3)(B_0 - 2B_2 + B_4)] \tag{B4.11.5}$$

及

$$\begin{aligned}\nabla_{zy} = &(\zeta_s\zeta_t)^{5/2}(R^4/8)\{A_0B_2 - A_2B_0 + A_1B_3 - A_3B_1 \\ &+ (\zeta_t R/4)[(A_3 - A_1)(B_0 - B_4) + (B_3 - B_1)(A_0 - A_4)]\}\end{aligned} \tag{B4.11.6}$$

A_k 和 B_k 可由下式计算[44]：

$$A_k = [\exp(-s) + kA_{k-1}]/P \tag{B4.11.7}$$

$$B_k = 2\sum_{i=0}^{3}[Q^{2i}/(2i)!(k+2i+1)] \quad 当k为偶数时 \tag{B4.11.8}$$

及

$$B_k = -2\sum_{i=0}^{3}[Q^{2i+1}/(2i+1)!(k+2i+2)] \quad 当k为奇数时 \tag{B4.11.9}$$

$\langle p_s|\tilde{\nabla}|p_t\rangle$ 的半经验表达式可参见文献[28, 30, 39, 40]。

图 4.19 说明了此方法在计算反式-丁二烯的跃迁矩阵元中的应用，而反式-丁二烯为类胡萝卜素和视黄醛提供了很好的模型。图 4.19(A)～(D)显示了两个最高占据分子轨道和两个最低未占轨道(按能量增加的顺序从 ψ_1 到 ψ_4)。图 4.19(E)中的矢量图显示了每对键合原子的 $\tilde{\nabla}$ 矩阵

元$\langle p_s|\tilde{\nabla}|p_t\rangle$的方向和相对大小，由在波函数$\psi_2$和$\psi_3$中该对原子的系数($C_s^b C_t^a$)进行加权。将每对原子的矢量组合在一起，可得出一个总的跃迁梯度矩阵元$\left(\sum_s\sum_t C_s^b C_t^a \langle p_s|\tilde{\nabla}|p_t\rangle\right)$，其取向位于分子的长轴上。(来自非键合原子对的贡献不会显著影响这个总矩阵元。)作为激发单重态的最低能量组态，ψ_2和ψ_3电子的激发因而在此方向上有一个非零跃迁偶极子。

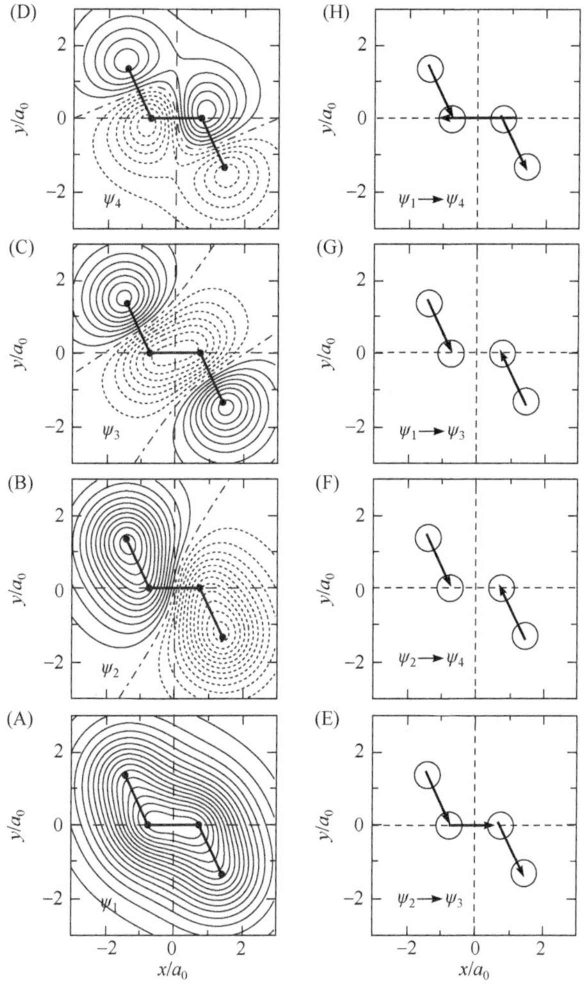

图 4.19 (A)～(D)在反式-丁二烯基态中两个最高占据分子轨道和两个最低未占分子轨道的等高线图(按能量增加的顺序从ψ_1到ψ_4)。小实心圆表示原子位置。等高线给出了平行于π体系平面并在其上方玻尔半径(a_0)处的平面上的波函数的振幅。实线表示正振幅；虚线表示负振幅。波函数利用 QCFF-PI 计算得出[25, 149]。(E)～(H)在反式-丁二烯前四个激发中成键原子对的乘积$C_s^b C_t^a \langle p_s|\tilde{\nabla}|p_t\rangle$的方向和相对大小的矢量图。初始和最终分子轨道在每个分图中显示，C_s^b和C_t^a分别是最终和初始波函数中原子 s 和 t 的 $2p_z$原子轨道的系数；$\langle p_s|\tilde{\nabla}|p_t\rangle$是两个原子轨道的梯度算符的矩阵元。空心圆表示原子位置。每个激发的跃迁梯度矩阵元由箭头的矢量和近似给出。(非键合原子对的贡献不会显著改变整个矩阵元)

图 4.19(H)类似地给出了在四个波函数的激发单重态中最高能量组态的矢量图($\psi_1 \rightarrow \psi_4$)。这个激发的跃迁梯度偶极子的大小比$\psi_2 \rightarrow \psi_3$的小，取向也不同，这是因为两个中心原子的矢量$C_s^b C_t^a \langle p_s|\tilde{\nabla}|p_t\rangle$部分地抵消了来自那些外围原子对的贡献。

反式-丁二烯的$\psi_2 \to \psi_4$和$\psi_1 \to \psi_3$激发的电跃迁偶极子为零[图 4.19(F)、(G)]。在这两种情况下，中心原子对的$C_s^b C_t^a \langle p_s | \tilde{\nabla} | p_t \rangle$均为零，因为初始和最终波函数对于反演中心具有相同的对称性($\psi_1 \to \psi_3$为 g，$\psi_2 \to \psi_4$为 u)。来自其他原子对的贡献并不单独为零，而是给出了反平行矢量，在总和中抵消。因此，如果仅考虑与光的电场的作用，则这两个激发是禁阻的。正如在第 9 章中将要看到的那样，通过与磁场的相互作用它们将微弱地被允许，但是相关的偶极强度远低于$\psi_2 \to \psi_3$和$\psi_1 \to \psi_4$。专栏 4.12 用群论的语言重新阐述了反式-丁二烯和相关化合物激发的选择定则，并描述了用于这些激发的命名法。

专栏 4.12　线性多烯的电偶极子激发选择定则

反式-丁二烯和其他中心对称多烯的电偶极子激发的基本选择定则可以简单地根据分子轨道的对称性来描述。按能量增加的顺序，图 4.19(A)～(D)中所示的四个波函数具有A_g、B_u、A_g和B_u对称性。如专栏 4.8 所述，马利肯符号A和B分别指相对C_2轴旋转是对称和反对称的函数，该C_2轴穿过反式-丁二烯的中心并且垂直于π 体系的平面；下标 g 和 u 表示关于分子中心反演分别为偶对称和奇对称。激发$\psi_2 \to \psi_3$、$\psi_2 \to \psi_4$、$\psi_1 \to \psi_3$和$\psi_1 \to \psi_4$的特征在于初始波函数和最终波函数的直积的对称性：对$\psi_2 \to \psi_3$有$B_u \times A_g = B_u$，对$\psi_2 \to \psi_4$有$B_u \times B_u = A_g$，对$\psi_1 \to \psi_3$有$A_g \times A_g = A_g$，而对$\psi_1 \to \psi_4$有$A_g \times B_u = B_u$。由于位置矢量($\boldsymbol{r}$)具有B_u对称性，所以乘积$\boldsymbol{r}\psi_2\psi_3$、$\boldsymbol{r}\psi_2\psi_4$、$\boldsymbol{r}\psi_1\psi_3$和$\boldsymbol{r}\psi_1\psi_4$分别变换为$A_g$、$B_u$、$B_u$和$A_g$对称性。因此，电偶极子跃迁矩阵元对于第一个和第四个激发(B_u对称的两个激发)不为零，对于第二个和第三个激发(A_g对称的两个激发)为零。类似的考虑适用于包括类胡萝卜素在内的更长的多烯，尽管扭曲和弯曲变形使这些分子仅具有近似的中心对称。

注意图 4.19(E)～(H)中的矢量属于纯组态$\psi_2 \to \psi_3$，$\psi_2 \to \psi_4$，$\psi_1 \to \psi_3$和$\psi_1 \to \psi_4$。对反式-丁二烯和其他此类多烯的实际激发态的准确描述需要更多的组态相互作用[45]。$\psi_2 \to \psi_4$激发与$\psi_1 \to \psi_3$及其他更高能量的组态有强烈混合，结果是具有这种对称性的激发态的能量移动至低于第一个B_u态[45-47]。因此，最低能量的允许吸收带反映的是向第二而非第一激发态的激发，这对类胡萝卜素在光合作用中作为能量供体和受体的功能具有重大影响(7.4 节)。拉曼光谱[46]、双光子光谱(第 12 章和文献[48])以及吸收和荧光的时间分辨测量[47, 49-51]都已检测到几种多烯的“禁阻”第一激发态。

在常用命名法中，中心对称多烯的基态记为$1^1A_g^-$；具有A_g对称性的第一激发单重态为$2^1A_g^-$，而具有B_u对称性的第一激发单重态(按能量顺序为第二激发单重态)为$1^1B_u^+$。这里第一个数字表示态的位置，这些态在对称性相同的态之间按照能量增加的顺序排列。第一个上标指明自旋多重度(单重或三重态)，上标“+”或“−”表示此态主要是共价型(−)还是离子型(+)。由于同样的选择定则在并非严格中心对称的较大多烯中作为一级近似也成立，所以这一命名法也用于视黄醛和复杂的类胡萝卜素。

4.9　激发到单重态和三重态的跃迁偶极子

正如在第 2 章(2.4 节)中所讨论的那样，电子具有内禀角动量或“自旋”，其特征是自旋量子数$s = 1/2$和$m_s = \pm 1/2$。可以通过两个自旋波函数描述m_s的不同值，对于$m_s = +1/2$，用α(“自旋向下”)，对于$m_s = -1/2$，用β(“自旋向上”)。对于具有多个电子的体系，必须以某种形式给出包含电子自旋的波函数，使得交换任意两个电子时，完全波函数改变其符号。当导出用于形成激发单重态的跃迁偶极子的表达式时[式(4.22a)～式(4.22e)]，我们很快地略过了这一点，所以在这里考察一下若明确地给出自旋波函数时，是否能得到相同的表达式。这里还将考察激发到三重态的跃迁偶极子。

使用式(2.47)的表示法，从一个两电子体系的基态单重态到激发单重态的激发，其跃迁偶极子的形式为

$$\begin{aligned}\boldsymbol{\mu}_{ba} &= \left\langle {}^1\Psi_b \middle| \tilde{\mu}(1)+\tilde{\mu}(2) \middle| \Psi_a \right\rangle \\ &= \left\langle \left\{ 2^{-1/2}\left[\psi_{\text{h}}(1)\psi_{\text{l}}(2)+\psi_{\text{h}}(2)\psi_{\text{l}}(1)\right]2^{-1/2}\left[\alpha(1)\beta(2)-\alpha(2)\beta(1)\right]\right\}\right. \\ &\quad \times \left|\tilde{\mu}(1)+\tilde{\mu}(2)\right|\left.\left\{\psi_{\text{h}}(1)\psi_{\text{h}}(2)2^{-1/2}\left[\alpha(1)\beta(2)-\alpha(2)\beta(1)\right]\right\}\right\rangle\end{aligned} \tag{4.30}$$

由于电偶极子算符不作用于自旋波函数，因此可以将 $\langle\alpha(1)|\alpha(1)\rangle$ 和 $\langle\alpha(1)|\beta(1)\rangle$ 等积分从整体积分中以因子提出。再如同在式(4.22a)～式(4.22c)中那样进行一些近似，得到

$$\begin{aligned}\boldsymbol{\mu}_{ba} = 2^{-3/2}&\left[\langle\psi_{\text{l}}(1)|\tilde{\mu}(1)|\psi_{\text{h}}(1)\rangle\langle\psi_{\text{h}}(2)|\psi_{\text{h}}(2)\rangle+\langle\psi_{\text{l}}(2)|\tilde{\mu}(2)|\psi_{\text{h}}(2)\rangle\langle\psi_{\text{h}}(1)|\psi_{\text{h}}(1)\rangle\right] \\ \times&\left[\langle\alpha(1)|\alpha(1)\rangle\langle\beta(2)|\beta(2)\rangle-\langle\alpha(1)|\beta(1)\rangle\langle\beta(2)|\alpha(2)\rangle\right. \\ &\left.-\langle\alpha(2)|\beta(2)\rangle\langle\beta(1)|\alpha(1)\rangle+\langle\alpha(2)|\alpha(2)\rangle\langle\beta(1)|\beta(1)\rangle\right]\end{aligned} \tag{4.31}$$

因子 $\langle\psi_{\text{h}}(1)|\psi_{\text{h}}(1)\rangle$ 和 $\langle\psi_{\text{h}}(2)|\psi_{\text{h}}(2)\rangle$ 在式(4.31)中均为 1。由于自旋波函数是正交归一化的，故自旋积分也可以立即求值：$\langle\alpha(1)|\alpha(1)\rangle=\langle\beta(1)|\beta(1)\rangle=1$，而 $\langle\alpha(1)|\beta(1)\rangle=\langle\beta(1)|\alpha(1)\rangle=0$。因此，第二个方括号中的项是 1 × 1 − 0 × 0 − 0 × 0 + 1× 1 = 2，所以

$$\boldsymbol{\mu}_{ba}=\sqrt{2}\langle\psi_{\text{l}}(k)|\tilde{\mu}(k)|\psi_{\text{h}}(k)\rangle\approx\sqrt{2}e\sum_i C_i^{\text{l}}C_i^{\text{h}}\boldsymbol{r}_i \tag{4.32}$$

这与式(4.22e)相同。

从基态单重态到激发三重态的跃迁偶极子与形成激发单重态的跃迁偶极子是非常不同的。形成三重态的跃迁偶极子都为零，因为具有相反符号的项会抵消，或者因为每个项都包含 $\langle\alpha(1)|\beta(1)\rangle$ 形式的积分。对于 ${}^3\Psi_b^0$，有

$$\begin{aligned}&\left\langle {}^3\Psi_b^0 \middle| \tilde{\mu}(1)+\tilde{\mu}(2) \middle| \Psi_a \right\rangle \\ &= \left\langle \{2^{-1}[\psi_{\text{h}}(1)\psi_{\text{l}}(2)-\psi_{\text{h}}(2)\psi_{\text{l}}(1)][\alpha(1)\beta(2)+\alpha(2)\beta(1)]\}\right. \\ &\quad\times\left|\tilde{\mu}(1)+\tilde{\mu}(2)\right|\left.\{\psi_{\text{h}}(1)\psi_{\text{h}}(2)2^{-1/2}[\alpha(1)\beta(2)-\alpha(2)\beta(1)]\}\right\rangle\end{aligned} \tag{4.33a}$$

$$\begin{aligned}&= 2^{-3/2}\left[-\langle\psi_{\text{l}}(1)|\tilde{\mu}(1)|\psi_{\text{h}}(1)\rangle\langle\psi_{\text{h}}(2)|\psi_{\text{h}}(2)\rangle+\langle\psi_{\text{l}}(2)|\tilde{\mu}(2)|\psi_{\text{h}}(2)\rangle\langle\psi_{\text{h}}(1)|\psi_{\text{h}}(1)\rangle\right] \\ &\quad\times\left[\langle\alpha(1)|\alpha(1)\rangle\langle\beta(2)|\beta(2)\rangle-\langle\alpha(1)|\alpha(2)\rangle\langle\beta(2)|\beta(1)\rangle\right. \\ &\quad\left.+\langle\alpha(2)|\alpha(1)\rangle\langle\beta(1)|\beta(1)\rangle-\langle\alpha(2)|\alpha(2)\rangle\langle\beta(1)|\beta(1)\rangle\right]\end{aligned} \tag{4.33b}$$

在式(4.33b)中，第一行中的乘积可简化为 $\left[\langle\psi_{\text{l}}(2)|\tilde{\mu}(2)|\psi_{\text{h}}(2)\rangle-\langle\psi_{\text{l}}(1)|\tilde{\mu}(1)|\psi_{\text{h}}(1)\rangle\right]$，其值为零，因为跃迁偶极子与如何标记电子无关。第二行和第三行中的自旋积分的乘积之和为 1 × 1 − 0 × 0 + 0 × 0 − 1 × 1，也为 0。

类似地，对于 ${}^3\Psi_b^{+1}$：

$$\begin{aligned}&\left\langle {}^3\Psi_b^{+1} \middle| \tilde{\mu}(1)+\tilde{\mu}(2) \middle| \Psi_a \right\rangle \\ &= \left\langle \left\{2^{-1/2}\left[\psi_{\text{h}}(1)\psi_{\text{l}}(2)-\psi_{\text{h}}(2)\psi_{\text{l}}(1)\right]\left[\alpha(1)\alpha(2)\right]\right\}\right. \\ &\quad\times\left|\tilde{\mu}(1)+\tilde{\mu}(2)\right|\left.\left\{\psi_{\text{h}}(1)\psi_{\text{h}}(2)2^{-1/2}\left[\alpha(1)\beta(2)-\alpha(2)\beta(1)\right]\right\}\right\rangle\end{aligned} \tag{4.34a}$$

$$= 2^{-1}\left[-\langle\psi_1(1)|\tilde{\mu}(1)|\psi_h(1)\rangle\langle\psi_h(2)|\psi_h(2)\rangle + \langle\psi_1(2)|\tilde{\mu}(2)|\psi_h(2)\rangle\langle\psi_h(1)|\psi_h(1)\rangle\right] \times\left[\langle\alpha(1)|\alpha(1)\rangle\langle\alpha(2)|\beta(2)\rangle - \langle\alpha(1)|\beta(1)\rangle\langle\alpha(2)|\alpha(2)\rangle\right] \tag{4.34b}$$

同样，最终表达式的第一行和第二行均为零。求 ${}^3\Psi_b^{-1}$ 的跃迁偶极子也得出相同的结果。

因此，从基态到激发三重态的激发在形式上就是禁阻的。实际上，有时可以观察到单重态和三重态之间的弱光学跃迁。正如将要在第 5 章中讨论的那样，三重态也可以由激发单重态的系间窜越(intersystem crossing)产生。这个过程主要由于磁偶极子耦合效应，与电子自旋和电子运动轨道有关。

4.10 玻恩-奥本海默近似，富兰克-康顿因子和电子吸收带峰型

到目前为止，我们一直关注的是光对电子的影响。一个分子的完全波函数还必须描述其原子核。但是由于与电子相比，原子核具有非常大的质量，为了某些目的，可以合理地将其位置看作近似固定。因此，电子的哈密顿算符就包括来自原子核的缓慢变化的场，而核的哈密顿算符则包括核的动能和来自周围快速移动电子云的平均场。利用电子哈密顿的薛定谔方程，可得到一组电子波函数 $\psi_i(\boldsymbol{r},\boldsymbol{R})$，它既依赖于电子坐标($\boldsymbol{r}$)也依赖于核坐标($\boldsymbol{R}$)。在薛定谔方程中使用核波函数，则可为每个电子态提供一组振动-转动核波函数 $\chi_{n(i)}(\boldsymbol{R})$。完整哈密顿的薛定谔方程的解包括核运动与电子的运动，可以写成这些部分波函数乘积的线性组合：

$$\Psi(\boldsymbol{r},\boldsymbol{R}) = \sum_i\sum_n \psi_i(\boldsymbol{r},\boldsymbol{R})\chi_{n(i)}(\boldsymbol{R}) \tag{4.35}$$

当式(4.35)右边的双加和中有一项占主导时，这个描述变得最为有用，因为这样就可以将完备的波函数表示为电子波函数和核波函数的简单乘积：

$$\Psi(\boldsymbol{r},\boldsymbol{R}) \approx \psi_i(\boldsymbol{r},\boldsymbol{R})\chi_{n(i)}(\boldsymbol{R}) \tag{4.36}$$

这就是玻恩-奥本海默近似(Born-Oppenheimer approximation)。

玻恩-奥本海默近似在很多情况下都被证明是令人满意的。这在分子光谱学中是至关重要的，因为它允许我们将跃迁指认为主要以电子跃迁、振动跃迁或转动跃迁为本质。此外，它还对电子跃迁如何依赖核波函数和温度给出了简明解释。关于玻恩-奥本海默近似及其不成立的情况等基础内容的更完整讨论可以在文献[52, 53]中找到。

对于双原子分子，核的哈密顿算符中的势能项可以近似为两个原子核间距的二次函数，在平均键长处有最小值。这样的哈密顿给出了一组具有等间隔能级的振动波函数[式(2.29)和图 2.3]。其能级为 $E_n = (n + 1/2)h\nu$，其中 $n = 0, 1, 2, 3, \cdots$，ν 是经典的键振动频率。

振动和电子波函数 χ_n 和 ψ_i 的组合称为电子振动(vibronic)态或能级。考虑一个跃迁，从电子基态的一个特定的电子振动能级 $\Psi_{a,n} = \psi_a(r,R)\chi_n(R)$，到电子激发态的电子振动能级 $\Psi_{b,m} = \psi_b(r,R)\chi_m(R)$。除了电子波函数从 ψ_a 到 ψ_b 的变化外，这个跃迁还将涉及振动波函数从 χ_n 到 χ_m 的变化。可以将偶极算符元写成电子和原子核的单独算符之和来分析这一跃迁过程的矩阵元：

$$\tilde{\mu} = \tilde{\mu}_{\text{el}} + \tilde{\mu}_{\text{nuc}} = \sum_i e\boldsymbol{r}_i + \sum_j z\boldsymbol{R}_j \tag{4.37}$$

其中 $\boldsymbol{r}_i$ 是电子 i 的位置，$\boldsymbol{R}_j$ 和 z_j 是原子核 j 的位置和电荷。对于一个电子和一个原子核，跃迁偶极子则为

$$\begin{aligned}\boldsymbol{\mu}_{ba,mn} &= \left\langle \psi_b(\boldsymbol{r},\boldsymbol{R})\chi_m(\boldsymbol{R})\middle|\tilde{\mu}_{\mathrm{el}}\middle|\psi_a(\boldsymbol{r},\boldsymbol{R})\chi_n(\boldsymbol{R})\right\rangle + \left\langle \psi_b(\boldsymbol{r},\boldsymbol{R})\chi_m(\boldsymbol{R})\middle|\tilde{\mu}_{\mathrm{nuc}}\middle|\psi_a(\boldsymbol{r},\boldsymbol{R})\chi_n(\boldsymbol{R})\right\rangle \\ &= e\int \chi_m^*(\boldsymbol{R})\chi_n(\boldsymbol{R})\mathrm{d}\boldsymbol{R}\int \psi_b^*(\boldsymbol{r},\boldsymbol{R})\psi_a(\boldsymbol{r},\boldsymbol{R})\boldsymbol{r}\mathrm{d}\boldsymbol{r} \\ &\quad + z\int \chi_m^*(\boldsymbol{R})\chi_n(\boldsymbol{R})\boldsymbol{R}\mathrm{d}\boldsymbol{R}\int \psi_b^*(\boldsymbol{r},\boldsymbol{R})\psi_a(\boldsymbol{r},\boldsymbol{R})\mathrm{d}\boldsymbol{r}\end{aligned} \tag{4.38}$$

式(4.38)右边的积分$\int \psi_b^*(\boldsymbol{r},\boldsymbol{R})\psi_a(\boldsymbol{r},\boldsymbol{R})\mathrm{d}\boldsymbol{r}$在一个特定的 $\boldsymbol{R}$ 值下就是$\langle \psi_b|\psi_a\rangle$，如果对所有的 $\boldsymbol{R}$，电子波函数都是正交的，则该积分值为零。因此

$$\begin{aligned}\boldsymbol{\mu}_{ba,mn} &= \left\langle \psi_b(\boldsymbol{r},\boldsymbol{R})\chi_m(\boldsymbol{R})\middle|\tilde{\mu}_{\mathrm{el}}\middle|\psi_a(\boldsymbol{r},\boldsymbol{R})\chi_n(\boldsymbol{R})\right\rangle \\ &= e\int \chi_m^*(\boldsymbol{R})\chi_n(\boldsymbol{R})\mathrm{d}\boldsymbol{R}\int \psi_b^*(\boldsymbol{r},\boldsymbol{R})\psi_a(\boldsymbol{r},\boldsymbol{R})\boldsymbol{r}\mathrm{d}\boldsymbol{r}\end{aligned} \tag{4.39}$$

式(4.39)中的双积分不能严格地因式分解为$e\langle \chi_m(\boldsymbol{R})|\chi_n(\boldsymbol{R})\rangle\langle \psi_b(\boldsymbol{r})|\boldsymbol{r}|\psi_a(\boldsymbol{r})\rangle$形式的乘积，因为电子波函数除 $\boldsymbol{r}$ 外还取决于 $\boldsymbol{R}$。但是，可以写成

$$\begin{aligned}\left\langle \psi_b(\boldsymbol{r},\boldsymbol{R})\chi_m(\boldsymbol{R})\middle|\tilde{\mu}_{\mathrm{el}}\middle|\psi_a(\boldsymbol{r},\boldsymbol{R})\chi_n(\boldsymbol{R})\right\rangle &= \left\langle \chi_m(\boldsymbol{R})\middle|\chi_n(\boldsymbol{R})\left\langle \psi_b(\boldsymbol{r},\boldsymbol{R})\middle|\tilde{\mu}_{\mathrm{el}}\middle|\psi_a(\boldsymbol{r},\boldsymbol{R})\right\rangle\right\rangle \\ &= \left\langle \chi_m(\boldsymbol{R})\middle|\chi_n(\boldsymbol{R})\boldsymbol{U}_{ba}(\boldsymbol{R})\right\rangle\end{aligned} \tag{4.40}$$

其中 $\boldsymbol{U}_{ba}(\boldsymbol{R})$是电子的跃迁偶极子，是 $\boldsymbol{R}$ 的函数。如果 $\boldsymbol{U}_{ba}(\boldsymbol{R})$在 χ_m 和 χ_n 都具有较大幅度的 $\boldsymbol{R}$ 的范围内变化不大，则

$$\boldsymbol{\mu}_{ba,mn} \approx \left\langle \chi_m(\boldsymbol{R})\middle|\chi_n(\boldsymbol{R})\right\rangle \bar{\boldsymbol{U}}_{ba} \tag{4.41}$$

其中 $\bar{\boldsymbol{U}}_{ba}$ 表示在初始和最终振动态的核坐标上的 $\boldsymbol{U}_{ba}(\boldsymbol{R})$平均值。作为一个很好的近似，总体跃迁偶极子 $\boldsymbol{\mu}_{ba,mn}$ 因而取决于核重叠积分$\langle \chi_m|\chi_n\rangle$与在核坐标上平均的电子跃迁偶极子($\boldsymbol{\mu}_{ba}$)的乘积。这称为康顿近似(Condon approximation)[54]。

一个特定的电子振动跃迁对偶极强度的贡献取决于$|\boldsymbol{\mu}_{ba,mn}|^2$，因此取决于核重叠积分的平方$|\langle \chi_m|\chi_n\rangle|^2$，此核重叠积分的平方称为富兰克-康顿因子(Franck-Condon factor)。富兰克-康顿因子提供了经典概念的定量量子力学表述，即原子核比电子重得多，在电子跃迁的短时间尺度上不会显著移动[54]。为了进行一个特定的电子振动跃迁，富兰克-康顿因子必须非零。

给定电子态的不同振动波函数彼此正交。因此，如果将同一组振动波函数应用于基态和电子激发态，则对于 $m=n$，核重叠积分$\langle \chi_m|\chi_n\rangle$为 1，而对于 $m\neq n$，其为零。如果振动势是谐性的，则对于所有 n 而言，允许的电子振动跃迁($\Psi_{a,n}\to\Psi_{b,n}$)的能量都相同，并且吸收光谱将只由一条谱线组成，其频率由电子能量差 E_a-E_b 决定，如图 4.20(A)所示。

在大多数情况下，由于分子中的电子分布不同，所以在电子基态和电子激发态上，振动波函数有所不同。这使得$\langle \chi_m|\chi_n\rangle$在 $m\neq n$ 时不为零，在 $m=n$ 时小于 1，从而使不同振动能级之间的跃迁在电子跃迁发生时也发生。吸收光谱因而包括对应于各种电子振动跃迁的多频率谱线[图 4.20(B)]。在低温下，大多数分子将处于基态的最低振动能级(零点能级)，能量最低的吸收线将为 0-0 跃迁。在温度升高时，较高的振动能级将有布居，从而在能量低于 0-0 跃迁能的地方也出现吸收线。

电子振动跃迁的近似富兰克-康顿因子可以利用谐振子的波函数[式(2.30)和图 2.3]获得。考虑乙烯的电子振动跃迁。由于 HOMO 是成键轨道，而 LUMO 是反键轨道，因此当分子处于激发态时，C═C 键的平衡长度比在基态时要长一些，而键振动频率(ν)的变化却相对较小。

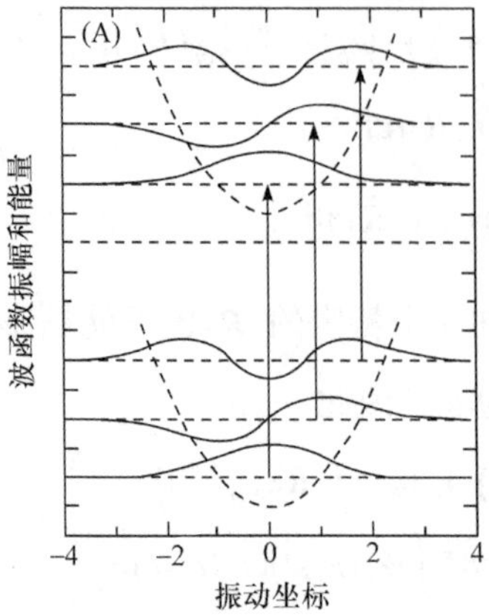

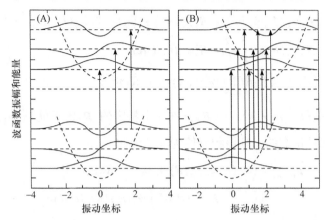

图 4.20 如果基态和激发电子态的振动势能面相同(A)，则只有相应的振动能级之间的电子振动跃迁的富兰克-康顿因子不为零，并且这些跃迁都有相同的能量；吸收光谱在此能量处由一条谱线组成。如果激发态的势能面最低处沿核坐标有位移，如(B)所示，则多个电子振动跃迁的富兰克-康顿因子都不为零，因而光谱包括多个能量处的谱线

两个态的振动势阱具有大致相同的形状，但沿水平坐标(键长)移动，如图 4.20(B)所示。用无量纲的量Δ表示键长的变化(b_e-b_g)是很方便的，Δ的定义表达式如下：

$$\Delta = 2\pi\sqrt{m_r \nu / h}(b_e - b_g) \tag{4.42}$$

其中 m_r 是振动原子的折合质量。如果定义耦合强度

$$S = \frac{1}{2}\Delta^2 \tag{4.43}$$

那么从基态的最低振动能级(χ_0)跃迁到激发态能级 $m(\chi_m)$的富兰克-康顿因子可以写成

$$\left|\langle \chi_m | \chi_0 \rangle\right|^2 = \frac{S^m \exp(-S)}{m!} \tag{4.44}$$

从基态的较高振动能级起始的跃迁也可以推导出其富兰克-康顿因子的相应表达式(专栏 4.13)。耦合强度 S 有时称为黄昆-里斯(Huang-Rhys)因子。

专栏 4.13 振动重叠积分的递归公式

谐振子波函数的重叠积分可以利用 Manneback[55]提出的递归公式来计算。Manneback 处理了一般情况，即两个振动态除了有位移之外还有不同的振动频率。这里仅给出频率相同时的结果。令波函数 χ_m 相对 χ_n 的无量纲位移为 Δ，并将黄昆-里斯因子或耦合强度 S 定义为 $\Delta^2/2$。那么，两个零点波函数的重叠积分为

$$\langle \chi_0 | \chi_0 \rangle = \exp(-S/2) \tag{B4.13.1}$$

注意，这个表达式的左矢和右矢部分中的振动波函数默认与不同的电子态有关。这里剔除了电子态的下标 a 和 b 以简化表示法。

其他振动能级组合的重叠积分可以从 $\langle \chi_0 | \chi_0 \rangle$ 出发，通过递归公式而得到：

$$\langle \chi_{m+1} | \chi_n \rangle = (m+1)^{-1/2}\left\{n^{1/2}\langle \chi_m | \chi_{n-1} \rangle - S^{1/2}\langle \chi_m | \chi_n \rangle\right\} \tag{B4.13.2a}$$

及

$$\langle \chi_m | \chi_{n+1} \rangle = (n+1)^{-1/2}\left\{m^{1/2}\langle \chi_{m-1} | \chi_n \rangle + S^{1/2}\langle \chi_m | \chi_n \rangle\right\} \tag{B4.13.2b}$$

其中 $\langle\chi_m|\chi_{-1}\rangle=\langle\chi_{-1}|\chi_m\rangle=0$。对于基态最低振动能级与激发态 m 能级的重叠，这些公式给出

$$\langle\chi_m|\chi_0\rangle=\exp(-S/2)(-1)^m S^{m/2}/(m!)^{1/2} \tag{B4.13.3}$$

富兰克-康顿因子是此重叠积分的平方：

$$|\langle\chi_m|\chi_0\rangle|^2=\exp(-S)S^m/m! \tag{B4.13.4}$$

图 4.21 显示了根据式(4.44)，从基态的最低振动能级(χ_0)跃迁到各激发态能级的富兰克-康顿因子如何随Δ的变化而变化。如果$\Delta=0$，则仅$|\langle\chi_0|\chi_0\rangle|^2$不为零。随着$|\Delta|$增加，$|\langle\chi_0|\chi_0\rangle|^2$缩小，较高能级的电子振动跃迁的富兰克-康顿因子增大，但所有富兰克-康顿因子的总和保持恒定为 1.0。如果$|\Delta|>1$，则吸收光谱在比 0-0 跃迁能高约 $Sh\nu$ 的能量处达到峰值。

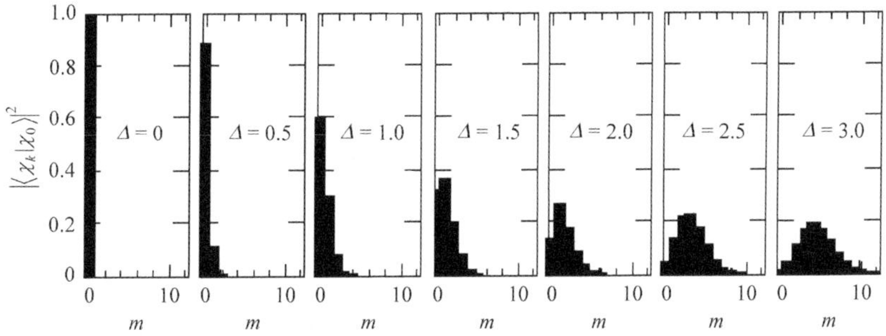

图 4.21 对于含单个谐振模式的体系，从基态电子态的最低振动能级($n=0$)到激发电子态的各种振动能级的电子振动跃迁的富兰克-康顿因子，并作为无量纲位移(Δ)的函数给出。每个分图的横坐标是激发态的振动量子数(m)

正如将要在第 6 章中讨论的那样，一个具有 N 个原子的非线性分子具有 $3N-6$ 个振动模式，每个振动模式至少包含两个原子、有时包含多个原子的运动。整体振动波函数可以写成这些单个模式波函数的乘积，且一个给定电子振动跃迁的整体富兰克-康顿因子是所有模式的富兰克-康顿因子的乘积。当分子被激发到电子激发态时，某些振动模式将受到影响，而另一些则未必。耦合因子(S)提供了这些影响的度量。S 较大的振动模式与激发紧密耦合，而且，与这些模式中的每一个电子振动跃迁所对应的阶梯谱线将在吸收光谱中显得最为突出。

在基态，分子依据态能级而分布在不同的振动态中。在热平衡时，振动模式 k 的能级 n_k 的相对布居数由玻尔兹曼表达式[式(B.2.6.2)]给出：

$$B_k=\frac{1}{Z_k}\exp(-n_k h\nu_k/k_B T) \tag{4.45}$$

其中 k_B 是玻尔兹曼常量，T 是温度，Z_k 是该模式的振动配分函数：

$$Z_k=\sum_{n=0}^{\infty}\exp(-n_k h\nu_k/k_B T)=[1-\exp(-h\nu_k/k_B T)]^{-1} \tag{4.46}$$

在给定频率下的吸收强度取决于所有电子振动跃迁的玻尔兹曼加权的富兰克-康顿因子之和，在这些跃迁中，总能量(电子能量与振动能量)的变化与光子能量 $h\nu$ 相匹配(专栏 4.14)。

专栏 4.14 热加权的富兰克-康顿因子

具有 N 个简振模式的分子，其基态和激发态的电子振动空间波函数可以写成各个模式的波函数之积：

$$\Psi_a = \psi_a \prod_{k=1}^{N} \chi_{k,n_k}^a \quad \text{和} \quad \Psi_b = \psi_b \prod_{k=1}^{N} \chi_{k,m_k}^b \tag{B4.14.1}$$

其中ψ_a和ψ_b是电子波函数，而χ_{k,n_k}^a表示电子态a中模式k的第n_k个振动波函数。当分子被激发时，如果振动频率(ν_k)没有显著变化，则在频率ν处、温度T下，其吸收强度可以关联到加权的富兰克-康顿因子之和：

$$W(\nu,T) = \frac{1}{Z}\sum_{\boldsymbol{n}} \exp(-E_{a,\boldsymbol{n}}^{\text{vib}} / k_{\text{B}}T)\left\{\sum_{\boldsymbol{m}} \delta(h\nu - E_{\boldsymbol{m},\boldsymbol{n}}) \prod_{k=1}^{N} \left|\left\langle \chi_{k,m_k}^b \middle| \chi_{k,n_k}^a \right\rangle\right|^2\right\} \tag{B4.14.2}$$

其中粗体下标$\boldsymbol{m}$和$\boldsymbol{n}$代表两个电子态中所有模式的振动能级的矢量表示：$\boldsymbol{m} = (m_1, m_2, \cdots, m_N)$，$\boldsymbol{n} = (n_1, n_2, \cdots, n_N)$。其他项定义如下：

$$E_{a,\boldsymbol{n}}^{\text{vib}} = \sum_{k=1}^{N} (n_k + 1/2) h\nu_k \tag{B4.14.3a}$$

$$E_{b,\boldsymbol{m}}^{\text{vib}} = \sum_{k=1}^{N} (m_k + 1/2) h\nu_k \tag{B4.14.3b}$$

$$E_{\boldsymbol{m},\boldsymbol{n}} = (E_b^{\text{elec}} + E_{b,\boldsymbol{m}}^{\text{vib}}) - (E_a^{\text{elec}} + E_{a,\boldsymbol{n}}^{\text{vib}}) \tag{B4.14.3c}$$

$$Z = \sum_{\boldsymbol{n}} \exp(-E_{a,\boldsymbol{n}}^{\text{vib}} / k_{\text{B}}T) \tag{B4.14.4a}$$

$$= \prod_k Z_k = \prod_k [1 - \exp(-h\nu_k / k_{\text{B}}T)]^{-1} \tag{B4.14.4b}$$

其中E_a^{elec}和E_b^{elec}是这两个态的电子能量。如果激发能$h\nu$等于式(B4.14.3c)给出的总能量差，则此处的克罗内克(Kronceker)δ函数$\delta(h\nu - E_{\boldsymbol{m},\boldsymbol{n}})$为1，否则为零。在康顿近似中，频率$\nu$处的吸收强度取决于$W(\nu, T)|\boldsymbol{\mu}_{ba}|^2$，其中$\boldsymbol{\mu}_{ba}$是在核坐标上平均的电子跃迁偶极子，如式(4.41)所示。

在式(B4.14.2)中对$\boldsymbol{n}$的求和需要遍及基态上所有可能的振动能级。一个给定的能级代表N个振动模式中一个特定的能量分布，其振动能($E_{a,\boldsymbol{n}}^{\text{vib}}$)是所有模式的振动能量之和[式(B4.14.3a)]。每个能级由玻尔兹曼因子$\exp(-E_{a,\boldsymbol{n}}^{\text{vib}} / k_{\text{B}}T) / Z$加权，其中$Z$是基态的完整振动配分函数。对于具有多个振动模式的体系，其振动配分函数是所有单模配分函数之积[式(B4.14.4b)中的Z_k]，可看到确实是这样，若对于含两个或三个模式的体系，写出式(B4.14.4a)中的总和。在式(B4.14.2)中对$\boldsymbol{m}$的求和考虑了激发态中所有可能的振动能级，但δ函数仅保留了$E_{\boldsymbol{m},\boldsymbol{n}} = h\nu$的能级。如果一个能级满足此共振条件，则相应的电子振动跃迁的富兰克-康顿因子是所有单振动模式的富兰克-康顿因子之积。

式(B4.14.2)定义的函数$W(\nu, T)$给出了一组在频率($\nu_{\boldsymbol{mn}}$)处的谱线，其$h\nu = E_{\boldsymbol{m},\boldsymbol{n}}$。正如下面以及在第10章和第11章中所讨论的那样，这些吸收线中的每一条通常具有洛伦兹或高斯线型，其线宽取决于电子振动激发态的寿命。为将这一效应考虑在内，对于满足共振条件的$\boldsymbol{m}$和$\boldsymbol{n}$矢量的每种组合，可以用线型函数$w_{\boldsymbol{m},\boldsymbol{n}}(\nu - \nu_{\boldsymbol{mn}})$代替式(B4.14.2)中的$\delta$函数。

在低温下，处于基态的分子大多被限制在其振动模式的零点能级上。式(B4.14.2)所描述的光谱就简化为

$$W(\nu, T=0) = \sum_{k=1}^{N} \sum_{\boldsymbol{m}} \delta(h\nu - E_{\boldsymbol{m},\boldsymbol{0}}) \prod_{k=1}^{N} \left|\left\langle \chi_{k,m_k}^b \middle| \chi_{k,0}^a \right\rangle\right|^2 \tag{B4.14.5}$$

写出富兰克-康顿因子并引入线型函数$w_{\boldsymbol{m},\boldsymbol{0}}(\nu - \nu_{\boldsymbol{m},\boldsymbol{0}})$，可以将此表达式重新写成下式

$$W(\nu, T=0) = \exp(-S_t) \sum_{k=1}^{N} \sum_{m=0}^{\infty} [(S_k)^m / m!] w_{\boldsymbol{m},\boldsymbol{0}} \tag{B4.14.6}$$

其中 S_k 是模式 k 的黄昆-里斯因子(耦合强度)，S_t 是与电子跃迁耦合的所有模式的黄昆-里斯因子之和。

上述表达式仅考虑所有分子都有相同的 E_a^{elec} 和 E_b^{elec} 值的均相体系的光谱。在非均相体系中，分子将具有电子能量差的分布，则其光谱将是此位点分布函数与式(B4.14.2)或式(B4.14.6)的卷积。

有关细菌叶绿素 a 和相关分子的富兰克-康顿因子、线型函数和位点分布函数的进一步讨论请参见文献[56, 57]。

因为谐振子的本征函数形成一个完备集，所以从电子基态的任何给定振动能级到一个电子激发态的所有振动能级进行激发的富兰克-康顿因子必须总计为 1。因此，$\left|\langle \chi_0 | \chi_0 \rangle\right|^2$ 给出了 0-0 跃迁强度与总偶极强度之比。此比值称为德拜-沃勒(Debye-Waller)因子。根据式(4.44)，德拜-沃勒因子为 exp($-S$/2)。

在专栏 4.13 和专栏 4.14 中描述的富兰克-康顿因子的分析中，假设了生色团的振动模式在电子激发态和基态中基本相同，仅振动坐标上的最低能量位置有所不同，振动频率有所偏移。这一假设的不成立称为杜申斯基(Duschinsky)效应。杜申斯基效应在某些情况下是可以处理的，其中需要将一个态的振动模式表示为另一些态的线性组合[58-60]。

单个电子振动跃迁的吸收带宽度取决于受激分子在激发态上停留多长时间。根据式(2.70)，激发到一个随时间呈指数衰减的态的谱线应该是频率的洛伦兹函数。激发态的寿命越短，洛伦兹曲线越宽(图 2.12)。多种过程可导致受激分子随时间演化，从而展宽其吸收线。例如，分子可能会通过在分子内的振动模式之间的能量再分配，或者通过释放能量到环境，从而衰减到另一个振动态。处于较高振动能级的分子具有热力学有利的大量可能弛豫途径，因此与处于较低能级的分子相比，其弛豫速度更快。此外，样品中单个分子的能量会因为与周围环境相互作用的随机变化而涨落。这些涨落使得分子波函数的时间相关部分不再同相位，这一过程称为纯退相(pure dephasing)。在第 10 章中，我们将看到决定洛伦兹电子振动吸收带宽的复合时间常数(T_2)取决于真正衰减过程的平衡时间常数(T_1)和纯退相时间常数(T_2^*)。在半高振幅位置的洛伦兹宽度为 $\hbar/T_2$。

如果 T_2 较长，正如在气相分子和惰性基质中的低温冷分子中那样，那么其吸收谱线可以很尖锐。对于固定环境中的单个分子，或具有相同溶剂化能的等同分子的系综，这样的吸收线宽度被命名为均匀线宽。而反映了以各种方式与其周围环境相互作用的分子的吸收带则称为是非均匀展宽的，其宽度被命名为非均匀线宽。由许多中心能量呈高斯分布的洛伦兹峰组成的光谱称为沃伊特(Voigt)型光谱。

4.11 光谱烧孔

对于构成非均匀展宽光谱基础的均匀吸收谱线，其实验探测可以在低温下通过烧孔光谱法进行[61-63]。在光化学烧孔中，被激发的分子演化为三重态或另一长寿命产物，在吸收光谱中的最初激发频率处留下一个烧孔。在非光化学烧孔中，被激发的分子将激发能转化为热而弛豫到原始基态。释放的热能将引起分子当前周围环境的重排，从而改变吸收光谱，并也在激发频率处留下一个光谱孔。

在室温下，非光化学光谱孔通常被皮秒级时间尺度上的环境涨落所填充。这个过程称为光谱扩散，可以通过皮秒泵浦探测技术来研究。在低于 4 K 的温度下，非光化学光谱孔几乎可以无限期存在，并且可以使用常规分光光谱仪进行测量。烧孔的形状取决于激发态寿命以及电子激发与溶剂振动模式的耦合，而这两者又取决于激发波长。在吸收带远红边缘的激发将主要布居激发态的最低振动能级，它具有相对较长的寿命，相应地，所产生的零声子孔较为尖锐[图 4.22(A)]。零声子孔通常伴随着一个或多个声子边带，这反映了与生色团的电子激发相呼应的溶剂振动激发。边带比零声子孔宽，因为被激发的溶剂分子能迅速弛豫，将多余的振动能量传递到周围环境。另外，声子边带有时代表各种不同的振动模式，有时则代表由很靠近的振动态组成的准连续带。在吸收带蓝端的激发将布居生色团和溶剂的较高振动能级，它们通常会迅速衰减并形成一个宽而无结构的光谱孔[图 4.22(B)]。

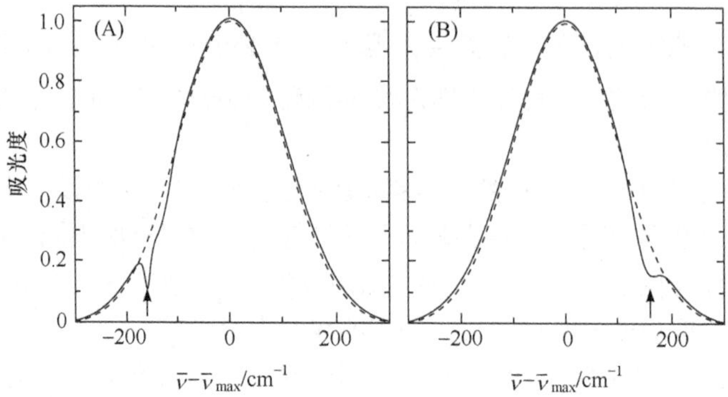

图 4.22 非光化学烧孔。非均匀吸收光谱(点线)通常是许多不同局部环境中的生色团的光谱的包络。如果用覆盖窄频带的光(垂直箭头处)照射非均匀样品，则在此处吸收的分子的光谱可能会移至较高或较低的频率，从而在非均匀光谱(实线)中留下一个孔。如果样品在吸收带的红端(低能量)边缘被激发，则该孔通常由一个尖锐的零声子孔组成，该声子孔伴随有一个或多个较宽且能量较高的声子边带(A)。零声子孔宽提供了有关电子激发态寿命的信息，而声子边带则反映了与电子激发有耦合的溶剂振动。吸收带蓝端的激发通常会产生一个较宽且无结构的孔(B)

Small 及其同事报道[64-66]的光合细菌天线复合体的研究很好地说明了非光化学烧孔。这些复合体具有大量激发电子态的多重能级，其能量彼此接近。在主吸收带的长波边缘的激发将主要布居最低电子激发态的最低振动能级，其以约 10 ps 量级的时间常数衰减。相应地，在这一光谱区域中的烧孔具有大约 3 cm^{-1} 的窄孔宽。在较短波长处的激发将布居较高的电子激发态，它们显然要在 0.01～0.1 ps 衰减到最低态。因此，在吸收带中心附近的孔宽约为 200 cm^{-1} 量级。

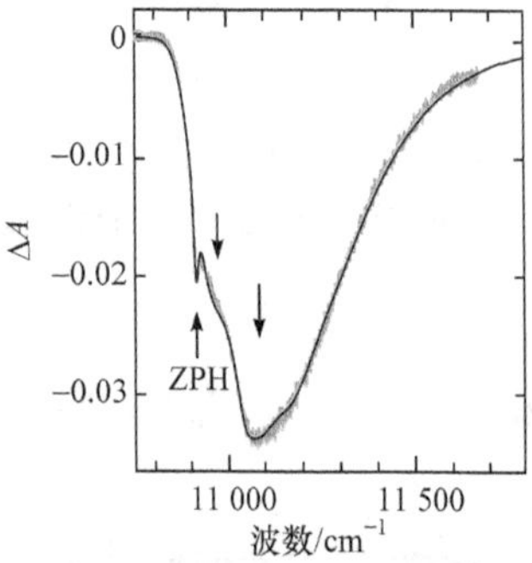

图 4.23 光合细菌反应中心样品在温度为 5 K 时的长波吸收带光化学烧孔光谱[68]。灰色曲线是打开和关闭激发光时测得的吸收光谱之差。激发频率为 10 912 cm^{-1}。注意到在 10 980 cm^{-1} 处有尖锐的零声子孔(zero-phonon hole，ZPH，向上箭头)。而向下的箭头则标明与零声子跃迁有关的两个离散振动(声子)带的中心位置。实线是正文介绍的通过计算给出的理论孔光谱

在光合作用反应中心的类似研究中，反应活性细菌叶绿素二聚体的零声子孔宽与电子向相邻分子转移的时间常数有关[56, 67, 68]。图 4.23 显示了在 5 K 时以 10 912 cm^{-1} 激发反应中心样品所得的典型烧孔光谱(在激发光打开和关闭状态下测量的吸收光谱之差)。本实验中的光谱孔源于光化学电子转移反应及随后的细菌叶绿素二聚体向激发三重态的转化。烧孔有所展宽，因为

与细菌叶绿素周围蛋白质运动的电子振动耦合作用较强。在光谱红边的烧孔揭示出零声子线，其宽度约为 6 cm^{-1}，这对应于约 1 ps 的电子转移时间常数。烧孔光谱还表现出几个离散的声子边带，可以指认成两个特征振动模式。在图 4.23 所示的光谱中，零声子孔位于 10 980 cm^{-1}，且突显出的两个振动模式频率约为 30 cm^{-1}和 130 cm^{-1}。利用式(B4.14.6)，考虑这两个振动模式，并假设零声子跃迁能量具有高斯分布，且零、一和二声子吸收线型具有简单的洛伦兹函数和高斯函数，则可以很好地拟合烧孔光谱和原始吸收光谱[56, 57, 68]。

电子振动吸收光谱中的每条均匀谱线实际上由分子的各种转动态之间的跃迁族组成。对于气相中的小分子，可以看到光谱中的转动精细结构，但是对于大分子，转动谱线太靠近而无法分辨。

4.12 分子跃迁能的环境效应

与环境的相互作用可将吸收带的能量偏移到更高或更低的能量，这取决于生色团和溶剂的性质。这种偏移称为溶致变色效应。例如，考虑一个 $n\to\pi^*$跃迁，其中电子从氧原子的非键轨道激发到分布在 O 和 C 原子之间的反键分子轨道(9.1 节)。在基态，非键轨道中的电子可以通过氢键或溶剂的介电效应加以稳定。在激发态，这些有利的相互作用被破坏。尽管溶剂分子将因响应生色团中电子的新分布而倾向于重新定向，但此重新定向的速度太慢，无法在激发过程中发生。因此，相对于极性较小的溶剂，在极性较大或与氢键键合的溶剂中，$n\to\pi^*$ 跃迁偏移至较高的能量。吸收带在这个方向上的偏移称为“蓝移”。而 $\pi\to\pi^*$ 跃迁的能量虽然对溶剂的极性较不敏感，但仍取决于溶剂的高频极化率，正如在第 3 章中所指出的那样，其极化率随折射率的二次方增加。增加折射率通常会降低 $\pi\to\pi^*$ 跃迁的跃迁能，从而导致吸收带的“红移”。在这个背景下经常使用“蓝”和“红”两字而不考虑一个吸收带相对于可见光谱的位置。例如，一个 IR 谱带向较低能量方向移动通常称为红移，即使这个谱带并不位于人们认为的可见光谱中的红谱区域。

视觉色素提供了引人注目的例子，说明了蛋白质结构的微小变化如何改变所结合的生色团的吸收光谱。像在许多其他脊椎动物中一样，人的视网膜包含三种类型的视锥细胞，它们的色素(锥体蛋白)在可见光谱的不同区域吸收。来自人的“蓝色”视锥细胞的锥体蛋白的最大吸收在 414 nm 附近，而来自“绿色”和“红色”视锥细胞的锥体蛋白分别在 530 nm 和 560 nm 附近有最大吸收(图 4.24)。来自其他生物的视觉色素的最大吸收范围为 355～575 nm。然而，所有这些色素都与视紫红质类似，这是来自视杆细胞的色素，含有 11-顺式视黄醛的质子化席夫碱。(其他一些生物的生色团是基于视黄醛 A_2 的，它比视黄醛 A_1 多一个共轭双键，并可将最大吸收峰推向红端，最远在 620 nm 处。)来自脊椎动物视杆和视锥的蛋白质具有同源氨基酸序列，并可能具有非常相似的三维结构，尽管目前仅有牛

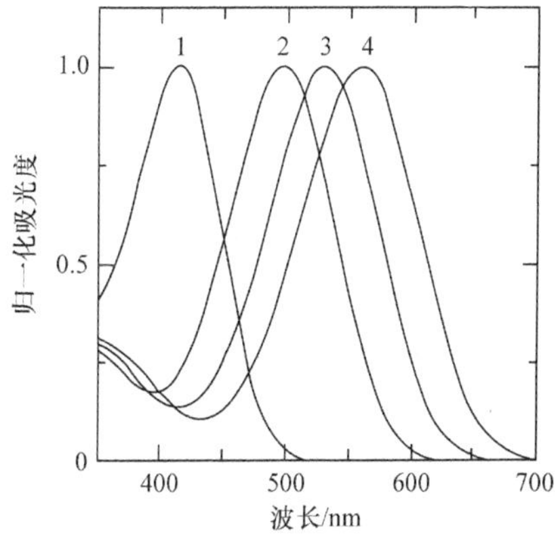

图 4.24 人视杆细胞的视紫红质(曲线 2)，人“蓝色”、“绿色”和“红色”视锥细胞的锥体蛋白(分别为曲线 1、3 和 4)的归一化吸收光谱。光谱的描述见 Stavenga 等[151]

视紫红质的晶体结构[69-71]。如果蛋白质被酸化变性，则其吸收带全部移至 440 nm 附近，并且类似于甲醇中 11-顺式视黄醛的质子化席夫碱的光谱。共振拉曼测量表明，生色团的振动结构在不同蛋白质之间变化不大，这表明光谱位移可能主要是由与周围蛋白质的静电相互作用引起的，而不是生色团构象的变化[72, 73]。含有构象受限的 11-顺式视黄醛类似物的蛋白质的研究也对这个观点提供了有力的支持[74, 75]。

对各种生物体蛋白质的氨基酸序列与其吸收光谱之间相关性以及定点突变效应的研究表明，视觉色素光谱的偏移反映了生色团附近少数极性或可极化的氨基酸残基的变化[73, 76-79] (图 4.25)。人的红色视锥色素相对于绿色色素的 30 nm 偏移可完全归因于 7 个残基的变化，包括几个 Ala 残基被 Ser 和 Thr 取代。Ser 和 Thr 有更容易极化的侧链，在激发态中或可促进正电荷从视黄醛基席夫碱的 N 原子向β-紫罗酮环离域。红色和绿色视锥色素还有结合的 Cl^-，这有助于光谱的红移(相对于视紫红质和蓝色视锥色素而言)。作为质子化席夫碱的抗衡离子的 Glu 羧酸根基团的位置变化也可导致光谱偏移，尽管这个抗衡离子与质子的距离变化可能相对较小[72-74,80]。

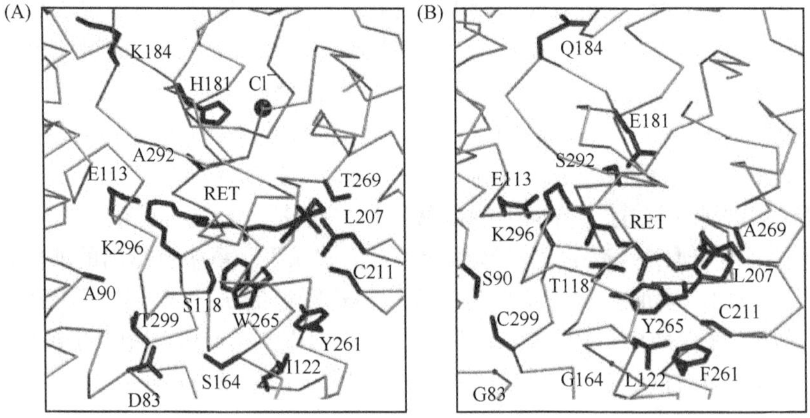

图 4.25 在人的“红色”(A)和“蓝色”(B)视锥细胞的视觉色素中的视黄醛生色团的周围环境区域模型。在红色素中，主吸收带向长波方向移动约 150 nm。生色团(RET)，形成质子化席夫碱的 Lys 残基(在视紫红质中的编号为 K296)，充当抗衡离子的 Glu 残基(E113)，另一个附近的 Glu(E181)，以及其他有助于人的视锥色素的颜色调节的残基(残基 83、90、118、122、164、184、265、269、292 和 299)用黑色甘草模型显示。蛋白质主链则用灰色显示。模型的构建利用了与牛视紫红质的同源性[70]，随后加入水(对于红色素，还添加 Cl^-)，并通过分子动力学短轨迹进行了能量最小化

紫外光照射 DNA 时可形成嘧啶二聚体，而 DNA 光裂合酶可利用蓝光能量分解这个二聚体，这也是结合的生色团吸收光谱有较大可变偏移的例子。这些酶含有结合的蝶呤(亚甲基四氢叶酸，methylenetetrahydrofolate，MTHF)或脱氮黄素，其可吸收光并将能量传递给活性位点中的黄素自由基[81]。溶液中的 MTHF 的最大吸收位于 360 nm，而处于不同生物体的酶中时吸收范围为 377～415 nm[82]。

在溶液中，分子跃迁能的溶致变色效应通常可以唯象地与溶剂的介电常数和折射率联系起来。其分析类似于局域场校正因子所用的分析(3.1.6 节)。生色团周围的极性溶剂分子将根据生色团的基态偶极矩($\boldsymbol{\mu}_{aa}$)排序，且定向的溶剂分子提供一个反作用于生色团上的反应场。这类

体系的一个简单模型是处在半径为 R 的球体中心的偶极子，该球体浸入介电常数为 ε_s 的均匀介质中。这样一个偶极子所感受到的反应场近似地由下式给出[23]：

$$\boldsymbol{E} = \frac{2\boldsymbol{\mu}_{aa}}{R^3}\left(\frac{\varepsilon_s - 1}{\varepsilon_s + 2}\right) \tag{4.47}$$

现在假设生色团的激发将其偶极矩变为 $\boldsymbol{\mu}_{bb}$。尽管溶剂分子不能因响应而瞬时重新定向，但是介电常数 ε_s 除了定向极化之外还包括溶剂的电子极化，而电子极化的变化可以响应电场的改变而基本上瞬时地进行。介电常数的高频组分是折射率(n)的平方(3.1.4 节和 3.1.5 节)。如果减去反应场中来自电子极化的部分，则可以写出溶剂定向而导致的那部分($\boldsymbol{E}_{or}$)

$$\boldsymbol{E}_{or} = \frac{2\boldsymbol{\mu}_{aa}}{R^3}\left[\left(\frac{\varepsilon_s - 1}{\varepsilon_s + 2}\right) - \left(\frac{n^2 - 1}{n^2 + 2}\right)\right] \tag{4.48}$$

生色团偶极子与定向溶剂分子相互作用的相关溶剂化能在基态为 $-(1/2)\boldsymbol{\mu}_{aa}\cdot\boldsymbol{E}_{or}$，在激发态为 $-(1/2)\boldsymbol{\mu}_{bb}\cdot\boldsymbol{E}_{or}$。系数 1/2 在这里反映了这样一个事实，即为了使溶剂定向，生色团和 $\boldsymbol{E}_{or}$ 之间大约一半的有利相互作用能必须用于克服溶剂偶极子之间不利的相互作用。因此，由基态溶剂的定向引起的激发能的变化为

$$\begin{aligned}\Delta E_{or} &= (1/2)(\boldsymbol{\mu}_{aa} - \boldsymbol{\mu}_{bb})\cdot\boldsymbol{E}_{or} \\ &= \frac{(\boldsymbol{\mu}_{aa} - \boldsymbol{\mu}_{bb})\cdot\boldsymbol{\mu}_{aa}}{R^3}\left[\left(\frac{\varepsilon_s - 1}{\varepsilon_s + 2}\right) - \left(\frac{n^2 - 1}{n^2 + 2}\right)\right]\end{aligned} \tag{4.49}$$

该表达式说明，与极性溶剂的相互作用可以增加或减少跃迁能量，具体取决于 $(\boldsymbol{\mu}_{aa} - \boldsymbol{\mu}_{bb})\cdot\boldsymbol{\mu}_{aa}$ 的符号。如果激发只涉及偶极矩的微小变化($\boldsymbol{\mu}_{aa} \approx \boldsymbol{\mu}_{bb}$)，如果生色团在基态为非极性($\boldsymbol{\mu}_{aa} \approx 0$)，或者如果溶剂为非极性($\varepsilon_s \approx n^2$)，则能量变化($\Delta E_{or}$)预计很小。

式(4.48)和式(4.49)不包括电子极化率的影响。溶剂可以因生色团的永久偶极子和跃迁偶极子而发生电子极化。在量子力学中，这种诱导极化可以看作是在溶质的电场引起的微扰之下，溶剂的电子激发态和基态的混合(专栏 12.1)。生色团也经历着类似的来自溶剂电场的诱导极化。在非极性溶剂中，非极性分子的 $\pi\rightarrow\pi^*$ 吸收带能量通常随着折射率的增加而降低，且这个降低在函数 $(n^2-1)/(n^2+2)$ 中近似呈线性。一些学者使用函数 $(n^2-1)/(2n^2+1)$，得到了非常相似的结果(早期工作回顾参见文献[23]，近期研究见文献[83])。图 4.26 说明了细菌叶绿素 a 的长波吸收带的这种变化。外推到 $n=1$ 可以得到比溶液中细菌叶绿素测得的能量高约 1000 cm^{-1} 量级的“真空”跃迁能量。

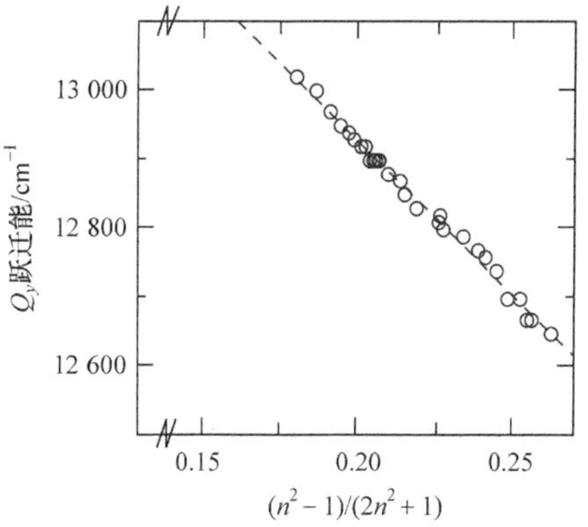

图 4.26　细菌叶绿素 a 的长波吸收带的跃迁能(Q_y)与非极性溶剂中折射率(n)的关系。Limantara 等的实验数据[83]被重新绘制为 $(n^2-1)/(2n^2+1)$ 的函数。外推到 $n=1$(横坐标为 0)可得到 13 810 cm^{-1} 的真空中的跃迁能。这些数据与 $(n^2-1)/(n^2+2)$ 的类似曲线则给出 13 600 cm^{-1}

利用式(4.19)～式(4.21)描述基态和激发态波函数 ψ_a 和 ψ_b，可以更微观地处理分子与其周围环境的相互作用能。基态分子的溶剂化能为

$$E_a^{\text{solv}} \approx -2e\sum_{i=1}^{N}(C_i^a)^2 V_i + E_{\text{core}}^{\text{solv}} \tag{4.50}$$

其中 e 是电子的电荷，V_i 是在原子 i 位置的电势，C_i^a 是 ψ_a 中原子 i 的原子展开系数，N 是参与波函数的原子总数，而 $E_{\text{core}}^{\text{solv}}$ 表示周围环境对除 ψ_a 以外的轨道上的核及电子的影响。ψ_a 对原子 i 上的电子电荷的贡献与 $(C_i^a)^2$ 成正比，在总和之前的系数 2 反映了一个假设，即在基态的 ψ_a 有两个电子。同样，激发态的溶剂化能为

$$E_b^{\text{solv}} \approx -e\sum_{i=1}^{N}[(C_i^a)^2 + (C_i^b)^2]V_i + E_{\text{core}}^{\text{solv}} \tag{4.51}$$

其中 C_i^b 是 ψ_b 中原子 i 的系数。激发后，溶剂化能的变化是两个溶剂化能之差：

$$E_b^{\text{solv}} - E_a^{\text{solv}} \approx -e\sum_{i=1}^{N}[(C_i^b)^2 - (C_i^a)^2]V_i \tag{4.52}$$

注意到这些表达式仅考虑单组态，从 ψ_a 激发到 ψ_b。如果几个组态对吸收带都有贡献，则给定组态对电子电荷变化的相对贡献与该组态在整个激发中的系数的平方成正比[式(4.26)]。

如果周围环境的结构明确，如蛋白质中的生色团(例如，参见图 4.25 中所示的视觉色素)，则生色团中各个位点的电势可以通过加和周围原子的电荷及偶极子的贡献求得：

$$V_i \approx \sum_{k \neq i \cdots}\left(\frac{Q_k}{|\boldsymbol{r}_{ik}|} + \frac{\boldsymbol{\mu}_k \cdot \boldsymbol{r}_{ik}}{|\boldsymbol{r}_{ik}|^3}\right) \tag{4.53}$$

其中 Q_k 是在周围环境中的原子 k 上的电荷，$\boldsymbol{r}_{ik}$ 是从原子 k 到原子 i 的矢量，$\boldsymbol{\mu}_k$ 是原子 k 上诱导产生的电偶极子，源于体系中所有电荷和其他诱导偶极子的电场。此表达式中的总和不包括那些原子，其与原子 i 的相互作用必须进行量子力学处理。除原子 i 本身以外，作为生色团一部分或以三个或少于三个键与原子 i 连接的其他原子通常需要进行这样的特殊处理。式(4.53)中包含的诱导偶极子可以通过迭代法由原子电荷和极化率计算得到[84]。因此，吸收光谱的变化可用于测量辅基与蛋白质的结合，或者探测在结合生色团的区域中蛋白质的构象变化。但是，式(4.52)和式(4.53)中有明显的近似，这是因为在一开始获取分子轨道和特征值时，就应该考虑与周围环境的相互作用。

图 4.27 给出了激发色氨酸吲哚侧链时所伴随的电荷再分布的计算结果。如上所述，$^1\text{L}_a$ 吸收带主要由组态 $\psi_2 \to \psi_3$ 构成，而 $\psi_1 \to \psi_4$ 的贡献较小，这里 ψ_1 和 ψ_2 是次高和最高占据分子轨道，而 ψ_3 和 ψ_4 是次低和最低未占轨道。这两种组态都导致电子密度从吡咯环转移至吲哚侧链的苄基部分。因此，$^1\text{L}_a$ 的跃迁能应被在苯环附近带正电荷的物种所红移，并在该区域被带负电荷的物种所蓝移。$^1\text{L}_b$ 吸收带主要由组态 $\psi_2 \to \psi_4$ 和 $\psi_1 \to \psi_3$ 组成，其中的第一个导致电子密度向苄基环的较大转移。但是，$\psi_1 \to \psi_3$ 跃迁沿相反的方向移动电子密度，这使得与 $^1\text{L}_b$ 谱带相关的偶极矩的净变化小于与 $^1\text{L}_a$ 相关的偶极矩的净变化[图 4.27(E)、(F)]。为了对这些影响进行更定量的分析，还需要考虑较高能量组态的贡献[36, 37, 85]。在这里，梯度算符可能比偶极算符更可取，但尚无深入研究。

如果生色团附近的带电基团或极性基团的位置随时间快速涨落，则情况会变得复杂。描述这种涨落的影响的一种方法是将基态和激发电子态的能量(E_a 和 E_b)写为广义溶剂坐标(X)的简谐函数：

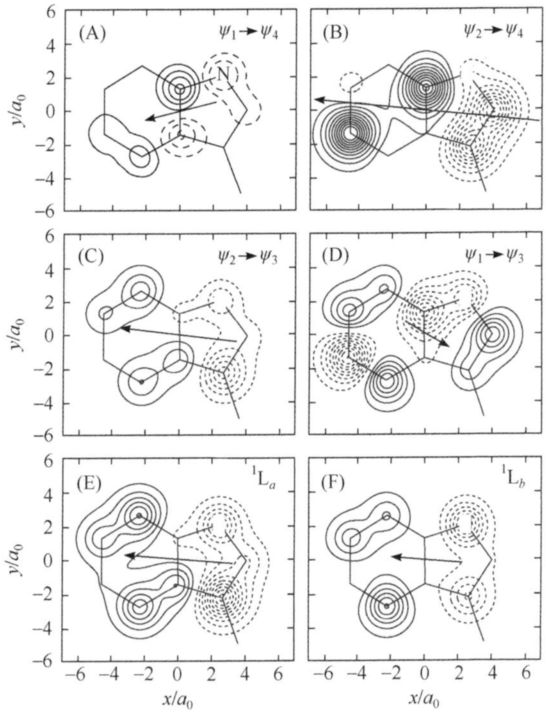

图 4.27 3-甲基吲哚激发后电荷的重新分布。(A)～(D)等高线图显示了当电子从两个最高占据分子轨道之一(ψ_1 或 ψ_2)激发到前两个未占轨道之一(ψ_3 或 ψ_4)时电子密度的变化(负电荷增加)。轮廓间隔为 $0.01ea_0^3$。所呈现的图平面和正、负幅度的线类型同图 4.11。(E)、(F)组合 $0.841(\psi_2 \to \psi_3)+0.116(\psi_1 \to \psi_4)$ 和 $0.536(\psi_1 \to \psi_3)+0.402(\psi_2 \to \psi_4)$ 的类似等高线图，分别大约是这四个轨道在 ^1L_a 和 ^1L_b 激发中的贡献。(注意，给定组态的系数在这里是跃迁偶极子的相应系数的平方。)轮廓间隔为 $0.005ea_0^3$。箭头表示永久偶极子的变化($\boldsymbol{\mu}_{bb}-\boldsymbol{\mu}_{aa}$)，以 eÅ/$5a_0$ 为单位

$$E_a = E_a^0 + (K/2)X^2 \tag{4.54}$$

及

$$E_b = E_b^0 + (K/2)(X-\varDelta)^2 \tag{4.55}$$

其中 E_a^0 和 E_b^0 是两个电子态的最低能量，$\varDelta$ 是能量最低点沿着溶剂坐标的位移，K 是力常数。这里广义地使用“溶剂”一词来指在蛋白质或游离溶液中的生色团环境。由于位移 $\varDelta$，在基态中从 $X=0$ 开始的垂直跃迁会产生具有额外溶剂化能的激发态，当体系在激发态上弛豫时，这个溶剂化能必须消散(图 4.28)。此多余能量称为溶剂重组能，由 $\varLambda_s = K\varDelta^2/2$ 给出。因此，在任何给定的溶剂坐标值下，激发态和基态之间的能量差为

$$E_b - E_a = E_b^0 + (K/2)(X-\varDelta)^2 - E_a^0 - (K/2)X^2 = E_0 - KX\varDelta + \varLambda_s \tag{4.56}$$

其中 $E_0 = E_b^0 - E_a^0$。

如果将势能近似等于自由能，那么也可以说，当生色团处于基态时，找到特定 X 值的相对概率为 $P(X) = \exp(-KX^2/2k_BT)$。将此表达式与式(4.56)结合，并利用关系式 $\varLambda_s = K\varDelta^2/2$ 和 $h\nu = E_b - E_a$，可以得出在能量 $h\nu$ 处的相对吸收强度的表达式：

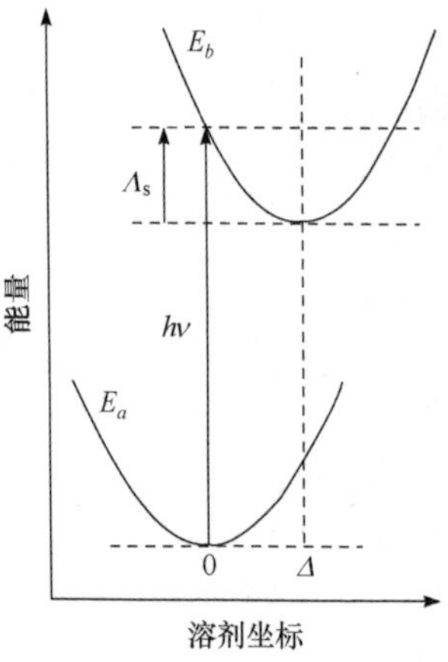

图 4.28 生色团处于基态和电子激发态的经典简谐能量曲线，作为广义无量纲的溶剂坐标的函数给出。如果生色团从基态激发到电子激发态而核坐标无变化，则相对于激发态的能量最低点，此生色团具有额外的溶剂化能。此即重组能(Λ_s)

$$
\begin{aligned}
P(h\nu) &= \exp[-K(E_0+\Lambda_s-h\nu)^2/2(K\Delta)^2 k_B T] \\
&= \exp[-(E_0+\Lambda_s-h\nu)^2/4\Lambda_s k_B T]
\end{aligned}
\tag{4.57}
$$

这个 $h\nu$ 的高斯函数在高于 E_0 的能量 Λ_s 处达到峰值，其半峰宽(FWHM)为 $2(2\Lambda_s K k_B T\cdot\ln 2)^{1/2}$ 或 $2(K k_B T\cdot\ln 2)^{1/2}\Delta$。与溶剂的相互作用是有涨落的，这就加宽了生色团的电子振动吸收谱线，并使其偏移至高于 E_0 的能量。然而，如上所述，平均相互作用能可以将 E_0 向上或下移动，这取决于生色团和溶剂。在第 5 章和第 10 章中将进一步讨论广义溶剂坐标。

将式(4.50)～式(4.52)整合到分子动力学模拟(专栏 6.1)中，可以微观地处理涨落中的静电相互作用。所得结果可用于构造类似于式(4.54)和式(4.55)的势能面，或者用于溶剂电场中生色团的特征值的量子计算。利用这种方法，Mercer 等[86]能够很好地再现甲醇中细菌叶绿素的长波吸收带的宽度。

4.13 电子斯塔克效应

如果在吸收样品上施加外部电场，则依据生色团与电场的相对方向，吸收带可以偏移向更高或更低的能量方向。这就是斯塔克效应(Stark effect)或电致变色效应。这种效应是物理学家斯塔克(Stark)于 1913 年发现的，他发现，$10^5\ \text{V}\cdot\text{cm}^{-1}$量级的电场强度会导致氢的谱线分裂为对称排列的、具有不同极化方向的分量。从斯塔克光谱中提取分子的偶极矩和极化率信息的基本理论方法是由 Liptay 提出的[87-89]。Boxer[90-93]、Nagae[94]等研究组将这一方法进行了扩展并应用于各种体系。在一个应用研究中，Premvardhan 等发现在溶液中激发光敏黄蛋白或其生色团(对香豆酸的硫酯)会引起生色团偶极矩和极化率的显著变化[95-97]。偶极矩的变化($|\Delta\mu| = 26$ deb)对应 5.4 Å 的电荷移动，很可能对激发之后的结构变化起着重要作用。

在分子生色团的最简单情况下，位移的大小和方向取决于局域电场矢量($\boldsymbol{E}_{\text{ext}} = f\boldsymbol{E}_{\text{app}}$，其中 $\boldsymbol{E}_{\text{app}}$ 是施加电场，f 是局域场校正因子)与激发态和基态中生色团的永久偶极矩之差($\Delta\boldsymbol{\mu}$)的点积：

$$\Delta E = -\boldsymbol{E}_{\text{ext}}\cdot\Delta\boldsymbol{\mu} = -f\boldsymbol{E}_{\text{app}}\cdot\Delta\boldsymbol{\mu} \tag{4.58}$$

两个态中的偶极矩之差可以由下述表达式与生色团的分子轨道联系起来

$$\Delta\boldsymbol{\mu} = \boldsymbol{\mu}_{bb} - \boldsymbol{\mu}_{aa} \approx e\sum_{i}^{N}\boldsymbol{r}_i[(C_i^b)^2 - (C_i^a)^2] \tag{4.59}$$

其中 $\boldsymbol{r}_i$ 是原子 i 的位置，而 C_i^a 和 C_i^b 是该原子在基态和激发态波函数中的系数[式(4.22d)～式(4.22e)和式(4.50)～式(4.52)]。如果样品是各向同性的，则某些分子会相对外电场而取向，其跃迁能将偏移到更高值，而其他分子的跃迁能将向低能量方向偏移。结果将是吸收光谱的整体增宽。另一方面，如果体系是各向异性的，则外电场会把光谱系统地向高频或低频移动。

式(4.59)假定电场不使分子重新定向，只改变基态和激发态之间的能量差，而不改变 $\boldsymbol{\mu}_{aa}$ 或 $\boldsymbol{\mu}_{bb}$。此假设的有效性与分子和实验装置都有关。尽管溶液中的极性小分子可以被外电场定向，但这种情况对于蛋白质是不大可能发生的，尤其是当电场方向被快速调制时。还可以通过将蛋白质固定在聚乙烯醇薄膜中来防止重新定向的发生。但是，如果生色团是可极化的，那么电场将产生一个额外的诱导电偶极子，这取决于电场强度。并且，当分子被激发时，如果激发态的极化率不同于基态的极化率，则该偶极子会发生变化。通常，分子极化率应该表示为一个矩阵，或更规范地，一个二阶张量，因为它与分子与电场方向的相对取向有关，且诱导偶极子可能有不平行于电场的分量(专栏 4.15 和 12.1 节)；但是，这里假设极化率可以恰当地用一个以 cm^{-3} 为单位的标量来描述。诱导偶极子($\boldsymbol{\mu}_{aa}^{\mathrm{ind}}$ 或 $\boldsymbol{\mu}_{bb}^{\mathrm{ind}}$ ，分别属于基态或激发态)将仅仅是极化率(α_{aa} 或 α_{bb})与总电场的乘积，而总电场包括施加电场所引入的外电场($\boldsymbol{E}_{\mathrm{ext}}$)以及分子周围环境所引入的“内”电场($\boldsymbol{E}_{\mathrm{int}}$)。$\boldsymbol{E}_{\mathrm{ext}}$ 与诱导偶极子的相互作用将使跃迁能发生如下变化：

$$\Delta E_{\mathrm{ind}} = -\boldsymbol{E}_{\mathrm{ext}} \cdot (\boldsymbol{\mu}_{bb}^{\mathrm{ind}} - \boldsymbol{\mu}_{aa}^{\mathrm{ind}}) = -\boldsymbol{E}_{\mathrm{ext}} \cdot (\alpha_{bb} - \alpha_{aa})(\boldsymbol{E}_{\mathrm{ext}} + \boldsymbol{E}_{\mathrm{int}}) \tag{4.60a}$$

$$= -\Delta\alpha(|\boldsymbol{E}_{\mathrm{ext}}|^2 + \boldsymbol{E}_{\mathrm{ext}} \cdot \boldsymbol{E}_{\mathrm{int}}) \tag{4.60b}$$

其中 $\Delta\alpha = \alpha_{bb} - \alpha_{aa}$。

内电场 $\boldsymbol{E}_{\mathrm{int}}$ 可以与外电场呈任意方向，并且通常具有相当大的量级(通常约为 $10^6\ \mathrm{V \cdot cm^{-1}}$或更大)。但是，如果生色团与高度结构化的体系(如蛋白质)结合，则 $\boldsymbol{E}_{\mathrm{int}}$ 对于一个样品中的所有分子将具有近似相等的大小，并且其方向将相对单个分子轴而固定。这样就可以在式(4.59)中将因子$\Delta\alpha\boldsymbol{E}_{\mathrm{int}}$ 视为偶极子变化$\Delta\boldsymbol{\mu}$ 的一部分，而不是在式(4.60a)和式(4.60b)中单独给出。这样，外电场 $\boldsymbol{E}_{\mathrm{ext}}$ 诱导的偶极子对跃迁能的额外贡献就是

$$\Delta E_{\mathrm{ind}} = -\Delta\alpha|\boldsymbol{E}_{\mathrm{ext}}|^2 \tag{4.61}$$

根据式(4.61)，外电场与诱导偶极子的相互作用将使样品中所有分子的跃迁能沿相同方向移动，其方向取决于$\Delta\alpha$ 是正还是负。跃迁能的改变与外电场强度的平方成正比。诱导偶极子对ΔE 的贡献通常称为“二次”斯塔克效应，以区别于来自$\Delta\boldsymbol{\mu}$ 的“线性”贡献，后者线性地依赖于$|\boldsymbol{E}_{\mathrm{ext}}|$，如式(4.58)所述。但是，我们很快将看到，源于$\Delta\alpha$ 和$\Delta\boldsymbol{\mu}$ 的吸收光谱变化对$|\boldsymbol{E}_{\mathrm{ext}}|$ 的依赖性其实都是二次的。

假设内电场 $\boldsymbol{E}_{\mathrm{int}}$ 相对于分子轴具有固定的大小和方向，则式(4.61)成立。如果 $\Delta\alpha$ 和 $\Delta\boldsymbol{\mu}$ 都不为零，则单个分子的跃迁频率的总变化为

$$\Delta\nu = -(\boldsymbol{E}_{\mathrm{ext}} \cdot \Delta\boldsymbol{\mu} + |\boldsymbol{E}_{\mathrm{ext}}|^2 \Delta\alpha) / h \tag{4.62}$$

可以将吸收光谱展开成以$\Delta\nu$ 的幂表示的泰勒级数来求对各向同性样品的整体吸收光谱的影响：

$$\begin{aligned}\varepsilon(\nu,\boldsymbol{E}) &= \varepsilon(\nu,0)+\frac{\partial\varepsilon(\nu,0)}{\partial\nu}\Delta\nu+\frac{1}{2}\frac{\partial^2\varepsilon(\nu,0)}{\partial\nu^2}|\Delta\nu|^2+\cdots \\ &= \varepsilon(\nu,0)-\frac{\partial\varepsilon(\nu,0)}{\partial\nu}(\boldsymbol{E}_{\text{ext}}\cdot\Delta\boldsymbol{\mu}+|\boldsymbol{E}_{\text{ext}}|^2\Delta\alpha)h^{-1} \\ &\quad +\frac{1}{2}\frac{\partial^2\varepsilon(\nu,0)}{\partial\nu^2}(\boldsymbol{E}_{\text{ext}}\cdot\Delta\boldsymbol{\mu}+|\boldsymbol{E}_{\text{ext}}|^2\Delta\alpha)^2h^{-2}+\cdots\end{aligned} \tag{4.63}$$

其中 $\varepsilon(\nu,0)$表示无外电场时的吸收光谱。接下来，需要在分子与电场的所有相对方向上对此表达式求平均。如果溶液是各向同性的，则依赖于$|\boldsymbol{E}_{\text{ext}}|$的一次、三次或任何奇数次幂项平均均为零，而依赖于$|\boldsymbol{E}_{\text{ext}}|$的偶数次幂项则保留，且$(\boldsymbol{E}_{\text{ext}}\cdot\Delta\boldsymbol{\mu})^2$的平均值变为$(1/3)|\boldsymbol{E}_{\text{ext}}|^2|\Delta\mu|^2$(专栏 4.6)。那么，外电场对频率$\nu$处的摩尔吸光系数的总影响为

$$\varepsilon(\nu,\boldsymbol{E})-\varepsilon(\nu,0)=-\frac{\partial\varepsilon(\nu,0)}{\partial\nu}\frac{\Delta\alpha|\boldsymbol{E}_{\text{ext}}|^2}{h}+\frac{1}{2}\frac{\partial^2\varepsilon(\nu,0)}{\partial\nu^2}\frac{|\boldsymbol{E}_{\text{ext}}|^2|\Delta\boldsymbol{\mu}|^2}{3h^2}+\cdots \tag{4.64}$$

该表达式表明，$\Delta\alpha$对吸收光谱变化的主要贡献取决于光谱对ν的一阶导数，而 $\Delta\boldsymbol{\mu}$ 的主要贡献取决于二阶导数。如上所述，两者都取决于$|\boldsymbol{E}_{\text{ext}}|$的平方。斯塔克光谱通常包括诱导偶极子和永久偶极子的贡献，通过将测得的示差谱拟合为一阶和二阶导数项之和，可将两类贡献进行实验上的分离(图 4.29)。如果测量光是偏振的，则光谱也取决于其极化轴和施加电场之间的角度，且这种依赖关系可用于确定 $\Delta\boldsymbol{\mu}$ 相对于跃迁偶极子的方向(专栏 4.15)。

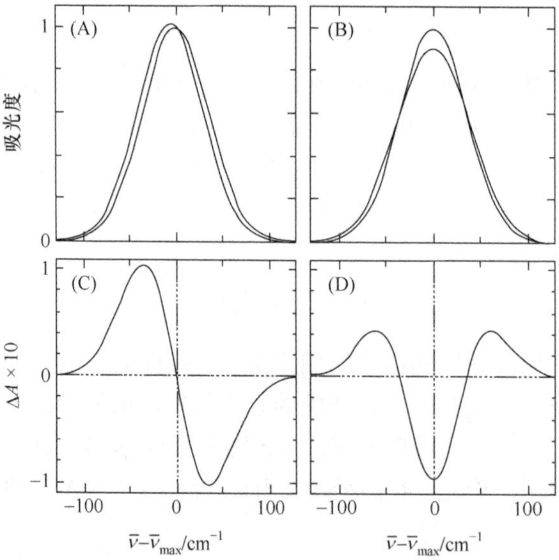

图 4.29 各向同性体系在无外电场(虚线)和有外电场(实线)时的理想吸收光谱[(A)、(B)]，以及由电场引起的光谱变化[(C)、(D)]。在(A)和(C)中，假定生色团具有相同的偶极矩，但激发态的极化率大于基态；外电场将光谱偏移到较低能量方向。在(B)和(D)中，生色团具有相同的极化率，但激发态的偶极矩大于基态；外电场加宽光谱并降低吸收峰。斯塔克光谱通常显示这两类效应的组合

专栏 4.15 固定分子的电子斯塔克光谱

在由 Boxer 及其同事[92]给出的 Liptay 处理[87-89]中，一个外电场 $\boldsymbol{E}$ 施加在未定向但被固化的分子体系上，改变了其在波数 $\bar{\nu}$ 处的吸光度(A)

$$\Delta A(\overline{\nu}) = |\boldsymbol{E}|^2 \left\{ A_\chi A(\overline{\nu}) + \frac{B_\chi}{15hc}\overline{\nu}\frac{\partial[A(\overline{\nu})/\overline{\nu}]}{\partial\overline{\nu}} + \frac{C_\chi}{30h^2c^2}\overline{\nu}\frac{\partial^2[A(\overline{\nu})/\overline{\nu}]}{\partial\overline{\nu}^2} \right\} \quad \text{(B4.15.1)}$$

其中

$$\begin{aligned} A_\chi = & \frac{1}{30|\boldsymbol{\mu}_{ba}|^2}\sum_{i,j}\{10(a_{ij})^2 + (3\cos^2\chi - 1)[3a_{ii}a_{jj} + (a_{ij})^2]\} \\ & + \frac{1}{15|\boldsymbol{\mu}_{ba}|^2}\sum_{i,j}\{10\mu_{ba(i)}b_{ijj} + (3\cos^2\chi - 1)[4\mu_{ba(i)}b_{ijj}]\} \end{aligned} \quad \text{(B4.15.2)}$$

$$\begin{aligned} B_\chi = & \frac{5}{2}\mathrm{tr}(\Delta\alpha) + (3\cos^2\chi - 1)\left[\frac{3}{2}\Delta\alpha - \frac{1}{2}\mathrm{tr}(\Delta\alpha)\right] \\ & + \frac{1}{|\boldsymbol{\mu}_{ba}|^2}\sum_{i,j}\{10\mu_{ba(i)}a_{ij}\Delta\mu_j + (3\cos^2\chi - 1)[3\mu_{ba(i)}a_{jj}\Delta\mu_j + \mu_{ba(i)}a_{ij}\Delta\mu_j]\} \end{aligned} \quad \text{(B4.15.3)}$$

及

$$C_\chi = |\boldsymbol{\mu}_{ba}|^2[5 + (3\cos^2\chi - 1)(3\cos^2\zeta - 1)] \quad \text{(B4.15.4)}$$

这些表达式包括了在生色团与电场和测量光偏振的所有方向上求平均。式(B4.15.2)和式(B4.15.3)中的系数 a_{ij} 和 b_{ijj} 是跃迁极化率张量($\boldsymbol{a}$)和跃迁超极化率(hyperpolarizability)($\boldsymbol{b}$)的元素，它们描述了外电场对吸收带偶极强度的影响。在大多数情况下，这些影响可能较小，故在式(4.64)中被忽略。跃迁极化率张量 $\boldsymbol{a}$ 是一个 3 × 3 矩阵，其 9 个矩阵元定义为 $a_{ij} = \partial\mu_{ba(i)}/\partial E_j$，其中 $\mu_{ba(i)}$是跃迁偶极子($\boldsymbol{\mu}_{ba}$)的 i 分量，E_j 是电场的 j 分量。跃迁超极化率 $\boldsymbol{b}$ 是一个 3 × 3 × 3 立方阵列或三阶张量。考虑到极化率和超极化率，由电场引起的跃迁偶极子($\boldsymbol{\mu}_{ba}$)的变化为 $\boldsymbol{a}\cdot\boldsymbol{E} + \boldsymbol{E}\cdot\boldsymbol{b}\cdot\boldsymbol{E}$。例如，$\boldsymbol{\mu}_{ba}$ 的 x 分量的变化为 $a_{xx}E_x + a_{xy}E_y + a_{xz}E_z + b_{xxx}|E_x|^2 + b_{yxy}|E_y|^2 + b_{zxz}|E_z|^2$。超极化率项包含在式(B4.15.2)中，因为尽管其与 $\boldsymbol{\mu}_{ba}$ 比相对较小，但对强烈允许的跃迁，它们可以比极化率项更占主导。这是因为，正如在 4.5 节中所讨论的那样，只有在初始态和最终态具有不同的对称性时，电子跃迁才会被强烈地允许。相反，对于具有不同对称性的态，跃迁极化率往往较小，因为它取决于这些态与其他态的混合(文献[92]和专栏 12.1)。如果初始态和最终态具有不同的对称性，则它们通常不能都与第三个态很好地混合。

在式(B4.15.3)和式(B4.15.4)中，$\Delta\boldsymbol{\mu}$ 是激发态和基态的永久偶极矩之差($\boldsymbol{\mu}_{bb} - \boldsymbol{\mu}_{aa}$)，而$\Delta\mu_x$、$\Delta\mu_y$ 和$\Delta\mu_z$ 是其分量。$\Delta\boldsymbol{\alpha}$是激发态和基态的极化率之差，极化率仍然用二阶张量来描述。取一级近似，电场引起的$\Delta\boldsymbol{\mu}$ 改变为$\Delta\boldsymbol{\alpha}\cdot\boldsymbol{E}_{\mathrm{ext}}$。$\mathrm{tr}(\Delta\boldsymbol{\alpha})$是$\Delta\boldsymbol{\alpha}$ 的三个对角元之和，而$\Delta\boldsymbol{\alpha}_\mu$ 是$\Delta\boldsymbol{\alpha}$ 沿 $\boldsymbol{\mu}_{ba}(\boldsymbol{\mu}_{ba}\cdot\Delta\boldsymbol{\alpha}\cdot\boldsymbol{\mu}_{ba}/|\boldsymbol{\mu}_{ba}|^2)$方向的分量。$\chi$ 是 $\boldsymbol{E}_{\mathrm{ext}}$ 与测量光的偏振方向之间的夹角，ζ 则是 $\boldsymbol{\mu}_{ba}$ 与$\Delta\boldsymbol{\mu}$ 的夹角。

通常以 1 kHz 量级的频率调制外电场，并利用锁相检测电子设备以两倍于调制频率的频率提取透射光束的振荡，从而测量斯塔克效应。式(B4.15.1)右边花括号中的三个项可以分别利用 $A/\overline{\nu}$ 对 $\overline{\nu}$ 的零阶、一阶和二阶导数的依赖性而分离。$|\Delta\boldsymbol{\mu}_{ba}|^2$ 和$|\zeta|$则可通过测量 C_χ 对实验角 χ 的依赖关系而获得。因此，实验可以唯一地给出$\Delta\boldsymbol{\mu}$ 的大小，但仅将$\Delta\boldsymbol{\mu}$ 的方向限制为一个圆锥，其半角相对$\Delta\boldsymbol{\mu}_{ba}$ 为$\pm\zeta$。

因子 B_χ 取决于$\Delta\boldsymbol{\alpha}$，也取决于$\Delta\boldsymbol{\mu}$ 与跃迁极化率的交叉项[式(B4.15.3)]。尽管对于强烈允许的跃迁而言，跃迁极化率($\boldsymbol{a}$)预计较小，但其与$\Delta\boldsymbol{\mu}$ 的乘积，相对于$\Delta\boldsymbol{\alpha}$ 而言，并不一定可以忽略不计。因此，常规的斯塔克测量不会得出$\Delta\boldsymbol{\alpha}$ 的明确值。在某些情况下，在调制场频率的高次谐波处测量透射光束的振荡，并将信号与吸收光谱的高阶导数关联起来，可以获得一些额外信息[91, 92, 98, 99]。这个技术称为高阶斯塔克光谱。

式(4.64)假设吸收带对外电场是均匀响应的。如果这个吸收带代表几个不同的跃迁，特别是如果这些跃迁具有不平行的跃迁偶极子，则上述假设可以不成立，但是有时可以通过将斯塔克光谱学与光谱烧孔相结合获得有关各个组分的信息[100]。一个例子是 Gafert 等[101]关于辣根过氧化酶(horseradish peroxidase)内的中卟啉(mesoporphyrin)-Ⅸ的一项研究。这些作者能够评估内电场对 $\Delta\boldsymbol{\mu}$ 的贡献，并将不同的局域电场与蛋白质的不同构象态进行了关联。

Pierce 和 Boxer[102]描述了 *N*-乙酰基-L-色氨酸酰胺和蜂毒素蛋白中单个色氨酸残基的斯塔克效应。他们利用 ^1L_a 和 ^1L_b 吸收带的荧光各向异性来分离对这两个吸收带的影响(5.6 节)。与图 4.27 一致，^1L_a 带的$\Delta\boldsymbol{\mu}$ 相对较大，约为 $6/f$ deb，其中 f 是未知的局域场校正因子。^1L_b 带的 $\Delta\boldsymbol{\mu}$ 则小得多。

如果被激发的生色团参与受外电场影响的一个快速光化学反应，则会表现出其他一些有意思的复杂度。这正是光合作用细菌反应中心的情形，其中被激发的细菌叶绿素二聚体(P^*)以约 2 ps 量级的时间常数将一个电子转移到相邻的分子(B)。电子转移过程产生一个离子对态(P^+B^-)，其偶极矩远大于 P^*态或基态。因此，一个外电场可以根据其相对于 P 和 B 的方向，将此离子对态偏移至相当高或低的能量处，并且此偏移可以改变电子转移速率。所产生的吸收光谱变化不能用一阶和二阶导数项的简单和[式(4.64)]进行很好的描述，但是可以通过引入高阶项进行卓有成效的分析[103-106]。

振动斯塔克光谱在 6.4 节中讨论。

4.14 金属-配体和配体-金属的电荷转移跃迁与里德伯跃迁

过渡金属与芳香族配体的配合物通常有很强的吸收带，反映了从金属到配体的电子转移。这种吸收带称为金属-配体电荷转移(metal-ligand charge-transfer，MLCT)带。Ru(Ⅱ)与三个 2,2′-联吡啶分子的配合物提供了一个重要例子(图 4.30)。在水中，三(2, 2′-联吡啶)氯化钌(Ⅱ)在 452 nm 处有一个宽的 MLCT 谱带，其峰值吸光系数为 $1.4\times10^4\ L\cdot mol^{-1}\cdot cm^{-1}$，此外联吡啶配体还在 285 nm 处有一个尖锐的吸收带[107]。在这个配合物和其他类似配合物中，MLCT 带的能量主要取决于金属的氧化电位与配体的还原电位之差。由电荷转移跃迁产生的自由基对以单重态出现，但迅速弛豫至寿命更长的三重态。共振拉曼研究与线二色性及发射各向异性等测量表明，被转移的电子在分子振动的时间尺度上停留在单个双吡啶基上，以一个 50 ps 量级的时间常数从一个配体跳到另一个配体[108-115]。正如预期的那样，如果激发涉及可观的电荷运动，则 MLCT 能量对于溶致变色效应和斯塔克效应都是非常敏感的[116-119]。

由 Ru(Ⅱ)配合物的 MLCT 激发所产生的电荷转移物种可以将电子从被还原的配体转移到各种次级受体[107,115,120-122]。而被氧化的 Ru 原子也可以从次级供体获取电子。这些光化学反应因其在太阳能捕获中的潜在应用而得到了广泛的研究[115,123-126]。

在某些配合物中，如果中心金属原子处于高氧化态或配体的电子处于高能级轨道上，则可以看到反映相反方向电荷转移(配体-金属电荷转移，ligand metal charge-transfer，LMCT)的吸收带。例如，高锰酸根(MnO_4^-)的紫色是由 LMCT 跃迁引起的，其中电子从氧原子的填充 p 轨道转移到中心 Mn(Ⅶ)的 d 轨道。其他类型的电荷转移跃迁将在第 8 章中讨论。

里德伯跃迁是向类氢原子轨道的波函数的激发。19 世纪 80 年代，里德伯(Rydberg)注意到，氢和碱金属的谱线可以用一个经验表达式来描述：$1/\lambda = R(1/n_1^2 - 1/n_2^2)$，其中 R 是普适常数(现称为里德伯常量)，n_1 和 n_2 是整数，并且 $n_1 < n_2$。例如，具有 $n_1 = 2$ 和 $n_2 \geqslant 3$ 的级数可预测氢原子吸收光谱中的巴耳末(Balmer)线。而真正令人满意的解释还需等到对以下结果的认识，即波长为λ 的光谱跃迁能与 $1/\lambda$ 成正比，原子轨道的能量的倒数与主量子数[式(2.34)中的

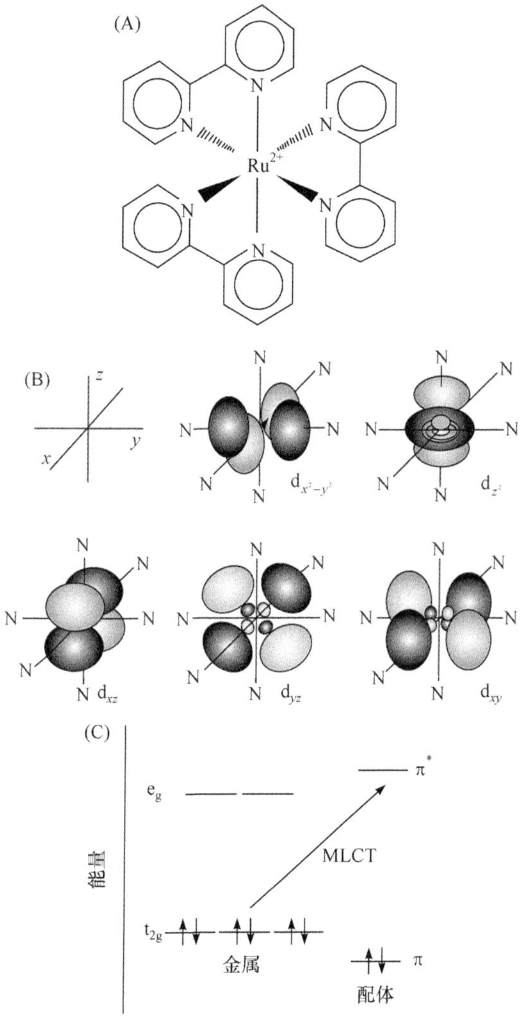

图 4.30 (A)三(2,2′-联吡啶)钌(Ⅱ)的结构。(B)Ru 的 4d 轨道及其配体的 N 原子的边界面图。(C)4d 轨道(金属)与 2,2′-联吡啶(配体)的 HOMO(π)和 LUMO(π^*)的相对能级图。在(B)的左上方给出了用于命名 d 轨道的笛卡儿坐标系。在这个八面体过渡金属配合物中，两个 d 轨道(d_{z^2} 和 $d_{x^2-y^2}$，统称 e_g)具有沿着 z 轴延伸或同时沿 x 轴和 y 轴延伸的波瓣，从而使电子接近配体的电负性原子[(B)的上排]。其他三个轨道(d_{xy}、d_{xz} 和 d_{yz}，统称 t_{2g})在轴上都有节点，使电子远离配体(下排)。三联吡啶基配合物中的 Ru(Ⅱ)具有六个成对自旋的 t_{2g} 电子[(C)中的小箭头]，使得 e_g 为空轨道。由于 d 轨道是中心对称的，并且具有偶(gerade)反演对称性，因此尽管它们会在近红外中产生弱吸收带(第 9 章)，但拉波特规则禁止从 t_{2g} 到 e_g 的激发。通常允许配体从 HOMO 激发到 LUMO，并在近紫外区产生吸收带。金属和配体轨道充分重叠，因此从 t_{2g} 到π^*的激发也是允许的，并在光谱的可见光区域给出 MLCT 吸收带

n]的平方的倒数成比例。

在分子中，里德伯轨道是指这样一个轨道，它类似解离产生的原子片段的原子轨道，而里德伯跃迁则表示从分子轨道向这样一个轨道的激发。醛和酮在真空紫外区具有吸收带，反映了从羰基氧原子的非键轨道到 3s 原子轨道的里德伯跃迁[127-130]。

4.15 光激发热力学

吸收能量为 $h\nu$ 的光子，会使吸收子的内部能量(E_a)增加相同的量。由于分子体积的变化通常较小，因此吸收子的焓($H_a = E_a + PV$)也会增加约 $h\nu$。然而，吸收子的熵(S_a)通常也会增加，这使得自由能的增加($\Delta G_a = \Delta H_a - T\Delta S_a$，是吸收子对吸收的每个光子所做的有用功)小于 $h\nu$[131]。考虑在激发之后瞬间、且在振动弛豫将光子的任何能量消散到周围环境之前，吸收子的熵。假设体系包含 N 个相同的吸收分子，它们分布在 m 个电子振动态的集合中，其中 n_i 个分子处于态 i。假设体系连续且均匀地被光照，因此所有分子在任意给定时刻处于激发态的先验概率都是相同的。只要排除与周围环境的相互作用，吸收子就会构成一个具有固定粒子数的孤立体系，或者用统计力学的语言来说就是一个微正则系综。这个系综的熵由玻尔兹曼的著名表达式给出：

$$S_a = k_B \ln \Omega \tag{4.65}$$

其中 k_B 是玻尔兹曼常量($1.3806 \times 10^{-23}\ \mathrm{J \cdot K^{-1}}$ 或 $8.6173 \times 10^{-5}\ \mathrm{eV \cdot K^{-1}}$)，而 Ω 是体系的多重度，是将分子分配给各个态的方式数[132-136]。

式(4.65)中的多重度 Ω 是两个因子之积。因为分子可以由位置区分，所以一个因子是在 m 个组中分配 N 个可区分粒子的方式数，以使 m_i 组中有 n_i 个粒子。这就是 $N!\Big/\prod_{i=1}^{m} n_i!$ [图 4.31(A)]。另一个因子是 $\prod_{i=1}^{m}\omega_i$，其中 ω_i 是态 i 的简并度(具有能量 $E_i \pm \delta E$ 的亚态数，其中 δE 是一个任意小的能量范围)。结合两个因子得到

$$S_a = k_B \ln\left[\left(\prod_{i=1}^{m}\omega_i\right)\left(N!\Big/\prod_{i=1}^{m} n_i!\right)\right] = k_B \sum_{i=1}^{m} \ln\omega_i + k_B \ln\left(N!\Big/\prod_{i=1}^{m} n_i!\right) \tag{4.66}$$

现在，令 n_g 为能量为 E_g 的基态电子态中的分子布居数，令 n_e 为能量为 $E_e = E_g + h\nu$ 的激发态中的分子布居数，并将这些态的简并度表示为 ω_g 和 ω_e。如果一个激发态分子衰减到基态并发射一个光子，则激发态的布居数将减少至 $n_e - 1$，而基态的布居数将增加至 $n_g + 1$。则吸收子的熵变为

$$S'_a = k_B \sum_{i=1}^{m} \ln\omega_i + k_B \ln(\omega_g / \omega_e) + k_B \ln\left[N!\Big/\left(\frac{n_g + 1}{n_e}\right)\prod_{i=1}^{m} n_i!\right] \tag{4.67}$$

因此，激发一个分子必定引起吸收子的熵改变

$$\Delta S_a = S_a - S'_a = \Delta S_a^0 + k_B \ln\left(\frac{n_g + 1}{n_e}\right) \tag{4.68}$$

其中 $\Delta S_a^0 = k_B \ln(\omega_e / \omega_g)$。在 $n_g \gg 1$ 的情况下，式(4.68)简化为

$$\Delta S_a = \Delta S_a^0 + k_B \ln(n_g / n_e) = \Delta S_a^0 - k_B \ln(n_e / n_g) \tag{4.69}$$

来自 n_e/n_g 项的贡献通常比来自 ΔS_a^0 的贡献大得多。

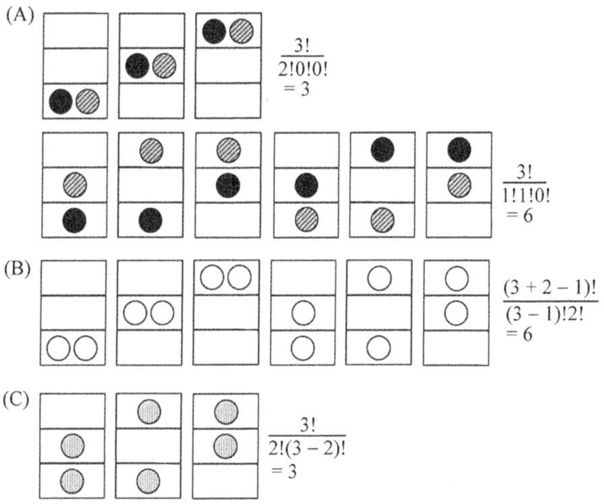

图 4.31　在各个态分配一个粒子集合的方式数取决于粒子是否可区分以及在同一态中可以有多少个粒子。(A)实心圆和条纹圆代表两个可区分的分子，矩形代表三个态。将 N 个可区分粒子分配给 m 个态，以使态 m_i 拥有 n_i 个粒子 $\left(\sum_i n_i = N\right)$ 的不同方式数为 $N!\Big/\prod_{i=1}^{m} n_i!$。有 3 种方法将两个分子置于相同态(3!/2!0!0! = 3)，有 6 种方法使它们处于不同态(3!/1!1!0! = 6)。(B)空心圆代表两个玻色子(不可区分的粒子，能以任意数量处于同一态中)。将 N 个此类粒子分配给 m 个态的方式数为$(m + N - 1)!/(m - 1)!N!$，在本例中为 6。(C)点刻圆代表两个费米子(不可区分的粒子，同一态中最多有一个)。将 N 个费米子分配给 m 个态的方式数为 $m!/(N - m)!N!$，在本例中为 3

再次注意到在此分析阶段，吸收子与周围环境不处于热平衡。但是，从所有吸收子都有相同的被激发概率的意义上说，吸收子系综是处于平衡态的，因为我们假设所有分子相同、光照均匀。将激发从一个位点移到另一个位点不会改变系综的能量，也不会影响体系能做的最大功。因此，激发熵不依赖于激发在任何特定时间尺度上扩散到所有位点的能力。

式(4.65)～式(4.68)也没有限制吸收子系综的大小。它们适用于大的系综，或有两个非简并态的单个分子的理想情况。对单个分子，无论分子是否被激发，$\Omega=1$，因此ΔS_a为零。式(4.69)需要一个较大的系综，但根据统计力学的遍历假说，如果用指定态中找到一个分子的时间平均概率代替布居数 n_e 和 n_g，假设这些平均是在足够长的时间内获得的，则该式对单个分子也成立。

为了认识ΔS_a如何取决于辐射强度，假设一个吸收子系综暴露于辐照度为 $I(\nu)=I_B(\nu)+I_r(\nu)$ 的连续光下，其中 $I_B(\nu)$是在环境温度(T)下周围环境的扩散黑体辐射，而 $I_r(\nu)$是任意额外源的辐射。在频率ν处吸收的分子将以一级速率常数 $k_e = \int I(\nu)\sigma(\nu)\mathrm{d}\nu$ 被激发，并以速率常数 $k_g = k_e + k_f + k_{nr}$ 返回基态，其中$\sigma(\nu)$是吸收截面(4.3 节)，k_f是荧光的速率常数，k_{nr}是任意非辐射衰减路径的总速率常数。k_e对 k_g 的贡献代表受激发射。在稳态(steady state)时，比值 n_e/n_g 将为

$$\frac{n_e}{n_g} = \frac{k_e}{k_g} = \frac{\int I(\nu)\sigma(\nu)\mathrm{d}\nu}{\int I(\nu)\sigma(\nu)\mathrm{d}\nu + k_f + k_{nr}} \tag{4.70}$$

在强光照极限，当激发和受激发射的速率远大于荧光和其他衰减过程的速率($k_e \gg k_f + k_{nr}$)时，n_e/n_g 接近 1。由式(4.69)就得到 $\Delta S_a \approx \Delta S_a^0$，这通常比 $h\nu/T$ 小很多。在此极限，激发的自由能

(ΔG_a)接近 $h\nu$。在极弱辐射$(I\approx I_B)$的相反极限，当吸收子与其周围环境达到热平衡时，n_e/n_g变为玻尔兹曼分布给出的比值，$n_e/n_g=\exp(-h\nu/k_BT)$。式(4.69)则成为 $\Delta S_a=\Delta S_a^0+h\nu/T\approx h\nu/T$，并且 ΔG_a 变为零。图 4.32 显示了典型的中等光强(如 $I\gg I_B$ 但 $k_e\ll k_f+k_{nr}$)时的结果。在这一范围内，在室温下吸收可见光的 ΔS_a 约为 $h\nu/T$ 的 25%，这主要取决于 k_{nr}。

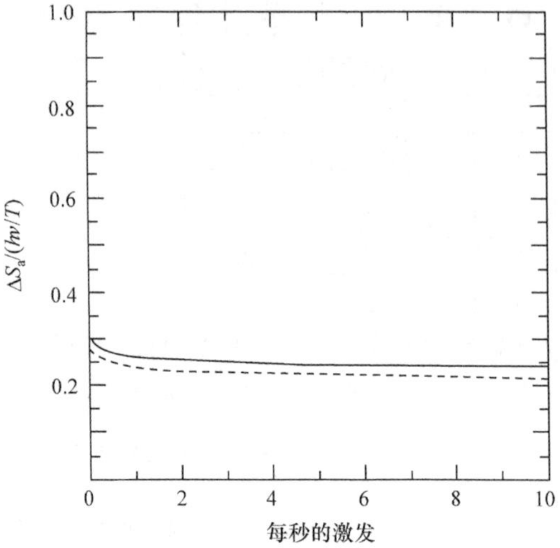

图 4.32 吸收子的激发熵变(ΔS_a)作为激发速率常数$[k_e=\int I(\nu)\sigma(\nu)\mathrm{d}\nu]$的函数，而衰减率常数 k_g 固定为 $10^{10}\ \mathrm{s^{-1}}$(虚线)或 $10^{11}\ \mathrm{s^{-1}}$(实线)。对 500 nm($h\nu=2.48$ eV $=3.98\times10^{-19}$ J)、$T=300$ K 的吸收，熵以 $h\nu/T$ 为度量表示。忽略了激发态简并度的贡献(ΔS_a^0)。选择 k_g 值的前提是，受激吸收子以速率常数(k_{nr})参与非辐射产物反应，该速率常数比典型的荧光速率常数(k_f)大 100 倍，以保障高效的光化学反应。为了正确地对待横坐标标尺，考虑在 500 nm 的吸收带中激发，其平均吸光系数为 $10^5\ \mathrm{L\cdot mol^{-1}\cdot cm^{-1}}$，这等效于 $3.82\times10^{-16}\ \mathrm{cm^2}$ 的平均吸收截面。假设吸收子充分暴露在阳光下，并假设在透明的大气层，太阳光线与地平面的最小线面角为 60°，则当波长为 500 nm 时地球表面的辐射约为 $1.35\ \mathrm{W\cdot m^{-2}\cdot nm^{-1}}$。如果吸收带的宽度为 10 nm，则总辐照度为 $1.35\times10^{-3}\ \mathrm{J\cdot cm^{-2}\cdot s^{-1}}$ 或 3.40×10^{15} 光子 $\cdot\ \mathrm{cm^{-2}\cdot s^{-1}}$，这使得 $k_e=1.30$ 激发 $\cdot\ \mathrm{s^{-1}}$，$\Delta S_a=2.16\times10^{-3}\ \mathrm{eV\cdot K^{-1}}$，以及 $T\Delta S_a=0.65$ eV

现在来看当辐射场失去一个光子时的熵变(ΔS_r)。该项通常为负，但其大小小于ΔS_a。因此，总熵变大于或等于零，这与热力学第二定律是一致的。最简单的情形是在温度为 T_r 时黑体辐射所产生的光子可逆损失(3.2 节)，此时熵变的经典热力学定义(当一个过程由一个可逆路径进行时所传递的热量除以温度)给出

$$\Delta S_r=-h\nu/T_r \tag{4.71}$$

到达地球大气层顶部的太阳辐射谱接近一个在 5520 K 的发射子的黑体辐射曲线。大气层中的吸收和散射使其表观温度降低，到达海平面时约为 5200 K。因此，这里与光激发有关的总熵变$(\Delta S_a+\Delta S_r)$约为 $0.25h\nu/(300\ \mathrm{K})-h\nu/(5200\ \mathrm{K})=0.20h\nu/(300\ \mathrm{K})$。此熵增给太阳能转化为有用功的效率设置了上限[131,137-140]。但是，它不能阻止单个受激分子发生反应，生成内能为 $h\nu$ 甚至更高的产物。

利用类似吸收子系综的考虑，可以获得关于辐射熵的更概括的表达式，只是必须使用玻色-爱因斯坦统计，因为光子不可区分且任意数量的光子可以处于相同态(专栏 2.6)[141-144]。考虑一个 N 个光子组成的系综，具有一个窄频率带，此带中有 m 个不同的振荡模式。将光子

分配给各种振荡模式的方式数为$(N+m-1)!/(m-1)!N!$[图 4.31(B)]。将此表达式用于式(4.65)中的多重度Ω，可以得出光子熵为

$$S_{\mathrm{r}} = k_{\mathrm{B}}\ln\left[\frac{(N+m-1)!}{(m-1)!N!}\right] \tag{4.72}$$

对于宽带辐射，需要积分$\int S_{\mathrm{r}}(\nu)\mathrm{d}\nu$，其中$N$和$m$均为频率的函数。

在通常情况下，$m \gg 1$，可以将式(4.72)写为更方便的形式，因为这样，相对m而言，就可以忽略参数中的–1 贡献，并且可以使用斯特林近似，取$\ln(x!) \approx x\ln(x)$。利用这些近似，对式(4.72)进行整合得到

$$S_{\mathrm{r}} = k_{\mathrm{B}}m\left[\left(1+\frac{N}{m}\right)\ln\left(1+\frac{N}{m}\right)-\left(\frac{N}{m}\right)\ln\left(\frac{N}{m}\right)\right] \tag{4.73}$$

由式(4.72)可发现，一个光子的损失所导致的系综的熵变为

$$\begin{aligned}\Delta S_{\mathrm{r}} &= k_{\mathrm{B}}\ln\left[\frac{N!}{(N-1)!}\right]-k_{\mathrm{B}}\ln\left[\frac{(N+m-1)!}{(N+m-2)!}\right]\\ &= k_{\mathrm{B}}\ln(N)-k_{\mathrm{B}}\ln(N+m-1)\\ &= -k_{\mathrm{B}}\ln\left(1+\frac{m}{N}-\frac{1}{N}\right)\end{aligned} \tag{4.74a}$$

该表达式适用于m和N的任何值，但可简化为

$$\Delta S_{\mathrm{r}} = -k_{\mathrm{B}}\ln(1+m/N) \tag{4.74b}$$

当$N \gg 1$。如果$m=1$，则ΔS_{r}变为零。

对于体积为 V 的立方体中的黑体辐射，在频率间隔 $\mathrm{d}\nu$间的振荡模式数为 $m(\nu) = 8\pi n^3\nu^2V/c^3\mathrm{d}\nu$[式(3.39)]，而在温度$T_{\mathrm{r}}$下，光子数为$N(\nu)=(8\pi n^3\nu^2V/c^3\mathrm{d}\nu)/[\exp(h\nu/k_{\mathrm{B}}T_{\mathrm{r}})-1]$[式(3.41a)]。因此，黑体辐射的$m/N$值为$[\exp(h\nu/k_{\mathrm{B}}T_{\mathrm{r}})-1]$。在式(4.74b)中将$m/N$用此表达式代替，即可得到式(4.71)。

吸收光子后，受激分子通常会进行弛豫，将振动重组能分配到该分子的振动模式集合中，并将一部分激发能以热的形式消散到周围环境中。分子内的振动分布增加了吸收子的熵，而热耗散降低了吸收子的熵，但却增加了周围环境的熵。在简谐近似中，分子在热平衡时的振动熵可以写为

$$S_{\mathrm{v}} = k_{\mathrm{B}}\sum_j\left\{\frac{(h\nu_j/k_{\mathrm{B}}T)\exp(-h\nu_j/k_{\mathrm{B}}T)}{1-\exp(-h\nu_j/k_{\mathrm{B}}T)}-\ln[1-\exp(-h\nu_j/k_{\mathrm{B}}T)]\right\} \tag{4.75}$$

其中ν_j是振动模式j的频率[145]。图 4.33 表明了对于单个振动模式，上述函数对ν_j的依赖性。当ν_j趋于零时，对S_{v}的贡献急剧上升，因此振动能从吸收子的高频振动模式向周围环境的许多低频模式分散，导致熵的整体增加。但是，如果吸收子在激发态的极性比基态的极性大，则由于溶剂的排序可能会导致相反结果，即熵降低。在某些情况下，受激分子本身也可以弛豫成更受限制的几何结构。例如，4-甲基联苯和 4-甲基二苯甲酮在基态时具有柔性的扭曲几何形状，而在激发三重态中则具有较刚性的平面结构。与这种结构变化相关的熵变已经通过平衡常数的温度依赖性进行了测量，这是激发三重态与其他几何结构更为固定的分子进行彼此转换的平衡常数[146,147]。

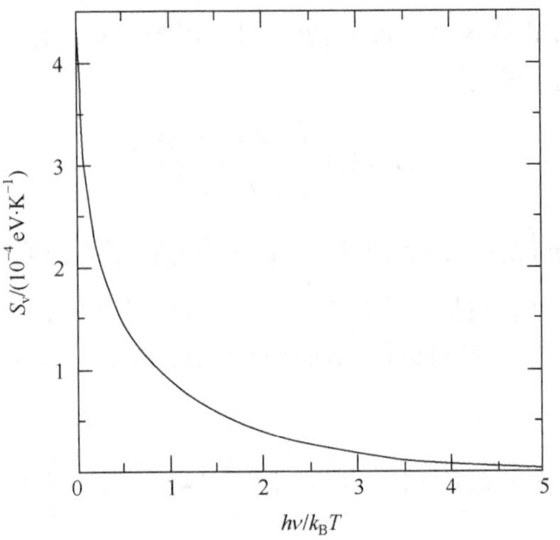

图 4.33 由式(4.75)计算的频率为ν的单个简谐模式体系的振动熵

练 习 题

1. 乙烯的最高占据分子轨道(HOMO)和最低未占分子轨道(LUMO)可分别表示为以两个碳原子为中心的p_z原子轨道(ψ_{p1}和ψ_{p2})的对称和反对称组合：$\Psi_a=\frac{1}{\sqrt{2}}(\psi_{p1}+\psi_{p2})$和$\Psi_a=\frac{1}{\sqrt{2}}(\psi_{p1}-\psi_{p2})$。跃迁 $\Psi_a\to\Psi_b$是否改变乙烯的永久偶极矩？试说明。

2. 下图显示了一个分子在水(折射率=1.33)中的吸收光谱。为便于积分，光谱被简化。计算吸收带的偶极强度及其跃迁偶极矩。给出这两个物理量的单位。保留结果，在第5章和第6章的练习中会用到。

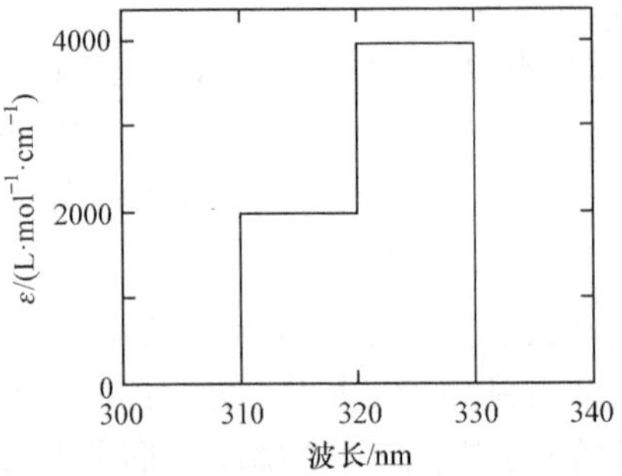

3. 描述玻恩-奥本海默近似和康顿近似，并解释为什么康顿近似是更受限制的假设。

4. 反式-丁二烯的两个最高占据分子轨道(ψ_1和ψ_2)是π轨道，可以用以四个碳原子为中心的p_z原子轨道的线性组合来描述。前两个未占轨道(ψ_3和ψ_4)可以用相同的方式来描述。下表给出反式-丁二烯中碳原子的原子坐标(x，y，z，以Å为单位)及系数(C_i)，表示原子i的p_z轨道对四个分子轨道中每一个的贡献。(a)反式-丁二烯的最低能量激发几乎完全由单一组态$\psi_2\to\psi_3$构成。计算此跃迁的跃迁偶极矢量和偶极强度。(b)接下来的两个激发，按照能量增加的顺序，各包括两个组态。第一个激发是0.6574($\psi_2\to\psi_4$)−0.7535($\psi_1\to\psi_3$)；第二个则是0.7535($\psi_2\to\psi_4$) + 0.6574($\psi_1\to\psi_3$)。利用分子轨道的对称性，证明这两个跃迁都是禁阻的。(c)下一个更高的激发又几乎完全由单一组态$\psi_1\to\psi_4$构成。定性地解释为什么此跃迁的偶极强度比$\psi_2\to\psi_3$的偶极强度小得多。(不需要计算偶极强度就可以定性地解答本题；只需要考虑轨道对称性。)

原子	坐标			系数			
	x	*y*	*z*	1	2	3	4
1	−1.731	−0.634	0.000	0.4214	−0.5798	−0.5677	0.4050
2	−0.390	−0.626	0.000	0.5677	−0.4050	0.4214	−0.5798
3	0.389	0.626	0.000	0.5679	0.4049	0.4215	0.5796
4	1.731	0.634	0.000	0.4215	0.5796	−0.5679	−0.4049

5. 在水溶液中，NADH 的还原烟酰胺环在 340 nm 处有吸收带。可以大致将激发描述为一个非键电子从吡啶环的 N 原子到酰胺 O 原子的转移，如下面的价键图所示。当 NADH 与肝醇脱氢酶(ADH)结合时，此谱带移至 325 nm。基于其全蛋白的晶体结构，概述如何计算水和蛋白质对这个跃迁的(a)激发能和(b)重组能的影响。(c)哪些主要的近似会限制计算的可靠性？

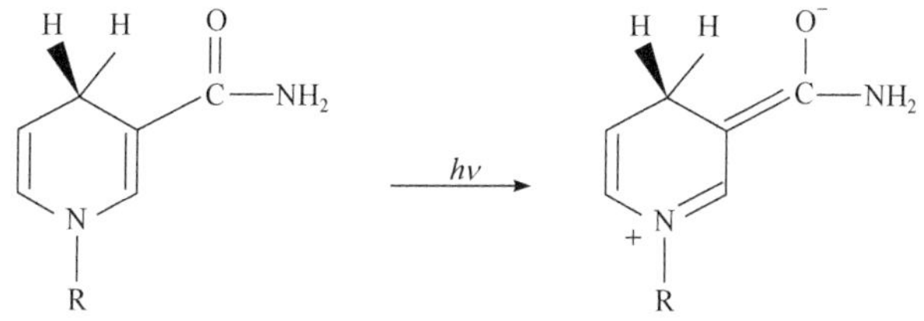

6. 能量约为 7.1×10^6 eV 的 X 射线具有足够的能量，能从 Fe 的 1s 壳层中逐出一个电子。在更高的能量下，电子离开原子，以动能的形式带走多余的能量。就在此边缘之下，Fe 有一个吸收带，与从 1s 到 3d 壳层的跃迁相关。如果 Fe 原子结合六个配体形成八面体，则此 1s→3d 跃迁会非常弱，前提是 Fe 的对位配体是相似的。如果 Fe 结合四个配体形成四面体，就像在某些金属蛋白[如红素氧还蛋白(rubredoxin)]中的情况那样，则此跃迁会变得强很多。如何解释这些结果？提示：原子的 s 和 d 轨道相对穿过原子中心的任何轴都有相同的(偶)反演对称性。在本题中不必考虑光子自旋。

7. 在基态时，乙烯分子的 C═C 键具有 1.33 Å 的平均键长。在第一单重态 $\pi \rightarrow \pi^*$激发态上，键长可能增加约 0.05 Å。(a)假设在基态和激发态中，键的伸缩均为简谐振动模式，其频率为 1623 cm^{-1}，计算这个振动模式的电子振动耦合强度(黄昆-里斯因子)和德拜-沃勒因子。在相同的假设下，计算(b)从基态电子态的最低振动能级($m = 0$)激发到激发电子态的前三个振动能级($m = 0$、1 和 2)的富兰克-康顿因子，以及(c)从基态 $m = 1$ 激发到激发态的 $m = 1$、2 和 3 能级的富兰克-康顿因子。

8. 当光合作用的细菌反应中心在 5 K 温度被光激发时，细菌叶绿素二聚体将一个电子转移到相邻的分子上，其时间常数约为 1 ps。已有研究认为这个反应是通过被激发的二聚体从其最低的π-π^*态跃迁到一个内部电荷转移态而进行的。与此看法相关的观察结果来自光谱烧孔研究，也是在 5 K 下进行的，并发现在二聚体的长波吸收带上产生了一个宽约 6 cm^{-1} 的零声子孔。当用于烧孔的激光器波长在宽范围内进行调谐时，此烧孔宽度没有明显变化。假设长波波段的激发产生π-π^*态，则零声子孔的宽度对于反应机理意味着什么？

参 考 文 献

[1] Bakshiev, N.G., Girin, O.P., Libov, V.S.: Relation between the observef and true absorption spectra of molecules in a condensed medium III. Determination of the influence of an effective (internal) field according to the models of Lorentz and Onsager-Bötche. Opt. Spectrosc. **14**, 395-398 (1963)

[2] Shipman, L.: Oscillator and dipole strengths for chlorophyll and related molecules. Photochem. Photobiol. **26**, 287-292 (1977)

[3] Myers, A.B., Birge, R.R.: The effect of solvent environment on molecular electronic oscillator strengths. J. Chem.

Phys. **73**, 5314-5321 (1980)

[4] Alden, R.G., Johnson, E., Nagarajan, V., Parson, W.W.: Calculations of spectroscopic properties of the LH2 bacteriochlorophyll-protein antenna complex from Rhodopseudomonas sphaeroides. J. Phys. Chem. B **101**, 4667-4680 (1997)

[5] Knox, R.S., Spring, B.Q.: Dipole strengths in the chlorophylls. Photochem. Photobiol. **77**, 497-501 (2003)

[6] Cotton, F.A.: Chemical Applications of Group Theory, 3rd edn. Wiley, New York (1990)

[7] Harris, D.C., Bertolucci, M.D.: Symmetry and Spectroscopy. Oxford Univ. Press, New York (1978) (reprinted by Dover, 1989)

[8] Verméglio, A., Clayton, R.K.: Orientation of chromophores in reaction centers of Rhodopseudomonas sphaeroides. Evidence for two absorption bands of the dimeric primary electron donor. Biochim. Biophys. Acta **449**, 500-515 (1976)

[9] Abdourakhmanov, I.A., Ganago, A.O., Erokhin, Y.E., Solov'ev, A.A., Chugunov, V.A.: Orientation and linear dichroism of the reaction centers from Rhodopseudomonas sphaeroides R-26. Biochim. Biophys. Acta **546**, 183-186 (1979)

[10] Paillotin, G., Verméglio, A., Breton, J.: Orientation of reaction center and antenna chromophores in the photosynthetic membrane of Rhodopseudomonas viridis. Biochim. Biophys. Acta **545**, 249-264 (1979)

[11] Rafferty, C.N., Clayton, R.K.: The orientations of reaction center transition moments in the chromatophore membrane of Rhodopseudomonas sphaeroides, based on new linear dichroism and photoselection measurements. Biochim. Biophys. Acta **546**, 189-206 (1979)

[12] Breton, J.: Orientation of the chromophores in the reaction center of Rhodopseudomonas viridis. Comparison of low-temperature linear dichroism spectra with a model derived from X-ray crystallography. Biochim. Biophys. Acta **810**, 235-245 (1985)

[13] Breton, J.: Low temperature linear dichroism study of the orientation of the pigments in reduced and oxidized reaction centers of Rps. viridis and Rb. sphaeroides. In: Breton, J., Verméglio, A. (eds.) The Photosynthetic Bacterial Reaction Center: Structure and Dynamics, pp. 59-69. Plenum Press, New York (1988)

[14] Cone, R.A.: Rotational diffusion of rhodopsin in the visual receptor membrane. Nat. New Biol. **236**, 39-43 (1972)

[15] Fotiadis, D., Liang, Y., Filipek, S., Saperstein, D.A., Engel, A., et al.: The G protein-coupled receptor rhodopsin in the native membrane. FEBS Lett. **564**, 281-288 (2004)

[16] Junge, W., Lill, H., Engelbrecht, S.: ATP synthase: an electrochemical transducer with rotatory mechanics. Trends Biol. Sci. **22**, 420-423 (1997)

[17] Sabbert, D., Engelbrecht, S., Junge, W.: Functional and idling rotatory motion within F_1-ATPase. Proc. Natl. Acad. Sci. **94**, 4401-4405 (1997)

[18] Lim, M., Jackson, T.A., Anfinrud, P.A.: Binding of CO to myoglobin from a heme pocket docking site to form nearly linear Fe-C-O. Science **269**, 962-966 (1995)

[19] Platt, J.R.: Molecular orbital predictions of organic spectra. J. Chem. Phys. **18**, 1168-1173 (1950)

[20] Pariser, R., Parr, R.G.: A semi-empirical theory of the electronic spectra and electronic structure of complex unsaturated molecules. I. J. Chem. Phys. **21**, 466-471 (1953)

[21] Pariser, R., Parr, R.G.: A semi-empirical theory of the electronic spectra and electronic structure of complex unsaturated molecules. II. J. Chem. Phys. **21**, 767-776 (1953)

[22] Ito, H., I'Haya, Y.: The electronic structure of naphthalene. Theor. Chim. Acta **2**, 247-257 (1964)

[23] Mataga, N., Kubota, T.: Molecular Interactions and Electronic Spectra. Dekker, New York (1970)

[24] Pariser, R.: Theory of the electronic spectra and structure of the polyacenes and of alternant hydrocarbons. J. Chem. Phys. **24**, 250-268 (1956)

[25] Warshel, A., Karplus, M.: Calculation of ground and excited state potential surfaces of conjugated molecules. I. Formulation and parametrization. J. Am. Chem. Soc. **94**, 5612-5625 (1972)

[26] Gouterman, M.: Optical spectra and electronic structure of porphyrins and related rings. In: Dolphin, D. (ed.) The

Porphyrins, pp. 1-165. Academic, New York (1978)

[27] Gouterman, M.: Spectra of porphyrins. J. Mol. Spectrosc. **6**, 138-163 (1961)

[28] McHugh, A.J., Gouterman, M., Weiss, C.J.P., XXIV: Energy, oscillator strength and Zeeman splitting calculations (SCMO-CI) for phthalocyanine, porphyrins, and related ring systems. Theor. Chim. Acta **24**, 346-370 (1972)

[29] Parson, W.W., Warshel, A.: Spectroscopic properties of photosynthetic reaction centers. 2. Application of the theory to Rhodopseudomonas viridis. J. Am. Chem. Soc. **109**, 6152-6163 (1987)

[30] Warshel, A., Parson, W.W.: Spectroscopic properties of photosynthetic reaction centers. 1. Theory. J. Am. Chem. Soc. **109**, 6143-6152 (1987)

[31] Platt, J.R.: Classification of spectra of cata-condensed hydrocarbons. J. Chem. Phys. **17**, 484-495 (1959)

[32] Weber, G.: Fluorescence-polarization spectrum and electronic energy transfer in tyrosine, tryptophan and related compounds. Biochem. J. **75**, 335-345 (1960)

[33] Song, P.-S., Kurtin, W.E.: A spectroscopic study of the polarized luminescence of indoles. J. Am. Chem. Soc. **91**, 4892-4906 (1969)

[34] Auer, H.E.: Far ultraviolet absorption and circular dichroism spectra of L-tryptophan and some derivatives. J. Am. Chem. Soc. **95**, 3003-3011 (1973)

[35] Lami, H., Glasser, N.: Indole's solvatochromism revisited. J. Chem. Phys. **84**, 597-604 (1986)

[36] Callis, P.R.: Molecular orbital theory of the ^1L_b and ^1L_a states of indole. J. Chem. Phys. **95**, 4230-4240 (1991)

[37] Callis, P.R.: ^1L_a and ^1L_b transitions of tryptophan: applications of theory and experimental observations to fluorescence of proteins. Meth. Enzymol. **278**, 113-150 (1997)

[38] McHugh, A.J., Gouterman, M.: Oscillator strengths for electronic spectra of conjugated molecules from transition gradients III. Polyacenes. Theor. Chim. Acta **13**, 249-258 (1969)

[39] Chong, D.P.: Oscillator strengths for electronic spectra of conjugated molecules from transition gradients. I. Mol. Phys. **14**, 275-280 (1968)

[40] Schlessinger, J., Warshel, A.: Calculations of CD and CPL spectra as a tool for evaluation of the conformational differences between ground and excited states of chiral molecules. Chem. Phys. Lett. **28**, 380-383 (1974)

[41] Mulliken, R.S., Rieke, C.A., Orloff, D., Orloff, H.: Formulas and numerical tables for overlap integrals. J. Chem. Phys. **17**, 1248-1267 (1949)

[42] Král, M.: Optical rotatory power of complex compounds. Matrix elements of operators Del and R x Del. Collect. Czech. Chem. Commun. **35**, 1939-1948 (1970)

[43] Harada, N., Nakanishi, K.: Circular Dichroic Spectroscopy: Exciton Coupling in Organic Stereochemistry. University Science, Mill Valley, CA (1983)

[44] Miller, J., Gerhauser, J.M., Matsen, F.A.: Quantum Chemistry Integrals and Tables. Univ. of Texas Press, Austin (1959)

[45] Tavan, P., Schulten, K.: The low-lying electronic excitations in long polyenes: a PPP-MRDCI study. J. Chem. Phys. **85**, 6602-6609 (1986)

[46] Chadwick, R.R., Gerrity, D.P., Hudson, B.S.: Resonance Raman spectroscopy of butadiene: demonstration of a 2^1A_g state below the 1^1B_u V state. Chem. Phys. Lett. **115**, 24-28 (1985)

[47] Koyama, Y., Rondonuwu, F.S., Fujii, R., Watanabe, Y.: Light-harvesting function of carotenoids in photosynthesis: the roles of the newly found 1^1B_u state. Biopolymers **74**, 2-18 (2004)

[48] Birge, R.R.: 2-photon spectroscopy of protein-bound chromophores. Acc. Chem. Res. **19**, 138-146 (1986)

[49] Koyama, Y., Kuki, M., Andersson, P.-O., Gilbro, T.: Singlet excited states and the light harvesting function of carotenoids in bacterial photosynthesis. Photochem. Photobiol. **63**, 243-256 (1996)

[50] Macpherson, A., Gilbro, T.: Solvent dependence of the ultrafast S_2-S_1 internal conversion rate of β-carotene. J. Phys. Chem. A **102**, 5049-5058 (1998)

[51] Polivka, T., Herek, J.L., Zigmantas, D., Akerlund, H.E., Sundström, V.: Direct observation of the (forbidden) S_1 state in carotenoids. Proc. Natl. Acad. Sci. USA **96**, 4914-4917 (1999)

[52] Born, M., Oppenheimer, R.: Zur Quantentheorie der Molekeln [On the quantum theory of molecules]. Ann. Phys. Lpz. **84**, 457-484 (1927)

[53] Struve, W.S.: Fundamentals of Molecular Spectroscopy. Wiley Interscience, New York (1989)

[54] Condon, E.U.: The Franck-Condon principle and related topics. Am. J. Phys. **15**, 365-374 (1947)

[55] Manneback, C.: Computation of the intensities of vibrational spectra of electronic bands in diatomic molecules. Physica **17**, 1001-1010 (1951)

[56] Lyle, P.A., Kolaczkowski, S.V., Small, G.J.: Photochemical hole-burned spectra of protonated and deuterated reaction centers of Rhodobacter sphaeroides. J. Phys. Chem. **97**, 6924-6933 (1993)

[57] Zazubovich, V., Tibe, I., Small, G.J.: Bacteriochlorophyll a Franck-Condon factors for the $S_0 \rightarrow S_1(Q_y)$ transition. J. Phys. Chem. B **105**, 12410-12417 (2001)

[58] Sharp, T.E., Rosenstock, H.M.: Franck-Condon factors for polyatomic molecules. J. Chem. Phys. **41**, 3453-3463 (1964)

[59] Sando, G.M., Spears, K.G.: Ab initio computation of the Duschinsky mixing of vibrations and nonlinear effects. J. Phys. Chem. A **104**, 5326-5333 (2001)

[60] Sando, G.M., Spears, K.G., Hupp, J.T., Ruhoff, P.T.: Large electron transfer rate effects from the Duschinsky mixing of vibrations. J. Phys. Chem. A **105**, 5317-5325 (2001)

[61] Jankowiak, R., Small, G.J.: Hole-burning spectroscopy and relaxation dynamics of amorphous solids at low temperatures. Science **237**, 618-625 (1987)

[62] Volker, S.: Spectral hole-burning in crystalline and amorphous organic solids. Optical relaxation processes at low temperatures. In: Funfschilling, J. (ed.) Relaxation Processes in Molecular Excited States, pp. 113-242. Kluwer Academic Publ, Dordrecht (1989)

[63] Friedrich, J.: Hole burning spectroscopy and physics of proteins. Meth. Enzymol. **246**, 226-259 (1995)

[64] Reddy, N.R.S., Lyle, P.A., Small, G.J.: Applications of spectral hole burning spectroscopies to antenna and reaction center complexes. Photosynth. Res. **31**, 167-194 (1992)

[65] Reddy, N.R.S., Picorel, R., Small, G.J.: B896 and B870 components of the Rhodobacter sphaeroides antenna: a hole burning study. J. Phys. Chem. **96**, 6458-6464 (1992)

[66] Wu, H.-M., Reddy, N.R.S., Small, G.J.: Direct observation and hole burning of the lowest exciton level (B870) of the LH2 antenna complex of Rhodopseudomonas acidophila (strain 10050). J. Phys. Chem. **101**, 651-656 (1997)

[67] Small, G.J.: On the validity of the standard model for primary charge separation in the bacterial reaction center. Chem. Phys. **197**, 239-257 (1995)

[68] Johnson, E.T., Nagarajan, V., Zazubovich, V., Riley, K., Small, G.J., et al.: Effects of ionizable residues on the absorption spectrum and initial electron-transfer kinetics in the photosynthetic reaction center of Rhodopseudomonas sphaeroides. Biochemistry **42**, 13673-13683 (2003)

[69] Palczewski, K., Kumasaka, T., Hori, T., Behnke, C.A., Motoshima, H., et al.: Crystal structure of rhodopsin: A G protein-coupled receptor. Science **289**, 739-745 (2000)

[70] Stenkamp, R.E., Filipek, S., Driessen, C.A.G.G., Teller, D.C., Palczewski, K.: Crystal structure of rhodopsin: a template for cone visual pigments and other G protein-coupled receptors. Biochim. Biophys. Acta **1565**, 168-182 (2002)

[71] Teller, D.C., Stenkamp, R.E., Palczewski, K.: Evolutionary analysis of rhodopsin and cone pigments: connecting the three-dimensional structure with spectral tuning and signal transfer. FEBS Lett. **555**, 151-159 (2003)

[72] Kochendoerfer, G.G., Kaminaka, S., Mathies, R.A.: Ultraviolet resonance Raman examination of the light-induced protein structural changes in rhodopsin activation. Biochemistry **36**, 13153-13159 (1997)

[73] Kochendoerfer, G.G., Lin, S.W., Sakmar, T.P., Mathies, R.A.: How color visual pigments are tuned. Trends Biochem. Sci. **24**, 300-305 (1999)

[74] Ottolenghi, M., Sheves, M.: Synthetic retinals as probes for the binding site and photoreactions in rhodopsins. J. Membr. Biol. **112**, 193-212 (1989)

[75] Aharoni, A., Ottolenghi, M., Sheves, M.: Retinal isomerization in bacteriorhodopsin is controlled by specific chromophore-protein interactions. A study with noncovalent artificial pigments. Biochemistry **40**, 13310-13319 (2001)

[76] Nathans, J.: Determinants of visual pigment absorbance: identification of the retinylidene Schiff's base counterion in bovine rhodopsin. Biochemistry **29**, 9746-9752 (1990)

[77] Asenjo, A.B., Rim, J., Oprian, D.D.: Molecular determinants of human red/green color discrimination. Neuron **12**, 1131-1138 (1994)

[78] Ebrey, T.G., Takahashi, Y.: Photobiology of retinal proteins. In: Coohil, T.P., Velenzo, D.P. (eds.) Photobiology for the 21st Century, pp. 101-133. Valdenmar Publ, Overland Park, KS (2001)

[79] Kamauchi, M., Ebrey, T.G.: Visual pigments as photoreceptors. In: Spudich, J., Briggs, W. (eds.) Handbook of Photosensory Receptors, pp. 43-76. Wiley-VCH, Weinheim (2005)

[80] Deng, H., Callender, R.H.: A study of the Schiff base mode in bovine rhodopsin and bathorhodopsin. Biochemistry **26**, 7418-7426 (1987)

[81] Sancar, A.: Structure and function of DNA photolyase and cryptochrome blue-light photoreceptors. Chem. Rev. **103**, 2203-2237 (2003)

[82] Malhotra, K., Kim, S.T., Sancar, A.: Characterization of a medium wavelength type DNA photolyase: purification and properties of a photolyase from Bacillus firmus. Biochemistry **33**, 8712-8718 (1994)

[83] Limantara, L., Sakamoto, S., Koyama, Y., Nagae, H.: Effects of nonpolar and polar solvents on the Q_x and Q_y energies of bacteriochlorophyll a and bacteriopheophytin a. Photochem. Photobiol. **65**, 330-337 (1997)

[84] Lee, F.S., Chu, Z.T., Warshel, A.: Microscopic and semimicroscopic calculations of electrostatic energies in proteins by the POLARIS and ENZYMIX programs. J. Comp. Chem. **14**, 161-185 (1993)

[85] Vivian, J.T., Callis, P.R.: Mechanisms of tryptophan fluorescence shifts in proteins. Biophys. J. **80**, 2093-2109 (2001)

[86] Mercer, I.P., Gould, I.R., Klug, D.R.: A quantum mechanical/molecular mechanical approach to relaxation dynamics: calculation of the optical properties of solvated bacteriochlorophylla. J. Phys. Chem. B **103**, 7720-7727 (1999)

[87] Liptay, W.: Dipole moments of molecules in excited states and the effect of external electric fields on the optical absorption of molecules in solution. In: Sinanoglu, O. (ed.) Modern Quantum Chemistry Part III: Action of Light and Organic Crystals. Academic, New York (1965)

[88] Liptay, W.: Electrochromism and solvatochromism. Angew. Chem. Int. Ed. Engl. **8**, 177-188 (1969)

[89] Liptay, W.: Dipole moments and polarizabilities of molecules in excited states. In: Lim, E.C. (ed.) Excited States, pp. 129-230. Academic, New York (1974)

[90] Middendorf, T.R., Mazzola, L.T., Lao, K.Q., Steffen, M.A., Boxer, S.G.: Stark-effect (electroabsorption) spectroscopy of photosynthetic reaction centers at 1.5 K Evidence that the special pair has a large excited-state polarizability. Biochim. Biophys. **1143**, 223-234 (1993)

[91] Lao, K., Moore, L.J., Zhou, H., Boxer, S.G.: Higher-order Stark spectroscopy: polarizability of photosynthetic pigments. J. Phys. Chem. **99**, 496-500 (1995)

[92] Bublitz, G., Boxer, S.G.: Stark spectroscopy: applications in chemistry, biology and materials science. Annu. Rev. Phys. Chem. **48**, 213-242 (1997)

[93] Boxer, S.G.: Stark realities. J. Phys. Chem. B **113**, 2972-2983 (2009)

[94] Nagae, H. Theory of solvent effects on electronic absorption spectra of rodlike or disklike solute molecules: frequency shifts. J. Chem. Phys. 106 (1997)

[95] Premvardhan, L.L., Buda, F., van der Horst, M.A., Lührs, D.C., Hellingwerf, K.J., et al.: Impact of photon absorption on the electronic properties of p-coumaric acid derivatives of the photoactive yellow protein chromophore. J. Phys. Chem. B **108**, 5138-5148 (2004)

[96] Premvardhan, L.L., van der Horst, M.A., Hellingwerf, K.J., van Grondelle, R.: Stark spectroscopy on photoactive

yellow protein, E46Q, and a nonisomerizing derivative, probes photoinduced charge motion. Biophys. J. **84**, 3226-3239 (2003)

[97] Premvardhan, L.L., van der Horst, M.A., Hellingwerf, K.J., van Grondelle, R.: How light-induced charge transfer accelerates the receptor-state recovery of photoactive yellow protein from its signalling state. Biophys. J. **89**, L64-L66 (2005)

[98] Bublitz, G.U., Laidlaw, W.M., Denning, R.G., Boxer, S.G.: Effective charge transfer distances in cyanide-bridged mixed-valence transform metal complexes. J. Am. Chem. Soc. **120**, 6068-6075 (1998)

[99] Moore, L.J., Zhou, H.L., Boxer, S.G.: Excited-state electronic asymmetry of the special pair in photosynthetic reaction center mutants: absorption and Stark spectroscopy. Biochemistry **38**, 11949-11960 (1999)

[100] Kador, L., Haarer, D., Personov, R.: Stark effect of polar and unpolar dye molecules in amorphous hosts, studied via persistent spectral hole burning. J. Chem. Phys. **86**, 213-242 (1987)

[101] Gafert, J., Friedrich, J., Vanderkooi, J.M., Fidy, J.: Structural changes and internal fields in proteins. A hole-burning Stark effect study of horseradish peroxidase. J. Phys. Chem. **99**, 5223-5227 (1995)

[102] Pierce, D.W., Boxer, S.G.: Stark effect spectroscopy of tryptophan. Biophys. J. **68**, 1583-1591 (1995)

[103] Zhou, H., Boxer, S.G.: Probing excited-state electron transfer by resonance Stark spectroscopy. 1. Experimental results for photosynthetic reaction centers. J. Phys. Chem. B **102**, 9139-9147 (1998)

[104] Zhou, H., Boxer, S.G.: Probing excited-state electron transfer by resonance Stark spectroscopy. 2. Theory and application. J. Phys. Chem. B **102**, 9148-9160 (1998)

[105] Treynor, T.P., Andrews, S.S., Boxer, S.G.: Intervalence band Stark effect of the special pair radical cation in bacterial photosynthetic reaction centers. J. Phys. Chem. B **107**, 11230-11239 (2003)

[106] Treynor, T.P., Boxer, S.G.: A theory of intervalence band stark effects. J. Phys. Chem. A **108**, 1764-1778 (2004)

[107] Kalyanasundaram, K.: Photophysics, photochemistry and solar energy conversion with tris(bipyridyl) ruthenium(Ⅱ) and its analogs. Coord. Chem. Rev. **46**, 159-244 (1982)

[108] Dallinger, R.F., Woodruff, W.H.: Time-resolved resonance Raman study of the lowest ($d\pi^*$, 3CT) excited state of tris(2,2′-bipyridine)ruthenium(Ⅱ). J. Am. Chem. Soc. **101**, 4391-4393 (1979)

[109] Bradley, P.G., Kress, N., Hornberger, B.A., Dallinger, R.F., Woodruff, W.H.: Vibrational spectroscopy of the electronically excited state. 5. Time-resolved resonance Raman study of tris(bipyridine)ruthenium(Ⅱ) and related complexes. Definitive evidence for the "localized" MLCT state. J. Am. Chem. Soc. **103**, 7441-7446 (1981)

[110] Casper, J.V., Westmoreland, T.D., Allen, G.H., Bradley, P.G., Meyer, T.J., et al.: Molecular and electronic structure in the metal-to-ligand charge-transfer excited states of d6 transition-metal complexes in solution. J. Am. Chem. Soc. **106**, 3492-3500 (1984)

[111] Smothers, W.K., Wrighton, M.S.: Raman spectroscopy of electronic excited organometallic complexes: a comparison of the metal to 2,2′-bipyridine charge-transfer state of fac-(2,2′-bipyridine) tricarbonylhalorhenium and tris(2,2′-bipyridine)ruthenium(Ⅱ). J. Am. Chem. Soc. **105**, 1067-1069 (1983)

[112] Felix, F., Ferguson, J., Güdel, J.U., Ludi, A.: The electronic spectrum of $Ru(bpy)_3^{2+}$. J. Am. Chem. Soc. **102**, 4096-4102 (1980)

[113] De Armond, M.K., Myrick, M.L.: The life and times of $[Ru(bpy)_3]^{2+}$: localized orbitals and other strange occurrences. Acc. Chem. Res. **22**, 364-370 (1989)

[114] Malone, R.A., Kelley, D.F.: Interligand electron transfer and transition state dynamics in Ru(Ⅱ)trisbipyridine. J. Chem. Phys. **95**, 8970-8976 (1991)

[115] Thompson, D.W., Ito, A., Meyer, T.J.: $[Ru(bpy)_3]^{2+*}$ and other remarkable metal-to ligand charge transfer (MLCT) excited states. Pure and Appl. Chem. **85**, 1257-1305 (2013)

[116] Curtis, J.C., Sullivan, B.P., Meyer, T.J.: Hydrogen-bonding-induced solvatochromatism in the charge-transfer transitions of ruthenium(Ⅱ) and ruthenium(Ⅲ) complexes. Inorg. Chem. **22**, 224-236 (1983)

[117] Riesen, H., Krausz, E.: Stark effects in the lowest-excited ^{3}MLCT states of $[Ru(bpy\text{-}d8)_2]^{2+}$ in $[Zn(bpy)_3](ClO_4)_2$

(bpy=2,2′-bipyridine). Chem. Phys. Lett. **260**, 130-135 (1996)
[118] Coe, B.J., Helliwell, M., Peers, M.K., Raftery, J., Rusanova, D., et al.: Synthesis, structures, and optical properties of ruthenium(Ⅱ) complexes of the Tris(1-pyrazolyl)methane ligand. Inorg. Chem. **53**, 3798-37811 (2014)
[119] Oh, D.H., Boxer, S.G.: Stark effect spectra of Ru(diimine)$_3^{2+}$ complexes. J. Am. Chem. Soc. **111**, 1130-1132 (1989)
[120] Sykora, J., Sima, J.: Development and basic terms of photochemistry of coordination compounds. Coord. Chem. Rev. **107**, 1-212 (1990)
[121] Vogler, A., Kunkely, H.: Photoreactivity of metal-to-ligand charge transfer excited states. Coord. Chem. Rev. **177**, 81-96 (1998)
[122] Vogler, A., Kunkely, H.: Photochemistry induced by metal-to-ligand charge transfer excitation. Coord. Chem. Rev. **208**, 321-329 (2000)
[123] O'Regan, B., Grätzel, M.: A low-cost, high-efficiency solar cell based on dye-sensitized colloidal TiO2 films. Nature **353**, 737-740 (1991)
[124] Grätzel, M.: Photoelectrochemical cells. Nature **414**, 338-344 (2001)
[125] Zhao, Y., Swierk, J.R., Megiatto Jr., J.D., Sherman, B., Youngblood, W.J., et al.: Improving the efficiency of water splitting in dye-sensitized solar cells by using a biomimetic electron transfer mediator. Proc. Natl. Acad. Sci. U.S.A. **109**, 15612-15616 (2012)
[126] Alibabaei, L., Brennaman, M.K., Norris, M.R., Kalanyan, B., Song, W., et al.: Solar water splitting in a molecular photoelectrochemical cell. Proc. Natl. Acad. Sci. U.S.A. **110**, 20008-20013 (2013)
[127] Robin, M.B.: Higher Excited States of Polyatomic Molecules, vol. III. Academic, New York (1985)
[128] Shand, N.C., Ning, C.-L., Siggel, M.R.F., Walker, I.C., Pfab, J.: One- and two-photon spectroscopy of the 3s← n Rydberg transition of propionaldehyde (propanal). J. Chem. Soc. Faraday Trans. **93**, 2883-2888 (1997)
[129] Morisawa, Y., Ikehata, A., Higashi, N., Ozaki, Y.: Low-n Rydberg transitions of liquid ketones studied by attenuated total reflection far-ultraviolet spectroscopy. J. Phys. Chem. A **115**, 562-568 (2011)
[130] Morisawa, Y., Yasunaga, M., Fukuda, R., Ehara, M., Ozaki, Y.: Electronic transitions in liquid amides studied by using attenuated total reflection far-ultraviolet spectroscopy and quantum chemical calculations. J. Chem. Phys. **139**, 154301 (2013)
[131] Knox, R.S., Parson, W.W.: Entropy production and the second law in photosynthesis. Biochim. Biophys. Acta **1767**, 1189-1193 (2007)
[132] Yourgrau, W., van der Merwe, A., Raw, G.: Treatise on Irreversible and Statistical Thermodynamics. MacMillan, New York (1966)
[133] Kittel, C., Kroemer, H.: Thermal Physics. W.H. Freeman, San Francisco (1980)
[134] Engel, T., Reid, P.: Thermodynamics, Statistical Thermodynamics, and Kinetics. Benjamin Cummings, San Francisco (2006)
[135] Goldstein, S., Lebowitz, J.L.: On the (Boltzmann) entropy of non-equilibrium systems. Physica D **193**, 53-66 (2004)
[136] Weinstein, M.A.: Thermodynamics of radiative emission processes. Phys. Rev. **119**, 499-501 (1960)
[137] Knox, R.S.: Conversion of light into free energy. In: Gerischer, H., Katz, J.J. (eds.) Light Induced Charge Separation at Interfaces in Biology and Chemistry, pp. 45-59. Verlag Chemie, Weinheim (1979)
[138] Duysens, L.N.M.: The path of light in photosynthesis. Brookhaven Symp. Biol. **11**, 18-25 (1958)
[139] Parson, W.W.: Thermodynamics of the primary reactions of photosynthesis. Photochem. Photobiol. **28**, 389-393 (1978)
[140] Ross, R.T.: Thermodynamic limitations on the conversion of radiant energy into work. J. Chem. Phys. **45**, 1-7 (1966)
[141] Planck, M.: The Theory of Heat Radiation (Engl transl by M. Masius), 2nd edn. Dover, New York (1959)
[142] Slater, J.C.: Introduction to Chemical Physics. McGraw-Hill, New York (1939)

[143] Rosen, P.: Entropy of radiation. Phys. Rev. **96**, 555 (1954)

[144] Ore, A.: Entropy of radiation. Phys. Rev. **98**, 887-888 (1955)

[145] McQuarrie, D.A.: Statistical Mechanics. University Science, Sausalito, CA (2000)

[146] Zhang, D., Closs, G.L., Chung, D.D., Norris, J.R.: Free energy and entropy changes in vertical and nonvertical triplet energy transfer processes between rigid and nonrigid molecules. A laser photolysis study. J. Am. Chem. Soc. **115**, 3670-3673 (1993)

[147] Merkel, P.B., Dinnocenzo, J.P.: Thermodynamic energies of donor and acceptor triplet states. J. Photochem. Photobiol. A Chem. **193**, 110-121 (2008)

[148] Connolly, J.S., Samuel, E.B., Franzen, A.F.: Effects of solvent on the fluorescence properties of bacteriochlorophyll a. Photochem. Photobiol. **36**, 565-574 (1982)

[149] Warshel, A., Lappicirella, V.A.: Calculations of ground- and excited-state potential surfaces for conjugated heteroatomic molecules. J. Am. Chem. Soc. **103**, 4664-4673 (1981)

[150] Slater, L.S., Callis, P.R.: Molecular orbital theory of the ^1L_a and ^1L_b states of indole. 2. An ab initio study. J. Phys. Chem. **99**, 4230-4240 (1995)

[151] Stavenga, D.G., Smits, R.P., Hoenders, B.J.: Simple exponential functions describing the absorbance bands of visual pigment spectra. Vision Res. **33**, 1011-1017 (1993)

第5章 荧　　光

5.1 爱因斯坦系数

已经看到，光可以将分子从其基态激发到具有更高能量的态，也可以导致从激发态到基态的向下跃迁。但是，即使光强度为零，受激分子也会衰减到基态。受激分子的多余能量能以荧光的形式辐射，也可能转移到另一个分子，还能以热量的形式散发到周围环境。本章考虑荧光。

按照爱因斯坦在 1914～1917 年期间提出的一系列推理[1]，可将荧光速率常数与吸收的偶极强度进行关联。考虑一组原子，它们的基态波函数为Ψ_a，激发态波函数为Ψ_b。假设原子都被封闭在一个箱中，并且只暴露在箱内壁的黑体辐射之下。根据式(4.8c)，辐射引起的从Ψ_a到Ψ_b的向上跃迁的速率为

$$\text{速率}_{\uparrow} = \overline{|\boldsymbol{E}_0 \cdot \boldsymbol{\mu}_{ba}|^2} \rho_\nu(\nu_{ba}) N_a / \hbar^2 \ \text{原子} \cdot \text{cm}^{-3} \cdot \text{s}^{-1} \tag{5.1}$$

其中$\boldsymbol{\mu}_{ba}$是吸收的跃迁偶极子，其中包括了核的部分，而$\boldsymbol{E}_0$是振荡电场的振幅，$\rho_\nu(\nu_{ba})\mathrm{d}\nu$是在光学跃迁频率($\nu_{ba}$)附近的小频率间隔 $\mathrm{d}\nu$内的电场振荡模式数，N_a是态Ψ_a中每 cm^3 内的分子数，$|\boldsymbol{E}_0 \cdot \boldsymbol{\mu}_{ba}|^2$的上划线表示分子在所有方向上的平均。爱因斯坦用辐射的能量密度ρ代替 $\boldsymbol{E}_0$和ρ_ν来表达此式。如果样品或辐射场是各向同性的(箱内的黑体辐射即如此)，这使得原子相对于场是随机取向的，则式(5.1)中的$\overline{|\boldsymbol{E}_0 \cdot \boldsymbol{\mu}_{ba}|^2}\rho_\nu(\nu_{ba})$就是$(2\pi f^2/3n^2)|\boldsymbol{\mu}_{ba}|^2\rho(\nu_{ba})$，其中$\rho(\nu_{ba})$是$\nu_{ba}$处的能量密度，而$f$是局域场校正因子[式(3.32)、式(3.37)和式(4.13)]。因此，向上跃迁的速率为

$$\text{速率}_{\uparrow} = (2\pi f^2/3n^2\hbar^2)|\boldsymbol{\mu}_{ba}|^2 \rho(\nu_{ba})N_a = (2\pi f^2/3n^2\hbar^2)D_{ba}\rho(\nu_{ba})N_a \tag{5.2a}$$

$$= B\rho(\nu_{ba})N_a \tag{5.2b}$$

式(5.2b)也定义了与偶极强度成正比的参数B：

$$B \equiv (2\pi f^2/3n^2\hbar^2)D_{ba} \tag{5.3}$$

B称为爱因斯坦吸收系数。因为从Ψ_a到Ψ_b的每次跃迁都会从辐射中消耗$h\nu_{ba}$的能量，所以样品必定以$B\rho(\nu_{ba})N_a h\nu_{ba}$的速率吸收能量。式(5.3)通常以不含因子$f^2$和$n$的形式表示，适用于真空中的样品。

光还可以激发从Ψ_b到Ψ_a的向下跃迁，并且从式(4.7)的对称性出发，可看到其系数必定与向上跃迁的爱因斯坦系数(B)相同。如果受激原子没有其他的衰减方式，则向下跃迁的速率为

$$\text{速率}_{\downarrow} = B\rho(\nu_{ab})N_b \tag{5.4}$$

其中N_b是激发态上每 cm^3 内的原子数。现在仅考虑在单波长($\nu_{ab} = \nu_{ba} = \nu$)吸收或发射的理想原子。则同样的$\rho$值适用于向上和向下跃迁：$\rho(\nu_{ba}) = \rho(\nu_{ab}) = \rho(\nu)$。

在平衡时，向上和向下跃迁的速率必定相等。但是从式(5.2b)和式(5.4)看，这就要求

$$N_b / N_a = 1 \tag{5.5}$$

而不论光强是多少。这不可能是正确的。在平衡态时，处于激发态的原子数目肯定比处于基态的原子数目小得多。因此，除了受激发射之外，一定还有其他方式的向下跃迁。显然，一个受激原子也可以自发发光(图 5.1)。

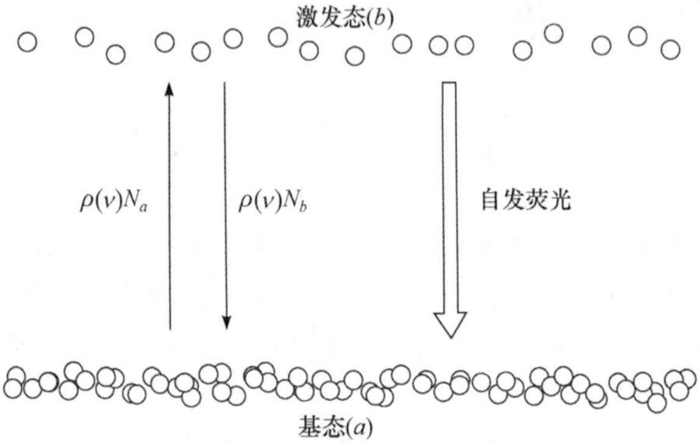

图 5.1 吸收速率与$\rho(\nu)N_a$成正比；受激发射速率与$\rho(\nu)N_b$成正比。为了使向上和向下跃迁的速率达到平衡，必须以不受光强影响的其他机制进行向下跃迁。这就是荧光

如果自发荧光以速率常数 A(爱因斯坦荧光系数)进行，则向下跃迁的总速率为

$$\text{速率}_{\downarrow} = [B\rho(\nu) + A]N_b \tag{5.6}$$

这个额外的衰减机制将降低 N_b 与 N_a 之比。在平衡时，当向上和向下跃迁的速率相等时，有

$$N_b / N_a = B\rho(\nu) / [B\rho(\nu) + A] \tag{5.7}$$

然而还已知，在热平衡时

$$N_b / N_a = \exp[-(E_b - E_a) / k_B T] = \exp(-h\nu / k_B T) \tag{5.8}$$

其中 k_B 为玻尔兹曼常量，T 为温度。结合式(5.7)和式(5.8)可以得出 A 和 B 之间的关系：

$$A / B = \rho(\nu)[1 - \exp(-h\nu / k_B T)] / \exp(-h\nu / k_B T) \tag{5.9}$$

现在利用黑体辐射能量密度的普朗克表达式[式(3.41a)]：

$$\rho(\nu) = (8\pi h n^3 \nu^3 / c^3)\exp(-h\nu / k_B T) / [1 - \exp(-h\nu / k_B T)] \tag{5.10}$$

将此式取代式(5.9)中的$\rho(\nu)$可得

$$A = (8\pi h n^3 \nu^3 / c^3) B \tag{5.11}$$

$$= (8\pi h n^3 \nu^3 / c^3)(2\pi f^2 / 3n^2\hbar^2) D_{ba} = (32\pi^3 n f^2 / 3\hbar\lambda^3) D_{ba} \tag{5.12}$$

式(5.12)表明自发荧光的速率常数正比于吸收的偶极强度。强吸收子本质上就是强发射子。但是 A 也与荧光波长的立方成反比，因此当其他条件相同时，随着吸收和发射移向较短的波长，荧光强度将增加。尽管我们是基于暴露在黑体辐射的体系而推导得出式(5.12)的，但此结果不应该依赖于实际上体系如何被激发。

爱因斯坦在他 1914～1917 年的论文中的实际推导过程与此处给出的是相反的。爱因斯坦的推导从一个假设出发，即一个受激体系可以自发衰减，也可以经由受激发射而衰减。他还假设基态和激发态的相对布居数遵循玻尔兹曼分布[(式(5.8)]。基于这些假设，他得到了普朗克黑体辐射定律[式(3.41)和式(5.10)]的简单推导，并随后表明光被吸收后其动量传递给了吸收子。

吸收和荧光之间的爱因斯坦关系仅对以单一频率吸收光和发荧光的体系才严格成立。对于

具有宽的吸收光谱和发射光谱的溶液中分子，此条件显然是不成立的。针对此类体系，可以推导出与式(5.12)相应的表达式，但是在进行此推导之前，先看一下分子荧光光谱的一些普遍特征。

5.2 斯托克斯位移

溶液中分子的荧光发射光谱通常在比吸收光谱更长的波长处出现峰值，因为在分子发荧光之前，受激分子的核弛豫以及溶剂会将一些激发能转移到周围环境中。荧光的红移以英国数学家和物理学家斯托克斯(Stokes)而命名为斯托克斯位移，他在 1852 年发现矿物萤石被紫外光照射时会发出可见荧光。斯托克斯还描述了奎宁的荧光红移，创立了“荧光”一词，他也是第一个观察到当血红蛋白与 O_2 结合时其溶液从蓝色变为红色。斯托克斯位移既反映了受激分子的分子内振动弛豫，也反映了周围溶剂的弛豫。分子内振动的贡献可以与基态和激发态之间的振动势能曲线的位移关联起来。图 5.2 说明了这种关系。假设一个特定的键在基态势能最低点的长度为 b_g，而在激发态中的长度为 b_e。振动重组能(Λ_v)是将键拉伸或压缩 $b_e - b_g$ 时所需要的能量。通常，这一能量为$(K/2)(b_e - b_g)^2$，其中 K 为振动力常数。

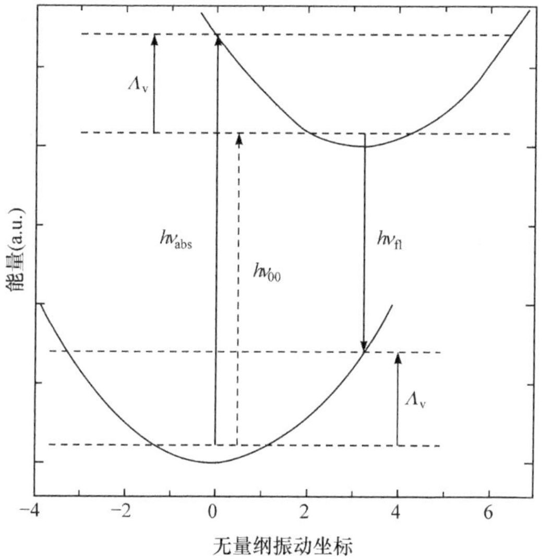

图 5.2 基态和电子激发态的谐振子势能和能量本征值。横坐标是无量纲振动坐标 $2\pi(m\nu/h)^{1/2}x$，其中 x 是笛卡儿坐标，m 是振动原子的折合质量，ν 是经典振动频率。在本图中，两个态中的振动频率相同，但在激发态的最低点有 $\Delta = 3.25$ 的位移。图中标出了振动重组能(Λ_v)。(如果这两个态的振动频率相同，则基态和激发态的重组能是相同的。)标记为 $h\nu_{abs}$ 和 $h\nu_{fl}$ 的电子振动跃迁具有等同的富兰克-康顿因子，其能量比 0-0 跃迁能($h\nu_{00}$，虚线箭头)分别高 Λ_v(对于 $h\nu_{abs}$)和低 Λ_v(对于 $h\nu_{fl}$)。斯托克斯振动位移($h\nu_{abs} - h\nu_{fl}$)则为 $2\Lambda_v$

将一个振动模式的量子力学耦合强度(S)定义为$\Delta^2/2$，其中Δ是激发态势能面的无量纲位移，即 $2\pi(m\nu/h)^{1/2}(b_e - b_g)$，而$\nu$是振动频率[式(4.42)]。在第 4 章中已注意到，当$|\Delta|>1$时，吸收的富兰克-康顿因子在比 0-0 跃迁能量高约 $Sh\nu$处达到峰值(图 4.21)。因此，一个强耦合振动模式的量子力学重组能约为 $Sh\nu$或 $\Delta^2 h\nu/2$。如果这是唯一具有显著耦合强度的振动模式，那么荧光发射将在比 0-0 跃迁能低 $Sh\nu$处出现峰值，因而斯托克斯位移(图 5.2 中的 $h\nu_{abs} - h\nu_{fl}$)将约为 $2Sh\nu$或 $\Delta^2 h\nu$。如果多个振动模式都与此跃迁有耦合，则振动斯托克斯位移是各个贡献之和：$h\nu_{abs} - h\nu_{fl} \approx \sum_i |\Delta_i|^2 h\nu_i$，其中 Δ_i 和 ν_i 是模式 i 的位移和频率。

正如在 4.12 节中所看到的，类似图 5.2 的图也可以用来描述基态和激发态的能量对广义溶剂坐标的依赖性[式(4.54)～式(4.56)和图 4.28]。若忽略转动能，则总重组能是振动重组能和溶剂重组能之和，而总斯托克斯位移就是振动斯托克斯位移和溶剂斯托克斯位移之和。

溶剂斯托克斯位移的大小通常随溶剂的极性而增加，如果溶剂是固化的，则其斯托克斯位移的幅度将减小。例如，吲哚在己烷、丁醇和水中的荧光发射光谱分别在 300 nm、315 nm 和 340 nm 附近达到峰值。蛋白质中色氨酸的发射有类似的表现，如果色氨酸暴露在水中，通常在较长波长处出峰，如果色氨酸位于蛋白质的非极性区域，则在较短波长处出峰。因此，色氨酸荧光向短波或长波方向的移动可以揭示蛋白质的折叠或解折叠。正如第 4 章所讨论的，色氨酸吲哚侧链的 280 nm 吸收带代表两个能量相近的激发态。^1L_a 态具有较大的偶极强度，而且可能贡献了大部分的荧光信号[2-4]。由于在产生 ^1L_a 态时电子密度从吡咯环转移到吲哚大环的苄基环(4.12 节、4.13 节和图 4.27)，因此附近带正电荷的物种沿这一方向的移动或带负电荷的物种沿相反方向的移动将稳定激发态并使发射红移。

溶液中小分子的溶剂斯托克斯位移通常表现出多相动力学，其时间尺度跨越从 10^{-13}～10^{-10} s。在具有单个色氨酸的蛋白质荧光中，或在一个对局域电场具有敏感性的外源荧光标记的蛋白质荧光中，可以类似地看到延长到 10^{-8} s 或更长时间尺度的多相弛豫[5-8]。根据时间范围，可以利用单光子计数法或频域测量法(1.11 节)分辨在纳秒或更长时间尺度上发射光谱的变化，而利用荧光上转换(1.11 节)、受激辐射的泵浦探测测量[图 11.7(A)]或光子回波实验(11.4 节)，则可以看到更快的组分。另一种方法是使用荧光损耗(fluorescence-depletion)技术，测量的是将样品暴露于延迟可调的两个脉冲光时的总荧光[9-14]。第一个脉冲光诱导产生激发态；第二个脉冲光则通过诱导受激发射或向更高能级的激发使该激发态发生损耗，从而减少所测得的荧光。第二个脉冲的影响取决于激发态随时间变化的吸收光谱和发射光谱、激发光的频率和偏振条件，以及两个脉冲之间的延时。如果第一个脉冲光在生色团吸收带的蓝色一侧激发，则由较长波长脉冲光引起的荧光损耗将随时间而增加，因为弛豫的发生会使得激发态生色团的受激发射有所红移。这一技术在荧光显微术中的应用将在 5.10 节中描述。

日本萤火虫的生物发光为斯托克斯位移提供了一个令人称奇的例子[15]。生物发光发生在被统称为萤光素酶且结构迥异的一系列蛋白质中。萤火虫萤光素酶与一个小分子(萤光素)结合，后者可与 O_2、ATP 和 Mg^{2+}反应形成电子激发态的氧化生色团(氧化萤光素)。氧化萤光素发射荧光而衰减至基态。日本萤火虫的发射荧光通常为青黄色，峰值在 560 nm，但如果萤光素酶的特定丝氨酸残基(S286)被天冬酰胺替代，则其峰值将发生明显红移(605 nm)。带有氧化萤光素的 S286N 突变蛋白的晶体结构与野生型蛋白非常相似。然而，具有氧化反应中间体模型化合物的复合物，其晶体结构表现出显著差异。在野生型蛋白质中，一个异亮氨酸(Ile)侧链移动靠近生色团，很明显可以提供一个相对刚性的疏水环境，从而限制其斯托克斯位移的幅度。而在突变体中，这个 Ile 侧链与生色团保持远离，为激发态生色团在发光之前留出了较大的弛豫空间。

5.3 镜像定律

分子的荧光发射光谱，通常近似地，是吸收光谱的镜像，如图 5.3 所示。有几个因素导致这种对称性。首先，如果玻恩-奥本海默近似是成立的，而且振动模式是谐性的并在基态和激发电子态具有相同的频率(均为重要近似)，那么吸收光谱和发射光谱中的电子振动允许跃迁能将对称地位于 0-0 跃迁能 $h\nu_{00}$ 的两侧。图 5.2 中的实线垂直箭头显示了这样一对向上和向下跃迁，其能量

分别为 $h\nu_{00}+3h\nu$ 和 $h\nu_{00}-3h\nu$，其中 ν 为振动频率。通常，对于频率为 $\nu=\nu_{00}-\delta$ 的荧光，其相应的吸收频率为 $\nu'=\nu_{00}+\delta=2\nu_{00}-\nu$。与之相反，在频率 ν' 处的吸收则在 $2\nu_{00}-\nu'$ 处产生荧光。

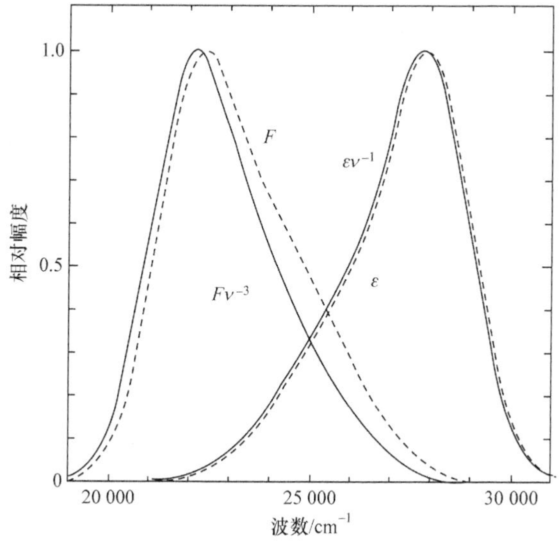

图 5.3 相对于频率(ν)绘制并以 ν^{-3} 为权重的归一化荧光发射光谱，通常近似地与以 ν^{-1} 为权重的吸收光谱互为镜像。归一化光谱在 0-0 跃迁频率附近发生交叉。实线表示以此方式进行加权的荧光光谱($F\nu^{-3}$)和吸收光谱($\varepsilon\nu^{-1}$)；虚线则是未加权的荧光(F)和吸收(ε)光谱

镜像对称还要求在两个方向上的相应跃迁的富兰克-康顿因子相似，而通常见到的就是这种情况。仍然假设玻恩-奥本海默近似成立，且振动模式为谐性并具有固定频率，则从激发态的振动能级 m 到基态能级 n 的向下跃迁的振动重叠积分与从基态能级 m 到激发态能级 n 的向上跃迁的重叠积分大小相等[16,17]：

$$\left\langle \chi_{a(n)} \middle| \chi_{b(m)} \right\rangle = \pm \left\langle \chi_{b(n)} \middle| \chi_{a(m)} \right\rangle \tag{5.13}$$

可以通过考察图 5.4 中绘制的谐振子波函数的乘积看到这一点。如果将 $\chi_{b(2)}\chi_{a(0)}$ 对振动轴进行反转，则其与 $\chi_{a(2)}\chi_{b(0)}$ 是可叠加的，因此在该轴上从 $-\infty$ 到 ∞ 积分这两个乘积的结果必定等同。如果乘积 $\chi_{b(1)}\chi_{a(0)}$ 的振幅反转，沿振动轴也反转，则其与乘积 $\chi_{a(1)}\chi_{b(0)}$ 变为可叠加的，因此它们在振动坐标上的积分必定仅有符号不同。当重叠积分平方形成富兰克-康顿因子时，则符号所引起的差别将消失。

因此，具有相同富兰克-康顿因子的向上和向下跃迁将出现在 ν_{00} 两侧的等位移频率处。但是在频率 ν 处的发射强度还取决于 $\nu^3 D_{ba}$，其中 D_{ba} 是电子偶极强度[式(5.12)]，而在频率 ν' 处的摩尔吸光系数取决于 $\nu' D_{ba}$[式(4.15)]。考虑到因子 ν^3 和 ν，预期的镜像关系为

$$\frac{F(\nu_{00}-\delta)}{(\nu_{00}-\delta)^3} = \frac{F(\nu_{00})}{\varepsilon(\nu_{00})} \frac{\varepsilon(\nu_{00}+\delta)}{(\nu_{00}+\delta)} \tag{5.14}$$

对所有 δ 成立。因子 $F(\nu_{00})/\varepsilon(\nu_{00})$ 将 ν_{00} 处的发射光谱和吸收光谱归为相同幅度，而且如果镜像关系成立，则将其在最大值处也归为相同幅度。图 5.3 中实线所示的光谱分别以 $\nu_{00}+\delta$ 或 $(\nu_{00}-\delta)^3$ 为权重，如式(5.14)所述。

除了需要使能量与相应的向上和向下跃迁的富兰克-康顿因子匹配之外，镜像对称性还要求激发态各个向下跃迁的振动子能级的布居数类似于基态中相应的向上跃迁的初始子能级的

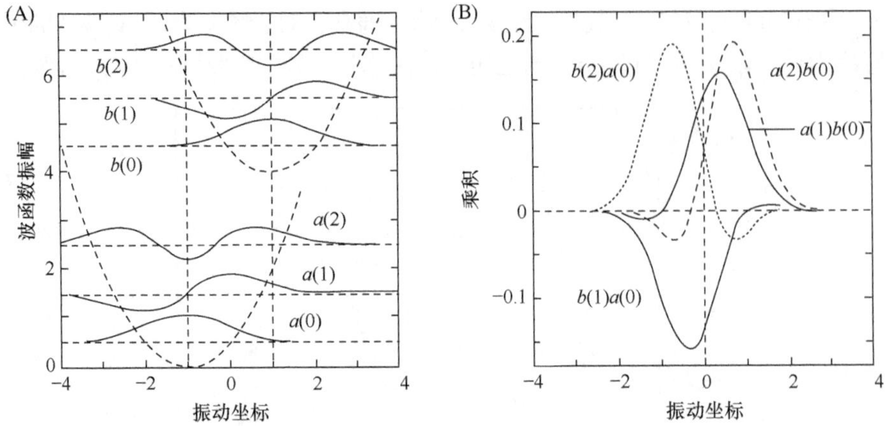

图 5.4 (A)分子的基态和电子激发态的振动波函数。实曲线是在两个电子态中具有相同频率的谐振子的前三个波函数[$\chi_{a(0)}$，$\chi_{a(1)}$，$\chi_{a(2)}$，$\chi_{b(0)}$，$\chi_{b(1)}$和$\chi_{b(2)}$]，激发态沿振动坐标有 $\Delta=2$ 的无量纲位移。虚曲线是振动势能。每个波函数的基线都有垂直位移，其移动幅度是相应的振动能。与基态相比，激发电子态的能量为任意的。(B)振动波函数的乘积：$\chi_{b(1)}\chi_{a(0)}$，$\chi_{a(1)}\chi_{b(0)}$，$\chi_{b(2)}\chi_{a(0)}$和$\chi_{a(2)}\chi_{b(0)}$

布居数。这种匹配起源于基态和激发态的振动能的相似性，其条件是激发态的振动子能级在其态寿命之内能够快速达到热平衡。如果受激分子在达平衡之前就发生弛豫，则发射光谱将取决于激发能，并且通常会偏移到比镜像定律的预测更高的能量处。

已假设相对于激发态的寿命，各个振动波函数的时间部分的任何相干性的消失都是很快的，因此可以单独处理每个振动能级的荧光。如果振动能级已达到热平衡，则上述条件是可以确保的。在第 11 章中将回到振动相干性。

要考察分子遵循镜像关系的严格程度，应按照图 5.3 的能量标度(频率或波数)，而不是波长标度，来绘制加权的吸收光谱和发射光谱。荧光光谱仪通常记录的信号正比于 $F(\lambda)\Delta\lambda$，这是在波长λ附近的波长间隔 $\Delta\lambda$中每秒发射的光子数。由于 $\mathrm{d}\nu/\mathrm{d}\lambda=-c\lambda^{-2}$，则将发射光谱转换到频率标度要用到变换$\left|F(\nu)\Delta\nu\right|=\left|cF(\lambda)\lambda^{-2}\Delta\lambda\right|$。注意这里的$\lambda$是通过检测单色仪的发射光的波长($c/\nu$)，而不是在溶液中的波长($c/n\nu$)。

镜像关系可能会由于多种原因而不再成立，包括吸收或发射分子的非均匀性、基态和激发态的振动频率之间的差异，以及受激分子振动能级无法达到热平衡等。

5.4 斯特里克勒-伯格公式以及吸收与荧光之间的其他关系

正如在 5.1 节中所提到的，吸收和荧光之间的爱因斯坦关系[式(5.12)]假设吸收和发射以单一频率发生，而溶液中的分子却不是这样的情形。然而，具有宽吸收和发射谱带的分子，其整体荧光速率与积分吸收强度有关，其表达式由路易斯(Lewis)与卡沙(Kasha)[18]，福斯特(Förster)[19]，斯特里克勒(Strickler)与伯格(Berg)[20]，伯克斯(Birks)与戴森(Dyson)[16]和罗斯(Ross)[21]等发展。

考虑一组分子，其基态和激发电子态分别为 a 和 b，且与黑体辐射保持平衡。由于每个频率的吸收和发射速率必定保持平衡，因此可以将频率ν处的荧光速率常数[$k_{\mathrm{fl}}(\nu)$]与该频率下的激发速率常数[$k_{\mathrm{ex}}(\nu)$]以及两个态的布居数(N_a 和 N_b)之比关联：

$$k_{\mathrm{fl}}(\nu)=k_{\mathrm{ex}}(\nu)N_a/N_b \tag{5.15}$$

中等温度下的黑体辐射很微弱，以至于受激发射与荧光相比可以忽略不计。热平衡下的布居数比为

$$\frac{N_a}{N_b}=\frac{Z_a}{Z_b}\exp(h\nu_{00}/k_{\mathrm{B}}T) \tag{5.16}$$

其中 Z_a 和 Z_b 是电子态 a 和 b 的振动配分函数，$h\nu_{00}$ 是两个态的最低能级之差。如果在两个电子态中一个或多个振动模式的能量有所不同[式(4.48)、式(B4.14.4a)和式(B4.14.4b)]，则比值 Z_a/Z_b 可以不等于 1。自旋多重度的差异(如三重态相对于单重态)也会导致 Z_a/Z_b 不等于 1。在推导爱因斯坦关系时省略了此配分函数，因为考虑的是没有振动或转动子能级的体系，但自旋多重度的差异还是必须考虑在内。

在第 4 章中得到了一个表达式，表示指定浓度(c)和摩尔吸光系数$\varepsilon(\nu)$的材料从辐射场吸收能量的速率[式(4.10)]。为了获得在频率ν处以分子 · $\mathrm{cm}^{-3}\cdot\mathrm{s}^{-1}$ 为单位的激发速率常数[$k_{\mathrm{ex}}(\nu)$]，只需要将该表达式除以每个向上跃迁所吸收的能量($h\nu$)，再除以吸收子以分子 · cm^{-3} 所表示的浓度($10^{-3}N_{\mathrm{A}}c$，其中 N_{A} 是阿伏伽德罗常量)。这给出

$$k_{\mathrm{ex}}(\nu)=\frac{10^3\ln(10)}{N_{\mathrm{A}}}\frac{\varepsilon(\nu)I(\nu)\mathrm{d}\nu}{h\nu} \tag{5.17}$$

其中 $I(\nu)$是在频率ν附近的间隔 dν中的辐照度。代入黑体辐射的辐照度[式(3.41b)]，得到

$$k_{\mathrm{ex}}(\nu)=\frac{8\pi10^3\ln(10)}{N_{\mathrm{A}}}\left[\frac{n(\nu)\nu}{c}\right]^2\frac{\exp(-h\nu/k_{\mathrm{B}}T)}{1-\exp(-h\nu/k_{\mathrm{B}}T)}\varepsilon(\nu)\mathrm{d}\nu \tag{5.18a}$$

$$\approx\frac{8000\pi\ln(10)}{N_{\mathrm{A}}}\left[\frac{n(\nu)\nu}{c}\right]^2\exp(-h\nu/k_{\mathrm{B}}T)\varepsilon(\nu)\mathrm{d}\nu \tag{5.18b}$$

在式(5.18b)中假设 $\exp(-h\nu/k_{\mathrm{B}}T)\ll 1$，这是室温下在紫外、可见或近红外区域中的吸收带的情形。[例如，600 nm 处的 0-0 跃迁在 295 K 时有 $h\nu/k_{\mathrm{B}}T=24.4$ 和 $\exp(-h\nu/k_{\mathrm{B}}T)=2.6\times10^{-11}$。]

结合式(5.15)、式(5.16)和式(5.18b)得出在频率ν处的荧光速率常数与在相同频率处的吸光系数的关系：

$$k_{\mathrm{fl}}(\nu)\mathrm{d}\nu=\frac{8000\pi\ln(10)}{N_{\mathrm{A}}}\frac{Z_a}{Z_b}\exp[h(\nu_{00}-\nu)/k_{\mathrm{B}}T]\left[\frac{n(\nu)\nu}{c}\right]^2\varepsilon(\nu)\mathrm{d}\nu \tag{5.19}$$

为了得到荧光的总速率常数(k_{r})，可以在分子发荧光的所有频率上对式(5.19)进行积分。但是，这并不很令人满意，因为大多数荧光发生在低于ν_{00}的频率处，其$\varepsilon(\nu)$太小而无法精确测量。一个更实用的方法是，相对于 0-0 跃迁频率处的荧光及ε，按比例缩放每个频率下测得的荧光幅度，然后在荧光发射光谱上进行积分。这样，指数因子就变为 1，得到

$$k_{\mathrm{fl}}(\nu)\mathrm{d}\nu=\frac{8000\pi\ln(10)}{N_{\mathrm{A}}}\frac{Z_a}{Z_b}\left[\frac{n(\nu_{00})\nu_{00}}{c}\right]^2\frac{\varepsilon(\nu_{00})}{F(\nu_{00})}F(\nu)\mathrm{d}\nu \tag{5.20}$$

及

$$k_{\mathrm{r}}=\int k_{\mathrm{fl}}(\nu)\mathrm{d}\nu=\frac{8000\pi\ln(10)}{N_{\mathrm{A}}c^2}\frac{Z_a}{Z_b}\left[\frac{n(\nu_{00})\nu_{00}}{c}\right]^2\frac{\varepsilon(\nu_{00})}{F(\nu_{00})}\int F(\nu)\mathrm{d}\nu \tag{5.21}$$

式(5.21)中的速率常数 k_{r} 是爱因斯坦自发辐射系数 A 的分子类似量。正如在 5.1 节中所推论的那样，只要激发态中的振动子能级和转动子能级彼此之间达到了热平衡，则该速率常数不

取决于电子激发态的制备方式。

如果已知发射光谱、振动配分函数之比，以及参考波长下的摩尔吸光系数，那么式(5.21)提供了一种计算荧光总速率常数的方法。除了需要已知 Z_a/Z_b 的问题外，其主要缺点是需要精确确定 0-0 跃迁频率并在此处测量荧光及ε，而在此处这两个量之一或两者都可能较弱。荧光振幅 $F(\nu)$可以具有任意大小，但应具有每单位频率增量的光子 · s^{-1} · cm^{-2} 的量纲，而不是大多数荧光光谱仪所给出的每单位波长增量(荧光辐照度)的能量 · s^{-1} · cm^{-2} 的量纲。荧光振幅可以任意缩放，这是很重要的，因为测量荧光的绝对强度在技术上是困难的。

如果镜像定律[式(5.13)]成立，那么另一种方法是改写式(5.19)，以给出在频率$\nu_{00}-\delta$处的荧光速率常数，并作为在频率$\nu_{00}+\delta$处的吸光系数的函数，然后对吸收光谱(而不是发射光谱)进行积分。假设荧光频率为$\nu'=2\nu_{00}-\nu$，这给出

$$k_{\mathrm{fl}}(\nu')\mathrm{d}\nu=\frac{8000\pi\ln(10)}{N_{\mathrm{A}}}\frac{Z_a}{Z_b}\left(\frac{n}{c}\right)^2\int\frac{\nu'^3\varepsilon(\nu')}{\nu}\mathrm{d}\nu \tag{5.22}$$

及

$$k_{\mathrm{r}}=\int k_{\mathrm{fl}}(\nu')\mathrm{d}\nu=\frac{8000\pi\ln(10)n^2}{N_{\mathrm{A}}c^2}\frac{Z_a}{Z_b}(\overline{\nu_{\mathrm{f}}^{-3}})^{-1}\int\frac{\varepsilon(\nu)}{\nu}\mathrm{d}\nu \tag{5.23}$$

其中因子 $(\overline{\nu_{\mathrm{f}}^{-3}})^{-1}$ 是ν^{-3} 在荧光发射光谱中的平均值的倒数

$$(\overline{\nu_{\mathrm{f}}^{-3}})^{-1}=\int F(\nu)\mathrm{d}\nu\Big/\int\nu^{-3}F(\nu)\mathrm{d}\nu \tag{5.24}$$

如在式(5.21)中那样，式(5.24)中的 $F(\nu)$具有每单位频率增量的光子 · s^{-1} · cm^{-2} 的量纲，但是可以任意缩放。注意$\langle\nu_{\mathrm{f}}^{-3}\rangle$的倒数与$\nu^3$的平均值($\langle\nu_{\mathrm{f}}^{3}\rangle$)不同，尽管发射光谱足够尖锐时这两个量将收敛为一。

除了罗斯[21]后来添加的因子 Z_a/Z_b 外，式(5.23)是斯特里克勒与伯格[20]给出的表达式。斯特里克勒与伯格给出了略有不同的推导，不需要镜像对称，但确实假设基态和激发态具有相似的振动结构。因子$\langle\nu_{\mathrm{f}}^{-3}\rangle^{-1}$在他们的推导中具有更为明确的物理意义(专栏 5.1)。

专栏 5.1 斯特里克勒-伯格公式中的ν^3因子

在上文给出的式(5.23)的推导中，因子$(\overline{\nu_{\mathrm{f}}^{-3}})^{-1}$是吸收光谱和发射光谱之间假定镜像对称的数学结果[22]。该因子的物理意义在斯特里克勒与伯格[20]给出的推导中会更加明显地体现出来，并不要求镜像对称。

斯特里克勒与伯格将荧光的总速率常数表示为单电子振动跃迁的速率常数之和。从激发态能级 n 到基态所有振动能级的跃迁贡献可以表示为

$$k_{b,n\to a}=\sum_m k_{b,n\to a,m}\propto\sum_m(\nu_{b,n\to a,m})^3\left|\langle\chi_{a,m}|\chi_{b,n}\rangle\right|^2|\boldsymbol{\mu}_{ba}|^2 \tag{B5.1.1}$$

其中$\langle\chi_{a,m}|\chi_{b,n}\rangle$和$\nu_{b,n\to a,m}$是振动重叠积分和从激发态能级 n 跃迁到基态能级 m 的频率，而$|\boldsymbol{\mu}_{ba}|^2$是电子偶极强度[式(4.41)中$|\overline{\boldsymbol{U}}_{ba}|$的平方]。由于振动波函数形成一个完备集，因此可以将式(B5.1.1)以$\sum_m\left|\langle\chi_{a,m}|\chi_{b,n}\rangle\right|^2$的形式除以 1，得

$$k_{b,n\to a}\propto\frac{\sum_m(\nu_{b,n\to a,m})^3\left|\langle\chi_{a,m}|\chi_{b,n}\rangle\right|^2}{\sum_m\left|\langle\chi_{a,m}|\chi_{b,n}\rangle\right|^2}|\boldsymbol{\mu}_{ba}|^2 \tag{B5.1.2}$$

分子中的每一项正比于发射光谱中一个电子振动带强度，而分母中的每一项正比于一个电子振动带强度的 ν^{-3} 倍。用积分代替和，给出

$$k_{b,n\to a} \propto \frac{\int F(\nu)\mathrm{d}\nu}{\int \nu^{-3}F(\nu)\mathrm{d}\nu}\left|\boldsymbol{\mu}_{ba}\right|^2 = (\overline{\nu_\mathrm{f}^{-3}})^{-1}\left|\boldsymbol{\mu}_{ba}\right|^2 \tag{B5.1.3}$$

代入数值常数并对激发态的所有振动能级求和，就得到式(5.23)。

斯特里克勒-伯格公式通常用波数($\bar{\nu} = 1/\lambda = \nu/c$)而不是频率来表示：

$$k_\mathrm{r} = \frac{8000\pi\ln(10)cn^2}{N_\mathrm{A}}\frac{Z_a}{Z_b}(\overline{\bar{\nu}_\mathrm{f}^{-3}})^{-1}\int\frac{\varepsilon(\bar{\nu})}{\bar{\nu}}\mathrm{d}\bar{\nu} \tag{5.25a}$$

$$= 2.880\times10^{-9}n^2\frac{Z_a}{Z_b}(\overline{\nu_\mathrm{f}^{-3}})^{-1}\int\frac{\varepsilon(\nu)}{\nu}\mathrm{d}\nu \tag{5.25b}$$

其中

$$(\overline{\bar{\nu}_\mathrm{f}^{-3}})^{-1} = c^3(\overline{\nu_\mathrm{f}^{-3}})^{-1} = \int F(\bar{\nu})\mathrm{d}\bar{\nu}\Big/\int\bar{\nu}^{-3}F(\bar{\nu})\mathrm{d}\bar{\nu} \tag{5.26}$$

在式(5.25b)的数值因子中，$\bar{\nu}$ 的单位为 cm^{-1}，而ε的单位为 $\mathrm{L\cdot mol^{-1}\cdot cm^{-1}}$。

当相应的基本假设成立时，式(5.21)和式(5.23)～式(5.25b)给出 k_r 的相似结果。通常，斯特里克勒-伯格公式的精确性胜过式(5.21)，其误差为±20%[17, 20-22]。在两个表达式中出现的配分函数之比(Z_a/Z_b)很少能独立获知，通常假定为 1。然而，在某些情况下，通过上述两种方法获得的荧光速率常数彼此相当一致，但都明显高于或低于实验值。(在 5.6 节中将讨论荧光速率常数的实验测量。)罗斯[21]建议可以用 Z_a/Z_b 偏离 1 来解释这些现象。

图 5.5 说明了振动频率的增加或减少如何影响 Z_a/Z_b 值。注意在这种情况下，低频模式的变化最为重要，因为当振动能量超过 $k_\mathrm{B}T$ 时，振动配分函数会迅速变为 1。在 295 K 时，$k_\mathrm{B}T$ 为 205.2 cm^{-1}。因为完整的配分函数是所有不同模式的配分函数的乘积[式(B4.14.4a)和式(B4.14.4b)]，所以两种或多种模式的频率变化可能会有倍增效应或彼此抵消，具体取决于它们具有相同还是相反的方向。

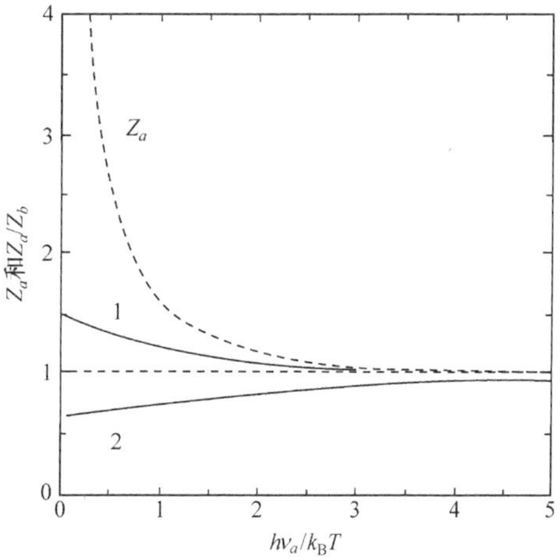

图 5.5 对于单一振动模式的体系，当激发态的振动频率(ν_b)等于 3/2(曲线 1)或 2/3(曲线 2)乘以基态频率(ν_a)时，基态和激发态的振动配分函数(Z_a和 Z_b)之比。横坐标是以 $k_\mathrm{B}T$ 为单位的基态振动能($h\nu_a$)。虚线表示基态配分函数(Z_a)

在镜像定律以及为获得 k_r 的荧光法和吸收法中均假定，与激发态寿命相比，激发态分子与周围环境的热平衡过程要快很多。如果此假设成立，则在给定频率处的荧光与吸光度之比应与温度具有可预测的依赖性。返回式(5.19)并收集依赖于ν的项，可以看到

$$F(\nu)\mathrm{d}\nu \propto \exp[h(\nu_{00}-\nu)/k_\mathrm{B}T]\left[\frac{n(\nu)\nu}{c}\right]^2\varepsilon(\nu)\mathrm{d}\nu \tag{5.27}$$

因而有

$$\ln[F(\nu)/\nu^2\varepsilon(\nu)] \propto -h\nu/k_{\mathrm{B}}T \tag{5.28}$$

因此，$\ln[F(\nu)/\nu^2\varepsilon(\nu)]$与频率($\nu$)的关系图应是以$-h/k_{\mathrm{B}}T$为斜率的一条直线，其中$T$为温度。这一关系是由肯纳德(Kennard)在1918年和斯蒂芬诺夫(Stepanov)在1957年各自独立得到的，通常称为肯纳德-斯蒂芬诺夫表达式。在许多情形时直线的斜率小于预期值，这表明受激分子在与周围环境达到热平衡之前就发射荧光。然而，在这种情况下，从斜率得出的“表观温度”不是很有意义，因为激发态振动能级的相对布居数可能不符合玻尔兹曼分布。如果样品为非均匀的，则肯纳德-斯蒂芬诺夫表达式也可能不成立[23-25]。$\ln[F(\nu)/\nu^2\varepsilon(\nu)]$与$\nu$的关系图有时表现出非线性，可以提供有关激发态动力学的信息[25]，但是必须谨慎解释这些特征，因为它们通常出现在F和ε都较小的频率范围内。

在第10章和第11章中将再次讨论吸收光谱和发射光谱的线型。

5.5 吸收与发射的量子理论

尽管爱因斯坦的理论很好地解释了吸收、荧光和受激发射的相对幅度，但是荧光自发地进行这个观点，与在第2章中给出的关于孤立体系在任何本征态中都无限期稳定的断言，从根本上是不一致的。如果后一个原理是正确的，则荧光一定是由被忽略的某种微扰所引起的。辐射的量子理论为走出这个困境提供了途径。正如在第3章中讨论过的那样，辐射场有一个本征态，其光子数为零。自发荧光可以归因于零点辐射场对受激分子的微扰[26,27]。现在来研究一下这个看起来有些令人费解的想法。

在第3章中已看到，电磁辐射可以由矢量电势$\boldsymbol{V}$来描述，它是时间和位置的周期性函数，以及一个标量电势，但适当地选择电势“标尺”可以使后者为零。对于真空中的线性偏振辐射，其矢量电势可以写成

$$\boldsymbol{V} = \sum_j 2\pi^{1/2} c\hat{e}_j \left\{\exp[2\pi i(\nu_j t - \boldsymbol{k}_j\cdot\boldsymbol{r})] + \exp[-2\pi i(\nu_j t - \boldsymbol{k}_j\cdot\boldsymbol{r})]\right\} \tag{5.29a}$$

$$= \sum_j 2\pi^{1/2} c\hat{e}_j [q_j^*(t)\exp(-2\pi i\boldsymbol{k}_j\cdot\boldsymbol{r}) + q_j(t)\exp(2\pi i\boldsymbol{k}_j\cdot\boldsymbol{r})] \tag{5.29b}$$

其中单位矢量$\hat{e}_j$定义了振荡模式j的偏振轴，而波矢$\boldsymbol{k}_j$的大小为$\nu_j/c(1/\lambda_j)$，并指向模式的振荡传播方向[式(3.18)和式(3.44)]。在式(5.29b)中，将含时因子$\exp(-2\pi i\nu_j t)$及其复共轭分别用$q_j(t)$和$q_j^*(t)$表示。

现在考虑辐射场与电子的相互作用。无辐射场时，电子的哈密顿为

$$\tilde{\mathrm{H}} = \frac{1}{2m_{\mathrm{e}}}\tilde{\mathrm{p}}^2 + \tilde{\mathrm{V}} = -\frac{\hbar^2}{2m_{\mathrm{e}}}\tilde{\nabla}^2 + \tilde{\mathrm{V}} \tag{5.30}$$

其中$\tilde{\mathrm{p}}$、$\tilde{\nabla}$和$\tilde{\mathrm{V}}$是熟知的动量、梯度和势能算符，而m_{e}是电子质量。有辐射场时，哈密顿变为

$$\tilde{\mathrm{H}} = -\frac{1}{2m_{\mathrm{e}}}\left(\tilde{\mathrm{p}}^2 - \frac{e}{c}\boldsymbol{V}\right) + \tilde{\mathrm{V}} \tag{5.31a}$$

$$= -\frac{\hbar^2}{2m_e}\tilde{\nabla}^2 - \frac{\hbar e}{i2m_e c}(\tilde{\nabla}\cdot\boldsymbol{V} + \boldsymbol{V}\cdot\tilde{\nabla}) + \frac{e^2}{2m_e c^2}|\boldsymbol{V}|^2 + \tilde{\mathrm{V}} \tag{5.31b}$$

$$= -\frac{\hbar^2}{2m_e}\tilde{\nabla}^2 - \frac{\hbar e}{im_e c}\boldsymbol{V}\cdot\tilde{\nabla} + \frac{e^2}{2m_e c^2}|\boldsymbol{V}|^2 + \tilde{\mathrm{V}} \tag{5.31c}$$

注意到式(5.31a)中矢量电势与动量算符是按矢量进行结合的，而不是简单地加入普通势能项中。这个哈密顿形式的推导并非简单明了，但可以证明其对带电粒子可以施加正确的力[26, 28, 29]，从而表明这个结果是合理的。将 $\tilde{\nabla}\cdot\boldsymbol{V}$ 和 $\boldsymbol{V}\cdot\tilde{\nabla}$ 在式(5.31c)中合并为一项，因为 $\tilde{\nabla}$ 和 $\boldsymbol{V}$ 是可对易的，见式(B3.1.16)[26]。

比较式(5.31c)和式(5.30)，并如同式(5.29a)和式(5.29b)中那样将 $\boldsymbol{V}$ 展开，同时将函数 $q_j(t)$ 和 $q_j^*(t)$ 转换为算符，可以看到表示电子与电场相互作用的哈密顿算符是

$$\begin{aligned}
\tilde{\mathrm{H}}' &= -\frac{\hbar e}{im_e c}\boldsymbol{V}\cdot\tilde{\nabla} + \frac{e^2}{2m_e c^2}|\boldsymbol{V}|^2 \\
&= -\frac{e\hbar\pi^{1/2}}{im_e}\sum_j(\hat{e}_j\cdot\tilde{\nabla})[\tilde{\mathrm{q}}_j^*\exp(-2\pi i\boldsymbol{k}_j\cdot\boldsymbol{r}) + \tilde{\mathrm{q}}_j\exp(2\pi i\boldsymbol{k}_j\cdot\boldsymbol{r})] \\
&\quad + \left(\frac{2\pi e^2}{m_e c}\right)\sum_{j1}\sum_{j2}(\hat{e}_{j1}\cdot\hat{e}_{j2})\{\tilde{\mathrm{q}}_{j1}\tilde{\mathrm{q}}_{j2}\exp[2\pi i(\boldsymbol{k}_{j1}+\boldsymbol{k}_{j2})\cdot\boldsymbol{r}]
\end{aligned} \tag{5.32a}$$

$$\begin{aligned}
&+ \tilde{\mathrm{q}}_{j1}\tilde{\mathrm{q}}_{j2}^*\exp[2\pi i(\boldsymbol{k}_{j1}-\boldsymbol{k}_{j2})\cdot\boldsymbol{r}] \\
&+ \tilde{\mathrm{q}}_{j1}^*\tilde{\mathrm{q}}_{j2}\exp[2\pi i(\boldsymbol{k}_{j1}-\boldsymbol{k}_{j2})\cdot\boldsymbol{r}] \\
&+ \tilde{\mathrm{q}}_{j1}^*\tilde{\mathrm{q}}_{j2}^*\exp[-2\pi i(\boldsymbol{k}_{j1}+\boldsymbol{k}_{j2})\cdot\boldsymbol{r}]\}
\end{aligned} \tag{5.32b}$$

如果所有相关振荡模式的波长都大于电子生色团的尺寸，使得 $|2\pi i\boldsymbol{k}_j\cdot\boldsymbol{r}| \ll 1$，则 $|\exp(\pm 2\pi i\boldsymbol{k}_j\cdot\boldsymbol{r})| \approx 1$，式(5.32b)可简化为

$$\begin{aligned}
\tilde{\mathrm{H}}' &\approx -\frac{e\hbar\pi^{1/2}}{im_e}\sum_j(\hat{e}_j\cdot\tilde{\nabla})(\tilde{\mathrm{q}}_j + \tilde{\mathrm{q}}_j^*) \\
&\quad + \left(\frac{2\pi e^2}{m_e c}\right)\sum_{j1}\sum_{j2}(\hat{e}_{j1}\cdot\hat{e}_{j2})(\tilde{\mathrm{q}}_{j1}\tilde{\mathrm{q}}_{j2} + \tilde{\mathrm{q}}_{j1}\tilde{\mathrm{q}}_{j2}^* + \tilde{\mathrm{q}}_{j1}^*\tilde{\mathrm{q}}_{j2} + \tilde{\mathrm{q}}_{j1}^*\tilde{\mathrm{q}}_{j2}^*)
\end{aligned} \tag{5.33}$$

这种对相互作用能的描述要比我们迄今为止所采取的处理更为普遍。式(5.33)的第一行与单个光子的吸收或发射有关，第二行则与两个光子同时被吸收或发射的过程有关。本章的其余部分将仅仅考虑单光子过程。通过将式(5.32a)中的因子 $\exp(\pm 2\pi i\boldsymbol{k}_j\cdot\boldsymbol{r})$设置为 1，就可以继续忽略与辐射磁场的相互作用，并忽略在电荷分布中涉及四极子和高阶项的影响。在第 9 章中将再考虑与位置有关的因子 $\exp(\pm 2\pi i\boldsymbol{k}_j\cdot\boldsymbol{r})$，而在第 12 章中将再考虑双光子过程。

如果电子最初具有波函数 ψ_a 且辐射场波函数为 ϑ_n，则可以将体系作为一个整体并将其波函数近似为一个积

$$\Theta_{a,n} = \psi_a\vartheta_n \tag{5.34}$$

我们对跃迁到新的组合态 $\Theta_{b,m}$ 的速率感兴趣，在这个态中，分子和电场的波函数分别为 ψ_b 和 ϑ_m。假设新的辐射波函数 ϑ_m 与 ϑ_n 的不同之处仅在于振子 j 从 $\chi_{j(n)}$(能级 n_j)变为 $\chi_{j(m)}$(能级 m_j)，而所有其他振子维持不变，则电场对总能量的贡献将改变 $(m_j - n_j)h\nu_j$。我们期望仅在总能量近

似恒定的情况下跃迁才会以显著的速率进行，因此分子的能量变化必须近似等于辐射场能量的变化且与其相反：$E_{b,m}-E_{a,n}\approx-(m_j-n_j)h\nu_j$。

利用式(5.33)的第一行，相互作用的矩阵元$\left\langle\psi_b\chi_{j(m)}\middle|\tilde{\mathrm{H}}'\middle|\psi_a\chi_{j(n)}\right\rangle$为

$$\left\langle\psi_b\chi_{j(m)}\middle|\hat{\mathrm{H}}'\middle|\psi_a\chi_{j(n)}\right\rangle=\frac{e\hbar\pi^{1/2}}{im_{\mathrm{e}}}\left\langle\psi_b\chi_{j(m)}\middle|(\hat{e}_j\cdot\tilde{\nabla})(\tilde{\mathrm{q}}_j+\tilde{\mathrm{q}}_j^*)\middle|\psi_a\chi_{j(n)}\right\rangle \tag{5.35}$$

此表达式右边的积分可以分解为$\hat{e}_j$与一个包含$\tilde{\nabla}$和电子波函数的积分，以及一个包含辐射波函数和$\tilde{\mathrm{Q}}_j$的单独积分的点积，其中$\tilde{\mathrm{Q}}_j=\tilde{\mathrm{q}}_j+\tilde{\mathrm{q}}_j^*$，如式(3.46)所示：

$$\left\langle\psi_b\chi_{j(m)}\middle|\hat{\mathrm{H}}'\middle|\psi_a\chi_{j(n)}\right\rangle=-\frac{e\hbar\pi^{1/2}}{im_{\mathrm{e}}}\left\langle\psi_b\middle|\hat{e}_j\cdot\tilde{\nabla}\middle|\psi_a\right\rangle\left\langle\chi_{j(m)}\middle|(\tilde{\mathrm{q}}_j+\tilde{\mathrm{q}}_j^*)\middle|\chi_{j(n)}\right\rangle \tag{5.36a}$$

$$=-\frac{e\hbar\pi^{1/2}}{im_{\mathrm{e}}}\hat{e}_j\cdot\left\langle\psi_b\middle|\tilde{\nabla}\middle|\psi_a\right\rangle\left\langle\chi_{j(m)}\middle|\tilde{\mathrm{Q}}_j\middle|\chi_{j(n)}\right\rangle \tag{5.36b}$$

在第4章中已证明，对于精确波函数，$\tilde{\nabla}$的矩阵元与偶极算符$\tilde{\mu}$的相应矩阵元成正比(4.8节和专栏4.10)：

$$\left\langle\psi_b\middle|\tilde{\nabla}\middle|\psi_a\right\rangle=-\frac{2\pi m_{\mathrm{e}}\nu_{ba}}{e\hbar}\boldsymbol{\mu}_{ba} \tag{5.37}$$

与吸收和发射的半经典理论相符，式(5.36b)表明$\left\langle\psi_b\middle|\tilde{\nabla}\middle|\psi_a\right\rangle$仅在与辐射的偏振方向$(\hat{e})$平行时才允许$\psi_a$和$\psi_b$之间的跃迁。

剩余问题是求式(5.36b)中的因子$\left\langle\chi_{j(m)}\middle|\tilde{\mathrm{Q}}_j\middle|\chi_{j(n)}\right\rangle$。为此需要明确地写出辐射场的本征函数$\chi_{j(n)}$和$\chi_{j(m)}$。在3.4节中已证明了这些函数与单位质量谐振子的本征函数是等同的。对于频率为ν的振荡模式

$$\chi_{j(n)}(u_j)=N_{j(n)}H_n(u_j)\exp(-u_j^2/2) \tag{5.38}$$

其中$n=0$、1、…，而无量纲位置坐标u_j为

$$u_j=Q_j(\hbar/2\pi\nu_j)^{-1/2} \tag{5.39}$$

$H_n(u_j)$为厄密多项式，而归一化因子N_n为

$$N_{j(n)}=[(2\pi\nu_j/\hbar)^{1/2}/(2^n n!)]^{1/2} \tag{5.40}$$

[式(2.31)和专栏2.5]。

去掉下标j，令$\kappa=2\pi\nu/\hbar$，有$u=\kappa^{1/2}Q$，则可简化表示法，所需矩阵元为

$$\left\langle\chi_m\middle|\tilde{\mathrm{Q}}\middle|\chi_n\right\rangle=\left\langle\chi_m\middle|Q\chi_n\right\rangle \tag{5.41}$$

可使用厄密多项式的递归公式求此积分(专栏2.5)：

$$uH_n(u)=1/2H_{n+1}(u)+nH_{n-1}(u) \tag{5.42}$$

依据此公式

$$Q\chi_n=\kappa^{-1/2}uN_n\exp(-u^2/2)H_n \tag{5.43a}$$

$$=\kappa^{-1/2}N_n\exp(-u^2/2)[(1/2)H_{n+1}+nH_{n-1}] \tag{5.43b}$$

$$=\kappa^{-1/2}N_n\left(\frac{\chi_{n+1}}{2N_{n+1}}+n\frac{\chi_{n-1}}{N_{n-1}}\right)=[(n+1)/2\kappa]^{1/2}\chi_{n+1}+(n/2\kappa)^{1/2}\chi_{n-1} \tag{5.43c}$$

将此结果整合到式(5.41)中给出

$$\left|\langle\chi_m|\tilde{\mathrm{Q}}|\chi_n\rangle\right|=[(n+1)/2\kappa]^{1/2}\langle\chi_m|\chi_{n+1}\rangle+(n/2\kappa)^{1/2}\langle\chi_m|\chi_{n-1}\rangle \tag{5.44}$$

因为谐振子的本征函数是正交归一化的，所以若 $m=n+1$，则式(5.44)中的积分 $\langle\chi_m|\chi_{n+1}\rangle$ 将为 1，否则为 0。另一方面，若 $m=n-1$，则 $\langle\chi_m|\chi_{n-1}\rangle$ 为 1，否则为 0。因此，式(5.44)可重写为

$$\left\langle\left|\chi_m|\tilde{\mathrm{Q}}|\chi_n\right|\right\rangle=[(n+1)/2\kappa]^{1/2}\delta_{m,n+1}+(n/2\kappa)^{1/2}\delta_{m,n-1} \tag{5.45}$$

其中 $\delta_{i,j}$ 是克罗内克 δ 函数(当且仅当 $i=j$ 时，$\delta_{i,j}=1$)。

矩阵元 $\langle\chi_m|\tilde{\mathrm{Q}}_j|\chi_n\rangle$ 由两项之和组成，但是对于一对给定的波函数，只有一项可以不为零。如果光子数从 n 增加到 $n+1$，则式(5.45)右边的第一项起作用。该项表示生色团的光发射，且正比于 $[(n+1)/2\kappa]^{1/2}$。如果光子数从 n 减少到 $n-1$，则第二项起作用，表示光吸收且正比于 $(n/2\kappa)^{1/2}$。吸收或发射强度取决于整个跃迁偶极子的平方，根据式(5.45)，此跃迁偶极子对吸收而言与 $n/2\kappa$ 成正比，对发射而言则与 $(n+1)/2\kappa$ 成正比。辐射强度与 n 成正比。因此，发射既包括一个取决于光强度的组分(受激发射)，又包括一个与该光强无关的组分(荧光)。

式(5.45)的一个直接推论是 $\langle\chi_n|\tilde{\mathrm{Q}}_j|\chi_n\rangle=0$。因为分子的两个量子态($\psi_a$ 和 ψ_b)之间跃迁的整体矩阵元取决于乘积 $\langle\psi_b|\tilde{\nabla}|\psi_a\rangle\langle\chi_m|\tilde{\mathrm{Q}}_j|\chi_n\rangle$，所以光照不会引起这样一个跃迁，除非它有一个或多个光子的吸收或发射($m\neq n$)。

式(5.45)描述的关系通常用光子的产生算符和湮灭算符来表示，它们将波函数 χ_n 分别转换为 χ_{n+1} 或 χ_{n-1}。这些算符在一个振荡模式上的作用就是使该模式的光子数增加或减少一个(专栏 5.2)。

专栏 5.2 产生算符和湮灭算符

在式(5.43c)中看到，位置算符 $\tilde{\mathrm{Q}}$ 对 χ_n 的影响就是生成 χ_{n+1} 和 χ_{n-1} 的组合：

$$\tilde{\mathrm{Q}}\chi_n=[(n+1)/2\kappa]^{1/2}\chi_{n+1}+(n/2\kappa)^{1/2}\chi_{n-1} \tag{B5.2.1}$$

其中 $\kappa=2\pi\nu/\hbar$。这个变换是 $\tilde{\mathrm{q}}^*$ 和 $\tilde{\mathrm{q}}$ 的效应之和，这两个复算符共同构成 $\tilde{\mathrm{Q}}$ [式(3.46)和式(5.36b)]。

为了单独考察 $\tilde{\mathrm{q}}^*$ 和 $\tilde{\mathrm{q}}$ 的作用，除了 $\tilde{\mathrm{Q}}$ 的影响之外，还必须考虑式(3.47)定义的辐射动量算符 $\tilde{\mathrm{P}}$ 的影响。采用与上述针对 $\tilde{\mathrm{Q}}$ 的类似方法[式(5.41)～式(5.44)]并利用附加关系式 $P=(\partial/\partial Q)$，发现 $\tilde{\mathrm{P}}$ 对 χ_n 的作用为[26]

$$\tilde{\mathrm{P}}\chi_n=i\hbar[\kappa(n+1)/2]^{1/2}\chi_{n+1}-i\hbar(\kappa n/2)^{1/2}\chi_{n-1} \tag{B5.2.2}$$

因此，$\tilde{\mathrm{q}}^*$ 和 $\tilde{\mathrm{q}}$ 的作用可以从式(3.46)和式(3.47)得到

$$\tilde{\mathrm{q}}^*=\tilde{\mathrm{Q}}-\frac{i}{2\pi\nu}\tilde{\mathrm{P}}=\tilde{\mathrm{Q}}-\frac{i}{\kappa\hbar}\tilde{\mathrm{P}} \tag{B5.2.3}$$

$$\tilde{\mathrm{q}}^*\chi_n=[(n+1)/2\kappa]^{1/2}\chi_{n+1} \tag{B5.2.4}$$

$$\tilde{\mathrm{q}}=\tilde{\mathrm{Q}}+\frac{i}{2\pi\nu}\tilde{\mathrm{P}}=\tilde{\mathrm{Q}}+\frac{i}{\kappa\hbar}\tilde{\mathrm{P}} \tag{B5.2.5}$$

及

$$\tilde{\mathrm{q}}\chi_n=(n/2\kappa)^{1/2}\chi_{n-1} \tag{B5.2.6}$$

将χ_n变为$[(n+1)/2\kappa]^{1/2}\chi_{n+1}$的算符$\tilde{q}^*$称为产生或提升算符，因为它将辐射场中的光子数增加1。将χ_n变为$(n/2\kappa)^{1/2}\chi_{n-1}$的算符$\tilde{q}$称为湮灭或降低算符。因为光子数不能为负，所以$\tilde{q}$作用于零点波函数$\chi_0$的结果为零。

产生算符和湮灭算符为许多量子力学表达式提供了替代形式，它们被广泛用于声子(振动量子)以及光子。例如，谐振子的哈密顿算符可以写为

$$\tilde{H}=(2\pi\nu)^2[\tilde{q}\tilde{q}^*+\tilde{q}^*\tilde{q}] \tag{B5.2.7}$$

这给出$\langle\chi_n|\tilde{H}|\chi_n\rangle=(n+1/2)h\nu$，为看到此结果，需要以不同顺序执行两个操作并求其结果：

$$\tilde{q}^*\tilde{q}\chi_n=(n/2\kappa)\chi_n=\frac{\hbar}{4\pi\nu}n\chi_n \tag{B5.2.8}$$

及

$$\tilde{q}\tilde{q}^*\chi_n=[(n+1)/2\kappa]\chi_n=\frac{\hbar}{4\pi\nu}(n+1)\chi_n \tag{B5.2.9}$$

式(B5.2.8)和式(B5.2.9)也表明$\tilde{q}^*$和$\tilde{q}$彼此不对易：

$$[\tilde{q},\tilde{q}^*]=\tilde{q}\tilde{q}^*-\tilde{q}^*\tilde{q}=1/2\kappa \tag{B5.2.10}$$

5.6 荧光产率和寿命

5.4节中导出了自发荧光的总速率常数(k_r)表达式。这个速率常数的倒数称为辐射寿命(τ_r)：

$$\tau_r=1/A\equiv 1/k_r \tag{5.46}$$

如果激发态仅通过荧光进行衰减，则其布居数将随时间呈指数下降，且衰减时间常数为τ_r。但是，其他衰减机制会与荧光竞争，从而缩短激发态的寿命。这些可选途径包括三重态的形成(通过系间窜越，其速率常数为k_{isc})，非辐射弛豫至基态(内转换，其速率常数为k_{ic})，向其他分子的能量转移(共振能量转移，其速率常数为k_{rt})和电子转移 (其速率常数为k_{et})。这些竞争过程可以在雅布隆斯基(Jablonski)图中给予展示(图5.6)。

由于并行途径的速率常数具有相加性，所以衰减的总速率常数为

$$k_{总}=k_r+k_{isc}+k_{ic}+k_{rt}+k_{et}+\cdots \tag{5.47}$$

因此，激发态的实际寿命(荧光寿命τ)比τ_r短：

$$\tau=1/k_{总}<1/k_r \tag{5.48}$$

通常，样品中的分子会以各种方式与其周围环境相互作用，如某些荧光分子被掩藏在蛋白质内部，而另一些则暴露于溶剂中。荧光常以多相动力学衰减，并可以由指数函数之和来拟合[式(1.8)]。荧光寿命的测量可以利用时间相关光子计数、荧光上转换或激发光的调幅与荧光的调相测量(第1章)等方法来进行。受激发射的泵浦探测法已成为测量亚皮秒寿命的不二之选(第11章)。有关这些技术和数据分析方法的更多信息参见文献[30-34]。

在大多数有机分子中，从高激发态到最低或“第一”激发单重态的内转换要比从最低激发态到基态的衰减快得多。因此，即使分子最初被激发到更高的态，所测得的荧光也主要来自最低激发态(图5.6)。在卡沙(Kasha)首次将其形式化之后，这个归纳通常称为卡沙规则[35]。卡沙还指出，高激发态的快速衰减导致其能级的不确定性增宽。

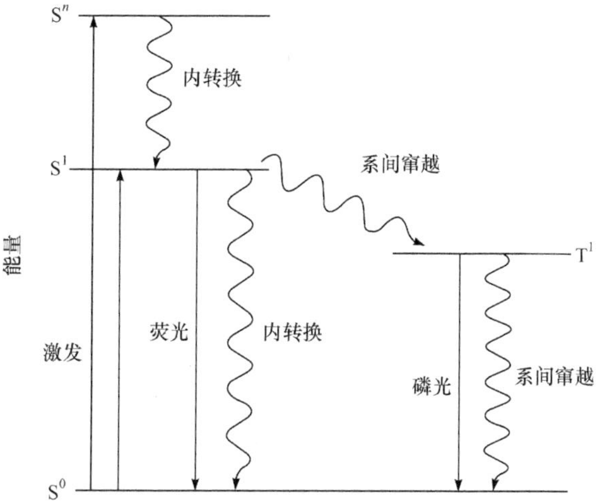

图 5.6 激发态形成和衰减的各种可能途径示意图。单重态标记为 S，三重态标记为 T；上标 0、1、2、…、n 表示基态和激发态，能量依次上升。辐射过程(吸收、荧光和磷光)用实线箭头表示；非辐射过程(系间窜越和内转换等)用波浪箭头表示。内转换和系间窜越通常借助产物的振动激发态能级进行。这种类型的图由雅布隆斯基于 1935 年在一篇有关磷光机理的论文中提出[295]。水平轴没有物理意义

荧光产率(ϕ)是通过荧光而衰减的受激分子的分数(1.11 节)。对于仅从第一激发单重态发射的均匀样品，这就是 k_r 与 $k_{总}$ 之比：

$$\phi = \frac{发射光子数}{吸收光子数} = \frac{k_r}{k_{总}} = \frac{\tau}{\tau_r} \tag{5.49}$$

因此，均匀样品的荧光产率与荧光寿命成正比，并且能提供相同的信息。然而，在非均匀样品的荧光中，寿命最长的组分可以占主导。例如，可假设样品中的荧光分子都具有相同的辐射寿命(τ_r)，但是在各种环境中发现荧光寿命随位点的不同而变化。在这种情况下 $\phi = \tau/\tau_r$[式(5.49)]仍然成立，只需定义平均荧光寿命如下：

$$\tau = \int_0^\infty tF(t)\mathrm{d}t \bigg/ \int_0^\infty F(t)\mathrm{d}t \tag{5.50}$$

其中 $F(t)$是在时间 t 时的总荧光。如果这个样品中的荧光衰减动力学可以由指数之和 $F(t) = \sum A_i \exp(-t/\tau_i)$ 来描述，其中 A_i 是组分 i 的振幅，那么来自组分 i 的积分荧光就是 $F_i = \int A_i \exp(-t/\tau_i)\mathrm{d}t$，而平均荧光寿命为

$$\tau = \left[\sum_i \int_0^\infty tA_i \exp(-t/\tau_i)\mathrm{d}t\right] \bigg/ \left[\sum_i \int_0^\infty A_i \exp(-t/\tau_i)\mathrm{d}t\right] = \left(\sum_i \tau_i^2 A_i\right) \bigg/ \left(\sum_i \tau_i A_i\right) \tag{5.51}$$

荧光可以被多种试剂猝灭，如 O_2、I^- 和丙烯酰胺等。这种猝灭通常涉及电子从受激分子到猝灭剂的转移或反向转移，期间形成的电荷转移复合物将电子返回供体而迅速衰减。此过程取决于受激分子与猝灭剂之间的碰撞接触，因而通常是猝灭剂浓度([Q])的一级动力学。在不存在和存在猝灭剂的情况下，荧光产率之比(ϕ_0/ϕ_q 或 F_0/F_q)由斯顿-伏尔莫(Stern-Volmer)公式[36]给出：

$$\phi_0/\phi_q = F_0/F_q = (k_r/k_{总})/[k_r/(k_{总}+k_q[Q])] = (k_{总}+k_q[Q])/k_{总}$$
$$= 1 + k_q[Q]/k_{总} = 1 + k_q\tau[Q] \tag{5.52}$$

或 $\phi_q = \phi_0/(1+k_q\tau[Q])$。如在式(5.47)～式(5.50)中所示，这里的 $k_{总}$ 是在无猝灭剂的情况下激发态衰减的速率常数的总和，而 τ 是在无猝灭剂情况下的荧光寿命。式(5.52)中的乘积 $k_q\tau$ 称为斯顿-伏尔莫猝灭常数(K_Q)：

$$K_Q \equiv k_q\tau \tag{5.53}$$

根据式(5.52)，F_0/F_q 与[Q]的关系图应给出一条斜率为 K_Q 且截距为 1 的直线，如图 5.7(B)中的实线所示。

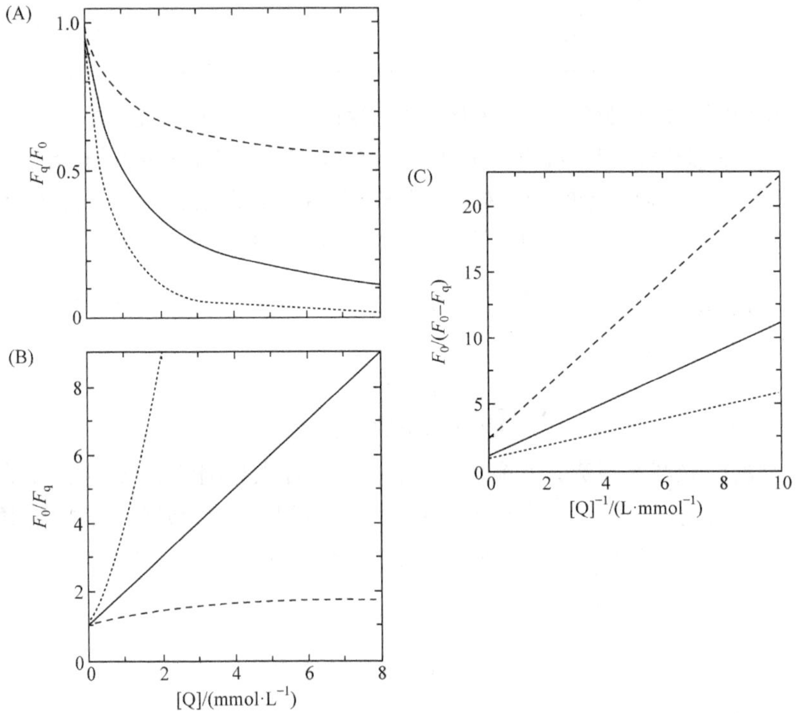

图 5.7 有猝灭剂(F_q)和无猝灭剂(F_0)时所测得的荧光，作为猝灭剂浓度([Q])的各种函数而绘制。实线针对均相体系，其中所有荧光团都可以被猝灭剂接近，并且猝灭是纯动态的或纯静态的。斯顿-伏尔莫猝灭常数 K_Q 设为 1 L · mmol^{-1}。长折线为非均相体系，其中一半的荧光团可被猝灭剂接近，而另一半则不能($\zeta_a = 0.5$)；仍假设猝灭是纯动态的或纯静态的，K_Q 为 1 L · mmol^{-1}，并且假设在没有猝灭剂的情况下激发态衰减的速率常数[$k_{总(a)}$和 $k_{总(i)}$]在两种情形是相同的。短折线为均相体系，其动态和静态猝灭剂各占一半而混合；动态猝灭的 K_Q 和静态猝灭的缔合常数(ζ_a)均为 1 L · mmol^{-1}。在(A)中，F_q/F_0 对[Q]作图；在(B)(斯顿-伏尔莫图)中，F_0/F_q 对[Q]作图；而在(C)(改进的斯顿-伏尔莫图)中，$F_0/(F_0-F_q)$对 1/[Q]作图

K_Q 的测量可以提供关于蛋白质中的一个荧光基团是否可被溶液中的水溶性猝灭剂接近或被隐蔽在蛋白质内部等信息。例如，位于蛋白质内不同区域的色氨酸残基通常表现出非常不同的猝灭常数，尤其是对于 I^- 这样的离子型猝灭剂。已报道的值范围从小于 5×10^7 L · mol^{-1} · s^{-1}(对于天青蛋白的深埋位点)到 4×10^9 L · mol^{-1} · s^{-1}(对于无规则卷曲多肽中的暴露残基)[37]。带有氮氧化物基团的磷脂对色氨酸荧光的猝灭作用也可用于研究蛋白质在膜中的嵌入深度[38, 39]。

在某些情况下，猝灭反映了荧光分子和猝灭剂复合物的形成。如果复合物的形成和解离时间慢于τ_r，则荧光衰减动力学可能表现出两个截然不同的组分，即在脉冲激发时仍处于复合物中的分子所发出的寿命极短的荧光，以及来自游离分子的寿命较长的荧光。复合物荧光强度的降低称为静态猝灭，以区别式(5.49)所默认的动态猝灭过程。如果复合物的荧光产量远低于游离分子的荧光产量，F_0/F_q与[Q]的关系图仍将是线性的，但该图的斜率将是该复合物的缔合常数，而不是$k_q\tau$。因此，线性斯顿-伏尔莫图并不表示猝灭是动态的。静态和动态猝灭通常可以通过改变溶剂的黏度来区分：动态猝灭通常随黏度的增大而减少，因为它受扩散速率的限制。

静态猝灭和动态猝灭的混合会导致一个随猝灭剂浓度的增加而向上弯曲的斯顿-伏尔莫曲线，如图 5.7(B)中的短折线所示。如果写出$[C_T]/[C] = 1 + K_a[Q]$，其中[C]和$[C_T]$是游离的和总的生色团浓度，K_a是缔合常数，再令$F/F_q = (1 + k_q\tau[Q])[C_T]/[C]$，如式(5.52)所示，那么可得到在没有和有猝灭剂时荧光产率比的一个二次表达式：

$$F_0 / F_q = 1 + (K_q + K_a)[Q] + K_q K_a [Q]^2 \tag{5.54}$$

原则上，将F_0/F_q与[Q]的关系图拟合到这个表达式就可以获得K_a和K_q。

非均相体系可以表现出随[Q]增大而向下弯曲的斯顿-伏尔莫图，如图 5.7(B)中的长折线所示。在这种情况下，改进的斯顿-伏尔莫表达式很有用[40]。考虑一个蛋白质，其中色氨酸残基分数(θ_a)表示对溶剂中的猝灭剂来说是可接近的，而分数θ_i表示的是猝灭剂不可接近的。在没有外部猝灭剂的情况下，总的荧光产率为

$$\phi_0 = \theta_i \phi_{0(i)} + \theta_a \phi_{0(a)} \tag{5.55}$$

其中$\phi_{0(i)}$和$\phi_{0(a)}$分别是上述两种相应群体的荧光产率。在猝灭剂存在且仅与暴露的色氨酸相互作用时，荧光产率变为

$$\phi_q = \theta_i \phi_{0(i)} + \theta_a \frac{\phi_{0(a)}}{1 + K_q[Q]} \tag{5.56}$$

不存在和存在猝灭剂的荧光产率之差为

$$\phi_0 - \phi_q = \theta_a \phi_{0(a)} \left(\frac{K_q[Q]}{1 + K_q[Q]} \right) \tag{5.57}$$

再将ϕ_0除以此量，得到

$$\frac{F_0}{\Delta F} = \frac{\phi_0}{\phi_0 - \phi_q} = \left[\frac{\theta_i \phi_{0(i)} + \theta_a \phi_{0(a)}}{\theta_a \phi_{0(a)}} \right] \left(1 + \frac{1}{K_q[Q]} \right) = \frac{1}{\zeta_a} + \frac{1}{\zeta_a K_q[Q]} \tag{5.58}$$

其中ζ_a是猝灭剂可接触的原始荧光的分数。因此，$F_0/\Delta F$与 1/[Q]的关系图应给出一条直线，其纵轴截距为$1/\zeta_a$，斜率为$1/\zeta_a K_q$，如图 5.7(C)中的长折线所示。

对于具有纯动态或纯静态猝灭的均相体系的情形，改进的斯顿-伏尔莫表达式[式(5.58)]也给出一条直线[图 5.7(C)，实线]。一个动态和静态猝灭混合的体系则给出一条非线性曲线，但是其曲率仅在高猝灭剂浓度下才出现[图 5.7(C)，短折线]。因此，必须谨慎地解释此类图的斜率和坐标截距，并与普通的斯顿-伏尔莫图的曲率进行比较。

荧光寿命和产率对生色团与其周围环境相互作用的敏感性，使得荧光成为大分子结构和动力学的通用探针。在 280～290 nm 波长范围内激发后，色氨酸残基的荧光在大多数蛋白质的内禀荧光中占主导地位，特别适合作此类探针，并被广泛用于监测蛋白质折叠和构象变化[41-48]。

荧光产率在 0.01～0.35 变化，具体取决于局部环境[42, 49-51]。例如，当蛋白质折叠成紧密的构象从而使色氨酸侧链接近血红素时，细胞色素 c 中色氨酸 59 的荧光会被严重猝灭[52]。相比之下，溶液中 3-甲基吲哚的荧光产率在从烃类到水的溶剂中变化都很小[53]。

除了具有变化较大的荧光产率外，色氨酸还经常表现出多相荧光衰减动力学，甚至在只有一个色氨酸残基的蛋白质中也是如此。通常，可变产率和多相衰减反映了竞争性电子转移反应速率的变化，其中电子从激发态吲哚环转移向蛋白质骨架上的酰胺基团或相邻残基的侧链。这些反应形成电荷转移(charge-transfer，CT)态，其可迅速衰减至基态。除骨架酰胺基团外，潜在的电子受体也包括半胱氨酸巯基和二硫键基团、谷氨酰胺和天冬酰胺侧链的酰胺基团、质子化的谷氨酸和天冬氨酸羧酸基团以及质子化的组氨酸咪唑环[49, 51, 54-61]。电子转移速率依赖于吲哚环与电子受体的取向和接近程度，且常常更为重要地依赖于能调节 CT 态与激发态相对能量的静电相互作用[48, 50, 51, 58, 59, 62-69](专栏 5.3)。例如，带负电荷的天冬氨酰侧链可能有利于电子转移反应，因此它若靠近吲哚环就会降低荧光产率，而它若靠近潜在的电子受体则会起反作用[50]。当电子转移到色氨酸残基或从色氨酸残基转移出去时，也可以猝灭连接蛋白质另一残基的染料的荧光，这就为研究能使两个位点接近的结构涨落现象提供了探针[70]。

通过修饰吲哚侧链以降低激发单重态的能量或提高 CT 态的能量，就能够阻止猝灭色氨酸荧光的电子转移反应。7-氮杂色氨酸的激发单重态能量太低而无法形成 CT 态，具有几百纳秒的典型荧光寿命[62, 65]，而色氨酸一般只有 1～6 ns。大肠杆菌能以可接受的产率将添加的 7-氮杂色氨酸接入蛋白质中，而且对已有研究报道的酶而言，这种标记不太影响其酶活性[71]。在含有单个 7-氮杂色氨酸的蛋白质中，与天然蛋白质相比，这个衍生物的荧光发生约 45 nm 的红移。它的荧光通常以单一时间常数而衰减，尽管其发射光谱对周围环境的极性仍然高度敏感[65, 72]。从乙腈到水，7-氮杂色氨酸的发射将红移约 23 nm。相比而言，色氨酸只有 14 nm 的红移。5-氟色氨酸的电离势比色氨酸更高，也表现出单指数荧光衰减动力学[69, 73]。为了抑制色氨酸在蛋白质中的荧光，色氨酸可以被 4-氟色氨酸取代，因为后者基本上不发荧光[74]。如果我们关注的是其他的荧光组分，这一结果是很有用的。

赖氨酸侧链和酪氨酸侧链可以通过将一个质子转移给激发态的吲哚环而猝灭色氨酸荧光[59, 75]。离子化酪氨酸的酚盐侧链通过共振能量转移及可能向吲哚的电子转移，也具有猝灭色氨酸荧光的作用[51]。

酪氨酸的荧光通常在蛋白质和溶液中都被强烈地猝灭，但是这种猝灭的变化已被用于监测蛋白质的解折叠。酪氨酸荧光的猝灭可以反映能量向色氨酸残基的转移、质子从受激酪氨酸的酚羟基转移到蛋白质中的其他基团，或者类似于色氨酸的电子转移过程等[76-83]。酪氨酸的发射光谱通常在 300 nm 附近有峰，且其对溶剂极性的敏感性不如色氨酸，但在酪氨酸阴离子中的荧光峰偏移至 335 nm 附近[82]。在几种蛋白质内部结合的黄素，其荧光有快速猝灭，这已归因于电子从一个相邻的酪氨酸残基向黄素的转移[84-89]。

专栏 5.3　受激分子的电子转移

人们对电子转移反应动力学的认识在很大程度上是基于马库斯(Marcus)提出的统一理论[90-92]。在经典图像中，电子从供体 D 转移到受体 A 的反应物和产物态的自由能可以表示为分布反应坐标的抛物线函数。这个坐标除了 D 和 A 的分子内核坐标之外，还包括许多溶剂坐标[图 5.8(A)]。反应的整体重组能(Λ)是两种坐标(Λ_s 和 Λ_v)的贡献之和。如果反应中的熵变可忽略不计，则两条抛物线将具有相同的曲率，从而使反应物和产物态的 Λ 相同。这里的反应物和产物态(DA 和 D^+A^-)都是非绝热态，其能量不会将体系的完整哈密顿对角化，因为它们忽略了 D 和 A 之间的电子相互作用(2.3.6 节和 8.1 节)。传统上，电子转移只能在两条曲线的交点进行，在此处从 DA 到 D^+A^-的跃迁不需要进一步改变几何形状或能量。达到这一点所需的活化自由能为$\Delta G^\ddagger=(\Delta G^0+\Lambda)^2/4\Lambda$，其中$\Delta G^0$是两个最低点之间的自由能之差[图 4.28 和图 5.8(A)，以及式(4.55)和式(4.56)]。因此，过渡态理论告诉我们，在过渡点附近的小能量间隔(dE)内找到反应物的概率为

$$\rho(\Delta G^\ddagger)\mathrm{d}E=(4\pi\Lambda k_\mathrm{B}T)^{-1/2}\exp[-(\Delta G^0+\Lambda)^2/4\Lambda k_\mathrm{B}T]\mathrm{d}E \tag{B5.3.1}$$

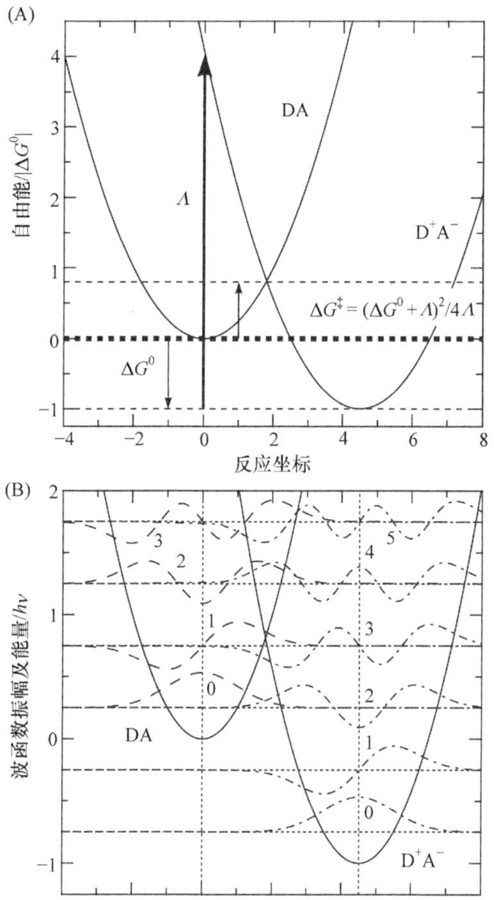

图 5.8　(A)电子转移反应(DA ⟶ D^+A^-)的非绝热反应物与产物态以无量纲反应坐标为变量的经典抛物线自由能函数。标明了标准自由能变化(ΔG^0)、重组能(Λ)和活化自由能($\Delta G^\dagger$)(垂直箭头)。假定这两个函数具有相同的曲率，在反应中熵不变时就是这种情况。(B)以在两个态中具有相同频率(ν)的简谐振动模式、作为无量纲振动坐标[式(2.32)中的 u]的函数，得到的两个电子态(DA 和 D^+A^-)的势能(实曲线)、前几个振动波函数(虚线和点划线)和特征值(水平虚线)。标明了每个波函数的量子数(n)。纵坐标和横坐标上的数值是针对 DA 的。D^+A^-的势能最低点下移$-h\nu$，横移$\Delta=4.5$。两个态的波函数都垂直移动以使其与各自的特征值对齐，如图 2.3(A)所示

函数$\rho(\Delta G^\ddagger)$是态密度，其 DA 到 D^+A^-的反应坐标相同，且反应的能量变化(ΔE)为零。它的指前因子$(4\pi\Lambda k_\mathrm{B}T)^{-1/2}$用于归一化找到给定值$\Delta E$ 的积分概率，这是ΔE 的高斯函数[式(4.56)]。态密度具有能量倒数单位。

如果体系每次经历过渡点时从反应物移动到产物曲线的机会很小，那么电子转移的速率就是

$$k_{et} = k_0 \rho(\Delta G^{\ddagger}) \tag{B5.3.2}$$

其中 k_0 是一个常数，单位为 s^{-1}。满足此限制的反应称为非绝热反应，表示到达过渡点的体系趋向于保持其初始的非绝热态，而不是遵循将完整哈密顿量对角化的绝热势能曲线。

我们在 2.5 节和 4.2 节中介绍并在 7.2 节和 10.4 节中更充分地展开的量子力学论点认为电子转移需要 ΔE 接近零，也提供了一个定量关系(黄金定则)，将常数 k_0 与非对角哈密顿矩阵元或混合了非绝热反应物和产物态的电子耦合因子(H_{21})关联起来：

$$k_0 = 2\pi |H_{21}|^2 / \hbar \tag{B5.3.3}$$

这个黄金定则假设此反应是非绝热的，这意味着 H_{21} 必须相对较小。我们将在下面更精确地说明此限制，并在 10.4 节中给出细节。结合式(B5.3.2)和式(B5.3.3)可得出半经典的马库斯方程：

$$k_{et} = \frac{2\pi (H_{21})^2}{\hbar (4\pi \Lambda k_B T)^{1/2}} \exp[-(\Delta G^0 + \Lambda)^2 / 4\Lambda k_B T] \tag{B5.3.4}$$

马库斯方程预测，对于给定的 H_{21} 和 Λ 值，$\log(k_{et})$取决于$(\Delta G^0 + \Lambda)$的二次方。因为定义 Λ 为正，所以这意味着如果强烈放热 ($\Delta G^0 \ll -\Lambda$) 以及反应吸热($\Delta G^0 > 0$)，反应将变慢。当$\Delta G^0 = -\Lambda$ 时，速率应最大。使反应放热更多会降低其速率的预测是出乎马库斯当时的意料的[91]，并且很多年都未得到实验的证实[93-95]。溶液中反应物之间电子转移的动力学可能会因形成中间体复合物而变得复杂，并可能受反应物扩散速率的限制[96, 97]。

为了将式(B5.3.4)应用于蛋白质中色氨酸残基激发态的电子转移，Callis 等将 H_{21}、ΔG^0 和 Λ 的计算整合到混合的经典-量子力学分子动力学(molecular dynamics，MD)模拟中[50, 68, 88, 98, 99]。(关于 MD 模拟的介绍参见专栏 6.1，关于计算的蛋白质振动运动如何影响电子转移能量差的介绍参见图 6.3。)计算得到的电子转移至骨架酰胺基团的速率常数与在许多蛋白质中测得的荧光猝灭结果是一致的，表明ΔG^0 的变化通常比 H_{21} 的差异更重要。但是，有些蛋白质的荧光产率的计算值和实测值的差别很大。这些情形可能反映了准确计算能量的困难度，或者反映了半经典马库斯方程的基本假设不再成立。

图 5.8(A)中的经典自由能曲线忽略了核隧穿。从量子力学上讲，电子转移可以在两个势能面的非交点处发生，只要反应物和产物电子态的一对振动波函数的富兰克-康顿因子大于零即可。图 5.8(B)针对在两个态中有相同频率的简谐振动模式说明了这一点。D^+A^-的势能最低点有垂直移动，使得其量子数 $n = 2[\chi_{D^+A^-(2)}]$ 的振动波函数与 $n=0[\chi_{DA(0)}]$ 的 DA 波函数的能量相等。势能曲线也沿振动坐标移动，使得它们只是大约而非精确地在$\chi_{DA(1)}$和 $\chi_{D^+A^-(3)}$ 的能量处相交。考察此图可知，这对波函数具有非零的重叠积分，因此其富兰克-康顿因子不为零。$\chi_{DA(0)}$ 与 $\chi_{D^+A^-(2)}$、$\chi_{DA(2)}$ 与 $\chi_{D^+A^-(4)}$，以及 $\chi_{DA(3)}$ 与 $\chi_{D^+A^-(5)}$ 的富兰克-康顿因子也不为零。在这些波函数之间隧穿的一个结果是，当$\Delta G^0 \ll -\Lambda$ 时，电子转移速率下降的速度不如式(B5.3.4)预测的那样快[100]。在低温下该速率也不一定为零。

式(B5.3.1)和式(B5.3.4)还假定反应体系与周围环境处于热平衡。对于通过光激发产生的反应物，此假设可能是有问题的。另外，式(B5.3.3)和式(B5.3.4)要求供体和受体的电子相互作用较弱。电子转移的相互作用矩阵元 H_{21} 取决于反应物的电子轨道重叠，这个重叠将随着分子间距离的增加而迅速减弱[101]，但对于蛋白质中从激发态色氨酸到附近的残基和骨架酰胺基团的电子转移而言，可能相对较强[50, 51]。

更通用的方法是将电子转移速率常数写为[51]

$$k_{et} = \frac{2\pi}{\hbar} \overline{|H_{21}(t)|^2 \frac{\hbar\xi / 2\pi}{|H_{21}(t)|^2 + \hbar\xi / 2\pi} \rho[\Delta E(t)]} \tag{B5.3.5}$$

其中$\Delta E(t)$是非绝热反应物和产物电子态之间的涨落能量差，可由体系在反应物态的 MD 模拟计算得到，$H_{21}(t)$是 t 时刻的相互作用矩阵元，$\rho[\Delta E(t)]$是与反应物态简并的产物电子振动态的富兰克-康顿权重密度的半经验表达式，ξ 是产物态因其能量涨落或能量向周围环境消散而与反应物脱离共振的速率，上划线表示在适当模拟时间内的平均。尽管原则上弛豫项 ξ 随 H_{21} 和ΔE 而涨落，但此处假定其与时间无关。当$\overline{|H_{21}(t)|^2} \ll \hbar\xi/2\pi$时，式(B5.3.5)简化为非绝热极限[式(B5.3.3)]。在相反的情形，当$\overline{|H_{21}(t)|^2} \gg \hbar\xi/2\pi$时，速率常数达到绝热极限，即 $k_{et} = \xi\overline{\rho[\Delta E(t)]}$，且不再取决于 H_{21}。使用式(B5.3.5)进行的混合经典-量子力学 MD 模拟给出了计算的速率常数，该常数与含有一个色氨酸的合成肽在各种环境中的荧光猝灭具有很好的一致性[51]。同样的方法已被用于处理绒毛蛋白头部的解折叠过程中的色氨酸荧光变化[48]。

11.7 节和图 11.22 描述的密度矩阵处理法可用于电子转移，为此需要获得与反应耦合的振动模式的频率和位移等信息。

5.7　荧光探针与标记

荧光染料几乎可以不受限制地用作蛋白质和其他分子的结构变化的探针，能够测量细胞内的组分并标记活细胞以进行分析或分类。图 5.9 显示了一些常用染料的结构。苯胺基萘磺酸盐已广泛用于探测蛋白质折叠，因为它能非特异地结合到蛋白质的疏水区域。它的荧光在水溶液中被强烈地猝灭，而当染料与蛋白质结合时通常会显著地增加，并从绿色变为蓝色[102,103]。普鲁丹[6-丙酰基-2-(二甲基氨基)萘，6-propionyl-2-(dimethylamino)naphthalene]及相关染料也具有类似的随着局部环境变化的发光偏移[8,104,105]。Di-4-ANEPPS 是一组“电压敏感”染料中的一个，可用于检测神经元和其他电活性细胞中膜电位的变化。膜电位的变化可以改变这些染料的发射光谱或荧光产率，这里涉及几种机制，包括染料的平移、重新取向或聚集，或电致变色(斯塔克)效应[106-109]。钙绿(calcium green)1 和相关染料被用于测量组织、细胞和细胞器中的 Ca^{2+}。当钙绿 1 与 Ca^{2+} 结合时，其荧光产率大约增加 10 倍。已经合成了许多具有活性官能团的其他荧光分子和底物类似物，能以特定共价键结合到大分子或特定的细胞器中[31,110]。对于流式细胞术和细胞分选，细胞可用藻红蛋白标记，这是藻类和蓝细菌的一种天线蛋白，在 580 nm 处强烈发荧光，可以与细胞表面各种组分的特异性抗体进行偶联[111,112]。

由量子点构造而成的新型荧光标记已有报道。量子点是半导体材料(如 CdS、CdSe 或 CdTe)的“纳米晶体”或“团簇”，直径通常为 20～100 Å，并被嵌入透明的绝缘介质中[113,114]。这种组装体可以用特定蛋白质或其他大分子配体的衍生聚合物包覆。将半导体的电子波函数限制在纳米晶体中会对荧光特性产生显著影响[115-119]。最重要的是，发射最大峰位在很大程度上取决于粒子的尺寸，随着尺寸的增加而向长波方向移动。例如，通过控制粒径，CdSe 的发射峰位可以在约 525 nm 和 655 nm 之间变化，而发射光谱仍然保持 FWHM 为 30～50 nm 的近似高斯峰型。相比之下，吸收光谱则非常宽，因而允许在发射带的蓝端以几乎任意波长激发产生荧光。量子点具有高荧光产率、耐光损伤等特性，在生物成像中具有广泛的应用[120]。

从维多利亚多管发光水母(Aequorea victoria)中提取的绿色荧光蛋白(green fluorescent protein，GFP)包含一个内在的生色团，此生色团通过环化和氧化 Ser-Tyr-Gly 序列而形成(图 5.10)[121-125]。此生色团具有几种不同的质子化形式，但图 5.10(A)中所示的中性“A”形

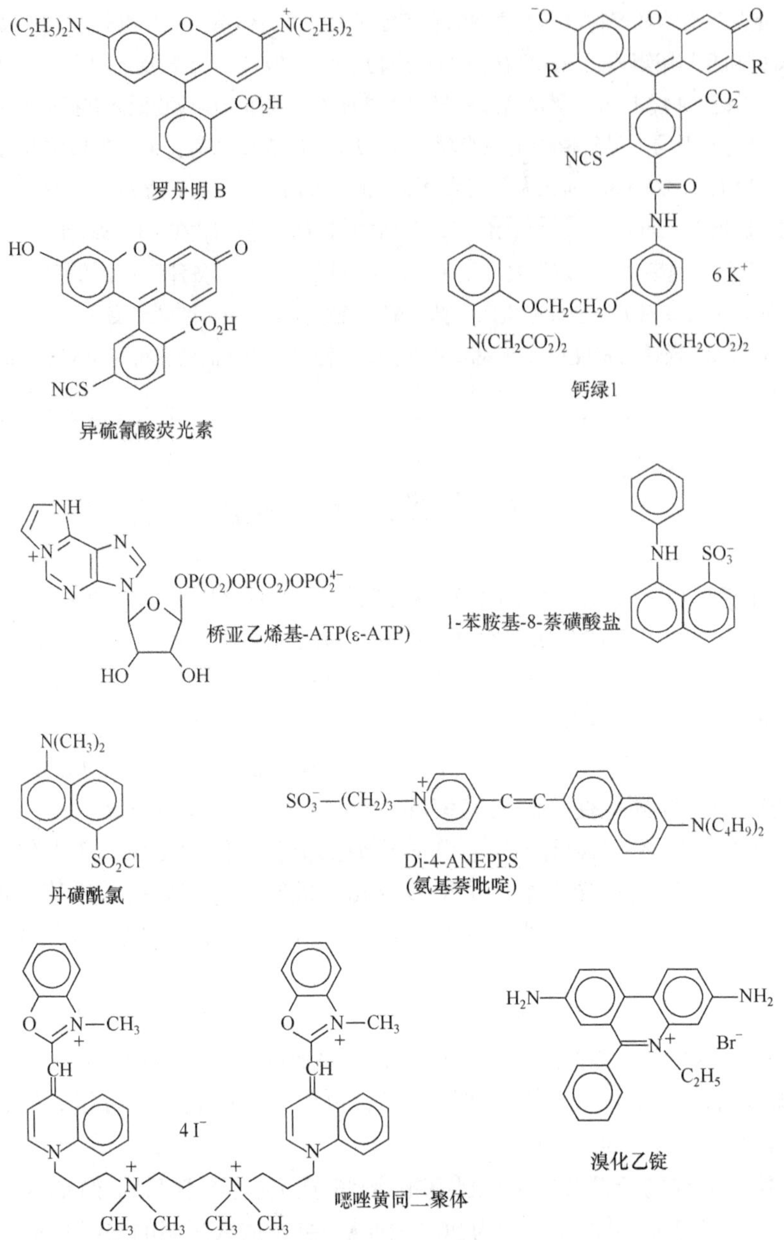

图 5.9 一些常见的荧光染料

式在静止蛋白中占主导地位，并表现为 400 nm 附近的主要吸收带[126]。阴离子的“B”形式在 475 nm 附近吸收。当 GFP 的 A 形式在 400 nm 吸收带中被激发时，其生色团将质子转移到蛋白质的一个未知基团上[图 5.10(B)]。去质子化的生色团在 510 nm 附近强烈地发荧光，然后在基态中收回质子。荧光明显地来自不完全弛豫的中间体(I^*)，这是因为其发射光谱与激发 GFP 的阴离子 B 形式所产生的光谱相比发生了蓝移。处于激发态的蛋白质的弛豫有时会捕获 B 形式的体系，使其相对缓慢地与处于基态的 A 达平衡。

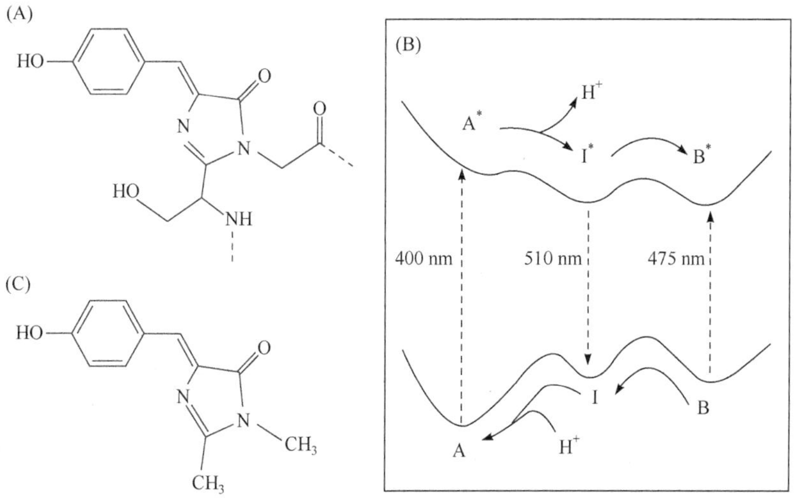

图 5.10　(A)绿色荧光蛋白的生色团。图中所示的是其 OH 基和杂环的几种可能的质子化态之一。虚线表示蛋白质主链的延续。(B)GFP 生色团主要形式的势能面示意图。中性形式 A 在 400 nm 处吸收；弛豫的阴离子形式 B 在 475 nm 处吸收。大部分绿色(510 nm)荧光来自去质子化但不完全弛豫的激发态(I^*)。(C)4-羟基亚苄基-2,3-二甲基咪唑啉酮(HBDI)，它是 GFP 生色团的一个模型体系

4-羟基亚苄基-2,3-二甲基咪唑啉酮[4-hydroxybenzylidene-2,3-dimethyl-imidazolinone，HBDI，图 5.10(C)]是 GFP 生色团的一个极为有用的模型分子，并具有许多 GFP 的光谱性质(图 12.2)。但是，HBDI 在室温下基本不发荧光，这看起来是由于扭曲运动，受激分子迅速变为一个有利于由内转换回到基态的构型[127-130]。在低温下，其荧光产率增加约 1000 倍，可能是低温阻止了其扭转变形。GFP 的生色团周围蛋白质应该具有相对刚性，以防止类似变形的发生。

GFP 可以广泛用作荧光标记物，因为编码此蛋白质的基因可以与几乎所有其他蛋白质的基因进行融合，从而为第二个基因的表达提供探针[131-134]。由于生色团是在融合蛋白合成后自发生成的，因此无需额外添加物即可通过显微镜观察到绿色荧光。已经构建了可以在更短或更长波长吸收和发射的 GFP 变体[123,133-141]，并可以将其以各种组合使用，以确定融合它们的蛋白质之间的距离(第 7 章)。例如，一些黄色变体(YFP)是通过将突变 S65G 与 T203F 或 T203Y 以及 1～3 个其他位点的取代结合在一起而获得的。蓝色和青色变体可以通过用 H、F 或 W 取代 Y66(形成 GFP 中的酚基)而得到，并可结合其他突变以增加蛋白质的亮度和稳定性。与 GFP 具有结构同源性的红色荧光蛋白可从一些非生物发光的珊瑚中获得[142,143]，并已通过突变对其亮度和稳定性进行了优化[140,141]。“m 樱桃”(mCherry)变体在 587 nm 处吸收最大，在 610 nm 处发射，因而是特别有用的。而另一个变体 PAm 樱桃 (PAmCherry) 则是不发荧光的，除非其短暂暴露于近紫外光而被激活。胞质 Ca^{2+}传感器已通过将钙调蛋白引入 GFP 或 YFP 的环中而得以构建[138,144,145]。GFP 还有一个引人注目的变体(FP595)，当用绿光照射时它会发红色荧光，而用蓝光照射时会返回非荧光态[146-149]。FP595 在超高分辨率显微镜中的应用将在 5.10 节中讨论。

5.8 光 漂 白

在 GFP 和其他荧光探针的许多应用中的一个限制因素是光漂白，这是一种将分子不可逆地转化为非荧光产物的光化学过程。光漂白的速率取决于荧光分子和光强度。例如，罗丹明染料的光漂白在低光强度下的量子产率仅为 10^{-7}～10^{-6}，而在高强度下的量子产率则很高，这表明该过程在很大程度上是被较高激发态上的单重态或三重态所激活[150,151]。

光漂白通常涉及氧化，即被电子激发单重态的 O_2 所氧化[152,153]。正如在 2.4 节中所提到的，O_2 的基态是三重态，其第一激发态($^1\Delta_g$)是单重态。单重态 O_2 可由来自芳香有机分子的激发三重态的能量和自旋转移而形成，并且可以通过其 1270 nm 附近的磷光来检测[154]。单重态 O_2 可在 C═C 键处反应生成内过氧化物，并重排成各种次级光产物[155]。在溶液中除去 O_2 或添加三重态的猝灭剂，可以使某些分子的光漂白降到最低程度[156-158]。

尽管光漂白是荧光的许多用途中的一个缺点，但由于可以将其用于研究生物分子的运动，因而可成为一种优势。在一种称为光漂白后荧光恢复(fluorescence recovery after photobleaching，FRAP)的技术中，将激光束短时间聚焦在一个小的样品区域上，使其中的荧光分子漂白(图 5.11)。然后，阻隔激光束，并在同一区域测量荧光随时间的变化。当未漂白的分子移动进入此焦点区域时，则荧光会再次出现。一种改进技术称为光漂白的荧光损耗法(fluorescence loss in photobleaching，FLIP)或逆 FRAP (iFRAP)，跟踪的是未暴露于漂白光束的区域中的荧光。如果标记分子可以从该区域移动到漂白区域，则观测荧光会随时间而降低；但是如果标记分子不离开，则荧光将保持恒定(图 5.11)。

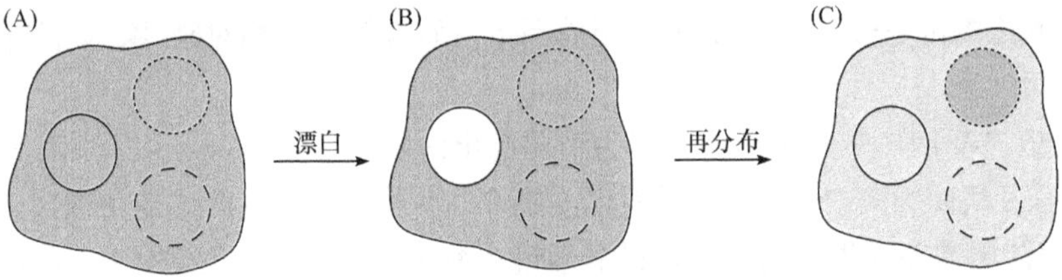

图 5.11 光漂白后荧光恢复法(FRAP)和光漂白的荧光损耗法(FLIP)。阴影表示在利用聚焦激光脉冲破坏实线圆所指区域中的荧光团之前(A)、之后(B)和在较长时间后(C)，用显微镜从细胞中观察到的荧光。漂白区的荧光在漂白时迅速下降，并当分子从细胞其他部分迁移到此区域时随时间逐渐恢复。虚线圆表示一个区域，其中的荧光分子可以离开而移至漂白区；则漂白后，此处的荧光随时间逐渐降低。点线圆表示荧光分子被限制或结合的区域；此处的荧光不变

FRAP 法最初用于研究脂质和蛋白质在细胞表面横向扩散动力学[159-163]。它与全内反射相结合(专栏 3.2 和 5.10 节)，可用于研究免疫球蛋白片段与玻璃表面上附着的平面双层膜的相互作用[164]，以及配体与固化受体的结合[165]。随着共聚焦显微镜(5.10 节)和 GFP 标记[147,166-168]的发展，其应用扩展迅速，现已涵盖细胞核[169,170]、线粒体基质[171]、内质网[172]和高尔基体[173]等的组分。

5.9 荧光各向异性

现在讨论利用荧光研究分子在更精细尺度上的转动运动。假设有一个分子随机取向的样

品，并用线偏振光照射这个样品。令此偏振方向平行于实验室的 z 轴。光将选择性地激发跃迁偶极($\boldsymbol{\mu}_{ba}$)方向平行于同一轴的分子。然而，偏离此轴取向的分子也将以 $\cos^2\theta$ 的概率被激发，其中 θ 是偏离 z 轴的角度[式(4.8a)～式(4.8c)]。

对于任意一个分子，其 $\boldsymbol{\mu}_{ba}$ 取向有两个角度 θ 和 ϕ，其中 ϕ 是在 xy 平面中的旋转角度。角度 θ 介于 θ 和 $\theta+\mathrm{d}\theta$ 之间、ϕ 介于 ϕ 和 $\phi+\mathrm{d}\phi$ 之间的分子份额与单位半径的球面上的面积元 $\sin\theta\mathrm{d}\theta\mathrm{d}\phi$ 成正比(专栏 4.6)。在此方向的受激分子的分数 $W(\theta,\phi)\mathrm{d}\theta\mathrm{d}\phi$ 由下式给出：

$$W(\theta,\phi)\mathrm{d}\theta\mathrm{d}\phi=\frac{\cos^2\theta\sin\theta\mathrm{d}\theta\mathrm{d}\phi}{\int_0^{2\pi}\mathrm{d}\phi\int_0^{\pi}\cos^2\theta\sin\theta\mathrm{d}\theta} \tag{5.59}$$

分母中的积分只是用于计算所有被激发的分子，其结果为 4π/3，因此

$$W(\theta,\phi)\mathrm{d}\theta\mathrm{d}\phi=(3/4\pi)\cos^2\theta\sin\theta\mathrm{d}\theta\mathrm{d}\phi \tag{5.60}$$

现在假设一个受激分子发荧光。如果吸收和发射涉及相同的电子跃迁($\Psi_a\leftrightarrow\Psi_b$)且受激分子在发射之前不改变其方向，则发射跃迁偶极子($\boldsymbol{\mu}_{ba}$)将平行于吸收跃迁偶极子($\boldsymbol{\mu}_{ba}$)。对于样品中的每个分子，发射沿 z 轴(平行于激发的偏振方向)极化的概率也取决于 $\cos^2\theta$。在分子的所有可能方向积分得到

$$\begin{aligned}F_{\parallel}&\propto\int_0^{2\pi}\mathrm{d}\phi\int_0^{\pi}W(\theta,\phi)\cos^2\theta\mathrm{d}\theta\\&=(3/4\pi)\int_0^{2\pi}\mathrm{d}\phi\int_0^{\pi}\cos^4\theta\sin\theta\mathrm{d}\theta=(3/4\pi)(4\pi/5)=3/5\end{aligned} \tag{5.61}$$

类似地，给定分子的发射沿 x 轴(垂直于激发)极化的概率与 $|\boldsymbol{\mu}_{ba}\cdot\hat{x}|^2$ 成正比，且依赖于因子 $\sin^2\theta\cos^2\phi$。也在分子的所有可能方向积分，得到

$$\begin{aligned}F_{\perp}&\propto\int_0^{2\pi}\cos^2\phi\mathrm{d}\phi\int_0^{\pi}W(\theta,\phi)\sin^2\theta\mathrm{d}\theta\\&=(3/4\pi)\int_0^{2\pi}\cos^2\phi\mathrm{d}\phi\int_0^{\pi}\cos^2\theta\sin^3\theta\mathrm{d}\theta=1/5\end{aligned} \tag{5.62}$$

比较式(5.61)和式(5.62)，可以看到平行于激发光极化的荧光($F_{\parallel}$)应是垂直于激发光极化的荧光($F_{\perp}$)的三倍。有两种方法用于测量这一相对强度，即荧光极化(P)和荧光各向异性(r)：

$$P=(F_{\parallel}-F_{\perp})/(F_{\parallel}+F_{\perp}) \tag{5.63}$$

及

$$r=(F_{\parallel}-F_{\perp})/(F_{\parallel}+2F_{\perp}) \tag{5.64}$$

在大多数情况下，r 是一个比 P 更有意义的参数。如果样品包含具有不同各向异性组分的混合物，则观察到的各向异性就是各组分之和

$$r=\sum_i\Phi_i r_i \tag{5.65}$$

其中 r_i 是组分 i 的各向异性，Φ_i 是该组分发射的总荧光的分数。荧光极化则不以这种方式相加。另外，如果受激分子可以转动，则荧光各向异性的时间依赖性比极化的时间依赖性更简单。尽管在许多有关荧光的早期文献中都使用极化，但是现在大多数研究者都使用各

向异性。

各向异性的定义中的分母$(F_{\parallel}+2F_{\perp})$正比于总荧光$F_T$，它包括沿所有三个笛卡儿坐标轴极化的分量：$F_T=F_x+F_y+F_z$。在式(5.61)和式(5.62)的推导中，用$z$偏振激发，并在测量荧光时利用了与$z$轴和$x$轴平行的偏振片，因此$F_{\parallel}=F_z$，$F_{\perp}=F_x$。因为发射在$xy$平面上必定是对称的，所以$F_y=F_x$。因此，$F_T=F_z+2F_x=F_{\parallel}+2F_{\perp}$。也可以利用与$z$轴成"魔角"54.7°的偏振片测量荧光而获得总荧光，如图5.12所示。这等效于将z极化测量和x极化测量分别用权重因子$\cos^2(54.7°)$和$\sin^2(54.7°)$组合在一起，其比例为1∶2。利用一个与激发偏振成魔角的偏振片测量的荧光不受发射生色团转动的影响。

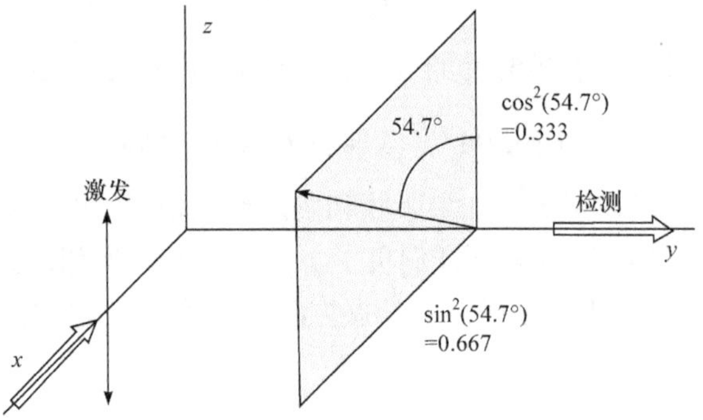

图5.12 如果样品被偏振方向平行于z轴的光所激发，则总荧光正比于"魔角"(54.7°)下通过偏振片测量的荧光。在这个测量中，z和x极化组分的权重比为1∶2

取式(5.61)和式(5.62)中$F_{\parallel}$和$F_{\perp}$的值，可得到一个固定体系的r值，即$r=2/5$。这是具有单个激发态体系的各向异性的最大值。(在具有多个激发态的体系中，当受激分子系综中包括的分子在不同的本征态中但其波函数随时间变化的部分彼此具有确定的相位关系时，最初的各向异性可能在很短的时间内高达1.0。在第10章中将讨论这种异常高的各向异性。与周围环境的相互作用通常会导致波函数在几皮秒内变得相位不同，从而使r迅速衰减至0.4或更低。)

如果发射和吸收跃迁偶极子不平行，或者分子在发荧光之前有转动，则观察到的各向异性将减小。如果发射跃迁偶极子与吸收跃迁偶极子成夹角ξ，则固定分子的$F_{\parallel}$、$F_{\perp}$和r变为(专栏10.5和文献[174])：

$$F_{\parallel}=(1+2\cos^2\xi)/15 \tag{5.66}$$

$$F_{\perp}=(2-\cos^2\xi)/15 \tag{5.67}$$

及

$$r'=(3\cos^2\xi-1)/5 \tag{5.68}$$

如果分子在发荧光之前弛豫到一个不同的激发电子态，则这些表达式将成立。例如，在细菌叶绿素中，激发到第二激发态(Q_x)的跃迁偶极子与激发到最低态(Q_y)的跃迁偶极子彼此垂直。对于细菌叶绿素在甘油等黏性溶剂中的溶液，如果在575 nm激发其Q_x谱带，则在800 nm附近的Q_y谱带发射具有−0.2的各向异性，此即式(5.68)在$\xi=90°$时的结果。

当角度ξ为45°时，式(5.68)给出$r'=0.1$。45°角意味着平均而言，发射跃迁偶极子在吸收跃迁偶极子上的投影与其在正交于此吸收偶极子的另一个轴上的投影是相等的。一个等效的情形是，如果受激分子将其能量快速转移到一个其他分子的阵列中，后者的跃迁偶极子位于一个平面中并在此平面内随机取向。一些光合细菌天线体系含有这样的细菌叶绿素分子阵列。在阵列上的激发达到平衡后产生荧光，其各向异性为 0.1[175-177]。在第 10 章中将再次介绍这种多分子体系的荧光各向异性。

现在，令受激分子随机转动，以使其跃迁偶极子可取所有可能的方向。如果用一个短脉冲光在时刻 $t=0$ 激发样品，则在脉冲光之后即刻的初始荧光各向异性(r_0)将为 2/5[或者是式(5.68)给出的值，如果向另一个电子态的内转换极快地进行]，但是，随着受激分子转动到新的方向，各向异性将衰减为零(图 5.13)。通过考察各向异性的衰减动力学，可以了解分子转动有多快，以及此转动运动是各向同性还是各向异性的。

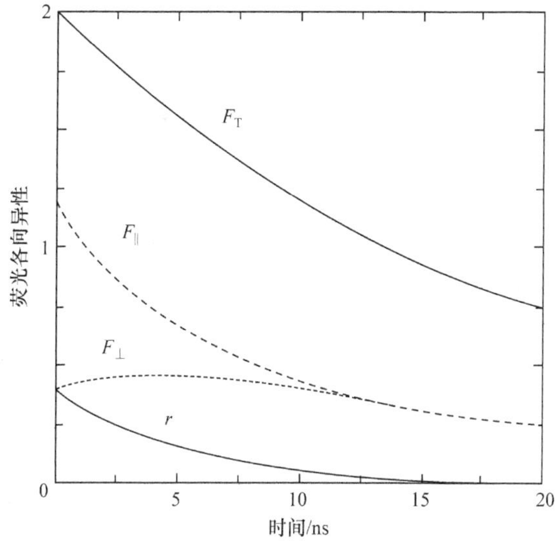

图 5.13　在与激发偏振平行($F_{\|}$)和垂直($F_{\perp}$)偏振条件下测量的荧光信号的典型时程。图中的总荧光($F_T = F_{\|} + 2F_{\perp}$)以 20 ns 的时间常数衰减，而荧光各向异性(r)以 5 ns 的时间常数衰减。F_T、$F_{\|}$和 $F_{\perp}$的纵坐标标度为任意的

如果发荧光的分子近似为球形，它将或多或少地进行各向同性旋转。那么，荧光各向异性将以一个称为转动相关时间(τ_c)的单一时间常数呈指数衰减：$r = r_0\exp(-t/\tau_c)$。球形分子的转动相关时间由德拜-斯托克斯-爱因斯坦(Debye-Stokes-Einstein)关系给出：

$$\tau_c = V\eta / k_B T \tag{5.69}$$

其中 V 是水合体积，η 是黏度，k_B 是玻尔兹曼常量。另一个“斯托克斯-爱因斯坦表达式”使 τ_c 等于 $1/(6D)$，其中 D 是转动扩散系数。因此，假设发射和吸收跃迁偶极子是平行的，则球形分子的荧光各向异性的时间依赖性为

$$\begin{aligned} r &= [F_{\|}(t) - F_{\perp}(t)]/[F_{\|}(t) + 2F_{\perp}(t)] \\ &= r_0\exp(-t/\tau_c) = (2/5)\exp(-tk_B T/V\eta) \end{aligned} \tag{5.70}$$

(在 5.10 节和第 10 章中将更全面地讨论相关函数。)

如果分子是很不对称的，则其运动是各向异性的，并且荧光各向异性通常随时间以指数函数之和而衰减。这些项的幅度和相关时间可以提供分子的形状和柔韧性等信息。研究各向异性的衰减如何取决于温度和黏度，还可以帮助区分荧光团的局部运动与所结合的大分子的慢翻转运动。例如，由于较大地限制了结构涨落，色氨酸残基的荧光各向异性衰减在折叠的蛋白质中通常比在解折叠态中的要慢很多。如果蛋白质解折叠或经历构象变化而使整体结构更为紧凑，则各向异性衰减应加快。另一个例子是使用嵌入的荧光染料来探索核酸的弯曲运动[178]。

如果样品被连续光激发，造成各向异性的时间依赖性无法分辨，则测量的是各向异性的平均值。这由下式给出

$$r_{\text{avg}}=\left[\int_0^{\infty}r(t)F(t)\mathrm{d}t\right]\Big/\left[\int_0^{\infty}F(t)\mathrm{d}t\right] \tag{5.71}$$

其中 $F(t)$描述了一个受激分子的总荧光概率的时间依赖性。例如，如果 $F(t)=F_0\exp(-t/\tau)$，并且分子以单个转动相关时间 τ_c 旋转，则

$$r_{\text{avg}}=\frac{\int_0^{\infty}r_0\exp(-t/\tau_c)F_0\exp(-t/\tau)\mathrm{d}t}{\int_0^{\infty}F_0\exp(-t/\tau)\mathrm{d}t}=\frac{F_0r_0/(1/\tau+1/\tau_c)}{F_0/(1/\tau)}=\frac{r_0}{1+\tau/\tau_c} \tag{5.72}$$

$1/r_{\text{avg}}$ 与荧光寿命(τ)的关系图应为一直线，其斜率为 $1/r_0\tau_c$，截距为 $1/r_0$：

$$1/r_{\text{avg}}=1/r_0+(\tau/r_0\tau_c) \tag{5.73}$$

因此，通过使用 O_2 等猝灭剂改变 τ，可以获得初始各向异性(r_0)和转动相关时间(τ_c)[179-181]。注意 r_{avg} 的变化反映的可能是 r_0、τ_c 或 τ 的变化。例如，如果加入猝灭剂后缩短了荧光寿命，则 r_{avg} 的测量将在分子激发后的较早时刻采集各向异性，结果使得 r_{avg} 更加接近 r_0。

研究大分子结合的小生色团时，$1/r_{\text{avg}}$ 与 T/η 的关系图有时是两相的，如图 5.14 右边所示。在高黏度或低温(T/η 较小)时测得的各向异性比通过外推高 T/η 值下的测量值所得到的各向异性要大($1/r_{\text{avg}}$ 小)。这是因为图中的这两个区域反映不同类型的运动。在低 T/η 时，大分子作为一个整体基本上是不动的，但结合的生色团可能仍然具有某种可移动的自由度。在高 T/η 时观察到的较低的各向异性反映了大分子整体的翻动。从时间分辨测量可以看出各向异性衰减是多相的，较快的组分反映生色团的局部运动，而较慢的组分则反映大分子的翻动。

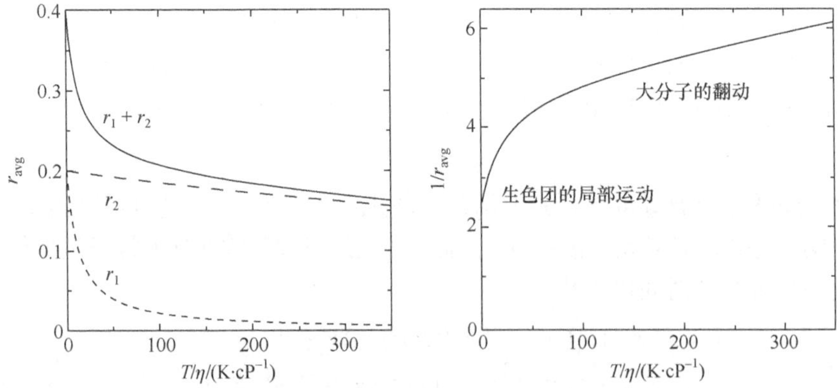

图 5.14 大分子结合的生色团的平均各向异性(r_{avg})的测量有时可以区分生色团的局部运动与整个大分子的翻动。大分子的翻动在低温(T)或高黏度(η)下被固化。在此图中，整体各向异性(r_{avg})是两项(r_1 和 r_2)之和，它们对初始各向异性有相同的贡献，但转动相关时间相差 100 倍

如果生色团可以旋转，以至于发射偶极子的取向改变了角度 ξ，那么荧光各向异性将从其初始值(r_0)逐渐衰减到

$$r'=r_0\frac{3\overline{\cos^2\xi}-1}{2} \tag{5.74}$$

其中 $\overline{\cos^2\xi}$ 是 $\cos^2\xi$ 的平均值。因子 $(3\overline{\cos^2\xi}-1)/2$ 称为秩序(order)参数，对于 $\xi=0$，其值为 1，对于完全随机运动，即 $\overline{\cos^2\xi}=1/3$ 时，其值为零(专栏 4.6)。式(5.74)与式(5.68)相同，不同之处在于用所有可及角度的平均值替换了 ξ 的唯一值。专栏 10.5 详细讨论了其起源。

在典型应用中，荧光各向异性已用于研究淀粉样蛋白转甲状腺素对神经胚细胞瘤的细胞质膜流动性的影响[182]，以及当一个神经毒素蛋白质与乙酰胆碱受体结合时，其各个区域的迁移率的变化[183]。

5.10 单分子荧光与高分辨荧光显微镜

宏观样品的荧光测量提供了关于平均性质的信息，此平均性质可能类似单个分子的性质，也可能不会。例如，双相荧光衰减动力学可以反映分子分布在两个不同构象或微环境之中有非均相布居。如果此分布在纳秒时间尺度上是静态的，则对宏观样品进行的测量可使我们推断出在这两个态中分子的相对布居，但通常不会揭示分子从其中的一个态转变为另一个有多快。

从非均匀样品中剖析荧光的一种方法是荧光谱线窄化(fluorescence line narrowing)，需要降低温度以固化溶剂的涨落。其基本想法与烧孔吸收光谱法(4.11 节)相同。利用窄光谱带宽的可调谐染料激光器选择性地激发样品，从而筛选出在特定波长吸收的分子的亚布居(subpopulation)。这个亚布居的发射光谱可以比系综整体的发射光谱窄很多，而且随着激发波长在非均匀吸收带上进行调谐，其峰位置通常发生偏移[184]。

荧光检测技术已具有足够的灵敏度，可以测量单个分子的发射光谱和荧光衰减动力学。有很多种方法可以做到这一点[185-188]。一些溶剂，如对-三联苯，在低温下可形成固体基质，而一些有机小分子可以在此“主体”溶剂中作为稀释“客体”而被固化。陷俘在不同环境中的分子可以具有极为尖锐的吸收光谱，因此单个分子可以被选择性地激发[189-191]。可以应用于大分子的一种技术是使稀溶液流经毛细管[192]。当分子流过脉冲激光的焦点时被激发。用这种方法研究了光合天线蛋白藻红蛋白的单分子荧光[193,194]。但是这种方法不能长时间地跟踪同一分子的荧光。

在近场荧光光谱与显微镜[195-202]中，激发光聚焦到锥形光纤中[图 5.15(A)]。光纤尖端的光斑直径由尖端尺寸决定，可以小至 15 nm，远小于经典的衍射极限 $\lambda/2$。如果光纤沿玻璃表面横向平移，而此玻璃表面有稀疏的荧光分子涂层，则尖端处的辐射在给定时间仅激发一个小范围内的分子。同一根纤维收集的或用透镜在基底另一侧收集的荧光是可以进行分析的，直到分子被光漂白破坏为止[203]。

由全内反射产生的隐失辐射(专栏 3.2)也可用于将激发限制在一个小区域内[204]。激发光束通过玻璃棱镜或透镜到达水性介质的界面，如图 5.15(B)所示。令界面上的入射角略大于临界角，此角由两种介质的折射率之比的反正弦决定。如果水相是透明的，则基本上所有入射辐射都被反射回玻璃中。但是，沿界面传播的隐失辐射波会穿透到水中约 500 nm 量级的距离，并能激发该薄层内分子的荧光。在一些应用中，具有大的数值孔径的物镜充当折射率较高的介质，并且用于收集样品发出的荧光。利用全内反射的激发方案已被用于测量荧光配体与吸附在玻璃表面的蛋白质的结合[205-208]，并探测沉积在这种表面上的平面脂质双层中分子的取向与运动[164, 165, 209]。

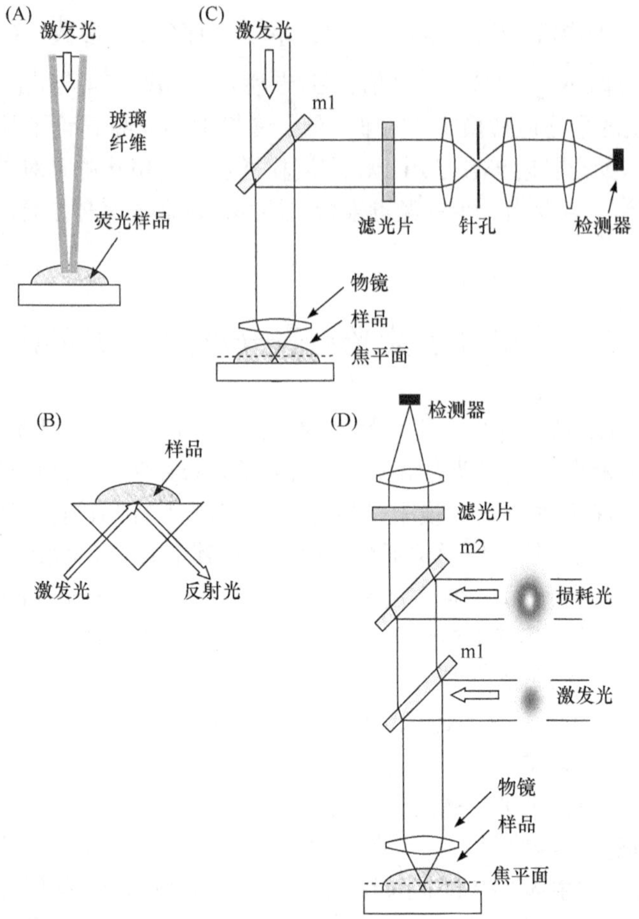

图 5.15 从少量分子中测量荧光的四种方法。(A)固体表面上单个分子的近场荧光光谱法。激发光照射靠近玻璃纤维尖端的小区域。(B)全内反射法。利用隐失波激发荧光，该隐失波仅以很短距离进入样品。(C)共聚焦荧光光谱及显微镜法。物镜将激发光聚焦在样品上。荧光通过同一透镜收集，通过二向色镜(m1)与激发光分离，通过像平面中的针孔重新聚焦，然后送至检测器。针孔可阻断样品中处于焦平面(虚线)上方和下方的分子发出的荧光。(D)荧光损耗显微镜法。来自两个同步激光器的激发脉冲通过同一物镜聚焦。一个(激发)脉冲将焦点区域内的荧光团激发到激发态；另一个(损耗)脉冲或者通过受激发射使受激分子返回基态，或者将荧光团转换为不吸收激发脉冲的形式。这两个脉冲经二向色镜(m1 和 m2)组合，损耗脉冲被聚焦成围绕激发脉冲的甜圈形状

上述后一种技术的一个扩展是在玻璃表面上涂覆金或银，并将入射角调整到在涂层中可产生表面等离激元的共振角[图 3.4(E)]。如专栏 3.2 所述，与表面等离激元关联的隐失场和普通的全内反射所产生的隐失场类似，但强度可能会高一个数量级。胶体金属颗粒以及在小于光波长的距离尺度的图案化光刻表面也可以使用[210-213]。尽管靠近界面的分子的荧光可能会被能量转移和与金属的其他相互作用所猝灭，但其中一些分子体系的灵敏度会有很大提高[214]。

在共聚焦荧光显微镜[215-219]中，可利用物镜将从一个小区域发出的光进行放大成像[图 5.15(C)]。通过圆形光圈发出的光的图像由围绕中心亮点的明暗同心环组成，以英国天文学家艾里(Airy，1801—1892)命名为“艾里斑”。如果荧光通过图像平面中的针孔重新聚焦，则来自样本的未聚焦区域的漫射荧光将被阻断，从而有利于来自焦平面的荧光。此技术称为光学切片法。直径为 50～100 μm 的针孔将采样区域的体积限制为几飞升(10^{-15} L)，如果样品是充分稀释的，则在此

体积内将只有一两个分子。在共聚焦荧光显微镜中，激发点以光栅模式在样品上移动，同时用摄像机采集荧光图像。通过双光子激发可以进一步提高分辨率，这将使荧光对光强度的依赖性增加。关于这些技术和相关显微技术的进一步讨论参见文献[220-225]和第 12 章。

常规显微镜分辨两个距离为 d 的非相干点光源的能力受到衍射的限制，通常取值为 $d = \lambda/2n\sin\alpha$，其中 n 是物镜与物体之间介质的折射率，α 是透镜接受的光锥半角。尽管共聚焦光学能阻挡焦平面之外物体的光而提高荧光显微镜的空间分辨率，但它们并没有突破这一基本限制。近场光学可以克服此衍射极限，但缺点是荧光物体必须非常靠近光纤尖端。然而，黑尔(Hell)及其同事已证明，利用第二束光损耗激发中心周围区域的发射物种的布居，也可以突破衍射极限[226-231]。考虑荧光团的一个系综，每个荧光团可以是荧光形式(A)且其量子产率为ϕ_{F}，也可以是非荧光形式(B)。假设一束聚焦激发光产生了一个荧光物种的布居 $A_{\mathrm{E}}(\boldsymbol{r})$，其在 $\boldsymbol{r}=0$ 处达峰值，因此来自 $\boldsymbol{r}=0$ 点的荧光为$\phi_{\mathrm{F}}A_{\mathrm{E}}(0)$。现在假设强度为$I_{\mathrm{D}}(\boldsymbol{r})$的"损耗"光束将荧光团从 A 以速率常数 $I_{\mathrm{D}}(\boldsymbol{r})\sigma$ 转换成 B，其中σ是 A 的有效吸收截面。令 B 以速率常数 k_{BA} 自发地返回 A。在定态中，在 $\boldsymbol{r}$ 处荧光形式的布居为 $A(\boldsymbol{r}) = A_{\mathrm{E}}(\boldsymbol{r})k_{BA}/[k_{BA}+I_{\mathrm{D}}(\boldsymbol{r})\sigma]$。如图 5.15(D)所示，如果将损耗脉冲聚焦成以激发脉冲为中心的甜圈形状，则 $I_{\mathrm{D}}(0) = 0$，那么来自 $\boldsymbol{r} = 0$ 的荧光仍为$\phi_{\mathrm{F}}A_{\mathrm{E}}(0)$。但是，如果 $I_{\mathrm{D}}(\boldsymbol{r})$随着 $\boldsymbol{r}$ 远离 0 而增加，则 $I_{\mathrm{D}}(\boldsymbol{r})\sigma_{\mathrm{D}}$ 迅速变得远远大于 k_{BA}，那么远离 $\boldsymbol{r} = 0$ 的区域的荧光将大大减少。

作为损耗技术的一个展示，图 5.16(A)中的实线显示了一个激发函数，该函数是位置的高斯函数，即 $I_{\mathrm{E}}(\boldsymbol{r}) = I_{\mathrm{E}}^{0}\exp[-(|\boldsymbol{r}|/r_0)^2]$。虚线表示形状为 $I_{\mathrm{D}}(\boldsymbol{r}) = I_{\mathrm{D}}^{0}\sin^2(\pi|\boldsymbol{r}|4r_e)$的损耗脉冲的强度。图 5.16(B)显示了 $I_{\mathrm{D}}^{0}\sigma/k_{BA} = 10$ 时的函数 $k_{BA}/[k_{BA}+I_{\mathrm{D}}(\boldsymbol{r})\sigma]$(虚线)和 $I_{\mathrm{E}}(\boldsymbol{r})k_{BA}/[k_{BA}+I_{\mathrm{D}}(\boldsymbol{r})\sigma]$(实线)，(C)和(D)则表示在 $I_{\mathrm{D}}^{0}\sigma/k_{BA} = 100$ 和 1000 时同样的函数。当 $I_{\mathrm{D}}^{0}\sigma \gg k_{BA}$ 时，所有荧光均来自 $\boldsymbol{r} = 0$ 附近的任意小区域，并且分辨率没有理论极限。对于中等强度的损耗脉冲，分辨率极限为 $d \approx \lambda/(2n\sin\alpha\sqrt{1+I_{\mathrm{D}}/I_{\mathrm{D,sat}}})$，其中 $I_{\mathrm{D,sat}}$ 是荧光布居数减少为 1/e 时的强度[227]。

损耗荧光的一种方法，即受激发射损耗(stimulated emission depletion，STED)显微镜，是通过受激发射使被激发的荧光团恢复到基态，如上面结合斯托克斯频移的时间分辨率所讨论的那样(5.2 节)。另一种方法是使用一个 GFP 的变体，该变体可以通过不同波长的光在荧光态和非荧光态之间切换(5.7 节)。此切换可以用比诱导受激发射所需的光强度更低的光强来实现[149, 229]。在上述每种情况下的基本要求都是在激发焦点处或附近的损耗脉冲强度为零，并且脉冲强度增加，损耗过程迅速达到饱和。

在单分子实验中测得的单个分子的发射光谱和荧光寿命通常因分子而异，并在很宽的时间尺度上涨落[186-188, 191, 192, 201, 232-234]。这些涨落可以反映出荧光分子与其周围环境的可变相互作用，或者能改变光谱性质的化学过程，如顺反异构，氧化态、还原态或三重态之间的跃迁。发射分子有时突然变暗，大概是不可逆的光化学反应所致。在某些情况下，各向异性测量结果已表明，荧光产率的涨落并不是简单地由转动重新定向所引起，因为荧光保持与激发偏振平行。

单分子光谱法应用于生物分子包括单个 DNA 分子的构象涨落研究[233]、肌球蛋白单分子水解单个 ATP 分子[204, 235]、肌球蛋白沿肌动蛋白棒移动[236]、单个驱动蛋白分子沿微管移动[235, 237, 238]、胆固醇氧化酶中结合的黄素在其氧化态和还原态之间相互转换[239]，以及蛋白质和核酶的折叠途径的阐明[234, 240-248]。这一技术的重要扩展是测量附着在大分子上的一对荧光染料之间的共振能量转移。正如在第 7 章中所讨论的那样，在一个分子被激发后，另一分子可以紧接着发出荧光，这种能量转移的效率关键取决于供体和受体之间的距离。威利茨(Willets)等[249]

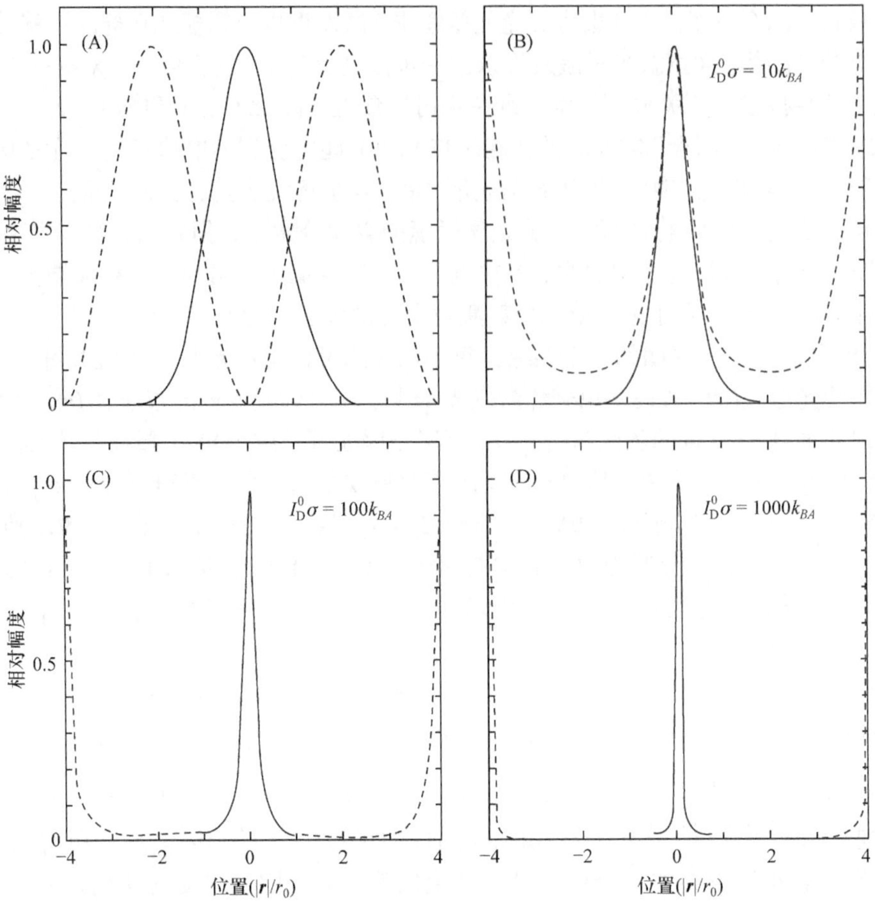

图 5.16 在荧光显微镜中突破衍射极限。(A)一个高斯激发脉冲{ $I_E(\boldsymbol{r}) / I_E^0 = \exp[-(|\boldsymbol{r}| / r_0)^2]$ ，实线}和一个同心的荧光损耗脉冲[$I_D(\boldsymbol{r})/ I_D^0 = \sin^2(\pi |\boldsymbol{r}|\ 4r_0)$，虚线]的相对强度是相对焦点的距离的函数。$I_0$ 、r_0 和σ是任意标量因子。(B)、(C)和(D)能够在损耗脉冲期间发出荧光的荧光团的定态分数{$k_{BA}/[k_{BA} + I_D(\boldsymbol{r})\sigma]$，虚线}及荧光幅度{$I_E(\boldsymbol{r})k_{BA}/[k_{BA} + I_D(\boldsymbol{r})\sigma]$，实线}，针对 $I_D^0\sigma / k_{BA} = 10$(B)、100(C)和 1000(D)

描述了一系列荧光团，它们具有单分子研究所需的高荧光产率，对局部环境也很敏感。

2014 年诺贝尔化学奖表彰了贝齐格(Betzig)[196-198, 202, 250]、莫纳(Moerner)[187, 189, 190, 235, 249]和黑尔(Hell)[226-230]对单分子荧光光谱学和高分辨率显微镜的开拓性贡献。

5.11 荧光相关光谱

单个分子在不同态之间跳跃或经历与周围环境的可变相互作用所导致的荧光涨落在传统的大量分子的荧光测量中被平均化。介于上述极限情形之间的则是少量分子的荧光以某种方式涨落并提供有关单个分子动力学的信息[215, 251-257]。图 5.17 说明了这种涨落的一些特征。在此处考虑的模型中，体系包含一定数量(N)的分子，每个分子经历在荧光态(开，on)与非荧光态(关，off)之间一级动力学的可逆转换。如果一个分子在给定时刻处于开态，则它在一个短时间间隔 Δt 之后维持开的概率为 $\exp(-k_{off}\Delta t)$；如果分子最初处于关态，则在时间 Δt 之后仍维持关的概率为 $\exp(-k_{on}\Delta t)$。平衡常数为 $K_{eq} = [on]_{eq}/[off]_{eq} = k_{on}/k_{off}$。为了模拟两个态之间的随机跃迁，用于得到图 5.17 的算法是在每个时间步长之后将 $\exp(-k_{on}\Delta t)$或 $\exp(-k_{off}\Delta t)$与 0～1 之间的一个随机数进行比较。图 5.17(A)显示了对一个 $k_{on}\Delta t = 0.1$ 和 $k_{off}\Delta t = 0.025$ 的单个分子所计算的荧光。归一化的荧光在 0～1 之间随机涨落，使该分子处于开态的时间比处于关态的时间约长 4 倍[图 5.17(B)]。

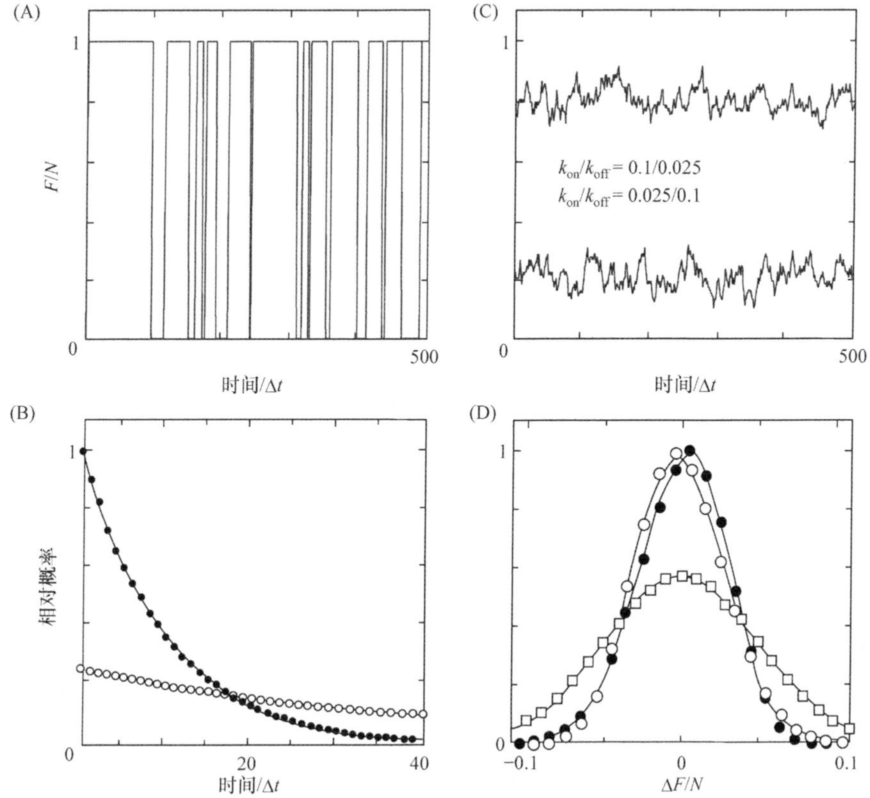

图 5.17　给定分子数目(N)的体系中荧光涨落的计算机模拟，每个分子可以处于荧光态(开，on)或非荧光态(关，off)。在每个时间步长(Δt)上，处于荧光态的分子停留在该态的概率为 $\exp(-k_{off}\Delta t)$，切换到非荧光态的概率为 $1-\exp(-k_{off}\Delta t)$；处于非荧光态的分子以概率 $\exp(-k_{on}\Delta t)$保持在此态，并以概率 $1-\exp(-k_{on}\Delta t)$切换到荧光态。通过将 $\exp(-k_{off}\Delta t)$和 $\exp(-k_{on}\Delta t)$与一个 0～1 之间的随机数进行比较来决定是否更改态。(A)单个分子($N = 1$)的归一化荧光(F/N)为时间的函数，$k_{on}\Delta t = 0.1$ 和 $k_{off}\Delta t = 0.025$。(B)具有 $k_{on}\Delta t = 0.1$ 和 $k_{off}\Delta t = 0.025$ 的分子进入第一个态后，随着时间改变到一个不同的态的概率(空心圆，开→关；实心圆，关→开)。(C)对于 $k_{on}\Delta t = 0.1$ 和 $k_{off}\Delta t = 0.025$(上迹线)或 $k_{on}\Delta t = 0.025$ 和 $k_{off}\Delta t = 0.1$(下迹线)的 100 个分子，归一化荧光(F/N)作为时间的函数给出。(D)对于 $k_{on}\Delta t = 0.01$ 和 $k_{off}\Delta t = 0.1$ (空心圆)、$k_{on}\Delta t$ 和 $k_{off}\Delta t$ 均为 0.1(空心方)或 $k_{on}\Delta t = 0.1$ 和 $k_{off}\Delta t = 0.01$(实心圆)的 100 个分子，归一化荧光与平均值的偏离($\Delta F/N$)的相对概率

图 5.17 的分图(C)显示了对 100 个分子的这种涨落求平均值的结果。如我们所预期，当 $k_{on}/k_{off} = 4:1$ 时，所示时间段内的平均信号约为 0.8{[on]/[on + off] = $K_{eq}/(K_{eq}+1)$}，当速率常数互换后，该值下降至约 0.2。但是，信号基本上围绕这些平均值波动。如图 5.17(D)所示，在任何给定时间与平均值的最大偏差都不为零，除非两个速率常数恰好相同。如果 k_{on} 大于 k_{off}，则平均值大于 0.5，偏差偏向平均值的正值；如果 k_{on} 小于 k_{off}，则它们偏向负的一侧。分布函数的某些不对称性反映了在任何给定时间处于开态的分子数不能小于零或大于分子总数。

通常平均值附近的荧光幅度偏差遵循二项分布。二项分布函数描述了 n 次试验中具有 x 个

“成功”的概率 $P(x,n,p)$，假定在任何单次试验中成功的概率为 p 而失败的概率为 $1-p$。这由表达式给出

$$P(x,n,p)=\frac{n!}{x!(n-x)!}p^x(1-p)^{n-x} \tag{5.75}$$

其中的因子 $n!/x!(n-x)!$ 是从 n 个物体中一次抓取 x 个物体的不同组合的数量[258]。在当前情况下，n 表示光照体积中的分子数量，p 是给定分子在任何特定时刻处于荧光态的概率，x 则是该时刻的荧光分子总数。若多次测量荧光，则每次测量中检测到的荧光分子的平均数量将为 np。

二项分布的平均值 $(\bar{x})$ 确实等于 np：

$$\bar{x}=\sum_{x=0}^{n}x\frac{n!}{x!(n-x)!}p^x(1-p)^{n-x}=np \tag{5.76}$$

这是可以证明的，如果定义 $y=x+1$ 和 $m=n-1$ 并注意到下式[258]

$$\sum_{y=0}^{m}\frac{m!}{y!(m-y)!}p^y(1-p)^{m-y}=\sum_{y=0}^{m}P(y,m,p)=1 \tag{5.77}$$

而方差(σ^2，平均值的均方差)由下式给出

$$\sigma^2=\sum_{x=0}^{n}(x-\bar{x}^2)\frac{n!}{x!(n-x)!}p^x(1-p)^{n-x}=np(1-p) \tag{5.78}$$

对于二项分布，在 n 和 p 的某些极限条件下有几个有效的近似(专栏 5.4)。但是，这些极限条件通常都不适用于此处所考虑的情况。

专栏 5.4　二项分布、泊松分布和高斯分布

当单次试验的成功概率非常低 $(p\ll 1)$ 时，二项分布[式(5.76)]的极限是泊松分布

$$P_{\mathrm{P}}(x,\bar{x})=\frac{\bar{x}^x}{x!}\exp(-\bar{x})=\frac{(np)^x}{x!}\exp(-np) \tag{B.5.4.1}$$

与基本的二项分布一样，此处的 $\bar{x}$ 是 x 的平均值，等于 np，其中 n 是试验次数。泊松分布的方差也为 np，这可以通过令式(5.78)中的因子 $(1-p)$ 为 1 看到。因此，泊松分布平均值的标准偏差(σ)就是平均值的平方根。

泊松分布通常用于分析光子计数实验的数据统计，对于描述光物理或光化学过程如何取决于激发光的强度也很有用。在一个典型应用中，n 表示入射到一个样品上的光子数，p 是给定入射光子导致可检测过程的概率，x 是由 n 个光子引起的可检测事件的总数。如果吸收一个以上的光子与吸收单个光子具有相同的结果，则 x 遵循累积的一次命中泊松分布，该分布将 $x\neq 0$ 的概率表示为 $\bar{x}$ 的连续函数：

$$1-P_{\mathrm{P}}(0,\bar{x})=1-\frac{\bar{x}^0}{0!}\exp(-\bar{x})=1-\exp(-\bar{x}) \tag{B.5.4.2}$$

在 n 无限大、p 也足够大因而 $np\gg 1$ 的极限条件下，二项分布有另一个重要近似。这是高斯分布或正态分布：

$$P_{\mathrm{G}}(x,\bar{x},\sigma)=\frac{1}{\sigma\sqrt{2\pi}}\exp\left[-\frac{1}{2}\left(\frac{x-\bar{x}^2}{\sigma}\right)^2\right] \tag{B5.4.3}$$

其中 $\bar{x}$ 还是分布的平均值，σ 是与平均值的标准偏差。与二项分布和泊松分布不同，高斯分布是 x 的连续函数，并且关于 $\bar{x}$ 对称。有关高斯分布的示例参见式(3.56)、式(3.58)和式(4.57)，有关图示参见图 3.12。

现在考虑如图 5.17(C)所示的涨落荧光的时间依赖性。尽管涨落是随机的，但它们包含了在模型中的开态和关态互相转换的动态信息。可以通过计算涨落的自相关函数提取此信息，这个自相关函数是在任何给定时刻的涨落幅度与稍后某个时刻的幅度之间的相关性的一种度量。对于一个时间依赖函数 $x(t)$，其涨落的自相关函数(有时称为时间相关函数)定义为

$$C(t) \equiv \overline{\Delta x(t')\Delta x(t'+t)} \tag{5.79}$$

其中 $\Delta x(t')$ 是在时刻 t' 时与平均值的偏差 $[\Delta x(t') = x(t') - \overline{x}]$，而上划线表示在所有时刻 t' 上取平均。在零时刻，以这种方式定义的自相关函数给出分布的方差：

$$C(0) \equiv \overline{\Delta x(t')\Delta x(t')} \equiv \sigma^2 \tag{5.80}$$

在长时间之后，自相关函数衰减为零，因为在两个相距很远的时刻，涨落的幅度不再相关。

以体系的另一个参数为参照，将自相关函数归一化通常是很有用的。如果涨落遵循二项分布，则除以平均值的平方并利用式(5.76)和式(5.78)得出

$$\frac{C(0)}{\overline{x}^2} = \frac{\overline{\Delta x^2}}{\overline{x}^2} = \frac{\sigma^2}{\overline{x}^2} = \frac{np(1-p)}{(np)^2} = \frac{q}{np} \tag{5.81}$$

利用此归一化，上述模型的 $C(0)$与光照体积中的分子数($n = N$)成反比。它也与发现处于荧光态和非荧光态的分子的概率之比成反比($q/p = k_{\text{off}}/k_{\text{on}} = 1/K_{\text{eq}}$)。

通常利用荧光信号本身而不是与平均值的偏差来计算荧光相关函数。相对 $\overline{x}^2$ 进行归一化之后，所得函数与 $C(t)/\overline{x}^2 + 1$ 相同：

$$\begin{aligned} G(t) &= \frac{\overline{x(t')x(t'+t)}}{\overline{x}^2} = \frac{\overline{[\overline{x} + \Delta x(t')][\overline{x} + \Delta x(t'+t)]}}{\overline{x}^2} \\ &= \frac{\overline{x}^2 + \overline{x}\cdot\overline{\Delta x(t')} + \overline{x}\cdot\overline{\Delta x(t'+t)} + \overline{\Delta x(t')\Delta x(t'+t)}}{\overline{x}^2} = 1 + \frac{C(t)}{\overline{x}^2} \end{aligned} \tag{5.82}$$

$\Delta x(t')$项和 $\Delta x(t'+t)$项的平均值为零。

图 5.18 给出了一些自相关函数，从几个类似图 5.17(C)中的时间进程中计算而得，但在比

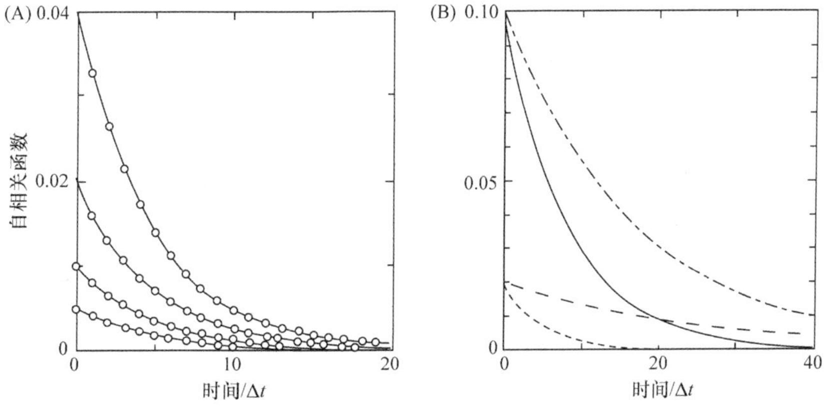

图 5.18 (A)荧光涨落的归一化自相关函数：$N = 25$、50、100 或 200 (从上至下)，均有 $k_{\text{on}}\Delta t = k_{\text{off}}\Delta t = 0.1$。自相关函数相对于平均荧光幅度的平方进行了归一化。(B)荧光涨落的归一化自相关函数：$N = 50$，$k_{\text{on}}\Delta t = 0.1$ 和 $k_{\text{off}}\Delta t = 0.1$(短折线)；$k_{\text{on}}\Delta t = 0.02$ 和 $k_{\text{off}}\Delta t = 0.02$(长虚线)；$k_{\text{on}}\Delta t = 0.02$ 和 $k_{\text{off}}\Delta t = 0.1$(实线)；$k_{\text{on}}\Delta t = 0.01$ 和 $k_{\text{off}}\Delta t = 0.05$(点虚线)。结果均为 2×10^5 个时间步长的平均

图 5.17(C)更长的时间段内(2×10^5个时间步长)取平均值。自相关函数相对$\bar{x}^2$进行了归一化，如式(5.81)所示。正如式(5.81)所预测，零时刻的归一化值与N成反比[图 5.18(A)]，也与K_{eq}成反比[图 5.18(B)]。因此，荧光相关光谱法提供了一种方法，可以确定样品小区域中的荧光分子数，以及具有不同荧光产率的态之间的平衡常数。

对图 5.18 的考察表明，此特殊模型的自相关函数随时间呈指数衰减，并且其衰减的速率常数是两个态之间正向和逆向转换的速率常数的总和($k_{on}+k_{off}$)。例如，图 5.18(B)中的上方曲线在 $16.67\Delta t[(0.05+0.01)/\Delta t$ 的倒数]时，衰减到其初始值的 1/e(0.368)。在经典动力学中，如果一个正向和逆向一级反应的体系被其中一种成分的浓度突变、温度变化或其他一些变化所微扰，则体系将发生弛豫并达到平衡，其速率常数为正向和逆向反应的速率常数之和。图 5.18 中的自相关函数以体系的弛豫速率常数衰减，这是经典的时间相关函数的一般属性[259-262]。荧光相关光谱法的潜在优势之一是不需要微扰就可以从处于平衡的体系中获得其弛豫动力学。

尽管自相关函数提供了体系的弛豫速率常数，但它没有立即给出正向和逆向反应的单独速率常数。这些速率常数可以通过如图 5.17 所示的单分子研究获得。在某些情况下，它们也可以通过测量弛豫速率常数对其中一种反应物浓度的依赖性获得。例如，对于一个正向为双分子反应 ($A+B\xrightarrow{k_1}C$) 而逆向为单分子反应 ($C\xrightarrow{k_{-1}}A+B$) 的体系，其弛豫速率常数为 $k_1([A]+[B])+k_{-1}$，可以通过实验将其分解为依赖或不依赖于[A]和[B]的部分。

来自溶液中样品小区域的荧光也会由于荧光分子扩散进入或离开该区域而涨落。这些涨落的自相关函数取决于分子的三维平移扩散系数(D)和光照区域的几何形状。在一个常用模型中，假设被物镜聚焦的激发光具有以下形式的三维高斯强度分布：

$$I=I_0\exp[-2(a^2+b^2)/r^2-2c^2/l^2] \tag{5.83}$$

其中 c 表示沿光轴的位置，a 和 b 是与该轴垂直的焦平面中的坐标，r 和 l 是强度降至其最大值的 exp(−2)的距离。文献[215]给出了来自分子扩散通过这种区域的归一化的荧光自相关函数

$$\frac{C(t)}{\bar{x}^2}=\frac{1}{N}\left(\frac{1}{4Dt/r^2}\right)\left(\frac{1}{4Dt/l^2}\right)^{1/2} \tag{5.84}$$

因此，荧光相关光谱法提供了一种方法，可以研究改变平移扩散系数的过程，如小荧光配体与大分子的结合。但是，在焦点区域内的光强度，其空间依赖性可能比式(5.83)假设的更复杂，这会在自相关函数中增加额外组分[263]。

当扩散和一个影响荧光产率的反应发生在相似的时间尺度上时，则荧光自相关函数由式(5.81)和式(5.84)给出形式的因子之积组成。与其尝试同时分析这两种组分，不如通过增加黏度来减慢扩散。已知某些酶在琼脂糖凝胶中仍然发挥良好功能，这种凝胶限制了蛋白质的扩散但允许底物和产物相对自由地扩散[239]。但是，当需要替换被激发光不可逆地漂白掉的生色团时，则扩散还是需要的。

荧光相关光谱的应用包括对细胞表面上稀疏分子的研究[264, 265]、配体-受体复合物在细胞膜中的扩散[266]、DNA 的构象动力学[150, 233]、黄素和黄素蛋白的激发态性质[267]、绿色和红色荧光蛋白的光动力学[268, 269]、蛋白质的解折叠路径[270]和脂质与蛋白质的相互作用[271]。

荧光相关光谱的一个扩展是测量两个不同荧光团(如配体及其受体)的荧光交叉相关[272]。小体积元发出的荧光有强相关性，表明有两个物种一起扩散进出这个体积元，如同在复合物中所期望的那样。这一方法已被用于研究核酸互补链的复性[273]、酶融合与酶切动力学[274]、朊粒

蛋白的聚集[275]，以及 DNA 的重组[276]和修复[277]。

利用相关的光子计数直方图技术，当分子扩散通过共聚焦显微镜的聚焦体积时，可收集来自单个分子的荧光强度直方图[278-280]。如果样品包含具有不同的荧光特性分子的混合物，那么从直方图中可获得每类分子中单个分子的荧光相对振幅以及每类分子的数目。

5.12 系间窜越、磷光和延迟荧光

在第 4 章中已看到，偶极相互作用不会导致单重态和三重态之间的跃迁。但是当分子被激发到激发单重态时，通常以 $10^6 \sim 10^8\ s^{-1}$ 量级的速率常数[式(5.47)中的 k_{isc}]弛豫到三重态；如果分子中含有重原子(如 Br)，则此弛豫会更快。当受激分子从三重态衰减回到基态单重态时，它可以发光(磷光)。此过程通常比从激发单重态到三重态的系间窜越慢得多。对于芳烃，磷光的辐射寿命通常约为 30 s 量级[281]。在没有 O_2 等猝灭剂存在的情况下，从三重态到基态的无辐射系间窜越与三重态的形成速率相比通常也是很慢的。激发三重态的典型寿命为 10^{-5} s 至 1 s 以上。

正如在第 2 章中所讨论的那样，单电子自旋角动量在磁场轴上的投影必定为 $\hbar/2$(自旋态 α)或 $-\hbar/2$(自旋态 β)。处于激发单重态的分子[自旋波函数 $2^{-1/2}\alpha(1)\beta(2) - 2^{-1/2}\alpha(2)\beta(1)$，此处数字 1 和 2 表示两个电子]没有与电子自旋相关的净角动量，而自旋波函数为 $\alpha(1)\alpha(2)$ 或 $\beta(1)\beta(2)$ 的三重态分子除了具有与电子轨道运动有关的任意角动量之外，还具有 $\pm\hbar$ 的角动量。第三个三重态自旋波函数 $2^{-1/2}\alpha(1)\beta(2) + 2^{-1/2}\alpha(2)\beta(1)$ 没有沿外场轴投影的自旋角动量，但在垂直此轴的平面内有角动量(图 2.9)。为了使体系的总角动量守恒，在单重态和三重态之间跃迁时，电子自旋的变化必须与体系另一部分(如轨道运动)相关角动量的变化耦合。这种自旋-轨道耦合是对体系哈密顿的微扰，它导致大多数芳香族分子发生系间窜越。

自旋-轨道耦合的强度可以求得，需要考虑与电子自旋相关的磁偶极子与分子内电场和磁场(包括由电子自身的轨道运动产生的磁场)的相互作用[26, 281-286]。在某些具有 π, π^* 单重态和三重态的分子中，系间窜越速率或磷光速率取决于 π, σ^* 和 σ, π^* 态的混合。

从激发单重态($^1\Psi_1$)到激发三重态($^3\Psi_1$)的系间窜越通常比 $^3\Psi_1$ 到基态的磷光或无辐射衰减发生更快，其原因之一是 $^1\Psi_1$ 和 $^3\Psi_1$ 的零点振动能级之间的能隙通常比 $^3\Psi_1$ 与基态之间的能隙小得多。在一系列相关分子中，分子内的无辐射跃迁速率大约以初始态和最终态之间的 0-0 能量差(ΔE_{00})呈指数下降：

$$k = k_0 \exp(-\alpha \Delta E_{00}) \tag{5.85}$$

常数 k_0 和 α 取决于分子的类型。这就是能隙定律[155, 281, 282]。其解释是，如果 ΔE_{00} 大，则必须在较高的激发振动能级上形成产物态，以便在电子跃迁时保持能量守恒。对于小位移的简谐振动模式，从一个态的最低振动能级跃迁到另一态的能级 n 的富兰克-康顿因子 $\left|\langle \chi_n | \chi_0 \rangle\right|^2$ 随着 n 的增加而迅速减小，如图 5.19 所示。当考虑多种振动模式的可能激发组合并在振动中引入了一定的非谐性时，总的富兰克-康顿因子的对数近似地成为 ΔE_{00} 的线性函数[281,287]。

三重态也可以由光化学电子转移所产生的自由基对态(radical-pair states)的逆反应生成。在专栏 10.2 中将简要讨论此过程。

三重态的能量可以用几种方法测量。磷光光谱可直接测量在富兰克-康顿因子最大值处三重态和基态之间的能量差。但是，磷光很难测量，因为它通常比荧光弱 10^6 量级。一种可选方

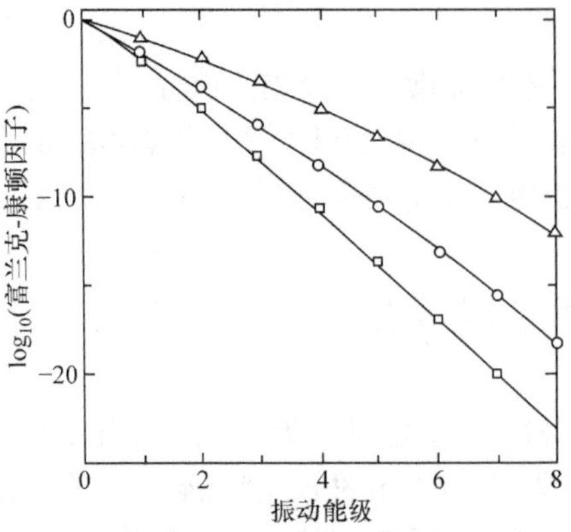

图 5.19 从一个电子态的最低振动能级到另一个态的能级 n 的跃迁的富兰克-康顿因子 $\left|\langle\chi_n|\chi_0\rangle\right|^2$ 的对数。此跃迁耦合有一个简谐振动模式，其振动位移分别为 0.1(正方)、0.2(圆)或 0.5(三角)。假设两个态的振动频率(ν)相同。在仅耦合一种振动模式的跃迁中，能量守恒要求 $n \approx \Delta E_{00}/h\nu$。更一般地，$\Delta E_{00}$ 可被分配在分子和溶剂的多种振动模式之间

法是测量由三重态热激发回到激发单重态产生的延迟荧光(delayed fluorescence)。延迟荧光和即时荧光的振幅之比取决于这两种态在零点振动能级之间的自由能之差，而该比值的温度依赖性也为其中的焓变提供了度量。对光合作用反应中心的细菌叶绿素 a 二聚体进行了此类测量，从磷光光谱得知其三重态比激发单重态低 0.42 eV[288]；而延迟荧光的温度依赖性给出了很接近的能隙(0.40 eV)[289]。对于溶液中的分子，另一种方法是测量其三重态的猝灭，这需要利用三重态能量已知的一系列分子来进行。当受激分子与猝灭剂碰撞时，只要受体的三重态与供体的能量相似或略低于供体，则可以通过电子交换将能量和角动量从一个分子转移到另一个分子。在第 7 章中将讨论此过程的机制。

延迟荧光还可以揭示由电子转移(或其他过程)以光化学方式产生的亚稳态的能量与动力学。在紫菌或植物光合体系Ⅱ的光合作用反应中心中，从早期的离子对态发出的延迟荧光的幅度在皮秒和纳秒时间尺度上减小，而该态的粒子布居数基本保持不变[290-293]。离子对周围蛋白质的结构异质性和弛豫可能都对延迟荧光的复杂时间依赖性有贡献。

磷光通常表现出与荧光类似的各向异性。此外，只要分子停留在激发三重态，其基态吸收带就发生漂白，从而产生吸光度变化并相对于激发光具有确定的各向异性。因此，三重态可以大大延长线二色性和发射各向异性所揭示的分子运动的时间范围。一个例子是使用伊红-5-马来酰亚胺(eosin-5-maleimide)研究红细胞质膜中蛋白质的转动运动[294]。阴离子转运蛋白的转动以 20 μs 到数百微秒的时间常数进行，其时间常数取决于蛋白质的寡聚态。

练 习 题

下图中的实线是练习题 4.2 中所考虑的吸收光谱。虚线是相同化合物在水中的荧光发射光谱。

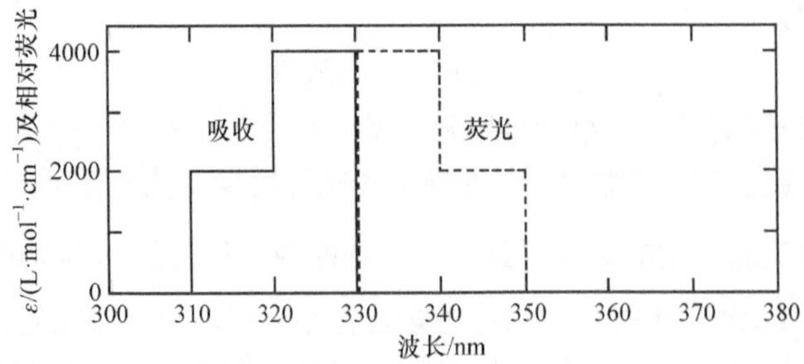

1. 利用练习题 4.2 中的信息，计算分子的辐射寿命。

2. 在没有猝灭剂的情况下，发现荧光量子产率为 30%。假设荧光衰减是单相的，计算在这些条件下的荧光寿命。

3. 10 mmol · L^{-1} NaI 使荧光产率和寿命都降低到其原始值的 10%。计算斯顿-伏尔莫猝灭常数。

4. 计算 NaI 猝灭的双分子速率常数。

5. 如果猝灭剂使荧光产率降低到其原始值的 10%，但对测得的荧光寿命没有影响，你对结果的解释会有何不同？

6. 如果环境效应使生色团的发射波长从 280 nm 偏移到 260 nm 而不改变跃迁偶极子或没有被非辐射过程所猝灭，自发荧光的幅度将如何变化？

7. 考虑一个量子化的辐射场，其频率为 $\nu = 10^{15}\ \mathrm{s}^{-1}$。场和分子相互作用的哈密顿矩阵元与 $\left|\langle \chi_m | \tilde{Q} | \chi_n \rangle\right|$ 成正比，其中 $\tilde{Q}$ 是位置算符，χ_n 和 χ_m 分别是辐射场在相互作用前后的本征函数。量子数 n 和 m 可以解释为在这个场中的初始和最终光子数。对 $n = 1\,000\,000$ 且 $m =$ (a)999 999、(b)1 000 000 和(c)1 000 001 的场，分别求其 $\left|\langle \chi_m | \tilde{Q} | \chi_n \rangle\right|$。

8. 用偏振光激发分子，而在与激发光成 90°的方向测量荧光。在没有猝灭剂的情况下，利用一个垂直于激发偏振片的偏振器，测得的荧光强度是通过平行于激发偏振片的偏振器所测得的荧光强度的 80%。计算荧光的极化方向和各向异性。

9. 定性地说明：一个能降低所测荧光寿命的猝灭剂将如何影响荧光各向异性。

10. (a)通过共聚焦显微镜测量在均相溶液中分子的荧光，发现其平均振幅为 100 光子 · s^{-1}，方差(σ^2)为 200 光子 ^{2} · s^{-2}。光照区域中荧光分子的平均数量是多少？

11. 说明：如何使用第二个光脉冲来提高第一个光脉冲激发所得荧光的空间分辨率，使得经典分辨率的衍射极限不再成立。

12. 解释卡沙规则。

参 考 文 献

[1] Einstein, A.: Quantum theory of radiation. Physikal. Zeit. **18**: 121-128 (1917) (Eng. transl.: van der Waerden, B.L. (ed.). Sources of Quantum Mechanics, pp. 63-67. North Holland, Amsterdam (1967)

[2] Callis, P.R.: Molecular orbital theory of the ^1L_b and ^1L_a states of indole. J. Chem. Phys. **95**, 4230-4240 (1991)

[3] Callis, P.R.: ^1L_a and ^1L_b transitions of tryptophan: applications of theory and experimental observations to fluorescence of proteins. Meth. Enzymol. **278**, 113-150 (1997)

[4] Vivian, J.T., Callis, P.R.: Mechanisms of tryptophan fluorescence shifts in proteins. Biophys. J. **80**, 2093–2109 (2001)

[5] Gafni, A., DeToma, R.P., Manrow, R.E., Brand, L.: Nanosecond decay studies of a fluorescence probe bound to apomyoglobin. Biophys. J. **17**, 155-168 (1977)

[6] Badea, M.G., Brand, L.: Time-resolved fluorescence measurements. Meth. Enzymol. **61**, 378-425 (1979)

[7] Pierce, D.W., Boxer, S.G.: Stark effect spectroscopy of tryptophan. Biophys. J. **68**, 1583-1591 (1995)

[8] Lakowicz, J.R.: On spectral relaxation in proteins. Photochem. Photobiol. **72**, 421-437 (2000)

[9] Cote, M.J., Kauffman, J.F., Smith, P.G., McDonald, J.D.: Picosecond fluorescence depletion spectroscopy. 1. Theory and apparatus. J. Chem. Phys. **90**, 2865-2874 (1989)

[10] Kauffman, J.F., Cote, M.J., Smith, P.G., McDonald, J.D.: Picosecond fluorescence depletion spectroscopy. **2**. Intramolecular vibrational relaxation in the excited electronic state of fluorene. J. Chem. Phys. **90**, 2874-2891 (1989)

[11] Kusba, J., Bogdanov, V., Gryczynski, I., Lakowicz, J.R.: Theory of light quenching. Effects on fluorescence polarization, intensity, and anisotropy decays. Biophys. J. **67**, 2024-2040 (1994)

[12] Lakowicz, J.R., Gryczynski, I., Kusba, J., Bogdanov, V.: Light quenching of fluorescence. A new method to control the excited-state lifetime and orientation of fluorophores. Photochem. Photobiol. **60**, 546-562 (1994)

[13] Zhong, Q.H., Wang, Z.H., Sun, Y., Zhu, Q.H., Kong, F.A.: Vibrational relaxation of dye molecules in solution

studied by femtosecond time-resolved stimulated emission pumping fluorescence depletion. Chem. Phys. Lett. **248**, 277-282 (1996)

[14] Nagarajan, V., Parson, W.: Femtosecond fluorescence depletion anisotropy: application to the B850 antenna complex of Rhodobacter sphaeroides. J. Phys. Chem. B **104**, 4010-4013 (2000)

[15] Nakatsu, T., Ichiyama, S., Hiratake, J., Saldanha, A., Kobashi, N., et al.: Spectral difference in luciferase bioluminescence. Nature **440**, 372-376 (2006)

[16] Birks, J.B., Dyson, D.J.: The relationship between absorption intensity and fluorescence lifetime of a molecule. Proc. Roy. Soc. Lond. Ser. A **275**, 135-148 (1963)

[17] Birks, J.B.: Photophysics of Aromatic Molecules. Wiley-Interscience, New York (1970)

[18] Lewis, G.N., Kasha, M.: Phosphorescence in fluid media and the reverse process of singlettriplet absorption. J. Am. Chem. Soc. **67**, 994-1003 (1945)

[19] Förster, T.: Fluoreszenz Organischer Verbindungen. Vandenhoeck & Ruprecht, Göttingen (1951)

[20] Strickler, S.J., Berg, R.A.: Relationship between absorption intensity and fluorescence lifetime of a molecule. J. Chem. Phys. **37**, 814-822 (1962)

[21] Ross, R.T.: Radiative lifetime and thermodynamic potential of excited states. Photochem. Photobiol. **21**, 401-406 (1975)

[22] Seybold, P.G., Gouterman, M., Callis, J.B.: Calorimetric, photometric and lifetime determinations of fluorescence yields of fluorescein dyes. Photochem. Photobiol. **9**, 229-242 (1969)

[23] van Metter, R.L., Knox, R.S.: Relation between absorption and emission spectra of molecules in solution. Chem. Phys. **12**, 333-340 (1976)

[24] Becker, M., Nagarajan, V., Parson, W.W.: Properties of the excited singlet states of bacteriochlorophyll a and bacteriopheophytin a in polar solvents. J. Am. Chem. Soc. **113**, 6840-6848 (1991)

[25] Knox, R.S., Laible, P.D., Sawicki, D.A., Talbot, M.F.J.: Does excited chlorophyll a equilibrate in solution? J. Luminescence **72**, 580-581 (1997)

[26] Hameka, H.: Advanced Quantum Chemistry. Addison-Wesley, Reading, MA (1965)

[27] Sargent III, M., Scully, M.O., Lamb, W.E.J.: Laser Physics. Addison-Wesley, New York (1974)

[28] Ditchburn, R.W.: Light. 3 ed. Academic, New York (1976)

[29] Schatz, G.C., Ratner, M.A.: Quantum Mechanics in Chemistry, p. 325. Prentice-Hall, Englewood Cliffs, NJ (1993)

[30] Lakowicz, J.R., Laczko, G., Cherek, H., Gratton, E., Limkeman, M.: Analysis of fluorescence decay kinetics from variable-frequency phase shift and modulation data. Biophys. J. **46**, 463-477 (1984)

[31] Lakowicz, J.R.: Principles of Fluorescence Spectroscopy, 3rd edn. Springer, New York (2006)

[32] Holzwarth, A.R.: Time-resolved fluorescence spectroscopy. Meth. Enzymol. **246**, 334-362 (1995)

[33] Royer, C.A.: Fluorescence spectroscopy. Meth. Enzymol. **40**, 65-89 (1995)

[34] Valeur, B.: Molecular Fluorescence. Wiley-VCH, Manheim (2002)

[35] Kasha, M.: Characterization of electronic transitions in complex molecules. Faraday Discuss. Chem. Soc. **9**, 14-19 (1950)

[36] Stern, O., Volmer, M.: The extinction period of fluorescence. Physikal. Zeit. **20**, 183-188 (1919)

[37] Eftink, M.R., Ghiron, C.A.: Exposure of tryptophanyl residues in proteins. Quantitative determination by fluorescence quenching studies. Biochemistry **15**, 672-680 (1976)

[38] Ren, J., Lew, S., Wang, Z., London, E.: Transmembrane orientation of hydrophobic α-helices is regulated both by the relationship of helix length to bilayer thickness and by the cholesterol concentration. Biochemistry **36**, 10213-10220 (1997)

[39] Malenbaum, S.E., Collier, R.J., London, E.: Membrane topography of the T domain of diphtheria toxin probed with single tryptophan mutants. Biochemistry **37**, 17915-17922 (1998)

[40] Lehrer, S.S.: Solute perturbation of protein fluorescence. The quenching of the tryptophanyl fluorescence of model compounds and of lysozyme by iodide ion. Biochemistry **10**, 3254-3263 (1971)

[41] Beechem, J.M., Brand, L.: Time-resolved fluorescence of proteins. Annu. Rev. Biochem. **54**, 43-71 (1985)
[42] Eftink, M.R.: Fluorescence techniques for studying protein structure. In: Schulter, C.H. (ed.) Methods in Biochemical Analysis, pp. 127-205. Wiley, New York (1991)
[43] Millar, D.P.: Time-resolved fluorescence spectroscopy. Curr. Opin. Struct. Biol. **6**, 637-642 (1996)
[44] Plaxco, K.W., Dobson, C.M.: Time-resolved biophysical methods in the study of protein folding. Curr. Opin. Struct. Biol. **6**, 630-636 (1996)
[45] Royer, C.A.: Probing protein folding and conformational transitions with fluorescence. Chem. Rev. **106**, 1769-1784 (2006)
[46] Kubelka, J., Eaton, W.A., Hofrichter, J.: Experimental tests of villin subdomain folding simulations. J. Mol. Biol. **329**, 625-630 (2003)
[47] Kubelka, J., Henry, E.R., Cellmer, T., Hofrichter, J., Eaton, W.A.: Chemical, physical, and theoretical kinetics of an ultrafast folding protein. Proc. Natl. Acad. Sci. U.S.A. **105**, 18655-18662 (2008)
[48] Parson, W.: Competition between tryptophan fluorescence and electron transfer during unfolding of the villin headpiece. Biochemistry **53**, 4503-4509 (2014)
[49] Cowgill, R.W.: Fluorescence and the structure of proteins. I. Effects of substituents on the fluorescence of indole and phenol compounds. Arch. Biochem. Biophys. **100**, 36-44 (1963)
[50] Callis, P.R., Liu, T.: Quantitative predictions of fluorescence quantum yields for tryptophan in proteins. J. Phys. Chem. B **108**, 4248-4259 (2004)
[51] McMillan, A.W., Kier, B.L., Shu, I., Byrne, A., Andersen, N.H., et al.: Fluorescence of tryptophan in designed hairpin and Trp-cage miniproteins: measurements of fluorescence yields and calculations by quantum mechanical molecular dynamics simulations. J. Phys. Chem. B **117**, 1790-1809 (2013)
[52] Shastry, M.C.R., Roder, H.: Evidence for barrier-limited protein folding kinetics on the microsecond time scale. Nat. Struct. Biol. **5**, 385-392 (1998)
[53] Meech, S.R., Philips, D., Lee, A.G.: On the nature of the fluorescent state of methylated indole derivatives. Chem. Phys. **80**, 317-328 (1983)
[54] Shinitsky, M., Goldman, R.: Fluorometric detection of histidine-trptophan complexes in peptides and proteins. Eur. J. Biochem. **3**, 139-144 (1967)
[55] Steiner, R.F., Kirby, E.P.: The interaction of the ground and excited states of indole derivatives with electron scavengers. J. Phys. Chem. **73**, 4130-4135 (1969)
[56] Ricci, R.W., Nesta, J.M.: Inter- and intramolecular quenching of indole fluorescence by carbonyl compounds. J. Phys. Chem. **80**, 974-980 (1976)
[57] Loewenthal, R., Sancho, J., Fersht, A.R.: Fluorescence spectrum of barnase: contributions of three tryptophan residues and a histidine-related pH dependence. Biochemistry **30**, 6775-7669 (1991)
[58] Chen, Y., Barkley, M.D.: Toward understanding tryptophan fluorescence in proteins. Biochemistry **37**, 9976-9982 (1998)
[59] Chen, Y., Liu, B., Yu, H.-T., Barkley, M.D.: The peptide bond quenches indole fluorescence. J. Am. Chem. Soc. **118**, 9271-9278 (1996)
[60] DeBeuckeleer, K., Volckaert, G., Engelborghs, Y.: Time resolved fluorescence and phosphorescence properties of the individual tryptophan residues of barnase: evidence for protein-protein interactions. Proteins **36**, 42-53 (1999)
[61] Qiu, W., Li, T., Zhang, L., Yang, Y., Kao, Y.-T., et al.: Ultrafast quenching of tryptophan fluorescence in proteins: Interresidue and intrahelical electron transfer. Chem. Phys. **350**, 154-164 (2008)
[62] Petrich, J.W., Chang, M.C., McDonald, D.B., Fleming, G.R.: On the origin of non-exponential fluorescence decay in tryptophan and its derivatives. J. Am. Chem. Soc. **105**, 3824-3832 (1983)
[63] Colucci, W.J., Tilstra, L., Sattler, M.C., Fronczek, F.R., Barkley, M.D.: Conformational studies of a constrained tryptophan derivative. Implications for the fluorescence quenching mechanism. J. Am. Chem. Soc. **112**, 9182-9190 (1990)

[64] Arnold, S., Tong, L., Sulkes, M.: Fluorescence lifetimes of substituted indoles in solution and in free jets. Evidence for intramolecular charge-transfer quenching. J. Phys. Chem. **98**, 2325-2327 (1994)
[65] Smirnov, A.V., English, D.S., Rich, R.L., Lane, J., Teyton, L., et al.: Photophysics and biological applications of 7-azaindole and its analogs. J. Phys. Chem. **101**, 2758-2769 (1997)
[66] Sillen, A., Hennecke, J., Roethlisberger, D., Glockshuber, R., Engelborghs, Y.: Fluorescence quenching in the DsbA protein from Escherichia coli: complete picture of the excited-state energy pathway and evidence for the reshuffling dynamics of the microstates of tryptophan. Protein Sci. **37**, 253-263 (1999)
[67] Adams, P.D., Chen, Y., Ma, K., Zagorski, M.G., Sönnichsen, F.D., et al.: Intramolecular quenching of tryptophan fluorescence by the peptide bond in cyclic hexapeptides. J. Am. Chem. Soc. **124**, 9278-9288 (2002)
[68] Callis, P.R., Vivian, J.T.: Understanding the variable fluorescence quantum yield of tryptophan in proteins using QM-MM simulations. Quenching by charge transfer to the peptide backbone. Chem. Phys. Lett. **369**, 409-414 (2003)
[69] Liu, T., Callis, P.R., Hesp, B.H., de Groot, M., Buma, W.J., et al.: Ionization potentials of fluoroindoles and the origin of nonexponential tryptophan fluorescence decay in proteins. J. Am. Chem. Soc. **127**, 4104-4113 (2005)
[70] Doose, S., Neuweiler, H., Sauer, M.: Fluorescence quenching by photoinduced electron transfer: a reporter for conformational dynamics of macromolecules. Chemphyschem. **10**, 1389-1398 (2009)
[71] Schlessinger, S.: The effect of amino acid analogues on alkaline phosphatase formation in Escherichia coli K-12. J. Biol. Chem. **243**, 3877-3883 (1968)
[72] Ross, J.B.A., Szabo, A.G., Hogue, C.W.V.: Enhancement of protein spectra with tryptophan analogs: fluorescence spectroscopy of protein-protein and protein-nucleic interactions. Meth. Enzymol. **278**, 151-190 (1997)
[73] Broos, J., Maddalena, F., Hesp, B.H.: In vivo synthesized proteins with monoexponential fluorescence decay kinetics. J. Am. Chem. Soc. **126**, 22-23 (2004)
[74] Bronskill, P.M., Wong, J.T.: Suppression of fluorescence of tryptophan residues in proteins by replacement with 4-fluorotryptophan. Biochem. J. **249**, 305-308 (1988)
[75] Yu, H.-T., Colucci, W.J., McLaughlin, M.L., Barkley, M.D.: Fluorescence quenching in indoles by excited-state proton transfer. J. Am. Chem. Soc. **114**, 8449-8454 (1992)
[76] Feitelson, J.: On the mechanism of fluorescence quenching. Tyrosine and similar compounds. J. Phys. Chem. **68**, 391-397 (1964)
[77] Cowgill, R.W.: Fluorescence and protein structure. X. Reappraisal of solvent and structural effects. Biochim. Biophys. Acta **133**, 6-18 (1967)
[78] Tournon, J.E., Kuntz, E., El-Bayoumi, M.A.: Fluorescence quenching in phenylalanine and model compounds. Photochem. Photobiol. **16**, 425-433 (1972)
[79] Laws, W.R., Ross, J.B.A., Wyssbrod, H.R., Beechem, J.M., Brand, L., et al.: Time-resolved fluorescence and ^{1}H NMR studies of tyrosine and tyrosine analogs: correlation of NMR-determined rotamer populations and fluorescence kinetics. Biochemistry **25**, 599-607 (1986)
[80] Willis, K.J., Szabo, A.G.: Fluorescence decay kinetics of tyrosinate and tyrosine hydrogen bonded complexes. J. Phys. Chem. **95**, 1585-1589 (1991)
[81] Ross, J.B.A., Laws, W.R., Rousslang, K.W., Wyssbrod, H.R.: Tyrosine fluorescence and phosphorescence from proteins and peptides. In: Lakowicz, J.R. (ed.) Topics in Fluorescence Spectroscopy, pp. 1-63. Plenum, New York (1992)
[82] Dietze, E.C., Wang, R.W., Lu, A.Y., Atkins, W.M.: Ligand effects on the fluorescence properties of tyrosine 9 in alpha 1-1 glutathione S-transferase. Biochemistry **35**, 6745-6753 (1996)
[83] Mrozek, J., Rzeska, A., Guzow, K., Karolczak, J., Wiczk, W.: Influence of alkyl group on amide nitrogen atom on fluorescence quenching of tyrosine amide and N-acetyltyrosine amide. Biophys. Chem. **111**, 105-113 (2004)
[84] van den Berg, P.A., van Hoek, A., Walentas, C.D., Perham, R.N., Visser, A.J.: Flavin fluorescence dynamics and photoinduced electron transfer in Escherichia coli glutathione reductase. Biophys. J. **74**, 2046-2058 (1998)

[85] van den Berg, P.A.W., van Hoek, A., Visser, A.J.W.G.: Evidence for a novel mechanism of time-resolved flavin fluorescence depolarization in glutathione reductase. Biophys. J. **87**, 2577-2586 (2004)

[86] Mataga, N., Chosrowjan, H., Shibata, Y., Tanaka, F., Nishina, Y., et al.: Dynamics and mechanisms of ultrafast fluorescence quenching reactions of flavin chromophores in protein nanospace. J. Phys. Chem. B **104**, 10667-10677 (2000)

[87] Mataga, N., Chosrowjan, H., Taniguchi, S., Tanaka, F., Kido, N., et al.: Femtosecond fluorescence dynamics of flavoproteins: comparative studies on flavodoxin, its site-directed mutants, and riboflavin binding protein regarding ultrafast electron transfer in protein nanospaces. J. Phys. Chem. B **106**, 8917-8920 (2002)

[88] Callis, P.R., Liu, T.Q.: Short range photoinduced electron transfer in proteins: QM-MM simulations of tryptophan and flavin fluorescence quenching in proteins. Chem. Phys. **326**, 230-239 (2006)

[89] Merkley, E.D., Daggett, V., Parson, W.: A temperature-dependent conformational change of NADH oxidase from Thermus thermophilus HB8. Proteins: Struct. Funct. Bioinform. **80**, 546-555 (2011)

[90] Marcus, R.A.: On the theory of oxidation-reduction reactions involving electron transfer I. J. Chem. Phys. **24**, 966-978 (1956)

[91] Marcus, R.A.: Theory of oxidation-reduction reactions involving electron transfer. Part 4. A statistical-mechanical basis for treating contributions from the solvent, ligands and inert salt. Disc. Faraday Soc. **29**, 21-31 (1960)

[92] Marcus, R.A.: Electron transfer reactions in chemistry. Theory and experiment. In: Bendall, D.S. (ed.) Protein Electron Transfer, pp. 249-272. BIOS Scientific Publishers, Oxford (1996)

[93] Miller, J.R., Calcaterra, L.T., Closs, G.L.: Intramolecular long-distance electron transfer in radical anions. The effects of free energy and solvent on the reaction rates. J. Am. Chem. Soc. **106**, 3047-3049 (1984)

[94] Gould, I.R., Ege, D., Mattes, S.L., Farid, S.: Return electron transfer within geminate radical pairs. Observation of the Marcus inverted region. J. Am. Chem. Soc. **109**, 3794-3796 (1987)

[95] Mataga, N., Chosrowjan, H., Shibata, Y., Yoshida, N., Osuka, A., et al.: First unequivocal observation of the whole bell-shaped energy gap law in intramolecular charge separation from S2 excited state of directly linked porphyrin-imide dyads and its solvent-polarity dependencies. J. Am. Chem. Soc. **123**, 12422-12423 (2001)

[96] Rehm, D., Weller, A.: Kinetics of fluorescence quenching by electron and H-atom transfer. Isr. J. Chem. **8**, 259-271 (1970)

[97] Farid, S., Dinnocenzo, J.P., Merkel, P.B., Young, R.H., Shukla, D., et al.: Reexamination of the Rehm-Weller data set reveals electron transfer quenching that follows a Sandros-Boltzmann dependence on the free energy. J. Am. Chem. Soc. **133**, 11580-11587 (2011)

[98] Callis, P.R., Petrenko, A., Muino, P.L., Tusell, J.R.: Ab initio prediction of tryptophan fluorescence quenching by protein electric field enabled electron transfer. J. Phys. Chem. B **111**, 10335-10339 (2007)

[99] Tusell, J.R., Callis, P.R.: Simulations of tryptophan fluorescence dynamics during folding of the villin headpiece. J. Phys. Chem. B **116**, 2586-2594 (2012)

[100] Warshel, A., Chu, Z.-T., Parson, W.W.: Dispersed-polaron simulations of electron transfer in photosynthetic reaction centers. Science **246**, 112-116 (1989)

[101] Moser, C.C., Dutton, P.L.: Engineering protein structure for electron transfer function in photosynthetic reaction centers. Biochim. Biophys. Acta **1101**, 171-176 (1992)

[102] Weber, G., Daniel, E.: Cooperative effects in binding by bovine serum albumin. II. The binding of 1-anilino-8-naphthalenesulfonate. Polarization of the ligand fluorescence and quenching of protein fluorescence. Biochemistry **5**, 1900-1907 (1966)

[103] Brand, L., Gohlke, J.R.: Fluorescence probes for structure. Annu. Rev. Biochem. **41**, 843-868 (1972)

[104] Pierce, D.W., Boxer, S.G.: Dielectric relaxation in a protein matrix. J. Phys. Chem. **96**, 5560-5566 (1992)

[105] Hiratsuka, T.: Prodan fluorescence reflects differences in nucleotide-induced conformational states in the myosin head and allows continuous visualization of the ATPase reactions. Biochemistry **37**, 7167-7176 (1998)

[106] Waggoner, A.S., Grinvald, A.: Mechanisms of rapid optical changes of potential sensitive dyes. Annu. NY Acad.

Sci. **303**, 217-241 (1977)
[107] Loew, L.M., Cohen, L.B., Salzberg, B.M., Obaid, A.L., Bezanilla, F.: Charge-shift probes of membrane potential. Characterization of aminostyrylpyridinium dyes on the squid giant axon. Biophys. J. **47**, 71-77 (1985)
[108] Fromherz, P., Dambacher, K.H., Ephardt, H., Lambacher, A., Mueller, C.O., et al.: Fluorescent dyes as probes of voltage transients in neuron membranes. Ber. Bunsen-Gesellsch. **95**, 1333-1345 (1991)
[109] Baker, B.J., Kosmidis, E.K., Vucinic, D., Falk, C.X., Cohen, L.B., et al.: Imaging brain activity with voltage- and calcium-sensitive dyes. Cell. Mol. Neurobiol. **25**, 245-282 (2005)
[110] Haugland, R.P.: Handbook of Fluorescent Probes and Research Chemicals, 6th edn. Molecular Probes Inc., Eugene, OR (1996)
[111] Oi, V.T., Glazer, A.N., Stryer, L.: Fluorescent phycobiliprotein conjugates for analyses of cells and molecules. J. Cell Biol. **93**, 981-986 (1982)
[112] Kronick, M.N., Grossman, P.D.: Immunoassay techniques with fluorescent phycobiliprotein conjugates. Clin. Chem. **29**, 1582-1586 (1983)
[113] Alivisatos, A.P., Gu, W., Larabell, C.: Quantum dots as cellular probes. Annu. Rev. Biomed. Eng. **7**, 55-76 (2005)
[114] Michalet, X., Pinaud, F.F., Bentolila, L.A., Tsay, J.M., Doose, S., et al.: Quantum dots for live cells, in vivo imaging, and diagnostics. Science **307**, 538-544 (2005)
[115] Brus, L.E.: Electron-electron and electron-hole interactions in small semiconductor crystallites: the size dependence of the lowest excited electronic state. J. Chem. Phys. **80**, 4403-4409 (1984)
[116] Brus, L.E.: Electronic wave functions in semiconductor clusters: experiment and theory. J. Phys. Chem. **90**, 2555-2560 (1986)
[117] Nozik, A.J., Williams, F., Nenadovic, M.T., Rajh, T., Micic, O.I.: Size quantization in small semiconductor particles. J. Phys. Chem. **89**, 397-399 (1985)
[118] Bawendi, M.G., Wilson, W.L., Rothberg, L., Carroll, P.J., Jedju, T.M., et al.: Electronic structure and photoexcited-carrier dynamics in nanometer-size CdSe clusters. Phys. Rev. Lett. **65**, 1623-1626 (1990)
[119] Bruchez Jr., M., Moronne, M., Gin, P., Weiss, S., Alivisatos, A.P.: Semiconductor nanocrystals as fluorescent biological labels. Science **281**, 2013-2016 (1998)
[120] Petryayeva, E., Algar, W.R., Medintz, I.L.: Quantum dots in bioanalysis: a review of applications across various platforms for fluorescence spectroscopy and imaging. Appl. Spectrosc. **67**, 215-252 (2013)
[121] Shimomura, O., Johnson, F.H.: Intermolecular energy transfer in the bioluminescent system of Aequorea. Biochemistry **13**, 2656-2662 (1974)
[122] Cody, C.W., Prasher, D.C., Westler, W.M., Prendergast, F.G., Ward, W.W.: Chemical structure of the hexapeptide chromophore of the Aequorea green-fluorescent protein. Biochemistry **9**, 1212-1218 (1979)
[123] Ormö, M., Cubitt, A.B., Kallio, K., Gross, L.A., Tsien, R.Y., et al.: Crystal structure of the Aequorea victoria green fluorescent protein. Science **273**, 1392-1395 (1996)
[124] Tsien, R.Y.: The green fluorescent protein. Annu. Rev. Biochem. **67**, 509-544 (1998)
[125] Wachter, R.M.: The family of GFP-like proteins: structure, function, photophysics and biosensor applications. Introduction and perspective. Photochem. Photobiol. **82**, 339-344 (2006)
[126] Chattoraj, M., King, B.A., Bublitz, G.U., Boxer, S.G.: Ultra-fast excited state dynamics in green fluorescent protein: multiple states and proton transfer. Proc. Natl. Acad. Sci. U.S.A. **93**, 8362-8367 (1996)
[127] Weber, W., Helms, V., McCammon, J.A., Langhoff, P.W.: Shedding light on the dark and weakly fluorescent states of green fluorescent proteins. Proc. Natl. Acad. Sci. U.S.A. **96**, 6177-6182 (1999)
[128] Webber, N.M., Litvinenko, K.L., Meech, S.R.: Radiationless relaxation in a synthetic analogue of the green fluorescent protein chromophore. J. Phys. Chem. B **105**, 8036-8039 (2001)
[129] Mandal, D., Tahara, T., Meech, S.R.: Excited-state dynamics in the green fluorescent protein chromophore. J. Phys. Chem. B **108**, 1102-1108 (2004)
[130] Martin, M.E., Negri, F., Olivucci, M.: Origin, nature, and fate of the fluorescent state of the green fluorescent

protein chromophore at the CASPT2//CASSCF resolution. J. Am. Chem. Soc. **126**, 5452-5464 (2004)
[131] Chalfie, M., Tu, Y., Euskirchen, G., Ward, W.W., Prasher, D.C.: Green fluorescent protein as a marker for gene expression. Science **263**, 802-805 (1994)
[132] Miyawaki, A., Llopis, J., Heim, R., McCaffrey, J.M., Adams, J.A., et al.: Fluorescent indicators for Ca^{2+} based on green fluorescent proteins and calmodulin. Nature **388**, 882-887 (1997)
[133] Zhang, J., Campbell, R.E., Ting, A.Y., Tsien, R.Y.: Creating new fluorescent probes for cell biology. Nat. Rev. Mol. Cell Biol. **3**, 906-918 (2002)
[134] Nienhaus, G.U., Wiedenmann, J.: Structure, dynamics and optical properties of fluorescent proteins: perspectives for marker development. Chemphyschem. **10**, 1369-1379 (2009)
[135] Heim, R., Tsien, R.Y.: Engineering green fluorescent protein for improved brightness, longer wavelengths and fluorescence resonance energy transfer. Curr. Biol. **6**, 178-182 (1996)
[136] Wachter, R.M., King, B.A., Heim, R., Kallio, K., Tsien, R.Y., et al.: Crystal structure and photodynamic behavior of the blue emission variant Y66H/Y145F of green fluorescent protein. Biochemistry **36**, 9759-9765 (1997)
[137] Miyawaki, A., Griesbeck, O., Heim, R., Tsien, R.Y.: Dynamic and quantitative Ca^{2+} measurements using improved cameleons. Proc. Natl. Acad. Sci. U.S.A. **96**, 2135-2140 (1999)
[138] Griesbeck, O., Baird, G.S., Campbell, R.E., Zacharias, D.A., Tsien, R.Y.: Reducing the environmental sensitivity of yellow fluorescent protein. Mechanism and applications. J. Biol. Chem. **276**, 29188-29194 (2001)
[139] Rizzo, M.A., Springer, G.H., Granada, B., Piston, D.W.: An improved cyan fluorescent protein variant useful for FRET. Nat. Biotechnol. **22**, 445-449 (2004)
[140] Shaner, N.C., Campbell, R.E., Steinbach, P.A., Giepmans, B.N.G., Palmer, A.E., et al.: Improved monomeric red, orange and yellow fluorescent proteins derived from Discosoma sp. red fluorescent protein. Nat. Biotechnol. **22**, 1567-1572 (2004)
[141] Shaner, N.C., Steinbach, P.A., Tsien, R.Y.: A guide to choosing fluorescent proteins. Nat. Methods **2**, 905-909 (2005)
[142] Matz, M.V., Fradkov, A.F., Labas, Y.A., Savitsky, A.P., Zaraisky, A.G., et al.: Fluorescent proteins from nonbioluminescent Anthozoa species. Nat. Biotechnol. **17**, 969-973 (1999)
[143] Baird, G.S., Zacharias, D.A., Tsien, R.Y.: Biochemistry, mutagenesis, and oligomerization of DsRed, a red fluorescent protein from coral. Proc. Natl. Acad. Sci. U.S.A. **97**, 11984-11989 (2000)
[144] Baird, G.S., Zacharias, D.A., Tsien, R.Y.: Circular permutation and receptor insertion within green fluorescent proteins. Proc. Natl. Acad. Sci. U.S.A. **96**, 11241-11246 (1999)
[145] Nagai, T., Sawano, A., Park, E.S., Miyawaki, A.: Circularly permuted green fluorescent proteins engineered to sense Ca^{2+}. Proc. Natl. Acad. Sci. U.S.A. **98**, 3197-3202 (2001)
[146] Lukyanov, K.A., Fradkov, A.F., Gurskaya, N.G., Matz, M.V., Labas, Y.A., et al.: Natural animal coloration can be determined by a nonfluorescent green fluorescent protein homolog. J. Biol. Chem. **275**, 25879-25882 (2000)
[147] Lippincott-Schwartz, J., Altan-Bonnet, N., Patterson, G.H.: Photobleaching and photoactivation: following protein dynamics in living cells. Nat. Cell Biol. **5**, S7-S14 (2003)
[148] Patterson, G.H., Lippincott-Schwartz, J.: Selective photolabeling of proteins using photoactivatable GFP. Methods **32**, 445-450 (2004)
[149] Hess, S.T., Girirajan, T.P., Mason, M.D.: Ultra-high resolution imaging by fluorescence photoactivation localization microscopy. Biophys. J. **91**, 4258-4272 (2006)
[150] Eggeling, C., Fries, J.R., Brand, L., Günther, R., Seidel, C.A.M.: Monitoring conformational dynamics of a single molecule by selective fluorescence spectroscopy. Proc. Natl. Acad. Sci. USA **95**, 1556-1561 (1998)
[151] Eggeling, C., Volkmer, A., Seidel, C.A.: Molecular photobleaching kinetics of rhodamine 6G by one- and two-photon induced confocal fluorescence microscopy. Chemphyschem. **6**, 791-804 (2005)
[152] Christ, T., Kulzer, F., Bordat, P., Basché, T.: Watching the photo-oxidation of a single aromatic hydrocarbon molecule. Angew. Chem. Int. Ed. **40**, 4192-4195 (2001)

[153] Hoogenboom, J.P., van Dijk, E.M., Hernando, J., van Hulst, N.F., Garcia-Parajo, M.F.: Power-law-distributed dark states are the main pathway for photobleaching of single organic molecules. Phys. Rev. Lett. **95**, 097401 (2005)

[154] Bilski, P., Chignell, C.F.: Optimization of a pulse laser spectrometer for the measurement of the kinetics of singlet oxygen O_2 ($\Delta^1{}_g$) decay in solution. J. Biochem. Biophys. Methods **33**, 73-80 (1996)

[155] Turro, N.: Modern Molecular Photochemistry. Menlo Park CA, Benjamin/Cummings (1978)

[156] Rasnik, I., McKinney, S.A., Ha, T.: Nonblinking and long-lasting single-molecule fluorescence imaging. Nat. Methods **3**, 891-893 (2006)

[157] Vogelsang, J., Kasper, R., Steinhauer, C., Person, B., Heilemann, M., et al.: A reducing and oxidizing system minimizes photobleaching and blinking of fluorescent dyes. Angew. Chem. **47**, 5465-5469 (2008)

[158] Campos, L.A., Liu, J., Wang, X., Ramanathan, R., English, D.S.: A photoprotection strategy for microsecond-resolution single-molecule fluorescence spectroscopy. Nat. Methods **8**, 143-146 (2011)

[159] Axelrod, D., Koppel, D.E., Schlessinger, S., Elson, E., Webb, W.W.: Mobility measurement by analysis of fluorescence photobleaching recovery kinetics. Biophys. J. **16**, 1055-1069 (1976)

[160] Jacobson, K., Derzko, Z., Wu, E.S., Hou, Y., Poste, G.: Measurement of the lateral mobility of cell surface components in single, living cells by fluorescence recovery after photobleaching. J. Supramol. Struct. **5**, 565-576 (1976)

[161] Schlessinger, J., Koppel, D.E., Axelrod, D., Jacobson, K., Webb, W.W., et al.: Lateral transport on cell membranes: mobility of concanavalin A receptors on myoblasts. Proc. Natl. Acad. Sci. U.S.A. **73**, 2409-2413 (1976)

[162] Wu, E.S., Jacobson, K., Szoka, F., Portis, J.A.: Lateral diffusion of a hydrophobic peptide, N-4-nitrobenz-2-oxa-1,3-diazole gramicidin S, in phospholipid multibilayers. Biochemistry **17**, 5543-5550 (1978)

[163] Schindler, M., Osborn, M.J., Koppel, D.E.: Lateral diffusion of lipopolysaccharide in the outer membrane of Salmonella typhimurium. Nature **285**, 261-263 (1980)

[164] Lagerholm, B.C., Starr, T.E., Volovyk, Z.N., Thompson, N.L.: Rebinding of IgE Fabs at haptenated planar membranes: measurement by total internal reflection with fluorescence photobleaching recovery. Biochemistry **39**, 2042-2051 (1999)

[165] Thompson, N.L., Burghardt, T.P., Axelrod, D.: Measuring surface dynamics of biomolecules by total internal reflection fluorescence with photobleaching recovery or correlation spectroscopy. Biophys. J. **33**, 435-454 (1999)

[166] Reits, E.A.J., Neefjes, J.J.: From fixed to FRAP: measuring protein mobility and activity in living cells. Nat. Cell Biol. **3**, E145-E147 (2001)

[167] Klonis, N., Rug, M., Harper, I., Wickham, M., Cowman, A., et al.: Fluorescence photobleaching analysis for the study of cellular dynamics. Eur. Biophys. J. **31**, 36-51 (2002)

[168] Houtsmuller, A.B.: Fluorescence recovery after photobleaching: application to nuclear proteins. Adv. Biochem. Eng. Biotechnol. **95**, 177-199 (2005)

[169] Houtsmuller, A.B., Vermeulen, W.: Macromolecular dynamics in living cell nuclei revealed by fluorescence redistribution after photobleaching. Histochem. Cell Biol. **115**, 13-21 (2001)

[170] Calapez, A., Pereira, H.M., Calado, A., Braga, J., Rino, J., et al.: The intranuclear mobility of messenger RNA binding proteins is ATP dependent and temperature sensitive. J. Cell Biol. **159**, 795-805 (2002)

[171] Haggie, P.M., Verkman, A.S.: Diffusion of tricarboxylic acid cycle enzymes in the mitochondrial matrix in vivo. Evidence for restricted mobility of a multienzyme complex. J. Biol. Chem. **277**, 40782-40788 (2002)

[172] Dayel, M.J., Hom, E.F., Verkman, A.S.: Diffusion of green fluorescent protein in the aqueous-phase lumen of endoplasmic reticulum. Biophys. J. **76**, 2843-2851 (1999)

[173] Cole, N.B., Smith, C.L., Sciaky, N., Terasaki, M., Edidin, M., et al.: Diffusional mobility of Golgi proteins in membranes of living cells. Science **273**, 797-801 (1996)

[174] van Amerongen, H., Struve, W.S.: Polarized optical spectroscopy of chromoproteins. Meth. Enzymol. **246**, 259-283 (1995)

[175] Jimenez, R., Dikshit, S.N., Bradforth, S.E., Fleming, G.R.: Electronic excitation transfer in the LH2 complex of Rhodobacter sphaeroides. J. Phys. Chem. **100**, 6825-6834 (1996)

[176] Pullerits, T., Chachisvilis, M., Sundström, V.: Exciton delocalization length in the B850 antenna of Rhodobacter sphaeroides. J. Phys. Chem. **100**, 10787-10792 (1996)

[177] Nagarajan, V., Johnson, E., Williams, J.C., Parson, W.W.: Femtosecond pump-probe spectroscopy of the B850 antenna complex of Rhodobacter sphaeroides at room temperature. J. Phys. Chem. B **103**, 2297-2309 (1999)

[178] Delrow, J.J., Heath, P.J.: Fujimoto, B.S. and Schurr, J.M. Effect of temperature on DNA secondary structure in the absence and presence of 0.5 M tetramethylammonium chloride. Biopolymers **45**, 503-515 (1998)

[179] Lakowicz, J.R., Knutson, J.R.: Hindered depolarizing rotations of perylene in lipid bilayers. Detection by lifetime-resolved fluorescence anisotropy measurements. Biochemistry **19**, 905-911 (1980)

[180] Lakowicz, J.R., Maliwal, B.P.: Oxygen quenching and fluorescence depolarization of tyrosine residues in proteins. J. Biol. Chem. **258**, 4794-4801 (1983)

[181] Lakowicz, J.R., Maliwal, B.P., Cherek, H., Balter, A.: Rotational freedom of tryptophan residues in proteins and peptides. Biochemistry **22**, 1741-1752 (1983)

[182] Hou, X., Richardson, S.J., Aguilar, M.I., Small, D.H.: Binding of amyloidogenic transthyretin to the plasma membrane alters membrane fluidity and induces neurotoxicity. Biochemistry **44**, 11618-11627 (2005)

[183] Johnson, D.A.: C-terminus of a long alpha-neurotoxin is highly mobile when bound to the nicotinic acetylcholine receptor: a time-resolved fluorescence anisotropy approach. Biophys. Chem **116**, 213-218 (2005)

[184] Fidy, J., Laberge, M., Kaposi, A.D., Vanderkooi, J.M.: Fluorescence line narrowing applied to the study of proteins. Biochim. Biophys. Acta **1386**, 331-351 (1998)

[185] Nie, S., Zare, R.N.: Optical detection of single molecules. Annu. Rev. Biophys. Biomol. Struct. **26**, 567-596 (1997)

[186] Xie, X.S., Trautman, J.K.: Optical studies of single molecules at room temperature. Annu. Rev. Phys. Chem. **49**, 441-480 (1998)

[187] Moerner, W.E., Orrit, M.: Illuminating single molecules in condensed matter. Science **283**, 1670-1676 (1999)

[188] Weiss, S.: Fluorescence spectroscopy of single biomolecules. Science **283**, 1676-1683 (1999)

[189] Moerner, W.E., Kador, L.: Optical detection and spectroscopy of single molecule solids. Phys. Rev. Lett. **62**, 2535-2538 (1989)

[190] Moerner, W.E., Basche, T.: Optical spectroscopy of individual dopant molecules in solids. Angew. Chem. **105**, 537-557 (1993)

[191] Kulzer, F., Kettner, R., Kummer, S., Basché, T.: Single molecule spectroscopy: spontaneous and light-induced frequency jumps. Pure Appl. Chem. **69**, 743-748 (1997)

[192] Goodwin, P.M., Ambrose, W.P., Keller, R.A.: Single-molecule detection in liquids by laser induced fluorescence. Acc. Chem. Res. **29**, 607-613 (1996)

[193] Nguyen, D.C., Keller, R.A., Jett, H., Martin, J.C.: Detection of single molecules of phycoerythrin in hydrodynamically focused flows by laser-induced fluorescence. Anal. Chem. **59**, 2158-2161 (1987)

[194] Peck, K., Stryer, L., Glazer, A.N., Mathies, R.A.: Single-molecule fluorescence detection: autocorrelation criterion and experimental realization with phycoerythrin. Proc. Natl. Acad. Sci. U.S.A. **86**, 4087-4091 (1989)

[195] Pohl, D.W., Denk, W., Lanz, M.: Optical stethoscopy: image recording with resolution l/20. Appl. Phys. Lett. **44**, 651-653 (1984)

[196] Harootunian, A., Betzig, E., Isaacson, M., Lewis, A.: Super-resolution fluorescence near-field scanning optical microscopy. Appl. Phys. Lett. **49**, 674-676 (1986)

[197] Betzig, E., Trautman, J.K.: Near-field optics: microscopy, spectroscopy, and surface modification beyond the diffraction limit. Science **257**, 189-195 (1992)

[198] Betzig, E., Chichester, R.J., Lanni, F., Taylor, D.L.: Near-field fluorescence imaging of cytoskeletal actin. BioImaging **1**, 129-135 (1993)

[199] Kopelman, R., Weihong, T., Birnbaum, D.: Subwavelength spectroscopy, exciton supertips and mesoscopic light-matter interactions. J. Lumin. **58**, 380-387 (1994)

[200] Ha, T., Enderle, T., Ogletree, D.F., Chemla, D.S., Selvin, P.R., et al.: Probing the interaction between two single molecules: fluorescence resonance energy transfer between a single donor and a single acceptor. Proc. Natl. Acad. Sci. U.S.A. **93**, 6264-6268 (1996)

[201] Meixner, A.J., Kneppe, H.: Scanning near-field optical microscopy in cell biology and microbiology. Cell. Mol. Biol. **44**, 673-688 (1998)

[202] Betzig, E., Patterson, G.H., Sougrat, R., Lindwasser, O.W., Olenych, S., et al.: Imaging intracellular fluorescent proteins at nanometer resolution. Science **313**, 1642-1645 (2006)

[203] Xie, X.S., Dunn, R.C.: Probing single molecule dynamics. Science **265**, 361-364 (1994)

[204] Iwane, A.H., Funatsu, T., Harada, Y., Tokunaga, M., Ohara, O., et al.: Single molecular assay of individual ATP turnover by a myosin-GFP fusion protein expressed in vitro. FEBS Lett. **407**, 235-238 (1997)

[205] Kalb, E., Engel, J., Tamm, L.K.: Binding of proteins to specific target sites in membranes measured by total internal reflection fluorescence microscopy. Biochemistry **29**, 1607-1613 (1990)

[206] Poglitsch, C.L., Sumner, M.T., Thompson, N.L.: Binding of IgG to MoFc gamma RII purified and reconstituted into supported planar membranes as measured by total internal reflection fluorescence microscopy. Biochemistry **30**, 6662-6671 (1991)

[207] Lieto, A.M., Cush, R.C., Thompson, N.L.: Ligand-receptor kinetics measured by total internal reflection with fluorescence correlation spectroscopy. Biophys. J. **85**, 3294-3302 (2003)

[208] Lieto, A.M., Thompson, N.L.: Total internal reflection with fluorescence correlation spectroscopy: nonfluorescent competitors. Biophys. J. **87**, 1268-1278 (2004)

[209] Sund, S.E., Swanson, J.A., Axelrod, D.: Cell membrane orientation visualized by polarized total internal reflection fluorescence. Biophys. J. **77**, 2266-2283 (1999)

[210] Geddes, C.D., Parfenov, A., Gryczynski, I., Lakowicz, J.R.: Luminescent blinking of gold nanoparticles. Chem. Phys. Lett. **380**, 269-272 (2003)

[211] Aslan, K., Lakowicz, J.R., Geddes, C.D.: Nanogold-plasmon-resonance-based glucose sensing. Anal. Biochem. **330**, 145-155 (2004)

[212] Stefani, F.D., Vasilev, K., Boccio, N., Stoyanova, N., Kreiter, M.: Surface-plasmon-mediated single-molecule fluorescence through a thin metallic film. Phys. Rev. Lett. **94**, Art. 023005 (2005)

[213] Wenger, J., Lenne, P.F., Popov, E., Rigneault, H., Dintinger, J., et al.: Single molecule fluorescence in rectangular nano-apertures. Opt. Express **13**, 7035-7044 (2005)

[214] Lakowicz, J.R.: Radiative decay engineering: biophysical and biomedical applications. Anal. Biochem. **298**, 1-24 (2002)

[215] Eigen, M., Rigler, R.: Sorting single molecules. Application to diagnostics and evolutionary biotechnology. Proc. Natl. Acad. Sci. USA **91**, 5740-5747 (1994)

[216] Nie, S., Chiu, D.T., Zare, R.N.: Probing individual molecules with confocal fluorescence microscopy. Science **266**, 1018-1021 (1994)

[217] Nie, S., Chiu, D.T., Zare, R.N.: Real-time detection of single molecules in solution by confocal fluorescence microscopy. Angew. Chem. **67**, 2849-2857 (1995)

[218] Edman, L., Mets, U., Rigler, R.: Conformational transitions monitored for single molecules in solution. Proc. Natl. Acad. Sci. USA **93**, 6710-6715 (1996)

[219] Macklin, J.J., Trautman, J.K., Harris, T.D., Brus, L.E.: Imaging and time-resolved spectroscopy of single molecules at an interface. Science **272**, 255-258 (1996)

[220] Conn, P.M.: Confocal Microscopy. Methods in Enzymology, vol. 307. Academic, San Diego (1999)

[221] Yuste, R., Konnerth, A.: Imaging in Neuroscience and Development: A Laboratory Manual. Cold Spring Harbor Laboratory Press, Cold Spring Harbor, N.Y. (2000)

[222] Yuste, R.: Fluorescence microscopy today. Nat. Methods **2**, 902-904 (2005)

[223] Lichtman, J.W., Conchello, J.-A.: Fluorescence microscopy. Nat. Methods **2**, 910-919 (2005)

[224] Conchello, J.-A., Lichtman, J.W.: Optical sectioning microscopy. Nat. Methods **2**, 920-931 (2005)

[225] Helmchen, F., Denk, W.: Deep tissue two-photon microscopy. Nat. Methods **2**, 932-940 (2005)

[226] Hell, S.W., Wichmann, J.: Breaking the diffraction resolution by stimulated emission: stimulated emission depletion microscopy. Opt. Lett. **19**, 780-782 (1994)

[227] Hell, S.W.: Toward fluorescence nanoscopy. Nat. Biotechnol. **21**, 1347-1355 (2003)

[228] Hell, S.W., Jakobs, S., Kastrup, L.: Imaging and writing at the nanoscale with focused visible light through saturable optical transitions. Appl. Phys. A **77**, 859-860 (2003)

[229] Hofmann, M., Eggeling, C., Jakobs, S., Hell, S.W.: Breaking the diffraction barrier in fluorescence microscopy at low light intensities by using reversibly photoswitchable proteins. Proc. Natl. Acad. Sci. U.S.A. **102**, 17565-17569 (2005)

[230] Westphal, V., Hell, S.W.: Nanoscale resolution in the focal plane of an optical microscope. Phys Rev. Lett. **94**, 143903 (2005)

[231] Hell, S.W.: Far-field optical nanoscopy. Science **316**, 1153-1158 (2007)

[232] Lu, H.P., Xie, X.S.: Single-molecule spectral fluctuations at room temperature. Nature **385**, 143-146 (1997)

[233] Wennmalm, S., Edman, L., Rigler, R.: Conformational fluctuations in single DNA molecules. Proc. Natl. Acad. Sci. USA **94**, 10641-10646 (1997)

[234] Michalet, X., Weiss, S., Jäger, M.: Single-molecule fluorescence studies of protein folding and conformational dynamics. Chem. Rev. **106**, 1785-1813 (2006)

[235] Peterman, E.J., Sosa, H., Moerner, W.E.: Single-molecule fluorescence spectroscopy and microscopy of biomolecular motors. Annu. Rev. Phys. Chem. **55**, 79-96 (2004)

[236] Ohmachi, M., Komori, Y., Iwane, A.H., Fujii, F., Jin, T., et al.: Fluorescence microscopy for simultaneous observation of 3D orientation and movement and its application to quantum rod-tagged myosin V. Proc. Natl. Acad. Sci. U.S.A. **109**, 5294-5298 (2012)

[237] Watanabe, T.M., Yanagida, T., Iwane, A.H.: Single molecular observation of self-regulated kinesin motility. Biochemistry **49**, 4654-4661 (2010)

[238] Park, H., Toprak, E., Selvin, P.R.: Single-molecule fluorescence to study molecular motors. Q. Rev. Biophys. **40**, 87-111 (2007)

[239] Lu, H.P., Xun, L., Xie, X.S.: Single-molecule enzymatic dynamics. Science **282**, 1877-1882 (1998)

[240] Deniz, A.A., Laurence, T.A., Beligere, G.S., Dahan, M., Martin, A.B., et al.: Single-molecule protein folding: diffusion fluorescence resonance energy transfer studies of the denaturation of chymotrypsin inhibitor 2. Proc. Natl. Acad. Sci. U.S.A. **97**, 5179-5184 (2000)

[241] Talaga, D.S., Lau, W.L., Roder, H., Tang, J., Jia, Y., et al.: Dynamics and folding of single two-stranded coiled-coil peptides studied by fluorescent energy transfer confocal microscopy. Proc. Natl. Acad. Sci. U.S.A. **97**, 13021-13026 (2000)

[242] Zhuang, X., Bartley, L.E., Babcock, H.P., Russell, R., Ha, T., et al.: A single-molecule study of RNA catalysis and folding. Science **288**, 2048-2051 (2000)

[243] Zhuang, X., Rief, M.: Single-molecule folding. Curr. Opin. Struct. Biol. **13**, 88-97 (2003)

[244] Schuler, B., Lipman, E.Å., Eaton, W.A.: Probing the free-energy surface for protein folding with single-molecule fluorescence spectroscopy. Nature **419**, 743-747 (2002)

[245] Chung, H.S., Cellmer, T., Louis, J.M., Eaton, W.A.: Measuring ultrafast protein folding rates from photon-by-photon analysis of single molecule fluorescence trajectories. Chem. Phys. **422**, 229-237 (2013)

[246] Banerjee, P.R., Deniz, A.A.: Shedding light on protein folding landscapes by single-molecule fluorescence.

Chem. Soc. Revs. **43**, 1172-1188 (2014)
[247] Takei, Y., Iizuka, R., Ueno, T., Funatsu, T.: Single-molecule observation of protein folding in symmetric GroEL-(GroES)$_2$ complexes. J. Biol. Chem. **287**, 41118-41125 (2012)
[248] Trexler, A.J., Rhoades, E.: Function and dysfunction of a-synuclein: probing conformational changes and aggregation by single molecule fluorescence. Mol. Neurobiol. **47**, 622-631 (2013)
[249] Willets, K.A., Callis, P.R., Moerner, W.E.: Experimental and theoretical investigations of environmentally sensitive single-molecule fluorophores. J. Phys. Chem. B **108**, 10465-10473 (2004)
[250] Betzig, E., Chichester, R.J.: Single molecules observed by near-field scanning optical microscopy. Science **262**, 1422-1425 (1993)
[251] Magde, D., Elson, E., Webb, W.W.: Thermodynamic fluctuations in a reacting system -measurement by fluorescence correlation spectroscopy. Phys. Rev. Lett. **29**, 705-708 (1972)
[252] Magde, D., Elson, E.L., Webb, W.W.: Fluorescence correlation spectroscopy. II. An experimental realization. Biopolymers **13**, 29-61 (1974)
[253] Elson, E.L., Magde, D.: Fluorescence correlation spectroscopy. I. Conceptual basis and theory. Biopolymers **13**, 1-27 (1974)
[254] Elson, E.: Fluorescence correlation spectroscopy: past, present, future. Biophys. J. **101**, 2855-2870 (2011)
[255] Webb, W.W.: Fluorescence correlation spectroscopy: inception, biophysical experimentations and prospectus. Appl. Optics **40**, 3969-3983 (2001)
[256] Fitzpatrick, J.A., Lillemeier, B.F.: Fluorescence correlation spectroscopy: linking molecular dynamics to biological function in vitro and in situ. Curr. Opin. Struct. Biol. **21**, 650-660 (2011)
[257] Tian, Y., Martinez, M.M., Pappas, D.: Fluorescence correlation spectroscopy: a review of biochemical and microfluidic applications. Appl. Spectrosc. **65**, 115A-124A (2011)
[258] Bevington, P.R., Robinson, D.K.: Data Reduction and Error Analysis for the Physical Sciences. McGraw-Hill, Boston (2003)
[259] Kubo, R.: The fluctuation-dissipation theorem. Rept. Progr. Theor. Phys. **29**, 255-284 (1966)
[260] Kubo, R., Toda, M., Hashitsume, N.: Statistical Physics II: Nonequilibrium Statistical Mechanics. Springer, Berlin (1985)
[261] Parson, W.W., Warshel, A.: A density-matrix model of photosynthetic electron transfer with microscopically estimated vibrational relaxation times. Chem. Phys. **296**, 201-206 (2004)
[262] Harp, G.D., Bern, B.J.: Time-correlation functions, memory functions, and molecular dynamics. Phys. Rev. A 2, 975-996 (1970)
[263] Hess, S.T., Webb, W.W.: Focal volume optics and experimental artifacts in confocal fluorescence correlation spectroscopy. Biophys. J. **83**, 2300-2317 (2002)
[264] Maiti, S., Haupts, U., Webb, W.W.: Fluorescence correlation spectroscopy: diagnostics for sparse molecules. Proc. Natl. Acad. Sci. U.S.A. **94**, 11753-11757 (1997)
[265] Jakobs, D., Sorkalla, T., Häberlein, H.: Ligands for fluorescence correlation spectroscopy on g protein-coupled receptors. Curr. Med. Chem. **19**, 4722-4730 (2012)
[266] Widengren, J., Rigler, R.: Fluorescence correlation spectroscopy as a tool to investigate chemical reactions in solutions and on cell surfaces. Cell. Mol. Biol. **44**, 857-879 (1998)
[267] van den Berg, P.A., Widengren, J., Hink, M.A., Rigler, R., Visser, A.J.: Fluorescence correlation spectroscopy of flavins and flavoenzymes: photochemical and photophysical aspects. Spectrochim. Acta A **57**, 2135-2144 (2001)
[268] Haupts, U., Maiti, S., Schwille, P., Webb, W.W.: Dynamics of fluorescence fluctuations in green fluorescent protein observed by fluorescence correlation spectroscopy. Proc. Natl. Acad. Sci. U.S.A. **95**, 13573-13578 (1998)
[269] Schenk, A., Ivanchenko, S., Röcker, C., Wiedenmann, J., Nienhaus, G.U.: Photodynamics of red fluorescent proteins studied by fluorescence correlation spectroscopy. Biophys. J. **86**, 384-394 (2004)

[270] Chattopadhyay, K., Saffarian, S., Elson, E.L., Frieden, C.: Measuring unfolding of proteins in the presence of denaturant using fluorescence correlation spectroscopy. Biophys. J. **88**, 1413-1422 (2005)

[271] Sanchez, S.A., Gratton, E.: Lipid-protein interactions revealed by two-photon microscopy and fluorescence correlation spectroscopy. Acc. Chem. Res. **38**, 469-477 (2005)

[272] Felekyan, S., Sanabria, H., Kalinin, S., Kühnemuth, R., Seidel, C.A.: Analyzing Förster resonance energy transfer with fluctuation algorithms. Meth. Enzymol. **519**, 39-85 (2013)

[273] Schwille, P., Meyer-Almes, F.J., Rigler, R.: Dual-color fluorescence cross-correlation spectroscopy for multicomponent diffusional analysis in solution. Biophys. J. **72**, 1878-1886 (1997)

[274] Kettling, U., Koltermann, A., Schwille, P., Eigen, M.: Real-time enzyme kinetics of restriction endonuclease EcoR1 monitored by dual-color fluorescence cross-correlation spectroscopy. Proc. Natl. Acad. Sci. U.S.A. **95**, 1416-1420 (1998)

[275] Bieschke, J., Giese, A., Schulz-Schaeffer, W., Zerr, I., Poser, S., et al.: Ultrasensitive detection of pathological prion protein aggregates by dual-color scanning for intensely fluorescent targets. Proc. Natl. Acad. Sci. U.S.A. **97**, 5468-5473 (2000)

[276] Jahnz, M., Schwille, P.: An ultrasensitive site-specific DNA recombination assay based on dual-color fluorescence cross-correlation spectroscopy. Nucleic Acids Res. **33**, e60 (2005)

[277] Collini, M., Caccia, M., Chirico, G., Barone, F., Dogliotti, E., et al.: Two-photon fluorescence cross-correlation spectroscopy as a potential tool for high-throughput screening of DNA repair activity. Nucleic Acids Res. **33**, e165 (2005)

[278] Chen, Y., Müller, J.D., So, P.T.C., Gratton, E.: The photon counting histogram in fluorescence fluctuation spectroscopy. Biophys. J. **77**, 553-567 (1999)

[279] Huang, B., Perroud, T.D., Zare, R.N.: Photon counting histogram: one-photon excitation. Chemphyschem. **5**, 1523-1531 (2004)

[280] Perroud, T.D., Bokoch, M.P., Zare, R.N.: Cytochrome c conformations resolved by the photon counting histogram: watching the alkaline transition with single-molecule sensitivity. Proc. Natl. Acad. Sci. U.S.A. **102**, 17570-17575 (2005)

[281] Siebrand, W.: Radiationless transitions in polyatomic molecules. I. Calculation of Franck-Condon factors. J. Chem. Phys. **46**, 440-447 (1967)

[282] Siebrand, W.: Radiationless transitions in polyatomic molecules. II. Triplet-ground-state transitions in aromatic hydrocarbons. J. Chem. Phys. **47**, 2411-2422 (1967)

[283] Henry, R.B., Siebrand, W.: Spin-orbit coupling in aromatic hydrocarbons. Analysis of nonradiative transitions between singlet and triplet states in benzene and naphthalene. J. Chem. Phys. **54**, 1072-1085 (1971)

[284] Richards, W.G., Trivedi, H.P., Cooper, D.L.: Spin-orbit Coupling in Molecules. Clarendon, Oxford (1981)

[285] McGlynn, S.P., Azumi, T., Kinoshita, M.: Molecular Spectroscopy of the Triplet State. Prentice Hall, Englewood Cliffs, NJ (1969)

[286] Atkins, P.W.: Molecular Quantum Mechanics, 2nd edn. Oxford Univ. Press, Oxford (1983)

[287] Shipman, L.: Oscillator and dipole strengths for chlorophyll and related molecules. Photochem. Photobiol. **26**, 287-292 (1977)

[288] Takiff, L., Boxer, S.G.: Phosphorescence spectra of bacteriochlorophylls. J. Am. Chem. Soc. **110**, 4425-4426 (1988)

[289] Shuvalov, V.A., Parson, W.W.: Energies and kinetics of radical pairs involving bacteriochlorophyll and bacteriopheophytin in bacterial reaction centers. Proc. Natl. Acad. Sci. U.S.A. **78**, 957-961 (1981)

[290] Woodbury, N.W., Parson, W.W.: Nanosecond fluorescence from isolated reaction centers of Rhodopseudomonas sphaeroides. Biochim. Biophys. Acta **767**, 345-361 (1984)

[291] Booth, P.J., Crystall, B., Ahmad, I., Barber, J., Porter, G., et al.: Observation of multiple radical pair states in photosystem 2 reaction centers. Biochemistry **30**, 7573-7586 (1991)

[292] Ogrodnik, A., Keupp, W., Volk, M., Auermeier, G., Michel-Beyerle, M.E.: Inhomogeneity of radical pair energies in photosynthetic reaction centers revealed by differences in recombination dynamics of $P^+H_A^-$ when detected in delayed emission and absorption. J. Phys. Chem. **98**, 3432-3439 (1994)

[293] Woodbury, N.W., Peloquin, J.M., Alden, R.G., Lin, X., Taguchi, A., Williams, J.C., et al.: Relationship between thermodynamics and mechanism during photoinduced charge separation in reaction centers from Rhodobacter sphaeroides. Biochemistry **33**, 8101-8112 (1994)

[294] Che, A., Morrison, I.E., Pan, R., Cherry, R.J.: Restriction by ankyrin of band 3 rotational mobility in human erythrocyte membranes and reconstituted lipid vesicles. Biochemistry **36**, 9588-9595 (1997)

[295] Jablonski, A.: Über den Mechanismus der Photolumineszenz von Farbstoffephosphoren. Z. Physik. **94**, 38-46 (1935)

第6章 振动吸收

6.1 振动简正模式和波函数

分子向较高振动态的激发通常发生在光谱的中红外区域，为 200～5000 cm^{-1} (λ = 2.5～50 μm)。本章考虑振动激发的能量和强度主要的决定性因素，并介绍红外光谱在大分子中的一些应用。第 12 章则讨论拉曼光谱，其中的振动跃迁伴随着较高频率的光散射。

有 N 个原子的分子具有 $3N$ 个运动自由度，其中 3 个与质心平动有关，3 个与分子整体转动有关，其余 $3N-6$ 个与不改变质心的内部振动有关。(线性分子只有 2 个转动自由度，因而有 $3N-5$ 个振动模式。)通常，复杂分子的每个振动模式都涉及许多原子核的集体运动，不能简单地描述为单个键的伸缩或弯曲。但是，如果假设振动势能是原子坐标的简谐函数，则振动分析可以得到极大地简化。这意味着势能依赖于二次项，如 x_i^2 、$x_i x_j$ (其中 x_i 和 x_j 是 $3N$ 个笛卡儿坐标中任何一个从其平衡值开始的位移)，而不依赖于更高阶的项，如 x_i^3 、$x_i^2 x_j$ 或 $x_i x_j x_k$ 。在这种情况下，可以定义由单个原子坐标的线性组合所组成的一组正交简正坐标，使得每个振动模式或简正模式都包含沿一个简正坐标的运动。则分子的振动势能可以写成

$$V = \frac{1}{2}\sum_i k_i \zeta_i^2 \tag{6.1}$$

其中 ζ_i 是模式 i 的简正坐标，而 k_i 是该运动的力常数(专栏 6.1)。

正如在第 2 章中所讨论的那样，坐标 x 的二次势能函数的薛定谔方程，其解是谐振子波函数

$$\chi_n = N_n H_n(u)\exp(-u^2/2) \tag{6.2}$$

其中无量纲坐标 u 是 $x/(\hbar/2\pi m_\mathrm{r} \nu)^{1/2}$，$m_\mathrm{r}$ 是体系的折合质量，ν 是经典振动频率，$H_n(u_i)$是厄密多项式，N_n 是归一化因子[式(2.31)和专栏 2.5]。力常数为 k_i 的谐振子，其频率为

$$\nu = (k/m_\mathrm{r})^{1/2}/2\pi \tag{6.3}$$

在简谐近似的极限内，一个分子的振动波函数就是 $3N-6$ 或 $3N-5$ 个独立谐振子波函数的乘积：

$$X(x_1, x_2, \cdots) = \prod_{i=1}^{3N-6} \chi_{i(n)}(x_i) \tag{6.4}$$

在同样的近似下，一个分子的振动能量是各个简正模式的能量之和：

$$E_\mathrm{vib} = \sum_{i=1}^{3N-6} (n_i + 1/2)h\nu_i \tag{6.5}$$

其中 n_i 是模式 i 的激发能级[式(2.29)]。

图 6.1 说明了线性和非线性三原子分子的简正模式。尽管大分子的简正模式可能复杂得

多，并且可能涉及多个原子的运动，但是蛋白质的低频模式有时可以描述为在结构域之间联结处的扭曲或弯曲，并且这类运动通常被认为在催化或其他过程中起重要作用[1-4]。高频模式有时也可以根据较小原子团的协调运动被相当简单地描述。

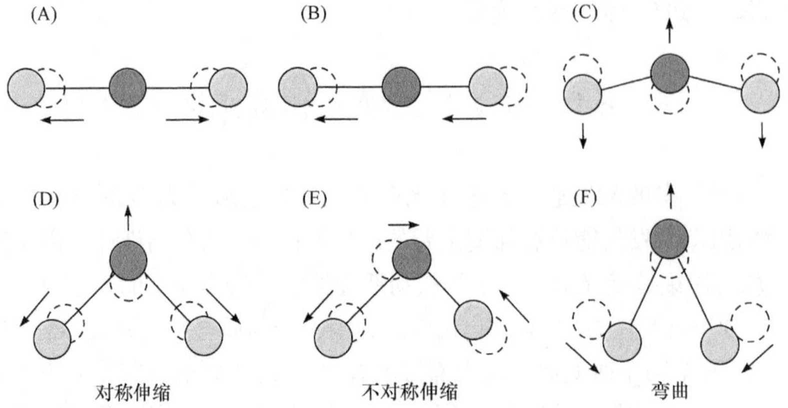

图 6.1 线性(A)～(C)和非线性(D)～(F)三原子分子的简正模式。空心圆和实心圆表示原子在两个运动极限处的位置；箭头表示介于这些极点之间朝一个方向的移动。弯曲和对称伸缩模式保持镜像对称性，而不对称伸缩模式破坏了这种对称性。线性三原子分子具有一个额外的垂直于图平面的弯曲模式(未示出)，但是只有两个转动模式，而非线性三原子有三个转动模式。两者都有一个平动模式

专栏 6.1 简正坐标和分子动力学模拟

考虑一个具有 N 个粒子和 $3N$ 个笛卡儿坐标 x_1，x_2，$\cdots$，x_{3N} 的经典体系。定义每个原子相对于该原子平衡位置的坐标，令 x_1、x_2 和 x_3 表示相对于原子 1 的平衡位置；x_4、x_5 和 x_6 表示相对于原子 2 的平衡位置；等等。则体系的总动能为

$$T = (1/2)\sum_i m_i(\partial x_i / \partial t)^2 \tag{B6.1.1}$$

其中 m_i 是坐标为 x_i 的粒子的质量。可以使用“质量权重”坐标 $\eta_i = (m_i)^{1/2}x_i$ 简化上述表达式：

$$T = (1/2)\sum_i(\partial \eta_i / \partial t)^2 \tag{B6.1.2}$$

现在将体系的势能展开为质量权重坐标的泰勒级数：

$$V = V_0 + \sum_i(\partial V / \partial \eta_i)_0\eta_i + (1/2)\sum_i\sum_j b_{ij}\eta_i\eta_j \cdots \tag{B6.1.3a}$$

其中

$$b_{ij} = (\partial^2 V / \partial \eta_i \partial \eta_j)_0 \tag{B6.1.3b}$$

下标 0 表示在平衡位置(η_i、$\eta_j = 0$) 取偏导数。当所有粒子都在这些位置时，设其势能为零，即 $V_0 = 0$。对于每个坐标，在平衡位置的$\partial V/\partial \eta_i$ 也必须为零，因此忽略三次项和高阶项，势能为

$$V = (1/2)\sum_i\sum_j b_{ij}\eta_i\eta_j \tag{B6.1.4}$$

由于沿着坐标 x_i 的作用力是

$$F_i = -\partial V / \partial x_i = -m_i^{1/2}\partial V / \partial \eta_i = -m_i^{1/2}\sum_j b_{ij}\eta_j \tag{B6.1.5}$$

而在这一坐标上的加速度是

$$\partial^2 x_i / \partial t^2 = m^{-1/2} \partial^2 \eta_i / \partial t^2 \tag{B6.1.6}$$

那么牛顿第二运动定律可以写成

$$\partial^2 \eta_i / \partial t^2 + \sum_j b_{ij} \eta_j = 0 \tag{B6.1.7}$$

可对 η_i 立即求解式(B6.1.7)，如果因子 b_{ij} 在 $j \neq i$ 时都为零，即有

$$\partial^2 \eta_i / \partial t^2 + b_{ij} \eta_j = 0 \tag{B6.1.8}$$

则其解为

$$\eta_i = \eta_i^0 \sin(\sqrt{b_{ii}} t + \phi_i) \tag{B6.1.9}$$

其中 η_i^0 是任意幅度，ϕ_i 是相移。

二阶偏导数 b_{ij} 的矩阵称为体系的黑塞(Hessian)矩阵。式(B6.1.9)表明，如果对于所有 $j \neq i$，b_{ij} 为零，则每个质量权重坐标将在其平衡值附近以正弦形式振荡。现在的问题是，是否总是可以通过变量的线性变换将式(B6.1.7)转换为(B6.1.8)形式的表达式，即使 $j \neq i$ 的 b_{ij} 不全为零。答案是肯定的，如下所示。

如果可以进行所需的变换，那么所得简正坐标(ζ_k，$k = 1, 2, \cdots, 3N$)必定允许将体系的动能和势能写为

$$T = (1/2) \sum_j (\partial \zeta_j / \partial t)^2 \tag{B6.1.10}$$

及

$$V = (1/2) \sum_j \nu_j \xi_j^2 \tag{B6.1.11}$$

其中 ν_j 为待求频率。则简正模式 j 的运动方程为

$$\zeta_j = \zeta_j^0 \sin(\sqrt{\nu_j} t + \phi_j) \tag{B6.1.12}$$

现在假设使除振幅 ζ_k^0 之外的所有振幅 ζ_j^0 为零来启动体系的运动。那么，简正坐标 k 上的运动将具有式(B6.1.12)给出的正弦时间依赖性。原则上，简正坐标 k 可以包含来自任何或所有单个质量权重坐标(η_i)的贡献。反过来，由于 η_i 与简正坐标线性相关，可以写出

$$\eta_i = \sum_{k=1}^{3N} B_{ik} \zeta_k = \sum_{k=1}^{3N} B_{ik} \zeta_k^0 \sin(\sqrt{\nu_k} t + \phi_k) \tag{B6.1.13}$$

其中系数 B_{ik} 也有待确定。式(B6.1.13)表明，B_{ik} 不为零的任何 η_i 必须与简正坐标 k 具有相同的时间依赖性：

$$\eta_i = B_{ik} \zeta_k^0 \sin(\sqrt{\nu_k} t + \phi_k) \tag{B6.1.14}$$

因此，所有原子核将以相同的频率和相位移动，但其振幅的变化取决于 ζ_k^0 和系数 B_{ik}。

现在考虑更一般的情况，其中任何简正模式振幅(ζ_j^0)都可能不为零。将式(B6.1.14)代入式(B6.1.10)和式(B6.1.11)并再次使用牛顿第二定律[式(B6.1.7)]，得到

$$-\nu_j A_i + \sum_{i=1}^{3N} b_{ij} A_i = 0 \tag{B6.1.15}$$

其中 $A_i = B_{ij} \zeta_j^0$。这是针对 $3N$ 个未知量 A_i 的一组 $3N$ 个联立线性方程，而且一旦指定了所有 ζ_j^0，便可得出系数 B_{ij}。这些方程的一个平凡解是所有 A_i 均为零。如专栏 8.1 所示，当且仅当由 b_{ij} 和 ν_j 构造的行列式(久期行列式)为零时，才会有一个或多个非平凡解：

$$\begin{vmatrix} b_{11}-\nu_j & b_{12} & \cdots & b_{13N} \\ b_{21} & b_{22}-\nu_j & \cdots & b_{23N} \\ \cdots & \cdots & \cdots & \cdots \\ b_{3N1} & b_{3N2} & \cdots & b_{3N3N}-\nu_j \end{vmatrix} = 0 \tag{B6.1.16}$$

因此，如果频率ν_j是满足式(B6.1.16)的值之一，则式(B6.1.12)一定是体系的有效运动方程。一旦获得这些根之一，就可以将其代入式(B6.1.15)，在初始条件和以下的约束条件下找到所有的A_i及B_{ik}

$$\sum_{i=1}^{3N} B_{ik}^2 = 1 \tag{B6.1.17}$$

上述运算为运动方程提供了3N个解，每一个对应式(B6.1.16)的根，尽管其中的一些解可能是等同的。这些解中的六个(或五个，对于线性分子)描述了整个分子的平动或转动，因而有$\nu_j = 0$；其他解则给出了所寻求的简正模式。体系运动的一般解可以写为这些特定解[式(B6.1.14)]的总和，其振幅(ζ_j^0)和相位(ϕ_j)由初始条件确定。在实践中，没有必要按照此处概述的方式一次求得一个单独的解；将对应于行列式的偏导数(b_{ij})的黑塞矩阵对角化，它们全部可以直接获得，如2.3.6节所述。

威尔逊(Wilson)[5, 6]提出了一种寻找小分子简正模式的方法。其过程包括构造一个$N \times N$的力常数矩阵(**F**)和另一个矩阵(**G**)，其元素取决于分子的质量及其平衡结构的键长和角度。将积**FG**对角化，就给出简正模式的振动频率，以及每个简正模式下各种键的伸缩或弯曲的系数。分子对称性信息可用于帮助建立**G**矩阵，这通常是问题中最复杂的部分[6-10]。

对于大分子，如此操作会陷入困境，因为**F**和**G**矩阵基于内部分子坐标。利用笛卡儿坐标并从数值上找到势能对坐标的二阶导数则要简单得多。这种方法由Lifson、Warshel和Levitt[11-13]率先提出，将体系的势能表示为键的伸缩、弯曲、扭转、范德华相互作用和静电相互作用各项之和(图6.2)。因此，原子i对势能的贡献可以写成[14, 15]

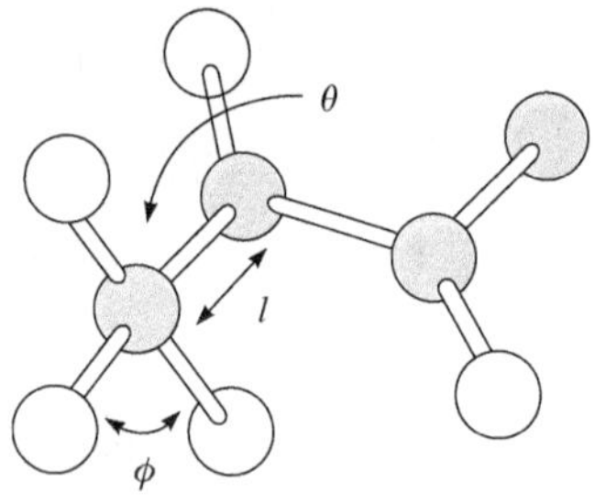

图6.2 原子i对体系经典势能的贡献取决于该原子形成的键的长度(l)和角度(ϕ)，围绕相邻原子形成的键的扭转旋转(θ)，以及与其他原子的范德华相互作用和静电相互作用

$$\begin{aligned} V_i(t) = & \sum_{b}^{\text{键}} \frac{k_b^l}{2}(l_b - l_b^0)^2 + \sum_{a}^{\text{角}} \frac{k_a^\phi}{2}(\phi_a - \phi_a^0)^2 \\ & + \sum_{t}^{\text{扭转}} \frac{k_t^\theta}{2}\cos^2(n_t^0\theta_t - \theta_t^0) \\ & + \sum_{j\neq i}^{\text{原子}} (A_i^0 r_{ij}^{-12} - B_i^0 r_{ij}^{-6} + q_i q_j r_{ij}^{-1} d_{ij}^{-1}) + \text{常数} \end{aligned} \tag{B6.1.18}$$

此表达式中的第一个加和遍及原子的所有键，l_b表示b键的长度，而l_b^0表示该特定类型键的标称长度。第二和第三个加和在键角(ϕ)和扭转(二面角)(θ)上进行；第四个加和则覆盖了与未直接键合到原子i的那些原子的范德华相互作用及静电相互作用。在最后一项加和中，q_i、q_j和r_{ij}是原子i和j的部分电荷和原子间距离，d_{ij}是随r_{ij}增加的介电屏蔽函数。选择标准的键长和键角(l_b^0、ϕ_a^0、n_t^0和θ_t^0)可以反映晶体学信息，而力常数(k_b^l、k_a^ϕ和k_t^θ)与红外光谱法测得的振动频率有关。原子电荷可以通过量子计算与测量的偶极矩获得，而范德华参数则来自晶体和液体中的分子密度。一些处理方法包括附加项(将键的伸缩能耦合到键的弯曲角和扭转角)，或者通过明确的诱导偶极子而不是屏蔽函数d_{ij}来处理介电屏蔽。

使用式(B6.1.18)，出现在式(B6.1.3)～式(B6.1.7)中的偏导数(b_{ij})可以通过求原子坐标的微小变化所引起的势能变化来计算。则黑塞矩阵的对角化可给出简正模式的频率和坐标。但是需要记住，简正模式分析假设体系处于势能最小值。大分子具有大量的局部能量最低点，实际上从来没有处于全局最小值。对于这样的体系，通过对黑塞矩阵进行对角化而获得的某些能量将为负，这意味着这些模式的振荡频率为虚数，并且式(B6.1.14)中的 sin 函数必须用 sinh 代替。只考虑具有实频率的模式，仍然可以获得有关体系的集体性质的有用信息[16]。

分子动力学(MD)模拟[14, 17, 18]提供了一种将复杂结构的模型降至能量最低点的方法。在 MD 模拟中，初始模型中的原子被赋予随机的初始速度，使其动能与体系在选定温度下的总动能相符，并被允许运动很短的时间间隔(通常为 1 fs 或 2 fs)；然后根据势能函数[式(B6.1.18)]相对于坐标的一阶导数来评估作用在每个原子上的力，再计算由此产生的加速度并将其用于速度更新。允许体系再运动一个时间间隔，再重新评估力，此循环重复多次，期间如果必要则通过周期性速度校正以保持恒定温度。有时会在逐渐降低的温度下运行，以使体系在(理想情况下)探索全局最小值区域的途中探索凸凹的势能面。还可以将有关低频简正模式的信息纳入力中，以加快结构演化到最终形态[19, 20]。结果的可靠性当然取决于势能函数的质量及模拟的时间。

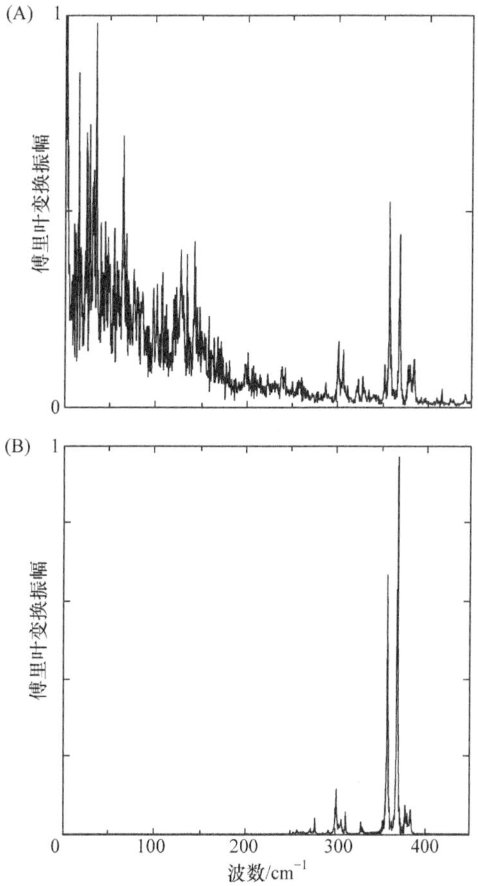

图 6.3 两种自相关函数的傅里叶变换：(A)在光合作用细菌反应中心初始电子转移步骤的反应物与产物之间的计算能量差，以及(B)酪氨酸 M210 的酚羟基的 C—C—O—H 二面角。幅度有缩放。改编自文献[22]

MD 模拟的一个用途是识别与一种过程(如电子转移)相耦合的振动模式。初始电子态和最终电子态的势能涨落差异可在一个 MD 轨迹的时间间隔进行评估。如第 10 章和第 11 章中所述，涨落自相关函数的傅里叶变换提供了与跃迁耦合的模式频率[21, 22]。傅里叶变换中的每个峰值幅度正比于产物态的势能曲线沿该模式振动坐标的位移(Δ)。图 6.3(A)显示了计算所得的光合作用细菌反应中心初始电子转移步骤的非绝热反应物与产物之间能量差的傅里叶变换[22]。波数为 300～400 cm^{-1} 的模式簇表明酪氨酸酚羟基的转动与电子受体存在静电相互作用[图 6.3(B)]。

6.2 振 动 激 发

分子到较高振动态的激发通常可以合理地描述为单个简正模式从量子数 n_i 到更高量子数 m_i 的提升。当分子被激发时，如果简正模式的频率没有显著变化，则激发能为$(m_i - n_i)h\nu_i$，其中 ν_i 是该模式的振动频率。

为了研究振动激发的选择定则和偶极强度，必须了解辐射场如何扰动振动能以及这种微扰如何依赖于简正坐标。首先考虑一个双原子分子，这样只有一个振动坐标(x)。哈密顿中的微扰项采用以下形式：

$$\tilde{\mathrm{H}}'(x,t) \approx -\boldsymbol{E}(t) \cdot \boldsymbol{\mu} \tag{6.6}$$

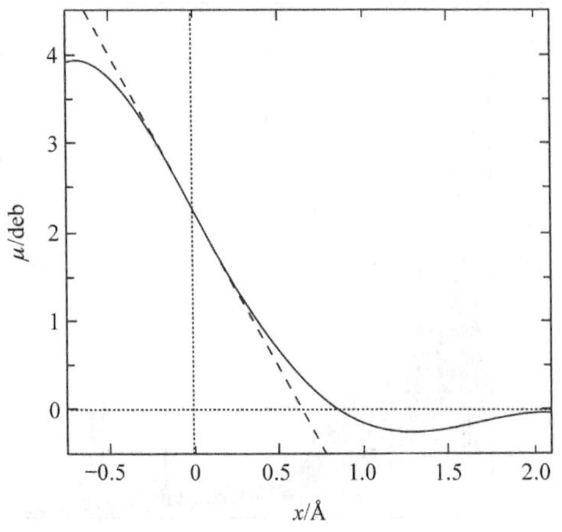

图 6.4 随着 C—S 键被拉伸或压缩，计算所得的 CS 偶极($\boldsymbol{\mu}$)的变化。摘自文献[108]。横坐标(x)是键长从其平衡值 1.539 Å 开始的变化，其中偶极矩为 2.69 deb(C 为负)。如果 x 增加到 0.8 Å 以上，则偶极会反转方向。虚线是曲线在 $x=0$ 处的切线。有关 CO 和其他分子的计算参见文献[108-110]

其中 $\boldsymbol{E}$ 是电场，$\boldsymbol{\mu}$ 是分子的偶极子，包括电子和核电荷的贡献。利用 $\tilde{\mathrm{H}}'$ 的这个表达式，按照处理电子跃迁的逻辑可以看出，从振动能级 n 到能级 m 的激发强度取决于 $|\boldsymbol{E}_0 \cdot \boldsymbol{\mu}_{mn}|^2$，其中 $\boldsymbol{E}_0$ 是外场振幅，$\boldsymbol{\mu}_{mn}$ 是电偶极子算符的矩阵元

$$\boldsymbol{\mu}_{mn} = \langle \chi_m | \tilde{\mu} | \chi_n \rangle \tag{6.7}$$

分子的偶极矩不能严格地表示为简正坐标的简单解析函数。一方面，由于无法通过实验测量单个原子的电荷，因此分子的总电荷在原子之间的任何划分都依赖于模型的选择；另一方面，改变两个成键原子之间的距离可以改变键的特性，影响电子之间的相关性，并改变诱导偶极子对总偶极矩的贡献。对于具有不同电负性的原子之间的极性键，$|\boldsymbol{\mu}|$ 通常随键的长度而增加。对于由较相似原子组成的双原子分子，$|\boldsymbol{\mu}|$ 必定在较长距离处变为零(当自由原子解离)，但距离变化较小时，它可以增大或减小(图 6.4)。但是可以将 $|\boldsymbol{\mu}|$ 围绕简正坐标的平衡值按泰勒级数展开：

$$|\boldsymbol{\mu}(x)| = |\boldsymbol{\mu}(0)| + (\partial|\boldsymbol{\mu}|/\partial x)_0 x + \frac{1}{2}(\partial^2|\boldsymbol{\mu}|/\partial x^2)_0 x^2 + \cdots \tag{6.8}$$

其中 x 是坐标与其平衡值的偏离，下标表示在平衡位置取导数。其跃迁偶极子可以类似地写为

$$\boldsymbol{\mu}_{mn} = \boldsymbol{\mu}(0)\langle \chi_m | \chi_n \rangle + (\partial\boldsymbol{\mu}/\partial x)_0 \langle \chi_m | x | \chi_n \rangle + \frac{1}{2}(\partial^2\boldsymbol{\mu}/\partial x^2)_0 \langle \chi_m | x^2 | \chi_n \rangle + \cdots \tag{6.9}$$

其中的矩阵元也在 $x=0$ 求得。

式(6.9)中的主项 $\boldsymbol{\mu}(0)\langle \chi_m | \chi_n \rangle$ 在 $m \neq n$ 时为零，这是由于本征函数的正交性。假设 $(\partial\boldsymbol{\mu}/\partial x)_0 \neq 0$，则 $(\partial\boldsymbol{\mu}/\partial x)_0 \langle \chi_m | x | \chi_n \rangle$ 项在级数中占主导。对谐振子的本征函数的考察表明，仅当 $m=n\pm1$ 时，此项中的积分 $\langle \chi_m | x | \chi_n \rangle$ 才不为零(专栏 6.2)。因此，适用于激发简谐振动的形式选择定则是

$$(\partial\boldsymbol{\mu}/\partial x)_0 \neq 0 \tag{6.10}$$

$$m - n = \pm 1 \tag{6.11}$$

和

$$h\upsilon = h\nu \tag{6.12}$$

其中 ν 是 $x=0$ 处的振动频率。此外，式(6.9)中的 $\frac{1}{2}(\partial^2\boldsymbol{\mu}/\partial x^2)_0 \langle \chi_m | x^2 | \chi_n \rangle$ 项将导致在 $2h\nu$ 处的弱泛频跃迁。

专栏 6.2 振动跃迁的选择定则

对于谐振子，式(6.9)中积分$\langle \chi_m|x|\chi_n\rangle$的大小可以使用厄密多项式的递归公式[式(5.42)～式(5.45)]求得

$$uH_n(u) = (1/2)H_{n+1}(u) + nH_{n-1}(u) \tag{B6.2.1}$$

$$\begin{aligned}|\langle \chi_m|x|\chi_n\rangle| &= \int_{-\infty}^{\infty}\chi_m(u)u\kappa^{-1}\chi_n(u)\mathrm{d}x = N_m N_n \kappa^{-1}\int_{-\infty}^{\infty}H_m(u)uH_n\exp(-u^2/2)\mathrm{d}x \\ &= \frac{N_n\kappa^{-1/2}}{2N_{n+1}}\langle \chi_m|\chi_{n+1}\rangle + n\frac{N_n\kappa^{-1/2}}{N_{n-1}}\langle \chi_m|\chi_{n-1}\rangle \\ &= \left(\frac{n+1}{2\kappa}\right)^{1/2}\delta_{m,n+1} + \left(\frac{n}{2\kappa}\right)^{1/2}\delta_{m,n-1}\end{aligned} \tag{B6.2.2}$$

因此，除非$m = n\pm 1$，否则$\langle \chi_m|x|\chi_n\rangle$为零。$[(n+1)/2\kappa]^{1/2}\delta_{m,n+1}$项与吸收(振动激发)有关，而$(n/2\kappa)^{1/2}\delta_{m,n-1}$与发射有关。式(B6.2.2)与为光子的发射和吸收所给出的表达式[式(5.45)]是等同的。但是注意到此处的量子数m和n是指分子振动的激发能级，即模式中的声子数，而不是指入射辐射中光子的密度。

类似的论据表明，式(6.9)中二阶项的积分$\langle \chi_m|x^2|\chi_n\rangle$仅对于$m = n\pm 2$是不为零的，而三阶项中的积分$\langle \chi_m|x^3|\chi_n\rangle$仅对于$m = n\pm 3$才是不为零的[8]。对于简谐振动模式，在$\nu = 2\nu$、$3\nu$和$\nu$的较高倍数处所对应的泛频吸收线都很弱，因为$(\partial^2\mu/\partial x^2)_0$、$(\partial^3\mu/\partial x^3)_0$和$\mu$的较高阶导数通常都很小。但是，如果振动是非谐性的，则这些跃迁可能会变得越来越允许。为了说明这一点，图 6.5 显示了已在图 2.1 中考虑过的具有莫尔斯势的振子的量子化波函数和一阶跃迁偶极子($\langle \chi_m|x|\chi_0\rangle$)。尽管前几个波函数与谐振子的波函数定性地相似，但具有较高量子数的波函数则更权重于振动坐标的逐渐增大值。这种不对称性的结果是，0→12 和 0→13 跃迁的矩阵元(对谐振子为零)约为 0→1 跃迁矩阵元的 19%[图 6.5(D)]。0→2 跃迁的矩阵元(对谐振子也为零)约为 0→1 跃迁矩阵元的 14%。而激发到最高量子态(在此图中为m = 14)的矩阵元基本上回落为零，因为此能级的波函数分布在坐标空间的更大区域上。

图 6.5 中的波函数是利用莫尔斯势$V(r) = E_{\text{diss}}\{1-\exp[-2a(r-r_0)]\}^2$和非谐性参数$a = 0.035/r_0$获得的(图 2.1)。忽略转动效应，这个势能的本征函数可以写成[23]

$$\psi_n(u) = N_n\exp[\eta\exp(-au)][\exp(-au)]^{(k-2n-1)/2}L_n^{(k-2n-1)}[2\eta\exp(-au)] \tag{B6.2.3}$$

在此表达式中，$u = r - r_0$，$\eta = (2\mu E_{\text{diss}})^{1/2}/a\hbar$，$k = 2(2\mu E_{\text{diss}})^{1/2}/a\hbar$，$n$是可取值为 0、1、⋯、$(k-1)/2$的整数，$N_n$是归一化常数。$L_n^{(k-2n-1)}[2\eta\exp(-au)]$则是广义拉盖(Laguerre)多项式，其定义如下：

$$L_n^{(\alpha)}[x] = \sum_{m=0}^{n}\frac{(n+\alpha)!}{(n-m)!(m+\alpha)!}\frac{(-1)^m}{m!}x^m \tag{B6.2.4}$$

Ter Haar [24]用一个称为合流超几何函数(confluent hypergeometric function)的多项式给出了一个等价的表达式。其特征值可以很好地近似为$E_n = h\nu_0[(n+1/2) - (h\nu_0/4E_{\text{diss}})(n+1/2)^2]$，其中$\nu_0 = a(2E_{\text{diss}}/M)^{1/2}$，$M$是体系的折合质量。Sage[25, 26]和 Spirko 等[27]则给出了$\langle \chi_m|x|\chi_n\rangle$和含有$x$更高次幂的矩阵元的解析表达式。

已假设当分子被激发时，其生色团的简正模式不会明显改变。对于涵盖此假设不成立[杜钦斯基效应(Duschinsky effects)]的更一般情形的处理，可以将受激分子的振动模式写成基态模式的线性组合[28-30]。

从上述分析得出的主要结论是，对于简谐振动模式的激发，要求其$(\partial\mu/\partial x)_0$不为零：仅当振动以改变分子偶极矩的方式扰动了平衡结构时，跃迁才是允许的。例如，O_2等同核双原子分子，当键长有微小变化时维持偶极矩为零，因此无法进行纯振动激发。此外，由于矢量$\langle \chi_m|x|\chi_n\rangle$在双原子分子中是沿着键轴方向的，因此振动吸收带相对此轴会表现出线二色性。具有取向性的 CO 分子，其主要 IR 吸收带的吸光系数因而将依赖于$\cos^2\theta$，其中θ是光的电场

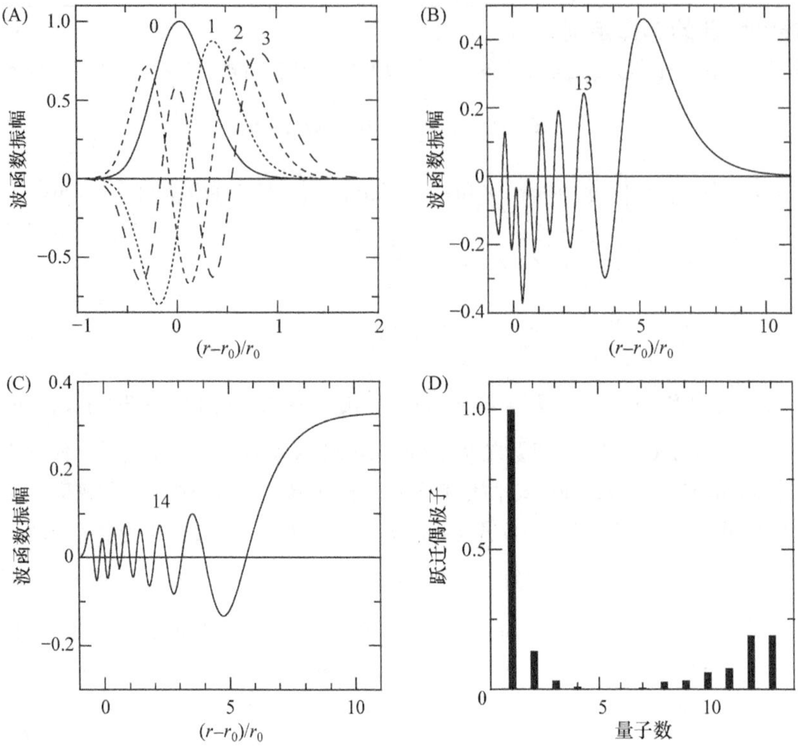

图 6.5 非谐性振动模式的波函数和跃迁偶极子大小。(A)具有图 2.1 所示莫尔斯势的振子的波函数 0～3 的相对振幅(分别为曲线 0、1、2 和 3)。(B)中显示了波函数 13，(C)中显示了波函数 14。横坐标是振动坐标(*r*)与其平衡值(r_0)的相对偏离。曲线归一化为在 $0<(r-r_0)/r_0\leqslant 11.5$ 范围内的相同积分概率(波函数振幅的平方)，并相对于波函数 0 的峰进行缩放。此归一化仅考虑了波函数 14 的一部分，因为其接近解离能且无限地向右延续并超出图中标度。(D)从最低能级($n=0$)激发到其他低于解离极限的每个能级的跃迁偶极子 ($\langle\chi_m|x|\chi_0\rangle$) 的相对大小。大多数分子振动势比本图所示的更为谐性

与 C—O 轴之间的夹角。

如果满足选择定则 $m=n+1$ 且$(\partial\mu/\partial x)_0$不为零，则相应的 IR 吸收带的偶极强度取决于 $|\langle\chi_m|x|\chi_n\rangle|^2$，对于谐振子，它与$(n+1)$成正比(专栏 6.2)。因此，$(n=1, m=2)$的吸光系数约为$(n=0, m=1)$的吸光系数的两倍。但是，在大多数情况下，只能看到 0→1 吸收带，因为零点振动能级($n=0$)的布居数通常比高能级的布居数大得多。从能级 1 到能级 2 的激发可以通过二维红外光谱法进行测量，如第 11 章中所述。但其吸收通常发生在比 0→1 谱带低一些的频率处，因为振动势面并非严格谐性。对于与肌红蛋白血红素相结合的 CO 或 NO 的伸缩振动，其能级 1 和 2 之间的能隙比 0 和 1 之间的能隙小约 1.5%。(图 2.1 和图 6.5 中使用的莫尔斯势有较大的非谐性，大约为 7.5%。)在某些振动激发态体系中，也可以瞬态地看到激发态的吸收。例如，CO-肌红蛋白的光解离产生松散结合的 CO，有一个在 2085 cm^{-1} 处的 IR 吸收带和一个在 2059 cm^{-1} 处的弱卫星带[31, 32]。当 C═O 振动与蛋白质和溶剂的其他振动模式达到热平衡时，此卫星带的振幅以约 600 ps 的时间常数衰减。

针对多原子分子的跃迁偶极子的泰勒级数展开，可给出一个与式(6.9)类似的表达式：

$$\boldsymbol{\mu}_{mn} = \sum_{i=1}^{3N-6} (\partial\boldsymbol{\mu} / \partial x_i)_0 \left\langle \chi_m \middle| x_i \middle| \chi_n \right\rangle + \frac{1}{2} \sum_{i=1}^{3N-6} \sum_{j=1}^{3N-6} (\partial^2\boldsymbol{\mu}/\partial x_i \partial x_j)_0 \left\langle \chi_{m(i)}\chi_{m(j)} \middle| x_i x_j \middle| \chi_{n(i)}\chi_{n(j)} \right\rangle + \cdots \quad (6.13)$$

其中$\boldsymbol{\mu}$表示分子的总偶极子，并且总和遍及所有简正模式。同样，如果 $m_i - n_i = \pm 1$ 且$(\partial\boldsymbol{\mu}/\partial x_i)_0 \neq 0$，则主要吸收带的表示项$(\partial\boldsymbol{\mu}/\partial x_i)_0 \left\langle \chi_{m(i)} \middle| x_i \middle| \chi_{n(i)} \right\rangle$不为零；高阶项会给出较弱的泛频和组频激发。$(\partial\boldsymbol{\mu}/\partial x_i)_0$必须不为零的要求意味着相对于分子结构全对称的振动是红外跃迁禁阻的。例如，在 CO_2 或 H_2O 中，不对称伸缩模式会改变分子的偶极矩并产生允许的 IR 跃迁，而对称伸缩模式则不会(图 6.1)。在 12.4 节中讨论拉曼散射的选择定则时将再讨论这一点。水的不对称伸缩模式出现在 2700～3700 cm^{-1} 的频率上，随着氢键强度的增加将向较高能量方向偏移。

6.3 蛋白质的红外光谱

红外光谱广泛用于结构分析，因为许多官能团有其特征性的振动频率。肽键的振动给出三个主要的红外(IR)吸收带(表 6.1，图 6.6)。

表 6.1 肽的 IR 吸收带

振动模式	能量/cm^{-1} a	二色性 b
N—H 伸缩		
α螺旋	3290～3300	∥
β折叠	3280～3300	⊥
酰胺 I (C═O 伸缩)		
α螺旋	1650～1660	∥
β折叠	1620～1640	⊥
酰胺 II (N—H 面内弯曲)		
α螺旋	1540～1550	⊥
β折叠	1520～1525	∥

a. 在形成氢键的肽基团中

b. 相对肽链轴方向的极化

(1) 形成氢键的酰胺基团，其 N—H 键伸缩模式出现在 3280～3300 cm^{-1} 区域。该吸收带有时称为酰胺 A 带。这个吸收带的极化方向平行于 N—H 键，因而在α螺旋结构中与螺旋轴平行，在β折叠中与多肽链垂直。随着氢键强度的增加，此吸收带向较低频率方向偏移[33]。

(2) C═O 伸缩模式，包含来自 N—H 键弯曲和 C—N 键伸缩的同相位的贡献，在α螺旋结构中出现在 1650～1660 cm^{-1} 区域，而在 β 折叠中出现在 1620～1640 cm^{-1}[34, 35]。此谱带通常称为酰胺 I 带。它的极化方向在α和β二级结构中与 N—H 伸缩模式是相同的。

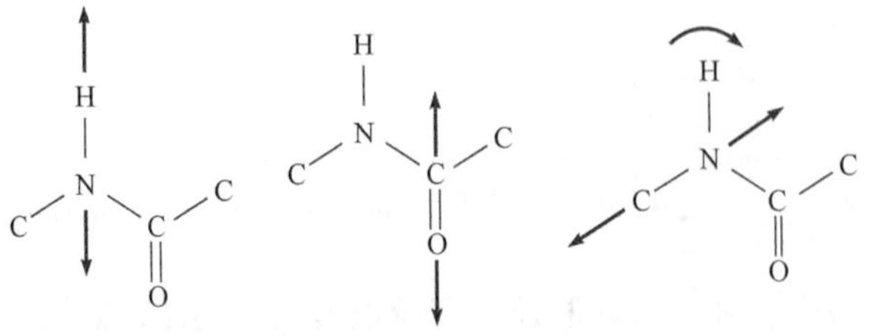

图 6.6 肽键的主要振动模式

(3) 酰胺Ⅱ带出现在能量低于酰胺Ⅰ带的区域，在α螺旋中为 1540～1550 cm^{-1}，在 β 折叠中为 1520～1525 cm^{-1}。该振动包括 N—H 键的面内弯曲，与 C—N 和 C_α—C 的伸缩及 C═O 的面内弯曲均有耦合。它大约沿着 C—N 键极化(几乎垂直于α螺旋轴、平行于β折叠中的多肽链)。在不含氢键的多肽中，N—H 伸缩和酰胺Ⅰ模式向较高能带方向移动 20～100 cm^{-1}，而酰胺Ⅱ模式则移向稍低的能带区域。

多肽和蛋白质的红外光谱受相邻肽基团振动耦合的影响[33, 36-39]。这种耦合类似于电子跃迁的激子相互作用(第 8 章)，并且类似地引起吸收带的裂分。然而，由于通过共价键和氢键及空间的跃迁耦合，情况变得复杂。尽管有这种复杂性，但α螺旋仍表现出平行于螺旋轴的强极化吸收带，对应于酰胺Ⅰ模式，以及能量较低的垂直极化吸收带，对应于酰胺Ⅱ模式。β折叠结构具有其特征性的酰胺Ⅰ带，涉及四个肽基团的耦合运动。尽管具有不同二级结构的蛋白质区域的酰胺Ⅰ吸收带通常无法很好地分辨，但有时可以将整个吸收带拟合为高斯峰之和来解析[40, 41]。此外，Venyaminov 等描述了氨基酸侧链的红外吸收光谱[42]。

红外光谱已广泛用于研究溶液中多肽和蛋白质的构象[40, 43-48]。在一项开创性的研究中[49, 50]，Naik 和 Krimm 确定了多种环境中离子载体短杆菌肽 A(ionophore gramicidin A)的二级结构。酰胺 IR 谱带变化的时间分辨测量已用于研究因温度阶跃而变性的肌红蛋白的再折叠动力学[51-53]。但是，酰胺吸收带较宽，其组分通常不能很好地被分辨。这个问题可以这样解决：用 ^{13}C 或 $^{13}C═^{18}O$ 标记选定残基的酰胺基团，可使其振动频率与未标记残基的振动频率区分开[54-58]。第 11 章中讨论的二维光谱技术则提供了解决此问题的另一种方法。

大分子的红外光谱研究变得越来越有用，这得益于傅里叶变换技术的发展[44, 47, 48, 59-67]。(有关 FTIR 光谱仪的介绍请参见第 1 章。)FTIR 测量可用于探测蛋白质中单个氨基酸侧链的键合或相互作用的变化。细菌视紫红质提供了一个例子。当细菌视紫红质被光照时，其质子化的视黄碱希夫碱生色团发生异构化，然后将质子转移到蛋白质中的一个基团上。FTIR 测量结果表明，在生色团的一系列吸收变化之外，还在 1763 cm^{-1} 处形成了一个吸收峰[63, 68]。在富含[4-^{13}C]-天冬氨酸的细菌视紫红质中，这个峰出现在 1720 cm^{-1} 处；当用 D_2O 代替溶剂时，该吸收峰又移至 1712 cm^{-1} 处。这些观察结果表明，该吸收峰反映了质子化天冬氨酸的 C═O 伸缩，从而使得在生色团去质子化后，作为其 H^+受体的特定天冬氨酸残基得到指认。

在光合反应中心，FTIR 测量与定点突变及同位素取代相结合，已用于鉴定与电子载体相互作用的残基或当其中一种载体被还原时与质子结合的残基[61, 64, 69-74]。图 6.7 显示了在低温下照射细菌反应中心所产生的吸光度变化的光谱。在 1703 cm^{-1} 和 1713 cm^{-1} 处的吸收增加，被指认为两个细菌叶绿素的 13^1-酮基的 C═O 伸缩模式；这个二聚体组成了光化学电子供体(P)并处于氧化形式(P^+)。在 1682 cm^{-1} 和 1692 cm^{-1} 处的吸收减少，标志着这个二聚体处于中性形式时两个相同振动峰的位置。氢键和局域电场的不同，造成两个细菌叶绿素的峰位置出现的频率略有不同(6.4 节)。

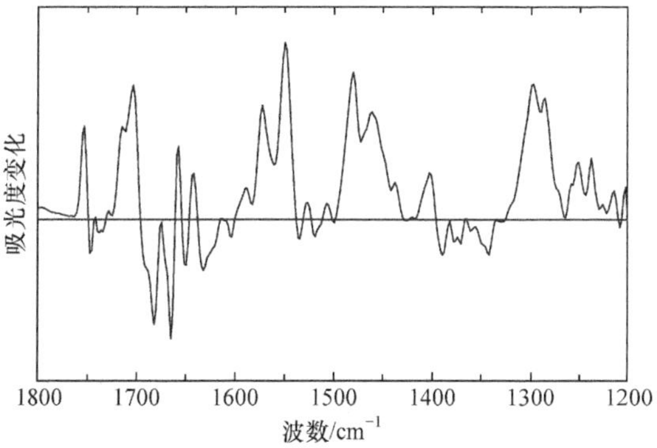

图 6.7　FTIR 差谱(光减暗)。体系为类球红细菌(*Rhodobacter sphaeroides*)的光合反应中心，图示为从其一对特殊细菌叶绿素(P)向醌(quinone，Q_A)的电子转移而产生的吸光度变化。负吸收变化主要由 P 吸收带的减少而引起；正吸收变化则来自其氧化二聚体(P^+)的吸收带。利用反应中心的薄膜样品在 100 K 进行这些测量。信号振幅为任意单位。改编自文献[101]

正如在第 4 章中所提到的，使用红外吸收带的线二色性可确定溶液中结合肌红蛋白血红素的 CO 的方向及其在光解离时发生的方向变化[75]。使用 35 ps 的 527 nm 偏振光脉冲解离结合的 CO，并利用 0.2 ps 的 IR 脉冲探测 C—O 伸缩模式。在 1900 cm^{-1} 附近出现的吸收带来自与血红素结合的 CO，而在 2100 cm^{-1} 附近出现的吸收带则来自从血红素中释放但停留在蛋白质口袋中的 CO。脉冲光引起的吸光度变化的极化方向表明，结合分子的 C—O 键几乎垂直于血红素的平面，而被释放的 CO 则大致平行于此平面。这些观察结果使得人们需要重新思考关于肌红蛋白和血红蛋白如何排斥 CO 的结合而有利于 O_2 的结合等观点。IR 吸收带的偏移还表明，光解离的 CO 可以几种不同的方式与蛋白质结合[76, 77]。

偏振红外光谱在分子生物物理学中的其他应用也有报道，如丝状病毒中色氨酸侧链取向的研究[78]和整合膜蛋白的折叠的研究[48, 79]。

手性分子表现出的振动圆二色(vibrational circular dichroism，VCD)与电子 CD 类似，且其基本原理也基本相同(第 9 章)。VCD 的测量尽管仍然远不如电子 CD 的测量那样常见，但通过仪器的改进以及小分子 VCD 光谱预测方法的改进而得到了推动[80-83]，人们还研究了 VCD 与蛋白质中的二级结构单元的相关性[46, 84-86]。在血红蛋白和肌红蛋白的一些突变体中，血红素-配体键的伸缩模式表现出异常强的 VCD 信号，并对配体与蛋白质的相互作用具有敏感性[87]。

6.4　振动斯塔克效应

振动是构成 IR 吸收光谱的基础。因为振动一定会影响分子的电偶极矩，所以人们期望这些模式的频率对局域电场具有敏感性，而事实确实如此。由外部电场引起的振动频率的偏移可以通过与电子斯塔克偏移基本相同的方式测量，也就是在有振荡场存在的条件下记录振荡的 IR 透射。斯塔克调谐率定义为$\delta_v = \partial\bar{\nu}/\partial E_v$，其中$\bar{\nu}$是模式的波数，$E_v$是外场($\boldsymbol{E}$)在简正坐标上的投影[88, 89]。在一阶近似下，δ_v由$-\hat{u}\cdot(\boldsymbol{\Delta\mu}+\boldsymbol{E}\cdot\Delta\alpha)/hc$给出，其中$\hat{u}$是平行于简正坐标的单位矢量，$\boldsymbol{\Delta\mu}$是在激发态和基态中的分子偶极矩之差，而$\Delta\alpha$是两个态的极化率张量之差(4.13

节、专栏 4.15 和专栏 12.1)。然而，由外场引起的非谐性和结构畸变也会对振动斯塔克效应有一定贡献[90, 91]。

羰基伸缩模式的典型斯塔克调谐率约为$(1/f)cm^{-1}\cdot(MV\cdot cm^{-1})^{-1}$，其中 f 是局域场校正因子[90, 92]。与肌红蛋白的血红素 Fe 结合的 CO 的 C═O 伸缩模式具有相对较大的斯塔克调谐率，约为 $2.4/f\ cm^{-1}\cdot(MV\cdot cm^{-1})^{-1}$[92]。在一个肌红蛋白突变体、细胞色素和其他血红素蛋白中，这一模式的频率在 1937～1984 cm^{-1} 变化，局域场的差异差不多可以解释这一变化[92-98]。对于 CO 结合在 Ni 表面的斯塔克效应，其测量表明，当电场使 C 原子上的电势相对于 O 更正时，CO 振动的斯塔克调谐率为正值[88]。Boxer 及其同事测量了 C—F、C—D 的伸缩模式的斯塔克调谐率，也测量了可以引入蛋白质特定部位从而作为局域电场的潜在探针的各种其他化学键的斯塔克调谐率[90, 99, 100]。光合细菌反应中心的突变体使其特别成对的两个细菌叶绿素的 13^1-酮基的 C═O 振动频率发生了偏移，且此偏移与局域场变化的计算值密切相关[101]。

细菌酶 Δ^5-3-酮类固醇异构酶可将 19-去甲睾酮(3-酮类固醇底物类似物)的 C═O 伸缩模式从 1638 cm^{-1} 明显偏移至 1612 cm^{-1}[102,103]。此偏移不会发生在无酶活性的 Y14F 突变体中，并在其他活性降低的突变体中有所减少。图 6.8 显示了在这个酶的晶体结构中，在结合底物周围的一些残基。19-去甲睾酮在各种溶剂中的 C═O 伸缩频率测量和 MD 模拟表明，Y14 和异构酶活性位点上的其他基团在平行于 C═O 轴的位置共产生约 144 $MV\cdot cm^{-1}$ 的强电场，而且此电场可以解释大多数催化反应活化能的下降[104-107]。尽管 Y14 与酮 O 形成氢键，但 Y14 本身的酚式 C—O 伸缩模式并没有发生很大偏移，这可能是 Y30 和 Y55 的氢键平衡效应所致。

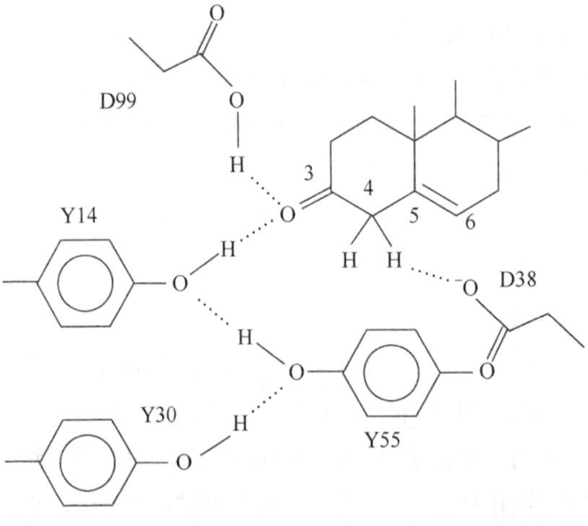

图 6.8 位于大肠杆菌 Δ^5-3-酮类固醇异构酶活性位点中的残基[111]。图中标记了天冬氨酸(D)残基 38 和 99，酪氨酸(Y)残基 14、30 和 55，以及结合类固醇底物的原子 3～6。[将残基数加 2 即可得到恶臭假单胞菌(*Pseudomonas putida*)中广泛研究的酶中的残基数。]虚线表示可能存在的氢键。这个酶通过促进酮基的烯化，并把一个质子从 C4 转移到 C6(可能借助 D38)，催化了 C5—C6 的双键向 C4—C5 进行重排。结合的 19-去甲睾酮的 C═O 伸缩频率有偏移，表明有一个有利于烯醇化的局域强电场[106]

练 习 题

1. 在下图所示的分子振动中，↔表示在特定时刻延伸的键，而◆—◆表示在此刻缩短的键。哪些振动会导致红外吸收?

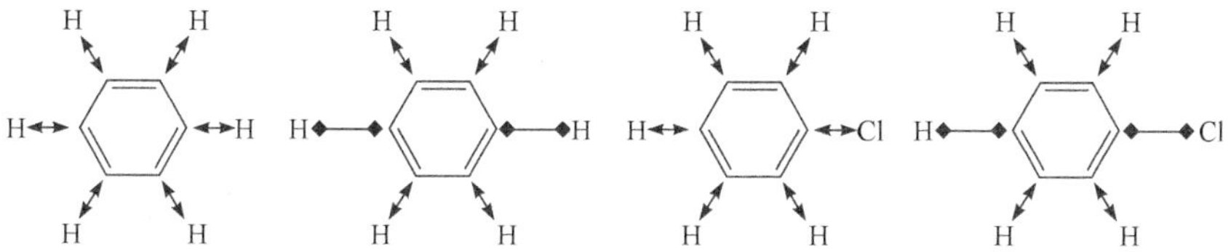

2. 考虑一个弱非谐振子的激发(0→1)、(0→2)和(1→2)，其中每个激发的两个数字表示初始和最终振动量子数。(a)如果(0→1)激发的相对偶极强度为 1.0，则(1→2)激发的预期相对偶极强度是多少？(b)假设(0→1)吸收的能量为 200 cm^{-1}。估计(1→2)和(0→1)吸收带在 295 K 时的观测强度之比。(c)(1→2)吸收带的激发能等于、小于或大于(0→1)吸收带的激发能？

3. 下图给出膜囊假定的 IR 吸收(—)和线二色(- - -)光谱，此膜囊中含有一个蛋白质，可通过细胞膜转运一种糖和 Na^+。在载玻片上沉积并部分干燥使囊泡变平，并在垂直于载玻片的一个轴向测量线二色性。在糖(S)存在时，在 1650 cm^{-1} 区域内的线二色变得更正，而在 1560 cm^{-1} 附近的线二色变得更负。解释图中的光谱，并解释糖对光谱的影响。

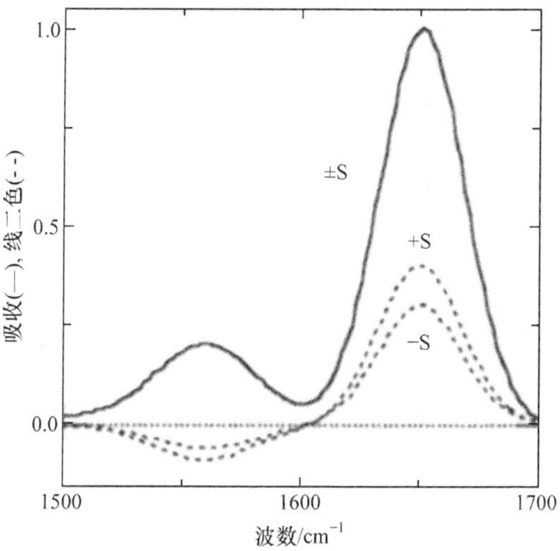

参 考 文 献

[1] Levitt, M., Sander, C., Stern, P.S.: Protein normal-mode dynamics: trypsin inhibitor, crambin, ribonuclease and lysozyme. J. Mol. Biol. **181**, 423-447 (1985)

[2] Bruccoleri, R.E., Karplus, M., McCammon, J.A.: The hinge-bending mode of a lysozyme inhibitor complex. Biopolymers **25**, 1767-1802 (1986)

[3] Ma, J.: Usefulness and limitations of normal mode analysis in modeling dynamics of biomolecular complexes. Structure **13**, 373-380 (2005)

[4] Ahmed, A., Villinger, S., Gohlke, H.: Large-scale comparison of protein essential dynamics from molecular dynamics simulations and coarse-grained normal mode analysis. Proteins **78**, 3341-3352 (2010)

[5] Wilson, E.B.: A method of obtaining the expanded secular equation for the vibration frequencies of a molecule. J. Chem. Phys. **7**, 1047-1052 (1939)

[6] Wilson, E.B., Decius, J.C., Cross, P.C.: Molecular Vibrations. The Theory of Infrared and Raman Vibrational Spectra. McGraw-Hill, New York (1955)

[7] Painter, P.C., Coleman, M.M., Koenig, J.L.: The Theory of Vibrational Spectroscopy and Its Application to Polymeric Materials. Wiley Interscience, New York (1982)

[8] Struve, W.S.: Fundamentals of Molecular Spectroscopy. Wiley Interscience, New York (1989)

[9] Cotton, F.A.: Chemical Applications of Group Theory, 3rd ed. Wiley, New York (1990)

[10] McHale, J.L.: Molecular Spectroscopy. Upper Saddle River, NJ, Prentice Hall (1999)

[11] Lifson, S., Warshel, A.: Consistent force field for calculations of conformations, vibrational spectra, and enthalpies of cycloalkane and n-alkane molecules. J. Chem. Phys. **49**, 5116-5129 (1968)

[12] Warshel, A., Levitt, M., Lifson, S.: Consistent force field for calculation of vibrational spectra and conformations of some amides and lactam rings. J. Mol. Spectrosc. **33**, 84-99 (1970)

[13] Warshel, A., Lifson, S.: Consistent force field calculations. II. Crystal structures, sublimation energies, molecular and lattice vibrations, molecular conformations, and enthalpies of alkanes. J. Chem. Phys. **53**, 582-594 (1970)

[14] Warshel, A.: Computer Modeling of Chemical Reactions in Enzymes and Solutions. Wiley, New York (1991)

[15] Rapaport, D.C.: The Art of Molecular Dynamics Simulation. Cambridge Univ. Press, Cambridge (1997)

[16] Buchner, M., Ladanyi, B.M., Stratt, R.M.: The short-time dynamics of molecular liquids. Instantaneous-normal-mode theory. J. Chem. Phys. **97**, 8522-8535 (1992)

[17] Hansson, T., Oostenbrink, C., van Gunsteren, W.: Molecular dynamics simulations. Curr. Opin. Struct. Biol. **12**, 190-196 (2002)

[18] Adcock, S.A., McCammon, J.A.: Molecular dynamics: survey of methods for simulating the activity of proteins. Chem. Rev. **106**, 1589-1615 (2006)

[19] Bahar, I., Rader, A.J.: Course-grained normal mode analysis in structural biology. Curr. Opin. Struct. Biol. **15**, 586-592 (2005)

[20] Isin, B., Schulten, K., Tajkhorshid, E., Bahar, I.: Mechanism of signal propagation upon retinal isomerization: insights from molecular dynamics simulations of rhodopsin restrained by normal modes. Biophys. J. **95**, 789-803 (2008)

[21] Alden, R.G., Parson, W.W., Chu, Z.T., Warshel, A.: Orientation of the OH dipole of tyrosine (M) 210 and its effect on electrostatic energies in photosynthetic bacterial reaction centers. J. Phys. Chem. **100**, 16761-16770 (1996)

[22] Parson, W.W., Warshel, A.: Mechanism of charge separation in purple bacterial reaction centers. In: Hunter, C.N., Daldal, F., Thurnauer, M.C., Beatty, J.T. (eds.) The Purple Phototropic Bacteria, pp. 355-377. Springer, Berlin (2009)

[23] Morse, P.M.: Diatomic molecules according to the wave mechanics. II. Vibrational levels. Phys. Rev. **34**, 57-64 (1929)

[24] ter Haar, D.: The vibrational levels of an anharmonic oscillator. Phys. Rev. **70**, 222-223 (1946)

[25] Sage, M.L.: Morse oscillator transition probabilities for molecular bond modes. Chem. Phys. **35**, 375-380 (1978)

[26] Sage, M.L., Williams, J.A.I.: Energetics, wave functions, and spectroscopy of coupled anharmonic oscillators. J. Chem. Phys. **78**, 1348-1358 (1983)

[27] Spirko, V., Jensen, P., Bunker, P.R., Cejhan, A.: The development of a new Morse-oscillator based rotation vibration Hamiltonian for H^{3+}. J. Mol. Spectrosc. **112**, 183-202 (1985)

[28] Sharp, T.E., Rosenstock, H.M.: Franck-Condon factors for polyatomic molecules. J. Chem. Phys. **41**, 3453-3463 (1964)

[29] Sando, G.M., Spears, K.G.: Ab initio computation of the Duschinsky mixing of vibrations and nonlinear effects. J. Phys. Chem. A **104**, 5326-5333 (2001)

[30] Sando, G.M., Spears, K.G., Hupp, J.T., Ruhoff, P.T.: Large electron transfer rate effects from the Duschinsky mixing of vibrations. J. Phys. Chem. A **105**, 5317-5325 (2001)

[31] Sagnella, D.E., Straub, J.E.: A study of vibrational relaxation of B-state carbon monoxide in the heme pocket of photolyzed carboxymyoglobin. Biophys. J. **77**, 70-84 (1999)

[32] Sagnella, D.E., Straub, J.E., Jackson, T.A., Lim, M., Anfinrud, P.A.: Vibrational population relaxation of carbon monoxide in the heme pocket of photolyzed carbonmonoxy myoglobin: comparison of time-resolved mid-IR absorbance experiments and molecular dynamics simulations. Proc. Natl. Acad. Sci. U.S.A. **96**, 14324-14329 (1999)

[33] Krimm, S., Bandekar, J.: Vibrational spectroscopy and conformation of peptides, polypeptides, and proteins. Adv.

Prot. Chem. **38**, 181-364 (1986)

[34] Chirgadze, Y.N., Nevskaya, N.A.: Infrared spectra and resonance interaction of amide-I vibration of the antiparallel-chain pleated sheet. Biopolymers **15**, 607-625 (1976)

[35] Nevskaya, N.A., Chirgadze, Y.N.: Infrared spectra and resonance interactions of amide-I and II vibration of alpha-helix. Biopolymers **15**, 637-648 (1976)

[36] Miyazawa, T., Shimanouchi, T., Mizushima, J.: Normal vibrations of N-methylacetamide. J. Chem. Phys. **29**, 611-616 (1958)

[37] Miyazawa, T.: Perturbation treatment of the characteristic vibrations of polypeptide chains in various configurations. J. Chem. Phys. **32**, 1647-1652 (1960)

[38] Brauner, J.W., Dugan, C., Mendelsohn, R.: ^{13}C labeling of hydrophobic peptides. Origin of the anomalous intensity distribution in the infrared amide I spectral region of b-sheet structures. J. Am. Chem. Soc. **122**, 677-683 (2000)

[39] Brauner, J.W., Flach, C.R., Mendelsohn, R.: A quantitative reconstruction of the amide I contour in the IR spectra of globular proteins: from structure to spectrum. J. Am. Chem. Soc. **127**, 100-109 (2005)

[40] Byler, D.M., Susi, H.: Examination of the secondary structure of proteins by deconvolved FTIR spectra. Biopolymers **25**, 469-487 (1986)

[41] Susi, H., Byler, D.M.: Resolution-enhanced Fourier transform infrared spectroscopy of enzymes. Meth. Enzymol. **25**, 469-487 (1986)

[42] Venyaminov, S.Y., Yu, S., Kalnin, N.N.: Quantitative IR spectrophotometry of peptide compounds in water (H_2O) solutions. I. Spectral parameters of amino acid residue absorption bands. Biopolymers **30**, 1243-1257 (1990)

[43] Surewicz, W.K., Mantsch, H.H., Chapman, D.: Determination of protein secondary structure by Fourier-transform infrared spectroscopy: a critical assessment. Biochemistry **32**, 389-394 (1993)

[44] Siebert, F.: Infrared spectroscopy applied to biochemical and biological problems. Methods Enzymol. **246**, 501-526 (1995)

[45] Jackson, M., Mantsch, H.: The use and misuse of FTIR spectroscopy in the determination of protein structure. Crit. Rev. Biochem. Mol. Biol. **30**, 95-120 (1995)

[46] Baumruk, V., Pancoska, P., Keiderling, T.A.: Predictions of secondary structure using statistical analyses of electronic and vibrational circular dichroism and Fourier transform infrared spectra of proteins in H_2O. J. Mol. Biol. **259**, 774-791 (1996)

[47] Kötting, C., Gerwert, K.: Proteins in action monitored by time-resolved FTIR spectroscopy. Chemphyschem. **6**, 881-888 (2005)

[48] Haris, P.I.: Probing protein-protein interaction in biomembranes using Fourier transform infrared spectroscopy. Biochim. Biophys. Acta **1828**, 2265-2271 (2013)

[49] Naik, V.M., Krimm, S.: Vibrational analysis of peptides, polypeptides, and proteins. 33. Vibrational analysis of the structure of gramicidin A. 1. Normal mode analysis. Biophys. J. **46**, 1131-1145 (1986)

[50] Naik, V.M., Krimm, S.: Vibrational analysis of peptides, polypeptides, and proteins. 34. Vibrational analysis of the structure of gramicidin A. 2. Vibrational spectra. Biophys. J. **49**, 1147-1154 (1986)

[51] Gilmanshin, R., Williams, S., Callender, R.H., Woodruff, W.H., Dyer, R.B.: Fast events in protein folding: relaxation dynamics of the I form of apomyoglobin. Biochemistry **36**, 15006-15012 (1997)

[52] Gilmanshin, R., Callender, R.H., Dyer, R.B.: The core of apomyoglobin E-form folds at the diffusion limit. Nature Struct. Biol. **5**, 363-365 (1998)

[53] Callender, R.H., Dyer, R.B., Gilmanshin, R., Woodruff, W.H.: Fast events in protein folding: the time evolution of primary processes. Ann. Rev. Phys. Chem. **49**, 173-202 (1998)

[54] Brewer, S.H., Song, B.B., Raleigh, D.P., Dyer, R.B.: Residue specific resolution of protein folding dynamics using isotope-edited infrared temperature jump spectroscopy. Biochemistry **46**, 3279-3285 (2007)

[55] Nagarajan, S., Taskent-Sezgin, H., Parul, D., Carrico, I., Raleigh, D.P., et al.: Differential ordering of the protein

backbone and side chains during protein folding revealed by site specific recombinant infrared probes. J. Am. Chem. Soc. **133**, 20335-20340 (2007)

[56] Hauser, K., Krejtschi, C., Huang, R., Wu, L., Keiderling, T.A.: Site-specific relaxation kinetics of a tryptophan zipper hairpin peptide using temperature-jump IR spectroscopy and isotopic labeling. J. Am. Chem. Soc. **130**, 2984-2992 (2008)

[57] Ihalainen, J.A., Paoli, B., Muff, S., Backus, E.H.G., Bredenbeck, J., et al.: α-Helix folding in the presence of structural constraints. Proc. Natl. Acad. Sci. U.S.A. **105**, 9588-9593 (2008)

[58] Kubelka, G.S., Kubelka, J.: Site-specific thermodynamic stability and unfolding of a de novo designed protein structural motif mapped by 13C isotopically edited IR spectroscopy. J. Am. Chem. Soc. **136**, 6037-6048 (2014)

[59] Griffiths, P.R., deHaseth, J.A.: Fourier Transform Infrared Spectrometry. Wiley, New York (1986)

[60] Braiman, M.S., Rothschild, K.J.: Fourier transform infrared techniques for probing membrane protein structure. Annu. Rev. Biophys. Biophys. Chem. **17**, 541-570 (1988)

[61] Mäntele, W.: Infrared vibrational spectroscopy of the photosynthetic reaction center. In: Deisenhofer, J., Norris, J.R. (eds.) The Photosynthetic Reaction Center, pp. 240-284. Academic, San Diego (1993)

[62] Slayton, R.M., Anfinrud, P.A.: Time-resolved mid-infrared spectroscopy: methods and biological applications. Curr. Opin. Struct. Biol. **7**, 717-721 (1997)

[63] Gerwert, K.: Molecular reaction mechanisms of proteins monitored by time-resolved FTIR spectroscopy. Biol. Chem. **380**, 931-935 (1999)

[64] Berthomieu, C., Hienerwadel, R.: Fourier transform (FTIR) spectroscopy. Photosynth. Res. **101**, 157-170 (2009)

[65] Nienhaus, K., Nienhaus, G.U.: Ligand dynamics in heme proteins observed by Fourier transform infrared-temperature derivative spectroscopy. Biochim. Biophys. Acta **1814**, 1030-1041 (2011)

[66] Li, J.J., Yip, C.M.: Super-resolved FT-IR spectroscopy: strategies, challenges, and opportunities for membrane biophysics. Biochim. Biophys. Acta **1828**, 2272-2282 (2013)

[67] Lewis, R.N., McElhaney, R.N.: Membrane lipid phase transitions and phase organization studied by Fourier transform infrared spectroscopy. Biochim. Biophys. Acta **1828**, 2347-2358 (2013)

[68] Engelhard, M., Gerwert, K., Hess, B., Kreutz, W., Siebert, F.: Light-driven protonation changes of internal aspartic acids of bacteriorhodopsin - an investigation by static and time-resolved infrared difference spectroscopy using [4-^{13}C] Aspartic acid labeled purple membrane. Biochemistry **24**, 400-407 (1985)

[69] Mäntele, W., Wollenweber, A., Nabedryk, E., Breton, J.: Infrared spectroelectrochemistry of bacteriochlorophylls and bacteriopheophytins. Implications for the binding of the pigments in the reaction center from photosynthetic bacteria. Proc. Natl. Acad. Sci. U.S.A. **85**, 8468-8472 (1988)

[70] Leonhard, M., Mantele, W.: Fourier-transform infrared spectroscopy and electrochemistry of the primary electron donor in Rhodobacter sphaeroides and Rhodopseudomonas viridis reaction centers. Vibrational modes of the pigments in situ and evidence for protein and water modes affected by P^+ formation. Biochemistry **32**, 4532-4538 (1993)

[71] Breton, J., Nabedryk, E., Allen, J.P., Williams, J.C.: Electrostatic influence of Q_A reduction on the IR vibrational mode of the 10a-ester C=O of H_A demonstrated by mutations at residues Glu L104 and Trp L100 in reaction centers from Rhodobacter sphaeroides. Biochemistry **36**, 4515-4525 (1997)

[72] Breton, J., Nabedryk, E., Leibl, W.: FTIR study of the primary electron donor of photosystem I (P700) revealing delocalization of the charge in P700$^+$ and localization of the triplet character in ^{3}P700. Biochemistry **38**, 11585-11592 (1999)

[73] Breton, J.: Fourier transform infrared spectroscopy of primary electron donors in type I photosynthetic reaction centers. Biochim. Biophys. Acta **1507**, 180-193 (2001)

[74] Noguchi, T., Fukami, Y., Oh-Oka, H., Inoue, Y.: Fourier transform infrared study on the primary donor P798 of Heliobacterium modesticaldum: Cysteine S-H coupled to P798 and molecular interactions of carbonyl groups. Biochemistry **36**, 12329-12336 (1997)

[75] Lim, M., Jackson, T.A., Anfinrud, P.A.: Binding of CO to myoglobin from a heme pocket docking site to form nearly linear Fe-C-O. Science **269**, 962-966 (1995)

[76] Lim, M.H., Jackson, T.A., Anfinrud, P.A.: Modulating carbon monoxide binding affinity and kinetics in myoglobin: the roles of the distal histidine and the heme pocket docking site. J. Biol. Inorg. Chem. **2**, 531-536 (1997)

[77] Lehle, H., Kriegl, J.M., Nienhaus, K., Deng, P.C., Fengler, S., et al.: Probing electric fields in protein cavities by using the vibrational Stark effect of carbon monoxide. Biophys. J. **88**, 1978-1990 (2005)

[78] Tsuboi, M., Overman, S.A., Thomas Jr., G.J.: Orientation of tryptophan-26 in coat protein subunits of the filamentous virus Ff by polarized Raman microspectroscopy (1996). Biochemistry **35**, 10403-10410 (1996)

[79] Hunt, J.F., Earnest, T.N., Bousche, O., Kalghatgi, K., Reilly, K., et al.: A biophysical study of integral membrane protein folding. Biochemistry **36**, 15156-15176 (1997)

[80] Stephens, P.J.: Theory of vibrational circular dichroism. J. Phys. Chem. **89**, 748-752 (1985)

[81] Buckingham, A.D., Fowler, P.W., Galwas, P.A.: Velocity-dependent property surfaces and the theory of vibrational circular dichroism. Chem. Phys. **112**, 1-14 (1987)

[82] Amos, R.D., Handy, N.C., Drake, A.F., Palmieri, P.: The vibrational circular dichroism of dimethylcyclopropane in the C-H stretching region. J. Chem. Phys. **89**, 7287-7297 (1988)

[83] Stephens, P.J., Devlin, F.J.: Determination of the structure of chiral molecules using ab initio vibrational circular dichroism spectroscopy. Chirality **12**, 172-179 (2000)

[84] Keiderling, T.A.: Protein and peptide secondary structure and conformational determination with vibrational circular dichroism. Curr. Opin. Chem. Biol. **6**, 682-688 (2002)

[85] Pancoska, P., Wang, L., Keiderling, T.A.: Frequency analysis of infrared absorption and vibrational circular dichroism of proteins in D_2O solution. Protein Sci. **2**, 411-419 (1993)

[86] Matsuo, K., Hiramatsu, H., Gekko, K., Namatame, H., Taniguchi, M., et al.: Characterization of intermolecular structure of β2-microglobulin core fragments in amyloid fibrils by vacuum-ultraviolet circular dichroism spectroscopy and circular dichroism theory. J. Phys. Chem. B **118**, 2785-2795 (2014)

[87] Bormett, R.W., Asher, S.A., Larkin, P.J., Gustafson, W.G., Ragunathan, N., et al.: Selective examination of heme protein azide ligand-distal globin interactions by vibrational circular dichroism. J. Am. Chem. Soc. **114**, 6864-6867 (1992)

[88] Lambert, D.K.: Vibrational Stark effect of carbon monoxide on nickel(100), and carbon monoxide in the aqueous double layer: experiment, theory, and models. J. Chem. Phys. **89**, 3847-3860 (1988)

[89] Boxer, S.G.: Stark realities. J. Phys. Chem. B **113**, 2972-2983 (2009)

[90] Park, E.S., Boxer, S.G.: Origins of the sensitivity of molecular vibrations to electric fields: carbonyl and nitrosyl stretches in model compounds and proteins. J. Phys. Chem. B **106**, 5800-5806 (2002)

[91] Brewer, S.H., Franzen, S.: A quantitative theory and computational approach for the vibrational Stark effect. J. Chem. Phys. **119**, 851-858 (2003)

[92] Park, E.S., Andrews, S.S., Hu, R.B., Boxer, S.G.: Vibrational stark spectroscopy in proteins: A probe and calibration for electrostatic fields. J. Phys. Chem. B **103**, 9813-9817 (1999)

[93] Park, K.D., Guo, K., Adebodun, F., Chiu, M.L., Sligar, S.G., et al.: Distal and proximal ligand interactions in heme proteins: correlations between C-O and Fe-C vibrational frequencies, oxygen-17 and carbon-13 nuclear magnetic resonance chemical shifts, and oxygen-17 nuclear quadrupole coupling constants in $C^{17}O$- and ^{13}CO-labeled species. Biochemistry **30**, 2333-2347 (1991)

[94] Jewsbury, P., Kitagawa, T.: The distal residue-CO interaction in carbonmonoxy myoglobins: a molecular dynamics study of two distal histidine tautomers. Biophys. J. **67**, 2236-2250 (1994)

[95] Li, T., Quillin, M.L., Phillips, G.N.J., Olson, J.S.: Structural determinants of the stretching frequency of CO bound to myoglobin. Biochemistry **33**, 1433-1446 (1994)

[96] Ray, G.B., Li, X.-Y., Ibers, J.A., Sessler, J.L., Spiro, T.G.: How far can proteins bend the FeCO unit? Distal polar

and steric effects in heme proteins and models. J. Am. Chem. Soc. **116**, 162-176 (1994)
[97] Laberge, M., Vanderkooi, J.M., Sharp, K.A.: Effect of a protein electric field on the CO stretch frequency. Finite difference Poisson-Boltzmann calculations on carbonmonoxycytochromes c. J. Phys. Chem. **100**, 10793-10801 (1996)
[98] Phillips, G.N.J., Teodoro, M.L., Li, T., Smith, B., Olson, J.S.: Bound CO is a molecular probe of electrostatic potential in the distal pocket of myoglobin. J. Phys. Chem. B **103**, 8817-8829 (1999)
[99] Chattopadhyay, A., Boxer, S.G.: Vibrational Stark-effect spectroscopy. J. Am. Chem. Soc. **117**, 1449-1450 (1995)
[100] Suydam, I.T., Boxer, S.G.: Vibrational Stark effects calibrate the sensitivity of vibrational probes for electric fields in proteins. Biochemistry **42**, 12050-12055 (2003)
[101] Johnson, E.T., Müh, F., Nabedryk, E., Williams, J.C., Allen, J.P., et al.: Electronic and vibronic coupling of the special pair of bacteriochlorophylls in photosynthetic reaction centers from wild-type and mutant strains of Rhodobacter sphaeroides. J. Phys. Chem. B **106**, 11859-11869 (2002)
[102] Austin, J.C., Kuliopulos, A., Mildvan, A.S., Spiro, T.G.: Substrate polarization by residues in Δ^5-3-ketosteroid isomerase probed by site-directed mutagenesis and UV resonance Raman spectroscopy. Protein Sci. **1**, 259-270 (1992)
[103] Austin, J.C., Zhao, Q., Jordan, T., Talalay, P., Mildvan, A.S., et al.: Ultraviolet resonance Raman spectroscopy of Δ^5-3-ketosteroid isomerase revisited: substrate polarization by active-site residues. Biochemistry **34**, 4441-4447 (1995)
[104] Fried, S.D., Bagchi, S., Boxer, S.G.: Measuring electrostatic fields in both hydrogen-bonding and non-hydrogen-bonding environments using carbonyl vibrational probes. J. Am. Chem. Soc. **135**, 11181-11192 (2013)
[105] Fried, S.D., Wang, L.-P., Boxer, S.G., Ren, P., Pande, V.S.: Calculations of electric fields in liquid solutions. J. Phys. Chem. B **117**, 16236-16248 (2013)
[106] Fried, S.D., Bagchi, S., Boxer, S.G.: Extreme electric fields power catalysis in the active site of ketosteroid isomerase. Science **346**, 1510-1514 (2014)
[107] Hildebrandt, P.: More than fine tuning: local electric fields accelerate an enzymatic reaction. Science **346**, 1456-1457 (2014)
[108] Harrison, J.F.: Relationship between the charge distribution and dipole moment functions of CO and the related molecules CS SiO and SiS. J. Phys. Chem. A **110**, 10848-10857 (2006)
[109] Harrison, J.F.: A Hirschfeld-I interpretation of the charge distribution, dipole and quadrupole moments of the halogenated acetylenes FCCH, ClCCH BrCCH and ICCH. J. Chem. Phys. **133**, 214103 (2010)
[110] Cheam, T.C., Krimm, S.: Infrared intensities of amide modes of N-methylacetamide and poly (glycine I) from ab initio calculations of dipole moment derivatives of N-methylacetamide. J. Chem. Phys. **82**, 1631-1641 (1985)
[111] Kim, S.W., Cha, S.-S., Cho, H.-S., Kim, J.-S., Ha, N.-C., et al.: High-resolution crystal structures of Δ^5-3-ketosteroid isomerase with and without a reaction intermediate analogue. Biochemistry **36**, 14030-14036 (1997)

第 7 章　共振能量转移

7.1　引　　言

一个受激分子返回基态的一种方式是将其激发能转移给另一分子。这一过程即共振能量转移，在光合生物中起着特别重要的作用。植物和光合细菌膜上具有色素-蛋白质复合体的扩展阵列，它们吸收阳光并将能量转移到反应中心，在其中能量再被电子转移反应捕获[1, 2]。在其他生物体中，如利用蓝光能量修复 DNA 的紫外线损伤的光解酶，其中含有蝶呤或脱氮黄素(deazaflavin)，可以将能量有效地转移给活性位点的黄素自由基[3]。在隐花色素(cryptochromes)中发现了类似的天线，被认为在昼夜节律中发挥作用[4]。因为共振能量转移的速率取决于能量供体和受体之间的距离，所以共振能量转移过程也被用于实验探测生物物理体系中的分子间距离[5]。典型的应用是测量多酶复合体中两个蛋白质之间的距离，或结合在蛋白质的两个位点的配体之间的距离，或考察两个膜囊中的组分在融合囊泡中的混合速率。对共振能量转移机理的研究也为讨论其他的时间依赖过程(如电子转移)提供了契机。

考虑两个等同分子，其基态波函数分别为$\phi_{1a}\chi_{1a}$和$\phi_{2a}\chi_{2a}$，其中ϕ和χ分别表示电子波函数和核波函数，下标 1 和 2 代表分子。首先，假设两个分子不发生相互作用。那么此二聚体的哈密顿就是单个分子的哈密顿之和：

$$\tilde{\mathrm{H}} = \tilde{\mathrm{H}}_1 + \tilde{\mathrm{H}}_2 \tag{7.1}$$

其中$\tilde{\mathrm{H}}_1$仅对分子 1 作用，$\tilde{\mathrm{H}}_2$仅对分子 2 作用。如果将这个组合体系的波函数写为分子波函数的简单积，那么可以写出其基态薛定谔方程：

$$\Psi_A = \phi_{1a}\chi_{1a}\phi_{2a}\chi_{2a} \tag{7.2}$$

如果每个分子基态的能量为 E_a，则此二聚体基态的能量为 $2E_a$：

$$\begin{aligned}\left\langle \phi_{1a}\chi_{1a}\phi_{2a}\chi_{2a}\middle|\tilde{\mathrm{H}}_1+\tilde{\mathrm{H}}_2\middle|\phi_{1a}\chi_{1a}\phi_{2a}\chi_{2a}\right\rangle &= \left\langle \phi_{1a}\chi_{1a}\middle|\tilde{\mathrm{H}}_1\middle|\phi_{1a}\chi_{1a}\right\rangle\left\langle \phi_{2a}\chi_{2a}\middle|\phi_{2a}\chi_{2a}\right\rangle \\ &\quad + \left\langle \phi_{2a}\chi_{2a}\middle|\tilde{\mathrm{H}}_2\middle|\phi_{2a}\chi_{2a}\right\rangle\left\langle \phi_{1a}\chi_{1a}\middle|\phi_{1a}\chi_{1a}\right\rangle \\ &= E_a + E_a = 2E_a\end{aligned} \tag{7.3}$$

如果两个分子之一可以被激发到能量为 E_b 的激发态$\phi_b\chi_b$上，那么这个二聚体有两个可能的激发态：

$$\psi_1 = \phi_{1b}\chi_{1b}\phi_{2a}\chi_{2a} \quad (\text{分子1被激发}) \tag{7.4a}$$

或

$$\psi_2 = \phi_{1a}\chi_{1a}\phi_{2b}\chi_{2b} \quad (\text{分子2被激发}) \tag{7.4b}$$

只要两个分子不发生相互作用，ψ_1和ψ_2就都是总哈密顿的本征函数，并且这两个激发态的能量相同，均为 $E_a + E_b$。此外

$$\left\langle \psi_1\middle|\tilde{\mathrm{H}}_1+\tilde{\mathrm{H}}_2\middle|\psi_2\right\rangle = \left\langle \psi_2\middle|\tilde{\mathrm{H}}_1+\tilde{\mathrm{H}}_2\middle|\psi_1\right\rangle = 0 \tag{7.5}$$

这意味着态ψ_1和ψ_2是定态：其激发能没有从一个分子跳到另一个分子的趋势。

受激二聚体的波函数也可以写成ψ_1和ψ_2的线性组合：

$$\Psi_B = C_1\psi_1 + C_2\psi_2 = C_1\phi_{1b}\chi_{1b}\phi_{2a}\chi_{2a} + C_2\phi_{1a}\chi_{1a}\phi_{2b}\chi_{2b} \tag{7.6}$$

其中$|C_1|^2 + |C_2|^2 = 1$。在此表述中，$|C_1|^2$是分子 1 被激发的概率，而$|C_2|^2$是分子 2 被激发的概率。如果使用此表述，则其激发态能量相同$(E_a + E_b)$，且此能量与C_1和C_2的值无关，只要其平方和为 1 即可。这两个系数的大小可以在−1 与 1 之间，且可以是复数。但是，如果分子 1 被激发，使得$|C_1|^2 = 1$，则$|C_2|$将无限期保持为零，反之亦然。

现在，让两个分子之间有相互作用。这就给哈密顿新增了一项：

$$\tilde{\mathrm{H}} = \tilde{\mathrm{H}}_1 + \tilde{\mathrm{H}}_2 + \tilde{\mathrm{H}}_{21} \tag{7.7}$$

由于$\tilde{\mathrm{H}}_{21}$表示微扰项，则ψ_1和ψ_2不再是定态。相互作用项使体系在态ψ_1和ψ_2之间变化，从而激发能在两个分子之间来回转移。此即共振能量转移。相互作用也会改变体系的总能量，但这里暂时推迟关于这一点的讨论，着眼于当相互作用很弱且不会显著地影响总能量时，分子之间的能量转移速率。

7.2 福斯特理论

假设已知在零时刻激发能处在分子 1。它将有多快移动到分子 2 呢？先从式(7.6)开始，以$C_1 = 1$和$C_2 = 0$描述这个体系。然后使用式(2.60)可以写出

$$\partial C_2 / \partial t = -(i/\hbar)H_{21}\exp[i(E_2 - E_1)t/\hbar] \tag{7.8}$$

其中E_1和E_2是ψ_1和ψ_2的能量，H_{21}是相互作用矩阵元$\langle\psi_2|\tilde{\mathrm{H}}_{21}|\psi_1\rangle$。为了找到在短时间间隔（$\tau$）之后激发能落在分子 2 上的概率，可以从$t=0$到$\tau$积分式(7.8)获得$C_2(\tau)$，然后求$C_2^*(\tau)\ C_2(\tau)$。

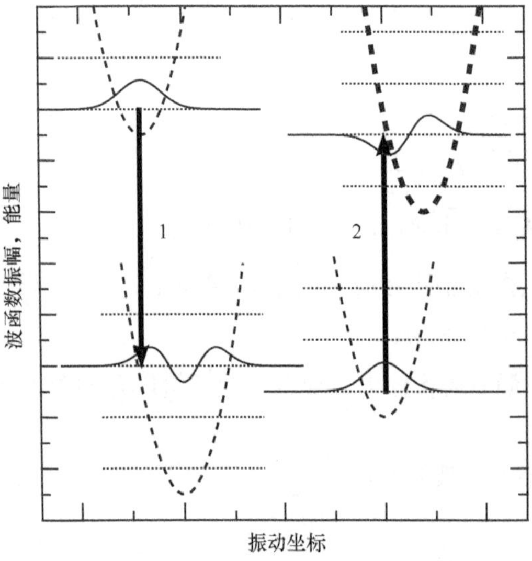

图 7.1 共振能量转移需要向下和向上的电子振动跃迁彼此耦合。分子 1 失去的能量必须与分子 2 获得的能量相匹配，这样能量才能在整个过程中守恒，并且两个跃迁的富兰克-康顿因子必须不为零

如果H_{21}与时间无关，并且只考虑间隔足够短的情形使得$|C_2|^2 \ll 1$，则式(7.8)可以立即积分：

$$C_2(\tau) = H_{21}\{1 - \exp[i(E_2 - E_1)t/\hbar]\}/(E_2 - E_1) \tag{7.9}$$

当考虑光的吸收时，可发现式(7.9)意味着只有当$|E_2 - E_1|$接近零时，$C_2^*(\tau)C_2(\tau)$才具有显著的大小；此即共振条件。在吸收情形，除了一个未激发分子的能量，整个体系的能量还包括光子能量$h\nu$；而在共振能量转移条件下，有两种不同方式将激发能引入此两分子体系。两个态的能量匹配要求如图 7.1 所示。

如果测量在很多供体-受体对中的共振能量转移速率，则由于分子处于许多不同的振动态上，能量差$E_2 - E_1$会因供体-受体对而异。此

外，能量分布将因激发态弛豫(2.6 节和 10.7 节) 以及与周围环境的非均相相互作用而展宽。测得的速率将取决于此能量分布的积分。对于特定供体-受体对中的一个 E_1 值，首先需要对 E_2 的所有可能值进行积分。也可以如专栏 4.6 所述方法来求此积分，结果是类似的：在时间 τ 内发生的能量转移量为

$$\int_{-\infty}^{\infty} C_2^*(\tau, E_{21}) C_2(\tau, E_{21}) \rho_{s2}(E_2) \mathrm{d}E_2 = \frac{2\pi\tau}{\hbar} |H_{21}|^2 \rho_{s2}(E_1) \tag{7.10}$$

其中 $E_{21} = E_2 - E_1$，$\rho_{s2}(E)$是定义的终态密度，则$\rho_{s2}(E)\mathrm{d}E$ 就是能量在 E 和 $E + \mathrm{d}E$ 之间的较小间隔内的终态的数量。我们特别关注$\rho_{s2}(E_1)$，即在初始态能量 E_1 周围的态密度。式(7.10)即费米黄金定则(Fermi's golden rule)。在第 4 章中得出的光吸收速率表达式[式(4.8c)]就是此黄金定则在$|H_{21}|^2 = |\boldsymbol{E}_0 \cdot \boldsymbol{\mu}|^2$ 且单位能量的辐射态密度为 h^{-1} 乘以单位频率的振子模密度[$\rho_\nu(\nu)$]这一情形下的结果。在第 5 章中讨论电子转移反应时[式(B.5.3.3)]也使用了此黄金定则，而在 10.4 节将通过另一种方法推导得到黄金定则并重新考察其成立的限制条件。

为了获得总的速率常数，必须将式(7.10)对初始能量分布$\rho_{s1}(E_1)$进行积分，然后除以τ:

$$k_{\mathrm{rt}} = \frac{2\pi}{\hbar} \int_{-\infty}^{\infty} |H_{21}|^2 \rho_{s2}(E_1) \rho_{s1}(E_1) \mathrm{d}E_1 \tag{7.11}$$

除电子波函数外，积分中的相互作用矩阵元 H_{21} 还必须考虑能量供体和受体的初始和最终核态。但是，在玻恩-奥本海默近似成立的范围内，当激发能在分子之间跳跃的瞬间，原子核不会有显著移动。因此，H_{21} 可以近似为纯电子相互作用矩阵元[$H_{21(\mathrm{el})}$]与两个核重叠积分的乘积[参见式(4.40)]:

$$\begin{aligned} H_{21} &= \left\langle \phi_{1a}\phi_{2b} \middle| \tilde{\mathrm{H}}_{21} \middle| \phi_{1b}\phi_{2a} \right\rangle \left\langle \chi_{1a} \middle| \chi_{1b} \right\rangle \left\langle \chi_{2b} \middle| \chi_{2a} \right\rangle \\ &= H_{21(\mathrm{el})} \left\langle \chi_{1a} \middle| \chi_{1b} \right\rangle \left\langle \chi_{2b} \middle| \chi_{2a} \right\rangle \end{aligned} \tag{7.12}$$

通常，核波函数χ_b 和χ_a 可以表示体系的许多不同振动态中的任一个。我们必须通过适当的玻尔兹曼因子来加权每个核态的贡献。考虑玻尔兹曼因子，给出速率常数表达式如下：

$$\begin{aligned} k_{\mathrm{rt}} = \frac{2\pi}{\hbar} |H_{21(\mathrm{el})}|^2 & \left\{ \sum_n \sum_m \frac{\exp[-E_{n(1)} / k_{\mathrm{B}}T]}{Z_1} \left| \left\langle \chi_{1m} \middle| \chi_{1n} \right\rangle \right|^2 \right. \\ & \left. \times \sum_u \sum_w \frac{\exp[-E_{u(2)} / k_{\mathrm{B}}T]}{Z_2} \left| \left\langle \chi_{2w} \middle| \chi_{2u} \right\rangle \right|^2 \right\} \delta(\Delta E_1 - \Delta E_2) \end{aligned} \tag{7.13}$$

其中$\left|\left\langle \chi_{1m} \middle| \chi_{1n} \right\rangle\right|^2$是分子 1 的激发态与基态二者的振动能级分别为 n 和 m 时的富兰克-康顿因子；$E_{n(1)}$是分子 1 以其激发态零点能级为参考的振动能级 n 的能量；Z_1 是该分子激发态的振动配分函数[式(B4.14.4a，b)]。同样，$\left|\left\langle \chi_{2w} \middle| \chi_{2u} \right\rangle\right|^2$是分子 2 的基态和激发态二者的振动能级 u 和 w 的富兰克-康顿因子；$E_{u(2)}$是分子 2 以其基态零点能级为参考的振动能级 u 的能量，Z_2 是该分子基态的振动配分函数。式(7.13)中的前两个加和要遍历分子 1 的所有振动态，而后两个加和要遍历分子 2 的所有振动态。最后，如果分子 1 的向下电子振动跃迁能(ΔE_1)与分子 2 的向上跃迁能(ΔE_2)相同，则狄拉克δ函数$\delta(\Delta E_1 - \Delta E_2)$为 1，否则为零。$\delta$函数确保了在整个过程中的能量守恒。此处假设样品中不同的供体-受体对是独立作用的，且所有供体-受体对的富兰克-康顿因子和电子项 H_{21} 均相同。

虽然式(7.13)中的双重加和看起来令人望而生畏，但将在下面看到，它们与能量供体和受体的吸收和发射光谱有关，因此在许多情况下并不需要逐项对其求值。

现在考虑电子相互作用能 $H_{21(\mathrm{el})}$。假设两个分子之间没有轨道重叠，因此电子可以明确归属于一个分子或另一个，而不必考虑电子的分子间交换，并且一个分子中的电子运动与另一个分子中的电子运动不相关。因此，主要的电子相互作用是简单库仑型。如果对分子轨道有一个合理的描述，则可以按以下方式估算相互作用的大小：

$$H_{21(\mathrm{el})} = \langle \phi_{1a}\phi_{2b} | \tilde{\mathrm{H}}_{21} | \phi_{1b}\phi_{2a} \rangle \approx (f^2/n^2) \iint \phi_{1a}^* \phi_{2b}^* \frac{e^2}{r_{21}} \phi_{1b}\phi_{2a} \mathrm{d}\boldsymbol{r}_1 \mathrm{d}\boldsymbol{r}_2 \tag{7.14}$$

其中 r_{21} 是电子 1(在分子 1 上)和电子 2(在分子 2 上)之间的距离，积分参数 $\boldsymbol{r}_1$ 和 $\boldsymbol{r}_2$ 是这两个电子的坐标。因子(f^2/n^2)近似地代表在折射率为 n 的介质中的局域场效应和介电屏蔽(专栏 7.1)。式(7.14)的求值很简单，如果将分子轨道写成原子 p_z 轨道的线性组合，如同在式(4.19)～式(4.22)中那样。则 $H_{21(\mathrm{el})}$的表达式变成一个“跃迁单极子”项之和：

$$H_{21(\mathrm{el})} \approx (2f^2/n^2) \sum_s \sum_t C_s^{1a} C_s^{1b} C_t^{2a} C_t^{2b} (e^2/r_{st}) \tag{7.15}$$

其中 r_{st} 是从分子 1 的原子 s 到分子 2 的原子 t 的距离，而 C 是原子 p_z 轨道在分子轨道 ϕ_{1a}、ϕ_{1b}、ϕ_{2a} 和 ϕ_{2b} 中的系数。

$H_{21(\mathrm{el})}$的常用近似表达式一般可以通过将分子间静电相互作用分解为单极-单极、单极-偶极和偶极-偶极项而获得。如果分子没有净电荷，并且彼此距离相对于分子尺寸足够远，那么 $H_{21(\mathrm{el})}$的主要贡献通常来自偶极-偶极相互作用。这样就可将 $\tilde{\mathrm{H}}_{21}$ 替换为位于两个生色团中心的电“点”偶极子的相互作用的能量算符。此偶极-偶极算符为

$$\tilde{\mathrm{V}}_{21} = (f^2/n^2)[(\tilde{\mu}_1 \cdot \tilde{\mu}_2)|\boldsymbol{R}_{21}|^{-3} - 3(\tilde{\mu}_1 \cdot \boldsymbol{R}_{21})(\tilde{\mu}_2 \cdot \boldsymbol{R}_{21})|\boldsymbol{R}_{21}|^{-5}] \tag{7.16}$$

其中 $\tilde{\mu}_1$ 和 $\tilde{\mu}_2$ 是两个分子的电子偶极算符，$\boldsymbol{R}_{21}$ 是从分子 1 中心到分子 2 中心的矢量(图 7.2 和专栏 7.1)。

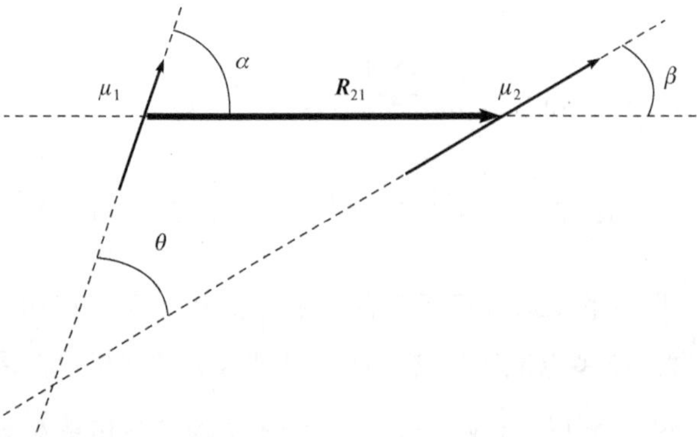

图 7.2 两个偶极子的相互作用能取决于偶极子的大小($|\boldsymbol{\mu}_1|$ 和 $|\boldsymbol{\mu}_2|$)、两个电荷中心之间的距离($|\boldsymbol{R}_{21}|$)、偶极子之间的夹角(θ)，以及偶极子相对于 $\boldsymbol{R}_{21}$ 的夹角(α 和β)

专栏 7.1 偶极-偶极相互作用

通过计算 $\boldsymbol{\mu}_2$ 在由 $\boldsymbol{\mu}_1$ 产生的电场 $\boldsymbol{E}_1$ 中的势能，可以求出两个偶极子 $\boldsymbol{\mu}_1$ 和 $\boldsymbol{\mu}_2$ 之间的经典相互作用能：此相互作用能为$-\boldsymbol{E}_1 \cdot \boldsymbol{\mu}_2$。在坐标为$(x, y, z)$的一点，其场为 $E_1(x, y, z) = -\tilde{\nabla}[V_1(x, y, z)]$，其中 $V_1(x, y, z)$是电势(标量)，而 $\tilde{\nabla}V$，即电势梯度，是矢量$(\partial V/\partial x, \partial V/\partial y, \partial V/\partial z)$[式(2.5)和式(3.9)]。

为了得到 $V_1(x, y, z)$，用一个正电荷 q 和一个等量负电荷 $-q$ 相隔一个固定距离来表示 $\boldsymbol{\mu}_1$。令坐标系的原点在两个电荷的中点。对于真空中电荷任意分布的一般情况，在点 $\boldsymbol{R}=(x, y, z)$处的电势为

$$\begin{aligned} V(x,y,z) &= \sum_i q_i / |\boldsymbol{r}_i| \\ &= \sum_i q_i / [(x-x_i)^2+(y-y_i)^2+(z-z_i)^2]^{1/2} \end{aligned} \tag{B7.1.1}$$

其中 q_i 与(x_i, y_i, z_i)是电荷 i 的电荷与位置，$\boldsymbol{r}_i$ 是从电荷 i 到点(x, y, z)的矢量(图 7.3)。

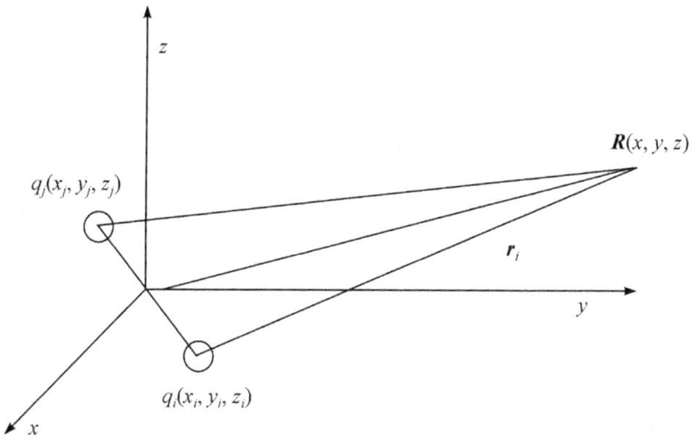

图 7.3 通过相加单电荷场以求得原点附近的一组电荷在 $\boldsymbol{R}$ 处的场

利用专栏 4.2 中为找到在外场中一组电荷的能量所描述的方法，电荷 q_i 对 $V(\boldsymbol{R})$的贡献可以 $|\boldsymbol{r}_i|^{-1}$ 进行泰勒级数展开：

$$\begin{aligned} V = &\sum_i q_i|\boldsymbol{R}|^{-1} + \sum_i q_i[x_i\partial(|\boldsymbol{r}_i|^{-1})/\partial x_i + y_i\partial(|\boldsymbol{r}_i|^{-1})/\partial y_i + z_i\partial(|\boldsymbol{r}_i|^{-1})/\partial z_i] \\ &+\frac{1}{2}\sum_i q_i[x_ix_i\partial^2(|\boldsymbol{r}_i|^{-1})/\partial x_i^2 + x_iy_i\partial^2(|\boldsymbol{r}_i|^{-1})/\partial x_i\partial y_i + x_iz_i\partial^2(|\boldsymbol{r}_i|^{-1})/\partial x_i\partial z_i] \\ &+\frac{1}{2}\sum_i q_i[y_ix_i\partial^2(|\boldsymbol{r}_i|^{-1})/\partial y_i\partial x_i + y_iy_i\partial^2(|\boldsymbol{r}_i|^{-1})/\partial y_i^2 + y_iz_i\partial^2(|\boldsymbol{r}_i|^{-1})/\partial y_i\partial z_i] \\ &+\frac{1}{2}\sum_i q_i[z_ix_i\partial^2(|\boldsymbol{r}_i|^{-1})/\partial z_i\partial x_i + z_iy_i\partial^2(|\boldsymbol{r}_i|^{-1})/\partial z_i\partial y_i + z_iz_i\partial^2(|\boldsymbol{r}_i|^{-1})/\partial z_i^2] \\ &+\cdots \end{aligned} \tag{B7.1.2}$$

正如在第 4 章所考虑的问题那样，如果电荷离原点不太远，则这种多极展开是非常有用的。如果所有电荷都恰好位于原点，则第一个加和给出电势；这就是单极子项。第二个加和包含 $\tilde{\nabla}(|\boldsymbol{r}_i|^{-1})$ 与电荷分布的偶极矩 $(\sum_i q_i\boldsymbol{r}_i)$ 的点积，而第三个加和包含四极子分布的九个分量。如果体系包含相等数量的正电荷和负电荷，则第一个加和消失，而偶极相互作用通常成为最主要的项。如果电荷分布中仅包含两个电荷，则四极子项和更高项为零，但如果单极子项与偶极子项都为零或较小，则这些项在较大体系中可能很重要。[图 4.1(B)显示了具有四极矩但没有偶极矩的电荷分布。线性 CO_2 分子也具有四极矩但无偶极矩。]

可以将偶极子项中 $|\boldsymbol{r}_i|^{-1}$ 对 x_i、y_i 和 z_i 的导数重新写为对所关注点的坐标的导数，若电荷足够接近原点以至于 $\boldsymbol{r}_i \approx R$，则此导数还可以简化：

$$\partial(|\boldsymbol{r}_i|^{-1})/\partial x_i = -\partial(|\boldsymbol{r}_i|^{-1})/\partial x \approx -\partial(|\boldsymbol{R}|^{-1})/\partial x = x/|\boldsymbol{R}|^3 \tag{B7.1.3}$$

因此，以原点为中心的偶极子 $\boldsymbol{\mu}_1$ 在 $\boldsymbol{R}$ 处的电势为

$$V(\boldsymbol{R})=\frac{1}{|\boldsymbol{R}|^3}\sum_i(q_ix_ix+q_iy_iy+q_iz_iz)=\frac{\boldsymbol{\mu}_1\cdot\boldsymbol{R}}{|\boldsymbol{R}|^3} \tag{B7.1.4}$$

而 $\boldsymbol{R}$ 处的场为

$$\boldsymbol{E}_1(\boldsymbol{R})=-\nabla(|\boldsymbol{R}|^{-3}\boldsymbol{\mu}_1\cdot\boldsymbol{R}) \tag{B7.1.5a}$$

$$=-\boldsymbol{\mu}_1|\boldsymbol{R}|^{-3}-(\boldsymbol{\mu}_1\cdot\boldsymbol{R})\nabla(|\boldsymbol{R}|^{-3})$$

$$=-\boldsymbol{\mu}_1|\boldsymbol{R}|^{-3}+3(\boldsymbol{\mu}_1\cdot\boldsymbol{R})\boldsymbol{R}|\boldsymbol{R}|^{-5} \tag{B7.1.5b}$$

最后，偶极子 $\boldsymbol{\mu}_2$ 与 $\boldsymbol{\mu}_1$ 场之间的相互作用能为

$$V=(\boldsymbol{\mu}_1\cdot\boldsymbol{\mu}_2)|\boldsymbol{R}|^{-3}-3(\boldsymbol{\mu}_1\cdot\boldsymbol{R})(\boldsymbol{\mu}_2\cdot\boldsymbol{R})|\boldsymbol{R}|^{-5} \tag{B7.1.6}$$

若偶极子处于电介质中，则需要对此表达式进行校正。相对于核运动的时间尺度而言，位置或取向涨落非常快的偶极子在折射率为 n 的均匀介质中的场减小了 $1/n^2$。[来自缓慢涨落偶极子的场将被介质的低频介电常数而不是高频介电常数(n^2)所屏蔽。]但是，为了与在第 4 章和第 5 章中对分子跃迁偶极子的处理相一致，应该将相互作用的分子偶极子视作存在于大致与分子体积相称的小空腔中。将偶极子 1 移入一球形腔中，可将周围介质中的有效场增加大约 $3n^2/(2n^2+1)$倍[6]。此即腔场校正因子 f_c[式(3.35)]。将偶极子 2 移入其球形腔中，会使作用在该偶极子上的局域场以相同的因子增大。因此，对相互作用能的整体校正约为 f_c^2/n^2，如果使用洛伦兹校正因子 f_L[式(3.36)]代替腔场校正因子，则为 f_L^2/n^2。更现实的处理需要对分子形状和周围材料进行微观分析。这对于当前目的不是必需的，因为介电校正因子在下面所导出的主要结果中将被消去[式(7.24)和式(7.27)]。

如果用 $\tilde{\mathrm{V}}_{21}$ 近似 $\tilde{\mathrm{H}}_{21}$，则电子相互作用矩阵元 $H_{21(\mathrm{el})}$变为

$$\begin{aligned}H_{21(\mathrm{el})}&=\frac{f^2}{n^2}\left[\frac{\langle\phi_{1b}|\boldsymbol{\mu}_1|\phi_{1a}\rangle\cdot\langle\phi_{2b}|\boldsymbol{\mu}_2|\phi_{2a}\rangle}{|\boldsymbol{R}_{21}|^3}-3\frac{(\langle\phi_{1b}|\boldsymbol{\mu}_1|\phi_{1a}\rangle\cdot\boldsymbol{R}_{21})(\langle\phi_{2b}|\boldsymbol{\mu}_2|\phi_{2a}\rangle\cdot\boldsymbol{R}_{21})}{|\boldsymbol{R}_{21}|^5}\right]\\&=(f^2/n^2)\left[\sqrt{D_{ba(1)}}\sqrt{D_{ba(2)}}(\cos\theta-3\cos\alpha\cos\beta)|\boldsymbol{R}_{21}|^{-3}\right]\\&=(f^2/n^2)\sqrt{D_{ba(1)}}\sqrt{D_{ba(2)}}\kappa|\boldsymbol{R}_{21}|^{-3}\end{aligned} \tag{7.17}$$

其中 $D_{ba(1)}$和 $D_{ba(2)}$是两个单体的跃迁偶极强度；θ是两个跃迁偶极子之间的夹角；α 和β是跃迁偶极子与 $\boldsymbol{R}_{21}$ 形成的角度；$\kappa=\cos\theta-3\cos\alpha\cos\beta$ (图 7.2)。此即点偶极子近似。

因为式(7.17)中的取向因子κ为($\cos\theta-3\cos\alpha\cos\beta$)，其值可以从−2 变到+2，具体取决于角度$\theta$、$\alpha$ 和β，那么 $H_{21(\mathrm{el})}$可以为正、负或零。图 7.4 说明了极限情形。κ的符号与能量转移速率无关，因为该速率依赖于$|H_{21(\mathrm{el})}|^2$，其与κ^2 成正比。如果分子的各向同性翻滚比被激发供体的寿命的时间尺度还快，则κ^2 的平均值为 2/3。

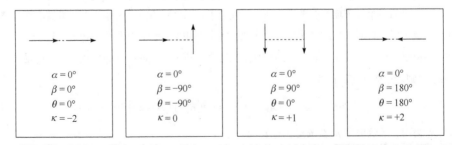

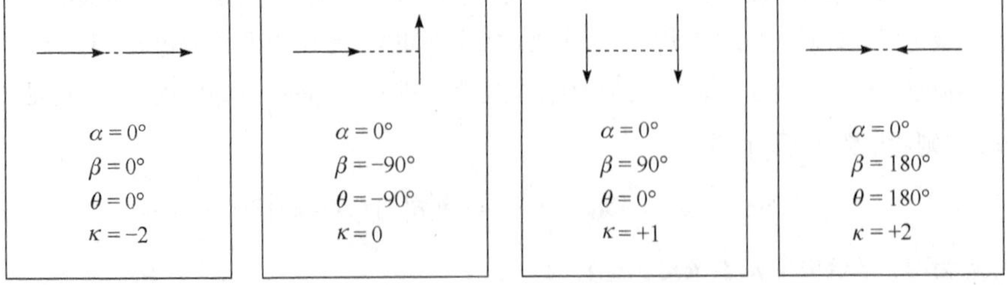

图 7.4 偶极-偶极相互作用能中的取向因子κ可以在−2 到+2 之间变化。共振能量转移速率与κ^2 成正比

如果两个分子等同，有 $D_{ba(1)} = D_{ba(2)} = D_{ba}$，那么式(7.17)中的因子$[D_{ba(1)}D_{ba(2)}]^{1/2}$就是 D_{ba}。如果 D_{ba} 以 deb^2 为单位、$|\boldsymbol{R}_{21}|$ 以 Å 为单位给出，则

$$H_{21(\mathrm{el})} \approx 5.03 \times 10^3 (f^2 / n^2) D_{ba} \kappa |\boldsymbol{R}_{21}|^{-3} \tag{7.18}$$

此参量以 cm^{-1} 为单位。[$1\ \mathrm{cm}^{-1}$ 为 1.99×10^{-16} erg、1.24×10^{-4} eV 或 $2.86\ \mathrm{cal \cdot mol^{-1}}$。$(1\ \mathrm{deb} \times 10^{-18}\ \mathrm{esu \cdot cm \cdot deb^{-1}})^2 (1\ \text{Å} \times 10^{-8}\ \mathrm{cm} \cdot \text{Å}^{-1})^{-3} = 10^{-12}\ \mathrm{esu^2 \cdot cm} = 10^{-12}\ \mathrm{erg} \times 5.03 \times 10^{15}\ \mathrm{cm^{-1} \cdot erg^{-1}} = 5.03 \times 10^3\ \mathrm{cm}^{-1}$。]

图 7.5 显示了利用点偶极子[式(7.18)]和跃迁单极子[式(7.15)]表达式计算所得的一对反式-丁二烯分子的 $H_{21(\mathrm{el})}$值。在分图(A)中，两个分子的方向保持不变，而中心到中心的距离改变；在分图(B)中，第二个分子在固定距离处旋转。根据经验，若分子间距离大于生色团长度的 4 或 5 倍，则点偶极子近似值就可以令人满意，尽管相对误差在某些情形仍然可以较大。

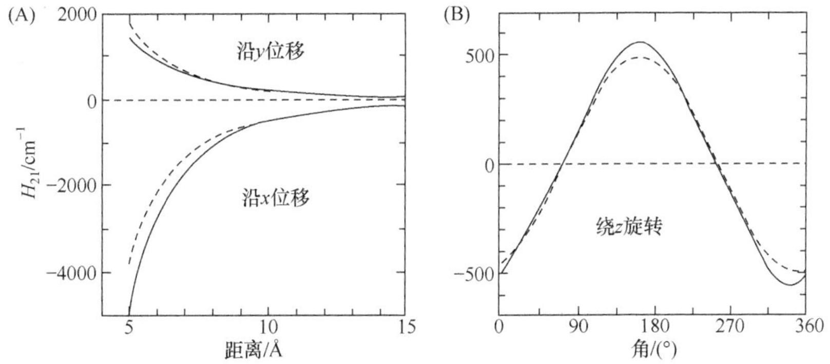

图 7.5　利用跃迁单极子[式(7.15)，实线]或点偶极子[式(7.18)，虚线]表达式计算的两个反式-丁二烯分子的电子相互作用矩阵元。分子 1 的中心位于原点，固定在 xy 平面中，其长轴平行于 x 轴。激发能最低的跃迁偶极子位于 xy 平面中，与 x 轴正方向的夹角为 169°。f^2/n^2 设为 1。在(A)中，分子 2 与分子 1 取向相同，沿 x 或 y 的各个点为分子中心；横坐标给出它们中心到中心的距离。在(B)中，分子 2 以(10 Å，0，0)为中心，并在 xy 平面内旋转；横坐标表示两个跃迁偶极子之间的角度(θ)

式(7.13)表明，从态 ψ_1 到态 ψ_2 的跃迁速率与 $|H_{21(\mathrm{el})}|^2$ 成正比，其根据式(7.17)和式(7.18)，后者随着 $|\boldsymbol{R}_{21}|$ 的六次幂而减小。为了关注分子间距离变化的影响，需要以下面的形式写出共振能量转移的速率常数(k_{rt})

$$k_{\mathrm{rt}} = \tau^{-1} (|\boldsymbol{R}_{21}| / R_0)^{-6} \tag{7.19}$$

其中 τ 是在没有受体(分子 2)的情况下能量供体(分子 1)的荧光寿命。R_0 是中心到中心的距离，在此距离处 k_{rt} 等于激发态衰减的所有其他机制(包括荧光在内)的总速率常数($1/\tau$)，因此 50% 的衰减涉及能量转移。R_0 称为福斯特(Förster)半径，福斯特首先展示了如何根据单个分子的光谱性质计算给定的供体-受体对的 R_0 值[7, 8]。福斯特理论介绍如下。

式(7.13)和式(7.17)表明，对于给定分子间距离和方向的那些较远分离的分子，共振能量转移速率与偶极强度[$D_{ba(1)}$和 $D_{ba(2)}$]的乘积成正比。此速率还取决于满足共振条件的成对的向上和向下电子振动跃迁的热权重富兰克-康顿因子。这些事实说明可以将速率与受体的吸收光谱和供体的发射光谱联系起来(图 7.6)。

考虑能量供体(分子 1)的发射光谱。在没有能量转移或其他衰减机制的情况下，在频率 ν 处

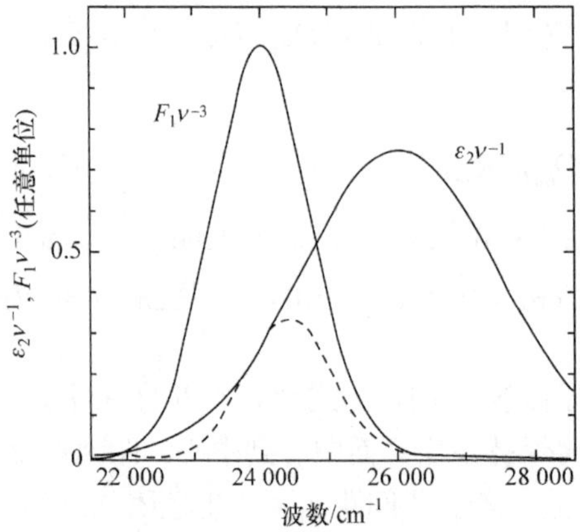

图 7.6　在福斯特理论中，从分子 1 到分子 2 的能量转移速率与重叠积分 $\int\varepsilon_2(\nu)F_1(\nu)\nu^{-4}\mathrm{d}\nu$ 成正比。积分的贡献仅来自分子 1 的加权发射光谱($F_1\nu^{-3}$)与分子 2 的吸收光谱($\varepsilon_2\nu^{-1}$)重叠的光谱区域。乘积 $\varepsilon_2(\nu)F_1(\nu)\nu^{-4}$(虚线)可以看成共振能量转移谱

荧光的速率常数将为

$$F_1(\nu)\mathrm{d}\nu=(32\pi^3nf^2\nu^3/3\hbar c^3)D_{ba(1)}X_1(E)\rho_1(\nu)\mathrm{d}\nu \tag{7.20}$$

其中$\rho_1(\nu)$是频率ν附近供体激发态的密度(每单位频率的态数目)，$X_1(E)$是能量为 $E=h\nu$的发射的热权重富兰克-康顿因子[式(B4.14.2)]。在与频率间隔$\Delta\nu$对应的能量间隔ΔE中，供体激发态数目为$\rho_1(E)\Delta E=\rho_1(\nu)\Delta\nu$，其中$\rho_1(E)=\rho_1(\nu)/h$、$\Delta E=h\Delta\nu$。在发射光谱上积分的荧光总速率常数$\int F_1(\nu)\mathrm{d}\nu$是辐射时间常数$\tau_\mathrm{r}$的倒数[式(5.46)]。因为$\tau_\mathrm{r}=\tau/\Phi$，其中$\tau$和$\Phi$是在没有能量转移情况下的荧光寿命和产率[式(5.49)]，所以式(7.20)意味着

$$D_{ba(1)}X_1(E)\rho_1(E)\mathrm{d}E=\left(\frac{3\hbar c^3\Phi}{32\pi^3nf^2\tau}\right)\frac{F_1(\nu)\nu^{-3}}{\int F_1(\nu)\mathrm{d}\nu} \tag{7.21}$$

现在考虑受体(分子 2)的吸收光谱。由式(4.15)～式(4.16a)和式(4.38)～式(4.41)可以得到

$$D_{ba(2)}X_2(E)\rho_2(E)=D_{ba(2)}X_2(E)\frac{\rho_2(\nu)}{h}=\frac{1}{h}\left[\frac{3000\ln(10)nhc}{8\pi^3f^2N_\mathrm{A}}\right]\frac{\varepsilon_2(\nu)}{\nu} \tag{7.22}$$

其中$\rho_2(\nu)$是在频率尺度上受体的态密度，$X_2(E)$是能量为 $E=h\nu$的激发的热权重富兰克-康顿因子，N_A是阿伏伽德罗常量。

结合式(7.11)、式(7.17)、式(7.21)和式(7.22)，可得到共振能量转移速率的福斯特表达式：

$$\begin{aligned}k_\mathrm{rt}&=\frac{2\pi}{\hbar}\left[\frac{f^4}{n^4}D_{ba(1)}D_{ba(2)}\kappa^2\left|\boldsymbol{R}_{21}\right|^{-6}\right]\int X_1(E)\rho_1(\nu)X_2(E)\rho_2(\nu)\mathrm{d}E\\&=\frac{2\pi}{\hbar}\frac{f^4}{n^4}\kappa^2\left|\boldsymbol{R}_{21}\right|^{-6}\left[\frac{3000\ln(10)nhc}{8\pi^3f^2N_\mathrm{A}h}\right]\left(\frac{3\hbar c^3\Phi}{32\pi^3nf^2\tau}\right)\frac{\int F_1(\nu)\varepsilon_2(\nu)\nu^{-4}\mathrm{d}\nu}{\int F_1(\nu)\mathrm{d}\nu}\end{aligned} \tag{7.23}$$

合并常数项，给出

$$k_\mathrm{rt}=\left[\frac{9000\ln(10)\kappa^2c^4\Phi}{128\pi^5n^4N_\mathrm{A}\tau}\right]\left|\boldsymbol{R}_{21}\right|^{-6}J \tag{7.24}$$

其中 J 是吸收光谱和荧光光谱的重叠积分，其每个频率间隔中的贡献以ν^{-4}进行权重：

$$J=\frac{\int F_1(\nu)\varepsilon_2(\nu)\nu^{-4}\mathrm{d}\nu}{\int F_1(\nu)\mathrm{d}\nu} \tag{7.25}$$

如上所述，在式(7.24)中，供体的荧光寿命τ和产率Φ是在没有能量转移的情况下测得的

值。式(7.25)中的荧光幅度 $F_1(\nu)\mathrm{d}\nu$ 可以采用任何方便的单位，因为荧光由分母中的积分归一化。受体的摩尔吸光系数 ε_2 通常的单位为 $\mathrm{L\cdot mol^{-1}\cdot cm^{-1}}$。如果 $|\boldsymbol{R}_{21}|$ 以 cm 为单位给出，ν 以 $\mathrm{s^{-1}}$ 为单位给出，那么重叠积分 J 的单位为 $\mathrm{L\cdot mol^{-1}\cdot cm^{-1}\cdot s^4}$，$k_{rt}$ 的单位为 $\mathrm{s^{-1}}$。

重叠积分通常以在波数标度($\mathrm{d}\bar{\nu}=\nu/c=1/\lambda$)上的吸收光谱和荧光光谱定义，其中 $\bar{\nu}$ 以 $\mathrm{cm^{-1}}$ 为单位：

$$\bar{J}=\frac{\int F_1(\bar{\nu})\varepsilon_2(\bar{\nu})\bar{\nu}^{-4}\mathrm{d}\bar{\nu}}{\int F_1(\bar{\nu})\mathrm{d}\bar{\nu}}=\frac{\int F_1(\lambda)\varepsilon_2(\lambda)\lambda^2\mathrm{d}\lambda}{\int F_1(\lambda)\lambda^{-2}\mathrm{d}\lambda} \tag{7.26}$$

在这个表达式中，$\bar{J}$ 为 Jc^{-4} 且具有 $\mathrm{L\cdot mol^{-1}\cdot cm^3}$ 的单位。如果利用此定义，并且 $|\boldsymbol{R}_{21}|$ 以 Å 给出，则式(7.24)变为

$$k_{\mathrm{rt}}=\left[\frac{9000\ln(10)\kappa^2\Phi}{128\pi^5n^4N_{\mathrm{A}}\tau}\right]\left(\frac{|\boldsymbol{R}_{21}|}{1\times10^8}\right)^{-6}\bar{J}=\left(\frac{8.78\times10^{23}\kappa^2\Phi}{n^4\tau}\right)|\boldsymbol{R}_{21}|^{-6}\bar{J}\ \mathrm{s^{-1}} \tag{7.27}$$

最后，结合式(7.27)和式(7.19)给出福斯特半径的值：

$$R_0=9.80\times10^3(\kappa^2\Phi n^{-4}\bar{J})^{1/6}\ \text{Å} \tag{7.28}$$

重叠积分 $\bar{J}$ 有时写作 $\int F_1(\lambda)\varepsilon_2(\lambda)\lambda^4\mathrm{d}\lambda\Big/\int F_1(\lambda)\mathrm{d}\lambda$。这不是严格正确的。因为 $\mathrm{d}\bar{\nu}=-\lambda^{-2}\mathrm{d}\lambda$，所以在波长标度上 $\bar{J}$ 的正确表达式为 $\int F_1(\lambda)\varepsilon_2(\lambda)\lambda^2\mathrm{d}\lambda\Big/\int F_1(\lambda)\lambda^{-2}\mathrm{d}\lambda$ [式(7.26)]。但是，如果两个光谱仅有一个狭窄的重叠区域，则其误差可以忽略不计。

尽管福斯特半径是根据两个分子的吸收光谱和发射光谱的重叠计算的，但是要注意共振能量转移不涉及光的发射和再吸收。它是通过整个体系的两个态之间的共振发生的。因为在此过程中能量供体不发出荧光，所以常用的名称“荧光共振能量转移”(fluorescence resonance energy transfer，FRET)有些误导。但是，可以将相同的缩写(FRET)更准确地用于“福斯特共振能量转移(Förster resonance energy transfer)”。

速率对分子间距离六次幂的依赖性使得共振能量转移对于探索大分子上配体结合位点的位置以及配体结合后的构象变化特别有用[5, 9-12]。通过选择合适的供体-受体对，可以测量 10～100 Å 及以上范围的能量转移速率。但是，由于给定供体-受体对的速率对距离足够敏感，从而可提供 1 Å 量级的分辨率。在有利的情况下，可以通过简单地测量供体的荧光猝灭获得能量转移速率。从式(5.49)出发，无受体(Φ)和有受体(Φ_{q})情况下的荧光产率比为

$$\frac{\Phi}{\Phi_{\mathrm{q}}}=\frac{k_{\mathrm{r}}/k_{\mathrm{tot}}}{k_{\mathrm{r}}/(k_{\mathrm{tot}}+k_{\mathrm{rt}})}=1+\frac{k_{\mathrm{rt}}}{k_{\mathrm{tot}}}=1+k_{\mathrm{rt}}\tau \tag{7.29}$$

其中 k_{r} 是辐射速率常数，k_{tot} 是除能量转移外所有衰减过程的速率常数的总和($k_{\mathrm{tot}}=\tau^{-1}$)。一旦知道乘积 $k_{\mathrm{rt}}\tau$ 和福斯特半径，式(7.19)就可给出供体与受体之间的距离：

$$|\boldsymbol{R}_{21}|=R_0(k_{\mathrm{rt}}\tau)^{-1/6}=R_0(\Phi/\Phi_{\mathrm{q}}-1)^{-1/6} \tag{7.30}$$

但是，荧光的猝灭反映了能量转移而不是其他过程如电子转移，表明这一点是重要的。这可以通过以下方式实现，即在只有能量供体有明显吸收的波长处激发样品，并在只有受体发光的波长处测量荧光。

Stryer 和 Haugland[13]利用丹磺酰-聚脯氨酸-α-萘氨基脲(dansyl-polyproline-α-naphthylsemicarbazide)(图 7.7)的低聚物来定位能量供体和受体(分别为萘和一个丹磺酰衍生物)，其距离范围为 12～46 Å，验证了能量转移速率对距离的倒数六次方的依赖性。发现该速率以 $R^{-5.9\pm0.3}$ 变化。Haugland 等[14]证明，在 J 的 40 倍范围内，速率都正比于 J。

使用共振能量转移速率确定分子间距离有几种可能的复杂性。首先，测得的速率取决于 κ^2 的平均值，而这通常无法准确得知。好在生色团只有有限的旋转迁移率，使得 κ^2 的平均值趋于 2/3，因此计算的距离不确定性变得较小[9,15]。在第 4 章和第 5 章中讨论的荧光各向异性和线二色性的测量可以用来评估生色团的运动自由度。

如果样品的供体-受体距离具有某种分布，则能量转移速率将被比平均距离短的那些结构占主导，从而使荧光衰减动力学变得非指数化。图 7.8 说明了距离为高斯分布时的这种影响。如果分布是对称的，则式(7.30)仍然给出供体-受体平均距离的一个合理估计。即使分布范围很宽，在图 7.8 所示情况下的误差也只有大约 1%。

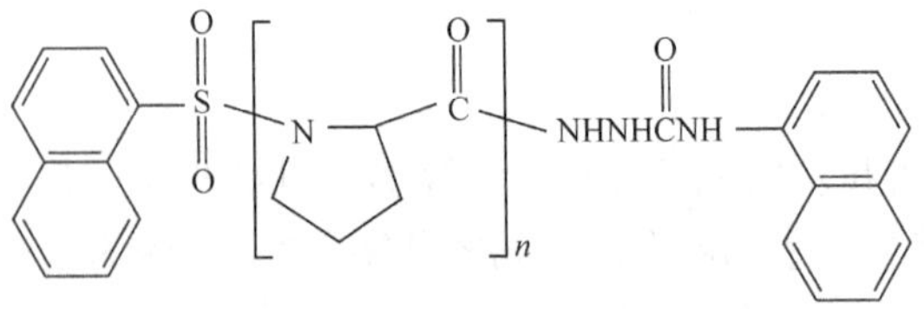

图 7.7 丹磺酰-(L-脯氨酰基)$_n$-α-萘氨基脲[dansyl-(L-prolyl)$_n$-α-naphthylsemicarbazide]。聚脯氨酰链在丹磺酰基和萘基(分别位于左边和右边)之间提供了一个刚性间隔，使两端基团可以相对自由地旋转

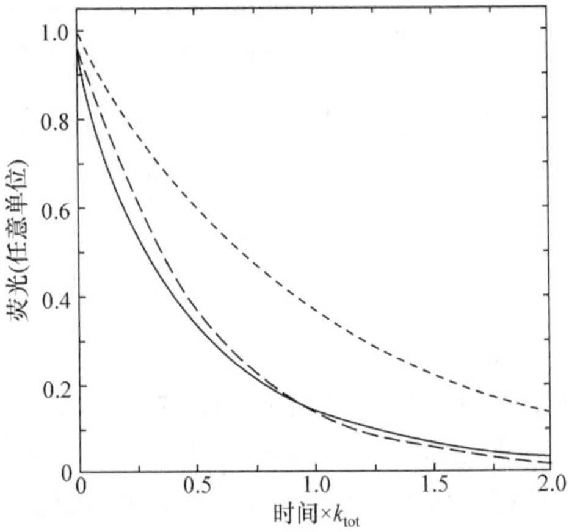

图 7.8 能量供体系综的荧光衰减动力学计算结果。在图中，系综的供体-受体距离呈高斯分布：以 R_0 为中心，宽度(FWHM)为 $0.5R_0$ (实线)或零(长虚线)。利用式(7.31)计算荧光的时间进程。图中也给出了无能量转移时的指数荧光衰减(短虚线)。一个 $0.5R_0$ 的 FWHM 对应于 $0.212R_0$ 的标准偏差

如果数据中的信噪比足够高，那么将荧光衰减动力学拟合为以下形式的函数就可以得到供体-受体距离的分布[$P(R)$]：

$$F(t)=\int_0^{\infty}P(R)\mathrm{e}^{-[k_{\mathrm{tot}}+k_{\mathrm{rt}}(R)]t}\mathrm{d}R=\int_0^{\infty}P(R)\mathrm{e}^{-k_{\mathrm{tot}}[1+(R/R_0)^{-6}]t}\mathrm{d}R \tag{7.31}$$

Haas 等[16]用这种方法研究了一末端被萘标记而另一末端被丹磺酰基标记的聚谷氨酰胺肽的端-端长度分布。他们发现此分布的平均值和宽度都依赖于溶剂。在类似的研究中，其他研究者考察了寡核苷酸两末端分别标记荧光素和罗丹明[17]、结合或未结合 Zn^{2+}的丹磺酰标记的锌指肽[18]，以及存在和不存在 Ca^{2+}的钙调蛋白[19]等体系的构象异质性。Haas 等[20,21]也研究了在供体激发态寿命期间分子间距离的涨落。Rhoades 等[22,23]测量了结合在单个蛋白质分子中不同位点的染料之间的能量转移速率分布，从而考察了几种陷俘在脂质囊泡中的蛋白质的结构异质

性。Jang 等[24]提出了福斯特理论的广义形式，涵盖的体系可具有多种生色团以及异质性的供体-受体距离，如在光合天线复合体中发现的叶绿素和类胡萝卜素的混合物就是这样的体系。

关于福斯特理论的其他几个要点也需要提及。首先，如在式(7.24)、式(7.25)和式(7.26)中那样使用光谱重叠积分 J 仅对于均相体系(如单一的供体-受体对)才是严格正确的。正如在第 4 章和第 5 章中讨论的那样，吸收光谱和发射光谱通常代表在各种环境中的大量分子的平均结果。重叠积分中是否应包括整个非均匀展宽的光谱，取决于在系综中单分子的环境涨落相对于供体激发态寿命的快慢。如果单个光谱的环境变化在此时间尺度上快速涨落，那么(假定供体和受体的涨落不相关时)系综的整体光谱将被合理地包含在 J 中。如果这些变化在供体激发态寿命期间是被冻结的，则重叠积分将随系综中的供体-受体对变化，那么就应当加权各个 J 值以反映它们对实验测量的贡献。但是，在大多数情况下，这种加权可能只对计算所得的供体-受体距离产生相对较小的影响。

式(7.20)和式(7.21)中的折射率 n 与测量吸收光谱和发射光谱时生色团所处的体相介质有关。当式(7.20)和式(7.21)在式(7.23)中合并时，此因子抵消。留在式(7.23)、式(7.24)、式(7.27)和式(7.28)中的因子 n^{-4} 是通过 $\left|H_{21(\mathrm{el})}\right|^2$ 引入的，反映了能量供体和受体之间高频静电相互作用的衰减。因此，它与相互作用分子周围的蛋白质或其他材料有关，而与用于测量光谱的溶剂无关。折射率的适当取值通常是无法准确知道的，但是对于蛋白质，其折射率可能与 N-甲基乙酰胺的值(在 589.3 nm 处为 1.43)相当。使用水的折射率(1.33)将高估能量转移速率常数的计算值[$(1.43/1.33)^4 \approx 1.34$]，但得到的 R_0 或 $\left|\boldsymbol{R}_{21}\right|$ 的误差还是相对较小的[$(1.43/1.33)^{4/6} \approx 1.05$]。

最后，重要的是要记住福斯特理论假设供体和受体分子之间的相互作用很弱。这表明该相互作用不可以明显改变吸收或发射光谱。这也表明，一旦激发能从供体转移到受体，此能量必须几乎没有返回供体的可能性。在大多数情况下，受体和溶剂的振动和转动弛豫会以热量的形式迅速散发一些激发能，从而使能量传回原始供体的重叠积分 J 很小；相反，被激发的受体能以荧光或通过其他途径衰减。在第 8 章中将更详细地讨论这一点。

共振能量转移广泛用于检测蛋白质复合体的形成。绿色荧光蛋白(GFP)的变异体成为特别有用的能量供体和受体，这是因为具有不同吸收和发射光谱的 GFP 基因可以与目标蛋白的基因融合(5.7 节和 5.10 节)。内置的生色团使得无需使用外源荧光染料标记蛋白质。Muller 等[25]使用这种方法来确定酵母纺锤杆体中五个不同蛋白质的三维排列。他们使用荧光显微镜测量了在一个蛋白质的 N 端或 C 端融合的 GFP 与在另一个蛋白质的任一末端融合的蓝绿色荧光蛋白(CFP)变体之间的能量转移。他们的论文描述了一种用于校正来自供体的“溢出”荧光的测量方法，该荧光会污染来自受体的信号。

通过将 CFP 与结合 Ca^{2+} 的蛋白质(钙调蛋白)、一个结合钙调蛋白的肽和一个 GFP 的绿色或黄色荧光蛋白变异体(YFP)等的融合，已构建了一些称为“变色龙(cameleon)”的 Ca^{2+} 传感器[26, 27]。Ca^{2+} 与钙调蛋白的结合会导致构象变化并促进 CFP 和 YFP 之间的共振能量转移，从而改变其荧光颜色。为了考察在神经肌肉接头处的 Ca^{2+} 传导的谷氨酸受体的分布，可将“变色龙”与一种定位于后突触末端的蛋白质进行融合[28]。

一种改进的共振能量转移技术是使用生物发光体系作为能量供体[29, 30]。将萤光素酶(一种催化生物发光反应的蛋白质)的基因与一种目标蛋白质的基因相融合，而 GFP 基因则与另一种蛋白质的基因相融合。如果复合体的形成使得萤光素酶和 GFP 足够接近，那么能量转移将使发射光谱移到 GFP 特征波长的长波端。在另一个改进的方法中，螯合的镧系元素离子作为供体[31-35]。镧系元素激发态的寿命约为毫秒量级，并且通常具有非常低的发射各向异性，从而使能量转移不受供体取向的影响。

7.3 利用能量转移研究单个蛋白质分子中的快过程

5.10 节已介绍过几种用于测量单分子荧光的技术。单分子共振能量转移测量法非常适合研究蛋白质折叠动力学。能量供体和受体可以附着在一些位点上，其在解折叠的蛋白质中相距较远但在折叠过程中会彼此靠近。在一个典型实验中，可以调节温度或变性剂的浓度，以使折叠平衡常数为 1 左右。则单分子能量转移效率的涨落就可以表达折叠构象与未折叠构象的相互转换。向一个方向或另一个方向转换的时间常数可以从能量转移效率的时间直方图获得：能量转移效率在变为另一种构象的特有值之前将或多或少地在一段时间内维持恒定[22, 23, 36-48]。

在这种测量中，信噪比取决于在一个转换之前检测到的平均光子数，因此它将随着转换发生频率的增加而减少。提高光强度可以增加信号强度，但往往会导致荧光团的快速光损伤，因此需要定时更换样品(5.8 节)。

当转换之间的时间不足以构建令人满意的直方图时，最好的方法应该是记录单个光子的波长和时间。Gopich 和 Szabo 提出一种最大似然法，用于将一个动力学模型与此类逐个光子记录法关联起来[49-51]。考虑一个具有两个态(“天然的”N 态和“未折叠的”U 态)的分子，它们具有不同的表观共振能量转移效率(ξ_n 和 ξ_u)。我们可以使用列矢量 $\mathbf{p}(t)=\begin{pmatrix}N(t)\\U(t)\end{pmatrix}$ 来表示时刻 t 在给定态中找到分子的概率。如果从 N 到 U 的转换以微观速率常数 k_u 进行，而从 U 到 N 的转换以速率常数 k_n 进行，则 $\mathrm{d}N/\mathrm{d}t=-k_uN+k_nU$ 和 $\mathrm{d}U/\mathrm{d}t=k_uN-k_nU$，或者更紧凑地，$\mathrm{d}\mathbf{p}/\mathrm{d}t=\mathbf{K}\cdot\mathbf{p}$，其中 $\mathbf{K}=\begin{bmatrix}-k_u & k_n\\ k_u & -k_n\end{bmatrix}$。此方程具有形式解 $\mathbf{p}(t)=\mathrm{e}^{\mathbf{K}t}\cdot\mathbf{p}(0)$，其中的矩阵指数函数是由幂级数 $\mathrm{e}^{\mathbf{K}t}=\mathbf{I}+\mathbf{K}t+\frac{1}{2!}(\mathbf{K}t)^2+\cdots$ 定义的 2 × 2 矩阵，而 $\mathbf{I}$ 是单位矩阵$\begin{bmatrix}1 & 0\\ 0 & 1\end{bmatrix}$。速率方程的解也可以用 $\mathbf{K}$ 的本征值来表示。这些是体系达到平衡的宏观速率常数。对于此处考虑的简单两态体系，其本征值是 0 和 k_u+k_n，N 和 U 的平衡值分别是 $k_n/(k_n+k_u)$和 $k_u/(k_n+k_u)$。当分子处于一个特定态时，表观能量转移效率(ξ_n 或 ξ_u)由比值 $n_\mathrm{A}/(n_\mathrm{A}+n_\mathrm{D})$给出，其中 n_A 和 n_D 是当能量供体(D)被连续激发时检测到的由能量受体(A)和供体(D)发出的光子的速率。

假设分子处于平衡态，则将此时的矢量 $\mathbf{p}$ 称为 $\mathbf{p}_\mathrm{eq}$。如果构造一个对角矩阵 $\mathbf{Z}$，其对角元为表观能量转移效率，$\mathbf{Z}=\begin{bmatrix}\xi_n & 0\\ 0 & \xi_u\end{bmatrix}$，那么检测到的第一个光子来自能量受体(A)的概率为 $\mathbf{I}\cdot\mathbf{Z}\cdot\mathbf{p}_\mathrm{eq}$，而它来自 D 的概率则为 $\mathbf{I}\cdot(\mathbf{I}-\mathbf{Z})\cdot\mathbf{p}_\mathrm{eq}$。这些表达式中左侧所乘的 $\mathbf{I}$ 对两个构象态加和。如果在第一个光子之后立即检测到另一个光子，那么这些概率将不会有太大变化。但是，随着时间的流逝，分子可能从 N 变为 U，或反方向变化。动力学方程 $\mathbf{p}(t)=\mathrm{e}^{\mathbf{K}t}\cdot\mathbf{p}(0)$ 描述了这些动力学。如果在检测到第一个和第二个光子之间经过了时间间隔 τ_2，则第二个光子来自 A 的概率或者为 $\mathbf{I}\cdot\mathbf{Z}\cdot\mathrm{e}^{\mathbf{K}\tau_2}\cdot\mathbf{Z}\cdot\mathbf{p}_\mathrm{eq}$(如果第一个光子也来自 A)，或者为 $\mathbf{I}\cdot\mathbf{Z}\cdot\mathrm{e}^{\mathbf{K}\tau_2}\cdot(\mathbf{I}-\mathbf{Z})\cdot\mathbf{p}_\mathrm{eq}$

(如果第一个来自 D)。类似地，第二个光子来自 D 的概率是 $\mathbf{I}\cdot(\mathbf{I}-\mathbf{Z})\cdot e^{\mathbf{K}\tau_2}\cdot\mathbf{Z}\cdot\mathbf{p}_{eq}$ 或 $\mathbf{I}\cdot(\mathbf{I}-\mathbf{Z})\cdot e^{\mathbf{K}\tau_2}\cdot(\mathbf{I}-\mathbf{Z})\cdot\mathbf{p}_{eq}$，依然取决于第一个光子的来源。依此类推，可以发现观察到特定光子序列的概率，如图 7.9 所示。如果记录的光子序列来自若干个单分子，那么总概率就是单个序列的概率之积。为了找到 k_n、k_u、ξ_n 和 ξ_u 的最佳值，可以调整这些参数以使检测的整体概率最大化。

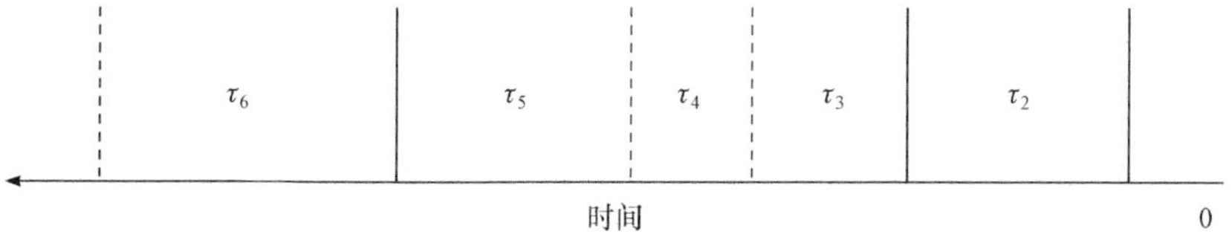

图 7.9　在具有两个构象态的单分子中测量来自能量供体(D)或受体(A)的荧光时，检测到的六个光子的波长和时序的可能序列。垂直实线表示在 D 的特征波长处的光子；虚线则表示在 A 的特征波长处的光子。时间从右到左推进。检测光子之间的时间间隔为 τ_2、τ_3 等。观察到此特定光子序列的概率为 $\mathbf{I}\cdot\mathbf{Z}\cdot e^{\mathbf{K}\tau_6}\cdot(\mathbf{I}-\mathbf{Z})\cdot e^{\mathbf{K}\tau_5}\cdot\mathbf{Z}\cdot e^{\mathbf{K}\tau_4}\cdot\mathbf{Z}\cdot e^{\mathbf{K}\tau_3}\cdot(\mathbf{I}-\mathbf{Z})\cdot e^{\mathbf{K}\tau_2}\cdot(\mathbf{I}-\mathbf{Z})\cdot\mathbf{p}_{eq}$，其中的矩阵 $\mathbf{I}$、$\mathbf{Z}$、$\mathbf{K}$ 和 $\mathbf{p}_{eq}$ 在文中有解释

Chung 等已使用这种技术测量了几种蛋白质折叠和解折叠的速率常数[51-54]。他们还探讨了在 U 和 N 态之间发生的单个转换有多快，这是通过不同态的特征波长处检测的光子之间的最短时间来衡量的。得到的转换时间远小于折叠和解折叠的宏观时间常数。

7.4 交换耦合

福斯特理论描述了相距足够远的生色团之间的能量转移速率。除利用点偶极子近似之外，该理论还假设分子间的相互作用对分子的吸收光谱或荧光光谱没有显著影响。在下一章中将讨论当这些假设不成立时的情形。但是，这里有必要提一下福斯特处理方法的另一个限制。这个处理方法仅考虑分子波函数的空间部分；自旋波函数被隐性地假设为恒定。因此，该理论适用于这样一个跃迁，即在跃迁时，处于激发单重态的一个分子返回其基态单重态，而另一个分子被激发到激发单重态。它也可以应用于激发三重态，但前提是基态也必须是三重态，而通常情况并非如此。在跃迁时，处于激发三重态的分子衰减到单重态而将另一个分子从单重态激发到三重态，这是该理论所不允许的。正如该理论所预测，后一种类型的能量转移不会在相距较远的分子之间以显著的速率发生。然而，它却发生在紧密接触的分子之间，因此显然需要另一个机制来解释这一事实。这一机制是由德克斯特(Dexter)提出的[55]。

要考察三重态-三重态能量转移如何发生，需要扩展式(7.14)使其包括自旋波函数。让我们完善一下已使用过的表示法，使得 ϕ_{1a} 和 ϕ_{1b} 现在明确地表示分子 1 的空间波函数，ϕ_{2a} 和 ϕ_{2b} 表示分子 2 的空间波函数，而 σ_{1a}、σ_{1b}、σ_{2a} 和 σ_{2b} 表示相应的自旋波函数。正如在第 4 章中所讨论的那样，对于任意两个电子之间的标记交换，整体波函数必须是反对称的：

$$\Psi_1 = 2^{-1/2}[\phi_{1b}(1)\sigma_{1b}(1)\phi_{2a}(2)\sigma_{2a}(2) - \phi_{1b}(2)\sigma_{1b}(2)\phi_{2a}(1)\sigma_{2a}(1)] \tag{7.32a}$$

及

$$\Psi_2 = 2^{-1/2}[\phi_{1a}(1)\sigma_{1a}(1)\phi_{2b}(2)\sigma_{2b}(2) - \phi_{1a}(2)\sigma_{1a}(2)\phi_{2b}(1)\sigma_{2b}(1)] \tag{7.32b}$$

其中(1)和(2)表示电子 1 和 2 的坐标。利用这些波函数，电子相互作用矩阵元变为

$$H_{21(\mathrm{el})} = H_{21}^{库仑} + H_{21}^{交换} \tag{7.33}$$

$$\begin{aligned} H_{21}^{库仑} &= \left\langle \phi_{1a}(1)\phi_{2b}(2) \middle| \tilde{\mathrm{H}}_{21} \middle| \phi_{1b}(1)\phi_{2a}(2) \right\rangle \left\langle \sigma_{1a}(1) \middle| \sigma_{1b}(1) \right\rangle \left\langle \sigma_{2b}(2) \middle| \sigma_{2a}(2) \right\rangle \\ &= \left\langle \phi_{1a}(1)\phi_{2b}(2) \middle| \frac{e^2}{r_{21}} \middle| \phi_{1b}(1)\phi_{2a}(2) \right\rangle \left\langle \sigma_{1a}(1) \middle| \sigma_{1b}(1) \right\rangle \left\langle \sigma_{2b}(2) \middle| \sigma_{2a}(2) \right\rangle \end{aligned} \tag{7.34a}$$

及

$$\begin{aligned} H_{21}^{交换} &= -\left\langle \phi_{1a}(2)\phi_{2b}(1) \middle| \tilde{\mathrm{H}}_{21} \middle| \phi_{1b}(1)\phi_{2a}(2) \right\rangle \left\langle \sigma_{2b}(1) \middle| \sigma_{1b}(1) \right\rangle \left\langle \sigma_{1a}(2) \middle| \sigma_{2a}(2) \right\rangle \\ &= -\left\langle \phi_{1a}(2)\phi_{2b}(1) \middle| \frac{e^2}{r_{21}} \middle| \phi_{1b}(1)\phi_{2a}(2) \right\rangle \left\langle \sigma_{2b}(1) \middle| \sigma_{1b}(1) \right\rangle \left\langle \sigma_{1a}(2) \middle| \sigma_{2a}(2) \right\rangle \end{aligned} \tag{7.34b}$$

福斯特理论考虑的 $H_{21}^{库仑}$ 项称为库仑相互作用或直接相互作用。它涉及一个过程，其中一个电子从 ϕ_{1b} 移动到 ϕ_{1a}，而另一个电子从 ϕ_{2a} 移动到 ϕ_{2b}。因此，每个电子都保留在其原始分子上[图 7.10(A)]。仅当 $\sigma_{1a} = \sigma_{1b}$ 和 $\sigma_{2a} = \sigma_{2b}$ 时，此项中的自旋积分之积才不为零；每个分子上的自旋都不改变。$H_{21}^{交换}$ 项称为交换相互作用。这里一个电子从 ϕ_{1b} 移动到 ϕ_{2b} (从分子 1 到分子 2)，而另一个电子从 ϕ_{2a} 移动到 ϕ_{1a} (从分子 2 到分子 1)，如图 7.10(B)所示。在这种情况下，若 $\sigma_{1b} = \sigma_{2b}$ 且 $\sigma_{2a} = \sigma_{1a}$，则自旋积分的乘积将不为零。两个分子的电子自旋发生了互换。此条件对单重态或三重态能量转移是一致的，因为 σ_{1a} 不必与 σ_{1b} 相同，而 σ_{2a} 不必与 σ_{2b} 相同。

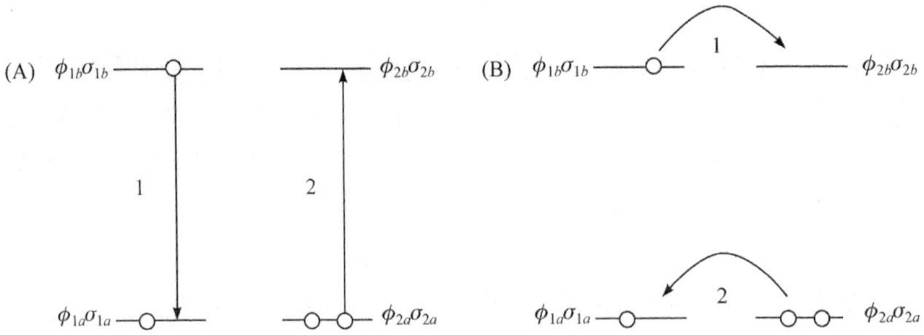

图 7.10 相互作用矩阵元 $H_{21(\mathrm{el})}$中的库仑贡献反映了双电子跃迁，其中两个电子(圆)都保留在其原始分子(线)上(A)。此过程需要每个分子的自旋守恒。对 H_{21} 的交换贡献表示一个跃迁，其中电子在分子之间发生了互换(B)。与这两个分子相关的电子自旋也发生了互换

式(7.34b)表明，只有在 ϕ_{1a} 和 ϕ_{2a} 都显著不同于零、ϕ_{1b} 和 ϕ_{2b} 也都显著不同于零的空间区域中，$H_{21}^{交换}$ 才是可观的。这意味着 $H_{21}^{交换}$ 需要两个分子轨道的显著重叠。$H_{21}^{交换}$ 的大小取决于分子轨道的细节，但通常以大约 $\exp(-R_{边}/L)$ 的形式减少，其中 $R_{边}$ 是边缘到边缘的分子间距离，L 约为 1 Å 量级。这个距离依赖性比 $H_{21}^{库仑}$ 的 R^{-6} 依赖性强得多。因此，只要边缘到边缘的距离大于 4 Å 或 5 Å，$H_{21}^{库仑}$ 通常就会比 $H_{21}^{交换}$ 更占主导。然而，除了解释三重态转移外，当供体或受体的偶极强度非常弱因而福斯特机制无效时，这个交换项还可以促进单重态的能量转移。

除 $H_{21}^{库仑}$ 和 $H_{21}^{交换}$ 外，H_{21} 还可以包括其他高阶项，这些项可反映激发单重态 ψ_1 和 ψ_2 与三重态的混合[56]。同样，这些项通常仅在 $H_{21}^{库仑}$ 较小时才有意义。

7.5 光合作用中类胡萝卜素的能量转移

在光合天线复合体中，被激发的类胡萝卜素分子可以将能量迅速转移给附近的叶绿素分子[57]。研究表明，这一过程涉及交换耦合，因为从类胡萝卜素的最低激发单重态回到基态的辐射跃迁是分子对称性禁阻的(专栏 4.12)。但是，这一能量转移速率可以通过考虑直接相互作用的完整表达式[式(7.14)]而不仅仅是偶极-偶极相互作用而得到解释[58]。

植物会根据环境光强度和其他条件的变化来调整其天线复合体中的类胡萝卜素[57, 59]。在低光强下，天线吸收的光能被有效地转移到反应中心；而在高光强下，很大一部分激发被转化为热。高光强下发生的“非光化学猝灭”对于防止反应中心因激发而过饱和从而发生破坏性的副反应非常重要。此过程部分涉及类胡萝卜素玉米黄质通过酶转化为环氧玉米黄质，在强光下经连续环氧化反应成为玉米黄质，而在弱光下则通过脱环氧化作用再生紫黄质(图 7.11)。

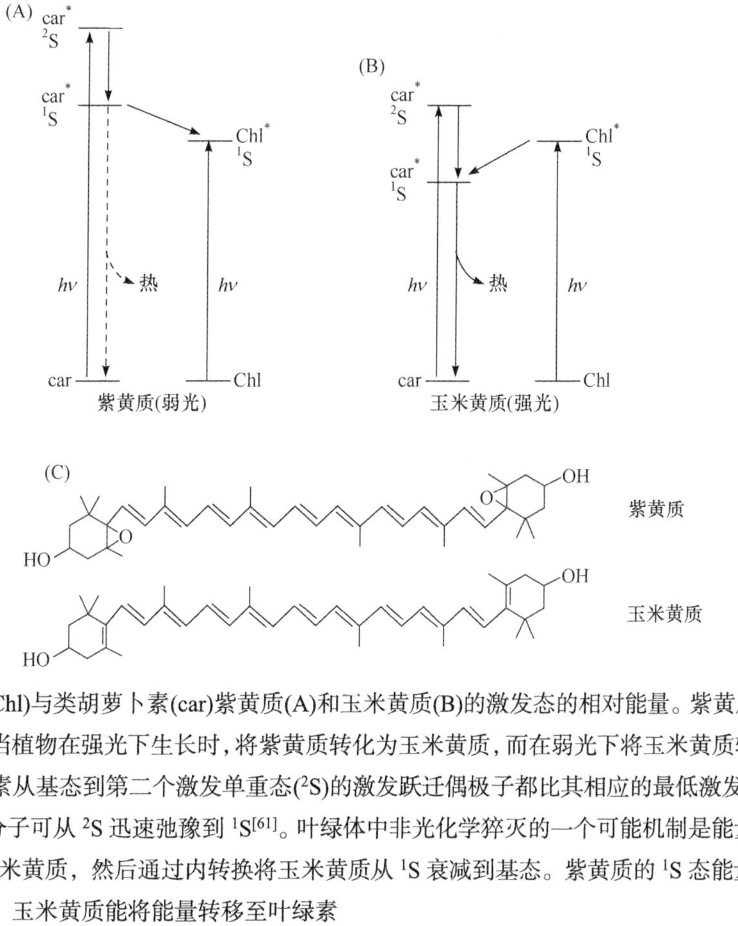

图 7.11 叶绿素 a(Chl)与类胡萝卜素(car)紫黄质(A)和玉米黄质(B)的激发态的相对能量。紫黄质和玉米黄质的结构在(C)中给出。当植物在强光下生长时，将紫黄质转化为玉米黄质，而在弱光下将玉米黄质转化为紫黄质。任何一个类胡萝卜素从基态到第二个激发单重态(^{2}S)的激发跃迁偶极子都比其相应的最低激发态(^{1}S)的跃迁偶极子大，但是受激分子可从 ^{2}S 迅速弛豫到 ^{1}S[61]。叶绿体中非光化学猝灭的一个可能机制是能量从被激发的叶绿素(Chl*)转移到玉米黄质，然后通过内转换将玉米黄质从 ^{1}S 衰减到基态。紫黄质的 ^{1}S 态能量可能过高而无法猝灭 Chl*。相反，玉米黄质能将能量转移至叶绿素

环氧化减少了类胡萝卜素中共轭键的数量，从而提高了最低激发态的能量。紫黄质有 9 个共轭双键；环氧玉米黄质有 10 个；而玉米黄质有 11 个。因此，紫黄质的最低激发单重态比玉米黄质高约 300 cm^{-1}[60-62]。尽管绝对能级有一定的不确定性，但紫黄质的激发能接近叶绿素 a

的最低激发单重态的激发能。在低光强下，紫黄质吸收的能量可以通过共振能量转移到天线中的叶绿素分子，然后从那里转移到光合作用反应中心。在高光强下，当玉米黄质比紫黄质占主导时，激发能将趋于从叶绿素 a 移至玉米黄质，在玉米黄质中通过内转换将其降转为热(图 7.11)。但是，这可能不是故事的全部，因为非光化学猝灭看起来除了涉及类胡萝卜素的组成改变之外，还涉及天线复合体中的结构改变[63]。

练　习　题

下面的分图 1 重新绘制了第 4 章和第 5 章中所考虑的吸收光谱和发射光谱。假定这些光谱适用于与蛋白质(A)相结合的生色团。分图 2 给出了与第二种蛋白质(B)结合的不同生色团的类似光谱，该蛋白质可以与 A 和第三种蛋白质(C)结合形成异三聚体 ABC。下表则给出了当单个生色团-蛋白质复合体和异三聚体在 315 nm 激发时，在 335 nm 和 365 nm 处的荧光发射幅度。假定 ABC 的吸收光谱只是 A 和 B 的吸收光谱之和。

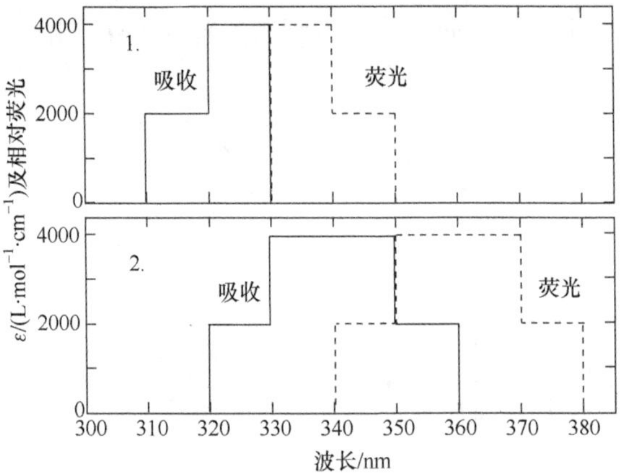

体系	荧光幅度/任意单位	
	335 nm	365 nm
A	4000	10
B	<10	10
ABC	1000	2000

1. 计算 A 和 B 的发射-吸收重叠积分 $\bar{J}$ 。(一定要给出单位。)

2. 使用练习题 4.2 的结果和练习题 5.2 中给出的荧光产率，计算共振能量从 A 转移到 B 的福斯特半径(R_0)。

3. 假定 A 的荧光产率相对于单体 A 的荧光产率的变化完全是由共振能量转移引起的，估算 ABC 复合体中与 A 和 B 结合的生色团之间的距离。也假设两个生色团的跃迁偶极子在荧光的时间尺度上快速且各向同性地转动。

4. 按照练习题 3 估计生色团之间的距离，但假设跃迁偶极子的位置是沿着分子间轴(↔ - - - ↔)固定的。

5. ABC 复合体在 365 nm 处的荧光是否证实了 A 的荧光产率变化仅由共振能量转移所引起的这个假设？为什么是，或者为什么不是？

6. 如果表中每个荧光幅度均有 10%的不确定度，那么练习题 3 中计算出的距离不确定度是多少？

7. 在下图中，圆圈表示正或负的单位电荷，其位置如在网格中所示；距离以 Å 给出。利用(a)点偶极子近似和(b)点电荷，计算虚线所示的两个电偶极子之间的真空相互作用能。结果要给出正负号及单位。

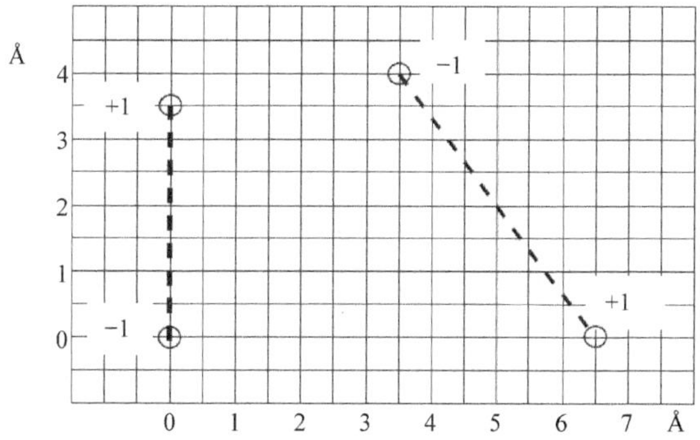

8. 在什么情况下，通过交换耦合进行两个分子之间的共振能量转移可能比通过偶极-偶极耦合更快?

参 考 文 献

[1] van Amerongen, H., Valkunas, L., van Grondelle, R.: Photosynthetic Excitons. World Scientific, Singapore (2000)

[2] Green, B.R., Parson, W.W. (eds.): Light-Harvesting Antennas in Photosynthesis. Advances in Photosynthesis and Respiration, Govindjee, ed., vol. 13. Dordrecht: Kluwer Academic (2003)

[3] Sancar, A.: Structure and function of DNA photolyase and cryptochrome blue-light photoreceptors. Chem. Rev. **103**, 2203-2237 (2003)

[4] Saxena, V.P., Wang, H., Kavakli, H., Sancar, A., Zhong, D.: Ultrafast dynamics of resonance energy transfer in cryptochrome. J. Am. Chem. Soc. **127**, 7984-7985 (2005)

[5] van der Meer, B.W., Coker, G.I., Chen, S.-Y.S.: Resonance Energy Transfer: Theory and Data. VCH, New York (1994)

[6] Böttcher, C.J.F.: Theory of Electric Polarization, vol. 1, 2nd edn. Elsevier, Amsterdam (1973)

[7] Förster, T. Zwischenmoleckulare energiewanderung und fluoreszenz. Ann. Phys. **2**, 55-75 (1948) [for an English translation with some corrections, see Biological Physics, Mielczarek, E.V., Greenbaum, E. and Knox, R.S., eds., New York: Am. Inst. Phys., pp. 148-160 (1993)]

[8] Förster, T.: Delocalized excitation and excitation transfer. In: Sinanoglu, O. (ed.) Modern Quantum Chemistry, Pt. III., pp. 93-137. Academic, New York (1965)

[9] Stryer, L.: Fluorescence energy transfer as a spectroscopic ruler. Annu. Rev. Biochem. **47**, 819-846 (1978)

[10] Selvin, P.R.: Fluorescence resonance energy transfer. Methods Enzymol. **246**, 300-334 (1995)

[11] Ward, R.J., Milligan, G.: Structural and biophysical characterization of G protein-coupled receptor ligand binding using resonance energy transfer and fluorescent labelling techniques. Biochim. Biophys. Acta **1838**, 3-14 (2014)

[12] Sridharan, R., Zuber, J., Connelly, S.M., Mathew, E., Dumont, M.E.: Fluorescent approaches for understanding interactions of ligands with G protein coupled receptors. Biochim. Biophys. Acta **1838**, 15-33 (2014)

[13] Stryer, L., Haugland, R.P.: Energy transfer: a spectroscopic ruler. Proc. Natl. Acad. Sci. USA **58**, 719-726 (1967)

[14] Haugland, R.P., Yguerabide, J., Stryer, L.: Dependence of the kinetics of singlet-singlet energy transfer on spectral overlap. Proc. Natl. Acad. Sci. USA **63**, 23-30 (1969)

[15] Dale, R.E., Eisinger, J., Blumberg, W.E.: Orientational freedom of molecular probes. The orientation factor in intramolecular energy transfer. Biophys. J. **26**, 161-194 (1979)

[16] Haas, E., Wilcheck, M., Katchalski-Katzir, E., Steinberg, I.Z.: Distribution of end-to-end distances of oligopeptides in solution as estimated by energy transfer. Proc. Natl. Acad. Sci. USA **72**, 1807-1811 (1975)

[17] Parkhurst, K.M., Parkhurst, L.J.: Donor-acceptor distance distributions in a double-labeled fluorescent oligonucleotide both as a single strand and in duplexes. Biochemistry **34**, 293-300 (1995)

[18] Eis, P.S., Lakowicz, J.R.: Time-resolved energy transfer measurements of donor-acceptor distance distributions

and intramolecular flexibility of a CCHH zinc finger peptide. Biochemistry **32**, 7981-7993 (1995)
[19] Sun, H., Yin, D., Squire, T.C.: Calcium-dependent structural coupling between opposing globular domains of calmodulin involves the central helix. Biochemistry **38**, 7981-7993 (1999)
[20] Haas, E., Katchalski-Katzir, E., Steinberg, I.Z.: Brownian motion of ends of oligopeptide chains in solution as estimated by energy transfer between chain ends. Biopolymers **17**, 11-31 (1978)
[21] Beechem, J.M., Haas, E.: Simultaneous determination of intramolecular distance distributions and conformational dynamics by global analysis of energy transfer measurements. Biophys. J. **55**, 1225-1236 (1989)
[22] Rhoades, E., Gussakovsky, E., Haran, G.: Watching proteins fold one molecule at a time. Proc. Natl. Acad. Sci. USA **100**, 3197-3202 (2003)
[23] Rhoades, E., Cohen, M., Schuler, B., Haran, G.: Two-state folding observed in individual protein molecules. J. Am. Chem. Soc. **126**, 14686-14687 (2004)
[24] Jang, S.J., Newton, M.D., Silbey, R.J.: Multichromophoric Förster resonance energy transfer. Phys. Rev. Lett. **92**, Art. No. 218301 (2004)
[25] Muller, E.G., Snydsman, B.E., Novik, I., Hailey, D.W., Gestaut, D.R., et al.: The organization of the core proteins of the yeast spindle pole body. Mol. Biol. Cell **16**, 3341-3352 (2005)
[26] Miyawaki, A., Llopis, J., Heim, R., McCaffrey, J.M., Adams, J.A., et al.: Fluorescent indicators for Ca^{2+} based on green fluorescent proteins and calmodulin. Nature **388**, 882-887 (1997)
[27] Miyawaki, A., Griesbeck, O., Heim, R., Tsien, R.Y.: Dynamic and quantitative Ca^{2+} measurements using improved cameleons. Proc. Natl. Acad. Sci. USA **96**, 2135-2140 (1999)
[28] Guerrero, G., Rieff, D.F., Agarwal, G., Ball, R.W., Borst, A., et al.: Heterogeneity in synaptic transmission along a Drosophila larval motor axon. Nat. Neurosci. **8**, 1188-1196 (2005)
[29] Xu, Y., Piston, D.W., Johnson, C.H.: A bioluminescence resonance energy transfer (BRET) system: application to interacting circadian clock proteins. Proc. Natl. Acad. Sci. USA **96**, 151-156 (1999)
[30] Angers, S., Salahpour, A., Joly, E., Hilairet, S., Chelsky, D., et al.: Detection of β_2-adrenergic receptor dimerization in living cells using bioluminescence resonance energy transfer (BRET). Proc. Natl. Acad. Sci. USA **97**, 3684-3689 (2000)
[31] Selvin, P.R., Rana, T.M., Hearst, J.E.: Luminescence resonance energy transfer. J. Am. Chem. Soc. **116**, 6029-6030 (1994)
[32] Heyduk, T., Heyduk, E.: Luminescence energy transfer with lanthanide chelates: interpretation of sensitized acceptor decay amplitudes. Anal. Biochem. **289**, 60-67 (2001)
[33] Selvin, P.R.: Principles and biophysical applications of lanthanide-based probes. Annu. Rev. Biophys. Biomol. Struct. **31**, 275-302 (2002)
[34] Reifenberger, J.G., Snyder, G.E., Baym, G., Selvin, P.R.: Emission polarization of europium and terbium chelates. J. Phys. Chem. B **107**, 12862-12873 (2003)
[35] Posson, D.J., Ge, P., Miller, C., Benzanilla, F., Selvin, P.R.: Small vertical movement of a K^+ channel voltage sensor measured with luminescence energy transfer. Nature **436**, 848-851 (2005)
[36] Talaga, D.S., Lau, W.L., Roder, H., Tang, J., Jia, Y., et al.: Dynamics and folding of single two-stranded coiled-coil peptides studied by fluorescent energy transfer confocal microscopy. Proc. Natl. Acad. Sci. USA **97**, 13021-13026 (2000)
[37] Schuler, B., Lipman, E.A., Eaton, W.A.: Probing the free-energy surface for protein folding with single-molecule fluorescence spectroscopy. Nature **419**, 743-747 (2002)
[38] Kuzmenkina, E.V., Heyes, C.D., Nienhaus, G.U.: Single-molecule Förster resonance energy transfer study of protein dynamics under denaturing conditions. Proc. Natl. Acad. Sci. USA **102**, 15471-15476 (2005)
[39] Huang, F., Sato, S., Sharpe, T.D., Ying, L., Fersht, A.R.: Distinguishing between cooperative and unimodal

downhill protein folding. Proc. Natl. Acad. Sci. USA **104**, 123-127 (2007)

[40] Merchant, K.A., Best, R.B., Louis, J.M., Gopich, I.V., Eaton, W.A.: Characterizing the unfolded states of proteins using single-molecule FRET spectroscopy and molecular simulations. Proc. Natl. Acad. Sci. USA **104**, 1528-1533 (2007)

[41] Nettels, D., Gopich, I.V., Hoffmann, A., Schuler, B.: Ultrafast dynamics of protein collapse from single-molecule photon statistics. Proc. Natl. Acad. Sci. USA **104**, 2655-2660 (2007)

[42] Kinoshita, M., Kamagata, K., Maeda, A., Goto, Y., Komatsuzaki, T., et al.: Development of a technique for the investigation of folding dynamics of single proteins for extended time periods. Proc. Natl. Acad. Sci. USA **104**, 10453-10458 (2007)

[43] Huang, F., Ying, L., Fersht, A.R.: Direct observation of barrier-limited folding of BBL by single-molecule fluorescence resonance energy transfer. Proc. Natl. Acad. Sci. USA **106**, 16239-16244 (2009)

[44] Yang, L.-L., Kao, M.W.-P., Chen, H.-L., Lim, T.-S., Fann, W., et al.: Observation of protein folding/unfolding dynamics of ubiquitin trapped in agarose gel by single-molecule FRET. Eur. Biophys. J. **41**, 189-198 (2012)

[45] Rieger, R., Nienhaus, G.U.: A combined single-molecule FRET and tryptophan fluorescence study of RNase H folding under acidic conditions. Chem. Phys. **396**, 3-9 (2012)

[46] Schuler, B., Hofmann, H.: Single-molecule spectroscopy of protein folding dynamics: expanding scope and timescales. Curr. Opin. Struct. Biol. **23**, 36-47 (2013)

[47] Mashaghi, A., Kramer, G., Lamb, D.C., Mayer, M.P., Tans, S.J.: Chaperone action at the single-molecule level. Chem. Rev. **114**, 660-676 (2014)

[48] Brucale, M., Schuler, B., Samori, B.: Single-molecule studies of intrinsically disordered proteins. Chem. Rev. **114**, 3281-3317 (2014)

[49] Gopich, I.V., Szabo, A.: Single-molecule FRET with diffusion and conformational dynamics. J. Phys. Chem. B **111**, 12925-12932 (2007)

[50] Gopich, I.V., Szabo, A.: Decoding the pattern of photon colors in single-molecule FRET. J. Phys. Chem. B **113**, 10965-10973 (2009)

[51] Chung, H.S., Gopich, I.V.: Fast single-molecule FRET spectroscopy: theory and experiment. Phys. Chem. Chem. Phys. **16**, 18644-18657 (2014)

[52] Chung, H.S., Louis, J.M., Eaton, W.A.: Experimental determination of upper bound for transition path times in protein folding from single-molecule photon-by-photon trajectories. Proc. Natl. Acad. Sci. USA **106**, 11837-11844 (2009)

[53] Chung, H.S., McHale, K., Louis, J.M., Eaton, W.A.: Single-molecule fluorescence experiments determine protein folding transition path times. Science **335**, 981-984 (2012)

[54] Chung, H.S., Cellmer, T., Louis, J.M., Eaton, W.A.: Measuring ultrafast protein folding rates from photon-by-photon analysis of single molecule fluorescence trajectories. Chem. Phys. **422**, 229-237 (2013)

[55] Dexter, D.L.: A theory of sensitized luminescence in solids. J. Chem. Phys. **21**, 836-850 (1953)

[56] Struve, W.S.: Theory of electronic energy transfer. In: Blankenship, R.E., Madigan, M.T., Bauer, C.E. (eds.) Anoxygenic photosynthetic bacteria, pp. 297-313. Kluwer Academic, Dordrecht (1995)

[57] Young, A.J., Phillip, D., Ruban, A.V., Horton, P., Frank, H.A.: The xanthophyll cycle and carotenoid-mediated dissipation of excess excitation energy in photosynthesis. Pure Appl. Chem. **69**, 2125-2130 (1997)

[58] Krueger, B.P., Scholes, G.D., Jimenez, R., Fleming, G.R.: Electronic excitation transfer from carotenoid to bacteriochlorophyll in the purple bacterium Rhodopseudomonas acidophila. J. Phys. Chem. B **102**, 2284-2292 (1998)

[59] Frank, H.A., Cua, A., Chynwat, V., Young, A., Gosztola, D., et al.: Photophysics of the carotenoids associated with the xanthophyll cycle in photosynthesis. Photosynth. Res. **41**, 389-395 (1994)

[60] Martinsson, P., Oksanen, J.A., Hilgendorff, M., Hynninen, P.H., Sundström, V., et al.: Dynamics of ground and excited state chlorophyll *a* molecules in pyridine solution probed by femtosecond transient absorption spectroscopy. Chem. Phys. Lett. **309**, 386-394 (1999)

[61] Polivka, T., Herek, J.L., Zigmantas, D., Akerlund, H.E., Sundström, V.: Direct observation of the (forbidden) S_1 state in carotenoids. Proc. Natl. Acad. Sci. USA **96**, 4914-4917 (1999)

[62] Frank, H.A., Bautista, J.A., Josue, J.S., Young, A.J.: Mechanism of nonphotochemical quenching in green plants: Energies of the lowest excited singlet states of violaxanthin and zeaxanthin. Biochemistry **39**, 2831-2837 (2000)

[63] Ruban, A.V., Phillip, D., Young, A.J., Horton, P.: Excited-state energy level does not determine the differential effect of violaxanthin and zeaxanthin on chlorophyll fluorescence quenching in the isolated light-harvesting complex of photosystem II. Photochem. Photobiol. **68**, 829-834 (1998)

第8章 激子相互作用

8.1 相互作用分子的定态体系

上一章介绍的福斯特理论适用于分子间距足够远故相互作用很弱的分子。相对于决定吸收带的均匀线宽的振动弛豫和退相过程而言，从一个分子到另一个分子的激发跳跃是缓慢的，因而对分子的吸收光谱影响很小。如果能量供体和受体是可区分的，那么我们可以考察体系的整体吸收光谱或受激发射光谱，至少原则上可以确定在任一给定时刻是哪个分子被激发。但是，假设将分子逐渐移到一起，使能量从一个分子跳跃到另一个所需的时间越来越短，则在某个时刻不再能分辨是哪个分子被激发。在这种情况下，我们可能会期望多个激发态之间的共振会导致低聚物的吸收光谱不同于组成其的单个分子的光谱，而事实也的确如此。

激子是指在多于一个的分子上离域或在分子之间快速移动的一种激发。激子相互作用，即将激发扩散到多个分子上的分子间相互作用，在物理上就是一类借助共振能量转移来实现激发的随机跳跃的弱相互作用。它们之所以较强，是因为分子彼此较为靠近或具有较大的跃迁偶极子。结果就是，体系的吸收、荧光和圆二色性可以显著地区别于单个分子的这些特性。但是这里考虑的体系还没有到达这样一个程度，即分子轨道的重叠允许新键生成而分子本身的界限变得模糊。

本章讨论将主要集中在弗仑克尔(Frenkel)激子，在这里，对于一个被激发到通常为空的分子轨道的电子，当激子从一个分子迁移到另一个分子时，该电子仍然与通常填充的轨道中的空位或“空穴”保持关联。而在瓦尼尔(Wannier)激子中，电子和空穴可以分别存在于不同的分子上，尽管其通常相距不远。

只要两个分子之间的距离不那么近，无法共价键合，就仍然可以用各个分子波函数的组合来描述一个二聚体的波函数，如同在式(7.2)、式(7.4)和式(7.6)中所述的

$$\Psi_A = \phi_{1a}\chi_{1a}\phi_{2a}\chi_{2a} \quad (基态) \tag{8.1}$$

和

$$\Psi_B = C_1\psi_1 + C_2\psi_2 = C_1\phi_{1b}\chi_{1b}\phi_{2a}\chi_{2a} + C_2\phi_{1a}\chi_{1a}\phi_{2b}\chi_{2b} \quad (激发态) \tag{8.2}$$

如前所述，Ψ_B 中的基元态(basis states)ψ_1 和 ψ_2 分别表示激发能位于分子 1 或 2 上的态。这些态都不是定态，因为激发能在两个分子之间来回跳跃。因此，将系数 C_1 或 C_2 中的一个设为 1 而另一个设为零，就无法在与振荡周期相当或更长的时间范围内很好地描述这个体系。但是将看到有可能找到使 Ψ_B 进入定态的系数值。正如我们可能期望的那样，所需的 C_1 和 C_2 的值在很大程度上取决于体系哈密顿中的相互作用项 $\tilde{\mathrm{H}}'$，这正是混合两个基元态的作用项(2.3.6 节和 7.2 节)。

先考虑式(8.1)和式(8.2)所描述的基态和激发态能量如何取决于 $\tilde{\mathrm{H}}'$。基态的电子能量为

$$\begin{aligned} E_A &= \left\langle \phi_{1a}\phi_{2a} \middle| \tilde{\mathrm{H}}_1 + \tilde{\mathrm{H}}_2 + \tilde{\mathrm{H}}' \middle| \phi_{1a}\phi_{2a} \right\rangle \\ &= E_{1a} + E_{2a} + \left\langle \phi_{1a}\phi_{2a} \middle| \tilde{\mathrm{H}}' \middle| \phi_{1a}\phi_{2a} \right\rangle \end{aligned} \tag{8.3}$$

其中 E_{1a} 和 E_{2a} 是单个分子在其基态时的能量。类似地，激发态的电子能量为

$$\begin{aligned}E_B &= \left\langle C_1\psi_1 + C_2\psi_2 \middle| \tilde{\mathrm{H}}_1 + \tilde{\mathrm{H}}_2 + \tilde{\mathrm{H}}' \middle| C_1\psi_1 + C_2\psi_2 \right\rangle \\ &= |C_1|^2 E_1 + |C_2|^2 E_2 + \left\langle C_1\psi_1 + C_2\psi_2 \middle| \tilde{\mathrm{H}}' \middle| C_1\psi_1 + C_2\psi_2 \right\rangle\end{aligned} \tag{8.4}$$

其中 $E_1 = E_{1b} + E_{2a}$，$E_2 = E_{1a} + E_{2b}$。$\langle\psi_1|\tilde{\mathrm{H}}_2|\psi_1\rangle$ 和 $\langle\psi_2|\tilde{\mathrm{H}}_1|\psi_2\rangle$ 均为零，因为 $\tilde{\mathrm{H}}_2$ 仅作用于 ψ_2，而 $\tilde{\mathrm{H}}_1$ 仅作用于 ψ_1；$\langle\psi_1|\tilde{\mathrm{H}}_2|\psi_2\rangle$ 和 $\langle\psi_2|\tilde{\mathrm{H}}_1|\psi_1\rangle$ 可写成 $E_2\langle\psi_1|\psi_2\rangle$ 和 $E_1\langle\psi_2|\psi_1\rangle$，且若 ψ_1 和 ψ_2 正交，则它们的值也都为零。在没有相互作用的情况下，基态能量就是 $E_{1a} + E_{2a}$，而两个激发态的能量分别为 E_1 和 E_2。

如果分子 1 和 2 不带电荷且只有很小的永久偶极矩，那么式(8.3)中的 $\langle\phi_{1a}\phi_{2a}|\tilde{\mathrm{H}}'|\phi_{1a}\phi_{2a}\rangle$ 项较小，而且基态的能量仍将约等于 $E_{1a} + E_{2a}$。对激发态的影响通常更为显著。为了求得 E_B 并考察其与系数 C_1 和 C_2 的关系，可采用与含时微扰基本相同的方法，但在此稍作简化，即只关注定态。首先，写出激发二聚体的不含时薛定谔方程：

$$(\tilde{\mathrm{H}}_1 + \tilde{\mathrm{H}}_2 + \tilde{\mathrm{H}}')(C_1\psi_1 + C_2\psi_2) = E_B(C_1\psi_1 + C_2\psi_2) \tag{8.5a}$$

现在将此方程的两边乘以 ψ_1^*，在整个空间积分，并去掉那些零项($\langle\psi_1|\tilde{\mathrm{H}}_2|\psi_1\rangle$、$\langle\psi_1|\tilde{\mathrm{H}}_2|\psi_2\rangle$ 和 $\langle\psi_1|\tilde{\mathrm{H}}_1|\psi_2\rangle$)。左边给出

$$C_1\left[\langle\psi_1|\tilde{\mathrm{H}}_1|\psi_1\rangle + \langle\psi_1|\tilde{\mathrm{H}}'|\psi_1\rangle\right] + C_2\langle\psi_1|\tilde{\mathrm{H}}'|\psi_2\rangle \tag{8.5b}$$

右边有

$$E_B\left[C_1\langle\psi_1|\psi_1\rangle + C_2\langle\psi_1|\psi_2\rangle\right] = E_B C_1 \tag{8.5c}$$

两边所得项应相等，得到

$$C_1\left[\langle\psi_1|\tilde{\mathrm{H}}_1|\psi_1\rangle + \langle\psi_1|\tilde{\mathrm{H}}'|\psi_1\rangle - E_B\right] + C_2\langle\psi_1|\tilde{\mathrm{H}}'|\psi_2\rangle = 0 \tag{8.6a}$$

类似地，将式(8.5a)的两边乘以 ψ_2^* 并积分得到

$$C_1\langle\psi_2|\tilde{\mathrm{H}}'|\psi_1\rangle + C_2\left[\langle\psi_2|\tilde{\mathrm{H}}_2|\psi_2\rangle + \langle\psi_2|\tilde{\mathrm{H}}'|\psi_2\rangle - E_B\right] = 0 \tag{8.6b}$$

现在已得到将 E_B 与 C_1 和 C_2 相关联的两个联立方程[式(8.6a)和式(8.6b)]，可以将其重写为以下紧凑形式：

$$C_1(H_{11} - E_B) + C_2 H_{12} = 0 \tag{8.7a}$$

和

$$C_1 H_{21} + C_2(H_{22} - E_B) = 0 \tag{8.7b}$$

其中

$$H_{11} \equiv \langle\psi_1|\tilde{\mathrm{H}}_1 + \tilde{\mathrm{H}}'|\psi_1\rangle = E_1 + \langle\psi_1|\tilde{\mathrm{H}}'|\psi_1\rangle \tag{8.8a}$$

$$H_{22} \equiv \langle\psi_2|\tilde{\mathrm{H}}_2 + \tilde{\mathrm{H}}'|\psi_2\rangle = E_2 + \langle\psi_2|\tilde{\mathrm{H}}'|\psi_2\rangle \tag{8.8b}$$

及

$$H_{21} \equiv \langle\psi_2|\tilde{\mathrm{H}}'|\psi_1\rangle, \quad H_{12} \equiv \langle\psi_1|\tilde{\mathrm{H}}'|\psi_2\rangle \tag{8.8c}$$

因为哈密顿算符是厄密的(专栏 2.1)，所以 $H_{12} = H_{21}^*$。对于这里所关注的情形，这两个矩阵元通常是实数并且相同。在许多情形下，H_{11} 和 H_{22} 大约等于 E_1 和 E_2。而附加项，如 H_{11} 中的 $\langle \psi_1 | \tilde{\mathrm{H}}' | \psi_1 \rangle$，表示分子 2 停留在基态时对受激分子 1 的能量的影响；如果分子不带电荷，这通常只是一个较小效应，并且与基态能量中的 $\langle \phi_{1a}\phi_{2a} | \tilde{\mathrm{H}}' | \phi_{1a}\phi_{2a} \rangle$ 项相当[式(8.3)]。因此，H_{11} 和 E_1 之间的微小差异对激发能 $E_B - E_A$ 的贡献很小。但是，此处的推导并不要求这个影响被忽略。

式(8.7a)和式(8.7b)的一个通俗解是 $C_1 = C_2 = 0$。可以存在另一个非零解，仅当上述方程中由哈密顿矩阵元和能量组成的行列式等于零时：

$$\begin{vmatrix} (H_{11} - E_B) & H_{21} \\ H_{21} & (H_{22} - E_B) \end{vmatrix} = 0 \tag{8.9}$$

(见专栏 8.1)。这个行列式称为久期行列式。展开行列式就给出 E_B 关于 H_{21}、H_{11} 和 H_{22} 的二次方程。此二次方程 E_B 有两个可能解，可将其称为 E_{B+} 和 E_{B-}。得到这些解以后，将 E_{B+} 或 E_{B-} 代回式(8.8a)和式(8.8b)中就可以得到 C_1 和 C_2 的相应值。

专栏 8.1　为什么久期行列式必须为零?

“久期”一词在经典力学中用于描述长期存在的状态或运动。在量子力学中，描述一个持久态的一组联立方程[在我们所考虑的情况中即式(8.7a)和式(8.7b)]称为体系的久期方程。

一组联立线性方程可以通过克拉默法则方便地求解，其中需要找到两个行列式的商。给定方程组

$$\begin{aligned} a_1 x + b_1 y + c_1 z + \cdots &= m_1 \\ a_2 x + b_2 y + c_2 z + \cdots &= m_2 \\ a_3 x + b_3 y + c_3 z + \cdots &= m_3 \\ &\cdots \end{aligned} \tag{B8.1.1}$$

其 $x, y, z, \cdots$ 的解为

$$x = \begin{vmatrix} m_1 & b_1 & c_1 & \cdots \\ m_2 & b_2 & c_2 & \cdots \\ m_3 & b_3 & c_3 & \cdots \\ \vdots & \vdots & \vdots & \ddots \end{vmatrix} \Bigg/ \begin{vmatrix} a_1 & b_1 & c_1 & \cdots \\ a_2 & b_2 & c_2 & \cdots \\ a_3 & b_3 & c_3 & \cdots \\ \vdots & \vdots & \vdots & \ddots \end{vmatrix} \tag{B8.1.2a}$$

$$y = \begin{vmatrix} a_1 & m_1 & c_1 & \cdots \\ a_2 & m_2 & c_2 & \cdots \\ a_3 & m_3 & c_3 & \cdots \\ \vdots & \vdots & \vdots & \ddots \end{vmatrix} \Bigg/ \begin{vmatrix} a_1 & b_1 & c_1 & \cdots \\ a_2 & b_2 & c_2 & \cdots \\ a_3 & b_3 & c_3 & \cdots \\ \vdots & \vdots & \vdots & \ddots \end{vmatrix}, \cdots \tag{B8.1.2b}$$

将克拉默法则应用于式(8.7a)和式(8.7b)，得到 C_1 和 C_2 的以下解：

$$C_1 = \begin{vmatrix} 0 & H_{21} \\ 0 & (H_{22} - E_B) \end{vmatrix} \Bigg/ \begin{vmatrix} (H_{11} - E_B) & H_{21} \\ H_{21} & (H_{22} - E_B) \end{vmatrix} \tag{B8.1.3a}$$

和

$$C_2 = \begin{vmatrix} (H_{11} - E_B) & 0 \\ H_{21} & 0 \end{vmatrix} \Bigg/ \begin{vmatrix} (H_{11} - E_B) & H_{21} \\ H_{21} & (H_{22} - E_B) \end{vmatrix} \tag{B8.1.3b}$$

分子中的行列式的值为 0，因为每个行列式都有零列。因此，只有分母中的行列式也为零时，C_1 和 C_2 才能有非零解。

一个更有效的方法是使用矩阵代数，同时对两组 E_B、C_1 和 C_2 求解式(8.7a)和式(8.7b)。在

数学上，这个问题就是将 H_{ij} 项组成的矩阵 **H** 对角化(2.3.6 节)。体系在非定态的基元态 ψ_1 和 ψ_2 之间的振荡是由矩阵中的非对角项 H_{12} 和 H_{21} 导致的。对角化操作可将 **H** 转换为具有定态特征的矩阵，因为所有非对角项为零。在此过程中，也将基元态从 ψ_1 和 ψ_2 转换为 Ψ_{B+}和 Ψ_{B-}。

式(8.7a)和式(8.7b)的解取决于相互作用项 H_{21} 的大小与 H_{11} 和 H_{22} 之差的比较。其通解可以写成

$$\Psi_{B+}=\sqrt{\frac{(1+s)}{2}}\psi_1+\sqrt{\frac{(1-s)}{2}}\psi_2,\quad E_{B+}=E_0+\frac{1}{2}\sqrt{\delta^2+4(H_{12})^2} \tag{8.10a}$$

$$\Psi_{B-}=\sqrt{\frac{(1-s)}{2}}\psi_1-\sqrt{\frac{(1+s)}{2}}\psi_2,\quad E_{B-}=E_0-\frac{1}{2}\sqrt{\delta^2+4(H_{12})^2} \tag{8.10b}$$

其中

$$s=\delta^2\,/\,\sqrt{\delta^2+4(H_{12})^2} \tag{8.10c}$$

其中 E_0 是两个基元态能量的平均值，而δ是二者之差，即$\delta=H_{11}-H_{22}$，$E_0=(H_{11}+H_{22})/2$。

图 8.1 和图 8.2 显示了本征态的系数和能量如何取决于$|\delta|$与$|H_{21}|$的比值。如果两个基元态在能量上相距很远($|\delta|\gg|H_{21}|$)，那么 $s\approx1$，则 Ψ_{B+}的系数 C_1 和 C_2 分别趋向 1.0 和 0(图 8.1)。同时，Ψ_{B-} 的 C_1 和 C_2(图中未显示)分别趋向 0 和 1.0。因此，Ψ_{B+}和 Ψ_{B-}分别趋向 ψ_1 和$-\psi_2$:

$$\Psi_{B+}\to\psi_1,\quad E_{B+}\to H_{11} \tag{8.11a}$$

和

$$\Psi_{B-}\to-\psi_2,\quad E_{B-}\to H_{22} \tag{8.11b}$$

在此区域，Ψ_{B+}的 C_2 由$-H_{21}/(H_{22}-H_{11})$近似给出，Ψ_{B-}的 C_1 由$-H_{12}/(H_{11}-H_{22})$近似给出(专栏 12.1)。另一方面，如果基元态很靠近($|\delta|\ll|H_{21}|$)，那么 $s\approx0$，则两个解变为

$$\Psi_{B+}=2^{-1/2}(\psi_1+\psi_2),\quad E_{B+}=E_0+H_{21} \tag{8.12a}$$

和

$$\Psi_{B-}=2^{-1/2}(\psi_1-\psi_2),\quad E_{B-}=E_0-H_{21} \tag{8.12b}$$

在此情形，两个激发态(Ψ_{B+}和 Ψ_{B-})是 ψ_1 和 ψ_2 的对称和反对称组合。

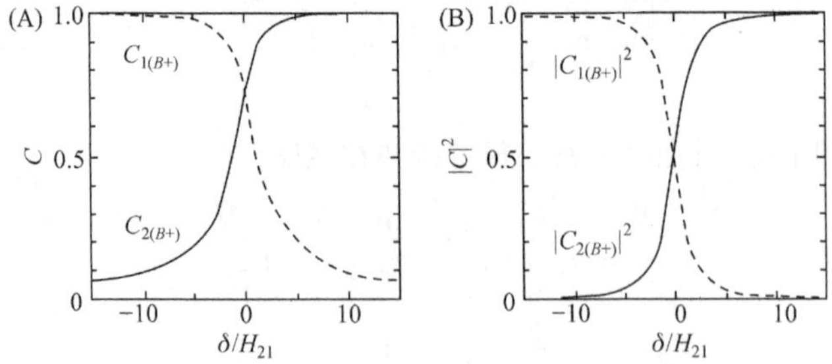

图 8.1 在二聚体激发态中，系数[$C_{1(B+)}$和 $C_{2(B+)}$，(A)]及其平方[$|C_{1(B+)}|^2$ 和$|C_{2(B+)}|^2$，(B)]作为两个基元态 ψ_1 和 ψ_2 之间的能量差($\delta=H_{11}-H_{22}$)的函数。令相互作用能 H_{21} 在δ变化时保持恒定。当$|\delta|\gg|H_{21}|$时，每个本征态的系数之一变为±1.0，另一个变为 0。当$|\delta|\ll|H_{21}|$时，$|C_1|^2=|C_2|^2=1/2$

当$|\delta|\ll|H_{21}|$时，本征态的能量接近 H_{11} 和 H_{22}(图 8.2)。但是在相反的极限下，即$|\delta|\ll|H_{21}|$

时，本征态的能量不再仅仅是 H_{11} 和 H_{22} 的平均值，而且这两个能量也不等同。相反，能级发生裂分并以$\pm H_{21}$ 分别位于 E_0 之上和之下[式(8.12a)和式(8.12b)]。能量的这种共振裂分是一个纯粹的量子力学效应，它是由两个基元态的混合以及激发能在两个分子上分布导致的(专栏 8.2)。

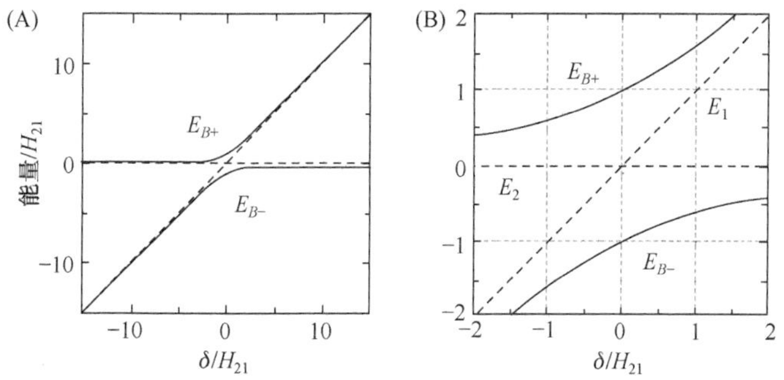

图 8.2　二聚体的激发态能量($E_{B\pm}$，实线)作为基元态 ψ_1 和 ψ_2 能量差(δ)的函数。能量标度以相互作用能 H_{21} 为单位，此处的 H_{21} 如在图 8.1 中一样保持恒定。ψ_2 的能量(E_2)设为零，而 ψ_1 的能量(E_1)在变化(虚线)。右图显示了 $\delta\approx 0$ 附近的区域放大图，其中 E_{B+}和 E_{B-} 相隔 $2H_{21}$。若远离此区域，则 E_{B+}和 E_{B-}分别接近 E_1 和 E_2

专栏 8.2　真实交叉与避免交叉能面

基元态 ψ_1 和 ψ_2 是非绝热态，这意味着它们不能将体系的哈密顿进行对角化。而能够将 **H** 对角化的 Ψ_{B+} 和 Ψ_{B-}则是绝热态。绝热能级的式(8.10a)和式(8.10b)不仅适用于已经讨论过的激发能分布于两个分子的特定情况，而且适用于任意两态体系。但是，图 8.2 中的能级图，其中的绝热能级在非绝热能级的交点处不接触，是非普适的。仅当相互作用能 H_{12} 和非绝热能差δ都可以表示为一个单变量的函数时，才严格要求非绝热能面的这种“避免交叉”。

通常，具有 N 个原子核的分子，其 H_{12} 和δ是$(3N-6)$[线性分子则为$(3N-5)$]个核坐标的函数。根据式(8.10a)和式(8.10b)，绝热能量 E_{B+}和 E_{B-} 必定不同，除非存在使δ和 H_{12} 均为零的核构型。在双原子分子中此条件是无法满足的，因为 H_{12} 和δ对键长(唯一的几何变量)具有不同的依赖性。因此，E_{B+}和 E_{B-}在双原子分子中必定是避免交叉的。但是，具有 M 个几何变量的较大体系将具有一个$(M-2)$维超线(hyperline)，对于给定的一对非绝热态，沿此方向的δ和 H_{12} 均为零，则绝热能面将具有真实而非避免的交叉。这种交叉称为锥形交叉，这是因为如果将能量面绘制为其余两个几何变量的函数，那么它们类似于一个双锥体。例如，具有两个几何变量的体系将具有一个单点，在该点处δ和 H_{12} 均为零，且绝热能量相同。但是，此锥形交叉不一定位于构象空间的可进入区域中；依据分子的不同，它可能涉及能量较高的几何结构。有关锥形交叉及其在光化学过程中的作用(如视紫红质的异构化)的进一步讨论参见文献[1-7]。

式(8.10a)和式(8.10b)给出的本征函数 Ψ_{B+}和 Ψ_{B-}是正交归一的：

$$\langle \Psi_{B+}|\Psi_{B+}\rangle = \langle \Psi_{B-}|\Psi_{B-}\rangle = 1 \tag{8.13a}$$

及

$$\langle \Psi_{B+}|\Psi_{B-}\rangle = \langle \Psi_{B-}|\Psi_{B+}\rangle = 0 \tag{8.13b}$$

此外

$$\langle \Psi_{B+}|\tilde{\mathrm{H}}'|\Psi_{B-}\rangle = \langle \Psi_{B-}|\tilde{\mathrm{H}}'|\Psi_{B+}\rangle = 0 \tag{8.13c}$$

(见专栏 8.3)。这意味着通过将哈密顿矩阵对角化而获得的两个激发态 Ψ_{B+}和 Ψ_{B-}是定态。$\tilde{\mathrm{H}}'$ 引

起两个基元态 ψ_1 和 ψ_2 之间的振荡，而不引起 Ψ_{B+}和 Ψ_{B-}之间的振荡。这是因为我们在用来获得 Ψ_{B+}和 Ψ_{B-}的哈密顿中引入了 $\tilde{\mathrm{H}}'$。

将这些结果与前几章利用含时微扰理论所得的结果进行比较很有启发性。在本章中我们得到了两个态，并且只有两个态，可以对角化 2×2 的哈密顿矩阵 **H**。在第 6 章中得到了无穷多个态，它们满足同样哈密顿的含时薛定谔方程。尽管我们主要关注 $C_1(t)\approx 1$ 和 $C_2(t)\approx 0$ 的区域，但这些系数是时间的连续函数，因而可以有任何值。唯一的限制是 $|C_1(t)|^2+|C_2(t)|^2=1$。不同之处在于，这里得到了体系的两个定态；而通过含时微扰理论获得的那些连续态则是非定态。

专栏 8.3 激子态在无其他微扰时为定态

为了理解式(8.10a)和式(8.10b)所描述的态在没有其他微扰的情况下为定态，令态 Ψ_{B+}的系数 C_1 和 C_2 为 $C_{1(B+)}$和 $C_{2(B+)}$，而 Ψ_{B-}的系数为 $C_{1(B-)}$和 $C_{2(B-)}$。利用式(8.5a)将 $(\tilde{\mathrm{H}}_1+\tilde{\mathrm{H}}_2+\tilde{\mathrm{H}}')\ [C_{1(B-)}\psi_1+C_{2(B-)}\psi_2]$ 替换为 $E_{B-}[C_{1(B-)}\psi_1+C_{2(B-)}\psi_2]$，给出

$$\langle\Psi_{B+}|\tilde{\mathrm{H}}|\Psi_{B-}\rangle=\langle C_{1(B+)}\psi_1+C_{2(B+)}\psi_2|\tilde{\mathrm{H}}_1+\tilde{\mathrm{H}}_2+\tilde{\mathrm{H}}'|C_{1(B-)}\psi_1+C_{2(B-)}\psi_2\rangle \tag{B8.3.1}$$

$$=E_{B-}\langle C_{1(B+)}\psi_1+C_{2(B+)}\psi_2|C_{1(B-)}\psi_1+C_{2(B-)}\psi_2\rangle \tag{B8.3.2}$$

如果基元态波函数 ψ_1 和 ψ_2 是正交归一化的，则上述表达式可简化为

$$\langle\Psi_{B+}|\tilde{\mathrm{H}}|\Psi_{B-}\rangle=E_{B-}[C_{1(B+)}C_{1(B-)}+C_{2(B+)}C_{2(B-)}] \tag{B8.3.3}$$

将式(8.10a)和式(8.10b)给出的系数代入此表达式后，其值为零。

8.2 激子相互作用对低聚物吸收光谱的影响

分子间相互作用对二聚体的吸收光谱有什么影响呢？首先要注意的是，对于单个分子的吸收带，二聚体有两个吸收带，分别代表 $\Psi_A\to\Psi_{B+}$跃迁和 $\Psi_A\to\Psi_{B-}$ 跃迁。如果 $|\delta|\ll|H_{21}|$，则两个吸收带在能量上相距 $2H_{21}$[式(8.12a)和式(8.12b)]。前者的跃迁能为$(H_{11}+H_{22})/2+H_{21}$，后者的跃迁能为$(H_{11}+H_{22})/2-H_{21}$，因此哪个能量较高取决于 H_{21} 的符号。

一旦已知激发态系数 C_1 和 C_2，两个激子带的跃迁偶极子和偶极强度就可以直接与单体的光谱性质相关：

$$\begin{aligned}\boldsymbol{\mu}_{BA\pm}&=\langle\Psi_{B\pm}|\tilde{\mu}_1+\tilde{\mu}_2|\Psi_A\rangle\\&=\langle C_{1(B\pm)}\phi_{1b}\phi_{2a}+C_{2(B\pm)}\phi_{1a}\phi_{2b}|\tilde{\mu}_1+\tilde{\mu}_2|\phi_{1a}\phi_{2a}\rangle\end{aligned} \tag{8.14a}$$

$$=C_{1(B\pm)}\langle\phi_{1b}|\tilde{\mu}_1|\phi_{1a}\rangle+C_{2(B\pm)}\langle\phi_{2b}|\tilde{\mu}_2|\phi_{2a}\rangle=C_{1(B\pm)}\boldsymbol{\mu}_1+C_{2(B\pm)}\boldsymbol{\mu}_2 \tag{8.14b}$$

及

$$D_{BA\pm}=[C_{1(B\pm)}\boldsymbol{\mu}_{ba(1)}+C_{2(B\pm)}\boldsymbol{\mu}_{ba(2)}]\cdot[C_{1(B\pm)}\boldsymbol{\mu}_{ba(1)}+C_{2(B\pm)}\boldsymbol{\mu}_{ba(2)}] \tag{8.15a}$$

$$=[C_{1(B\pm)}]^2D_{ba(1)}+[C_{2(B\pm)}]^2D_{ba(2)}+2C_{1(B\pm)}C_{2(B\pm)}\boldsymbol{\mu}_{ba(1)}\cdot\boldsymbol{\mu}_{ba(2)} \tag{8.15b}$$

其中 $\boldsymbol{\mu}_{ba(1)}$和 $\boldsymbol{\mu}_{ba(2)}$是两个单独分子的跃迁偶极矢量，$D_{ba(1)}$和 $D_{ba(2)}$分别是其偶极强度。因为 Ψ_{B+}的系数[$C_{1(B+)}$和 $C_{2(B+)}$]通常与 Ψ_{B-}的系数[$C_{1(B-)}$和 $C_{2(B-)}$]不同，所以两个吸收带的跃迁偶极子和

偶极强度会有所不同。

对于两个等同分子的二聚体[$\delta=0$ 且 $D_{ba(1)}=D_{ba(2)}=D_{ba}$]，式(8.14a)、式(8.14b)、式(8.15a)和式(8.15b)变为

$$\boldsymbol{\mu}_{BA+}=2^{-1/2}[\boldsymbol{\mu}_{ba(1)}+\boldsymbol{\mu}_{ba(2)}] \tag{8.16a}$$

$$\boldsymbol{\mu}_{BA-}=2^{-1/2}[\boldsymbol{\mu}_{ba(1)}-\boldsymbol{\mu}_{ba(2)}] \tag{8.16b}$$

$$D_{BA+}=(1/2)(D_{ba}+D_{ba}+2D_{ba}\cos\theta)=D_{ba}(1+\cos\theta) \tag{8.16c}$$

及

$$D_{BA-}=(1/2)(D_{ba}+D_{ba}-2D_{ba}\cos\theta)=D_{ba}(1-\cos\theta) \tag{8.16d}$$

这些表达式说明，此二聚体的两个谱带的跃迁偶极子分别与其单体的跃迁偶极子的矢量和及矢量差成正比(图 8.3)。因此，根据单体的跃迁偶极子之间的角度 θ，D_{BA+}和 D_{BA-}可以在 0～$2D_{ba}$的范围内取值；但是，D_{BA+}和 D_{BA-}之和总是 $2D_{ba}$。

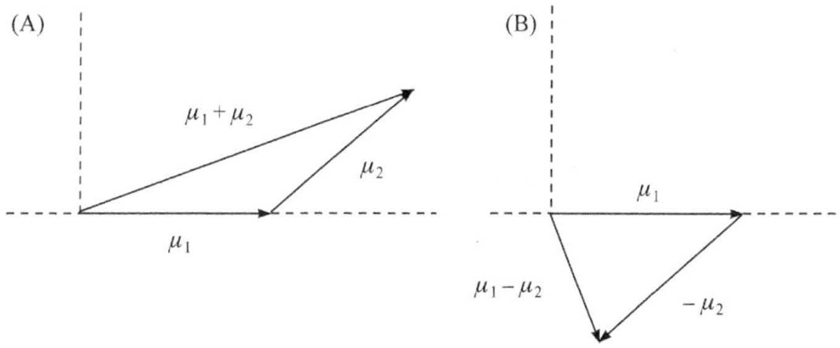

图 8.3 二聚体的两个跃迁偶极子分别是两个单体生色团的跃迁偶极子的矢量和与矢量差。任何两个矢量的和与差总是彼此垂直

图 8.4 展示了这些结果在几种不同排列的同分二聚体中的应用。点偶极子近似[式(7.17)]用于计算不同几何形状的相互作用矩阵元(H_{21})的符号和相对大小。如果单体的跃迁偶极子彼此平行且沿分子间轴向排列[图 8.4(A)]，则 H_{21} 为负。Ψ_{B+}的能量因而低于 Ψ_{B-}，并且二聚体的所有偶极强度都与向 Ψ_{B+}的激发相关联。向 Ψ_{B-}的高能端的激发则没有偶极强度，因为单体的跃迁偶极子具有相反的符号因而彼此抵消。虽然在图中没有给出，但是如果其中一个单体旋转 180°，所得的二聚体吸收光谱不变。在此情形 H_{21} 为正，Ψ_{B-} 的能量低于 Ψ_{B+}，但是二聚体的所有偶极强度仍将归于低能级跃迁。

如果单体的跃迁偶极子相互垂直[图 8.4(B)]，则 H_{21} 为零，且二聚体的两个激发态具有相同能量。跃迁到两个态都是允许的，但彼此无法区分。如果单体跃迁偶极子彼此平行但均垂直于分子间轴[图 8.4(C)]，则 H_{21} 为正。在这种情况下，Ψ_{B+} 是高能态，二聚体的所有偶极强度都归于此高能激发。同样，将偶极子之一旋转 180°将改变 H_{21} 的符号并交换跃迁的指认，但不改变光谱。最后，图 8.4(D)显示了二聚体的两个吸收带都具有明显的偶极强度时单体的排列。

无论两个单体跃迁偶极子的取向如何，其矢量和与矢量差总是彼此垂直的(图 8.3)。因此，二聚体的两个吸收带具有彼此垂直的线二色性。

式(8.14)和式(8.15)并不需要两个分子等同。若各个分子的激发能不同($\delta\neq0$)，则二聚体的两个激发态的能量差将大于 $2H_{21}$ (图 8.2)。此外，如果低聚物由两个以上的分子组成，或者单

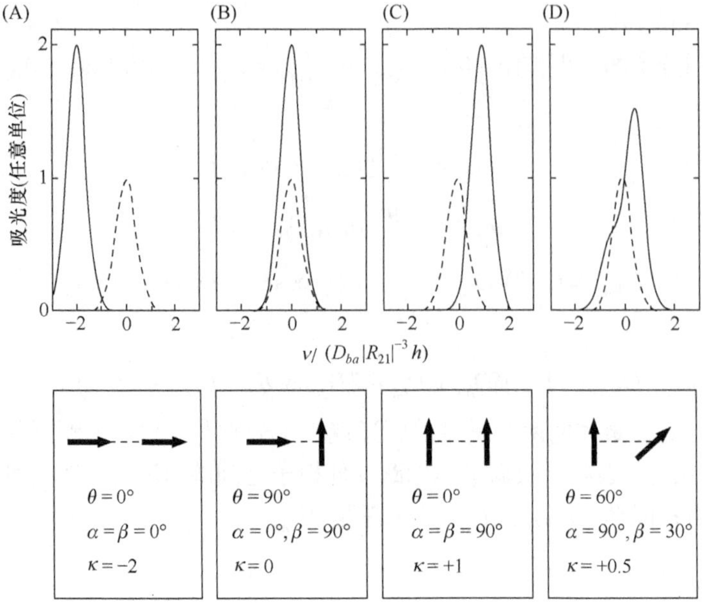

图 8.4 四种不同几何形状的同分二聚体计算所得的吸收光谱。跃迁偶极子的方向和几何因子κ[式(7.17)]展示在每个光谱下方的框中。在每个分图中用虚线表示单体的吸收光谱，用实线表示二聚体的光谱。从左到右，Ψ_{B-}和 Ψ_{B+} 跃迁的相对偶极强度分别为 0∶2、1∶1、0∶2 和 0.5∶1.5。[Ψ_{B-}是分图(A)中的高能跃迁、分图(C)和(D)中的低能跃迁。]偶极强度的总和始终是单体偶极强度的两倍。令激子带具有任意宽度的高斯峰。另一个示例参见图 9.7(A)

个分子具有一个以上的激发态，那么结果可能会更复杂。但是，可以通过更一般的形式写出低聚物激发态的波函数来直接处理这些情况：

$$\Psi_B = \sum_m \sum_b C_{b(m)}^B \, {}^1\psi_{ba(m)} \tag{8.17}$$

这里 ${}^1\psi_{ba(m)}$表示将分子 m 从其基态(a)激发至激发单重态 b 并使所有其他分子停留在其基态时的波函数。式(8.17)允许低聚物中的每个单独分子具有任何数目的激发态(b = 1, 2, 3, ⋯)。Ψ_B包括来自所有这些态的贡献，尽管按照低聚物的几何形状和单体中跃迁能，其中的某些贡献是可以忽略不计的。一个由 m 个单体亚单元组成的低聚物(其中每个亚单元有 b 个激发单重态)将具有 $m \times b$ 个激发单重态，称为激子态。

可以通过求解一组类似于式(8.7a)和式(8.7b)的联立方程得到式(8.17)中的系数 $C_{b(m)}^B$。同样，这是通过将相互作用矩阵 **H** 对角化完成的，其对角项是单体的激发能，而非对角项是相互作用矩阵元：

$$\mathbf{H} = \begin{vmatrix} H_{11} & H_{12} & \cdots & H_{1n} \\ H_{21} & H_{22} & \cdots & H_{2n} \\ & \vdots & & \\ H_{n1} & H_{n2} & \cdots & H_{nn} \end{vmatrix} \tag{8.18}$$

与激子波函数 Ψ_B 相联系的低聚物吸收带，其跃迁偶极矢量可由单体跃迁矢量之和得到：

$$\boldsymbol{\mu}_{BA}=\sum_m\sum_b C^B_{b(m)}\,\boldsymbol{\mu}_{ba(m)} \tag{8.19}$$

其偶极强度则为 $D_{BA}=|\boldsymbol{\mu}_{BA}|^2$。如果单体亚单元具有若干不同的激发态，则这些带的振子强度会在低聚物的所有激子带之间重新分配。这可能导致增色作用(hyperchromism)或减色作用(hypochromism)，分别意味着与单体成分的吸光度相比，低聚物在光谱的特定区域的吸光度增加或减少[8, 9]。对于由 m 个单体组成的低聚物，任何一个激子带的 D_{BA} 都可以大于(或小于)单体相应吸收带的偶极强度的 m 倍(mD_{BA})，前提是其他一些激子带相应地减少(或增加)了强度。所有谱带的偶极强度之和是恒定的(专栏 8.4)。

专栏 8.4　激子偶极强度的加和规则

低聚物激子带的偶极强度的总和与各个分子的偶极强度的总和相同。这在同分二聚体中[式(8.16c)和式(8.16d)]可以容易地看到。为了说明该论断可以推广到更大的低聚物，可将系数 $C^B_{b(m)}$ 重写为矩阵 $\mathbf{C}$，其矩阵元为 C_{ij}，其中 i 表示激子态。C_{ik} 是相互作用矩阵 $\mathbf{H}$ 的本征矢量。可用 j 表示单体跃迁之一。用这种表示法，激子偶极强度的总和为

$$\begin{aligned}\sum_i D_i &= \sum_i\sum_j\sum_k C_{ij}C_{ik}(\boldsymbol{\mu}_j\cdot\boldsymbol{\mu}_k)\\ &=\sum_j\sum_k(\boldsymbol{\mu}_j\cdot\boldsymbol{\mu}_k)\sum_i C^{\mathrm{T}}_{ji}C_{ik}=\sum_j\sum_k(\boldsymbol{\mu}_j\cdot\boldsymbol{\mu}_k)G_{jk}\end{aligned} \tag{B8.4.1}$$

其中 $\mathbf{G}=\mathbf{C}^{\mathrm{T}}\cdot\mathbf{C}$，$\mathbf{C}^{\mathrm{T}}$ 是 $\mathbf{C}$ 的转置 $(C^{\mathrm{T}}_{ji}=C_{ij})$，这里利用了矩阵乘法的定义(附录 A.2)。

因为 $\mathbf{H}$ 既为实又是对称的，所以现在可以利用这样一个事实，即任何实对称矩阵的本征矢量矩阵都是正交的，这意味着 $\mathbf{C}^{\mathrm{T}}=\mathbf{C}^{-1}$ (附录 A.2)。因此，$\mathbf{G}=\mathbf{C}^{\mathrm{T}}\cdot\mathbf{C}=\mathbf{1}$，其中 $\mathbf{1}$ 是一个矩阵，它的所有对角项为 1，所有非对角项为零。因此，式(B8.4.1)中的双求和简化为

$$\sum_j(\boldsymbol{\mu}_j\cdot\boldsymbol{\mu}_j)=\sum_j|\boldsymbol{\mu}_j|^2 \tag{B8.4.2}$$

即单体偶极强度的总和。

激子吸收带的加和规则有时不用偶极强度而用振子强度来表达。仅当分子间的相互作用非常弱，因而激子跃迁与相应的单体跃迁具有基本相同的能量时，这样做才是严格正确的。

图 8.5 说明了具有两种不同结构的二聚体在不同光谱区域中的吸收带之间的偶极强度转移。并联几何结构[图 8.5(A)]定性地类似于双链 DNA 中的碱基。在这种排布中，光谱的每个区域中的大多数偶极强度都归于位于单体跃迁能量上方的激子带[图 8.4(C)]。此外，在光谱的不同区域中的跃迁混合会导致偶极强度从能量较低的吸收带转移到能量较高的吸收带。核苷酸碱基的高能带出现在太深的紫外区，无法方便地测量，而低能带则出现在更容易研究的 260 nm 附近的区域。因此，在实验中观测到的 260 nm 区域中偶极强度的损失就是减色作用[8, 9]。例如，聚赖氨酸具有螺旋构象时，在 200 nm 区域中能观察到类似的减色作用。

光合作用体系提供了叶绿素或细菌叶绿素低聚物的例子，其排列与图 8.5(B)中所示的排列相似。在此结构中，吸收光谱每个区域中的大部分偶极强度都流向低于单体跃迁能的激子带[图 8.4(A)]。不同区域中跃迁的混合则更将偶极强度从 400 nm 左右的高能带区转移到 700～1000 nm 的低能带区[10,11]。光谱的低能量区域因此表现出增色作用。

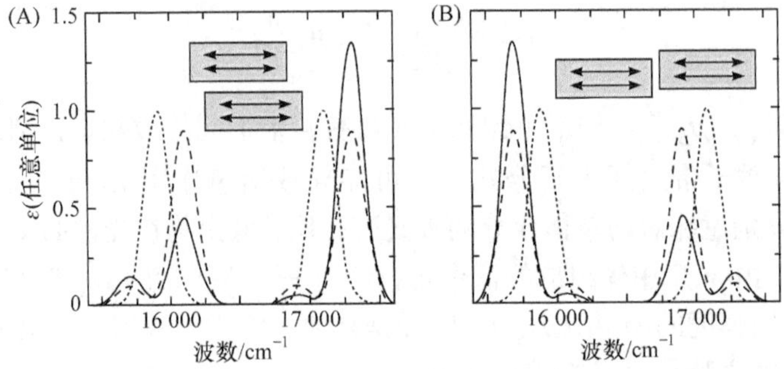

图 8.5 具有两个几何结构的二聚体的增色和减色作用。假定每个单体单元都有两个吸收带，其跃迁偶极子沿分子的长轴取向(阴影框中的双箭头)。在(A)中，两个单体并联排布；在(B)中，两个单体沿平行于跃迁偶极子的轴线串联排布。假设单体吸收光谱在 15 900 cm^{-1} 和 17 100 cm^{-1} 处有峰值并以短折线表示(乘以 2)。用长折线表示的光谱仅考虑在相同的光谱区域中单体跃迁之间的激子相互作用。实线光谱则包含所有跃迁的相互作用。在并联二聚体(A)中，高能量区的光谱以低能量区光谱为代价而得到增强。在串联结构(B)中，光谱在低能量区得到增强

8.3 相互作用矩阵元与电荷转移跃迁混合的跃迁单极子处理

在图 8.4 和图 8.5 的示例中，我们已用点偶极子近似来求相互作用矩阵元 H_{21}[式(7.16)和式(7.17)]。只要分子距离远大于分子尺寸，这就是一个好的近似。对于一些更靠近的分子，原则上基于式(7.14)和式(7.15)的跃迁单极子处理法则更为准确。为了介绍跃迁单极子处理法，假设所关注的单体跃迁都仅涉及一个单组态，从单体的 HOMO 到 LUMO 的激发，且分子轨道可以表示为式(2.35)所示的 p_z 原子轨道的线性组合。在每个分子上添加反对称化的两个电子的单重态波函数[式(2.48)、式(2.54)、式(4.20)和式(4.21)]可以直接得出以下表达式：

$$H_{21} \approx 2(f^2 / n^2)\sum_s\sum_t C_s^{\text{HOMO}} C_s^{\text{LUMO}} C_t^{\text{HOMO}} C_t^{\text{LUMO}} (e^2 / r_{st}) \tag{8.20}$$

其中 r_{st} 是分子 1 上的原子 s 与分子 2 上的原子 t 之间的距离，而 f^2/n^2 是均匀介质的介电效应的近似校正。用 r_{st} 的参数化半经验函数代替简单的 $1/r_{st}$，并考虑到对两个原子 z 轴的相对方向的依赖性[12,13]，式(8.20)可以再完善。介电屏蔽因子可以设法变得更现实，如使其成为原子间距离的函数[13]。但是，即使进行了这些改善，式(8.20)仍会高估相互作用的大小，正如式(4.26)通常高估单个分子电子跃迁的偶极强度那样。通过比较单体吸收带的观测所得和计算所得的偶极强度，可以修正分子轨道扩展系数所固有的近似值[12-14]。

如果相互作用的分子有直接接触，那么按照单个分子的分子轨道来描述体系就会很成问题。一种可能性是将整个复合体当作一个超分子处理，其具有拓展到所有组分的分子轨道。一种折中处理则是采用电荷转移跃迁，即使电子从一个分子移动到另一个分子，来扩展式(8.17)[12,15,16]。

如果仅考虑两个分子的 HOMO 和 LUMO，则其组成的二聚体除了上面已经考虑的两个激子态外，还将具有两个电荷转移(charge-transfer，CT)态。一个电子可以从分子 1 的 HOMO 移动到分子 2 的 LUMO，如图 8.6 所示，也可以从 2 的 HOMO 移至 1 的 LUMO。这两个 CT 态可以位于二聚体的相应激子态的上方或下方，主要取决于所涵盖物种彼此之间及其与周围介质的静电相互作用。

第 4 章已讨论了过渡金属配合物的 CT 跃迁。在相距很远的分子之间的电荷转移跃迁通

常具有极小的内禀偶极强度，这是因为在一阶近似下，初始和最终分子轨道没有共同原子；在式(4.26)的水平上，跃迁偶极子为零。然而，CT 态可以与激子态混合以产生混合本征态，其能量上移或下移并具有不同程度的 CT 特性。

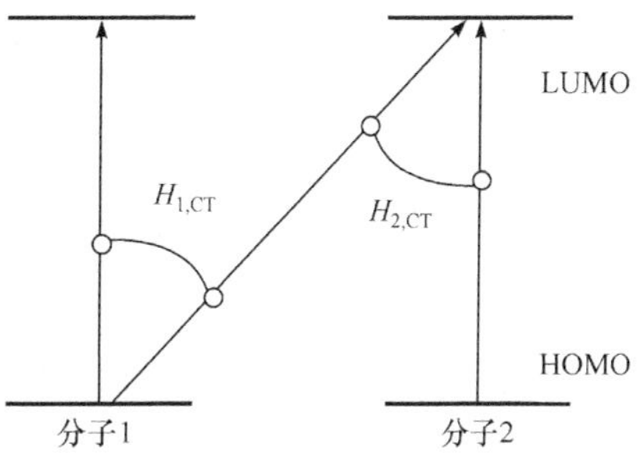

图 8.6 电荷转移跃迁与分子内跃迁的混合。对角箭头表示 CT 跃迁，其中电子从分子 1 的 HOMO 移动到分子 2 的 LUMO。此跃迁与两个分子内跃迁通过相互作用矩阵的非对角项($H_{1,\mathrm{CT}}$和 $H_{2,\mathrm{CT}}$)进行混合

CT 跃迁和分子内跃迁的混合强度取决于相互作用的分子之间的轨道重叠程度[12]。一个二聚体四个激发态的系数和能量是通过对一个 4 × 4 的相互作用矩阵进行对角化获得的，其中 CT 跃迁能与两个分子内跃迁能一起出现在这个相互作用矩阵的对角线上。将分子 1 的分子内激发与一个 CT 跃迁混合，可产生一个非对角相互作用矩阵元；而在此 CT 跃迁中，电子从分子 1 的 HOMO 迁移到分子 2 的 LUMO。这个非对角相互作用矩阵元的形式为

$$H_{1,\mathrm{CT}} \approx \sum_{s}\sum_{t} C_s^{\mathrm{LUMO}} C_t^{\mathrm{LUMO}} \beta_{st} \tag{8.21}$$

其中β_{st}是半经验原子共振积分，它取决于分子 1 的原子 s 与分子 2 的原子 t 的轨道重叠[12,13]。将同一个 CT 跃迁与分子 2 的分子内激发相混合，相应的非对角矩阵元为

$$H_{2,\mathrm{CT}} \approx -\sum_{s}\sum_{t} C_s^{\mathrm{HOMO}} C_t^{\mathrm{HOMO}} \beta_{st} \tag{8.22}$$

在第一种情形[式(8.21)]，分子内和分子间跃迁都将一个电子从同一轨道(分子 1 的 HOMO)中激发出来，此矩阵元取决于两个电子到达轨道的重叠。在第二种情形[式(8.22)]，两个跃迁都将一个电子激发到相同的轨道(分子 2 的 LUMO)，此矩阵元取决于两个电子发源轨道的重叠。两个反方向 CT 跃迁的非对角矩阵元为零。

作为原子的间距和取向的函数，原子共振积分的半经验表达式已得到[12,13]。因为当距离为约 3.5 Å 或更远时，共振积分会迅速下降，所以涉及 CT 跃迁的非对角相互作用矩阵元通常比纯分子内跃迁的那些混合项小得多。以 CT 为主要特征的吸收带通常很宽，这是因为其能量强烈依赖于带电物种彼此之间以及它们与周围环境之间的静电相互作用。因此，最终的吸收光谱包括代表宽而弱的、主要以 CT 跃迁为特征的谱带，以及较强的激子型且 CT 特征混合较少的谱带。但是，每个激子型谱带的能量会向上或向下偏移，这取决于与其混合最强的 CT 跃迁的位置。与 CT 跃迁发生相互作用的激子型跃迁，当这个 CT 跃迁能高于激子跃迁时，此激子跃迁将向下偏移；反之，当这个 CT 跃迁能低于激子跃迁时，此激子跃迁将向上偏移。

电荷转移跃迁在光合细菌反应中心的长波吸收带中起着重要作用。这些色素-蛋白质的复合体包含四个细菌叶绿素(BChl)分子和两个细菌脱镁叶绿素。两个 BChl 靠近在一起，它们的大环平面近似平行且相距约 3.8 Å。中心到中心的距离约为 6 Å。当反应中心被光或天线复合体的共振能量转移所激发时，正是 BChls 的这个“特殊配对”将要发生光氧化。单体 BChls 溶液的长波(Q_y)吸收带位于 770 nm 左右，而对应的在反应中心的 BChls 特殊配对的谱带则出现在 865 nm 处[图 4.12(A)]。谱带向更长波方向的这个偏移，可能部分是由于激子相互作用以及与蛋白质的相互作用，也可能是由于激子跃迁与 CT 跃迁的混合[12,15-20]。这一解释已利用一些定点突变体进行了实验检验，这些突变体通过改变 BChls 的氢键而使二聚体的 CT 态在能量上

向上或向下偏移[18-20]。斯塔克测量表明，激发与较大的偶极矩变化有关，这与最低激发态具有显著的 CT 特性这一认识是一致的[18-21]。

8.4 激子吸收带型与激发的动态局域化

针对低聚物的吸收光谱得出的表达式也同样适用于受激发射，并且可以利用爱因斯坦关系式将其扩展到自发荧光(第 5 章)。但是我们尚未考虑低聚物被激发到激子态后的弛豫。正如在第 4 章和第 5 章中所讨论的那样，单个分子的激发改变了该分子与周围环境的静电相互作用。当溶剂因响应电荷的新分布而弛豫时，激发态的能量通常也随时间而降低。只要一个激子被分散在几个分子上，其与溶剂的相互作用的变化就小于一个局域化的激发与溶剂的相互作用的变化。但弛豫依旧会发生，并且在某些情况下，弛豫可使激发随着时间推移而变得越来越局域化。

首先考虑第一个例子，即同分二聚体的两个分子之间的激子相互作用能大于任一单分子的溶剂重组能。图 8.7(A)说明激发态的能量有可能取决于溶剂的核坐标。所选坐标可以代表如附近特定水分子的转动取向，也可以是许多独立自由度的组合。对于任何溶剂坐标值，图 8.7(A)中的较低激子态(E_{B-})的能量都有一个最低点，其比局域化激发态的最低点还要低。当溶剂坐标离零点稍有偏移时，如果二聚体被短脉冲光照，使其从基态激发至 Ψ_{B-}，则随后发生的溶剂弛豫将使 Ψ_{B-}稳定化，但不会使激发能在单个分子上局域化。还要注意在图 8.7(A)中，E_{B-}的曲率小于 H_{11} 和 H_{22} 的曲率。曲率的这种差异减小了二聚体相对于单体的斯托克斯位移。相反，如果与单体的重组能相比$|H_{12}|$较小，那么 E_{B-}会有两个最小值，并且它们与两个局域态的能量最小值非常一致[图 8.7(B)]。在此情况下，弛豫将使体系走出共振区域，从而使本征态随着时间变得更加局域化。

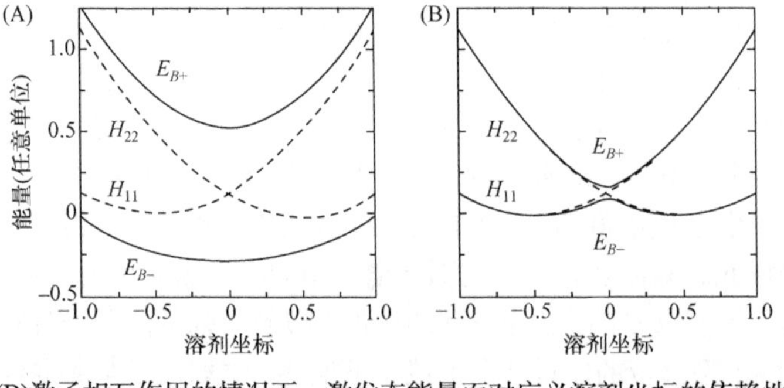

图 8.7 在强(A)和弱(B)激子相互作用的情况下，激发态能量面对广义溶剂坐标的依赖性。H_{11} 和 H_{22}(虚线)是单个分子的激发态能量，并被假定在两图中相同。E_{B+} 和 E_{B-}(实线)是两个激子态的能量，由式(8.10a)～式(8.10b)给出。(任意地假定激子态 Ψ_{B+} 的能量高于 Ψ_{B-}。)基态能量处于底部图标尺之外。纵坐标刻度以能量为单位，H_{12} 在(A)中为 0.4，在(B)中为 0.04

激子吸收带通常比单体生色团的相应吸收带显得更尖锐[22, 23]。图 8.8 显示了这种效应的起源。在图 8.8(A)中，由等高线图表示的同分二聚体基态的能量作为两个正交坐标(x 和 y)的函数给出，这两个坐标可以是溶剂坐标或分子内振动坐标。能量最低点在原点。处于最低激发态的二聚体之一的单体单元的能量面沿 x 位移，如图 8.8(b)所示，而另一个单体的能量面沿 y 位移相同的量(Δ)[图 8.8(C)]。如果两个分子不相互作用，那么基态和激发态之间的能量差在分子 1 被激发时仅依赖于 x，而在分子 2 被激发时仅依赖于 y。图 8.8(D)显示了当分子有很强的相互作用而使激发态具有一个最小值时[如图 8.7(A)所示]，二聚体最低激子态能量的等高线图。基态和激发态之间的能量差仍然可以用单个坐标来描述，但此时的坐标是由图 8.8(D)中的实对角线所表示的线性组合 $2^{-1/2}(x+y)$。最小值与 H_{11} 和 H_{22} 的最小值等距，因此沿该坐标从原点开始的位移为 $2^{-1/2}\Delta$。图 8.8(D)中虚线为一条对角线的垂线，$2^{-1/2}(x-y)$，能量面最低点沿此线的位移为零。因为与核坐标紧密耦合的吸收带的线宽与最低点沿坐标的位移成正比[式(4.57)]，所以二聚体的吸收带比单体带窄化约 $\sqrt{2}$ 倍。

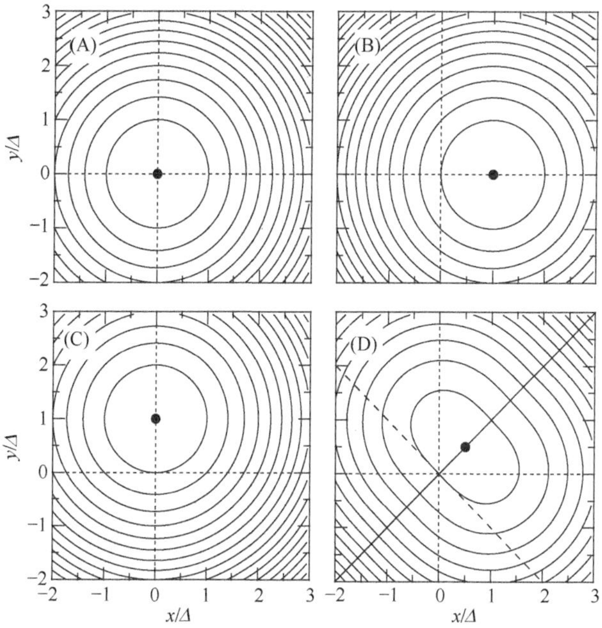

图 8.8　同分二聚体的基态(A)和最低激子态(D)的能量面，以及单体单元的最低激发态的能量面[(B)和(C)]作为两个正交坐标(*x* 和 *y*)的函数的等高线图。单体之一的激发态的能量最小值(实心圆)沿 *x* 与基态最小值偏离 Δ(B)，而另一单体的能量态则类似地沿 *y* 偏离(C)。假定单体的能量面随离开最小值的距离的二次方而增加。二聚体的激发态能量由式(8.10a)和式(8.10b)计算得到，其中 H_{12} 等于单体重组能的两倍。在此模型中，二聚体激发态的能量最低点沿(D)中实线所示的对角线偏移 $2^{-1/2}\Delta$。沿着与此坐标垂直的方向(虚线)，其最低点位移为零

在室温下，当相互作用能 H_{21} 与单体吸收带的重组能(Λ_m)具有相同的数量级时，激子能带开始变窄。(在图 8.8 中，$H_{21}=2\Lambda_m$。)较弱的相互作用使能量面具有两个最小值，如图 8.7(B)所示，且激子带宽度趋近单体带的宽度。

上述对激子吸收带峰型的分析忽略了生色团不同振动能级的混合。一种更通用的方法是，以各个生色团的玻恩-奥本海默电子振动态为基元，如式(8.17)那样写出二聚体的激发态。相互作用矩阵 **H** 中的每个非对角元[式(8.18)]就都由电子相互作用能与一对特定基元态的振动重叠积分的乘积所组成。按照此方案的处理法已用于含有两个有效振动模式的叶绿素二聚体[24]。可以用相同的方法考虑周围环境的振动态，如果其相互作用能和重叠积分均已知。使用谱密度函数的处理法(第 10 章)则提供了更多考虑这些态的实用方法，并且已成功地用于含有四个叶绿素分子的蛋白质复合体[25-27]。

由于电荷转移(CT)跃迁通常涉及较大的偶极矩变化，所以 CT 吸收带会因强的电子振动耦合而展宽，也会因生色团与周围环境的非均相相互作用而展宽。因此，反映激子跃迁和 CT 跃

迁相混合的吸收带通常比单体生色团的吸收带宽得多。Friesner 与其合作者[15, 28, 29]、Zhou 和 Boxer[18-20]还有 Renger[16]已描述了处理此类混合谱带线型的方法。Renger 的处理法可以很好地解释光合作用细菌反应中心长波吸收带的温度依赖性。

8.5 光合天线复合体中的激子态

紫色光合细菌的“LH2”或“B800-850”天线复合体可说明本章前面各节中所讨论的许多要点。这些色素-蛋白质复合体吸收光并将激发能转移至光合作用反应中心，在那里进行光合作用的初始电子转移反应(4.7 节和 4.11 节)。嗜酸红假单胞菌(*Rhodopseudomonas acidophila*)的 LH2 复合体包含两个小蛋白，每个蛋白有 9 个复制品并呈圆柱状结构排布，因而具有 C_9 旋转对称性，并带有 27 个细菌叶绿素(BChl)分子和 18 个类胡萝卜素[30]。莫利氏红螺旋菌(*Rhodospirillum molischianum*)具有类似的复合体，其中包含每种蛋白质的 8 个复制品，有 24 个 BChl、8 个类胡萝卜素及 C_8 对称性[31]。每个复合体中的 BChl 形成两个环：一个 16 或 18 个“B850”BChl 的内环，其中心到中心距离约为 9 Å；一个向膜的一侧偏移的外环，包含 8 个或 9 个“B800”BChl 且中心到中心距离约为 21 Å。B850 BChl 的 Q_y 跃迁偶极子大约位于膜平面内，而 B800 BChl 的那些跃迁偶极子则大致垂直于膜。这些复合体在 850 nm 处有一个强吸收带，被指认为 B850 BChl，在 800 nm 处有一个吸收带，主要源于 B800 BChl (图 8.9)。它们的光谱特性已通过理论和实验方法进行了广泛的研究[32, 33]。

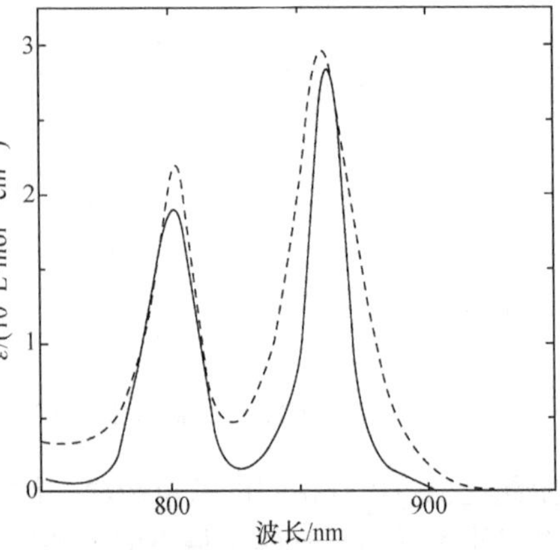

图 8.9 嗜酸红假单胞菌 LH2 天线复合体的观测(虚线)和计算(实线)吸收光谱[13]。关于计算的说明参见正文

图 8.10 显示在嗜酸红假单胞菌复合体中，计算所得的 18 个单独的 B850 分子的 Q_y 激发对形成前三个激发态的整个跃迁偶极子的贡献[13]。箭头表示在式(8.19)中出现的加权矢量 $C_{b(m)}^{B}\boldsymbol{\mu}_{ba(m)}$，它们与来自高能量端的 Q_x、B_x、B_y 和电荷转移(CT)跃迁的少量额外贡献一起形成了每个激发态的总跃迁偶极子($\boldsymbol{\mu}_{BA}$)。(有关 BChl 和相关分子的 Q_x、B_x 和 B_y 态的说明参见 4.7 节。)图 8.10 的计算假定所有单个 BChl 的 Q_y 跃迁能均相同。在最低激发态[图 8.10(A)]，不同 BChl 的贡献都有大致相同的大小，且加权跃迁偶极子都沿环指向一定方向。生成这个态的总电跃迁偶极子(整圈绕环的结果)为零，因此激发到第一激发态在形式上是禁阻的(此处忽略与光磁场的相互作用)。在第二和第三激发态[图 8.10(B)、(C)]中，具有大系数的单体跃迁偶极子聚集在环的相对两侧，两侧的贡献以矢量相加，得到一个较大的总跃迁偶极子。这两个态的能量相同且跃迁偶极子彼此垂直。向此第二或第三态的激发具有垂直取向的大跃迁偶极子，这就解释了在 850 nm 区域的强吸收带[13]。在这些态之上还有另外 15 个 Q_y 激子态，包括类似第二和第三态的两个态，只是它们在环的相对两侧的跃迁偶极子彼此相抗而不是彼此相合。所有这些态的计算偶极强度都远小于第二和第三态的偶极强度。9 个 B800 BChl 分子对 800 nm 区域的一对类似的强带及 7 个弱带都有贡献。预测还表明，主要由 Q_x、B_x、B_y 或 CT 跃迁组成的谱带具有更高的能量。

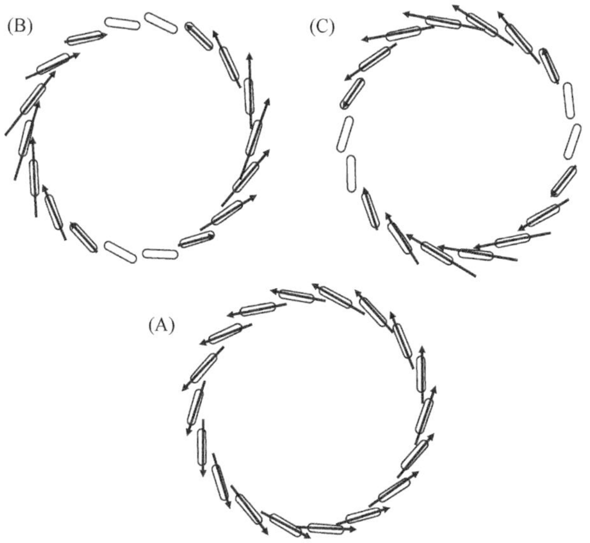

图 8.10 光合细菌天线复合体的前三个激发单重态[分别为(A)～(C)]的单体 Q_y 激发系数的计算结果[13]。该复合体包含一个 18 个 BChl 的环(在这里用圆角矩形表示)及一个较大的、与 18 单元环有较弱相互作用的 9 个 BChl 的同心环(未显示)。所示环中的交替 BChl 具有稍微不同的构象。箭头表示在激发态中每个分子(m)的 Q_y 激发系数 $[C_{b(m)}^{B}]$ 与分子的 Q_y 电跃迁偶极子$[\boldsymbol{\mu}_{ba(m)}]$的乘积。在最低激发态(A)中，加权矢量的总和为零；在另外两个态(B)和(C)中，$C_{b(m)}^{B}\,\boldsymbol{\mu}_{ba(m)}$的振幅在圆环的相对两侧达到峰值，并结合在一起，给出两个态的彼此正交且较强的总跃迁偶极子

上面描述的模型忽略了单个色素能量的异质性对复合体对称性的微扰。尽管此模型考虑了与一组振动模式的耦合，并有实验测量的频率及耦合因子[13]，但是预测的吸收带宽比观察到的要窄得多。图 8.9 给出了在单跃迁的能量随机变化的情况下多次重复计算的结果，其中假设每个单体跃迁能都遵循高斯分布。能量分布的半峰宽度取 100 cm^{-1}。在单体跃迁能量中引入这种无序度，使复合体的两个强跃迁的能级发生裂分并失去部分偶极强度，而先前的弱跃迁则变得较强。这样，与观察到的光谱之间的一致性就变得相当令人满意，尽管预测的 850 nm 谱带仍然显得较窄而 800 nm 谱带仍然较宽。相互作用能的无序化也会定性地产生类似效应。

Aartsma 与其合作者在低温下测量了单个 LH2 复合体的荧光激发光谱，用于检验激子模型[34-42]。与上面呈现的图像一致，单个复合体的激发光谱通常包括两个具有正交极化的主要成分，且跃迁能随复合体的不同而有所变化。

吸收光之后，被激发的 LH2 复合体的系综可能迅速弛豫到一个热平衡混合态，最低激发态在其中占主导[43-45]。尽管单体跃迁能量是无序的，但从最低激发态到基态的辐射跃迁可能还是相对较弱，所以瞬时受激发射的强度降低应该伴随着上述弛豫，这在实验中已看到。但是，结构性涨落对单体跃迁能或电子相互作用都可施加微扰，这会导致激发在较小的环区域内发生局域化[46-52]。

8.6 激基缔合物和激基复合体

一些在基态不形成复合体的分子在被光激发时会形成复合体。如果分子等同，则这种复合体称为激基缔合物(excimer)；如果分子不等同，则称为激基复合体(exciplex)[53, 54]。

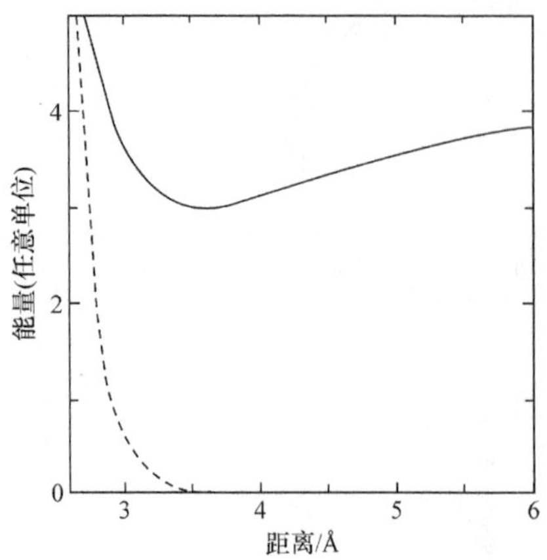

图 8.11 两个苯并芘分子的能量作为面间距的函数的定性描述。两个苯并芘分子都处于基态(虚线)或其中一个处于激发单重态(实线)。两个分子在激发态而不是基态形成一个复合体(注意激发态能量的最低值)。两条曲线之间的能量差并非实际比例

在单个分子不发荧光的长波区域，浓度依赖的荧光发射谱带可用于识别激发态复合体的形成。例如，芳香烃苯并芘可形成激基缔合物，其芳香环面对面相隔约 3.5 Å 堆叠在一起[53]。图 8.11 给出了基态和激发态能量与面间距的函数关系的定性图。激发态可以描述为反对称激子态($2^{-1/2}\Psi_1 - 2^{-1/2}\Psi_2$，其中 Ψ_1 和 Ψ_2 是单个分子的最低激发单重态)和反对称“电荷共振”态($2^{-1/2}\Psi_{\pm} - 2^{-1/2}\Psi_{\mp}$，其中 $\Psi_{\pm}$ 和 $\Psi_{\mp}$ 分别是电子从分子 1 的 HOMO 转移到分子 2 的 LUMO 或相反情形下的电荷转移态)的组合[55]。

苯并芘激基缔合物发出的荧光具有宽的无结构化发射带，峰值为 450～500 nm，而单体具有高度结构化的发射光谱，其峰值在 385 nm 和 400 nm 附近。如果提高溶液中苯并芘的浓度，则这个激基缔合物发射的强度增加(相对于单体发射而言)。改变浓度对吸收光谱影响很小，因为分子在基态不会形成复合体。当 1 mmol · L^{-1} 苯并芘在环己烷中的溶液被光激发时，发射光谱随时间发生变化，因为受激分子和基态分子通过扩散各自相遇，从而形成激基缔合物[56]。激发后 1 ns，荧光主要来自苯并芘单体；而在 100 ns 时主要来自激基缔合物。

激基缔合物或激基复合体的荧光测量可以用于确定在激发态寿命期间的一对大分子或大分子的两个区域是否能够紧密接触。苯并芘衍生物可以与蛋白质、脂质或多糖的各种官能团连接，使其很适合这类研究[57-61]。在一个应用中，将 *Eco*R1 限制性内切核酸酶的 N 端用 *N*-(1-芘基)碘乙酰胺进行标记[62]。在 480 nm 处有一个宽的激基缔合物发射带，表明当蛋白质二聚化时，两个分子的 N 端非常接近。N 端对于酶活性是必不可少的，但其过于无序以至于不能在蛋白质的晶体结构中看到。

练 习 题

考虑一个分子在 700 nm 处的吸收带，其偶极强度为 25 deb^2。假设两个这样的分子形成一个共平面复合体，中心到中心距离为 8 Å，如下图所示。箭头代表分子内矢量，与跃迁偶极子方向一致。

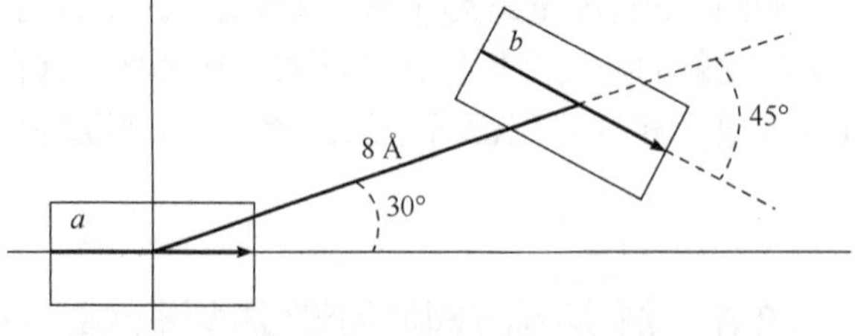

1. 对于折射率为 $n = 1.2$ 的介质，计算在点偶极子近似下的偶极-偶极相互作用能(H_{ab})。明确给出结果的符号和单位。保留结果，在第 10 章中使用。

2. 二聚体两个激发态的激发能是多少？

3. 计算二聚体的两个激子吸收带的偶极强度。(假设每个单体分子只有一个激发态。)

4. (a)绘制预测的二聚体吸收光谱，指明两个吸收带的波长和相对强度。(b)如果一个分子绕垂直于分子平面的轴旋转 180°，从而使其跃迁偶极子指向相反方向，则吸收光谱会发生什么变化？

5. 二聚体与周围环境的相互作用将一个单体吸收峰移至 690 nm 而另一个移至 710 nm，绘制其预测的吸收光谱。

6. 考虑一个蛋白质，其中 N 端色氨酸(Trp)残基的氨基被乙酰化。表 E.1 给出了 Trp 残基及其两个肽键的 π 分子轨道的描述所需的原子展开系数[式(2.36)的 C_n^k]。原子 C5 和 O6 是乙酰羧基的 C 和 O 原子；N7 是 Trp 的氨基氮；C14～C28 和 N17 位于吲哚环上；C29、O30 和 N31 分别表示 Trp 羧基和下一个残基的氨基 N。波函数 ψ_6～ψ_9 是四个最高占据 π 分子轨道，而波函数 ψ_{10}～ψ_{14} 是五个最低未占 π 分子轨道。表 E.2 给出了体系的前三个单重态激发的组态相互作用系数[式(4.26)的 $A_{j,k}^{a,b}$]。(a)如何定性地描述波函数 ψ_6、ψ_9 和 ψ_{11}？(b)激发 1 和 3 代表什么类型的过程？(c)通过计算—CONH—和吲哚基团中电荷的变化，验证(b)中得到的结果。(d)激发 3 的偶极强度是多少[在式(4.22a)～式(4.22e)和表中给出的数字精度内]？(e)当蛋白质结构在溶液中涨落时，这三个激发中的哪个可能会经历最大的能量变化？给出解释。

表 E.1 原子系数

原子	6	7	8	9	10	11	23	13	14
C5	0.184					0.820			
O6	0.726					−0.485			
N7	−0.663					−0.304			
C14		0.481	−0.025	−0.508			−0.288	−0.008	0.518
C15		0.195	−0.380	−0.383			0.479	−0.175	−0.466
N17		−0.304	−0.290	0.361			−0.197	0.246	0.214
C19		−0.181	0.485	0.123			−0.004	−0.513	−0.178
C20		−0.415	0.234	−0.360			0.462	0.168	0.378
C22		−0.314	−0.308	−0.302			−0.400	0.303	−0.392
C24		0.068	−0.479	0.205			−0.085	−0.588	0.223
C26		0.373	−0.124	0.426			0.451	0.378	0.057
C28		0.437	0.377	0.077			−0.256	0.192	−0.295
C29					0.839				
O30					−0.521				
N31					−0.155				

表 E.2 CI 系数

激发	组态与系数
1	$0.761(\psi_8\rightarrow\psi_{12})+0.498(\psi_9\rightarrow\psi_{13})-0.298(\psi_9\rightarrow\psi_{12})+0.166(\psi_7\rightarrow\psi_{13})+0.142(\psi_8\rightarrow\psi_{13})+0.106(\psi_9\rightarrow\psi_{14})+\cdots$
2	$0.924(\psi_9\rightarrow\psi_{12})+0.241(\psi_9\rightarrow\psi_{13})+0.235(\psi_8\rightarrow\psi_{12})-0.129(\psi_8\rightarrow\psi_{13})-0.057(\psi_7\rightarrow\psi_{12})+0.055(\psi_8\rightarrow\psi_{14})+\cdots$
3	$0.979(\psi_9\rightarrow\psi_{10})+0.132(\psi_8\rightarrow\psi_{10})-0.118(\psi_7\rightarrow\psi_{10})+0.088(\psi_5\rightarrow\psi_{10})+\cdots$

参考文献

[1] Salem, L.: Electrons in Chemical Reactions: First Principles. Wiley-Interscience, New York (1982)

[2] Bonacic-Koutecky, V., Kouteckey, J., Michl, J.: Neutral and charged biradicals, zwitterions, funnels in S1, and

proton translocation. Their role in photochemistry, photophysics, and vision. Angew. Chem. Int. Ed. Engl. **26**, 170-189 (1987)

[3] Klessinger, M.: Conical intersections and the mechanism of singlet photoreactions. Angew. Chem. Int. Ed. Engl. **34**, 549-551 (1995)

[4] Garavelli, M., Vreven, T., Celani, P., Bernardi, F., Robb, M.A., et al.: Photoisomerization path for a realistic retinal chromophore model: the nonatetraeniminium cation. J. Am. Chem. Soc. **120**, 1285-1288 (1998)

[5] Toniolo, A., Granucci, G., Martínez, T.J.: Conical intersections in solution: a QM/MM study using floating occupation semiempirical configuration interaction wave functions. J. Phys. Chem. A **107**, 3822-3830 (2003)

[6] Toniolo, A., Olsen, S., Manohar, L., Martínez, T.J.: Conical intersection dynamics in solution: the chromophore of green fluorescent protein. Farad. Disc. **127**, 149-163 (2004)

[7] Martin, M.E., Negri, F., Olivucci, M.: Origin, nature, and fate of the fluorescent state of the green fluorescent protein chromophore at the CASPT2//CASSCF resolution. J. Am. Chem. Soc. **126**, 5452-5464 (2004)

[8] Tinoco, I., Jr.: Hypochromism in polynucleotides. J. Am. Chem. Soc. **82**, 4785-4790 [Erratum J. Am. Chem. Soc. **4784**, 5047 (1961)](1961)

[9] Tinoco Jr., I.: Theoretical aspects of optical activity part two: polymers. Adv. Chem. Phys. **4**, 113-160 (1962)

[10] Scherz, A., Parson, W.: Oligomers of bacteriochlorophyll and bacteriopheophytin with spectroscopic properties resembling those found in photosynthetic bacteria. Biochim. Biophys. Acta **766**, 653-665 (1984)

[11] Scherz, A., Parson, W.: Exciton interactions of dimers of bacteriochlorophyll and related molecules. Biochim. Biophys. Acta **766**, 666-678 (1984)

[12] Warshel, A., Parson, W.W.: Spectroscopic properties of photosynthetic reaction centers. 1. Theory. J. Am. Chem. Soc. **109**, 6143-6152 (1987)

[13] Alden, R.G., Johnson, E., Nagarajan, V., Parson, W.W.: Calculations of spectroscopic properties of the LH2 bacteriochlorophyll-protein antenna complex from Rhodopseudomonas sphaeroides. J. Phys. Chem. B **101**, 4667-4680 (1997)

[14] Murrell, J.N., Tanaka, J.: The theory of the electronic spectra of aromatic hydrocarbon dimers. Mol. Phys. **7**, 363-380 (1964)

[15] Lathrop, E.J.P., Friesner, R.A.: Simulation of optical spectra from the reaction center of Rhodobacter sphaeroides. Effects of an internal charge-separated state of the special pair. J. Phys. Chem. **98**, 3050-3055 (1994)

[16] Renger, T.: Theory of optical spectra involving charge transfer states: dynamic localization predicts a temperature-dependent optical band shift. Phys. Rev. Lett. **93**, Art. 188101 (2004)

[17] Parson, W.W., Warshel, A.: Spectroscopic properties of photosynthetic reaction centers. 2. Application of the theory to Rhodopseudomonas viridis. J. Am. Chem. Soc. **109**, 6152-6163 (1987)

[18] Zhou, H., Boxer, S.G.: Charge resonance effects on electronic absorption line shapes: application to the heterodimer absorption of bacterial photosynthetic reaction centers. J. Phys. Chem. B **101**, 5759-5766 (1997)

[19] Zhou, H., Boxer, S.G.: Probing excited-state electron transfer by resonance Stark spectroscopy. 1. Experimental results for photosynthetic reaction centers. J. Phys. Chem. B **102**, 9139-9147 (1998)

[20] Zhou, H., Boxer, S.G.: Probing excited-state electron transfer by resonance Stark spectroscopy. **2**. Theory and application. J. Phys. Chem. B **102**, 9148-9160 (1998)

[21] Lösche, M., Feher, G., Okamura, M.Y.: The Stark effect in reaction centers from Rhodobacter sphaeroides R-26 and Rhodopseudomonas viridis. Proc. Natl. Acad. Sci. USA **84**, 7537-7541 (1987)

[22] Simpson, W.T., Peterson, D.L.: Coupling strength for resonance force transfer of electronic energy in van der Waals solids. J. Chem. Phys. **26**, 588-593 (1957)

[23] Förster, T.: Delocalized excitation and excitation transfer. In: Sinanoglu, O. (ed.) Modern Quantum Chemistry, Pt. III, pp. 93-137. Academic, New York (1965)

[24] Renger, T., May, V.: Multiple exciton effects in molecular aggregates: application to a photosynthetic antenna complex. Phys. Rev. Lett. **78**, 3406-3409 (1997)

[25] Renger, T., Marcus, R.A.: On the relation of protein dynamics and exciton relaxation in pigment-protein complexes: an estimation of the spectral density and a theory for the calculation of optical spectra. J. Chem. Phys. **116**, 9997-10019 (2002)

[26] Renger, T., Trostmann, I., Theiss, C., Madjet, M.E., Richter, M., et al.: Refinement of a structural model of a pigment-protein complex by accurate optical line shape theory and experiments. J. Phys. Chem. B **111**, 10487-10501(2007)

[27] Dinh, T.-C., Renger, T.: Towards an exact theory of linear absorbance and circular dichroism of pigment-protein complexes: importance of non-secular contributions. J. Chem. Phys. **142**, 034104 (2015)

[28] Friesner, R.A.: Green functions and optical line shapes of a general 2-level system in the strong electronic coupling limit. J. Chem. Phys. **76**, 2129-2135 (1982)

[29] Lagos, R.E., Friesner, R.A.: Calculation of optical line shapes for generalized multilevel systems. J. Chem. Phys. **81**, 5899-5905 (1984)

[30] McDermott, G., Prince, S.M., Freer, A.A., Hawthornthwaite-Lawless, A.M., Papiz, M.Z., et al.: Crystal structure of an integral membrane light-harvesting complex from photosynthetic bacteria. Nature **374**, 517-521 (1995)

[31] Koepke, J., Hu, X.C., Muenke, C., Schulten, K., Michel, H.: The crystal structure of the light harvesting complex II (B800-850) from Rhodospirillum molischianum. Structure **4**, 581-597 (1996)

[32] Pearlstein, R.M.: Theoretical interpretation of antenna spectra. In: Scheer, H. (ed.) Chlorophylls, pp. 1047-1078. CRC Press, Boca Raton, FL (1991)

[33] van Amerongen, H., Valkunas, L., van Grondelle, R.: Photosynthetic Excitons. World Scientific, Singapore (2000)

[34] van Oijen, A.M., Ketelaars, M., Kohler, J., Aartsma, T.J., Schmidt, J.: Unraveling the electronic structure of individual photosynthetic pigment-protein complexes. Science **285**, 400-402 (1999)

[35] van Oijen, A.M., Ketelaars, M., Kohler, J., Aartsma, T.J., Schmidt, J.: Spectroscopy of individual LH2 complexes of Rhodopseudomonas acidophila: localized excitations in the B800 band. Chem. Phys. **247**, 53-60 (1999)

[36] van Oijen, A.M., Ketelaars, M., Kohler, J., Aartsma, T.J., Schmidt, J.: Spectroscopy of individual light-harvesting 2 complexes of Rhodopseudomonas acidophila: diagonal disorder, intercomplex heterogeneity, spectral diffusion, and energy transfer in the B800 band. Biophys. J. **78**, 1570-1577 (2000)

[37] Ketelaars, M., van Oijen, A.M., Matsushita, M., Kohler, J., Schmidt, J., et al.: Spectroscopy on the B850 band of individual light-harvesting 2 complexes of Rhodopseudomonas acidophila I. Experiments and Monte Carlo simulations. Biophys. J. **80**, 1591-1603 (2001)

[38] Kohler, J., van Oijen, A.M., Ketelaars, M., Hofmann, C., Matsushita, M., et al.: Optical spectroscopy of individual photosynthetic pigment protein complexes. Int. J. Mod. Phys. B **15**, 3633-3636 (2001)

[39] Matsushita, M., Ketelaars, M., van Oijen, A.M., Kohler, J., Aartsma, T.J., et al.: Spectroscopy on the B850 band of individual light-harvesting 2 complexes of Rhodopseudomonas acidophila II. Exciton states of an elliptically deformed ring aggregate. Biophys. J. **80**, 1604-1614 (2001)

[40] Hofmann, C., Ketelaars, M., Matsushita, M., Michel, H., Aartsma, T.J., et al.: Single-molecule study of the electronic couplings in a circular array of molecules: light-harvesting-2 complex of Rhodospirillum molischianum. Phys. Rev. Lett. **90**, 013004 (2003)

[41] Hofmann, C., Aartsma, T.J., Kohler, J.: Energetic disorder and the B850-exciton states of individual light-harvesting 2 complexes from Rhodopseudomonas acidophila. Chem. Phys. Lett. **395**, 373-378 (2004)

[42] Ketelaars, M., Segura, J.M., Oellerich, S., de Ruijter, W.P.F., Magis, G., et al.: Probing the electronic structure and conformational flexibility of individual light-harvesting 3 complexes by optical single-molecule spectroscopy. J. Phys. Chem. B **110**, 18710-18717 (2006)

[43] Nagarajan, V., Alden, R.G., Williams, J.C., Parson, W.W.: Ultrafast exciton relaxation in the B850 antenna complex of Rhodobacter sphaeroides. Proc. Natl. Acad. Sci. USA **93**, 13774-13779 (1996)

[44] Nagarajan, V., Johnson, E., Williams, J.C., Parson, W.W.: Femtosecond pump-probe spectroscopy of the B850 antenna complex of Rhodobacter sphaeroides at room temperature. J. Phys. Chem. B **103**, 2297-2309 (1999)

[45] Wu, H.-M., Reddy, N.R.S., Small, G.J.: Direct observation and hole burning of the lowest exciton level (B870) of the LH2 antenna complex of Rhodopseudomonas acidophila (strain 10050). J. Phys. Chem. **101**, 651-656 (1997)
[46] Jimenez, R., Dikshit, S.N., Bradforth, S.E., Fleming, G.R.: Electronic excitation transfer in the LH2 complex of Rhodobacter sphaeroides. J. Phys. Chem. **100**, 6825-6834 (1996)
[47] Kumble, R., Palese, S., Visschers, R.W., Dutton, P.L., Hochstrasser, R.M.: Ultrafast dynamics within the B820 subunit from the core (LH-1) antenna complex of Rs. rubrum. Chem. Phys. Lett. **261**, 396-404 (1996)
[48] Kühn, O., Sundström, V.: Pump-probe spectroscopy of dissipative energy transfer dynamics in photosynthetic antenna complexes: a density matrix approach. J. Chem. Phys. **107**, 4154-4164 (1997)
[49] Kühn, O., Sundstrom, V., Pullerits, T.: Fluorescence depolarization dynamics in the B850 complex of purple bacteria. Chem. Phys. **275**, 15-30 (2002)
[50] Meier, T., Chernyak, V., Mukamel, S.: Multiple exciton coherence sizes in photosynthetic antenna complexes viewed by pump-probe spectroscopy. J. Phys. Chem. B **101**, 7332-7342 (1997)
[51] Monshouwer, R., Abrahamsson, M., van Mourik, F., van Grondelle, R.: Superradiance and exciton delocalization in bacterial photosynthetic light-harvesting systems. J. Phys. Chem. B **101**, 7241-7248 (1997)
[52] Yang, M., Agarwal, R., Fleming, G.R.: The mechanism of energy transfer in the antenna of photosynthetic purple bacteria. J. Photochem. Photobiol. A Chem. **142**, 107-119 (2001)
[53] Förster, T.: Excimers. Angew. Chem. Int. Ed. Engl. **8**, 333-343 (1969)
[54] Gordon, M., Ware, W.R. (eds.): The Exciplex. Academic, New York (1975)
[55] McGlynn, S.P., Armstrong, A.T., Azumi, T.: Interaction of molecular exciton, charge resonance states, and excimer luminescence. In: Sinanoglu, O. (ed.) Modern Quantum Chemistry Part Ⅲ: Action of Light and Organic Crystals, pp. 203-228. Academic, New York (1965)
[56] Yoshihara, K., Kasuya, T., Inoue, A., Nagakura, S.: Time-resolved spectra of pyrene excimer and pyrene-dimethylaniline exciplex. Chem. Phys. Lett. **9**, 469-471 (1971)
[57] Betcher-Lange, S.L., Lehrer, S.S.: Pyrene excimer fluorescence in rabbit skeletal alphaalphatropomyosin labeled with *N*-(1-pyrene)maleimide. A probe of sulfhydryl proximity and local chain separation. J. Biol. Chem. **253**, 3757-3760 (1978)
[58] Pal, R., Barenholz, Y., Wagner, R.R.: Pyrene phospholipid as a biological fluorescent probe for studying fusion of virus membrane with liposomes. Biochemistry **27**, 30-36(1988)
[59] Stegmann, T., Schoen, P., Bron, R., Wey, J., Bartoldus, I., et al.: Evaluation of viral membrane fusion assays. Comparison of the octadecylrhodamine dequenching assay with the pyrene excimer assay. Biochemistry 32, 11330-11337 (1993)
[60] Jung, K., Jung, H., Kaback, H.R.: Dynamics of lactose permease of *Escherichia coli* determined by site-directed fluorescence labeling. Biochemistry **33**, 3980-3985 (1994)
[61] Sahoo, D., Narayanaswami, V., Kay, C.M., Ryan, R.O.: Pyrene excimer fluorescence: a spatially sensitive probe to monitor lipid-induced helical rearrangement of apolipophorin III. Biochemistry **39**, 6594-6601 (2000)
[62] Liu, W., Chen, Y., Watrob, H., Bartlett, S.G., Jen-Jacobson, L., et al.: N-termini of EcoRI restriction endonuclease dimer are in close proximity on the protein surface. Biochemistry **37**, 15457-15465 (1998)

第 9 章 圆二色性

9.1 磁跃迁偶极子和 n→π*跃迁

到目前为止，在分析电磁辐射场与电子相互作用时仅考虑了振荡电场 $\boldsymbol{E}(t)$。我们撇开了磁场 $\boldsymbol{B}(t)$的可能影响，这是由于通常磁场的影响比电场小很多。在此假设下，我们发现对于具有波函数 ψ_a 和 ψ_b 的两个态，二者之间跃迁吸收带强度取决于 $\boldsymbol{E}_0$ 与电偶极子矩阵元 $\boldsymbol{\mu}_{ba}$ 的点积的平方。然而，在某些情况下，波函数的对称性使 $\boldsymbol{\mu}_{ba}$ 为零，但此跃迁仍然具有可测量的偶极强度。在这些情况下的吸收，有时是由在使用偶极算符时所忽略的四极子、八极子或其他小项所引起的，而在其他情况下，可以归因于与磁场的相互作用。此外，涉及 $\boldsymbol{E}(t)$和 $\boldsymbol{B}(t)$的耦合相互作用都会导致一个跃迁的偶极强度在左圆偏振光和右圆偏振光时有所不同。这就是圆二色性。

为了处理辐射磁场的影响，我们将利用与处理电场时相同的半经典方法。可以将式(4.2)展开，使哈密顿中的含时微扰项 $(\tilde{\mathrm{H}}')$ 包含一个正比于 $\boldsymbol{B}(t)$的项：

$$\tilde{\mathrm{H}}'(t) = -\boldsymbol{E}(t)\cdot\tilde{\mu} - \boldsymbol{B}(t)\cdot\tilde{\mathrm{m}} \tag{9.1}$$

其中 $\tilde{\mathrm{m}}$ 是磁偶极算符，由下式给出

$$\tilde{\mathrm{m}} = \frac{e}{2m_{\mathrm{e}}c}(\boldsymbol{r}\times\tilde{\mathrm{p}} + g_{\mathrm{e}}\boldsymbol{S}) \tag{9.2}$$

其中 e 和 m_{e} 是电子的电荷和质量，c 是光速，$\boldsymbol{r}$ 是电子的位置，$\tilde{\mathrm{p}}$ 是线性动量算符 $(-i\hbar\tilde{\nabla})$，g_{e} 是电子的 g 因子(2.002 32)，$\boldsymbol{S}$ 是与电子自旋相关的角动量，“×”表示矢量叉积(附录 A.2)。因子 $-e/2m_{\mathrm{e}}$(一个正数，因为按惯例 e 为负)称为电子的旋磁比。式(9.2)中的叉积 $\boldsymbol{r}\times\tilde{\mathrm{p}}$ 是轨道角动量算符，而乘积 $(e/2m_{\mathrm{e}}c)\,\boldsymbol{r}\times\tilde{\mathrm{p}}$ 对应由半径为 $|\boldsymbol{r}|$ 的电线圈中的电流所产生的磁矩的经典表达式(图 9.1)。$(e/2m_{\mathrm{e}}c)g_{\mathrm{e}}\boldsymbol{S}$ 项通常对分子吸收或 CD 光谱没有显著贡献，可忽略。

式(9.1)中的磁相互作用项给出体系在不同态之间跃迁的磁跃迁偶极子矩阵元($\boldsymbol{m}_{ba}$)。磁跃迁偶极子是矢量且类似于电跃迁偶极子，但用磁偶极算符 $\tilde{\mathrm{m}}$ 取代 $\tilde{\mu}$：

$$\boldsymbol{m}_{ba} = \langle\psi_b|\tilde{\mathrm{m}}|\psi_a\rangle \tag{9.3}$$

如果 $\boldsymbol{m}_{ba}$ 不为零，则光的磁场对分子的微扰会引起两个态之间的跃迁。此跃迁的强度与 $|\boldsymbol{m}_{ba}|^2|\boldsymbol{B}|^2\cos^2\theta$ 成正比，其中 θ 是磁场与 $\boldsymbol{m}_{ba}$ 之间的夹角。这类似于光的电场驱动的跃迁，即式(4.8c)。

磁偶极子和磁跃迁偶极子通常以$(-e\hbar/2m_{\mathrm{e}})$为单位表示，这个单位称为玻尔磁子($\mu_{\mathrm{B}}$)。一个玻尔磁子是由氢原子的玻尔模型中的 1s 电子进行经典圆周运动所产生的磁偶极子。它也是磁矩的基本单位，与电子的量子化轨道角动量有关。在指定方向上的角动量组分被限定为 $\hbar$ 的整数倍，这就将轨道磁矩的相应组分限定为 $-e\hbar/2m_{\mathrm{e}}$ 的倍数。1 μ_{B} 在 cgs 单位制中是 9.274×10^{-21} emu · cm 或 9.274×10^{-21} erg · G^{-1}(在 SI 单位制中则是 9.274×10^{-24} J · T^{-1})。相比之下，电偶极子的德拜(deb)单位约大两个数量级(10^{-18} esu · cm)。因此，由 1 deb 的电跃迁偶极子驱动

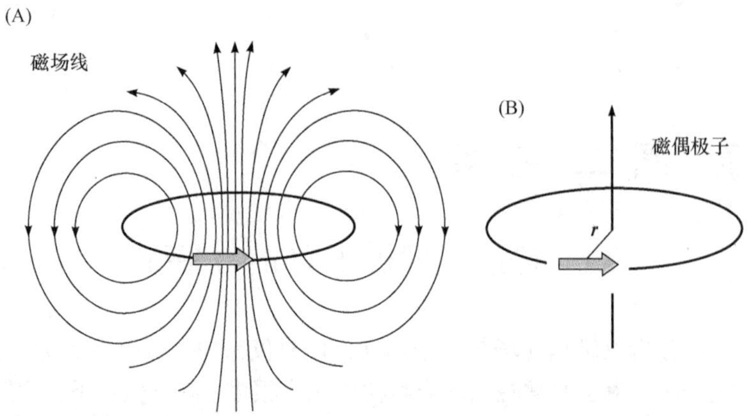

图 9.1 (A)流过一根导线的电流(阴影箭头)在此导线周围产生圆形磁场。如果导线形成一个环，则磁场线的形状与具有相同面积的均匀磁化盘周围的磁场线的形状相同。(B)在远距离处，磁场线等效于磁偶极子产生的磁力线，该磁偶极子的大小为电流与环面积的乘积。传统上，粒子圆周运动的角动量由 $\boldsymbol{r}\times\boldsymbol{p}$ 给出，其中 $\boldsymbol{r}$ 是从圆心到轨迹上一点的矢量，$\boldsymbol{p}$ 是粒子在该点的线性动量

的吸收的摩尔吸光系数大约是 1 μ_B 的磁跃迁偶极子驱动的吸收系数的 10^4 倍。

将分子轨道写成原子轨道的线性组合，可以获得分子激发到激发单重态的磁跃迁偶极子 $\boldsymbol{m}_{ba}$。对于由 2p 原子轨道构成的体系，$\boldsymbol{m}_{ba}$ 具有类似式(4.28)的形式：

$$\boldsymbol{m}_{ba} = -i\frac{\sqrt{2}\hbar e}{2m_e c}\sum_s\sum_t C_s^b C_t^a \left\langle \mathrm{p}_s \middle| \boldsymbol{r}\times\tilde{\nabla} \middle| \mathrm{p}_t \right\rangle \tag{9.4}$$

如同在式(4.22e)和式(4.28)中那样，此处的 p_t 表示原子 t 的一个 2p 轨道，C_t^a 是该原子轨道在分子波函数 Ψ_a 中的展开系数，$\boldsymbol{r}$ 是位置矢量，其坐标系的原点位于转动中心。为了考察式(9.4)中的表达式能给出非零磁跃迁偶极子的方式，最好将积分 $\left\langle \mathrm{p}_s \middle| \boldsymbol{r}\times\tilde{\nabla} \middle| \mathrm{p}_t \right\rangle$ 中的位置矢量 $\boldsymbol{r}$ 写成两个矢量($\boldsymbol{R}_t$ 和 $\boldsymbol{r}_t$)之和，其中 $\boldsymbol{R}_t$ 是原子 t 的位置，而 $\boldsymbol{r}_t$ 则描述电子相对于原子 t 中心的位置。因此，常因子 $\boldsymbol{R}_t$ 可以从矩阵元中的相关项中提取出来，得到

$$\boldsymbol{m}_{ba} = -i\frac{\sqrt{2}\hbar e}{2m_e c}\sum_s\sum_t C_s^b C_t^a \left(\left\langle \mathrm{p}_s \middle| \boldsymbol{r}_t\times\tilde{\nabla} \middle| \mathrm{p}_t \right\rangle + \left\langle \mathrm{p}_s \middle| \boldsymbol{R}_t\times\tilde{\nabla} \middle| \mathrm{p}_t \right\rangle \right) \tag{9.5a}$$

$$= -i\frac{\sqrt{2}\hbar e}{2m_e c}\sum_s\sum_t C_s^b C_t^a \left(\left\langle \mathrm{p}_s \middle| \boldsymbol{r}_t\times\tilde{\nabla} \middle| \mathrm{p}_t \right\rangle + \boldsymbol{R}_t\times\left\langle \mathrm{p}_s \middle| \tilde{\nabla} \middle| \mathrm{p}_t \right\rangle \right) \tag{9.5b}$$

式(9.5b)右边括号中的第一项主要与以同一原子为中心的成对原子轨道有关；第二项涉及构成生色团的原子的相对位置。写出第一项中 $\tilde{\nabla}$ 的 x、y 和 z 分量及矢量叉积，给出

$$\left\langle \mathrm{p}_s \middle| \boldsymbol{r}_t\times\tilde{\nabla} \middle| \mathrm{p}_t \right\rangle = \left\langle \mathrm{p}_s \middle| y\frac{\partial}{\partial z} - z\frac{\partial}{\partial y} \middle| \mathrm{p}_t \right\rangle \hat{x} - \left\langle \mathrm{p}_s \middle| x\frac{\partial}{\partial z} - z\frac{\partial}{\partial x} \middle| \mathrm{p}_t \right\rangle \hat{y} + \left\langle \mathrm{p}_s \middle| x\frac{\partial}{\partial y} - y\frac{\partial}{\partial x} \middle| \mathrm{p}_t \right\rangle \hat{z} \tag{9.6}$$

其中 $\hat{x}$、$\hat{y}$ 和 $\hat{z}$ 是以原子 t 为中心的坐标系中的单位矢量。考虑积分 $\left\langle \mathrm{p}_s \middle| y\partial/\partial z - z\partial/\partial y \middle| \mathrm{p}_t \right\rangle$，它贡献了 $\left\langle \mathrm{p}_s \middle| \boldsymbol{r}_t\times\tilde{\nabla} \middle| \mathrm{p}_t \right\rangle$ 的 x 分量。图 9.2 展示了当 p_s 和 p_t 分别是同一原子的 $2\mathrm{p}_y$ 和 $2\mathrm{p}_z$ 轨道时，在这个积分中的函数。将 $2\mathrm{p}_z$ 对 z 求导然后乘以 y，得到函数 $y\partial(2\mathrm{p}_z)/\partial z$，如图 9.2(B)和(D)所示。图 9.2(C)和(E)给出了对 y 求导然后乘以 z 所得到的函数。在这两种情况下，结果都是 z 的

偶函数和 y 的奇函数。将这些函数乘以 $2p_y$ 会生成图 9.2(G)和(H)中所示的完全对称函数。此外，由于两个最终函数具有相反的符号，因此如果如式(9.6)所示从另一个中减去一个，则它们将相长地组合。实际上，组合 $y\partial(2p_z)/\partial z - z\partial(2p_z)/\partial y$ 具有与 $2p_y$ 完全相同的空间分布[1, 2]。因此，$\left\langle 2p_{y(t)} \middle| \boldsymbol{r}_t \times \tilde{\nabla} \middle| 2p_{z(t)} \right\rangle$ 的 x 分量正比于 $\left\langle 2p_{y(t)} | 2p_{y(t)} \right\rangle$，亦即 1。磁偶极子矩阵元 $\boldsymbol{m}_{ba}$ 因而具有一个非零 x 分量。类似的分析表明，$\left\langle 2p_{y(t)} \middle| \boldsymbol{r}_t \times \tilde{\nabla} \middle| 2p_{z(t)} \right\rangle$ 的 y 和 z 分量，亦即 $\boldsymbol{m}_{ba}$ 的 y 和 z 分量，对于这一对轨道而言均为零，故 $\boldsymbol{m}_{ba}$ 沿 x 轴取向。

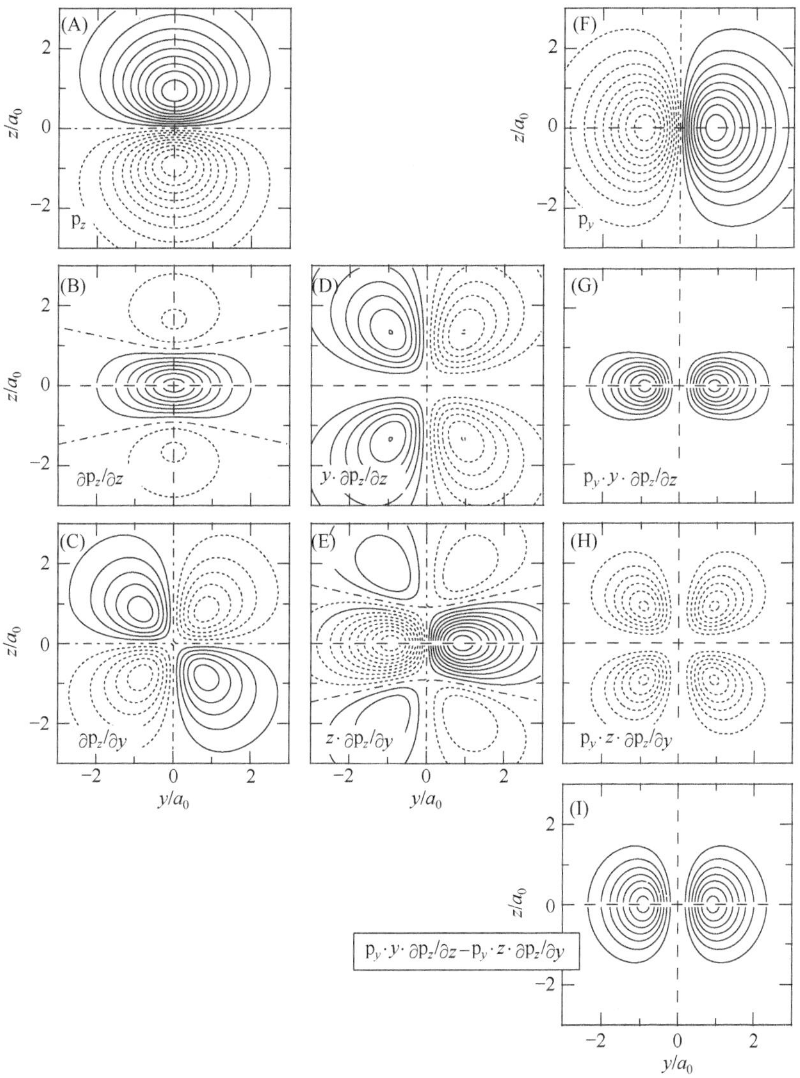

图 9.2 2p 原子轨道的磁跃迁矩阵元的 x 分量的构造。(A)、(F)$2p_z$ 和 $2p_y$ 原子轨道(p_z 和 p_y)的振幅在 yz 平面中的等高线图；(B)、(C)分别为导数$\partial p_z/\partial z$ 和$\partial p_z/\partial y$；(D)、(E)分别为乘积 $y \cdot \partial p_z/\partial z$ 和 $z \cdot \partial p_z/\partial y$。注意后两个乘积是 y 的奇函数。(G)、(H)分别为函数 $p_y \cdot y \cdot \partial p_z/\partial z$ 和 $p_y \cdot z \cdot \partial p_z/\partial y$；(I)$p_y \cdot y \cdot \partial p_z/\partial z - p_y \cdot z \cdot \partial p_z/\partial y$。实线表示正振幅，虚线表示负振幅。等高线间隔是任意的。对于乙烯的第一个 $\pi \rightarrow \pi^*$激发的$\partial \psi_a/\partial y$ 和$\partial \psi_a/\partial z$ 的类似曲线参见图 4.17(C)、(E)

若 p_s 是一个不同原子的 $2p_y$ 轨道，结果也定性地相同，只是$\left\langle 2p_{y(s)} \middle| \boldsymbol{r}_t \times \tilde{\nabla} \middle| 2p_{z(t)} \right\rangle$ 的 x 分量

在 $s \neq t$ 时较小，因为这两个波函数的重叠随原子间距的增大而减少。重叠积分可以用类似专栏 4.11 所述的方法求得[2]。考察图 9.2 还可以看到 $\left\langle 2p_{z(s)} \middle| \boldsymbol{r}_t \times \tilde{\nabla} \middle| 2p_{z(t)} \right\rangle$(平行于 z 轴的两个 $2p_z$ 原子轨道的对应矩阵元)的所有三个分量均为零。

涉及同一原子的 $2p_y$ 和 $2p_z$ 轨道的跃迁的一个例子是羰基的 n→π*激发，其中电子从氧原子的非键(n)轨道激发到由氧和碳的 2p 轨道构成的 π*分子轨道(图 9.3)。在没有结构变形的情况下，由于对称性，此激发的电跃迁偶极子($\boldsymbol{\mu}_{ba}$)为零。而这个 n→π*激发的磁跃迁偶极子($\boldsymbol{m}_{ba}$)却不为零且沿着 C═O 键方向，这意味着这个跃迁可以被沿此方向的振荡磁场所激发。但是，常见生色团的典型 n→π*跃迁通常比其 π→π*跃迁弱得多。饱和酮在 280 nm 附近具有 n→π*跃迁，其摩尔吸光系数为 20～30 L · mol^{-1} · cm^{-1}。乙酰胺在水中的 n→π*跃迁在 214 nm，其摩尔吸光系数为 60 L · mol^{-1} · cm^{-1}。肽键的 n→π*跃迁导致了蛋白质在 200～220 nm 的吸收(表 9.1)，但其偶极强度的大部分或许要归因为与 π→π*跃迁的激子混合，而不是直接归因于其磁跃迁偶极子[3-6]。

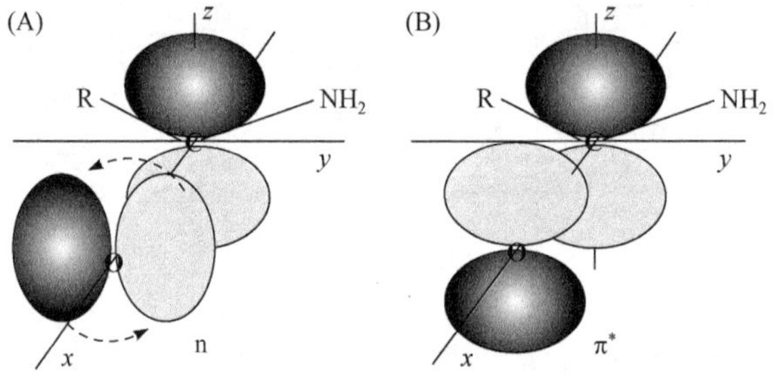

图 9.3 羰基能量最低的 n→π*跃迁需要一个电子波函数的旋转位移。阴影椭圆表示 xy 平面内酰胺基的碳原子和氧原子的 2p 原子轨道的边界面(图 2.5)。C 原子在原点，C═O 键在 x 轴上。在基态(A)中，氧的非键(n)电子占据一个 $2p_y$ 轨道[$p_{y(O)}$]。激发态(B)的 π*轨道由 $2p_z$ 轨道的反对称组合 $2^{-1/2}[p_{z(C)} - p_{z(O)}]$表示。电跃迁偶极子是 $2^{-1/2}\left\langle [p_{z(C)} - p_{z(O)}] \middle| \tilde{\mu} \middle| p_{y(O)} \right\rangle = 2^{-1/2}\left\langle p_{z(C)} \middle| \tilde{\mu} \middle| p_{y(O)} \right\rangle - 2^{-1/2}\left\langle -p_{z(O)} \middle| \tilde{\mu} \middle| p_{y(O)} \right\rangle$。由于对称性，积分 $\left\langle p_{z(C)} \middle| \tilde{\mu} \middle| p_{y(O)} \right\rangle$ 和 $\left\langle -p_{z(O)} \middle| \tilde{\mu} \middle| p_{y(O)} \right\rangle$ 均为零。磁跃迁偶极子 $2^{-1/2}\left\langle [p_{z(C)} - p_{z(O)}] \middle| \tilde{m} \middle| p_{y(O)} \right\rangle$ 不为零，因为 $p_{y(O)}$垂直于 $p_{z(C)}$和 $p_{z(O)}$，如正文和图 9.2 所述

表 9.1 近紫外区的酰胺跃迁

指认	λ/nm	$\lvert\boldsymbol{\mu}\rvert$ / deb	$\lvert\boldsymbol{m}\rvert/\mu_B$
n→π*	210	0	0.6
π→π*	190	3.1	0
n→π*	165	1.4	0.2
n→σ*	150	1.8	0.8
π→π*	125	1.7	0

取自 Woody 和 Tinoco[6]

回到式(9.5b)，我们仍然需要考虑 $\boldsymbol{R}_t \times \left\langle p_s \middle| \tilde{\nabla} \middle| p_t \right\rangle$ 项。如果参与分子波函数的原子轨道以单个原子为主，如刚才讨论的 n→π*跃迁的情形，则原子中心将成为旋转中心，从而使 $\boldsymbol{R}_t$ 为零。$\boldsymbol{R}_t \times \left\langle p_s \middle| \tilde{\nabla} \middle| p_t \right\rangle$ 项也就消失。但是，如果分子轨道包含多个原子，则式(9.5b)需要所有成对原子的 $C_s^b C_t^a \boldsymbol{R}_t \times \left\langle p_s \middle| \tilde{\nabla} \middle| p_t \right\rangle$之和，其结果就取决于生色团的几何形状。因子 $\left\langle p_s \middle| \tilde{\nabla} \middle| p_t \right\rangle$ 是在原子 s 和 t 上

的 2p 原子轨道的梯度算符的矩阵元。在第 4 章中已讨论过这个矩阵元，也证明了它沿两个原子间连线取向[式(4.27)～式(4.29)；专栏 4.10 和专栏 4.11；图 4.17～图 4.19]。它对整个磁跃迁矩阵元($\boldsymbol{m}_{ba}$)的贡献取决于初始和最终分子轨道中原子 s 和 t 的系数(C_t^a 和 C_s^b)以及原子 t 的位置($\boldsymbol{R}_t$)。式(9.5b)中所有原子对的求和通常利用式(4.29)形式的表达式来处理。如果 p_z 原子轨道都几乎平行，使得式(9.5b)中括号内的第一项对于所有原子实际上为零，那么就得到

$$\boldsymbol{m}_{ba} = -i\frac{\sqrt{2}\hbar e}{2m_{\mathrm{e}}c}\sum_{s>t}\sum_{t}2(C_s^a C_t^b - C_s^b C_t^a)\boldsymbol{R}_{\mathrm{mid}(s,t)} \times \left\langle \mathrm{p}_s \middle| \tilde{\nabla} \middle| \mathrm{p}_t \right\rangle \tag{9.7}$$

其中 $\boldsymbol{R}_{\mathrm{mid}(s,t)}$是从坐标系原点到原子 s 和 t 中点的矢量。

式(9.7)对原子位置的依赖性是一个潜在的问题，因为这意味着若移动坐标系的原点则可能得到错误的结果。但是计算所得的 $\boldsymbol{m}_{ba}$ 对坐标系选择的非物理敏感性仅当从 ψ_a 到 ψ_b 的激发具有非零电跃迁偶极子时才会出现。只要给生色团中所有原子的 $\boldsymbol{R}_t$ 都加一个任意矢量 $\boldsymbol{R}_{\mathrm{arb}}$ 来移动坐标系，就可以看到这一点。$\boldsymbol{m}_{ba}$ 的计算结果变为

$$\boldsymbol{m}'_{ba} = \boldsymbol{m}^0_{ba} - i\frac{\sqrt{2}\hbar e}{2m_{\mathrm{e}}c}\boldsymbol{R}_{\mathrm{arb}} \times \left[\sum_{s>t}\sum_{t}2(C_s^a C_t^b - C_s^b C_t^a)\left\langle \mathrm{p}_s \middle| \tilde{\nabla} \middle| \mathrm{p}_t \right\rangle\right] \tag{9.8}$$

其中 $\boldsymbol{m}^0_{ba}$ 是在更改坐标系之前所得的结果。在 4.8 节中已表明，方括号中的因子项与电跃迁偶极子 $\boldsymbol{\mu}_{ba}$ 成正比。因此，如果$|\boldsymbol{\mu}_{ba}|$为零，则移动坐标系不会对 $\boldsymbol{m}_{ba}$ 产生影响。只要利用梯度算符 $(\tilde{\nabla})$ 而不是 $\tilde{\mu}$ 来获得 $\boldsymbol{\mu}_{ba}$，上述论断就适用于精确或不精确的波函数。

如果电跃迁偶极子不为零，则由式(9.7)计算的 $\boldsymbol{m}_{ba}$ 值的确取决于坐标系的选择。但这与经典物理学中的角动量公式($\boldsymbol{r} \times \boldsymbol{p}$)基本没有什么不同，其中假定运动是圆周的并且已知旋转中心：如果运动是线性的，或者选错了中心，则结果将没有物理意义。正如在本章的后面将要看到的那样，与 $\boldsymbol{m}_{ba}$ 和 $\boldsymbol{\mu}_{ba}$ 的点积相比，我们通常较少关注 $\boldsymbol{m}_{ba}$ 本身。只要在同一坐标系中一致地利用 $\tilde{\nabla}$ 来计算 $\boldsymbol{m}_{ba}$ 和 $\boldsymbol{\mu}_{ba}$，则该点积就与坐标系的选择无关。

为了说明这些要点，考虑反式-丁二烯。图 4.19 显示了相关的分子轨道，以及加权的原子矩阵元$\left(C_s^b C_t^a \left\langle \mathrm{p}_s \middle| \tilde{\nabla} \middle| \mathrm{p}_t \right\rangle\right)$的矢量图，它们组合构成前四个激发的电跃迁偶极子。图 9.4 再次给出了从 HOMO (ψ_2) 激发到两个最低未占分子轨道(ψ_3 和 ψ_4)的矢量图。此图还显示了由式(9.7)计算 $\boldsymbol{m}_{ba}$ 所需的位置矢量 $\boldsymbol{R}_{\mathrm{mid}(s,t)}$。对于激发 $\psi_2 \rightarrow \psi_3$，将原子对$(s, t) = (2, 1)$、$(3, 2)$和$(4, 3)$的加权$\left\langle \mathrm{p}_s \middle| \tilde{\nabla} \middle| \mathrm{p}_t \right\rangle$矢量进行组合，得出一个电跃迁偶极子，它指向分子的主轴[图 4.19(E)和图 9.4(A)]。如图所示，如果将坐标系原点定在分子的对称中心，则由式(9.7)计算得到的该激发的磁跃迁偶极子为零。原子对(3, 2)的贡献[$\boldsymbol{R}_{\mathrm{mid}(3,2)} C_3^b C_2^a \left\langle \mathrm{p}_3 \middle| \tilde{\nabla} \middle| \mathrm{p}_2 \right\rangle$]为零，因为位置矢量 $\boldsymbol{R}_{\mathrm{mid}(3,2)}$ 在此坐标系中为零；原子对(2, 1)和(4, 3)的贡献之和为零，因为 $C_2^b C_1^a \left\langle \mathrm{p}_2 \middle| \tilde{\nabla} \middle| \mathrm{p}_1 \right\rangle = C_4^b C_3^a \left\langle \mathrm{p}_4 \middle| \tilde{\nabla} \middle| \mathrm{p}_3 \right\rangle$，而 $\boldsymbol{R}_{\mathrm{mid}(2,1)} = -\boldsymbol{R}_{\mathrm{mid}(4,3)}$。这个激发没有磁跃迁偶极子是不足为奇的，因为此处的矢量所描述的电子运动并不构成绕分子对称中心的旋转，或者其实也不绕有限距离的任何点而旋转。但是，如果将坐标系从对称中心移开，则式(9.7)将给出一个非零但没有物理意义的结果。

对于 $\psi_2 \rightarrow \psi_4$ 则情况相反。此时的电跃迁偶极子为零，这是因为 $C_3^b C_2^a \left\langle \mathrm{p}_3 \middle| \tilde{\nabla} \middle| \mathrm{p}_2 \right\rangle = 0$ 及 $C_2^b C_1^a \left\langle \mathrm{p}_2 \middle| \tilde{\nabla} \middle| \mathrm{p}_1 \right\rangle = -C_4^b C_3^a \left\langle \mathrm{p}_4 \middle| \tilde{\nabla} \middle| \mathrm{p}_3 \right\rangle$ [图 4.19(F)和图 9.4(B)]，而磁跃迁偶极子却不为零。考察图 9.4(B)可发现，尽管矢量所表示的电子运动没有完成一个圆周，但它们在对称中心的两侧以

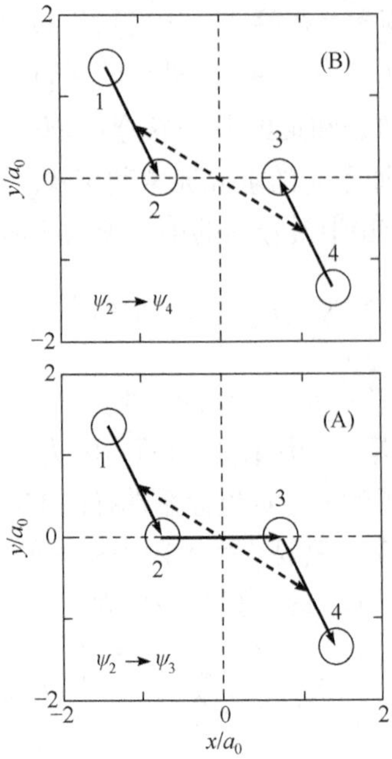

图 9.4 反式-丁二烯中前两个激发的跃迁梯度矩阵元的贡献矢量图。图 4.19 的四轨道模型中的初始和最终分子波函数在图中给出。原子标记为 1～4，以空心圆表示它们的位置。实线箭头表示成键原子对的 $C_s^b C_t^a \langle p_s|\tilde{\nabla}|p_t\rangle$ 的方向和相对大小。C_s^b 和 C_t^a 分别是最终和初始波函数中原子 s 和 t 的 $2p_z$ 原子轨道的系数；$\langle p_s|\tilde{\nabla}|p_t\rangle$ 是两个原子轨道的梯度算符的矩阵元。从坐标系原点到键合原子对中点的矢量[$\boldsymbol{R}_{\mathrm{mid}(s,t)}$]用虚线箭头表示。每个激发的跃迁梯度矩阵元由实线箭头的矢量和给出。(考虑非键原子对的贡献也不会改变结果。)磁跃迁偶极子($\boldsymbol{m}_{ba}$)由叉积 $\boldsymbol{R}_{\mathrm{mid}(s,t)} \times C_s^b C_t^a \langle p_s|\tilde{\nabla}|p_t\rangle$ 求和获得

相反的方向进行。$C_2^b C_1^a \langle p_2|\tilde{\nabla}|p_1\rangle$ 和 $C_4^b C_3^a \langle p_4|\tilde{\nabla}|p_3\rangle$ 的相反符号纠正了 $\boldsymbol{R}_{\mathrm{mid}}$ 的反转，使 $\boldsymbol{R}_{\mathrm{mid}(s,t)} \times C_s^b C_t^a \langle p_s|\tilde{\nabla}|p_t\rangle$ 对原子的加和不为零。正如预期的那样，移动坐标系的原点不会影响此激发的 $\boldsymbol{m}_{ba}$ 计算值。

涉及磁跃迁偶极子的跃迁也可以通过在第 5 章中解释荧光时所使用的量子力学方法来处理。值得注意的是，尽管最终结果是相同的，并且选择坐标系的问题仍然存在，但是量子理论不需要区分辐射的磁场和电场。相反，如专栏 9.1 所述，“磁偶极允许的”跃迁与矢量势的幅度随横跨生色团的位置而变化有关。这一方法对于为什么磁偶极跃迁通常比电偶极跃迁弱得多的问题提供了不同的视角。如果辐射的波长比生色团的尺寸大，这也正是通常在电子光谱中见到的情况，那么跨生色团的矢量势变化将相对较小。

专栏 9.1 磁偶极子和电四极子跃迁的量子理论

为了解量子理论如何解释生色团与光磁场的相互作用，需要返回第 5 章中用于电子与线偏振辐射场相互作用能的表达式[式(5.32a)和式(5.32b)]：

$$\tilde{\mathrm{H}}' = -\frac{\hbar e}{i m_e c}\boldsymbol{V}\cdot\tilde{\nabla} + \frac{e^2}{2m_e c^2}|\boldsymbol{V}|^2 \tag{B9.1.1a}$$

$$= -\frac{e\hbar\pi^{1/2}}{im_e}\sum_j(\hat{e}_j \cdot \tilde{\nabla})[\tilde{q}_j\exp(2\pi i\boldsymbol{k}_j \cdot \boldsymbol{r}) + \tilde{q}_j^*\exp(-2\pi i\boldsymbol{k}_j \cdot \boldsymbol{r})] + \cdots \tag{B9.1.1b}$$

其中 $\boldsymbol{V}$ 是辐射场的矢量势，$\hat{e}_j$ 和 $\boldsymbol{k}_j$ 分别是辐射模式 j 的极化轴和波矢，m_e 是电子质量。式(B9.1.1b)中的省略号表示双光子过程，继续推迟到第 12 章再介绍。

在 5.5 节中的下一步是假设辐射波长足够长，因而可以令因子项 $\exp(\pm 2\pi i\boldsymbol{k}_j \cdot \boldsymbol{r})$为 1[式(5.33)]。这里指数的幂级数展开保留至二阶项

$$\exp(\pm 2\pi i\boldsymbol{k}_j \cdot \boldsymbol{r}) = 1 \pm 2\pi i\boldsymbol{k}_j \cdot \boldsymbol{r} + \frac{1}{2}(2\pi i\boldsymbol{k}_j \cdot \boldsymbol{r})^2 + \cdots \tag{B9.1.2}$$

对于 300 nm 的光和尺寸为 1～3 nm 的生色团，乘积 $\boldsymbol{k}_j \cdot \boldsymbol{r}$ 的大小约为 0.01 量级，这在大多数情况下是很小的，可以忽略不计。但是假设由于对称性，电子在波函数 ψ_a 和 ψ_b 之间跃迁的电跃迁偶极子 $\boldsymbol{\mu}_{ba}$ 为零。则式(B9.1.2)右边第一项对跃迁的整个矩阵元没有贡献，因此必须考虑第二项($\pm 2\pi i\boldsymbol{k}_j \cdot \boldsymbol{r}$)。将此项应用到式(B9.1.1b)中，得到

$$\left\langle \psi_b\chi_{j(m)} \middle| \tilde{\mathrm{H}}' \middle| \psi_a\chi_{j(n)} \right\rangle = -\frac{2\pi e\hbar\pi^{1/2}}{m_e}\left\langle \psi_b \middle| (\boldsymbol{k}_j \cdot \boldsymbol{r})(\hat{e}_j \cdot \tilde{\nabla}) \middle| \psi_a \right\rangle \left\langle \chi_{j(m)} \middle| \tilde{\mathrm{Q}} \middle| \chi_{j(n)} \right\rangle \tag{B9.1.3}$$

其中 $\tilde{\mathrm{Q}}$ 是光子位置算符，$\chi_{j(n)}$表示模式 j 的第 n 个激发能级的光子波函数。在 5.5 节中分析了因子 $\left\langle \chi_{j(m)} \middle| \tilde{\mathrm{Q}}_j \middle| \chi_{j(n)} \right\rangle$，发现它包括吸收($m = n - 1$)项和发射($m = n + 1$)项的分离。现在我们的兴趣在于因子 $\left\langle \psi_b \middle| (\boldsymbol{k}_j \cdot \boldsymbol{r})(\hat{e}_j \cdot \tilde{\nabla}) \middle| \psi_a \right\rangle$。

考虑一个沿 y 轴以波长 λ_{ba} 传播并沿 z 方向极化的辐射模。则点积 $\boldsymbol{k}_j \cdot \boldsymbol{r}$ 简化为 $\boldsymbol{r}$ 的 y 分量；$\hat{e}_j \cdot \tilde{\nabla}$ 简化为$\partial/\partial z$；从 ψ_a 到 ψ_b 激发的矩阵元变为

$$-\frac{2e\hbar\pi^{3/2}}{m_e}\left\langle \psi_b \middle| (\boldsymbol{k}_j \cdot \boldsymbol{r})(\hat{e}_j \cdot \tilde{\nabla}) \middle| \psi_a \right\rangle = -\frac{2e\hbar\pi^{3/2}}{m_e}\frac{1}{\lambda_{ba}}\left\langle \psi_b \middle| (\hat{y} \cdot \boldsymbol{r})(\hat{z} \cdot \tilde{\nabla}) \middle| \psi_a \right\rangle \tag{B9.1.4a}$$

$$= -\frac{2e\hbar\pi^{3/2}}{m_e\lambda_{ba}}\left\langle \psi_b \middle| y\frac{\partial}{\partial z} \middle| \psi_a \right\rangle \tag{B9.1.4b}$$

对式(B9.1.4b)右边的积分进行处理，给出

$$\begin{aligned} -\frac{2e\hbar\pi^{3/2}}{m_e\lambda_{ba}}\left\langle \psi_b \middle| y\frac{\partial}{\partial z} \middle| \psi_a \right\rangle = -\frac{2e\hbar\pi^{3/2}}{m_e\lambda_{ba}}\frac{1}{2}\Bigg[&\left(\left\langle \psi_b \middle| y\frac{\partial}{\partial z} \middle| \psi_a \right\rangle - \left\langle \psi_b \middle| z\frac{\partial}{\partial y} \middle| \psi_a \right\rangle\right) \\ &+ \left(\left\langle \psi_b \middle| y\frac{\partial}{\partial z} \middle| \psi_a \right\rangle + \left\langle \psi_b \middle| z\frac{\partial}{\partial y} \middle| \psi_a \right\rangle\right)\Bigg] \end{aligned} \tag{B9.1.5}$$

不考虑所乘的常数，该表达式右边方括号中的第一组量是磁跃迁偶极子的 x 分量：

$$\begin{aligned} -\frac{2e\hbar\pi^{3/2}}{m_e\lambda_{ba}}\frac{1}{2}\left(\left\langle \psi_b \middle| y\frac{\partial}{\partial z} \middle| \psi_a \right\rangle - \left\langle \psi_b \middle| z\frac{\partial}{\partial y} \middle| \psi_a \right\rangle\right) &= -\frac{e\hbar\pi^{3/2}}{m_e\lambda_{ba}}\left\langle \psi_b \middle| \boldsymbol{r} \times \tilde{\nabla} \middle| \psi_a \right\rangle \\ &= -\frac{e\hbar\pi^{3/2}}{m_e\lambda_{ba}}\left(\frac{2m_e c}{-i\hbar e}\right)(\boldsymbol{m}_{ba})_x = \frac{2\pi^{3/2}c}{i\lambda_{ba}}(\boldsymbol{m}_{ba})_x \\ &= -i2\pi^{3/2}\nu_{ba}(\boldsymbol{m}_{ba})_x \end{aligned} \tag{B9.1.6}$$

现在查看式(B9.1.5)右边方括号中的第二组量。利用梯度算符矩阵元与(哈密顿算符和偶极子算符的)对易子之间的关系(专栏 4.10)，可以将此项与乘积 yz 的矩阵元关联起来[7, 8]。这给出

$$
-\frac{2e\hbar\pi^{3/2}}{m_e\lambda_{ba}}\frac{1}{2}\left(\left\langle\psi_b\left|y\frac{\partial}{\partial z}\right|\psi_a\right\rangle+\left\langle\psi_b\left|z\frac{\partial}{\partial y}\right|\psi_a\right\rangle\right)=\frac{2e\hbar\pi^{3/2}}{m_e\lambda_{ba}}\frac{1}{2}\left(\frac{2\pi m_e\nu_{ba}}{\hbar}\right)\langle\psi_b|yz|\psi_a\rangle
$$
$$
=\frac{2\pi^{5/2}\nu_{ba}}{\lambda_{ba}}e\langle\psi_b|yz|\psi_a\rangle \tag{B9.1.7}
$$

此外，可以看出式(B9.1.7)中的因子项$e\langle\psi_b|yz|\psi_a\rangle$是电四极子相互作用矩阵[式(4.5)和式(B4.2.4)]的 yz 元。

对于沿 x 或 z 轴而非 y 轴传播、或沿 y 或 x 轴而非 z 轴极化的辐射进行类似的分析，可得到相应的结果，其中 $\boldsymbol{m}_{ba}$ 的 y 或 z 分量替代了式(B9.1.6)中的 x 分量，并且/或者用四极子矩阵的不同分量替代式(B9.1.7)中的 yz 元[7, 8]。将矢量势 $\boldsymbol{V}$ 对位置的依赖关系的二阶项考虑在内，就可获得通常归因于磁跃迁偶极子的一个跃迁矩阵元[式(B9.1.6)]，以及代表波函数的四极分布的矩阵元[式(B9.1.7)]。若将这个距离依赖性的三阶项考虑在内，则会增加一个八极子相互作用矩阵元。由于磁偶极子和电四极子矩阵元都源于距离依赖性的相同项，所以它们应具有类似的大小，并且通常应比电偶极子矩阵元小得多。

如上所指出的，吸收的量子理论与半经典理论不同，因为前者不需明确区分电磁辐射的电场和磁场。尽管最初的矢量势是作为麦克斯韦方程组的一个解而得到的，该方程组概括了关于电效应与磁效应的大量实验观察结果，但是电相互作用和磁相互作用之间的区别似乎不再像经典物理学中那样明确。

9.2 圆二色性的起源

左、右圆偏振光的偶极强度之差在实验上由吸收带的旋转强度(rotational strength) $\mathfrak{R}$ 来表征：

$$
\mathfrak{R}=\frac{3000\ln(10)hc}{32\pi^3N_A}\left(\frac{n}{f^2}\right)\int\frac{\Delta\varepsilon(\nu)}{\nu}\mathrm{d}\nu \tag{9.9a}
$$

$$
\approx 0.248\left(\frac{n}{f^2}\right)\int\frac{\Delta\varepsilon(\nu)}{\nu}\mathrm{d}\nu\quad(\mathrm{deb}\cdot\mu_B)/(\mathrm{L}\cdot\mathrm{mol}^{-1}\cdot\mathrm{cm}^{-1}) \tag{9.9b}
$$

其中 N_A 是阿伏伽德罗常量，$\Delta\varepsilon$ 是左、右圆偏振光的摩尔吸光系数之差($\varepsilon_l-\varepsilon_r$)，以 $\mathrm{L}\cdot\mathrm{mol}^{-1}\cdot\mathrm{cm}^{-1}$ 为单位，ν 是频率，n 是折射率，而 f 是局域场校正因子。旋转强度通常以 $\mathrm{deb}\cdot\mu_B$ (9.274×10^{-39} $\mathrm{esu}^2\cdot\mathrm{cm}^2$ 或 9.274×10^{-39} $\mathrm{erg}\cdot\mathrm{cm}^3$)为单位表示。与偶极强度不同，$\mathfrak{R}$ 可以为正或负。

由于历史原因，通常用摩尔椭圆度$[\theta]_M$来描述圆二色性，并以 $100\times$ 度 $\cdot\mathrm{L}\cdot\mathrm{mol}^{-1}\cdot\mathrm{cm}^{-1}$ (度 · 分摩尔$^{-1}$ · 厘米^2)的古怪单位来表示。角度单位反映了这样的事实，即通过光学活性样品的平面偏振光以椭圆偏振出射(专栏 9.2 和图 9.5)。椭圆度定义为比值 d_{min}/d_{max} 的反正切，其中 d_{min} 和 d_{max} 是椭圆的短轴和长轴。$[\theta]_M$ 和 $\varepsilon_l-\varepsilon_r$ 之间的关系为

$$
[\theta]_M=\frac{100\ln(10)180°\Delta\varepsilon}{4\pi}=3298\Delta\varepsilon \tag{9.10}
$$

早期的 CD 光谱仪实际上测量椭圆度，但是大多数现代仪器通过在左、右圆偏振之间快速切换光束，可以更直接、更灵敏地测量$\Delta\varepsilon$(第 1 章)。在蛋白质或聚核苷酸的研究中，通常将摩尔椭圆率除以大分子中氨基酸残基或核苷酸碱基的数目，以获得平均残基椭圆度。

圆二色性(CD)是一个很小的效应，通常仅有左、右圆偏振光吸光系数之差的 $1/10^3$ 或 $1/10^4$。但是，尽管 CD 的值很小，事实却证明它是对分子结构非常敏感的探针。

专栏 9.2　椭圆度和旋光度

正如在第 3 章中所讨论的那样，线偏振光的电场和磁场可以看成来自右圆偏振光和左圆偏振光的场的叠加[图 3.9、图 3.10 和图 9.5(A)]。考虑一束通过 1 cm 厚的 1 mol · L^{-1} 光学活性物质溶液后的线偏振光。如果左圆偏振的摩尔吸光系数比右圆偏振的摩尔吸光系数大$\Delta\varepsilon$，则左圆偏振和右圆偏振的透射光强度之比将是 $I_l/I_r = \exp[-\ln(10)\Delta\varepsilon]$。由于电场幅度与强度的平方根成正比，则电场之比为

$$|\boldsymbol{E}_l|/|\boldsymbol{E}_r| = \exp[-\ln(10)\Delta\varepsilon/2] \tag{B9.2.1}$$

合成场的振幅将振荡，从两个场平行对齐[图 9.5(B)中标记为 0 和 4 的时刻]的$|\boldsymbol{E}_{max}| = |\boldsymbol{E}_r| + |\boldsymbol{E}_l|$ 到反平行时的$|\boldsymbol{E}_{min}| = |\boldsymbol{E}_r| + |\boldsymbol{E}_l|$ (时刻 2)。合成场[图 9.5(B)]扫出的椭圆，其短半轴和长半轴分别为$|\boldsymbol{E}_{min}|$ 和$|\boldsymbol{E}_{max}|$，具有比值

$$\frac{|\boldsymbol{E}_{min}|}{|\boldsymbol{E}_{max}|} = \frac{1-\exp[-\ln(10)\Delta\varepsilon/2]}{1+\exp[-\ln(10)\Delta\varepsilon/2]} \approx \frac{\ln(10)\Delta\varepsilon/2}{2} = -\ln(10)\Delta\varepsilon/4 \tag{B9.2.2}$$

当$\Delta\varepsilon \ll 1$ 时上式成立。利用近似 arc tan $(\phi) \approx \phi$(当 $\phi \ll 1$ 时成立)，乘以 180°/π，将弧度转换为度，再乘以 100 就得到常用单位，从而得到式(9.10)。

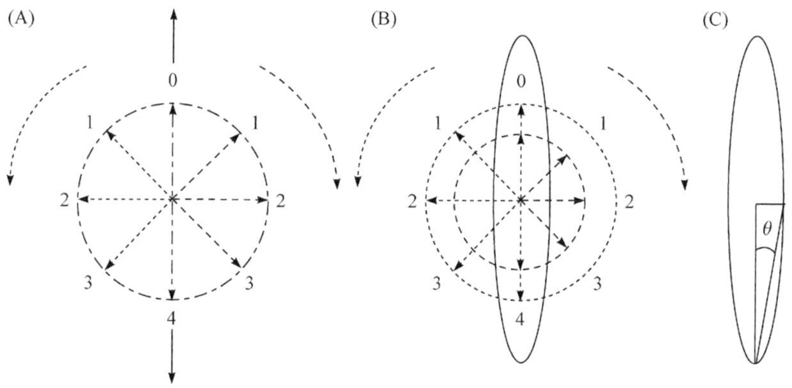

图 9.5　一束线偏振光通过光学活性材料变为椭圆偏振光。如图 3.9 和图 3.10 所示，图中的直箭头表示远离观察者传播的电场；数字表示相等增长的时间间隔。(A)线偏振光的电场(双头实线箭头)可以看作是左(点线箭头)和右(折线箭头)圆偏振光等场相加的结果。圆圈表示旋转场的幅度边界，而弯曲箭头表示旋转方向。(B)在通过光学活性材料之后，其中一个圆偏振光(在此为右圆偏振)相对于另一个有所衰减。这样的两个场，其叠加结果就是椭圆。(C)椭圆度(θ)定义为椭圆的短半轴与长半轴之比的反正切值。此图显著地夸大了椭圆的长短轴之比。图中忽略了由左、右圆偏振光的折射率之差引起的椭圆旋转(旋光度)

光学活性物质对于右圆偏振光和左圆偏振光也具有不同的折射率。因此，图 9.5(B)、(C)中所示的椭圆相对于原始线偏振光束的方向将稍有旋转。这就是旋光现象，它对波长的依赖性就是旋光色散(optical rotatory dispersion，ORD)。CD 光谱和 ORD 光谱由被称为克拉默斯-克勒尼希(Kramers-Kronig)变换的广义表达式进行关联[9,10]。样品的特定吸收带对 ORD 的贡献在该吸收带的两侧具有相反的符号，并沿波长延伸远离此带。本章不再进一步详细讨论 ORD，因为它几乎没有提供额外信息，也不具有实验上的优势，并且远吸收带的重叠贡献还使光谱的解释变得复杂化。

罗森菲尔德(Rosenfeld)[11]指出，一个跃迁的旋转强度取决于其磁跃迁偶极子 $\boldsymbol{m}_{ba}$ 与电跃迁偶极子 $\boldsymbol{\mu}_{ba}$ 的点积：

$$\mathfrak{R}_{ba} = -\mathrm{Im}\left(\langle\Psi_b|\tilde{\mathrm{m}}|\Psi_a\rangle\cdot\langle\Psi_b|\tilde{\mu}|\Psi_a\rangle\right) = -\mathrm{Im}(\boldsymbol{m}_{ba}\cdot\boldsymbol{\mu}_{ba}) \tag{9.11}$$

其中，如前所述，Im(⋯)表示括号中参量的虚部。因为 $\boldsymbol{m}_{ba}\cdot\boldsymbol{\mu}_{ba}$ 为虚，所以 $\mathfrak{R}_{ba}$ 为实。

在考虑式(9.11)的推导之前，先看一下此式的含义：旋转强度取决于磁跃迁偶极子与电跃迁偶极子相互协作或对抗的程度。更准确地说，只有当 $\boldsymbol{m}_{ba}$ 和 $\boldsymbol{\mu}_{ba}$ 具有平行或反平行的分量时，$\mathfrak{R}_{ba}$ 才能不为零。这就意味着平面分子不能有 CD 信号。如果分子是平面型的，则 $\boldsymbol{\mu}_{ba}$ 必定位于该平面中而 $\boldsymbol{m}_{ba}$ 将垂直于该平面(图 9.1 和图 9.2)。因此，电、磁跃迁偶极子将彼此垂直。另一方面，在螺旋分子中，$\boldsymbol{m}_{ba}$ 和 $\boldsymbol{\mu}_{ba}$ 都可能具有沿螺旋轴的分量。这样的分子可具有非零的旋转强度，而且可以预期 $\mathfrak{R}_{ba}$ 的符号将取决于螺旋是左旋还是右旋。

更一般地，式(9.11)意味着对于吸收分子的各向同性溶液，只有该分子为手性的，才能表现出 CD，这说明它与其镜像(对映异构体)是可区分的。如果将一个分子转变成其镜像，则 $\boldsymbol{\mu}_{ba}$ 会更改符号，而 $\boldsymbol{m}_{ba}$ 不会更改，因此 $\mathfrak{R}_{ba}$ 变为$-\mathfrak{R}_{ba}$。[回顾：$\boldsymbol{m}_{ba}$ 取决于位置矢量($\boldsymbol{r}$)与每对原子的梯度算符 (∇_{st}) 矩阵元的叉积之和；将分子转换为其镜像会同时改变 $\boldsymbol{r}$ 和 ∇_{st} 的符号，故叉积符号不变。]如果原始分子和镜像无法区分，则 $\mathfrak{R}_{ba}$ 必定等于$-\mathfrak{R}_{ba}$，这只有当 $\mathfrak{R}_{ba}$ 为零时才成立。特别地，手性要求分子不具有对称面或反演中心，因为具有任一个这些对称元素的分子都与其镜像重叠。现代量子化学方法已经能够通过比较计算所得和测量所得的 CD 来确定中等大小的有机分子的绝对立体构型[12-16]。

只有手性分子可以是光学活性的，这个原理在各向异性体系中不一定适用。在溶液中无法区分的分子可以通过它们在某些晶体形式中的固定取向来区分。因此，当沿着特定的晶体轴照射时，非手性材料的晶体可以表现出光学活性。这类光学活性首先出现在 $AgGaS_2$ 和 $CdGa_2S_4$ 等晶体中[17,18]，并已在包括季戊四醇[$C(CH_2OH)_4$]在内的其他一些非手性材料中得到了证实[19]。然而，若线二色性很强(这在晶体中是很典型的)，则光学活性很难被测量。

式(9.11)还告诉我们，只有当 $\langle\psi_b|\tilde{\mu}|\psi_a\rangle$ 不为零时，分子才能有 CD。此外，单个分子的 CD 光谱将具有与吸收光谱大致相同的谱型，尽管其绝对幅度要小得多。CD 光谱在这方面不同于旋光色散(ORD)光谱，后者反映了右圆偏振光与左圆偏振光的折射率之间的差异(专栏 9.2)。

如前几章所述，始态的波函数写在式(9.11)中矩阵元的右侧，而终态的波函数写在左侧。对于电偶极算符，这个顺序并不重要，因为 $\langle\psi_b|\tilde{\mu}|\psi_a\rangle=\langle\psi_a|\tilde{\mu}|\psi_b\rangle$，但对于磁偶极算符则不是这种情况。在这里，互换轨道会改变积分的符号。由于 $\langle\psi_b|\tilde{m}|\psi_a\rangle=-\langle\psi_a|\tilde{m}|\psi_b\rangle$，故罗森菲尔德公式[式(9.11)]也可以写成

$$\mathfrak{R}_{ba}=\mathrm{Im}(\langle\Psi_a|\tilde{m}|\Psi_b\rangle\cdot\langle\Psi_b|\tilde{\mu}|\Psi_a\rangle)=\mathrm{Im}(\boldsymbol{m}_{ab}\cdot\boldsymbol{\mu}_{ba}) \tag{9.12}$$

要导出罗森菲尔德公式，必须考虑圆偏振光的电场和磁场的关联时间依赖性。对于沿 z 轴传播的光，其电场可以写为

$$\boldsymbol{E}_{\pm}(t)=2I_{\mathrm{c}}[\cos(2\pi\nu t)\hat{x}\pm\sin(2\pi\nu t)\hat{y}] \tag{9.13a}$$

$$=I_{\mathrm{c}}\{[\exp(2\pi i\nu t)+\exp(-2\pi i\nu t)]\hat{x}\mp i[\exp(2\pi i\nu t)-\exp(-2\pi i\nu t)]\hat{y}\} \tag{9.13b}$$

其中 I_{c} 是一个标量，取决于光强和局域场校正，$\hat{x}$ 和 $\hat{y}$ 是 x 和 y 方向上的单位矢量。$\boldsymbol{E}_+$代表左圆偏振；$\boldsymbol{E}_-$ 为右圆偏振(图 3.9)。类似地

$$\boldsymbol{B}_{\pm}(t)=2B_{\mathrm{c}}[-\cos(2\pi\nu t)\hat{y}\pm\sin(2\pi\nu t)\hat{x}] \tag{9.14a}$$

$$=B_{\mathrm{c}}\{-[\exp(2\pi i\nu t)+\exp(-2\pi i\nu t)]\hat{y}\mp i[\exp(2\pi i\nu t)-\exp(-2\pi i\nu t)]\hat{x}\} \tag{9.14b}$$

其中 B_{c} 是磁场的标量幅度。电场和磁场相互垂直，并且一起绕 z 轴以频率 ν 旋转。

现在考虑分子的各向同性溶液，其电子态为 a 和 b。如果分子在零时刻处于态 $a[C_a(0)=1，C_b(0)=0]$，则根据式(2.62)，圆偏振光的照射将使 C_b 随时间增长，其中 $\tilde{\mathrm{H}}'$ 由式(9.1)给出，$\boldsymbol{E}(t)$和 $\boldsymbol{B}(t)$则由式(9.13a，b)和式(9.14a，b)给出。采用类似式(4.7)的推导，可以获得 $C_b(\tau)$的表达式，其中包含 $E_b > E_a$(吸收)和 $E_b < E_a$ (受激发射)的分离项。对于在时间 τ 的吸收，结果如下：

$$C_b^{\pm}(\tau)=\left\{\frac{\exp[i(E_b-E_a-h\nu)\tau/\hbar]}{E_b-E_a-h\nu}\right\}(I_{\mathrm{c}}\mu_{ba}^x\hat{x}\pm iI_{\mathrm{c}}\mu_{ba}^y\hat{y}-B_{\mathrm{c}}m_{ba}^y\hat{y}\pm iB_{\mathrm{c}}m_{ba}^x\hat{x}) \tag{9.15}$$

其中 μ_{ba}^x 和 μ_{ba}^y 是$\boldsymbol{\mu}_{ba}$ 的 x 和 y 分量，m_{ba}^x 和 m_{ba}^y 是 $\boldsymbol{m}_{ba}$ 的 x 和 y 分量。现在需要得到 $C_b^{\pm}(\tau)$ 的复共轭(回顾：$\boldsymbol{m}_{ba}$ 的复共轭为$-\boldsymbol{m}_{ba}$)，并在一个频率范围对乘积 $C_b^{\pm*}(\tau)C_b^{\pm}(\tau)$ 进行积分，如同式(4.8a)～式(4.8c)那样(专栏 4.4)。这就给出

$$\begin{aligned}&\int_0^{\infty}C_b^{\pm*}(\tau)C_b^{\pm}(\tau)\rho_{\nu}(\nu)\mathrm{d}\nu\\&=[\rho_{\nu}(\nu)\tau/\hbar^2][I_{\mathrm{c}}\mu_{ba}^x\hat{x}\mp iI_{\mathrm{c}}\mu_{ba}^y\hat{y}+B_{\mathrm{c}}m_{ba}^y\hat{y}\pm iB_{\mathrm{c}}m_{ba}^x\hat{x}][I_{\mathrm{c}}\mu_{ba}^x\hat{x}\pm iI_{\mathrm{c}}\mu_{ba}^y\hat{y}-B_{\mathrm{c}}m_{ba}^y\hat{y}\pm iB_{\mathrm{c}}m_{ba}^x\hat{x}]\\&=[\rho_{\nu}(\nu)\tau/\hbar^2]\left[I_{\mathrm{c}}^2\left(\left|\mu_{ba}^x\right|^2+\left|\mu_{ba}^y\right|^2\right)+B_{\mathrm{c}}^2\left(\left|m_{ba}^x\right|^2+\left|m_{ba}^y\right|^2\right)\mp 2I_{\mathrm{c}}B_{\mathrm{c}}\mathrm{Im}(\mu_{ba}^x m_{ba}^x+\mu_{ba}^y m_{ba}^y)\right]\end{aligned} \tag{9.16}$$

对分子轴的所有取向求平均，则上式变为

$$\overline{\int_0^{\infty}C_b^{\pm*}(\tau)C_b^{\pm}(\tau)\rho_{\nu}(\nu)\mathrm{d}\nu}=\frac{2\rho_{\nu}(\nu)\tau}{3\hbar^2}[I_{\mathrm{c}}^2\left|\boldsymbol{\mu}_{ba}\right|^2+B_{\mathrm{c}}^2\left|\boldsymbol{m}_{ba}\right|^2\mp 2I_{\mathrm{c}}B_{\mathrm{c}}\mathrm{Im}(\boldsymbol{\mu}_{ba}\cdot\boldsymbol{m}_{ba})] \tag{9.17}$$

在式(9.17)中，包含$\left|\boldsymbol{\mu}_{ba}\right|^2$ 和$\left|\boldsymbol{m}_{ba}\right|^2$ 的项分别表示电偶极强度和磁偶极强度。这些项均为正，无论光是左圆偏振还是右圆偏振。但是，包含点积 $\boldsymbol{\mu}_{ba}\cdot\boldsymbol{m}_{ba}$ 的项，在式(9.17)中对于右圆偏振取正号，对于左圆偏振则取负号。因此，左、右圆偏振光的吸收率之差正比于$-[8\rho_{\nu}(\nu)\tau/3\hbar^2]I_{\mathrm{c}}B_{\mathrm{c}}\mathrm{Im}(\boldsymbol{\mu}_{ba}\cdot\boldsymbol{m}_{ba})$。类似在获得式(4.16a)和式(4.16b)时所做的那样，求得因子$\rho_{\nu}(\nu)$、I_{c}和 B_{c} 就给出式(9.9a)、式(9.9b)和罗森菲尔德公式[式(9.11)]。

9.3 二聚体与较大低聚物的圆二色性

二聚体和较大低聚物通常表现出相对较强的 CD 信号，即使其单体分子并不如此[13, 20-25]。为了解其 CD 是如何产生的，可以如同式(8.17)和式(8.19)那样，用各个分子激发态的线性组合来描述低聚物的激发态：

$$\Psi_B=\sum_n\sum_b C_{b(n)}^B\ {}^1\psi_{ba(n)} \tag{9.18}$$

则低聚物的电、磁跃迁偶极子可以写成

$$\boldsymbol{\mu}_{BA}=\sum_n\sum_b C_{b(n)}^B\ \boldsymbol{\mu}_{ba(n)} \tag{9.19}$$

和

$$\boldsymbol{m}_{BA}=\sum_n\sum_b C_{b(n)}^B\ \boldsymbol{m}_{ba(n)} \tag{9.20}$$

其中 $\boldsymbol{\mu}_{ba(n)}$和 $\boldsymbol{m}_{ba(n)}$分别是使低聚物的亚单元 n 从其基态(a)激发至激发态(b)的电跃迁偶极子和磁跃迁偶极子。罗森菲尔德公式[式(9.11)]则给出低聚物激子带的旋转强度：

$$\mathfrak{R}_{BA} = -\mathrm{Im}(\boldsymbol{m}_{BA} \cdot \boldsymbol{\mu}_{BA}) \tag{9.21}$$

按照在式(9.5a)～式(9.7)中所采用的步骤，可将亚单元 n 中电子 i 的位置矢量[$\boldsymbol{r}_{i(n)}$]分为两部分来求亚单元的磁跃迁偶极子：

$$\boldsymbol{r}_{i(n)} = \boldsymbol{R}_n + \boldsymbol{r}_i' \tag{9.22}$$

这里 $\boldsymbol{R}_n$ 是从坐标系原点到该亚单元 n 中心的矢量，$\boldsymbol{r}_i'$ 是从该亚单元中心到电子位置的矢量(图 9.6)。通过 $\boldsymbol{r}_{i(n)}$的分解，$\boldsymbol{m}_{ba(n)}$变为两项之和：

$$\boldsymbol{m}_{ba(n)} = (e/2mc)\langle \psi_{b(n)} | \boldsymbol{r}_{i(n)} \times \tilde{\mathrm{p}} | \psi_{a(n)} \rangle \tag{9.23a}$$

$$= (e/2mc)\langle \psi_{b(n)} | \boldsymbol{R}_n \times \tilde{\mathrm{p}} | \psi_{a(n)} \rangle + (e/2mc)\langle \psi_{b(n)} | \boldsymbol{r}_i' \times \tilde{\mathrm{p}} | \psi_{a(n)} \rangle \tag{9.23b}$$

$$= (e/2mc)\boldsymbol{R}_n \times \langle \psi_{b(n)} | \tilde{\mathrm{p}} | \psi_{a(n)} \rangle + \boldsymbol{m}_{ba(n)}' \tag{9.23c}$$

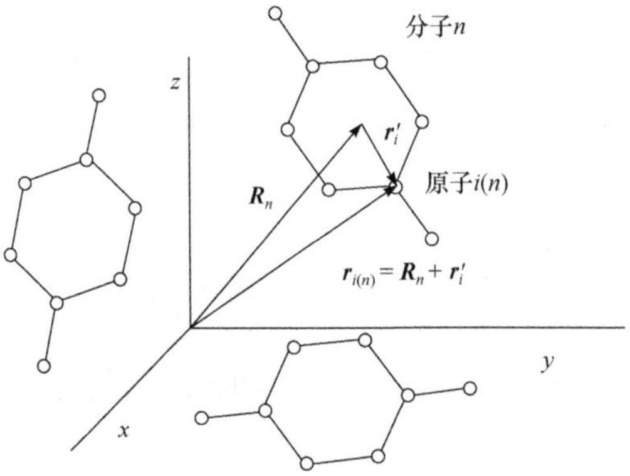

图 9.6 低聚物亚单元 n 中电子 i 的位置矢量 $\boldsymbol{r}_{i(n)}$是坐标系原点到该亚单元中心的矢量($\boldsymbol{R}_n$)与该亚单元中心到电子 i 位置的矢量($\boldsymbol{r}_i'$) 之和

根据式(9.20)和式(9.23c)，低聚物的磁跃迁偶极子为

$$\boldsymbol{m}_{BA} = \sum_n \sum_b C_{b(n)}^B [\boldsymbol{m}_{ba(n)}' + (e/2mc)\boldsymbol{R}_n \times \langle \psi_{b(n)} | \tilde{\mathrm{p}} | \psi_{a(n)} \rangle] \tag{9.24}$$

该表达式中的 $\boldsymbol{m}_{ba(n)}'$ 项是亚单元 n 的内禀性质，与该分子在低聚物中的位置无关。$(e/2mc)\boldsymbol{R}_n \times \langle \psi_{b(n)} | \tilde{\mathrm{p}} | \psi_{a(n)} \rangle$项则取决于单体 n 在低聚物中的位置和取向。

如果将分子轨道 $\psi_{b(n)}$ 和 $\psi_{a(n)}$ 写成原子轨道的线性组合[专栏 4.11；式(9.5a)～式(9.7)]，则可以直接从这些分子轨道求出式(9.24)中的积分 $\langle \psi_{b(n)} | \tilde{\mathrm{p}} | \psi_{a(n)} \rangle$。或者，可以利用下述表达式从电跃迁偶极子求出这个积分

$$\langle \psi_{b(n)} | \tilde{\mathrm{p}} | \psi_{a(n)} \rangle = [-2\pi imc / e\lambda_{ba(n)}] \langle \psi_{b(n)} | \tilde{\mu} | \psi_{a(n)} \rangle \tag{9.25}$$

其中 $\lambda_{ba(n)}$是单体吸收带的波长。如果不能精确地确定轨道，则此表达式很有用，这是因为电跃迁偶极子的大小可以通过测量偶极强度的实验获得。式(9.25)直接从以下关系式得出：

$$\langle \psi_b | \tilde{\nabla} | \psi_a \rangle = -[(E_b - E_a)m / \hbar^2 e] \langle \psi_b | \tilde{\mu} | \psi_a \rangle \tag{9.26}$$

此式在第 4 章[式(4.27)；专栏 4.10]中已讨论过。

将式(9.25)代入式(9.24)，得到

$$\boldsymbol{m}_{BA}=\sum_{n}\sum_{b}C_{b(n)}^{B}\{\boldsymbol{m}'_{ba(n)}-[i\pi/\lambda_{ba(n)}]\boldsymbol{R}_n\times\boldsymbol{\mu}_{ba(n)}\}\tag{9.27}$$

对于具有一个激发态的等同分子二聚体，通过式(9.18)、式(9.19)和式(9.27)可得出其两个激子带的以下结果：

$$\boldsymbol{\mu}_{BA\pm}=2^{-1/2}[\boldsymbol{\mu}_{ba(1)}\pm\boldsymbol{\mu}_{ba(2)}]\tag{9.28}$$

$$\boldsymbol{m}_{BA\pm}=2^{-1/2}[\boldsymbol{m}'_{ba(1)}\pm\boldsymbol{m}'_{ba(2)}]-(i\pi/\sqrt{2}\lambda_{ba})[\boldsymbol{R}_1\times\boldsymbol{\mu}_{ba(1)}\pm\boldsymbol{R}_2\times\boldsymbol{\mu}_{ba(2)}]\tag{9.29}$$

及

$$\begin{aligned}\Re_{BA\pm}&=-\mathrm{Im}(\boldsymbol{m}_{BA\pm}\cdot\boldsymbol{\mu}_{BA\pm})\\&=-\frac{1}{2}\mathrm{Im}[\boldsymbol{m}'_{ba(1)}\cdot\boldsymbol{\mu}_{ba(1)}+\boldsymbol{m}'_{ba(2)}\cdot\boldsymbol{\mu}_{ba(2)}]\\&\mp\frac{1}{2}\mathrm{Im}[\boldsymbol{m}'_{ba(1)}\cdot\boldsymbol{\mu}_{ba(2)}+\boldsymbol{m}'_{ba(2)}\cdot\boldsymbol{\mu}_{ba(1)}]\\&\pm(\pi/2\lambda_{ba})(\boldsymbol{R}_2-\boldsymbol{R}_1)\cdot[\boldsymbol{\mu}_{ba(2)}\times\boldsymbol{\mu}_{ba(1)}]\end{aligned}\tag{9.30}$$

这里的±符号是指两个单体激发态的对称和反对称组合，如式(8.11)和式(8.16)所示：正号用于 Ψ_{B+}，负号用于 Ψ_{B-}。在推导式(9.30)时利用了以下结果，即交换三重积 $\boldsymbol{c}\cdot\boldsymbol{a}\times\boldsymbol{b}$ 中任意两个矢量的顺序将改变此积的符号，以及如果其中任意两个矢量平行，则此积为零(见附录 A.1)。

式(9.30)表明，一个二聚体的旋转强度有三项贡献，$\Re_{\text{mon}}$、$\Re_{\text{e-m}}$ 和 $\Re_{\text{ex}}$：

$$\Re_{\text{mon}}=-\frac{1}{2}\mathrm{Im}[\boldsymbol{m}'_{ba(1)}\cdot\boldsymbol{\mu}_{ba(1)}+\boldsymbol{m}'_{ba(2)}\cdot\boldsymbol{\mu}_{ba(2)}]\tag{9.31a}$$

$$\Re_{\text{e-m}}=\mp\frac{1}{2}\mathrm{Im}[\boldsymbol{m}'_{ba(1)}\cdot\boldsymbol{\mu}_{ba(2)}+\boldsymbol{m}'_{ba(2)}\cdot\boldsymbol{\mu}_{ba(1)}]\tag{9.31b}$$

$$\Re_{\text{ex}}=\pm(\pi/2\lambda_{ba})(\boldsymbol{R}_2-\boldsymbol{R}_1)\cdot[\boldsymbol{\mu}_{ba(2)}\times\boldsymbol{\mu}_{ba(1)}]\tag{9.31c}$$

$\Re_{\text{mon}}$ 就是各个分子内禀旋转强度之和，每个亚单元的贡献被 $\Psi_{B\pm}$ 中相应系数的平方加权。假设分子间的相互作用不影响单个分子的磁、电跃迁偶极子，则这一项有时被称为“单电子”贡献，且与两个分子在二聚体中的相对排布方式无关。但是，它能反映二聚体中静电环境对 $\boldsymbol{\mu}_{ba}$ 或 $\boldsymbol{m}'_{ba}$ 的微扰。

第二项 $\Re_{\text{e-m}}$ 反映了一个分子的电跃迁偶极子与另一个分子的磁跃迁偶极子之间的耦合。它被称为电磁耦合项。

最后，激子或耦合振子项 $\Re_{\text{ex}}$ 取决于两个电跃迁偶极子，也取决于二聚体的几何结构。可以更简洁地将这一项写为

$$\Re_{\text{ex}}=\pm(\pi/2\lambda_{ba})\boldsymbol{R}_{21}\cdot\boldsymbol{\mu}_{ba(2)}\times\boldsymbol{\mu}_{ba(1)}\tag{9.32a}$$

$$=\pm(\pi/2\lambda_{ba})|\boldsymbol{R}_{21}|D_{ba}\sin\theta\cos\phi\tag{9.32b}$$

其中 $\boldsymbol{R}_{21}$ 是从分子 1 的中心到分子 2 的中心的矢量，D_{ba} 是单体吸收带的偶极强度，θ 是 $\boldsymbol{\mu}_{ba(1)}$ 和 $\boldsymbol{\mu}_{ba(2)}$ 之间的夹角，ϕ 是 $\boldsymbol{R}_{21}$ 与 $\boldsymbol{\mu}_{ba(1)}$ 和 $\boldsymbol{\mu}_{ba(2)}$ 的叉积之间的夹角。如果 $|\boldsymbol{R}_{21}|$ 和 λ_{ba} 以相同的单位(如 Å)给出，跃迁偶极子以 deb 表示，则

$$\Re_{\text{ex}}\approx\pm(171/\lambda_{ba})\boldsymbol{R}_{21}\cdot\boldsymbol{\mu}_{ba(2)}\times\boldsymbol{\mu}_{ba(1)}\quad(\text{deb}\cdot\mu_{\text{B}})\text{deb}^{-2}\tag{9.33}$$

对于电子允许的跃迁，由于偶极强度 D_{ba} 通常比 $\mathrm{Im}[\boldsymbol{m}'_{ba(1)}\cdot\boldsymbol{\mu}_{ba(1)}+\boldsymbol{m}'_{ba(2)}\cdot\boldsymbol{\mu}_{ba(2)}]$ 或 $\mathrm{Im}[\boldsymbol{m}'_{ba(1)}\cdot\boldsymbol{\mu}_{ba(2)}+\boldsymbol{m}'_{ba(2)}\cdot\boldsymbol{\mu}_{ba(1)}]$ 大很多，所以 $\Re_{\mathrm{ex}}$ 比 $\Re_{\mathrm{mon}}$ 和 $\Re_{\mathrm{e\text{-}m}}$ 更占主导。如果单个分子没有光学活性，则 $\Re_{\mathrm{mon}}$ 为零，而 $\Re_{\mathrm{ex}}$ 不需要其中任一个分子有光学活性。但是，如式(9.32b)所示，$\Re_{\mathrm{ex}}$ 对二聚体的几何结构极为敏感。如果三个矢量[$\boldsymbol{\mu}_{ba(1)}$、$\boldsymbol{\mu}_{ba(2)}$和 $\boldsymbol{R}_{21}$]中的任意两个平行，或者所有三个矢量都位于同一平面上，则 $\Re_{\mathrm{ex}}$ 将为零。

式(9.30)、式(9.32a)和式(9.32b)表明 $\Re_{\mathrm{ex}}$ 对二聚体的两个激子带的贡献大小相等、符号相反[图 9.7(B)]。这不同于两个激子带的偶极强度，后者总为正但大小可能存在很大差异[式(8.16c)和式(8.16d)；图 8.4 和图 9.7(A)]。

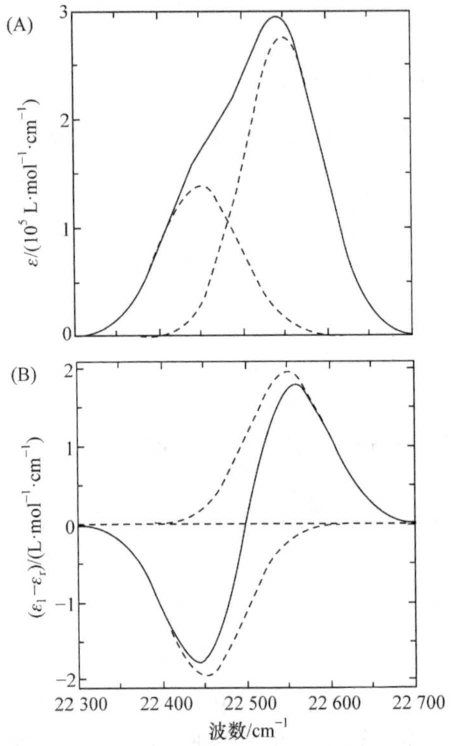

图 9.7 $\Re_{\mathrm{ex}}$ 对二聚体的激子带的旋转强度贡献是相反的。(A)中的虚线表示二聚体的激子吸收带；实线是总吸收光谱。在(B)中，虚线是两个谱带的圆二色(CD)光谱，实线是总的 CD 光谱。光谱来自一个同分二聚体，其 $D_{ba(1)}=D_{ba(2)}=10\ \mathrm{deb}^2$，$|\boldsymbol{R}_{21}|=7\ \text{Å}$，$\theta=71°$，$\alpha=\beta=90°$(图 7.2)且 $\lambda_{ba}=4444\ \text{Å}$。此几何结构使得 H_{21} 为正(在点偶极子近似下 $H_{21}=50\ \mathrm{cm}^{-1}$)，并给予 Ψ_{B+} 激子带较高的跃迁能、较大的偶极强度和正的旋转强度。为了便于说明，假设激子带具有任意宽度的高斯峰型

$\Re_{\mathrm{e\text{-}m}}$ 与 $\Re_{\mathrm{ex}}$ 一样，对两个激子带贡献的旋转强度也是大小相等但符号相反，而 $\Re_{\mathrm{mon}}$ 对两个激子带的贡献则具有相同的符号。相应激子带的正负旋转强度保持平衡的 CD 光谱称为守恒型光谱。而非守恒型 CD 光谱反映的或者是来自 $\Re_{\mathrm{mon}}$ 的显著贡献，或者是与其他能量更高或更低的激发态的混合。如果将总的旋转强度从 $\nu=0$ 到∞进行积分，从而涵盖了从基态到完整激发态集合的所有激发，那么此积分必定为零[26]。在第 8 章中已看到吸收光谱有类似的总和规则：电子从基态激发到二聚体的所有可能激发态的偶极强度之和等于两个单体的偶极强度之和。

根据式(9.32a)、式(9.32b)和式(9.33)，$|\Re_{\mathrm{ex}}|$ 随 $|\boldsymbol{R}_{21}|$ 线性且无限地增大。这似乎与直觉相反。如果两个分子相距较远，那么它们之间的相互作用所产生的旋转强度怎么可能还是很大呢？

而且，所观察到的 CD 谱带强度也并非如此。谱带在$|\boldsymbol{R}_{21}|$较大时趋于零，因为两个带的符号相反，并且带间距$(2H_{21})$按$|\boldsymbol{R}_{21}|^{-3}$而减小[式(7.17)；图 7.5]。当分子相距很远时，两个重叠带的相反旋转强度将彼此抵消。图 9.8 说明了这一点。在所示例子中，净 CD 信号随着$|\boldsymbol{R}_{21}|$从 7～10 Å 增加而增大[图 9.8(A)]，然后在该距离更大时则逐渐减小[图 9.8(B)]。

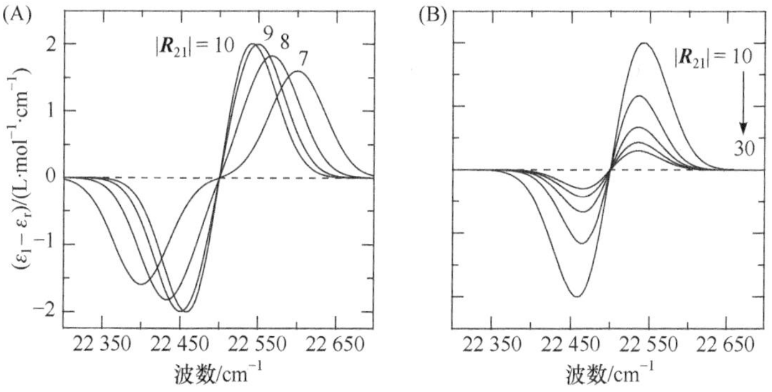

图 9.8 计算所得的同分二聚体的激子 CD 光谱，其中$|\boldsymbol{R}_{21}|$= 7、8、9 或 10 Å(A)和 10、15、20、25 或 30 Å(B)。除了距离变量$|\boldsymbol{R}_{21}|$之外，二聚体的几何参数同图 9.7；偶极强度为 20 deb^2。谱带以任意宽度的高斯峰型给出。对$|\boldsymbol{R}_{21}|$= 7 Å、10 Å 和 30 Å，H_{21}(在点偶极子近似下)分别为 100 cm^{-1}、34 cm^{-1} 和 1.3 cm^{-1}，而 $\mathfrak{R}_{ex}$ = 5.0、7.1 和 21.4 deb · μ_B

考察图 9.8(B)表明，当两个激子带重叠时，正 CD 峰和负 CD 峰的位置对$|\boldsymbol{R}_{21}|$不太敏感。这就指出了解释实验 CD 光谱的一个普遍问题：结构不同的复合物会表现出相似的光谱。若与更高的激发态(如不止一个单体单元被激发的态)进行混合，则 CD 光谱也会变得复杂化。由于这些原因，并且由于激子相互作用矩阵元的计算中所存在的不确定性，试图主要基于 CD 光谱来推导低聚物结构时必须谨慎。然而，在涵盖几个吸收带的区域内同时对 CD 和吸收光谱进行测量可以提供更多信息，或许能以较好的可信度排除某些可能的结构。

9.4 蛋白质与核酸的圆二色性

蛋白质位于 180～230 nm 的 CD 主要来自多个肽基团的耦合跃迁。因为耦合强烈依赖于这些基团的相对位置与方向，所以 CD 为蛋白质的二级结构提供了敏感探针[13, 25, 27-34]。常见的应用包括关于蛋白质的折叠或解折叠以及配体结合引起的构象变化等的测量[30-32, 35, 36]。

通过研究在不同 pH、离子强度和温度下具有不同结构的多肽，并通过分解一些具有已知晶体结构的蛋白质的 CD 光谱，已经获得了代表α螺旋、β折叠和无序(“无规卷曲”)等构象的圆二色光谱[27, 28]。图 9.9(B)说明了第一种方法，图 9.9(C)则说明了第二种方法。蛋白质中的右手α螺旋结构元通常在 190 nm 处有一个旋转强度为正的 CD 带，在 205 nm 和 222 nm 附近有旋转强度为负的多带，而β折叠在 195 nm 附近有一个正带，在 215 nm 处具有一个负带。无规卷曲的光谱也很特别，在 210 nm 的蓝侧有负 CD 峰，在其红侧则有正 CD 峰。聚(脯氨酸)-Ⅰ结构(一个具有顺式肽键的右手螺旋，且仅在相对非极性的溶剂中才稳定存在)在 215 nm 处给出一个正 CD 峰，而在 200 nm 附近给出一个较弱负峰；而聚(脯氨酸)-Ⅱ(一个具有反式肽键的左手螺旋，在水中具有更稳定的结构)则在 205 nm 附近给出一个较宽的负带[37-39]。

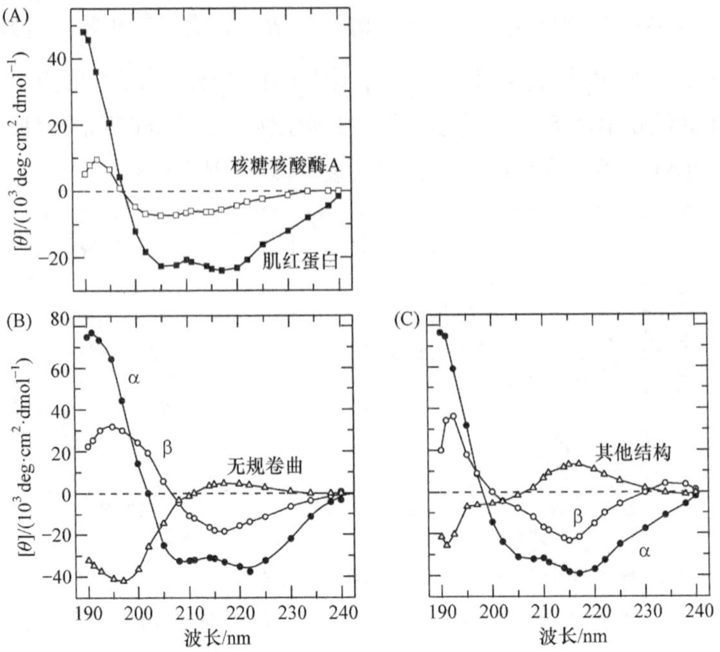

图 9.9 (A)肌红蛋白(实心符号)和核糖核酸酶 A(空心符号)的 CD 光谱。在晶体结构中，肌红蛋白由大约 71%的α螺旋和 29%的其他二级结构(如转角)组成，不含 β 折叠。核糖核酸酶 A 具有大约 12%的α螺旋、36%的β折叠和 52%的“其他结构”。(B)在使多肽采取α螺旋(实心圆)、β折叠(空心圆)或无规卷曲(三角形)结构条件下聚赖氨酸的 CD 光谱。在 pH 11.1、22℃时得到α螺旋；在相同 pH 但加热至 52℃后重新冷却至 22℃得到β折叠；在 pH 5.7 时得到无规卷曲。(在低 pH 时，带正电荷的 Lys 侧链的静电相互作用可防止多肽堆积成紧密结构。)(C)α螺旋(实心圆)、β折叠(空心圆)和其他(三角形)二级结构的 CD 基元谱，通过拟合观察到的肌红蛋白、核糖核酸酶 A 和溶菌酶的光谱得到。(与肌红蛋白和核糖核酸酶 A 相比，溶菌酶具有中等含量的α螺旋和β折叠。)(A)改编自文献[64]和[28]。(B)改编自文献[27]。(C)改编自文献[28]

除了含许多芳香族氨基酸的多肽之外，含有 10 个以上氨基酸残基的α螺旋多肽的 CD 光谱相对而言不再依赖于具体的氨基酸组成[31]。最少 2～3 匝的螺旋(7～11 个残基)足以产生一张典型光谱[40]。β 折叠结构的 CD 光谱更具可变性，这可能主要是由于其扭曲程度的不固定[40]。β 转角也具有易变的光谱。

将观察到的 CD 光谱拟合为图 9.9(B)、(C)所示的基元谱之和，就可以估计各种二级结构元对一个未知结构蛋白质的贡献[27-29, 41-44]。已有一个网络服务器可提供各种相关的分析算法[33, 45]。

由于每个肽基团在 125～210 nm 具有五个不太好分辨的 $\pi\to\pi^*$或 $n\to\pi^*$跃迁(表 9.1)，因此试图从第一性原理预测蛋白质的 CD 光谱变得有些复杂。最强的 $\pi\to\pi^*$跃迁发生在 190 nm 附近，其偶极强度约为 9 deb^2。最低的能级跃迁是始于非键 2p 氧轨道的 $n\to\pi^*$跃迁。如上所述，这个跃迁基本上没有电偶极强度，但却是被磁跃迁偶极子所微弱允许的；它可以通过与相邻残基的 $\pi\to\pi^*$跃迁发生激子相互作用而获得偶极强度。这个跃迁在α螺旋蛋白的紫外吸收光谱中表现为 230 nm 附近的一个极弱肩峰[46, 47]。

在简单的α螺旋模型中，预测的肽基团 $\pi\to\pi^*$跃迁可产生三个主要的激子带：一个在 205 nm 附近的负 CD 带，以及两个在较短波长处的正 CD 带[6, 21, 48-51]。在 205 nm 附近的谱带应该平行于螺旋轴而极化，而两个较高能带均应垂直于此轴而极化。若与较高能量的 $\pi\to\pi^*$和 $n\to\pi^*$

跃迁发生混合，可预计其中一个垂直极化带分化为一个复合带，其正 CD 在红端，负 CD 在蓝端。而与 π→π*跃迁的激子相互作用，可预计其肽基团的低能量 n→π*跃迁会获得偶极强度，从而在 220 nm 附近给出一个吸收带并具有负 CD。图 9.10(A)显示了计算所得的各个谱带对α螺旋聚 L-丙氨酸的 CD 光谱的贡献，图 9.10(B)则给出了总的理论光谱与测得的 CD 光谱的比较[49]。可见，预测光谱和观察光谱的一致性相当好。

在 β 折叠中，可预计 π→π*跃迁的激子相互作用会在 200 nm 附近产生一个正旋转强度的谱带，并在较短波长处产生一个负旋转强度的谱带。同样可预计 n→π*跃迁将通过与 π→π*跃迁的混合获得偶极强度，并在 215 nm 附近给出一个负 CD 谱带。然而，富含β折叠的蛋白质的光谱理论计算通常不如主要为α螺旋蛋白质的计算光谱那样令人满意[6, 40, 48-50, 52]，这可能是因为 β 折叠的计算光谱对折叠的扭曲非常敏感。

色氨酸侧链的激子相互作用可以在 220 nm 附近产生成对的 CD 谱带，并在近紫外区产生较弱的谱带[53, 54]。220 nm 附近的谱带源自吲哚的 ^1B_b 跃迁。肽跃迁与色氨酸和酪氨酸侧链跃迁的耦合也对蛋白质的 CD 光谱有显著贡献[44, 55, 56]。

DNA 和 RNA 的圆二色光谱也显著依赖于分子结构。如图 9.11 所示，B-型 DNA 通常在 185 nm 附近有一个正旋转强度的 CD 带，在 200 nm 和 250 nm 区域有负带，而 Z-型 DNA 在 180 nm 和 260 nm 处有正带，在 195 nm 和 290 nm 处有负带。

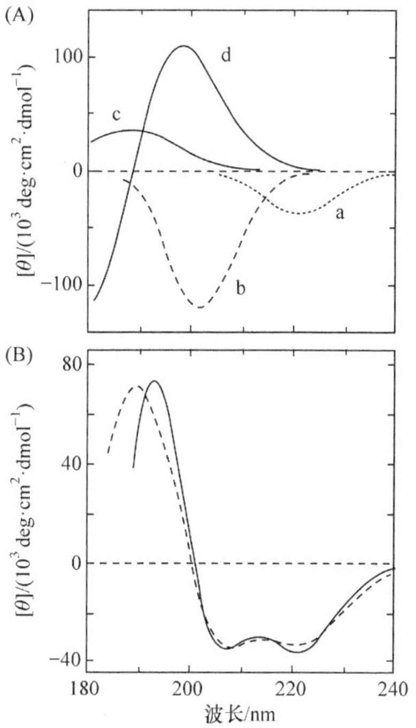

图 9.10 (A)计算所得的α螺旋聚 L-丙氨酸的 CD 光谱中，分别来自能量最低的 n→π*跃迁(a)、平行于螺旋轴极化的 π→π*跃迁(b)和垂直于螺旋轴极化的 π→π*跃迁(c 和 d)的贡献。(B)计算所得的总光谱(虚线)和测得的 CD 光谱(实线)。计算谱带的线宽有所调整以优化计算光谱与测量光谱的一致性。改编自文献[49]

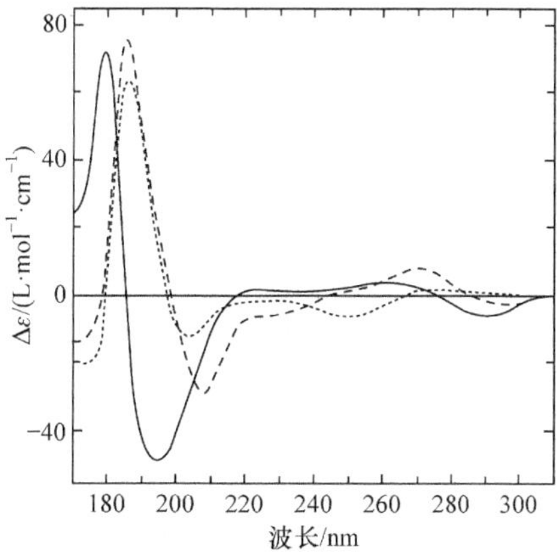

图 9.11 三种不同螺旋构型的双链聚[d(G-C)]的圆二色光谱[65]。点线为 B-型(10 mmol · L^{-1} 磷酸盐)；虚线为 A-型(0.67 mmol · L^{-1} 磷酸盐，80%三氟乙醇)；实线为 Z-型(10 mmol · L^{-1} 磷酸盐，2 mol · L^{-1} $NaClO_4$)。纵坐标的标尺是左圆偏振光和右圆偏振光的摩尔吸光系数之差($\varepsilon_l-\varepsilon_r$)的平均；此处的摩尔浓度为核苷酸碱基对的浓度

9.5 磁圆二色性

尽管只有手性分子具有内禀圆二色性，但几乎所有物质都可以通过置于磁场中而表现出CD。磁圆二色性(magnetic circular dichroism，MCD)是在沿测量光束的轴向施加一个磁场时，由左、右圆偏振光测得的吸光系数之差。MCD 是塞曼效应的一种体现，亦即由磁场引起的跃迁能级的偏移。像普通 CD 一样，MCD 是一个弱效应。但是，它对于探测金属蛋白中 Fe 及其他金属的结合位点特别有用。

MCD 的物理起源已由 Stephens 进行了详细讨论[57, 58]。可以用 2s→2p 原子跃迁来说明其原理。施加的磁场会改变三个 p 轨道的相对能量，因为这些轨道沿磁场轴向具有不同的角动量，所以具有不同的磁矩。轨道角动量的大小为

$$|\boldsymbol{L}| = \sqrt{l(l+1)}\hbar \tag{9.34}$$

其中 l 是角量子数(2.3.4 节)，且平行于磁场的角动量分量对于 $l=1$ 和 m_l(磁量子数)$=-1$、0 或 1 时，分别取值为 $L_z=-\hbar$、0 或 $+\hbar$。沿 z 轴的磁场 $\boldsymbol{B}$ 使 p_+ 轨道的能量升高$(-e/2m)|\boldsymbol{B}|\hbar$，并使 p_- 降低相同的量(图 9.12)。在 1 T 的场强下，p_+ 和 p_- 之间的能量差为 0.5 cm^{-1}。$l=0$ 的 2s 轨道没有轨道角动量且不受磁场的影响。

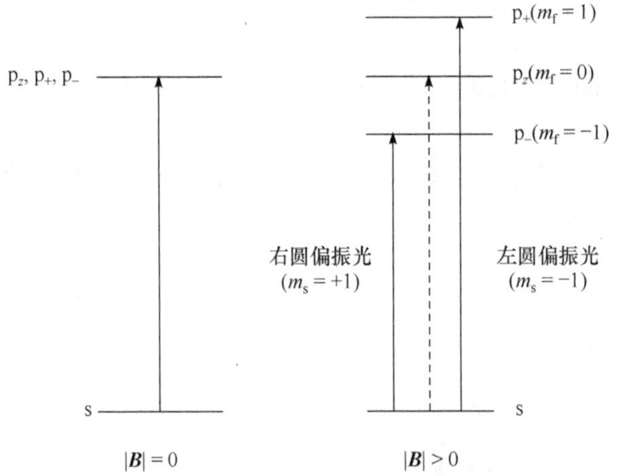

图 9.12 左：在没有磁场($|\boldsymbol{B}|=0$)的情况下，三个 2p 原子轨道是简并的。右：沿 z 轴的磁场($|\boldsymbol{B}|>0$)将 p 轨道分裂为不同的能级，但对 s 轨道没有影响。为了保持角动量守恒，沿 z 轴传播的光在激发 $2s \rightarrow 2p_-$ 时需要右圆偏振光；而在激发 $2s \rightarrow 2p_+$ 时需要左圆偏振光。$2s \rightarrow 2p_z$ 激发是 z-极化的，且对于沿此方向传播的光是禁阻的

为使角动量在电子被激发后保持守恒，轨道角动量的变化必须与光子所贡献的角动量相匹配。(此处仍然假设在激发期间电子自旋不发生变化。)沿 z 轴传播的右圆偏振光在此轴上的角动量为 $+\hbar$，而左圆偏振光的角动量为 $-\hbar$。这意味着右圆偏振光将驱动从 2s 到 $2p_-$轨道的激发，而左圆偏振光将驱动从 2s 到 $2p_+$轨道的激发(图 9.12)。在没有磁场的情况下，2s→2p 吸收带没有净 CD 信号，因为向 $2p_+$ 和 $2p_-$ 的跃迁是简并的。而在有磁场的情况下，向 $2p_+$ 的跃迁会在谱带的高能端产生净的正旋转强度，而向 $2p_-$的跃迁会在谱带的低能端给出净的负旋转强度。所得的 MCD 光谱(图 9.13)类似于吸收光谱的一阶导数。

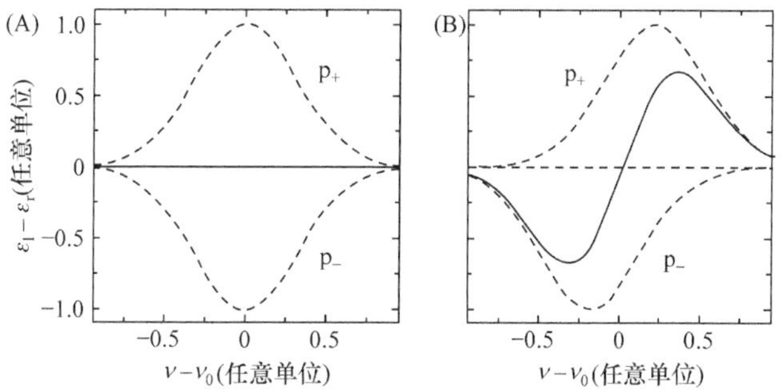

图 9.13　(A)在没有磁场的情况下，2s → $2p_+$ 跃迁和 2s → $2p_-$ 跃迁在相同能级上产生相反的旋转强度(虚线)，因此净 CD(实线)为零。(B)在有磁场的情况下，两个跃迁以略微不同的频率进行(虚线)，在吸收带的高能端产生一个净正 MCD 信号，而在低能端产生一个负信号(实线)

如果磁场分裂了基态而不是激发态，那么磁场效应将有所不同。偏移向较低能量的基态子能级一般都优先被填充，这也取决于温度。不同子能级的不相等布居数会产生净 MCD 信号，其形状与整体吸收光谱相同，而不是如图 9.13(B)所示的导数形状。MCD 的幅度随温度的降低而增加，但在高场或极低温度下(此时基本上所有体系都位于最低子能级)则趋于平稳。

磁场还可以改变基态和激发态与其他较高或较低能级态的混合[57, 58]。但是，此效应对于 MCD 光谱的贡献在大多数情况下可能都是较小的。

MCD 在亚铁蛋白的研究中特别有用[59-62]。与周围配体的相互作用改变了铁的五个 d 轨道的相对能级，且此改变对配合物的几何形状具有敏感性。正如我们在第 4 章中指出的那样，在过渡金属八面体配合物中，金属的两个 e_g 轨道(d_{z^2} 和 $d_{x^2-y^2}$)的波瓣靠近配体的电负性原子，而 t_{2g} 轨道(d_{xz}、d_{yz} 和 d_{xy})则相距较远。因此，静电排斥使得 d_{z^2} 和 $d_{x^2-y^2}$ 的能量相对于 d_{xz}、d_{yz} 和 d_{xy} 有所升高(图 4.30)。两组能级之间的分裂程度为 10 000 cm^{-1} 量级，具体取决于电负性和配体位置。从 t_{2g} 到 e_g 的跃迁是对称性禁阻的，但是如果其对称性由于结构扭曲而被破坏，则此跃迁可能变为允许的，并因此在近红外区产生一个弱吸收带。如果 z 轴上的一个配体偏移靠近 Fe，则 d_{z^2}、d_{xz} 和 d_{yz} 的能量将上移，而 $d_{x^2-y^2}$ 和 d_{xy} 将下移，从而改变其吸收光谱。平面正方形、四面体或其他的配体排布形式将给出不同的能级移动方式[63]。例如，在具有四面体结构的四配位配合物中，d_{xz}、d_{yz} 和 d_{xy} 轨道具有接近配体的波瓣，且其能级高于 d_{z^2} 和 $d_{x^2-y^2}$ 轨道。以温度和场强为变量的红外谱带的 MCD 测量可用于探索金属结合位点的几何结构，并探测与底物相互作用时发生的结构变化。

练　习　题

1. 计算图 E.1 的 CD 光谱所表示的跃迁的旋转强度($\mathfrak{R}$)。

2. 练习题 8.1 中所讨论的二聚体的两个激子带的激子旋转强度($\mathfrak{R}_{ex}$)是多少？解释你的答案。

3. 图 E.2 中描绘的二聚体与练习题 8.1 中的相似，不同之处在于分子 a 和 b 位于两个平行平面($x_a y_a$ 和 $x_b y_b$)中，这两个平面沿 z 轴相距 4 Å。(轴 x_a 和 x_b 朝向观察者。)同样，单体分子在 700 nm 处吸收，偶极强度为 25 deb^2。(a)计算 $\mathfrak{R}_{ex}$ 对这个二聚体的两个激子带的旋转强度的贡献。(b)假设 $\mathfrak{R}_{ex}$ 在旋转强度中占主导，画出这个二聚体的预测吸收光谱和 CD 光谱。在每个光谱中标明两个谱带的波长和相对强度。(c)如果将一个分子绕垂直于分子平面的轴旋转 180°，其 CD 光谱将发生什么变化?

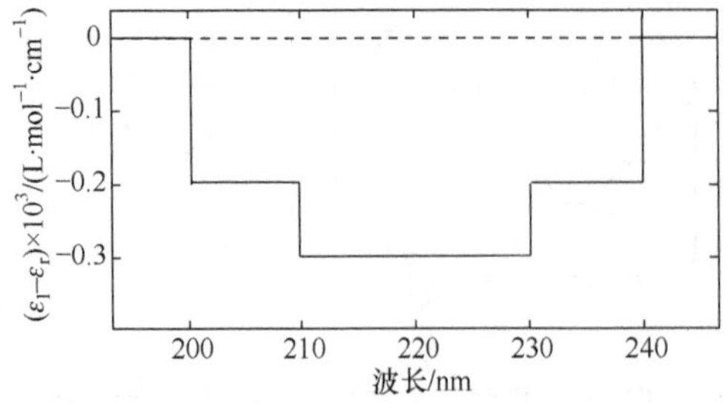

图 E.1

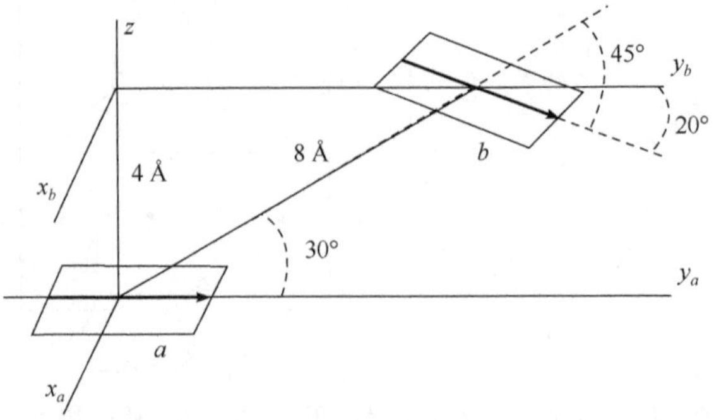

图 E.2

4. 图 E.3 中显示的二聚体中的分子 a 和 b 与图 E.2 中的分子相同，也分别位于在 z 方向上相距 4 Å 的平面中。轴 x_a 和 x_b 也朝向观察者。(a)此结构与图 E.2 中的结构是什么立体化学关系？(b)计算 $\mathfrak{R}_{ex}$ 对这个二聚体的两个激子带的旋转强度的贡献。(c)画出预测的吸收光谱和 CD 光谱，同样假设 $\mathfrak{R}_{ex}$ 在旋转强度中占主导。

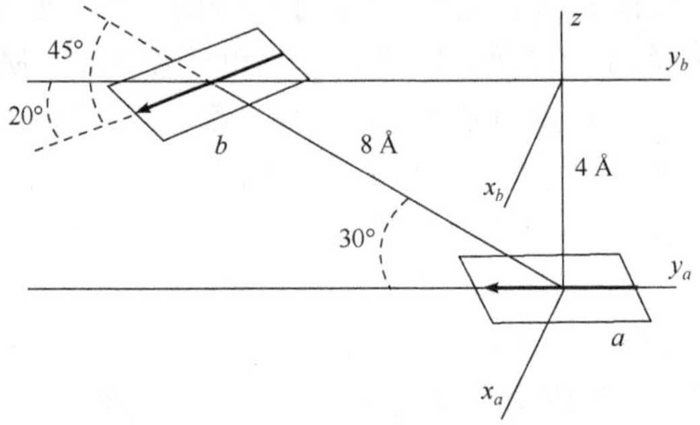

图 E.3

参 考 文 献

[1] Hansen, A.E.: On evaluation of electric and magnetic dipole transition moments in the zero differential overlap approximation. Theor. Chim. Acta **6**, 341-349 (1966)

[2] Král, M.: Optical rotatory power of complex compounds. Matrix elements of operators Del and R x Del. Collect. Czech. Chem. Commun. **35**, 1939-1948 (1970)

[3] Ham, J.S., Platt, J.R.: Far U.V. spectra of peptides. J. Chem. Phys. **20**, 335-336 (1952)

[4] Barnes, E.E., Simpson, W.T.: Correlations among electronic transitions for carbonyl and for carboxyl in the vacuum ultraviolet. J. Chem. Phys. **39**, 670-675 (1963)

[5] Callomon, J.H., Innes, K.K.: Magnetic dipole transition in the electronic spectrum of formaldehyde. J. Mol. Spectrosc. **10**, 166-181 (1963)

[6] Woody, R.W., Tinoco Jr., I.: Optical rotation of oriented helices. III. Calculation of the rotatory dispersion and circular dichroism of the alpha and 3_{10}-helix. J. Chem. Phys. **46**, 4927-4945 (1967)

[7] Hameka, H.: Advanced Quantum Chemistry. Addison-Wesley, Reading, MA (1965)

[8] Schatz, G.C., Ratner, M.A.: Quantum Mechanics in Chemistry, p. 325. Prentice-Hall, Englewood Cliffs, NJ (1993)

[9] Moffitt, W., Moscowitz, A.: Optical activity in absorbing media. J. Chem. Phys. **30**, 648-660 (1959)

[10] Moscowitz, A.: Theoretical aspects of optical activity part one: small molecules. Adv. Chem. Phys. **4**, 67-112 (1962)

[11] Rosenfeld, L.Z.: Quantenmechanische Theorie der natürlichen optischen Aktivität von Flüssigkeiten und Gasen. Z. Phys. **52**, 161-174 (1928)

[12] Hansen, A.E., Bak, K.L.: Ab-initio calculations of electronic circular dichroism. Enantiomer **4**, 1024-2430 (1999)

[13] Berova, N., Nakanishi, K., Woody, R.W. (eds.): Circular Dichroism. Principles and Applications. Wiley-VCH,

New York, NY (2000)
[14] Lightner, D.A., Gurst, J.E.: Organic Conformational Analysis and Stereochemistry from Circular Dichroism Spectroscopy. Wiley-VCH, New York, NY (2000)
[15] Autschbach, J., Ziegler, T., van Gisbergen, S.J.A., Baerends, E.J.: Chirooptical properties from time-dependent density functional theory. I. Circular dichroism of organic molecules. J. Chem. Phys. **116**, 6930-6940 (2002)
[16] Diedrich, C., Grimme, S.: Systematic investigation of modern quantum chemical methods to predict electronic circular dichroism spectra. J. Phys. Chem. A **107**, 2524-2539 (2003)
[17] Hobden, M.V.: Optical activity in a nonenantiomorphous crystal silver gallium sulfide. Nature **216**, 678 (1967)
[18] Hobden, M.V.: Optical activity in a non-enantiomorphous crystal cadmium gallium sulfide. Nature **220**, 781 (1968)
[19] Claborn, K., Cedres, J.H., Isborn, C., Zozulya, A., Weckert, E., et al.: Optical rotation of achiral pentaerythritol. J. Am. Chem. Soc. **128**, 14746-14747 (2006)
[20] Kirkwood, J.G.: On the theory of optical rotatory power. J. Chem. Phys. **5**, 479-491 (1937)
[21] Moffitt, W.: Optical rotatory dispersion of helical polymers. J. Chem. Phys. **25**, 467-478 (1956)
[22] Tinoco Jr., I.: Theoretical aspects of optical activity part two: polymers. Adv. Chem. Phys. **4**, 113-160 (1962)
[23] Schellman, J.: Circular dichroism and optical rotation. Chem. Rev. **75**, 323-331 (1975)
[24] Charney, E.: The Molecular Basis of Optical Activity. Wiley-Interscience, New York, NY (1979)
[25] Fasman, G.D. (ed.): Circular Dichroism and the Conformational Analysis of Macromolecules. Plenum, New York, NY (1996)
[26] Condon, E.U.: Theories of optical rotatory power. Rev. Mod. Phys. **9**, 432-457 (1937)
[27] Greenfield, N., Fasman, G.D.: Computed circular dichroism spectra for the evaluation of protein conformation. Biochemistry **8**, 4108-4116 (1969)
[28] Saxena, V.P., Wetlaufer, D.B.: A new basis for interpreting the circular dichroic spectra of proteins. Proc. Natl. Acad. Sci. U. S. A. **68**, 969-972 (1971)
[29] Johnson Jr., W.C.: Analysis of circular dichroism spectra. Methods Enzymol. **210**, 426-447 (1992)
[30] Ramsay, G.D., Eftink, M.R.: Analysis of multidimensional spectroscopic data to monitor unfolding of proteins. Methods Enzymol. **240**, 615-645 (1994)
[31] Woody, R.W.: Circular dichroism. Methods Enzymol. **246**, 34-71 (1995)
[32] Plaxco, K.W., Dobson, C.M.: Time-resolved biophysical methods in the study of protein folding. Curr. Opin. Struct. Biol. **6**, 630-636 (1996)
[33] Whitmore, L., Wallace, B.A.: Protein secondary structure analyses from circular dichroism. Biopolymers **89**, 392-400 (2008)
[34] Wallace, B.A., Janes, R.W.: Modern Techniques for Circular Dichroism and Synchrotron Radiation Circular Dichroism Spectroscopy. IOS, Amsterdam (2009)
[35] Pan, T., Sosnick, T.R.: Intermediates and kinetic traps in the folding of a large ribozyme revealed by circular dichroism and UV absorbance spectroscopies and catalytic activity. Nat. Struct. Biol. **4**, 931-938 (1997)
[36] Settimo, L., Donnini, S., Juffer, A.H., Woody, R.W., Marin, O.: Conformational changes upon calcium binding and phosphorylation in a synthetic fragment of calmodulin. Biopolymers **88**, 373-385 (2007)
[37] Bovey, F.A., Hood, F.P.: Circular dichroism spectrum of poly-L-proline. Biopolymers **5**, 325-326 (1967)
[38] Woody, R.W.: Circular dichroism of unordered polypeptides. Adv. Biophys. Chem. **2**, 37-79 (1992)
[39] Woody, R.W.: Circular dichroism spectrum of peptides in the polyPro II conformation. J. Am. Chem. Soc. **131**, 8234-8245 (2009)
[40] Manning, M.C., Illangasekare, M., Woody, R.W.: Circular dichroism studies of distorted α-helices, twisted β-sheets, and β-turns. Biophys. Chem. **31**, 77-86 (1988)
[41] Provencher, S.W., Glockner, J.: Estimation of globular protein secondary structure from circular dichroism. Biochemistry **20**, 33-37 (1981)
[42] van Stokkum, I.H., Spoelder, H.J., Bloemendal, M., van Grondelle, R., Groen, F.C.: Estimation of protein

secondary structure and error analysis from circular dichroism spectra. Anal. Biochem. **191**, 110-118 (1990)

[43] Andrade, M.A., Chacon, P., Merelo, J.J., Moran, F.: Evaluation of secondary structure of proteins from UV circular dichroism spectra using an unsupervised learning neural network. Protein Eng. **6**, 383-390 (1993)

[44] Sreerama, N., Manning, M.C., Powers, M.E., Zhang, J.-X., Goldenberg, D.P., et al.: Tyrosine, phenylalanine, and disulfide contributions to the circular dichroism of proteins: circular dichroism spectra of wild-type and mutant bovine pancreatic trypsin inhibitor. Biochemistry **38**, 10814-10822 (1999)

[45] Whitmore, L., Wallace, B.A.: DICHROWEB, an online server for protein secondary structure analyses from circular dichroism spectroscopic data. Nucleic Acids Res. **32 (Web Server issue)**, W668-W673 (2004)

[46] Gratzer, W.B., Holzwarth, G.M., Doty, P.: Polarization of the ultraviolet absorption bands in a-helical polypeptides. Proc. Natl. Acad. Sci. U. S. A. **47**, 1785-1791 (1961)

[47] Rosenheck, K., Doty, P.: The far ultraviolet absorption spectra of polypeptide and protein solutions and their dependence on conformation. Proc. Natl. Acad. Sci. U. S. A. **47**, 1775-1785 (1961)

[48] Tinoco Jr., I., Woody, R.W., Bradley, D.F.: Absorption and rotation of light by helical polymers: the effect of chain length. J. Chem. Phys. **38**, 1317-1325 (1963)

[49] Woody, R.W.: Improved calculation of the np* rotational strength in polypeptides. J. Chem. Phys. **49**, 4797-4806 (1968)

[50] Sreerama, N., Woody, R.W.: Computation and analysis of protein circular dichroism spectra. Methods Enzymol. **383**, 318-351 (2004)

[51] Hirst, J.D., Colella, K., Gilbert, A.T.B.: Electronic circular dichroism of proteins from firstprinciples calculations. J. Phys. Chem. B **107**, 11813-11819 (2003)

[52] Hirst, J.D.: Improving protein circular dichroism calculations in the far-ultraviolet through reparametrizing the amide chromophore. J. Chem. Phys. **109**, 782-788 (1998)

[53] Grishina, I.B., Woody, R.W.: Contributions of tryptophan side chains to the circular dichroism of globular proteins: exciton couplets and coupled oscillators. Faraday Discuss. **99**, 245-267 (1994)

[54] Cochran, A.G., Skelton, N.J., Starovasnik, M.A.: Tryptophan zippers: stable, monomeric beta hairpins. Proc. Natl. Acad. Sci. U. S. A. **98**, 5578-5583 (2001)

[55] Ohmae, E., Matsuo, K., Gekko, K.: Vacuum-ultraviolet circular dichroism of *Escherichia coli* dihydrofolate reductase: insight into the contribution of tryptophan residues. Chem. Phys. Lett. **572**, 111-114 (2013)

[56] Matsuo, K., Hiramatsu, H., Gekko, K., Namatame, H., Taniguchi, M., et al.: Characterization of intermolecular structure of β_2-microglobulin core fragments in amyloid fibrils by vacuumultraviolet circular dichroism spectroscopy and circular dichroism theory. J. Phys. Chem. B **118**, 2785-2795 (2014)

[57] Stephens, P.J.: Theory of magnetic circular dichroism. J. Chem. Phys. **52**, 3489-3516 (1970)

[58] Stephens, P.J.: Magnetic circular dichroism. Ann. Rev. Phys. Chem. **25**, 201-232 (1974)

[59] Thomson, A.J., Cheesman, M.R., George, S.J.: Variable-temperature magnetic circular dichroism. Methods Enzymol. **226**, 199-232 (1993)

[60] Solomon, E.I., Pavel, E.G., Loeb, K.E., Campochiaro, C.: Magnetic circular dichroism spectroscopy as a probe of the geometric and electronic structure of nonheme ferrous enzymes. Coord. Chem. Rev. **144**, 369-460 (1995)

[61] Kirk, M.L., Peariso, K.: Recent applications of MCD spectroscopy to metalloenzymes. Curr. Opin. Chem. Biol. **7**, 220-227 (2003)

[62] McMaster, J., Oganesyan, V.S.: Magnetic circular dichroism spectroscopy as a probe of the structures of the metal sites in metalloproteins. Curr. Opin. Struct. Biol. **20**, 615-622 (2010)

[63] Companion, A.L., Komarynsky, M.A.: Crystal field splitting diagrams. J. Chem. Ed. **41**, 257-262 (1964)

[64] Quadrifoglio, F., Urry, D.M.: Ultraviolet rotatory properties of peptides in solution. I. Helical poly-L-alanine. J. Am. Chem. Soc. **90**, 2755-2760 (1968)

[65] Riazance, J.H., Baase, W.A., Johnson Jr., W.C., Hall, K., Cruz, P., et al.: Evidence for Z-form RNA by vacuum UV circular dichroism. Nucleic Acids Res. **13**, 4983-4989 (1985)

第10章 相干与退相

10.1 孤立体系的量子态振荡

在处理共振能量转移和光吸收时所采用的含时微扰理论中有如下假设，若已知体系处于一个给定的态(态 1)，则与此态相关的系数(C_1)为 1，而找到这个体系处于不同态的系数(C_2)则为零。跃迁到态 2 的速率表达式[式(2.62)或式(7.8)]忽略了返回态 1 的可能性。仅当在跃迁到态 2 之后体系发生弛豫并使两个态失去共振，这个速率表达式才能在后续的时间内依然有效。若不发生弛豫，则体系将在两态之间振荡，如下述两个耦合方程所描述

$$\partial C_1 / \partial t = -(i/\hbar)\langle \psi_1 | \tilde{\mathrm{H}}' | \psi_2 \rangle \exp[i(E_1 - E_2)t/\hbar] C_2 - (i/\hbar)\langle \psi_1 | \tilde{\mathrm{H}}' | \psi_1 \rangle C_1 \tag{10.1a}$$

与

$$\partial C_2 / \partial t = -(i/\hbar)\langle \psi_2 | \tilde{\mathrm{H}}' | \psi_1 \rangle \exp[i(E_2 - E_1)t/\hbar] C_1 - (i/\hbar)\langle \psi_2 | \tilde{\mathrm{H}}' | \psi_2 \rangle C_2 \tag{10.1b}$$

式(10.1a)和式(10.1b)仅仅是式(2.62)的重复，描述的是被微扰算符 $\tilde{\mathrm{H}}'$ 混合的具有空间波函数 ψ_1 和 ψ_2 的一个两态体系。E_1 和 E_2 是两个态在无微扰时的能量。式(10.1a)中的因子 $\langle \psi_1 | \tilde{\mathrm{H}}' | \psi_1 \rangle$ 表示由微扰引起的态 1 能级的偏移，相应地，式(10.1b)中的 $\langle \psi_2 | \tilde{\mathrm{H}}' | \psi_2 \rangle$ 则是态 2 的能级偏移。例如，在共振能量转移的情形，两个分子之间的相互作用会改变供体分子的激发能，尽管受体仍处于基态。激发能的这种偏移类似于溶剂改变所导致的效应，且一般相对较小。

如果 $\langle \psi_1 | \tilde{\mathrm{H}}' | \psi_1 \rangle$ 和 $\langle \psi_2 | \tilde{\mathrm{H}}' | \psi_2 \rangle$ 为零，则式(10.1a)和式(10.1b)可以简化，因为此时 C_1 的变化速率仅取决于 C_2，反之亦然。如果这些矩阵元不为零，那么可以定义调整后的基元态(basis-state)能量 H_{11} 和 H_{22}，使其分别包含 $\langle \psi_1 | \tilde{\mathrm{H}}' | \psi_1 \rangle$ 和 $\langle \psi_2 | \tilde{\mathrm{H}}' | \psi_2 \rangle$，同样也可以进行简化：

$$H_{11} = \langle \psi_1 | \tilde{\mathrm{H}}_1 + \tilde{\mathrm{H}}' | \psi_1 \rangle = E_1 + \langle \psi_1 | \tilde{\mathrm{H}}' | \psi_1 \rangle \tag{10.2a}$$

与

$$H_{22} = \langle \psi_2 | \tilde{\mathrm{H}}_2 + \tilde{\mathrm{H}}' | \psi_2 \rangle = E_2 + \langle \psi_2 | \tilde{\mathrm{H}}' | \psi_2 \rangle \tag{10.2b}$$

C_1 和 C_2 的微分方程就变成

$$\partial C_1 / \partial t = -(i/\hbar) H_{12} \exp(iE_{12}t/\hbar) C_2 \tag{10.3a}$$

与

$$\partial C_2 / \partial t = -(i/\hbar) H_{21} \exp(iE_{21}t/\hbar) C_1 \tag{10.3b}$$

其中，与之前一样，$H_{21} = \langle \psi_2 | \tilde{\mathrm{H}}' | \psi_1 \rangle$，且 $E_{21} = H_{22} - H_{11}$。

式(10.3a)和式(10.3b)的求解可以利用其对时间再次取微分；直接代入就可得到 C_1 和 C_2 的独立微分方程(例如，见文献[1])。仍然假设体系在零时刻处于态 1，即有 $C_1(0) = 1$ 和 $C_2(0) = 0$，得到如下解：

$$C_1(t)=[\cos(\Omega t/\hbar)-i(E_{12}t/2\Omega)\sin(\Omega t/\hbar)]\exp(iE_{21}t/2\hbar) \tag{10.4a}$$

与

$$C_2(t)=-i(H_{21}/\Omega)\sin(\Omega t/\hbar)\exp(-iE_{21}t/2\hbar) \tag{10.4b}$$

其中

$$\Omega=(1/2)[(E_{21})^2+4(H_{21})^2]^{1/2} \tag{10.4c}$$

根据式(10.4b)，在时刻 t 找到体系处于态 2 的概率为

$$\begin{aligned}|C_2(t)|^2&=(H_{21}/\Omega)^2\sin^2(\Omega t/\hbar)\\&=(1/2)(H_{21}/\Omega)^2[1-\cos(2\Omega t/\hbar)]\end{aligned} \tag{10.5}$$

它以 $2\pi\hbar/2\Omega$ 或 $h/2\Omega$ 为周期进行振荡，平均概率为$(H_{21}/\Omega)^2/2$。

图 10.1(A)给出了当两个基元态的调整后能量相同时($E_{21}=0$)预测的 C_1 和 C_2 振荡。在这种情况下，$\Omega=H_{21}$，式(10.5)简化为

$$|C_2(t)|^2=(1/2)[1-\cos(2H_{21}t/\hbar)] \tag{10.6}$$

它以 $2H_{21}/h$ 的频率在 0 和 1 之间振荡。这个结果的一个明显特点是，即使 H_{21} 非常小，也可以确保体系在某些时间处于态 2(例如，当 $t=h/4H_{21}$ 时)。这是严格共振的结果，对 E_{21} 取 0 以外的任何值时并不成立。

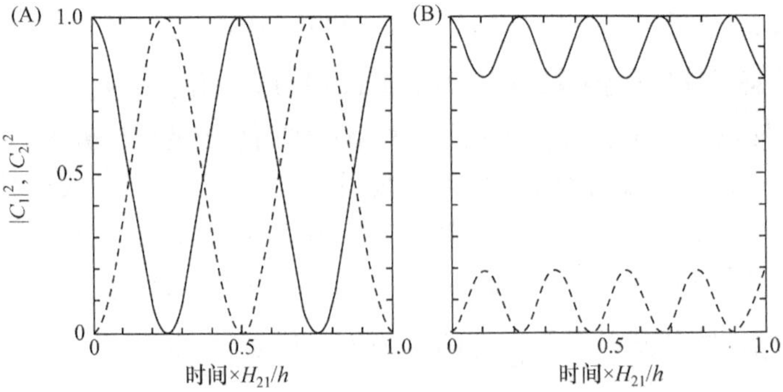

图 10.1 激发分别落在分子 1 或 2 上的概率$|C_1(t)|^2$ (实线)和$|C_2(t)|^2$ (虚线)的振荡，这些概率以分子 1 被激发后的时间为函数绘出。(A)中的结果是令 $E_{21}=0$，将式(10.5)简化为式(10.6)而获得的；(B)中的结果是利用式(10.7)并令 $E_{21}=-4|H_{21}|$ 而获得的

在相反的极限情形，即$|E_{21}|^2\gg 4|H_{21}|^2$时，有$\Omega=E_{21}/2$，则式(10.5)变为

$$|C_2(t)|^2=2(H_{21}/E_{21})^2[1-\cos(E_{21}t/\hbar)] \tag{10.7}$$

此时的振荡频率随$|E_{21}|$线性增加，但其振荡幅度降低，且激发落在分子 2 上的平均概率也降低。如果$|E_{21}|\gg|H_{21}|$，则体系进入态 2 的可能性很小。图 10.1(B)给出了 $E_{21}=-4|H_{21}|$ 时的结果。

式(10.4a)～式(10.5)所述类型的振荡通常最多只能在皮秒或亚皮秒的时间尺度上持续很短的时间。这里有几个原因。首先，这些表达式适用于能级明确定义的单个体系。而在大多数共振能量转移的实验测量中，我们记录的是大量的有一定能级范围和各种 H_{21} 值的分子的平均行为。在这种非均匀系综中的单独供体-受体对都可以按照式(10.4a)～式(10.5)的描述进行振荡，

但彼此频率不同。即使这些振荡都以精确计时的时刻起步，它们也很快就变得不同相。结果是在分子 2 上找到激发的概率将发生阻尼振荡并收敛于 $\overline{(H_{21}/\Omega)^2}/2$，这里的上划线表示系综平均。图 10.2 给出了 E_{21} 和 H_{21} 分别围绕图 10.1 中的值呈高斯分布时的系综效应。如果构成系综的单个微观体系都以相同的相位进行振荡，则称此系综的振荡是相干的；如果这些微观体系的相位是随机的，则称此系综是非相干的或随机的。

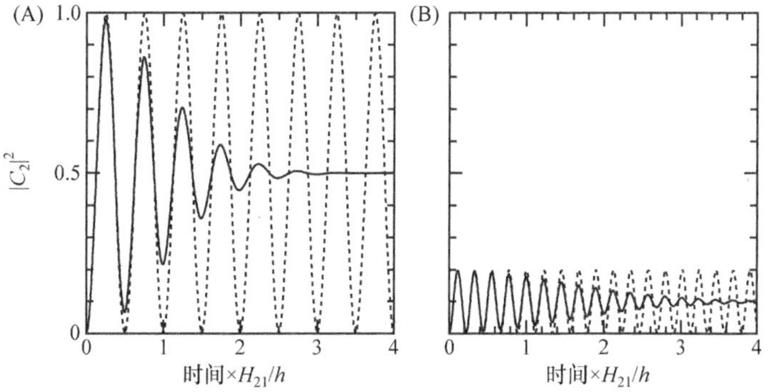

图 10.2 在供体-受体对的系综内 $|C_2(t)|^2$ 随时间振荡。虚线是式(10.5)单一供体-受体对在 $E_{21}=0$(A)或$-4H_{21}$(B)时的结果，此即图 10.1 中所示虚线。实线是将式(10.5)在 E_{21} 和 H_{21} 的不相关的高斯分布中取平均后得到的结果。H_{21} 和 E_{21} 的分布平均值($\overline{H_{21}}$ 和 $\overline{E_{21}}$)与相应虚线中的值是相同的。两个分布的宽度(FWHM)均为 0.2 $\overline{H_{21}}$ [标准偏差σ= FWHM/(8ln2)^2 = 0.084 $\overline{H_{21}}$]

第二个问题是式(10.4a)～式(10.5)仅适用于孤立体系。如果体系可以与周围环境进行能量转移，那么它将弛豫至一个平衡，且处于这个平衡中各个态的相对概率由玻尔兹曼方程给出。式(10.4a)～式(10.5)没有给出这种弛豫的机制：显然体系将一直持续振荡下去。例如，在图 10.2(B)中，很长时间之后在态 2 上找到体系的概率也仅为 10%左右，尽管此态具有较低能级。而我们其实会期望平衡时体系大部分处在态 2，除非温度高于 E_{12}/k_B。

正如在第 4 章和第 5 章中所讨论的那样，产物态的弛豫也会展宽其态能级分布。这种均匀展宽适用于分子系综、单个分子或单个供体-受体对。这将使测得的$|C_2|^2$ 振荡受到阻尼，定性地类似于图 10.2 中由 E_{12} 的非均匀分布所产生的阻尼。但是在第 11 章中将看到，这种阻尼的详细时间进程会有所不同。

福斯特的共振能量转移理论隐性地依赖于热平衡，以实现激发能在受体上的捕获。但是福斯特理论对式(10.4a)～式(10.5)预测的振荡无效，它也没有解决体系与周围环境的平衡有多快的问题；它仅简单地假设，与激发返回供体的速率相比，平衡能够更迅速地达成。

显然，这里需要一个更完整的理论来连接福斯特理论与式(10.4a)～式(10.5)所描述的相干振荡之间的鸿沟。如果一个系综中各个体系的振荡是以相同的相位同时开始的，那么我们想了解这种相干如何衰减，以及这种衰减如何影响系综的观察量。为了解决这些问题，必须处理与周围环境有随机相互作用的分子所组成的大系综。在接下来的三节内容里将为此引入一些基本工具。

10.2 密度矩阵

再次考虑一个具有波函数 $\Psi(t)=C_1(t)\psi_1\exp[-i(H_{11}t/\hbar+\zeta_1)]+C_2(t)\psi_2\exp[-i(H_{22}t/\hbar+\zeta_2)]$的

单独体系，其中ψ_1和ψ_2是能量为H_{11}和H_{22}的两个基元态的空间波函数，而ζ_n是相移，取决于态n的建立时间。先来定义一组新的系数c_1和c_2，将时间依赖的系数C_1和C_2与相应的时间依赖的指数因子结合起来：

$$c_n(t) = C_n(t)\exp[-i(H_{nn}t/\hbar + \zeta_n)] \tag{10.8}$$

则体系的波函数就可以简单地写成

$$\Psi(t) = c_1(t)\psi_1 + c_2(t)\psi_2 \tag{10.9}$$

原则上可以通过计算下述表达式找到体系的任意动态性质A的期望值

$$\begin{aligned}\langle A(t)\rangle &= \langle \Psi(t)|\tilde{\mathrm{A}}|\Psi(t)\rangle = \langle c_1(t)\psi_1 + c_2(t)\psi_2|\tilde{\mathrm{A}}|c_1(t)\psi_1 + c_2(t)\psi_2\rangle \\ &= c_1^*(t)c_1(t)\langle\psi_1|\tilde{\mathrm{A}}|\psi_1\rangle + c_1^*(t)c_2(t)\langle\psi_1|\tilde{\mathrm{A}}|\psi_2\rangle + c_2^*(t)c_1(t)\langle\psi_2|\tilde{\mathrm{A}}|\psi_1\rangle + c_2^*(t)c_2(t)\langle\psi_2|\tilde{\mathrm{A}}|\psi_2\rangle \\ &= c_1^*(t)c_1(t)A_{11} + c_1^*(t)c_2(t)A_{12} + c_2^*(t)c_1(t)A_{21} + c_2^*(t)c_2(t)A_{22}\end{aligned} \tag{10.10}$$

其中$\tilde{\mathrm{A}}$是相应的算符。在专栏4.5中已利用这种方法求叠加态的电偶极子。更一般地，对于可以通过基元态的线性组合描述的任意体系，A的期望值为

$$\langle A(t)\rangle = \sum_m\sum_n c_m^*(t)c_n(t)\langle\psi_m|\tilde{\mathrm{A}}|\psi_n\rangle = \sum_m\sum_n c_m^*(t)c_n(t)A_{mn} \tag{10.11}$$

其中ψ_m和ψ_n仍然代表纯的空间波函数。因此，体系所有可观察到的时间依赖性都储存于系数积$c_m^*c_n$的阵列之中。

式(10.11)可以更简洁地表示，如果定义一个矩阵$\boldsymbol{\rho}$，其矩阵元为

$$\rho_{nm}(t) = c_n(t)c_m^*(t) \tag{10.12}$$

则式(10.11)中对于n和m的双加和就可以与矩阵$\boldsymbol{\rho}$和$\mathbf{A}$的乘积关联起来。矩阵乘积的定义在附录A.2中给出：对于$\mathbf{W} = \boldsymbol{\rho}\mathbf{A}$，有$W_{nm} = \sum_k \rho_{nk}A_{km}$。有了这个定义以及式(10.11)和式(10.12)，可得到

$$\begin{aligned}\langle A(t)\rangle &= \sum_n\sum_m c_n(t)c_m^*(t)A_{mn} = \sum_n\sum_m \rho_{nm}(t)A_{mn} \\ &= \sum_n(\rho A)_{nn} = \mathrm{tr}(\boldsymbol{\rho}\mathbf{A})\end{aligned} \tag{10.13}$$

其中$\mathrm{tr}(\boldsymbol{\rho}\mathbf{A})$表示矩阵积$\boldsymbol{\rho}\mathbf{A}$的对角元之和(附录A.2)。$\boldsymbol{\rho}$称为体系的密度矩阵。

式(10.12)中给出的密度矩阵的定义，在其系数c_n和c_m^*中包含因子$\exp(-iH_{nn}t/\hbar)$和$\exp(-iH_{mm}t/\hbar)$以及系数$C_n(t)$和$C_m^*(t)$，利用了所谓的“薛定谔表象”。被称为“相互作用表象”的另一种表述则是$\rho_{nm} = C_n(t)C_m^*(t)$。在相互作用表象中，因子$\exp(-iH_{nn}t/\hbar)$和$\exp(-iH_{mm}t/\hbar)$必须单独引入，以便获得体系的完整时间依赖性。两种表象都被广泛使用，选择哪一个主要取决于个人喜好。我们将使用薛定谔表象。

式(10.13)是一个极为通用的表达式。密度矩阵$\boldsymbol{\rho}$可以关联到能用基函数的线性组合描述的任意体系。此外，$\mathbf{A}$可以代表任何动态性质的算符的期望值矩阵。唯一且重要的一点要求是，$\mathbf{A}$和$\boldsymbol{\rho}$的矩阵元必须用同一组基函数来表示。

稍作修改，式(10.13)就可提供一种强有力的方法，用来处理一个由许多体系组成的系综。

一个系综的可观察量 A 的期望值为

$$\langle A(t)\rangle = \mathrm{tr}[\overline{\boldsymbol{\rho}(t)\mathbf{A}}] \tag{10.14}$$

其中 $\overline{\boldsymbol{\rho}(t)\mathbf{A}}$ 表示系综内所有体系的 $\boldsymbol{\rho}\mathbf{A}$ 积在时刻 t 的平均值。式(10.14)源自式(10.13)，因为迹遵循运算分配律。更多有关论证参阅文献[2-6]。

在前面的章节中，我们已隐含地利用了密度矩阵的对角元来表示找到体系处于各种基元态的概率 $[\rho_{nn} = c_n(t)c_n^*(t) = C_n(t)C_n^*(t)]$。当密度矩阵被系综平均后，其对角元可以解释为在相应态上的相对布居数。基函数的时间依赖因子 $[\exp(-iH_{nn}t/\hbar)]$ 在 ρ 的对角元中相互抵消，因为每个指数因子都乘以其复共轭。因此，对角元始终是正实数，且其所有的时间依赖性都来自系数 $|C_n(t)|^2$。但是，非对角元可以是复数，且可正可负。它们通常以一定频率振荡，此频率随着态 n 和 m 之间能量差的增大而增高。非对角元由以下形式的乘积组成：

$$\rho_{nm} = C_n(t)C_m^*(t)\exp(-iE_{nm}t/\hbar)\exp(-i\zeta_{nm}) \tag{10.15}$$

这里 $E_{nm} = E_n - E_m$，$\zeta_{nm} = \zeta_n - \zeta_m$，且 $n \neq m$。非对角元还取决于将两个态耦合的任何相互作用矩阵元。我们将会看到，当密度矩阵在系综内求平均时，非对角元的大小能提供该系综的相干信息。

作为一个例子，考虑一个由 N 个分子组成的系综，每个分子都有一个基态(态 1)和一个电子激发态(2)。假设所有分子最初都处于态 1，因此任何给定分子(j)都有系数 $C_{1(j)} = 1$ 和 $C_{2(j)} = 0$。如果现在将系综暴露在一个短的光脉冲之下，则任何给定分子(k)都可能被激发至态 2，使得 $C_{2(k)} = 1$ 和 $C_{1(k)} = 0$，而另一个分子(j)则留在态 1。这样，在脉冲激发之后的时刻 t，ρ_{22} 的系综平均为

$$\overline{\rho_{22}}(t) = N^{-1}\sum_{k=1}^{N} c_{2(k)}(t)c_{2(k)}^*(t) = \left|\overline{c_2}(t)\right|^2 = \left|\overline{C_2}(t)\right|^2 \tag{10.16}$$

这就是在时刻 t 找到一个分子处于态 2 的平均概率。类似地，在时刻 t 下 ρ_{12} 的系综平均为

$$\overline{\rho_{12}}(t) = N^{-2}\sum_{j=1}^{N}\sum_{k=1}^{N} C_{1(j)}(t)C_{2(k)}^*(t)\exp[-iE_{1(j)2(k)}t/\hbar] \tag{10.17}$$

其中 $E_{1(j)2(k)}$ 是当分子 j 处于态 1 而分子 k 处于态 2 时两者的能量差 $[E_{1(j)} - E_{2(k)}]$。

如果所有分子的态 1 和态 2 的能量差都相同 $[E_{1(j)2(k)} = E_{12}]$，则式(10.17)可简化为

$$\overline{\rho_{12}}(t) = \overline{C_{1(j)}}(t)\overline{C_{2(k)}^*}(t)\exp(-iE_{12}t/\hbar) \tag{10.18}$$

此表达式中的因子 $\exp(-iE_{12}t/\hbar)$ 包含实部和虚部，两者均以周期 $|h/E_{12}|$ 振荡。若相互作用矩阵元 H_{12} 不为零，则因子 $\overline{C_1}(t)\overline{C_2^*}(t)$ 也会振荡，并且当受激分子从态 2 衰减回到态 1 时，这个因子也随时间演化。

另一方面，如果 $E_{1(j)2(k)}$ 随个体分子而变化，则式(10.17)中的振荡频率将变化，并且在足够长的时间后 $\rho_{12}(t)$ 将平均为零。因此，$\overline{\boldsymbol{\rho}}$ 的非对角元就反映系综作为一个整体的相位相干，亦即系综内成员保持同相位的程度。使用一个宽激发脉冲会使各个分子激发到态 2 的时间彼此拉开，这就令单个分子的 $\overline{\rho_{12}}$ 振荡拥有随机的相位偏移，因而使 $\overline{\rho_{12}}$ 更迅速地平均至零。为了以下讨论，我们可能会预期与周围环境的相互作用的涨落也将导致 $\overline{\boldsymbol{\rho}}$ 的非对角元随着时间而衰减至零。但是，目前还是考虑与周围环境隔离开来的体系。

可以按如下方式得到一个微分方程，用于同时描述ρ的对角元和非对角元的时间依赖性。再次令体系的波函数为

$$\Psi(t)=\sum_{n}c_{n}(t)\psi_{n}(\boldsymbol{r}) \tag{10.19}$$

其中 ψ_n 是空间波函数，而 c_n 则包括了所有的时间依赖性。如同为了获得式(2.58)、式(10.1a)和式(10.1b)所做的那样，利用含时薛定谔方程(仍然忽略与周围环境的相互作用)可得

$$\frac{\partial c_{m}}{\partial t}=-(i/\hbar)\sum_{k}H_{mk}c_{k}(t) \tag{10.20}$$

其中下标 k 遍历包括态 m 在内的所有基元态。根据 ρ_{nm} 的定义[式(10.12)]，使用式(10.20)和微分乘积法则，得到

$$\frac{\partial\rho_{nm}}{\partial t}=\frac{\partial(c_{n}c_{m}^{*})}{\partial t}=c_{n}\frac{\partial c_{m}^{*}}{\partial t}+c_{m}^{*}\frac{\partial c_{n}}{\partial t} \tag{10.21a}$$

$$\begin{aligned}&=(i/\hbar)\left(c_{n}\sum_{k}H_{mk}^{*}c_{k}^{*}-c_{m}^{*}\sum_{k}H_{nk}c_{k}\right)\\&=(i/\hbar)\sum_{k}(H_{km}\rho_{nk}-H_{nk}\rho_{km})\end{aligned} \tag{10.21b}$$

$$=(i/\hbar)\sum_{k}(\rho_{nk}H_{km}-H_{nk}\rho_{km}) \tag{10.21c}$$

在式(10.21b)中利用了 $\rho_{mn}=\rho_{nm}^{*}$(按定义)和 $H_{mk}^{*}=H_{km}$(因为哈密顿算符是厄密的)。

通过再次使用矩阵乘法表达式并注意到 $\boldsymbol{\rho}\mathbf{H}-\mathbf{H}\boldsymbol{\rho}$ 是对易子 $[\boldsymbol{\rho},\mathbf{H}]$，可以根据矩阵ρ和 **H** 的乘积重写式(10.21c)。将矩阵 **A** 的单元 A_{nm} 记为 $[\mathbf{A}]_{nm}$

$$\frac{\partial\rho_{nm}}{\partial t}=(i/\hbar)\{[\boldsymbol{\rho}\mathbf{H}]_{nm}-[\mathbf{H}\boldsymbol{\rho}]_{nm}\}\equiv(i/\hbar)[\boldsymbol{\rho},\mathbf{H}]_{nm} \tag{10.22}$$

两个矩阵对易子的定义类似于两个算符对易子的情形(专栏 2.2)。

最后，可以用矩阵本身而不是用特定的矩阵元将式(10.22)写为

$$\frac{\partial\boldsymbol{\rho}}{\partial t}=(i/\hbar)[\boldsymbol{\rho},\mathbf{H}] \tag{10.23}$$

或者对于一个系综内的平均密度矩阵，有

$$\frac{\partial\overline{\boldsymbol{\rho}}}{\partial t}=(i/\hbar)[\overline{\boldsymbol{\rho}},\mathbf{H}] \tag{10.24}$$

式(10.24)以数学家冯·诺伊曼(von Neumann)命名为冯·诺伊曼方程，是他最早提出了密度矩阵的概念。由于其与刘维尔关于相空间中动态变量密度的经典统计力学定理是等价的，该方程也称为刘维尔方程。

对于具有三个基元态的孤立体系的ρ，专栏 10.1 给出了其九个矩阵元的时间依赖性。

专栏 10.1　孤立三态体系的密度矩阵的时间依赖性

如式(10.21c)所述，具有三个基元态的孤立体系，其密度矩阵元随时间而变化：

$$\begin{aligned}\partial\rho_{11}/\partial t&=(i/\hbar)(\rho_{11}H_{11}+\rho_{12}H_{21}+\rho_{13}H_{31}-\rho_{11}H_{11}-\rho_{21}H_{12}-\rho_{31}H_{13})\\&=(i/\hbar)(\rho_{12}H_{21}-\rho_{21}H_{12}+\rho_{13}H_{31}-\rho_{31}H_{13})\end{aligned} \tag{B10.1.1}$$

$$\partial\rho_{22}/\partial t=(i/\hbar)(\rho_{21}H_{12}+\rho_{22}H_{22}+\rho_{23}H_{32}-\rho_{12}H_{21}-\rho_{22}H_{22}-\rho_{32}H_{23})$$
$$=(i/\hbar)(\rho_{21}H_{12}-\rho_{12}H_{21}+\rho_{23}H_{32}-\rho_{32}H_{23}) \quad \text{(B10.1.2)}$$

$$\partial\rho_{33}/\partial t=(i/\hbar)(\rho_{31}H_{13}+\rho_{32}H_{23}+\rho_{33}H_{33}-\rho_{13}H_{31}-\rho_{23}H_{32}-\rho_{33}H_{33})$$
$$=(i/\hbar)(\rho_{31}H_{13}-\rho_{13}H_{31}+\rho_{32}H_{23}-\rho_{23}H_{32}) \quad \text{(B10.1.3)}$$

$$\partial\rho_{12}/\partial t=(i/\hbar)(\rho_{11}H_{12}+\rho_{12}H_{22}+\rho_{13}H_{32}-\rho_{12}H_{11}-\rho_{22}H_{12}-\rho_{32}H_{13})$$
$$=(i/\hbar)[(\rho_{11}-\rho_{22})H_{12}+\rho_{12}(H_{22}-H_{11})+\rho_{13}H_{32}-\rho_{32}H_{13}] \quad \text{(B10.1.4)}$$

$$\partial\rho_{21}/\partial t=(i/\hbar)(\rho_{21}H_{11}+\rho_{22}H_{21}+\rho_{23}H_{31}-\rho_{11}H_{21}-\rho_{21}H_{22}-\rho_{31}H_{23})$$
$$=(i/\hbar)[(\rho_{22}-\rho_{11})H_{21}+\rho_{21}(H_{11}-H_{22})+\rho_{23}H_{31}-\rho_{31}H_{23}] \quad \text{(B10.1.5)}$$

$$\partial\rho_{13}/\partial t=(i/\hbar)(\rho_{11}H_{13}+\rho_{12}H_{23}+\rho_{13}H_{33}-\rho_{13}H_{11}-\rho_{23}H_{12}-\rho_{33}H_{13})$$
$$=(i/\hbar)[(\rho_{11}-\rho_{33})H_{13}+\rho_{13}(H_{33}-H_{11})+\rho_{12}H_{23}-\rho_{23}H_{12}] \quad \text{(B10.1.6)}$$

$$\partial\rho_{31}/\partial t=(i/\hbar)(\rho_{31}H_{11}+\rho_{32}H_{21}+\rho_{33}H_{31}-\rho_{11}H_{31}-\rho_{21}H_{32}-\rho_{31}H_{33})$$
$$=(i/\hbar)[(\rho_{33}-\rho_{11})H_{31}+\rho_{31}(H_{11}-H_{33})+\rho_{32}H_{21}-\rho_{21}H_{32}] \quad \text{(B10.1.7)}$$

$$\partial\rho_{23}/\partial t=(i/\hbar)(\rho_{21}H_{13}+\rho_{22}H_{23}+\rho_{23}H_{33}-\rho_{13}H_{21}-\rho_{23}H_{22}-\rho_{33}H_{23})$$
$$=(i/\hbar)[(\rho_{22}-\rho_{33})H_{23}+\rho_{23}(H_{33}-H_{22})+\rho_{21}H_{13}-\rho_{13}H_{21}] \quad \text{(B10.1.8)}$$

$$\partial\rho_{23}/\partial t=(i/\hbar)(\rho_{31}H_{12}+\rho_{32}H_{22}+\rho_{33}H_{32}-\rho_{12}H_{31}-\rho_{22}H_{32}-\rho_{32}H_{33})$$
$$=(i/\hbar)[(\rho_{33}-\rho_{22})H_{32}+\rho_{32}(H_{22}-H_{33})+\rho_{31}H_{12}-\rho_{12}H_{31}] \quad \text{(B10.1.9)}$$

在一个体系的系综内，对于其 $\overline{\boldsymbol{\rho}}$ 的相应矩阵元，这些表达式也是成立的。需要注意的是，因为 $\rho_{nm}=\rho_{mn}^{*}$，所以 $\partial\rho_{nm}/\partial t=\partial\rho_{mn}^{*}/\partial t=(\partial\rho_{mn}/\partial t)^{*}$。

考察式(B10.1.1)～式(B10.1.3)可看出，一个态的布居数的任何变化(如ρ的一个对角元的变化)都与其他态的布居数变化的总和相等且符号相反。这是一定的，因为在孤立体系中质量保持恒定：

$$\partial\overline{\rho_{mm}}/\partial t=-\sum_{n\neq m}\partial\overline{\rho_{nn}}/\partial t \tag{10.25}$$

这些等式还表明，ρ的对角元的变化速率依赖于非对角元，但不直接依赖于其他对角元。因此，如果系综以态 1 开始[如 $\rho_{11}(0)=1$，ρ的所有其他矩阵元均为零]，则布居数不会立即出现在态 2 或 3(ρ_{22} 或 ρ_{33})上；首先必须建立一个或多个非对角项，如 ρ_{12} 或 ρ_{21}。这与在两态体系中看到的式(10.3a)和式(10.3b)中 $|C_2|^2$ 的 $\sin^2(t)$ 依赖性是一致的(图 10.1)。最后，式(B10.1.4)～式(B10.1.9)表明，如果 H_{12}、H_{13} 和 H_{23} 为零，即 ψ_1、ψ_2 和 ψ_3 为定态，那么非对角元 ρ_{nm} 的变化速率仅取决于其本身与态 n 和 m 能量差的乘积。这意味着一旦ρ的所有非对角元都变为零，它们就必定停留在那里。如果没有外部微扰，相干性一旦消失就无法再恢复。

10.3 随机刘维尔方程

现在让量子体系组成的系综与周围环境发生相互作用。能量向周围环境的释放或从周围环境的获取将使系综趋向热平衡。原则上，只要密度矩阵包含周围环境的态并且哈密顿矩阵包含每个相互作用项，就可以用式(10.23)来描述此过程。但这通常需要天文数字般大小的矩阵。确定大量溶剂分子所有可能的量子态实际上是不可能的。像我们迄今为止所做的那样，以统计的方式引入与周围环境的相互作用，而仅对单个量子体系的系综使用 $\overline{\boldsymbol{\rho}}$ 和 $\mathbf{H}$ 的显性矩阵元才更为实际。以这种方式限制的密度矩阵称为约化密度矩阵。

当系综趋于平衡时，平均约化密度矩阵 $\overline{\boldsymbol{\rho}}$ 的各个矩阵元会是怎样的呢？考虑对角元，它们代表了量子体系的基元态布居数。平衡布居数($\overline{\rho_{nn}^{o}}$)应取决于这些态的玻尔兹曼因子：

$$\overline{\rho_{nn}^{o}} = Z^{-1}\exp(-E_n / k_B T) \tag{10.26}$$

其中 Z 为配分函数。经典动力学理论表明，$\overline{\rho_{nn}}$ 将以一定速率向 $\overline{\rho_{nn}^{o}}$ 演化，该速率取决于态 n 与所有其他态之间相互转换的一组速率常数。如果所有反应步骤都遵循一级动力学，可以写出

$$\{\partial\overline{\rho_{nn}} / \partial t\}_{随机} = \sum_{m\neq n}(k_{nm}\overline{\rho_{mm}} - k_{mn}\overline{\rho_{nn}}) \tag{10.27}$$

这里 k_{mn} 和 k_{nm} 是微观经典速率常数，分别用于从态 n 向态 m 的转换及其反过程。下标“随机(stochastic)”表示此处正在考虑的一些弛豫取决于周围环境的随机涨落，而不是式(10.23)所描述的那些量子力学振荡现象。如果 k_{mn}/k_{nm} 的值由 $\exp(-E_{nm}/k_B T)$ 给出，则系综将弛豫至布居数的一个玻尔兹曼分布。根据式(10.27)，对角元向热平衡的弛豫不取决于 $\overline{\boldsymbol{\rho}}$ 的非对角元，这与简单地按布居数对动力学过程进行经典处理是一致的。

对于一个两态体系，两个态布居数的任何变化都必须始终相等且符号相反，这意味着 $\overline{\rho_{11}} - \overline{\rho_{11}^{o}}$ 和 $\overline{\rho_{22}} - \overline{\rho_{22}^{o}}$ 都必须以相同的时间常数(T_1)衰减为零：

$$[\partial(\overline{\rho_{nn}} - \overline{\rho_{nn}^{o}}) / \partial t]_{随机} = -\frac{1}{T_1}(\overline{\rho_{nn}} - \overline{\rho_{nn}^{o}}) \tag{10.28}$$

一个两态体系的弛豫时间常数是向前和向后速率常数 k_{12} 和 k_{21} 之和的倒数($1/T_1 = k_{12} + k_{21}$)。在 NMR 和 EPR 谱中，T_1 称为纵向弛豫时间或自旋-晶格弛豫时间。

假设用于定义 $\overline{\boldsymbol{\rho}}$ 的基元态都是定态，则 $\overline{\boldsymbol{\rho}}$ 的非对角元必须在平衡时变为零。这里有几个原因。首先，对角元的随机涨落将导致系综失去相干性。这是因为随机动力学过程会在不可预测的时刻改变各个体系的系数(c_k)，从而引入随机相位偏移 ζ_k。在 10.5 节中将展示，$\overline{\rho_{11}}$ 和 $\overline{\rho_{22}}$ 以速率常数 $1/T_1$ 进行的弛豫会导致非对角元 $\overline{\rho_{12}}$ 和 $\overline{\rho_{21}}$ 以速率常数 $1/(2T_1)$ 衰减为零。

各个体系的能量非均匀性也导致 $\overline{\boldsymbol{\rho}}$ 的非对角元衰减为零。如上所述，单个体系中非对角元 ρ_{nm} 的振荡频率取决于该体系中态 n 和 m 之间的能量差[式(10.15)和式(10.18)]，并且如果在系综中 E_{nm} 因体系的不同而不同，则上述振荡将变得不同相。这种失去相干性的机制称为纯退相。在一个两态体系中，纯退相可以用一个通常被称为“T_2^*”的一级时间常数来表征。因此，非对角矩阵元就以取决于 T_2^* 和 $2T_1$ 的组合时间常数(T_2)衰减至零：

$$[\partial\overline{\rho_{nm}} / \partial t]_{随机} = -\frac{1}{T_2}\overline{\rho_{nm}} \tag{10.29a}$$

其中

$$1 / T_2 \approx 1 / T_2^* + 1 / 2T_1 \tag{10.29b}$$

在磁共振波谱中，T_2 称为横向弛豫时间。

式(10.25)、式(10.27)、式(10.29a)和式(10.29b)表明，可以通过以下形式的一般表达式来描述约化密度矩阵的对角元及非对角元动力学：

$$\partial \overline{\rho_{nm}} / \partial t = (i / \hbar)[\overline{\boldsymbol{\rho}}, \mathbf{H}]_{nm} + \sum_{j,k} R_{nm,jk} \overline{\rho_{jk}} \tag{10.30}$$

其中上划线仍然表示系综平均，对易子描述了基于冯 · 诺伊曼方程[式(10.24)]的量子力学过程，而 $R_{nm,jk}$ 则是随机过程的一组速率常数。更抽象地，式(10.30)可写成

$$\partial \overline{\boldsymbol{\rho}} / \partial t = (i / \hbar)[\overline{\boldsymbol{\rho}}, \mathbf{H}] + \mathbf{R}\overline{\boldsymbol{\rho}} \tag{10.31}$$

式(10.31)称为随机刘维尔方程，**R** 为弛豫矩阵。

10.4 随机弛豫对量子跃迁动力学的影响

现在可以考察随机弛豫如何影响两个量子态之间的跃迁动力学。我们将对对角和非对角密度矩阵元分别使用随机刘维尔方程，并采用唯象的一级弛豫时间常数 $1/T_1$ 和 $1/T_2$，尽管稍后将看到，在具有两个态以上的体系中，非对角元通常具有更为复杂的时间依赖性。

图 10.3 显示了计算所得的两个态之间的跃迁动力学，这两个态以能隙 E_{12} 相隔、并以 $E_{12}/4$ 的相互作用矩阵元(H_{12})耦合。假定两个量子态之间的随机跃迁可忽略不计($T_1 = 10^4 h/H_{21}$)，因此该系综仅通过纯退相而失去相干性。图中所示曲线是通过使用龙格-库塔(Runge-Kutta)法对式(10.30)进行数值积分而得到的，从 0 时刻的 $\overline{\rho_{11}} = 1.0$ 和 $\overline{\rho_{12}} = \overline{\rho_{21}} = \overline{\rho_{22}} = 0$ 开始。(在一组微分方程的龙格-库塔积分中，在自变量的初值及其一系列小增量之后对该变量的导数进行求值。所得结果用于近似最后一个增量之后的因变量，并且重复此过程，直至积分收敛或达到一个极限。)图 10.3(A)显示了当纯退相时间常数(T_2^*)远大于 $|h/H_{12}|$ 时的结果。从态 1 开始的系综经历着在图 10.1(B)中所看到的持续振荡。$\overline{\boldsymbol{\rho}}$ 的非对角元的实部(虚线)与 $\overline{\rho_{22}}$ 进行同相位振荡。在相反的极限情形，当纯退相进行非常快时($T_2^* \ll |h/H_{12}|$)，$\overline{\rho_{12}}$ 和 $\overline{\rho_{21}}$ 维持在零附近，而 $\overline{\rho_{11}}$ 和 $\overline{\rho_{22}}$ 的振荡发生明显阻尼，且态 1 和 2 的相互转换被抑制[图 10.3(F)]。回顾一下，$\overline{\rho_{11}}$ 和 $\overline{\rho_{22}}$ 的变化速率取决于非对角元 $\overline{\rho_{12}}$ 和 $\overline{\rho_{21}}$ [式(B10.1.1)和式(B10.1.2)]，则可以理解上述最后一个效应。如果 $\overline{\boldsymbol{\rho}}$ 的非对角元被很快地猝灭，则对角元的变化必定变缓。图 10.3(B)～(E)显示了中间情形的结果，其中的振荡受阻尼不很显著。在这些条件下，态 1 的布居数随时间而逐渐减少，而态 2 的布居数则随时间而增加。

注意到图 10.3 中所考虑的系综都朝着态 1 和态 2 的均等混合方向演化，且与温度或 E_{12} 值无关。这是因为由纯退相引起的 $\overline{\rho_{12}}$ 和 $\overline{\rho_{21}}$ 的随机衰减同样有可能使量子体系陷入其中任一态。仅在长于 T_1 的时间后才能达到热平衡，而在图 10.3 中这个时间被认为是非常长的。

现在考虑这样的两个态，它们由同上的相互作用矩阵元(H_{21})耦合，但具有相等能量($E_{12} = 0$)，并假设态 2 可以随机地弛豫到能量低得多的第三个态。系综从态 1 开始，我们感兴趣的是在态 3 中布居数的出现有多快。这是一个共振能量转移的简单模型，可以通过产物与周围环境的热平衡来推动共振能量转移。图 10.4 显示了从态 2 到态 3 的随机弛豫在各种时间常数值(T_1)时计算所得的布居数的时间依赖性。为了关注弛豫的影响，纯退相时间常数(T_2^*)假定为非常长。我们还假定，如图 10.3 所示，态 1 和 2 的相互转换仅由量子力学耦合因子 H_{21} 所驱动，因此 T_1 仅应用于 2 和 3 的相互转换中($R_{11,22}$ 和 $R_{22,11} = 0$)；$|H_{13}|$ 也被设为零。

如果态 2 和 3 的热平衡非常慢，则态 1 和 2 之间的振荡将无限期地继续[图 10.4(A)]。随

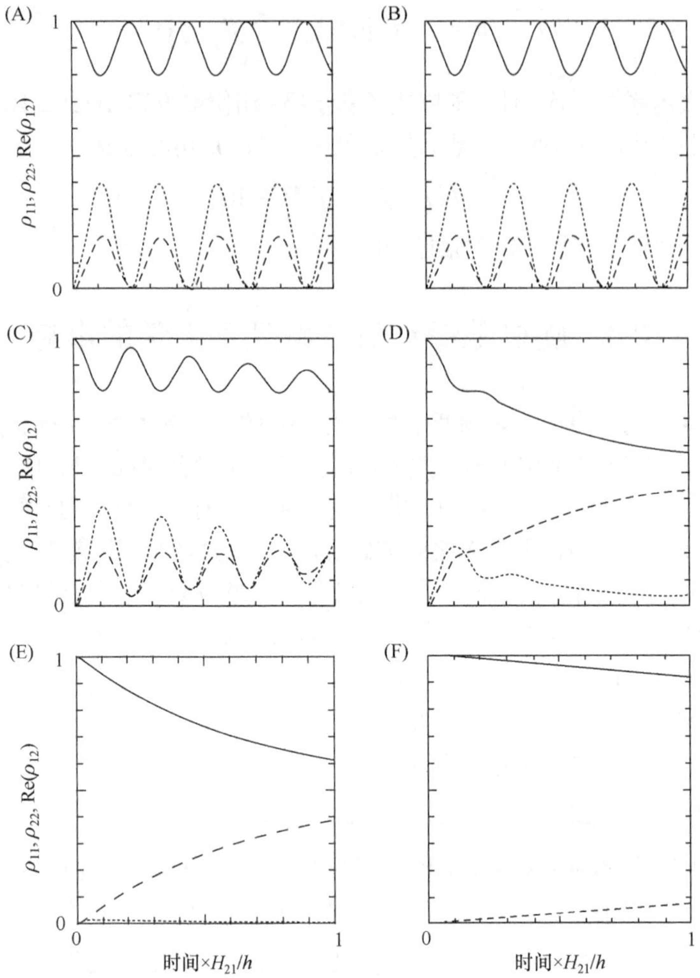

图 10.3 存在量子力学耦合的一个两态体系的系综的 $\bar{\boldsymbol{\rho}}$ 矩阵元，其相互作用矩阵元(H_{21})为 $E_{12}/4$，而 E_{12} 为两态能量差($H_{11}-H_{22}$)。实线表示ρ_{11}(态 1 的布居数)；长折线为ρ_{22}(态 2 的布居数)；短折线为ρ_{12}或ρ_{21}的实部[($\rho_{21}+\rho_{21}$)/2]。纯退相时间常数 (T_2^*) 为 $10^3h/H_{21}$(A)，$10h/H_{21}$(B)，h/H_{21}(C)，$0.1h/H_{21}$(D)，$0.01h/H_{21}$(E)或 $0.001h/H_{21}$(F)。两态之间的随机跃迁时间常数(T_1)在所有情形都为 $10^4\ h/H_{21}$。如果 E_{12}= 100 cm^{-1}，H_{21} = 25 cm^{-1}，振荡周期[式(10.6)中的$|h/2\Omega|$]为 0.3 ps[(3.33 × 10^{-11} cm^{-1} · s)/(111.8 cm^{-1})]，整个时间尺度为 1.33 ps

着态 2 转换为态 3 的时间常数减小，这些振荡发生阻尼且态 3 能更快地生成[图 10.4(B)～(D)]。但是，当 T_1 变得远小于 $|h/H_{21}|$ 时，态 3 的生成速率将再次降低[图 10.4(E)、(F)]！这种量子力学效应与两步过程的经典动力学模型所期望的完全相反；在该模型中，中间态转化为最终产物的速率常数的增加只会加快整个反应(专栏 10.2)。在随机刘维尔方程中，整个过程的变慢是由于态 2 的随机衰减非常快地猝灭了 $\bar{\boldsymbol{\rho}}$ 的非对角元。正如在图 10.3 中所看到的那样，当 T_2^* 远小于 $|h/H_{12}|$ 时两个量子态的平衡过程变慢，其在本质上是相同的。

在图 10.5 中，将图 10.3 和图 10.4 中所考虑的系综的弛豫速率分别绘制为 $1/T_2^*$ 和 $1/T_1$ 的函数。每条曲线的左边给出通常随着 $1/T_2^*$ 或 $1/T_1$ 的增加而变快的弛豫；右边则给出当 $1/T_2^*$ 或 $1/T_1$ 比 H_{21}/h 大得多时而变慢的弛豫。

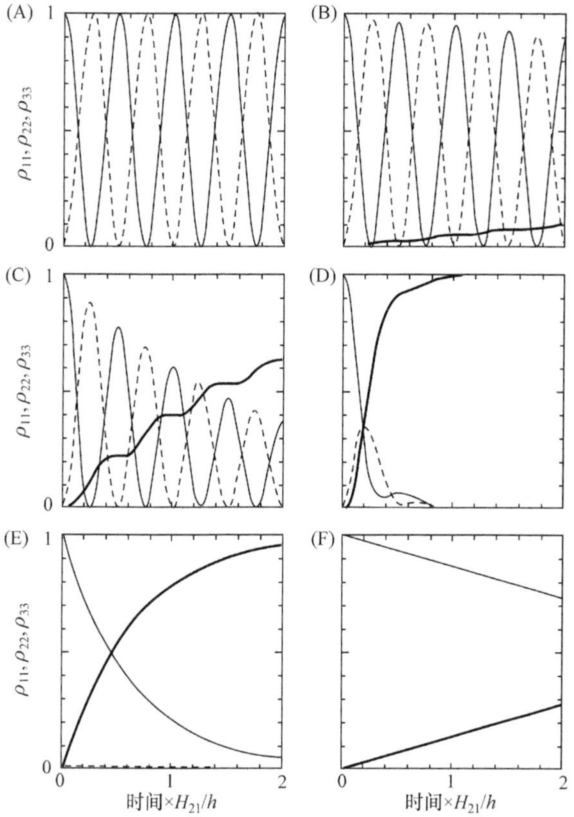

图 10.4 在体系组成的一个系综内态 1、2 和 3 的布居数，其中态 1(细实线)和 2(虚线)是等能级的($E_{21}=0$)，并通过相互作用矩阵元 H_{21} 发生量子力学耦合，态 3 的能级(粗实线)比态 1 和 2 低 $40\times|H_{21}|$。态 3 由态 2 随机产生，其时间常数 T_1 为 ∞(A)、$10h/H_{21}$(B)、h/H_{21}(C)、$0.1h/H_{21}$(D)、$0.01h/H_{21}$(E)或 $0.001h/H_{21}$(F)。假定温度远小于 E_{23}/k_B，这使得态 2 到态 3 的衰减实际上是不可逆的。纯退相时间常数 (T_2^*) 为 $750h/H_{21}$。如果 $H_{21}=25\ cm^{-1}$，且 $E_{23}=1000\ cm^{-1}$，则振荡周期[式(10.7)中的 $|h/2H_{21}|$]为 0.67 ps[($3.33\times10^{-11}\ cm^{-1}\cdot s$)/($50\ cm^{-1}$)]，而 $T_2^*=10^3$ ps，整个时间尺度为 2.66 ps

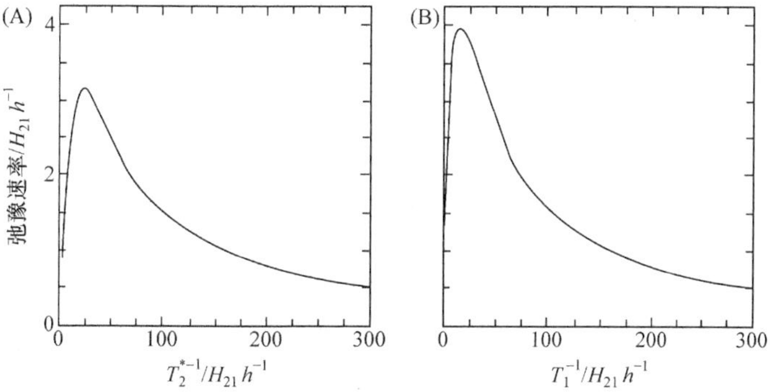

图 10.5 (A)在图 10.3 中描述的系综弛豫速率，作为 $1/T_2^*$ 的函数给出。绘制的参量是态 1 的布居数从 1 下降到 0.816(1 − 0.5/e)所需时间的倒数。(B)在图 10.4 中描述的系综弛豫速率，作为 $1/T_1$ 的函数给出。绘制的参量是态 3 的布居数从 0 上升到 0.632(1 − 1/e)所需时间的倒数

专栏 10.2 “注目之锅”或“量子齐诺”悖论

如图 10.3 和图 10.5 所示，随机刘维尔方程预测，若态 2 和 3 的随机平衡速率变得很大，则两步过程的总速率将降低。尽管其数学起源在随机刘维尔方程中是直截了当的，但是有几种方法可以用于理解这一奇怪效应。在一种观点中，随机过程以大约 T_1 的间隔检验系综中每个体系所处的态。发现处于态 2 的所有体系都将转换为态 3。在每次如此处理之后，对于所有处于态 1 的体系，态 1 和 2 之间的相干振荡的时钟都将被重置为零。由于在很短的时间内处于态 2 的概率随 $\sin^2 t$ 而增加，所以态 1 的总耗散速率大致正比于 $(1/T_1)\sin^2(T_1)$，当 T_1 接近 0 时，其近似等于 T_1。这个推理让人想到一句谚语，即你越仔细地盯着炉子上的一锅水，水沸腾所需时间就越长。这也让人想起齐诺(Zeno)的经典悖论，即如果把时间和距离都分成足够小的间隔，一只乌龟宣称它能跑得过阿喀琉斯(Achilles)。

看待这一情形的另一种方法是，态 2 的快速衰减加宽了与该态相关的能量的均匀分布。如图 10.1 所示，态 1 和态 2 之间的振荡幅度随着两个态脱离共振而迅速下降。根据费米黄金定则[式(7.10)]，平均速率取决于在 $E_{12}=0$ 区域中的态密度，该密度随着能量分布变宽而减小。

图 10.4 中考虑的三态模型与在光合作用的初始电子转移步骤中形成的自由基对的能态有关。电子从一个电子供体的激发单重态(D^*)转移到附近的受体(A)产生一个自由基对(D^+A^-)，其中两个自由基的未成对电子的自旋保持反平行。因此，在整体上这个自由基对就产生于单重态。但是，由于未成对电子位于分离的分子上，因此单重态自由基对和三重态自由基对($^1[D^+A^-]$和 $^3[D^+A^-]$)的能量相似。两个分子的电子自旋与核自旋的相互作用会导致自由基对在单重态和三重态之间进行振荡。如果次级电子转移反应受阻，则上述自由基对最终会因一个逆反应(电子从 A^-转移到 D^+)而衰减。由 $^3[D^+A^-]$进行的逆反应使原始的电子供体处于激发三重态(^3D)；由 $^1[D^+A^-]$进行的逆反应则会重新生成(单重态)基态。由此分析，可期望 ^3D 的产率首先随着步骤 $^3[D^+A^-] \longrightarrow {}^3D$ 的速率常数的增加而增加，然后再随着速率常数变得很大而减少。有关此体系和其他体系中的量子齐诺效应和“反齐诺”效应(衰减过程因频繁测量而加速)的进一步讨论可参见文献[7-17]。量子齐诺效应最先从陷俘于势阱的冷 Na 原子的逃逸在实验上被观察到[18]。

非绝热电子转移反应的马库斯(Marcus)方程[式(B5.3.4)]以及在第 7 章中已讨论过的福斯特理论都仅适用于分子间相互作用较弱的体系，现在可以更精确地将这个弱作用定义为$|H_{21}|/h \ll 1/T_2$。对于处在此极限的两态反应，推导出随机刘维尔方程的稳态(steady-state)近似是有益的。从式(B10.1.4)、式(10.29a)、式(10.29b)和式(10.30)，可得

$$\partial\overline{\rho_{12}}/\partial t = (i/\hbar)[(\overline{\rho_{11}}-\overline{\rho_{22}})H_{12}+\overline{\rho_{12}}(H_{22}-H_{11})]-\overline{\rho_{12}}/T_2 \tag{10.32}$$

如果$|H_{21}|/h \ll 1/T_2$，则在稳态中的$|\partial\overline{\rho_{12}}/\partial t|$将接近零，因此由式(10.32)可得

$$\overline{\rho_{12}} \approx \frac{(i/\hbar)(\overline{\rho_{22}}-\overline{\rho_{11}})H_{12}}{(i/\hbar)(H_{22}-H_{11})-1/T_2} = \frac{(\overline{\rho_{22}}-\overline{\rho_{11}})H_{12}}{(H_{22}-H_{11})+i\hbar/T_2} \tag{10.33a}$$

及

$$\overline{\rho_{21}} = \overline{\rho_{12}^*} = \frac{(\overline{\rho_{22}}-\overline{\rho_{11}})H_{21}}{(H_{22}-H_{11})+i\hbar/T_2} \tag{10.33b}$$

假设态 1 和 2 仅通过 H_{21} 耦合，则根据式(B10.1.2)，还有

$$\partial\overline{\rho_{22}}/\partial t = (i/\hbar)(\overline{\rho_{21}}H_{12}-\overline{\rho_{12}}H_{21}) \tag{10.34}$$

将$\overline{\rho_{12}}$和$\overline{\rho_{21}}$的稳态值[式(10.33a)和式(10.33b)]代入式(10.34)可得出

$$\partial\overline{\rho_{22}}/\partial t = (\overline{\rho_{11}}-\overline{\rho_{22}})|H_{21}|^2\left[\frac{2/T_2}{(E_{12})^2+(\hbar/T_2)^2}\right] \tag{10.35}$$

因此，态 2 的稳态布居速率对能隙 E_{12} 具有洛伦兹依赖性。如同在第 2 章中所讨论的，当 E_{12} 的平均值为零并且态 2 的寿命为 $T/2$ 时，洛伦兹函数可以等同于 E_{12} 的均匀分布。注意，根据式(10.29b)，当纯退相可忽略时，$T_2/2 = T_1$。如果将式(2.71)中的 $2T$ 看作式(10.35)中的时间常数 T_2，并且将$(E-E_a)$当作能量差 E_{12}，则式(10.35)第二个括号中的因子就是 $2\pi/\hbar$ 乘以式(2.71)中的分布函数 $\mathrm{Re}[G(E)]$。

最后，如果将$\rho_s(0)\mathrm{d}E_{12}$ 定义为能隙落在零附近的小区间$(\mathrm{d}E_{12})$内的态的数目，则

$$\partial\overline{\rho_{22}}/\partial t = (\overline{\rho_{11}} - \overline{\rho_{22}})\left|H_{21}\right|^2 \frac{2\pi}{\hbar}\rho_s(0) \tag{10.36}$$

这一结果与费米“黄金定则”[式(B5.3.3)和式(7.10)]在形式上完全等同。

式(10.36)具有经典一级动力学表达式的形式。在黄金定则适用的弱耦合极限情形，任何量子力学振荡都会被强烈地阻尼，以至于可以简单地按照反应物态和产物态之间的随机跃迁体系来描述其动力学。则向前或向后的净速率与两个态之间的布居数之差($\overline{\rho_{11}} - \overline{\rho_{22}}$)成正比。布居数的持久振荡显然仅发生在相反的极限情形，即$\left|H_{21}\right|/h$ 相当于或大于 $1/T_2$。

10.5 弱连续光吸收的密度矩阵处理

在上一节中，假设相干衰减比跃迁速率相对快一些，我们利用了随机刘维尔方程得到两个弱耦合的量子态之间跃迁的稳态速率。得到的表达式[式(10.36)]重现了费米黄金定则。我们可以使用相同的方法获得弱连续光的吸收速率。考虑一个含有两个电子态(a 和 b)体系的系综，其在没有外部微扰时处于定态。在角频率为ω ($\omega = 2\pi\nu$)且电场振幅为 $\boldsymbol{E}_0$ 的电磁辐射存在的情况下，混合这两个态的电偶极矩阵元为

$$V_{ab} = -\boldsymbol{\mu}_{ab}\cdot\boldsymbol{E}(t) = -\boldsymbol{\mu}_{ab}\cdot[\boldsymbol{E}_0(t)\exp(i\omega t) + \boldsymbol{E}_0^*(t)\exp(-i\omega t)] \tag{10.37}$$

其中 $\boldsymbol{\mu}_{ab}$ 是跃迁偶极子$\langle\psi_a|\tilde{\mu}|\psi_b\rangle$。这里以广义的形式给出辐射场，这将在第 11 章中有其用处，尽管通常假定其振幅为实数($\boldsymbol{E}_0^* = \boldsymbol{E}_0$)，并且与复指数因子相比，其时间依赖性很弱。现在再假设系综内的所有分子相对于 $\boldsymbol{E}_0$ 具有相同的跃迁偶极子及其取向，因而 V_{ab} 对于所有分子都是相同的。$\overline{\rho_{ab}}$ 的微分方程[式(10.32)]则可写为

$$\begin{aligned}\partial\overline{\rho_{ab}}/\partial t &= (i/\hbar)\{(\overline{\rho_{bb}} - \overline{\rho_{aa}})\boldsymbol{\mu}_{ab}\cdot[\boldsymbol{E}_0\exp(i\omega t) + \boldsymbol{E}_0^*\exp(-i\omega t)] + \overline{\rho_{ab}}E_{ba}\} - \overline{\rho_{ab}}/T_2 \\ &= (i/\hbar)(\overline{\rho_{bb}} - \overline{\rho_{aa}})\boldsymbol{\mu}_{ab}\cdot[\boldsymbol{E}_0\exp(i\omega t) + \boldsymbol{E}_0^*\exp(-i\omega t)] + (i\omega_{ba} - 1/T_2)\overline{\rho_{ab}}\end{aligned} \tag{10.38}$$

其中 E_{ba} 是两个态之间的能量差$(H_{bb} - H_{aa})$，且定义$\omega_{ba} = E_{ba}/\hbar$ 以简化表示法。此处给出的布居数 $\overline{\rho_{bb}}$ 和 $\overline{\rho_{aa}}$ 没有明确的时间依赖性，其假定在低光强度下它们相对于 $\overline{\rho_{ab}}$ 仅有较慢的变化。

如 4.2 节所述，方括号中的两个指数项之一将占主导地位，具体取决于 E_{ba} 的正负。如果保留 $\boldsymbol{E}_0\exp(i\omega t)$项，当 $H_{bb} > H_{aa}$ 时其占主导，则 $V_{ba} = -\boldsymbol{\mu}_{ba}\cdot\boldsymbol{E}_0\exp(i\omega t)$，且式(10.38)简化为

$$\partial\overline{\rho_{ab}}/\partial t = (i/\hbar)(\overline{\rho_{bb}} - \overline{\rho_{aa}})\boldsymbol{\mu}_{ab}\cdot\boldsymbol{E}_0\exp(i\omega t) + (i\omega_{ba} - 1/T_2)\overline{\rho_{ab}} \tag{10.39}$$

式(10.39)描述的相干 $\overline{\rho_{ab}}$ 是频率和时间的函数。因为系综是被振荡电场驱动的，所以期望该方程的解包括一个与电场同频振荡的因子。可尝试写出

$$\overline{\rho_{ab}}(\omega,t) = \overline{\overline{\rho_{ab}}}\exp(i\omega t) \tag{10.40}$$

其中 $\overline{\overline{\rho_{ab}}}$ 是 $\overline{\rho_{ab}}$ 在外场振荡周期$(1/\omega)$内的均值。在光照后的短时间内，$\overline{\overline{\rho_{ab}}}$ 可能会迅速变化，

但在较长时间($t > T_2$且$\gg 1/\omega$)之后可能保持恒定。将其代入，式(10.39)变成

$$\begin{aligned}\partial\overline{\rho_{ab}}/\partial t &= \exp(i\omega t)\partial\overline{\overline{\rho_{ab}}}/\partial t + i\omega\cdot\exp(i\omega t)\overline{\overline{\rho_{ab}}} \\ &= (i/\hbar)(\overline{\rho_{bb}}-\overline{\rho_{aa}})\boldsymbol{\mu}_{ab}\cdot\boldsymbol{E}_0\exp(i\omega t)+(i\omega_{ba}-1/T_2)\overline{\overline{\rho_{ab}}}\exp(i\omega t)\end{aligned} \tag{10.41}$$

在一个稳态中，当$\partial\overline{\overline{\rho_{ab}}}/\partial t = 0$时，可以立即求得式(10.41)中的$\overline{\overline{\rho_{ab}}}$：

$$\overline{\overline{\rho_{ab}}} = \frac{(i/\hbar)(\overline{\rho_{bb}}-\overline{\rho_{aa}})\boldsymbol{\mu}_{ab}\cdot\boldsymbol{E}_0}{i(\omega-\omega_{ba})+1/T_2} \tag{10.42a}$$

类似地，令$\overline{\rho_{ba}} = \overline{\overline{\rho_{ba}}}\exp(-i\omega t)$，得到

$$\overline{\overline{\rho_{ba}}} = \frac{(i/\hbar)(\overline{\rho_{bb}}-\overline{\rho_{aa}})\boldsymbol{\mu}_{ba}\cdot\boldsymbol{E}_0^*}{i(\omega-\omega_{ba})-1/T_2} \tag{10.42b}$$

这里仅保留$\boldsymbol{E}$的$\exp(-i\omega t)$组分，从而使$V_{ba} = -\boldsymbol{\mu}_{ba}\cdot\boldsymbol{E}_0^*\exp(-i\omega t)$。这与哈密顿算符的厄密性是一致的：如果$V_{ab} = -\boldsymbol{\mu}_{ab}\cdot\boldsymbol{E}_0\exp(i\omega t)$，则$V_{ba} = V_{ab}^* = -\boldsymbol{\mu}_{ba}\cdot\boldsymbol{E}_0^*\exp(-i\omega t)$。

为了得到不存在随机衰减过程时分子从态a到态b的稳态激发速率，现在可以使用式(10.21c)：

$$\begin{aligned}\partial\overline{\rho_{bb}}/\partial t &= (i/\hbar)(\overline{\rho_{ba}}V_{ab}-\overline{\rho_{ab}}V_{ba}) \\ &\approx (i/\hbar)\{[\exp(-i\omega t)\overline{\overline{\rho_{ba}}}][-\boldsymbol{\mu}_{ab}\cdot\boldsymbol{E}_0^*\exp(i\omega t)]-[\exp(i\omega t)\overline{\overline{\rho_{ab}}}][-\boldsymbol{\mu}_{ba}\cdot\boldsymbol{E}_0\exp(-i\omega t)]\} \\ &= (\overline{\rho_{bb}}-\overline{\rho_{aa}})\frac{|\boldsymbol{\mu}_{ba}\cdot\boldsymbol{E}_0|^2}{\hbar^2}\left[\frac{1}{i(\omega_{ba}+\omega)-1/T_2}-\frac{1}{i(\omega_{ba}-\omega)+1/T_2}\right] \\ &= (\overline{\rho_{bb}}-\overline{\rho_{aa}})\frac{|\boldsymbol{\mu}_{ba}\cdot\boldsymbol{E}_0|^2}{\hbar^2}\left[\frac{2/T_2}{(\omega_{ba}-\omega)^2-(1/T_2)^2}\right]\end{aligned} \tag{10.43}$$

式(10.43)就是在特定的光吸收情形之下的式(10.35)。它也预测吸收光谱将是频率的洛伦兹函数。正如10.4节中所讨论的，当激发态的有效寿命为$T_2/2$时，洛伦兹宽度对应于跃迁能的均匀分布。但是，此结果取决于我们的假设，即系综的退相可以适当地用时间常数为T_2的单指数衰减进行描述。正如在10.7节中将要讨论的，吸收带型取决于退相动力学的傅里叶变换，其中的动力学通常比我们在此处的假设更为复杂。还要注意的是，式(10.43)仅适用于比T_2长的时间。短时间的情形将在下一章中考虑。

总的稳态激发速率也可以写成

$$\partial\overline{\rho_{bb}}/\partial t = -\partial\overline{\rho_{aa}}/\partial t = (2\pi/\hbar)(\overline{\rho_{aa}}-\overline{\rho_{bb}})|\boldsymbol{\mu}_{ba}\cdot\boldsymbol{E}_0|^2\rho_s(E_{ba}) \tag{10.44}$$

其中$\rho_s(E_{ba})\mathrm{d}E$是激发能在$E_{ba}$的$\mathrm{d}E$范围内的态数目。这依然等效于费米黄金定则[式(B5.3.3)、式(7.10)和式(10.36)]。如式(10.36)所示，态密度ρ_s在这里具有能量倒数单位(如每cm^{-1}中的态数)。式(4.8)在分母中有附加因子h，这是因为ρ_ν，即以频率倒数为单位的振荡模式的相应密度(每Hz^{-1}的模式数)是$h\rho_s$。

如果系综内的分子相对于激发具有不同的取向，则式(10.43)和式(10.44)需要对这些取向再平均。对于各向同性样品，$|\boldsymbol{\mu}_{21}\cdot\boldsymbol{E}_0|^2$的均值为$(1/3)|\boldsymbol{\mu}_{21}|^2|\boldsymbol{E}_0|^2$[式(4.11)；专栏4.6和专栏10.5]。

式(10.43)和式(10.44)也描述了受激发射的速率。在$H_{bb} < H_{aa}$的情形下，其速率可通过保留V_{ab}中的$\exp(-i\omega t)$项而不是$\exp(i\omega t)$项(对V_{ba}则相反)，用上述相同的方法获得。

10.6 弛豫矩阵

到目前为止，我们的讨论集中在只有两个量子态的体系上，并且对时间常数 T_1 和 T_2^* 的处理完全是唯象的。现在，我们以更广义的方式讨论弛豫矩阵 **R** 的矩阵元，并考虑它们如何取决于与周围环境相互作用的强度和动力学。

继庞德(Pound)、布洛赫(Bloch)和其他人的工作之后，雷德菲尔德(Redfield)[19]利用随机刘维尔方程[式(10.24)和式(10.28)～式(10.31)]研究了密度矩阵的弛豫描述。雷德菲尔德的处理清楚地表明了弛豫矩阵 **R** 的主要矩阵元如何依赖于与周围环境涨落相互作用的频率和强度。他的基本方法是将体系的哈密顿矩阵写为 $\mathbf{H}(t) = \mathbf{H}_0 + \mathbf{V}(t)$，其中 $\mathbf{H}_0$ 与时间无关，$\mathbf{V}(t)$表示与周围环境的涨落电场或磁场的相互作用。雷德菲尔德又利用了冯·诺伊曼-刘维尔方程[式(10.24)]获得 $\mathbf{V}(t)$对体系的 $\bar{\boldsymbol{\rho}}$ 的影响。在以下的简略推导中，为了简单起见并考虑与 10.2 节和 10.3 节的一致性，我们使用密度矩阵的薛定谔表象。雷德菲尔德[19]和斯利克特(Slichter) [20] 为此理论提供了出色的介绍，他们利用了相互作用表象并返回薛定谔图像给出最终表达。

如果已知系综在零时刻的平均约化密度矩阵[$\bar{\boldsymbol{\rho}}(0)$]，那么可以通过积分冯·诺伊曼-刘维尔方程[式(10.24)]并在对易子中利用 $\bar{\boldsymbol{\rho}}(0)$ ，从而获得随后时间(t)的 $\bar{\boldsymbol{\rho}}$ ：

$$\bar{\boldsymbol{\rho}}(t) = \bar{\boldsymbol{\rho}}(0) + \frac{i}{\hbar}\int_0^t \overline{[\boldsymbol{\rho}(0), \mathbf{H}(t_1)]}\mathrm{d}t_1 \tag{10.45}$$

为了得到一个更好的预估，可以利用式(10.45)找到在一个中段时间(t_2)的 $\bar{\boldsymbol{\rho}}$ ，然后在对易子中使用 $\bar{\boldsymbol{\rho}}$ (t_2)而不是 $\bar{\boldsymbol{\rho}}$ (0)：

$$\bar{\boldsymbol{\rho}}(t) = \frac{i}{\hbar}\int_0^t \left[\overline{\left(\bar{\boldsymbol{\rho}}(0) + \frac{i}{\hbar}\int_0^{t_2}[\bar{\boldsymbol{\rho}}(0), \mathbf{H}(t_1)]\mathrm{d}t_1\right), \mathbf{H}(t_2)}\right]\mathrm{d}t_2 \tag{10.46}$$

将此表达式微分，给出在时刻 t 的$\partial\bar{\boldsymbol{\rho}}/\partial t$：

$$\frac{\partial\bar{\boldsymbol{\rho}}(t)}{\partial t} = \frac{i}{\hbar}\overline{[\boldsymbol{\rho}(0), \mathbf{H}(t)]} + \left(\frac{i}{\hbar}\right)^2\int_0^t \overline{\left\{[\boldsymbol{\rho}(0), \mathbf{H}(t_1)], \mathbf{H}(t)\right\}}\mathrm{d}t_1 \tag{10.47}$$

其中，如上所述，$\mathbf{H}(t) = \mathbf{H}_0 + \mathbf{V}(t)$。

根据统计力学的遍历假说，式(10.47)中用上划线表示的系综平均等同于单个体系在很长一段时间内的平均。如果与周围环境的涨落相互作用[$V(t)$]在正值和负值之间随机变化，则 V 的矩阵元将平均为零：

$$\overline{V_{nm}(t)} = \left\langle \overline{\psi_n \middle| \tilde{\mathrm{V}}(t) \middle| \psi_m} \right\rangle = 0 \tag{10.48}$$

(任何与周围环境的恒定相互作用都可以包含在 $\mathbf{H_0}$ 中且可用于重新定义基元态。)因此，$\overline{[\boldsymbol{\rho}(0), \mathbf{V}(t)]}$ 为零，对 $\partial\bar{\boldsymbol{\rho}}(t)/\partial$t 无贡献。但是，$[V_{nm}(t)]^2$ 或 $V_{nm}(t)V_{jk}(t)$的平均值通常不为零，并且这些因子通过式(10.47)右边的积分对$\partial\bar{\boldsymbol{\rho}}(t)/\partial t$ 有贡献。

式(10.47)中的被积项包括形式为 $\bar{\boldsymbol{\rho}}(t)\overline{V_{nm}(t_1)V_{jk}(t_2)}$ 的项之和，每项都含有零时刻的密度矩阵与相关函数或记忆函数[$M_{nm,jk}(t_1,t_2) = \overline{V_{nm}(t_1)V_{jk}(t_2)}$]的乘积。$M_{nm,jk}(t_1,t_2)$ 是在时刻 t_1 的 V_{nm} 与在时刻 t_2 的 V_{jk} 的乘积的系综平均。如果 V_{nm} 和 V_{jk} 随机变化，则它们的乘积平均不应取决于

特定时刻 t_1 和 t_2，而仅取决于其时间差 $t=t_2-t_1$。因此，可以将相关函数 $M_{nm,jk}$ 写成这一单变量的函数：

$$M_{nm,jk}(t)=\overline{V_{nm}(t_1)V_{jk}(t_1+t)} \tag{10.49}$$

其中上划线表示在时刻 t_1 上的平均以及在系综内平均。对于 $jk=nm$，$M_{nm,jk}(t)$ 与 V_{nm} 的自相关函数[式(5.79)]相同。图 10.6(B)显示了(A)所示的涨落量的自相关函数。

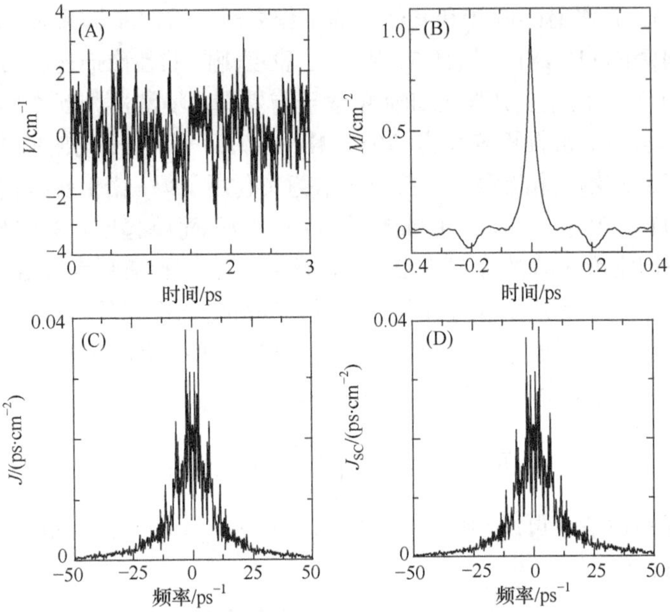

图 10.6 (A)涨落相互作用能 $V(t)$，其平均值 $(\bar{V})$ 为零，均方[$M(0)=\overline{V^2}$]为 1.0 cm^{-2}(均方根 1.0 cm^{-1})。(B)$V(t)$ 的自相关函数 $M(t)$。(C)$V(t)$的光谱密度函数 $J(\nu)$，由式(10.52)定义。[有些作者采用“光谱密度函数”，指的是乘积 $\nu J(\nu)$或$\omega J(\omega)$。](D)在 $T=295$ K($k_BT=205$ cm^{-1})时的一个半经典光谱密度函数 $J_{SC}(\nu)=J(\nu)/[1+\exp(-h\nu/k_BT)]$。注意 $J_{SC}(\nu)$相对于 $J(\nu)$略有不对称

一个相关函数的初始值是其涨落量之积的平均值，$M_{nm,jk}(0)=\overline{V_{nm}V_{jk}}$，这对于自相关函数就是涨落的均方幅度，$M_{nm,nm}(0)=\overline{|V_{nm}|^2}$。在长时间之后，$M_{nm,jk}$ 趋近于两个平均值的乘积，$M_{nm,jk}(\infty)=\overline{V_{nm}}\,\overline{V_{jk}}$，其结果为零[式(10.48)]。在最简单的模型中，$M_{nm,jk}(t)$以指数衰减到零，其单时间常数称为相关时间 τ_c：$M_{nm,jk}(t)=M_{nm,jk}(0)\exp(-t/\tau_c)$。可通过以下表达式定义更复杂衰减的相关时间：

$$\tau_c=\frac{1}{M_{nm,jk}(0)}\int_0^\infty M_{nm,jk}(t)\mathrm{d}t \tag{10.50}$$

如果衰减为单指数，则上式约化为指数的时间常数。雷德菲尔德的分析没有对衰减的详细时间过程做任何假设，但假设了与在式(10.28)、式(10.29a)和式(10.29b)中引入的唯象弛豫时间常数 T_1 和 T_2^* 相比，相关函数的衰减更为迅速($\tau_c \ll T_1$、T_2^*)。

相关函数 $M_{nm,jk}(t)$将 $V_{nm}V_{jk}$ 的涨落描述为时间的函数：缓慢的涨落具有较长的相关时间。同样的涨落也可通过对 $M_{nm,jk}(t)$进行傅里叶变换而描述为频率(ν)或角频率($\omega=2\pi\nu$)的函数。

根据统计力学的维纳-辛钦(Wiener-Khinchin)定理，涨落量的自相关函数的傅里叶变换是涨落的功率谱，其中在给定频率处的功率是在该频率处涨落的均方振幅。为了将 $M_{nm,jk}(t)$转换为适当的频率函数，雷德菲尔德[19]将光谱密度函数 $J_{nm,jk}(\omega)$定义为

$$J_{nm,jk}(\omega) = \int_0^\infty M_{nm,jk}(t)\exp(i\omega t)\mathrm{d}t \tag{10.51}$$

在此式中，右边的积分仅包括正频率。但是，如果相关函数是时间的实偶函数$[M_{nm,jk}(-t) = M_{nm,jk}(t)]$，则 $J_{nm,jk}(\omega)$也为实函数，且只是从 $t=-\infty$ 到 ∞ 的积分的一半

$$J_{nm,jk}(\omega) = \frac{1}{2}\int_{-\infty}^\infty M_{nm,jk}(t)\exp(i\omega t)\mathrm{d}t \tag{10.52}$$

除了归一化因子外，这其实就是相关函数的傅里叶变换(附录 A.3)。式(10.51)中的傅里叶变换有时被称为“半”傅里叶变换。

图 10.6(C)给出了从图 10.6(B)所示的相关函数中获得的光谱密度函数。如果相关函数 $M_{nm,jk}$ 以单时间常数 τ_c 呈指数衰减，则 $J_{nm,jk}(\omega)$是峰值位于$\omega=0$ 的洛伦兹函数[附录 A.3 和式(2.70)]。这个洛伦兹函数的峰值振幅为$\overline{V_{nm}V_{jk}}$，半峰宽为 $2/\tau_c$。

利用这些定义，可以写出弛豫矩阵 **R** 的矩阵元[19-21]

$$R_{nm,jk} = \frac{1}{2\hbar^2}[J_{nj,mk}(\omega_{mk}) + J_{nj,mk}(\omega_{nj})] - \delta_{mk}\sum_i J_{ij,in}(\omega_{ij}) - \delta_{nj}\sum_i J_{im,ik}(\omega_{ik}) \tag{10.53}$$

其中$\omega_{jk} = (H_{jj} - H_{kk})/\hbar = E_{jk}/\hbar$，$\delta_{jk}$是克罗内克$\delta$函数($j=k$ 时为 1，$j\neq k$ 时为 0)，且 $J_{nm,jk}(\omega_{jk})$表示 $J_{nm,jk}$ 在频率ω_{jk}处的值。然而，由式(10.51)和式(10.53)描述的弛豫矩阵并非完全正确，因为它不能使系综在长时间后达到玻尔兹曼平衡。在平衡时，$\overline{\boldsymbol{\rho}}$ 的对角元(各个基元态的布居数)应该依赖于这些态的相对能量，即$\overline{\rho_{nn}}/\overline{\rho_{mm}} = \exp(-\hbar\omega_{nm}/k_BT)$。这要求两个态之间的向前和向后的跃迁速率常数具有关系式 $R_{nn,mm}/R_{mm,nn} = \exp(\hbar\omega_{nm}/k_BT)$。相反，式(10.53)给出 $R_{nn,mm} = R_{mm,nn}$，这使得$\overline{\boldsymbol{\rho}}$ 的所有对角元最终变得相等，这与细致平衡原理相冲突。问题出在式(10.53)仅考虑了体系的密度矩阵。它忽略了与周围环境之间的能量转移，这些能量转移必定是要发生的，这样才能使体系达到热平衡。在图 10.3 中遇到了同样的问题，在该处我们看到，只进行纯退相并不能使一个两态体系的系综达到玻尔兹曼平衡。

为了满足细致平衡，雷德菲尔德[19]将光谱密度函数乘以因子 $\exp(-\hbar\omega_{nm}/2k_BT)$。最近的研究者[22-24]使用了以下形式的“半经典”光谱密度函数：

$$J^{\mathrm{SC}}_{nm,jk}(\omega_{\alpha\beta}) = J_{nm,jk}(\omega_{\alpha\beta})[1+\exp(\hbar\omega_{\alpha\beta}/k_BT)]^{-1} \tag{10.54}$$

其中 $J_{nm,jk}$ 是由式(10.51)定义的经典光谱密度函数。图 10.6(D)显示了这一修正后的光谱密度函数。这些半经典的光谱密度函数包含了量子力学零点能，它们也满足细致平衡的要求，即 $J^{\mathrm{SC}}_{nn,mm}(\omega_{nm}) = J^{\mathrm{SC}}_{mm,nn}\exp(\hbar\omega_{mn}/k_BT)$，这可以由以下代数运算看到：

$$\begin{aligned} J^{\mathrm{SC}}_{nn,mm}(\omega_{nm})\exp(\hbar\omega_{nm}/k_BT) &= J_{nn,mm}(\omega_{nm})\frac{\exp(\hbar\omega_{nm}/k_BT)}{1+\exp(\hbar\omega_{nm}/k_BT)} \\ &= J_{nn,mm}(\omega_{nm})[1+\exp(-\hbar\omega_{nm}/k_BT)]^{-1} \\ &= J_{mm,nn}(\omega_{nm})[1+\exp(\hbar\omega_{mn}/k_BT)]^{-1} = J^{\mathrm{SC}}_{mm,nn}(\omega_{nm}) \end{aligned} \tag{10.55}$$

半经典光谱密度函数 $J^{\mathrm{SC}}(\omega)$可以写为两个组分之和，它们分别为ω的偶函数和奇函数。奇

组分不为零意味着通过 $J^{SC}(\omega)$的傅里叶逆变换获得的相关函数是复函数(附录 A.3)。相关函数的虚部可以被认为携带着经典物理学中所缺少的时间方向性。我们在 10.7 节中将回到这个问题。

将经典光谱密度函数用式(10.53)中的半经典对应函数代替，可得到如下的弛豫矩阵表达式：

$$R_{nm,jk} = \frac{1}{2\hbar^2}\left[\frac{J_{nj,mk}(\omega_{mk})}{1+\exp(\hbar\omega_{mk}/k_BT)} + \frac{J_{nj,mk}(\omega_{nj})}{1+\exp(\hbar\omega_{nj}/k_BT)}\right. \\ \left. - \delta_{mk}\sum_i \frac{J_{ij,in}(\omega_{ij})}{1+\exp(\hbar\omega_{ij}/k_BT)} - \delta_{nj}\sum_i \frac{J_{im,ik}(\omega_{ik})}{1+\exp(\hbar\omega_{ik}/k_BT)}\right] \tag{10.56}$$

专栏 10.3 给出了一个两态体系的 **R** 矩阵元。

专栏 10.3　两态体系的弛豫矩阵

对于一个两态体系，式(10.56)给出以下结果。这里仅将 $R_{11,11}$、$R_{11,22}$ 和 $R_{12,12}$ 中的所有项写出来；其他矩阵元可以很容易地利用对称性获得。

$$R_{11,11} = \frac{1}{2\hbar^2}\left[J_{11,11}(0)+J_{11,11}(0)-J_{11,11}(0)-\frac{J_{21,21}(\omega_{21})}{1+\exp(\hbar\omega_{21}/k_BT)} - J_{11,11}(0) - \frac{J_{21,21}(\omega_{21})}{1+\exp(\hbar\omega_{21}/k_BT)}\right] \\ = -\frac{1}{\hbar^2}\left[\frac{J_{21,21}(\omega_{21})}{1+\exp(\hbar\omega_{21}/k_BT)}\right] \tag{B10.3.1a}$$

$$R_{22,22} = -\frac{1}{\hbar^2}\left[\frac{J_{12,12}(\omega_{12})}{1+\exp(\hbar\omega_{12}/k_BT)}\right] \tag{B10.3.1b}$$

$$R_{11,22} = -\frac{1}{2\hbar^2}\left[\frac{J_{12,12}(\omega_{12})}{1+\exp(\hbar\omega_{12}/k_BT)} + \frac{J_{12,12}(\omega_{12})}{1+\exp(\hbar\omega_{12}/k_BT)}\right] \\ = -\frac{1}{\hbar^2}\left[\frac{J_{12,12}(\omega_{12})}{1+\exp(\hbar\omega_{12}/k_BT)}\right] \tag{B10.3.2a}$$

$$R_{22,11} = -\frac{1}{\hbar^2}\left[\frac{J_{21,21}(\omega_{21})}{1+\exp(\hbar\omega_{21}/k_BT)}\right] \tag{B10.3.2b}$$

$$R_{12,12} = \frac{1}{2\hbar^2}\left[J_{11,22}(0)+J_{11,22}(0)-J_{11,11}(0)-\frac{J_{21,21}(\omega_{21})}{1+\exp(\hbar\omega_{21}/k_BT)} - \frac{J_{12,12}(\omega_{12})}{1+\exp(\hbar\omega_{12}/k_BT)} - J_{22,22}(0)\right] \\ = -\frac{1}{2\hbar^2}[J_{11,11}(0)-2J_{11,22}(0)+J_{22,22}(0)]+\frac{1}{2}(R_{22,11}+R_{11,22}) \tag{B10.3.3a}$$

$$R_{21,21} = -\frac{1}{2\hbar^2}[J_{22,22}(0)-2J_{22,11}(0)+J_{11,11}(0)]+\frac{1}{2}(R_{11,22}+R_{22,11}) \tag{B10.3.3b}$$

$$R_{12,21} = \frac{1}{2\hbar^2}[J_{12,21}(0)+J_{12,21}(0)] = \frac{1}{\hbar^2}J_{12,21}(0) \tag{B10.3.4a}$$

及

$$R_{21,12} = \frac{1}{\hbar^2}J_{21,12}(0) \tag{B10.3.4b}$$

若相互作用矩阵元 V_{12} 和 V_{21} 为实，则 $J_{21,21}(\omega) = J_{12,12}(\omega)$、$J_{21,12}(\omega) = J_{12,21}(\omega)$。

考察式(B10.3.1a)、式(B10.3.1b)、式(B10.3.2a)和式(B10.3.2b)可知，从态 1 转换为态 2 的速率常数为 $k_{21}=-R_{11,11}=\hbar^{-2}J_{21,21}(\omega_{21})[1+\exp(\hbar\omega_{21}/k_{\mathrm{B}}T)]^{-1}=\hbar^{-2}J_{21,21}^{\mathrm{SC}}(\omega_{21})$。此速率常数因而取决于来自周围环境、以角频率$\omega_{21}$涨落的电场或磁场的光谱密度，这个频率正是与两个态的能量差相对应的频率($E_{21}=\hbar\omega_{21}$)。在体系的系综内，$J_{21,21}^{\mathrm{SC}}(\omega_{21})$的幅度正比于涨落相互作用矩阵元的均方幅度，即$\overline{|V_{12}|^2}$。这些结果与本书已得出的光吸收或光发射的速率表达式之间的相似之处是显而易见的。

类似地，上述逆反应的速率常数为 $k_{12}=-R_{22,22}=\hbar^{-2}J_{12,12}(\omega_{12})[1+\exp(\hbar\omega_{12}/k_{\mathrm{B}}T)]^{-1}=\hbar^{-2}J_{12,12}^{\mathrm{SC}}(\omega_{12})$。根据式(10.56)，前向和后向的反应速率常数之比为 $k_{21}/k_{12}=\exp(\hbar\omega_{12})=\exp[(H_{11}-H_{22})/k_{\mathrm{B}}T)]$，正如细致平衡所要求的那样。平衡时间常数 T_1[式(10.29b)]由下式给出：$1/T_1=k_{21}+k_{12}=\hbar^{-2}[J_{21,21}^{\mathrm{SC}}(\omega_{21})+J_{12,12}^{\mathrm{SC}}(\omega_{12})]$。

再考虑 $R_{12,12}$，它与在两态体系中 $\overline{\rho_{12}}$ 的一级衰减有关，而在式(B10.3.3a)中，在$\omega=0$时求得的那些项[$J_{11,11}(0)$、$J_{22,22}(0)$和 $J_{11,22}(0)$]，其每一项都由相关函数之一的相关时间(τ_{c})与其在零时刻的幅度[式(10.51)]之积组成。更普遍地，有

$$J_{nm,jk}(\omega=0)=\int_0^{\infty}M_{nm,jk}(t)\mathrm{d}t=\tau_{\mathrm{c}}M_{nm,jk}(t=0) \tag{10.57}$$

因为 $M_{nm,jk}(0)=\overline{V_{nm}V_{jk}}$，式(B10.3.3a)中的量[$J_{11,11}(0)-2J_{11,22}(0)+J_{22,22}(0)$]是 τ_{c} 与能隙的涨落组分的均方之积：

$$\begin{aligned}[J_{11,11}(0)-2J_{11,22}(0)+J_{22,22}(0)]&=\tau_{\mathrm{c}}(\overline{V_{11}V_{11}}-2\overline{V_{11}V_{22}}+\overline{V_{22}V_{22}})\\&=\tau_{\mathrm{c}}\overline{(V_{11}-V_{22})^2}\end{aligned} \tag{10.58}$$

我们可以把纯退相的速率常数($1/T_2^*$)，即式(10.29b)右边的第一项，看作是$-R_{12,12}$的这一部分：

$$\frac{1}{T_2^*}=\frac{\tau_{\mathrm{c}}}{2\hbar^2}\overline{(V_{11}-V_{22})^2} \tag{10.59}$$

$V_{11}-V_{22}$的均值为零，而$\overline{(V_{11}-V_{22})^2}$就是能隙的方差(标准偏差的平方)。

$R_{12,12}$的表达式[式(B10.3.3a)]还包含$(1/2)(R_{11,22}+R_{22,11})$项。这是两个态相互转换的总速率常数的一半，或者 $1/2T_1$，亦即式(10.29b)右边的第二项。如果体系有其他基元态，则 $R_{12,12}$ 将包含其他项，它们具有$(1/2)(R_{11,33}+R_{11,44}+\cdots+R_{22,33}+R_{22,44}+\cdots)$的形式，或一般地，有

$$\frac{1}{T_2}=\frac{1}{T_2^*}-\frac{1}{2}\sum_{j\neq n,m}(R_{nn,jj}+R_{mm,jj}) \tag{10.60}$$

根据随机刘维尔方程[式(10.31)]，$\overline{\boldsymbol{\rho}}$ 的一个给定矩阵元的变化速率($\partial\overline{\rho_{nm}}/\partial t$)取决于其他所有矩阵元的 $R_{nm,jk}\overline{\rho_{jk}}$ 乘积之和。这会使具有许多态的体系的动力学评估变得困难，因为密度矩阵的大小随态数目的二次方而增加。但是，对于一个非对角元($\overline{\rho_{nm}}$，$n\neq m$)，如果$\omega_{jk}\approx\omega_{nm}$，另一个非对角矩阵元($\overline{\rho_{jk}}$，$j\neq k$)的影响通常最大。两个矩阵元则会或多或少地同步振荡，使得 $R_{nm,jk}\overline{\rho_{jk}}$ 在 $\overline{\rho_{nm}}$ 为正时一致地增大或减小 $\partial\overline{\rho_{nm}}/\partial t$，而在 $\overline{\rho_{nm}}$ 为负时具有相反的效果。不满足这一共振条件的矩阵元，其平均效应趋于零。仅保留具有$\omega_{jk}\approx\omega_{nm}$的 **R** 项称为旋转

波近似。

对于具有三个或更多个态的体系，雷德菲尔德[19]还导出了两对态之间的相干转移的弛豫矩阵项。这些项使一个非对角密度矩阵元(ρ_{jk})以另一个(ρ_{nm})为代价而增加。同样地，如果$\omega_{jk} \approx \omega_{nm}$，则这些项最为重要。

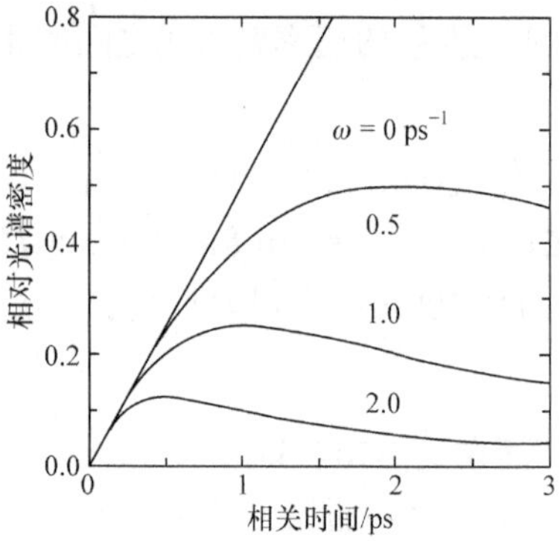

图 10.7 在几个频率(ω= 0、0.5、1.0 及 $2.0 \times 10^{12}\ s^{-1}$)处的光谱密度($J_{nm,jk}$)作为相应的相关函数($M_{nm,jk}$)的相关时间($\tau_c$)的函数。假设 $M_{nm,jk}$ 随时间常数 τ_c 呈指数衰减，因而 $J_{nm,jk}$ 就是ω的洛伦兹函数

我们已看到角频率为ω_{21} 的环境涨落会导致能量相差 $\hbar\omega_{21}$ 的态之间发生跃迁。假设这些涨落的相关函数 $M_{21,21}(t)$是时间的指数函数，则其经典光谱密度函数 $J_{21,21}(\omega)$为洛伦兹型。减小相关时间 τ_c(如加快涨落)将加宽光谱密度函数，从而增加其在高频处的幅度但减小其在低频处的幅度(图 2.12)。图 10.7 表示在几个频率下经典光谱密度如何随 τ_c 变化。通常，当 $\tau_c = 1/\omega_{21}$ 时，在频率ω_{21} 处的光谱密度达到峰值。因此，只要 $\tau_c > 1/\omega_{21}$，则加速涨落就可以增加两个态之间的跃迁速率常数，但如果 $\tau_c = 1/\omega_{21}$，则加速涨落将减小其速率常数。在低频($\omega \ll 1/\tau_c$)区域，$J(\omega)$与 τ_c 成正比，而与ω无关。

根据式(B10.3.3a)、式(B10.3.3b)和式(10.57)～式(10.59)，纯退相速率($1/T_2^*$)取决于在$\omega = 0$ 处的光谱密度，这个速率随 τ_c 线性增加(图 10.7)。减缓涨落会增加纯退相速率，这与我们的直觉似乎是相反的。可以这样理解这一结果，即在一定时间段内，若特定体系的态 1 和态 2 之间的能量差偏离了其系综平均值，则该体系的ρ_{21} 振荡将相对于平均ρ_{21} 振荡积累起一个相位差。偏离能隙的时间持续越长，则相位的积累偏差越大。因此，在各个体系的能量变化不大的时间段内，纯退相就由振荡频率的非均匀性所导致。在极快涨落极限，振荡将保持同相位，因为所有体系都经历相同的平均能量差(E_0)。在磁共振中，这种效应称为动生窄化。

除了假设环境涨落的发生时间快于 T_1 和 T_2^* 之外，雷德菲尔德理论仅适用于比 τ_c 长的时间范围。专栏 10.4 表明，在涨落非常缓慢的相反极限，退相动力学是不同的：非对角密度矩阵元将随时间呈高斯关系衰减。下一节将讨论更广义的弛豫函数来桥接这两种极限条件。

专栏 10.4 静态非均匀性导致的退相

考虑两个态 j 和 k 之间的相干衰减，令其能量(H_{jj} 和 H_{kk})在系综内随体系的不同而变化，但对于任何给定体系来说是基本恒定的。如果因子 C_j 和 C_k^* 也恒定，那么系综的平均ρ_{jk} 可以写为

$$\overline{\rho_{jk}}(t) = \overline{\rho_{jk}}(0)\int_{-\infty}^{\infty} G(E_{jk})\exp(-iE_{jk}t/\hbar)\mathrm{d}E_{jk} \tag{B10.4.1}$$

其中 $\overline{\rho_{jk}}(0)$是在零时刻的ρ_{jk} 均值，对于给定体系，$E_{jk} = H_{jj} - H_{kk}$，而 $G(E_{jk})$是其系综的 E_{jk} 的归一化分布。

假设 $G(E_{jk})$是一个均值为 E_0、标准偏差为σ的高斯函数。如果定义 $x = t/\hbar$，$\alpha = E_{jk} - E_0$，且 $f(\alpha) = (1/\sigma)\exp(-\alpha^2/2\sigma^2)$，那么

$$\frac{\overline{\rho_{jk}}(t)}{\overline{\rho_{jk}}(0)} = \frac{1}{\sqrt{2\pi}\sigma}\int_{-\infty}^{\infty}\{\exp[-(E_{jk}-E_0)^2/2\sigma^2]\exp(-iE_{jk}t/\hbar)\}\mathrm{d}(E_{jk}-E_0)$$
$$= \frac{\exp(-iE_0t/\hbar)}{\sqrt{2\pi}\sigma}\int_{-\infty}^{\infty}[\exp(-\alpha^2/2\sigma^2)\exp(-i\alpha t/\hbar)]\mathrm{d}\alpha \quad \text{(B10.4.2)}$$
$$= \frac{\exp(-iE_0t/\hbar)}{\sqrt{2\pi}}\int_{-\infty}^{\infty} f(\alpha)\exp(-i\alpha x)\mathrm{d}\alpha = \exp(-iE_0t/\hbar)F(x)$$

其中 $F(x)$是 $f(\alpha)$的傅里叶变换。此函数的傅里叶变换为 $\exp(-\sigma^2x^2/2)$，也是一个高斯函数(见附录 A.3)，因此

$$\overline{\rho_{jk}}(t)/\overline{\rho_{jk}}(0) = \exp(-iE_0t/\hbar)\exp(-\sigma^2t^2/2\hbar^2) \quad \text{(B10.4.3)}$$

如果系综是均匀的($\sigma = 0$)，则式(B10.4.3)给出$\overline{\rho_{jk}}(t)/\overline{\rho_{jk}}(0) = \exp(-iE_0t/\hbar)$，它以频率 E_0/h、恒定的振幅 1 振荡。能量的非均匀性($\sigma > 0$)使振荡的大小以 $\exp(-\sigma^2t^2/2\hbar^2)$衰减至零，从而表现为对时间的高斯依赖性。$|\overline{\rho_{jk}}(t)|$在时间 $\tau_{1/2} = (2\ln 2)^{1/2}\hbar/\sigma = 1.177\hbar/\sigma$时降至其初始值的一半。对 1 cm^{-1} 的标准偏差(σ)，有 $\tau_{1/2} = 1.177 \times 5.31\times 10^{-12}\ (\mathrm{cm}^{-1}\cdot \mathrm{s})/(1\ \mathrm{cm}^{-1}) = 6.2$ ps。

图 10.8 给出了 E_{jk} 的高斯分布在不同σ值下的$\overline{\rho_{jk}}(t)/\overline{\rho_{jk}}(0)$曲线。相干性的高斯衰减也可以在图 10.2 中看到，但其中所考虑的模型除了两个态的能量差之外，还包括两个量子态的耦合相互作用矩阵元(H_{21})的静态非均匀性。

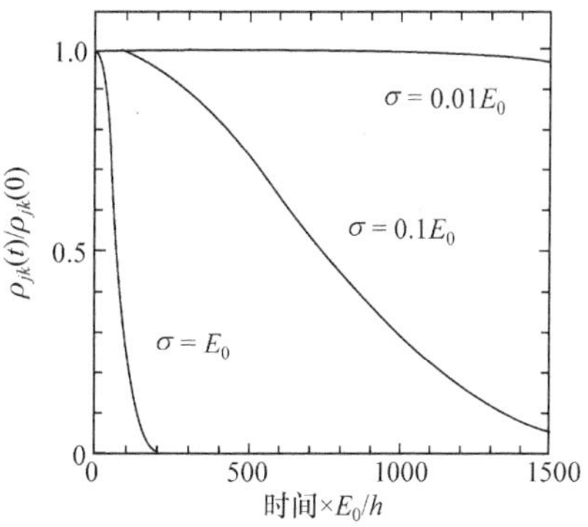

图 10.8 系综的$\overline{\rho_{jk}}(t)$时间依赖性，其中态 j 和 k 之间的能量差(E_{jk})具有高斯分布，其均值为 E_0，标准偏差(σ)分别为 $0.01E_0$、$0.1E_0$ 或 E_0。$\overline{\rho_{jk}}$ 的振荡周期为 h/E_0

10.7 更广义的弛豫函数和光谱线型

我们已经看到，如果一个量子体系与其周围环境的相互作用迅速涨落，那么在这种体系组成的系综中的相干衰减可以用微观一级速率常数的弛豫矩阵来描述。但是，若基元态的能量随体系的不同而静态地变化，则相干随时间的衰减呈高斯依赖性(专栏 10.4；图 10.2 和图 10.8)。现在，为纯退相寻求一个更广义的表达式，以连接环境涨落非常缓慢或非常快速的那些区域。

首先，考虑当单个体系的态 n 和 m 的能量(H_{nn} 和 H_{mm})随时间变化时的非对角密度矩阵元 ρ_{nm}[式(10.15)]。假设 n 和 m 均为定态，则因子 C_n 和 C_m^* 与时间无关。那么，ρ_{nm} 的初始值就是 $\rho_{nm}(0) = C_nC_m^*$。令ρ_{nm} 开始振荡，其角频率为$\omega_{nm}(0) = (H_{nn} - H_{mm})/\hbar$，并假设在短时间间隔$\Delta t$ 中该频率为常数。此间隔结束时，ρ_{nm} 变为

$$\rho_{nm}(t = \Delta t) = \rho_{nm}(0)\exp\{-i[\omega_{nm}(0)\Delta t]\} \quad (10.61)$$

假设在时间Δt 之后，振荡频率变为某个新的值$\omega_{nm}(1)$，并在一个相同的时间间隔内保持不变。则在第二个间隔结束时，ρ_{nm} 为

$$\rho_{nm}(t = 2\Delta t) = \rho_{nm}(0)\exp\{-i[\omega_{nm}(0)\Delta t + \omega_{nm}(1)\Delta t]\} \quad (10.62)$$

通常

$$\rho_{nm}(t)=\rho_{nm}(0)\exp\left[-i\int_0^t \omega_{nm}(\tau)\mathrm{d}\tau\right] \tag{10.63}$$

在这样的体系所组成的系综内，ω_{nm}的详细时间依赖性将随体系发生随机变化。令系综的平均频率为$\overline{\omega_{nm}}$，并令一个特定体系的变化部分为w_{nm}，则有$\omega_{nm}(\tau)=\overline{\omega_{nm}}+w_{nm}(\tau)$。因此，对于单个体系

$$\rho_{nm}(t)\rho_{nm}^*(0)=\rho_{nm}(0)\rho_{nm}^*(0)\exp\left\{-i\int_0^t[\overline{\omega_{nm}}+w_{nm}(\tau)]\mathrm{d}\tau\right\} \tag{10.64a}$$

$$=\left|\rho_{nm}(0)\right|^2\exp\left[-i\overline{\omega_{nm}}t-i\int_0^t w_{nm}(\tau)\mathrm{d}\tau\right] \tag{10.64b}$$

假设$\left|\rho_{nm}(0)\right|^2$与$\omega_{nm}$的涨落不相关，通过对式(10.64b)中的积分求平均，可以获得系综平均密度矩阵元的相关函数：

$$\frac{\overline{\rho_{nm}(t)}\,\overline{\rho_{nm}^*(0)}}{\overline{\left|\rho_{nm}(0)\right|^2}}=\exp[-i\overline{\omega_{nm}}t-g_{nm}(t)]=\exp(-i\overline{\omega_{nm}}t)\phi_{nm}(t) \tag{10.65}$$

其中

$$g_{nm}(t)=\overline{i\int_0^t w_{nm}(\tau)\mathrm{d}\tau} \tag{10.66a}$$

及

$$\phi_{nm}(t)=\exp[-g_{nm}(t)] \tag{10.66b}$$

系综的退相因而就包含在弛豫函数$\phi_{nm}(t)=\exp[-g_{nm}(t)]$中，而$g_{nm}(t)$(有时称为线型函数或线展宽函数)由式(10.66a)定义。

久保(Kubo)[2, 3]指出，如果w_{nm}具有围绕零的高斯分布，则$g_{nm}(t)$由下式给出：

$$\begin{aligned}g_{nm}(t)&=\int_0^t\mathrm{d}\tau_1\int_0^{\tau_1}\overline{w_{nm}(\tau_1)w_{nm}(\tau_2)}\,\mathrm{d}\tau_2\\&=\sigma_{nm}^2\int_0^t\mathrm{d}\tau_1\int_0^{\tau_1}M_{nm}(\tau_2)\mathrm{d}\tau_2\end{aligned} \tag{10.67}$$

这里σ_{nm}^2是频率涨落的均方($\sigma_{nm}^2=\overline{\left|w_{nm}^2\right|}$，以$\mathrm{rad}^2\cdot\mathrm{s}^{-2}$为单位)，而$M_{nm}(t)$是涨落的归一化自相关函数：

$$M_{nm}(t)=\frac{1}{\sigma_{nm}^2}\overline{w_{nm}(\tau+t)w_{nm}(\tau)} \tag{10.68}$$

如果$M_{nm}(t)$随时间常数τ_{c}呈指数衰减，则直接对式(10.67)中的积分求值得到

$$\phi_{nm}(t)=\exp[-g_{nm}(t)]=\exp\{-\sigma_{nm}^2\tau_{\mathrm{c}}^2[(t/\tau_{\mathrm{c}})-1+\exp(-t/\tau_{\mathrm{c}})]\} \tag{10.69}$$

图 10.9 给出了上述表达式在τ_{c}和σ_{nm}取若干值时的表现。在短时间($t\ll\tau_{\mathrm{c}}$)内，式(10.69)简化为$\phi_{nm}(t)=\exp(-\sigma_{mn}^2t^2/2)$。[可以将式(10.69)中的内部指数展开为$\exp(-t/\tau_{\mathrm{c}})=1-t/\tau_{\mathrm{c}}+(t/\tau_{\mathrm{c}})^2/2!-\cdots$来得到此式]。在此极限的弛豫动力学与$\tau_{\mathrm{c}}$无关，而$\overline{\rho_{nm}}$对时间具有高斯依赖性，这与式(B10.4.3)是一致的。在另一个极限情形，即当$t\gg\tau_{\mathrm{c}}$时，式(10.69)变为$\phi_{nm}(t)=\exp(-\sigma_{mn}^2\tau_{\mathrm{c}}t)$。则$\overline{\rho_{nm}}$以$\sigma_{mn}^2\tau_{\mathrm{c}}$为速率常数($1/T_2^*$)呈指数衰减，这与雷德菲尔德理论及式(10.29a)和式(10.29b)

是一致的。因此，久保函数既可以捕获由快速涨落引起的指数退相，也可以捕获与缓慢涨落相关的高斯退相。它表明“快速”和“慢速”的作用项与观测时间(t)与 τ_c 之比有关，这就再现了在上一节中所讨论的 τ_c 与纯退相速率之间的倒数关系。

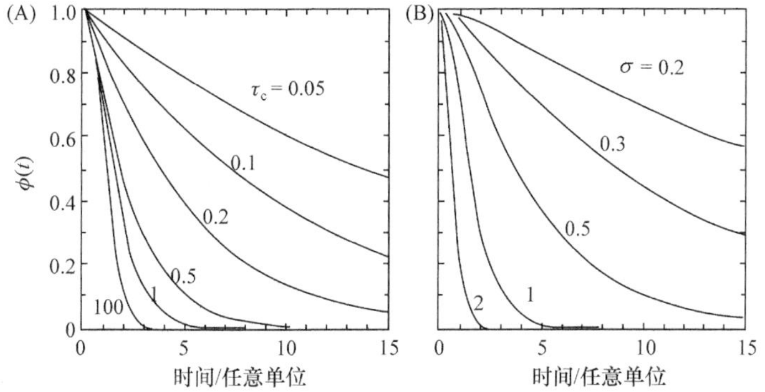

图 10.9　一个系综的久保弛豫函数 $\phi(t)$由式(10.69)给出，其相关函数随时间常数 τ_c 呈指数衰减。在(A)中，τ_c(以任意时间单位表示)是变化的，而涨落均方根值幅度(σ)固定为 1 个倒数时间单位。在(B)中，τ_c 固定为 1 个时间单位，而σ是变化的

如果描述基态和电子激发态之间的相干的非对角矩阵元随时间呈指数衰减，那么均匀吸收线应具有洛伦兹形状[图 10.6 和图 10.7；式(2.70)和式(10.35)]。更一般地说，正如在 10.6 节中所讨论的那样，光谱线型是弛豫函数的傅里叶变换：

$$\frac{\varepsilon(\omega-\omega_0)}{\omega} \propto \left|\boldsymbol{\mu}_{ab}\right|^2 \int_{-\infty}^{\infty} \mathrm{e}^{i(\omega-\omega_0)t} \phi(t)\mathrm{d}t \tag{10.70}$$

其中ω_0是与 0-0 跃迁相对应的角频率，我们省略了下标 nm，为的是将这一关系式广义化。图 10.10 给出了使用这一表达式计算的光谱，其中采用了式(10.69)中的弛豫函数 $\phi(t)$，取相关时间(τ_c)和涨落方差(σ)的若干值。正如在图 10.9 中所看到的，依据 t/τ_c 值的不同，$\phi(t)$可以从高斯函数变化为指数函数。因为高斯函数的傅里叶变换是另一个高斯函数，而指数函数的傅里叶变换则是洛伦兹函数，所以吸收线型可以从高斯型变化到洛伦兹型。较长的相关时间给出高斯吸收带，正如对非均匀展宽光谱所期望的那样；而较短的相关时间则给出洛伦兹带，对应均匀光谱线型。

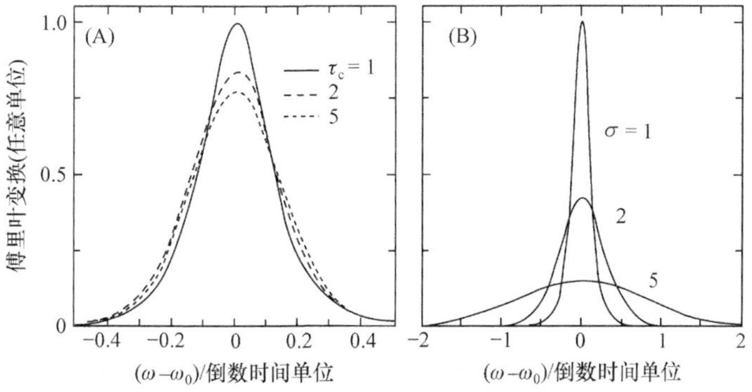

图 10.10　由久保弛豫函数$\phi(t)$的傅里叶变换计算所得的吸收光谱线型。(A)τ_c(以任意时间单位表示)是变化的，而σ固定为 1 个倒数时间单位；(B)τ_c 固定为 1 个时间单位，而σ发生如图所示的变化。为了使用完整的傅里叶变换[式(10.70)]，将 $\phi(t)$视为时间的偶函数[图 10.11(A)]

式(10.70)体现了一个一般原理，即涨落耗散定理，该原理描述了体系对电场等小微扰的响应与体系在热平衡时的涨落是如何相关联的。关于这个原理的推导和进一步讨论可以在文献[25-31]中找到。

尽管久保弛豫函数可以描述在短于或长于能量相关时间的时间尺度上的退相过程，但它是建立在特定的涨落模型之上的，并且仍然假设相关函数[$M(t)$]随时间呈指数衰减。可将正弦分量添加到式(10.68)中的 $M(t)$，以表示与分子的特定振动模式的耦合[29, 32, 33]。但更重要的是，式(10.68)依然假设态 n 和 m 之间的平均能量差 $(\hbar\overline{\omega_{nm}})$ 与时间无关，且无论体系处于态 n 还是态 m，此能量差都相同。这些假设都是不很现实的，因为受激分子周围的溶剂弛豫可以使发射频率随时间而偏移。这使得人们需要关注经典与半经典光谱密度函数之间的区别，对此我们曾在 10.6 节中结合雷德菲尔德理论进行过简要讨论。在 10.6 节中已看到，要使体系弛豫到与周围环境所达成的热平衡态，就需要一个光谱密度函数，该函数不是频率的纯偶函数[式(10.54)]，或者等效地讲，需要一个包含虚部的弛豫函数。

注意到从原理上讲弛豫函数和线型函数都应该是复函数，牟克莫尔(Mukamel)[23, 29, 34]给出了下述更广义的 $g(t)$ 表达式：

$$g(t)=\sigma^2\int_0^t \mathrm{d}\tau_1\int_0^{\tau_1} M(\tau_2)\mathrm{d}\tau_2+i\varLambda_\mathrm{s}\int_0^0 M(\tau_1)\mathrm{d}\tau_1 \tag{10.71}$$

在此，类似式(10.68)，$M(t)$是涨落的经典相关函数，并假设在基态和激发态中是相同的。虚部的比例因子 $\varLambda_\mathrm{s}$ 是溶剂重组能，具有角频率单位(图 4.28)。如果 $M(t)$随时间常数 τ_c 呈指数衰减，则求式(10.71)中的积分并定义 $\varGamma=1-\exp(-t/\tau_\mathrm{c})$，可得

$$g(t)=\sigma^2\tau_\mathrm{c}^2\{(t/\tau_\mathrm{c})-[1-\exp(-t/\tau_\mathrm{c})]\}+i\varLambda_\mathrm{s}\tau_\mathrm{c}[1-\exp(-t/\tau_\mathrm{c})] \tag{10.72}$$

及

$$\begin{aligned}\phi(t)&=\exp\{-\sigma^2\tau_\mathrm{c}^2[(t/\tau_\mathrm{c})-\varGamma]-i\varLambda_\mathrm{s}\tau_\mathrm{c}\varGamma\}\\&=\exp\{-\sigma^2\tau_\mathrm{c}^2[(t/\tau_\mathrm{c})-\varGamma]\}[\cos(\varLambda_\mathrm{s}\tau_\mathrm{c}\varGamma)-i\sin(\varLambda_\mathrm{s}\tau_\mathrm{c}\varGamma)]\end{aligned} \tag{10.73}$$

$\phi(t)$和 $\phi^*(t)$的傅里叶变换分别给出吸收光谱和发射光谱[23, 29, 34, 35]。

重组能 $\varLambda_\mathrm{s}$ 通常随σ^2 的增加而增加。较大的σ^2 值表示基态和激发态之间的能量差强烈地依赖分子与溶剂的涨落相互作用，这意味着溶剂的弛豫将引起激发态能量的明显降低。在高温极限，预测其关系为[23]

$$\varLambda_\mathrm{s}=\sigma^2\hbar/2k_\mathrm{B}T \tag{10.74}$$

在 295 K 时计算所得常数为 $\varLambda_\mathrm{s}=(1.295\times10^{-14}\ \mathrm{s})\sigma^2$。

图 10.11(A)显示出当 $\tau_\mathrm{c}\sigma=10$ 时，由式(10.73)和式(10.74)给出的弛豫函数 ϕ 的实部和虚部。为了进行比较，也给出了久保弛豫函数[式(10.69)]。图 10.11(B)给出了当 $\tau_\mathrm{c}\sigma=2$、5 和 10 时计算所得的吸收光谱和发射光谱。在弛豫函数中包括与 $\varLambda_\mathrm{s}$ 有关的项使吸收光谱偏移到较高能量端，而使荧光光谱偏移到较低能量端。斯托克斯位移是 $2\varLambda_\mathrm{s}$，这与第 5 章所讨论的关系是一致的。增加σ 将增加斯托克斯位移，同时使光谱展宽。

溶剂-生色团相互作用的弛豫可以在实验上利用烧孔光谱法、时间分辨泵浦探测测量法和光子回波技术进行研究，在下一章中将进行后者的讨论。如果温度足够低，使得纯退相过程发生冻结，并利用窄带激光在吸收光谱中烧一个孔(4.11 节)时，那么其零声子孔应该具有洛伦兹线型，且所得孔宽取决于激发态的均匀寿命。温度升高，与σ^2有关的纯退相出现，则孔的宽

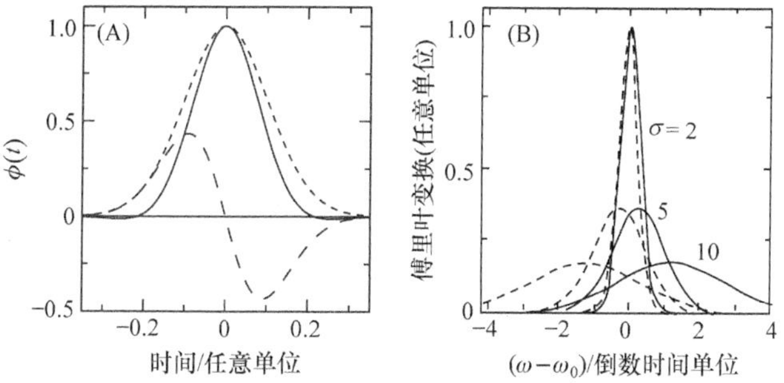

图 10.11 (A)由式(10.73)和式(10.74)给出的复弛豫函数$\phi(t)$的实部(实线)和虚部(长虚线)，$\tau_c = 1$ 个任意时间单位，$\sigma = 10$ 个倒数时间单位。短虚线表示将久保弛豫函数[式(10.69)]作为时间的偶函数[$\phi(-t) = \phi(t)$]处理的结果。(B)分别通过复弛豫函数 $\phi(t)$[式(10.72)和式(10.73)]及其复共轭$\phi^*(t)$的傅里叶变换计算的吸收(实线)和发射(虚线)光谱。自相关时间常数 τ_c 为 1 个任意时间单位，σ 为 2、5 或 10 个倒数时间单位，如图中所示

度增加[36, 37]。

参数σ^2和 τ_c 也可以通过经典分子动力学模拟获得，人们可以在基态和激发态势能面上的动力学轨迹中对基态和激发态之间的能量差的涨落进行取样。基态的涨落方差和自相关函数为吸收光谱提供σ^2 和 τ_c，而激发态的这些量则为荧光提供相应的参数。如同我们在图 6.3 所看到的，能隙自相关函数的傅里叶变换也可用于识别与电子跃迁紧密耦合的振动模式的频率及无量纲位移[38, 39]。

关于弛豫函数的进一步讨论可以在第 8 章和文献[27, 29, 30, 32-35, 40, 41]中找到。

10.8 异常荧光各向异性

本节讨论电子相干在荧光光谱中的表现：荧光各向异性超过经典的最大值 0.4。利用覆盖足够宽的波长范围相干地激发多个光学跃迁的飞秒激光脉冲，已经在光激发后的短时间内看到了这一各向异性。

为了考察相干对荧光各向异性的影响，考虑具有基态(态 1)和两个电子激发态(2 和 3)的一个体系，并像之前一样假设相互作用矩阵元 H_{12}、H_{13} 和 H_{23} 在无外场辐射时为零。假设由处于基态的体系所组成的系综被弱光脉冲激发，且其脉宽比被激发态的寿命(T_1)短得多。在脉冲极限内，由此脉冲产生的激发态 2 的布居数为

$$\overline{\rho_{22}}(0) \approx \overline{\left|\hat{\mu}_{21} \cdot \hat{e}_i\right|^2} K_{22} \tag{10.75a}$$

其中

$$K_{22} = \Theta \int_{-\infty}^{0} \mathrm{d}t \int_{0}^{\infty} \varepsilon_{21}(\nu) \nu^{-1} I(\nu, t) \mathrm{d}\nu \tag{10.75b}$$

这里$\hat{e}_i$ 和 $\hat{\mu}_{21}$ 均为单位矢量，分别定义了激发光的偏振和跃迁偶极子$\boldsymbol{\mu}_{21}$的方向；$\Theta = (3000\ \ln 10)/hN_A$；$\varepsilon_{21}(\nu)$是激发至态 2 的摩尔吸光系数；$I(\nu, t)$则描述了激发光强度对频率和时间的依赖性。上划线按惯例表示对系综进行平均，但是在此假设所有分子的$|\boldsymbol{\mu}_{21}|$都相同，因此取平均时仅需考虑偶极子相对于激发光偏振方向的取向分布。在同样的近似下，有

$$\overline{\rho_{33}}(0) \approx \overline{\left|\hat{\mu}_{31} \cdot \hat{e}_i\right|^2} K_{33} \tag{10.75c}$$

其中

$$K_{33} = \Theta \int_{-\infty}^{0} \mathrm{d}t \int_{0}^{\infty} \varepsilon_{31}(\nu)\nu^{-1} I(\nu,t)\mathrm{d}\nu \tag{10.75d}$$

激发光产生的 $\overline{\rho_{32}}$ 的初始值可以类似地求得：

$$\overline{\rho_{32}}(0) \approx \overline{\left|\hat{\mu}_{31} \cdot \hat{e}_i\right|^2 \left|\hat{\mu}_{21} \cdot \hat{e}_i\right|^2} K_{32} \tag{10.76a}$$

其中

$$K_{32} = \Theta \int \mathrm{d}t \int [\varepsilon_{31}(\nu)\varepsilon_{21}(\nu)]^{1/2} \nu^{-1} I(\nu,t)\mathrm{d}\nu \tag{10.76b}$$

在这里任意地取正的平方根。式(10.76a)和式(10.76b)是喇曼(Rahman)等[42]提出的一个广义表达式，它任意地将 $\overline{\rho_{32}}$ (0)指定为一个纯实数。通常 $\overline{\rho_{23}}$ (0)为复数且取决于式(B10.1.8)与激发脉冲电场 $\boldsymbol{E}(\nu, t)$的卷积。重要的一点是，若短激发脉冲与态 2 和 3 的吸收带都重叠，则它将在两态之间产生相干。这种重叠是利用飞秒激光脉冲进行测量的普遍特征，因为飞秒激光脉冲本身具有较广的谱宽。

在激发脉冲之后，$\overline{\rho_{32}}$ (t)将以 $h/\left|E_{32}\right|$ 的周期进行阻尼振荡。态 2 和 3 之间的瞬态相干如何在激发后随着时间影响荧光强度和各向异性呢？由于荧光反映了 $\overline{\rho_{22}}$ 或 $\overline{\rho_{33}}$ 的辐射衰减，让我们找到在弱宽带光探测脉冲期间 $\partial \overline{\rho_{22}}/\partial t$ 和 $\partial \overline{\rho_{33}}/\partial t$ 的稳态表达式。如果泵浦脉冲和探测脉冲在时间上有很好的分离，那么这些偏导数将告诉我们受激发射的速率，该速率将正比于自发荧光强度。若结合泵浦脉冲与探测脉冲的时间进程细节进行进一步分析，则需得到探测场与时间依赖的三阶极化之间的相互作用，如第 11 章所述。

利用获得式(10.39)时的同样步骤，但添加式(B10.1.4)中涉及 $\rho_{32}H_{13}$ 的项，可得到

$$\begin{aligned}\partial \rho_{12}(t)/\partial t = (i/\hbar)(\rho_{22} - \rho_{11})\boldsymbol{\mu}_{12} \cdot \boldsymbol{E}_0 \exp(2\pi i\nu t) + [(i/\hbar)E_{21} - 1/T_2]\rho_{12}(t) \\ + (i/\hbar)\boldsymbol{\mu}_{13} \cdot \boldsymbol{E}_0 \exp(2\pi i\nu t)\rho_{32}(t)\end{aligned} \tag{10.77}$$

上述表达式针对的是单个体系的密度矩阵而不是由体系组成的系综的平均密度矩阵。这是因为，尽管单个体系的跃迁偶极子 $\boldsymbol{\mu}_{12}$ 和 $\boldsymbol{\mu}_{13}$ 可能相对于实验室坐标或泵浦脉冲的电场矢量有一定角度，但是在泵浦脉冲和探测脉冲的短时间间隔内，它们的取向假定是不改变的。因此，需要在各个体系的所有方向上对乘积 $\boldsymbol{\mu}_{13} \cdot \boldsymbol{E}_0 \exp(2\pi i \nu t)\rho_{32}$ 和式(10.77)中其他类似的乘积求平均，而不是计算单独组分的系综平均之积。在得到单个体系的 $\partial\rho_{22}/\partial t$ 和 $\partial\rho_{33}/\partial t$ 之后再进行所需的平均。

继续按式(10.39)～式(10.42b)进行，并为 ρ_{12} 和 ρ_{21} 采用稳态近似，则得到

$$\rho_{12}(\nu) \approx (-i/\hbar)[\boldsymbol{\mu}_{12} \cdot \boldsymbol{E}_0(\rho_{22} - \rho_{11}) + \boldsymbol{\mu}_{13} \cdot \boldsymbol{E}_0 \rho_{32}] / [(i/\hbar)(E_{21} - h\nu) - 1/T_2] \tag{10.78a}$$

和

$$\rho_{21}(\nu) \approx (i/\hbar)\left[\boldsymbol{\mu}_{21} \cdot \boldsymbol{E}_0(\rho_{22} - \rho_{11}) + \boldsymbol{\mu}_{31} \cdot \boldsymbol{E}_0 \rho_{23}\right] / [(i/\hbar)(E_{21} - h\nu) - 1/T_2] \tag{10.78b}$$

并且，由于假定 H_{23} 和 H_{32} 为零且此处仅考虑态 1 和态 2 之间的辐射跃迁，对应式(B10.1.2)的表达式则变为

$$\begin{aligned}\partial\rho_{22}/\partial t &= (i/\hbar)[\rho_{21}(t)H_{12}-\rho_{12}(t)H_{21}]\\ &= (i/\hbar)[\exp(-2\pi i\nu t)\rho_{21}(\nu)H_{12}-\exp(2\pi i\nu t)\rho_{12}(\nu)H_{21}]\\ &= \{(\rho_{11}-\rho_{22})|\boldsymbol{\mu}_{21}\cdot\boldsymbol{E}_0|^2-(1/2)[(\boldsymbol{\mu}_{31}\cdot\boldsymbol{E}_0)(\boldsymbol{\mu}_{12}\cdot\boldsymbol{E}_0)\rho_{23}+(\boldsymbol{\mu}_{13}\cdot\boldsymbol{E}_0)(\boldsymbol{\mu}_{21}\cdot\boldsymbol{E}_0)\rho_{32}]\}W_{12}(\nu)\\ &= [(\rho_{11}-\rho_{22})|\boldsymbol{\mu}_{21}\cdot\boldsymbol{E}_0|^2-\mathrm{Re}(\rho_{23})(\boldsymbol{\mu}_{21}\cdot\boldsymbol{E}_0)(\boldsymbol{\mu}_{31}\cdot\boldsymbol{E}_0)]W_{12}(\nu)\end{aligned} \tag{10.79}$$

其中 $W_{12}(\nu)$是态 2 的荧光的洛伦兹线型函数

$$W_{12}(\nu)=(2/T_2)/[(E_{21}-h\nu)^2+(\hbar/T_2)^2] \tag{10.80}$$

由于 $\mathrm{Re}(\rho_{23})$随时间振荡且衰减，式(10.79)表明，来自态 2 的荧光振幅将进行类似的阻尼振荡，并收敛于一个水平，此水平取决于布居数之差$(\rho_{11}-\rho_{22})$。式(10.79)中的振荡项也适用于态 3 的荧光，因为 $\mathrm{Re}(\rho_{23})=\mathrm{Re}(\rho_{32})$。

为了计算预期的荧光各向异性，现在求在偏振为 $\hat{e}_i$ 的激发之后频率ν、偏振为 $\hat{e}_f$ 的荧光的速率。因为我们对从态 2 到态 1 的辐射跃迁的初始速率感兴趣，所以可以在式(10.79)中令ρ_{11}为零。密度矩阵元ρ_{22} 和ρ_{23} 可从式(10.75a)～式(10.75d)、式(10.76a)和式(10.76b)中获得。在所有取向上进行平均则可得到态 2 的初始发射速率：

$$F_{12}(\nu,\hat{e}_i,\hat{e}_f)=[\overline{(\hat{e}_i\cdot\hat{\mu}_{21})^2(\hat{e}_f\cdot\hat{\mu}_{21})^2}K_{22}+\overline{(\hat{e}_i\cdot\hat{\mu}_{21})(\hat{e}_i\cdot\hat{\mu}_{31})(\hat{e}_f\cdot\hat{\mu}_{21})(\hat{e}_f\cdot\hat{\mu}_{31})}K_{23}]W_{12}(\nu) \tag{10.81}$$

第 5 章考虑了仅有一个激发态的分子的荧光各向异性。在该情形下，或者在激发脉冲与 1→2 跃迁和 1→3 跃迁都不重叠的情形下，有 $K_{23}=0$。式(10.81)右边的第二项则将消失，剩下 $F_{12}=\overline{(\hat{e}_i\cdot\hat{\mu}_{21})^2(\hat{e}_f\cdot\hat{\mu}_{21})^2}K_{22}W_{12}(\nu)$ 。对于各向同性的样品，如果 $\hat{e}_f$ 与 $\hat{e}_i$ 平行，则此最后表达式中的取向平均值为 1/5；如果 $\hat{e}_f$ 与 $\hat{e}_i$ 垂直，则其值为 1/15 (专栏 10.5)。因此，与激发光平行偏振的荧光是与其垂直偏振荧光的三倍，这与式(5.61)和式(5.62)是一致的，并将给出 0.4 的荧光各向异性。[回顾：荧光各向异性 r 为 $(F_{\parallel}-F_{\perp})/(F_{\parallel}+2F_{\perp})$ 。]

专栏 10.5 矢量点积的取向平均

如式(10.81)中的那些取向平均可以利用包含欧拉角的通用方法求得[43]。这里给出感兴趣的一些情形的结果。

假设激发偏振 $\hat{e}_i$ 平行于实验室 x 轴，而荧光检测偏振 $\hat{e}_f$ 平行于 x 轴用以测量 $F_{\parallel}$，或者平行于 y 用以测量 $F_{\perp}$；并令 ξ 为跃迁偶极子 $\boldsymbol{\mu}_{21}$ 和 $\boldsymbol{\mu}_{31}$ 之间的夹角。如果样品是各向同性的，则

$$\overline{(\hat{x}\cdot\hat{\mu}_{21})^2}=1/3 \tag{B10.5.1}$$

$$\overline{(\hat{x}\cdot\hat{\mu}_{21})^4}=1/5 \tag{B10.5.2}$$

$$\overline{(\hat{x}\cdot\hat{\mu}_{21})(\hat{y}\cdot\hat{\mu}_{21})}=1/15 \tag{B10.5.3}$$

$$\overline{(\hat{x}\cdot\hat{\mu}_{21})(\hat{x}\cdot\hat{\mu}_{31})}=(\cos\xi)/3 \tag{B10.5.4}$$

$$\overline{(\hat{x}\cdot\hat{\mu}_{21})^2(\hat{x}\cdot\hat{\mu}_{31})^2}=(1+2\cos^2\xi)/15 \tag{B10.5.5}$$

$$\overline{(\hat{x}\cdot\hat{\mu}_{21})^2(\hat{y}\cdot\hat{\mu}_{31})^2}=(2-\cos^2\xi)/15 \tag{B10.5.6}$$

及

$$\overline{(\hat{x}\cdot\hat{\mu}_{21})(\hat{x}\cdot\hat{\mu}_{31})(\hat{y}\cdot\hat{\mu}_{21})(\hat{y}\cdot\hat{\mu}_{31})} = (3\cos^2\xi - 1)/30 \tag{B10.5.7}$$

式(5.61)和式(5.62)中给出的值 3/5 和 1/5 分别对应于 $\overline{(\hat{x}\cdot\hat{\mu})^4}/\overline{(\hat{x}\cdot\hat{\mu})^2}$ 和 $\overline{(\hat{x}\cdot\hat{\mu})^2(\hat{y}\cdot\hat{\mu})^2}/\overline{(\hat{x}\cdot\hat{\mu})^2}$ 。式(B10.5.5)和式(B10.5.6)解释了分子的非相干发射的各向异性，其吸收跃迁偶极子和发射跃迁偶极子取向的夹角为 ξ [式(5.68)]。

正文描述了以上表达式的使用，可计算态 2 和 3 被相干激发时分子系综的荧光各向异性。相同的表达式也可以用于计算态 2 和态 3 的非相干混合态的荧光各向异性。在后一情形，$F_{\parallel}$将正比于$[\overline{\rho_{22}}\overline{(\hat{x}\cdot\hat{\mu}_{21})^4} + \overline{\rho_{33}}\overline{(\hat{x}\cdot\hat{\mu}_{21})^2(\hat{x}\cdot\hat{\mu}_{31})^2}]K_{22} + [\overline{\rho_{33}}\overline{(\hat{x}\cdot\hat{\mu}_{31})^4} + \overline{\rho_{22}}\overline{(\hat{x}\cdot\hat{\mu}_{31})^2(\hat{x}\cdot\hat{\mu}_{21})^2}]K_{33}$，其中 $\overline{\rho_{22}}$ 和 $\overline{\rho_{33}}$ 是两态的布居数，而 K_{22} 和 K_{33} 在文中有定义。$F_{\perp}$ 将正比于 $[\overline{\rho_{22}}\overline{(\hat{x}\cdot\hat{\mu}_{21})^2(\hat{y}\cdot\hat{\mu}_{21})^2} + \overline{\rho_{33}}\overline{(\hat{x}\cdot\hat{\mu}_{21})^2(\hat{y}\cdot\hat{\mu}_{31})^2}]K_{22} + [\overline{\rho_{22}}\overline{(\hat{x}\cdot\hat{\mu}_{31})^2(\hat{y}\cdot\hat{\mu}_{31})^2} + \overline{\rho_{33}}\overline{(\hat{x}\cdot\hat{\mu}_{31})^2(\hat{y}\cdot\hat{\mu}_{21})^2}]K_{33}$。如果 $K_{22} = K_{33}$ 且 $\overline{\rho_{22}} = \overline{\rho_{33}}$，则各向异性将是 $(1 + 3\cos^2\xi)/10$，其值对于 $\xi = 0°$是 0.4，而 $\xi = 90°$时则是 0.1。

式(10.81)右边的第二项表示激发态 2 和 3 之间的相干。由于此类相干通常在亚皮秒级的时间尺度上衰减，因此它们在传统的荧光幅度或各向异性测量中意义不大。因此，在第 5 章中它们被忽略。但是，相干可以在短时间内对荧光产生很大影响[42-44]。为简单起见假设 $K_{23} \approx K_{22}$，并令跃迁偶极子 $\boldsymbol{\mu}_{21}$ 和 $\boldsymbol{\mu}_{31}$ 之间的夹角为 ξ。由式(10.81)和专栏 10.5 中给出的取向平均计算得到的初始各向异性则为

$$\begin{aligned} r &= \frac{F_{\parallel} - F_{\perp}}{F_{\parallel} + 2F_{\perp}} = \frac{F_{12}(\nu,\hat{x},\hat{x}) - F_{12}(\nu,\hat{x},\hat{y})}{F_{12}(\nu,\hat{x},\hat{x}) + 2F_{12}(\nu,\hat{x},\hat{y})} \\ &= \frac{[1/5 + (1+2\cos^2\xi)/15] - [1/15 + (3\cos^2\xi - 1)/30]}{[1/5 + (1+2\cos^2\xi)/15] + 2[1/15 + (3\cos^2\xi - 1)/30]} = \frac{7+\cos^2\xi}{10+10\cos^2\xi} \end{aligned} \tag{10.82}$$

图 10.12 显示了计算所得各向异性和各向同性荧光的大小($F_{\parallel} + 2F_{\perp}$)对 ξ 的依赖性。如果 ξ= 90°，正如在第 9 章中讨论的那样，这是二聚体的两个激子态的跃迁偶极子之间的预期夹角，态 2 和 3 之间的相干不影响各向同性荧光的幅度。但是，初始各向异性将是 0.7 而不是 0.4。随着非对角密度矩阵元 $\overline{\rho_{23}}$ 和 $\overline{\rho_{32}}$ 衰减为零，预期的各向异性将降至 0.4。对于拥有三个正交跃迁偶极子的三态体系，初始各向异性预期为 1.0，这意味着荧光的偏振方向完全平行于激发光[43]!

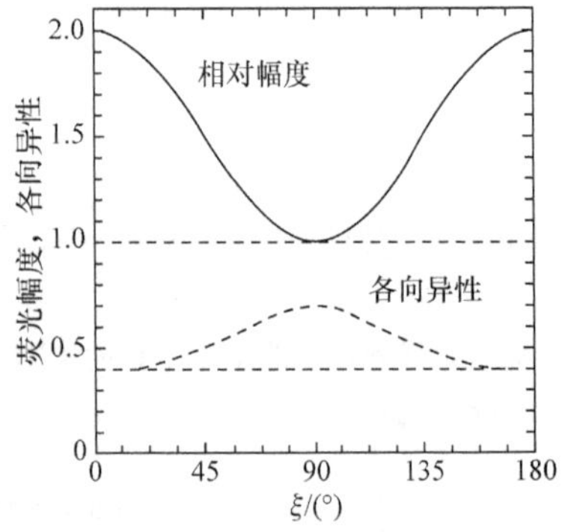

图 10.12 对于具有两个相干激发态的系综，由式(10.84)和式(10.85)(令 $K_{23} = K_{22}$)计算的各向异性和各向同性荧光幅度，并作为跃迁偶极子之间的夹角(ξ)的函数给出。各向同性荧光以相对幅度表示，其参考来自 ξ 值相同的体系的非相干激发系综的预期荧光幅度

为了将式(10.81)广义化，考虑一个具有 M 个激发态的体系。如果可以计算体系的系综内的密度矩阵和荧光算符之积，则可以用式(10.14)计算任何给定激发态的荧光。式(10.74)表明，偏振为 $\hat{e}_f$ 的荧光，其偶极强度算符 $\tilde{\mathrm{F}}$ 可以表示为

$$\tilde{\mathrm{F}} = \tilde{\mu}\cdot\hat{e}_f\left|\psi_1\right\rangle\left\langle\psi_1\right|\tilde{\mu}\cdot\hat{e}_f \tag{10.83}$$

其矩阵元为 $F_{mn} = \left\langle\psi_m\right|\tilde{\mu}\cdot\hat{e}_f\left|\psi_1\right\rangle\left\langle\psi_1\right|\tilde{\mu}\cdot\hat{e}_f\left|\psi_n\right\rangle$，或$(\boldsymbol{\mu}_{m1}\cdot\hat{e}_f)(\boldsymbol{\mu}_{n1}\cdot\hat{e}_f)$。这里，$\psi_m$、$\psi_n$ 和ψ_1分别是态 m、n 和基态的波函数。如果将均匀发射光谱 $W_{1n}(\nu)$作为 $W_{12}(\nu)$[式(10.80)]的一般式考虑进来，则由

式(10.14)可以得出，来自态 n、偏振为 $\hat{e}_f$ 且频率为 ν 的荧光为

$$F_{1n}(\nu,\hat{e}_i,\hat{e}_f)=\left[\overline{\rho_{nn}F_{nn}}+(1/2)\sum_{m\neq n}^{M}\overline{(\rho_{nm}F_{mn}+\rho_{mn}F_{nm})}\right]W_{1n}(\nu) \tag{10.84}$$

其中 $\overline{\rho_{nm}F_{jk}}$ 取决于激发偏振。如果激发脉冲之后的瞬时密度矩阵由式(10.75a)～式(10.75d)、式(10.76a)和式(10.76b)给出，则来自态 n 的初始荧光将是

$$F_{1n}(\nu,\hat{e}_i,\hat{e}_f)=\sum_{m}\overline{(\hat{e}_i\cdot\hat{\mu}_{n1})(\hat{e}_i\cdot\hat{\mu}_{m1})(\hat{e}_f\cdot\hat{\mu}_{n1})(\hat{e}_f\cdot\hat{\mu}_{m1})}K_{nm}W_{1n}(\nu) \tag{10.85}$$

注意，式(10.85)描述了激发脉冲之后的瞬时荧光。随着非对角矩阵元衰减到零，荧光变为 $\overline{(\hat{e}_i\cdot\hat{\mu}_{n1})^2(\hat{e}_f\cdot\hat{\mu}_{n1})^2}K_{nn}W_{1n}(\nu)$。式(10.85)还假设 $W_{n1}(\nu)$、K_{nn} 和 K_{nm} 对于系综中的所有体系都是相同的；如果不是这种情况，则必须将这些因子与几何参数一起进行平均。

已测得卟啉中的初始荧光各向异性大于 0.4，卟啉具有两个简并的激发态，其跃迁偶极子彼此垂直[44]。从光合细菌天线复合体的受激发射中已观测到最初的值似乎超过 0.4、但在约 30 fs 的时间尺度上就衰减的各向异性[45]。正如第 8 章讨论的那样，这些复合体都具有几个允许的跃迁，其能级相似且跃迁偶极子几乎垂直。短脉冲激发可能会产生激发态的相干叠加，它们会迅速弛豫为布居数大致相同的非相干混合态，然后达到玻尔兹曼平衡。

练 习 题

1. 假设练习题 8.1 中考虑的二聚体分子 a 在时间 $t=0$ 被激发，且该激发随即在两个分子之间振荡。(a)如果两个分子的激发能相同，计算其振荡频率。(b)如果分子 a 的激发能比分子 b 的激发能高 1000 cm^{-1}，则振荡频率将是多少？(c)对于没有热弛豫情况下的第二种情形($E_{ba}=E_a-E_b=1000\ \text{cm}^{-1}$)，计算在分子 a 上找到激发的时间平均概率，并将所得结果与处于热平衡态时在该分子上找到激发的概率进行比较。

2. 将激发的二聚体视为具有两个基元态的体系，以 $c_a(t)$和 $c_b(t)$分别代表分子 a 和分子 b 处于激发态的系数。(a)定义该体系的密度矩阵(ρ)的四个矩阵元。(b)使用符号 H_{aa}、H_{ab} 等表示哈密顿矩阵元，在没有随机弛豫的情况下，对ρ的每个矩阵元的时间依赖性(如$\partial\rho_{aa}/\partial t$)写出表达式。(c)$\rho_{ab}(t)$和$\rho_{ba}(t)$有什么关系？(d)假设两个基元态的相互转换仅由量子力学耦合矩阵元 H_{ab} 驱动，而能量的随机涨落导致纯退相，其时间常数为 T_2^*。在这种情况下，纵向弛豫时间(T_1)和横向弛豫时间(T_2)分别是多少？(e)写出ρ的每个时间依赖矩阵元的随机刘维尔表达式。(f)如果体系也随机地以速率常数 k_{ab} 从态 a 变为态 b，并以速率常数 k_{ba} 从 b 变为 a，则 T_1 和 T_2 需要如何修正？(g)随机刘维尔方程在什么极限内可约化为黄金定则表达式？

3. (a)写一个表达式，将两态量子体系从态 a 转换为态 b 的随机速率常数($-R_{aa,aa}$，令 $\mathbf{R}$ 为雷德菲尔德弛豫矩阵)与周围环境的涨落电场的光谱密度关联起来。表达式应表明速率常数取决于按特定频率发生的涨落。(b)其中的重要频率如何依赖于两个态之间的能量差(E_{ba})？(c)将相关的光谱密度函数与量子力学矩阵元的自相关函数(记忆函数)关联起来。(d)如果自相关函数以时间常数 τ_c 呈指数衰减，则速率常数如何依赖于 τ_c 的值？(e)雷德菲尔德理论在什么时间极限内适用？(f)为了解释定向弛豫，如相对于吸收的荧光斯托克斯位移，概述所需的修改或扩展。

参 考 文 献

[1] Atkins, P.W.: Molecular Quantum Mechanics, 2nd edn. Oxford University Press, Oxford (1983)
[2] Kubo, R.: The fluctuation-dissipation theorem. Rep. Progr. Theor. Phys. **29**, 255-284 (1966)
[3] Kubo, R., Toda, M., Hashitsume, N.: Statistical Physics II: Nonequilibrium Statistical Mechanics. Springer, Berlin

(1985)
[4] Davidson, E.R.: Reduced Density Matrices in Quantum Chemistry. Academic Press, London (1976)
[5] Lin, S.H., Alden, R.G., Islampour, R., Ma, H., Villaeys, A.A.: Density Matrix Method and Femtosecond Processes. World Scientific, Singapore (1991)
[6] Blum, K.: Density Matrix Theory and Applications, 2nd edn. Plenum, New York (1996)
[7] Haberkorn, R., Michel-Beyerle, M.E.: On the mechanism of magnetic field effects in bacterial photosynthesis. Biophys. J. **26**, 489-498 (1979)
[8] Bray, A.J., Moore, M.A.: Influence of dissipation on quantum coherence. Phys. Rev. Lett. **49**, 1545-1549 (1982)
[9] Reimers, J.R., Hush, N.S.: Electron transfer and energy transfer through bridged systems. I. Formalism. Chem. Phys. **134**, 323-354 (1989)
[10] Kitano, M.: Quantum Zeno effect and adiabatic change. Phys. Rev. A **56**, 1138-1141 (1997)
[11] Schulman, L.S.: Watching it boil: Continuous observation for the quantum Zeno effect. Found. Phys. **27**, 1623-1636 (1997)
[12] Ashkenazi, G., Kosloff, R., Ratner, M.A.: Photoexcited electron transfer: Short-time dynamics and turnover control by dephasing, relaxation, and mixing. J. Am. Chem. Soc. **121**, 3386-3395 (1999)
[13] Prezhdo, O.: Quantum anti-zeno acceleration of a chemical reaction. Phys. Rev. Lett. **85**, 4413-4417 (2000)
[14] Facchi, P., Nakazato, H., Pascazio, S.: From the quantum zeno to the inverse quantum zeno effect. Phys. Rev. Lett. **86**, 2699-2703 (2001)
[15] Kofman, A.G., Kurizki, G.: Frequent observations accelerate decay: The anti-Zeno effect. Zeit. Naturforsch. Sect. A **56**, 83-90 (2001)
[16] Toschek, P.E., Wunderlich, C.: What does an observed quantum system reveal to its observer? Eur. Phys. J. D **14**, 387-396 (2001)
[17] Parson, W.W., Warshel, A.: A density-matrix model of photosynthetic electron transfer with microscopically estimated vibrational relaxation times. Chem. Phys. **296**, 201-206 (2004)
[18] Chiu, C.B., Sudarshan, E.C.G., Misra, B.: Time evolution of unstable quantum states and a resolution of Zeno's paradox. Phys. Rev. D **16**, 520-529 (1977)
[19] Redfield, A.: The theory of relaxation processes. Adv. Magn. Res. **1**, 1-32 (1965)
[20] Slichter, C.P.: Principles of Magnetic Resonance with Examples from Solid State Physics. Harper & Row, New York (1963)
[21] Silbey, R.J.: Relaxation processes. In: Funfschilling, J.I. (ed.) Molecular Excited States, pp. 243-276. Kluwer Academic, Dordrecht (1989)
[22] Oxtoby, D.W.: Picosecond phase relaxation experiments. A microscopic theory and a new interpretation. J. Chem. Phys. **74**, 5371-5376 (1981)
[23] Yan, Y.J., Mukamel, S.: Photon echoes of polyatomic molecules in condensed phases. J. Chem. Phys. **94**, 179-190 (1991)
[24] Mercer, I.P., Gould, I.R., Klug, D.R.: A quantum mechanical/molecular mechanical approach to relaxation dynamics: Calculation of the optical properties of solvated bacteriochlorophyll-a. J. Phys. Chem. B **103**, 7720-7727 (1999)
[25] Callen, H.B., Greene, R.F.: On a theorem of irreversible thermodynamics. Phys. Rev. **86**, 702-710 (1952)
[26] Greene, R.F., Callen, H.B.: On a theorem of irreversible thermodynamics. II. Phys. Rev. **88**, 1387-1391 (1952)
[27] Berne, B.J., Harp, G.C.: On the calculation of time correlation functions. Adv. Chem. Phys. **17**, 63-227 (1970)
[28] de Groot, S.R., Mazur, P.: Non-equilibrium Thermodynamics. Dover, Mineola, NY (1984)
[29] Mukamel, S.: Principles of Nonlinear Optical Spectroscopy. Oxford University Press, Oxford (1995)
[30] McHale, J.L.: Molecular Spectroscopy. Prentice Hall, Upper Saddle River, NJ (1999)
[31] May, V., Kühn, O.: Charge and Energy Transfer Dynamics in Molecular Systems. Wiley-VCH, Berlin (2000)
[32] Joo, T., Jia, Y., Yu, J.-Y., Lang, M.J., Fleming, G.R.: Third-order nonlinear time domain probes of solvation

dynamics. J. Chem. Phys. **104**, 6089-6108 (1996)

[33] de Boeij, W.P., Pshenichnikov, M.S., Wiersma, D.A.: System-bath correlation function probed by conventional and time-gated stimulated photon echo. J. Phys. Chem. **100**, 11806-11823 (1996)

[34] Mukamel, S.: Femtosecond optical spectroscopy: A direct look at elementary chemical events. Annu. Rev. Phys. Chem. **41**, 647-681 (1990)

[35] Fleming, G.R., Cho, M.: Chromophore-solvent dynamics. Annu. Rev. Phys. Chem. **47**, 109-134 (1996)

[36] Volker, S.: Spectral hole-burning in crystalline and amorphous organic solids. Optical relaxation processes at low temperatures. In: Funfschilling, J.I. (ed.) Relaxation Processes in Molecular Excited States, pp. 113-242. Kluwer Academic, Dordrecht (1989)

[37] Reddy, N.R.S., Lyle, P.A., Small, G.J.: Applications of spectral hole burning spectroscopies to antenna and reaction center complexes. Photosynth. Res. **31**, 167-194 (1992)

[38] Warshel, A., Parson, W.W.: Computer simulations of electron-transfer reactions in solution and in photosynthetic reaction centers. Annu. Rev. Phys. Chem. **42**, 279-309 (1991)

[39] Warshel, A., Parson, W.W.: Dynamics of biochemical and biophysical reactions: Insight from computer simulations. Q. Rev. Biophys. **34**, 563-679 (2001)

[40] de Boeij, W.P., Pshenichnikov, M.S., Wiersma, D.A.: Ultrafast solvation dynamics explored by femtosecond photon echo spectroscopies. Annu. Rev. Phys. Chem. **49**, 99-123 (1998)

[41] Myers, A.B.: Molecular electronic spectral broadening in liquids and glasses. Annu. Rev. Phys. Chem. **49**, 267-295 (1998)

[42] Rahman, T.S., Knox, R., Kenkre, V.M.: Theory of depolarization of fluorescence in molecular pairs. Chem. Phys. **44**, 197-211 (1979)

[43] van Amerongen, H., Struve, W.S.: Polarized optical spectroscopy of chromoproteins. Methods Enzymol. **246**, 259-283 (1995)

[44] Wynne, K., Hochstrasser, R.M.: Coherence effects in the anisotropy of optical experiments. Chem. Phys. **171**, 179-188 (1993)

[45] Nagarajan, V., Johnson, E., Williams, J.C., Parson, W.W.: Femtosecond pump-probe spectroscopy of the B850 antenna complex of Rhodobacter sphaeroides at room temperature. J. Phys. Chem. B **103**, 2297-2309 (1999)

第 11 章　泵浦探测光谱、光子回波与振动波包

11.1　一阶光学极化

在上一章中，我们利用稳态处理法将吸收带的形状与激发态的弛豫动力学联系起来。由于建立稳态需要一定的时间，其时长相当于电子的退相时间，因此式(10.43)和式(10.44)仅适用于更长的时间尺度。如果希望探索弛豫动力学本身，就需要突破这些限制。本章的第一个目标是给出一种更通用的方法分析飞秒和皮秒时间尺度上的光谱实验。这样就可以提供一个平台，用于讨论如何使用泵浦探测和光子回波实验来研究结构涨落动力学以及在这些短时间尺度上的能量转移或电子转移。

首先考虑一个由体系组成的系综，其中的每个体系都有两个态(m 和 n)，分别具有能量 E_m 和 E_n。有弱辐射场 $\boldsymbol{E}(t) = \boldsymbol{E}_0[\exp(i\omega t) + \exp(-i\omega t)]$存在时，哈密顿矩阵元$\langle\psi_n|\tilde{\mathrm{H}}|\psi_m\rangle$可以写成 $H_{nm}(t)=H_{nm}^0+V_{nm}(t)$，其中 H_{nm}^0 是无外场时的矩阵元，$V_{nm}(t)=-\boldsymbol{\mu}_{nm}\cdot\boldsymbol{E}_0[\exp(i\omega t)+\exp(-i\omega t)]$，且 $\boldsymbol{\mu}_{nm}$ 是跃迁偶极子。因此，决定密度矩阵的时间依赖性的对易子$[\bar{\boldsymbol{\rho}},\mathbf{H}]$就是两项和$[\bar{\boldsymbol{\rho}},\mathbf{H^0}]+[\bar{\boldsymbol{\rho}},\mathbf{V}]$。如果体系在无外场的情况下(对于 $n\neq m$，$H_{nm}^0=0$)处于定态，则$[\bar{\boldsymbol{\rho}},\mathbf{H^0}]$的矩阵元为 $[\bar{\boldsymbol{\rho}},\mathbf{H^0}]_{nm}=E_{mn}\overline{\rho_{nm}}=-E_{nm}\overline{\rho_{nm}}$，其中 $E_{nm}=E_n-E_m$ [式(10.21)～式(10.24)]。

无辐射场情况下的玻尔兹曼平衡值为：非对角元为 0，对角元为$\overline{\rho_{nn}^0}$ [由式(10.26)可知]。如果通过去掉这些平衡值来调整$\bar{\boldsymbol{\rho}}$ 的所有矩阵元，那么可以将问题简化。则调整后的密度矩阵元$\overline{\rho_{nm}}$ 的随机弛豫速率常数可以表示为γ_{nm}，其中对于 $n=m$，$\gamma_{nm}=1/T_1$；对于 $n\neq m$，$\gamma_{nm}=1/T_2$。为了进一步简化符号，令 $E_{nm}/\hbar=\omega_{nm}$。

通过这些定义和调整，对于两态体系的系综，在有辐射场的情况下，其随机刘维尔方程[式 10.30)]有以下形式：

$$\partial\overline{\rho_{nm}}/\partial t=(i/\hbar)[\bar{\boldsymbol{\rho}},\mathbf{H^0}]_{nm}+(i/\hbar)[\bar{\boldsymbol{\rho}},\mathbf{V}]_{nm}-\gamma_{nm}\overline{\rho_{nm}} \tag{11.1a}$$

$$=(i/\hbar)[\bar{\boldsymbol{\rho}},\mathbf{V}]_{nm}-(i\omega_{nm}+\gamma_{nm})\overline{\rho_{nm}} \tag{11.1b}$$

这里的关键是利用一系列阶数递增的辐射场微扰展开$\overline{\rho_{nm}}(t)$ [1]：

$$\overline{\rho_{nm}}=\overline{\rho_{nm}^{(0)}}+\overline{\rho_{nm}^{(1)}}+\overline{\rho_{nm}^{(2)}}+\cdots \tag{11.2}$$

其中$\overline{\rho_{nm}^{(0)}}$是无辐射场时处于平衡的密度矩阵，$\overline{\rho_{nm}^{(1)}}$是在极弱场的极限时对$\overline{\rho_{nm}^{(0)}}$的微扰(线性或一阶微扰)，而$\overline{\rho_{nm}^{(2)}}$则是场强的二阶微扰，依此类推。如果将阶次逐渐升高的微扰视作随着时间顺序而逐步发展的，则可以用式(11.1b)写出它们的变化速率：

$$\frac{\partial\overline{\rho_{nm}^{(0)}}}{\partial t}=-(i\omega_{nm}+\gamma_{nm})\overline{\rho_{nm}^{(0)}} \tag{11.3a}$$

$$\frac{\partial\overline{\rho_{nm}^{(1)}}}{\partial t}=(i/\hbar)[\overline{\boldsymbol{\rho}^{(0)}},\mathbf{V}]_{nm}-(i\omega_{nm}+\gamma_{nm})\overline{\rho_{nm}^{(1)}} \tag{11.3b}$$

$$\frac{\partial\overline{\rho_{nm}^{(2)}}}{\partial t}=(i/\hbar)[\overline{\boldsymbol{\rho}^{(1)}},\mathbf{V}]_{nm}-(i\omega_{nm}+\gamma_{nm})\overline{\rho_{nm}^{(2)}} \tag{11.3c}$$

且概括有

$$\partial\overline{\rho_{nm}^{(k)}}/\partial t=(i/\hbar)[\overline{\boldsymbol{\rho}^{(k-1)}},\mathbf{V}]_{nm}-(i\omega_{nm}+\gamma_{nm})\overline{\rho_{nm}^{(k)}} \tag{11.4}$$

式(11.4)在时间τ的通解$\overline{\rho_{nm}^{(k)}}$为

$$\overline{\rho_{nm}^{(k)}}(\tau)=(i/\hbar)\int_0^\tau[\overline{\boldsymbol{\rho}^{(k-1)}},\mathbf{V}]_{nm}\exp[-(i\omega_{nm}+\gamma_{nm})(\tau-t)]\mathrm{d}t \tag{11.5}$$

因此，式(11.2)中的一系列项表示系综与辐射场的顺序作用、并与这些作用产生的态和相干的振荡和衰减进行卷积之后的结果。如果一个由两态体系组成的系综始于所有体系都处于基态(a)的情形，则与外场的单次作用将产生非对角密度矩阵元之一($\overline{\rho_{ab}}$或$\overline{\rho_{ba}}$)，这表示态 a 与激发态(b)的相干。第二次作用可以产生在态 b 上的布居($\overline{\rho_{bb}}$)，也可以重新得到$\overline{\rho_{aa}}$。这些作用序列被描述为刘维尔空间中的路径，可以用图 11.1 表示。一个刘维尔空间图由正方形网格组成，每个结点(图 11.1 中的圆)由密度矩阵元的两个下标来标记。连接两个圆的一条垂直线段表示改变左侧下标(bra)的一次作用；一条水平线段则表示改变右侧下标(ket)的一次作用。此处使用的约定是，静止系综的密度矩阵从图的左下角开始，并在每次与电磁辐射场相互作用时向上或向右演化。由一定次数的作用所产生的相干或布居位于反对角线上，而这里的作用次数也就构成了密度矩阵的阶数。在图 11.1 中，用灰色突显了对$\overline{\rho^{(1)}}$有贡献的相干。

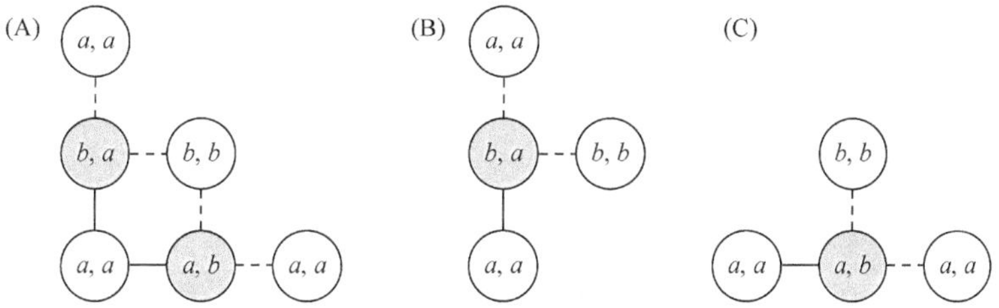

图 11.1　刘维尔空间中的路径。标记为 a, a 和 b, b 的圆表示一个两态体系的密度矩阵的对角元(布居)；而标记为 a, b 和 b, a 的圆则代表非对角元(相干)。线段表示与辐射场的单次作用，其中垂直线段表示改变密度矩阵左侧下标(bra)的作用，而水平线段则表示改变右侧下标(ket)的作用。按此处使用的约定，零阶密度矩阵$[\overline{\boldsymbol{\rho}^{(0)}}]$位于左下方，而时间则向上及向右增加；向下或向左的步骤是不允许的。阴影圆中的相干是两个一步路径$[\rho_{a,a}\to\rho_{b,a}$(B)和$\rho_{a,a}\to\rho_{a,b}$(C)]的终点，它们产生一阶密度矩阵$[\overline{\boldsymbol{\rho}_{nm}^{(1)}}]$和一阶光学极化$[\boldsymbol{P}^{(1)}]$。与辐射场的第二次作用(虚线)可以将一个相干转换为激发态(ρ_{bb})或基态(ρ_{aa})。(B)和(C)中描述的路径互为复共轭，因为在每个步骤交换两个下标就可以从一个路径得到另一个路径

图 11.2 给出了另一个很有用的表示，称为双侧费曼图。图中的两条竖线代表密度矩阵的左右下标，而与外场的每次作用则由朝向或背离其中一条竖线的波浪箭头表示。时间向上增加。朝向竖线的箭头与光子的吸收有关；背离竖线的箭头则与光子发射有关。此图也携带着其他信息，如辐射的波矢和频率[2-11]。

将$\overline{\rho}(t)$的幂级数展开与式(10.14)结合使用，则对于一个暴露在电磁场中的由体系组成的系

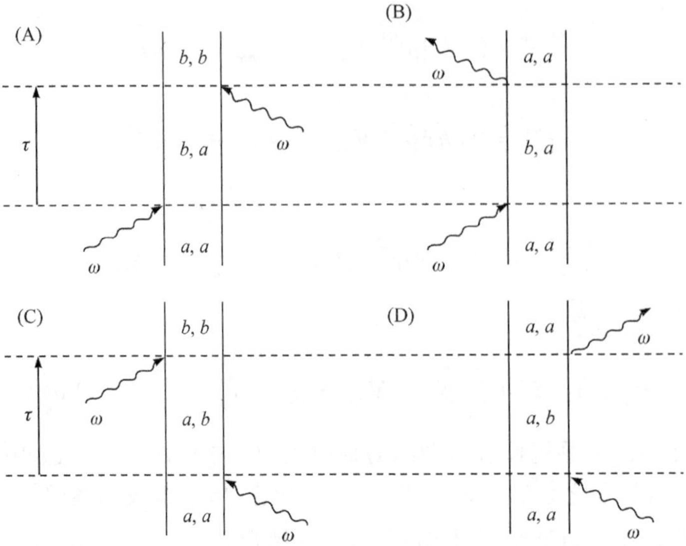

图 11.2 双侧费曼图。一对竖线表示密度矩阵的左(bra)和右(ket)指标的演变。时间从图的底部向顶部增加。在这里考虑的两态体系中，ρ的对角元标记为 a, a 和 b, b，分别表示基态和激发态，而 a, b 和 b, a 表示其非对角元。带有频率(ω)记的波浪箭头表示与电磁辐射场的作用。向内的箭头与光子的吸收有关(ρ的下标之一增加)；向外的箭头则与发射有关(下标之一减小)。在零时刻与外场的单次作用得到相干并产生一阶光学极化。在时间 τ 的第二次作用将相干转化为激发态(A，C)或基态(B，D)。(C)和(D)中所示的序列分别是(A)和(B)中相应序列的复共轭。(A)和(B)对应于图 11.1(B)所示的路径；(C)和(D)则对应于图 11.1(C)所示的路径。双侧费曼图还可以用于携带其他信息，如在涉及多个脉冲的实验中的入射和出射辐射的波矢[3, 4, 7]

综，可得到其宏观电偶极子的期望值：

$$\langle \boldsymbol{\mu}(t) \rangle = \sum_k \boldsymbol{P}^{(k)}(t) \tag{11.6}$$

其中

$$\boldsymbol{P}^{(k)}(t) = \mathrm{tr}[\overline{\boldsymbol{\rho}^{(k)}(t)\boldsymbol{\mu}}] = \sum_n \sum_m \overline{\rho_{nm}^{(k)}(t)\boldsymbol{\mu}_{mn}} \tag{11.7}$$

且 $\boldsymbol{\mu}_{mn} = \langle \psi_m | \tilde{\mu} | \psi_n \rangle$。$\boldsymbol{P}^{(k)}$项称为光学极化，$k$ 为其阶数。一阶光学极化是电介质在振荡电磁场中的经典线性极化的量子力学类似量(专栏 3.3)；高阶极化则对应取决于场的高阶经典极化分量。但要注意，根据式(11.4)～式(11.7)，光学极化阶次的增加随着时间依次出现，而各种与场有关的经典极化则被假定是瞬间并同时形成的。

以这种方式展开光学极化的优点是可以将各种光学现象归属为具有特定 k 值的项[2, 6, 12-15]。一阶或线性光学极化[$\boldsymbol{P}^{(1)}$]与光的普通吸收有关；二阶光学极化[$\boldsymbol{P}^{(2)}$]与和频及差频的产生有关；而三阶光学极化[$\boldsymbol{P}^{(3)}$]则与“四波混频”实验有关，其中包括泵浦探测光谱、瞬态光栅光谱和光子回波。更准确地说，借助特定阶次的极化，可将每一类光学现象都与电场的作用联系起来。

在经典图像中，将光学极化看作一个宏观振荡偶极子，它可以作为电磁辐射的发源体或吸收体。在半经典图像中，对电磁辐射进行经典处理，辐射场 $\boldsymbol{E}(t)$与光学极化体系的相互作用能由下式给出：

$$\langle H'(t) \rangle = -\langle \boldsymbol{\mu}(t) \rangle \cdot \boldsymbol{E}(t) = -\sum_k \boldsymbol{P}^{(k)}(t) \cdot \boldsymbol{E}(t) \tag{11.8}$$

或利用式(10.14)得到

$$\langle H'(t)\rangle = \mathrm{tr}[\overline{\boldsymbol{\rho}(t)}\mathbf{V}(t)] \tag{11.9}$$

其中 $\mathbf{V}$ 仍然是相互作用矩阵$[V_{nm}=-\boldsymbol{\mu}_{nm}\boldsymbol{P}(t)]$。从外场吸收能量的速率是上述参量对时间的导数：

$$\frac{\mathrm{d}\langle H'\rangle}{\mathrm{d}t} = \frac{\mathrm{d}}{\mathrm{d}t}\mathrm{tr}(\overline{\boldsymbol{\rho}}\mathbf{V}) = \mathrm{tr}\left[\frac{\partial(\overline{\boldsymbol{\rho}}\mathbf{V})}{\partial t}\right] = \mathrm{tr}\left(\overline{\boldsymbol{\rho}}\frac{\mathrm{d}\mathbf{V}}{\mathrm{d}t}\right) + \mathrm{tr}\left(\mathbf{V}\frac{\mathrm{d}\overline{\boldsymbol{\rho}}}{\mathrm{d}t}\right) \tag{11.10}$$

式(11.10)右边的最后一项为零。可以通过利用冯 · 诺伊曼方程[式(10.24)]证明这一点，并注意到三个矩阵的轮换不会改变矩阵的积的迹(附录 A.2)，即 $\mathrm{tr}(\mathbf{V}\overline{\boldsymbol{\rho}}\mathbf{V}) - \mathrm{tr}(\mathbf{V}\mathbf{V}\overline{\boldsymbol{\rho}}) = 0$：

$$\begin{aligned}\mathrm{tr}\left(\mathbf{V}\frac{\mathrm{d}\boldsymbol{\rho}}{\mathrm{d}t}\right) &= (i/\hbar)\mathrm{tr}(\mathbf{V}[\boldsymbol{\rho},\mathbf{V}]) \\ &= (i/\hbar)[\mathrm{tr}(\mathbf{V}\boldsymbol{\rho}\mathbf{V}) - \mathrm{tr}(\mathbf{V}\mathbf{V}\boldsymbol{\rho})] = 0\end{aligned} \tag{11.11}$$

如果舍弃此项，按照式(10.37)写出振荡辐射场，并假设场振幅的包络($\boldsymbol{E}_0$)与 $\exp(i\omega t)$相比只有缓慢变化，则式(11.10)给出

$$\begin{aligned}\frac{\mathrm{d}\langle H'\rangle}{\mathrm{d}t} &= \mathrm{tr}\left(\overline{\boldsymbol{\rho}}\frac{\mathrm{d}\mathbf{V}}{\mathrm{d}t}\right) = -\boldsymbol{P}(t)\cdot\frac{\mathrm{d}}{\mathrm{d}t}[\boldsymbol{E}_0\exp(i\omega t) + \boldsymbol{E}_0^*\exp(-i\omega t)] \\ &\approx -i\omega\boldsymbol{P}(t)\cdot[\boldsymbol{E}_0\exp(i\omega t) + \boldsymbol{E}_0^*\exp(-i\omega t)]\end{aligned} \tag{11.12}$$

因此，瞬时激发速率正比于光学极化与外场的点积，即 $\boldsymbol{P}(t)\cdot\boldsymbol{E}(t)$。

在式(10.40)～式(10.42)中看到，一阶密度矩阵元包含一些因子，它们与产生它们的电磁场以相同的频率振荡。光学极化也是如此。因此，$\boldsymbol{P}$ 可以写成如下形式：

$$\boldsymbol{P}(t) = \boldsymbol{P}_0(t)\exp(i\omega t) + \boldsymbol{P}_0^*(t)\exp(-i\omega t) \tag{11.13}$$

其中 $\boldsymbol{P}_0$ 和 $\boldsymbol{P}_0^*$，如 $\boldsymbol{E}_0$ 和 $\boldsymbol{E}_0^*$ 以及式(10.40)～式(10.42)中的因子 $\overline{\overline{\rho_{ab}}}$ 和 $\overline{\overline{\rho_{ba}}}$ 那样，随着时间相对缓慢地变化。用这样给出的 $\boldsymbol{P}$，式(11.12)变为

$$\begin{aligned}\frac{\mathrm{d}\langle H'\rangle}{\mathrm{d}t} &= -i\omega[\boldsymbol{P}_0\exp(i\omega t) + \boldsymbol{P}_0^*\exp(-i\omega t)][\boldsymbol{E}_0\exp(i\omega t) - \boldsymbol{E}_0^*\exp(-i\omega t)] \\ &= i\omega(\boldsymbol{P}_0\boldsymbol{E}_0^* - \boldsymbol{P}_0^*\boldsymbol{E}_0) + i\omega[\boldsymbol{P}_0\boldsymbol{E}_0\exp(2i\omega t) - \boldsymbol{P}_0^*\boldsymbol{E}_0^*\exp(-2i\omega t)]\end{aligned} \tag{11.14}$$

如果在一个振荡周期内对该表达式求平均，则包含 $\exp(\pm 2i\omega t)$的因子会消失，剩余

$$\frac{\mathrm{d}\langle H'\rangle}{\mathrm{d}t} = i\omega(\boldsymbol{P}_0\boldsymbol{E}_0^* - \boldsymbol{P}_0^*\boldsymbol{E}_0) = 2\omega\mathrm{Im}(\boldsymbol{P}_0\boldsymbol{E}_0^*) \tag{11.15}$$

为了说明式(11.4)～式(11.7)和式(11.15)的用处，针对光照下的两态体系组成的一个系综求 $\overline{\boldsymbol{\rho}^{(1)}}$ 和 $\boldsymbol{P}^{(1)}$。如果在光照前该系综处于热平衡，则初始密度矩阵为

$$\overline{\boldsymbol{\rho}^{(0)}} = \begin{bmatrix}\overline{\rho_{aa}^0} & 0 \\ 0 & \overline{\rho_{bb}^0}\end{bmatrix} \tag{11.16}$$

假设振荡电场的振幅在零时刻突然从零变为 $\boldsymbol{E}_0$，然后在此水平保持恒定。若忽略初始上升阶段，则 $t \geqslant 0$ 的微扰矩阵 $\mathbf{V}$ 由 $V_{ab} = -\boldsymbol{\mu}_{ab}\boldsymbol{E}(t)$给出。在这里假设对于系综内的所有个体，其跃迁偶极子都相同($\overline{V_{ab}} = V_{ab}$)。但通常的情形是不同分子相对入射辐射的取向有所不同，因而必须

将V_{ab}与ρ一起进行平均。也忽略$\boldsymbol{E}_0$和$\boldsymbol{\mu}_{ab}$对ω的任何依赖性，并进一步假设两个基元态没有净电荷或偶极矩，因此$V_{aa}=V_{bb}=0$。

根据这些假设，对易子$[\overline{\boldsymbol{\rho}^{(0)}},\mathbf{V}]$在$t<0$时为零，而在$t\geqslant 0$时变为

$$[\overline{\boldsymbol{\rho}^{(0)}},\mathbf{V}]=\begin{bmatrix} 0 & (\overline{\rho_{aa}^{0}}-\overline{\rho_{bb}^{0}})V_{ab} \\ (\overline{\rho_{bb}^{0}}-\overline{\rho_{aa}^{0}})V_{ba} & 0 \end{bmatrix} \tag{11.17}$$

可以利用式(10.21)和专栏 10.1 验证这些矩阵元。例如，与$\overline{\rho_{ab}^{(1)}}$的增长有关的$[\overline{\boldsymbol{\rho}^{(0)}},\mathbf{V}]_{ab}$的表达式为

$$\begin{aligned}[\overline{\boldsymbol{\rho}^{(0)}},\mathbf{V}]_{ab} &=\sum_{k}[\overline{\rho_{ak}^{(0)}}V_{kb}-V_{ak}\overline{\rho_{kb}^{(0)}}] \\ &=[\overline{\rho_{aa}^{(0)}}-\overline{\rho_{bb}^{(0)}}]V_{ab}+\overline{\rho_{ba}^{(0)}}(V_{bb}-V_{aa})=[\overline{\rho_{aa}^{(0)}}-\overline{\rho_{bb}^{(0)}}]V_{ab}\end{aligned} \tag{11.18}$$

同样地，$[\overline{\boldsymbol{\rho}^{(0)}},\mathbf{V}]_{aa}=\overline{\rho_{ab}^{(0)}}V_{ba}-\overline{\rho_{ba}^{(0)}}V_{ab}=0$，因为$\overline{\rho_{ab}^{(0)}}$和$\overline{\rho_{ba}^{(0)}}$为零。

利用式(11.18)中的$[\overline{\boldsymbol{\rho}^{(0)}},\mathbf{V}]_{ab}$和式(10.37)中的$V_{ab}$，式(11.5)给出

$$\overline{\rho_{ab}^{(1)}}(\tau)=(i/\hbar)[\overline{\rho_{bb}^{(0)}}-\overline{\rho_{aa}^{(0)}}]\int_0^{\tau}\{\exp[-(i\omega_{ab}+\gamma_{ab})(\tau-t)]\boldsymbol{\mu}_{ab}\cdot\boldsymbol{E}_0[\exp(i\omega t)+\exp(-i\omega t)]\}\mathrm{d}t \tag{11.19}$$

式(11.19)中的被积式包括形式为 $\exp[i(\omega_{ab}+\omega)t]$和 $\exp[i(\omega_{ab}-\omega)t]$的因子项，其中$\omega_{ab}$仍然是$(H_{aa}-H_{bb})/\hbar$。因为$\omega_{ab}=-\omega_{ba}$，所以当$\omega\approx\omega_{ba}$时 $\exp[i(\omega_{ab}+\omega)t]$等于 1。另一方面，因子$\exp[i(\omega_{ab}-\omega)t]$近似变为$\exp(-2i\omega t)$，它在正值和负值之间快速振荡，并且在时间长于$1/\omega$后对积分几乎没有贡献。忽略 $\exp(-2i\omega t)$项与在 10.6 节中所采用的旋转波近似是相同的。在此近似下，有

$$\begin{aligned}\overline{\rho_{ab}^{(1)}}(\tau) &\approx\frac{i}{\hbar}[\overline{\rho_{bb}^{(0)}}-\overline{\rho_{aa}^{(0)}}]\boldsymbol{\mu}_{ab}\cdot\boldsymbol{E}_0\exp[-(i\omega_{ab}+\gamma_{ab})\tau]\int_0^{\tau}\{\exp[(i\omega_{ab}+i\omega+\gamma_{ab})t]\}\mathrm{d}t \\ &=\frac{i}{\hbar}[\overline{\rho_{bb}^{(0)}}-\overline{\rho_{aa}^{(0)}}]\boldsymbol{\mu}_{ab}\cdot\boldsymbol{E}_0\exp[-(i\omega_{ab}+\gamma_{ab})\tau]\left\{\frac{\exp[(i\omega_{ab}+i\omega+\gamma_{ab})\tau]-1}{i(\omega_{ab}+\omega)+\gamma_{ab}}\right\} \\ &=\frac{i}{\hbar}[\overline{\rho_{bb}^{(0)}}-\overline{\rho_{aa}^{(0)}}]\boldsymbol{\mu}_{ab}\cdot\boldsymbol{E}_0\frac{\exp(i\omega\tau)-\exp[-(i\omega_{ab}+\gamma_{ab})\tau]}{i(\omega_{ab}+\omega)+\gamma_{ab}}\end{aligned} \tag{11.20}$$

为了将式(11.20)与相应的稳态表达式进行比较，将$\overline{\rho_{ab}^{(1)}}$乘以$\exp(-i\omega\tau)$以消除随时间的快速振荡[式(10.40)]，并令$\omega\approx\omega_{ba}=-\omega_{ab}$，得到

$$\begin{aligned}\overline{\overline{\rho_{ab}^{(1)}}} &=\overline{\rho_{ab}^{(1)}}\exp(-i\omega\tau)=\frac{i}{\hbar}[\overline{\rho_{bb}^{(0)}}-\overline{\rho_{aa}^{(0)}}]\boldsymbol{\mu}_{ab}\cdot\boldsymbol{E}_0\frac{1-\exp[-(i\omega_{ab}+i\omega+\gamma_{ab})\tau]}{i(\omega_{ab}+\omega)+\gamma_{ab}} \\ &\approx\frac{i}{\hbar}[\overline{\rho_{bb}^{(0)}}-\overline{\rho_{aa}^{(0)}}]\boldsymbol{\mu}_{ab}\cdot\boldsymbol{E}_0\frac{1-\exp(-\gamma_{ab}\tau)}{i(\omega_{ab}+\omega)+\gamma_{ab}}\end{aligned} \tag{11.21}$$

除了分子中的附加因子$[1-\exp(-\gamma_{ab}\tau)]$外，上式与式(10.42a)是相同的。随着$\tau$的增加，因子$[1-\exp(-\gamma_{ab}\tau)]$以时间常数$1/\gamma_{ab}$使$\overline{\rho_{ab}}\exp(-i\omega\tau)$达到其稳态值，此时间常数就是两态体系中的$T_2$。

现已有$\overline{\boldsymbol{\rho}^{(1)}}$，可以利用式(11.4)得到$\partial\overline{\rho_{bb}^{(2)}}/\partial t$，这将提供激发到态 b 的时间进程。对易子$[\overline{\boldsymbol{\rho}^{(1)}},\mathbf{V}]$所需矩阵元是

$$[\overline{\boldsymbol{\rho}^{(1)}},\mathbf{V}]_{bb}=V_{ab}\overline{\rho_{ba}^{(1)}}-V_{ba}\overline{\rho_{ab}^{(1)}}=V_{ab}[\overline{\rho_{ab}^{(1)*}}-\overline{\rho_{ab}^{(1)}}] \tag{11.22}$$

再将$[\overline{\boldsymbol{\rho}^{(1)}},\mathbf{V}]_{bb}$代入式(11.4)得

$$\partial\overline{\rho_{bb}^{(2)}}/\partial t=(i/\hbar)V_{ab}[\overline{\rho_{ab}^{(1)*}}-\overline{\rho_{ab}^{(1)}}]-\gamma_{bb}\overline{\rho_{bb}^{(2)}} \tag{11.23}$$

如果对短于激发态寿命的时间内($t\ll T_1=1/\gamma_{bb}$)的激发速率感兴趣，则可以忽略式(11.23)右边的最后一项。采用式(11.20)的$\overline{\rho_{ab}^{(1)}}$，利用旋转波近似舍弃频率高于$\omega_{ba}$的振荡，并令$\omega+\omega_{ab}\approx 0$，则式(11.23)给出

$$\begin{aligned}\partial\overline{\rho_{bb}^{(2)}}/\partial t&\approx-\left(\frac{i}{\hbar}\right)[\overline{\rho_{bb}^{(0)}}-\overline{\rho_{aa}^{(0)}}]|\boldsymbol{\mu}_{ab}\cdot\boldsymbol{E}_0|^2[\exp(i\omega\tau)+\exp(-i\omega\tau)]\\&\quad\times\left(\frac{i}{\hbar}\right)\left\{\frac{\exp(-i\omega\tau)-\exp[(i\omega_{ab}-\gamma_{ab})\tau]}{i(\omega_{ab}+\omega)-\gamma_{ab}}-\frac{\exp(i\omega\tau)-\exp[-(i\omega_{ab}+\gamma_{ab})\tau]}{i(\omega_{ab}+\omega)+\gamma_{ab}}\right\}\\&\approx[\overline{\rho_{bb}^{(0)}}-\overline{\rho_{aa}^{(0)}}]\frac{|\boldsymbol{\mu}_{ab}\cdot\boldsymbol{E}_0|^2}{\hbar^2}\left[\frac{1-\exp(-\gamma_{ab}\tau)}{i(\omega_{ab}+\omega)-\gamma_{ab}}-\frac{1-\exp(-\gamma_{ab}\tau)}{i(\omega_{ab}+\omega)+\gamma_{ab}}\right]\\&=[\overline{\rho_{aa}^{(0)}}-\overline{\rho_{bb}^{(0)}}]\frac{|\boldsymbol{\mu}_{ab}\cdot\boldsymbol{E}_0|^2}{\hbar^2}\left[\frac{2\gamma_{ab}}{(\omega-\omega_{ba})^2+\gamma_{ab}^2}\right][1-\exp(-\gamma_{ab}\tau)]\end{aligned} \tag{11.24}$$

这就等同于稳态表达式[式(10.43)]乘以式(11.22)中出现的同一个因子$[1-\exp(-\gamma_{ab}\tau)]$所得的结果。式(11.24)表明态 2 的生成速率从零开始，在短时间内随时间线性增加，并在时间超过 $1/\gamma_{ab}$ 后趋于平稳。因此，正如在 4.2 节中所预期的那样，激发态的布居数将在短时间内随时间呈二次方增长。图 11.3 显示了此预测动力学。

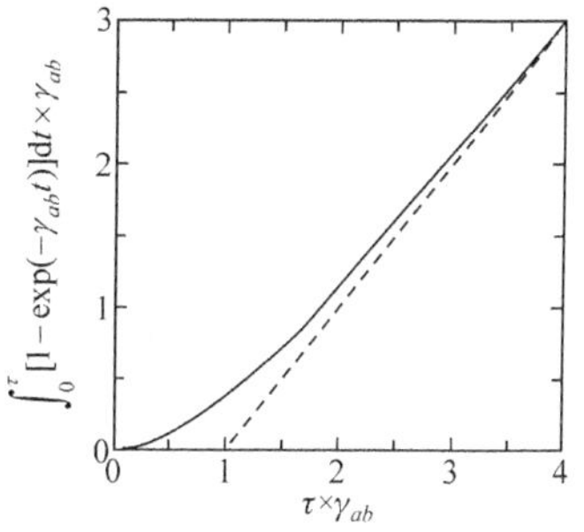

图 11.3 由式(11.24)所得的$\overline{\rho_{bb}^{(2)}}$的时间依赖性。实线是函数$[1-\exp(-\gamma_{ab}\tau)]$从时间 $t=0$ 到 τ 的积分；虚线是长时间后的渐近线。时间以 $1/\gamma_{ab}$ 为标度给出

现在求一阶极化，看是否得到相同结果。因为$\overline{\rho_{aa}^{(1)}}$和$\overline{\rho_{bb}^{(1)}}$均为零，所以在时间 t 的一阶光学极化只有两项：

$$\begin{aligned}\boldsymbol{P}^{(1)}(t)&=\sum_n\sum_m\overline{\rho_{nm}^{(1)}}(t)\boldsymbol{\mu}_{mn}=\overline{\rho_{ab}^{(1)}}(t)\boldsymbol{\mu}_{ba}+\overline{\rho_{ba}^{(1)}}(t)\boldsymbol{\mu}_{ab}\\&=\overline{\overline{\rho_{ab}^{(1)}}}(t)\exp(i\omega t)\boldsymbol{\mu}_{ba}+\overline{\overline{\rho_{ba}^{(1)}}}(t)\exp(-i\omega t)\boldsymbol{\mu}_{ab}\\&=\boldsymbol{P}_0^{(1)}(t)\exp(i\omega t)+\boldsymbol{P}_0^{(1)*}(t)\exp(-i\omega t)\end{aligned} \tag{11.25}$$

其中$\overline{\overline{\rho_{ab}^{(1)}}}$由式(11.21)给出，而$\boldsymbol{P}_0^{(1)}\equiv\overline{\overline{\rho_{ab}^{(1)}}}\boldsymbol{\mu}_{ba}$。

将此结果与式(11.15)和式(11.21)相结合，可以给出能量的吸收速率：

$$\begin{aligned}\frac{\mathrm{d}\langle H'\rangle}{\mathrm{d}t}&=2\omega\mathrm{Im}[\boldsymbol{P}_0^{(1)}\cdot\boldsymbol{E}_0^*]\\&\approx 2\omega\mathrm{Im}\left\{\frac{i}{\hbar}[\overline{\rho_{aa}^{(0)}}-\overline{\rho_{bb}^{(0)}}](\boldsymbol{\mu}_{ab}\cdot\boldsymbol{E}_0)\frac{1-\exp(-\gamma_{ab}\tau)}{i(\omega_{ab}+\omega)+\gamma_{ab}}(\boldsymbol{\mu}_{ba}\cdot\boldsymbol{E}_0^*)\right\}\end{aligned}$$

$$=\omega[\overline{\rho_{aa}^{(0)}}-\overline{\rho_{bb}^{(0)}}]\frac{|\boldsymbol{\mu}_{ab}\cdot\boldsymbol{E}_0|^2}{\hbar}\left[\frac{2\gamma_{ab}}{(\omega-\omega_{ba})^2+\gamma_{ab}^2}\right][1-\exp(-\gamma_{ab}\tau)] \tag{11.26}$$

除了因子 $\hbar\omega$ (每次激发所吸收的能量)之外，上式与式(11.24)相同。因此，利用式(11.15)得出的结果与推演完整的一阶密度矩阵所得的结果是相同的。

11.2 三阶光学极化与非线性响应函数

尽管获得一阶光学极化相对简单，但是处理 $\boldsymbol{P}$ 的高阶项时，涉及的代数处理过程就变得越来越繁杂，并且对结果的解释也变得不再那么直截了当。牟克莫尔及其同事[5, 7, 16, 17]基于刘维尔空间路径已经发展了一些方法，极大地简化了符号标记，并有助于阐明各种非线性光学实验的含义。本章将概述 $\boldsymbol{P}^{(1)}$和 $\boldsymbol{P}^{(3)}$的这些相关方法。关于刘维尔空间的算符与普通矢量空间[希尔伯特(Hilbert)空间]的量子力学算符之间的关系的更多详细信息和更规范的讨论参见文献[7, 18]。

考虑一个由两个电子态(a 和 b)的体系组成的系综，其初始密度矩阵 $\overline{\rho_{aa}^{(0)}}=1$，而 $\overline{\rho_{bb}^{(0)}}=\overline{\rho_{ab}^{(0)}}=\overline{\rho_{ba}^{(0)}}=0$。参考图 11.1 中的路径可看到，对 $\boldsymbol{P}^{(1)}$有贡献的ρ，其每个非对角元(ρ_{ab} 和ρ_{ba})都可以由刘维尔空间中与辐射场进行一次作用的路径($\rho_{aa}\rightarrow\rho_{ab}$ 或$\rho_{aa}\rightarrow\rho_{ba}$)给出；需要进行随后的第二次作用才能生成$\rho_{bb}$。以经过$\rho_{ab}$的路径为例说明。对 $\overline{\rho_{bb}^{(0)}}=0$ 重写式(11.19)， $\overline{\rho_{ab}^{(1)}}$ 在时间 τ 为

$$\overline{\rho_{ab}^{(1)}}(\tau)=(-i/\hbar)\int_0^\tau\{\exp[-(i\omega_{ab}+\gamma_{ab})(\tau-t)]\boldsymbol{\mu}_{ab}\cdot\boldsymbol{E}(t)\overline{\rho_{aa}^{(0)}}\}\mathrm{d}t \tag{11.27}$$

其中 $\boldsymbol{E}(t)$是在时间 t 的电场。上式右侧可以从概念上分为三个操作：

(1) 电磁辐射场在时间 t 的一个短时间间隔(Δt)内作用于 $\overline{\rho_{aa}^{(0)}}$，从而形成表示态 1 和态 2 相干的非对角密度矩阵元[$\overline{\rho_{ab}^{(1)}}$] 的一个小增量。该增量的大小为 $\Delta\overline{\rho_{ab}^{(1)}}(t)=(-i/\hbar)\boldsymbol{\mu}_{ab}\cdot\boldsymbol{E}(t)\overline{\rho_{aa}^{(0)}}\Delta t$。

(2) $\overline{\rho_{ab}^{(1)}}$ 的增量从时间 t 到时间 τ 演化，在复平面中以频率ω_{ab}振荡，并由于与周围环境的涨落相互作用而以速率常数γ_{ab}衰减。在时间 τ 时该增量剩余份额为 $\exp[-(i\omega_{ab}+\gamma_{ab})(\tau-t)]$。

(3) 从 $t=0$ 到 τ 将过程 1 和 2 积分，给出在时刻 τ 由所有较早时间的激发产生的 $\overline{\rho_{ab}^{(1)}}$ 的总值。步骤(1)～(3)一起组成了含时激发与含时响应函数的卷积。

为了更概括地描述此过程，使其能扩展到更高阶极化，设想一个刘维尔空间算符 $\tilde{\mathrm{L}}_{mk,nk}$，它可将密度矩阵元$\rho_{nk}$ 转换为ρ_{mk}。我们也需要一个将ρ_{kn} 转换为ρ_{km} 的共轭算符 $\tilde{\mathrm{L}}_{km,kn}$。利用这些算符，可以写出

$$-\boldsymbol{\mu}_{mn}\cdot\boldsymbol{E}(t)\tilde{\mathrm{L}}_{mk,nk}\rho_{nk}=-\boldsymbol{\mu}_{mn}\cdot\boldsymbol{E}(t)\rho_{mk} \tag{11.28a}$$

及

$$-\boldsymbol{\mu}_{mn}\cdot\boldsymbol{E}(t)\tilde{\mathrm{L}}_{km,kn}\rho_{kn}=-\boldsymbol{\mu}_{mn}\cdot\boldsymbol{E}(t)\rho_{km} \tag{11.28b}$$

接下来，定义一个时间演化算符 $\tilde{\mathrm{G}}_{mn}(t_1)$，该算符在给定的时刻 t 作用于ρ_{mn} 并在时刻 $t+\tau$ 得到结果，从而有$\rho_{mn}(t+t_1)=\tilde{\mathrm{G}}_{mn}(t_1)\,\rho_{mn}(t)$。这一通用类型的算符称为格林函数或格氏函数，以纪念 19 世纪数学家和物理学家格林(Green)。(这一名称广泛用于线性偏微分方程的解。例

如，在涉及热传导的问题中，格林函数可以描述在时刻 t、位置 x_1 引入少许热量之后，在时刻 $t+t_1$、位置 x_2 的热量。)如果ρ_{mn}以时间常数γ_{nm}呈指数衰减，所需要的算符可以通过其对任意函数 A 的作用而定义为

$$\tilde{\mathrm{G}}_{mn}(t)A=\exp[-(i\omega_{mn}+\gamma_{mn})t]A \tag{11.29}$$

有了这些定义，则有

$$\boldsymbol{\mu}_{ba}\rho_{ab}^{(1)}(\tau)=\left|\boldsymbol{\mu}_{ba}\cdot\hat{e}\right|^2\left(\frac{i}{\hbar}\right)\int_0^\tau R(\tau-t)\boldsymbol{E}(t)\mathrm{d}t \tag{11.30}$$

其中

$$R(t)=\tilde{\mathrm{G}}_{ba}(t)\tilde{\mathrm{L}}_{ba,aa}\rho_{aa} \tag{11.31}$$

$\hat{e}$是表示辐射场极化方向的单位矢量。因为$\rho_{ba}=\rho_{ab}^*$，所以经由ρ_{ba}和ρ_{ab}的路径产生的一阶光学极化为

$$\begin{aligned}\boldsymbol{P}^{(1)}(\tau)&=\boldsymbol{\mu}_{ba}\rho_{ab}^{(1)}(\tau)+\boldsymbol{\mu}_{ab}\rho_{ab}^{(1)*}(\tau)=\left|\boldsymbol{\mu}_{ba}\cdot\hat{e}\right|^2\left(\frac{i}{\hbar}\right)\int_0^\tau[R(\tau-t)-R^*(\tau-t)]\boldsymbol{E}(t)\mathrm{d}t\\&=\int_0^\tau S^{(1)}(\tau-t)\boldsymbol{E}(t)\mathrm{d}t\end{aligned} \tag{11.32}$$

其中线性响应函数$S^{(1)}(t)$为

$$S^{(1)}=\left|\boldsymbol{\mu}_{ba}\cdot\hat{e}\right|^2(i/\hbar)[R(t)-R^*(t)]=(i/2\hbar)\left|\boldsymbol{\mu}_{ba}\cdot\hat{e}\right|^2\mathrm{Im}[R(t)] \tag{11.33}$$

这一分析基于因果关系的基本假设，这意味着体系的响应必须在与外场的作用之后，而不是之前。

式(11.29)中给出的格林函数假设$\bar{\boldsymbol{\rho}}$的非对角元简单地以指数动力学衰减。正如在 10.7 节中所讨论的那样，实际的弛豫函数通常为复函数且可以包含高斯组分和振荡组分。为了采用更为实际的弛豫函数，可以将式(11.29)推广为

$$\tilde{\mathrm{G}}_{mn}(t)A=\exp[-i\omega_{mn}-g(t)]A \tag{11.34}$$

其中 $g(t)$由式(10.71)、式(10.72)或其他模型(如阻尼谐振子)给出。

现在将刘维尔空间方法扩展到三阶光学极化。图 11.4 显示了在两态体系中的四个相关路径，图 11.5 则给出了相同路径的双侧费曼图。如同在图 11.1 中那样，从图 11.4(A)左下角的(a, a)开始的第一步产生一个相干，用(b, a)或(a, b)表示，具体取决于微扰作用在左侧下标[图 11.4(B)和图 11.5(B)中的路径 R_1 和 R_4]或右侧下标上(路径 R_2 和 R_3)。第二次与场的作用在第一次作用之后延迟了时间 t_1，将相干转换为布居(b, b)(路径 R_1 和 R_2)或(a, a)(路径 R_3 和 R_4)。第三次作用发生在第二次作用的时间 t_2 之后，并再次产生相干。有八(2^3)个不同的三步路径，分别以图 11.4(A)中阴影圆之一表示的相干为结局。实际上图 11.4 中还应该包括一些未给出的路径，它们是给出的四个路径的复共轭(将每个垂直步替换为水平步或反过来替换，或者在每一点简单地交换密度矩阵元的 bra 和 ket 的下标，就可以获得这些复共轭路径)。在时间 t(第三次作用 t_3 之后)对任意相干进行第四步作用，将产生ρ_{aa}或ρ_{bb}。

比较 $\boldsymbol{P}^{(3)}$的费曼图(图 11.4)和 $\boldsymbol{P}^{(1)}$的费曼图(图 11.2)，并参考式(11.29)～式(11.33)中的一阶极化，发现三阶极化可以写为

$$\boldsymbol{P}^{(3)}(t)=\int_0^t\mathrm{d}t_3\int_0^t\mathrm{d}t_2\int_0^t\mathrm{d}t_1S^{(3)}(t_3,t_2,t_1)\boldsymbol{E}(t-t_3)\boldsymbol{E}(t-t_3-t_2)\boldsymbol{E}(t-t_3-t_2-t_1) \tag{11.35}$$

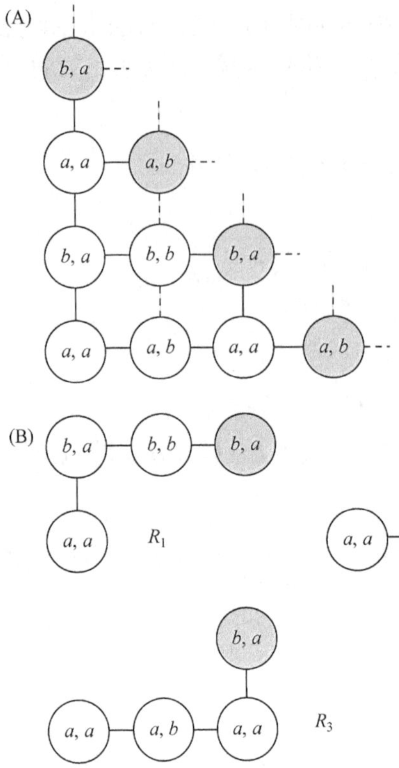

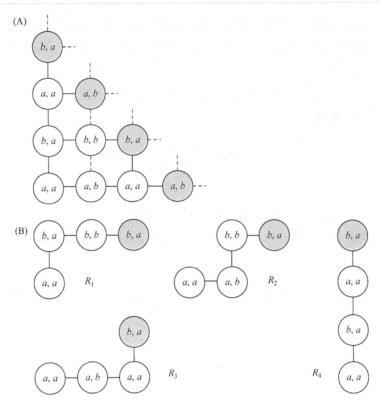

图 11.4 通过刘维尔空间中的路径产生三阶极化。(A)图 11.1(A)的扩展，用阴影圆表示对$\rho^{(3)}$和$\boldsymbol{P}^{(3)}$有贡献的相干。这里共有八个三步路径，都始于 a, a(左下角)，分别止于这些阴影圆之一。(B)上述路径中的四个；另外四个路径分别是它们的复共轭。与外场的第四次作用[(A)中的垂直或水平虚线)产生激发态(b, b)或基态(a, a)(未显示)。路径 R_1、R_2、R_3 和 R_4 对应四个单独的响应函数 R_1～R_4[式(11.37)]，这些函数与它们的复共轭联合起来形成三阶非线性响应函数 $S^{(3)}$[式(11.36)]

这里 $S^{(3)}(t_3, t_2, t_1)$是三阶非线性响应函数

$$S^{(3)}(t_3,t_2,t_1)=\left|\boldsymbol{\mu}_{ba}\cdot\hat{e}\right|^4\left(\frac{i}{\hbar}\right)^3\sum_{\sigma=1}^{4}[R_\sigma(t_3,t_2,t_1)-R_\sigma^*(t_3,t_2,t_1)] \tag{11.36}$$

其中 R_σ是图 11.4 和图 11.5 中所示的四个路径的响应函数：

$$R_1(t_3,t_2,t_1)=\tilde{\mathrm{G}}_{ba}(t_3)\tilde{\mathrm{L}}_{ba,bb}\times\tilde{\mathrm{G}}_{bb}(t_2)\tilde{\mathrm{L}}_{bb,ba}\times\tilde{\mathrm{G}}_{ba}(t_1)\tilde{\mathrm{L}}_{ba,aa}\overline{\rho_{aa}^{(0)}} \tag{11.37a}$$

$$R_2(t_3,t_2,t_1)=\tilde{\mathrm{G}}_{ba}(t_3)\tilde{\mathrm{L}}_{ba,bb}\times\tilde{\mathrm{G}}_{bb}(t_2)\tilde{\mathrm{L}}_{bb,ab}\times\tilde{\mathrm{G}}_{ab}(t_1)\tilde{\mathrm{L}}_{ab,aa}\overline{\rho_{aa}^{(0)}} \tag{11.37b}$$

$$R_3(t_3,t_2,t_1)=\tilde{\mathrm{G}}_{ba}(t_3)\tilde{\mathrm{L}}_{ba,aa}\times\tilde{\mathrm{G}}_{aa}(t_2)\tilde{\mathrm{L}}_{aa,ab}\times\tilde{\mathrm{G}}_{ab}(t_1)\tilde{\mathrm{L}}_{ab,aa}\overline{\rho_{aa}^{(0)}} \tag{11.37c}$$

及

$$R_4(t_3,t_2,t_1)=\tilde{\mathrm{G}}_{ba}(t_3)\tilde{\mathrm{L}}_{ba,aa}\times\tilde{\mathrm{G}}_{aa}(t_2)\tilde{\mathrm{L}}_{aa,ba}\times\tilde{\mathrm{G}}_{ba}(t_1)\tilde{\mathrm{L}}_{ba,aa}\overline{\rho_{aa}^{(0)}} \tag{11.37d}$$

这些表达式中的操作顺序从右向左进行，符号“×”表示普通标量积。

考察图 11.4 和图 11.5 中标记为 R_1 的路径。在此处使用的表示法中，t_1、t_2、t_3 和 t 是与辐射场的连续作用之间的时间间隔。第一次作用发生在 $t-t_1-t_2-t_3$ 处，并创建了一个由ρ_{ba}表示的相干。这个相干演化一个时间段 t_1，当第二次作用产生ρ_{bb}时，时间到达 $t-t_2-t_3$。此激

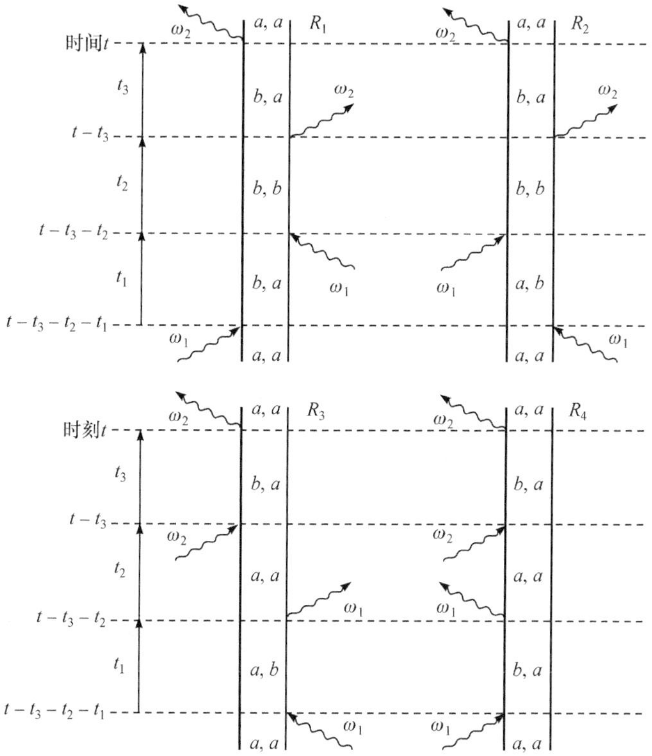

图 11.5 在一个两态体系中的三阶极化的双侧费曼图。这些符号的含义与图 11.2 相同。辐射场作用之间的时间间隔用 t_1、t_2 和 t_3 表示。图中 R_1～R_4 对应图 11.4(B)中的刘维尔空间路径，也对应三阶非线性响应函数 R_1～R_4[式(11.37)]。但是，对于外场的第四次作用，本图仅显示了重新布居基态(ρ_{aa})的受激发射。第四次作用实际上也可以将最后的相干或其复共轭转换为ρ_{bb}

发态演化一个时间段 t_2，当第三次作用重新产生ρ_{ba}时，时间到达 $t-t_3$。这样产生的三阶极化接着在时间段 t_3 进行演化，时间到达 t，此时最后一次作用产生ρ_{aa}(如图 11.4 和图 11.5 所示)或ρ_{bb}(未显示)。此外，R_1 路径的复共轭(也未显示)是$\rho_{aa}\to\rho_{ab}\to\rho_{bb}\to\rho_{ab}\to\rho_{aa}$或$\rho_{bb}$。

牟克莫尔指出[7, 19]，式(11.37a)～式(11.37d)的非线性响应函数可以通过在式(10.71)中引入的复线型函数 $g(t)$求得。推导使用的累积展开与推导式(10.67)和式(10.71)时所用的累积展开类似：将 $\exp[-g(t)]$以 $g(t)$的泰勒级数展开，而 $g(t)$以基态和激发态之间涨落的电子能量差的幂级数展开。截断二次项后的幂级数，给出以下结果：

$$R_1=\exp[-i\omega_{ba}(t_3+t_1)-g^*(t_3)-g(t_1)-g^*(t_2)+g^*(t_2+t_3)+g(t_1+t_2)-g(t_1+t_2+t_3)] \tag{11.38a}$$

$$R_2=\exp[-i\omega_{ba}(t_3-t_1)-g^*(t_3)-g^*(t_1)+g(t_2)-g(t_2+t_3)-g^*(t_1+t_2)+g^*(t_1+t_2+t_3)] \tag{11.38b}$$

$$R_3=\exp[-i\omega_{ba}(t_3-t_1)-g(t_3)-g^*(t_1)+g^*(t_2)-g^*(t_2+t_3)-g^*(t_1+t_2)+g^*(t_1+t_2+t_3)] \tag{11.38c}$$

及

$$R_4 = \exp[-i\omega_{ba}(t_3+t_1) - g(t_3) - g(t_1) - g(t_2) + g(t_2+t_3) + g(t_1+t_2) - g(t_1+t_2+t_3)] \tag{11.38d}$$

这些表达式适用于各种与三阶极化有关的实验，包括泵浦探测实验和光子回波实验。例如，三脉冲光子回波实验取决于 R_2。

11.3 泵浦探测光谱

在典型的泵浦探测实验中，样品被一个频率为ω_1、波矢为 $\boldsymbol{k}_1$ 的脉冲激发，而被频率为ω_2、波矢为 $\boldsymbol{k}_2$ 的另一个脉冲探测。改变其中一个脉冲的光程可以改变两个脉冲之间的延迟。在有、无激发脉冲的情况下探测脉冲的透射强度之差就是待测量的信号，这个信号通常需要对许多脉冲进行平均而得到(图 1.9)。在只有两个电子态的体系中，探测脉冲差可以反映激发态的受激发射或基态吸收带的漂白。通常，一个宽谱探测脉冲在透过样品之后可以被分光，从而得以选择待探测的频率，如图 1.9 所示[20, 21]。另外，可以在样品之前将部分初级激光脉冲进行分离，并将其送入非线性光学装置以产生不同频率的探测脉冲。例如，适当选择泵浦与探测光频率，可以在吸收带的蓝侧进行泵浦，而在其红侧进行漂白或受激发射的探测。由于不对单个探测脉冲进行分辨，所以信号反映的是乘积$-\boldsymbol{\mu}_{ba}\boldsymbol{P}^{(3)}(t)\boldsymbol{E}(t)$从时间 $t=-\infty$到∞的积分。

作用在式(11.35)中的辐射场是来自泵浦脉冲场和探测脉冲场的组合，并由下式给出：

$$\begin{aligned}\boldsymbol{E}(t') = &\boldsymbol{E}_1(\boldsymbol{r},t'+\tau)[\exp(i\boldsymbol{k}_1\cdot\boldsymbol{r} - i\omega_1 t') + \exp(-i\boldsymbol{k}_1\cdot\boldsymbol{r} + i\omega_1 t')] \\ &+ \boldsymbol{E}_2(t')[\exp(i\boldsymbol{k}_2\cdot\boldsymbol{r} - i\omega_2 t') + \exp(-i\boldsymbol{k}_2\cdot\boldsymbol{r} + i\omega_2 t')]\end{aligned} \tag{11.39}$$

其中 $\boldsymbol{E}_j(t)$是脉冲 j 的时间包络和偏振，而 τ 是两个脉冲的峰值之间的延迟。原则上，测量信号可以通过四个单独的波矢线性组合($\pm\boldsymbol{k}_1\pm\boldsymbol{k}_1\pm\boldsymbol{k}_2\pm\boldsymbol{k}_2$)及四个频率的相同组合($\pm\omega_1\pm\omega_1\pm\omega_2\pm\omega_2$)从样品射出，但是只有其中一些组合在旋转波近似下仍然存在；其他组合则给出高频振荡，对测量信号的贡献极小[5, 7]。例如，如果泵浦脉冲和探测脉冲在时间上完全分开，则对于与外场的第一次和第二次作用，$\exp(\pm i\omega t)$项中的指数必须取相反符号。而当两个脉冲重叠时，可能会产生其他信号，通常称为“相干伪像”，但实际上也都是四波混频的可预测结果。

在三态体系中，第三态(c)的形成可以通过激发态吸收(从态 b 激发到态 c)以及受激发射或基态漂白来探测。如果泵浦频率(ω_1)与态 a 和 b 之间的跃迁是共振的，而探测频率(ω_2)与态 b 和 c 之间的跃迁是可选的，则情况会得到简化。图 11.6 给出了贡献于三阶光学极化的四个路径的一些相关的双侧费曼图。同样地，三阶非线性响应函数$[S^{(3)}(t_3, t_2, t_1)]$也包括这些路径的复共轭，但在图中未给出。沿路径 R_1、R_2 或 R_3 与辐射场的三次作用后产生相干ρ_{bc}，当通过第四次作用探测时，由该相干可以得到态 $b(\rho_{bb})$或态 $c(\rho_{cc})$。图 11.6 仅显示得到ρ_{cc}的分支，并且也省略了图 11.5 中所示的路径，这些路径在两态和三态体系中都出现。路径 R_4 到达ρ_{ca}，但随后又回落到ρ_{ba}，因而在第四次作用下只能给出ρ_{bb}或ρ_{aa}。因此，除非泵浦脉冲和探测脉冲在时间上重叠，否则这个路径不会对测量信号有贡献。

图 11.6 中最有趣的路径可能是 R_3。尽管此路径在与辐射场的第四次作用下产生态 c，但态 b 实际上从未有过布居：该路径完全通过相干ρ_{ab}、ρ_{ac}和ρ_{bc}传播！因此，该路径应该对退相过程特别敏感且仅在延迟 t_2 非常短时才产生。这类似于拉曼散射，因为拉曼散射也涉及相干而不是“真实的”中间态(第 12 章)。严(Yan)等[5]还将该路径与电子隧穿进行了关联，其中与能量高于初始态或最终态的一个“虚拟”中间态所进行的量子力学耦合可以促进从供体到受体

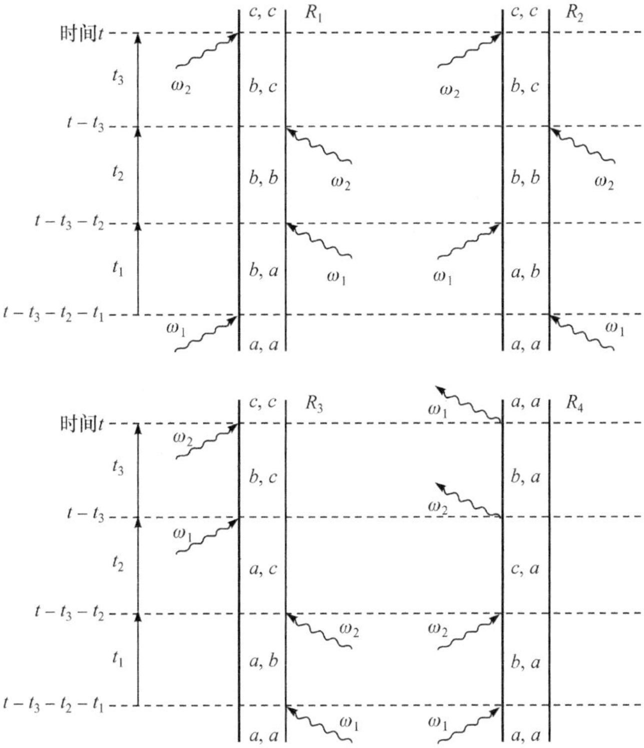

图 11.6　三态体系中三阶极化的双侧费曼图。图中给出了一些路径，它们能产生(或经过)涉及第三态的一个相干。每条路径都有一条复共轭路径(未给出)。在路径 R_1 至 R_3 中的第四次作用之后仅显示了第三态的形成，而在 R_4 中的第四次作用之后仅显示了基态的再生

的电子转移。

利用皮秒和亚皮秒激光脉冲的泵浦探测技术，使得在核运动的时间尺度上探测化学过程成为可能[22]。对于溶液中的一个染料分子(IR132)受激发射，图 11.7(A)显示了其初期时间进程的典型测量结果[23]。该染料在其吸收带(830 nm)的蓝侧被激发，并在 900 nm 处测量其受激发射。此信号包括一个缓慢上升组分，其时间常数为几百飞秒，代表在检测波段探测到的部分斯

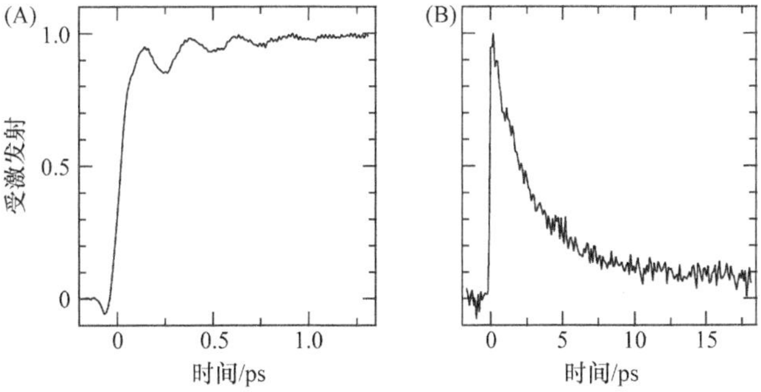

图 11.7　用泵浦探测法测量受激发射：(A)激光染料 IR132 在二甲基亚砜中，(B)类球红细菌(*Rhodobacter sphaeroides*)反应中心中作为主要电子供体的细菌叶绿素二聚体的最低激发单重态[23]。在这两种情况下，激发脉冲中心都位于 830 nm 处，其半峰宽(FWHM)约为 16 fs。探测脉冲的 FWHM 约为 80 fs，脉冲中心位于 900 nm(A)和 940 nm(B)。纵坐标为任意标度

托克斯位移发射信号。振荡特征反映了相干振动运动，这个相干振动随着激发态的弛豫而退相(11.5 节)。

泵浦探测光谱在光合作用、视觉、细菌视紫红质、光敏黄蛋白、绿色荧光蛋白和 DNA 光解酶等体系的光驱动过程的研究中非常有用。图 11.7(B)显示了在光合作用细菌反应中心中，初始电子转移过程动力学的测量结果[23]。在该实验中，反应中心在充当主要电子供体的细菌叶绿素二聚体(P)的长波长吸收带的蓝侧被激发，并在 940 nm 处测量来自二聚体的第一个激发单重态(P^*)的受激发射。受激发射的衰减反映了电子从 P^*转移到相邻细菌叶绿素的动力学。将此衰减拟合为一个双指数表达式，可以得到主要组分的时间常数为 2.3 ps，次要组分的时间常数为 7.3 ps。关于细菌反应中心的其他一些代表性研究参见文献[24-31]。

11.4 光子回波

在第 10 章中看到，电子激发态能量的静态非均匀性会导致系综以高斯动力学失去相干性，而动态涨落则会导致相干以指数动力学衰减。光子回波光谱提供了一种方法来测量涨落动力学，且其结果不会因静态非均匀性的影响而失真。这里将重点介绍“三脉冲”光子回波，其中利用可调延时将三个短脉冲分程，而光子回波就是这样三个脉冲照射样品产生的。图 11.8 显

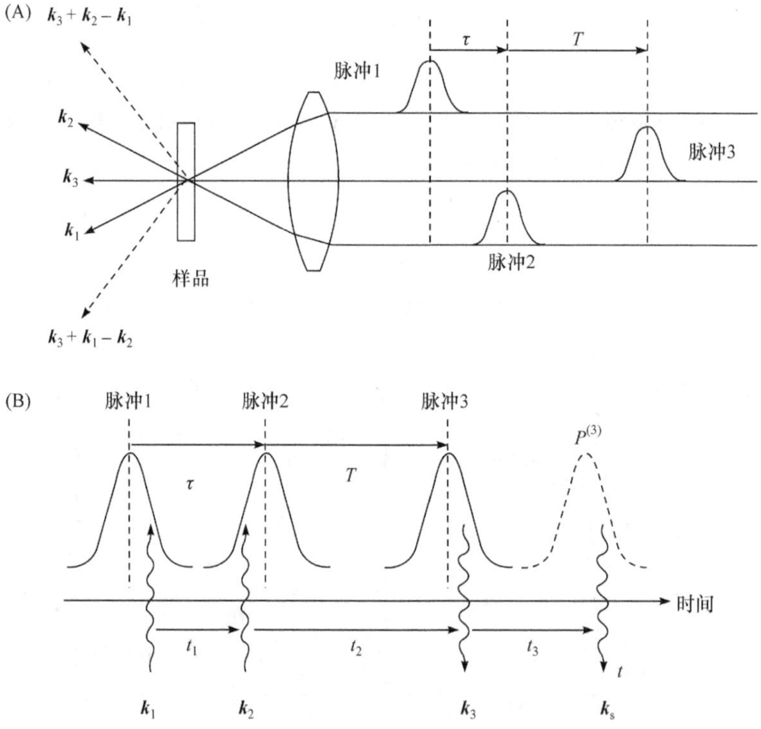

图 11.8 三脉冲光子回波实验中的脉冲序列及外场与物质的作用。(A)图中从右到左传播的脉冲 1、2 和 3 分别以不同的波矢($\boldsymbol{k}_1$、$\boldsymbol{k}_2$和$\boldsymbol{k}_3$)到达样品。脉冲 1 和 2 相隔时间τ；而脉冲 2 和 3 相隔时间 T。光子回波在波矢$\boldsymbol{k}_3\pm(\boldsymbol{k}_2-\boldsymbol{k}_1)$方向进行测量。(B)样品与电磁场(波浪箭头)的作用发生在时间 $t-t_3-t_2-t_1$(在脉冲 1 的某个时间)、$t-t_3-t_2$(在脉冲 2 的时间)和 $t-t_3$(在脉冲 3 的时间)，并在时间 t 发射回波[$P^{(3)}$]。回波信号从 $t_3=0$ 到∞进行积分。图 11.13 则显示了在此类实验中如何使用可移动反射镜来控制脉冲定时

示了在一个典型实验中的脉冲序列和光学布局，图 11.9 则显示了相关的双侧费曼图。在这两张图中，样品与辐射场的几次作用分别发生在时间 $t-t_3-t_2-t_1$、$t-t_3-t_2$、$t-t_3$ 和 t。脉冲 1 和 2 的中心时间相隔 τ，而 T 则是脉冲 2 和 3 的中心时间间隔。

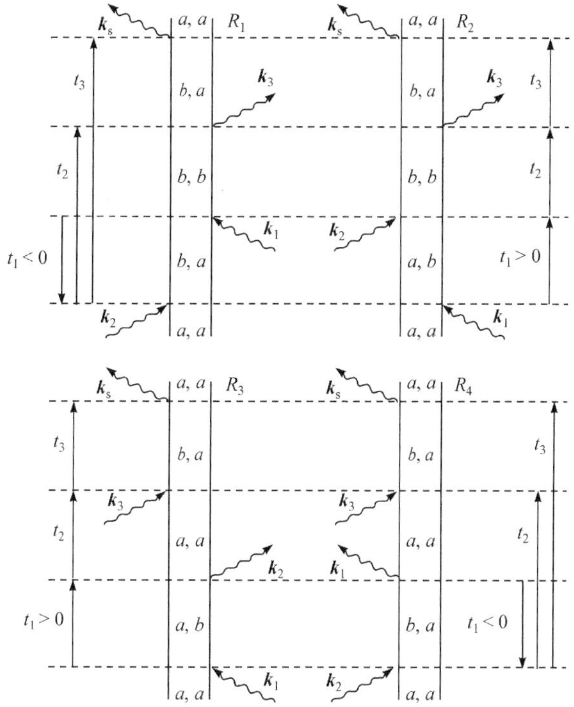

图 11.9　在旋转波近似下产生光子回波的三阶极化路径(路径 R_2、R_3 及其复共轭)，以及满足旋转波近似但不产生光子回波的路径(路径 R_1、R_4 及其复共轭)的双侧费曼图。如果以如图 11.8 所示的三个独立脉冲实施外场的前三次作用，那么将脉冲 1 进行延迟，使其落在脉冲 2 之后，就可将 R_2 变成 R_1，并将 R_3 变成 R_4

在三脉冲光子回波实验中的光脉冲以不同的入射角进入样品，而产生信号的发射光束则在与入射光成特定角度[图 11.8(A)]的方向上进行采集。正如在上一节中所讨论的，信号能够在三个入射场的任意波矢组合方向出现，即 $\boldsymbol{k}_s=\pm\boldsymbol{k}_1\pm\boldsymbol{k}_2\pm\boldsymbol{k}_3$，但对于刘维尔空间中的给定路径，只有某些组合才能守恒动量并满足旋转波条件。占主导的信号通常利用 $\boldsymbol{k}_s=\boldsymbol{k}_3+\boldsymbol{k}_2-\boldsymbol{k}_1$ 的波矢组合进行采集，这满足了对图 11.9 中路径 R_2 和 R_3 的要求，而利用 $\boldsymbol{k}_s'=\boldsymbol{k}_3+\boldsymbol{k}_1-\boldsymbol{k}_2$ 的波矢组合采集的则是满足路径 R_2^* 和 R_3^* 条件的信号[9, 32, 33]。

首先看路径 R_2，其中脉冲 1 在脉冲 2 之前($t_1>0$)(图 11.9)。此路径有两个相干阶段(延迟阶段 t_1 和 t_3)，第二个阶段中的密度矩阵元(ρ_{ba})是第一个阶段中的复共轭(ρ_{ab})。当体系处于激发态(ρ_{bb})时，两个相干阶段由一个“布居”间隔(t_2)分开。在 t_1 阶段中，系综内分子能量的静态和动态非均匀性都将导致相干衰减。但是，对给定分子的能量的任何真正的静态贡献都将维持恒定直到 t_3 阶段，届时它将表现出与在 t_1 阶段中相反的效应。这是因为ρ_{ba} 的格林函数就是 ρ_{ab} 的复共轭(更准确地说，是其厄密共轭)[式(11.37a)～式(11.37d)]。态 a 和 b 之间能量差的静态非均匀性，在ρ_{ba} 的格林函数中将产生因子 $\exp(-i\omega_{ba}t)$的分布，而当乘以ρ_{ab} 的格林函数中的因子 $\exp(-i\omega_{ab}t)$的相同分布时，此静态非均匀性将消失。因此，在 t_1 阶段中由静态非均匀性引起的退相过程在 t_3 阶段被逆转，重新产生一个相干并在 $t_3\approx t_1$ 时以发射光脉冲出现。这就是光子回波。

由动态涨落引起的退相过程则不会发生这种逆转，因为它以相同的形式出现在ρ_{ba}和ρ_{ab}的格林函数中。例如，如果相干具有简单的指数衰减，那么它就以 $\exp(-t/T_2)$的形式出现在两个格林函数中。因此，当 t_2 较短时，光子回波的振幅最大。而随着 t_2 的延长，在较宽时间尺度上的涨落将破坏两个格林函数之间的厄米关系，则光子回波的振幅将减小。因此，回波振幅对 t_2 的依赖性将反映涨落动力学，并且不太被静态非均匀效应影响。

现在来看路径 R_1，它可以简单地通过将 R_2 中的脉冲 2 推进到脉冲 1 之前(在图 11.8 和图 11.9 中的 $t_1 < 0$)而得到。R_1 及其复共轭都具有两个阶段，其相干是相同的(ρ_{ba})，并都被一个布居阶段分开。它们都不产生回波。

R_2 的复共轭(在图 11.9 中未给出)产生与 R_2 相同的光子回波，但如上所述，回波以波矢 $\boldsymbol{k}_s = \boldsymbol{k}_1 - \boldsymbol{k}_2 - \boldsymbol{k}_3$ 出现。与 R_2 相似，R_3 有两个阶段，其共轭相干被一个布居阶段分开。但是，由于体系的布居阶段是在基态(ρ_{aa})上度过的，因此该路径及其复共轭通常不产生可观测信号[33]。R_4 和 R_4^* 与 R_1 和 R_1^* 具有对应关系，它们也不产生回波。

在一个或许最为有用的三脉冲光子回波实验中，脉冲 1 和 2 之间的时间(τ)是可变的，而脉冲 2 和 3 之间的时间(T)则保持不变(图 11.8 和图 11.9)。在 $\boldsymbol{k}_s = \boldsymbol{k}_2 - \boldsymbol{k}_1 + \boldsymbol{k}_3$ 方向上将回波信号沿时间 t_3 进行积分，并在不同的 T 值下重复进行回波信号的测量。所得信号反映了波矢为 $\boldsymbol{k}_s$ 的三阶极化 $\boldsymbol{P}^{(3)}(\boldsymbol{k}_s)$，并且可以通过直接收集发射光(零差检测，homodyne detection)采集，或者将 $\boldsymbol{P}^{(3)}(\boldsymbol{k}_s)$混合另一束单独稍强的辐射场(外差检测，heterodyne detection)采集。使用零差检测时，所得信号取决于极化幅度的平方(模)：

$$I(\boldsymbol{k}_s) = \int_0^\infty \left|\boldsymbol{P}^{(3)}(\boldsymbol{k}_s)\right|^2 \mathrm{d}t_3 \tag{11.40}$$

如果仅考虑路径 R_2，即当脉冲 1 早于脉冲 2 时在信号中占主导的一个路径，那么在时间 t 的三阶极化由下式给出：

$$\begin{aligned}\boldsymbol{P}^{(3)}(\boldsymbol{k}_s,t) = &\left|\boldsymbol{\mu}_{ba}\cdot\hat{e}\right|^4\left(\frac{i}{\hbar}\right)^3\int_0^t \mathrm{d}t_3\int_0^t \mathrm{d}t_2\int_0^t \mathrm{d}t_1 R_2(t_3,t_2,t_1)\left[\left|\boldsymbol{E}_3^0(t-t_3)\right|\exp(i\omega t_3)\right]\\ &\times\left[\left|\boldsymbol{E}_2^0(t-t_3-t_2+T)\right|\exp(-i\omega t_2)\right]\left[\left|\boldsymbol{E}_1^0(t-t_3-t_2-t_1+\tau+T)\right|\exp(-i\omega t_1)\right]\end{aligned} \tag{11.41}$$

其中$\left|\boldsymbol{E}_1^0(t)\right|$、$\left|\boldsymbol{E}_2^0(t)\right|$和$\left|\boldsymbol{E}_3^0(t)\right|$是三个脉冲场幅度的包络，而响应函数 $R_2(t_3, t_2, t_1)$与式(11.38b)给出的谱线展宽函数 $g(t)$有关[7,33,34]。这里已假设这三个脉冲有相同的频率(ω)且场包络都是时间的实函数。

现在假设与时间间隔 t_1、t_2 和 t_3 相比，光脉冲是较短的，则有 $t_1 \approx \tau$，$t_2 \approx T$。在此极限下，式(11.40)和式(11.41)简化为

$$I(\boldsymbol{k}_s,\tau>0) = \left|\boldsymbol{\mu}_{ba}\cdot\hat{e}\right|^8\left(\left|\boldsymbol{E}_3^0\right|^2\left|\boldsymbol{E}_2^0\right|^2\left|\boldsymbol{E}_1^0\right|^2\Big/\hbar^6\right)\int_0^\infty \left|R_2\right|^2 \mathrm{d}t_3 \tag{11.42}$$

其中$\left|\boldsymbol{E}_1^0\right|$、$\left|\boldsymbol{E}_2^0\right|$和$\left|\boldsymbol{E}_3^0\right|$是平均脉冲场强。"$\tau > 0$"表示脉冲 1 必须在脉冲 2 之前，以强调构成路径 R_2 的前两次作用的顺序。将式(11.38b)中的 R_2 代入，得

$$I(\boldsymbol{k}_s,\tau>0) \propto \int_0^\infty \left|\exp\left[-g^*(t_3)-g^*(t_1)+g(t_2)-g(t_2+t_3)-g^*(t_1+t_2)+g^*(t_1+t_2+t_3)\right]\right|^2 \mathrm{d}t_3 \tag{11.43}$$

如果将脉冲 1 延后以使其跟随脉冲 2($\tau<0$)，则 $R_1(t_3, t_2, t_1)$取代 $R_2(t_3, t_2, t_1)$，将式(11.38a)中的 R_1 代入，得

$$\begin{aligned} I(\boldsymbol{k}_s, \tau<0) &= \left|\boldsymbol{\mu}_{ba}\cdot\hat{e}\right|^8\left(\left|\boldsymbol{E}_3^0\right|^2\left|\boldsymbol{E}_2^0\right|^2\left|\boldsymbol{E}_1^0\right|^2/\hbar^6\right)\int_0^\infty\left|R_1\right|^2\mathrm{d}t_3 \\ &\propto \int_0^\infty\left|\exp\left[-g^*(t_3)-g(t_1)-g^*(t_2)+g^*(t_2+t_3)+g(t_1+t_2)-g(t_1+t_2+t_3)\right]\right|^2\mathrm{d}t_3 \end{aligned} \tag{11.44}$$

图 11.10 给出了对于给定 t_1 时的三个 t_2 值，式(11.43)和式(11.44)中的被积函数如何取决于时间 t_3。在 $\exp[g(t)]$中利用了久保弛豫函数[式(10.69)]。如果脉冲 1 先于脉冲 2，则式(11.43)适用，若再有 t_2 接近零，则信号在 $t_3\approx t_1$ 时达到峰值，这表明路径 R_2 具有预期的重聚相过程[图 11.10(A)]。随着 t_2 的延长，由脉冲 1 产生的相干发生衰减，上述信号峰幅度减小并朝 $t_3=0$ 方向移动。当脉冲 1 跟随脉冲 2 以致式(11.44)适用时，对于所有 t_2 值，峰值出现在 $t_3=0$ 处，因为路径 R_1 不支持重聚相过程[图 11.10(B)]。$|R_1|^2$ 和 $|R_2|^2$ 在 t_2 趋向∞时变得相等，且体系失去了关于第一个脉冲的所有记忆。

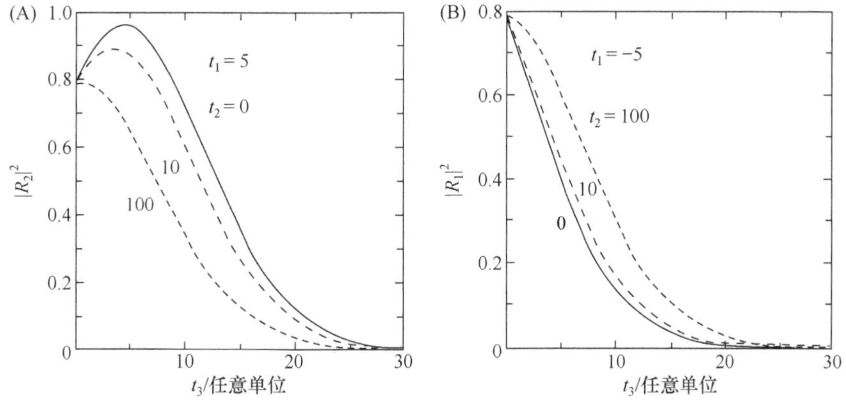

图 11.10 三脉冲光子回波信号对延迟时间 t_3 的依赖关系，信号在脉冲极限计算得到：当 $t_1=\tau$ (脉冲 1 和 2 之间的延迟) = 5 时利用式(11.43)(A)，而当 $t_1=\tau=-5$ 时利用式(11.44)(B)。如图所示，脉冲 2 和 3 之间的延迟($t_2=T$)设为 0、10 或 100(任意时间单位)。所有计算均利用久保弛豫函数[式(10.69)]，其中 $\tau_c=40$ 时间单位，$\sigma=0.1$ 倒数时间单位

图 11.11 反映了对于选定的三个 t_2 值，积分信号如何取决于 t_1。当 $t_1<0$ 时使用式(11.44)，而当 $t_1>0$ 时使用式(11.43)。同样，t_1 为正值时产生回波峰，随着 t_2 的增加，回波峰向原点塌陷。弗莱明(Fleming)及其同事[10, 33-38]发现，该峰在 t_1 轴上与零时刻的偏移(三脉冲光子回波峰偏移)所具有的 t_2 效应提供了一种特别有用的动态退相动力学测量。通过久保弛豫函数中相关时间常数 τ_c 的几个值展示了这一效应的结果，如图 11.12 所示。如 10.7 节中所讨论的那样，久保函数包含静态(高斯型)和动态(指数型)退相过程，后者来源于具有单一相关时间常数的能量涨落。三脉冲光子回波峰偏移能够体现这一退相过程的动态组分。

光子回波也可以只利用两脉冲而非三脉冲获得，并且同样可以用上述理论形式描述，这里需要使第二个和第三个脉冲重合并令 $\boldsymbol{k}_2=\boldsymbol{k}_3$ 及 $\left|\boldsymbol{E}_2^0(t)\right|=\left|\boldsymbol{E}_3^0(t)\right|$[39]。

自从首次使用脉宽为 10^{-8} s 的红宝石激光脉冲观测到光子回波以来[40]，由各种脉冲激光产生的光子回波已用于研究从 10^{-14}～10^{-1} s 时间尺度范围内的溶剂化动力学[10, 32-34, 36-38, 41-48]。

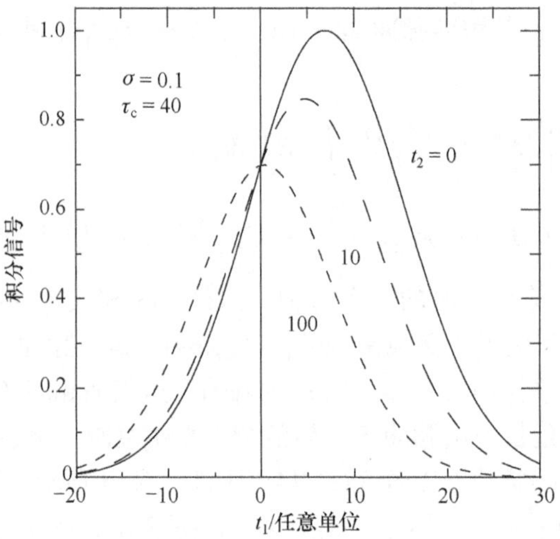

图 11.11 积分三脉冲光子回波信号对 t_1 的依赖性(t_1 为脉冲 1 和 2 之间的延迟)，信号在脉冲极限计算得到：$t_1 > 0$ 时利用式(11.43)，$t_1 < 0$ 时利用式(11.44)。如图所示，脉冲 2 和 3 之间的延迟(t_2)设为 0、10 或 100(任意时间单位)。所有计算均利用久保弛豫函数[式(10.69)]，其中 $\tau_c = 40$ 时间单位，$\sigma = 0.1$ 倒数时间单位

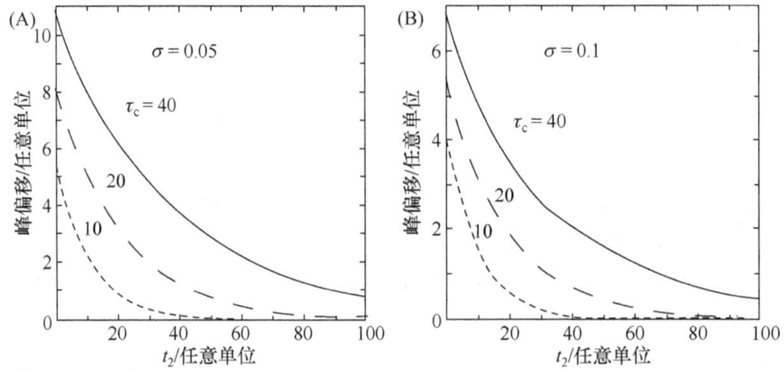

图 11.12 三脉冲光子回波峰偏移对延迟时间 t_2 的依赖性。如图 11.11 所示那样利用久保弛豫函数[式(10.69)]计算，其中 $\tau_c = 10$、20 或 40 时间单位，而 $\sigma = 0.05$(A)或 0.1(B)倒数时间单位

在蛋白质配体结合位点的动态应用涵盖了肌红蛋白[49-51]、Zn 细胞色素 c[52]、细菌视紫红质[53]、抗体[54]和钙调蛋白[55]等体系的研究。蛋白质通常表现出多相弛豫动力学，这与其分层且复杂的势能面是相符的。人们已发现即使在 1.8 K 时 Zn 细胞色素 c 也会进行弛豫，其有效相关时间为 1.3～4 ns[52]。红外光子回波已用于研究肽和小分子的振动动力学[56, 57]，并且在结合同位素标记法以后，可探测跨膜肽中特定残基位点的酰胺 I 的振动动力学[58]。

11.5 二维电子光谱与二维振动光谱

泵浦探测和光子回波实验的一个强有力的扩展就是独立地改变检测光频率而不受激发光频率的影响。因此，可以用一张二维光谱表示信号幅度，其中的激发频率绘制在一个轴而检测频率绘制在另一个轴上。此类实验通常采用外差检测，其中样品被三个短光脉冲激发产生的三阶极化与单独的一束较强的被称为“本机振荡器(local oscillator，LO)”的光脉冲的电场相结合，所得的合并辐射则在配备有二极管阵列检测器的光谱仪中分光(图 11.13)。频率为 ω_s 的光在时

间 t 到达检测器，其强度正比于信号和本机振荡器的电场之和的模$[|\boldsymbol{E}_{\text{sig}}(t,\omega_{\text{s}})+\boldsymbol{E}_{\text{LO}}(t,\omega_{\text{s}})|^2]$。这个参量包含三个组分：$|\boldsymbol{E}_{\text{LO}}(t,\omega_{\text{s}})|^2$，可被单独测量并减去；$|\boldsymbol{E}_{\text{sig}}(t,\omega_{\text{s}})|^2$，若信号比本机振荡器弱得多，则此组分可以忽略不计；此外还有一个依赖于这两个场之积的干涉项。因此，与本机振荡器的混合可以极大地增强信号。如果将本机振荡脉冲与作用到样品的三个脉冲中的第三个定时为同相位，则对于图 11.8 中给定的延迟时间 τ 和 T，干涉项的余弦变换将给出信号幅度对 ω_{s} 的一维光谱[59]。此方法依赖于亚皮秒光脉冲的使用，因为这样的脉冲本身拥有一个很宽的频谱。为了得到信号对激发频率(ω_{e})的依赖性，需要改变脉冲 1 和 2 之间的延迟值(图 11.8 中的 τ)然后重复测量信号。对于一个给定 ω_{e} 值，傅里叶变换信号幅度具有正和/或负峰，都对应于被泵浦光激发的样品的频率。将脉冲 2 和 3 之间的延迟(T)取不同值，再重复上述实验，就可以研究样品在激发后如何退相或以其他方式演化。泵浦场和探测场的相对偏振还可提供一个额外的独立变量。

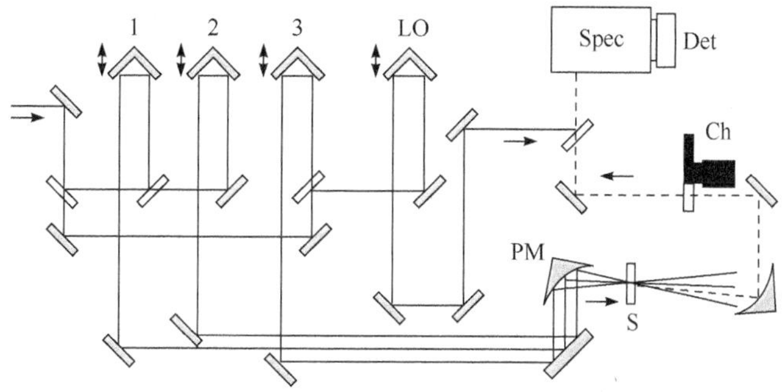

图 11.13　二维光谱仪。来自激光的短脉冲光从左上方进入，并由分束器(空心矩形)和反射镜(阴影矩形)导入多条光路中。一个抛物柱面镜(parabolic mirror，PM)将三个波矢不相同的脉冲聚焦在样品(sample，S)上。双向箭头表示可移动的反射镜，用于控制脉冲定时。从样品发出的具有特定波矢的辐射(虚线)先通过一个斩波器(chopper，Ch)，再与一束较强脉冲(LO，本机振荡器)结合。合并后的辐射在光谱仪(spectrometer，Spec)中分光并到达检测器阵列(detector array，Det)。当斩波器阻挡了来自样品的信号光时，所测量的只是本机振荡器的信号，并可从总信号中减去。图中未显示偏振片和补程片。更多细节及其他光学方案和数据分析等信息参见文献[59, 72]

以纵坐标表示激发频率、横坐标表示信号频率的二维图通常在对角线上有一个或多个峰，代表在激发频率处的基态漂白或光子回波。此外，还有一些非对角信号，反映了能级不同的激发态。这些峰可以通过激发态吸收、构象变化或能量转移产生。例如，从一个振动模式的 0 能级到第 1 能级的激发给出一个对角峰，源自该吸收的基态漂白；而一个符号相反的非对角峰则表示从该模式的第 1 能级到第 2 能级的激发，如图 11.14(A)所示。这两个峰的信号频率之差揭示了该振动模式的非谐性。对于与肌红蛋白和其他血红素蛋白结合的 NO 和 CO 所进行的这种测量已有报道，其中配体伸缩模式的基频为 1900～1930 cm^{-1}，其非谐性约为 30 cm^{-1}[60-63]。

CO-肌红蛋白的二维红外(2D-IR)光谱显示出额外的非对角峰，可归因于不同构象态之间的转换[61]。这些峰在激发后的短时间内是看不到的，但它们随着脉冲 2 和 3 之间的延迟(T)的增加而形成，从而提供了构象动力学的直接测量[图 11.14(B)]。

在含有多个生色团的体系中，激子相互作用通常会在零时刻就产生非对角峰，而生色团之间的激发转移可以给出随时间出现和演化的一系列非对角信号。对于跃迁偶极子取向不同的生色团，它们之间的能量转移还可以使非对角信号对泵浦场和探测场的相对偏振方向具有依

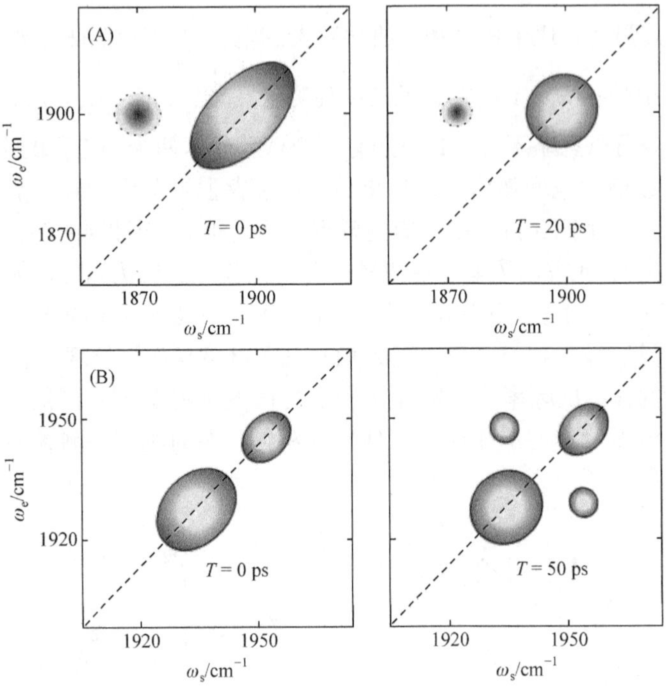

图 11.14 结合在血红素蛋白中的 CO 和 NO 配体伸缩模式的二维红外光谱示意图。激发频率显示在纵坐标上，而信号频率显示在横坐标上。(A)N—O 伸缩模式在 1900 cm^{-1} 附近产生一个对角峰，在 1870 cm^{-1} 附近产生具有相反符号的非对角信号。主峰表示从能级 $m = 0$ 到 $m = 1$ 的激发；较低能量峰则表示从 $m = 1$ 到 $m = 2$ 的激发。这个非对角峰在布居时间(T)很短及较长之后都能看到。结构无序(非均匀展宽)在 $T = 0$ 时使 0-1 峰沿对角线展宽，而快速结构涨落(光谱扩散)则使该峰随时间变得更加对称。(B)CO-肌红蛋白中 C—O 伸缩模式的光谱有两个对角峰，分别代表不同的构象态。非对角峰随 T 的增加而形成，表明两种态之间的相互转换发生在 50 ps 的时间尺度上。光谱扩散也导致这些峰随时间变得更加对称

赖性。此类二维光谱的测量为认识激发能在光合天线复合体和反应中心的转移途径提供了洞见[64-75]。这些研究得出的一个令人惊讶的结果是，反映电子相干的振荡信号有时会比单个激子持续更长的时间，这意味着激发能可以相干地在结构中移动，而不是从生色团到生色团的随机跳跃[68, 71, 72, 76-81]。这些长寿命相干的一种可能解释是，复合体的主要振动模式以相关的方式(而不是非相干地)调制能量供体和受体的能级。这个机制有助于使能量的捕获不受结构的热涨落影响。

二维红外光谱法已用于研究肽和蛋白质中酰胺 I 和 II 跃迁的激子相互作用、内部斯塔克位移及弛豫机理[57, 59, 82-91]。沿第二个坐标将激发能级展开，可以使在宽带一维红外光谱中难以分辨的组分得以分离。

二维紫外光谱法已用于研究核酸碱基和核苷酸，并有望用于探索 DNA 中的振动能转移以及激子的迁移与定域化[92-96]。这些过程与 DNA 避免光损伤机理的认识密切相关。

11.6 瞬态光栅

如果两个光的平面波在吸收介质中重叠，那么它们的电场会产生正弦干涉图像，如图 11.15

所示。在干涉相长的区域，由于基态漂白或激发态吸收，介质的吸光度可能会变化；而在相消区域则几乎没有改变。激发带的间隔是$\lambda_{带} = \lambda_{ex}/2\sin(\theta_{ex}/2)$，其中 θ_{ex} 是两个光束的波矢之间的夹角。如果激发引起局部加热或体积变化，那么介质的密度也可能以类似的方式变化，这将影响其折射率。吸光度或折射率发生如此改变的谱带可以充当衍射光栅，使探测光束发生衍射，其波长($\lambda_{探测}$)和相对于两光束的平均波矢的入射角($\theta_{探测}$)将满足布拉格(Bragg)条件，即 $j\lambda_{探测} = 2\lambda_{带}/\cos(\theta_{探测})$，其中 j 为整数。但是，随着受激分子返回其原始态或从其初始位置扩散开来，或随着激发产生的热量也扩散开来，光栅将消失。因此，探测光束的衍射就提供了一种测量激发态衰减动力学或由激发引起的体积变化衰减动力学的方法[97]。

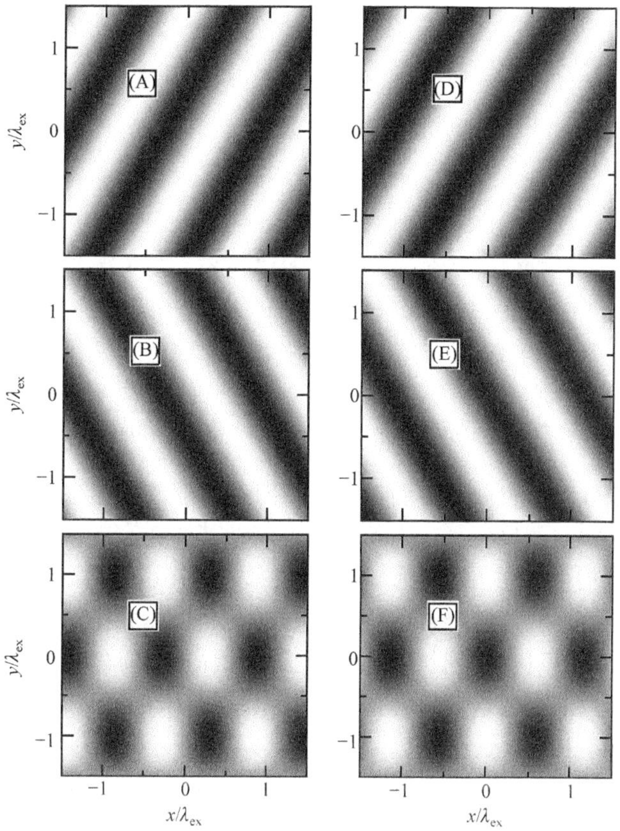

图 11.15　平面波重叠形成瞬态光栅。(A)、(B)电场在零时刻的图像，两个平面波相对于水平(x)轴向右并以 30°角向下(A)或向上(B)传播($\theta_{ex} = 60°$)。x 和 y 坐标以辐射波长(λ_{ex})为单位给出。黑色表示正电场；白色表示负电场。(C)(A)与(B)中的电场之和。(D)～(F)分别与(A)～(C)相同，但时间为 $1/0.25\nu_{ex}$，其中ν_{ex}是辐射频率。(C)和(F)中的垂直节点随时间从左向右移动[注意，如垂直灰色条纹在(C)中出现在 $x/\lambda_{ex} = 0$ 处而在(F)中出现在 $x/\lambda_{ex} = 0.25$ 处]，而水平节点(如在 $y/\lambda_{ex} = \pm 0.5$ 处)则是固定的。因此，合并后的电场将主要在 $y/\lambda_{ex} = -1$、0、+1 等处的水平带中与介质作用。通常，以角度 θ_{ex} 相交的平面波将产生以 $y/\lambda_{ex} = 1/2\sin(\theta_{ex}/2)$相隔的波带

图 11.16 显示了一个典型的泵浦探测设备，用于研究皮秒时间尺度上的瞬态光栅[97-100]。在图中，来自激光的脉冲串被分成三束，其中两束汇聚在样品中形成光栅。第三束光束用于产生与前两束的频率相同或不同的探测脉冲。在泵浦脉冲之后，探测脉冲以可调时间延迟作用到样品上，其中被光栅衍射的那部分探测脉冲通过狭缝到达检测器。为了在纳秒或更长的时间尺

度上进行测量，可用一台独立激光器的连续光束作为探测光，并利用示波器或瞬态数字转换器实时记录衍射光束的强度[101,102]。

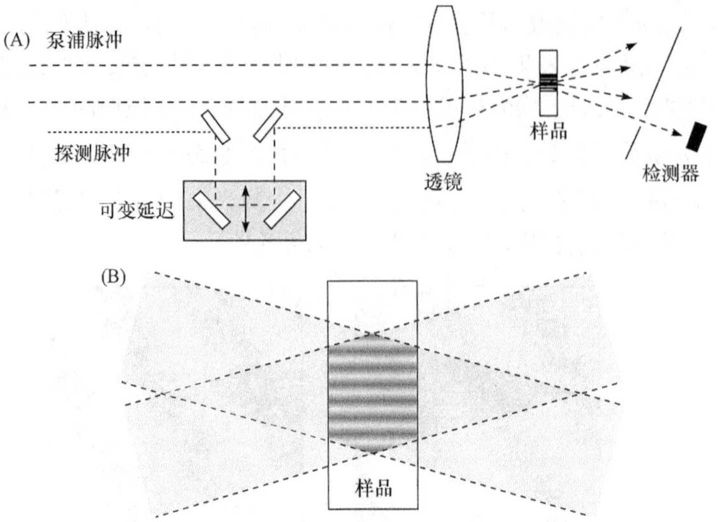

图 11.16 (A)用于皮秒瞬态光栅实验的设备。两个皮秒脉冲的平行光束(虚线)经一个透镜聚焦，在样品中重叠。另一个皮秒脉冲的探测光束(点线)经同一透镜聚焦，并以布拉格角作用到上述重叠区域。从样品的瞬态光栅中衍射出来的探测光经过狭缝到达检测器。与普通的泵浦探测实验一样，使用可变延迟光程调控激发脉冲和探测脉冲之间的时间。[另一个延时台(未显示)用于调控激发光束之一的光程，以使两个激发脉冲同时到达样品。] (B)激发光束(浅灰色区域)在样品中交汇区域的放大图，表明了瞬态光栅的取向(暗灰色带)

吸光度变化对瞬态光栅的贡献有别于涉及折射率实部的光栅效应，因为这两者对探测频率具有不同的依赖性[99]。由热膨胀产生的光栅可借助其快速衰减识别，因为热扩散通常比激发之后的其他过程更快[102,103]。因此，瞬态光栅技术成为光声光谱的一种有效替代方法；而在光声光谱中，热效应通常通过其对溶剂热膨胀系数的依赖性确定(参见文献[104]和[105])。瞬态光栅的应用研究包括：一氧化碳与肌红蛋白和血红素蛋白的光解离[106-111]、光敏黄蛋白[112]和视紫红质[113]的激发，以及细胞色素 c 的折叠[114,115]等导致的体积与焓的变化。瞬态光栅也已经用于研究光合天线复合体中的激子迁移[116]。

也可以在飞秒时间尺度上以产生光栅的两个脉冲之间的时间为函数考察瞬态光栅[117]。正如 11.3 节中的讨论所表明的那样，两个辐射场实际上并不需要同时存在于样品中；第二个场可以与第一个场产生的相干发生相长或相消干涉。这使得飞秒瞬态光栅实验对于研究一些破坏相干性的弛豫过程具有潜在的应用价值。然而，在这方面光子回波实验可提供更成熟的检测方法。

11.7 振动波包

短脉冲激发后的分子发出的荧光会表现出振荡，反映了多个振动能级的相干激发。假设由分子组成的系综占据电子基态的最低核波函数。脉冲光促成的在电子激发态振动能级 k 上的布居概率取决于电子跃迁偶极子、脉冲光的光谱及其强度和重叠积分 $\left\langle \chi_{k(\mathrm{e})} \middle| \chi_{0(\mathrm{g})} \right\rangle$，其中 $\chi_{0(\mathrm{g})}$ 和 $\chi_{k(\mathrm{e})}$ 分别是基态和激发态振动波函数的空间部分。相对于振动本征值的间隔而言，如果脉冲光具有较宽的能带，则它将相干地激发多个电子振动能级$(j, k, l, \cdots)$，且该相干性可以表达为

振动密度矩阵的非对角元。例如，考虑具有能量为 $h\nu$ 的振动模式的单个分子。如果忽略激发脉冲之后的电子激发态的振动弛豫和衰减，则非对角密度矩阵元将以 ν 的各种倍数进行振荡：

$$\rho_{jk}(t)=\rho_{jk}(0)\exp[-i(E_j-E_k)t/\hbar]=\rho_{jk}(0)\exp[-2\pi i(j-k)\nu t] \tag{11.45}$$

这些振荡之间的相长和相消干涉就导致荧光中的振荡特征。

具有振动相干的激发态系综可以通过振动波函数的线性组合来描述：

$$X(u,t)=\sum_k C_k\chi_{k(\mathrm{e})}(u)\exp[-2\pi i(k+1/2)\nu t] \tag{11.46}$$

这里 u 表示无量纲的核坐标，而 $\chi_{k(\mathrm{e})}(u)$ 仍然表示基函数 k 的空间部分。波函数的这种组合称为波包。系数 C_k 表示在系综内进行的平均。采用玻恩-奥本海默近似并忽略激发态的弛豫和激发的非线性效应，上述系数由下式给出：

$$C_k\approx N^{-1}\sum_j\frac{\exp[-(j+1/2)h\nu/k_{\mathrm{B}}T]}{Z}\left\langle\chi_{k(\mathrm{e})}\middle|\chi_{j(\mathrm{g})}\right\rangle I_{k,j} \tag{11.47}$$

其中 $I_{k,j}$ 是激发脉冲与从基态的能级 j 到激发态的能级 k 的电子振动跃迁的均匀吸收带之间的光谱重叠，k_{B} 和 T 是玻尔兹曼常量和温度，Z 是振动配分函数，而 N^{-1} 是取决于电子偶极强度以及激发脉冲强度和宽度的因子。图 11.17(B)给出了在激发之后的瞬间以及随后的几个时刻这个波包的概率函数 $|X(u,t)|^2$。在本例中，以一维谐振子波函数为基，并假设所有分子均始于基态的最低振动能级，当 $T\ll h\nu/k_{\mathrm{B}}$ 时就是这种情形。基态和激发态的势能、前几个基函数及其能量在图 11.17(A)中一并给出。

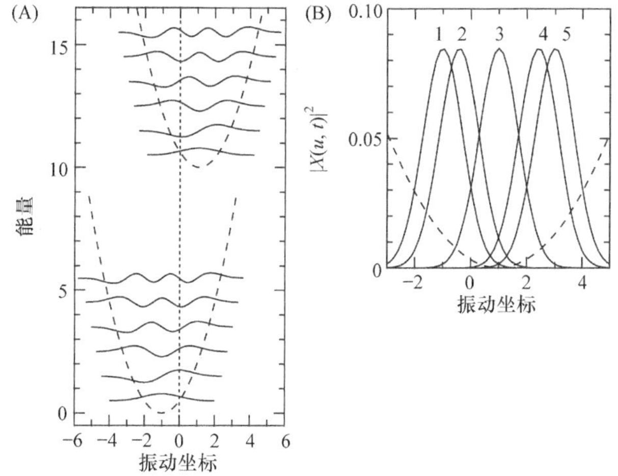

图 11.17　(A)在电子基态和电子激发态之间的位移(Δ)为 2.0 时一维谐振子的波函数和相对能量。横坐标是无量纲坐标 $u=x/(\hbar/2\pi m_{\mathrm{r}}\nu)^{1/2}$，其中 m_{r} 和 ν 是折合质量和经典振动频率[式(2.32)]；原点位于基态和激发态的势能极小值之间。虚线表示势能。基态和激发态之间的 0-0 能量差是任意的。(B)在 t = 0、τ/8、τ/4、3τ/8 和 τ/2 (分别为曲线 1～5)处的波包概率函数 ($|X(u,t)|^2$)，其中 $\tau=1/\nu$。振动坐标以相对基态势能的最小值表示，如(A)中所示。波包中包含 k = 0～12 的振动能级，其重叠积分 $\left\langle\chi_{k(\mathrm{e})}\middle|\chi_{0(\mathrm{g})}\right\rangle$ 的计算如专栏 4.13 所述。激发脉冲光的中心位于富兰克-康顿吸收最大值，当 Δ = 2 时，其比 0-0 能量高 1.5ν。(k = 0～7 的重叠积分的平方分别为 0.368、0.520、0.520、0.425、0.300、0.190、0.110 和 0.059。)脉冲拥有一个宽能带(FWHM $\gg h\nu$)，因而对于所有与 $\chi_{0(\mathrm{g})}$ 有明显重叠的激发态振动能级，在式(11.47)中均有 $I_{k,0}/N\approx 1$。忽略振动弛豫和退相

在零时刻，波函数的概率函数 $|X(u,t)|^2$ 集中在基态的势能最小值处。波包从此点随时间移开，

当 $t=\tau/4$ 时，穿过激发态的势能最小值[图 11.17(B)中的曲线 3]，其中 τ 是振动周期，即 $\tau=1/\nu$。它在大约 $t=\tau/2$ 时到达势阱的另一侧并折返(曲线 5)。所有单个波函数都在 $t=\tau$ 处再次恢复同相，此时波包返回其原始位置。注意，图 11.17(B)给出的是 $|X(u,t)|^2$ 而不是波包本身，而波包在每个振动周期改变一次符号，并在 $t=0$、τ、2τ、…时的纯实数值和 $t=\tau/2$、$3\tau/2$、$5\tau/2$、…时的纯虚数值之间振荡。

假设图 11.17 中采用的激发脉冲与振动能间隔 $h\nu$ 相比拥有较宽的能带。在这种相当特殊的情况下，$|X(u,t)|^2$ 为高斯型，且随着波包的振荡而无限期地保持恒定。这样的波包为来自连续波激光器的辐射提供了很有价值的描述。在此图像中，波包的空间振荡类似于能量恒定的连续光子流的电场振荡[118]。

非谐性的振动势阱或光谱宽度较窄的激发脉冲将产生形状更复杂且依赖时间的波包[119-121]。图 11.18 给出了一个例子，其中激发脉冲的 FWHM 减少到 $3h\nu$。此时的 $|X_e(u,t)|^2$ 在穿过势阱的最小值时变宽，并且远离最小值时明显变得不对称。另外，波包在振动坐标上与基态最小值有偏移，并且其移动比宽激发的情形受到更大的限制。如果激发光谱窄于 $h\nu$，$|X(u,t)|^2$ 在富兰克-康顿最大值处达到峰值(图 4.21)。

现在考虑激发体系的自发荧光。在经典图像中，发射频率在任何时候都取决于基态和激发态势能曲线之间的垂直差。对于简谐势，该能量差是振动坐标的线性函数。为表明这一点，可令 K 为振动力常数，并将激发态和基态的势能最小值设为$\pm\Delta/2$，如图 11.17、图 11.18 和图 11.19 所示。则这两个态之间的经典势能差为

$$\begin{aligned} V_e - V_g &= E_{00} + (K/2)(u-\Delta/2)^2 \\ &\quad -(K/2)(u+\Delta/2)^2 = E_{00} - uK\Delta \end{aligned} \tag{11.48}$$

其中 E_{00} 是电子能量差。因此，经典能量差与势阱中的被激发粒子进行同相位振荡(图 11.19)。

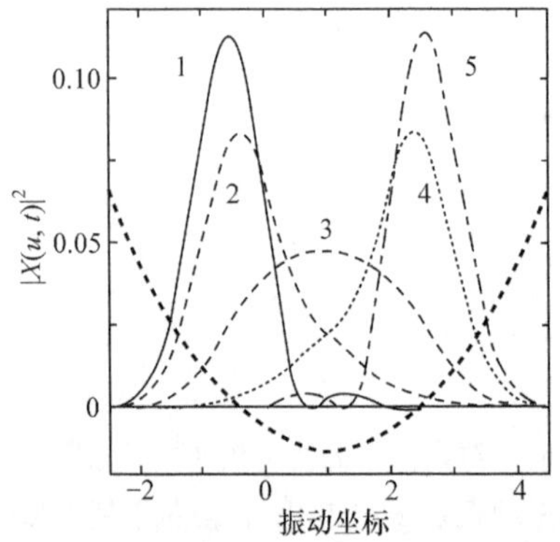

图 11.18 用宽度(FWHM)为 $3h\nu$ 的激发脉冲创建的波包概率函数。曲线 1～5 分别为在时间 $t=0$、$\tau/8$、$\tau/4$、$3\tau/8$ 和 $\tau/2$ 的 $|X(u,t)|^2$；激发态的势能以任意单位显示(粗虚线)。图中的 $\Delta=2.0$ 且横坐标 u 以相对于基态和激发态最小值之间的中点给出。由于激发光谱中振动能级的系数有所偏向，故 $|X(u,t)|^2$ 不如图 11.17 中所示的那么对称，并在 $u\approx-0.5$ 而非−1.0 处达到初始峰值

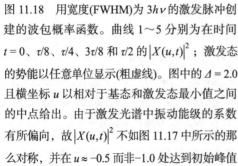

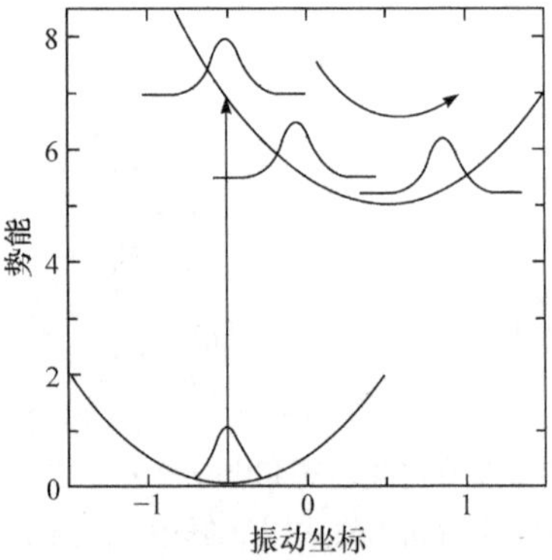

图 11.19 被激发到电子激发态的经典粒子在激发态势阱中振荡。如果激发态势阱相对于基态阱沿一个或多个核坐标发生位移，那么这两个态之间的能量差将与粒子的运动进行同相位振荡

在量子力学图像中，激发态具有恒定的总能量。但是，分子以频率ν发出荧光的概率取决于激发态波包与比其能量低 $h\nu$ 的基态电子振动能级之间跃迁的富兰克-康顿因子。当波包来回移动时，它与基态各种核波函数的重叠将发生变化，从而导致给定频率下的荧光发生振荡。跃迁到基态振动能级j的荧光为

$$F_j(t) \propto \left| \sum_k C_k \left\langle \chi_{j(\mathrm{g})} \middle| \chi_{k(\mathrm{e})} \right\rangle \exp[-2\pi i(k+1/2)\nu t] \right|^2 \tag{11.49}$$

其中 C_k 由式(11.47)给出。

图 11.20 给出了计算所得的在几个不同能量下的荧光时间进程。图 11.20(A)是振动模式与电子跃迁有弱耦合(Δ = 0.5)的结果，而(B)是在图 11.17 中介绍的强耦合模式(Δ = 2.0)的结果。在这两种情况下，跃迁到基态的最低振动能级(标记为 0 的曲线)所产生的荧光在 t = 0、τ、2τ、…(每当波包处于其起始位置)时都达到峰值，而跃迁到基态的较高振动能级的荧光则在 $t = \tau/2$、$3\tau/2$、$5\tau/2$、…时达到峰值。因此，光谱的蓝侧和红侧的荧光振荡有 180°的相位差。对于具有强电子振动耦合的跃迁，中间波长的荧光以较复杂的方式振荡，因为波包两次通过势阱中部，每次在一个边缘处掉头，并向相反的方向移动[图 11.20(B)曲线 1、4、6]。

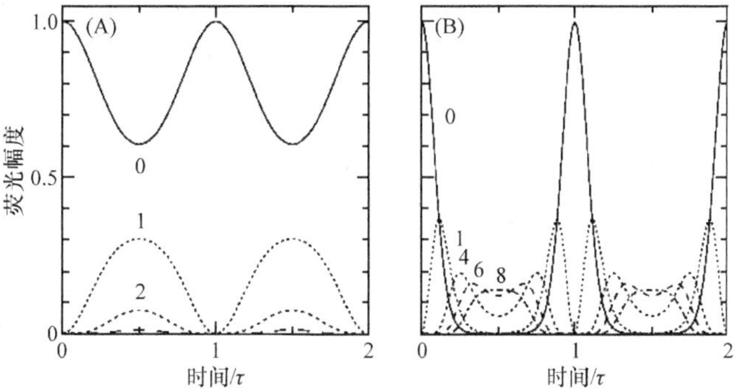

图 11.20　电子激发态的振动波包形成后在几个频率下的荧光。周期为 τ 的振动模式以 0.5(A)或 2.0(B)的位移 Δ 与电子跃迁发生耦合。如图 11.17(B)所示，用一个宽谱脉冲激发从基态的最低振动能级产生波包。标记为 0 的曲线显示了跃迁回到基态最低能级所产生的荧光的相对振幅；这些跃迁构成了发射光谱的高能边缘。标记为 1、2、…的曲线代表回到基态较高振动能级的跃迁，给出逐渐降低的发射能。(A)如果 Δ 小，则跃迁到 0、1 和 2 能级基本上就是所有的发射。(横坐标附近的虚线表示能级 3 的信号。)(B)如果 Δ 较大，则到较高能级的跃迁将有明显贡献；图中给出了五条代表性曲线。振动的退相与弛豫，以及激发态的整体衰减都被忽略，且总荧光始终被归一化为 1.0

图 11.21 显示了 Δ = 2.0 的体系在 0.1τ 和 0.5τ 之间的几个不同时间所计算的荧光发射光谱。当荧光在较高频率和较低频率之间振荡时，这个发射光谱的宽度也在振荡。波包在 u = 0 处时光谱最尖锐，而在势阱边缘处光谱最宽。同样，非谐性势阱可以导致更复杂的发射光谱，当波包位于中间位置时，光谱最宽。因此，发射光谱的时间依赖性可以提供有关势能面形状的信息[119-121]，尽管在大多数情况下不太可能唯一地指认势能面。

将这些结果与 10.8 节[式(10.79)]中讨论的荧光振荡进行比较具有启迪意义。在 10.8 节中考虑的电子相干导致了在不同频率的荧光幅度进行同相位振荡。在这里，不同频率的振荡则是异相位的。二者不同之处在于，10.8 节考虑了两个衰减到单一基态的电子激发态之间的相干，而这里讨论的则是从单一电子激发态向基态的各个振动能级的跃迁。

荧光、受激发射和激发态吸收的振荡已通过泵浦探测技术和荧光上转换法进行了研究，并已在溶液中的许多小分子(图 11.7(A)；文献[120, 122-124])以及光合细菌反应中心[27, 125, 126]中观测到。由于振动弛豫和退相，这些振荡信号通常会在几皮秒的时间内发生阻尼衰减。振动相干的衰减通常比电子相干的衰减更慢，因为振动态能量与周围环境的涨落相互作用之间没有那么强烈的耦合。振动退相也倾向于较弱地依赖于温度。

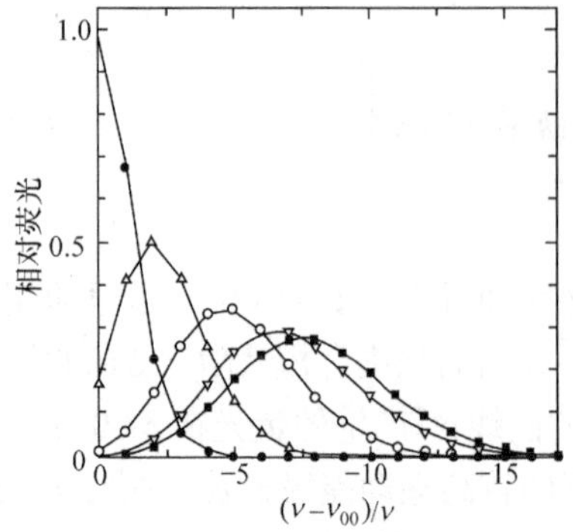

图 11.21 计算所得的荧光发射光谱，图 11.17(B)和图 11.20(B) ($\Delta=2.0$)中考虑的体系，时间：$t=0.1\tau$(实心圆)、0.2τ(上三角形)、0.3τ (空心圆)、0.4τ(下三角形)和 0.5τ (正方形)，其中 τ 为振动周期。横坐标是电子振动的跃迁频率(ν)减去 0-0 跃迁频率(ν_{00})，并以与振动频率(ν)的相对值给出

在多维体系中，用密度矩阵能很好地描述分子系综被相干激发形成的振动态。这种描述已被用来解释在亚皮秒脉冲光激发后光合细菌反应中心的初始电子转移步骤动力学的振荡特征[127, 128]。在分子动力学模拟中，通过跟踪反应物和产物态(P^*B 和 P^+B^-)之间的能隙涨落，可以识别与电子转移有耦合的振动模式(图 6.3)。振动模式的频率和位移可通过对涨落的自相关函数进行傅里叶变换而获得[式(10.51)和式(10.52)]。从五个代表性振动模式及两个电子态的大约 650 个电子振动态中可以构建一个约化密度矩阵。在指定温度下，用高斯激发脉冲将反应性细菌叶绿素复合体激发到 P^*，通过下式可获得密度矩阵元[$\rho_{jk}(0)$]的初始值

$$\rho_{jk}(0)=N^{-1}Z^{-1}\sum_{i\in P}\exp(-\varepsilon_i/k_{\mathrm{B}}T)p_{i,j,k} \tag{11.50a}$$

$$p_{i,j,k}=\left\{\prod_{m=1}^{5}\left\langle\chi_m^j\middle|\chi_m^i\right\rangle\right\}\left\{\prod_{m=1}^{5}\left\langle\chi_m^k\middle|\chi_m^i\right\rangle\right\}\exp\left\{-[(\varepsilon_j-\varepsilon_{\mathrm{ex}})^2+(\varepsilon_k-\varepsilon_{\mathrm{ex}})^2]/2\Gamma_{\mathrm{ex}}\right\} \tag{11.50b}$$

$$N=Z^{-1}\sum_{i\in P}\exp(-\varepsilon_i/k_{\mathrm{B}}T)\sum_{j\in P^*}p_{i,j,j} \tag{11.50c}$$

及

$$Z=\sum_{i\in P}\exp(-\varepsilon_i/k_{\mathrm{B}}T) \tag{11.50d}$$

这里 i 表示电子基态(P)的电子振动子态，而 j 和 k 则表示 P^*的子态；χ_m^l 是处于电子振动态 l 的模式 m 的谐振子波函数；$\hbar\nu_l$ 是态 l 的能量，$\varepsilon_{\mathrm{ex}}$ 是激发光谱的中心；$\Gamma_{\mathrm{ex}}=(W_{\mathrm{ex}})^2/4\ln2$，其中 W_{ex} 是激发光谱的半峰宽[127]。在初始激发后，密度矩阵的时间依赖性可通过积分随机刘维尔方程[式(10.31)]进行监测。对于不同电子态的电子振动能级之间的跃迁，其量子力学相互作用矩阵元可以写成所有模式的相关振动重叠积分与假定的电子耦合因子二者之积。给定电子态的两个振动子态的热平衡弛豫矩阵 **R** 的矩阵元与这两个子态的振动量子数、能量差及平衡每个模式的两个最低能级的基本时间常数(T_1^0)都有一定关系。**R** 中还包括纯退相项和各种成对态之间的相干转移项。

在密度矩阵模型中，P^*和 P^+B^-之间的能隙[$U(t)$]随着波包在激发态多维势能面上的演化而振荡。这个能隙的时间依赖性由下式给出：

$$\langle U(t)\rangle=\mathrm{tr}\{\overline{\boldsymbol{\rho}(t)\cdot\mathbf{U}(t)}\}=\sum_{k,j}\overline{\rho_{kj}}(t)\overline{U_{jk}}(t) \tag{11.51}$$

其中 $\mathbf{U}(t)$是 $U(t)$的矩阵表示，上划线表示系综平均[式(10.14)]。一个处于 P^*态的体系，它的 **U** 矩阵元可以写为

$$\mathbf{U}_{jk}=\sum_m \hbar\omega_m \Delta_m\left\{\delta_{j,k}\frac{\Delta_m}{4}+(1-\delta_{j,k})\left\langle\chi_m^j\middle|\tilde{\mathrm{Q}}_m\middle|\chi_m^k\right\rangle\prod_{\mu\neq m}\left\langle\chi_\mu^j\middle|\chi_\mu^k\right\rangle\right\} \tag{11.52a}$$

$$=\sum_m \hbar\omega_m \Delta_m\left\{\delta_{j,k}\frac{\Delta_m}{4}+(1-\delta_{j,k})\left[\left(\frac{n_m^k+1}{2}\right)^{1/2}\delta_{n_m^j,n_m^k+1}+\left(\frac{n_m^k}{2}\right)^{1/2}\delta_{n_m^j,n_m^k-1}\right]\prod_{\mu\neq m}\delta_{n_\mu^j,n_\mu^k}\right\} \tag{11.52b}$$

这里ω_m是振动模式 m 的频率，Δ_m是该模式在 P^+B^-中相对于 P^*的无量纲坐标位移，$\tilde{\mathrm{Q}}_m$是该模式的位置算符[式(5.44)和式(5.55)]，而 n_m^k是处于振动态 k 的模式 m 的声子数。**U** 的对角元中的$\delta_{j,k}\Delta_m/4$ 项假定坐标 m 的原点在 P^*和 P^+B^-的势能最低点的中点，并在产物态体系中改变符号。除 m 以外的所有模式(μ)的重叠积分的乘积将 **U** 的非对角元局限为单个声子的增加或减少（对于 $\mu\neq m$，$n_m^j=n_m^k\pm1$ 且 $n_\mu^j=n_\mu^k$）。增加或减少多于一个声子的矩阵元会小很多。

图 11.22(A)给出了计算所得的能隙动力学，其振动平衡的基本时间常数(T_1^0)设为 2 ps，该

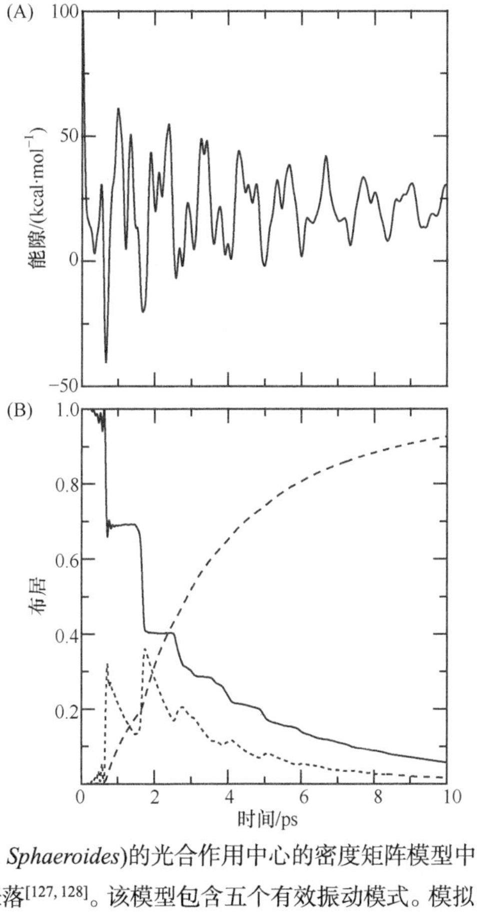

图 11.22　(A)在类球红细菌(*Rb. Sphaeroides*)的光合作用中心的密度矩阵模型中，计算所得的激发态 P^*与第一电子转移态(P^+B^-)之间的能隙涨落[127, 128]。该模型包含五个有效振动模式。模拟以一束短光脉冲将 P 激发到 P^*开始，这在激发态中产生一个多维波包。能隙依赖于蛋白质及溶剂与电子载体之间的涨落静电相互作用、激发脉冲的平均能量，以及一个恒定的“气相”能量差，后者在图中被任意调整。在此模拟中，P^*和 P^+B^-之间的电子耦合被关闭，因而振荡仅被振动弛豫所阻尼。(B)在启动电子耦合后的同一模型中，计算所得的 P^*(实线)、P^+B^-(短虚线)，以及下一个电子态 P^+H^-(长虚线)的布居。电子转移主要发生在 P^*和 P^+B^-之间的能隙很小的时段

值使得能隙的阻尼过程非常接近分子动力学模拟所得的结果[127, 128]。在该模拟中，从 P^*到 B 的电子转移被阻断。在开始的 0.1 ps 期间，能隙的快速衰减由不同频率振动模式的退相导致，而较慢的阻尼过程则反映了热平衡。当电子耦合起作用时，对于 P^*、P^+B^-以及下一个电子转移态(P^+H^-)的布居，它们的时间依赖性的计算结果在图 11.22(B)中给出。在此模拟中，每当 P^*的多维波包接近 P^+B^-的势能面时，电子转移的概率就会达到峰值。已经在实验中观测到的瞬态吸光度的变化表现了这种逐步电子转移[29, 129-131]。T_1^0 在 1～10 ps 尺度上的密度矩阵模型也重现了电子转移速率与温度的不寻常依赖关系[128]。

11.8 光谱跃迁的波包图像

对于振动态过于拥挤而无法单独处理的体系，采用含时波包的概念对其光谱特性进行分析是特别有用的。的确，含时波包法可以提供最现实的方式来处理 5～10 个原子体系的光谱线型，其振动态和转动态的密度可以超过 10^{10} cm^{-1}[132]。使用任何目前可能想得到的计算机，也不可能对所有这些态进行明确的量子力学处理。但是，对于几乎具有任意大小和复杂度的分子，其基态和电子激发态的经典势能面都可以通过分子动力学模拟绘出(专栏 6.1)。对于具有大量振动模式的任意分子，振动态的彼此靠近其实都是不可避免的，如果情况是这样，那么电子激发态量子力学波包的运动与高斯型经典粒子在相应势能面上的动力学在本质上是等同的。

该方法一个颇有成效的应用是将吸收光谱同最初由激发产生的波包[$X(0)$]与一定时间后的动态波包[$X(t)$]的空间重叠关联起来。赫勒(Heller)及其同事[132-137]证明，将含时重叠积分 $\langle X(0)|X(t)\rangle$ 进行傅里叶变换，可得到光谱：

$$\frac{\varepsilon(\omega)}{\omega} \propto \int_{-\infty}^{\infty} \exp[i(\omega + E_{00}/h)t]\langle X(0)|X(t)\rangle \exp(-t/\tau_c)\mathrm{d}t \tag{11.53}$$

这里 E_{00} 还是电子能量差；τ_c 是退相时间常数，它决定了电子振动的均匀线宽。利用式(11.46)和式(11.47)计算一维体系的 $\langle X(0)|X(t)\rangle$，可以证明上述表达式是合理的。如果对所有 k 令 $I_k/N=1$，从而剔除 $X(0)$对光源的依赖性，并且为简单起见，假设体系在激发之前只有基态的最低振动能级被占据，则有 $X(0)=\chi_{0(g)}$，且

$$\begin{aligned}\langle X_g(0)|X_e(t)\rangle &= \left\langle \chi_{0(g)} \middle| \sum_k C_k \chi_{k(e)} \exp[-2\pi i(k+1/2)\nu t] \right\rangle \\ &= \sum_k C_k \langle \chi_{0(g)}|\chi_{k(e)}\rangle \exp[-2\pi i(k+1/2)\nu t] \\ &= \sum_k \left|\langle \chi_{0(g)}|\chi_{k(e)}\rangle\right|^2 \exp[-2\pi i(k+1/2)\nu t]\end{aligned} \tag{11.54}$$

该函数的傅里叶变换给出一组以频率ν 相隔的谱线，每条谱线都以富兰克-康顿因子$\left|\langle \chi_{k(e)}|\chi_{0(g)}\rangle\right|^2$为权重。这就是第 4 章得到的吸收光谱线型的结果。如果将$\langle X(0)|X(t)\rangle$乘以式(11.53)右侧包含的阻尼因子 $\exp(-t/\tau_c)$，则傅里叶变换给出的每条电子振动谱线将具有洛伦兹线型，其线宽度与 τ_c 成反比，这与第 4 章和第 10 章的讨论是一致的。

式(11.54)表明一个图像，即频率为ω 的光连续作用于基态波函数后，将其分段地变成在激发态中相位为 $\exp(i\omega t)$的 $X_e(0)$[132, 135]。同时，较早被激发的波函数片段则从其发源地移开[以

$X_e(t)$的形式]，然后返回，与刚刚到达的片段进行相长或相消干涉。相长干涉在吸收光谱中的耦合振动模式频率处产生峰值。这一图像可能有助于表明一点，即尽管$\langle X(0)|X(t)\rangle$和$\exp(-t/\tau)$都是时间的函数，但式(11.53)并非要描述随时间变化的吸收光谱；相反，它描述了一个连续光谱，其线型由激发态的振动动力学决定[138]。李(Lee)和赫勒[136]，以及迈尔斯(Myers)等[137]给出了式(11.54)较为正式的推导，也给出了多维谐振子体系中$\langle X(0)|X(t)\rangle$的明确表达式。

图 11.23(A)表示由式(11.54)给出的时间依赖的重叠积分$\langle X(0)|X(t)\rangle$的实部和虚部，考虑的是单个简谐振动模式，其频率为υ，$\Delta = 2.0$，且弛豫时间常数$\tau_c = 2\tau$。图 11.23(B)给出了归一化的傅里叶变换。不出所料，计算所得的光谱在 0-0 跃迁频率处有一条电子振动谱线，并具有以υ为间隔的一系列梯状高频谱线。振动谱线近似为洛伦兹线型，而且尽管在图中没有表明，但其线宽依赖于弛豫时间常数τ_c的倒数。光谱的总宽度[图 11.23(B)中的虚线]由时域中最快的组分决定，这个组分就是在$t=0$附近$\langle X(0)|X(t)\rangle$的初始下降。在半经典波包模型中，这个下降的速度取决于在创建波包时激发态势能面的陡度[132]。

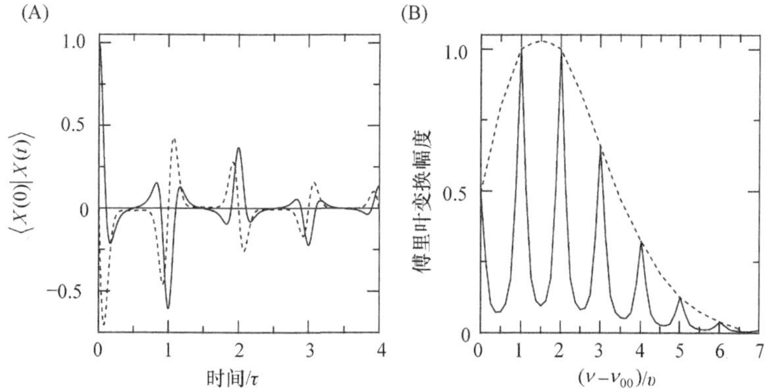

图 11.23　(A)只有单个简谐振动模式分子的含时重叠积分$\langle X(0)|X(t)\rangle$的实部(实线)和虚部(虚线)，由式(11.54)给出，简谐振动频率为υ，在激发态的无量纲位移为$\Delta=2.0$，振动周期为$\tau=1/\upsilon$，而振动弛豫时间常数$\tau_c=2\tau$。(B)(A)中所示重叠积分的傅里叶变换的归一化幅度。横坐标是吸收频率(ν)，相对于 0-0 跃迁频率(ν_{00})给出，以υ为单位。计算所得的吸收光谱的包络线(虚线)取决于$\langle X(0)|X(t)\rangle$在$t=0$附近减小的速度

考虑从激发态跃迁到电子基态的波包的时间依赖性，则可以用与吸收光谱同样的方式得到荧光发射光谱。式(11.53)左边的加权因子ω^{-1}可以根据爱因斯坦系数简单地用ω^{-3}替代(第 5 章)。

波包方法的主要用途在于获得分子振动模式很拥挤时的光谱特性。正如第 4 章所讨论的那样，具有多个振动模式的分子，其基态振动波函数$X_{a(g)}$是所有单模式波函数的乘积：$X_{a(g)} = \chi_{a1(g)}\chi_{a2(g)}\chi_{a3(g)}\cdots$。如果简正坐标在电子激发态不发生显著变化，则$X(t)$将是这些单模式波包的乘积[$X(t) = X_1(t)X_2(t)X_3(t)\cdots$]，且相同的乘积出现在含时重叠积分$\langle X(0)|X(t)\rangle$之中[139]：

$$\langle X(0)|X(t)\rangle = \langle X_1(0)|X(t)\rangle\langle X_2(0)|X(t)\rangle\langle X_3(0)|X(t)\rangle\cdots \tag{11.55}$$

即使对于较为复杂的分子，也可以通过分子动力学模拟预测各个模式的波包的时间依赖性。波包处理法在共振拉曼光谱中的应用将在第 12 章中讨论。

练 习 题

1. 考虑一个具有两个激发态(1 和 2)的体系。(a)对于所有从处于热平衡基态(态 0)体系的系综开始至产生态 1 与态 2 的相干的独立路径，绘制其刘维尔空间图。这里的“独立”是指没有任何两个路径是彼此为复共轭或厄密共轭的。(b)画出(a)中每个路径的复共轭的刘维尔空间图。(c)使用图 11.2 中所示的约定，绘制与(a)和(b)中每个路径相对应的双侧费曼图。(d)(a)、(b)和(c)中的哪些路径需要在激发态 1 布居，哪些需要在激发态 2 布居，哪些不需要布居这些激发态的任何一个？(e)为了在(a)、(b)和(c)中的每个路径产生相干，需要体系与辐射场进行几次作用？(f)将相干转换为态 2 的布居，需要与辐射场再进行几次作用？(g)如果在(e)和(f)中的相互作用在时间 t_1、t_2、t_3、…依次发生在独立的短脉冲中，哪个路径对时间间隔 t_3-t_2 最为敏感？

2. 假设态 1 和 2 是从基态激发的不同电子单重态，分别具有能量 E_1 和 E_2、跃迁偶极子μ_1 和μ_2，且基态也是单重态。(a)在短脉冲白光激发系综之后，写出相干与态 1 布居的初始幅度之比$[|\rho_{12}(0)|/\rho_{11}(0)]$ 的近似表达式。假设此“白”光在频率 E_1/h 和 E_2/h 处具有相同的强度，并且与辐射场的所有必要的作用都发生在同一脉冲内。(b)如果在 E_1/h 处激发光的强度是 E_2/h 处的 100 倍，则其$|\rho_{12}(0)|/\rho_{11}(0)$ 值与(a)中的结果有何不同？(c)如果系综感受不到周围环境的随机作用，则比值$|\rho_{12}(t)|/\rho_{11}(t)$ 将如何依赖于时间(t)？

3. 假设态 1 和 2 是同一个单重电子激发态的简谐振动模式的能级 $m=1$ 和 $m=2$。假设系综完全从电子基态同一模式的振动能级 $m=0$ 开始，其振动模式的能量为 $\hbar\omega=200\ \mathrm{cm^{-1}}$，并且该电子振动激发的耦合强度(黄-里斯因子)为 $S=0.2$。(a)在短脉冲白光激发系综之后，写出$|\rho_{12}(0)|/\rho_{11}(0)$ 初始值的近似表达式。(b)若不存在周围环境的随机作用时，比值$|\rho_{12}(t)|/\rho_{11}(t)$ 将如何依赖于时间？(c)现在假设在温度 T 时的随机过程导致能级 2 和 1 之间的跃迁，其速率常数为 $k_{21}=1\times10^{12}\ \mathrm{s^{-1}}$ 和 $k_{12}=\exp(-\hbar\omega/k_BT)\times10^{12}\ \mathrm{s^{-1}}$。在这种情况下，在 300 K 时$|\rho_{12}(t)|$ 和$\rho_{11}(t)$将如何依赖于时间？

4. 还是考虑练习题 3 的电子振动体系，假设激发光中心比其 0-0 跃迁能高 $400\ \mathrm{cm^{-1}}$，并具有 FWHM 为 $300\ \mathrm{cm^{-1}}$ 的高斯型光谱包络。尽管此脉冲光不是真正的“白光”，但它却可以布居激发态的多个振动能级。(a)求振动能级 $m=0\sim4$ 的初始系数(C_m)。(b)计算从激发态体系跃迁到电子基态振动能级 $m=0$ 的荧光的相对能量和时间进程。(c)计算从激发态体系跃迁到电子基态振动能级 $m=2$ 的荧光的相对能量和时间进程。

5. 在三脉冲光子回波实验中，波矢分别为 $\boldsymbol{k}_1$、$\boldsymbol{k}_2$ 和 $\boldsymbol{k}_3$ 的光脉冲分别在时间 τ_1、τ_2 和 τ_3 共聚焦穿过样品，而在沿 $\boldsymbol{k}_3+\boldsymbol{k}_2-\boldsymbol{k}_1$ 离开样品的方向测量光子回波。解释为什么只有在 $\tau_2>\tau_1$ 时才看到回波。

6. 解释为什么在半经典波包图像中，在富兰克-康顿最大值区域内，吸收带宽度随激发态势能面的斜率而增加，而发射带宽度随相应基态势能面的斜率而增加。

参 考 文 献

[1] Slichter, C.P.: Principles of Magnetic Resonance with Examples from Solid State Physics. Harper & Row, New York (1963)

[2] Ward, J.F.: Calculation of nonlinear optical susceptibilities using diagrammatic perturbation theory. Rev. Mod. Phys. **37**, 1-18 (1965)

[3] Yee, T.K., Gustafson, W.G.: Diagrammatic analysis of the density operator for nonlinear optical calculations: pulsed and cw responses. Phys. Rev. A **18**, 1597-1617 (1978)

[4] Druet, S.A.J., Taran, J.P.E.: CARS spectroscopy. Prog. Quantum Electron. **7**, 1-72 (1981)

[5] Yan, Y.J., Fried, L.E., Mukamel, S.: Ultrafast pump-probe spectroscopy: femtosecond dynamics in Liouville space. J. Phys. Chem. **93**, 8149-8162 (1989)

[6] Mukamel, S.: Femtosecond optical spectroscopy: a direct look at elementary chemical events. Annu. Rev. Phys. Chem. **41**, 647-681 (1990)

[7] Mukamel, S.: Principles of Nonlinear Optical Spectroscopy. Oxford University Press, Oxford (1995)

[8] Sepulveda, M.A., Mukamel, S.: Semiclassical theory of molecular nonlinear optical polarization. J. Chem. Phys. **102**, 9327-9344 (1995)
[9] Joo, T., Albrecht, A.C.: Electronic dephasing studies of molecules in solution at room temperature by femtosecond degenerate four wave mixing. Chem. Phys. **176**, 233-247 (1993)
[10] Fleming, G.R., Cho, M.: Chromophore-solvent dynamics. Annu. Rev. Phys. Chem. **47**, 109-134 (1996)
[11] Su, J.-J., Yu, I.A.: The study of coherence-induced phenomena using double-sided Feynman diagrams. Chin. J. Phys. **41**, 627-642 (2003)
[12] Armstrong, J.A., Bloembergen, N., Ducuing, J., Pershan, P.S.: Interactions between light waves in a nonlinear dielectric. Phys. Rev. **127**, 1918-1939 (1962)
[13] Bloembergen, N.: Nonlinear Optics. Benjamin, New York (1965)
[14] Shen, Y.R.: The Principles of Nonlinear Optics. Wiley, New York (1984)
[15] Butcher, P.N., Cotter, D.: The Elements of Nonlinear Optics. Cambridge University Press, Cambridge (1990)
[16] Mukamel, S.: Collisional broadening of spectral line shapes in two-photon and multiphoton processes. Phys. Rep. **93**, 1-60 (1982)
[17] Mukamel, S., Loring, R.F.: Nonlinear response function for time-domain and frequency domain four-wave mixing. J. Opt. Soc. Am. B Opt. Phys. **3**, 595-606 (1986)
[18] Schuler, B., Lipman, E.Å., Eaton, W.A.: Probing the free-energy surface for protein folding with single-molecule fluorescence spectroscopy. Nature **419**, 743-747 (2002)
[19] Mukamel, S.: On the semiclassical calculation of molecular absorption and fluorescence spectra. J. Chem. Phys. **77**, 173-181 (1982)
[20] Brito Cruz, C.H., Fork, R.L., Knox, W., Shank, C.V.: Spectral hole burning in large molecules probed with 10 fs optical pulses. Chem. Phys. Lett. **132**, 341-344 (1986)
[21] Becker, P.C., Fork, R.L., Brito Cruz, C.H., Gordon, J.P., Shank, C.V.: Optical Stark effect in organic dyes probed with optical pulses of 6 fs duration. Phys. Rev. Lett. **60**, 2462-2464 (1988)
[22] Zewail, A.H.: Laser femtochemistry. Science **242**, 1645-1653 (1988)
[23] Nagarajan, V., Johnson, E., Schellenberg, P., Parson, W.: A compact, versatile femtosecond spectrometer. Rev. Sci. Instrum. **73**, 4145-4149 (2002)
[24] Woodbury, N.W., Becker, M., Middendorf, D., Parson, W.W.: Picosecond kinetics of the initial photochemical electron-transfer reaction in bacterial photosynthetic reaction center. Biochemistry **24**, 7516-7521 (1985)
[25] Fleming, G.R., Martin, J.-L., Breton, J.: Rates of primary electron transfer in photosynthetic reaction centers and their mechanistic implications. Nature **333**, 190-192 (1988)
[26] Lauterwasser, C., Finkele, U., Scheer, H., Zinth, W.: Temperature dependence of the primary electron transfer in photosynthetic reaction centers from Rhodobacter sphaeroides. Chem. Phys. Lett. **183**, 471-477 (1991)
[27] Vos, M.H., Jones, M.R., Hunter, C.N., Breton, J., Martin, J.-L.: Coherent nuclear dynamics at room temperature in bacterial reaction centers. Proc. Natl. Acad. Sci. U. S. A. **91**, 12701-12705 (1994)
[28] Holzwarth, A.R., Muller, M.G.: Energetics and kinetics of radical pairs in reaction centers from Rhodobacter sphaeroides. A femtosecond transient absorption study. Biochemistry **35**, 11820-11831 (1996)
[29] Streltsov, A.M., Aartsma, T.J., Hoff, A.J., Shuvalov, V.A.: Oscillations within the BL absorption band of Rhodobacter sphaeroides reaction centers upon 30 femtosecond excitation at 865 nm. Chem. Phys. Lett. **266**, 347-352 (1997)
[30] Kirmaier, C., Laible, P.D., Czarnecki, K., Hata, A.N., Hanson, D.K., et al.: Comparison of M-side electron transfer in Rb. sphaeroides and Rb. capsulatus reaction centers. J. Phys. Chem. B **106**, 1799-1808 (2002)
[31] Haffa, A.L.M., Lin, S., Williams, J.C., Bowen, B.P., Taguchi, A.K.W., et al.: Controlling the pathway of photosynthetic charge separation in bacterial reaction centers. J. Phys. Chem. B **108**, 4-7 (2004)
[32] Weiner, A.M., De Silvestri, S., Ippen, E.P.: Three-pulse scattering for femtosecond dephasing studies: theory and experiment. J. Opt. Soc. Am. B Opt. Phys. **2**, 654-662 (1985)

[33] Joo, T., Jia, Y., Yu, J.-Y., Lang, M.J., Fleming, G.R.: Third-order nonlinear time domain probes of solvation dynamics. J. Chem. Phys. **104**, 6089-6108 (1996)

[34] Cho, M., Yu, J.-Y., Joo, T., Nagasawa, Y., Passino, S.A., et al.: The integrated photon echo and solvation dynamics. J. Phys. Chem. **100**, 11944-11953 (1996)

[35] Jimenez, R., van Mourik, F., Yu, J.-Y., Fleming, G.R.: Three-pulse photon echo measurements on LH1 and LH2 complexes of Rhodobacter sphaeroides: a nonlinear spectroscopic probe of energy transfer. J. Phys. Chem. B **101**, 7350-7359 (1997)

[36] Passino, S.A., Nagasawa, Y., Fleming, G.R.: Three-pulse stimulated photon echo experiments as a probe of polar solvation dynamics: utility of harmonic bath models. J. Chem. Phys. **107**, 6094-6108 (1997)

[37] Jordanides, X.J., Lang, M.J., Song, X., Fleming, G.R.: Solvation dynamics in protein environments studied by photon echo spectroscopy. J. Phys. Chem. B **103**, 7995-8005 (1999)

[38] Lang, M.J., Jordanides, X.J., Song, X., Fleming, G.R.: Aqueous solvation dynamics studied y photon echo spectroscopy. J. Chem. Phys. **110**, 5884-5892 (1999)

[39] Yan, Y.J., Mukamel, S.: Photon echoes of polyatomic molecules in condensed phases. J. Chem. Phys. **94**, 179-190 (1991)

[40] Kurnit, N.A., Abella, I.D., Hartmann, S.R.: Observation of a photon echo. Phys. Rev. Lett. **13**, 567-568 (1964)

[41] Hesselink, W.H., Wiersma, D.A.: Picosecond photon echoes stimulated from an accumulated grating. Phys. Rev. Lett. **43**, 1991-1994 (1979)

[42] Becker, P.C., Fragnito, H.L., Bigot, J.Y., Brito Cruz, C.H., Fork, R.L., et al.: Femtosecond photon echoes from molecules in solution. Phys. Rev. Lett. **63**, 505-507 (1989)

[43] Bigot, J.Y., Portella, M.T., Schoenlein, R.W., Bardeen, C.J., Migus, A., et al.: Non-Markovian dephasing of molecules in solution measured with 3-pulse femtosecond photon echoes. Phys. Rev. Lett. **66**, 1138-1141 (1991)

[44] Nibbering, E.T.J., Fidder, H., Pines, E.: Ultrafast chemistry: using time-resolved vibrational spectroscopy for interrogation of structural dynamics. Annu. Rev. Phys. Chem. **56**, 337-367 (2005)

[45] de Boeij, W.P., Pshenichnikov, M.S., Wiersma, D.A.: System-bath correlation function probed by conventional and time-gated stimulated photon echo. J. Phys. Chem. **100**, 11806-11823 (1996)

[46] Fleming, G.R., Joo, T., Cho, M., Zewail, A.H., Letokhov, V.S., et al.: Femtosecond chemical dynamics in condensed phases. Adv. Chem. Phys. **101**, 141-183 (1997)

[47] Momelle, B.J., Edington, M.D., Diffey, W.M., Beck, W.F.: Stimulated photon-echo and transient-grating studies of protein-matrix solvation dynamics and interexciton-state radiationless decay in alpha phycocyanin and llophycocyanin. J. Phys. Chem. B **102**, 3044-3052 (1998)

[48] Nagasawa, Y., Watanabe, Y., Takikawa, H., Okada, T.: Solute dependence of three pulse photon echo peak shift measurements in methanol solution. J. Phys. Chem. A **107**, 632-641 (2003)

[49] Leeson, D.T., Wiersma, D.A.: Looking into the energy landscape of myoglobin. Nat. Struct. Biol. **2**, 848-851 (1995)

[50] Leeson, D.T., Wiersma, D.A., Fritsch, K., Friedrich, J.: The energy landscape of myoglobin: an optical study. J. Phys. Chem. B **101**, 6331-6340 (1997)

[51] Fayer, M.D.: Fast protein dynamics probed with infrared vibrational echo experiments. Annu. Rev. Phys. Chem. **52**, 315-356 (2001)

[52] Leeson, D.T., Berg, O., Wiersma, D.A.: Low-temperature protein dynamics studied by the long-lived stimulated photon echo. J. Phys. Chem. **98**, 3913-3916 (1994)

[53] Kennis, J.T.M., Larsen, D.S., Ohta, K., Facciotti, M.T., Glaeser, R.M., et al.: Ultrafast protein dynamics of bacteriorhodopsin probed by photon echo and transient absorption spectroscopy. J. Phys. Chem. B **106**, 6067-6080 (2002)

[54] Jimenez, R., Case, D.A., Romesberg, F.E.: Flexibility of an antibody binding site measured with photon echo spectroscopy. J. Phys. Chem. B **106**, 1090-1103 (2002)

[55] Changenet-Barret, P., Choma, C.T., Gooding, E.F., De Grado, W.F., Hochstrasser, R.M.: Ultrafast dielectric response of proteins from dynamic Stokes shifting of coumarin in calmodulin. J. Phys. Chem. B **104**, 9322-9329 (2000)

[56] Ge, N.H., Hochstrasser, R.M.: Femtosecond two-dimensional infrared spectroscopy: IR-COSY and THIRSTY. PhysChemComm **5**, 17-26 (2002)

[57] Park, J., Ha, J.-H., Hochstrasser, R.M.: Multidimensional infrared spectroscopy of the N-H bond motions in formamide. J. Chem. Phys. **121**, 7281-7292 (2004)

[58] Mukherjee, P., Krummel, A.T., Fulmer, E.C., Kass, I., Arkin, I.T., et al.: Site-specific vibrational dynamics of the CD3z membrane peptide using heterodyned two-dimensional infrared photon echo spectroscopy. J. Chem. Phys. **120**, 10215-10224 (2004)

[59] Khalil, M., Demirdöven, N., Tokmakoff, A.: Coherent 2D IR spectroscopy: molecular structure and dynamics in solution. J. Phys. Chem. A **107**, 5258-5279 (2003)

[60] Golonzka, O., Khalil, M., Demirdöven, N., Tokmakoff, A.: Vibrational anharmonicities revealed by coherent two-dimensional infrared spectroscopy. Phys. Rev. Lett. **86**, 2154-2157 (2001)

[61] Ishikawa, H., Kwac, K., Chung, J.K., Kim, S., Fayer, M.D.: Direct observation of fast protein conformational switching. Proc. Natl. Acad. Sci. U. S. A. **105**, 8619-8624 (2008)

[62] Adamcyzk, K., Candelaresi, M., Kania, R., Robb, K., Bellota-Anton, C., et al.: The effect of point mutation on the equilibrium structural fluctuations of ferric myoglobin. Phys. Chem. Chem. Phys. **14**, 7411-7419 (2012)

[63] Cheng, M., Brookes, J.E., Montfort, W.R., Khalil, M.: pH-dependent picosecond structural dynamics in the distal pocket of nitrophorin 4 investigated by 2D IR spectroscopy. J. Phys. Chem. B **117**, 15804-15811 (2013)

[64] Brixner, T., Stenger, J., Vaswani, H.M., Cho, M., Blankenship, R.E., et al.: Two-dimensional spectroscopy of electronic couplings in photosynthesis. Nature **434**, 625-628 (2005)

[65] Vaswani, H.M., Brixner, T., Stenger, J., Fleming, G.R.: Exciton analysis in 2D electronic spectroscopy. J. Phys. Chem. B **109**, 10542-10556 (2005)

[66] Zigmantas, D., Read, E.L., Mancal, T., Brixner, T., Gardiner, A.T., et al.: Two-dimensional electronic spectroscopy of the B800–B820 light-harvesting complex. Proc. Natl. Acad. Sci. U. S. A. **103**, 12672-12677 (2006)

[67] Read, E.L., Engel, G.S., Calhoun, T.R., Mancal, T., Ahn, T.K., et al.: Cross-peak-specific two-dimensional electronic spectroscopy. Proc. Natl. Acad. Sci. U. S. A. **104**, 14203-14208 (2007)

[68] Engel, G.S., Calhoun, T.R., Read, E.L., Ahn, T.K., Mancal, T., et al.: Evidence for wavelike energy transfer through quantum coherence in photosynthetic systems. Nature **446**, 782-786 (2007)

[69] Schlau-Cohen, G.S., Calhoun, T.R., Ginsberg, N.S., Read, E.L., Ballottari, M., et al.: Pathways of energy flow in LHCII from two-dimensional electronic spectroscopy. J. Phys. Chem. B **113**, 15352-15363 (2009)

[70] Myers, J.A., Lewis, K.L.M., Fuller, F.D., Tekavec, P.F., Yocum, C.F., et al.: Two-dimensional electronic spectroscopy of the D1-D2-cyt b559 photosystem II reaction center complex. J. Phys. Chem. Lett. **1**, 2774-2780 (2010)

[71] Collini, E., Wong, C.Y., Wilk, K.E., Curmi, P.M.G., Brumer, P., et al.: Coherently wired light-harvesting in photosynthetic marine algae at ambient temperature. Nature **463**, 644-648 (2010)

[72] Schlau-Cohen, G.S., Ishizaki, A., Fleming, G.R.: Two-dimensional electronic spectroscopy and photosynthesis: fundamentals and applications to photosynthetic light-harvesting. Chem. Phys. **386**, 1-22 (2011)

[73] Anna, J.M., Ostroumov, E.E., Maghlaoul, K., Barber, J., Scholes, G.D.: Two-dimensional electronic spectroscopy reveals ultrafast downhill energy transfer in photosystem I trimers of the cyanobacterium Thermosynechococcus elongatus. J. Phys. Chem. Lett. **3**, 3677-3684 (2012)

[74] Fuller, F.D., Pan, J., Gelzinis, A., Butkus, V., Senlik, S.S., et al.: Vibronic coherence in oxygenic photosynthesis. Nat. Chem. **6**, 706-711 (2014)

[75] Lewis, K.L.M., Ogilvie, J.P.: Probing photosynthetic energy and charge transfer with two-dimensional electronic spectroscopy. J. Phys. Chem. Lett. **3**, 503-510 (2013)

[76] Lee, H., Cheng, Y.-C., Fleming, G.R.: Coherence dynamics in photosynthesis: protein protection of excitonic coherence. Science **316**, 1462-1465 (2007)

[77] Ishizaki, A., Fleming, G.R.: Theoretical examination of quantum coherence in a photosynthetic system at physiological temperature. Proc. Natl. Acad. Sci. U. S. A. **106**, 17255-17260 (2009)

[78] Calhoun, T.R., Ginsberg, N.S., Schlau-Cohen, G.S., Cheng, Y.-C., Ballottari, M., et al.: Quantum coherence enabled determination of the energy landscape in light-harvesting complex II. J. Phys. Chem. B **113**, 16291-16295 (2009)

[79] Collini, E., Scholes, G.D.: Quantum coherent energy migration in a conjugated polymer at room temperature. Science **323**, 369-373 (2009)

[80] Beljonne, D., Curutchet, C., Scholes, G.D., Silbey, R.: Beyond Förster resonance energy transfer in biological and nanoscale systems. J. Phys. Chem. B **113**, 6583-6599 (2009)

[81] Panitchayangkoon, G., Hayes, D., Fransted, K.A., Caram, J.R., Harel, E., et al.: Long-lived quantum coherence in photosynthetic complexes at physiological temperature. Proc. Natl. Acad. Sci. U. S. A. **107**, 12766-12770 (2010)

[82] Hamm, P., Lim, M., Hochstrasser, R.M.: Structure of the amide I band of peptides measured by femtosecond nonlinear-infrared spectroscopy. J. Phys. Chem. B **102**, 6123-6138 (1998)

[83] Zanni, M.T., Hochstrasser, R.M.: Two-dimensional infrared spectroscopy: a promising new method for the time resolution of structures. Curr. Opin. Struct. Biol. **11**, 516-522 (2001)

[84] Rubtsov, I.V., Wang, J., Hochstrasser, R.M.: Dual-frequency 2D-IR spectroscopy heterodyned photon echo of the peptide bond. Proc. Natl. Acad. Sci. U. S. A. **100**, 5601-5606 (2003)

[85] Chung, H.S., Khalil, M., Smith, A.W., Ganim, Z., Tokmakoff, A.: Conformational changes during the nanosecond-to-millisecond unfolding of ubiquitin. Proc. Natl. Acad. Sci. U. S. A. **102**, 612-617 (2005)

[86] DeChamp, M.F., DeFlores, L., McCracken, J.M., Tokmakoff, A., Kwac, K., et al.: Amide I vibrational dynamics of N-methylacetamide in polar solvents: the role of electrostatic interactions. J. Phys. Chem. B **109**, 11016-11026 (2005)

[87] Hamm, P., Zanni, M.: Concepts and Methods of 2D Infrared Spectroscopy. Cambridge University Press, Cambridge (2011)

[88] Baiz, C.R., Reppert, M., Tokmakoff, A.: An introduction to protein 2D IR spectroscopy. In: Fayer, M.D. (ed.) Ultrafast Infrared Vibrational Spectroscopy. Taylor & Francis, New York (2013)

[89] Baiz, C.R., Reppert, M., Tokmakoff, A.: Amide I two-dimensional infrared spectroscopy: methods for visualizing the vibrational structure of large proteins. J. Phys. Chem. A **117**, 5955-5961 (2013)

[90] Ganim, Z., Chung, H.S., Smith, A.W., DeFlores, L.P., Jones, K.C., et al.: Amide I two-dimensional infrared spectroscopy of proteins. Acc. Chem. Res. **41**, 432-441 (2008)

[91] DeFlores, L., Ganim, Z., Nicodemus, R.A., Tokmakoff, A.: Amide I0-II0 2D IR spectroscopy provides enhanced protein secondary structural sensitivity. J. Am. Chem. Soc. **131**, 3385-3391 (2009)

[92] West, B.A., Womick, J.A., Moran, A.M.: Probing ultrafast dynamics in adenine with mid-UV four-wave mixing spectroscopies. J. Phys. Chem. A **115**, 8630-8637 (2011)

[93] West, B.A., Womick, J.A., Moran, A.M.: Influence of temperature on thymine-to-solvent vibrational energy transfer. J. Chem. Phys. **135**, 114505 (2011)

[94] Tseng, C.-H., Sándor, P., Kotur, M., Weinacht, T.C., Matsika, S.: Two-dimensional Fourier transform spectroscopy of adenine and uracil using shaped ultrafast laser pulses in the deep UV. J. Phys. Chem. A **116**, 2654-2661 (2012)

[95] West, B.A., Womick, J.A., Moran, A.M.: Interplay between vibrational energy transfer and excited state deactivation in DNA components. J. Phys. Chem. A **117**, 5865-5874 (2013)

[96] West, B.A., Molesky, B.P., Giokas, P.G., Moran, A.M.: Uncovering molecular relaxation processes with nonlinear spectroscopies in the deep UV. Chem. Phys. **423**, 92-104 (2013)

[97] Salcedo, J.R., Siegman, A.E., Dlott, D.D., Fayer, M.D.: Dynamics of energy transport in molecular crystals: the

picosecond transient-grating method. Phys. Rev. Lett. **41**, 131-134 (1978)
[98] Nelson, K.A., Fayer, M.D.: Laser induced phonons: a probe of intermolecular interactions in molecular solids. J. Chem. Phys. **72**, 5202-5218 (1980)
[99] Nelson, K.A., Caselegno, R., Miller, R.J.D., Fayer, M.D.: Laser-induced excited state and ultrasonic wave gratings: amplitude and phase grating contributions to diffraction. J. Chem. Phys. **77**, 1144-1152 (1982)
[100] Genberg, L., Bao, Q., Bracewski, S., Miller, R.J.D.: Picosecond transient thermal phase grating spectroscopy: a new approach to the study of vibrational-energy relaxation processes in proteins. Chem. Phys. **131**, 81-97 (1989)
[101] Terazima, M., Hirota, N.: Measurement of the quantum yield of triplet formation and short triplet lifetimes by the transient grating technique. J. Chem. Phys. **95**, 6490-6495 (1991)
[102] Terazima, M., Hara, T., Hirota, N.: Reaction volume and enthalpy changes in photochemical reaction detected by the transient grating method: photodissociation of diphenylcyclopropenone. Chem. Phys. Lett. **246**, 577-582 (1995)
[103] Hara, T., Hirota, N., Terazima, M.: New application of the transient grating method to a photochemical reaction: the enthalpy, reaction volume change, and partial molar volume measurements. J. Phys. Chem. **100**, 10194-10200 (1996)
[104] Ort, D.R., Parson, W.W.: Flash-induced volume changes of bacteriorhodopsin-containing membrane fragments and their relationship to proton movements and absorbance transients. J. Biol. Chem. **253**, 6158-6164 (1978)
[105] Arata, H., Parson, W.W.: Enthalpy and volume changes accompanying electron transfer from P-870 to quinones in Rhodopseudomonas sphaeroides reaction centers. Biochim. Biophys. Acta **636**, 70-81 (1981)
[106] Richard, L., Genberg, L., Deak, J., Chiu, H.-L., Miller, R.J.D.: Picosecond phase grating spectroscopy of hemoglobin and myoglobin. Energetics and dynamics of global protein motion. Biochemistry **31**, 10703-10715 (1992)
[107] Dadusc, G., Ogilvie, J.P., Schulenberg, P., Marvet, U., Miller, R.J.D.: Diffractive optics based heterodyne-detected four-wave mixing signals of protein motion: from "protein quakes" to ligand escape for myoglobin. Proc. Natl. Acad. Sci. U. S. A. **98**, 6110-6115 (2001)
[108] Sakakura, M., Morishima, I., Terazima, M.: The structural dynamics and ligand releasing process after the photodissociation of sperm whale carboxymyoglobin. J. Phys. Chem. B **105**, 10424-10434 (2001)
[109] Sakakura, M., Yamaguchi, S., Hirota, N., Terazima, M.: Dynamics of structure and energy of horse carboxymyoglobin after photodissociation of carbon monoxide. J. Am. Chem. Soc. **123**, 4286-4294 (2001)
[110] Choi, J., Terazima, M.: Denaturation of a protein monitored by diffusion coefficients: myoglobin. J. Phys. Chem. B **106**, 6587-6593 (2002)
[111] Nishihara, Y., Sakakura, M., Kimura, Y., Terazima, M.: The escape process of carbon monoxide from myoglobin to solution at physiological temperature. J. Am. Chem. Soc. **126**, 11877-11888 (2004)
[112] Takashita, K., Imamoto, Y., Kataoka, M., Mihara, K., Tokunaga, F., et al.: Structural change of site-directed mutants of PYP: new dynamics during pR state. Biophys. J. **83**, 1567-1577 (2002)
[113] Nishioku, Y., Nakagawa, M., Tsuda, M., Terazima, M.: Energetics and volume changes of the intermediates in the photolysis of octopus rhodopsin at physiological temperature. Biophys. J. **83**, 1136-1146 (2002)
[114] Nada, T., Terazima, M.: A novel method for study of protein folding kinetics by monitoring diffusion coefficient in time domain. Biophys. J. **85**, 1876-1881 (2003)
[115] Nishida, S., Nada, T., Terazima, M.: Kinetics of intermolecular interaction during protein folding of reduced cytochrome c. Biophys. J. **87**, 2663-2675 (2004)
[116] Salverda, J.M., Vengris, M., Krueger, B.P., Scholes, G.D., Czarnoleski, A.R., et al.: Energy transfer in light-harvesting complexes LHCII and CP29 of spinach studied with three pulse echo peak shift and transient grating. Biophys. J. **84**, 450-465 (2003)
[117] Park, J.S., Joo, T.: Coherent interactions in femtosecond transient grating. J. Chem. Phys. **120**, 5269-5274 (2004)
[118] Glauber, R.J.: Coherent and incoherent states of the radiation field. Phys. Rev. **131**, 2766 (1963)

[119] Kowalczyk, P., Radzewicz, C., Mostowski, J., Walmsley, I.A.: Time-resolved luminescence from coherently excited molecules as a probe of molecular wave-packet dynamics. Phys. Rev. A **42**, 5622-5626 (1990)

[120] Dunn, R.C., Xie, X.L., Simon, J.D.: Real-time spectroscopic techniques for probing conformational dynamics of heme-proteins. Methods Enzymol. **226**, 177-198 (1993)

[121] Jonas, D.M., Bradforth, S.E., Passino, S.A., Fleming, G.R.: Femtosecond wavepacket spectroscopy. Influence of temperature, wavelength and pulse duration. J. Phys. Chem. **99**, 2594-2608 (1995)

[122] Wise, F.W., Rosker, M.J., Tang, C.L.: Oscillatory femtosecond relaxation of photoexcited organic molecules. J. Chem. Phys. **86**, 2827-2832 (1987)

[123] Mokhtari, A., Chesnoy, J., Laubereau, A.: Femtosecond time-resolved and frequencyresolved spectroscopy of a dye molecule. Chem. Phys. Lett. **155**, 593-598 (1989)

[124] Zewail, A.H.: Femtochemistry: atomic-scale dynamics of the chemical bond. J. Phys. Chem. A **104**, 5560-5694 (2000)

[125] Vos, M.H., Rappaport, F., Lambry, J.-H., Breton, J., Martin, J.-L.: Visualization of coherent nuclear motion in a membrane protein by femtosecond spectroscopy. Nature **363**, 320-325 (1993)

[126] Stanley, R.J., Boxer, S.G.: Oscillations in spontaneous fluorescence from photosynthetic reaction centers. J. Phys. Chem. **99**, 859-863 (1995)

[127] Parson, W.W., Warshel, A.: A density-matrix model of photosynthetic electron transfer with microscopically estimated vibrational relaxation times. Chem. Phys. **296**, 201-206 (2004)

[128] Parson, W.W., Warshel, A.: Dependence of photosynthetic electron-transfer kinetics on temperature and energy in a density-matrix model. J. Phys. Chem. B **108**, 10474-10483 (2004)

[129] Vos, M.H., Martin, J.-L.: Femtosecond processes in proteins. Biochim. Biophys. Acta **1411**, 1-20 (1999)

[130] Yakovlev, A.G., Shkuropatov, A.Y., Shuvalov, V.A.: Nuclear wavepacket motion producing a reversible charge separation in bacterial reaction centers. FEBS Lett. **466**, 209-212 (2000)

[131] Yakovlev, A.G., Shkuropatov, A.Y., Shuvalov, V.A.: Nuclear wavepacket motion between P^* and $P^+B_A^-$ potential surfaces with subsequent electron transfer to HA in bacterial reaction centers. 1. Room temperature. Biochemistry **41**, 2667-2674 (2002)

[132] Heller, E.J.: The semiclassical way to molecular spectroscopy. Acc. Chem. Res. **14**, 368-375 (1981)

[133] Heller, E.J.: Time-dependent approach to semiclassical dynamics. J. Chem. Phys. **62**, 1544-1555 (1975)

[134] Heller, E.J.: Quantum corrections to classical photodissociation models. J. Chem. Phys. **68**, 2066-2075 (1978)

[135] Kulander, K.C., Heller, E.J.: Time-dependent formulation of polyatomic photofragmentation. Application to H_3^+. J. Chem. Phys. **69**, 2439-2449 (1978)

[136] Lee, S.Y., Heller, E.J.: Time-dependent theory of Raman scattering. J. Chem. Phys. **71**, 4777-4788 (1979)

[137] Myers, A.B., Mathies, R.A., Tannor, D.J., Heller, E.J.: Excited-state geometry changes from pre-resonance Raman intensities. J. Chem. Phys. **77**, 3857-3866 (1982)

[138] Myers, A.B., Mathies, R.A.: Resonance Raman intensities: a probe of excited state structure and dynamics. In: Spiro, T.G. (ed.) Biological Applications of Raman Spectroscopy, pp. 1-58. New York, Wiley (1987)

[139] Myers, A.B.: “Time-dependent” resonance Raman theory. J. Raman Spectrosc. **28**, 389-401 (1997)

第 12 章　拉曼散射与其他多光子过程

12.1　光散射的类型

在第 6 章中，振动跃迁的发生需要吸收一个光子，且光子能量与振动能量的间隔 $h\upsilon$ 需要匹配。当分子对频率更高的光有散射时，那么振动或转动跃迁也会发生；此即拉曼(Raman)散射现象。拉曼散射属于双光子过程，在这个过程中，一个光子被吸收而另一个光子则基本上同时被发射。图 12.1 说明了一些主要的散射可能性。瑞利散射是一个弹性过程，在这个过程中，分子与辐射场之间没有净能量转移：入射光子和发射光子具有相同的能量[图 12.1，跃迁(A)]。而拉曼散射是一个非弹性过程，其中的入射光子和发射光子具有不同的能量，分子或者被激发到电子基态的一个较高的振动或转动能级，或者被降低到一个较低的能级。使分子获得振动或转动能的拉曼跃迁称为斯托克斯(Stokes)拉曼散射[图 12.1，跃迁(B)]，它通常比失去能量的拉曼跃迁[反斯托克斯(anti-Stokes)拉曼散射，图 12.1，跃迁(C)]更占优势，因为未激发分子主要布居在任意满足 $h\upsilon > k_{\mathrm{B}}T$ 条件的振动模式的最低能级上。反斯托克斯散射的强度随温度的升高而增加，因而反斯托克斯与斯托克斯散射的比值提供了一种测量分子有效温度的方法。如果入射光波长落在分子吸收带内，那么斯托克斯和反斯托克斯拉曼散射的强度都会有很大提高[图 12.1，跃迁(D)]。这样的散射称为共振拉曼(resonance Raman)散射。

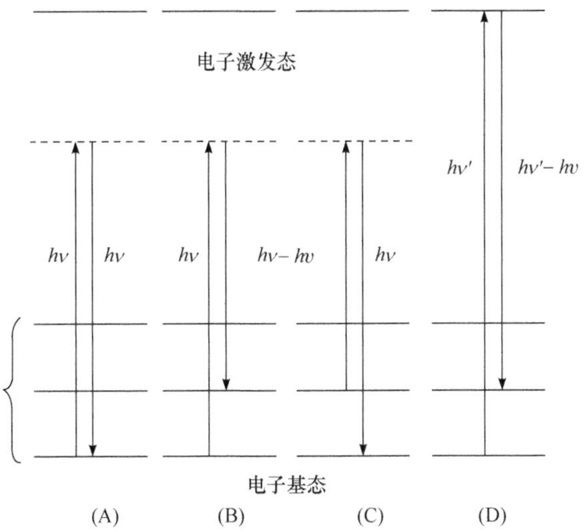

图 12.1　光散射类型。底部的三条实线表示电子基态的振动能级。在瑞利散射和米氏(Mie)散射(A)中，分子或粒子吸收一个光子并发射一个能量相同的光子。瑞利散射是指尺寸小于散射光波长的分子或粒子的散射；米氏散射则是指较大粒子的散射。在拉曼散射(B)～(D)中，具有不同能量的光子被发射[分别为斯托克斯(B)和反斯托克斯(C)拉曼散射]，使得分子处于较高或较低的振动能级。若入射光子能量与分子向更高电子态跃迁的能量相匹配，则会发生共振拉曼散射(D)

还有其他类型的光散射，它们涉及分子与辐射场之间不同形式的能量转移。在布里渊散射

(Brillouin scattering)中，吸收光子和发射光子之间的能量差可在样品中产生声波；而在准弹性(quasielastic)或动态光散射(dynamic light scattering)中，光子能量将引起速度的微小变化或转动。在双光子吸收中，第二个光子被吸收而不是被发射，从而使分子到达一个能量为两个光子能量之和的电子激发态。

拉曼散射是由印度物理学家拉曼(Raman)于 1928 年发现的。拉曼散射通常利用源自连续激光器的窄谱线光照射样品进行测量，但是也可以用脉冲激光作为光源进行时间分辨测量。可通过单色仪收集与入射轴成 90°或其他适宜角度的散射光，并将信号强度绘制成激发光与散射光子之间的频率差或波数差($\nu_e - \nu_s$)的函数。所得光谱类似于红外吸收光谱(图 12.2)。但是，如下所述，尽管都与各种振动模式相对应，但拉曼和红外谱线的相对强度通常会有所不同。大分子的共振拉曼光谱也不同于其红外光谱和非共振拉曼光谱，因为来自结合生色团的共振拉曼信号可能比大分子本身的背景信号强很多。例如，在图 12.2(D)中，GFP 中生色团的共振拉曼光谱很容易观察到，而此生色团的红外吸收光谱则被蛋白质的吸收完全掩盖。[还要注意，与图 12.2(B)中的非共振拉曼光谱相比，图 12.2(C)中 HDBI 的共振拉曼光谱还具有更高的信噪比。]

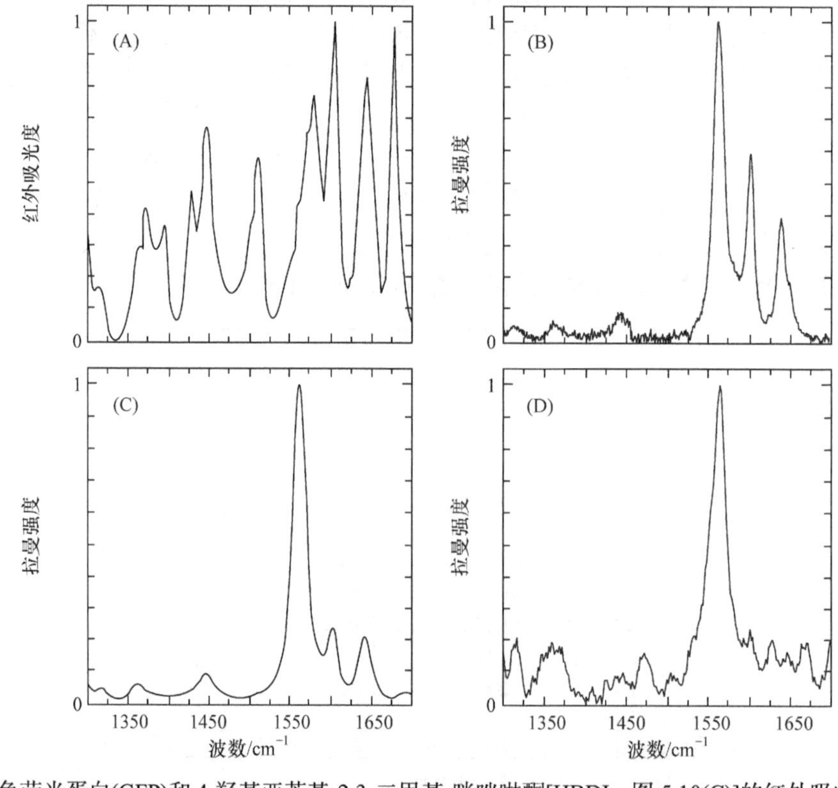

图 12.2 绿色荧光蛋白(GFP)和 4-羟基亚苄基-2,3-二甲基-咪唑啉酮[HBDI，图 5.10(C)]的红外吸收光谱和拉曼散射光谱，HBDI 是 GFP 生色团的模型分子[59, 60]。(A)HBDI 在 KBr 压片中的 FTIR 吸收光谱。(B)532.0 nm (18 800 cm^{-1})激发下 HBDI 在乙醇中的非共振拉曼发射光谱。(C)368.9 nm(27 100 cm^{-1})激发下 HBDI 在乙醇中的共振拉曼发射光谱。(D)368.9 nm 激发下 GFP 在水溶液中的共振拉曼发射光谱。拉曼光谱的横坐标是信号与激发光的波数之差。拉曼光谱的幅度以 1562 cm^{-1} 附近的峰进行归一化，该峰被指认为咪唑啉酮环中的 C═N 键及酚与咪唑啉酮环之间的 C═C 键的面内伸缩模式[59, 60]。FTIR 光谱以 1605 cm^{-1} 处的峰归一化，该峰表示一个主要在酚环上局域化的模式。中性乙醇中的 HBDI 在 372 nm 处有一个最大吸收，而 GFP 的相应吸收带出现在 398 nm

图 12.3 中给出的刘维尔空间图有助于阐明拉曼散射和普通荧光之间的主要本质区别。这两个过程都需要与辐射场进行四次作用，因而在刘维尔空间中有四步作用[1]。在图 12.3(A)左下角以(a, a)表示的初始态布居和右上角的最终态布居(b, b)之间有六种可能的四步路径，亦即图 12.3(B)～(D)中所示的三个路径及其复共轭。普通荧光经由路径(B)和(C)发生，而拉曼散射和本章讨论的其他双光子过程经由路径(D)发生。考察刘维尔图可发现，路径(B)和(C)都通过一个被瞬时布居因而原则上是可测量的中间态(k)。路径(D)通过两个与这个中间态的相干$(a, k$ 和 $k, b)$和一个初始态与最终态之间的相干(a, b)，但从未在态 k 上进行布居。因此，拉曼散射与荧光的不同之处就是前者涉及一个不可直接测量的“虚拟”中间态。路径(D)的双侧费曼图如图 12.3(E)所示。

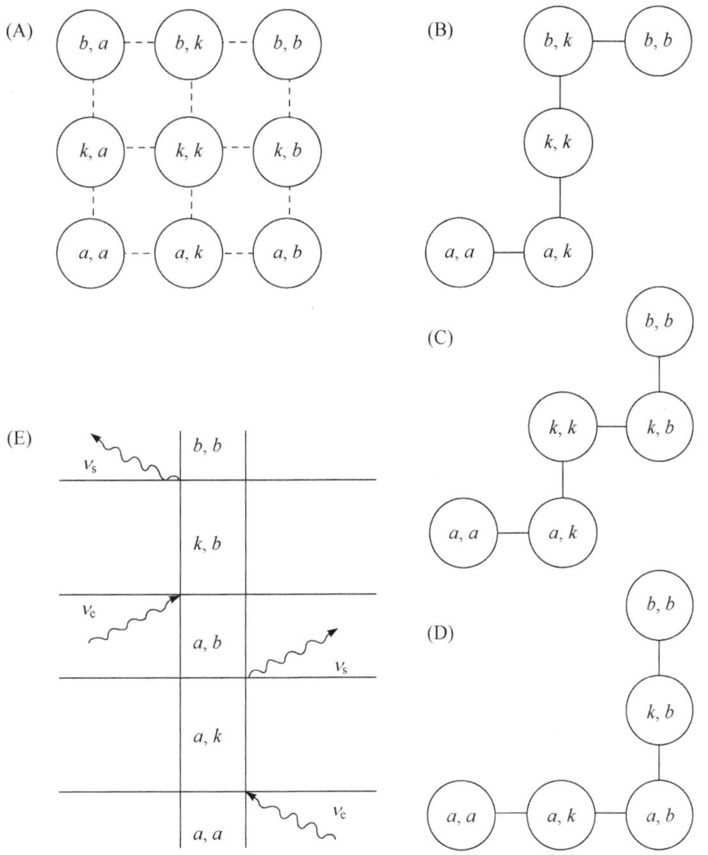

图 12.3　自发荧光和拉曼散射的刘维尔空间图。(A)连接初始态(a)、中间态(k)和最终态(b)的刘维尔空间路径。(有关这些图的说明请参见 11.1 节、图 11.1 和图 11.4。)(B)～(D)从 a 到 b 的六个可能路径中的三个，都有四步(与辐射场的四次作用)；另外三个路径则是这些所示路径的复共轭。所有六个路径均对自发荧光有贡献。拉曼散射仅包含路径(D)(及其复共轭)，其中的中间态永远不会被布居。(E)路径(D)的双侧费曼图

在实验上，拉曼散射在几个方面不同于荧光。首先，拉曼发射谱线比荧光发射光谱窄很多。溶液中小分子的拉曼谱线的宽度通常为 10 cm^{-1} 量级，而荧光的谱宽为数百 cm^{-1}。其次，这两种发射光谱对激发光的频率具有非常不同的依赖性。许多分子的荧光发射光谱基本上与激发频率无关，而拉曼谱线则随着ν_e线性地移动，以保持$|\nu_s - \nu_e|$值恒定。这反映了在拉曼过程中能量总体守恒的要求(对于斯托克斯拉曼散射，有 $\nu_s + \upsilon = \nu_e$，而对于反斯托克斯，则

有 $\nu_s - \upsilon = \nu_e$)，其中的虚拟中间态也没有机会与周围环境进行热平衡。自发荧光的寿命通常为若干纳秒，而拉曼散射则跟随激发脉冲的时间进程且基本上没有延迟。最后，非共振拉曼散射的积分强度通常远低于荧光强度。

在拉曼散射的经典解释中，入射电磁辐射场 $\boldsymbol{E}_0\cos\omega_e$ 产生一个振荡的诱导偶极子，其大小取决于辐射场与介质极化率的乘积。诱导偶极子构成了待检测散射光的辐射源。如果极化率(α)以较低的频率被分子振动所调制($\alpha = \alpha_0 + \alpha_1\cos\omega_m$)，那么诱导偶极子将与乘积 $\boldsymbol{E}_0\cos\omega_e(\alpha_0 + \alpha_1\cos\omega_m)$成正比，这个乘积与 $\boldsymbol{E}_0\alpha_0\cos\omega_e + (\boldsymbol{E}_0\alpha_1/2)[\cos(\omega_e + \omega_m) + \cos(\omega_e - \omega_m)]$相同。因此，散射信号中除了频率为 ω_e 的组分之外，还将有频率为 $\omega_e \pm \omega_m$ 的组分。经典理论正确地预测了拉曼散射的强度依赖于分子极化率被振动改变的程度，正如我们在 12.4 节中讨论的那样，尽管它并不能容易地解释斯托克斯散射和反斯托克斯散射强度之间的差异。

克莱默斯(Kramers)和海森伯(Heisenberg)[2]比拉曼的实验发现早几年就预测了拉曼散射现象，也是他们提出了一个半经典理论，其中用量子力学处理散射分子而用经典力学处理辐射场。狄拉克[3]很快将该理论加以扩展，使其包括辐射场的量子化，而 Placzec、Albrecht 等探索了不同对称性分子的选择定则[4,5]。赫勒、Mathies、迈尔斯及其同事[6-11]建立了基于振动波包的共振拉曼效应理论。牟克莫尔[1,12]提出了一个综合理论，其中考虑了刘维尔空间路径的非线性响应函数。前面简要地描述了刘维尔空间中的相关路径，接下来将首先利用二阶微扰法介绍克莱默斯-海森伯-狄拉克理论，然后介绍波包图像。

12.2 克莱默斯-海森伯-狄拉克理论

考虑一个基态波函数为 Ψ_a、激发态波函数为 Ψ_k 的分子，其能量分别为 E_a 和 E_k。当引入频率为 ν_e、振幅为 $\boldsymbol{E}_e[\exp(2\pi i\nu_e t) + \exp(-2\pi i\nu_e t)]$的弱连续辐射场时，态 k 的系数(C_k)随时间振荡。为此需要一个 C_k 的表达式，其中须包含由态 k 的电子退相或衰减引起的能量不确定性。求出受到稳态光照的分子系综的密度矩阵元 $\bar{\rho}_{ka}(\tau)$，就可以得到在很短时间(τ)内的 C_k。回顾薛定谔表象，有

$$\bar{\rho}_{ka}(\tau) = \overline{c_k(\tau)c_a^*(\tau)} = \overline{C_k(\tau)C_a^*(\tau)\exp[-i(E_k - E_a)\tau/\hbar]} \tag{12.1}$$

其中上划线表示系综平均[式(10.8)和式(10.12)]。若假设几乎所有的分子都处于基态，就可以用 1 代替 $\overline{c_a^*(\tau)}$，则有

$$\overline{C_k}(\tau) = \bar{\rho}_{ka}(\tau)\exp[i(E_k - E_a)\tau/\hbar] \tag{12.2}$$

在第 10 章中已看到 $\bar{\rho}_{ka}$ 的稳态值可以写成

$$\bar{\rho}_{ka} \approx \overline{\overline{\rho_{ka}}}\exp(-i\omega_e t) \tag{12.3}$$

而

$$\overline{\overline{\rho_{ka}}} = \frac{(i/\hbar)(\overline{\rho_{kk}} - \overline{\rho_{aa}})\boldsymbol{\mu}_{ka}\cdot\boldsymbol{E}_e}{i(\omega_e - \omega_{ak}) + 1/T_2} \tag{12.4a}$$

$$\approx \frac{\boldsymbol{\mu}_{ka}\cdot\boldsymbol{E}_e}{E_k - E_a - h\nu_e - i\hbar/T_2} \tag{12.4b}$$

其中 $\boldsymbol{\mu}_{ka}$ 是吸收的跃迁偶极子，T_2 是态 a 和 k 之间电子相干衰减的时间常数[式(10.40)和式(10.42b)]。

这里去掉了带有$+h\nu_e$的项(当 $E_k > E_a$ 时该项可以忽略不计)，保留了$-h\nu_e$项，而且在式(12.4b)中，我们又令$\overline{\rho_{aa}} \approx 1$、$\overline{\rho_{kk}} \approx 0$。结合式(12.2)～式(12.4b)，并省略 C_k 的上划线以简化表示法，得到

$$C_k(\tau) = \frac{\boldsymbol{\mu}_{ka} \cdot \boldsymbol{E}_e}{E_k - E_a - h\nu_e - i\hbar / T_2} \exp[-i(E_k - E_a - h\nu_e)\tau / \hbar] \tag{12.5}$$

现在假设第二个辐射场 $\boldsymbol{E}_s[\exp(2\pi i\nu_s t) + \exp(-2\pi i\nu_s t)]$将态 k 耦合到其他某个态，设此态为 b。这个场既可以是态 k 的自发荧光产生的辐射，也可以是能引起受激发射(12.6 节)或能将分子激发到更高能态(12.7 节)的入射场。但是，我们假设第一个和第二个辐射场本身都不能独自将态 a 直接转换为 b。忽略在零时刻态 b 已有的任何布居，可以得出态 b 的系数(C_b)随时间的增长关系，为此需要继续采纳在得到 $C_k(\tau)$时所用的微扰处理。但是这里将保留分母中带有$+h\nu_s$或$-h\nu_s$的项，这样 E_b 就可以大于或小于 E_k。将式(4.6b)应用于从 k 到 b 的跃迁，并认为时间 t 足够短以至于 C_b 很小而 C_a 仍然接近 1，就可以得到

$$\begin{aligned} C_b(t) &= \frac{i}{\hbar}(\boldsymbol{\mu}_{bk} \cdot \boldsymbol{E}_s)\int_0^t \{\exp[i(E_b - E_k + h\nu_s)\tau / \hbar] + \exp[i(E_b - E_k - h\nu_s)\tau / \hbar]\} C_k(\tau)\mathrm{d}\tau \\ &= \alpha_{ba}\left\{\int_0^t \exp[i(E_b - E_a + h\nu_s - h\nu_e)\tau / \hbar]\mathrm{d}\tau + \int_0^t \exp[i(E_b - E_a + h\nu_s - h\nu_e)\tau / \hbar]\mathrm{d}\tau\right\} \end{aligned} \tag{12.6}$$

其中

$$\alpha_{ba} = \frac{(\boldsymbol{\mu}_{bk} \cdot \boldsymbol{E}_s)(\boldsymbol{\mu}_{ka} \cdot \boldsymbol{E}_e)}{E_k - E_a - h\nu_e - i\hbar / T_2} \tag{12.7}$$

求式(12.6)中的积分，得到

$$C_b(t) = \alpha_{ba}\left\{\frac{\exp[i(E_b - E_a + h\nu_s - h\nu_e)t / \hbar] - 1}{E_b - E_a + h\nu_s - h\nu_e} + \frac{\exp[i(E_b - E_a - h\nu_s - h\nu_e)t / \hbar] - 1}{E_b - E_a - h\nu_s - h\nu_e}\right\} \tag{12.8}$$

式(12.8)右边花括号中的第一项为瑞利散射与拉曼散射；第二项为双光子吸收，后者将在 12.7 节中讨论。如果 $E_b = E_a$，即瑞利散射情形，则当$\nu_s = \nu_e$时，第一项变为 $it/\hbar$ (专栏 4.3)；而对于ν_e和ν_s的任何正值，第二项可以忽略。如果态 a 和 b 不同，正如它们在拉曼散射中那样，则当$E_b - E_a = h\nu_e - h\nu_s$时，第一项变为 $it/\hbar$。最后，如果 $E_b \gg E_a$，则花括号中的第一项通常较小；而当$E_b - E_a \approx h\nu_e + h\nu_s$时，第二项变为 $it/\hbar$。

接近单色光的瑞利散射或拉曼散射的强度应与 $C_b^*C_b$ 在频率差($\nu_e - \nu_s$)的一个窄带上的积分成正比[式(4.8)]。如果对式(12.8)花括号中的第一项进行上述积分，则散射速率变为

$$S_{ba} = |\alpha_{ba}|^2 \frac{\rho_\nu(\nu)}{\hbar^2} \tag{12.9}$$

其中α_{ba}由式(12.7)给出，而$\rho_\nu(\nu)$是满足条件 $h\nu_e - h\nu_s = E_b - E_a$ 的辐射模式数目。

至此，我们只考虑了态 a 和 b 之间的单个中间态(k)。一个分子通常具有许多电子激发态，每个激发态都具有许多振动能级，并且这些电子振动态中的任何一个都可以充当瑞利散射或拉曼散射的虚拟态。如果为简单起见，假设退相时间常数 T_2 对所有重要的电子振动能级都大致相同(显然这是一个重要近似)，则可将对 $C_b(t)$的贡献进行加和，得到

$$C_b(t) \approx \left\{ \frac{\exp[i(E_b - E_a + h\Delta\nu)t/\hbar] - 1}{E_b - E_a + h\Delta\nu} \right\} \sum_k \frac{(\boldsymbol{\mu}_{bk} \cdot \boldsymbol{E}_s)(\boldsymbol{\mu}_{ka} \cdot \boldsymbol{E}_e)}{E_k - E_a - h\nu_e - i\hbar/T_2} \tag{12.10}$$

其中 $\Delta\nu = \nu_s - \nu_e$，且仅保留了式(12.8)花括号中的第一项。因此，光散射矩阵元变为

$$\alpha_{ba} = \sum_k \frac{(\boldsymbol{\mu}_{bk} \cdot \boldsymbol{E}_s)(\boldsymbol{\mu}_{ka} \cdot \boldsymbol{E}_e)}{E_k - E_a - h\nu_e - i\hbar/T_2} \tag{12.11}$$

或对于瑞利散射的特殊情形(态 a 和 b 相同，且 $\boldsymbol{\mu}_{ka} = -\boldsymbol{\mu}_{ak}$)，有

$$\alpha_{aa} = \sum_k \frac{(\boldsymbol{\mu}_{ka} \cdot \boldsymbol{E}_s)(\boldsymbol{\mu}_{ka} \cdot \boldsymbol{E}_e)}{E_k - E_a - h\nu_e - i\hbar/T_2} \tag{12.12}$$

当入射光波长落在吸收带的波长范围内时，会发生共振拉曼散射，因此对于一组电子激发态的电子振动能级(k)，都有 $E_{k(e)} - E_{a(g)} \approx h\nu_e$。由于此电子态的电子振动能级将在式(12.11)的总和中占主导，因此这里可以使用玻恩-奥本海默近似和康顿近似(4.10 节)，将跃迁偶极子 $\boldsymbol{\mu}_{ka}$ 分解为振动重叠积分($\langle X_{k(e)} | X_{a(g)} \rangle$)和在核坐标上平均的电子跃迁偶极子($\boldsymbol{\mu}_{eg}$)。从总和中分离出电子跃迁偶极子，可得

$$\alpha_{ba} \approx (\boldsymbol{\mu}_{ge} \cdot \boldsymbol{E}_s)(\boldsymbol{\mu}_{eg} \cdot \boldsymbol{E}_e) \sum_k \frac{\langle X_{b(g)} | X_{k(e)} \rangle \langle X_{k(e)} | X_{a(g)} \rangle}{E_{k(e)} - E_{a(g)} - h\nu_e - i\hbar/T_2} \tag{12.13}$$

其中 $\langle X_i | X_j \rangle$ 是态 i 和 j 的振动重叠积分。

式(12.9)和式(12.12)表明，瑞利散射的强度取决于 $|\boldsymbol{\mu}_{ka} \cdot \boldsymbol{E}_e|^2 |\boldsymbol{\mu}_{ka} \cdot \boldsymbol{E}_s|^2$，其中 $\boldsymbol{E}_e$ 仍然是激发场，$\boldsymbol{E}_s$ 则是来自虚拟激发态的自发辐射场。由第 4 章已知，$|\boldsymbol{\mu}_{ka} \cdot \boldsymbol{E}_e|^2 \rho_\nu(\nu) = (2\pi f^2/3cn)D_{ka}I$，其中 D_{ka}、I、n 和 f 分别是激发到态 k 的偶极强度、入射光强度、折射率和局域场校正因子[式(4.12)]。根据式(5.12)，有 $|\boldsymbol{\mu}_{ka} \cdot \boldsymbol{E}_s|^2 = (8\pi h n^3 n_s^3 / c^3) |\boldsymbol{\mu}_{ka} \cdot \boldsymbol{E}_e|^2$。因为对于瑞利散射有 $\nu_e = \nu_s = \nu$，故以光子 · s^{-1} 计的瑞利散射强度正比于 $I\nu^3$。转换为能量 · s^{-1} 的单位则产生一个 $h\nu$ 的额外因子。因此，克莱默斯-海森伯-狄拉克理论再现了观测到的瑞利散射对频率的四次方依赖性。该理论还可以正确地预测散射光的偏振性。(有关光散射方向等方面的进一步讨论请参见 12.9 节及文献[11]和[13]。)

由式(12.11)～式(12.13)给出的矩阵元还取决于电子激发态的振动能级 k 与基态的初始能级和最终能级的加权重叠积分的乘积之和。总和的每一项都以$[E_{k(e)} - E_{a(g)} - h\nu_e - i\hbar/T_2]$的倒数为权重。但是要看到，这里只考虑了初始体系的单个振动能级。在更完整的描述中，$\langle X_{k(e)} | X_{a(g)} \rangle$ 被重叠积分的热加权乘积之和所代替，如专栏 4.14 所述。

式(12.11)～式(12.13)中的退相因子 $i\hbar/T_2$ 使瑞利散射和拉曼散射的矩阵元成为复变量。可以将实部和虚部分离，即将加和中的每一项都以$[E_{k(e)} - E_{a(g)} - h\nu_e - i\hbar/T_2]/[E_{k(e)} - E_{a(g)} - h\nu_e - i\hbar/T_2]$的形式乘 1。以此方式解析式(12.13)，给出

$$\alpha_{ba} = |\boldsymbol{\mu}_{eg}|^2 \sum_k \left\{ \frac{[E_{k(e)} - E_{a(g)} - h\nu_e] \langle X_{b(g)} | X_{k(e)} \rangle \langle X_{k(e)} | X_{a(g)} \rangle}{[E_{k(e)} - E_{a(g)} - h\nu_e]^2 + (i\hbar/T_2)^2} + i \frac{(\hbar/T_2) \langle X_{b(g)} | X_{k(e)} \rangle \langle X_{k(e)} | X_{a(g)} \rangle}{[E_{k(e)} - E_{a(g)} - h\nu_e]^2 + (\hbar/T_2)^2} \right\} \tag{12.14}$$

比较式(12.14)与式(10.43)表明 α_{aa} 的虚部(共振瑞利散射的矩阵元)与普通吸收的矩阵元成正比，而 α_{aa} 的实部可与折射率关联(见专栏 3.3 和文献[14])。

图 12.4 显示了电子基态的振动能级 0 和 1 之间的共振拉曼跃迁的$|\alpha_{ba}|^2$光谱，是对具有单个简谐振动模式的分子利用式(12.13)计算所得。对于若干 T_2 值和激发态的振动坐标位移值(Δ)，将光谱作为激发频率(ν_e)的函数绘出。注意到它们是共振拉曼散射的激发光谱，而不是发射强度对$\nu_e-\nu_s$的函数(参见图 12.2)，并且还要注意它们没有考虑非均匀展宽。为了进行比较，图中还给出了相同体系以 Im(α_{aa})计算的均匀展宽的吸收光谱。

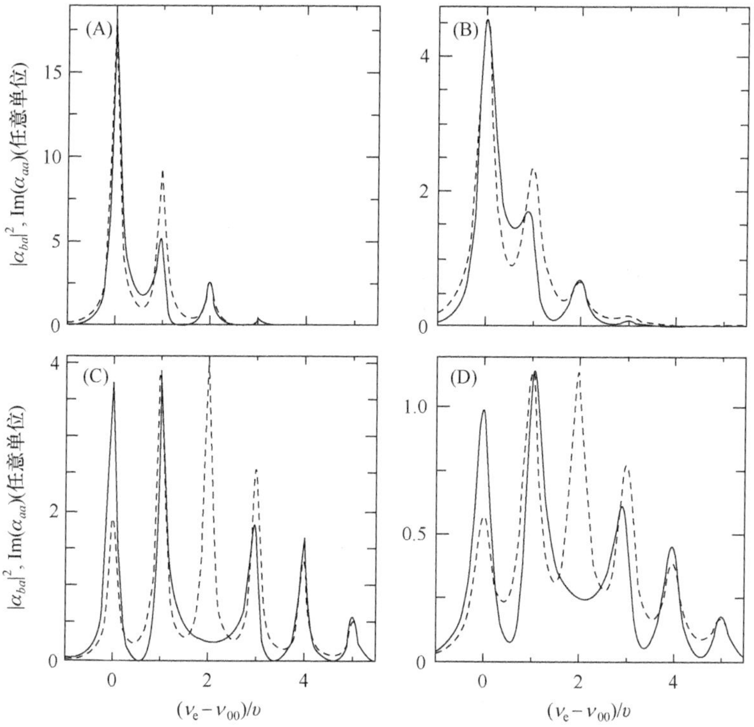

图 12.4　对频率为 υ 的单个简谐振动模式的分子计算所得的共振拉曼激发光谱($|\alpha_{ba}|^2$，实线)和均匀吸收光谱[Im(α_{aa})，虚线]。α_{aa}代表激发频率处的散射，α_{ba}代表从零点振动能级到第一激发能级($h\nu_1-h\nu_2=h\upsilon$)的散射。横坐标是激发频率(ν_e)与 0-0 跃迁频率(ν_{00})之差，以振动频率(υ)为单位。在每个分图中的吸收光谱与拉曼激发光谱的最高峰进行归一化。(A) $\hbar/T_2=0.1h\upsilon$，且在电子激发态下的无量纲振动坐标位移 $\Delta=1.0$。(B) $\hbar/T_2=0.2h\upsilon$，$\Delta=1.0$。(C) $\hbar/T_2=0.1h\upsilon$，$\Delta=2.0$。(D) $\hbar/T_2=0.2h\upsilon$，$\Delta=2.0$。激发态中直至 $k=25$ 的所有振动能级都包括在总和中。重叠积分的计算如专栏 4.13 所述

$|\alpha_{ba}|^2$光谱类似于均匀展宽的吸收光谱，在 0-0 跃迁频率处以及该频率之上的 υ 的整数倍处都有谱峰，因为在这些位置激发能与基态和电子振动激发态之间的能量差是匹配的。但是，这些峰的相对高度不同。注意到，如当 $\Delta=2.0$[图 12.4(C)、(D)]时，$|\alpha_{ba}|^2$光谱中$(\nu_e-\nu_{00})/\upsilon=2$ 的峰完全消失，而当 $\Delta=1.0$[图 12.4(A)、(B)]时并非如此。另外，Δ 的改变虽然会导致普通电子振动吸收峰的再分配而不改变积分吸光度，但能影响拉曼散射的积分强度。这一点在图 12.5(A)中说明，其中积分拉曼散射截面$\int|\alpha_{ba}|^2\mathrm{d}\nu$作为 Δ 的函数给出。到第一激发振动能级的散射在 $\Delta\approx0.9$ 时达到峰值。

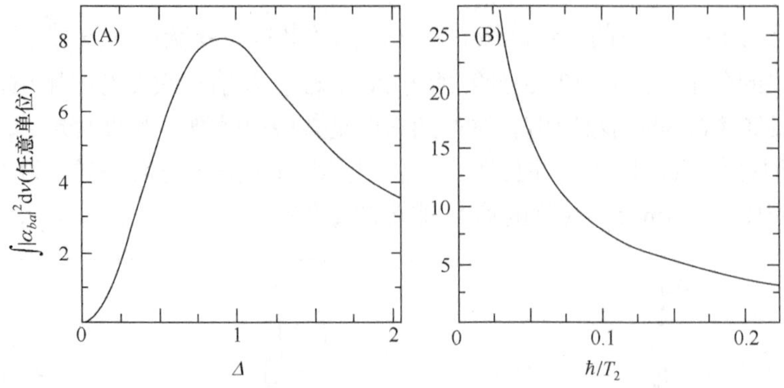

图 12.5 具有频率 υ 的单个简谐振动模式的分子的积分拉曼散射激发截面 $\int|\alpha_{ba}|^2 d\nu$ 。模型体系与图 12.4 中的相同。(A) $\hbar/T_2$ 固定为 $0.1h\upsilon$ 时，积分截面随 Δ 的变化。(B) Δ 固定为 1.0 时，积分截面随 $\hbar/T_2$ 的变化

退相时间常数 T_2 对拉曼光谱和吸收光谱也有不同的影响。积分吸收光谱与 $\hbar/T_2$ 无关，而拉曼散射的积分强度随着退相的加快而降低[图 12.5(B)]。因此，比较拉曼散射和普通吸收的绝对截面可以提供一种测量退相动力学的方法[9,10]。

在光散射的经典图像中，穿过可极化介质的光产生振荡的诱导电偶极子并向各个方向辐射光。散射强度取决于诱导偶极矩的平方，因此也取决于极化率的平方。专栏 12.1 描述了电子极化率的量子力学处理，并表明光散射的矩阵元确实与极化率的矩阵元成正比。

专栏 12.1 电子极化率的量子理论

电子极化率通常用一个二阶张量 $\boldsymbol{\alpha}$ 来描述，这意味着沿特定轴施加电场将产生诱导偶极子，其具有垂直于该轴和平行于该轴的分量。但是，总是可以选择分子坐标系，使 $\boldsymbol{\alpha}$ 变得对角化，从而可以用矢量来描述这个极化率。沿此坐标系的 x、y 或 z 轴施加一个外场时，将仅沿同一轴产生诱导偶极子。这些轴都称为极化率的“主轴”。对于各向同性的样品，诱导偶极子的大小与标量 $\alpha=(1/3)\mathrm{tr}(\boldsymbol{\alpha})$ 成正比，而这个量不取决于坐标系的选择。

在量子力学图像中，极化率反映了当一个分子受到外部电场的微扰时，它的基态与高能态的混合。我们将首先描述静态场理论，然后考虑含时场。

在静电场 $\boldsymbol{E}$ 存在下，分子的总电偶极子可以用场的泰勒级数表示：

$$\boldsymbol{\mu} = \boldsymbol{\mu}_0 + \boldsymbol{\mu}_{\mathrm{ind}} = \boldsymbol{\mu}_0 + \boldsymbol{\alpha}\cdot\boldsymbol{E} + \cdots \tag{B12.1.1}$$

其中 $\boldsymbol{\mu}_0$ 是无外场时的永久偶极子。

$\boldsymbol{\mu}_0$ 和 $\boldsymbol{\alpha}$ 也可与能量(E)相对外场的一阶和二阶导数相关联：

$$\boldsymbol{\mu}_0 = -\partial E/\partial\boldsymbol{E} \tag{B12.1.2}$$

及

$$\boldsymbol{\alpha} = -\partial^2 E/\partial\boldsymbol{E}^2 \tag{B12.1.3}$$

式(B12.1.2)与式(4.2)相同。式(B12.1.2)和式(B12.1.3)来自一个普适定理，即赫尔曼-费曼(Hellman-Feynman)定理，该定理认为能量对任何参量的导数等于哈密顿对该参量的导数的期望值。针对目前情形，赫尔曼-费曼定理告诉我们，对于波函数为 Ψ 和本征值为 E 的体系，$\partial E/\partial\boldsymbol{E} = \langle\Psi|\partial H/\partial\boldsymbol{E}|\Psi\rangle = -\langle\Psi|\tilde{\mu}|\Psi\rangle = -\boldsymbol{\mu}$ 。为了利用这一关系，首先将能量按 $\boldsymbol{E}$ 的泰勒级数展开：

$$E = E_0 + (\partial E / \partial \boldsymbol{E})_0 \boldsymbol{E} + \frac{1}{2}(\partial^2 E / \partial \boldsymbol{E}^2)_0 \boldsymbol{E}^2 + \cdots \tag{B12.1.4}$$

其中所有导数在 $\boldsymbol{E} = (0,0,0)$取值。对式(B12.1.4)取 $\boldsymbol{E}$ 的微分，根据赫尔曼-费曼定理，得到

$$\boldsymbol{\mu} = -(\partial E / \partial \boldsymbol{E})_0 - (\partial^2 E / \partial \boldsymbol{E}^2)_0 \boldsymbol{E} - \cdots \tag{B12.1.5}$$

令式(B12.1.1)和式(B12.1.5)中 $\boldsymbol{E}$ 的同幂项相等，就得出式(B12.1.2)和式(B12.1.3)。

现在考虑在无外场时本征函数为 Ψ_k 的分子。有静态外场时的波函数可以写成无外场时的基函数的线性组合：

$$\Psi = \sum_k C_k \Psi_k \tag{B12.1.6}$$

为了由式(B12.1.3)得到α_x，必须了解这个叠加态的能量对外场的依赖性。我们可以遵循之前用于得到绝热能量为 E_a 和 E_k 的两个态如何在一个弱微扰 $(\tilde{\mathrm{H}}')$ 作用下发生混合的方法。令态 a 为基态，并假设任何高能态 k 的系数都比态 a 的系数小得多$(0 < |C_k| \ll |C_a| \approx 1)$。则体系的能量$(E)$将与态 a 的能量大致相同，因此根据式(8.7a)和式(8.7b)，有

$$C_k = -C_a H_{ka} / (H_{kk} - E) \approx -H_{ka} / (H_{kk} - H_{aa}) \tag{B12.1.7}$$

及

$$\begin{aligned} E &= (C_a H_{aa} + C_k H_{ak}) / C_a \approx H_{aa} - H_{ak} H_{ka} / (H_{kk} - H_{aa}) \\ &= E_a + H_{aa} - H_{ak} H_{ka} / (H_{kk} - H_{aa}) \end{aligned} \tag{B12.1.8}$$

其中 H_{aa}、H_{kk}、H_{ak} 和 H_{ka} 的定义如式(8.8)。

对于目前的问题，微扰算符 $\tilde{\mathrm{H}}'$ 就是偶极算符 $\tilde{\mu}$ 。对所有高能态求和，并按惯例令 $\boldsymbol{\mu}_{ij} = \langle \Psi_i | \tilde{\mu} | \Psi_j \rangle$ ，那么有外场存在时体系的能量为

$$\begin{aligned} E &\approx E_a - \boldsymbol{\mu}_{aa} \cdot \boldsymbol{E} - \sum_{k \neq a} \frac{(\boldsymbol{\mu}_{ak} \cdot \boldsymbol{E})(\boldsymbol{\mu}_{ka} \cdot \boldsymbol{E})}{E_k - E_a} \\ &= E_a - \boldsymbol{\mu}_{aa} \cdot \boldsymbol{E} - \sum_{k \neq a} \frac{(\boldsymbol{\mu}_{ka} \cdot \boldsymbol{E})^2}{E_k - E_a} \end{aligned} \tag{B12.1.9}$$

根据式(B12.1.3)，取能量对 $\boldsymbol{E}$ 的二阶导数，得

$$\alpha \approx 2 \sum_{k \neq a} \frac{|\boldsymbol{\mu}_{ka}|^2}{E_k - E_a} \tag{B12.1.10}$$

该推导不适用于随时间快速振荡的外场。在这样的场中，诱导偶极子发生振荡，这些振荡的振幅取决于频率。但是，我们可以定义一个频率依赖的动态极化率(dynamic polarizability)或分子的电极化率(electric susceptibility)，为这两个振荡(诱导振荡与外场振荡，译者注)的振幅之比(见 3.1.5 节)。假设一个处于基态(a)的分子系综暴露在一个振荡场中。如果我们以基态波函数和激发态波函数为基表示密度矩阵 $\bar{\boldsymbol{\rho}}$ ，那么总偶极子的期望值由式(10.13)和式(10.14)给出：

$$\begin{aligned} \boldsymbol{\mu}(t) &= \mathrm{tr}[\bar{\boldsymbol{\rho}}(t)\boldsymbol{\mu}] = \sum_j \sum_k \bar{\rho}_{jk}(t) \boldsymbol{\mu}_{kj} \\ &\approx \sum_k [\bar{\rho}_{ak}(t)\boldsymbol{\mu}_{ka} + \bar{\rho}_{ka}(t)\boldsymbol{\mu}_{ak}] = \boldsymbol{\mu}_{aa} + \sum_{k \neq a} [\bar{\rho}_{ak}(t)\boldsymbol{\mu}_{ka} + \bar{\rho}_{ka}(t)\boldsymbol{\mu}_{ak}] \end{aligned} \tag{B12.1.11}$$

这里 $\boldsymbol{\mu}_{aa}$ 是基态的永久偶极矩，对 k 态的加和项代表诱导偶极子 $\boldsymbol{\mu}_{\mathrm{ind}}$。如果在外场 $\boldsymbol{E}_0[\exp(2\pi i \nu t) + \exp(-2\pi i \nu t)]$ 中使用密度矩阵元的稳态表达式[式(10.42a)、式(10.42b)、式(12.3)、式(12.4a)和式(12.4b)]，并忽略场强中高于一阶的项，那么诱导偶极子为

$$\langle \boldsymbol{\mu}_{\text{ind}}(t)\rangle = \sum_k \left[\frac{\boldsymbol{\mu}_{ak}\boldsymbol{\mu}_{ka}\cdot \boldsymbol{E}_0 \exp(-2\pi i\nu t)}{E_k - E_a - h\nu - i\hbar / T_2} + \frac{\boldsymbol{\mu}_{ka}\boldsymbol{\mu}_{ak}\cdot \boldsymbol{E}_0 \exp(2\pi i\nu t)}{E_k - E_a - h\nu + i\hbar / T_2} \right] \quad \text{(B12.1.12)}$$

因为$\langle \boldsymbol{\mu} \rangle$的永久组分和诱导组分都是实的，所以极化率算符必须是厄密的。如果定义极化率算符，使得

$$\mu_{\text{ind}}(t) = \alpha_{aa}\boldsymbol{E}_0 \exp(2\pi i\nu t) + \alpha_{aa}^{*}\boldsymbol{E}_0 \exp(-2\pi i\nu t) \quad \text{(B12.1.13)}$$

则情况必将如此。

式(B12.1.1)、式(B12.1.12)和式(B12.1.13)与式(12.11)的比较表明，以这种方式定义的动态极化率的矩阵元与瑞利散射的矩阵元是相同的。

12.3 共振拉曼散射的波包图像

虽然对于仅具有一个或两个振动模式的分子，通过式(12.13)可直接求共振拉曼散射的矩阵元，但是对于较大的分子，情况很快就变得难以处理，而一个类似第 11 章所描述的吸收的波包处理法就显得更加有用。为了以含时形式重新写出式(12.13)，首先注意到在其加和中的每项均含有因子 $1/[E_{k(e)} - E_{a(g)} - h\nu_e - i\hbar/T_2]$，这其实是$(2\pi)^{1/2}i$ 乘以函数 $\exp\{-i[E_{k(e)} - E_{a(g)}]t/\hbar - \hbar t/T_2\}$ 的半傅里叶变换：

$$\begin{aligned} &\sqrt{2\pi}i\frac{1}{\sqrt{2\pi}}\int_0^{\infty}\exp\{-i[E_{k(e)} - E_{a(g)}]t/\hbar - \hbar t/T_2\}\exp(2\pi i\nu_e t)\mathrm{d}t \\ &= i\int_0^{\infty}\exp[-i(E_{k(e)} - E_{a(g)} - h\nu_e)t/\hbar - \hbar t/T_2]\mathrm{d}t = 1/[E_{k(e)} - E_{a(g)} - h\nu_e - i\hbar/T_2] \end{aligned} \quad (12.15)$$

此函数与 2.5 节中使用的函数具有相同的形式，该函数表示随时间呈指数衰减的波函数[式(2.66)、式(2.67)和附录 A.3]。式(2.66)和式(2.67)中的衰减时间常数 T 对应于式(12.15)中的 $T_2/2\hbar$。

现在按照式(11.46)和式(11.47)构造一个激发态波包 $X(t)$，但令其退相时间常数为 T_2，使得

$$\begin{aligned} \langle X_{b(g)} | X(t)\rangle &= \left\langle X_{b(g)} \middle| \sum_k C_k X_{k(e)} \exp[-iE_{k(e)}t/\hbar - \hbar t/T_2]\right\rangle \\ &= \sum_k \langle X_{b(g)} | X_{k(e)}\rangle \langle X_{k(e)} | X_{a(g)}\rangle \exp[-iE_{k(e)}t/\hbar - \hbar t/T_2] \end{aligned} \quad (12.16)$$

注意到这个表达式中的振动重叠积分的乘积与式(12.13)中的乘积是相同的。

结合式(12.13)、式(12.15)和式(12.16)，给出

$$\begin{aligned} \alpha_{ba} &= |\boldsymbol{\mu}_{\text{eg}}|^2 \sum_k \frac{\langle X_{b(g)} | X_{k(e)}\rangle \langle X_{k(e)} | X_{a(g)}\rangle}{E_{k(e)} - E_{a(g)} - h\nu_e - i\hbar/T_2} \\ &= i|\boldsymbol{\mu}_{\text{eg}}|^2 \int_0^{\infty} \langle X_{b(g)} | X(t)\rangle \exp\{i[E_{a(g)} + h\nu_e]t/\hbar\}\mathrm{d}t \end{aligned} \quad (12.17)$$

因此，共振拉曼散射矩阵元正比于最终振动波函数[$X_{b(g)}$]与随时间变化的波包 $X(t)$的重叠的半傅里叶变换，而波包 $X(t)$由白光激发基态分子产生。有关上述关系式的更完整证明参见文献[6]和[8]，而有关其某些扩展和应用的综述参见文献[10]。如上所述，共振拉曼激发光谱与$|\alpha_{ba}|^2$成正比。

因为电子基态的各种振动波函数是彼此正交的，所以当波包仅是 $X_{a(g)}$在激发态能面的垂

直投影时，$X_{b(g)}$与激发态波包 $X(t)$的重叠在 $t=0$ 时为零。随着波包远离其原点，该重叠随着时间而增加(图 12.6)。这个描述为共振拉曼散射幅度对退相时间常数 T_2 的敏感性提供了一个新视角(图 12.5)。若 T_2 短，则波包在 $X(t)$与 $X_{b(g)}$的重叠还没有机会增长之前就发生衰减，结果就是拉曼散射非常弱。相比之下，普通吸收和瑞利散射都取决于 $X(t)$与初始波函数 $X_{a(g)}$的重叠，这个重叠在零时刻是最大的[式(11.54)]。

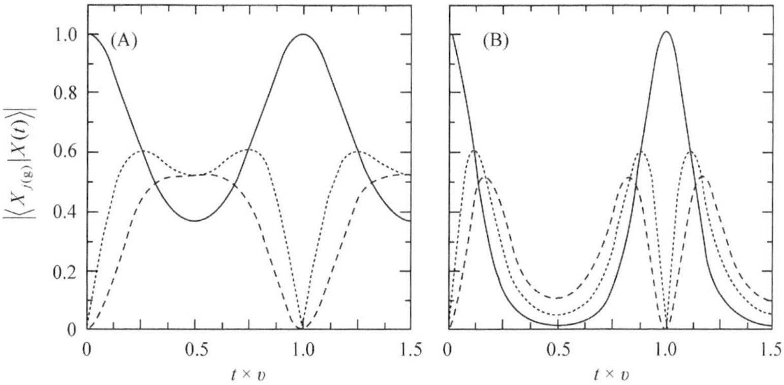

图 12.6　在具有单个简谐振动模式的分子中，当 $j=0$(实线)、1(点线)或 2(虚线)时计算所得的重叠积分 $\langle X_{j(g)}|X(t)\rangle$ 的大小随时间的变化，该振动模式的频率为 υ，$\Delta=1$(A)或 $\Delta=2$(B)。假设退相时间常数比振动周期长得多($T_2=1000/\upsilon$)。注意到激发态波包[$X(t)$]与基态零点波函数[$X_{0(g)}$]的重叠在 $t=0$ 时为最大，而与较高能级的重叠在开始时为零，并随时间逐渐达峰值。当 $\Delta=2$、$T_2=2/\upsilon$ 时，$\langle X_{0(g)}|X(t)\rangle$ 的实部和虚部曲线见图 11.23

如果分子的简正坐标在分子激发后没有显著变化，那么具有多个振动模式的分子的总波包 $X(t)$是各个振动模式波包的乘积[$X(t)=X_1(t)X_2(t)X_3(t)\cdots$]，而与时间相关的重叠积分 $\langle X_{b(g)}|X(t)\rangle$ 也由类似的乘积组成[10]：

$$\langle X_{b(g)}|X(t)\rangle=\langle X_{b,i(g)}|X_i(t)\rangle\langle X_{b,j(g)}|X_j(t)\rangle\langle X_{b,k(g)}|X_k(t)\rangle\cdots \tag{12.18}$$

这里 $X_{b,i(g)}$表示在电子基态中模式 i 的能级 b_i 的振动波函数。如同我们在第 11 章中给出的关于吸收光谱的那些讨论一样，与计算拉曼激发光谱所用的克莱默斯-海森伯-狄拉克表达式相比，式(12.18)使得波包形式更加易于处理。这里不需要针对不同模式对其所有可能量子数的组合进行加和。

12.4　拉曼散射的选择定则

从图 12.2 可以看到，红外吸收光谱中的某些谱带也存在于非共振拉曼发射光谱中。然而，谱带的相对强度有所不同，并且一些谱带通常仅出现在一个或另一个谱中。HBDI 在 1677 cm^{-1} 处的强红外吸收带[图 12.2(A)]只有极弱的或基本没有拉曼强度[图 12.2(B)]，而在 1562 cm^{-1} 处占主导地位的拉曼光谱峰仅在 1572 cm^{-1} 处的红外吸收带的一侧表现出一个弱肩峰。在共振拉曼光谱中的相对强度也有所不同[图 12.2(C)]。

在第 6 章中已知，简谐振子从能级 n 到能级 m 的直接激发有两个主要的选择定则：第一，$m=n\pm1$；第二，振动必须改变分子的永久偶极矩。采用与获得红外吸收选择定则类似的论据，可以定性地预测一个特定振动模式是否会导致非共振拉曼散射。区别在于，在拉曼散射中散射矩阵元α_{ba}与分子极化率(α)相关联，而不是与永久偶极矩相关联。如果将极化率展开为该模式的简正坐标(x)的泰勒级数，那么拉曼散射的矩阵元变为

$$\begin{aligned}\langle \chi_m|\alpha|\chi_n\rangle &= \alpha_0\langle \chi_m|\chi_n\rangle + (\partial\alpha/\partial x)_0\langle \chi_m|x|\chi_n\rangle + \frac{1}{2}(\partial^2\alpha/\partial x^2)_0\langle \chi_m|x^2|\chi_n\rangle + \cdots \\ &= (\partial\alpha/\partial x)_0\langle \chi_m|x|\chi_n\rangle + \frac{1}{2}(\partial^2\alpha/\partial x^2)_0\langle \chi_m|x^2|\chi_n\rangle + \cdots\end{aligned} \tag{12.19}$$

其中χ_n和χ_m是该模式的初始和最终振动波函数，所有参量均属于电子基态，并在$x = 0$处取导数。这个表达式表明，只有$m = n \pm 1$使得$\langle \chi_m|x|\chi_n\rangle \neq 0$，才可能有$\langle \chi_m|\alpha|\chi_n\rangle \neq 0$。此外，$(\partial\alpha/\partial x)_0$也必须不为零。因此，振动必须改变分子的极化率，就像振动必须改变分子的永久偶极子才能具有允许的红外跃迁。

根据经验，α的变化与增加分子尺寸的振动有关。因此，在同核双原子分子中，如O_2，拉曼散射是允许的，而其红外跃迁是对称性禁阻的。同样，三原子分子的对称伸缩模式会产生一个允许的拉曼跃迁，而其不对称伸缩模式则不会(图 12.7)。但是请注意，式(12.11)～式(12.13)要求在激发态(k)的所有振动能级上对$\langle X_{b(\mathrm{g})}|X_{k(\mathrm{e})}\rangle$与$\langle X_{k(\mathrm{e})}|X_{a(\mathrm{g})}\rangle$的加权积进行加和，然后才可取$M_{ba}$的平方求得其拉曼强度。此加和可能导致干扰，而这在红外跃迁中是没有的。还需要了解的是，与电子吸收和振动吸收一样，一个拉曼跃迁是对称性允许的，这仅仅意味着其跃迁矩阵元不为零，并没有表明矩阵元的大小。

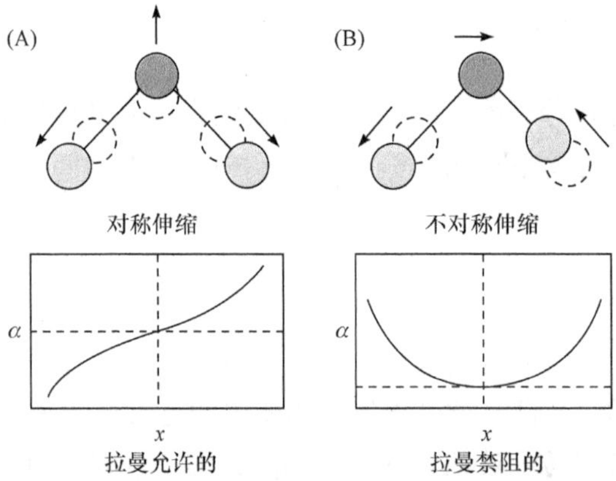

图 12.7 一个具有简正坐标x的振动模式，当分子极化率(α)在坐标平均值处具有非零斜率时，其非共振拉曼跃迁是允许的。这是三原子分子的对称伸缩模式(A)的情形，但并不是不对称伸缩模式(B)的情形

共振拉曼散射可以突显出与共振电子跃迁耦合最强的振动模式(在激发态中位移最大的模式)。这倾向于使共振拉曼光谱比非共振拉曼光谱更具选择性，如图 12.2 所示。同时，与电子跃迁的耦合也放宽了$m = n \pm 1$的要求。考虑式(12.13)给出的共振拉曼散射的矩阵元。尽管在给定电子态上的振动波函数正交性使$\langle X_{b(\mathrm{g})}|X_{a(\mathrm{g})}\rangle = 0$(除非$b = a$)，但是$\langle X_{b(\mathrm{g})}|X_{k(\mathrm{e})}\rangle$和$\langle X_{k(\mathrm{e})}|X_{a(\mathrm{g})}\rangle$都可以不为零，因为每个积分中的两个振动波函数针对不同的电子态。因此，共振拉曼散射没有形式选择定则可以阻止从给定的振动能级(m)到$m \pm 2$或任何其他能级的散射。这些向更高能量的振动能级的跃迁使共振拉曼光谱的谱线变得极为丰富，从而能为分子提供独特的“指纹”。用这一方法可以容易地区分视紫红质的光产物中视黄醛希夫碱生色团的顺式和反式异构体(12.6 节)。

尽管选择定则 $m = n \pm 1$ 被放宽，但最强的共振拉曼散射峰通常反映了一个特定振动模式的量子数从 0 变为 1 的跃迁而其他模式并不发生变化。我们可以利用拉曼散射的波包图像来理解这一点。如果在静止分子中所有振动均处于零点能级，则模式 i 从能级 0 到能级 1 的拉曼散射重叠积分[式(12.18)]为

$$\left\langle X_{b(\mathrm{g})} \middle| X(t) \right\rangle = \left\langle X_{1,i(\mathrm{g})} \middle| X_i(t) \right\rangle \prod_{j \neq i} \left\langle X_{0,j(\mathrm{g})} \middle| X_j(t) \right\rangle \tag{12.20}$$

这个积分通常大于散射到 $b_{i(\mathrm{g})} = 2$ 的相应积分，这是因为在波包图像中，$X_i(t)$与 $X_{1,i(\mathrm{g})}$ 的重叠的建立快于其与 $X_{2,i(\mathrm{g})}$的重叠的建立(图 12.6)。波包的退相将阻碍$\left\langle X_{2,i(\mathrm{g})} \middle| X_i(t) \right\rangle$的增大。此外，$\left\langle X_{2,i(\mathrm{g})} \middle| X_i(t) \right\rangle$的累积必须在所有其他模式 ($j \neq i$) 的波包与初始的基态波函数保持良好重叠的情况下进行，但是随着振动模式的数量增加，这个累积变得更加困难。

因为生物物理学中大多数令人关注的分子都具有非常低的对称性，其振动模式无法准确地描述为对称的或反对称的，所以无法根据简单的选择定则指认拉曼或共振拉曼光谱中的峰。然而，简正模式分析通常可用于识别与生色团激发具有较强耦合的振动模式。采用同位素标记、生色团的化学修饰或定点突变等方法，可以使一个特定振动朝更高或更低的频率偏移。

12.5　表面增强拉曼散射

当吡啶被吸附在粗糙的银表面上时，其拉曼散射会变得更强[15]；这个偶然的发现引发了人们对增强拉曼的物理基础的持续讨论[16-20]。表面增强拉曼散射(surface-enhanced Raman scattering，SERS)的发生也涉及其他贵金属(如金和铜等)，以及由胶体金属形成的或通过光刻制成的各种“纳米粒子”。将单分子吸附在胶体银颗粒上获得了令人惊奇的 10^{14} 倍的拉曼增强[20-23]，尽管典型的增强倍数一般为 10^8～10^{10}。

人们普遍认为，导致 SERS 的主要因素是金属中的表面等离激元产生的强辐射场(专栏 3.2)[16, 17, 20, 24-27]。胶体金属粒子的高度弯曲表面显然会导致表面等离激元的非常规局域化，并导致表面等离激元在相邻粒子上产生的场发生耦合，因此作用在被吸附分子上的场在不同位点就有很大不同。从被吸附分子到金属可以发生电子转移或反向的电子转移，与这种电荷转移跃迁发生共振，可能会额外贡献 10^2～10^3 的增强倍数[28-31]。阴离子和阳离子也影响拉曼增强，但人们仍然不十分了解其作用方式。

12.6　拉曼光谱的生物物理应用

拉曼光谱在视紫红质和细菌视紫红质的研究中特别有用。如在第 4 章中所讨论的，视紫红质或细菌视紫红质的光激发引起视黄基生色团的异构化。在视紫红质中，生色团从 11-顺式变为全反式。而在细菌视紫红质中，生色团则从全反式变为 13-顺式。共振拉曼测量表明，在几皮秒内形成的亚稳中间态中，生色团的异构化基本上已经完成[32-38]。通过比较这些模型化合物的共振拉曼光谱，可以确定这些态的构象。

拉曼光谱法也已被证明是研究蛋白质中血红素的配体态及其环境[39-49]、考察光合作用反应中心和天线复合体中的蛋白质与色素的配体和氢键[50-56]等的有效方法。细菌叶绿素环具有

一个特征振动模式，当 Mg 具有一个轴向配体时，其频率在 1615 cm^{-1} 附近；而当有两个配体时，其频率则在 1600 cm^{-1} 附近。与乙酰基或酮基形成氢键会使 C═O 伸缩模式向低频移动，并且这种频移的幅度大致线性地依赖于氢键的强度[51, 54]。同样，定点突变后共振拉曼频率的变化已被用于鉴定在细胞色素氧化酶中与血红素 a 的甲酰基形成氢键的残基[39]。共振拉曼散射测量在此类研究中颇具优势，因为可以将入射光调谐到特定生色团子集的吸收带，如为细菌反应中心充当初始电子供体的一对特殊的叶绿素。比较不同生色团的共振拉曼激发截面表明，这些生色团的退相时间常数 T_2 与反应中心或天线复合体中的其他细菌叶绿素有很大区别[57, 58]。

图 12.2 中所示的 GFP 实验部分针对的是生色团的激发如何导致一个质子从酚的 OH 基团解离的问题(图 5.9)。比较 GFP 的共振拉曼光谱与其生色团在普通乙醇和氘代乙醇中的光谱，结合拉曼谱带的简正模式指认，发现 O—H 键的伸缩与初始激发没有强烈耦合，这个耦合一定是在激发态演化后才变强的[59, 60]。

紫外区激光技术的发展为蛋白质中酪氨酸、苯丙氨酸和色氨酸残基的时间分辨共振拉曼研究起到了关键作用[41, 61-68]。紫外共振拉曼应该可作为多肽二级结构和拉氏(Ramachandran)角度分布的潜在的重要信息来源[69, 70]，也为探测蛋白质中胱氨酸残基的 S—C—C—S 二面角提供了一种方法[71]。

迄今为止，对 SERS 的大部分兴趣都集中在分析应用上。这一技术已用于一款灵敏的葡萄糖生物传感器[72]，并用于测定溶血磷脂酸，后者是卵巢癌的一个生物标志物[73]。随着单分子 SERS 的出现，能与 5.9 节中介绍的单分子荧光实验相媲美的生物物理研究值得关注。

12.7 相干(受激)拉曼散射

“相干”或“受激”拉曼散射是一种四波混频技术，其可使拉曼跃迁明显增强[1,74-77]。已有报道给出了一个详细的分析，揭示了相干拉曼散射与普通非共振拉曼散射的某些有意思的细微差别[1]，这两个过程是基本相同的，只不过在前者中，拉曼位移辐射的发射信号是在发射频率处被激励的。相干拉曼散射产生的信号幅度随着激发光强度的二次方增加，且其强度可达非受激拉曼跃迁信号的 10^4 倍，而后者的发射取决于零光子辐射场。斯托克斯或反斯托克斯拉曼跃迁都可以是受激的，但反斯托克斯跃迁(相干反斯托克斯拉曼散射，coherent anti-Stokes Raman scattering，CARS)具有远离背景荧光区域的技术优势。此处的“相干”一词指的并不是与虚拟中间态的相干，因为虚拟态在这里的作用与其在自发拉曼散射[图 12.3(D)]中是相同的。实际上此处的相干指的是这样一个事实，即来自四波重叠的宏观区域中的许多分子的发射是相干地进行的。在普通拉曼散射中，被照射区域中的分子彼此独立地发光且相位是随机的。

图 12.8 显示了相干拉曼散射的激发光束和信号光束的典型装置。这里需要两束入射光。样品与频率为 ν_p、波矢为 $\boldsymbol{k}_p$ 的“泵浦”光场作用 2 次，与波矢为 $\boldsymbol{k}_s$、频率为 ν_s 的“斯托克斯”光场作用 2 次。如果这两个场在时间和空间都重叠，则对一个频率为 υ 的振动模式，当 $\nu_s - \nu_p = \upsilon$ 时，它们可以产生一个反斯托克斯拉曼跃迁。产生的受激拉曼信号以波矢 $\boldsymbol{k} = 2\boldsymbol{k}_p - \boldsymbol{k}_s$ 传播。激发光束也可以使用同轴装置，这将非常适合在共聚焦显微镜中应用[78-82]。向前传播的拉曼信号在活体组织等浑浊物质中会发生散射，这使得向后传播的信号被极大地增加[83]。

相干拉曼散射的几个特征使得其特别适用于显微镜[83]。首先，可以选择激发频率，这使得特定的化学成分可用于结构成像。由于这种选择性取决于两个频率之间的差异而不是其绝对

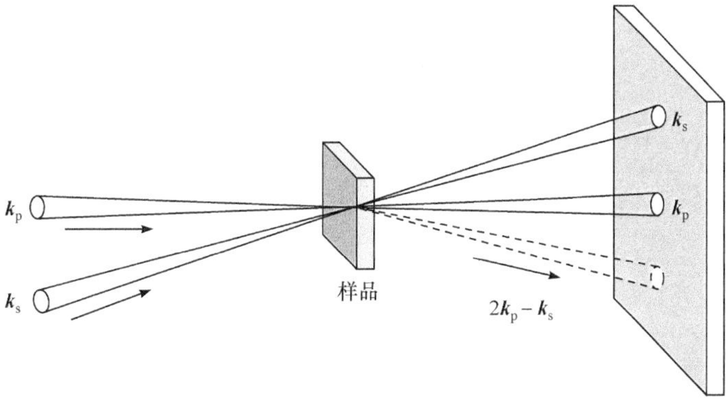

图 12.8　在相干拉曼光谱中，频率为ν_p、波矢为$\boldsymbol{k}_p$的电磁辐射光束和频率为ν_s、波矢为$\boldsymbol{k}_s$的第二光束聚焦在样品上。收集以频率为$\nu=2\nu_p-\nu_s$、波矢为$\boldsymbol{k}_f=2\boldsymbol{k}_p-\boldsymbol{k}_s$发射的辐射信号。当$\nu_p-\nu_s=\upsilon$时，电子基态的斯托克斯拉曼跃迁被激发，其中$h\upsilon$是样品的一个振动模式；当$\nu_p-\nu_s=-\upsilon$时，则反斯托克斯跃迁被激发

值，因此若利用相同振动模式成像，拉曼所需的波长比红外吸收所需的波长要短，从而能提供更好的空间分辨率。因为不需要外部标记，所以拉曼信号不会像在荧光显微镜中那样通常受到探针漂白的限制，也不存在探针对样品的影响等干扰。信号对第二束光强的二次方依赖性与其对第一束光强的线性依赖性相结合，可实现聚焦非常好的成像。最后，对单个脂质双分子层的研究表明，这一技术具有极好的灵敏性[84-86]。

Cheng 等[81]已用 CARS 显微镜对经历有丝分裂和凋亡的活细胞进行了成像。所用的激发光源是可以独立地在 700～900 nm(14 300～11 100 cm^{-1})调谐的两台钛蓝宝石脉冲激光器。他们利用 2870 cm^{-1} 的频率差探测细胞膜中磷脂侧链的 C—H 伸缩振动。在另一项研究中，Cheng 等[82]比较了多层磷脂酰丝氨酸和磷脂酰胆碱囊泡中 CH_2 的对称伸缩振动与水在膜表面的 O—H 伸缩模式(3445 cm^{-1})。信号对辐射偏振方向的依赖性表明，水分子以其对称轴垂直于膜表面而取向。

12.8　多光子吸收

双光子吸收类似于拉曼散射，都是利用分子与两个辐射场的交替作用而与一个虚拟态产生一系列相干。但是，双光子吸收的终态是一个电子激发态，而不像拉曼散射的终态是电子基态。此过程的刘维尔空间图[其中一个如图 12.9(A)所示]与拉曼散射的路径图[图 12.3(D)]是相同的。为了表明所有作用步骤都与吸收相关，双侧费曼图[图 12.9(B)]中两个波浪箭头的方向与拉曼散射的方向[参见图 12.3(E)]相反。与拉曼散射一样，双光子吸收的基本特征是完全通过相干进行。相同的终态通常还可以由两个分立的作用步骤获得；在此情形，一个较低的激发态被布居为一个真实的、即使是瞬时的中间态。为了便于比较，图 12.9(C)、(D)显示了对后一过程有贡献的一个路径的刘维尔空间图和双侧费曼图。

双光子吸收的能量守恒条件是 $h\nu_1+h\nu_2=E_b-E_a$，其中ν_1和ν_2是两个场的频率，E_a和E_b是基态和激发态的能量。与虚拟中间态的共振激发并不是必需的，虽然这样做会有增强效应(如可以增强拉曼散射)。在实验上，大多数情况下使用单束激发光，因此$\nu_2=\nu_1=\nu$，$\boldsymbol{k}_2=\boldsymbol{k}_1$以及 $E_b-E_a=2h\nu$。产物态可以通过其自发荧光、受激发射、基态漂白、激发态吸收或激发能的热转换等进行测量[87]。如果产物态是一个较高的激发单重态，则其通常会通过内转换迅速衰

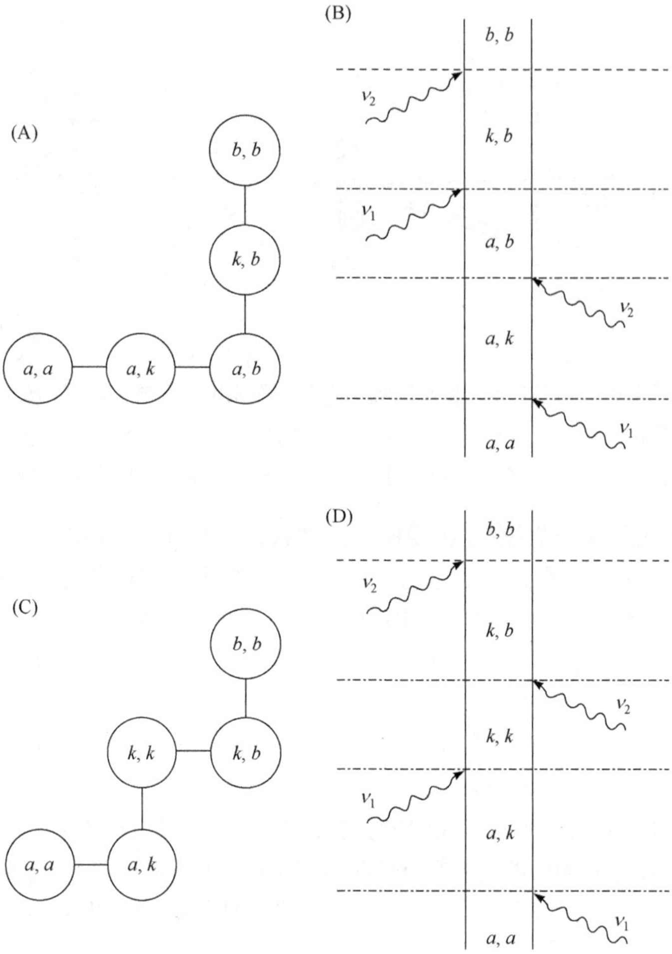

图 12.9 双光子吸收[(A)、(B)]和一个导致普通激发态吸收的代表性路径[(C)、(D)]的刘维尔空间图和双侧费曼图。基态和最终激发态分别标记为 a 和 b。激发态吸收需要布居一个中间态(k)，而双光子吸收完全通过相干进行。这两个过程也都可以通过所示路径的复共轭进行。激发态吸收还可以通过图 12.3(B)中所示的路径及其复共轭进行

减至其最低单重态，因此按照卡沙规则(5.6 节)，所得的荧光发射光谱和寿命与单光子激发的结果非常相似。

格佩特-梅耶(Göppert-Mayer)[88]在她的博士论文中预测了双光子激发，她认识到这是克莱默斯-海森伯-狄拉克光散射理论的必然结果。直到 30 年后，脉冲红宝石激光器能够提供所需的高光子通量，才在实验中观察到这一结果[89]。格佩特-梅耶则因与此无关的核结构的工作，于 1963 年获得诺贝尔物理学奖。

双光子吸收矩阵元与非共振拉曼散射矩阵元基本相同[式(12.11)]。假设两个光子具有相同的频率($\nu_2=\nu_1=\nu$)和场强($|\boldsymbol{E}|$)，但可能具有不同的偏振($\boldsymbol{e}_1$ 和 $\boldsymbol{e}_2$)，则有

$$\alpha_{ba}=|\boldsymbol{E}|^2\sum_k\frac{(\boldsymbol{\mu}_{bk}\cdot\boldsymbol{e}_2)(\boldsymbol{\mu}_{ka}\cdot\boldsymbol{e}_1)}{E_k-E_a-h\nu-i\hbar/T_2} \tag{12.21}$$

其中 $\boldsymbol{\mu}_{ka}$ 和 $\boldsymbol{\mu}_{bk}$ 是将虚拟中间态 k 分别连接到基态和激发态的跃迁偶极子。要注意的是，虚拟

中间态 k 的能级不必位于态 b 以下；在许多情形时可以更高。

从式(12.21)可看到，双光子激发的选择定则与单光子激发的选择定则有所不同。考虑一个具有反演对称性的分子，其每个波函数具有偶(gerade，g)或奇(ungerade，u)对称性(专栏 4.8，图 4.6～图 4.8)。从一个 g 波函数激发到另一个或从一个 u 波函数激发到另一个都是对称性禁阻的，而改变对称性的激发(u → g 或 g → u)则都是允许的。因此，为了使 α_{ba} 非零，虚拟中间态 k 的波函数必须与态 a 和态 b 的波函数都具有不同的反演对称性，这意味着 a 和 b 必须具有相同的对称性。因此，对称性禁阻的单光子吸收的激发对双光子吸收可以是允许的，反之亦然。尽管这一选择定则在不太对称的生色团中不再成立，但是双光子激发到各个激发态的相对强度通常与单光子激发的相对强度不同。

对轨道对称性的不同依赖性使双光子光谱法成为一种研究某些单光子激发不容易达到的激发态的实用技术。伯奇(Birge)[87]利用双光子激发探索了溶液中和结合到视紫红质上的视黄醛衍生物的 $2^1\,\mathrm{A_g^-}$ 激发态(专栏 4.12)。在单光子跃迁中，从基态到这个激发态的激发在一阶近似下是禁阻的，但作为双光子跃迁则是允许的。比较溶液中全反式视黄醛的非质子化席夫碱的单光子和双光子吸收光谱表明 $2^1\,\mathrm{A_g^-}$ 态低于 $1^1\,\mathrm{B_u^+}$ 态。席夫碱的质子化使 $1^1\,\mathrm{B_u^+}$ 的能量下降，并颠倒了这个顺序。在含有无法进行光异构化的“锁定的”11-顺式-视黄基衍生物的视紫红质中，发现 $1^1\,\mathrm{B_u^+}$ 低于 $2^1\,\mathrm{A_g^-}$，这与其他结果一致，表明希夫碱是质子化的[87, 90]。

比较单光子吸收和双光子吸收时可能容易混淆，因为这两个过程对光强的依赖性不同。双光子激发的速率更强烈地取决于激发光的空间与时间分布[91]。相关的因子是 $\langle I^2\rangle$ 在光激发体积上的积分，其中 I 是光强，$\langle I^2\rangle$ 是测量期间 I^2 的平均值。$\langle I^2\rangle$ 通常不同于 $\langle I\rangle^2$，具体取决于激光器的时间相干性。Xu 和 Webb[91]利用 Ti：S 脉冲激光在 690～900 nm 的波长测量了各种荧光染料的双光子吸收截面。典型值为每光子 10^{-50}～10^{-48} cm$^4\cdot$s，在非正式但经常使用的单位“梅耶”(Göppert-Mayer，1 G.M. = 10^{-50} cm$^4\cdot$s)中则是 1～100。补骨脂素(psoralen)的双光子吸收截面为 20×10^{-50} cm$^4\cdot$s[92]，而截面高达 $47\,000\times10^{-50}$ cm$^4\cdot$s 的量子点已有报道[93]。为了更好地理解这些数值，利用 Xu 和 Webb[91]所描述的设备，1 mW 连续激光束产生的脉冲强度约为 10^{28} 光子 $\cdot$ cm$^{-2}\cdot$s^{-1}，或 $\langle I\rangle^2\approx10^{56}$ 光子 $^2\cdot$cm$^{-4}\cdot$s^{-2}。一个双光子吸收截面为每光子 10^{-50} cm$^4\cdot$s 的分子每秒将被激发约 10^6 次。

单光子吸收和双光子吸收对激发光偏振方向的依赖性也不同。对于各向同性体系中的单光子吸收，在跃迁偶极子($\boldsymbol{\mu}_{ba}$)相对于线性偏振轴($\boldsymbol{e}$)的所有可能取向上将$(\boldsymbol{\mu}_{ba}\cdot\boldsymbol{e})^2$ 平均，只得到 $|\boldsymbol{\mu}_{ba}|^2/3$(专栏 4.6)。在双光子吸收中，在所有方向上平均的参量 α_{ba}^2 涉及张量积而不是简单的点积。因此，圆偏振激发光与线性偏振光的双光子吸收率(absorptivity)之比(Ω)是很有用的。将这一比值与初始态和最终态的对称性相关联的方法由麦克莱恩(McClain)及其同事[94-97]提出，并由卡利斯(Callis)扩展到双光子荧光各向异性[98, 99]。在 3-甲基吲哚中，激发到 $^1\mathrm{L}_b$ 态的 Ω 为 1.4，而激发到 $^1\mathrm{L}_a$ 态的 Ω 为 0.5[100]。对于 $^1\mathrm{L}_a$ 和 $^1\mathrm{L}_b$ 态，尽管利用单光子和双光子激发测量的总吸收光谱碰巧非常相似，但计算所得的非偏振光的双光子激发截面却有所不同，在 $^1\mathrm{L}_a$ 态中大 4～8 倍[98-101]。

已有报道表明，多光子激发在共聚焦荧光显微镜中特别有用，并且与单光子激发相比有几个明显的优势[102-106]。由于多光子激发对光强度具有二次方或更高的依赖性，因此它可以比单光子激发更好地聚焦。这不仅改善了空间分辨率，而且减少了在非焦平面区域的吸收、荧光光漂白和对样品的光损伤程度。这里不需要紫外光学元件，而且红光或近红外光的激发比紫外光或蓝光更容易穿透组织。最后，被激发的荧光团的发射光谱通常位于激发光的蓝端，便于二者的谱分离。

双光子激发已被用于可视化地观测细胞-细胞相互作用[107]和细胞膜中的线二色性[108]。它与共振能量转移相结合，在T细胞活化过程中实现蛋白质-蛋白质相互作用的成像[109]。

12.9 准弹性(动态)光散射(光子相关光谱)

在12.1节和12.2节中对光散射的讨论主要集中在单个电子的散射。现在考虑来自大分子不同区域的散射光之间的干涉如何提供分子结构和动力学信息。当分子尺寸接近或大于光的波长时，在任何给定时间的辐射场都随着分子中的位置而变化，就会发生这种干涉。但是，假设分子仍然足够小，而且溶液是充分稀释的，因而在整个被研究溶液中的光速实际上是恒定的。与外部通过的光相比，使光发生明显延迟的大颗粒散射[对于球形颗粒，称为“米氏散射”(Mie scattering)]则比我们在此考虑的过程更具有方向性。

考虑一个理想的大分子，该大分子由N个化学组成等同但独立地散射光的“片段”组成。首先将给定片段的散射辐射场与该片段相对于入射光和出射光的位置相关联。假设入射光是一个以波矢$\boldsymbol{k}_\mathrm{i}$传播的平面波，而检测器接收到的是以波矢$\boldsymbol{k}_\mathrm{s}$传播的散射光的平面波，$\boldsymbol{k}_\mathrm{s}$和$\boldsymbol{k}_\mathrm{i}$之间的夹角为$\vartheta$[图12.10(A)]。如果入射光和散射光的波长(λ)相同或非常接近(如果散射是弹性或准弹性的)，那么$\boldsymbol{k}_\mathrm{s}$和$\boldsymbol{k}_\mathrm{i}$的大小($1/\lambda$)基本相同，但方向明显不同。如图12.10(A)所示，将点o定义为坐标系的原点，则入射光沿线段$\overline{ao}$到达原点，而在原点散射的光通过线段$\overline{of}$到达检测器。入射光沿$\overline{bj}$到达分子的片段j，然后沿$\overline{jg}$散射到检测器。因为这些路径的长度相差$\overline{dj}-\overline{oe}$，所以被片段$j$散射的辐射场相对于在原点散射的场发生了相移。这个相移(δ_j)为

$$\delta_j=\frac{2\pi}{\lambda}(\overline{oe}-\overline{dj})=2\pi(\boldsymbol{r}_j\cdot\boldsymbol{k}_\mathrm{s}-\boldsymbol{r}_j\cdot\boldsymbol{k}_\mathrm{i})=2\pi\boldsymbol{r}_j\cdot\boldsymbol{K} \tag{12.22}$$

其中$\boldsymbol{r}_j$是片段j的位置，而$\boldsymbol{K}=\boldsymbol{k}_\mathrm{s}-\boldsymbol{k}_\mathrm{i}$，为散射矢量。图12.10(B)表明，此散射矢量$\boldsymbol{K}$的大小通过下式与散射角($\vartheta$)关联：

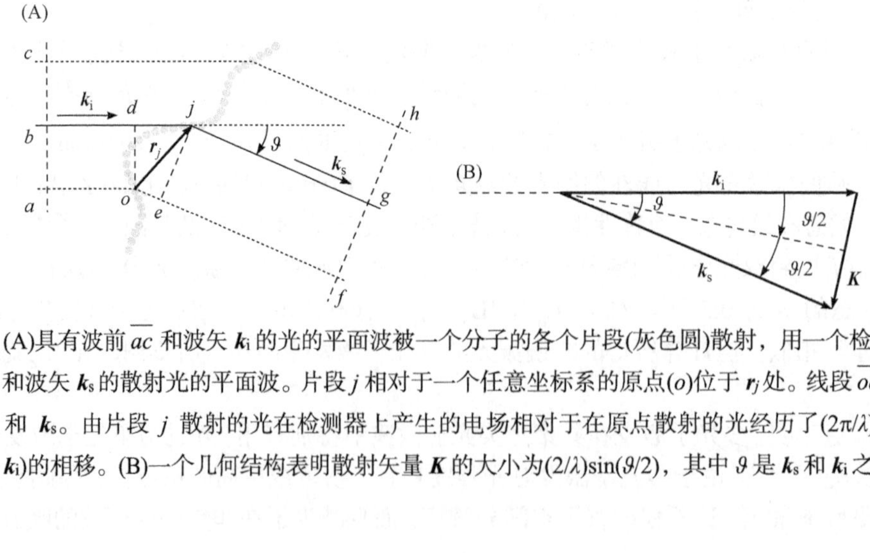

图12.10 (A)具有波前$\overline{ac}$和波矢$\boldsymbol{k}_\mathrm{i}$的光的平面波被一个分子的各个片段(灰色圆)散射，用一个检测器收集具有波前$\overline{fh}$和波矢$\boldsymbol{k}_\mathrm{s}$的散射光的平面波。片段$j$相对于一个任意坐标系的原点($o$)位于$\boldsymbol{r}_j$处。线段$\overline{od}$和$\overline{ej}$分别垂直于$\boldsymbol{k}_\mathrm{i}$和$\boldsymbol{k}_\mathrm{s}$。由片段$j$散射的光在检测器上产生的电场相对于在原点散射的光经历了$(2\pi/\lambda)(\overline{oe}-\overline{dj})=2\pi\boldsymbol{r}_j\cdot(\boldsymbol{k}_\mathrm{s}-\boldsymbol{k}_\mathrm{i})$的相移。(B)一个几何结构表明散射矢量$\boldsymbol{K}$的大小为$(2/\lambda)\sin(\vartheta/2)$，其中$\vartheta$是$\boldsymbol{k}_\mathrm{s}$和$\boldsymbol{k}_\mathrm{i}$之间的夹角

$$\begin{aligned}|\boldsymbol{K}| &= |\boldsymbol{k}_{\mathrm{s}} - \boldsymbol{k}_{\mathrm{i}}| = |\boldsymbol{k}_{\mathrm{i}}|\sin(\vartheta/2) + |\boldsymbol{k}_{\mathrm{s}}|\sin(\vartheta/2) \approx 2|\boldsymbol{k}_{\mathrm{i}}|\sin(\vartheta/2) \\ &= \frac{2}{\lambda}\sin(\vartheta/2)\end{aligned} \tag{12.23}$$

由式(12.22)可看出，如果片段 j 移动，则相位 δ_j 将随时间变化，但是只有平行于 $\boldsymbol{K}$ 的运动分量才对这种变化有贡献。若将相移考虑在内，则在时间 $\tau = 0$ 被片段 j 散射后，在时间 t 到达检测器且偏振态为 $\hat{e}_{\mathrm{s}}$ 的光场可以写为

$$\boldsymbol{E}_{\mathrm{s}(j)}(t) = \boldsymbol{E}_{\mathrm{s}(o)}(\tau=0)\{\exp[2\pi i(\nu t - \boldsymbol{k}_{\mathrm{s}}\cdot\boldsymbol{R} + \boldsymbol{r}_j\cdot\boldsymbol{K})] + \exp[-2\pi i(\nu t - \boldsymbol{k}_{\mathrm{s}}\cdot\boldsymbol{R} + \boldsymbol{r}_j\cdot\boldsymbol{K})]\} \tag{12.24}$$

其中

$$\boldsymbol{E}_{\mathrm{s}(o)}(\tau=0) = [\boldsymbol{E}_{\mathrm{e}}(\tau=0)\cdot\hat{e}_{\mathrm{s}}]\alpha_{aa}\rho_\nu^{1/2}\sin(\theta)/\hbar|\boldsymbol{R}| \tag{12.25}$$

在式(12.25)中，θ 是入射辐射($\boldsymbol{E}_{\mathrm{e}}$)的偏振方向与散射波($\boldsymbol{k}_{\mathrm{s}}$)的传播方向之间的夹角，$\boldsymbol{R}$ 是检测器的位置，α_{aa} 是该片段的动态极化率，而$\rho_\nu(\nu)$是入射辐射在频率 ν 处的模式密度[式(12.9)、式(12.12)和式(B12.1.14)]。$\sin(\theta)/|\boldsymbol{R}|$ 是一个因子，它既决定了振荡电偶极子的场幅(图 3.1 和图 3.2)，也决定了跃迁偶极子沿固定轴取向的受激分子的荧光(5.9 节)。极化率α_{aa} 可以根据溶液与纯溶剂的介电常数之差求得。

现在假设在入射光束和散射光束的重叠区域(散射区域)内有 M 个大分子。我们将忽略在到达检测器之前发生两次散射的光子(例如，被不止一个片段散射)。为了获得在检测器上的散射光的平均强度($\overline{I}_{\mathrm{s}}$)，我们必须对来自散射区域中所有分子的各个片段的场进行加和，再对总场的模求平方，并在辐射期间进行积分。假设$\left|\boldsymbol{E}_{\mathrm{s}(o)}\right|^2$ [$\boldsymbol{E}_{\mathrm{s}(o)}$的模平方的时间平均]对所有片段都相同，则散射矢量为 $\boldsymbol{K}$ 的光到达检测器的平均强度为

$$\overline{I}_{\mathrm{s}}(\boldsymbol{K}) = \left|\boldsymbol{E}_{\mathrm{s}(o)}\right|^2 \sum_{m_1=1}^{M}\sum_{m_2=1}^{M}\sum_{j=1}^{N}\sum_{k=1}^{N}\{\exp[2\pi i\boldsymbol{K}\cdot(\boldsymbol{r}_j - \boldsymbol{r}_k)] + \exp[-2\pi i\boldsymbol{K}\cdot(\boldsymbol{r}_j - \boldsymbol{r}_k)]\} \tag{12.26}$$

其中针对分子 m_1 的片段对 j 求和，针对 m_2 的片段对 k 求和。那些具有 $\exp[4\pi i(\nu t - \boldsymbol{k}\cdot\boldsymbol{R} + \boldsymbol{r}_j\cdot\boldsymbol{K}/2 + \boldsymbol{r}_k\cdot\boldsymbol{K}/2)]$形式的项由于时间平均而消失。

在稀溶液中，两个不同分子中的片段位置通常是不相关的。假设 $M \gg 1$，则在式(12.26)中那些 $m_1 \neq m_2$ 的项之和为零，得到

$$\overline{I}_{\mathrm{s}}(\boldsymbol{K}) = \left|\boldsymbol{E}_{\mathrm{s}(o)}\right|^2 M\sum_{j=1}^{N}\sum_{k=1}^{N}\{\exp[2\pi i\boldsymbol{K}\cdot(\boldsymbol{r}_j - \boldsymbol{r}_k)] + \exp[-2\pi i\boldsymbol{K}\cdot(\boldsymbol{r}_j - \boldsymbol{r}_k)]\} \tag{12.27}$$

其中的两个加和都属于同一分子。将此表达式中的指数展开到$|\boldsymbol{K}|$的二阶，有

$$\overline{I}_{\mathrm{s}}(\boldsymbol{K}) = \left|\boldsymbol{E}_{\mathrm{s}(o)}\right|^2 M\sum_{j=1}^{N}\sum_{k=1}^{N}\{2 - [2\pi\boldsymbol{K}\cdot(\boldsymbol{r}_j - \boldsymbol{r}_k)^2] - \cdots\} \tag{12.28}$$

由式(12.28)发现，在$|\boldsymbol{K}| = 0$ 处的散射辐照度是 $2MN^2\left|\boldsymbol{E}_{\mathrm{s}(o)}\right|^2$。因此，小角散射强度法提供了一种确定分子中的片段数目(N)并由此确定分子尺寸的手段[13,110-112]。

由于各片段假定是相同的，因而具有相同的质量，则式(12.28)中的二次项之和与$-(|\boldsymbol{K}|^2 R_{\mathrm{g}}^2)/3$成正比，其中 R_{g} 是分子的回转(gyration)半径[13]。因子($|\boldsymbol{K}|^2$)/3 来自随机取向的矢量($\boldsymbol{r}_j - \boldsymbol{r}_k$)与 $\boldsymbol{K}$ 的点积的平方和。因此，在小散射角下，从 I_{s} 与$|\boldsymbol{K}|^2$ 的关系图的斜率可以获得 R_{g}。

大分子的布朗扩散运动和内部运动使得准弹性散射光的强度随着时间发生涨落，而散射的自相关函数可提供有关这些运动的动力学信息，正如 5.11 节讨论的荧光涨落那样。Berne 和 Pecora[13]、Schurr[113,114]、Chu[112]和 Brown[115]给出了自相关函数的表达式，这些函数可应用于蛋白质和核酸的各种模型中，还给出了有关数据收集和分析的更多信息。如果自相关函数以单指数时间常数 τ 衰减，那么分子的扩散系数就是 $1/(2\tau|\boldsymbol{K}|^2)$。若样品中的分子尺寸是有分布的，则其动态光散射的自相关函数将有多个组分。

练 习 题

1. 下图显示了在 290 nm 处激发一个含有色氨酸的蛋白质时测得的发射光谱。(a)指认在 310 nm 处的峰，并指出支持该指认的光谱特征。(b)如何检验你的解释呢？

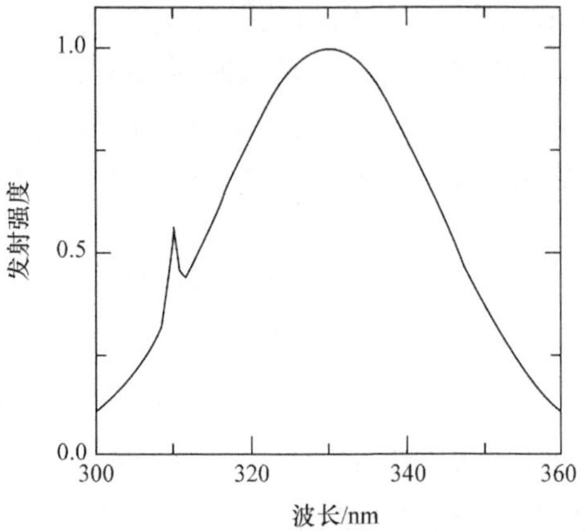

2. 分子的共振拉曼散射强度通常随温度升高而显著降低，而其吸光度和荧光的变化则很小。利用(a)克莱默斯-海森伯-狄拉克理论和/或(b)半经典波包理论，解释这一观测结果。

3. (a)解释为什么对红外吸收光谱几乎没有贡献的对称振动模式可以对拉曼光谱有很大贡献。(b)形式选择定则$\Delta m = \pm 1$ (其中 m 是振动量子数)是否同时适用于共振和非共振拉曼散射？

4. 相干反斯托克斯拉曼散射与(a)普通反斯托克斯拉曼散射和(b)普通受激发射各有何相似与不同之处？

5. (a)在荧光显微镜中，相对于单光子激发，双光子激发有哪些潜在优势？(b)双光子激发的选择定则与单光子激发的选择定则有何不同？

参 考 文 献

[1] Mukamel, S.: Principles of Nonlinear Optical Spectroscopy. Oxford University Press, Oxford(1995)

[2] Kramers, H.A., Heisenberg, W.: On the dispersal of radiation by atoms. Z. Phys. **31**, 681-708 (1925) [Engl. transl. van der Waerden BL (ed.) Sources of Quantum Theory, Dover, 1967, pp. 1223-1252]

[3] Dirac, P.A.M.: The quantum theory of dispersion. Proc. Roy. Soc. London **A114**, 710-728 (1927)

[4] Albrecht, A.C.: On the theory of Raman intensities. J. Chem. Phys. **34**, 1476-1484 (1961)

[5] Long, D.A.: The Raman Effect: A Unified Treatment of the Theory of Raman Scattering. Wiley, New York, NY (2002)

[6] Lee, S.Y., Heller, E.J.: Time-dependent theory of Raman scattering. J. Chem. Phys. **71**, 4777-4788 (1979)

[7] Heller, E.J.: The semiclassical way to molecular spectroscopy. Acc. Chem. Res. **14**, 368-375 (1981)

[8] Myers, A.B., Mathies, R.A., Tannor, D.J., Heller, E.J.: Excited-state geometry changes from pre-resonance Raman intensities. Isoprene and hexatriene. J. Chem. Phys. **77**, 3857-3866 (1982)

[9] Myers, A.B., Mathies, R.A.: Resonance Raman intensities: a probe of excited state structure and dynamics. In: Spiro, T.G. (ed.) Biological Applications of Raman Spectroscopy, pp. 1-58. Wiley, New York, NY (1987)

[10] Myers, A.B.: "Time-dependent" resonance Raman theory. J. Raman Spectrosc. **28**, 389-401 (1997)

[11] Craig, D.P., Thirunamachandran, T.: Molecular Quantum Electrodynamics: An Introduction to Radiation-Molecule Interactions. Academic Press, London (1984)

[12] Mukamel, S.: Solvation effects on four-wave mixing and spontaneous Raman and fluorescence lineshapes of polyatomic molecules. Adv. Chem. Phys. **70 Part I**, 165-230 (1988)

[13] Berne, B.J., Pecora, R.: Dynamic Light Scattering: With Applications to Chemistry, Biology, and Physics. Wiley, New York, NY (1976)

[14] Yariv, A.: Quantum Electronics, 3rd edn. Wiley, New York, NY (1988)

[15] Fleischmann, M., Hendra, P.J., McQuillan, A.J.: Raman spectra of pyridine adsorbed at a silver electrode. Chem. Phys. Lett. **26**, 163-166 (1974)

[16] Moscovits, M.: Surface-enhanced spectroscopy. Rev. Mod. Phys. **57**, 783-826 (1985)

[17] Moscovits, M., Tay, L.L., Yang, J., Haslett, T.: Optical properties of nanostructured random media. Topics Appl. Phys. **82**, 215-226 (2002)

[18] Otto, A., Mrozek, I., Grabhorn, H., Akemann, W.: Surface-enhanced Raman scattering. J. Phys. Condensed Mat. **4**, 1143-1212 (1992)

[19] Campion, A., Kambhampati, P.: Surface-enhanced Raman scattering. Chem. Soc. Revs. **27**, 241-250 (1998)

[20] Wang, Z.J., Pan, S.L., Krauss, T.D., Du, H., Rothberg, L.J.: The structural basis for giant enhancement enabling single-molecule Raman scattering. Proc. Natl. Acad. Sci. U. S. A. **100**, 8638-8643 (2003)

[21] Emory, S.R., Nie, S.: Near-field surface-enhanced Raman spectroscopy on single silver nanoparticles. Anal. Chem. **69**, 2631-2635 (1997)

[22] Kneipp, K., Wang, Y., Kneipp, H., Perelman, L.T., Itzkan, I., et al.: Single molecule detection using surface-enhanced Raman scattering (SERS). Phys. Rev. Lett. **78**, 1667-1670 (1997)

[23] Nie, S., Emory, S.R.: Probing single molecules and single nanoparticles by surface-enhanced Raman scattering. Science **275**, 1102-1106 (1997)

[24] Jeanmaire, D.L., Van Duyne, R.P.: Surface Raman spectroelectrochemistry. Part I. Heterocyclic, aromatic, and aliphatic amines adsorbed on the anodized silver electrode. J. Electroanal. Chem. **84**, 1-20 (1977)

[25] Moscovits, M.: Surface roughness and the enhanced intensity of Raman scattering by molecules adsorbed on metals. J. Chem. Phys. **69**, 4159-4161 (1978)

[26] Haynes, C.L., Van Duyne, R.P.: Nanosphere lithography: a versatile nanofabrication tool for studies of size-dependent nanoparticle optics. J. Phys. Chem. B **105**, 5599-5611 (2001)

[27] Futamata, M., Maruyama, Y., Ishikawa, M.: Metal nanostructures with single-molecule sensitivity in surface enhanced Raman scattering. Vibr. Spectrosc. **35**, 121-129 (2004)

[28] Albrecht, M.G., Creighton, J.A.: Anomalously intense Raman spectra of pyridine at a silver electrode. J. Am. Chem. Soc. **99**, 5215-5217 (1977)

[29] Lombardi, J.R., Birke, R.L., Lu, T., Xu, J.: Charge-transfer theory of surface enhanced Raman spectroscopy: Herzberg-Teller contributions. J. Chem. Phys. **84**, 4174-4180 (1986)

[30] Doering, W.E., Nie, S.M.: Single-molecule and single-nanoparticle SERS: examining the roles of surface active sites and chemical enhancement. J. Phys. Chem. B **106**, 311-317 (2002)

[31] Vosgrone, T., Meixner, A.J.: Surface- and resonance-enhanced micro-Raman spectroscopy of xanthene dyes: from the ensemble to single molecules. ChemPhysChem **6**, 154-163 (2005)

[32] Aton, B., Doukas, A.G., Narva, D., Callender, R.H., Dinur, U., et al.: Resonance Raman studies of the primary photochemical event in visual pigments. Biophys. J. **29**, 79-94 (1980)

[33] Eyring, G., Curry, B., Mathies, R.A., Fransen, R., Palings, I., et al.: Interpretation of the resonance Raman spectrum of bathorhodopsin based on visual pigment analogs. Biochemistry **19**, 2410-2418 (1980)

[34] Pande, J., Callender, R.H., Ebrey, T.G.: Resonance Raman study of the primary photochemistry of bacteriorhodopsin. Proc. Natl. Acad. Sci. U. S. A. **78**, 7379-7382 (1981)

[35] Loppnow, G.R., Mathies, R.A.: Excited-state structure and isomerization dynamics of the retinal chromophore in rhodopsin from resonance Raman intensities. Biophys. J. **54**, 35-43 (1988)

[36] Doig, S.J., Reid, P.J., Mathies, R.A.: Picosecond time-resolved resonance Raman spectroscopy of bacteriorhodopsin-J, bacteriorhodopsin-K, bacteriorhodopsin-KL intermediates. J. Phys. Chem. **95**, 6372-6379 (1991)

[37] Yan, M., Manor, D., Weng, G., Chao, H., Rothberg, L., et al.: Ultrafast spectroscopy of the visual pigment rhodopsin. Proc. Natl. Acad. Sci. U. S. A. **88**, 9809-9812 (1991)

[38] Lin, S.W., Groesbeek, M., van der Hoef, I., Verdegem, P., Lugtenburg, J., et al.: Vibrational assignment of torsional normal modes of rhodopsin: probing excited-state isomerization dynamics along the reactive C-11=C-12 torsion coordinate. J. Phys. Chem. B **102**, 2787-2806 (1998)

[39] Shapleigh, J.P., Hosler, J.P., Tecklenburg, M.M.J., Kim, Y., Babcock, G.T., et al.: Definition of the catalytic site of cytochrome-c oxidase: specific ligands of heme a and the heme a3-CuB center. Proc. Natl. Acad. Sci. U. S. A. **89**, 4786-4790 (1992)

[40] Varotsis, C., Zhang, Y., Appelman, E.H., Babcock, G.T.: Resolution of the reaction sequence during the reduction of O_2 by cytochrome oxidase. Proc. Natl. Acad. Sci. U. S. A. **90**, 237-241 (1993)

[41] Hu, X.H., Spiro, T.G.: Tyrosine and tryptophan structure markers in hemoglobin ultraviolet resonance Raman spectra: mode assignments via subunit-specific isotope labeling of recombinant protein. Biochemistry **36**, 15701-15712 (1997)

[42] Peterson, E.S., Friedman, J.M.: A possible allosteric communication pathway identified through a resonance Raman study of four b37 mutants of human hemoglobin A. Biochemistry **37**, 4346-4357 (1998)

[43] Schelvis, J.P.M., Zhao, Y., Marletta, M., Babcock, G.T.: Resonance Raman characterization of the heme domain of soluble guanylate cyclase. Biochemistry **37**, 16289-16297 (1998)

[44] Wang, D.J., Spiro, T.G.: Structure changes in hemoglobin upon deletion of C-terminal residues, monitored by resonance Raman spectroscopy. Biochemistry **37**, 9940-9951 (1998)

[45] Hu, X.H., Rodgers, K.R., Mukerji, I., Spiro, T.G.: New light on allostery: dynamic resonance Raman spectroscopy of hemoglobin Kempsey. Biochemistry **38**, 3462-3467 (1999)

[46] Huang, J., Juszczak, L.J., Peterson, E.S., Shannon, C.F., Yang, M., et al.: The conformational and dynamic basis for ligand binding reactivity in hemoglobin Ypsilanti (beta 99 Asp -> Tyr): origin of the quaternary enhancement effects. Biochemistry **38**, 4514-4525 (1999)

[47] Lee, H., Das, T.K., Rousseau, D.L., Mills, D., Ferguson-Miller, S., et al.: Mutations in the putative H channel in the cytochrome c oxidase from Rhodobacter sphaeroides show that this channel is not important for proton conduction but reveal modulation of the properties of heme a. Biochemistry **39**, 2989-2996 (2000)

[48] Maes, E.M., Walker, F.A., Montfort, W.R., Czernuszewicz, R.S.: Resonance Raman spectroscopic study of nitrophorin 1, a nitric oxide-binding heme protein from Rhodnius prolixus, and its nitrosyl and cyano adducts. J. Am. Chem. Soc. **123**, 11664-11672 (2001)

[49] Smulevich, G., Feis, A., Howes, B.D.: Fifteen years of Raman spectroscopy of engineered heme containing peroxidases: what have we learned? Acc. Chem. Res. **38**, 433-440 (2005)

[50] Mattioli, T.A., Hoffman, A., Robert, B., Schrader, B., Lutz, M.: Primary donor structure and interactions in bacterial reaction centers from near-infrared Fourier-transform resonance Raman spectroscopy. Biochemistry **30**, 4648-4654 (1991)

[51] Mattioli, T.A., Lin, X., Allen, J.P., Williams, J.C.: Correlation between multiple hydrogen bonding and alteration of the oxidation potential of the bacteriochlorophyll dimer of reaction centers from Rhodobacter sphaeroides. Biochemistry **34**, 6142-6152 (1995)

[52] Goldsmith, J.O., King, B., Boxer, S.G.: Mg coordination by amino acid side chains is not required for assembly

and function of the special pair in bacterial photosynthetic reaction centers. Biochemistry **35**, 2421-2428 (1996)

[53] Olsen, J.D., Sturgis, J.N., Westerhuis, W.H., Fowler, G.J., Hunter, C.N., et al.: Site-directed modification of the ligands to the bacteriochlorophylls of the light-harvesting LH1 and LH2 complexes of Rhodobacter sphaeroides. Biochemistry **36**, 12625-12632 (1997)

[54] Ivancich, A., Artz, K., Williams, J.C., Allen, J.P., Mattioli, T.A.: Effects of hydrogen bonds on the redox potential and electronic structure of the bacterial primary electron donor. Biochemistry **37**, 11812-11820 (1998)

[55] Stewart, D.H., Cua, A., Chisolm, D.A., Diner, B.A., Bocian, D.F., et al.: Identification of histidine 118 in the D1 polypeptide of photosystem II as the axial ligand to chlorophyll Z. Biochemistry **37**, 10040-10046 (1998)

[56] Lapouge, K., Naveke, A., Gall, A., Ivancich, A., Sequin, J., et al.: Conformation of bacteriochlorophyll molecules in photosynthetic proteins from purple bacteria. Biochemistry **38**, 11115-11121 (1999)

[57] Cherepy, N.J., Shreve, A.P., Moore, L.P., Boxer, S.G., Mathies, R.A.: Temperature dependence of the Q_y resonance Raman spectra of bacteriochlorophylls, the primary electron donor, and bacteriopheophytins in the bacterial photosynthetic reaction center. Biochemistry **36**, 8559-8566 (1997)

[58] Cherepy, N.J., Shreve, A.P., Moore, L.P., Boxer, S.G., Mathies, R.A.: Electronic and nuclear dynamics of the accessory bacteriochlorophylls in bacterial photosynthetic reaction centers from resonance Raman intensities. J. Phys. Chem. B **101**, 3250-3260 (1997)

[59] Esposito, A.P., Schellenberg, P., Parson, W.W., Reid, P.J.: Vibrational spectroscopy and mode assignments for an analog of the green fluorescent protein chromophore. J. Mol. Struct. **569**, 25-41 (2001)

[60] Schellenberg, P., Johnson, E.T., Esposito, A.P., Reid, P.J., Parson, W.W.: Resonance Raman scattering by the green fluorescent protein and an analog of its chromophore. J. Phys. Chem. B **105**, 5316-5322 (2001)

[61] Deng, H., Callender, R.: Raman spectroscopic studies of the structures, energetics, and bond distortions of substrates bound to enzymes. Methods Enzymol. **308**, 176-201 (1999)

[62] Balakrishnan, G., Case, M.A., Pevsner, A., Zhao, X., Tengroth, C., et al.: Time-resolved absorption and UV resonance Raman spectra reveal stepwise formation of T quaternary contacts in the allosteric pathway of hemoglobin. J. Mol. Biol. **340**, 843-856 (2004)

[63] Balakrishnan, G., Tsai, C.H., Wu, Q., Case, M.A., Pevsner, A., et al.: Hemoglobin site-mutants reveal dynamical role of interhelical H-bonds in the allosteric pathway: time-resolved UV resonance Raman evidence for intra-dimer coupling. J. Mol. Biol. **340**, 857-868 (2004)

[64] Ahmed, Z., Beta, I.A., Mikhonin, A.V., Asher, S.A.: UV-resonance Raman thermal unfolding study of Trp-cage shows that it is not a simple two-state miniprotein. J. Am. Chem. Soc. **127**, 10943-10950 (2005)

[65] Overman, S.A., Bondre, P., Maiti, N.C., Thomas Jr., G.J.: Structural characterization of the filamentous bacteriophage PH75 from Thermus thermophilus by Raman and UV-resonance Raman spectroscopy. Biochemistry **44**, 3091-3100 (2005)

[66] Rodriguez-Mendieta, I.R., Spence, G.R., Gell, C., Radford, S.E., Smith, D.A.: Ultraviolet resonance Raman studies reveal the environment of tryptophan and tyrosine residues in the native and partially folded states of the E-colicin-binding immunity protein Im7. Biochemistry **44**, 3306-3315 (2005)

[67] Sato, A., Mizutani, Y.: Picosecond structural dynamics of myoglobin following photodissociation of carbon monoxide as revealed by ultraviolet time-resolved resonance Raman spectroscopy. Biochemistry **44**, 14709-14714 (2005)

[68] Balakrishnan, G., Hu, Y., Nielsen, S.B., Spiro, T.G.: Tunable kHz deep ultraviolet (193-210 nm) laser for Raman application. Appl. Spectrosc. **59**, 776-781 (2005)

[69] Asher, S.A., Mikhonin, A.V., Bykov, S.V.: UV Raman demonstrates that a-helical polyalanine peptides melt to polyproline II conformations. J. Am. Chem. Soc. **126**, 8433-8440 (2004)

[70] Mikhonin, A.V., Myshakina, N.S., Bykov, S.V., Asher, S.A.: UV resonance Raman determination of polyproline II, extended 2.5_1-helix, and β-sheet y angle energy landscape in poly-Llysine and poly-L-glutamic acid. J. Am. Chem. Soc. **127**, 7712-7720 (2005)

[71] van Wart, H.E., Lewis, A., Scheraga, H.A., Saeva, F.D.: Disulfide bond dihedral angles from Raman spectroscopy. Proc. Natl. Acad. Sci. U. S. A. **70**, 2619-2623 (1973)

[72] Shafer-Peltier, K.E., Haynes, C.L., Glucksberg, M.R., Van Duyne, R.P.: Toward a glucose biosensor based on surface-enhanced Raman scattering. J. Am. Chem. Soc. **125**, 588-593 (2003)

[73] Seballos, L., Zhang, J.Z., Sutphen, R.: Surface-enhanced Raman scattering detection of ysophosphatidic acid. Anal. Bioanal. Chem. **383**, 763-767 (2005)

[74] Maker, P.D., Terhune, R.W.: Study of optical effects due to an induced polarization third order in the electric field strength. Phys. Rev. **137**, A801-A818 (1964)

[75] Bloembergen, N.: The stimulated Raman effect. Am. J. Phys. **35**, 989-1023 (1967)

[76] Druet, S.A.J., Taran, J.P.E.: CARS spectroscopy. Prog. Quant. Electr. **7**, 1-72 (1981)

[77] Shen, Y.R.: The Principles of Nonlinear Optics. Wiley, New York, NY (1984)

[78] Bjorklund, G.C.: Effects of focusing on third-order nonlinear processes in isotropic media. IEEE J. Quant. Electronics **11**, 287-296 (1975)

[79] Zumbusch, A., Holtom, G.R., Xie, X.S.: Three-dimensional vibrational imaging by coherent anti-Stokes Raman scattering. Phys. Rev. Lett. **82**, 4142-4145 (1999)

[80] Volkmer, A., Cheng, J.X., Xie, X.S.: Vibrational imaging with high sensitivity via epi-detected coherent anti-Stokes Raman scattering microscopy. Phys. Rev. Lett. **87**, 0239011-0239014 (2001)

[81] Cheng, J.X., Jia, Y.K., Zheng, G., Xie, X.S.: Laser-scanning coherent anti-Stokes Raman scattering microscopy and applications to cell biology. Biophys. J. **83**, 502-509 (2002)

[82] Cheng, J.X., Pautot, S., Weitz, D.A., Xie, X.S.: Ordering of water molecules between phospholipid bilayers visualized by coherent anti-Stokes Raman scattering microscopy. Proc. Natl. Acad. Sci. U. S. A. **100**, 9826-9830 (2003)

[83] Evans, C.L., Potma, E.O., Puoris'haag, M., Cote, D., Lin, C.P., et al.: Chemical imaging of tissue in vivo with video-rate coherent anti-Stokes Raman scattering microscopy. Proc. Natl. Acad. Sci. U. S. A. **102**, 16807-16812 (2005)

[84] Potma, E.O., Xie, X.S.: Detection of single lipid bilayers with coherent anti-Stokes Raman scattering (CARS) microscopy. J. Raman Spectrosc. **34**, 642-650 (2003)

[85] Wurpel, G.W.H., Schins, J.M., Muller, M.: Direct measurement of chain order in single phospholipid mono- and bilayers with multiplex CARS. J. Phys. Chem. B **108**, 3400-3403 (2004)

[86] Wurpel, G.W.H., Rinia, H.A., Muller, M.: Imaging orientational order and lipid density in multilamellar vesicles with multiplex CARS microscopy. J. Microscopy (Oxford) **218**, 37-45 (2005)

[87] Birge, R.R.: 2-photon spectroscopy of protein-bound chromophores. Acc. Chem. Res. **19**, 138-146 (1986)

[88] Göppert-Mayer, M.: Über Elementarakte mit zwei Quantensprüngen. Ann. Phys. **9**, 273-295 (1931)

[89] Kaiser, W., Garrett, G.B.C.: Two-photon excitation in CaF_2:Eu^{2+}. Phys. Rev. Lett. **7**, 229-231 (1961)

[90] Birge, R.R., Murray, L.P., Pierce, B.M., Akita, H., Balogh-Nair, V., et al.: Two-photon spectroscopy of locked-11-cis-rhodopsin: evidence for a protonated Schiff base in a neutral protein binding site. Proc. Natl. Acad. Sci. U. S. A. **82**, 4117-4121 (1985)

[91] Xu, C., Webb, W.W.: Measurement of two-photon excitation cross sections of molecular fluorophores with data from 690 to 1050 nm. J. Opt. Soc. Am. B **13**, 481-491 (1996)

[92] Oh, D.H., Stanley, R.J., Lin, M., Hoeffler, W.K., Boxer, S.G., et al.: Two-photon excitation of 4 '-hydroxymethyl-4,5' ,8-trimethylpsoralen. Photochem. Photobiol. **65**, 91-95 (1997)

[93] Larson, D.R., Zipfel, W.R., Williams, R.M., Clark, S.W., Bruchez, M.P., et al.: Water-soluble quantum dots for multiphoton fluorescence imaging in vivo. Science **300**, 1434-1436 (2003)

[94] Monson, P.R., McClain, W.M.: Polarization dependence of the two-photon absorption of tumbling molecules with application to liquid 1-chloronaphthalene and benzene. J. Chem. Phys. **53**, 29-37 (1970)

[95] McClain, W.M.: Excited state symmetry assignment through polarized two-photon absorption studies of fluids.

J. Chem. Phys. **55**, 2789-2796 (1971)

[96] McClain, W.M.: Polarization of two-photon excited fluorescence. J. Chem. Phys. **58**, 324-326 (1972)

[97] Drucker, R.P., McClain, W.M.: Polarized two-photon studies of biphenyl and several derivatives. J. Chem. Phys. **61**, 2609-2615 (1974)

[98] Callis, P.R.: On the theory of two-photon induced fluorescence anisotropy with application to indoles. J. Chem. Phys. **99**, 27-37 (1993)

[99] Callis, P.R.: Two-photon-induced fluorescence. Ann. Rev. Phys. Chem. **48**, 271-297 (1997)

[100] Rehms, A.A., Callis, P.R.: Resolution of L_a and L_b bands in methyl indoles by two-photon spectroscopy. Chem. Phys. Lett. **140**, 83-89 (1987)

[101] Callis, P.R.: Molecular orbital theory of the ^1L_b and ^1L_a states of indole. J. Chem. Phys. **95**, 4230-4240 (1991)

[102] Denk, W., Strickler, J.H., Webb, W.W.: Two-photon laser scanning fluorescence microscopy. Science **248**, 73-76 (1990)

[103] Helmchen, F., Denk, W.: Deep tissue two-photon microscopy. Nat. Methods **2**, 932-940 (2005)

[104] Xu, C., Zipfel, W., Shear, J.B., Williams, R.M., Webb, W.W.: Multiphoton fluorescence excitation: new spectral windows for biological nonlinear microscopy. Proc. Natl. Acad. Sci. U. S. A. **93**, 10763-10768 (1996)

[105] Yuste, R., Konnerth, A.: Imaging in Neuroscience and Development: A Laboratory Manual. Cold Spring Harbor Laboratory Press, Cold Spring Harbor, NY (2000)

[106] Sanchez, S.A., Gratton, E.: Lipid-protein interactions revealed by two-photon microscopy and fluorescence correlation spectroscopy. Acc. Chem. Res. **38**, 469-477 (2005)

[107] Buosso, P., Bhakta, N.R., Lewis, R.S., Robey, E.: Dynamics of thymocyte-stromal cell interactions visualized by two-photon microscopy. Science **296**, 1876-1880 (2002)

[108] Benninger, R.K.P., Önfelt, B., Neil, M.A.A., Davis, D.M., French, P.M.W.: Fluorescence imaging of two-photon linear dichroism: cholesterol depletion disrupts molecular orientation in cell membranes. Biophys. J. **88**, 609-622 (2005)

[109] Zal, T., Gascoigne, N.R.: Using live FRET imaging to reveal early protein-protein interactions during T cell activation. Curr. Opin. Immunol. **16**, 418-427 (2004)

[110] Zimm, B.: Apparatus and methods for measurement and interpretation of angular variation of light scattering; preliminary results on polystyrene solutions. J. Chem. Phys. **16**, 1099-1116 (1948)

[111] Kerker, M.: The Scattering of Light and Other Electromagnetic Radiation. Academic Press, New York, NY (1969)

[112] Chu, B.: Laser Light Scattering: Basic Principles and Practice, 2nd edn. Academic Press, New York, NY (1991)

[113] Schurr, J.M.: Dynamic light scattering of biopolymers and biocolloids. CRC Crit. Rev. Biochem. **4**, 371-431 (1977)

[114] Schurr, J.M.: Rotational diffusion of deformable macromolecules with mean local cylindrical symmetry. Chem. Phys. **84**, 71-96 (1984)

[115] Brown, W. (ed.): Dynamic Light Scattering: The Method and Some Applications. Clarendon Press, Oxford (1993)

附　　录

A.1 矢　　量

矢量用于表示同时具有大小和方向的量。标量有大小，但没有方向。例如，速度是一个矢量，而质量是一个标量。N维坐标空间中的一个矢量有N个独立的分量(A_k)，每个分量平行于一个坐标轴。在本书中，我们用斜粗体字母，或用括号括起来的单分量列表来表示一个矢量：

$$\boldsymbol{A} = (A_1, A_2, A_3, \cdots) \tag{A1.1}$$

在三维坐标系中，如$\boldsymbol{A} = (A_x, A_y, A_z)$，其中$A_x$、$A_y$和$A_z$是平行于$x$、$y$和$z$轴的分量。分量可以排布成行或列。与$k$轴平行的单位长度矢量用顶部带有尖号(^)的字母($\hat{k}$)表示。

矢量$\boldsymbol{A}$的大小、模或长度是各分量的平方和的平方根：

$$|\boldsymbol{A}| = \left(\sum_k A_k^2\right)^{1/2} \tag{A1.2}$$

两个矢量的和或差可通过相应分量的简单相加或相减获得。例如，在三维坐标系中

$$\boldsymbol{A} \pm \boldsymbol{B} = (A_x \pm B_x, A_y \pm B_y, A_z \pm B_z) \tag{A1.3}$$

矢量乘积有两种类型。矢量$\boldsymbol{A}$和$\boldsymbol{B}$的点积或标量积$\boldsymbol{A}\cdot\boldsymbol{B}$是一个标量，其大小是相应分量的乘积之和：

$$\boldsymbol{A} \cdot \boldsymbol{B} = \sum_k A_k B_k \tag{A1.4}$$

因此，$\boldsymbol{A}$的大小可以写成$|\boldsymbol{A}| = (\boldsymbol{A} \cdot \boldsymbol{A})^{1/2}$。在三维坐标系中

$$\boldsymbol{A} \cdot \boldsymbol{B} = |\boldsymbol{A}||\boldsymbol{B}|\cos(\theta) \tag{A1.5}$$

其中θ是两个矢量之间的夹角。

两个矢量的叉积或矢量积表示为$\boldsymbol{A} \times \boldsymbol{B}$或$\boldsymbol{A}$^$\boldsymbol{B}$，是一个与$\boldsymbol{A}$和$\boldsymbol{B}$都垂直且大小为$|\boldsymbol{A}|\ |\boldsymbol{B}|\sin(\theta)$的矢量。$\boldsymbol{A} \times \boldsymbol{B}$的方向是，如果旋转螺纹将$\boldsymbol{A}$旋转到$\boldsymbol{B}$上，则右手螺旋会前进。因此，$\boldsymbol{A} \times \boldsymbol{B}$和$\boldsymbol{B} \times \boldsymbol{A}$具有相同的大小，但方向相反。用矢量符号表示为

$$\boldsymbol{A} \times \boldsymbol{B} = ([A_y B_z - A_z B_y], -[A_x B_z - A_z B_x], [A_x B_y - A_y B_x]) \tag{A1.6}$$

也可以写成行列式的形式：

$$\boldsymbol{A} \times \boldsymbol{B} = \begin{vmatrix} \hat{x} & \hat{y} & \hat{z} \\ A_x & A_y & A_z \\ B_x & B_y & B_z \end{vmatrix} \tag{A1.7}$$

三个矢量的标量三重积

$$\boldsymbol{C} \cdot \boldsymbol{A} \times \boldsymbol{B} = \boldsymbol{C} \cdot (\boldsymbol{A} \times \boldsymbol{B}) \tag{A1.8}$$

是一个标量；如果任意两个矢量的顺序互换，其符号就会改变：$\boldsymbol{C}\cdot\boldsymbol{A}\times\boldsymbol{B}=-\boldsymbol{A}\cdot\boldsymbol{C}\times\boldsymbol{B}=\boldsymbol{B}\cdot\boldsymbol{C}\times\boldsymbol{A}=-\boldsymbol{B}\cdot\boldsymbol{A}\times\boldsymbol{C}$。如果三个矢量中的任意两个平行，则标量三重积为零。

一个参量 A 的标量梯度(将其写为 $\tilde{\nabla}A$)是一个矢量，其分量是 A 对相应坐标的导数。在三维坐标系中，梯度算符为

$$\tilde{\nabla}=(\partial A/\partial x,\partial A/\partial y,\partial A/\partial z) \tag{A1.9}$$

矢量导数的其他几个函数在电磁场的讨论中经常出现。矢量 $\boldsymbol{A}$ 的散度写为 div $\boldsymbol{A}$，其定义为

$$\operatorname{div}\boldsymbol{A}=\tilde{\nabla}\cdot\boldsymbol{A}=\frac{\partial A_x}{\partial x}+\frac{\partial A_y}{\partial y}+\frac{\partial A_z}{\partial z} \tag{A1.10}$$

而旋度(curl $\boldsymbol{A}$)为

$$\begin{aligned}\operatorname{curl}\boldsymbol{A}=\tilde{\nabla}\times\boldsymbol{A}&=\begin{vmatrix}\hat{x} & \hat{y} & \hat{z}\\ \partial/\partial x & \partial/\partial y & \partial/\partial z\\ A_x & A_y & A_z\end{vmatrix}\\ &=\hat{x}\left(\frac{\partial A_z}{\partial y}-\frac{\partial A_y}{\partial z}\right)+\hat{y}\left(\frac{\partial A_x}{\partial z}-\frac{\partial A_z}{\partial x}\right)+\hat{z}\left(\frac{\partial A_y}{\partial x}-\frac{\partial A_x}{\partial y}\right)\end{aligned} \tag{A1.11}$$

图 A1(A)给出了 x 和 y 的矢量函数，其旋度不为零但散度为零。散度不为零但旋度为零的矢量如图 A1(B)所示。

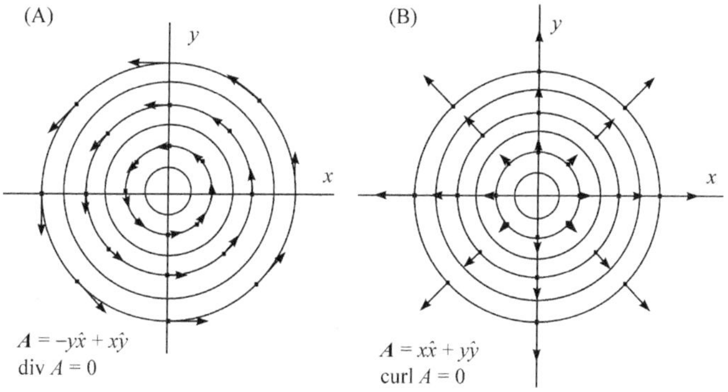

图 A1　(A)矢量函数$-y\hat{x}+x\hat{y}$有非零旋度但有零散度。(B)函数 $x\hat{x}+y\hat{y}$有非零散度但有零旋度

A.2 矩　　阵

矩阵是元素 A_{ij} 的有序二维数组，其中第一个下标(i)表示该项位于数组中的行，第二个下标(j)表示列。矩阵在本书中用粗体字母表示，或将元素包括在方括号中。例如，如果

$$\mathbf{A}=\begin{bmatrix}41 & 73\\ 9 & 12\end{bmatrix} \tag{A2.1}$$

则 $A_{11}=41$，$A_{12}=73$，$A_{21}=9$ 和 $A_{22}=12$。我们主要关注方阵，即行数与列数相同的矩阵。

对角矩阵是非零元素仅出现在主对角线上的矩阵。例如

$$\mathbf{A}=\begin{bmatrix}17 & 0\\ 0 & 3\end{bmatrix} \tag{A2.2}$$

矩阵 **A** 的迹或特征标表示为 tr[**A**]，是其对角元的总和：

$$\text{tr}[\mathbf{A}]=\sum_k A_{kk} \tag{A2.3}$$

例如，式(A2.1)中矩阵的迹是 tr[**A**] = 41+12 = 53。矩阵的迹遵循算术分配律：如果 **C** = **A**+ **B**，则 tr[**C**] = tr[**A**] + tr[**B**]。

两个矩阵 **A** 和 **B** 的和或差通过将相应元素相加或相减获得。以 2 × 2 矩阵为例

$$\mathbf{A}\pm\mathbf{B}=\begin{bmatrix}A_{11} & A_{12}\\ A_{21} & A_{22}\end{bmatrix}\pm\begin{bmatrix}B_{11} & B_{12}\\ B_{21} & B_{22}\end{bmatrix}=\begin{bmatrix}A_{11}\pm B_{11} & A_{12}\pm B_{12}\\ A_{21}\pm B_{21} & A_{22}\pm B_{22}\end{bmatrix} \tag{A2.4}$$

两个矩阵 **A** 和 **B** 的乘积(写为 **A** · **B** 或简写为 **AB**)是另一个矩阵 **C**，其元素由下式给出：

$$C_{ij}=\sum_k A_{ik}B_{kj} \tag{A2.5}$$

例如，两个 3 × 3 矩阵的乘积为

$$\begin{aligned}\mathbf{A}\cdot\mathbf{B}&=\begin{bmatrix}A_{11} & A_{12} & A_{13}\\ A_{21} & A_{22} & A_{23}\\ A_{31} & A_{32} & A_{33}\end{bmatrix}\cdot\begin{bmatrix}B_{11} & B_{12} & B_{13}\\ B_{21} & B_{22} & B_{23}\\ B_{31} & B_{32} & B_{33}\end{bmatrix}\\ &=\begin{bmatrix}A_{11}B_{11}+A_{12}B_{21}+A_{13}B_{31} & A_{11}B_{12}+A_{12}B_{22}+A_{13}B_{32} & A_{11}B_{13}+A_{12}B_{23}+A_{13}B_{33}\\ A_{21}B_{11}+A_{22}B_{21}+A_{23}B_{31} & A_{21}B_{12}+A_{22}B_{22}+A_{23}B_{32} & A_{21}B_{13}+A_{22}B_{23}+A_{23}B_{33}\\ A_{31}B_{11}+A_{32}B_{21}+A_{33}B_{31} & A_{31}B_{12}+A_{32}B_{22}+A_{33}B_{32} & A_{31}B_{13}+A_{32}B_{23}+A_{33}B_{33}\end{bmatrix}\end{aligned} \tag{A2.6}$$

依据式(A2.3)和式(A2.5)，积 **AB** 的迹为

$$\text{tr}[\mathbf{AB}]=\sum_i\sum_k A_{ik}B_{ki}=\sum_k\sum_i A_{ki}B_{ik}=\text{tr}[\mathbf{BA}] \tag{A2.7}$$

由这一点及 **ABC** = **A** · **(BC)** = **(AB)** · **C** 可以得出，**ABC** 的迹对于轮换是不变的：

$$\text{tr}[\mathbf{ABC}]=\text{tr}[\mathbf{CAB}]=\text{tr}[\mathbf{BCA}] \tag{A2.8}$$

但是，tr[**ABC**]不总是等于 tr[**CBA**]。

矩阵 **A** 与列矢量 ***B*** 的乘积是矢量 ***C***，其元素定义为

$$C_i=\sum_k A_{ik}B_k \tag{A2.9}$$

交换矩阵 **A** 的行和列，可获得其转置矩阵($\mathbf{A}^{\mathrm{T}}$)，以使元素 A_{ij} 变为 A_{ji}。

A 的逆($\mathbf{A}^{-1}$)是一个矩阵，当与 **A** 相乘时，得到一个对角矩阵，所有对角项均等于 1。因此，对于一个 2 × 2 矩阵

$$\mathbf{A}^{-1}\cdot\mathbf{A}=\begin{bmatrix}1 & 0\\ 0 & 1\end{bmatrix} \tag{A2.10}$$

这种由 1 组成的对角矩阵通常用黑体 **1** 表示。找到方阵的逆矩阵(将矩阵求逆)是一个求解线性代数方程组的通用过程。Press 等[1]给出了相关的有效算法。

如果矩阵 **A** 的所有元素均满足 $A_{ij}=A_{ji}$，则称其为对称的。对于所有元素，如果 $A_{ij}=A_{ji}^*$，

则 **A** 为厄密的，其中 A_{ji}^* 是 A_{ji} 的复共轭。我们在本书中讨论的所有矩阵都是厄密矩阵。一个矩阵如果其转置矩阵与逆矩阵相同，则称为正交矩阵，即

$$\mathbf{A}^{\mathrm{T}} \cdot \mathbf{A} = \mathbf{A}^{-1} \cdot \mathbf{A} = 1 \tag{A2.11}$$

矢量函数 $\boldsymbol{A}$ 的梯度(写为 $\tilde{\nabla}\boldsymbol{A}$)是一个矩阵，其中元素 A_{ij} 是矢量 $\boldsymbol{A}$ 的分量 i 对坐标 j 的导数。因此，如果 $\boldsymbol{A} = (A_x, A_y, A_z)$，则其梯度为

$$\tilde{\nabla}\boldsymbol{A} = \begin{bmatrix} \partial A_x / \partial x & \partial A_y / \partial x & \partial A_z / \partial x \\ \partial A_x / \partial y & \partial A_y / \partial y & \partial A_z / \partial y \\ \partial A_x / \partial z & \partial A_y / \partial z & \partial A_z / \partial z \end{bmatrix} \tag{A2.12}$$

量子力学和光谱学中许多问题的解都需要矩阵的对角化。给定一个非对角矩阵 **A**，则需要找到另一个矩阵 **C** 及其逆 $\mathbf{C}^{-1}$，使得乘积 $\mathbf{C}^{-1}\cdot\mathbf{A}\cdot\mathbf{C}$ 为对角化的。计算机算法可用于快速对角化更大的矩阵[1]。

A.3 傅里叶变换

时间函数 $f(t)$的傅里叶变换是如下积分：

$$F(\nu) = \int_{-\infty}^{\infty} f(t)\exp(2\pi i\nu t)\mathrm{d}t \tag{A3.1}$$

如果在积分区间 $-\infty < t < \infty$的任何地方 $f(t)$都有定义，且在该区间内 $f(t)\mathrm{d}t$ 的积分收敛(即是有限的)，则傅里叶变换 $F(\nu)$也将收敛。此外，逆傅里叶变换将重新生成原始函数：

$$f(t) = \int_{-\infty}^{\infty} F(\nu)\exp(-2\pi i\nu t)\mathrm{d}\nu \tag{A3.2}$$

一对函数 $f(t)$和 $F(\nu)$可以看成相同物理量的两个不同表示。例如，如果 $f(t)$表示一个量，其是时间(以秒为单位)的函数，则 $F(\nu)$表示同一量且是频率的函数(以每秒的周期数或 Hz 为单位)。有时使用角频率 $\omega = 2\pi\nu$(以 $\mathrm{rad}\cdot\mathrm{s}^{-1}$为单位)是很方便的；这样就必须将上述变换乘以一个因子 $(2\pi)^{-1/2}$：

$$F(\omega) = \frac{1}{\sqrt{2\pi}}\int_{-\infty}^{\infty} f(t)\exp(i\omega t)\mathrm{d}t \tag{A3.3}$$

及

$$f(t) = \frac{1}{\sqrt{2\pi}}\int_{-\infty}^{\infty} F(\omega)\exp(-i\omega t)\mathrm{d}\omega \tag{A3.4}$$

同样的表达式可以用于其他变量对。一个位置函数(以 Å 为单位)的傅里叶变换给出了长度倒数(每 Å 的周期数)的函数。因此，在 FTIR 光谱仪中得到的干涉图，其傅里叶变换给出以波数 $\bar{\nu}$ 为函数的辐射强度。

在第 2 章中，我们遇到过在 $t > 0$ 时 $f(t) = \exp(-at - ibt)$，且在 $t < 0$ 时 $f(t) = 0$ 的复指数函数[式(2.66)]，其傅里叶变换为

$$F(\omega)=\left(\frac{1}{\hbar}\right)\left(\frac{1}{\sqrt{2\pi}}\right)\left(\frac{i}{\omega-b+ia}\right) \tag{A3.5a}$$

$$=\frac{1}{\hbar\sqrt{2\pi}}\left(\frac{i}{\omega-b+ia}\right)\left(\frac{\omega-b+ia}{\omega-b+ia}\right)=\frac{1}{\hbar\sqrt{2\pi}}\left[\frac{a+i(\omega-b)}{(\omega-b)^2+a^2}\right] \tag{A3.5b}$$

其中 $\omega=E/\hbar$，$\mathrm{d}\omega=\mathrm{d}E/\hbar$。将该表达式的实部乘以归一化因子$(2/\pi)^{1/2}$，就得到式(2.71)。

式(A3.5a)和式(A3.5b)中的傅里叶变换包括实部和虚部。这是因为原始函数 $f(t)$在 $t=0$ 附近不对称。对于在$|f(-t)|=|f(t)|$的意义上围绕零的对称函数，傅里叶变换的本质取决于该函数在零的两边是否有相同或相反的符号。如果$f(-t)=f(t)$，为偶函数；如果$f(-t)=-f(t)$，则为奇函数。任何实偶函数的傅里叶变换也是实偶函数，而一个实奇函数的傅里叶变换则得到纯虚奇函数。因此，$\exp(-|t/\tau|)$ (一个实偶函数)的傅里叶变换只有实数部分，结果是洛伦兹函数[见式(2.71)和图 2.12]：

$$f(t)=\exp(-|t/\tau|) \tag{A3.6}$$

及

$$F(\omega)=\sqrt{2/\pi}\left[\frac{1/\tau}{(1/\tau)^2+\omega^2}\right] \tag{A3.7}$$

如果一个函数不具有奇偶对称性，则其傅里叶变换是复函数。变换的实部和虚部由附录 A.4 中讨论的余弦和正弦傅里叶变换组成。

为了说明这些要点，图 A2(A)和(B)给出了两侧衰减偶函数$f_2(t)=\exp(-|t|/\tau)$ 及其傅里叶变换$[F_2(\omega)]$。图 A2(C)给出了 $t\geqslant 0$ 时 $f_1(t)=\exp(-|t|/\tau)$ 和 $t<0$ 时 $f_1(t)=0$ 的单侧函数，而图 A2(D)给出了此函数的傅里叶变换$[F_1(\omega)]$及其实部和虚部。在放大 2 倍以补偿它仅代表 t 的正值以后，$F_1(\omega)$的实部等于 $F_2(\omega)$。

以 $t=0$ 为中心的高斯函数(一个关于 t 的实偶函数)，其傅里叶变换还是一个高斯函数：

$$f(t)=\exp(-at^2) \tag{A3.8}$$

与

$$F(\nu)=(2a)^{-1/2}\exp(-\nu^2/4a) \tag{A3.9}$$

如果高斯函数以某个非零值 m 为中心，则将傅里叶变换乘以 $\exp(im\nu)$或 $\cos(m\nu)+i\sin(m\nu)$，从而具有一个虚组分。

傅里叶变换提供了一种表示狄拉克δ函数$\delta(x)$的方式，该函数由条件 $\delta(x)=0$(如果 $x\neq 0$)以及下式(对于 $a>0$)定义：

$$\int_{-a}^{a}\delta(x)\mathrm{d}x=1 \tag{A3.10}$$

$\delta(x)$是在 $x=0$ 处峰值尖锐的函数，其极限是峰宽为零而高度为无限，从而使其面积保持恒定。这在分析一个仅当两个态在能量差接近零时显著快速进行过程的动力学是非常有用的。如果在区域 $x_1<x<x_2$ 上定义函数$f(x)$，而 X 是该区域中 x 的特定值，则

$$\int_{x_1}^{x_2}f(x)\delta(X-x)\mathrm{d}x=f(X) \tag{A3.11}$$

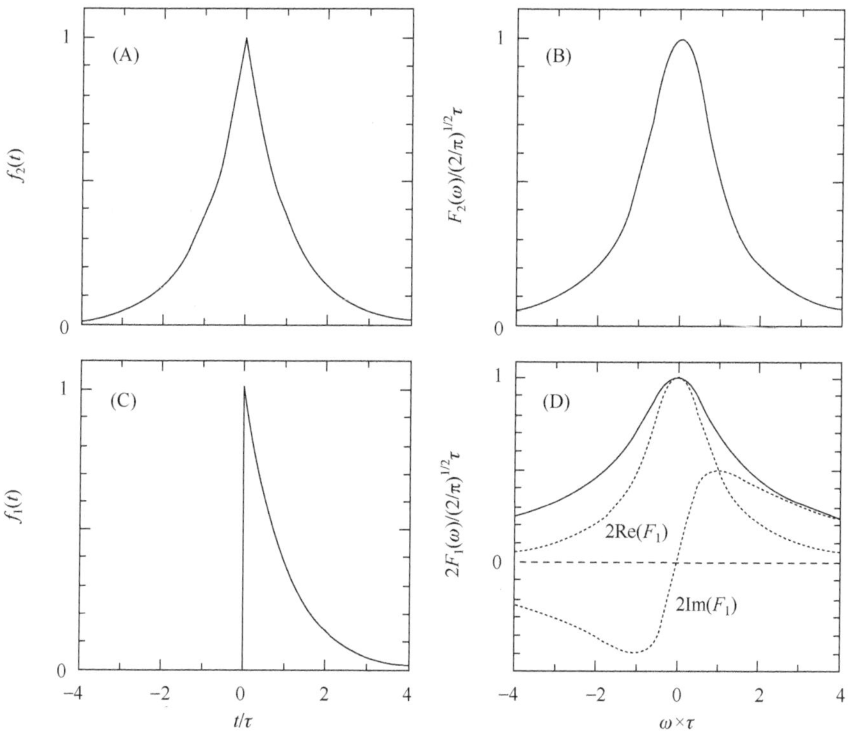

图 A2　(A)一个两侧衰减的偶函数：$f_2(t)=\exp(-|t|/\tau)$。(B)$F_2(\omega)$，即 $f_2(t)$的傅里叶变换，是一个纯实洛伦兹函数。(C)一个单侧衰减函数：$t\geqslant 0$ 时为 $f_1(t)=\exp(-|t|/\tau)$，$t<0$ 时为 $f_1(t)=0$。(D)$2F_1(\omega)$，$f_1(t)$的傅里叶变换(实线)及其实部和虚部(点线)。$2\mathrm{Re}[F_1(\omega)]$与 $F_2(\omega)$等同。注意到(B)和(D)的纵坐标尺度不同

$\delta(x)$可以表示为$(2\pi)^{1/2}$乘以常量函数 $f(x)=1$ 的傅里叶变换：

$$\delta(x)=\frac{1}{2\pi}\int_{-\infty}^{\infty}\exp(ixy)\mathrm{d}y \tag{A3.12}$$

理解这一关系的一种方法就是注意到 $f(x)$只有在其振荡频率在零附近无限尖锐地分布时才可以是一个常量。

函数 $\cos(\omega_0 t)$的傅里叶变换为 $\delta(\omega\pm\omega_0)$，这是一对位于 $\omega=\pm\omega_0$ 的δ函数。$\sin(\omega_0 t)$的变换是一对类似的δ函数，但是具有虚幅度。一个任意涨落函数的变换可以看成许多此类δ函数的叠加，其幅度反映了特定频率下的振荡对整个函数的贡献。

许多其他函数已有傅里叶变换表可利用[2]，并且有快速的计算方法可以找到任意函数的傅里叶变换[1]。有关傅里叶变换的更多信息请参见[3]。

A.4　频域光谱中的相移和调幅

为了得到图 1.16 中的荧光相移(ϕ)和调幅(m)的表达式，假设激发光强的振荡部分为 $I(t)=\sin(\omega t)$，且由激发光的瞬时脉冲产生的荧光[$F(t)$]以时间常数 τ 呈指数衰减。在时间 t 观察到的荧光信号的振荡部分[$S(t)$]通过所有较早时间(t')上调制激发的荧光的积分获得：

$$\begin{aligned}S(t)&=\int_0^t I(t')F(t-t')\mathrm{d}t'\Big/\int_0^\infty F(t)\mathrm{d}t\\&=\int_0^t \sin(\omega t')\exp[-(t-t')/\tau]\mathrm{d}t'\Big/\int_0^\infty \exp(-t/\tau)\mathrm{d}t\end{aligned}\tag{A4.1}$$

该表达式中的分母是瞬时激发脉冲产生的总荧光，对一个单指数衰减，它仅为τ。分子中的卷积积分可以直接求出：

$$\begin{aligned}\int_0^t \sin(\omega t')\exp[-(t-t')/\tau]\mathrm{d}t'&=\exp(-t/\tau)\int_0^t \sin(\omega t')\exp(t'/\tau)\mathrm{d}t'\\&=\frac{(1/\tau)\sin(\omega t)-\omega\cos(\omega t)+\omega\exp(-t/\tau)}{(1/\tau)^2+\omega^2}\end{aligned}\tag{A4.2}$$

$\omega\exp(-t/\tau)$项在长时间($t\gg\tau$)之后变为零，则得到

$$S(t)=\left[\frac{(1/\tau)\sin(\omega t)-\omega\cos(\omega t)}{(1/\tau)^2+\omega^2}\right]\Big/\tau=\frac{\sin(\omega t)-(\omega\tau)\cos(\omega t)}{1+(\omega\tau)^2}\tag{A4.3}$$

使$S(t)$等于$m\cdot\sin(\omega t+\phi)$，并利用关系$\sin(\omega t+\phi)=\sin(\omega t)\cos(\phi)+\cos(\omega t)\sin(\phi)$，即可得出所需的表达式：

$$m\cos(\phi)=\frac{1}{1+(\omega\tau)^2}\tag{A4.4}$$

$$m\sin(\phi)=\frac{\omega\tau}{1+(\omega\tau)^2}\tag{A4.5}$$

$$\tan(\phi)=\frac{m\sin(\phi)}{m\cos(\phi)}=\omega\tau\tag{A4.6}$$

$$m^2=m^2\cos^2(\phi)+m^2\sin^2(\phi)=[1+(\omega\tau)^2]/[1+(\omega\tau)^2]^2\tag{A4.7}$$

及

$$m=[1+(\omega\tau)^2]^{-1/2}\tag{A4.8}$$

如果对瞬时激发脉冲的荧光响应是多指数的，即

$$F(t)=\sum_k B_k\exp(-t/\tau_k)\tag{A4.9}$$

则式(A4.3)变为

$$S(t)=\left[\sum_k B_k\frac{\tau_k\sin(\omega t)-\omega\tau_k^2\cos(\omega t)}{1+(\omega\tau_k)^2}\right]\Big/\left(\sum_k B_k\tau_k\right)\tag{A4.10}$$

该表达式中的余弦和正弦项可以分别视为荧光衰减函数的归一化正弦和余弦傅里叶变换。如果将$F(t)$的归一化正弦和余弦傅里叶变换定义为

$$\begin{aligned}S_{\sin}(\omega)&=\int_0^\infty F(t)\sin(\omega t)\mathrm{d}t\Big/\int_0^\infty F(t)\mathrm{d}t\\&=\left[\sum_k B_k\frac{\omega\tau_k^2}{1+(\omega\tau_k)^2}\right]\Big/\left(\sum_k B_k\tau_k\right)\end{aligned}\tag{A4.11}$$

和

$$S_{\cos}(\omega)=\int_0^{\infty}F(t)\cos(\omega t)\mathrm{d}t\bigg/\int_0^{\infty}F(t)\mathrm{d}t$$
$$=\left[\sum_k B_k\frac{\tau_k}{1+(\omega\tau_k)^2}\right]\bigg/\left(\sum_k B_k\tau_k\right) \tag{A4.12}$$

则式(A4.6)和式(A4.8)有以下形式：

$$\tan(\phi)=S_{\sin}(\omega)/S_{\cos}(\omega) \tag{A4.13}$$

和

$$m=\{[S_{\sin}(\omega)]^2+[S_{\cos}(\omega)]^2\}^{-1/2} \tag{A4.14}$$

更一般地，将函数 $g(t)$的正弦傅里叶变换 $G_{\sin}(\omega)$定义为

$$G_{\sin}(\omega)=i(2\pi)^{-1/2}\int_{-\infty}^{\infty}g(t)\sin(\omega t)\mathrm{d}t \tag{A4.15}$$

如果 g 是 t 的偶函数，则上式为零。其余弦傅里叶变换

$$G_{\cos}(\omega)=(2\pi)^{-1/2}\int_{-\infty}^{\infty}g(t)\cos(\omega t)\mathrm{d}t \tag{A4.16}$$

则对于 t 的奇函数为 0。式(A3.3)中定义的连续傅里叶变换是式(A4.15)和式(A4.16)中正弦和余弦傅里叶变换之和，这可以从关系式 $\exp(i\theta)=\cos(\theta)+i\sin(\theta)$中看出。式(A4.15)中的因子 i 通常被省略，因为只有其与逆变换中的相应因子($-i$)之积是唯一确定的。因为 $t<0$ 时荧光衰减函数 $F(t)$为零，所以式(A4.11)和式(A4.12)中的积分从 0 到∞进行而不是从−∞到∞进行，并不会影响结果。

相关数据分析及其在荧光各向异性中的扩展等更多信息请参见文献[4, 5]。

A.5　CGS 单位和 SI 单位及其缩写

物理量	厘米-克-秒制(CGS)单位	等效的国际单位制(SI) 米-千克-秒(MKS)制
电流	绝对安培，毕奥(Bi)	10 安培(A)
能量	卡(cal)	4.1868 焦耳(J)
偶极矩	德拜(deb)	3.3356×10^{-30} 库仑 · 米(C · m)
力	达因(dyn)	10^{-5} 牛顿(N)
磁偶极矩	电磁单位(Emu)	10^{-3} 安培 · 米 ^{2}(A · m^2) 1.2566×10^{-3} 特斯拉(T)
能量，功	尔格(erg)	10^{-7} 焦耳(J)
电荷	esu，静电库仑或弗兰克林(Fr)	3.3356×10^{-10} 库仑
磁通密度(磁感应强度)	高斯(G)	10^{-4} 特斯拉(T)
波数	凯泽(cm^{-1})	100 米$^{-1}$
亮度	朗伯(Lb)	3.1831×10^{-3} 坎德拉 · 米$^{-2}$(Cd · m^{-2})

续表

物理量	厘米-克-秒制(CGS)单位	等效的国际单位制(SI) 米-千克-秒(MKS)制
磁通量	麦克斯韦(Mx)	10^{-8} 韦伯(Wb)
磁场强度	奥斯特(Oe)	79.577 安 · 米$^{-1}$
光照度	辐透(ph)	10^4 勒克斯(lx)
动力黏度	泊(P)	0.1 帕斯卡 · 秒(Pa · s)
电流	静安培	3.3356×10^{-10} 安培(A)
电荷	静库仑	3.3356×10^{-10} 库仑(C)
电势	静伏	299.79 伏特(V)
磁通量	单位极(Unit pole)	1.2564×10^{-7} 韦伯(Wb)

参考文献

[1] Press, W.H., Flannery, B.P., Teukolsky, S.A., Vetterling, W.T.: Numerical Recipes in Fortran 77: The Art of Scientific Computing. Cambridge University Press, Cambridge (1989)

[2] Beyer, W.H.: CRC Standard Mathematical Tables. CRC Press, Boca Raton, FL (1973)

[3] Butkov, E.: Mathematical Physics. Addison-Wesley, Reading, MA (1968)

[4] Weber, G.: Theory of differential phase fluorometry: detection of anisotropic molecular rotations. J. Chem. Phys. **66**, 4081-4091 (1977)

[5] Lakowicz, J.R., Laczko, G., Cherek, H., Gratton, E., Limkeman, M.: Analysis of fluorescence decay kinetics from variable-frequency phase shift and modulation data. Biophys. J. **46**, 463-477(1984)

索 引

(以英文字母为序)

C

D

F

Q

R

S